HANDBUCH DER ASTROPHYSIK

HERAUSGEGEBEN VON

G. EBERHARD · A KOHLSCHÜTTER
H. LUDENDORFF

BAND III / ERSTE HÄLFTE

GRUNDLAGEN DER ASTROPHYSIK

DRITTER TEIL

BERLIN
VERLAG VON JULIUS SPRINGER
1930

GRUNDLAGEN DER ASTROPHYSIK

DRITTER TEIL

I

BEARBEITET VON

E. A. MILNE · A. PANNEKOEK
S. ROSSELAND · W. WESTPHAL

MIT 44 ABBILDUNGEN

BERLIN
VERLAG VON JULIUS SPRINGER
1930

ISBN-13:978-3-642-88850-2 e-ISBN-13:978-3-642-90705-2
DOI: 10.1007/978-3-642-90705-2

Vorbemerkung der Herausgeber.

In der vorliegenden ersten Hälfte des dritten Bandes des „Handbuches der Astrophysik“ wird der Leser häufiger als in den anderen Bänden darauf stoßen, daß derselbe Gegenstand in den Beiträgen verschiedener Mitarbeiter behandelt wird. Diese Wiederholungen ließen sich nicht vermeiden, ohne die Einheitlichkeit und Geschlossenheit der einzelnen Kapitel zu gefährden, und sicher werden vielen Lesern angesichts der Schwierigkeit der hier behandelten Materien die verschiedenen Darstellungen desselben Gegenstandes nicht unwillkommen sein.

Ein Wort der Erklärung ist auch nötig für den Umstand, daß die Darstellung der Pulsationstheorie von dem Kapitel „Thermodynamics of the Stars“ abgetrennt worden ist und von dem gleichen Autor in einem besonderen Kapitel am Schlusse der zweiten Hälfte des Bandes gegeben wird. Der Grund hierfür ist der, daß Prof. MILNE bei der Abfassung des Abschnittes über die Pulsationstheorie auf Bedenken stieß, die erst durch neue Untersuchungen klargestellt werden mußten. Der Druck der ersten Hälfte des Bandes wäre ungebührlich verzögert worden, wenn er bis zum Abschluß jener Untersuchungen aufgeschoben worden wäre, und so haben wir uns entschlossen, lieber die erwähnte Abtrennung vorzunehmen.

Inhaltsverzeichnis.

Kapitel 1.

Wärmestrahlung.

Von Prof. Dr. W. Westphal, Berlin.

(Mit 16 Abbildungen.)

Chapter 2.

Thermodynamics of the Stars.

By Prof. E. A. Milne, Oxford.

(With 24 illustrations.)

Kapitel 3.

Die Ionisation in den Atmosphären der Himmelskörper.

Von Prof. Dr. A. PANNEKOEK, Amsterdam.

(Mit 3 Abbildungen.)

Chapter 4.

The Principles of Quantum Theory.

By Prof. S. Rosseland, Oslo.

(With 1 illustration.)

Inhalt der zweiten Hälfte.

Berichtigung zu S. 305.

Gl. (95) muß heißen:

$$I_0 = \frac{2E\xi\left(1 - \frac{\xi' - \xi}{\xi' + \xi}\,e^{-2mt_0}\right)}{1 + \xi - \frac{\xi' - \xi}{\xi' + \xi}\,(1 - \xi)\,e^{-2mt_0}}. \tag{95}$$

Die folgende Zeile muß lauten: „Der dritte Term im Nenner und der Faktor im Zähler geben die Korrektion, ...“

Kapitel 1.

Wärmestrahlung[1].

Von

W. Westphal-Berlin.

Mit 16 Abbildungen.

a) Folgerungen aus der klassischen Physik.

1. Allgemeines. Die allgemeine Erfahrung lehrt, daß sich zwischen zwei Körpern, die sich auf verschiedener Temperatur befinden, stets Prozesse abspielen, welche einen Ausgleich dieser Temperaturen herbeizuführen suchen. Eine nähere Untersuchung zeigt, daß es drei verschiedene Prozesse dieser Art gibt, nämlich:

a) die Wärmeleitung. Bei dieser wird ein Teil des Wärmeinhaltes des wärmeren Körpers durch Vermittlung der die beiden Körper verbindenden Materie, und zwar durch reine Molekularbewegung, dem kälteren Körper zugeführt;

b) die Konvektion. Diese kommt nur in Gasen und Flüssigkeiten vor und besteht in einem Wärmetransport vom wärmeren zum kälteren Körper durch Strömungen in dem die beiden Körper verbindenden Medium;

c) die Wärmestrahlung. Diese ist nicht an das Vorhandensein von Materie zwischen den beiden verschieden temperierten Körpern gebunden, verläuft vielmehr im Vakuum am ungestörtesten.

In der Astrophysik sind alle drei Arten von Ausgleichsprozessen von Bedeutung. Die Wärmestrahlung ist nicht nur der einzige Übermittler jeglicher Kunde, die wir von den Fixsternen besitzen, sondern sie spielt auch, wie Eddington zuerst betont hat, eine entscheidende Rolle bei der Frage des inneren Gleichgewichts der Sterne. Konvektionsvorgänge gehen zweifellos in größtem Ausmaße insbesondere an der Oberfläche der Fixsterne vor sich. Die geringste Rolle spielt die Wärmeleitung, da der Temperaturausgleich im Innern der Fixsterne wegen der hohen in Betracht kommenden Temperaturen in ganz überwiegendem Maße durch Wärmestrahlung erfolgt, denn diese ist der vierten Potenz der absoluten Temperatur, jene nur deren erster Potenz proportional.

Die Wärmestrahlung, von der die sichtbare Lichtstrahlung nur ein kleines, lediglich physiologisch ausgezeichnetes Teilgebiet ist, ist nach Maxwell und Heinrich Hertz ein transversaler, elektromagnetischer Schwingungsvorgang, dessen Gesetzmäßigkeiten sich aus den Maxwellschen Grundgleichungen des elektromagnetischen Feldes ableiten lassen[2]. Dies ist der Standpunkt der sog. klassischen Physik, der bis gegen Ende des 19. Jahrhunderts den beobachteten Erscheinungen in vollem Umfange gerecht zu werden schien, bis Max Planck[3] nachwies, daß eine theoretische Deutung des experimentellen Befundes über die Energieverteilung im Spektrum auf Grund der klassischen Theorie unmöglich ist. Von diesem, in der Geschichte der Physik denkwürdigen Augenblick an datiert eine bereits länger als ein Vierteljahrhundert andauernde Krise der Physik,

[1] Das Manuskript dieses Artikels wurde bereits im Sommer 1925 abgeschlossen. Den seitherigen Fortschritten wurde vor der Drucklegung nach Möglichkeit Rechnung getragen.

[2] Siehe z. B. M. Abraham, Theorie der Elektrizität. Leipzig: B. G. Teubner.

[3] M. Planck, Ann. d. Phys. (4) Bd. 4, S. 553. 1901. Wärmestrahlung, 5. Aufl. Leipzig: J. A. Barth 1923.

die in engstem Zusammenhange mit der Entwicklung der Atomphysik steht. Das Wesen dieser Krise läßt sich kurz dahin zusammenfassen, daß zweifellos die Gesetze der klassischen Physik für atomistische Prozesse — und ein solcher ist die Emission von Strahlung — nicht gelten, sondern durch die Gesetze der sog. Quantentheorie zu ersetzen sind. Andererseits ist es gewiß, daß die quantentheoretischen Gesetze die klassischen Gesetze als Grenzfälle enthalten müssen. Es ist bis heute nicht gelungen, die Synthese zwischen diesen beiden Komplexen von Gesetzen zu vollziehen. So kommt es, daß auf dem Gebiete der Wärmestrahlung noch eine gewisse Willkür in der Behandlung der Frage besteht, in welchen Fällen die Gesetze der klassischen Physik, in welchen diejenigen der Quantentheorie anzuwenden sind. Die Erfahrung zeigt, daß man auf verschiedenen Wegen zum Ziel gelangen kann (s. die verschiedenen Ableitungen des PLANCKschen Gesetzes Ziff. 12, 15).

Unter Wärmestrahlung versteht man ausschließlich diejenigen elektromagnetischen Schwingungsvorgänge, welche nur durch die Temperatur der beteiligten Körper hervorgerufen werden. Es haben uns also hier nicht zu beschäftigen die durch Apparate erzeugten elektromagnetischen Schwingungen (HERTZsche Wellen), die durch elektrische Entladungen oder chemische und sonstige Wirkungen hervorgerufenen Leuchterscheinungen und die Erscheinungen der Fluoreszenz und Phosphoreszenz. Das schließt aber nicht aus, daß uns Strahlungen im Bereich der Wärmestrahlung begegnen, die wir mit irdischen Mitteln nur auf einem anderen Wege zu erzeugen vermögen. Insbesondere treten bei sehr hohen Temperaturen, wie sie im Innern der Fixsterne herrschen, zweifellos auch Strahlungen auf, welche ihrem Wesen nach mit den Röntgenstrahlen und den γ-Strahlen radioaktiver Elemente identisch sind, aber als reine Temperaturstrahlung.

Nachstehende Tabelle und Abb. 1 gibt eine Übersicht über das elektromagnetische Spektrum, soweit es bisher experimentell erforscht ist[1].

Das elektromagnetische Spektrum.

Art der Strahlen	Wellenlänge in A.-E.
? Höhenstrahlung[2]	10^{-3} — 10^{-5}
Kürzeste γ-Strahlen	$0{,}57 \cdot 10^{-2}$
Röntgenstrahlen	$1{,}58 \cdot 10^{-1}$ — $6{,}6 \cdot 10^{2}$
Ultraviolett	$1{,}36 \cdot 10^{2}$ — $3{,}6 \cdot 10^{3}$
Sichtbares Gebiet	$3{,}6 \cdot 10^{3}$ — $7{,}8 \cdot 10^{3}$
Ultrarot	$7{,}8 \cdot 10^{3}$ — $3{,}4 \cdot 10^{6}$
Elektrische Wellen	$2 \cdot 10^{6}$ — ∞

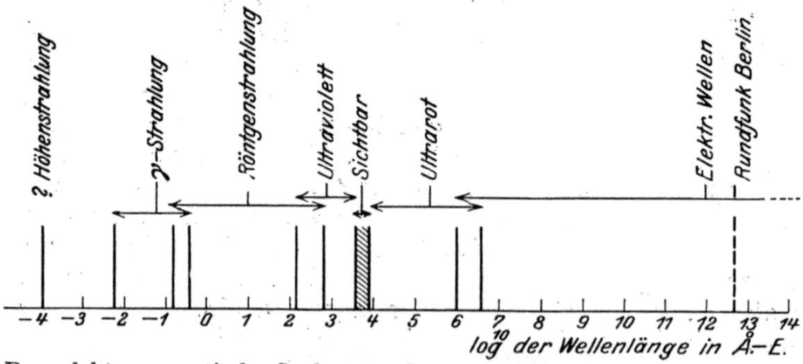

Abb. 1. Das elektromagnetische Spektrum. Der logarithmische Maßstab entspricht einer Einteilung des Spektrums in Oktaven.

[1] Genauere Angaben s. LANDOLT-BÖRNSTEIN, Physikalisch-chemische Tabellen, Tab. 145 ff.

[2] Anm. b. d. Korr.: Die Wellennatur der Höhenstrahlung ist neuerdings sehr zweifelhaft geworden.

Wegen der grundsätzlichen Wesensgleichheit des ganzen Bereichs der Wärmestrahlung mit den sichtbaren Lichtstrahlen gelten auch im Gesamtbereich die gleichen Begriffe (Reflexion, Brechung, Dispersion usw.) und allgemeinen Gesetzmäßigkeiten, wie in der gewöhnlichen Optik des sichtbaren Spektrums. Jedoch wirken sie sich vielfach anders aus, insbesondere da, wo die auftretenden Erscheinungen von der Größenordnung des Verhältnisses der Wellenlänge der Strahlung zu den Dimensionen der an dem betreffenden Vorgang beteiligten materiellen Körper beeinflußt werden. So kommt es auch, daß Eigenschaften von Körpern, die wir im Bereich des optischen Spektrums als ganz oder weitgehend konstant ansehen dürfen, sich im Bereiche größerer oder kleinerer Wellenlängen völlig ändern können. Die allgemeinen Gesetzmäßigkeiten und Begriffe der Optik sollen im folgenden als bekannt vorausgesetzt werden.

Wie jede Strahlung des optischen Teilgebiets, so besitzt auch jede Wärmestrahlung eine spektrale Verteilung der in ihr enthaltenen Energie. Zur Orientierung im Spektrum dient uns entweder die Schwingungszahl ν oder die Wellenlänge λ der Strahlung. Ist q_ν die Fortpflanzungsgeschwindigkeit der Strahlung von der Schwingungszahl ν, so besteht zwischen diesen drei Größen die Beziehung

$$\lambda\,\nu = q_\nu . \tag{1}$$

Die Fortpflanzungsgeschwindigkeit der Strahlung aller Schwingungszahlen im Vakuum, also auch im Weltraum, ist die Lichtgeschwindigkeit,

$$q = c = 3 \cdot 10^{10}\ \mathrm{cm/sec}.$$

In allen materiellen Körpern ist die Geschwindigkeit kleiner, und zwar ist

$$q_\nu = c/n\,, \tag{2}$$

wobei n den Brechungsindex der Substanz für die betreffende Strahlung bedeutet. Da n von der Schwingungszahl abhängt, so ist auch q_ν für Strahlung verschiedener Schwingungszahl in der Materie in der Regel verschieden. In der experimentellen Physik pflegt man zur Charakterisierung einer Strahlung gewöhnlich die unmittelbar meßbare Wellenlänge anzugeben. Für die theoretische Betrachtung empfiehlt sich in der Regel die Benutzung der Schwingungszahl, und zwar deshalb, weil diese unverändert bleibt, wenn eine bestimmte Strahlung nacheinander verschiedene Medien durchsetzt, während die Wellenlänge gemäß Gleichung (1) und (2) in den verschiedenen Medien eine verschiedene ist

$$\lambda = \lambda_0 \frac{q_\nu}{c} = \frac{\lambda_0}{n}\,, \tag{3}$$

wobei λ_0 die Wellenlänge im Vakuum bezeichnet.

Der Wärmeaustausch zwischen zwei Körpern durch Strahlung besteht nicht nur in der Zustrahlung von Wärme seitens des wärmeren Körpers an den kälteren, sondern es strahlen beide Körper unabhängig von einander nach Maßgabe ihrer Temperatur, wobei die Strahlung des wärmeren Körpers überwiegt.

Wenn ein Körper einen Teil seiner Wärmeenergie ausstrahlt und diese Strahlung sich in der Umgebung ausbreitet, so muß, da die Strahlung eine endliche Ausbreitungsgeschwindigkeit hat, in jedem von der Strahlung durchsetzten Raumteil ein gewisser Betrag an Energie enthalten sein.

Für die zunächst folgenden Überlegungen ist eine nähere Kenntnis des Mechanismus, durch den die Wechselwirkung zwischen Strahlung und Materie bedingt wird, nicht erforderlich. Es wird sich nämlich zeigen, daß man einen großen Teil der Gesetze der Wärmestrahlung ohne eine solche nähere Kenntnis ableiten kann. Es sei daher über den Mechanismus dieser Wechselwirkung hier vorläufig nur soviel gesagt, daß sowohl die Aussendung von Wärmestrahlung, wie die Beeinflussung von Strahlung (Brechung, Absorption, Zerstreuung usw.), durch die elementaren Bausteine der Materie, die Moleküle, Atome und Elektronen erfolgt. Das verschiedene optische Verhalten der einzelnen Substanzen erklärt sich einerseits durch die Verschiedenartigkeit der Atomarten, andererseits durch die Verschiedenheit der Lagerung und Bindung der Atome in der Materie (z. B. die völlig verschiedenen optischen Eigenschaften des Kohlenstoffs als Kohle und als Diamant). Die Möglichkeit, elektromagnetische Wellen auszusenden und zu beeinflussen, verdanken die Atome der Tatsache, daß sie aus elektrisch positiven und negativen Teilchen (Atomkernen und Elektronen) aufgebaut sind (s. Ziff. 16).

Bekanntlich kann man den größten Teil der Wärmelehre in der besonderen und durch die Einführung der Begriffe der Temperatur und Entropie charakterisierten Form der Thermodynamik darstellen, ohne sich eine nähere Rechenschaft über das Wesen der molekularen Einzelvorgänge abzulegen. Ebenso kann man auch beträchtliche Teile der Strahlungstheorie mit den Methoden der Thermodynamik, also auf Grund des ersten und zweiten Hauptsatzes, behandeln, ohne Zuhilfenahme einer anderen Vorstellung vom Wesen der Strahlung, als daß es sich um einen von der Temperatur abhängigen und durch eine bestimmte Schwingungszahl, Fortpflanzungsgeschwindigkeit und Fortpflanzungsrichtung charakterisierten Vorgang handelt.

Völlig monochromatische Strahlung, d. h. solche, bei der die gesamte Energie durch Strahlung einer einzigen Schwingungszahl ν transportiert wird, kommt in der Natur nicht vor. Vielmehr bildet jede Strahlung ein über einen mehr oder minder großen Bereich von Schwingungszahlen ausgedehntes Spektrum. Auch die schärfsten Spektrallinien haben immer noch eine gewisse Breite, d. h. sie enthalten Strahlung aus einem endlich ausgedehnten, wenn auch oft äußerst schmalen Bereich. Ein endlicher Betrag an Energie ist daher stets nur in einem endlichen Schwingungszahlbereich enthalten. Wir teilen deshalb jegliche Strahlung ein in sehr schmale Schwingungszahlbereiche, deren Grenzen durch ν und $\nu + d\nu$ bezeichnet seien. Die Breite des Bereichs $d\nu$ sei klein gegenüber ν selbst. Wenn wir künftig von einer Strahlung der Schwingungszahl ν sprechen, so ist damit stets Strahlung aus dem Bereich von ν bis $\nu + d\nu$ gemeint.

Nach der klassischen Vorstellung kann ferner ein endlicher Betrag an Strahlung nur innerhalb eines Strahlungskegels von endlicher Öffnung enthalten sein.

2. Emission. Es sei $d\tau$ ein Volumelement[1] im Innern eines strahlenden Körpers. Es sei als homogen und isotrop angesehen und so klein, daß in seinem Innern kein merklicher Bruchteil der von ihm ausgesandten Strahlung absorbiert wird. Es sendet dann wegen seiner Homogenität und Isotropie in der Zeiteinheit stets die gleiche Strahlungsenergie nach jeder Richtung aus. Die in der Zeit dt innerhalb des Öffnungswinkels $d\Omega$ ausgesandte Energie der Schwingungszahl ν ist dann

$$dE = 2\,\varepsilon_\nu\, dt\, d\tau\, d\Omega\, d\nu. \tag{4}$$

ε_ν ist der „Emissionskoeffizient" der strahlenden Substanz für linear polarisierte Strahlung der Schwingungszahl ν. Der Faktor 2 trägt der Tatsache Rechnung, daß das Volumelement wegen seiner Isotropie natürliche, d. h. unpolarisierte, Strahlung aussendet.

---

[1] Es sei hier grundsätzlich bemerkt, daß wir Linienelemente dx und die Leardimensionen von Volumelementen $d\tau$ stets als groß gegenüber der Wellenlänge der Strahlung, Zeitelemente dt immer als groß gegenüber der Dauer $1/\nu$ einer Schwingung ansehen.

Die in der Zeit dt emittierte Gesamtenergie ergibt sich als das Integral von Gleichung (4) über alle Öffnungswinkel $d\Omega$ von 0 bis 4π und über alle Schwingungszahlen von 0 bis ∞:

$$E = 8\pi\, dt\, d\tau \int_0^\infty \varepsilon_\nu\, d\nu. \tag{5}$$

ε_ν hängt ab von der Natur der Substanz und der Schwingungszahl sowie von der Temperatur. Die tägliche Erfahrung zeigt schon im optischen Gebiet, daß die von verschiedenen Körpern bei der gleichen Temperatur ausgesandte Strahlung verschieden stark sein kann, daß sie über die verschiedenen Schwingungszahlen verschieden verteilt sein kann, und daß sie für alle Körper mit steigender Temperatur zunimmt.

3. Reflexion, Absorption und Zerstreuung. Wenn Strahlung auf irgendeinen materiellen Körper fällt, so wirkt dieser auf das weitere Schicksal der Strahlung in verschiedener Weise ein. In der Regel wird ein Bruchteil der Strahlung bereits an der Oberfläche zurückgeworfen (reflektiert). Die Reflexion kann regulär oder diffus sein, je nach der Oberflächenbeschaffenheit des Körpers und der Wellenlänge der auffallenden Strahlung. Wir bezeichnen den Bruchteil, der von einer Strahlung der Schwingungszahl ν reflektiert wird, als den Reflexionskoeffizienten ϱ des Körpers für Strahlung der Schwingungszahl ν. Der in den Körper eindringende Bruchteil ist also $(1-\varrho)$.

Soweit die auf einen Körper fallende Strahlung nicht an der Oberfläche reflektiert wird, dringt sie in das Innere des Körpers ein. Dort wird ein Teil von ihr von den Molekülen der Substanz absorbiert, wobei sich die Strahlungsenergie in Wärme, d. h. in Molekularbewegung, verwandelt. Wird auf einer — sehr kurzen — Wegstrecke dx der Bruchteil $\alpha_\nu dx$ einer Strahlung von der Schwingungszahl ν absorbiert, so bezeichnet man α_ν als den Absorptionskoeffizienten der betreffenden Substanz für diese Strahlung. Die Schwächung einer Strahlung auf einem endlichen Wege x ist daher gegeben durch die Lösung der Differentialgleichung

$$\frac{dJ}{J} = -\alpha_\nu\, dx,$$

also

$$J = J_0 e^{-\alpha_\nu x}. \tag{6}$$

Ein weiterer Bruchteil ihrer Energie geht einer Strahlung im Innern einer Substanz durch Zerstreuung verloren. Dieser Vorgang besteht in einer Richtungsänderung von Teilen des Strahls, ohne daß dabei in der Regel eine merkliche Änderung seines Charakters eintritt. Lediglich bei der Zerstreuung an freien Elektronen liegen die Verhältnisse komplizierter (s. Ziff. 14). Der Zerstreuungskoeffizient β_ν ist analog dem Absorptionskoeffizienten α_ν definiert, so daß die Schwächung eines Strahls durch Zerstreuung auf dem Wege x gegeben ist durch die Gleichung

$$J = J_0 e^{-\beta_\nu x}, \tag{7}$$

also durch Absorption und Zerstreuung zusammen durch $J = J_0 e^{-(\alpha_\nu+\beta_\nu)x}$. In allen Fällen, wo wir es mit einer über alle Richtungen gleichmäßig verteilten Strahlung zu tun haben, kann man von der Zerstreuung absehen, weil dann jeder Strahl durch die Zerstreuung anderer Strahlen gerade ebensoviel an Energie wieder gewinnt, wie er verliert. In anderen Fällen aber muß die Zerstreuung berücksichtigt werden, z. B. im Innern der Fixsterne, wo die nach außen gehende Strahlung überwiegt.

In manchen Substanzen ist der Weg, auf dem bereits praktisch vollständige Absorption erfolgt, so kurz — wenn nämlich α_ν sehr groß ist — daß man oft von einer Absorption in der Oberfläche spricht, z. B. bei Ruß im sichtbaren Spektrum.

Gelegentlich bezeichnet man auch den an einer Oberfläche nicht reflektierten Bruchteil $(1 - \varrho)$ einer Strahlung als das Absorptionsvermögen der betreffenden Oberfläche.

Substanzen, deren Oberfläche jede auf sie fallende Strahlung jeglicher Wellenlänge vollkommen absorbieren, nennt man schwarz[1]. Streng genommen ist dies ein niemals vollkommen realisierter Grenzfall, der aber bei vielen Substanzen mit sehr weitgehender Annäherung erreicht ist. Oberflächen, welche jede Strahlung vollkommen und diffus reflektieren, nennt man weiß. Auch dies ist ein nirgends realisierter idealer Grenzfall, da es Substanzen mit einem Reflexionskoeffizienten $\varrho_\nu = 1$ für alle Werte von ν nicht gibt. Als grau bezeichnet man einen Körper, der von Strahlen jeder Wellenlänge den gleichen Bruchteil absorbiert bzw. reflektiert. Manche Körper nähern sich diesem Zustande in größeren Wellenlängenbereichen beträchtlich.

Die praktisch vollkommenste und für alle Fälle ausreichende Realisierung eines schwarzen Körpers besteht in einem nicht zu großen Loch in der Wandung eines Hohlraums, dessen Innenwand zweckmäßig geschwärzt ist[2]. Fällt ein Strahl in ein solches Loch, so wird ein erheblicher Bruchteil von ihm beim ersten Auftreffen auf die Innenwand absorbiert. Der übrigbleibende Teil wird nur in den seltensten Fällen gerade wieder aus dem Loch hinaus reflektiert werden, sondern unter dauerndem Energieverlust im Innern hin und her reflektiert werden. Ist z. B. das Absorptionsvermögen der Innenwand 95%, so bleibt nach der ersten Reflexion nur 5% der ursprünglichen Energie übrig, nach der zweiten Reflexion wieder nur 5% hiervon, also $^1/_{400}$, nach der dritten $^1/_{8000}$ usw., so daß, wenn der Strahl schließlich einmal wieder durch das Loch ins Freie tritt, praktisch nichts mehr von ihm übrig ist. Es ist ja auch eine alltägliche Erfahrung, daß ein kleines Loch in der Wandung eines geschlossenen Kastens stets noch dunkler ist als dessen etwa noch so gut geschwärzte, z. B. berußte, Außenwand. Wesentlich ist nur, daß das Loch so klein ist, daß zahlreiche Reflexionen des Strahls im Innern vor dem Wiederaustritt gewährleistet sind.

Eine Substanz, deren Absorptionskoeffizient α_ν für eine bestimmte Schwingungszahl ν gleich Null ist, nennt man diatherman für Strahlung dieser Schwingungszahl. Auch dies ist ein Grenzfall, der streng nur im Vakuum realisiert ist, welches für jegliche Strahlung diatherman ist. Sehr angenähert diatherman sind für ausgedehnte Schwingungszahlbereiche z. B. viele Gase, Glas, Quarz usw.

4. Strahlungsintensität, Strahlungsdichte. Wir betrachten jetzt ein homogenes und isotropes Medium, welches von stationärer Strahlung erfüllt ist, d. h. einer Strahlung, deren Energie und spektrale Energieverteilung während einer Zeit dt an jedem Ort des Mediums einen unveränderlichen Mittelwert hat. Im allgemeinen Falle ist die durch ein Flächenelement $d\sigma$ innerhalb dieses Mediums tretende Strahlung sowohl bezüglich ihrer Energie, wie bezüglich ihrer spektralen Energieverteilung von Richtung zu Richtung und in den verschiedenen Polarisationsebenen verschieden. Wir führen ein Polarkoordinatensystem mit dem Ursprung in $d\sigma$ ein, charakterisiert durch den Winkel ϑ einer Richtung gegen das Lot auf $d\sigma$ und das Azimut φ. Ein räumlicher Winkel $d\Omega$ mit der Spitze in $d\sigma$ ist dann gegeben durch

$$d\Omega = \sin\vartheta\, d\vartheta\, d\varphi\,. \tag{8}$$

Durch jeden räumlichen Winkel $d\Omega$ strömt in der Zeit dt ein bestimmter Betrag an Energie. Haben wir es mit beliebig polarisierter Strahlung zu tun, so kann man diese stets in zwei senkrecht zueinander linear polarisierte Strahlen zerlegt

---

[1] G. KIRCHHOFF, Pogg. Ann. Bd. 109, S. 275. 1860.
[2] W. WIEN u. O. LUMMER, Wied. Ann. Bd. 56, S. 453. 1895.

denken, deren Intensitäten durch Ausdrücke von der Form

$$(\mathfrak{K}_\nu \cos^2\psi + \mathfrak{K}'_\nu \sin^2\psi)\, d\nu\,, \qquad \text{bzw.} \qquad (\mathfrak{K}_\nu \sin^2\psi + \mathfrak{K}'_\nu \cos^2\psi)\, d\nu$$

für jede Schwingungszahl ν ausgedrückt werden können. Man bezeichnet die Größen $\mathfrak{K}_\nu$ und $\mathfrak{K}'_\nu$ als die Hauptintensitäten der Strahlung von der Schwingungszahl ν. Die Gesamtintensität der Strahlung ergibt sich dann als

$$K = \int_0^\infty (\mathfrak{K}_\nu + \mathfrak{K}'_\nu)\, d\nu\,. \tag{9}$$

Demnach setzen wir die durch $d\sigma$ in der Richtung $d\Omega$ in der Zeit dt hindurchtretende Strahlungsenergie der Schwingungszahl ν gleich

$$d\sigma\, dt\, d\Omega (\mathfrak{K}_\nu + \mathfrak{K}'_\nu)\, d\nu \cdot \cos\vartheta\,. \tag{10}$$

Die gesamte durch $d\sigma$ nach einer Seite gestrahlte Energie ist gleich

$$d\sigma\, dt \int_0^{2\pi} d\varphi \int_0^{\frac{\pi}{2}} \sin\vartheta \cos\vartheta\, d\vartheta \int_0^\infty (\mathfrak{K}_\nu + \mathfrak{K}'_\nu)\, d\nu\,. \tag{11}$$

Ist die Strahlung nicht polarisiert, also über alle Polarisationsebenen gleichmäßig verteilt, so daß $\mathfrak{K}_\nu = \mathfrak{K}'_\nu$, so ist

$$K = 2\int_0^\infty \mathfrak{K}_\nu\, d\nu\,. \tag{12}$$

Bei völlig gleichmäßiger Verteilung der Strahlung über alle Richtungen, wenn also $\mathfrak{K}_\nu$ von ϑ und φ unabhängig ist, ergibt sich die Gesamtstrahlung durch $d\sigma$ nach einer Seite gemäß Gleichung (11) zu

$$d\sigma \cdot dt \cdot 2\pi \cdot \frac{1}{2} \cdot 2\int_0^\infty \mathfrak{K}_\nu\, d\nu = 2\pi K\, d\sigma\, dt\,. \tag{13}$$

Statt der Zerlegung der Strahlung in Schwingungszahlbereiche $d\nu$ benutzt man oft auch die Zerlegung in Wellenlängenbereiche $d\lambda$ (Wellenlängen zwischen λ und $\lambda + d\lambda$). An die Stelle des Ausdrucks $\mathfrak{K}_\nu\, d\nu$ tritt dann der entsprechende Ausdruck $E_\lambda\, d\lambda$. Sollen sich beide Ausdrücke auf den gleichen Bereich beziehen, so muß sein

$$E_\lambda\, d\lambda = \mathfrak{K}_\nu\, d\nu\,. \tag{14}$$

Gemäß Gleichung (1) ist aber, vom Vorzeichen abgesehen,

$$d\nu = q_\nu \frac{d\lambda}{\lambda^2} \qquad \text{bzw.} \qquad d\lambda = q_\nu \frac{d\nu}{\nu^2}\,. \tag{15}$$

Es besteht daher zwischen $\mathfrak{K}_\nu$ und E_λ der nachstehende Zusammenhang:

$$E_\lambda = \mathfrak{K}_\nu \frac{q_\nu}{\lambda^2} = \mathfrak{K}_\nu \frac{\nu^2}{q_\nu}\,. \tag{16}$$

Sind $d\sigma$ und $d\sigma'$ zwei beliebig orientierte Flächenelemente innerhalb eines von Strahlung erfüllten Mediums, n und n' die Richtungen der Normalen auf ihnen, und ist ihr Abstand r groß gegen die Lineardimensionen der Flächenelemente, so ist, wie eine einfache Rechnung zeigt, die Strahlungsenergie linear polarisierter Strahlung der Schwingungszahl ν, die $d\sigma'$ von $d\sigma$ zugestrahlt erhält, gleich $\mathfrak{K}_\nu\, d\nu \frac{1}{r^2} d\sigma\, d\sigma' \cos(n, r) \cos(n', r)\, dt$.

Ist $d\sigma$ sehr klein gegen $d\sigma'$, so kann man die Strahlung als von einem Punkte ausgehend denken. Ein solches Strahlenbündel bezeichnen wir als Elementarbündel, und wir können die Strahlung, die von einer endlichen Fläche ausgeht, stets als aus solchen Elementarbündeln zusammengesetzt denken.

Wir betrachten jetzt ein linear polarisiertes Elementarbündel von sehr kleiner Öffnung $d\Omega$ (s. Abb. 2). Aus ihm denken wir uns durch zwei in sehr kleinem Abstand dx voneinander senkrecht zur Strahlrichtung liegende Ebenen ein Volumelement $d\tau = d\sigma\, dx$ herausgeschnitten. Die durch die rechte Endfläche $d\sigma$ von $d\tau$ in der Zeit dt austretende Energie ist dann, da $d\sigma = r^2 d\Omega$,

$$\mathfrak{K}_\nu\, d\nu\, r^2\, d\Omega\, d\Omega\, dt. \tag{17}$$

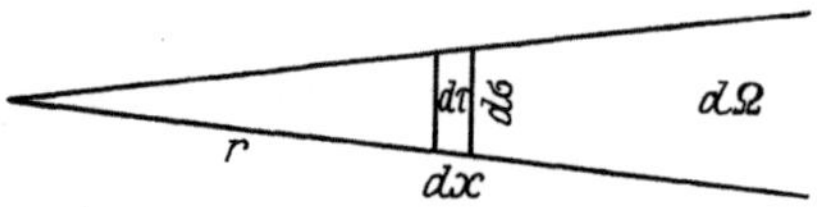

Abb. 2. Zur Berechnung der Energiedichte der Strahlung.

Wählen wir $dt = \frac{dx}{q_\nu}$, d. h. gleich der Zeit, welche die Strahlung gebraucht, um die Strecke dx zurückzulegen, so ist (17) gleich der Energie der betrachteten Strahlung innerhalb jenes Büschels, welche sich jeweils innerhalb $d\tau$ befindet. Setzen wir daher jenen Wert für dt in (17) ein und dividieren durch $d\tau = dx \cdot r^2 d\Omega$, so erhalten wir die Dichte der betrachteten Strahlung innerhalb des Bündels an jener Stelle des Raumes

$$\frac{1}{q_\nu}\,\mathfrak{K}_\nu\, d\nu\, d\Omega.$$

Die gesamte räumliche Energiedichte an der betrachteten Stelle des Raumes erhalten wir durch Integration über alle Richtungen und Berücksichtigung beider Polarisationsebenen

$$\mathfrak{u}_\nu\, d\nu = \int_0^{4\pi} \frac{1}{q_\nu}\,(\mathfrak{K}_\nu + \mathfrak{K}'_\nu)\, d\nu\, d\Omega. \tag{18}$$

Ist insbesondere $\mathfrak{K}_\nu = \mathfrak{K}'_\nu$, und unabhängig von $d\Omega$, so ist

$$\mathfrak{u}_\nu = \frac{8\pi}{q_\nu}\,\mathfrak{K}_\nu. \tag{19}$$

$\mathfrak{u}_\nu d\nu$ ist die räumliche Energiedichte der Strahlung des Schwingungszahlbereichs $d\nu$. (Oft wird auch $\mathfrak{u}_\nu$ als die Dichte der Strahlung von der Schwingungszahl ν bezeichnet.) Die Gesamtdichte der Strahlung aller Schwingungszahlen ergibt sich dann zu

$$u = \int_0^\infty \mathfrak{u}_\nu\, d\nu = 8\pi \int_0^\infty \frac{1}{q_\nu}\,\mathfrak{K}_\nu\, d\nu = \frac{8\pi}{c} \int_0^\infty n\,\mathfrak{K}_\nu\, d\nu. \tag{20}$$

Zur Auswertung dieses Integrals muß der funktionelle Zusammenhang zwischen n und ν für alle Werte von ν, also die Dispersionsformel der betreffenden Substanz, bekannt sein. Das ist im allgemeinen nicht der Fall. Einfach gestaltet sich das Integral nur für das Vakuum, in dem für alle Werte von ν der Brechungsindex $n = 1$ ist, also unter Berücksichtigung von Gleichung (12)

$$u = \frac{8\pi}{c} \int_0^\infty \mathfrak{K}_\nu\, d\nu = \frac{4\pi}{c}\, K. \tag{21}$$

5. Strahlungsgleichgewicht im Innern eines Mediums. KIRCHHOFFsches Gesetz, schwarze Strahlung. Ein homogenes und isotropes Medium sei rings umschlossen von einer für Wärme undurchlässigen, vollkommen spiegelnden Hülle[1]. In diesem Medium sei eine zunächst ganz beliebige Strahlung enthalten.

[1] G. KIRCHHOFF, Gesammelte Abhandlungen, S. 594. Leipzig: J. A. Barth 1882; R. CLAUSIUS, Pogg. Ann. Bd. 121, S. 1. 1864.

Diese wird nunmehr durch Absorptions- und Emissionsprozesse mit den Molekülen des Mediums in Wechselwirkung treten und dabei im allgemeinen gewissen Veränderungen unterliegen, indem sie einmal Energie entweder aus der Wärmeenergie der Materie aufnimmt oder selbst Energie an diese abgibt, und indem sie ferner in ihrer spektralen Energieverteilung Veränderungen erleidet. Es wird aber schließlich der Zustand innerhalb des Mediums einem bestimmten Gleichgewicht zustreben, derart, daß die Strahlung sowohl eine konstante und überall gleiche Energiedichte, eine gleichmäßige Verteilung über alle Richtungen und eine konstante spektrale Energieverteilung aufweist. Gleichzeitig wird das Medium eine an allen Punkten gleiche und konstante Temperatur annehmen. Bedingung eines solchen Gleichgewichtszustandes ist offenbar, daß jedes Volumelement des Mediums in der Zeiteinheit ebensoviel Strahlung absorbiert, wie es emittiert. (Von der Zerstreuung können wir aus den in Ziff. 3 angeführten Gründen absehen.) Gemäß Gleichung (4) beträgt die Emission von Strahlung der Schwingungszahl ν eines Volumelements $d\tau$, da es sich um unpolarisierte Strahlung handelt, in der Zeit dt

$$d\tau\, dt\, 8\pi\, \varepsilon_\nu\, d\nu. \tag{22}$$

Wir berechnen jetzt die absorbierte Energie. Zu diesem Zwecke fassen wir, was immer möglich ist, die einzelnen, das Volumelement $d\tau$ durchsetzenden Strahlen zu Elementarbündeln zusammen, welche sämtlich ihren Ursprung auf einer das Volumelement im Abstande r umgebenden Kugelfläche haben (s. Abb. 3). Dabei nehmen wir r von einer solchen Größe, daß es zwar groß sei gegen die Lineardimensionen von $d\tau$, aber doch so klein, daß die Strahlung auf dem Wege r nur um unmerkliche Beträge geschwächt werde. Auf der Kugelfläche greifen wir ein Flächenelement $d\sigma$ heraus. Ein von ihm ausgehendes Elementarbündel von der Öffnung $d\Omega$ habe in $d\tau$ den Querschnitt $f = r^2 d\Omega$. Dann ist, wenn wir unpolarisierte Strahlung betrachten, die Intensität innerhalb des ganzen, von $d\sigma$ ausgehenden Strahlenbündels

$$2 d\sigma\, \mathfrak{K}_\nu\, d\nu\, d\Omega = 2 d\sigma\, \mathfrak{K}_\nu\, d\nu\, \frac{f}{r^2}.$$

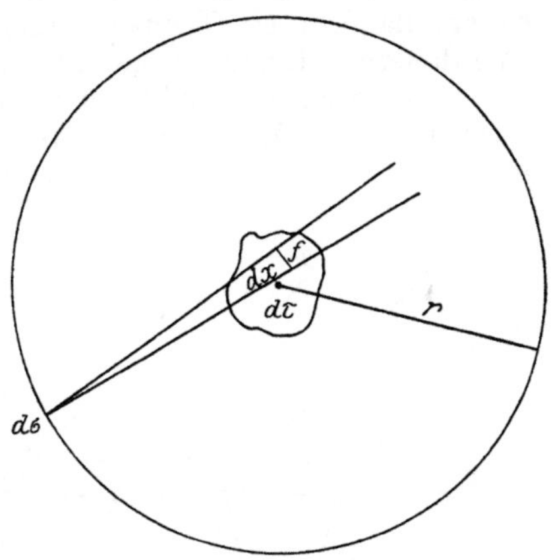

Abb. 3. Zur Ableitung der Beziehung $K_\nu = \varepsilon_\nu / a_\nu$.

Der von der Strahlung innerhalb $d\tau$ zurückgelegte Weg sei dx, dann ist die in der Zeit dt in $d\tau$ absorbierte Energie dieses Bündels gemäß der Definition des Absorptionskoeffizienten

$$2\alpha_\nu\, d\sigma\, \mathfrak{K}_\nu\, d\nu\, \frac{f\, dx}{r^2}\, dt.$$

Jetzt bilden wir die Summe über alle von $d\sigma$ ausgehenden und $d\tau$ passierenden Elementarbündel und beachten, daß

$$\sum f\, dx = d\tau.$$

Ferner bilden wir die Summe über alle Flächenelemente $d\sigma$ der Kugelfläche. Wegen der gleichmäßigen Verteilung der Strahlung über alle Richtungen ist $\mathfrak{K}_\nu$ eine Konstante. Es folgt daher als Betrag der absorbierten Energie

$$8\pi\alpha_\nu\, d\tau\, dt\, \mathfrak{K}_\nu\, d\nu. \tag{23}$$

Herrscht nun Gleichgewicht, so muß die absorbierte gleich der emittierten Energie sein. Durch Gleichsetzung der Ausdrücke in Gleichung (22) und (23) folgt

$$\mathfrak{K}_\nu = \frac{\varepsilon_\nu}{\alpha_\nu}. \tag{24}$$

Die spezifische Strahlungsintensität innerhalb eines Mediums im Strahlungsgleichgewicht hängt also in ganz einfacher Weise von dessen Emissions- und Absorptionskoeffizienten ab. Ersterer steigt stets mit steigender Temperatur, letzterer kann auch von der Temperatur abhängig sein, aber stets weit weniger als ε_ν. $\mathfrak{K}_\nu$ steigt also stets mit wachsender Temperatur.

Daß die vorstehenden Überlegungen nicht nur für Punkte innerhalb des Mediums gelten, sondern auch für Punkte an der Begrenzungsfläche, erhellt aus der Überlegung, daß im Falle des Gleichgewichts überall ebensoviel Energie in einer Richtung gestrahlt werden muß, wie in der gerade entgegengesetzten Richtung. Da nun die vom Innern her gegen die Oberfläche gestrahlte Energie nur vom Zustand des Innern beeinflußt ist, so folgt, daß das auch von der Strahlung gelten muß, welche von der Oberfläche herkommt. Das gleiche gilt auch, wenn sich z. B. das Medium nicht allein in der gedachten Hülle befindet, sondern es nur einen Teil eines aus mehreren, in eine solche Hülle eingeschlossenen Medien bestehenden, im Wärmegleichgewicht befindlichen Systems bildet.

Als für die Astrophysik wichtig sei hier bemerkt, daß wir es im Innern der Fixsterne niemals mit einem Gleichgewicht der hier betrachteten Art zu tun haben, da dort ein Temperaturgefälle in radialer Richtung und infolgedessen eine dauernde Energieströmung nach außen besteht.

Einen Sonderfall bildet das Vakuum, in dem sowohl ε_ν wie α_ν gleich Null werden, so daß $\mathfrak{K}_\nu$ zunächst unbestimmt wird. In der Tat ist im reinen Vakuum — etwa realisiert durch einen von Materie absolut freien Hohlraum mit vollkommen spiegelnden Innenwänden — jeder beliebige, einmal bestehende Zustand einer Strahlung beständig, da keine diesen Zustand verändernden Wechselwirkungen mit Materie vorkommen. Wir werden hierauf weiter unten zurückkommen.

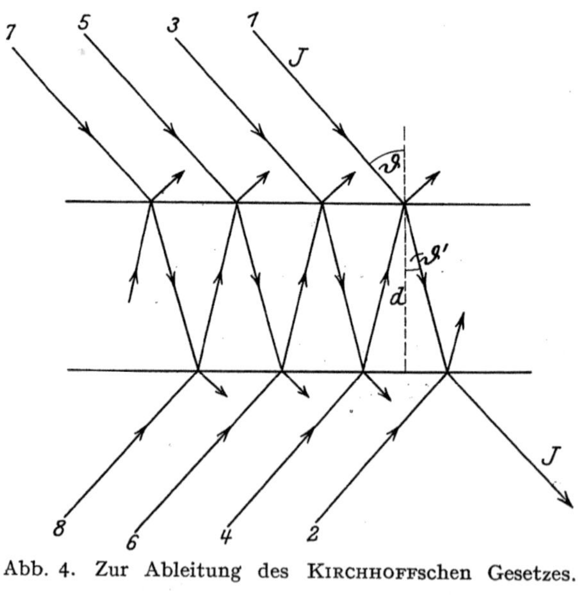

Abb. 4. Zur Ableitung des KIRCHHOFFschen Gesetzes.

Wir denken uns jetzt eine planparallele Platte eines homogenen und isotropen Mediums von der Dicke d und dem Brechungsindex n für Strahlung der Schwingungszahl ν im Vakuum, das Ganze umschlossen von einer für Wärme undurchlässigen Hülle und im Strahlungsgleichgewicht befindlich (Abb. 4). Von P her falle ein unpolarisiertes Elementarbündel (1) der Schwingungszahl ν unter dem Einfallswinkel ϑ auf die Platte. Seine Intensität sei J. (Das Bündel ist der Übersichtlichkeit halber als Strahl gezeichnet.) An der Oberfläche wird der Bruchteil $J\varrho$ der einfallenden Intensität J reflektiert, die Energie $J(1-\varrho)$ tritt gebrochen in die Platte ein, der Eintrittswinkel ϑ' ist nach dem Brechungsgesetz gegeben durch die Gleichung

$$\sin\vartheta' = \frac{1}{n}\sin\vartheta. \tag{25}$$

Ferner ändert sich im Innern die Öffnung des Elementarbündels von $d\Omega$ in $d\Omega'$. Von der in die Platte eintretenden Energie wird ein Teil durch Absorption vernichtet. Der in der Platte zurückgelegte Weg ist gleich $\frac{d}{\cos\vartheta'}$. Die Strahlung wird daher auf dem Wege durch die Platte durch Absorption auf den Bruchteil $e^{-\frac{\alpha_\nu d}{\cos\vartheta'}} = z$ geschwächt. Beim Austritt aus der Platte tritt wieder Brechung ein, so daß das Bündel parallel zu seiner ursprünglichen Richtung weiter verläuft. Ferner verliert es dabei durch Reflexion noch einmal den Bruchteil ϱ seiner Energie, so daß die Energie

$$J(1-\varrho)^2\cdot z$$

austritt. In der gleichen Richtung wird aber auch der Bruchteil ϱ eines Bündels (2) reflektiert, dessen Intensität wegen des vorausgesetzten Strahlungsgleichgewichts ebenfalls gleich J ist. Ferner tragen zu dem austretenden Elementarbündel noch die in der Abb. 4 mit (3), (4) usw. bezeichneten Elementarbündel bei, welche alle ursprünglich die gleiche Intensität J haben, aber durch die in der Platte zurückgelegten Wege und mehrfache Reflexionen mehr oder minder geschwächt sind. Schließlich kommt zu dem austretenden Bündel noch die Energie hinzu, welche von dem von der Strahlung im Innern der Platte durchsetzten Volumen emittiert wird, zuzüglich derjenigen Energie, welche die von den Bündeln (3), (4) usw. durchsetzten Volumina infolge ihrer Emission und mehrfacher Reflexionen an der Begrenzung liefern, unter Berücksichtigung ihrer Schwächung durch Absorption und Reflexionen. Die Summe aller dieser Anteile bildet das austretende Bündel. Da dieses Bündel die gleiche Öffnung $d\Omega$ hat wie das eintretende, so erfordert die Voraussetzung des Strahlungsgleichgewichts, daß es wieder die gleiche Intensität J habe. Bilden wir daher jetzt die Summe der oben aufgezählten Anteile, so ergibt sich, wie hier unter Übergehung der ausführlichen Rechnung mitgeteilt sei, als die Summe derjenigen Intensitäten, welche aus allen von außen auf die Platte treffenden Elementarbündeln stammen

$$J(1-\varrho)^2 z + J\varrho + J(1-\varrho)^2\varrho^2 z^3 + J(1-\varrho)^2\varrho^3 z^4 + \cdots$$
$$= J\left(1 - \frac{(1-\varrho)(1-z)}{1-\varrho z}\right).$$

Wir denken uns dabei die Ursprünge der einzelnen Elementarbündel so weit von der Platte entfernt und ihre Öffnung $d\Omega$ so klein, daß eine merkliche Querschnittsvergrößerung der Bündel in der Platte nicht eintritt. Die Größe der Eintrittsfläche der Bündel in der Plattenoberfläche heiße $d\sigma$. Dann wird die Summe aller aus der Emission der Platte stammenden Anteile des austretenden unpolarisierten Bündels gemäß den Gleichungen (4) und (6)

$$2\varepsilon_\nu\, d\nu\, d\sigma\, d\Omega'(1-\varrho)\int\limits_0^d e^{-\frac{\alpha_\nu x}{\cos\vartheta'}}\,dx\,(1+\varrho z+\varrho^2 z^2+\cdots)$$
$$= 2\,\frac{\varepsilon_\nu\, d\nu}{\alpha_\nu}\cos\vartheta'\, d\Omega'\, d\sigma\,\frac{(1-\varrho)(1-z)}{1-\varrho z}.$$

Die Summe beider Ausdrücke muß gleich J sein. Es ergibt sich also

$$J = J\left(1 - \frac{(1-\varrho)(1-z)}{1-\varrho z}\right) + 2\frac{\varepsilon_\nu d_\nu}{\alpha_\nu} d\sigma \cos\vartheta' d\Omega' \frac{(1-\varrho)(1-z)}{1-\varrho z} \tag{26a}$$

oder

$$J = 2\frac{\varepsilon_\nu d\nu}{\alpha_\nu} d\sigma \cos\vartheta' d\Omega'. \tag{26b}$$

Nun ist gemäß Gleichung (25) und da $\varphi = \varphi'$,

$$\cos\vartheta' d\Omega' = \sin\vartheta' \cos\vartheta' d\vartheta' d\varphi' = d\left(\frac{1}{2}\sin^2\vartheta'\right) d\varphi' = \frac{1}{n^2} d\left(\frac{1}{2}\sin^2\vartheta\right) d\varphi = \frac{1}{n^2}\cos\vartheta d\Omega.$$

Es folgt daher

$$J = \frac{1}{n^2}\frac{2\varepsilon_\nu d\nu}{\alpha_\nu}\cos\vartheta\, d\Omega\, d\sigma \tag{27}$$

oder nach Gl. (2) und (24)

$$\frac{1}{n^2}\frac{\varepsilon_\nu}{\alpha_\nu} = \frac{q_\nu^2}{c^2}\mathfrak{K}_\nu = \text{konst.} \qquad \text{oder} \qquad q_\nu^2 \mathfrak{K}_\nu = \text{konst.}, \tag{28}$$

da n, ε_ν und α_ν sich auf die Substanz der Platte beziehen, die übrigen in Gleichung (27) vorkommenden Größen aber von dem Vorhandensein der Platte ganz unabhängig sind.

Wir betrachten jetzt das von dem Elementarbündel (1) aus der Platte herausgeschnittene Volumen. Die von diesem Volumen in Richtung des betrachteten Bündels emittierte und nach außen tretende Energie ist gleich

$$E = 2\varepsilon_\nu d\nu\, d\sigma\, d\Omega' (1-\varrho)\int_0^d e^{-\frac{\alpha_\nu x}{\cos\vartheta'}} dx = 2\frac{\varepsilon_\nu d\nu}{\alpha_\nu} d\sigma \cos\vartheta' d\Omega' (1-\varrho)(1-z). \tag{29}$$

Ferner berechnen wir, welcher Bruchteil der Energie des Bündels (1) in diesem Volumen absorbiert wird. Dieser ergibt sich durch einfache Rechnung zu

$$A = (1-z)(1-\varrho). \tag{30}$$

Unter Berücksichtigung von Gleichung (26b) können wir Gleichung (29) auch schreiben

$$E = J(1-z)(1-\varrho). \tag{31}$$

Es folgt

$$\frac{E}{A} = J. \tag{32}$$

Die vorstehenden Überlegungen beziehen sich zunächst auf ein bestimmtes einfallendes Elementarbündel, das aber ganz beliebig gewählt ist. Sie gelten daher auch für jedes andere Bündel und ebenso für jede beliebige Schwingungszahl, und somit auch für die Gesamtheit aller Strahlenbündel, die mit dem zuletzt betrachteten Volumen in Wechselwirkung treten. Und schließlich gelten sie für jedes andere Volumelement der Substanz. Wir nennen E das Emissionsvermögen, A das Absorptionsvermögen der Platte. Gleichung (32) stellt das KIRCHHOFFsche Gesetz[1] dar. E und A drücken Eigenschaften des Plattenmaterials aus, J aber ist die von dem Vorhandensein der Platte ganz unabhängige Intensität des betrachteten Strahlenbündels im umgebenden Vakuum. Daher besagt das KIRCHHOFFsche Gesetz, daß der Quotient aus Emissions- und Absorptionsvermögen für jede beliebige Substanz und jede beliebige Schwingungszahl den gleichen Wert hat, daß er nämlich gleich ist der Strahlungsenergie in einem die Substanz umgebenden Vakuum bei Strahlungsgleichgewicht. Haben wir es mit einem schwarzen Körper zu tun, so wird in Gleichung (30) $z = 0$ und

[1] G. KIRCHHOFF, Gesammelte Abhandlungen, S. 574. Leipzig: J. A. Barth 1882; E. PRINGSHEIM, Verh. d. D. Phys. Ges. Bd. 3, S. 81. 1901; D. HILBERT, Phys. ZS. Bd. 13, S. 1056. 1912; Bd. 14, S. 592. 1913.

$\varrho = 0$, also $A = 1$ und $E = J$. Das Emissionsvermögen eines schwarzen Körpers ist also gleich der Strahlungsintensität in einem an ihn grenzenden Vakuum bei Strahlungsgleichgewicht.

Wenden wir ferner Gleichung (28) auf das Vakuum an, so ergibt sich, daß

$$c^2 \mathfrak{K}_\nu^0 = q^2 \mathfrak{K}_\nu, \tag{33}$$

wobei sich die linke Seite auf das Vakuum, die rechte auf eine beliebige Substanz bezieht. Hierdurch verschwindet die Ungewißheit, die oben noch bezüglich des stabilen Wertes von $\mathfrak{K}_\nu$ im Vakuum bestehen blieb. Gemäß Gleichung (33) stellt sich im Vakuum stets das gleiche $\mathfrak{K}_\nu$ ein, sobald sich in ihm und im Strahlungsgleichgewicht mit ihm irgendeine beliebige Substanz befindet, welche für die Schwingungszahl ν nicht diatherman ist (was in der Natur streng nicht vorkommt).

Für einen schwarzen Körper nimmt Gleichung (29) unter Berücksichtigung der Beziehung zwischen ϑ und ϑ' die Form an

$$E = 2\frac{\varepsilon_\nu d\nu}{\alpha_\nu}\, d\sigma \frac{1}{n^2} \cos\vartheta\, d\Omega = 2\mathfrak{K}_\nu\, d\nu\, d\sigma \frac{1}{n^2} \cos\vartheta\, d\Omega. \tag{34}$$

Es ist also die Emission eines schwarzen Körpers proportional dem cos des Austrittswinkels. Dies ist das LAMBERTsche Gesetz. Für nicht schwarze Körper gilt das Gesetz nicht, da im allgemeinen ϱ und z Funktionen von ϑ und ϑ' sind.

Die Gesamtemission e eines Quadratzentimeters der Oberfläche eines schwarzen Körpers folgt aus (34), indem wir $d\sigma = 1\ \mathrm{cm}^2$ setzen und über φ von 0 bis 2π, über ϑ von 0 bis $\pi/2$ und über ν von 0 bis ∞ integrieren. Es ergibt sich dann, wenn man noch gemäß Gleichung (33) $\mathfrak{K}_\nu/n^2 = q^2/c^2\, \mathfrak{K}_\nu$ durch $\mathfrak{K}_\nu^0$ ersetzt,

$$e = 2\int_0^\infty \mathfrak{K}_\nu^0 d\nu \int_0^{2\pi} d\varphi \int_0^{\frac{\pi}{2}} \sin\vartheta \cos\vartheta\, d\vartheta = 2\pi \int_0^\infty \mathfrak{K}_\nu^0\, d\nu = \pi K = \frac{c\,u}{4}, \tag{35}$$

(vgl. Gl. 12 und 21), wobei K und u die Gesamtintensität und Gesamtdichte der Strahlung im Vakuum bedeuten.

Es stellt sich nach dem Vorstehenden also im Vakuum bei Strahlungsgleichgewicht stets ein ganz bestimmter Zustand der Strahlung her, der durch die Gesamtenergie der Strahlung und die spektrale Energieverteilung charakterisiert ist, wenn nur die Möglichkeit einer Wechselwirkung zwischen der Strahlung und einem für keine Schwingungszahl völlig diathermanen Körper gegeben ist. Es genügt dabei, diesen Körper beliebig klein anzunehmen, so daß sein eigener Energiegehalt vernachlässigt werden kann. Er wirkt dann etwa wie ein Katalysator bei chemischen Prozessen. Die so charakterisierte Strahlung bezeichnet man als „schwarze Strahlung", wegen des oben abgeleiteten Zusammenhanges mit der Emission eines schwarzen Körpers. Es ist eine wesentliche Aufgabe der Strahlungstheorie, den Charakter der schwarzen Strahlung, insbesondere ihre spektrale Energieverteilung und ihre Abhängigkeit von der Temperatur, zu untersuchen und theoretisch zu deuten.

Für die Emission beliebiger Körper folgt aus dem KIRCHHOFFschen Gesetz der wichtige Satz, daß sie niemals größer sein kann als die Emission eines schwarzen Körpers von der gleichen Temperatur. Vielmehr stellt dessen Emission das Maximum dessen dar, was ein Körper bei einer gegebenen Temperatur emittieren kann.

Die Tatsache, daß das Auftreten einer Strahlungsintensität $\mathfrak{K}_\nu$ beim Strahlungsgleichgewicht verbunden ist mit einer ganz bestimmten Temperatur der mit der Strahlung in Wechselwirkung stehenden Materie, führt uns dazu, einer Strahlung ebenfalls eine bestimmte Temperatur zuzuschreiben, nämlich diejenige Temperatur, welche ein schwarzer Körper haben muß, damit sich in einer mit ihm im Strahlungsgleichgewicht stehenden Strahlung die betreffende Strahlungsintensität ausbildet. Hieraus folgt, daß die einzelnen in der Emission eines schwarzen Körpers enthaltenen Strahlenbündel jeglicher Schwingungszahl alle gleiche Temperatur haben. Bei der Strahlung beliebiger Körper ist das nicht der Fall, vielmehr entsprechen dort den verschiedenen Spektralgebieten, oft auch den verschiedenen Emissionsrichtungen, je nach dem Emissionsvermögen, verschiedene Strahlungstemperaturen. Würde es z. B. vorkommen, daß ein Körper in einem Spektralgebiet überhaupt nicht emittiert, so wäre die Strahlungstemperatur dieses Gebietes gleich Null.

Man bezeichnet als Strahlungstemperatur eines Körpers bezüglich des Spektralbereichs $d\nu$ diejenige Temperatur, die ein schwarzer Körper haben müßte, um die Strahlung dieses Bereichs in gleicher Intensität zu emittieren, wie es der betreffende Körper tut. Die Strahlungstemperatur ist demnach — außer beim schwarzen Körper — stets kleiner als die wirkliche, molekular-kinetisch definierte Temperatur.

Als effektive Temperatur eines strahlenden Körpers bezeichnet man diejenige Temperatur, bei der die Gesamtemission eines schwarzen Körpers ebenso groß wäre wie die des betreffenden Körpers. Die effektive Temperatur ist also nur beim schwarzen Körper gleich der wahren Temperatur, in allen anderen Fällen kleiner.

6. Entropie der Strahlung und STEFAN-BOLTZMANNsches Gesetz. Wir wenden uns jetzt zur Untersuchung der Frage nach dem Zusammenhang der Intensität der schwarzen Strahlung mit der Temperatur. Zu diesem Zwecke denken wir uns die Strahlung eingeschlossen in einen für Wärme undurchlässigen evakuierten Hohlraum, etwa eine Hohlkugel, mit vollkommen — regulär oder diffus — spiegelnden Innenwänden. Wir nehmen an, daß es möglich sei, das Volumen dieses Hohlraums durch einen geeigneten Mechanismus kontinuierlich zu verändern. Damit wir dabei stets schwarze Strahlung behalten, nehmen wir vorläufig an, daß sich in dem Hohlraum ein beliebig kleines absorbierendes Körperchen befindet, von dessen Energiegehalt wir absehen können.

Die in dem Hohlraum enthaltene Strahlung wird an den Wänden hin und her reflektiert. Dabei übt sie, wie zuerst MAXWELL theoretisch nachgewiesen hat, auf die Wände einen Strahlungsdruck[1] aus, welcher gleich dem infolge der Wechselwirkung mit der Wand in der Zeiteinheit umgesetzten Impuls ist. Daß jede elektromagnetische Strahlung Impuls mit sich führt, folgt bereits aus der klassischen Elektrodynamik, aus der sich auch die Größe des Strahlungsdrucks berechnen läßt. Ganz allgemein zeigt die Relativitätstheorie, daß jede mit der Geschwindigkeit q bewegte Strahlungsenergie E Trägerin eines Impulses von der Größe

$$P = \frac{E}{q} \tag{36}$$

ist. Fällt die Strahlungsenergie E unter dem Winkel ϑ auf eine regulär spiegelnde Fläche, so wird die zur Fläche senkrechte Komponente des Impulses,

$$\frac{E}{q}\cos\vartheta,$$

in ihrer Richtung umgekehrt, die zur Fläche parallele Komponente,

$$\frac{E}{q}\sin\vartheta,$$

bleibt in ihrer Richtung ungeändert. Die Impulsänderung ist also insgesamt

$$\Delta P = 2\frac{E}{q}\cos\vartheta. \tag{37}$$

---

[1] W. WESTPHAL, Jahrb. d. Radioakt. Bd. 18, S. 81. 1921 (Bericht und Verzeichnis der neueren Literatur); H. GOLSEN, Ann. d. Phys. (4) Bd. 73, S. 624. 1924.

Wir wenden Gleichung (37) jetzt auf unsere Strahlung an, wobei wir zunächst annehmen wollen, daß die Wände des Hohlraums regulär reflektieren. Wir betrachten ein linear polarisiertes Elementarbündel von der Schwingungszahl ν und vom Öffnungswinkel $d\Omega$. Es treffe auf die Wandung des Hohlraumes und bedecke auf ihr das Flächenelement $d\sigma$. Die in der Zeit dt auf $d\sigma$ fallende Energie ist dann

$$\mathfrak{K}_\nu\, d\nu\, d\sigma \cos\vartheta\, d\Omega\, dt,$$

der mitgeführte Impuls

$$\frac{1}{c}\,\mathfrak{K}_\nu\, d\nu\, d\sigma \cos\vartheta\, d\Omega\, dt$$

und der gemäß Gleichung (37) bei der Reflexion umgesetzte Impuls

$$\frac{2}{c}\,\mathfrak{K}_\nu\, d\nu\, d\sigma \cos^2\vartheta\, d\Omega\, dt = \frac{2}{c}\,\mathfrak{K}_\nu\, d\nu\, d\sigma \cos^2\vartheta \sin\vartheta\, d\vartheta\, d\varphi\, dt.$$

Da wir vorausgesetzt haben, daß wir es mit schwarzer Strahlung zu tun haben, so sind alle Richtungen und alle Polarisationsebenen gleichmäßig vertreten. Daher ist die gesamte, von Strahlung der Schwingungszahl ν auf das Flächenelement $d\sigma$ ausgeübte Kraft — d. h. der in der Zeiteinheit umgesetzte Impuls — gleich

$$\frac{2}{c}\cdot 2\mathfrak{K}_\nu\, d\nu\, d\sigma \int_0^{2\pi} d\varphi \int_0^{\frac{\pi}{2}} \cos^2\vartheta \sin\vartheta\, d\vartheta = \frac{8\pi}{3c}\,\mathfrak{K}_\nu\, d\nu\, d\sigma.$$

Da ferner wegen der Voraussetzung des Gleichgewichts auf alle Flächenelemente der Hohlraumwandung die gleiche Energie fällt, so ist die auf die Flächeneinheit ausgeübte Kraft, d. h. der Strahlungsdruck auf die Wandung, gleich $\frac{8\pi}{3c}\mathfrak{K}_\nu\, d\nu$. Integrieren wir dies über alle Werte von ν, so ergibt sich als Gesamtdruck der Strahlung

$$p = \frac{8\pi}{3c}\int_0^\infty \mathfrak{K}_\nu\, d\nu = \frac{4\pi}{3c} K \tag{38a}$$

oder gemäß Gleichung (21)

$$p = \frac{u}{3}. \tag{38b}$$

Dieser einfache Zusammenhang zwischen Strahlungsdruck p und Energiedichte u besteht aber nicht nur bei regulärer Reflexion, sondern auch bei vollkommener, diffuser Reflexion. Im vorliegenden Falle, wo die Strahlung über alle Richtungen gleichmäßig verteilt ist, kann man dies leicht einsehen. Bei diffuser Reflexion wird zwar der einzelne reflektierte Strahl nicht wieder unter dem Einfallswinkel — dieser bezogen auf die ideale, eben gedachte Wandung — zurückgeworfen, aber es wird sich in der ganzen reflektierten Strahlung immer ein solcher finden, der gerade so verläuft, als wenn der zuerst betrachtete Strahl regulär reflektiert worden wäre. Ordnet man nun jedem einfallenden Strahl nicht seine wirkliche physikalische Fortsetzung zu, sondern immer den Strahl, der seine Fortsetzung bei regulärer Reflexion bilden würde, so ändert sich an den obigen Überlegungen nichts, und das Ergebnis ist das gleiche.

Ändern wir jetzt das Volumen des Hohlraums durch Verschieben seiner Wandung, so haben wir positive oder negative Arbeit gegen den Strahlungsdruck zu leisten, je nachdem wir das Volumen verkleinern oder vergrößern. Wir haben hier eine ziemlich weitgehende Analogie mit dem in der Thermodynamik üblichen Verfahren, wo die Zustandsänderungen eines Gases betrachtet werden, welches in einen Raum von veränderlichem Volumen eingeschlossen ist. In der Tat können wir nun durch Anstellung ähnlicher Gedankenexperimente, wie wir sie aus der Thermodynamik kennen, weitgehende Schlüsse auf das Verhalten der Strahlung ziehen, indem wir auf die Strahlung den ersten und zweiten Hauptsatz der Wärmetheorie, d. h. das Energieprinzip und den Entropiesatz, anwenden[1].

Über den zweiten Hauptsatz und die Berechtigung seiner Anwendung auf Strahlungsvorgänge sei hier kurz folgendes gesagt. Die Entropie S eines Systems ist definiert durch die Gleichung

$$dS = \frac{dU + p \cdot dV}{T}. \tag{39}$$

Hierin bedeutet U die Energie, p den Druck, V das Volumen und T die absolute Temperatur des Systems. Der zweite Hauptsatz lautet in der ihm von M. PLANCK gegebenen Fassung:

„Jeder in der Natur stattfindende physikalische und chemische Prozeß verläuft in der Art, daß die Summe der Entropien sämtlicher an dem Prozeß beteiligten Körper vergrößert wird."

Bei umkehrbaren (reversiblen) Prozessen tritt der ideale Grenzfall ein, daß sich die Entropie nicht ändert; alle anderen Prozesse sind nicht umkehrbar (irreversibel). Ein Gleichgewichtszustand ist dadurch gekennzeichnet, daß die Entropie des Systems ein Maximum ist. Als umkehrbar darf man z. B. solche Prozesse ansehen, welche unendlich langsam verlaufen, also als eine Folge von lauter Gleichgewichtszuständen betrachtet werden können.

Wir denken uns nunmehr den folgenden umkehrbaren Prozeß ausgeführt. Aus einem Wärmereservoir von der Temperatur T führen wir einer in einen Hohlraum eingeschlossenen Strahlung auf irgendeine Weise unendlich langsam die Wärmemenge Q zu, etwa durch Vermittlung eines in ihm befindlichen Kohlenstäubchens. Halten wir den auf die Strahlung wirkenden Druck, welcher gleich dem Strahlungsdruck p ist, konstant, so muß sich das Volumen des Hohlraums vergrößern, und die dabei geleistete äußere Arbeit ist gleich $p\,dV$. Die Änderung der Energie der Strahlung sei dU. Dann ist nach dem ersten Hauptsatz (Energieprinzip)

$$dU + p\,dV - Q = 0. \tag{40}$$

Nach dem zweiten Hauptsatz aber ist mit der Abgabe der Wärmemenge Q eine Entropieänderung des Reservoirs im Betrage $-\frac{Q}{T}$ verbunden. Nun handelt es sich aber um einen umkehrbaren Prozeß, bei dem sich die Summe der Entropien aller beteiligten Systeme nicht ändert. Demnach muß die Entropieverminderung des Reservoirs von einer gleich großen Entropievermehrung der Strahlung begleitet gewesen sein. Wir sind daher gezwungen, der Strahlung eine bestimmte Entropie zuzuschreiben, welche vorerst, wie bei materiellen Systemen, bezüglich einer additiven Integrationskonstanten unbestimmt bleibt. Auf das Wesen der Entropie der Strahlung werden wir später näher einzugehen haben.

Wir setzen jetzt die Energie der Strahlung

$$U = V u. \tag{41}$$

Dann können wir Gleichung (39) auch schreiben

$$dS = \frac{u}{T} dV + \frac{V}{T}\frac{du}{dT} dT + \frac{p}{T} dV. \tag{42}$$

[1] Bezüglich aller rein thermodynamischen Einzelheiten sei auf das Werk von M. PLANCK, Thermodynamik (Leipzig: Veit & Co.) verwiesen.

Setzen wir hier für den Strahlungsdruck p seinen Wert aus Gleichung (38b) ein, so folgt

$$dS = \frac{V}{T}\frac{du}{dT}dT + \frac{4}{3}\frac{u}{T}dV. \tag{43}$$

Jetzt differenzieren wir Gleichung (43) einmal partiell nach T, ein anderes Mal partiell nach V und erhalten

$$\left(\frac{\partial S}{\partial T}\right)_V = \frac{V}{T}\frac{du}{dT}, \tag{44a}$$

$$\left(\frac{\partial S}{\partial V}\right)_T = \frac{4u}{3T}. \tag{44b}$$

Jetzt differenzieren wir erneut, und zwar Gleichung (44a) partiell nach V und Gleichung (44b) partiell nach T. Die beiden Ausdrücke sind auf ihrer linken Seite identisch, und wir erhalten

$$\frac{\partial^2 S}{\partial T\,\partial V} = \frac{\partial^2 S}{\partial V\,\partial T} = \frac{1}{T}\frac{du}{dT} = \frac{4}{3T}\frac{du}{dT} - \frac{4u}{3T^2} \tag{45}$$

oder

$$\frac{du}{u} = 4\frac{dT}{T}. \tag{46}$$

Die Integration dieser Gleichung liefert uns das STEFAN-BOLTZMANNsche Gesetz[1]

$$u = aT^4. \tag{47}$$

Die räumliche Dichte der schwarzen Strahlung ist proportional der vierten Potenz der absoluten Temperatur der Strahlung. a ist eine Integrationskonstante. Aus Gleichung (21) folgt dann die Gesamtintensität der schwarzen Strahlung zu

$$K = \frac{c}{4\pi}u = \frac{ac}{4\pi}T^4 \tag{48}$$

und die Emission der Oberflächeneinheit des schwarzen Körpers nach Gleichung (35) zu

$$e = \pi K = \frac{ac}{4}T^4 = \sigma T^4. \tag{49}$$

Ferner ergibt sich die Größe des Strahlungsdrucks zu

$$p = \frac{a}{3}T^4. \tag{50}$$

Durch Integration der Gleichung (43) nach Einsetzung von Gleichung (47) und unter Fortlassung der Integrationskonstanten[2] erhalten wir

$$S = \frac{4}{3}aT^3V. \tag{51}$$

Das STEFAN-BOLTZMANNsche Gesetz ist in bester Übereinstimmung mit der Erfahrung. Der Messung am besten zugänglich ist es in der Form der Gleichung (49). Die besten Messungen haben im Mittel ergeben (s. Ziff. 22).

$$\sigma = 5{,}75 \cdot 10^{-5}\,\text{erg/cm}^2\,\text{sec grad}^4.$$

Daraus folgt

$$a = \frac{4\sigma}{c} = 7{,}66 \cdot 10^{-15}\,\text{erg/cm}^3\,\text{grad}^4.$$

Bei einer reversiblen, adiabatischen Volumänderung der Strahlung ist $dS = 0$. Es folgt daher aus Gleichung (51) für solche Zustandsänderungen

$$T^3 \cdot V = \text{konst.} \tag{52}$$

oder unter Berücksichtigung von Gleichung (50)

$$p \cdot V^{\frac{4}{3}} = \text{konst.} \tag{53}$$

---

[1] J. STEFAN, Wiener Ber. Bd. 79, S. 391. 1879; L. BOLTZMANN, Wied. Ann. Bd. 22, S. 291. 1884.

[2] Nach dem NERNSTschen Theorem (dritter Hauptsatz) ist die Entropie eines Systems beim absoluten Nullpunkt gleich Null. Siehe z. B. W. NERNST, Theoretische Chemie, 8. bis 10. Aufl., S. 30. Stuttgart: Ferd. Enke 1921.

Die Ähnlichkeit dieser Gleichungen mit den entsprechenden Gleichungen für ideale Gase springt in die Augen[1].

7. WIENsches Verschiebungsgesetz. Es ist charakteristisch für die im vorigen Abschnitt benutzte thermodynamische Betrachtungsweise, daß sie uns ein Resultat ergibt für die Gesamtstrahlung, also sozusagen für das makroskopische Verhalten der schwarzen Strahlung, ohne daß es dazu einer Kenntnis der Einzelvorgänge, vor allem der spektralen Energieverteilung, bedurft hätte. Wir haben hier eine völlige Parallele zu der Tatsache vor uns, daß wir mit Hilfe der Thermodynamik in der Lage sind, das makroskopische Verhalten eines Gases zu berechnen, ohne etwas Näheres über die Bewegungsverhältnisse der einzelnen Gasmoleküle zu wissen.

Wir wollen jetzt aber tiefer in die Einzelheiten der Strahlungsvorgänge einzudringen versuchen. Es entsteht die Frage[2] nach der Art der Funktionen $\mathfrak{K}_\nu$ und $\mathfrak{u}_\nu$ und ihrer Abhängigkeit von T und ν.

Für die nachfolgenden Überlegungen müssen wir uns von der Notwendigkeit befreien, in dem für unsere Gedankenexperimente benutzten Hohlraum ein Körperchen vorhanden zu denken, welches den Charakter der Strahlung als schwarze Strahlung sicherstellt. In der Tat können wir jetzt beweisen, daß das auch gar nicht nötig ist, daß vielmehr eine in einen Hohlraum eingeschlossene schwarze Strahlung ihren Charakter als solche nicht ändert, wenn mit ihr reversible, adiabatische Volumänderungen vorgenommen werden, auch wenn ein solches Körperchen nicht vorhanden ist.

Wäre das nämlich nicht der Fall, so wären wir imstande, durch den nachstehend geschilderten Prozeß die Entropie der Strahlung dauernd zu vermehren, ohne daß irgendwo in der Natur Veränderungen eintreten. Das aber ist nach dem zweiten Hauptsatz nicht möglich. Wir denken uns wieder schwarze Strahlung in einen Hohlraum mit vollkommen spiegelnden und für Wärme undurchlässigen Wänden eingeschlossen. Wir verkleinern das Volumen des Hohlraums um den Betrag dV. Dabei müssen wir die Arbeit $p\,dV$ gegen den Strahlungsdruck p leisten. Angenommen, daß die Strahlung jetzt nicht mehr schwarz sei, so können wir sie durch Einbringen eines winzigen und lediglich als Katalysator wirkenden Stäubchens in schwarze Strahlung verwandeln. Ihre Energie bleibt dabei unverändert, ihre Entropie nimmt zu, da die Strahlung aus einem instabilen in einen stabilen Zustand übergeht und dieser Prozeß irreversibel ist. Jetzt machen wir die anfängliche Volumänderung rückgängig, wobei wir das Stäubchen im Hohlraum belassen, so daß die Strahlung dauernd schwarz bleibt. Dabei leistet die Strahlung die äußere Arbeit $p\,dV$, welche genau ebenso groß ist wie die bei der Kompression von außen aufgewendete Arbeit, denn p hängt nur von der Gesamtenergiedichte u ab, welche ja durch die Einbringung des Stäubchens nicht verändert ist, nicht von der spektralen Energieverteilung. Am Ende des Prozesses ist der Anfangszustand innerhalb und außerhalb des Hohlraumes in allen Einzelheiten wiederhergestellt. Damit ist aber die angenommene Entropievermehrung nicht vereinbar. Diese hat also gar nicht stattgefunden, sondern die Strahlung war bereits vor dem Einbringen des Stäubchens in ihrem stabilen Zustand, d. h. sie hatte den Charakter als schwarze Strahlung während des ganzen Prozesses nie verloren.

---

[1] Für ideale Gase lautet die entsprechende Beziehung $p\,V^\gamma$ = konst, wobei $\gamma = \frac{c_p}{c_v}$. Für einatomige Gase ist $\gamma = \frac{4}{3}$, also besteht in diesem Falle der gleiche Zusammenhang zwischen p und V, wie bei der Strahlung.

[2] W. WIEN, Berl. Ber. 1893, S. 55; Wied. Ann. Bd. 52, S. 132. 1894; H. A. LORENTZ, Proc. Amsterdam 1901, S. 607; M. ABRAHAM, Ann. d. Phys. Bd. 14, S. 236. 1904; W. WESTPHAL, Verh. d. D. Phys. Ges. Bd. 16, S. 93. 1914.

Diese Erkenntnis enthebt uns der Notwendigkeit, weiterhin das Vorhandensein einer Spur von Materie in der Strahlung anzunehmen.

Es sei nunmehr wieder schwarze Strahlung eingeschlossen in eine evakuierte Hohlkugel vom Radius R, deren Wände der Allgemeinheit halber als vollkommen, aber diffus spiegelnd angenommen seien. Dies denken wir uns etwa so verwirklicht, daß die Wand aus sehr kleinen regulär spiegelnden, aber völlig regellos orientierten, ebenen Flächenelementen zusammengesetzt sei. Wir greifen aus der Strahlung ein Elementarbündel der Schwingungszahl ν heraus, dessen Öffnungswinkel $d\Omega$ so klein sei, daß sein Querschnitt sich in einer großen Zeit $\mathfrak{T}$ nur sehr wenig vergrößert und stets klein bleibe gegenüber der Größe der kleinen spiegelnden Flächen, so daß alle Teile des Bündels die gleichen Wege durchlaufen und nicht durch Reflexionen auseinandergesplittert werden. Wir lassen jetzt den Radius der Kugel in der sehr großen Zeit $\mathfrak{T}$ auf den Wert $R + \Delta R$ wachsen, so daß die Änderungsgeschwindigkeit von R, $v = \frac{\Delta R}{\mathfrak{T}} \ll c$ ist. Das betrachtete Elementarbündel falle unter dem Einfallswinkel η auf eine der kleinen spiegelnden Flächen F, die ihrerseits wieder unter dem Winkel ψ gegen die ideale Kugelfläche geneigt sei. Da sich diese Fläche wegen der Ausdehnung der Kugel bewegt, so findet bei der Reflexion eine Änderung der Schwingungszahl statt, deren Größe sich z. B. aus der Relativitätstheorie leicht berechnen läßt. (Der Vorgang beruht auf den gleichen Gesetzmäßigkeiten wie der DOPPLER-Effekt.) Wie hier ohne Beweis angeführt sei, ist die Änderung der Schwingungszahl — unter der Voraussetzung, daß $v \ll c$, — durch nachstehende Gleichung gegeben

$$\nu' = \nu\left(1 - 2\frac{v}{c}\cos\psi\cos\eta\right), \tag{54}$$

wobei ν und ν' die Schwingungszahl vor und nach der Reflexion bedeuten. Seien ϑ_1 und ϑ_2 Einfalls- und Reflexionswinkel des Bündels, bezogen auf die ideale Kugelfläche, so besteht die Beziehung

$$2\cos\psi\cos\eta = \cos\vartheta_1 + \cos\vartheta_2, \tag{55}$$

so daß

$$\nu' = \nu\left[1 - \frac{v}{c}(\cos\vartheta_1 + \cos\vartheta_2)\right]. \tag{56}$$

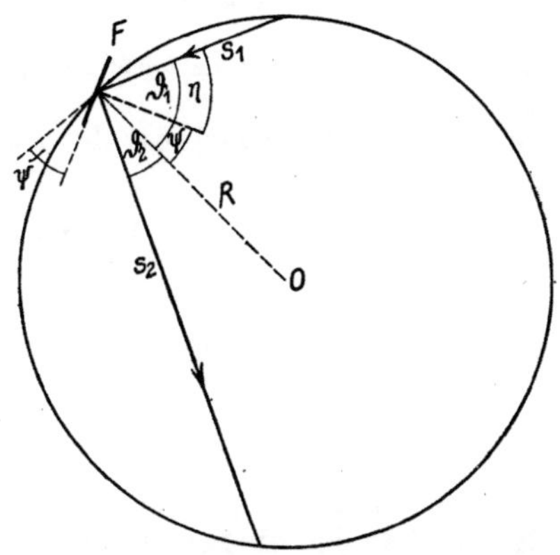

Abb. 5. Zur Ableitung des WIENschen Verschiebungsgesetzes

Es bedeuten s_1 und s_2 die Längen der zu ϑ_1 und ϑ_2 gehörigen Sehnen (siehe Abb. 5), dann ist

$$\cos\vartheta_1 = \frac{s_1}{2R}; \qquad \cos\vartheta_2 = \frac{s_2}{2R} \qquad \text{und} \qquad \nu' = \nu\left(1 - \frac{v}{c}\cdot\frac{s_1 + s_2}{2R}\right).$$

Folgen n solche Reflexionen aufeinander, so ist

$$\nu' = \nu\left(1 - \frac{v}{c}\,\frac{s_1 + s_2}{2R}\right)\left(1 - \frac{v}{c}\,\frac{s_2 + s_3}{2R}\right)\cdots\left(1 - \frac{v}{c}\,\frac{s_n + s_{n+1}}{2R}\right) \tag{57}$$

oder, da $\frac{v}{c} \ll 1$,

$$\nu' = \nu\left(1 - \frac{v}{c}\cdot\frac{s_1 + 2s_2 + 2s_3 + \cdots 2s_n + s_{n+1}}{2R}\right). \tag{58}$$

Es sei nun n eine sehr große Zahl; dann können wir ohne merklichen Fehler schreiben

$$\nu' = \nu\left(1 - \frac{v}{c}\cdot\frac{1}{R}\sum_1^n s_k\right). \tag{59}$$

Nun ist $\sum_1^n s_k = c\,\mathfrak{T} = \frac{c}{v}\,\Delta R$. Hieraus folgt

$$\nu' = \nu\left(1 - \frac{\Delta R}{R}\right) = \nu\left(1 - \frac{1}{3}\,\frac{\Delta V}{V}\right), \tag{60}$$

oder auf Wellenlängen bezogen, da $\lambda = \frac{c}{\nu}$ und $\frac{\Delta R}{R} \ll 1$,

$$\lambda' = \lambda\left(1 + \frac{\Delta R}{R}\right) = \lambda\left(1 + \frac{1}{3}\,\frac{\Delta V}{V}\right). \tag{61}$$

Mit der Änderung der Schwingungszahl ist aber auch eine Änderung der Intensität J des Bündels verbunden, denn bei der Ausdehnung der Kugel hat die Strahlung äußere Arbeit geleistet, und das kann nur auf Kosten der Strahlungsenergie geschehen. Die bei einer Reflexion auftretende Kraft ist gemäß Gleichung (37)

$$k = \frac{J}{c}\,(\cos\vartheta_1 + \cos\vartheta_2)\,. \tag{62}$$

Ist die Verschiebung der Kugelfläche in der Zeit δt gleich δR, so ist die geleistete Arbeit

$$A = k\,\delta R = k\,v\,\delta t = J\,\frac{v}{c}\,(\cos\vartheta_1 + \cos\vartheta_2)\,\delta t\,. \tag{63}$$

Die durch den Querschnitt des Bündels in der Zeit δt fließende Energie ist daher nach der Reflexion

$$J'\delta t = J\,\delta t - A = J\left[1 - \frac{v}{c}\,(\cos\vartheta_1 + \cos\vartheta_2)\right]\delta t\,. \tag{64}$$

Die Änderung der Intensität des Bündels nach sehr vielen Reflexionen ergibt sich dann durch einfache Rechnung in der gleichen Weise wie die Änderung der Schwingungszahl zu

$$J' = J\left(1 - \frac{1}{3}\,\frac{\Delta V}{V}\right). \tag{65}$$

Es ist also mit der Strahlung eine doppelte Veränderung vorgegangen. Einmal hat sich die Schwingungszahl von ν in ν' verwandelt, ferner hat die Energie der Strahlung wegen der geleisteten Arbeit um den Bruchteil $\frac{1}{3}\,\frac{\Delta V}{V}$ abgenommen. Die Energiedichte ist nicht nur wegen der Abnahme der Gesamtenergie, sondern auch wegen der Vergrößerung des Volumens kleiner geworden.

Wir fassen jetzt ein bestimmtes, unveränderliches Schwingungszahlgebiet $d\nu$ ins Auge und fragen nach der in ihm enthaltenen Energie vor und nach der Volumänderung. Die in ihm anfänglich enthaltene Energie

$$U = V\,\mathfrak{u}_\nu\,d\nu \tag{66}$$

ist, wenn wir $d\nu < \nu - \nu'$ wählen, ganz aus diesem Bereich verschwunden. Dagegen ist in diesen Bereich Energie eines anderen Bereichs $d\nu_1$ neu eingetreten. Diese habe zu Beginn des Prozesses

$$U_1 = V\,\mathfrak{u}_{\nu_1}\,d\nu_1 \tag{67}$$

betragen. Nach dem Prozeß beträgt sie gemäß Gleichung (65) nur noch

$$U_1' = U_1\left(1 - \frac{1}{3}\,\frac{\Delta V}{V}\right), \tag{68}$$

ν_1 und ν sind einander gemäß Gleichung (60) durch die Beziehung

$$\nu = \nu_1\left(1 - \frac{1}{3}\frac{\Delta V}{V}\right) \quad \text{bzw.} \quad \nu_1 = \nu\left(1 + \frac{1}{3}\frac{\Delta V}{V}\right) \tag{69}$$

zugeordnet. Es ist daher auch

$$d\nu_1 = d\nu\left(1 + \frac{1}{3}\frac{\Delta V}{V}\right). \tag{70}$$

Es ergibt sich so als die Änderung der Energie im Bereich $d\nu$

$$\Delta U = U_1' - U = V\mathfrak{u}_{\nu_1}d\nu\left(1+\frac{1}{3}\frac{\Delta V}{V}\right)\left(1-\frac{1}{3}\frac{\Delta V}{V}\right) - V\mathfrak{u}_\nu d\nu = V(\mathfrak{u}_{\nu_1} - \mathfrak{u}_\nu)\,d\nu. \tag{71}$$

Nun können wir, da es sich nur um sehr kleine Änderungen handelt, schreiben

$$\mathfrak{u}_{\nu_1} = \mathfrak{u}_\nu + (\nu_1 - \nu)\frac{\partial \mathfrak{u}_\nu}{\partial \nu} + \cdots \tag{72}$$

oder gemäß Gleichung (69)

$$\mathfrak{u}_{\nu_1} - \mathfrak{u}_\nu = \frac{\nu}{3}\frac{\Delta V}{V}\frac{\partial \mathfrak{u}_\nu}{\partial \nu}. \tag{73}$$

Es folgt

$$\Delta U = (\mathfrak{u}_\nu \Delta V + V\Delta \mathfrak{u}_\nu)\,d\nu = V d\nu \frac{\nu}{3}\frac{\Delta V}{V}\frac{\partial \mathfrak{u}_\nu}{\partial \nu} \tag{74}$$

oder

$$V\frac{\partial \mathfrak{u}_\nu}{\partial V} = \frac{\nu}{3}\frac{\partial \mathfrak{u}_\nu}{\partial \nu} - \mathfrak{u}_\nu. \tag{75}$$

Die Lösung dieser Differentialgleichung lautet

$$\mathfrak{u}_\nu = \frac{1}{V}\varphi(\nu^3 V), \tag{76}$$

wobei φ eine vorerst ganz beliebige Funktion ist. Nach Gleichung (52) können wir statt dessen auch schreiben

$$\mathfrak{u}_\nu = T^3\varphi_1\left(\frac{\nu^3}{T^3}\right) \tag{77}$$

oder

$$\mathfrak{u}_\nu = \nu^3\varphi_2\left(\frac{\nu}{T}\right)$$

oder

$$\mathfrak{u}_\nu = \nu^3\varphi_3\left(\frac{T}{\nu}\right),$$

wobei $\varphi_1, \varphi_2, \varphi_3$ natürlich verschiedene Funktionen sind. Wie aus den Gleichungen (19) und (28) leicht zu beweisen ist, ist für gleiches ν allgemein $\mathfrak{u}_\nu q_\nu^3 = \text{konst.}$ Wir können daher auch schreiben, da im Vakuum $q_\nu = c$,

$$\mathfrak{u}_\nu = \frac{\nu^3}{c^3}\varphi_4\left(\frac{T}{\nu}\right). \tag{78}$$

Dann ist die Funktion φ_4 unabhängig von der Natur des Mediums. Durch Integration über alle Schwingungszahlen folgt die Gesamtdichte

$$u = \int_0^\infty \mathfrak{u}_\nu d\nu = \int_0^\infty \frac{\nu^3}{c^3}\varphi\left(\frac{T}{\nu}\right)d\nu = \frac{T^4}{c^3}\int_0^\infty \frac{1}{z^5}\varphi(z)\,dz = aT^4, \tag{79}$$

$$\left(z = \frac{T}{\nu}\right)$$

in Übereinstimmung mit dem STEFAN-BOLTZMANNschen Gesetz.

Die durch die Gleichung (76), (77) und (78) in verschiedenen Formen ausgedrückte Gesetzmäßigkeit bezeichnet man als das WIENsche Verschiebungsgesetz[1].

Aus Gleichung (19) und (78) folgt

$$\mathfrak{K}_\nu = c\,\nu^3 f\left(\frac{T}{\nu}\right) \tag{80}$$

und aus Gleichung (16)

$$E_\lambda = \frac{c}{\lambda^2}\mathfrak{K}_\nu = \frac{c^5}{\lambda^5}f\left(\frac{\lambda T}{c}\right). \tag{81}$$

[1] W. WIEN, Berl. Ber. 1893, S. 55; Wied. Ann. Bd. 52, S. 132. 1894.

Differenzieren wir die letzte Gleichung nach λ und setzen den Differentialquotienten gleich Null, so erhalten wir eine Gleichung für die Wellenlänge λ_m, bei der, in der Skala der Wellenlängen gemessen, das Maximum der Energie im Spektrum der schwarzen Strahlung liegt,

$$5 f\left(\frac{\lambda T}{c}\right) - \frac{\lambda T}{c} \dot{f}\left(\frac{\lambda T}{c}\right) = 0 . \tag{82}$$

Diese Gleichung enthält λ und T nur noch in der Form $\frac{\lambda T}{c}$. Bei Kenntnis der Funktion f erhält man also eine ganz bestimmte Lösung

$$\lambda_m \cdot T = b , \tag{83}$$

wobei b eine Konstante bedeutet, deren Wert die Messungen (s. Ziff. 23) zu

$$b = 0{,}288 \text{ cm} \cdot \text{grad}$$

ergeben haben. Setzen wir $\lambda_m = \frac{b}{T}$ in Gleichung (77) ein, so folgt

$$E_{\lambda_m} = \text{konst.} \cdot T^5 . \tag{84}$$

Die Energie des Strahlungsmaximums (in der Skala der Wellenlängen) ist also der fünften Potenz der absoluten Temperatur proportional. Führt man die gleichen Überlegungen statt für E_λ für $\mathfrak{K}_\nu$ durch, so ergibt sich

$$\mathfrak{K}_{\nu_m} = \text{konst.} \cdot T^3 . \tag{85}$$

8. Das Strahlungsfeld als elektromagnetischer Schwingungsvorgang. Wir haben bisher noch keinen Gebrauch davon gemacht, daß die Strahlung ein elektromagnetischer Vorgang ist. Nunmehr aber wollen wir die bisher zur Charakterisierung eines Strahlungsvorganges eingeführten Ausdrücke in die Sprache der elektromagnetischen Lichttheorie übersetzen.

Die Grundlage der Theorie bilden die MAXWELL-HERTZschen Grundgleichungen[1] für das Vakuum

$$\dot{\mathfrak{E}} = c \operatorname{rot} \mathfrak{H} , \tag{86}$$
$$\dot{\mathfrak{H}} = -c \operatorname{rot} \mathfrak{E} , \tag{87}$$
$$\operatorname{div} \mathfrak{E} = 0 , \tag{88}$$
$$\operatorname{div} \mathfrak{H} = 0 . \tag{89}$$

Darin bedeutet

$\mathfrak{E}$ mit den Komponenten $\mathfrak{E}_x$, $\mathfrak{E}_y$, $\mathfrak{E}_z$ die elektrische Feldstärke,
$\mathfrak{H}$ „ „ „ $\mathfrak{H}_x$, $\mathfrak{H}_y$, $\mathfrak{H}_z$ „ magnetische „

Betrachten wir eine bestimmte Stelle im Strahlungsfelde, so wird der elektromagnetische Zustand dort bedingt durch alle Elementarbündel, welche gleichzeitig diese Stelle passieren. Der Zustand ist also im allgemeinen sehr verwickelt und mit der Zeit veränderlich. Greifen wir aber jetzt einen Zeitraum von $t = 0$ bis $t = \mathfrak{T}$ heraus, den wir so groß wählen, daß für alle in Frage kommenden Schwingungen nicht nur $\mathfrak{T}$, sondern auch das Zeitdifferential dt sehr groß wird gegen die Zeitdauer $\tau = \frac{1}{\nu}$ einer Schwingung, so kann man den Zustand während dieser Zeit stets als FOURIERsche Reihe darstellen von der Form

$$\mathfrak{E}_x = \sum_{n=1}^{n=\infty} C_n \cos\left(\frac{2\pi n t}{\mathfrak{T}} + \vartheta_n\right) \tag{90}$$

und analoge Ausdrücke für die anderen 5 Komponenten der Feldstärke. Dabei soll die Unterteilung in Partialschwingungen derart gewählt sein, daß die Breite $d\nu$

[1] Siehe z. B. M. ABRAHAM, Theorie der Elektrizität. Leipzig: B. G. Teubner.

eines Schwingungszahlbereichs eine sehr große Zahl von Partialschwingungen, etwa von n bis $n+k$, umfaßt, wobei $k \gg 1$.

Die Ausdrücke (90) sind, wie man durch Einsetzen leicht feststellen kann, Lösungen der Grundgleichungen (86) bis (89).

Die Schwingungszahl einer Partialschwingung ist

$$\nu = \frac{n}{\mathfrak{T}} \qquad (n = 1, 2, 3, \ldots, \infty). \tag{91}$$

C_n ist die Amplitude der n-ten Schwingung. Sie ist wegen Gleichung (91) von $\mathfrak{T}$ abhängig. Nun ist die Energiedichte des elektromagnetischen Feldes

$$u = \frac{1}{8\pi}\left(\overline{\mathfrak{E}^2} + \overline{\mathfrak{H}^2}\right), \tag{92}$$

wobei der Strich die Mittelwertsbildung andeuten soll. Wir nehmen jetzt an, daß es sich um schwarze Strahlung im Vakuum handelt. Dann ist die Strahlung in jeder Hinsicht im Mittelwert gleichmäßig verteilt, und es ist

$$\overline{\mathfrak{E}_x^2} = \overline{\mathfrak{E}_y^2} = \overline{\mathfrak{E}_z^2} = \overline{\mathfrak{H}_x^2} = \overline{\mathfrak{H}_y^2} = \overline{\mathfrak{H}_z^2} \tag{93}$$

also

$$u = \frac{3}{4\pi}\overline{\mathfrak{E}_x^2} = \frac{3}{4\pi}\overline{\left[\sum_1^\infty C_n \cos\left(\frac{2\pi n t}{\mathfrak{T}} + \vartheta_n\right)\right]^2}. \tag{94}$$

Die Ausrechnung, deren Einzelheiten wir übergehen, ergibt

$$u = \int_0^\infty \mathfrak{u}_\nu \, d\nu = \frac{3}{8\pi}\sum_1^\infty C_n^2. \tag{95}$$

Die Gesamtintensität ergibt sich dann zu

$$K = \frac{3c}{32\pi^2}\sum_1^\infty C_n^2. \tag{96}$$

Der Spektralbereich $d\nu$ umfasse die Partialschwingungen von n bis $n+k$. Dann wird

$$d\nu = \frac{k}{\mathfrak{T}}, \tag{97}$$

und gemäß Gleichung (95)

$$\mathfrak{u}_\nu \, d\nu = \frac{3}{8\pi}\sum_n^{n+k} C_n^2 \qquad \text{oder} \qquad \mathfrak{u}_\nu = \frac{3}{8\pi}\mathfrak{T}\,\frac{\sum_n^{n+k} C_n^2}{k}. \tag{98}$$

Es ist aber $\frac{1}{k}\sum_n^{n+k} C_n^2$ der Mittelwert $\overline{C_n^2}$ von C_n^2 im Bereiche n bis $n+k$, daher

$$\mathfrak{u}_\nu = \frac{3}{8\pi}\mathfrak{T}\,\overline{C_n^2} \qquad \text{und} \qquad \mathfrak{K}_\nu = \frac{3c}{64\pi^2}\mathfrak{T}\,\overline{C_n^2}. \tag{99}$$

Durch spektrale Zerlegung von $\overline{\mathfrak{E}_x^2}$ erhalten wir noch

$$\overline{\mathfrak{E}_x^2} = \int_0^\infty \mathfrak{J}_\nu \, d\nu. \tag{100}$$

Dann folgt aus Gleichung (92)

$$\mathfrak{u}_\nu = \frac{3}{4\pi}\mathfrak{J}_\nu, \qquad \mathfrak{K}_\nu = \frac{3c}{32\pi^2}\mathfrak{J}_\nu. \tag{101}$$

9. Ältere Strahlungsformeln. Formeln von Rayleigh-Jeans und W. Wien. Die Versuche, auf Grund der klassischen Theorie ein mit der Erfahrung übereinstimmendes Strahlungsgesetz aufzustellen, d. h. die in dem WIENschen Verschiebungsgesetz auftretende Funktion φ zu bestimmen, sind überaus zahlreich. Keiner dieser Versuche ist erfolgreich gewesen und konnte es auch nicht sein, wie wir heute wissen. Wegen seines historischen Interesses sei hier besonders das Strahlungsgesetz von Lord RAYLEIGH und JEANS erwähnt. Lord RAYLEIGH[1] untersuchte die Gesamtheit der elastischen Eigenschwingungen, deren ein würfelförmiger Körper fähig ist, und die Verteilung der Energie auf die einzelnen Eigenschwingungen, unter der Voraussetzung, daß der Satz von der gleichmäßigen Verteilung der Energie auf alle Freiheitsgrade gültig sei. Dieses Verfahren übertrug JEANS[2] auf die elektromagnetischen Eigenschwingungen eines evakuierten Hohlraums mit vollkommen spiegelnden Wänden, also auf die Gesamtheit der stehenden Wellen der in einem solchen Hohlraum befindlichen Strahlung. Es ergibt sich dann eine ganz bestimmte Energieverteilung auf die einzelnen Spektralbereiche $d\nu$. Die Strahlungsformel von RAYLEIGH-JEANS lautet

$$\mathfrak{K}_\nu = \frac{k\nu^2 T}{c^2} \quad \text{oder} \quad E_\lambda = \frac{c k T}{\lambda^4} \tag{102}$$

bzw.

$$\mathfrak{u}_\nu = \frac{8\pi k \nu^2 T}{c^3}, \tag{103}$$

wobei k eine Konstante ist. Es ist klar, daß diese Gleichung der Wirklichkeit nicht entsprechen kann, denn einmal liefert sie nicht das STEFAN-BOLTZMANNsche Gesetz, andererseits ergibt sie überhaupt eine unendlich große Gesamtdichte u, da k eine endliche Größe ist, auf deren Wert wir später zurückkommen werden. Trotzdem hat das RAYLEIGH-JEANSsche Gesetz Bedeutung, da es nämlich für große Werte von λT mit der Erfahrung übereinstimmt. Wir werden es in der Tat später als Grenzfall des PLANCKschen Strahlungsgesetzes für große Werte von λT wiederfinden.

H. A. LORENTZ[3] kommt zu dem gleichen Gesetz durch Untersuchung des Gleichgewichts, welches sich in einer dünnen Metallplatte zwischen den freien Elektronen und der Strahlung einstellt, wenn die Platte sich in einem stationären Strahlungsfelde befindet.

Das Ergebnis aller Versuche auf dem Boden der klassischen Theorie ist stets das gleiche: Sie führen alle zum Gesetz von RAYLEIGH-JEANS.

Durch eine Modifikation der Überlegungen von LORENTZ kommt W. WIEN[4] zu einem anderen Strahlungsgesetz. Im Widerspruch zur klassischen Theorie und natürlich ohne die Möglichkeit einer theoretischen Begründung führt er die Hypothese ein, daß die Elektronen im Metall infolge ihrer Wärmebewegung nicht eine Strahlung aussenden, welche man in eine FOURIERsche Reihe zerlegen kann, sondern daß sie nur Strahlung einer einzigen Wellenlänge aussenden, welche durch ihre Geschwindigkeit gegeben ist. Diese wird nach dem MAXWELLschen Gesetz der Verteilung der Geschwindigkeiten berechnet. WIEN kommt zu folgendem Ergebnis

$$E_\lambda = \frac{C_1}{\lambda^5} e^{-\frac{C_2}{\lambda T}} \quad \text{bzw.} \quad \mathfrak{K}_\nu = C_1 \nu^3 e^{-C_2 \frac{\nu}{T}} \tag{104}$$

Dieses Gesetz ist in Übereinstimmung mit dem STEFAN-BOLTZMANNschen Gesetz, liefert auch eine endliche Energiedichte. Aber es stimmt mit der Erfahrung nur in einem begrenzten Gebiet, nämlich für kleine Werte von λT, überein.

[1] Lord RAYLEIGH, Phil. Mag. Bd. 49, S. 539. 1900.
[2] J. H. JEANS, Phil. Mag. Bd. 10, S. 91. 1905.
[3] H. A. LORENTZ, Proc. Amsterdam, Mai 1903.
[4] W. WIEN, Wied. Ann. Bd. 58, S. 662. 1896.

b) Das Strahlungsgesetz von Planck, Quantentheorie.

10. Entropie und Wahrscheinlichkeit. Bei der Ableitung des Planckschen Strahlungsgesetzes werden wir zunächst im wesentlichen dem von Planck selbst eingeschlagenen Wege folgen[1]. Auf diesem Wege werden wir vorerst den Boden der klassischen Theorie nicht verlassen. Das wird erst in dem Augenblick geschehen, in dem diese uns zu Widersprüchen mit der Erfahrung führt. Es ist dies also das am wenigsten radikale Verfahren. Wie wir später sehen werden (Ziff. 15), ist es auch möglich, zum gleichen Resultat zu kommen, wenn man den Boden der klassischen Physik in einem weit früheren Stadium verläßt, als dies Planck tut.

Wie wir gesehen haben, stellt die stationäre schwarze Strahlung den stabilen Gleichgewichtszustand dar, also den Zustand, bei dem die Entropie der Strahlung ein Maximum ist. Während es für die Gesamtstrahlung genügte, die Entropie thermodynamisch zu definieren, d. h. durch makroskopisch gegebene Größen, müssen wir, wenn es sich um die spektrale Energieverteilung handelt, tiefer in das eigentliche physikalische Wesen der Entropie eindringen. Dabei müssen wir in analoger Weise verfahren, wie dies L. Boltzmann bezüglich der Entropie der Gase getan hat. Boltzmanns Überlegungen haben kurz folgenden Inhalt. Wenn ein bestimmtes Gasvolumen, welches aus einer ungeheuer großen Zahl von Molekülen besteht, einen bestimmten Energieinhalt hat, so ist damit das Verhalten des Gases im einzelnen noch keineswegs bekannt. Die Gesamtenergie des Gases ist gleich der Summe der kinetischen und potentiellen Energien der einzelnen Gasmoleküle, und diese Energiesumme kann auf unendlich viele verschiedene Weisen auf die Moleküle verteilt sein. Denken wir uns eine ganz bestimmte willkürliche Energieverteilung einmal gegeben, derart, daß wir jedem einzelnen Molekül eine bestimmte Energie und Lage in einem gegebenen Augenblick zuordnen, so können wir noch eine ungeheuer große Anzahl anderer Verteilungen angeben, welche mit der gegebenen Verteilung völlig gleichwertig sind, indem nur die Zustände je zweier Moleküle miteinander vertauscht sind. Eine bestimmte vorgegebene Verteilung der Energie ist also stets durch eine mehr oder weniger große Zahl von „Komplexionen" zu realisieren. Wenn keine besonderen einschränkenden Voraussetzungen gemacht werden, ist jede beliebige, mit der gegebenen Gesamtenergie verträgliche Verteilung der Energie auf die einzelnen Moleküle, d. h. jede einzelne Komplexion, a priori gleich wahrscheinlich. Die Wahrscheinlichkeit eines bestimmten Zustandes ist daher proportional der Anzahl von Komplexionen, durch welche dieser Zustand realisiert werden kann. Die Diskussion dieser Verhältnisse auf Grund der Wahrscheinlichkeitstheorie zeigt nun, daß immer dann, wenn wir es mit einer sehr großen Zahl von Einzelindividuen — in diesem Falle den Molekülen — zu tun haben, es einen bestimmten Zustand gibt, der durch eine ganz überwiegend große Zahl von Komplexionen realisiert werden kann, derart, daß die Zahl der Komplexionen, welche zu einem auch nur sehr wenig davon verschiedenen Zustand gehören, demgegenüber ganz verschwindend klein ist. Da alle Komplexionen als gleich wahrscheinlich anzusehen sind, so kommt im Verlaufe des Geschehens auch jede beliebige Komplexion irgendwann einmal vor, aber da die Zahl der Komplexionen, welche dem einen ausgezeichneten Zustande entsprechen, so überwältigend groß ist, sind alle auch nur wenig von ihm abweichenden Zustände ganz außerordent-

[1] Planck hat die Art der Ableitung mehrfach modifiziert. Der Vergleich der in den einzelnen Auflagen seines Buches über „Wärmestrahlung" verwendeten Methoden ist äußerst interessant und bietet einen wertvollen Einblick in die zeitliche Entwicklung der Quantentheorie.

lich selten, ja der ausgezeichnete Zustand ist der praktisch allein vorkommende. Haben wir es nun anfänglich mit einem beliebig gegebenen Zustand zu tun, also einer ganz willkürlichen Energieverteilung, und ist ferner die Möglichkeit gegeben, daß sich diese Energieverteilung ändert — was im Falle eines Gases durch die Zusammenstöße der Moleküle eintritt und, wie hier gleich bemerkt sei, im Falle der Strahlung durch die Wechselwirkung mit der Materie — so wird unter den folgenden Zuständen praktisch nur der ausgezeichnete Zustand eintreten, nämlich derjenige, der infolge der überwiegenden Zahl der ihn realisierenden Komplexionen der wahrscheinlichste Zustand ist. Dies ist der Gleichgewichtszustand, also auch der Zustand maximaler Entropie. Hieraus folgt, daß die Entropie eine Funktion der mathematischen Wahrscheinlichkeit w des Zustandes eines Systems ist bzw. eine Funktion der Anzahl der Komplexionen W, welche diesen Zustand realisieren. Diese Anzahl W ist eine sehr große, ganze, positive Zahl. Sie wird, im Gegensatz zur mathematischen Wahrscheinlichkeit w, welche stets ein echter Bruch ist, auch als „thermodynamische Wahrscheinlichkeit" bezeichnet. Wir können demnach als Ausdruck für die Entropie schreiben

$$S = f(W). \tag{105}$$

Haben wir es nun mit mehreren Systemen in beliebigen Zuständen zu tun, deren Entropien $S_1, S_2, \ldots S_n$, und deren thermodynamische Wahrscheinlichkeiten $W_1, W_2, \ldots, W_n$ seien, so gilt für die Entropie S der Gesamtheit dieser Systeme

$$S = S_1 + S_2 + \ldots + S_n, \tag{106}$$

für ihre Wahrscheinlichkeit W aber

$$W = W_1 \cdot W_2 \ldots W_n. \tag{107}$$

Die Gleichungen (105), (106) und (107) sind aber nur dann miteinander verträglich, wenn allgemein[1]

$$S = k \log W. \tag{108}$$

Diese Gleichung muß mit der gleichen Konstanten k für jedes beliebige System, unabhängig von seiner Natur (als Gas, Strahlung usw.) gelten. Aus ihrer Anwendung auf ideale Gase ergibt sich, daß

$$k = \frac{R}{N} = 1{,}372 \cdot 10^{-16}\ \text{erg/grad}. \tag{109}$$

(R = allg. Gaskonstante, N = Anzahl der Moleküle im Mol). Die Konstante k hat gastheoretisch die Bedeutung, daß $\frac{1}{2} kT$ die im Durchschnitt auf je einen Freiheitsgrad eines Gasmoleküls bei der Temperatur T entfallende Energie ist, so daß die mittlere kinetische Energie eines einatomigen Gasmoleküls, welches drei Freiheitsgrade besitzt, gleich $\frac{3}{2} kT$ ist.

In der Gastheorie führt die weitere Verfolgung dieses Gedankenganges zum MAXWELLschen Gesetz der Geschwindigkeitsverteilung, und zwar auf dem Boden der klassischen Theorie. Bei der Lösung des Problems wird man stets auf die Notwendigkeit geführt, festzustellen, welche Zustände man als gleich wahrscheinlich anzusehen hat. Die klassische Theorie ist dadurch charakterisiert, daß sie jeden, mit den gegebenen Bedingungen verträglichen Zustand als gleich wahrscheinlich ansieht. Tut man dies auch im Falle der Strahlung, so kommen wir zum Strahlungsgesetz von RAYLEIGH-JEANS. Das Kernproblem der Strahlungstheorie ist daher, derartige Annahmen über die als gleich wahrscheinlich anzusehenden Zustände zu machen, daß das Ergebnis mit der Erfahrung übereinstimmt. Diese Forderung führt, wie wir sehen werden, zur Quantentheorie.

[1] Unter log ist hier stets der natürliche Logarithmus zu verstehen.

Wir werden nunmehr zwecks Ableitung des Strahlungsgesetzes den folgenden Weg gehen. Wir denken uns Strahlung als im Gleichgewicht befindlich mit einer sehr großen Zahl von Molekülen. Diese denken wir uns als ideale, lineare, elektrische Oszillatoren, d. h. als Gebilde, welche aus einer elastisch an eine Ruhelage gebundenen positiven elektrischen Ladung e bestehen, welche durch eine in deren Ruhelage fest befindliche negative Ladung von gleicher Größe nach außen hin elektrisch kompensiert sei. Wie PLANCK gezeigt hat, ist diese Idealisierung ohne Einfluß auf das Ergebnis. Es ist das gleiche, ob man ideale Oszillatoren annimmt oder um eine Achse rotierende Ladungen oder der Atomtheorie von BOHR entsprechende Atome. Wir berechnen nunmehr den wahrscheinlichsten Zustand dieses Oszillatorensystems, d. h. die wahrscheinlichste Verteilung der Schwingungsenergie auf die Oszillatoren. Da die Oszillatoren infolge ihrer Schwingungen mit der Strahlung in Wechselwirkung stehen, indem sie Strahlung absorbieren und emittieren, so ist durch den Zustand des Oszillatorensystems gleichzeitig auch der Zustand der Strahlung eindeutig gegeben.

11. System von Oszillatoren. Zur Charakterisierung einer bestimmten Verteilung der Energie auf die einzelnen Moleküle (Oszillatoren) des Systems definieren wir den sog. Zustandsraum. Wenn ein Molekül f Freiheitsgrade hat, so ist der Zustand eines Moleküls definiert durch $2f$ Variable, nämlich f räumliche Koordinaten und f Größen, welche von seiner kinetischen Energie abhängen, also etwa seine Geschwindigkeitskomponenten oder Funktionen derselben. Diese $2f$ Variablen denken wir uns als die Koordinaten eines $2f$-dimensionalen Raumes. Dann entspricht jedem Punkte dieses Raumes jeweils ein ganz bestimmter Zustand eines Moleküls, z. B. eine ganz bestimmte Energie. Wir denken uns ferner den Zustandsraum in sehr kleine Elementargebiete eingeteilt, die aber doch noch so groß sind, daß die Zahl der Moleküle, welche einem bestimmten Elementargebiet angehören, eine sehr große Zahl ist. Das ist stets möglich, wenn wir nur die Gesamtzahl N der Moleküle ausreichend groß annehmen. Jedem Elementargebiet entspricht ein bestimmter Mittelwert der Energie. Die Elementargebiete seien fortlaufend numeriert, und es bedeuten

$$\varepsilon_1, \varepsilon_2, \varepsilon_3, \ldots, \varepsilon_n, \ldots$$

die Mittelwerte der Energie im ersten, zweiten, ..., n-ten Elementargebiet, desgleichen

$$N_1, N_2, N_3, \ldots, N_n, \ldots$$

die Zahl der Moleküle, welche jeweils diesen Elementargebieten angehören. Die Numerierung der Elementargebiete sei so vorgenommen, daß

$$\varepsilon_1 < \varepsilon_2 < \varepsilon_3 < \cdots < \varepsilon_n < \cdots. \tag{110}$$

Setzen wir jetzt

$$\frac{N_1}{N} = w_1, \qquad \frac{N_2}{N} = w_2, \qquad \frac{N_3}{N} = w_3, \qquad \ldots \tag{111}$$

so ist w_n die mathematische Wahrscheinlichkeit dafür, daß bei einer vorgegebenen Verteilung der Energie auf die Moleküle ein bestimmtes Molekül im n-ten Elementargebiet liegt. Wir haben demnach

$$N_1 + N_2 + \cdots = N. \tag{112}$$

$$w_1 + w_2 + \cdots = 1. \tag{113}$$

Die Gesamtenergie des Molekülsystems ist

$$E = N_1\varepsilon_1 + N_2\varepsilon_2 + \cdots = N(w_1\varepsilon_1 + w_2\varepsilon_2 + \cdots) = N\varepsilon, \tag{114}$$

wobei ε den Mittelwert der Molekularenergie überhaupt bedeutet.

Andererseits ist, wie die Wahrscheinlichkeitstheorie zeigt, die einer bestimmten, durch die Einzelwerte von N_1, N_2 usw. charakterisierten Verteilung entsprechende Zahl von Komplexionen oder die thermodynamische Wahrscheinlichkeit

$$W = \frac{N!}{N_1!\,N_2!\,N_3!\ldots} \qquad (N! = N(N-1)(N-2)\ldots 3\cdot 2\cdot 1) \tag{115}$$

oder unter Anwendung der STIRLINGschen Formel für große Werte von x

$$x! = \left(\frac{x}{e}\right)^x \tag{116}$$

$$W = \left(\frac{N}{N_1}\right)^{N_1}\cdot\left(\frac{N}{N_2}\right)^{N_2}\cdot\left(\frac{N}{N_3}\right)^{N_3}\ldots = \left(\frac{1}{w_1}\right)^{Nw_1}\cdot\left(\frac{1}{w_2}\right)^{Nw_2}\cdot\left(\frac{1}{w_3}\right)^{Nw_3}\ldots \tag{117}$$

Es ergibt sich daher gemäß Gleichung (108) für die Entropie des Systems

$$S = -kN\sum w_n\cdot\log w_n\,. \tag{118}$$

Der Zustand maximaler Entropie, der der gegebenen Gesamtenergie E entspricht, ergibt sich nun, indem wir setzen

$$\delta S = 0 \qquad \text{oder} \qquad \sum \log w_n\,\delta w_n + \sum \delta w_n = 0\,. \tag{119}$$

Hierzu kommt noch die Bedingung für die Konstanz der Energie E

$$\delta E = 0 \qquad \text{oder} \qquad \sum \varepsilon_n\,\delta w_n = 0 \tag{120}$$

und als dritte Bedingung gemäß Gleichung (113)

$$\sum \delta w_n = 0\,. \tag{121}$$

Aus den Gleichungen (119), (120) und (121) folgt

$$w_n = \alpha\, e^{-\beta\varepsilon_n}\,. \tag{122}$$

Die Konstanten α und β sind nach den Gleichungen (113) und (114) definiert durch

$$\alpha = \frac{1}{\sum e^{-\beta\varepsilon_n}}\,. \tag{123a}$$

$$\sum \varepsilon_n e^{-\beta\varepsilon_n} = \varepsilon\sum e^{-\beta\varepsilon_n}\,. \tag{123b}$$

Durch Einsetzen in Gleichung (118) ergibt sich der Wert der Entropie

$$S = kN\log\sum e^{-\beta\varepsilon_n} + k\beta E\,. \tag{124}$$

Dann folgt die Temperatur des Systems[1] aus

$$\frac{1}{T} = \frac{dS}{dE} = k\beta\,, \tag{125}$$

so daß

$$\beta = \frac{1}{kT}\,. \tag{126}$$

Ferner

$$w_n = \frac{e^{-\frac{\varepsilon_n}{kT}}}{\sum e^{-\frac{\varepsilon_n}{kT}}} = \frac{N_n}{N}\,, \tag{127}$$

$$E = \frac{\sum \varepsilon_n e^{-\frac{\varepsilon_n}{kT}}}{\sum e^{-\frac{\varepsilon_n}{kT}}} \tag{128}$$

und

$$S = \frac{E}{T} + kN\cdot\log\sum e^{-\frac{\varepsilon_n}{kT}}\,. \tag{129}$$

[1] Siehe z. B. M. PLANCK, Thermodynamik, 3. Aufl., S. 120.

Die angestellten Überlegungen liefern uns aber nur dann den wirklichen Gleichgewichtszustand des Systems, wenn der Zugehörigkeit eines Moleküls zu irgendeinem Elementargebiet des Zustandsraumes stets die gleiche Wahrscheinlichkeit zukommt. Denn auf dieser Voraussetzung beruht der funktionelle Zusammenhang zwischen Entropie und Wahrscheinlichkeit. Bisher haben wir stillschweigend angenommen, daß die von uns angenommene Einteilung des Zustandsraumes dieser Bedingung entspricht. Nunmehr stehen wir aber, wenn wir die zuletzt gefundenen Beziehungen weiter auswerten wollen, vor der Notwendigkeit, eine dieser Bedingung entsprechende Einteilung auch wirklich vorzunehmen, also den Zustandsraum in Elementargebiete so einzuteilen, daß wir Elementargebiete gleicher Wahrscheinlichkeit erhalten.

Ein zwingender physikalischer Grund für eine bestimmte Art der Einteilung liegt vorläufig nicht vor, ja es ist überhaupt bisher noch ganz willkürlich, welche Funktion der Bewegung der Oszillatoren wir dem Aufbau des Zustandsraumes zugrunde legen wollen. Es liegt aber nahe, anzunehmen, daß Elementargebiete gleicher Wahrscheinlichkeit unter sich gleich groß sind. Setzt man dieses voraus, so ist damit auch die Art der Variablen zwangsläufig gegeben, die wir als Koordinaten des Zustandsraumes anzuwenden haben. Da nämlich Zustände, die sich gegenseitig notwendig bedingen, gleich wahrscheinlich sind, so ist der Zustand, in dem sich die zu einer bestimmten Zeit einem bestimmten Elementargebiet angehörenden Moleküle nach Ablauf einer gewissen Zeit befinden werden, ebenso wahrscheinlich wie der Anfangszustand. Es muß daher die Größe des Elementargebiets des Zustandsraumes sich im Verlaufe des Geschehens nicht ändern, wenn sich auch die Werte der einzelnen Variabeln noch so sehr ändern mögen. Nach dem LIOUVILLEschen Satze bleibt nun ein bestimmtes herausgegriffenes Volumen des Phasenraumes im weiteren Verlaufe nur dann konstant, wenn als Variable die f räumlichen Koordinaten eines Moleküls $\varphi_1, \varphi_2, \varphi_3 \ldots$ und die dazugehörigen f Impulskoordinaten $p_1, p_2, p_3 \ldots$ eingeführt werden. Dabei ist gemäß den HAMILTONschen kanonischen Bewegungsgleichungen

$$\dot{\varphi}_k = \frac{\partial \varepsilon}{\partial p_k}, \qquad \dot{p}_k = -\frac{\partial \varepsilon}{\partial \varphi_k}. \tag{130}$$

Den entsprechenden Zustandsraum bezeichnet man als den Phasenraum[1].

Als Elementargebiete gleicher Wahrscheinlichkeit haben wir daher gleich große Gebiete des Phasenraumes anzusehen. Ein solches Gebiet ist gegeben durch die Gleichung

$$H = \iint d\varphi_1\, d\varphi_2 \ldots dp_1\, dp_2 \ldots. \tag{131}$$

Die Bedeutung der Größe H eines Elementargebietes des Phasenraumes ist der Punkt, in dem sich die klassische und die Quantentheorie scheiden. In der klassischen Theorie spielt sie nur die Rolle einer die Überlegungen erleichternden Hilfsgröße ohne physikalische Bedeutung, welche im Endresultat als unendlich klein angenommen wird. Nach der Quantentheorie aber ist die Größe eines Elementargebiets eine ganz bestimmte endliche und universelle Konstante, deren Wert aus Messungen abzuleiten ist. In der klassischen Theorie bietet die Festsetzung des Wertes von ε_n wegen des Überganges zu unendlich kleinem Wert von H keine Schwierigkeit, da das Elementargebiet eben zu einem Punkt des Phasenraumes mit einem ganz bestimmten Wert von ε zusammenschrumpft. In der Quantentheorie bedarf es einer besonderen Festsetzung darüber, in welcher Weise der Wert ε_n zu definieren ist[2].

---

[1] J. W. GIBBS, Elementary Principles in Statistical Dynamics, 1902.

[2] Vgl. hierzu die verschiedenen Fassungen der Quantentheorie in den einzelnen Auflagen von PLANCKS „Wärmestrahlung".

Wir betrachten jetzt einen einzelnen Oszillator, der unter der Wirkung einer elastischen Kraft geradlinig um seine Gleichgewichtslage schwinge. Seine Elongation sei ξ, seine Eigenschwingung sei ν. Dann gilt

$$\ddot{\xi} + 4\pi^2\nu^2\xi = 0 \tag{132}$$

oder integriert

$$\xi = \alpha\cos(2\pi\nu t + \vartheta). \tag{133}$$

Die Energie des Oszillators ist

$$\varepsilon = \tfrac{1}{2} m\dot{\xi}^2 + 2\pi^2\nu^2 m\xi^2 = 2\pi^2\nu^2 m\alpha^2. \tag{134}$$

Die Impulskoordinate ergibt sich hieraus zu

$$p = \frac{\partial\varepsilon}{\partial\dot{\xi}} = m\dot{\xi}. \tag{135}$$

Daraus folgt

$$\varepsilon = \frac{1}{2m}p^2 + 2\pi^2\nu^2 m\xi^2 = \text{konst.} \tag{136}$$

Bezeichnen wir die Folge der nacheinander dem Zustand des Oszillators zugeordneten Punkte des Phasenraumes — der in diesem Falle nur zweidimensional ist und die Koordinaten p und ξ hat — als die Phasenbahn des Oszillators, so sehen wir aus Gl. (136), daß alle Phasenbahnen ähnliche und ähnlich liegende Ellipsen sind, deren Hauptachsen in den Koordinatenachsen liegen. Die Größe der beiden Halbachsen ist

$$a_n = \sqrt{2m\varepsilon_n}, \qquad b_n = \sqrt{\frac{\varepsilon_n}{2\pi^2\nu^2 m}}. \tag{137}$$

Ein Elementargebiet der Wahrscheinlichkeit ist gemäß Gleichung (131) gleich

$$h = \iint d\xi\, dp. \tag{138}$$

Die Größe h bezeichnet man als „elementares Wirkungsquantum“, auch als „PLANCKsches Wirkungsquantum“. Sie hat, da es sich hier nur um zwei Koordinaten des Phasenraumes handelt, die Dimension Energie $\times$ Zeit. Ihr Wert beträgt (s. Ziff. 24) $h = 6{,}55 \cdot 10^{-27}$ erg sec.

Die Begrenzung der Elementargebiete des Phasenraumes ergibt sich ohne weiteres aus folgender Überlegung. Da die einzelnen Punkte jeder elliptischen Phasenbahn eine zeitliche Folge von Zuständen eines Oszillators darstellen, so sind alle Punkte einer Phasenbahn gleich wahrscheinlich. Es kann daher eine Phasenbahn nicht über die Grenze eines Elementargebietes hinübertreten. Somit können die Elementargebiete nur elliptische Ringe sein, welche von Phasenbahnen begrenzt werden. Es seien die Grenzen der Elementargebiete durch die zugehörigen Energien ε_{n-1} und ε_n bezeichnet. Dann ist die Größe eines Elementargebietes, wenn wir $\varepsilon_0 = 0$ setzen,

$$\pi a_n b_n - \pi a_{n-1} b_{n-1} = \frac{\varepsilon_n - \varepsilon_{n-1}}{\nu} = h \tag{139}$$

und daher

$$\varepsilon_1 = h\nu, \qquad \varepsilon_2 = 2h\nu, \qquad \ldots, \qquad \varepsilon_n = nh\nu. \tag{140}$$

Im folgenden wollen wir die früher eingeführten Mittelwerte ε_n der Energie mit den hier eingeführten Grenzwerten ε_n identifizieren. Wie PLANCK gezeigt hat, ist dies für das Ergebnis ohne Belang. Diese Festsetzung bedeutet, daß nur die den Grenzen der Elementargebiete entsprechenden diskreten Energiewerte in der Natur vorkommen, daß also die Energie der Oszillatoren atomistischen Charakter hat.

12. Oszillatoren in Wechselwirkung mit dem Strahlungsfelde. Die am Ende des vorstehenden Abschnittes getroffene Festsetzung bezüglich der möglichen

Zustände eines Oszillators ist gleichbedeutend mit der sog. Frequenzbedingung der BOHRschen Atomtheorie. Diese besagt, daß Strahlung der Schwingungszahl ν stets nur in Quanten der Größe $h\nu$ seitens eines Atoms abgegeben oder aufgenommen wird. Demnach können die durch Ein- oder Ausstrahlung bedingten Energiestufen eines Moleküls — wenn wir $\varepsilon_0 = 0$ setzen — stets nur von der Form $nh\nu$ sein. Diese Hypothese ist bekanntlich bisher von einer in der Geschichte der Physik fast einzig dastehenden Fruchtbarkeit gewesen und hat sich auf das Beste bestätigt, so daß an ihrer Richtigkeit nicht mehr gezweifelt werden kann. Die Energieelemente $h\nu$ bezeichnet man als Lichtquanten oder kurz als Quanten, die auf diese Vorstellung aufgebaute Theorie als die Quantentheorie.

Nach der Quantentheorie besteht also, im Gegensatz zur klassischen Theorie, die Wechselwirkung zwischen der Strahlung und den Atomen der Materie (Oszillatoren) nicht in einer mehr oder minder kontinuierlichen Aufnahme und Abgabe von Strahlungsenergie durch die Atome, sondern in sprunghafter Änderung der Energie der Atome, wobei jeweils stets nur volle Quanten von der Größe $h\nu$ aufgenommen oder abgegeben werden.

Wie in der klassischen Theorie haben wir auch in der Quantentheorie zwischen zwei Typen von Wechselwirkungen zwischen Materie und Strahlung zu unterscheiden.

a) Ausstrahlung. Ein Oszillator, welcher eine bestimmte Energie ε_n besitzt, hat die Tendenz, diese durch Abgabe von Energie an das Strahlungsfeld zu vermindern. Vom Standpunkt der Quantentheorie haben wir diesen Vorgang als einen spontanen, durch unkontrollierbare Zufälle ausgelösten Akt — analog dem radioaktiven Zerfall — anzusehen und jedenfalls als ganz unabhängig vom Vorhandensein des äußeren Strahlungsfeldes. Befinden sich von insgesamt N Oszillatoren N_n im n-ten Elementarbereich, so setzen wir daher die Zahl der Oszillatoren, welche in einer Zeit τ einen Ausstrahlungsakt vollziehen, also ein Quant $h\nu = \varepsilon_n - \varepsilon_{n-1}$ abgeben, gleich

$$A_n N_n \tau .$$

A_n bezeichnen wir als Ausstrahlungskoeffizienten eines im n-ten Elementarbereiche befindlichen Oszillators[1].

b) Einstrahlung. Dem gegenüber stehen die durch das Vorhandensein des Strahlungsfeldes bewirkten Energieänderungen, die wir als Einstrahlungsprozesse bezeichnen. Nach der klassischen Theorie kann die durch die elektrischen Wechselfelder des Strahlungsfeldes bewirkte Energieänderung eines Oszillators nicht nur in einem Energiezuwachs (positive Einstrahlung), sondern unter gewissen Umstände auch in einer Energieverminderung (negative Einstrahlung) bestehen, je nach den Phasenbeziehungen, welche zwischen dem elektrischen Felde und der Bewegung des Oszillators bestehen. Ein Gleiches müssen wir auch annehmen, wenn wir uns auf den Boden der Quantentheorie stellen. Befindet sich daher ein Oszillator im n-ten Elementargebiet, so kann seine Energie unter der Wirkung des Strahlungsfeldes vom Werte ε_n sowohl auf den Wert ε_m steigen, wie auf den Wert ε_l sinken. Die Zahl der Oszillatoren, welche in der Zeit τ durch Einstrahlung von der Energie ε_n auf die Energie ε_m springen, ist jedenfalls proportional der spezifischen Intensität $\mathfrak{K}_\nu$ der Strahlung. Wir setzen sie daher gleich

$$E_n^m N_n \mathfrak{K}_\nu \tau .$$

[1] Die hier gegebene Ableitung schließt sich von hier ab weitgehend an die Ableitung von EINSTEIN an. Siehe Ziff. 15.

Ebenso setzen wir die Zahl derjenigen Oszillatoren, deren Energie in der Zeit τ durch negative Einstrahlung vom Werte ε_m auf ε_n sinkt, gleich

$$E_m^n N_m \mathfrak{K}_\nu \tau .$$

Es ist zu beachten, daß negative Einstrahlung und Ausstrahlung sich im Endergebnis völlig gleichen, aber in ihrer Ursache völlig verschieden sind.

Betrachten wir jetzt das n-te Elementargebiet während einer Zeit τ, welche groß ist gegenüber der — sicher außerordentlich kurzen — Zeit eines Ein- oder Ausstrahlungsprozesses, so muß, wenn Gleichgewicht besteht, die Zahl der Oszillatoren, welche durch einen der genannten Prozesse aus diesem Gebiet in das m-te Elementargebiet übertreten, ebenso groß sein wie die Zahl derjenigen, welche in der gleichen Zeit den umgekehrten Prozeß durchmachen. Daraus folgt

$$\left(N_n E_n^m - N_m E_m^n\right) \mathfrak{K}_\nu \tau = N_m A_m \tau . \qquad (141)$$

Zur Berechnung der Koeffizienten A und E gibt uns die Quantentheorie an sich keine Handhabe. Den Weg hierzu weist uns ein wichtiges neues Prinzip, das Korrespondenzprinzip von Bohr, welches wenigstens in einem Sinne eine Brücke von der Quantentheorie zur klassischen Physik hinüberschlägt. Zu diesem Prinzip führt folgende Überlegung. Je höher die Quantenzahl n eines Oszillators ist, eine desto kleinere relative Energieänderung bedeutet ein Energiesprung von ε_n auf $\varepsilon_n + h\nu$ oder $\varepsilon_n - h\nu$, desto weniger tritt also der quantenhafte Charakter der Energieänderungen in Erscheinung. Im Grenzfall $n = \infty$ verschwindet der quantenhafte Charakter überhaupt, und wir können die Energieänderungen als kontinuierlich ansehen, wie in der klassischen Theorie. Das aber bedeutet, daß für den Fall großer Quantenzahlen die Ergebnisse der Quantentheorie mit denen der klassischen Theorie mehr und mehr identisch werden müssen. Der Weg zur Berechnung der Koeffizienten A und E ist nun der folgende: Wir berechnen die der Gleichung (141) entsprechende Beziehung der klassischen Theorie, in der alle Koeffizienten streng berechenbar sind, wenden sie auf den Fall großer Oszillatorenenergie, d. h. großer Quantenzahlen an und gewinnen die Koeffizienten der Gleichung (141) durch Vergleich des klassischen mit dem quantentheoretischen Ausdruck.

Die Berechnung der Beziehung auf Grund der klassischen Theorie ist ziemlich umständlich[1]. Wir übergehen sie daher. Sie beruht bezüglich der Einstrahlung auf der Kombination der Bewegungsgleichung eines Oszillators [Gleichung (132)] mit dem Ansatz für die elektrischen Komponenten des Strahlungsfeldes [Gleichung (90)]

$$m \ddot{\xi} + 4\pi^2 \nu^2 \xi = e \mathfrak{E} x . \qquad (142)$$

Wir geben hier nur diejenigen Ergebnisse, welche wir für unseren speziellen Zweck brauchen. Bezeichnen wir mit η_e die Energieänderung eines einzelnen Oszillators in der Zeiteinheit, so hängt deren Vorzeichen und Wert von den zufälligen Verhältnissen des Oszillators und der ihn treffenden Strahlung ab. Für eine große Zahl N von Oszillatoren aber ergibt sich ein konstanter Mittelwert

$$\overline{\eta_e} = \frac{e^2}{4m} \mathfrak{J}_\nu \tau . \qquad (143)$$

Ebenso ergibt sich ein konstanter Mittelwert für die Quadrate η_e^2, das sog. mittlere Schwankungsquadrat

$$\overline{\eta_e^2} = \frac{e^2}{2m} \mathfrak{J}_\nu \varepsilon \tau . \qquad (144)$$

[1] Siehe M. Planck, Wärmestrahlung, 5. Aufl., S. 145ff.

Es sei ferner $W(\varepsilon)$ eine Zahl, welche die Verteilung der Oszillatoren im Phasenraum charakterisiere, derart, daß die Zahl der Oszillatoren, deren Energie zwischen ε und $\varepsilon + d\varepsilon$ liegt, gleich

$$N W(\varepsilon)\, d\varepsilon$$

sei.

Die von einem Oszillator in der Zeit τ ausgestrahlte Energie schließlich ergibt sich nach H. HERTZ[1] zu

$$\eta_a = \frac{8\pi^2}{3} \frac{e^2 \nu^2 \varepsilon}{m c^3} \tau. \tag{145}$$

Dann besteht zwischen diesen Größen auf Grund der klassischen Theorie folgende Beziehung

$$-\frac{1}{2} \overline{\eta_e^2} \frac{\partial W(\varepsilon)}{\partial \varepsilon} = \eta_a W(\varepsilon). \tag{146}$$

Jetzt übersetzen wir diesen Ausdruck in die Sprache der Quantentheorie, wobei wir annehmen, daß wir es mit einer sehr großen Quantenzahl n zu tun haben. Zunächst haben wir zu setzen

$$d\varepsilon = h\nu.$$

Dann können wir den Ausdruck $NW(\varepsilon)\,d\varepsilon$ mit der Zahl N_n oder auch N_{n+1} der im n-ten bzw. der im $(n+1)$-ten Elementargebiet enthaltenen Oszillatoren identifizieren, so daß

$$W(\varepsilon) = \frac{N_n}{N h\nu} \quad \text{und} \quad \frac{\partial W(\varepsilon)}{\partial \varepsilon} = \frac{N_{n+1} - N_n}{N (h\nu)^2}. \tag{147}$$

Wir erhalten dann aus Gleichung (145)

$$\frac{1}{2} \overline{\eta_e^2} \frac{N_n - N_{n+1}}{N(h\nu)^2} = \eta_a \frac{N_{n+1}}{N_n h\nu}. \tag{148}$$

Setzt man in diese Gleichung die Werte von $\overline{\eta_e^2}$, η_a und $\mathfrak{J}_\nu$ aus den Gleichungen (143), (144) und (101) ein, so folgt

$$\frac{N_n - N_m}{N_m} \mathfrak{K}_\nu = \frac{h\nu^3}{c^2}. \tag{149a}$$

Andererseits formen wir Gleichung (141) folgendermaßen um:

$$\frac{N_n - \frac{E_m^n}{E_n^m} N_m}{N_m} \mathfrak{K}_\nu = \frac{A_m}{E_n^m}. \tag{149b}$$

Aus dem Korrespondenzprinzip schließen wir nun durch Vergleich dieser beiden Gleichungen erstens

$$E_m^n = E_n^m \tag{150a}$$

und ferner

$$\frac{A_m}{E_n^m} = \frac{A_m}{E_m^n} = \frac{h\nu^3}{c^2}. \tag{150b}$$

Damit wird die Gleichung (141) mit der Gleichung (149a) identisch, welche wir jetzt als für alle Quantenzahlen gültig ansehen.

Nun folgt aber aus der Bedingung des thermodynamischen Gleichgewichts gemäß Gleichung (127), daß

$$\frac{N_n - N_m}{N_m} = e^{\frac{\varepsilon_m - \varepsilon_n}{kT}} - 1 = e^{\frac{h\nu}{kT}} - 1.$$

Dann ergibt sich durch Vergleich dieser Gleichung mit Gleichung (149a)

$$\mathfrak{K}_\nu = \frac{h\nu^3}{c^2} \frac{1}{e^{\frac{h\nu}{kT}} - 1}. \tag{151}$$

---

[1] H. HERTZ, Wied. Ann. Bd. 36, S. 12. 1889.

Damit haben wir das Gesetz der normalen Energieverteilung im Spektrum der schwarzen Strahlung gewonnen, das PLANCKsche Strahlungsgesetz[1].

Gemäß Gleichung (19) ist ferner

$$\mathfrak{u}_\nu = \frac{8\pi h \nu^3}{c^3} \frac{1}{e^{\frac{h\nu}{kT}} - 1} \tag{152}$$

und gemäß Gleichung (16)

$$E_\lambda = \frac{c^2 h}{\lambda^5} \frac{1}{e^{\frac{ch}{k\lambda T}} - 1} = \frac{c_1}{\lambda^5} \frac{1}{e^{\frac{c_2}{\lambda T}} - 1}, \quad \text{wobei} \quad c_1 = c^2 h \quad \text{und} \quad c_2 = \frac{ch}{k}. \tag{153}$$

Wie man leicht erkennt, wird durch Gleichung (152) sowohl das STEFAN-BOLTZMANNsche Gesetz wie das WIENsche Verschiebungsgesetz erfüllt. Es ergibt sich nämlich durch Integration

$$u = \int_0^\infty \mathfrak{u}_\nu \, d\nu = \frac{8\pi^5 k^4}{15 c^3 h^3} T^4, \tag{154}$$

so daß wir für die Konstante des STEFAN-BOLTZMANNschen Gesetzes gemäß Gleichung (47) erhalten

$$a = \frac{8\pi^5 k^4}{15 c^3 h^3} \quad (155) \qquad \text{bzw.} \qquad \sigma = \frac{2\pi^5 k^4}{15 c^2 h^3}. \tag{156}$$

Ferner erhalten wir durch Differentiation der Gleichung (153) und Nullsetzung

$$e^{-\beta} + \frac{\beta}{5} - 1 = 0,$$

wobei $\beta = \frac{ch}{k\lambda_m T}$. Die Wurzel dieser Gleichung ist

$$\beta = 4{,}9651 \ldots .$$

Gemäß Gleichung (83) ergibt sich hieraus die Konstante b des WIENschen Verschiebungsgesetzes zu

$$b = \lambda_m T = \frac{ch}{\beta k} = \frac{c_2}{\beta}.$$

Es sind damit die Konstanten a bzw. σ und b auf die universellen Konstanten c, h und k zurückgeführt.

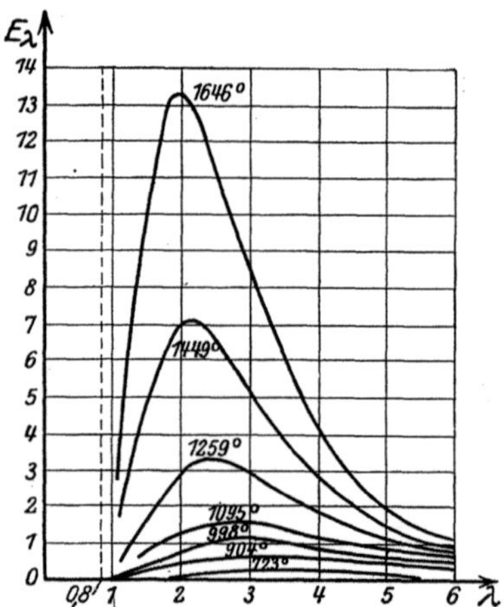

Abb. 6. Die Strahlungsintensität E_λ des schwarzen Körpers als Funktion der Wellenlänge λ für verschiedene Temperaturen.

Aus Gleichung (153) ergibt sich, in Übereinstimmung mit der Erfahrung, als Grenzfall für große Werte von λT, $\left(\lambda T \gg \frac{ch}{k}\right)$:

$$E_\lambda = \frac{ckT}{\lambda^4} \qquad \text{bzw.} \qquad \mathfrak{K}_\nu = \frac{k\nu^3 T}{c^3},$$

also das Strahlungsgesetz von RAYLEIGH-JEANS [Gleichung (102)]. Andererseits folgt für kleine Werte von λT, $(e^{\frac{ch}{k\lambda T}} \gg 1)$, das Strahlungsgesetz von W. WIEN [Gleichung (104)]:

$$E_\lambda = \frac{c_1}{\lambda^5} e^{-\frac{c_2}{\lambda T}} \qquad \text{bzw.} \qquad \mathfrak{K}_\nu = \frac{h\nu^3}{c^2} e^{-\frac{h\nu}{kT}}.$$

In Abb. 6 ist die Energieverteilung E der schwarzen Strahlung für verschiedene Temperaturen dargestellt. Man erkennt die dem WIENschen Ver-

[1] M. PLANCK, Ann. d. Phys. (4) Bd. 4, S. 553. 1901.

schiebungsgesetz entsprechende Verschiebung des Energiemaximums nach kürzeren Wellen bei steigender Temperatur.

Das PLANCKsche Strahlungsgesetz ist seit seiner Aufstellung im Jahre 1900 keinen ernstlichen Zweifeln begegnet, mit einer einzigen Ausnahme. NERNST und WULF[1] haben nämlich das gesamte, bis zum Jahre 1919 vorliegende Material einer kritischen Prüfung unterzogen, und zwar unter der Voraussetzung, daß erstens das WIENsche Verschiebungsgesetz streng gültig sei, und daß ferner das RAYLEIGH-JEANSsche und das WIENsche Strahlungsgesetz [Gleichung (78) und (102)] für die entsprechenden Grenzfälle sehr kleiner bzw. sehr großer Werte von λT zutreffen. Die Sichtung des Materials, das allerdings zum großen Teil auf schon fast 20 Jahre alten Messungen beruhte, führte sie zu der Vermutung, daß in dem Zwischengebiet mittlerer Werte von λT das PLANCKsche Gesetz einer Korrektion (sog. α-Korrektion) bedürfe, die im Maximum etwa 7% betragen solle. Auf Grund dieser Kritik ist jedoch das Strahlungsgesetz durch H. RUBENS und E. MICHEL einer erneuten Nachprüfung unterzogen worden (s. Ziff. 25), mit dem Ergebnis, daß das PLANCKsche Gesetz den Messungen innerhalb der Versuchsfehler durchaus entspricht, während die Korrektion von NERNST und WULF systematische Abweichungen hervorbringt.

13. Die radikale Lichtquantentheorie und die Theorie von BOHR, KRAMERS und SLATER. Die vorstehende Form, die PLANCK der Ableitung seines Strahlungsgesetzes gegeben hat, ist darin charakteristisch, daß zwar eine quantenhafte Emission und Absorption der Strahlung angenommen wird, jedoch bezüglich der Struktur der Strahlung selbst keine von der klassischen Theorie abweichenden Annahmen gemacht werden, noch gemacht zu werden brauchen.

Nun zeigt aber die Erfahrung, wie schon oben erwähnt wurde, daß die Aufrechterhaltung der klassischen Anschauungen über die Struktur der Strahlung als eines sich in Kugelwellen ausbreitenden Phänomens in Verbindung mit den gesicherten Ergebnissen der Quantentheorie zu Widersprüchen mit dem Experiment führt. Ein besonders markantes Beispiel ist der lichtelektrische Effekt, dessen quantenhafter Charakter sichergestellt ist. Er zeigt in völliger Eindeutigkeit, daß die Energie eines Lichtquants $h\nu$ sich nicht in Form einer Kugelwelle vom emittierenden Atom aus in den Raum ausbreitet, sondern bei einer erneuten Wechselwirkung mit der Materie ungeteilt an einer eng begrenzten Stelle des Raumes, nämlich am Orte des Atoms, mit dem es in neue Wechselwirkung tritt, konzentriert ist. Tatsachen dieser Art haben EINSTEIN[2] zu der Behauptung geführt, daß die Strahlung sich nicht in Form von Kugelwellen ausbreite, sondern in Form sog. Nadelstrahlung einseitig emittiert werde. Ein Lichtquant wäre demnach als ein mehr oder minder gestrecktes Gebilde anzusehen, welches sich mit Lichtgeschwindigkeit in einer bestimmten Richtung bewegt. Über die Dimensionen solcher Lichtquanten kann heute nichts Gesichertes ausgesagt werden. Untersuchungen von ORNSTEIN und BURGERS[3] haben es wahrscheinlich gemacht, daß das Volumen eines Quants proportional λ^3 sei.

[1] W. NERNST u. TH. WULF, Verh. d. D. Phys. Ges. Bd. 21, S. 294. 1919.

[2] A. EINSTEIN, Ann. d. Phys. (4) Bd. 17, S. 132. 1905; Bd. 20, S. 199. 1906; Phys. ZS. Bd. 18, S. 121. 1917; M. WOLFKE, Phys. ZS. Bd. 22, S. 375. 1921; R. EMDEN, ebenda Bd. 22, S. 513. 1921; W. BOTHE, ZS. f. Phys. Bd. 17, S. 137. 1923; Bd. 26, S. 59, 74. 1923; H. BATEMAN, Phil. Mag. Bd. 46, S. 977. 1923; L. DE BROGLIE, ebenda Bd. 47, S. 446. 1924; E. SCHRÖDINGER, Phys. ZS. Bd. 23, S. 301. 1922; G. E. M. JAUNCEY, Phys. Rev. Bd. 22, S. 233. 1923; Bd. 23, S. 580. 1924; Bd. 24, S. 313. 1924; H. A. LORENTZ, Les Théories Statistiques en Thermodynamique. Leipzig 1916; A. EINSTEIN, Phys. ZS. Bd. 10, S. 185. 1909; Ann. d. Phys. (4) Bd. 47, S. 879. 1915; A. EINSTEIN u. L. HOPF, ebenda (4) Bd. 33, S. 1096. 1910; M. v. LAUE, ebenda (4) Bd. 47, S. 853. 1915; Bd. 48, S. 668. 1915; M. PLANCK, ebenda (4) Bd. 73, S. 272. 1924; Berl. Ber. 1923.

[3] L. S. ORNSTEIN u. H. C. BURGER, ZS. f. Phys. Bd. 20, S. 345. 1924; Bd. 21, S. 363. 1924; Bd. 30, S. 253. 1925.

Die Hypothese der Nadelstrahlung führt nun aber ihrerseits wieder zu schwerwiegenden Widersprüchen mit der Optik. Denn nunmehr werden die auf Grund der klassischen Theorie völlig verständlichen Interferenzerscheinungen unverständlich. In diesem Punkte liegt der Kern der großen Krise der heutigen Physik. Wir können weder die Quantentheorie noch die klassische Wellentheorie zur Deutung bestimmter experimenteller Ergebnisse entbehren, aber wir können die bisher unüberbrückbaren Widersprüche zwischen beiden Theorien nicht lösen.

(Zusatz bei der Korrektur: Mit dieser Doppelnatur der Strahlung, also der gleichzeitigen Existenz ihrer Wellennatur und ihrer korpuskularen Natur, müssen wir uns heute um so mehr abfinden, als ja nach de BROGLIE der Materie, also den Atomen und Elektronen ebenfalls eine solche Doppelnatur zukommt und die Wellennatur der Elektronen bereits durch eine Reihe von Versuchen einwandfrei erwiesen ist. Auf die Idee de BROGLIES haben SCHRÖDINGER, BORN, HEISENBERG und andere die neue Wellen- oder Quantenmechanik gegründet, die zu der Hoffnung berechtigt, daß das durch die Quantentheorie zunächst aufs äußerste verwirrte physikalische Weltbild in absehbarer Zeit wieder abgerundet dastehen wird. Ein näheres Eingehen auf diese Fortentwicklung der Quantentheorie gehört nicht in den Rahmen dieses Kapitels).

14. Ponderomotorische Wirkungen der Strahlung auf die Atome. COMPTON-effekt. Vom Standpunkt der klassischen Theorie aus wird bei der Emission von Strahlung, also einer Kugelwelle, durch ein ruhendes Atom keine Bewegungsgröße auf dieses übertragen, da ja in jeder Richtung gleich viel Energie emittiert wird, also die Reaktionsdrucke der Strahlung sich gegenseitig aufheben. Dagegen wird bei der Absorption oder der Zerstreuung von Strahlung Impuls übertragen, da die Strahlung nur von einer Seite her das Atom trifft. Bei der Zerstreuung tritt nach der klassischen Theorie eine Frequenzänderung der Strahlung nicht ein, sondern nur eine Verminderung ihrer Energie und ihres Impulses gemäß den auf das streuende Atom übertragenen Beträgen.

Bei Zugrundelegung der Quantentheorie in ihrer radikalen Form, also nach der Hypothese der Nadelstrahlung, liegen die Verhältnisse völlig anders. Wird Strahlung von einem Atom nur in einer Richtung emittiert, so erfährt das Atom einen Rückstoß, und seine Geschwindigkeitsänderung läßt sich nach dem Impulssatz aus der Bewegungsgröße des emittierten Quants $h\nu$ und der Masse des Atoms berechnen. Befindet sich das Atom vor der Emission in Ruhe, so ist seine Geschwindigkeit nach der Emission durch die Gleichung

$$m v = -\frac{h\nu}{c} \tag{157}$$

gegeben, da gemäß Gleichung (36) die Bewegungsgröße der Energie $h\nu$ gleich $\frac{h\nu}{c}$ ist. Bei der Absorption eines Quants durch ein anfänglich ruhendes Atom gilt entsprechend

$$m v = \frac{h\nu}{c}. \tag{158}$$

Besonders kompliziert liegen die Verhältnisse bei der Zerstreuung. Hierbei wird ein Quant $h\nu$ durch ein Atom aus seiner Richtung abgelenkt. Damit ist aber eine Übertragung von Impuls auf das streuende Atom verbunden, der auf Kosten des Impulses des Quants geht. Da nun der Impuls eines Quants stets durch den Ausdruck $\frac{h\nu}{c}$ gegeben ist, so folgt, daß mit der Impulsänderung stets eine Änderung der Schwingungszahl ν verbunden sein muß. Diese Änderungen sind bei der Zerstreuung durch Atome außerordentlich klein und bislang nicht beobachtet wegen der relativ großen Masse der Atome. Hingegen werden sie beobachtbar, wenn wir es mit freien Elektronen und Quanten sehr großer Bewegungsgröße, also hohen Schwingungszahlen ν, zu tun haben. Tatsächlich ist dieser Effekt von COMPTON[1] gefunden worden. Er wird nach ihm als COMPTON-Effekt bezeichnet. Die Beobachtung erfolgte bei Verwendung von RÖNTGEN-Strahlen oder γ-Strahlen und solchen Substanzen als Zerstreuungskörpern, welche sehr lose gebundene Elektronen enthalten, so daß man diese als freie Elektronen (Elektronengas) ansehen kann. Wegen der kleinen Masse der Elektronen ist der bei der Streuung von RÖNTGEN-Strahlen übertragene Impuls und die damit verbundene Änderung der Schwingungszahl der gestreuten Strahlung beträchtlich.

Der COMPTON-Effekt ist im Laboratorium nur unter den genannten experimentellen Verhältnissen beobachtbar. Eine sehr große Bedeutung besitzt er zweifellos im Innern der Fixsterne. Wegen der starken durch die hohe Temperatur hervorgerufenen Ionisation der Materie sind dort freie Elektronen in sehr großer Zahl vorhanden, außerdem liegt das Energiemaximum der Strahlung bei sehr großen Werten von ν, so daß die Streuung die überwiegende Mehrheit der Wechselwirkungen zwischen der Strahlung und der Sternmaterie darstellen dürfte. Es sei daher hier kurz auf die von COMPTON[1] selbst und von DEBYE[2] gleichzeitig aufgestellte Theorie der Erscheinung eingegangen. Da es sich zum Teil um große Geschwindigkeiten handelt, seien die Formeln der Relativitätstheorie angewandt.

Nach der Relativitätstheorie ist die kinetische Energie einer mit der Geschwindigkeit v bewegten Masse m gleich

$$E = m c^2 \left(\frac{1}{\sqrt{1 - \frac{v^2}{c^2}}} - 1 \right),$$

ihre Bewegungsgröße gleich

$$J = \frac{m v}{\sqrt{1 - \frac{v^2}{c^2}}}.$$

Das Elektron habe anfänglich die Geschwindigkeit v_0 in Richtung ϑ_0 gegen die Richtung des Quants. Nach der Streuung bilde die Richtung des Quants den Winkel ϑ_1, die Bewegungsrichtung des Elektrons den Winkel ϑ_2 mit der ursprünglichen Richtung des Quants. Die Schwingungszahlen des Quants vor und nach der Zerstreuung seien ν und ν'. Dann ergeben der Energie- und der Impulssatz folgende drei Beziehungen

$$h\nu = h\nu' + m c^2 \left(\frac{1}{\sqrt{1 - \frac{v^2}{c^2}}} - \frac{1}{\sqrt{1 - \frac{v_0^2}{c^2}}} \right), \tag{159}$$

$$\frac{h\nu}{c} = \frac{h\nu'}{c} \cos\vartheta_1 + \frac{m v}{\sqrt{1 - \frac{v^2}{c^2}}} \cos\vartheta_2 - \frac{m v_0}{\sqrt{1 - \frac{v_0^2}{c^2}}} \cos\vartheta_0, \tag{160}$$

$$0 = \frac{h\nu'}{c} \sin\vartheta_1 + \frac{m v}{\sqrt{1 - \frac{v^2}{c^2}}} \sin\vartheta_2 - \frac{m v_0}{\sqrt{1 - \frac{v_0^2}{c^2}}} \sin\vartheta_0. \tag{161}$$

[1] A. H. COMPTON, Bull. Nat. Res. Council Bd. 20, S. 16. 1922; Phys. Rev. Bd. 22. 1923; Phil. Mag. Bd. 46, S. 897. 1921. Weitere Literatur s. G. WENTZEL, Phys. ZS. Bd. 26, S. 454. 1925.

[2] P. DEBYE, Phys. ZS. Bd. 24, S. 161. 1923.

Da diese drei Gleichungen vier Unbekannte, — $\nu, v, \vartheta_1, \vartheta_2$ —, enthalten und weitere Bedingungen nicht vorhanden sind, so muß man annehmen, daß das Problem insofern unbestimmt ist, als eine Zerstreuung des Quants nach jeder Richtung ϑ_1 möglich ist. Die Gründe, welche im Einzelfall zur Streuung in einer bestimmten Richtung führen, sind uns ganz unbekannt. (Nach der neuen Wellenmechanik sind diese Prozesse vielleicht überhaupt nicht kausal bestimmt, sondern unterliegen nur statistischen Gesetzen). Nehmen wir daher die Richtung ϑ_1 als gegeben an, so lassen sich die anderen drei Unbekannten berechnen. Wenn wir setzen $N = \frac{m c^2}{h} = 1{,}23 \cdot 10^{20}\,\mathrm{sec}^{-1}$ und statt der Geschwindigkeit v die kinetische Energie E des Elektrons nach der Zerstreuung einführen, so lautet die Lösung des Gleichungssystems

$$\nu' = \frac{\nu}{1 + \frac{\nu}{N}(1 - \cos\vartheta_1) + \beta_0 \cos(\vartheta_1 - \vartheta_0)}, \tag{162}$$

$$\operatorname{tg}\vartheta_2 = -\frac{\frac{\nu'}{N}\sin\vartheta_1 - \frac{\beta_0}{\sqrt{1-\beta_0^2}}\sin\vartheta_0}{\frac{\nu'}{N}(1 - \cos\vartheta_1) + \frac{\beta_0}{\sqrt{1-\beta_0^2}}\cos\vartheta_0}, \tag{163}$$

$$E = E_0 + h(\nu - \nu'), \tag{164}$$

wobei in den beiden letzten Gleichungen der Wert von ν' aus Gleichung (162) einzusetzen ist. Für den Grenzfall $v_0 = 0$ ergibt sich

$$\nu' = \frac{\nu}{1 + \frac{\nu}{N}(1 - \cos\vartheta_1)}$$

$$\operatorname{tg}\vartheta_2 = -\frac{\operatorname{cotg}\frac{\vartheta_1}{2}}{1 + \frac{\nu}{N}},$$

$$E = h\nu \frac{\frac{\nu}{N}(1 - \cos\vartheta_1)}{1 + \frac{\nu}{N}(1 - \cos\vartheta_1)}.$$

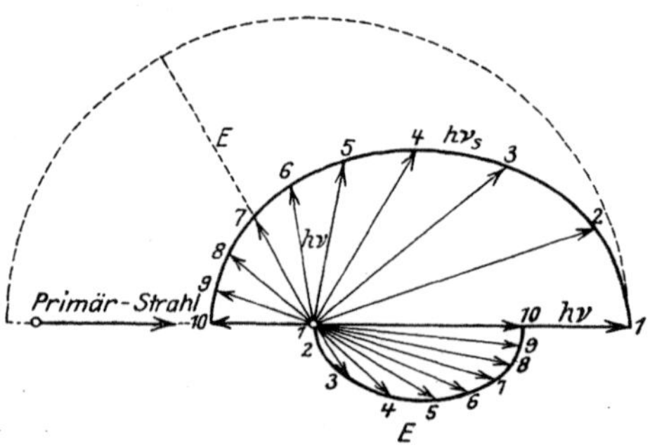

Abb. 7. COMPTON-Effekt nach DEBYE.

Das Ergebnis ist in Abb. 7 für den Fall $\nu = N$ nach DEBYE dargestellt.

Wenn der Radius des Halbkreises gleich der Energie $h\nu$ des einfallenden Quants gesetzt wird, so bedeuten die Fahrstrahlen nach der oberen ausgezogenen Kurve die Energie $h\nu'$ des gestreuten Quants für den Fall, daß das Quant in der entsprechenden Richtung gegen die Einfallsrichtung gestreut wird. Die Fahrstrahlen in der unteren Hälfte der Abbildung geben die Richtung an, in der sich das Elektron nach der Streuung bewegt. Die Zuordnung zu den Fahrstrahlen der oberen Hälfte ist durch die Numerierung gekennzeichnet. Die Länge der Fahrstrahlen ist der Energie des Elektrons proportional. Sie ist gleich Null, wenn das Quant seine alte Richtung beibehält (1), sie erreicht ihr Maximum, wenn das Quant seine Richtung umkehrt (10).

Die experimentelle Nachprüfung hat bewiesen, daß die vorstehende Theorie der Wirklichkeit entspricht[1]. Der COMPTON-Effekt ist daher eine neue starke Stütze der radikalen Lichtquantenhypothese.

[1] Siehe auch H. MARCK, Naturwissensch. Bd. 13, S. 494. 1925.

15. Andere Ableitungen des PLANCKschen Strahlungsgesetzes. Die Zahl der Versuche, das PLANCKsche Strahlungsgesetz auf einem von dem PLANCKschen abweichenden Wege abzuleiten, sind außerordentlich zahlreich. Es sind darunter zwei Hauptgruppen zu unterscheiden, nämlich solche, welche den Anschein erwecken, als enthielten sie keine Abweichung von der klassischen Theorie, und solche, die von vornherein auf dem Boden der Quantentheorie stehen. Die erste, sehr umfangreiche Gruppe können wir übergehen. Wo es gelungen ist, das gewünschte Ergebnis scheinbar auf klassischer Grundlage zu erzielen, zeigt die Nachprüfung, daß in den Annahmen, die notwendigerweise gemacht werden müssen, doch versteckte und nicht näher begründete Verstöße gegen die klassische Theorie stecken, so daß diese Versuche wertlos sind. Die zweite allein in Betracht kommende Hauptgruppe kann man wieder in zwei Untergruppen teilen, nämlich solche, die entsprechend der PLANCKschen Ableitung die normale Energieverteilung durch Betrachtung des Gleichgewichts zwischen Strahlung und Materie zu ermitteln suchen, und solche, die ohne die Einführung irgendeiner derartigen Wechselwirkung in die Überlegungen auskommen.

Wir beginnen mit der letzten Gruppe. Dieser Weg ist zuerst von P. DEBYE[1] beschritten worden in engster Anlehnung an die Überlegungen, welche JEANS zur Strahlungsformel von RAYLEIGH führten (s. Ziff. 9). DEBYE betrachtet einen Würfel von der Kantenlänge l, dessen Innenwände vollkommen und regulär spiegelnd sind, und in dem sich eine stationäre Strahlung befindet. Jeder in einem solchen Würfel mögliche Strahlungszustand läßt sich auffassen als die Summe sämtlicher stehender Wellen innerhalb des Hohlraums. Bedingung für jede stehende Welle ist, daß die Tangentialkomponenten ihrer elektrischen Feldstärke und die Normalkomponenten ihrer magnetischen Feldstärke an den Begrenzungen verschwinden müssen. Wir drücken daher eine stehende Schwingung im Innern des Würfels, dessen Kanten in der x-, y- und z-Richtung eines rechtwinkligen Koordinatensystems liegen sollen, durch folgende sechs dieser Bedingung genügende Gleichungen aus:

$$\left.\begin{aligned}
\mathfrak{E}_x &= \cos\frac{\mathfrak{a}\pi x}{l}\sin\frac{\mathfrak{b}\pi y}{l}\sin\frac{\mathfrak{c}\pi z}{l}(\alpha\varphi+\alpha'\varphi'),\\
\mathfrak{E}_y &= \sin\frac{\mathfrak{a}\pi x}{l}\cos\frac{\mathfrak{b}\pi y}{l}\sin\frac{\mathfrak{c}\pi z}{l}(\beta\varphi+\beta'\varphi'),\\
\mathfrak{E}_z &= \sin\frac{\mathfrak{a}\pi x}{l}\sin\frac{\mathfrak{b}\pi y}{l}\cos\frac{\mathfrak{c}\pi z}{l}(\gamma\varphi+\gamma'\varphi'),\\
\mathfrak{H}_x &= \sin\frac{\mathfrak{a}\pi x}{l}\cos\frac{\mathfrak{b}\pi y}{l}\cos\frac{\mathfrak{c}\pi z}{l}(\alpha'\dot\varphi-\alpha\dot\varphi')\frac{1}{2\pi\nu},\\
\mathfrak{H}_y &= \cos\frac{\mathfrak{a}\pi x}{l}\sin\frac{\mathfrak{b}\pi y}{l}\cos\frac{\mathfrak{c}\pi z}{l}(\beta'\dot\varphi-\beta\dot\varphi')\frac{1}{2\pi\nu},\\
\mathfrak{H}_z &= \cos\frac{\mathfrak{a}\pi x}{l}\cos\frac{\mathfrak{b}\pi y}{l}\sin\frac{\mathfrak{c}\pi z}{l}(\gamma'\dot\varphi-\gamma\dot\varphi')\frac{1}{2\pi\nu}.
\end{aligned}\right\} \tag{165}$$

Hierin bedeuten $\mathfrak{a}$, $\mathfrak{b}$, $\mathfrak{c}$ beliebige positive, ganze Zahlen, φ und φ' sind beliebige Funktionen der Zeit, α, β, γ und α', β', γ' sind Konstante, welche von den $\mathfrak{a}$, $\mathfrak{b}$ und $\mathfrak{c}$ abhängen. Dieses Gleichungssystem muß aber den MAXWELLschen Grundgleichungen, Gleichung (86) bis (89), genügen. Das ist dann der Fall, wenn die neun Größen

$$\begin{matrix}
\frac{\mathfrak{a}c}{2e\nu} & \frac{\mathfrak{b}c}{2e\nu} & \frac{\mathfrak{c}c}{2e\nu}\\
\alpha & \beta & \gamma\\
\alpha' & \beta' & \gamma'
\end{matrix}$$

[1] P. DEBYE, Ann. d. Phys. (4) Bd. 33, S. 1427. 1910.

diejenigen Bedingungen erfüllen, welche für die neun Richtungskosinus zweier rechtwinkliger, rechtshändiger Koordinatensysteme gelten, und wenn ferner folgende zwei Gleichungen erfüllt sind:

$$\left.\begin{aligned} \ddot{\varphi} + 4\pi^2 \nu^2 \varphi &= 0\,, \\ \ddot{\varphi}' + 4\pi^2 \nu^2 \varphi' &= 0\,. \end{aligned}\right\} \tag{166}$$

Diese Gleichungen sind aber formal identisch mit der Gleichung (132), welche die Schwingung eines Oszillators darstellt. Man kann sich daher jede stehende Schwingung, die einem bestimmten Wertesystem $\mathfrak{a}\,\mathfrak{b}\,\mathfrak{c}$ entspricht, sozusagen abgebildet denken auf die Schwingungen zweier linearer Oszillatoren der entsprechenden Schwingungszahl. Wir berechnen zunächst die Zahl der Wertsysteme $\mathfrak{a}\,\mathfrak{b}\,\mathfrak{c}$, welche einem Schwingungszahlbereich zwischen ν und $\nu + d\nu$ entsprechen. Eine der für die obengenannten neun Größen gültigen Beziehungen lautet

$$\left(\frac{\mathfrak{a}\,c}{2\,l\,\nu}\right)^2 + \left(\frac{\mathfrak{b}\,c}{2\,l\,\nu}\right)^2 + \left(\frac{\mathfrak{c}\,c}{2\,l\,\nu}\right)^2 = 1\,. \tag{167}$$

Es muß daher — wobei wir nicht nur $\frac{2l\nu}{c}$ sondern auch $\frac{2l\,d\nu}{c}$ als große Zahlen ansehen — sein

$$\frac{2l\nu}{c} < \sqrt{\mathfrak{a}^2 + \mathfrak{b}^2 + \mathfrak{c}^2} < \frac{2l(\nu + d\nu)}{c}\,.$$

Wir denken uns jetzt alle möglichen Wertsysteme $\mathfrak{a}\,\mathfrak{b}\,\mathfrak{c}$ dargestellt als Punkte in einem rechtwinkligen Koordinatensystem. Diese liegen alle in einem Oktanten dieses Systems, da alle Einzelwerte positiv sind. $\sqrt{\mathfrak{a}^2 + \mathfrak{b}^2 + \mathfrak{c}^2}$ ist der Radiusvektor vom Ursprung des Koordinatensystems nach dem Punkte $\mathfrak{a}\,\mathfrak{b}\,\mathfrak{c}$. Dem Schwingungszahlbereich $d\nu$ entspricht daher der achte Teil der Kugelschale, deren innerer Radius gleich $\frac{2l\nu}{c}$ und deren äußerer Radius gleich $\frac{2l(\nu + d\nu)}{c}$ ist. Da die den einzelnen Wertsystemen $\mathfrak{a}\,\mathfrak{b}\,\mathfrak{c}$ entsprechenden Punkte ein würfelförmiges Raumgitter mit der Kantenlänge 1 der Elementarwürfel bilden, so ist die Zahl der in diesem Teil der Kugelschale liegenden Punkte gleich deren Volumen, also gleich

$$\frac{1}{8} \cdot 4\pi \left(\frac{2l\nu}{c}\right)^2 \frac{2l\nu\,d\nu}{c} = \frac{4\pi\,l^3\nu^2\,d\nu}{c^3}\,. \tag{168}$$

Dies ist also die Anzahl der stehenden Schwingungen, welche im Bereich $d\nu$ liegen. Diesen entspricht die doppelte Zahl von gedachten Oszillatoren von der Schwingungszahl ν

$$N = \frac{8\pi\,l^3\nu^2\,d\nu}{c^3}\,. \tag{169}$$

Wegen der völligen formalen Analogie zwischen dem System der stehenden Schwingungen und dem ihm zugeordnet gedachten Oszillatorensystem ist aber die Wahrscheinlichkeit dafür, daß sich die Schwingung in irgendeinem bestimmten Zustande befindet, gleich der Wahrscheinlichkeit des diesem Zustande entsprechenden Zustandes des zugeordnet gedachten Oszillatorensystems. Wir können daher die für Oszillatoren angestellten Überlegungen ohne weiteres auf die Schwingung übertragen. Am einfachsten ergibt sich die Lösung, wenn wir die sog. charakteristische thermodynamische Funktion

$$\Psi = S - \frac{E}{T} \tag{170}$$

einführen, wobei E die Energie des Systems bedeutet. Nach Gleichung (129) ist also

$$\Psi = k\,N \log \sum e^{-\frac{\varepsilon n}{kT}} = -\,k\,N \log\left(1 - e^{-\frac{h\nu}{kT}}\right). \tag{171}$$

Nun gilt[1]

$$E = T^2 \frac{\partial \Psi}{\partial T} = N h \nu \frac{1}{e^{\frac{h\nu}{kT}} - 1}. \tag{172}$$

Hieraus folgt, wenn wir für die Zahl der Oszillatoren den Wert aus Gleichung (168) einführen

$$E = \frac{8\pi l^3 h \nu^3 d\nu}{c^3} \frac{1}{e^{\frac{h\nu}{kT}} - 1}. \tag{173}$$

Durch Division durch das Volumen l^3 des Hohlraumes ergibt sich die räumliche Dichte der betrachteten Strahlung

$$\mathfrak{u}_\nu d\nu = \frac{8\pi h \nu^3 d\nu}{c^3} \frac{1}{e^{\frac{h\nu}{kT}} - 1} \tag{174}$$

in Übereinstimmung mit Gleichung (152).

Eine zweite, außerordentlich elegante Ableitung, bei der ebenfalls Wechselwirkungen mit der Materie nicht in Betracht gezogen werden, ist von S. N. BOSE[2] gegeben worden. Sie ist schon dadurch von der Ableitung von DEBYE prinzipiell unterschieden, daß Gesetzmäßigkeiten der Oszillatoren, bezüglich derer doch immer wieder klassische Gesichtspunkte mit herangezogen werden müssen, hier überhaupt nicht mehr eingehen.

BOSE betrachtet eine in das Volumen V eingeschlossene Strahlung von der Gesamtenergie E. Die Strahlung bestehe aus einer großen Anzahl von Lichtquanten verschiedener Schwingungszahlen ν_s. Die Zahl der Quanten der Schwingungszahl ν_s sei N_s. Dann ist die Gesamtenergie der Strahlung

$$E = \sum_s N_s h \nu_s. \tag{175}$$

Jedes Quant hat eine Bewegungsgröße $\frac{h\nu_s}{c}$ in Richtung seiner Bewegung. Es wird nun der Ort eines Quants in dem durch die räumlichen und Impulskoordinaten der Quanten gebildeten Phasenraum betrachtet. Der Ort eines Quants im Phasenraum wird dargestellt durch seine räumlichen Koordinaten x, y, z und die drei Komponenten seiner Bewegungsgröße p_x, p_y und p_z. Dabei ist

$$p_x^2 + p_y^2 + p_z^2 = \left(\frac{h\nu_s}{c}\right)^2. \tag{176}$$

Hierdurch wird also eine Kugelfläche vom Radius $\frac{h\nu_s}{c}$ definiert. Dem Frequenzbereich $d\nu_s$ entspricht ein Bereich des Phasenraumes

$$\int dx\,dy\,dz\,dp_x\,dp_y\,dp_z = V 4\pi \left(\frac{h\nu_s}{c}\right)^2 \frac{h\,d\nu_s}{c} = 4\pi V \frac{h^3 \nu_s^2 d\nu_s}{c^3}. \tag{177}$$

Im Unterschied zum linearen Oszillator, der nur einen Freiheitsgrad hat, hat ein Quant drei Freiheitsgrade. Daher müssen wir hier den Phasenraum in Zellen einteilen, deren Dimension nicht gleich der Dimension von h, sondern von h^3 ist. Es ist naheliegend, ihre Größe unmittelbar gleich h^3 zu setzen. Hiernach wäre die Zahl der Elementarbereiche des Phasenraumes, die zum Schwingungszahlbereich $d\nu_s$ gehören, gleich der rechten Seite von Gleichung (177), dividiert durch h^3, also gleich $4\pi V \frac{\nu_s^2 d\nu_s}{c^3}$. Diese Zahl multipliziert aber BOSE, um der Polarisation Rechnung zu tragen, noch mit 2, so daß als Zahl der Elementarbereiche resultiert

$$A_s = 8\pi V \frac{\nu_s^2 d\nu_s}{c^3}. \tag{178}$$

[1] Siehe M. PLANCK, Thermodynamik, § 152a.

[2] S. N. BOSE, ZS. f. Phys. Bd. 26, S. 178. 1924.

Jetzt denken wir uns die Quanten in irgendeiner beliebig vorgegebenen Weise auf die einzelnen Elementarbereiche verteilt. Die Zahl der Bereiche, in denen 0, 1, 2 usw. Quanten enthalten sind, bezeichnen wir mit k_0^s, k_1^s, k_2^s usw. Dann ist [s. Gleichung (115)]

$$W_s = \frac{A_s}{k_0^s!\, k_1^s! \ldots k_r^s! \ldots} \tag{179}$$

die Zahl der möglichen Verteilungen der betreffenden vorgegebenen Art, und

$$N_s = 0 \cdot k_0^s + 1 \cdot k_1^s + 2 k_2^s + \cdots = \sum_0^\infty r\, k_r^s \tag{180}$$

die Zahl der Quanten des Schwingungszahlbereichs $d\nu_s$. W_s ist die thermodynamische Wahrscheinlichkeit der betreffenden Verteilung bezüglich des Schwingungszahlbereichs $d\nu_s$. Nehmen wir sämtliche anderen vorhandenen Schwingungszahlbereiche der Strahlung von $\nu = 0$ bis $\nu = \infty$ hinzu, so ist die thermodynamische Wahrscheinlichkeit des Gesamtzustandes gemäß Gleichung (107)

$$W = \prod_s W_s = \prod_s \frac{A_s!}{k_0^s!\, k_1^s! \ldots}. \tag{181}$$

Da wir die A_s und k_r^s als sehr große Zahlen zu betrachten haben, so können wir die STIRLINGsche Formel Gleichung (116) anwenden und erhalten

$$\log W = \sum_s A_s \log A_s - \sum_s \sum_r k_r^s \log k_r^s\,. \tag{182}$$

Dabei ist A_s gleich der Summe aller k_r^s, also

$$A_s = \sum_r k_r^s\,. \tag{183}$$

Im Gleichgewichtszustand ist die Entropie, $S = k \log W$, ein Maximum. Wir erhalten die Bedingung dieses Zustandes wieder durch Variation des Ausdrucks (182) unter den Nebenbedingungen, daß die Gesamtenergie E und die Zahl der Elementarbereiche N_s konstant sei. Außerdem soll das WIENsche Verschiebungsgesetz gelten.

Dies ergibt folgende Bedingungen

$$\sum_s \sum_r \delta k_r^s (1 + \log k_r^s) = 0\,, \tag{184}$$

$$\sum_s \delta N_s h \nu_s = 0\,, \tag{185}$$

$$\sum_r \delta k_r^s = 0\,, \qquad \text{also auch} \qquad \sum_s \sum_r \delta k_r^s = 0\,. \tag{186}$$

Ferner ist

$$\delta N_s = \sum_r r\, \delta k_r^s\,. \tag{187}$$

Multiplizieren wir Gleichung (185) mit dem zunächst beliebigen Faktor α_s und Gleichung (186) entsprechend mit β und addieren die Gleichungen (184), (185) und (186), so folgt

$$\sum_s \sum_r \delta k_r^s (1 + \log k_r^s + \alpha_s) + \beta \sum_s h \nu_s \sum_r r\, \delta k_r^s = 0\,. \tag{188}$$

Die Lösung dieser Gleichung ist

$$k_r^s = e^{-(1 + \alpha_s + \beta r h \nu_s)} = B_s e^{-\beta r h \nu_s}\,. \tag{189}$$

Dann ergibt Gleichung (183)

$$A_s = \sum_r B_s e^{-\beta r h \nu_s} \tag{190}$$

oder

$$B_s = A_s (1 - e^{-\beta h \nu_s})\,. \tag{191}$$

Weiter folgt

$$N_s = \sum_r r\,k_s = A_s \frac{1}{e^{\beta h \nu_s} - 1}\,, \tag{192}$$

so daß

$$E = V \sum_s \frac{8\pi h \nu_s^3 d\nu_s}{c^3} \frac{1}{e^{\beta h \nu_s} - 1} = V \int_0^\infty \mathfrak{u}_\nu d\nu\,. \tag{193}$$

Die Division durch das Volumen V gibt die Energiedichte. Die Konstante β ergibt sich in gleicher Weise wie in Ziff. 11 zu $\beta = 1/kT$. Damit ist die Gleichung (193) identisch mit dem PLANCKschen Strahlungsgesetz [Gleichung (152)].

Diese Ableitung von BOSE zeichnet sich durch besondere Eleganz und Kürze aus. Ihre Eigentümlichkeit beruht, wie besonders von A. EINSTEIN[1] betont worden ist, darin, daß ein gegebener Zustand mikroskopisch dadurch definiert wird, daß angegeben wird, wie viele Quanten sich in einer bestimmten Zelle befinden, während die Wahrscheinlichkeitstheorie im Falle völliger Unabhängigkeit der Quanten voneinander verlangt, daß der Zustand mikroskopisch dadurch definiert werde, daß angegeben wird, in welcher Zelle sich jedes einzelne Quant befindet. Die BOSEsche Ableitung enthält also implizit eine gegenseitige Abhängigkeit der Quanten voneinander, über deren physikalische Bedeutung sich vorerst nichts sagen läßt[2].

Wir wenden uns jetzt zu der zweiten Gruppe von Ableitungen, nämlich denjenigen, bei denen von dem Gedanken ausgegangen wird, daß ein vorhandenes thermodynamisches Gleichgewicht der Moleküle der Materie nicht gestört werden darf, wenn diese mit schwarzer Strahlung durch Absorptions-, Emissions- oder Zerstreuungsprozesse in Wechselwirkung treten.

Die berühmte Ableitung von EINSTEIN[3] haben wir bereits oben bei der ersten Ableitung des Strahlungsgesetzes in ihrem wesentlichen Gedankengange gebracht in Anlehnung an PLANCK und in der ihr von ihm gegebenen Form. Wir wiederholen sie hier noch einmal in der knappen ursprünglichen Form EINSTEINS. Wir gehen dabei aus von der Gleichung (141), die wir in folgender Form schreiben

$$\mathfrak{K}_\nu = \frac{N_n A_m}{N_n E_n^m - N_m E_m^n}\,. \tag{194}$$

In diese Gleichung führen wir jetzt die Werte von N_n und N_m aus Gleichung (127) ein. Wir erhalten dann

$$\mathfrak{K}_\nu = \frac{A_m e^{-\beta \varepsilon_m}}{E_n^m e^{-\beta \varepsilon_n} - E_m^n e^{-\beta \varepsilon_m}}\,. \tag{195}$$

Nun ist gemäß Gleichung (126) $\frac{1}{\beta} = kT$, so daß

$$\mathfrak{K}_\nu = \frac{A_m e^{-\frac{\varepsilon_m}{kT}}}{E_n^m e^{-\frac{\varepsilon_n}{kT}} - E_m^n e^{-\frac{\varepsilon_m}{kT}}}\,. \tag{196}$$

Stellen wir jetzt die selbstverständliche Forderung, daß $\mathfrak{K}_\nu$ zugleich mit T ins Unendliche wachse, so folgt ohne weiteres $E_n^m = E_m^n$, wie in Gleichung (149), und es wird

$$\mathfrak{K}_\nu = \frac{A_m}{E_n^m} \cdot \frac{1}{e^{\frac{\varepsilon_m - \varepsilon_n}{kT}} - 1}\,. \tag{197}$$

---

[1] A. EINSTEIN, Berl. Ber. 1925, S. 6.

[2] Zusatz bei der Korrektur: Vgl. hierzu z. B. A. HAAS, Materienwellen und Quantenmechanik. Kap. 13 f.

[3] A. EINSTEIN, Phys. ZS. Bd. 18, S. 121. 1917.

Nun ist aber $\varepsilon_m - \varepsilon_n = h\nu$. Ferner folgt aus dem WIENschen Verschiebungsgesetz Gleichung (77)

$$\frac{A_m}{E_n^m} = c_1 \nu^3 . \tag{198}$$

Durch Einsetzen dieser Beziehungen folgt das PLANCKsche Strahlungsgesetz. Zur Bestimmung der Konstanten c_1 müssen dann Beziehungen zur klassischen Theorie mittels des Korrespondenzprinzips benutzt werden, wie es oben ausführlich dargestellt worden ist.

Damit die vorstehenden Überlegungen gültig seien, ist es aber notwendig, daß durch die betrachteten Wechselwirkungen zwischen Strahlung und Molekülen der thermodynamische Gleichgewichtszustand des Molekülsystems selbst nicht gestört werde. Da nach der radikalen Lichtquantenhypothese mit jedem Emissions- und Absorptionsakt die Übertragung eines Impulses auf das emittierende oder absorbierende Molekül verbunden ist, so treten hier Wirkungen auf, welche denen der Zusammenstöße zweier Moleküle analog sind. Es muß also unter der Wirkung dieser Akte jedes Molekül eine nach Größe und Richtung ständig wechselnde Bewegung besitzen, entsprechend der sog. BROWNschen Bewegung. EINSTEIN führt nun, wie hier nur erwähnt werden soll, die Berechnung der Bewegungsschwankungen der Moleküle unter der Wirkung der Strahlung nach den von ihm in seiner Theorie der BROWNschen Bewegung gegebenen Gesichtspunkten durch und zeigt, daß die für den thermodynamischen Gleichgewichtszustand charakteristische Molekularbewegung durch die betrachteten Wechselwirkungen mit der Strahlung in der Tat nicht gestört wird.

Es ist durch Rückwärtsverfolgung der EINSTEINschen Ableitung leicht zu erkennen, daß eine Vernachlässigung der negativen Einstrahlung [das Glied mit E_m^n in Gleichung (194)] nicht zum PLANCKschen, sondern zum WIENschen Strahlungsgesetz führt, da dieser Teil das Glied -1 im Nenner des Strahlungsgesetzes liefert.

Es seien noch zwei weitere Ableitungen erwähnt, die die Zerstreuung der Strahlung durch die Materie der Betrachtung zugrunde legen. Die Zerstreuung kann man ansehen als die unmittelbare zeitliche Aufeinanderfolge (oder vielleicht noch besser als das gleichzeitige Erfolgen) eines Absorptionsaktes und eines Emissionsaktes, wobei unter Emission sowohl die spontane Emission, wie auch die negative Einstrahlung zu verstehen ist. Wie in Ziff. 14 dargelegt worden ist, ist mit einer solchen Zerstreuung in der Regel eine Änderung der Schwingungszahl der Strahlung verbunden. Als Bedingung für das Gleichgewicht der Strahlung ergibt sich nun die Forderung, daß jedem Zerstreuungsakt, bei dem Strahlung der Schwingungszahl ν_1 in solche von der Schwingungszahl ν_2 verwandelt wird, ein inverser Zerstreuungsakt entsprechen muß, bei dem genau das Umgekehrte stattfindet.

Als erster hat PAULI[1] nach diesem Gesichtspunkte die Wechselwirkung zwischen schwarzer Strahlung und freien Elektronen untersucht. Die Verhältnisse liegen hier durchaus anders als bei der Wechselwirkung mit Molekülen. Denn diese sind nur gewisser, diskreter Energiestufen ε_n fähig — entsprechend den stationären Elektronenbahnen BOHRscher Atome — während solche Bedingungen bei freien Elektronen nicht vorliegen. Die Ableitung von PAULI ist kompliziert und erfordert tiefergehende Kenntnisse auf dem Gebiete der Relativitätstheorie. Deshalb sei auf ihre Wiedergabe hier verzichtet. Es sei über sie nur folgendes gesagt. An sich liegt die Annahme nahe, daß ein Zerstreuungsakt, bei der die einfallende Strahlung die Schwingungszahl ν_1 hat, um so wahrscheinlicher ist, je größer die Dichte dieser Strahlung $\mathfrak{u}_{\nu_1}$ ist. Setzt man nun aber diese Wahr-

[1] W. PAULI, ZS. f. Phys. Bd. 18, S. 272. 1923.

scheinlichkeit proportional $\mathfrak{u}_{\nu_1}$, so ergibt sich nicht das PLANCKsche, sondern das WIENsche Strahlungsgesetz. Zum PLANCKschen Gesetz gelangt man nur dann, wenn man die Wahrscheinlichkeit eines Zerstreuungsaktes, bei dem einfallende Strahlung der Schwingungszahl ν_1 in solche von der Schwingungszahl ν_2 verwandelt wird, gleich $A\mathfrak{u}_{\nu_1} + B\mathfrak{u}_{\nu_1}\mathfrak{u}_{\nu_2}$ setzt. Sie hängt also sozusagen auch von der Disposition des streuenden Elektrons zur Emission der Strahlung der Schwingungszahl ν_2 ab, welche ihrerseits von der Strahlungsdichte $\mathfrak{u}_{\nu_2}$ abhängt. Dies aber scheint auf das Einwirken negativer Einstrahlungsprozesse hinzudeuten. Wir erkennen also auch hier wieder deren Bedeutung für das PLANCKsche Strahlungsgesetz.

Eine Begründung dieses Ansatzes ist von EINSTEIN und EHRENFEST[1] gegeben worden. Wir geben sie hier in etwas vereinfachter Form. Wenn wir einen Zerstreuungsakt, sei es an einem Molekül oder an einem Elektron, als einen ursächlich gekoppelten Absorptions- und Emissionsakt auffassen, so ist die Wahrscheinlichkeit des Gesamtaktes gleich dem Produkt der Wahrscheinlichkeit der beiden Einzelakte. Unter Emission ist hier wieder sowohl die spontane Emission wie die negative Einstrahlung zu verstehen. Gemäß den Überlegungen in Ziff. 12 ist aber die Wahrscheinlichkeit eines positiven Einstrahlungsaktes (Absorption) gleich $E_n^m \mathfrak{K}_\nu \tau$, die eines Emissionsaktes gleich $(A_m + E_m^n \mathfrak{K}_\nu)\tau$. Hat die absorbierte Strahlung die Schwingungszahl ν_1, die emittierte (gestreute) Strahlung die Schwingungszahl ν_2, so ist die Wahrscheinlichkeit des Gesamtaktes in der Zeit τ (unter zeitweiliger Fortlassung der Indizes n und m)

$$dW_1^2 = E_1 \mathfrak{K}_{\nu_1}(A_2 + E_2 \mathfrak{K}_{\nu_2})\,\tau\,. \tag{199}$$

Die Wahrscheinlichkeit des inversen Aktes ergibt sich einfach durch Vertauschung der Indizes zu

$$dW_2^1 = E_2 \mathfrak{K}_{\nu_2}(A_1 + E_1 \mathfrak{K}_{\nu_1})\,\tau\,. \tag{200}$$

Die Energie des Moleküls vor dem Zerstreuungsakt sei ε, nach dem Akt ε'. Da die mit der Strahlung in Wechselwirkung stehende Materie im thermodynamischen Gleichgewicht sein soll, so gilt wieder für die Zahl der Moleküle mit den betreffenden Energiestufen

$$\frac{N}{N'} = e^{-\beta(\varepsilon - \varepsilon')}, \qquad \beta = \frac{1}{kT}. \tag{201}$$

Nun ist die Energieänderung des Moleküls gleich der Differenz zwischen der einfallenden Strahlungsenergie $h\nu_1$ und der gestreuten Strahlungsenergie $h\nu_2$, also $\varepsilon' - \varepsilon$ gleich $h\nu_1 - h\nu_2$, und es ist

$$\frac{N}{N'} = e^{\beta(h\nu_1 - h\nu_2)}. \tag{201a}$$

Die Zahl der Zerstreuungsakte der ersten Art ist gleich der Zahl der Moleküle von der Energie ε_h, multipliziert mit der Wahrscheinlichkeit für das Eintreten des Zerstreuungsaktes, und ebenso ergibt sich die Zahl der inversen Prozesse. Die Forderung des Gleichgewichts bedeutet, daß diese Zahlen einander gleich sein müssen. Wir erhalten daher

$$e^{\beta h\nu_1} E_1 \mathfrak{K}_{\nu_1}(A_2 + E_2 \mathfrak{K}_{\nu_2}) = e^{\beta h\nu_2} E_2 \mathfrak{K}_{\nu_2}(A_1 + E_1 \mathfrak{K}_{\nu_1})\,. \tag{202}$$

Da nun die Schwingungszahlen ν_1 und ν_2 ganz beliebig gewählt sind, so folgt daraus

$$e^{\beta h\nu_1} \frac{E_1 \mathfrak{K}_{\nu_1}}{A_1 + E_1 \mathfrak{K}_{\nu_1}} = e^{\beta h\nu_2} \frac{E_2 \mathfrak{K}_{\nu_2}}{A_2 + E_2 \mathfrak{K}_{\nu_2}} = \text{konst.} = \alpha \tag{203}$$

oder allgemein

$$\mathfrak{K}_\nu = \frac{A_m}{E_n^m} \frac{\alpha}{e^{\beta h\nu} - \alpha}. \tag{204}$$

[1] A. EINSTEIN u. P. EHRENFEST, ZS. f. Phys. Bd. 19, S. 301. 1923.

Diese Gleichung ist mit dem PLANCKschen Strahlungsgesetz identisch, wenn wieder

$$\frac{A_{n+1}}{E_{n,\,n+1}} = \frac{h\,\nu^3}{c^2}, \quad \beta = \frac{1}{k\,T}, \quad \text{und wenn} \quad \alpha = 1.$$

Diese Beziehungen lassen sich wieder aus dem WIENschen Verschiebungsgesetz und aus der Forderung ableiten, daß T und $\mathfrak{K}_\nu$ gleichzeitig unendlich werden müssen.

Die vorstehende Überlegung enthält nicht die Voraussetzung, daß die Moleküle nur diskreter Energiestufen fähig sein sollen. Sie gilt daher allgemein sowohl für Moleküle mit gebundenen Elektronen wie für freie Ladungsträger (Atomkerne, Elektronen).

Daß letzteres der Fall ist, ist astrophysikalisch von Interesse, da, wie schon oben erwähnt, im Innern der Fixsterne die Zerstreuungsakte an freien Elektronen und Atomkernen der leichteren Elemente eine besonders wichtige Rolle spielen dürften.

Es sei noch erwähnt, daß von S. N. BOSE[1] auch eine Ableitung des Strahlungsgesetzes stammt, die in die hier betrachtete Gruppe gehört. Gegen diese sind aber, insbesondere von EINSTEIN[2], gewichtige Bedenken geltend gemacht worden, so daß wir von ihrer Erörterung hier absehen.

BOTHE[3] hat gezeigt, daß man auch unter der Annahme, durch welche PAULI zum WIENschen Strahlungsgesetz geführt wird, zum PLANCKschen Gesetz gelangen kann, wenn man die von ihm schon früher aus anderen Gründen aufgestellte Hypothese verwendet, daß Strahlung der Schwingungszahl ν nicht nur in Form von Quanten der Größe $h\nu$, sondern auch in ganzzahligen Vielfachen dieser Größe, $n h \nu$, vorkommt. Er vermutet, daß solche Mehrfachquanten bei den negativen Einstrahlungsprozessen entstehen. Daß man auf diesem Wege zum PLANCKschen Strahlungsgesetz kommt, kann auf folgende Weise verständlich gemacht werden. Wenn wir das PLANCKsche Gesetz Gleichung (151) in eine Reihe entwickeln, so erhalten wir

$$\mathfrak{K}_\nu = \frac{h\,\nu^3}{c^2}\left[e^{-\frac{h\nu}{kT}} + e^{-\frac{2h\nu}{kT}} + \cdots + e^{-\frac{nh\nu}{kT}} + \cdots\right]. \tag{205}$$

Das PLANCKsche Gesetz stellt sich somit sozusagen als eine Summe WIENscher Ausdrücke dar, deren Quantengröße gleich $h\nu$, $2h\nu, \ldots, nh\nu$ usw. ist. Das aber sind gerade die von BOTHE eingeführten Mehrfachquanten. Es ist daher begreiflich, daß ein Ansatz, der unter der Annahme einfacher Quanten $h\nu$ zum WIENschen Gesetz führt, bei Annahme von Mehrfachquanten das PLANCKsche Gesetz ergibt.

16. Die Wechselwirkung zwischen Strahlung und Materie. Jede Wechselwirkung zwischen Strahlung und Materie ist, wie bereits früher erwähnt, eine Wechselwirkung zwischen der Strahlung und den Atomen oder Molekülen oder auch den freien Elektronen, aus welchen diese Materie besteht. Die Wirkung freier Elektronen, nämlich die durch sie bewirkte Zerstreuung und Wellenlängenänderung der Strahlung, ist bereits oben erwähnt. Unsere heutige Vorstellung von der Wechselwirkung zwischen Strahlung und Atomen beruht auf den von N. BOHR entwickelten Vorstellungen vom Bau der Atome. Bezüglich der Einzelheiten dieser Theorie muß auf das betreffende Spezialkapitel dieses Handbuches verwiesen werden. Hier sei nur kurz das Wesentlichste erwähnt[4]. Die Emission und Absorption von Strahlung durch Atome erfolgt durch die den po-

[1] S. N. BOSE, Phys. ZS. Bd. 27, S. 384. 1924.
[2] A. EINSTEIN, Phys. ZS. Bd. 27, S. 392. 1924.
[3] W. BOTHE, Phys. ZS. Bd. 20, S. 145. 1923; Bd. 23, S. 214. 1924.
[4] Siehe auch A. SOMMERFELD, Atombau und Spektrallinien, 4. Aufl. Braunschweig: F. Vieweg & Sohn 1924.

sitiv geladenen Atomkern planetenartig umkreisenden Elektronen, deren Bahnen durch die erste BOHRsche Quantenbedingung gegeben sind. Beim Sprung eines Elektrons von einer „Quantenbahn" auf eine andere wird, je nach der Richtung dieses Sprunges eine Strahlung emittiert oder absorbiert, deren Frequenz durch die zweite BOHRsche Quantenbedingung (sog. Frequenzbedingung) gegeben ist

$$h\nu = \varepsilon_m - \varepsilon_n,$$

wobei ε_m und ε_n die Energie des Elektrons in der Anfangs- und Endbahn bedeuten[1]. Das ultraviolette und das sichtbare Spektrum sowie das kurzwelligste Ultrarot verdankt seinen Ursprung Quantensprüngen der äußeren, relativ lose gebundenen Elektronen. Hierbei liefern Einzelatome Linienspektren, wie z. B. das BALMER-Spektrum des Wasserstoffs. Sind die Atome zu Molekülen verbunden, so führen auch die Atomkerne Schwingungen gegeneinander aus. Hierdurch werden auch die Elektronenenergien beeinflußt, und an Stelle der Linienspektren treten sehr komplizierte Bandenspektra auf. Die Schwingungen der Kerne gegeneinander machen sich nur bei heteropolaren Molekülen nach außen hin durch Strahlung unmittelbar bemerkbar, also z. B. beim HCl, nicht bei N_2, O_2 usw. Auch diese Schwingungen regeln sich nach Quantengesetzen. Sie führen bei heteropolaren Molekülen zur Emission und Absorption von Strahlung, welche im kurzwelligen Ultrarot liegt. So kommt es, daß Stickstoff, Sauerstoff, Wasserstoff usw. im Ultrarot praktisch völlig diatherman sind, während z. B. Wasserdampf und Kohlensäure dort sehr starke Absorptionsgebiete besitzen. Man bezeichnet dieses Spektrum als Kernschwingungsspektrum. Schließlich können die Atome eines Moleküls auch noch nach Art eines Doppelsternsystems umeinander rotieren. Hierfür sind ebenfalls wieder Quantengesetze maßgebend. Emission und Absorption durch Rotation zeigen wieder nur die heteropolaren Moleküle. Die Rotationsschwingungsspektren liegen im mittleren und langwelligen Ultrarot. Röntgenstrahlen werden hervorgerufen durch Quantensprünge der Elektronen der inneren Elektronenschalen. Die große Bindungsenergie dieser Elektronen bewirkt sehr hohe Werte von ν. Die Spektren der Ionen eines Elements sind völlig verschieden von denen der neutralen Atome. Ein bekanntes Beispiel ist dafür das Spektrum des neutralen und des ionisierten Heliums. Es gilt der „spektroskopische Verschiebungssatz", daß die Entfernung eines Elektrons aus einem Atom dessen Spektrum derart verwandelt, daß es in seiner Struktur (nicht in den Wellenlängen) demjenigen des im periodischen System unmittelbar vorangehenden Elements weitgehend gleich wird.

Wie gesagt, treten Bandenspektren nur an Molekülen auf. Sie sind daher an das Vorhandensein von Temperaturen gebunden, bei denen Moleküle noch existenzfähig und nicht in ihre Atome zerspalten sind.

Es könnte scheinen, als ob ein Körper demnach nur diejenigen Schwingungszahlen emittieren könnte, welche Eigenfrequenzen derjenigen Atomarten sind, aus denen er besteht. Das ist jedoch nicht der Fall. Es ist vielmehr zu bedenken, daß sich die Moleküle und Atome eines Körpers, insbesondere bei hohen Temperaturen, in sehr heftiger Bewegung befinden. Das hat zur Folge, daß die von den Atomen ausgesandten oder absorbierten Schwingungen der Veränderung durch den Dopplereffekt unterliegen. Da — von ganz tiefen Temperaturen abgesehen — gemäß dem MAXWELLschen Verteilungsgesetz in einem Gase alle Geschwindigkeiten zwischen $-\infty$ und $+\infty$ vorkommen, so sind — selbst

[1] Zusatz bei der Korrektur: Nach heutiger Auffassung ist die BOHRsche Vorstellung vom Bau der Atome nur ein Bild, das sich aber heuristisch als überaus nützlich erweist.

wenn wir es mit Atomen von nur einer einzigen Eigenfrequenz zu tun hätten — in der von diesen emittierten und absorbierten Strahlung doch alle möglichen Frequenzen enthalten, so daß das Gas für keine Schwingungszahl vollkommen diatherman ist.

Es kommt hinzu, daß die Spektrallinien schon eine natürliche Breite besitzen und außerdem durch den Einfluß der benachbarten Atome verschoben und verbreitert werden (Druckeinfluß).

17. Die Trägheit der Energie und die Masse der Strahlung. Wie zuerst K. v. MOSENGEIL[1] auf Grund der klassischen Theorie nachgewiesen hat, besitzt jede in einen Hohlraum eingeschlossene Strahlung träge Masse. Das gleiche Resultat ergibt sich aus der Relativitätstheorie allgemein für jede Energieform. Sie besagt ferner, daß jeder trägen Masse auch eine gleich große schwere Masse entspricht. Eine an irgendeinem Punkte des Raumes vorhandene Energie E hat eine Masse vom Betrage

$$M = E/c^2.$$

Befindet sich daher z. B. in einem Hohlraume vom Volumen V schwarze Strahlung von der Temperatur T, so hat diese gemäß Gleichung (47) die Masse

$$M = \frac{u V}{c^2} = \frac{a T^4 V}{c^2}.$$

Handelt es sich um einen von Strahlung erfüllten materiellen Körper, in dem die Temperatur von Ort zu Ort variiert, so vermehrt sich die Masse des Körpers durch die in ihm enthaltene Strahlung um den Betrag

$$M = \frac{a}{c^2}\int T^4 d V.$$

Zur Auswertung dieses über den ganzen Körper erstreckten Integrals muß der Temperaturverlauf im Innern des Körpers bekannt sein. A. S. EDDINGTON hat darauf hingewiesen, daß die in den heißeren Fixsternen eingeschlossene Strahlung nicht unwesentlich zu deren Masse beiträgt, und daß die Fixsterne durch die Ausstrahlung einen dauernden Verlust an Masse erleiden.

c) Meßinstrumente und Meßmethoden.

18. Allgemeines. Die Messungen auf dem Gebiete der Wärmestrahlung teilen sich in solche, bei denen die Gesamtstrahlung eines Körpers gemessen wird, und solche, bei denen die Energie innerhalb von mehr oder minder eng begrenzten Spektralbereichen untersucht wird. Insoweit es sich um Messungen im Laboratorium handelt, also um Strahlungsquellen von einer — gegenüber den Fixsternen — relativ niedrigen Temperatur, gehört der Hauptteil der zu untersuchenden Strahlung dem ultraroten Spektralbereich an. Es sind daher die in der gewöhnlichen Optik üblichen Methoden meist nicht ohne erhebliche Änderungen brauchbar.

Zur Messung der Strahlung dienen Empfangsapparate verschiedener Art. Von diesen muß verlangt werden, daß sie die auf sie fallende Strahlung entweder vollständig absorbieren — in diesem Falle müssen sie also schwarze Körper sein — oder es muß wenigstens bekannt sein, welchen Bruchteil der Strahlung der in Betracht kommenden Spektralbereiche sie absorbieren. Die Messung des Absorptionsvermögens ist aber eine relativ schwierige Aufgabe. Es ist auf alle Fälle anzustreben, die Annäherung an den schwarzen Körper möglichst

[1] K. v. MOSENGEIL, Ann. d. Phys. (4) Bd. 22, S. 867. 1907; M. PLANCK, ebenda (4) Bd. 25, S. 1. 1908; W. WESTPHAL, Verh. d. D. Phys. Ges. Bd. 13, S. 607. 1911.

weit zu treiben, um die etwa auftretenden Fehler möglichst klein zu machen[1]. Das für optische Zwecke gebräuchlichste Schwärzungsmittel, fein verteilter Ruß, ist schon im sichtbaren Gebiet nicht vollkommen schwarz. Im Ultrarot verhält er sich noch ungünstiger und wird für längere Wellen ganz unbrauchbar. Es kommt hinzu, daß sich in ihm, wegen seiner äußerst schlechten Wärmeleitfähigkeit, stets ein Temperaturgefälle ausbildet, so daß, wie F. KURLBAUM gezeigt hat, bei großen Strahlungsintensitäten und dicken Rußschichten erhebliche Temperaturdifferenzen zwischen der Rußoberfläche und ihrer Unterlage auftreten können. Auch sind die Angaben rußgeschwärzter Empfangsapparate vom äußeren Druck abhängig, wie W. GERLACH gezeigt hat. Dies kommt besonders bei den Vakuumbolometern in Frage (s. Ziff. 19). Weit günstiger verhält sich Platinmoor. Im Ultrarot hat sich besonders eine Mischung von Natronwasserglas und Ruß sowie eine solche von Ruß, Platinmoor und Schellack bewährt. Empfohlen wird auch Schwärzung mit kolloidaler Kohlenlösung (Aquadag). Eingehende Untersuchungen über Schwärzungsmittel sind von H. RUBENS und K. HOFFMANN sowie G. MICHEL und A. KUSSMANN angestellt worden. Das Absorptionsvermögen einer Oberfläche kann gesteigert werden, indem man sie nach dem Vorschlag von C. CHRISTIANSEN[2] mit Rillen oder Vertiefungen versieht, welche bewirken, daß ein Teil der auffallenden Strahlung an der Oberfläche nicht nur eine, sondern mehrere Reflexionen erleidet und infolgedessen stärker absorbiert wird. Nehmen wir z. B. an, die Oberfläche habe an sich ein Absorptionsvermögen von 90%, so wird im Falle zweimaliger Reflexion das Absorptionsvermögen bereits 99%. Man erkennt daraus, daß man durch Verwendung gerillter und obendrein gut geschwärzter Oberflächen verhältnismäßig große Absorptionsvermögen erhalten kann.

Bei den Empfangsapparaten ist ferner darauf zu achten, daß sie möglichst wenig thermisch träge seien. Daraus ergibt sich die Notwendigkeit, ihre Dimensionen möglichst klein zu halten.

Im kurzwelligen Ultrarot bis etwa $2\,\mu$ ist auch die Verwendung photographischer Platten, die geeignet sensibilisiert sind, noch möglich[3]. Neuerdings hat M. CZERNY[4] ein Verfahren zur Aufnahme ultraroter Spektren angegeben, das auf der Verdampfung dünner Schichten von Naphthalin an den von ultraroter Strahlung getroffenen Stellen beruht. Er ist damit bereits bis zur Wellenlänge $6\,\mu$ vorgedrungen. Eine prinzipielle Grenze ist dieser Methode, bei der keinerlei selektive Eigenschaften des Empfängers ins Spiel kommen, nicht gesetzt.

Sehr eingehend hat sich mit der Technik der Strahlungsmessung W. W. COBLENTZ mit seinen Mitarbeitern[5] beschäftigt.

Eine sehr störende und oft nicht zu beseitigende Fehlerquelle bei Strahlungsmessungen ist die starke Absorption im Ultrarot durch den Gehalt der Atmosphäre

---

[1] K. ÅNGSTRÖM, Proc. Amsterdam 1898, S. 283; T. ROYDS, Phys. ZS. Bd. 11, S. 316. 1910; Phil. Mag. Bd. 21, S. 167. 1911; W. W. COBLENTZ, Bull. Bur. of Stand. Bd. 9, S. 283. 1913; CROVA u. COMPAN, C. R. Bd. 126, S. 707. 1898; F. KURLBAUM, Wied. Ann. Bd. 67, S. 846. 1899; Ann. d. Phys. Bd. 2, S. 546. 1900; H. RUBENS u. K. HOFFMANN, Berl. Ber. 1922, S. 424; G. MICHEL u. A. KUSSMANN, ZS. f. Phys. Bd. 18, S. 263. 1923; K. HOFFMANN, ebenda Bd. 14, S. 301. 1923; W. GERLACH, Jahrb. d. Radioakt. Bd. 15, S. 139. 1918.

[2] C. CHRISTIANSEN, Wied. Ann. Bd. 19, S. 267. 1883.

[3] Siehe z. B. W. MEISSNER, Ann. d. Phys. (4) Bd. 50, S. 713. 1916.

[4] M. CZERNY, ZS. f. Phys. Bd. 53, S. 1, 1929.

[5] W. W. COBLENTZ, Jahrb. d. Radioakt. Bd. 10, S. 340. 1913 (Bericht und Literaturangaben) und zahlreiche Arbeiten im Bull. Bur. of Stand. und den Scient. Pap. Bureau of Stand.

an Kohlensäure und Wasserdampf[1], welche in jenem Gebiet eine sehr große Zahl von sehr feinen, aber intensiven Absorptionsbanden besitzen, welche schon bei sehr kurzen Strahlungswegen eine praktisch völlige Auslöschung der ihnen entsprechenden Spektralbereiche bewirken. Abb. 8 gibt ein Beispiel eines Absorptionsspektrums in Wasserdampf von Atmosphärendruck nach RUBENS und HETTNER.

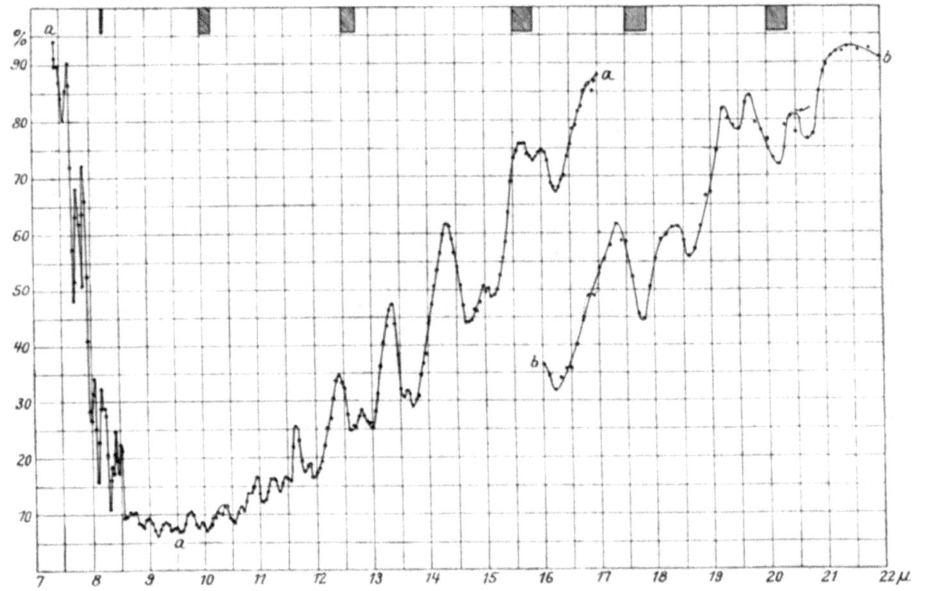

Abb. 8. Rotationsspektrum des Wasserdampfes nach RUBENS und HETTNER.
Die Figur zeigt die prozentische Absorption des Wasserdampfes von Atmosphärendruck und 125°, *a* für eine Schichtdicke von 104 cm, *b* für eine solche von 32 cm nach RUBENS und HETTNER.

RUBENS und SCHWARZSCHILD[2] haben gefunden, daß in der auf die Erdoberfläche gelangenden Sonnenstrahlung Wellenlängen zwischen 80 und 600 μ nicht in meßbarer Menge enthalten sind. Das kann nur so erklärt werden, daß die Erdatmosphäre diesen Strahlungsanteil, der in der ursprünglichen Sonnenstrahlung ohne Zweifel enthalten ist, restlos absorbiert.

19. Empfangsapparate[3]. Als Empfangsapparate für Wärmestrahlung kommen in erster Linie in Betracht: das Thermoelement, das Mikroradiometer, das Bolometer und das Radiometer[4].

a) Das Thermoelement. Die Wirkung des Thermoelements beruht auf dem thermoelektrischen Effekt, welcher darin besteht, daß in einem metallischen Kreise, welcher aus zwei verschiedenen Metallen besteht, eine Potentialdifferenz auftritt, wenn sich die beiden Verbindungsstellen (Lötstellen) dieser

---

[1] H. RUBENS u. G. HETTNER, Berl. Ber. 1916, S. 167; Verh. d. D. Phys. Ges. Bd. 18, S. 157. 1916; H. RUBENS u. E. LADENBURG, Verh. d. D. Phys. Ges. Bd. 7, S. 171. 1905; H. RUBENS, Berl. Ber. 1913, S. 513.

[2] H. RUBENS u. K. SCHWARZSCHILD, Berl. Ber. 1914, S. 702.

[3] Vgl. hierzu auch Handbuch der Physik, Bd. XIX, Kap. 26. Sehr wertvolle Hinweise, insbesondere auch über astrophysikalische Strahlungsmessungen, finden sich bei J. LECOMTE, Le spectre infrarouge, Paris 1928, sowie auch bei F. J. G. RAWLINS und A. M. TAYLOR, Infrared Analysis of Molecular Structure, Cambridge 1929.

[4] Siehe z. B. die Zusammenstellung bei W. W. COBLENTZ, Journ. Opt. Soc. Amer. Bd. 5, S. 259. 1921; Bd. 7, S. 439. 1923.

Metalle auf verschiedener Temperatur befinden. Zur Verstärkung der Wirkung bedient man sich in der Regel einer Kette, die abwechselnd aus dem einen und dem anderen Metall besteht. Der Strahlung werden etwa nur die geraden Lötstellen ausgesetzt, während die ungeraden vor der Strahlung geschützt sind. Da man es oft mit nahezu linearen Strahlungsquellen zu tun hat (Spalte), so ordnet man die der Strahlung ausgesetzten Lötstellen meist in einer Geraden an, während die anderen Lötstellen abwechselnd rechts und links davon liegen und durch eine Blende geschützt sind (s. Abb. 9). Das Thermoelement wird oft mit einem konischen Tubus versehen, welcher die einfallende Strahlung auf die zu erwärmenden Lötstellen konzentriert. Um diesen eine möglichst große Auffangfläche zu geben, werden sie zu Plättchen breitgeschlagen, die dann an der der Strahlung zugekehrten Seite möglichst gut geschwärzt werden. Die Drähte selbst müssen möglichst dünn sein, um Verluste durch Wärmeleitung zu vermeiden. Wo es möglich ist, ist es zweckmäßig, das Thermoelement in das Vakuum zu setzen[1], um die Wärmeleitung durch die Luft auszuschließen[2]. Als Metallkombinationen werden u. a. verwandt: Eisen-Konstantan, Silber-Wismut (Wismut + 5% Zinn) - (Wismut + 3% Antimon). Eine sehr verbesserte Konstruktion ist neuerdings von MOLL und BURGER[3] angegeben worden.

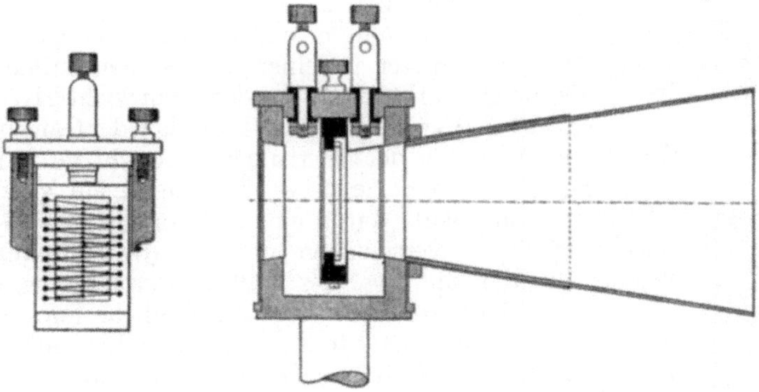

Abb. 9. Lineare Thermosäule nach RUBENS.

Die durch die auffallende Strahlung hervorgerufenen Potentialdifferenzen werden mit einem Galvanometer gemessen. Eine gute Thermosäule in Luft mit 30 Elementen ergibt bei Benutzung eines höchstempfindlichen Drehspulgalvanometers (etwa eines solchen nach ZERNICKE) nahezu die gleiche Empfindlichkeit, wie das Mikroradiometer (s. u.) und bietet den Vorteil äußerst bequemen Arbeitens.

b) Das Mikroradiometer. Das von BOYS[4] erdachte Mikroradiometer verdankt seine Vervollkommnung insbesondere H. RUBENS. Es beruht ebenfalls auf dem thermoelektrischen Effekt und stellt in sich eine Vereinigung eines einzigen

[1] W. W. COBLENTZ, Journ. Opt. Soc. Amer. Bd. 5, S. 356. 1921.

[2] Literatur über Thermoelemente siehe z. B. W. W. COBLENTZ, Bull. Bur. of Stand. Bd. 11, S. 148. 1914; H. RUBENS, ZS. f. Instrkde. Bd. 18, S. 65. 1898; A. H. PFUNDT, Phys. ZS. Bd. 13, S. 870. 1912; H. WITT, ZS. f. Phys. Bd. 28, S. 236. 1924; W. VOEGE, Phys. ZS. Bd. 21, S. 288. 1920; Bd. 22, S. 129. 1921.

[3] W. J. H. MOLL u. H. C. BURGER, ZS. f. Phys. Bd. 32, S. 575. 1925.

[4] C. V. BOYS, Proc. Roy. Soc. London Bd. 47, S. 480. 1890.

Thermoelements mit einem Drehspulgalvanometer dar (Abb. 10). Es ist ein Drehspulgalvanometer der üblichen Konstruktion mit Spiegelablesung, dessen Drehspule aus einer einzigen Windung von Kupferdraht ohne Zuleitungen besteht. Diese ist an ihrem unteren Ende unterbrochen, und hier ist ein Thermoelement aus den oben genannten Wismutlegierungen eingefügt, dessen eine geschwärzte Lötstelle von der zu messenden Strahlung getroffen wird, während die anderen Lötstellen abgeschirmt sind. Die in dem Thermoelement bei Bestrahlung auftretende Potentialdifferenz bewirkt das Auftreten eines Stromes in der Windung und infolgedessen einen Ausschlag des Instruments. Wegen seiner großen Empfindlichkeit gegen Temperaturdifferenzen ist das Instrument durch eine luftdicht schließende Glocke mit einem Fenster aus geeignetem Material für den Eintritt der Strahlung und einem Beobachtungsfenster gegen die Einflüsse der adiabatischen Druckschwankungen in der Atmosphäre zu schützen[1]. Häufig wird auch hier ein Konus vor der Eintrittsöffnung angebracht, um die Strahlung auf die Lötstelle des Thermoelements möglichst zu konzentrieren.

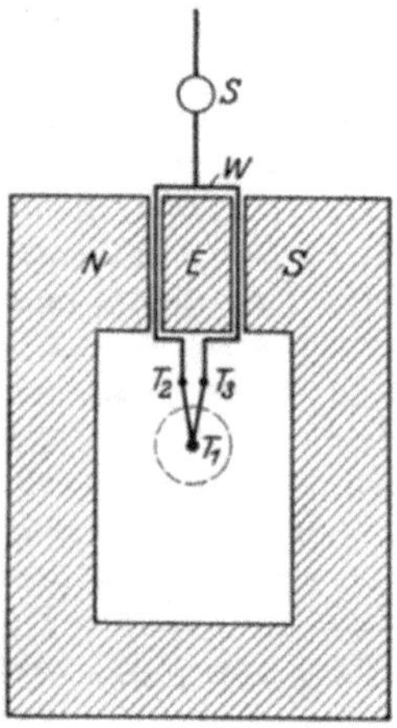

Abb. 10. Schema des Mikroradiometers.

N, S Pole des Feldmagneten, E Eisenkern, T_1 bestrahlte Lötstelle, T_2, T_3, kalte Lötstellen, W Windung (Drehspule), S Spiegel.

An nicht völlig erschütterungsfreien Orten muß das Mikroradiometer auf einer JULIUSschen Aufhängung oder dergleichen angebracht werden. Sehr wichtig ist möglichste Konstanz der Raumtemperatur, da jeder Gang der Temperatur ein Wandern des Instruments zur Folge hat, das die Ablesungen erschwert. Sehr zweckmäßig ist ein Vorschlag von M. CZERNY, die Skala durch einen Motor mit der gleichen Geschwindigkeit zu verschieben, mit der der Nullpunkt auf ihr wandert, so daß die Lage des Nullpunktes unverändert bleibt.

c) Das Radiometer. Die ursprüngliche Form des Radiometers ist die allbekannte CROOKESsche Lichtmühle[2]. Diese ist jedoch für exakte Messungen nicht brauchbar. Ein brauchbares Meßinstrument erhält man, indem man zwei gleich große Flügel aus Glimmer, Aluminium, dünnem Glase od. dgl., von denen der eine geschwärzt ist, während der andere nur zum mechanischen Ausgleich des Instruments dient, in der aus Abb. 11 ersichtlichen Weise an einem dünnen Quarz- oder Kokonfaden aufhängt. Das System ist mit einem Spiegel zur Ablesung der Drehungen versehen. Es befindet sich in einem

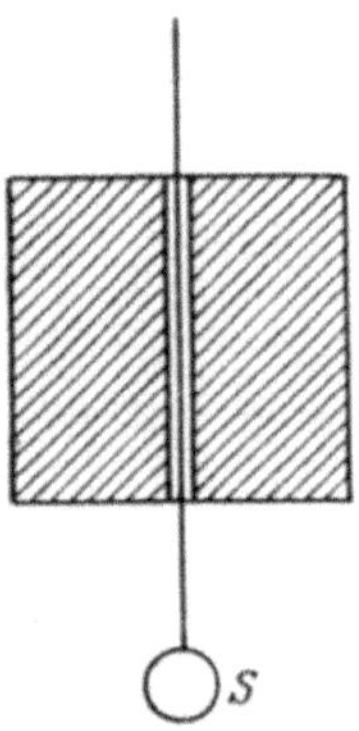

Abb. 11. Radiometer. S Spiegel.

[1] Literatur s. u. a. H. SCHMIDT, Ann. d. Phys. (4) Bd. 29, S. 1001. 1909; H. WITT, Phys. ZS. Bd. 21, S. 374. 1920; Dissert. Lund 1924; W. W. COBLENTZ, Phys. Rev. Bd. 3, S. 59. 1914; H. RUBENS u. H. HOLLNAGEL, Berl. Ber. 1910, S. 26.

[2] W. CROOKES, Phil. Trans. Bd. 166, S. 325. 1876. Ein ausführlicheres Literaturverzeichnis bis 1890 s. WINCKELMANN, Handb. d. Phys., Artikel Radiometer. Von neueren Arbeiten seien genannt: E. F. NICHOLS, Berl. Ber. 1898, S. 1183; H. RUBENS u. E. F. NICHOLS, ebenda 1896, S. 1396; E. F. NICHOLS, Phys. Rev. Bd. 4, S. 297. 1897; Wied. Ann. Bd. 60, S. 401. 1897; Astrophys. Journ. Bd. 13, S. 101. 1901; W. GERLACH u. W. WESTPHAL, Verh. d. D. Phys. Ges. Bd. 21, S. 218. 1919; W. WESTPHAL, ZS. f. Phys. Bd. 1, S. 92 u. 431. 1920; Bd. 4, S. 221. 1921; W. GERLACH, ZS. f. Phys. Bd. 2, S. 207. 1920; W. GERLACH u. R. ALBACH, ebenda Bd. 14, S. 285. 1923; G. WEST, Proc. Phys. Soc. 1920, S. 166, 220; E. F. NICHOLS u. I. D. TEAR, Phys. Rev. Bd. 21, S. 587. 1923; Proc. Nat. Amer. Acad. Bd. 9, S. 211. 1923; I. D. TEAR, Phys. Rev. Bd. 22, S. 641. 1924.

evakuierbaren Gefäß aus Glas oder Metall, welches mit zwei seitlichen Ansätzen versehen ist, die durch ebene Glasplatten verschlossen sind, für den Eintritt der zu messenden Strahlung und zur Beobachtung der Drehungen.

Das System wird so gedreht — am einfachsten dadurch, das es an einem Schliff angebracht ist —, daß die zu messende Strahlung senkrecht auf den geschwärzten Flügel fällt. Dann erfährt der Flügel einen Druck, der eine der auffallenden Strahlung proportionale Drehung des Systems bewirkt.

Eine hohe Empfindlichkeit erreicht man, wenn man nach dem Vorgange von RUBENS und NICHOLS dicht vor oder hinter den geschwärzten Flügel ein dünnes Glasplättchen bringt, durch das also die Strahlung hindurchtritt. HETTNER hat eine weitere Steigerung der Empfindlichkeit dadurch erreicht, daß er die Strahlung durch ein unmittelbar vor den sehr kleinen Flügel gesetztes Mikroskopobjektiv auf diesen konzentrierte[1]. Er erzielte so etwa die gleiche Empfindlichkeit wie die eines Mikroradiometers.

Schließlich ist die Empfindlichkeit des Radiometers außerordentlich stark vom Gasdruck abhängig. Bei einer Flügelgröße von der Größenordnung von 1 qcm liegt der günstigste Druck etwa bei 0,02 mm Hg.

In denjenigen Fällen, wo es nicht auf große Empfindlichkeit ankommt, läßt sich auch das sehr bequem zu handhabende Quarzfaden-Radiometer von WESTPHAL[2] benutzen.

Die Theorie der Radiometerwirkung ist neuerdings von HETTNER[3] gegeben worden. Es sei hier nur bemerkt, daß sie mit dem Strahlungsdruck, der von sehr viel kleinerer Größenordnung ist, nichts zu tun hat.

d) Das Bolometer. Bei dem Bolometer wird die mit einer Temperaturänderung verbundene Widerstandsänderung eines metallischen Leiters zur Strahlungsmessung benutzt. Man bedient sich zu diesem Zwecke eines dünnen Metallstreifens, in der Regel aus Platin- oder Konstantanfolie, der auf der der Strahlung zugekehrten Seite geschwärzt ist. Die auffallende Strahlung bewirkt eine Erwärmung des Streifens und daher eine Änderung seines Widerstandes, der in der WHEATSTONEschen Brückenschaltung gemessen wird. Als Vergleichswiderstand benutzt man einen zweiten, möglichst gleichartigen Streifen, um diejenigen Widerstandsänderungen zu eliminieren, welche durch Schwankungen der Raumtemperatur entstehen. Die Widerstandsänderung wird gemessen durch Messung des Ausschlags des in der Brücke befindlichen Galvanometers, nachdem vorher die in der Schaltung befindlichen Widerstände so abgeglichen sind, daß das Galvanometer ohne Bestrahlung keinen Ausschlag zeigt[4].

Das Bolometer ist auch zur absoluten Strahlungsmessung verwandt worden, indem der Bolometerstreifen durch einen dem schwachen Meßstrom überlagerten elektrischen Strom so stark erhitzt wurde, daß die gleiche Widerstandsänderung erfolgte, wie bei Bestrahlung. Durch Gleichsetzung der hierbei im Bolometer verbrauchten elektrischen Energie mit der auffallenden Strahlungsenergie wurde die letztere ermittelt. Gegen die Genauigkeit dieser Methode sind jedoch erhebliche Einwendungen, insbesondere von F. PASCHEN[5], erhoben worden.

[1] G. HETTNER, ZS. f. Phys. Bd. 47, S. 499, 1928. Siehe auch H. ABBOT, Astrophys. Journ. Bd. 60, S. 87. 1924.

[2] W. WESTPHAL, ZS. f. Phys. Bd. 4, S. 221. 1921.

[3] G. HETTNER, Neuere theoretische und experimentelle Untersuchungen über die Radiometerkräfte. Ergebn. d. exakten Naturwiss. Bd. 7, S. 209. 1928.

[4] S. P. LANGLEY, Proc. Amsterdam Bd. 16, Beibl. 5, S. 191. 1881; K. ÅNGSTRÖM, Wied. Ann. Bd. 26, S. 256. 1885; A. PAALZOW u. H. RUBENS, ebenda Bd. 26, S. 256. 1889; E. LUMMER u. F. KURLBAUM, ebenda Bd. 46, S. 204. 1892; H. RUBENS, ebenda Bd. 37, S. 249. 1889; F. PASCHEN, ebenda Bd. 48, S. 272. 1893.

[5] F. PASCHEN, Ann. d. Phys. (4) Bd. 38, S. 30. 1912; W. GERLACH, Jahrb. d. Radioakt. Bd. 15, S. 146. 1918.

Einwandfreier ist eine von K. ÅNGSTRÖM[1] angegebene Methode, welcher an den Bolometerstreifen ein Thermoelement anlegte und dadurch die Gleichheit der Temperatur bei Bestrahlung und Stromheizung feststellte. Noch zweckmäßiger ist es, nach dem Vorschlage von F. PASCHEN[2], hinter dem Streifen, aber durch eine dünne Luftschicht von ihm getrennt, eine lineare Thermosäule anzubringen.

Die Empfindlichkeit des Bolometers läßt sich beträchtlich erhöhen, wenn es in ein gut evakuiertes Gefäß gebracht wird[3], so daß die Verluste durch Wärmeleitung und Konvektion in der umgebenden Luft stark herabgesetzt werden.

In allen Fällen, wo das Meßinstrument sich in einem mit Glasscheiben verschlossenen Gefäß befindet, ist zu beachten, daß nur derjenige Teil der Strahlung zur Messung gelangt, der vom Glase durchgelassen wird, also im wesentlichen der sichtbare Teil des Spektrums. Sollen andere Teile des Spektrums gemessen werden, so sind für die Gefäße wie überhaupt für die ganze etwaige Optik Substanzen zu verwenden, welche für den betreffenden Spektralbereich durchlässig sind. Näheres darüber folgt weiter unten.

Zur Bestimmung der Empfindlichkeit eines Meßinstrumentes bedient man sich am einfachsten einer Hefnerkerze. Dabei ist darauf zu achten, daß die Strahlung der heißen Verbrennungsgase abgeschirmt wird. Die von einer solchen in horizontaler Richtung pro Quadratzentimeter und Sekunde ausgesandte Energie beträgt nach W. GERLACH[4]

$$2{,}25-2{,}30 \cdot 10^{-5}\,\text{cal} \cdot \text{cm}^{-2}\,\text{sec}^{-1}.$$

Welche der verschiedenen vorstehend beschriebenen Methoden man im Einzelfalle anwenden will, hängt im allgemeinen von äußeren Umständen ab. Ihre Empfindlichkeit ist bei äußerster Ausnutzung der in ihnen enthaltenen Möglichkeiten etwa von der gleichen Größenordnung. Von der Angabe von Empfindlichkeiten der einzelnen Empfangsapparate ist deshalb abgesehen worden, weil sie leicht irreführend ist. Die Empfindlichkeit hängt im Einzelfalle von zahlreichen Imponderabilien ab und kann bei gleichgebauten Apparaten in beträchtlichen Grenzen schwanken.

Empfindliche Instrumente reagieren bereits auf eine Annäherung der Hand. Sie sind daher auch vor der von dem Körper des Beobachters ausgehenden Wärmestrahlung zu schützen.

20. Spektrale Zerlegung. Die Methoden zur spektralen Zerlegung der Strahlung werden, soweit sie das sichtbare und das ultraviolette Licht betreffen, an anderer Stelle behandelt. Besonders zu erörtern sind hier jedoch die Methoden für das langwellige Spektralgebiet. Die gewöhnlichen Spektrometer lassen sich im Ultrarot nicht mehr verwenden, weil das Glas hier seine Durchlässigkeit verliert. Es sind daher Spektrometer mit einer Optik aus anderen Substanzen zu verwenden. Es sind als Prismen verwendbar: Bis $4\,\mu$ Quarz, bis $8{,}5\,\mu$ Flußspat, bis $14\,\mu$ Steinsalz, bis $23\,\mu$ Sylvin (dieses zwischen 20 und $23\,\mu$ wegen seiner bereits einsetzenden Absorption nur in Form spitzwinkliger Prismen). Für längere Wellen sind Spektrometer nicht mehr verwendbar. Zu beachten ist weiter, daß es, insbesondere bei Verwendung des Mikroradiometers oder Radiometers als Meßinstrument, notwendig oder wünschenswert ist, den an die Stelle

[1] K. ÅNGSTRÖM, Act. Reg. Soc. Upsala, Juni 1893; Wied. Ann. Bd. 39, S. 214. 1890.
[2] F. PASCHEN, Zitiert auf S. 53.
[3] E. WARBURG, G. LEITHÄUSER u. ED. JOHANNSEN, Ann. d. Phys. (4) Bd. 24, S. 25. 1907.
[4] W. GERLACH, Jahrb. d. Radioakt. Bd. 15, S. 157. 1918.

des Auges oder der photographischen Platte tretenden Empfangsapparat ortsfest aufzustellen. Daher empfiehlt sich die Verwendung eines Spektrometers nach WADSWORTH[1], bei welchem nur das Prisma drehbar ist und stets bei minimaler Ablenkung arbeitet. Der eintretende und der austretende Strahl haben stets die gleiche Richtung.

Jenseits 23 μ dient zur spektralen Zerlegung oder richtiger gesagt, zur Aussonderung möglichst eng begrenzter Spektralbereiche aus einer gegebenen Strahlung die sog. Reststrahlenmethode von RUBENS und NICHOLS[2], die nun gerade auf der Ausnutzung der Absorptionsgebiete beruht. In unmittelbarer Nähe der Gebiete stärkster Absorption liegen, wie auch die Dispersionstheorie zeigt, stets Gebiete sog. „metallischer", d. h. sehr hoher Reflexion. Dieses hohe Reflexionsvermögen ist selektiv, d. h. es ist auf mehr oder weniger enge Bereiche beschränkt, je nach der Natur der Substanz. Läßt man auf eine Platte, z. B. aus Steinsalz, ein kontinuierliches Spektrum fallen, so reflektiert sie die dem Gebiet ihrer metallischen Reflexion angehörende Strahlung (in diesem Falle von etwa 52 μ Wellenlänge) sehr viel stärker als die größeren oder kleineren Wellenlängen. In der reflektierten Strahlung ist daher diese „Reststrahlung" vorwiegend vorhanden. Läßt man nun die Strahlung mehrfach hintereinander an solchen Platten reflektieren, so wird die nicht dem Reststrahlengebiet angehörende Strahlung immer mehr geschwächt, während der Verlust der Reststrahlung ziemlich gering ist. Diese wird also in einem hohen Grade von Reinheit erhalten.

In nachstehender Tabelle sind die für die praktische Verwendung hauptsächlich in Frage kommenden Substanzen mit der mittleren Wellenlänge ihrer Reststrahlengebiete wiedergegeben. Man erkennt, daß sie die Aussonderung einer größeren Anzahl von eng begrenzten Spektralbereichen in dem Gebiet bis etwa 115 μ zulassen. Natürlich ist die „Schärfe" dieser Spektrallinien nicht mit derjenigen zu vergleichen, die man mit dem Spektrometer erreichen kann.

Tabelle der wichtigsten Reststrahlen.
(Lage der Energiemaxima.)

Kalkspat	$CaCO_3$	6,65 μ
Flußspat	CaF_2	22 und 32 μ
Arragonit	$CaCO_3$	39 μ
Steinsalz	NaCl	52,8 μ
Sylvin	KCl	63 μ
Bromkalium	KBr	83 μ
Thalliumchlorür	TlCl	92 μ
Jodkalium	KJ	94 μ
Thalliumbromür	TlBr	117 μ
Thalliumjodür	TlJ	152 μ

Ihrer Natur nach ist die Reststrahlenmethode nicht geeignet zu einer Untersuchung der spektralen Zusammensetzung der Gesamtstrahlung einer Strahlungsquelle.

---

[1] F. L. O. WADSWORTH, Phil. Mag. (5) Bd. 38, S. 337. 1894. Über die Eichung des Spektrometers im Ultrarot s. F. PASCHEN, Ann. d. Phys. Bd. 26, S. 120, 1029. 1908.

[2] H. RUBENS u. E. F. NICHOLS, Naturw. Rundschau Bd. 11, Nr. 43. 1896; Berl. Ber. 1896, S. 1; Wied. Ann. Bd. 60, S. 418. 1897; H. RUBENS u. E. ASCHKINASS, Wied. Ann. Bd. 65, S. 241. 1898; H. RUBENS, ebenda Bd. 69, S. 576. 1899; Berl. Ber. 1913, S. 513; 1915, S. 4; 1916, S. 1280; H. RUBENS u. H. HOLLNAGEL Berl. Ber. 1910, S. 26; H. RUBENS u. H. v. WARTENBERG, ebenda 1913, S. 526; 1914, S. 174.

Die nicht als natürliche Kristalle vorkommenden Substanzen werden in Form gepreßter Platten verwandt. Die Anordnung der Platten zeigt Abb. 12.

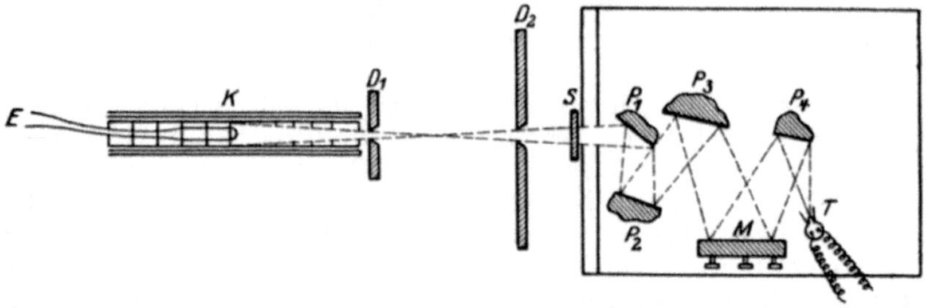

Abb. 12. Reststrahlenmethode von RUBENS.

T Thermosäule, *M* Metallhohlspiegel, P_1 — P_4 Platten, an denen die Reststrahlen isoliert werden, z. B. Kalkspat, *S* Schirm, D_1 und D_2 Blenden, *K* schwarzer Körper, *E* Thermoelement zur Temperaturmessung des schwarzen Körpers.

Abb. 13a und 13b zeigen als Beispiel die Energieverteilung der Reststrahlen des Steinsalzes auf Grund von Messungen von RUBENS mit dem Quarzplatteninterferometer (s. unten).

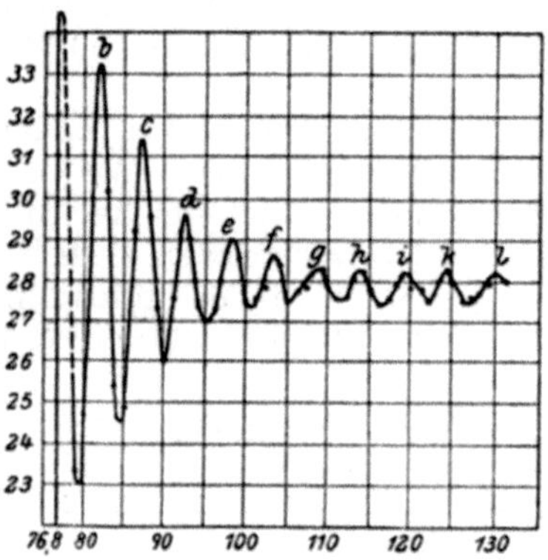

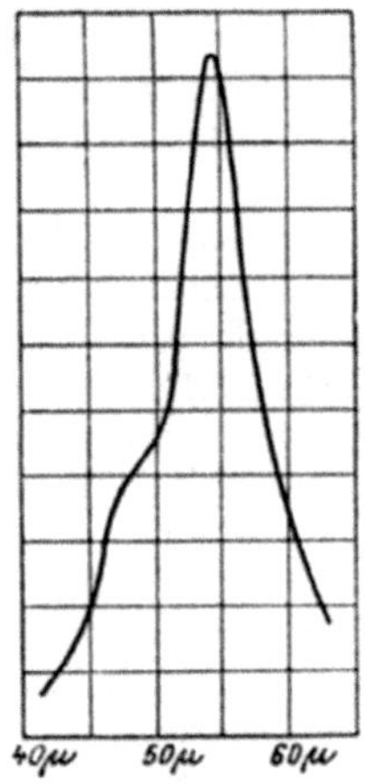

Abb. 13a. Abb. 13b.

Reststrahlen von Steinsalz, aufgenommen mit Quarzplatteninterferometer.

a Ausschläge des Meßinstruments in Abhängigkeit vom Plattenabstand, b durch Analyse daraus gewonnene Energieverteilungskurve der Reststrahlen.

Genau wie im sichtbaren und ultravioletten Spektralgebiet können auch im Ultrarot Beugungsgitter zur spektralen Zerlegung benutzt werden. Natürlich sind hier die gewöhnlich gebrauchten Gitter nicht verwendbar. Nach dem Vorgange von H. DU BOIS und H. RUBENS[1] verwendet man im Ultrarot Gitter aus Kupfer- oder Silberdraht, welche auf einen Metallrahmen in der Regel so aufgespannt sind, daß der zwischen je zwei Drähten verbleibende Abstand gerade gleich der Drahtdicke ist. In diesem Falle treten nur die Spektren ungerader Ordnung auf.

Von 40 μ ab wird vielfach zur Analyse ultraroter Strahlung das Quarzplatteninterferometer von RUBENS[2] (Abb. 14) verwendet. Es besteht aus zwei

[1] H. DU BOIS u. H. RUBENS, Wied. Ann. Bd. 49, S. 595. 1893; Ann. d. Phys. Bd. 35 S. 243. 1911; H. RUBENS u. E. F. NICHOLS, Wied. Ann. Bd. 60, S. 418. 1897; H. RUBENS, Berl. Ber. 1921, S. 8.

[2] H. RUBENS u. H. HOLLNAGEL, Berl. Ber. 1910, S. 26; H. RUBENS u. R. W. WOOD, ebenda 1910, S. 1910.

auf einer Schiene meßbar gegeneinander verschiebbaren parallelen Quarzplatten, die also eine „Luftplatte" von variabler Dicke einschließen. Infolge der bei der Reflexion innerhalb der Luftplatte auftretenden Interferenzen zeigt die durch das Instrument hindurchtretende Strahlung bei Veränderung des Plattenabstandes periodische Schwankungen. Aus der Analyse der so gewonnenen Kurven kann man Schlüsse auf die spektrale Zusammensetzung der Strahlung ziehen. Bei komplizierter Energieverteilung ist aber eine richtige Analyse schwierig. Das Instrument eignet sich daher besonders zur Untersuchung engbegrenzter Spektralgebiete.

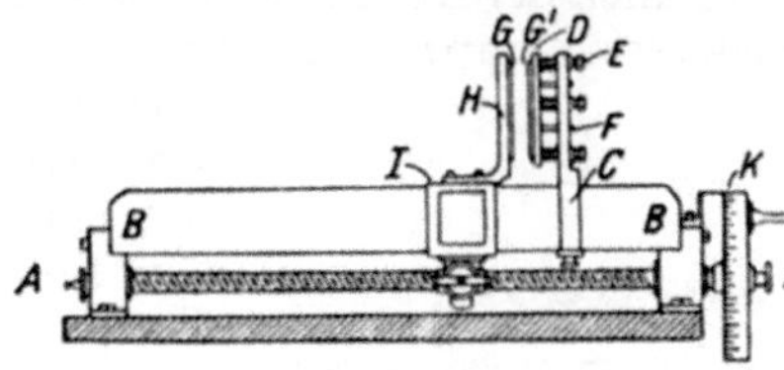

Abb. 14. Quarzplatteninterferometer nach RUBENS.

A Teilmaschine, *B* prismatische Führungsschiene, *C* Messingträger, *D* Messingring, *F* Führungsstifte, *G* und *G'* Quarzplatten, *H* Messingring, *I* Schlitten, *K* Trommelkopf der Spindel.

Zur Isolierung langwelliger ultraroter Strahlung von kurzwelliger haben RUBENS und ASCHKINASS[1] zuerst die anomale Dispersion des Quarzes benutzt. Während der Brechungsindex des Quarzes im kurzwelligen Gebiet etwa bei 1,50 liegt, beträgt er im langwelligen Gebiet 2,14. Außerdem besitzt der Quarz ein starkes Absorptionsgebiet von 4,5 bis jenseits 24,4 μ. Man kann also das kurzwellige und das langwellige Gebiet durch Verwendung spitzwinkliger Prismen fast vollständig trennen, ohne die Flächenhelligkeit der schwachen langwelligen Strahlung zu sehr durch Dispersion zu schwächen. Eine wesentlich verbesserte

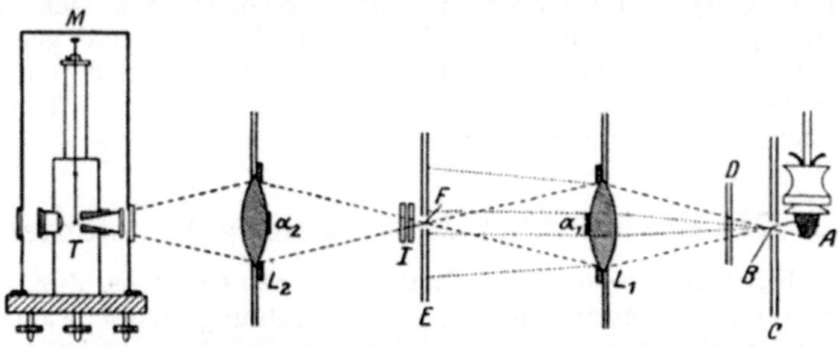

Abb. 15. Quarzlinsenmethode von RUBENS und WOOD.

A Auerbrenner, *B* Blende, *D* Schirm, L_1 und L_2 Quarzlinsen, α_1 und α_2 Papierblättchen, *F* Blende, *M* Mikroradiometer, *T* Lötstelle des Mikroradiometers.

Ausnutzung des gleichen Prinzips bildet die sog. Quarzlinsenmethode von RUBENS und WOOD[2] (Abb. 15). Die von der zu untersuchenden Lichtquelle kommende Strahlung fällt durch ein Diaphragma *C*. Eine Quarzlinse L_1 ist so aufgestellt, daß das erste Diaphragma durch den langwelligen Strahlungsanteil (gestrichelte Linie) auf die Öffnung *F* des Diaphragmas *E* abgebildet wird, während die kurzwellige Strahlung (punktierte Linie) noch divergent aus der Linse austritt, so daß nur ein geringer Bruchteil von ihr durch *F* hindurchtreten würde, wenn dieser nicht noch durch ein auf die Mitte von L_1 aufgeklebtes Stückchen schwarzes Papier α_1, welches die langwellige Strahlung ziemlich ungeschwächt hindurchläßt, abgeblendet würde. Eine zweite Quarzlinse L_2 vereinigt die langwellige Strahlung auf die Lötstelle eines Mikroradiometers. Etwa noch vorhandene kurzwellige Strahlung wird wieder durch ein Blättchen α_2 aus schwarzem Papier ausgeblendet.

[1] H. RUBENS u. E. ASCHKINASS, Wied. Ann. Bd. 65, S. 241. 1898; Bd. 67, S. 459. 1899.
[2] Siehe z. B. H. RUBENS u. G. MICHEL, Berl. Ber. 1921, S. 595.

21. Strahlungsquellen. Als Strahlungsquelle kann natürlich grundsätzlich jeder auf eine ausreichende Temperatur erhitzte Körper dienen. Bequem ist in vielen Fällen der AUERsche Glühstrumpf, der NERNST-Stift, auch der Heizkörper der NERNST-Lampe allein. In allen Fällen, wo es darauf ankommt, die Energieverteilung im Spektrum genau zu kennen, muß ein schwarzer Körper verwendet werden. Die Konstruktion eines solchen ist je nach dem in Frage kommenden Temperaturbereich verschieden. Für mittlere Temperaturen kann man sich eines elektrisch heizbaren ausgebohrten Kupferzylinders bedienen. Für höhere Temperaturen benutzt man meist zylindrische Röhren aus unglasiertem Porzellan oder MARQUARDTscher Masse, welche durch ein um sie herumgewickeltes Platinband elektrisch geheizt werden. Durch geeignet angebrachte Blendensysteme muß dafür gesorgt werden, daß die zur Messung gelangende Strahlung nur von der hinteren Abschlußfläche des Zylinders herkommt. Die Temperatur dieser Fläche, also die Temperatur der ausgesandten Strahlung, wird mittels eines mit der Fläche in guten Kontakt gebrachten Thermoelements gemessen. Abb. 16 zeigt die Konstruktion eines für mittlere Temperaturen bestimmten schwarzen Körpers (s. auch den für höhere Temperaturen bestimmten schwarzen Körper in Abb. 12).

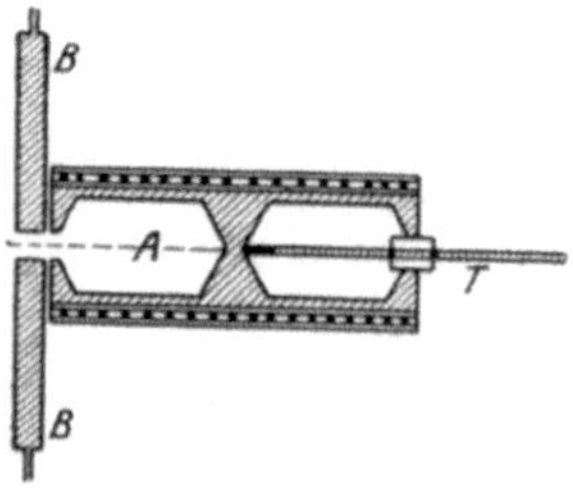

Abb. 16. Schwarzer Körper für Temperaturen bis etwa 600°. Der Körper besteht aus Kupfer. *A* strahlender Hohlraum, *B* wassergekühlte Blende, *T* Thermometer (statt dessen auch Thermoelement oder Widerstandsthermometer).

Zur Erzeugung langwelligster Strahlung bedient man sich der Quarzquecksilberlampe. Diese sendet, wie RUBENS und v. BAEYER[1] gezeigt haben, eine äußerst langwellige Strahlung aus, welche zwei Maxima, eines bei 218, das andere bei 343 μ besitzt. Es ist dies die langwelligste Wärmestrahlung, welche je zur Beobachtung gelangt ist.

d) Die Bestimmung der Strahlungskonstanten.

22. Die Konstante σ des STEFAN-BOLTZMANNschen Gesetzes. Zur Bestimmung dieser Konstanten ist es notwendig, die Gesamtstrahlung eines schwarzen Körpers, oder eines anderen Körpers, dessen Emissionsvermögen bekannt ist, bei gegebener Temperatur zu messen. Diese Messung fehlerfrei auszuführen, ist aus verschiedenen Gründen sehr schwierig. Vor allem ist die exakte Bestimmung des Emissionsvermögens, im Falle es sich nicht um einen eigentlichen schwarzen Körper handelt, von einer großen Zahl von Fehlerquellen bedroht, die teils experimentell, teils rechnerisch eliminiert werden müssen. Ferner liegt eine durch Rechnungen bisher nur angenähert zu beseitigende Fehlerquelle in der Absorption gewisser Spektralgebiete in dem Wasserdampf der Atmosphäre, welche die Strahlung auf ihrem Wege bis zum Meßinstrument zurücklegen muß. So hat sich auch bei Verwendung der modernsten Hilfsmittel eine völlig befriedigende Übereinstimmung zwischen den Ergebnissen der letzten Messungen nicht erzielen lassen.

Allen bisher verwendeten Methoden ist gemeinsam, daß die Messung der Strahlungsenergie in irgendeiner Form auf eine Messung elektrischer Energie zurückgeführt wird.

Die erste Bestimmung ist von KURLBAUM[2] ausgeführt worden. Er ließ die zu messende Strahlung auf einen geschwärzten Bolometerstreifen fallen

---

[1] H. RUBENS u. O. v. BAEYER, Berl. Ber. 1911, S. 339; 1913, S. 802.
[2] F. KURLBAUM, Wied. Ann. Bd. 65, S. 746. 1898.

und maß dessen Widerstandsänderung durch die eintretende Erwärmung. Dann wurde die gleiche Widerstandsänderung durch die JOULEsche Wärme eines durch den Streifen hindurchgesandten elektrischen Stromes hervorgebracht. Durch Gleichsetzung der hierbei aufgewandten Energie mit der auffallenden Strahlungsenergie abzüglich der reflektierten Energie konnte er die Konstante σ berechnen. Nach der gleichen Methode haben, unter Anbringung verschiedener Verbesserungen, VALENTINER und andere gearbeitet.

Nach einem anderen Prinzip, welches sich an das ANGSTRÖMsche Pyrheliometer anlehnt, haben zuerst GERLACH, sowie COBLENTZ und EMERSON gearbeitet. Die zu messende Strahlung fällt wieder auf einen geschwärzten, dünnen Metallstreifen. Die Erwärmung des Streifens wird durch ein dicht hinter ihm angebrachtes System von Thermoelementen gemessen. Alsdann wird die gleiche Erwärmung durch einen durch den Streifen geschickten elektrischen Strom hervorgebracht und wieder wie oben verfahren. Auch KUSSMANN arbeitet nach diesem Prinzip. Als Meßinstrument dient in diesem Falle keine Thermosäule, sondern ein Mikroradiometer.

Nach einem wesentlich anderen Verfahren, welches man als Abkühlungskompensationsmethode bezeichnen könnte, hat zuerst SHAKESPEAR gearbeitet. Es beruht darauf, daß die Energie gemessen wird, die man einem elektrisch geheizten strahlenden Körper von bekanntem Emissionsvermögen und bekannter Oberfläche zuführen muß, um seine Temperatur konstant zu halten. SHAKESPEAR arbeitete bei Atmosphärendruck, so daß ein sehr erheblicher Teil des Wärmeverlustes auf Rechnung von Leitung und Konvektion fällt. Dieser Anteil wird berechnet, indem man die Messung einmal mit einer Oberfläche von sehr kleinem Emissionsvermögen, dann mit derselben Fläche in gut geschwärztem Zustande ausführt. Durch Differenzbildung wird der in beiden Fällen gleiche Anteil von Leitung und Konvektion eliminiert. Diese Methode ist von WESTPHAL verbessert worden, indem er den strahlenden Körper in ein Gefäß von großen Dimensionen brachte, welches auf einer Temperatur von 0° gehalten und bis auf 1 mm Druck evakuiert war, um die Konvektion ganz zu beseitigen und die Leitung möglichst zu verringern. Die Methode ist dann von HOFFMANN, besonders bezüglich der Bestimmung des Emissionsvermögens der strahlenden Flächen, verbessert worden[1].

Im folgenden seien die Ergebnisse der zuverlässigsten neueren Messungen angeführt:

GERLACH	$5{,}85 \cdot 10^{-12}$	Watt·cm^{-2}	grad^{-4}
COBLENTZ und EMERSON	5,72	„	„
SHAKESPEAR	5,67	„	„
KEENE	5,89	„	„
WESTPHAL	5,57	„	„
HOFFMANN	$5{,}76_4$	„	„
KUSSMANN	$5{,}79_5$	„	„

[1] F. KURLBAUM, Wied. Ann. Bd. 65, S. 746. 1898; Verh. d. D. Phys. Ges. Bd. 14, S. 576. 1912; S. VALENTINER, Ann. d. Phys. (4) Bd. 31, S. 255. 1910; Bd. 39, S. 489. 1912; F. PASCHEN, ebenda (4) Bd. 38, S. 30. 1912; Verh. d. D. Phys. Ges. Bd. 14, S. 788. 1912; W. GERLACH, Ann. d. Phys. (4) Bd. 38, S. 1. 1912; E. BAUER u. M. MOULIN, Soc. Franc. de Phys. Nr. 301, 2. 1909; CH. FERY, Bull. Soc. Franc. de Phys. Bd. 4. 1909; CH. FÉRY u. M. DRECQ, Journ. de phys. (5) Bd. 1, S. 551. 1911; G. A. SHAKESPEAR, Proc. Roy. Soc. London (A) Bd. 86, S. 180. 1911; W. WESTPHAL, Verh. d. D. Phys. Ges. Bd. 14, S. 987. 1912; Bd. 15, S. 897. 1913; L. PUCCIANTI, Cim. (6) Bd. 4, S. 31. 1912; H. B. KEENE, Proc. Roy. Soc. London (A) Bd. 88, S. 49. 1913; W. W. COBLENTZ, Jahrb. d. Radioakt. Bd. 10, S. 340. 1913; Phys. ZS. Bd. 15, S. 762. 1914; W. GERLACH, Jahrb. d. Radioakt. Bd. 15, S. 137. 1918; W. W. COBLENTZ, Phys. Rev. (2) Bd. 14, S. 274. 1919; Bull. Bur. of Stand. 1916, S. 567; W. GERLACH, Ann. d. Phys. (4) Bd. 50, S. 259. 1916; W. W. COBLENTZ u. W. B. EMERSON, Bull. Bur. of Stand. Bd. 12, S. 503. 1916; Bd. 14, S. 255. 1918; W. W. COBLENTZ, ebenda

Als Mittelwert dieser unter sich allerdings nicht unbedingt gleichwertigen Messungen ergibt sich

$$= 5{,}75 \cdot 10^{-12}\,\text{Watt cm}^{-2}\,\text{grad}^{-4},$$

oder

$$= 5{,}75 \cdot 10^{-5}\,\text{erg cm}^{-2}\,\text{grad}^{-4} = 1{,}374 \cdot 10^{-12}\,\text{cal} \cdot \text{cm}^{-2}\,\text{sec}^{-1}\,\text{grad}^{-4}.$$

23. Die Konstante c_2. Die Konstante c_2 ist die Exponentialkonstante des PLANCKschen Strahlungsgesetzes

$$c_2 = \frac{c\,h}{k} \quad \text{(s. Gleichung 153).}$$

Zu ihrer Messung kann man zwei Wege einschlagen. Entweder kann man sich des WIENschen Verschiebungsgesetzes bedienen (s. Gleichung 58).

$$b = \lambda_m T = \frac{c_2}{\beta} = \frac{c_2}{4{,}9651}.$$

In diesem Falle wird die Energieverteilung im Spektrum eines schwarzen Körpers bei konstanter Temperatur, also sog. Isothermen, aufgenommen und die Konstante c_2 aus dem so ermittelten Wert von λ_m berechnet. Diese Methode hat den Nachteil, daß man Messungen in einem beträchtlichen Spektralbereich anstellen muß, für den die Dispersion und Absorption der benutzten Optik überall genau bekannt sein muß. Von dieser Schwierigkeit ist die Methode der Isochromaten frei, bei der die Änderung der Energie eines engen Wellenlängenbereichs in Abhängigkeit von der Temperatur aufgenommen wird. Bleibt man dabei innerhalb der Gültigkeitsgrenzen der WIENschen Strahlungsformel

$$E_\lambda = \frac{c_1}{\lambda^5} e^{-\frac{c_2}{\lambda T}},$$

so ergibt sich die Konstante c_2 bereits aus zwei Einzelmessungen zu

$$c_2 = \lambda \frac{\log E_\lambda^1 - \log E_\lambda^2}{\frac{1}{T_1} - \frac{1}{T_2}}.$$

Die erste Messung führten LUMMER und PRINGSHEIM[1] nach der Methode der Isothermen aus. Sie fanden $c_2 = 1{,}460$ cm·grad. Das gleiche Ergebnis hatten später von ihnen angestellte Messungen an Isochromaten. Messungen von PASCHEN ergaben den Wert 1,450, solche von HOLBORN und VALENTINER 1,420. Die letzte, mit großer Sorgfalt ausgeführte Bestimmung von E. WARBURG und seinen Mitarbeitern an der Physikalisch-Technischen Reichsanstalt ergab nach der Isochromatenmethode bei Wellenlängen zwischen 0,59 und 2,17 μ den Wert

$$c_2 = 1{,}430\ \text{cm} \cdot \text{grad}.$$

MICHEL hat aus den weiter unten zu besprechenden Messungen von RUBENS und MICHEL c_2 zu 1,427 berechnet, also in naher Übereinstimmung mit WARBURG und seinen Mitarbeitern. Die folgende Tabelle gibt eine Übersicht über die besten bisherigen Bestimmungen dieser Konstanten.

Nr. 406. 1920; M. KAHANOWICZ, Cim. Bd. 13, S. 142. 1917; W. GERLACH, ZS. f. Phys. Bd. 2, S. 76. 1920; K. HOFFMANN, ZS. f. Phys. Bd. 14, S. 301. 1923; A. KUSSMANN, ebenda Bd. 25, S. 58. 1924; R. WACHSMUTH, Verh. d. D. Phys. Ges. (3) Bd. 2, S. 36. 1921.

[1] O. LUMMER u. E. PRINGSHEIM, Verh. d. D. Phys. Ges. 1899, S. 23 u. 215; 1900, S. 163; 1901, S. 37; F. PASCHEN, Wied. Ann. Bd. 58, S. 455. 1896; Bd. 60, S. 662. 1897; Berl. Ber. 1899, S. 5, 405 u. 959; Ann. d. Phys. (4) Bd. 4, S. 277, 657. 1901; H. RUBENS u. F. KURLBAUM, Berl. Ber. 1900, S. 929; Ann. d. Phys. (4) Bd. 4, S. 649. 1901; W. W. COBLENTZ, Bull. Bur. of Stand. 1913 u. 1914; E. WARBURG, G. LEITHÄUSER, E. HUPKA u. C. MÜLLER, Ann. d. Phys. (4) Bd. 40, S. 609. 1913; E. WARBURG u. C. MÜLLER, ebenda (4) Bd. 48, S. 410. 1915; H. RUBENS u. G. MICHEL, Berl. Ber. 1921, S. 590; G. MICHEL, ZS. f. Phys. Bd. 9, S. 285. 1922.

Die Konstante c_2.

Autoren	Jahr	c_2
LUMMER und PRINGSHEIM . . .	1899	1,46 cm·grad
,, ,, ,, . . .	1901	1,46 ,,
PASCHEN	1901	1,45 ,,
HOLBORN und VALENTINER . . .	1907	1,42 ,,
VALENTINER	1912	1,435 ,,
WARBURG und Mitarbeiter . . .	1913/15	1,425 ,,
,, ,, ,, . . .		1,430 ,,
,, ,, ,, . . .		1,440 ,,
COBLENTZ	1916	1,433 ,,
MENDENHALL	1917	1,444 ,,
MICHEL	1921	1,427 ,,

Der Mittelwert aus diesen Messungen, dem allerdings wegen der stetig zunehmenden Verbesserung der Methoden eine eigentliche Bedeutung nicht zukommt, ist 1,439. Zieht man nur die seit 1912 angestellten Messungen in Betracht, so ergibt sich $c_2 = 1{,}433$ cm·grad.

24. Die Konstanten h und k. Von wesentlich größerem theoretischem Interesse als die Konstanten c_2 und σ sind nun die beiden universellen Konstanten h und k, welche sich aus ihnen durch die aus den Gleichungen (153) und (155) folgenden Beziehungen

$$h = \frac{15\,\sigma\,c_2^4}{2\pi^5 c^2} \qquad \text{und} \qquad k = \frac{15\,\sigma\,c_2^3}{2\pi^5 c}$$

ergeben. Bei Einsetzung von $\sigma = 5{,}75 \cdot 10^{-5}$ und $c_2 = 1{,}430$ ergibt sich dann

$$h = 6{,}56 \cdot 10^{-27}\ \text{erg} \cdot \text{sec.} \qquad k = 1{,}376 \cdot 10^{-16}\ \text{erg} \cdot \text{grad}^{-1}.$$

Interessant ist es nun, die so aus reinen Strahlungsmessungen gewonnenen Werte von h und k mit denjenigen Werten zu vergleichen, die sich aus andersartigen Messungen ergeben haben, in welche diese Konstanten ebenfalls eingehen. Bezüglich der Konstanten h ist das einschlägige Material von LADENBURG[1] zusammengestellt und kritisch gesichtet worden. Zur Bestimmung von h können noch die nachstehenden Messungen herangezogen werden:

a) Der lichtelektrische Effekt, d. h. die Auslösung von Elektronen aus Metallflächen durch Strahlung. Die Energie der ausgelösten Elektronen ist durch die EINSTEINsche Gleichung $\varepsilon = h\nu$ gegeben. Aus Messungen von MILLIKAN ergibt sich hiernach $h = 6{,}577 \cdot 10^{-27}$.

b) Die Resonanz- und Ionisierungsspannung von Atomen. Zur Erregung einer Strahlung von der Frequenz ν durch Elektronenstoß ist eine Energie $eV = h\nu$ erforderlich, wobei e die Ladung des Elektrons, V die beschleunigende Spannung bedeutet. Diese Methode hat Werte zwischen 6,54 und $6{,}58 \cdot 10^{-27}$ ergeben.

c) Die Grenzfrequenz des kontinuierlichen Röntgenspektrums. Durch die EINSTEINsche Gleichung $\varepsilon = h\nu$ ist die obere Grenze der Röntgenschwingungszahl ν bestimmt, welche durch Elektronen der kinetischen Energie $Ve = \varepsilon$ erregt werden kann (V = Entladungsspannung). Man erhält daher h durch Messung der höchsten Frequenz, welche mit Elektronen bekannter Energie eV noch erregt wird. Auf diese Weise haben WAGNER $h = 6{,}52 \cdot 10^{-27}$, BLAKE und DUANE $h = 6{,}557 \cdot 10^{-27}$ gefunden.

d) Die BOHRsche Serienformel. In alle Serienformeln geht bekanntlich die RYDBERGsche Konstante R ein, deren in Wellenzahlen ausgedrückter Wert nach

[1] E. LADENBURG, Jahrb. d. Radioakt. Bd. 17, S. 93. 1920. Dort auch ein ausführliches Literaturverzeichnis. Vgl. a. Handb. d. Phys. Bd. II, Kap. 10, S. 487—518.

PASCHENS Messungen 109737 cm^{-1} beträgt. Nach der BOHRschen Atomtheorie ist aber

$$R = \frac{2\pi^2 m e^4}{c h^3} \quad (m = \text{Masse},\ e = \text{Ladung des Elektrons}).$$

Unter Benutzung der durch anderweitige Messungen bestimmten Werte von Ladung und Masse des Elektrons ($e = 1{,}592 \cdot 10^{-20}$ el. magn. E., $m = 0{,}902 \cdot 10^{-27}$ gr, $e/m = 1{,}766 \cdot 10^7$ el. magn. E.) ergibt sich hieraus $h = 6{,}572 \cdot 10^{-27}$.

Wie man sieht, sind die Abweichungen der durch ganz verschiedene Methoden gewonnenen Werte von h unter sich sehr gering. Nach LADENBURG[1] ist als sicherster Wert

$$h = 6{,}57 \cdot 10^{-27} \text{ erg sec} \pm 0{,}2\%,$$

anzusehen. HENNING und W. JAEGER[2] setzen $h = 6{,}55 \cdot 10^{-27}$ erg sec.

Da der Zusammenhang zwischen Entropie und Wahrscheinlichkeit [Gleichung (108)] ein universeller und nicht auf die Strahlungstheorie beschränkt ist, so regelt die Konstante k auch die Entropie beliebiger Systeme. Mit der allgemeinen Gaskonstanten $R = 8{,}316 \cdot 10^7$ und der LOSCHMIDTschen Zahl N (Zahl der Moleküle in 1 Mol) ist k verknüpft durch die Beziehung $R = kN$. Ist N bekannt, so kann k berechnet werden. Zur Bestimmung von N kann man sich nach EINSTEIN u. a. der BROWNschen Bewegung bedienen. Andere Bestimmungen von N fußen auf Messungen des elektrischen Elementarquantums e. $Ne = 96\,494$ Coulomb/Mol ist die von 1 Mol eines einwertigen Ions in der Elektrolyse mitgeführte elektrische Ladung, also eine makroskopisch sehr genau meßbare Größe. Benutzen wir den obengenannten Wert von e, so erhalten wir

$$k = 1{,}371 \cdot 10^{-16} \text{ erg} \cdot \text{grad}^{-1},$$

in ausgezeichneter Übereinstimmung mit dem aus Strahlungsmessungen berechneten Werte.

25. Der experimentelle Beweis der Gültigkeit des PLANCKschen Strahlungsgesetzes. Als entscheidender Beweis für die Gültigkeit des PLANCKschen Gesetzes ist jede Untersuchung anzusehen, welche zu dem Ergebnis führt, daß die Größe c_2, wenn man sie auf Grund der PLANCKschen Formel aus Messungen der Energie schwarzer Strahlung berechnet, eine Konstante ist, unabhängig von der Größe des Produkts λT. Ein solcher Beweis liegt also, wenn wir von älteren, mit geringeren experimentellen Hilfsmitteln angestellten Untersuchungen absehen, z. B. in den schon erwähnten Arbeiten von WARBURG und seinen Mitarbeitern an der Physikalisch-Technischen Reichsanstalt vor. Veranlaßt durch die Einwände von NERNST und WULF (s. Ziff. 12) haben RUBENS und MICHEL[3] diese Frage einer neuen Prüfung unterzogen, bei der alle Hilfsmittel modernster Strahlungsmeßtechnik herangezogen wurden. Aus den schon oben erwähnten Gründen bedienten die genannten Forscher sich der Methode der Isochromaten, und zwar wurden solche für die Wellenlängen 4, 5, 7, 9, 12, 16, 22 und 52 μ innerhalb möglichst weiter Temperaturgrenzen aufgenommen, derart, daß die vorkommenden Werte von λT sich über den Bereich von 0,1606 bis 5,636 erstreckten. Das Gebiet, in dem nach NERNST und WULF die größte Korrektion am Strahlungsgesetz anzubringen sein sollte, lag inmitten dieses Bereichs. Die Versuche wurden, je nach dem Temperaturbereich, der sich von 16 bis 1558° C erstreckte, mit vier schwarzen Körpern verschiedener Konstruktion angestellt, von denen einer auch auf die Temperatur der flüssigen Luft gebracht werden konnte. Dies diente dazu, den Strahlungsanteil zu bestimmen

[1] E. LADENBURG, Jahrb. d. Radioakt. Bd. 17, S. 144. 1920; s. auch L. FLAMM, Phys. ZS. Bd. 18, S. 515. 1917.

[2] F. HENNING und W. JAEGER, im Handbuch der Physik Bd. II, Kap. 10, Berlin: Julius Springer 1926.

[3] H. RUBENS u. G. MICHEL, Berl. Ber. 1921, S. 590.

und zu eliminieren, der von der vor den schwarzen Körpern befindlichen Klappblende herrühren konnte. Die Wellenlängen von 4 bis 16 μ wurden durch spektrale Zerlegung der Strahlung eines schwarzen Körpers mittels eines WADSWORTH-Spektrometers erzeugt, die höheren Wellenlängen waren Reststrahlen von Flußspat bzw. Steinsalz. Die Strahlungsenergie wurde mit einem Mikroradiometer gemessen. Größter Wert wurde natürlich auf eine möglichst exakte Messung der Temperatur des schwarzen Körpers gelegt. In der folgenden Tabelle ist als Beispiel die Messung der Isochromaten bei 6,992 μ wiedergegeben. Die Bedeutung der ersten vier Spalten ist ohne weiteres verständlich. E sind die beobachteten Ausschläge des Mikroradiometers als relatives Energiemaß, C ist das Produkt $(e^x - 1) \cdot E$, welches bei Gültigkeit des PLANCKschen Gesetzes eine Konstante sein soll. δC sind die Abweichungen der Einzelmessungen von ihrem Mittelwert, in Einheiten der beiden letzten Stellen. In der folgenden Spalte ist das von NERNST und WULF berechnete Korrektionsglied $(1 + \alpha)$ wiedergegeben, in der nächsten die Größe, welche nach diesen Autoren eine Konstante sein müßte, in der letzten Spalte wieder die Abweichungen dieser Einzelwerte vom Mittelwert. Es zeigt sich, daß bei der Berechnung nach PLANCK die Abweichungen keinerlei Gang aufweisen, während bei der zweiten Berechnungsart ein systematischer Gang vorhanden ist. Das gleiche zeigen die anderen Isochromaten. Die Messungen liefern also eine ausgezeichnete Bestätigung des PLANCKschen Gesetzes.

$\lambda = 6{,}992\ \mu$, Spaltbreite 0,7 mm.

Cels. °	T abs.	$x = \frac{c_2}{\lambda T}$	$e^x - 1$	E beob.	C	δC	$1 + \alpha$	$C' = \frac{C}{1 + \alpha}$	$\delta C'$
152*	425	4,812	122,4	3,03	37,09	+ 8	1,052	35,26	− 7
252*	525	3,896	48,19	7,65	36,87	−14	1,062	34,71	−48
344*	617	3,315	26,54	14,08	37,39	+38	1,068	35,01	−18
354	627	3,262	25,10	14,81	37,17	+16	1,068	34,81	−38
464	737	2,774	15,02	24,85	37,33	+32	1,071	34,85	−34
556	829	2,467	10,79	34,15	36,85	−16	1,072	34,37	−83
661	934	2,190	7,933	46,63	36,98	− 3	1,067	34,66	−53
765	1038	1,970	6,173	60,09	37,08	+ 7	1,058	35,05	−14
852	1125	1,818	5,160	72,27	37,29	+28	1,048	35,58	+39
956	1229	1,664	4,281	86,33	36,95	− 6	1,043	35,43	+24
1051	1324	1,545	3,687	100,65	37,14	+13	1,036	35,85	+66
1158	1431	1,429	3,176	115,57	36,74	−27	1,030	35,67	+48
1255	1528	1,339	2,813	130,51	36,67	−34	1,027	35,71	+52
1372	1645	1,243	2,467	148,31	36,63	−38	1,023	35,81	+62
				Mittel:	37,01	22,6	Mittel:	35,19	

Es sei noch erwähnt, daß sowohl STEINKE[1] wie CZÁSZÁR[2] den Versuch unternommen haben, das PLANCKsche Gesetz nach der Methode der Isochromaten im Bereiche kürzerer Wellen, bis in das ultraviolette Gebiet hinein, zu prüfen. Sie bedienten sich dabei zur Energiemessung einer photoelektrischen Zelle. Die Genauigkeit dieser Methode reicht an die im ultraroten Gebiet zu erreichende vorerst noch nicht heran. Doch kommen beide Autoren innerhalb der Fehlergrenzen ihrer Versuche zu einer Bestätigung des PLANCKschen Gesetzes.

Die experimentelle Bestätigung des PLANCKschen Gesetzes enthält die Bestätigung des STEFAN-BOLTZMANNschen Gesetzes und des WIENschen Verschiebungsgesetzes mit eingeschlossen. Denn diese beiden Gesetze lassen sich ja aus dem PLANCKschen Gesetz ohne weiteres herleiten.

So können wir heute das PLANCKsche Gesetz als so gut bestätigt ansehen, wie es die sehr großen experimentellen Schwierigkeiten zulassen.

[1] E. STEINKE, ZS. f. Phys. Bd. 11, S. 215. 1922.
[2] E. CZÁSZÁR, ZS. f. Phys. Bd. 14, S. 220. 1923.

Die Aufstellung der Quantentheorie hat der Forschung einen in der Geschichte der Physik noch nie dagewesenen Aufschwung gegeben. Sie hat uns aber trotz der ungeheueren Fülle des neu gewonnenen Tatsachenmaterials in ein dichtes Netz noch ungelöster Rätsel verstrickt, die, in Gestalt der noch nicht vollzogenen Versöhnung zwischen Quantentheorie und klassischer Physik, die Krise der heutigen Physik bedingen. Wie die Aufstellung der Quantentheorie, so wird auch die Lösung des Quantenrätsels eine neue Epoche der Physik herbeiführen. Wann aber dies zur Wirklichkeit werden wird, läßt sich heute noch nicht im mindesten voraussehen. Der Weg hierzu scheint sich aber in der neuen Wellen- oder Quantenmechanik einigermaßen deutlich abzuzeichnen.

Einige Literatur mehr allgemeinen Charakters.

1. M. PLANCK, Wärmestrahlung. 5. Aufl. Leipzig: Joh. Ambr. Barth 1923.
2. W. WIEN, Theorie der Strahlung. Enzykl. d. math. Wiss. Bd. V, S. 282ff. Leipzig: B. G. Teubner 1909.
3. A. SOMMERFELD, Atombau und Spektrallinien. 4. Aufl. Braunschweig: F. Vieweg & Sohn A. G. 1924.
4. F. REICHE, Die Quantentheorie. Ihr Ursprung und ihre Entwicklung. Berlin: Julius Springer 1921.
5. N. BOHR, Abhandlungen über Atombau aus den Jahren 1913—1916. Braunschweig: F. Vieweg & Sohn A. G. 1921.
6. Naturwissensch. Bd. 6, Heft 17. 1918 (Planck-Heft). Berlin: Julius Springer.
7. M. PLANCK, Physikalische Rundblicke. Leipzig: S. Hirzel 1922.
8. G. LASKI, Ultrarotforschung. Ergebn. d. exakt. Naturwiss. Bd. III. Berlin: Julius Springer 1924.
9. H. RUBENS, Wärmestrahlung. Neu bearbeitet von G. HETTNER. Kultur der Gegenwart, Band Physik, 2. Aufl. Leipzig: B. G. Teubner 1925.
10. W. WIEN, Theorie der Wärmestrahlung. Ebenda.
12. W. GERLACH, Die experimentellen Grundlagen der Quantentheorie. Samml. Vieweg. Braunschweig 1921.
13. W. WESTPHAL, Neuere Forschungen im ultraroten Spektrum. Naturwissensch. Bd. 2, S. 621. 1914. Berlin: Julius Springer.
14. E. v. ANGERER, Technische Kunstgriffe bei physikalischen Untersuchungen. Sammlung Vieweg. Braunschweig 1924. (Insbesondere nützlich für Empfangsapparate.)
15. W. W. COBLENTZ, Bericht über die neueren Untersuchungen der ultraroten Emissionsspektren. Jahrb. d. Radioakt. Bd. 7, S. 123. 1910. Leipzig: S. Hirzel.
16. W. GERLACH, Kritisch-experimentelle Untersuchungen über absolute Strahlungsmessungen. Jahrb. d. Radioakt. Bd. 15, S. 137. 1918. Leipzig: S. Hirzel.
17. W. W. COBLENTZ, Bull. Bureau of Stand. 1916, S. 567; Scient. Pap. Bureau of Stand. Bd. 17, S. 7. 1921.
18. G. K. BURGESS u. H. LE CHATELIER, Die Messung hoher Temperaturen. Übersetzt von G. LEITHÄUSER. Berlin 1913.
19. C. DORNO, Fortschritte in Strahlungsmessungen. Meteorol. ZS. Bd. 39, S. 303. 1922.
20. Naturwissensch. Bd. 10, Heft 48. 1922. (Rubens-Heft.) Berlin: Julius Springer.
21. F. HENNING, Wärmestrahlung. Ergebn. d. exakt. Naturwiss. Bd. I, S. 163. 1922. Berlin: Julius Springer.
22. W. WIEN, Vorlesungen über neuere Probleme der theoretischen Physik. Leipzig u. Berlin: B. G. Teubner 1913.
23. Handbuch der Physik. Bd. 20: Natur des Lichts. Bd. 21: Licht und Materie. Bd 23: Quanten. Berlin: Julius Springer 1926/27.
24. MÜLLER-POUILLET, Lehrbuch der Physik, Bd. II 2, 1. Hälfte. Braunschweig: F. Vieweg & Sohn A. G. 1929.

Chapter 2.

Thermodynamics of the Stars.

By

E. A. Milne-Oxford.

With 24 illustrations.

a) Introduction.

1. Thermodynamics, Atomic Physics and Astrophysics. The word "thermodynamics" is used in two different senses. It is sometimes used to denote the science of the transfer of heat from one system to another or between different parts of the same system and in a general way to denote the study of all those phenomena in which temperature plays a part. Such for example is the usage in the title of Wegener's book "Thermodynamik der Atmosphäre". It is also used in a more restricted sense as denoting the study of the equilibrium states of enclosed systems. This is the usage in the title of any standard text-book on thermodynamics. It is true that in this more specialised sense we consider changes in the state of a system. But the changes are always "slow"—adiabatic in the sense customary in dynamics. The changes are rather linear continua of equilibrium states. Catastrophic changes are only studied in their after-effects, not in their own details of occurrence.

The distinction is not merely a verbal or superficial one. The precise results which have been won by thermodynamics arise by following out the consequences of the Laws of Thermodynamics, more particularly the Second Law. The study of these consequences we may conveniently describe as Pure Thermodynamics. Now the content of the Second Law is concerned not with processes but with the results of processes, and moreover the results of processes applied to enclosed systems. There are two points to notice here. First, thermodynamics is unable to deal with the mechanism of processes. Secondly, thermodynamics is able to deal only with systems of which the whole state is independent of the time t. A particular portion of a system may be in a state independent of t—it may be "steady" in the hydrodynamical sense—and yet thermodynamics may be unable to deal with it.

An important example which occurs in much of astrophysics may make our meaning clear. Suppose we have a layer of gas, bounded by parallel planes, and subject on one side to radiation from a fixed steady source. In the course of time the gas will take up a steady state. In this state it will radiate as much energy as it absorbs, some back to the source and some to outer space on the opposite side from the source. The atoms of the gas will be characterised by a definite velocity-distribution, independent of t, and by a definite distribution amongst the stationary states of which they are capable. But we cannot apply thermodynamic reasoning to the gas on the basis of pure thermodynamics. For the whole system consisting of the gas, the source and the radiant energy is not steady. The amount of radiant energy in the space on the side of the layer opposite from the source is steadily increasing: further the original radiant energy from the source is being steadily altered in wave-length. Pure thermodynamics is impotent. We cannot even be sure that the layer of gas is characterised by a definite temperature—different idealised thermometers may give different temperatures: the pressure may imply one temperature, a pyrometer another. We shall see later how to deal with such a steady-state portion of a system.

On the other hand the phrase "enclosed system" is not to exclude the possibility of external forces. We may have a column of gas, enclosed, subject to an external force like gravity, and in equilibrium. But here all that is relevant is that there is a definite field of force inside the enclosure—the external origin of the field does not matter. In such a column of gas we may apply the methods of pure thermodynamics.

In astrophysics it is only rarely that a problem can be so idealised as to reduce it to that of a completely enclosed system in a steady state. Whence comes it then that thermodynamics has any importance in astrophysics? The answer to this question takes us some way into the relations of thermodynamics to other branches of physics.

Pure thermodynamics has been just defined as the study of the consequence of the Experimental Laws of thermodynamics. But it has been found possible to arrive at all these consequences by an entirely different route, that of probability applied to the statistically steady states of enclosed systems. From BOLTZMANN onwards, a long line of investigators has shown that temperature and entropy may be defined in terms of particulars of the motion of the ultimate dynamical units which form the sytem. Generally speaking the method of probability not only keeps pace with pure thermodynamics, it goes further. Naturally this must be due to its importing more in the way of initial assumptions. These assumptions are that the system may be divided into classes of dynamical systems, all the members of any one class being alike, and that though the different unit systems are continually acting on one another, the time during which they are so doing is an insignificant fraction of the time during which they may be considered to be independent.

The simplest example is the dynamical theory of gases. The hypothesis is made that a gas consists of a large number of molecules in free flight, which from time to time encounter one another, exchanging energy. But at any given instant the number so engaged in exchanging energy with one another form an inconsiderable fraction of the whole number of molecules. It is therefore possible to discuss the velocity statistics as though all the molecules were in free flight. The investigation proceeds by ascertaining the different ways in which the total energy may be distributed amongst the kinetic energies of the separate molecules, as specified by the number of molecules with given energy-values. It can be shown that the average way in which the energy is distributed is also the most probable way, and it is inferred that the gas will behave as though it had always this actual distribution of energy. In terms of this distribution it turns out to be possible to calculate the entropy, whence all the usual thermodynamic properties follow. It can be shown that pure thermodynamics and probability give the same result. But something has been arrived at which is beyond the range of pure thermodynamics, and that is the energy distribution, or what amounts to the same thing, the velocity distribution.

The method of pure thermodynamics introduces only physically observable magnitudes — macroscopic quantities. The method of probability brings in the energy-values capable of being taken by the component unit-systems, and also the number of such systems, but does not need any knowledge as to the way they act on one another, save only the knowledge that they do so act. A further step may be taken when we bring in the mechanism of encounter or energy-transfer. We can then find the statistical state of the system by dynamics. For example, in the case of a gas, we may assume the molecules to be hard spheres which collide with one another elastically. The mechanics of each collision are then fully known. Each collision by itself alters the statistical specification of the system, and we may find the steady state by calculating what statistical specification is such that the totality of collisions leave it unaltered.

It is a matter of interest to verify that the detailed theory depending on mechanism gives results in agreement with pure thermodynamics and with statistical mechanics. It is quite possible in fact, to develop particular theories of atomic interaction which violate the Second Law of Thermodynamics. The fact that the two methods must agree imposes certain restrictions on the theory. These restrictions often take the form of numerical relations between different coefficients involved. This applies to any physical theory, not merely theories of atomic interaction. As examples we may cite KIRCHHOFF's general relation between the coefficients of absorption and emission of a substance when under equilibrium radiation, and EINSTEIN's relations between the probability coefficients introduced by him.

A fourth step is the introduction of the Principle of Detailed Balancing. This asserts that in thermodynamic equilibrium every type of atomic interaction occurs as often in the forward direction as in the reversed direction.

We may again illustrate from the dynamical theory of gases. In the derivation of MAXWELL's Law by the method of collisions, we consider first molecules moving with velocity components lying in specified ranges. Let us define such molecules as belonging to Class A. The necessary condition for a steady state is that the total gain of members to class A by collisions is equal to the total loss from class A. Now consider the individual collisions. In a typical collision in which class A loses a member, a molecule of class A meets a molecule which we may describe as of some class B, and after the collision the two molecules move apart as molecules of (say) class C and class D. We describe this collision as of class α. In a typical collision in which class A gains a member, two molecules of classes C and D respectively collide and give rise to a molecule of class A and another of class B. We describe this collision as of class α'. Now denote by class ξ the totality of classes α summed for all possible classes B, and denote by class η the totality of classes α' summed for all possible classes C and D which give rise to a member of class A. The necessary condition for a steady state already stated is that the number of collisions in class ξ is equal to the number of collisions in class η. But a *sufficient* condition would be that the number in every sub-class α of ξ should equal the number in every sub-class α' of η. In symbols, if $N(\Theta)$ denotes generally the number in a class Θ, then a necessary condition is

$$N(\xi) = \Sigma N(\alpha) = \Sigma N(\alpha') = N(\eta)$$

whilst a sufficient condition would be

$$N(\alpha) = N(\alpha')$$

for all correlated pairs α, α'. The principle of detailed balancing asserts that this second condition is not only sufficient but necessary. The validity of the principle of detailed balancing is established in this case by BOLTZMANN's "*H* theorem", which proves that the relation $\Sigma N(\alpha) = \Sigma N(\alpha')$ does in fact imply $N(\alpha) = N(\alpha')$.

Other cases occur in which a result asserted by the principle of detailed balancing can be inferred independently. For example consider a monatomic gas of which the atoms are supposed capable of three and only three stationary states, which we denote by 1, 2 and 3. Let us suppose that all the transitions $1 \to 2$, $2 \to 3$, $3 \to 1$ and their converses are permissible transitions. A steady state as far as the atoms are concerned would result if

$$N(1 \to 2) = N(2 \to 3) = N(3 \to 1)$$

and

$$N(2 \to 1) = N(3 \to 2) = N(1 \to 3)$$

from which we deduce

$$N(1 \to 2) - N(2 \to 1) = N(2 \to 3) - N(3 \to 2) = N(3 \to 1) - N(1 \to 3).$$

The energy would then be flowing in closed cycles, but we should not have necessarily that the amount of energy flowing in the forward direction would equal to the amount flowing in the reverse direction. The principle of detailed balancing asserts that in thermodynamic equilibrium

$$N(1 \to 2) = N(2 \to 1), \quad N(2 \to 3) = N(3 \to 2), \quad N(3 \to 1) = N(1 \to 3).$$

This is easily seen to be necessary by considering the radiation in the enclosure. If χ denotes an energy and $\chi_1 < \chi_2 < \chi_3$, an excess of circulation in the sense $1 \to 2 \to 3 \to 1$ would mean that energy of frequencies ν_{12} and ν_{23} was being steadily absorbed and that energy of frequency ν_{31} was being steadily liberated, where

$$h\nu_{12} = \chi_2 - \chi_1, \quad h\nu_{23} = \chi_3 - \chi_2, \quad h\nu_{31} = \chi_3 - \chi_1.$$

There would thus be no steady state as far as the radiation is concerned. The state of affairs forbidden by the principle of detailed balancing may easily occur in an unenclosed system in a steady state, such as a gas exposed to external radiation. The principle of detailed balancing has not however been proved in general.

We have then four different weapons at our disposal:

I. The method of pure thermodynamics.
II. The method of statistical mechanics.
III. The method of detailed mechanisms.
IV. The principle of detailed balancing.

Each of these has a content greater than its predecessor, generally speaking, though in somewhat different ways. Thus II includes I, III includes II when the full details of the mechanisms are known, and IV reduces the labour frequently involved in applying III. II has another advantage over I in that it allows us to take account of the more detailed knowledge of the behaviour of matter available through the quantum theory.

Were we in possession of a complete theory of matter, III would be fully applicable, and I and II would become unnecessary. For example, if we warmed a mass of gas by an electric current, we could calculate the rise of height of the mercury in the stem of a thermometer inserted in the gas by calculating the motions imposed first on the gas molecules by the electrons and atoms in the conductor carrying the current, secondly the motions imposed on the glass molecules by the bombardments by the gas molecules, thirdly the motions imposed on the mercury atoms by their bombardment by the glass molecules. Nevertheless, it would still be highly convenient to introduce the notion of temperature, and we should often obtain a more useful view of what was going on by using the low-power telescope of pure thermodynamics, at certain stages of our investigation, instead of the high-power telescope of atomic physics: we should often see what we wanted to see more quickly and more easily by the former method. Theoretically but not practically, science may ultimately outgrow thermodynamics.

But in the meantime we cannot dispense with thermodynamics or with statistical mechanics. We may be entirely in ignorance as to the mechanisms of atomic reactions: we still have the resource of statistical mechanics. We may even be in ignorance as to the nature and disposition of energy values of the ultimate atomic systems involved: we still have the resource of pure thermodynamics. It has already been mentioned that any detailed theory involving a mechanism of reaction must conform to thermodynamics. This is another way of stating that theories must conform with experiment, but a thermodynamic check is often the most convenient way of verifying this. We have seen also that the necessity of conforming to thermodynamics may give us precise information respecting certain points of a theory. But from the abstract point of view thermodynamics renders a further service. It often enables us to distinguish between those consequences of a theory that are special to the theory, and those which are necessary consequences of any self-consistent theory which is consistent also with the generalisation given by the laws of thermodynamics. It thus allows us to ascertain whether the experimental verification of a consequence of a theory does in fact verify the theory itself or whether it merely verifies its consistency.

All this applies to physics generally, and therefore also to that branch of physics which is known as astrophysics. This is therefore part of the answer to the question propounded earlier as to the significance of thermodynamics in astrophysics. But thermodynamics has a pre-eminent importance in astrophysics for another reason. Some of the stars show changes in their physical condition in time. Such are variable stars, and also the sun. Others change imperceptibly, if at all. We believe that all do in fact change in time. But, as in any branch of science, it is necessary to make abstractions, and to consider idealised problems. Chief amongst such idealised problems is that of a mass of gas in a steady state. The consideration of a steady state, of a state of equilibrium, is logically the first step. When we have an adequate knowledge of steady states, we can then consider variations from the steady state, in the form of oscillations about a steady state, secular changes, or the setting up of instability.

Now in any problem of astrophysics a great many of the circumstances are unknown, and in order to make progress it is necessary to make assumptions. In discussing a steady state, the simplest assumption to make a priori is that in regard to the relevant phenomena the matter is behaving as though it were in thermodynamic equilibrium. The assumption is only accurately satisfied when, in addition to the state being steady, the material is exposed to black isotropic radiation of constant temperature on all sides and is emitting on all sides radiation of the same quality. It is then just the same as if it were enclosed. Except perhaps at the very centre of a star this condition is never realised. But it is realised approximately almost everywhere in the interior, where the space-gradient of the temperature is small. We can therefore in these regions avail ourselves of the general properties of matter and of radiation deduced by thermodynamics, without further particularisation.

In the outer parts of a star—the photospheric layers, the reversing layer and the chromosphere—we have less certainty that the assumption approximately describes the facts. But it is useful, and has in fact proved exceedingly useful, as a first approximation. Moreover in this region observational checks are easier to apply, and the degree to which thermodynamic predictions are found to be fulfilled tells us just what we want to know—the extent to which the outer parts of a star behave as if in thermodynamic equilibrium. When we find a discrepancy, methods of attack I and II have to be thrown overboard. Method III remains, because the theory of steady states in thermodynamic equilibrium is only a portion of the field accessible by this method: if we know the mechanism at work — mechanism of ionisation, excitation, collision, emission and absorption—we can calculate even non-steady states. In this region, still, methods I and II have their scope, in the controls they exercise on our at present incomplete theories of mechanism. Method IV ist also of value, in that we can see on general grounds that some modes of energy interchange will be continuing to go on as in thermodynamic equilibrium, and by the principle of detailed balancing these modes may be isolated.

In the foregoing no attempt has been made to analyse the nature of the necessity for the consistency of results of the four methods. It has merely been intended briefly to survey the resources at our disposal. The following pages will provide examples of the methods outlined.

b) Survey of the Theory of Radiation.

2. Fundamental Definitions. 1. Scope of the Section. The present section is intended to present certain of the results of the theory of radiation in a form useful for application to astrophysical problems. It is not in any sense a substitute for the regular treatises on the thermodynamics of radiation. Proofs are only introduced where necessary to secure clear presentation. At the same time the usual treatment in books is supplemented at certain points where it was thought that new matter might be of interest. The core of the section is formed by the definition of intensity of radiation and the discussion of the validity of the application of KIRCHHOFF's Law to systems not in thermodynamic equilibrium. The reader may be referred to PLANCK's "Wärmestrahlung" for the most complete and attractive account of radiation theory.

2. Definition of Intensity. Geometrical optics makes great use of the concept of the single ray. But when we need to discuss not merely the path along which energy is transmitted, but also the amount of energy transmitted, the concept of the single ray is not very adequate. We therefore proceed as follows. Take a point P and a line L through P (Fig. 1). Let $d\sigma$ be an element of area containing the point P, and suppose that L makes an angle θ with the normal to $d\sigma$. Around L construct an elementary cone of solid angle $d\omega$. Draw a parallel line through every point P' of $d\sigma$, and construct a similar cone $d\omega$ round it with generators parallel to the first cone. The assembly of generators thus formed delimit a semi-infinite volume in the form of a truncated cone abutting on $d\sigma$.

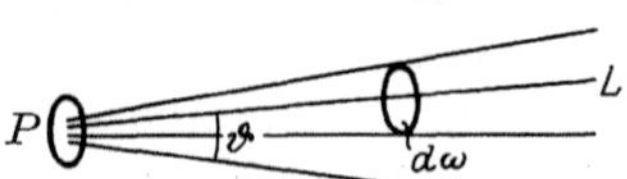

Fig. 1. Definition of intensity.

Let E be the amount of energy transmitted through $d\sigma$ in time dt in direction lying within the volume just mentioned. Consider the fraction

$$\frac{E}{dt\,d\omega\,d\sigma\cos\theta}\,. \tag{1}$$

It is found to be a result consistent with experiment that for radiation fields occurring in nature this number has a definite limit (essentially positive) as dt, $d\omega$, $d\sigma \to 0$ in any manner, provided the point P and the direction L are kept fixed. This limit we denote by I and call it the specific intensity of radiation at P in direction L, or more briefly the intensity at P along L. It is a function of P and L. The limit I is independent of the choice of θ. The term intensity will here always be used in this precise sense. If I is independent of direction, the field of radiation is said to be isotropic at P.

With this definition, if I is given, the amount of energy flowing through an element $d\sigma$, in a direction making θ with the normal to $d\sigma$, within an elementary solid angle $d\omega$, in time dt, is

$$I \cos\theta \, d\omega \, d\sigma \, dt . \tag{2}$$

3. Flux of Radiation. The amount of radiation flowing from one side of $d\sigma$, across $d\sigma$, to the other, is now seen to be

$$d\sigma \, dt \int I \cos\theta \, d\omega \tag{3}$$

the integral being extended to the half-sphere of which $d\sigma$ is a diametral plane. We define $\int I \cos\theta d\omega$ to be the flux of radiation F_+ across $d\sigma$ in the specified sense. F_+ is a function of P and of the direction of the normal to $d\sigma$. Given $d\sigma$, we may fix a positive sense along the normal to $d\sigma$, and we have then

$$F_+ = \int\limits_{+} I \cos\theta \, d\omega \tag{4}$$

in an obvious notation. For the opposite direction, we write

$$F_- = \int\limits_{-} I \cos\theta \, d\omega . \tag{5}$$

We define the net flux F across $d\sigma$ by the equation

$$F = F_+ - F_- \tag{6}$$

$$= \int I \cos\theta \, d\omega , \tag{7}$$

where now the integral is extended to the complete solid angle. A flux or net flux is of the dimension of (energy) / (time × area).

It is often convenient to write

$$F = \pi \mathfrak{F} . \tag{8}$$

$\mathfrak{F}$ has the physical meaning that a uniform intensity $\mathfrak{F}$ over a hemisphere gives a net flux F across the diametral plane of the hemisphere. For

$$\int \mathfrak{F} \cos\theta \, d\omega = 2\pi \int\limits_0^{\pi/2} \mathfrak{F} \cos\theta \sin\theta \, d\theta = \pi \mathfrak{F} = F . \tag{9}$$

$\mathfrak{F}$ will be called the equivalent mean intensity.

4. Plane Waves. In theoretical optics, we consider plane waves, and for a plane wave I, as above defined, is infinite for the direction of propagation of the wave. For the amount of radiation flowing through a test area in the direction of propagation through $d\omega$ is then independent of $d\omega$, and $E/d\omega \to \infty$ as $d\omega \to 0$. For any other direction I is zero. Thus for a plane wave the intensity I has a discontinuity at the direction of propagation. It can be seen, however, that the flux F has still a definite value, the integral $\int I \cos\theta \, d\omega$ converging. Plane waves do not of course occur in nature, so no real inconvenience would be caused in any case. It often occurs, however, that we have approximations to plane waves, for example in the almost parallel beams from a distant star. In such a case the intensity has a sharp maximum in the direction of the star. The intensity, however, remains finite. To see this we simply have to take the solid angle $d\omega$ smaller than the solid angle subtended by the star at P. Outside the solid angle subtended by the star, I is zero, inside it is non-zero. Many writers use the term

intensity loosely in the sense of flux, but it should be remembered that theorems involving the term intensity as we have defined it do not in general remain true if intensity is replaced by flux.

For a parallel beam, the flux varies as the cosine of the angle between the direction of the beam and the direction of the normal to $d\sigma$.

The flux across the surface of a body radiating with an intensity I independent of direction is

$$I\int \cos\theta\, d\omega = 2\pi I \int_0^{\pi/2} \cos\theta \sin\theta\, d\theta = \pi I . \tag{10}$$

This is an important result.

5. Distribution in Frequency. It is next necessary to take into account the distribution of the energy amongst different frequencies. Consider a small frequency range $d\nu$ surrounding a given frequency ν. If E_ν is the energy transmitted across an element $d\sigma$ inside $d\omega$ in time dt, we define I_ν as the limit of

$$\frac{E_\nu}{d\omega\, d\sigma \cos\theta\, dt\, d\nu} \tag{11}$$

and call it the specific intensity of ν-radiation at P.

The amount of radiation transmitted in dt is then $I_\nu\, d\nu\, d\omega\, d\sigma \cos\theta\, dt$ in direction L. We have always

$$I = \int_0^\infty I_\nu\, d\nu . \tag{12}$$

For distinctness I is sometimes called the integrated intensity. This use of the word integrated must be distinguished from another use. The integrated intensity from the disc of a star means the average intensity averaged over the different portions of the disc.

In the theory of radiation it is further necessary to consider the polarisation of the radiation, and analyse it further into polarised components I_ν and I'_ν, but we shall not find this necessary in the astrophysical applications we shall consider. The theorems which follow should strictly be enunciated with reference to the monochromatic intensity I_ν, but for brevity we shall omit the suffix ν and discuss only the integrated intensity I.

3. Sundry Theorems. 6. Theorem I. The Specific Intensity I is Constant along the Path of any Ray in Free Space. We mean here by I the intensity in the direction of the ray. Consider the points P, P', and describe around them elements of area $d\sigma$, $d\sigma'$ (Fig. 2).

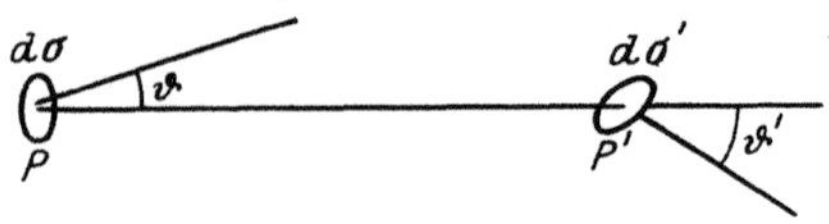

Fig. 2. Transmission through free space.

Let $d\omega$ be the solid angle subtended at P' by $d\sigma'$, $d\omega'$ that subtended at P' by $d\sigma$. Then if $r = PP'$

$$d\omega = \frac{d\sigma' \cos\theta'}{r^2}, \qquad d\omega' = \frac{d\sigma \cos\theta}{r^2}.$$

Practically the same angle is subtended at any point of $d\sigma$ by $d\sigma'$. The amount of energy flowing through $d\sigma$ which also passes through $d\sigma'$ is

$$I\, d\sigma\, d\omega \cos\theta\, dt = \frac{I\, d\sigma\, d\sigma' \cos\theta \cos\theta'\, dt}{r^2}.$$

Hence the intensity at P, namely I', is given by

$$I' = \lim \frac{\dfrac{I\, d\sigma\, d\sigma' \cos\theta \cos\theta'\, dt}{r^2}}{\cos\theta'\, d\sigma'\, d\omega'\, dt} = I .$$

7. Applications of Theorem I. One might perhaps be inclined to expect that I should weaken as the pencil diverges, in contradiction with the theorem. If I is the intensity at the surface of the sun, it would at first sight seem absurd to say that the solar radiation has the same intensity at the earth. Yet such is the case. The flux normal to the sun's direction falls off as the inverse square, but the intensity remains the same. We may verify the correctness of the theorem als follows (Fig. 3). Suppose for the moment we consider the sun's disc as uniformly bright, thus neglecting darkening towards the limb. Let I be the intensity at the solar surface, by hypothesis independent of direction. Then, by the theorem, at a point P the intensity of radiation is constant and equal to I inside the solid angle subtended by the sun at P, and zero outside. Hence the flux at P is

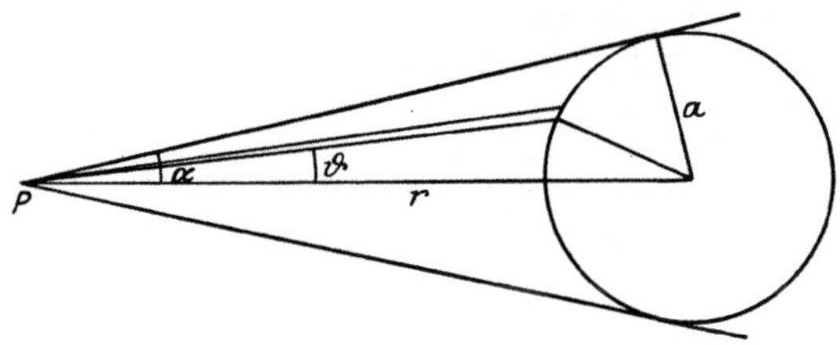

Fig. 3. Inverse square decrease of flux and constancy of intensity.

$$I\int \cos\theta \, d\omega = 2\pi I\int_0^\alpha \cos\theta \sin\theta \, d\theta$$
$$= \pi I \sin^2\alpha$$
$$= \pi I \frac{a^2}{r^2}.$$

If we wished to calculate by a direct application of the inverse square law we should proceed thus. The flux at P is a^2/r^2 times the flux at any point of the solar surface. The latter is

$$I\int \cos\theta \, d\omega$$

extended to a complete half-sphere. This is

$$2\pi I\int_0^{\pi/2} \cos\theta \sin\theta \, d\theta = \pi I,$$

and thus the flux at P is $\pi I \, a^2/r^2$ in agreement with the above. It is easy to secure a similar verification when the darkening to the limb is taken into account. The flux is then simply

$$\frac{2\pi I \, a^2}{r^2}\int_0^{\pi/2} I(\theta) \cos\theta \sin\theta \, d\theta.$$

When the eye observes an extended body, the quantity it appreciates is the intensity, not the flux. When it observes a body so distant that it is apparently a point, there is no longer a resolvable solid angle, and the quantity the eye appreciates is the flux. Thus a nebula appears equally bright at all distances, in virtue of the theorem: a star appears fainter the greater the distance. The initial distance at which flux rather than intensity begins to interest the eye depends on the resolving power of the eye.

When a self-luminous object appears equally bright at all inclinations to the line of sight, we may infer that the intensity I at the surface is independent of direction. This is not so for the sun. The sun is less bright at the edge of the disc (the limb) than at the centre, i. e. since it is rotating, any given portion becomes apparently less bright as it moves from the centre of the disc to the limb. We deduce that for the surface of the sun I is not independent of direction.

8. Theorem II. The Specific Intensity I is unaltered by Perfect Reflexion at any Mirror or Combination of Mirrors. This is obvious for a plane mirror, from the previous theorem. The general method of proof will be sufficiently illustrated by considering the reflexion of an axial pencil by a concave mirror (Fig. 4). Let $d\sigma'$ be the image of $d\sigma$, $d\sigma$ being a small element perpendicular to the axis of the mirror. Let the distances of $d\sigma$ and $d\sigma'$ from the mirror be r and r'. The pencil of rays leaving $d\sigma$ in any elementary solid angle $d\omega$ afterwards meets $d\sigma'$ confined within solid angle $d\omega'$. These pencils meet the mirror in an elementary element of area dS, and we have

$$d\omega = \frac{dS}{r^2}, \qquad d\omega' = \frac{dS}{r'^2}$$

and

$$\frac{d\sigma}{d\sigma'} = \frac{r^2}{r'^2}.$$

We have then

$$I' = \lim I \frac{d\sigma\, d\omega}{d\sigma'\, d\omega'} = I.$$

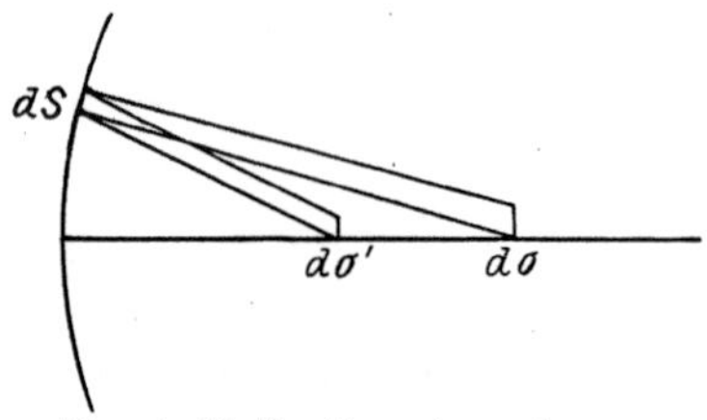

Fig. 4. Reflection at a mirror.

This result again may seen paradoxical at first sight, since a mirror may be used to concentrate the sun's rays and raise a body to a high temperature. All we do, however, is to expose the body to radiation of the same specific intensity as the original radiation distributed over a larger solid angle. Thus an increased amount of radiation is incident on the body.

9. Theorem III. If μ is the Refractive Index of the Material at any Point, I/μ^2 is Constant along the Path of a Ray, provided the Coefficient of Reflection at each Interface is Zero. If θ, θ' are the angles of incidence and refraction of a pencil incident on a small area $d\sigma$ of the surface of separation of media of refractive indices μ and μ', and $d\omega = \sin\theta\, d\theta\, d\varphi$, $d\omega' = \sin\theta'\, d\theta'\, d\varphi'$ are the elementary solid angles, we have

$$I\, d\sigma\, d\omega \cos\theta = I'\, d\sigma'\, d\omega' \cos\theta'.$$

But

$$\mu \sin\theta = \mu' \sin\theta'$$

whence

$$\mu \cos\theta\, d\theta = \mu' \cos\theta'\, d\theta'.$$

Also

$$d\varphi = d\varphi'.$$

Hence

$$\frac{I}{\mu^2} = \frac{I'}{\mu'^2}. \tag{13}$$

The following proof depending on HELMHOLTZ' theorem in geometrical optics is of interest. If l, l' are the linear dimensions of objects at conjugate points o, o' in two media of indices μ and μ', the intermediate surfaces and media being of any kind whatever, HELMHOLTZ' theorem asserts that

$$\mu \alpha l = \mu' \alpha' l'$$

where α, α' are the inclinations of a pair of rays passing through o and of the corresponding rays through o'. Now consider pencils of rays through an element

$d\sigma$ at o and the image element $d\sigma'$ at o', contained in the solid angles $d\omega$ and $d\omega'$. It is easy to see that HELMHOLTZ' theorem leads to

$$\mu^2\, d\omega\, d\sigma = \mu'^2\, d\omega'\, d\sigma' .$$

But

$$I\, d\omega\, d\sigma = I'\, d\omega'\, d\sigma' .$$

Hence

$$\frac{I}{\mu^2} = \frac{I'}{\mu'^2} . \tag{14}$$

10. **Energy-density.** The energy-density of radiation at a given point, u, is the amount of energy per unit volume in the neighbourhood of the point in the course of transit. We proceed to connect u with the intensity I. Whilst I is a function of direction as well as of position, u as we have defined it is a function of position only.

Take a point P and surround it with a small everywhere convex closed surface σ, enclosing a small volume v (Fig. 5). Round σ construct another everywhere convex closed surface Σ completely surrounding σ, all of whose elements are at a distance from the elements of σ which is large compared with the linear dimensions of σ. Then all the radiation traversing v must previously have crossed some element of Σ. Let $d\Sigma$ be such an element. Consider the pencil of radiation which having passed through $d\Sigma$ enters σ through an element $d\sigma$ and leaves it by an element $d\sigma'$. If the axis of this pencil makes Θ, θ with the normals to $d\Sigma$, $d\sigma$ the radiation passing from $d\Sigma$ to $d\sigma$ in unit time is

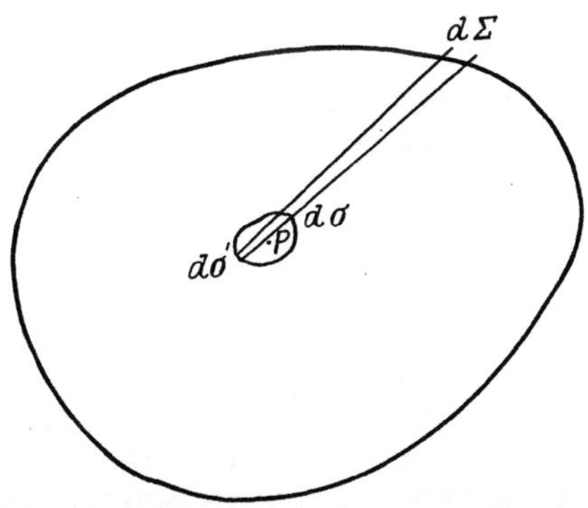

Fig. 5. Calculation of energy-density.

$$I\, d\Sigma \cos\Theta \frac{d\sigma \cos\theta}{r^2} ,$$

where r is the distance between $d\Sigma$ and $d\sigma$. Let dl be the length intercepted between $d\sigma$ and $d\sigma'$. The time taken to traverse dl is dl/c, where c is the velocity of light, assuming the refractive index is unity. It follows that the amount of radiation in transit between $d\sigma$ and $d\sigma'$ at any instant is

$$I\, d\Sigma \cos\Theta \frac{d\sigma \cos\theta}{r^2} \frac{dl}{c} .$$

But the volume occupied by this radiation inside σ is $dl\, d\sigma \cos\theta$ or say dv. Thus the amount of radiation in transit in dv is

$$I \frac{d\Sigma \cos\Theta}{r^2} \frac{dv}{c} .$$

Integrating over the whole solid angle subtended by σ at $d\Sigma$, we find that the total amount of radiation in transit through v which has crossed $d\Sigma$ is

$$I \frac{d\Sigma \cos\Theta}{r^2} \frac{v}{c} .$$

But approximately $\dfrac{d\Sigma \cos\Theta}{r^2} = d\omega$, where $d\omega$ is the solid angle subtended by $d\Sigma$ at P. Hence integrating over Σ, the total amount of radiation in transit through v is

$$\frac{v}{c} \int I\, d\omega$$

extended to the complete solid angle surrounding P. Hence the energy-density at P is given by

$$u = \frac{1}{c}\int I\,d\omega\,. \tag{15}$$

If the radiation is isotropic, we have

$$u = \frac{4\pi I}{c}\,. \tag{16}$$

It is easily seen that the density of the radiation which is moving in directions confined within a cone $d\omega$ is

$$\frac{I\,d\omega}{c} \tag{17}$$

and for this reason $\varrho = \frac{I}{c}$ is sometimes defined to be the specific density of $d\omega$-radiation at P.

If the refractive index is μ, the energy-density is clearly

$$\frac{\mu}{c}\int I\,d\omega\,. \tag{18}$$

The above relations also hold for monochromatic intensity when we write I_ν, μ_ν for I and μ.

A number of writers always use the energy-density of radiation in a specific direction in preference to the intensity. This is especially so in theoretical investigations relating to isotropic radiation. The present author considers that certainly in astrophysical investigations it is preferable to introduce intensities rather than energy-densities. In the first place, we rarely if ever in astrophysics have to deal with isotropic radiation-fields, and where the field is non-isotropic the concept of the intensity seems simpler than that of the energy-density in a particular direction: we are too accustomed to usages in which density is independent of direction to be able readily to apprehend the notion of a density dependent on direction. In the second place, we have frequently to consider the weakening or strengthening of the intensity of a beam which is passing through matter and the definition of a coefficient of absorption is more naturally made in terms of intensities than in terms of energy-densities. In the third place, it is always intensities (or fluxes) which we directly observe, never energy-densities. Any instrument which measures radiation such as a thermopile or photoelectric photometer measures directly the total radiation incident in a given time—the integrated value of the intensity through this time. We measure an intensity or flux at the earth, and deduce that at the source. If we use densities in our theoretical calculations we have to introduce a factor c or $c/4\pi$ to convert them into the intensities which we actually measure. Whenever we are dealing with the interior of a material, there is little to choose between intensity and energy. But when we come to the surface, at which alone we can observe, intensity seems distinctly preferable.

It is important to remember that relations such as Einstein's radiation relations take a different form according as the probability coefficients are defined in terms of intensities or densities, the difference being a factor of $4\pi/c$.

In the present work intensity will be used wherever possible.

10a. Theorems in Pure Mathematics. The relation connecting intensity and energy-density is essentially a formula of pure mathematics. By choosing the surface σ to be one enclosing a finite volume, we are led to interesting geometrical theorems.

Let a cone through an element $d\sigma$ at P of a surface meet an interior surface in elements $d\sigma'$ and $d\sigma''$ at points P' and P'', P' being the more distant of the two points (Fig. 6).

Let $PP' = r$, $PP'' = r_1$. Let $PP''P'$ make angles ε, ε'' with the inward-drawn normals at P and P'', and let $P'P''P$ make an angle ε' with the inward-drawn normal at P'. Then proceeding as in the proof of the formula for the energy-density, we find that the radiant energy enclosed in the inner surface is

$$\frac{1}{c}\iint I\, d\sigma \cos\varepsilon\, \frac{d\sigma' \cos\varepsilon'}{r^2}(r - r_1),$$

the integration with respect to $d\sigma$ being extended to the whole outer surface, and that with respect to $d\sigma'$ being extended to the portion $AP'B$ (see fig. 6) of the inner surface. But

$$\frac{d\sigma' \cos\varepsilon'}{r^2} = \frac{d\sigma'' \cos\varepsilon''}{r_1^2}.$$

Hence the integral becomes

$$\frac{1}{c}\iint I\, d\sigma \cos\varepsilon\, \frac{d\sigma' \cos\varepsilon'}{r}$$

where now the integration with respect to $d\sigma'$ is over the whole inner surface. But this must equal

$$\frac{1}{c}\int dv \int I\, d\omega$$

extended to all points in the inner volume. Taking I to be uniform and isotropic, we have therefore

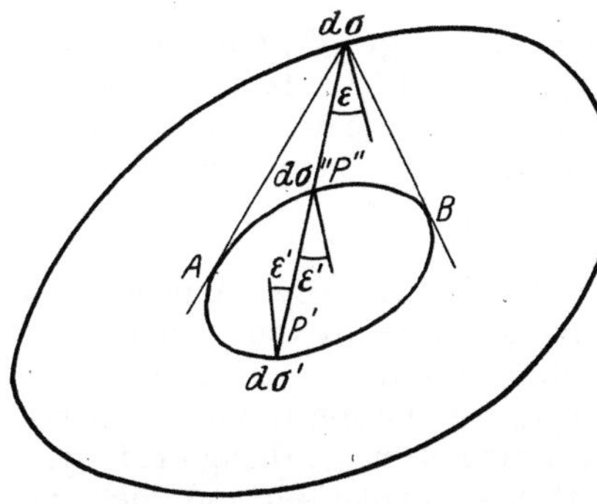

Fig. 6. Theorem on volume integrals.

$$\iint \frac{\cos\varepsilon \cos\varepsilon'}{r}\, d\sigma\, d\sigma' = 4\pi \times (\text{volume enclosed by inner surface}). \tag{18a}$$

By taking the two surfaces to coincide, we have

$$\iint \frac{\cos\varepsilon \cos\varepsilon'}{r}\, d\sigma\, d\sigma' = 4\pi \times (\text{volume}) \tag{18b}$$

where the integration extends twice over the complete surface, r is the chord joining elements $d\sigma$ and $d\sigma'$ and ε, ε' are the angles made by the chord with the normals at $d\sigma$ and $d\sigma'$.

The corresponding theorem in two dimensions is

$$\iint \cos\varepsilon \cos\varepsilon'\, ds\, ds' = 2\pi \times (\text{area enclosed by inner curve}) \tag{18c}$$

where the integrals are extended over two coplanar curves one of which entirely surrounds the other.

4. Further Definitions. 11. Emission. Consider a small element of mass of a body, *dm*, which is radiating. Assuming the body is isotropic, the radiation will be emitted uniformly in all directions, and the amount of radiation emitted in directions confined within an elementary cone $d\omega$ will be proportional to $d\omega$. We may accordingly write the amount of energy emitted by dm inside $d\omega$ in time dt as

$$j\, d\omega\, dt\, dm. \tag{19}$$

The coefficient j is called the coefficient of emission. The total emission is clearly $4\pi j$ per gram per second.

Sometimes the emission is written

$$j'\, d\omega\, dt\, dv$$

where dv is the element of volume occupied by dm. We have $dm = \varrho\, dv$ where ϱ is the density, and consequently $\varrho j = j'$. To distinguish, we may call j' the volume-coefficient of emission, j the mass-coefficient of emission.

12. Absorption. A pencil of radiation traversing matter is usually weakened by absorption as it is propagated. The energy of which the pencil is deprived may be converted into heat or it may be re-emitted, either immediately or after an interval, as radiant energy. For the moment we are not concerned with this energy. Consider a pencil of intensity I. After it has traversed a length dl of matter let its intensity be $I + dI$. If ϱ is the density, the mass-absorption coefficient k is defined by

$$k = -\frac{1}{I}\frac{dI}{\varrho\, dl}. \tag{20}$$

Thus in a length dl, the pencil is weakened in intensity by a fraction $k\varrho\, dl$ of its original intensity. It is an experimental fact that k as defined is independent of the magnitude of I, over fairly wide limits. For the loss in transmission through a length l, we have clearly

$$I = I_0\, e^{-\int_0^l k\varrho\, dl}. \tag{21}$$

13. Scattering. A pencil is also weakened by the loss of radiation which is not absorbed by the matter but is merely re-distributed in direction. We may define a coefficient of scattering s exactly as we have defined k above. The scattered radiation is not in general uniformly re-distributed in space around the scattering element, though it is symmetrical about the axis of the incident pencil if this is unpolarised and the matter isotropic.

14. Total Absorption and Total Scattering. Consider a small element of absorbing material of mass dm, on which radiation is incident from various directions. It is a matter of interest to determine the total amount of energy absorbed in dm per second, given the radiation field. This is found most simply by describing a larger surface Σ outside the boundary of dm, and proceeding as in § 10. Of the energy which passing through $d\Sigma$ enters dm by $d\sigma$, the amount

$$I\, d\Sigma \cos\Theta \frac{d\sigma \cos\theta}{r^2} k\varrho\, dl\, dt$$

is absorbed inside dm in time dt. This may be written

$$\frac{I\, d\Sigma \cos\Theta}{r^2} k\varrho\, dv\, dt$$

where dv is the differential element of volume $d\sigma\, dl \cos\theta$ of the original element dv containing the mass dm. Integrating in turn over the whole element and over the whole surface of Σ, we find for the amount absorbed, putting $\varrho\, dv = dm$,

$$k\, dm\, dt \int I\, d\omega$$

the integral being taken over the complete solid angle occupied by the incident radiation. Thus the total absorption is

$$k \int I\, d\omega \tag{22}$$

per gram per second. For isotropic radiation this is $4\pi k I$. Similarly the total scattering is

$$s \int I\, d\omega. \tag{23}$$

All the foregoing coefficients apply to monochromatic radiation. We shall use the same symbols with suffix ν, thus j_ν, k_ν, s_ν.

5. The Thermodynamic Theory of Radiation (Kirchhoff). 15. Consider an enclosure in a steady state at a uniform temperature, containing any number of kinds of matter disposed in any way. Each portion of matter will be emitting radiation, the value of the coefficient j_ν at any point being dependent on the physical state of the matter at that point. Thus j_ν will be a function of all the parameters which describe the physical state of the matter at the point. Amongst the causes influencing the physical state we must not forget the radiation incident on the portion of matter and traversing it.

Similary each portion of matter will be absorbing and scattering the radiation incident on it. Thus each portion of matter is steadily exchanging energy with other portions.

A necessary condition for a steady state is that each small element must emit as much energy as it absorbs, per unit time. This is implied by the first law of thermodynamics. The introduction of the second law allows us to infer much more. By the second law, no ideal experiment which we may perform on the system in the enclosure without performing work or altering the condition of the outside world can originate any difference of temperature in the enclosure. For if it did, such difference of temperature could be used to render available energy which was previously unavailable, and to turn heat energy into work, without drawing on the external world.

As an example of such an ideal experiment, consider an enclosure containing two particles A and B. Let us assume that A can only emit radiation of frequency ν, and absorb radiation of frequency ν', and that B can only emit frequency ν' and absorb frequency ν. So far as the first law of thermodynamics is concerned, no contradiction is involved in these assumptions provided A absorbs the radiation emitted by B, and vice-versa. But now let the ideal experiment consist in introducing a perfectly reflecting screen between A and B, dividing the enclosure into two independent enclosures. A will now rapidly absorb all the ν'-radiation in its enclosure, but will go on emitting ν-radiation until it has no energy left. Thus all the energy will pass from the particle to the surrounding field of radiation, which will consist of monochromatic radiation of frequency ν. Similarly B will become devoid of energy, but surrounded with a field of ν'-radiation. By the aid of suitable screens, these two compartments of radiation of different frequencies can be made to give external work, contradicting the second law. We infer that our original assumptions are inconsistent. This is a good example of the way in which thermodynamics exerts a restraining influence on our theories of matter.

By the aid of a number of ideal experiments of this character, Kirchhoff was able to establish a series of results concerning the state of affairs inside an enclosure which are summarised in the following.

1. The radiation is everywhere isotropic and of the same intensity everywhere.

2. If I_ν is the intensity of ν-radiation at any point where the refractive index is μ_ν, then I_ν/μ_ν^2, is constant throughout the enclosure. We infer that if ϱ_ν is the energy-density, then ϱ_ν/μ_ν^3 is constant everywhere.

3. If k_ν, j_ν are the coefficients of absorption and emission at a point where the intensity is I_ν, then

$$\frac{j_\nu}{k_\nu} = I_\nu . \tag{24}$$

4. The value of $j_\nu/\mu_\nu^2 k_\nu$, which is constant throughout any enclosure, is the same for any two enclosures at the same temperature, and is thus a universal function of temperature. If the enclosure contains a medium, the intensity of

ν-radiation in the medium is equal to the universal value of $j_\nu/\mu_\nu^2 k_\nu$, provided the enclosure contains matter capable of emitting and absorbing ν-radiation. (If there is no such matter, the ratio j_ν/k_ν is of the form 0/0 and is indeterminate. In that case the intensity of ν-radiation in the enclosure may take any value.)

Radiation in an enclosure at temperature T which contains material capable of absorbing and emitting radiation of all frequencies is spoken of as "black radiation" or "complete radiation" of temperature T. Let $B_\nu(T)$ denote the intensity of black radiation of frequency ν of temperature T. Then the coefficient of emission j_ν of any material in an enclosure at temperature T is connected with its coefficient of absorption by the relation

$$j_\nu = \mu_\nu^2 k_\nu B_\nu(T) . \tag{25}$$

It is more particularly the content of this last result which is usually called KIRCHHOFF's Law.

It is to be noted that the μ_ν refers to the refractive index of the material immediately outside the small element under consideration. For example suppose we have a particle of carbon embedded in glass. Then for the thermodynamic equilibrium of the particle, $j_\nu = k_\nu I_\nu$, whilst if μ_ν is the refractive index of the glass $I_\nu/\mu_\nu^2 = B_\nu(T)$, in which formulae I_ν is the intensity in the glass. For continuous changes of phase, the distinction is immaterial. In what follows we shall usually take $\mu_\nu = 1$. This applies approximately, for example, to substances bathed in air.

We have then

$$j_\nu = k_\nu B_\nu(T) . \tag{26}$$

This is one of the most important results of the thermodynamic theory of radiation, and it is important to have a clear idea of its precise meaning. It will be recalled that j_ν and k_ν refer to the material when in an enclosure at temperature T, i. e. when in thermodynamic equilibrium at temperature T. The material may be of any kind whatever, and the emission coefficient j_ν refers to every kind of radiation which the substance emits under the circumstances. For example, if at high temperatures radioactive transformations are reversible, then a steady state is possible for a radioactive substance in an enclosure, provided the temperature is sufficiently high. The radioactive substance must then be capable of absorbing the same radiations which it emits, and indeed according to the above law.

In many of the applications of radiation theory in ordinary physics, the coefficient of emission is approximately a function of temperature only. In particular, it is independent of the radiation incident on the body from outside. This is often stated in the form that the radiation emitted by any body is independent of the presence or proximity of hotter or colder bodies. Of the *mere* presence it is naturally independent: what the statement really means is what we have said above, that the emission is independent of the nature of the incident radiation, in particular of whether radiation of a particular frequency is in excess or in defect. When this condition is satisfied a knowledge of the coefficient of absorption determines also the coefficient of emission by the above formula. Now a coefficient of absorption is much more readily measured than a coefficient of emission, for it involves only the determination of the ratio of two intensities. Hence the utility of KIRCHHOFF's Law, once the universal function $B_\nu(T)$ is known.

KIRCHHOFF himself stated that his theory was limited to the cases in which each body present "had the property that it was entirely unaffected by the rays it emitted or absorbed or by any other influences to which it may be exposed provided its temperature was maintained constant by the addition or subtraction of heat"[1]. This however is an unduly severe restriction, and is not in fact the restriction really required. The emission of a body may depend intimately on the radiation to which it is exposed, e. g. in the case of fluorescence: But in a steady state in thermodynamic equilibrium the theorem still holds: and we note in particular that each fluorescent emission must be balanced by an absorption of the reverse type, in accordance with the principle of detailed balancing. Again, the emission may depend on the past history, as in phosphorescence: the theorem still holds.

Its utility is only immediately apparent, however, when we may assume on other grounds that the emission is independent of incident radiation. For example, suppose we consider the cooling of a non-conducting piece of matter, isolated in free space, by radiation. The incident radiation is zero. In order to calculate the coefficient of emission j_ν from the coefficient of absorption k_ν we must be justified in assuming that the absence of incident radiation is irrelevant.

16. Local Thermodynamic Equilibrium. It is convenient to have a phrase to describe the circumstances under which the relation $j_\nu = k_\nu B_\nu(T)$ holds exactly. When a small portion of matter has a definite temperature T, and is behaving, i. e. emitting, as if it formed a part of an equilibrium enclosure at temperature T, we shall say that it is in "local thermodynamic equilibrium" at temperature T.

We shall examine later in particular cases the conditions under which material is in local thermodynamic equilibrium. It is not necessary that the temperature shall be uniform. In a non-isothermal state, we may still have local thermodynamic equilibrium everywhere. The temperature may vary from point to point, but each point may be characterised by a definite temperature T and the element of matter at each point may be behaving as if in thermodynamic equilibrium at temperature T.

The interior of a star is in a state of local thermodynamic equilibrium of this character. As we approach the boundary from the inside, the state of local thermodynamic equilibrium gives place to an entirely different state, in which the influence of the external radiation on an element is paramount. It will be shown that when an element at temperature T is subjected to radiation which is not black radiation of temperature T, the extent to which it behaves as if in thermodynamic equilibrium locally depends on the relative importance of collisions as a cause of atomic absorptions and emissions. If the atoms are sufficiently battered about by colliding with one another, they assume a state (distribution of stationary states) characteristic of thermodynamic equilibrium at temperature T: if they are not sufficiently battered about, their "temperature" becomes irrelevant and they emit and absorb at a rate which is determined by the incident radiation. It is clear that collisions will be the more numerous, and therefore likely to be the more effective, the higher the density. This permits us to see in a general way why the state of local thermodynamic equilibrium in the interior of a star breaks down as we approach the surface.

In any astrophysical problem the simplest procedure is often to assume in the first instance a state of local thermodynamic equilibrium everywhere, and to trace the consequences. We can then afterwards discuss in detail where the assumption is likely to have broken down.

17. Black Surface. A surface the material behind which absorbs all the radiation incident on it is said to be "black".

[1] Untersuchungen über das Sonnenspektrum. Reprint from Abhandl. d. Kgl. Akad. d. Wiss. zu Berlin, 1861 and Edition 1862, Anhang, p. 23.

Black Body. This is a body which absorbs all the radiation falling on its surface.

It can be shown by considering what happens in an enclosure that a black body or black surface at temperature T emits of itself the black radiation of temperature T.

18. Large Mass of Material. Consider a semi-infinite mass of material bounded on one side by an infinite plane and stretching to infinity, in all directions on one side of the surface (Fig. 7). Let it be at a uniform temperature T. Take an element $d\sigma$ of the boundary, and consider the radiation emerging through $d\sigma$ in directions confined within an elementary cone $d\omega$, whose axis makes an angle θ with the normal to the plane boundary. Take an axis Ox along this normal, and consider an element of the material bounded by the cone, and the planes parallel to the boundary at distances x and $x + dx$. The radiation escaping through $d\sigma$ is the sum of the emissions from such elements, each weakened by absorption. We assume the scattering to be zero. Then the contribution from the element at x to the radiation escaping through $d\sigma$ is

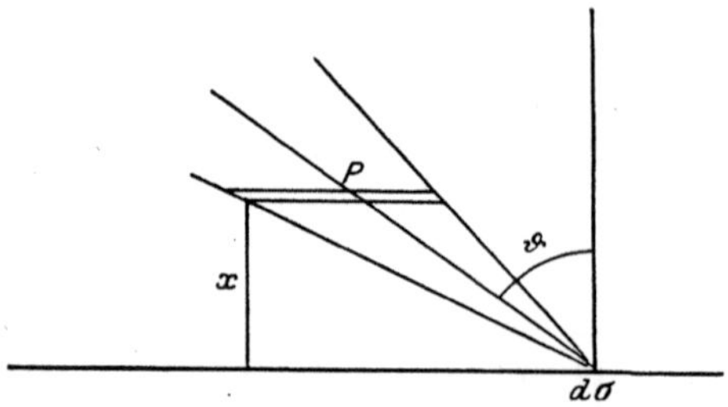

Fig. 7. Escape of radiation from a large mass of material with a plane boundary.

$$(\varrho j_\nu\, dx\, dS)\, d\Omega\, e^{-\int_0^x \varrho k_\nu \sec\theta\, dx} \tag{27}$$

where dS, the area of the element, is given by

$$dS = (x\sec\theta)^2 \sec\theta\, d\omega$$

and $d\Omega$, the solid angle subtended by $d\sigma$ at the element is given by

$$d\Omega = \frac{d\sigma\cos\theta}{(x\sec\theta)^2}.$$

Thus the total intensity at $d\sigma$ is

$$d\omega\, d\sigma \int_0^\infty \varrho j_\nu\, e^{-\sec\theta \int_0^x \varrho k_\nu\, dx}\, dx. \tag{28}$$

Now assume the mass of material is everywhere in local thermodynamic equilibrium. (This assumption will certainly be satisfied in the far interior, since in the limit at great distances the conditions are those of an enclosure. It may break down near the boundary.) Then

$$j_\nu = k_\nu B_\nu(T).$$

Further put

$$\sec\theta \int_0^x \varrho k_\nu\, dx = \tau_\theta \tag{29}$$

the integral being taken along the path of the pencil. Then

$$\sec\theta\, \varrho k_\nu\, dx = d\tau_\theta.$$

The variable τ_θ thus introduced depends on ν, but it is convenient not to introduce a second suffix. The total emission through $d\sigma$ is now

$$B_\nu(T)\, d\sigma\, d\omega \cos\theta \int_0^\infty e^{-\tau_\theta}\, d\tau_\theta = B_\nu(T)\, d\sigma \cos\theta\, d\omega. \tag{30}$$

It follows that the intensity of radiation at $d\sigma$ in the direction θ is $B_\nu(T)$, the intensity of black radiation for temperature T. This result is entirely independent of the distribution of ϱ inside the material, or of the dependence of k_ν (or j_ν) on ϱ, provided only k_ν and j_ν are not zero. Thus a semi-infinite isothermal body behaves as a black body for each frequency ν for which k_ν is not zero, provided scattering is neglected (which includes in particular the assumption that there is no internal reflection at the boundary). This is true however small k_ν may be.

19. Optical Thickness or Opacity. Definition. This result may be applied in practice to non-infinite masses, if a certain condition is fulfilled. The quantity τ_θ introduced in the analysis will appear repeatedly in later work, and it is convenient to have a name for it. It measures the integrated opacity in the direction θ, and we shall therefore term it "the total opacity in direction θ" or the "optical thickness in direction θ". When $\theta = 0$ we shall refer to it more briefly, as the "total opacity" or "optical thickness".

The term "optical mass" is used similarly.

20. Property of Material in General. We now see that the foregoing result (§ 18) applies approximately to the radiation from any mass of material provided it is of sufficiently great optical thickness and provided the condition as to no scattering is fulfilled. The radiation emitted from the material further inside than $\tau_\theta = (\tau_\theta)_1$, contributes to the intensity an amount

$$B_\nu(T)\, e^{-(\tau_\theta)_1}\, d\sigma \cos\theta\, d\omega,$$

which is equal to $e^{-(\tau_\theta)_1}$ times the black-body value. Now $e^{-4,6} = 0{,}01$. Thus if the optical thickness exceeds 4,6, the radiation falls short of the black body value by less than one per cent.

This result has an important application to gaseous nebulae. The spectrum of a gaseous nebula consists of a number of bright lines with no continuous spectrum in between. It follows that the total opacity of the nebula for frequencies not coinciding with those of the bright lines must be very small. As the actual extent of the nebula must be very large, we infer that the coefficient of absorption for the frequencies mentioned must be to all intents and purposes zero. This is the reason that it is possible to see stars through a nebula without their being appreciably dimmed.

Another deduction is that a sufficient amount of any gas at a uniform temperature should show a continuous spectrum, save for frequencies for which the absorption coefficient is rigorously zero. When the density is not too low, it is unlikely that the gas is completely transparent for any frequency, and hence sufficiently thick masses of gas should be expected to show continuous spectra. A star is simply a mass of heated gas, but we are not entitled to apply the theorem as it stands, as its temperature is not to be supposed to be uniform. The intensity of radiation escaping from a body not at a uniform temperature will be considered later.

21. Effect of Scattering. There is also scattering to consider. Scattering and surface reflection will lead to a deficiency in the escaping radiation as compared with the black-body intensity. This deficiency is exactly compensated, when a body is inside an enclosure, by the portions of the radiation incident from outside the body, which is scattered externally. Some of this may be scattered at the surface, some may penetrate and then be scattered out again. The whole may be lumped together under the heading of reflected radiation[1]. Thus the better a body reflects (either regularly or diffusely) the more its emission falls short of

[1] Absorption and re-emission does not count as reflection.

black radiation. Applying this to a star, we see that if we assume the star to be a sphere at a uniform temperature, its emission will fall short of black body emission only to the same extent as a beam incident from outside would be reflected. As a star has not a sharp boundary, and there is no discontinuous change of density, we may expect this effect on the whole to be small, and to arise only from the effect of Rayleigh scattering.

22. Average Depth from which Radiation is emitted. We consider as before a semi-infinite isothermal mass bounded by a plane (Fig. 8). Consider the intensity of radiation escaping in direction θ. The average optical depth, $\overline{\tau_\theta}$ measured along the beam, from which this radiation was emitted, is clearly given by

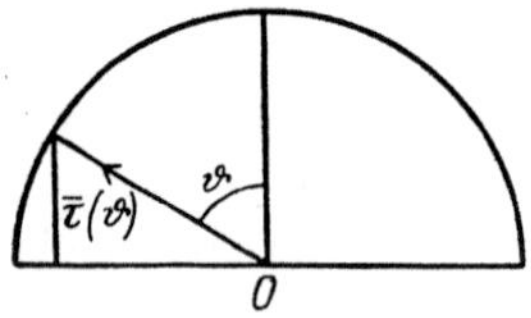

Fig. 8. Optical depth in different directions.

$$\overline{\tau_\theta} = \frac{\int \tau_\theta e^{-\tau_\theta} d\tau_\theta}{\int e^{-\tau_\theta} d\tau_\theta} = 1 . \tag{31}$$

Now let us suppose the material is stratified in planes parallel to the surface, so that ϱ and k_ν are functions of x only. Then we have

$$\tau_\theta = \int_0^x \varrho\, k_\nu \sec\theta\, dx$$

and for the optical thickness measured normal to the planes, which we shall denote by τ, we have

$$\tau = \int_0^x \varrho\, k_\nu\, dx .$$

Hence

$$\tau_\theta = \sec\theta\, \tau . \tag{32}$$

Hence the average optical depth, measured normal to the surface from which the θ-radiation comes, which we denote by $\bar{\tau}(\theta)$ is given by

$$\bar{\tau}(\theta) = \cos\theta . \tag{33}$$

This decreases as θ increases. It may be described as the average optical depth to which we see into the material when viewing it as radiation leaving at an angle θ to the normal. The locus of points viewed through a point O in direction θ at a depth equal to $\bar{\tau}(\theta)$ is clearly a circle.

22a. Layer of Finite Thickness. The emergent intensity, in direction θ, from a stratified layer of optical thickness τ_1, is easily found to be

$$B_\nu(T)\int_0^{\tau_1 \sec\theta} e^{-\tau_\theta} d\tau_\theta = B_\nu(T)(1 - e^{-\tau_1 \sec\theta}) = B_\nu(T)(1 - e^{-\tau_1/\bar{\tau}(\theta)}) . \tag{34}$$

We see that the intensity tends to that of black radiation as $\tau_1 \to \infty$, and that the radiation is effectually black for angles θ sufficiently near $\frac{1}{2}\pi$. Viewed tangentially, any isothermal layer however thin emits black radiation for its own temperature. Such a thin layer is brighter at glancing incidence than at normal incidence. The fact that a thin sheet of glowing metal, for example, is equally bright in all directions shows that its optical thickness must be effectively infinite.

6. Radiation Problems involving Slabs of Material of Finite Thickness bounded by Infinite Parallel Planes. 23. We shall first calculate the rate of loss of energy of an infinite slab, of optical thickness τ_1, per unit area, the slab being at a uniform temperature. It is supposed that the slab is stratified in planes parallel to the boundary.

As before we use τ to denote the integral

$$\int_0^x \varrho k_\nu \, dx$$

taken from one boundary of the slab to the current point x. We then use τ as a current variable instead of x. Consider a small element of area dS and thickness dx, in the interior (Fig. 9). Use polar angles θ, φ (θ being measured from the positive direction of the axis of x). We assume a state of local thermodynamic equilibrium. Of the radiation $k_\nu \varrho \, dx \, dS \, d\omega$ leaving the element inside a cone $d\omega$ in the direction θ, φ, the fraction $e^{-(\tau_1-\tau)\sec\theta}$ escapes through the surface $\tau = \tau_1$, provided $0 \leqq \theta < \frac{1}{2}\pi$ When $\frac{1}{2}\pi < \theta \leqq \pi$, write

$$\pi - \theta = \psi \qquad (0 \leqq \psi < \tfrac{1}{2}\pi).$$

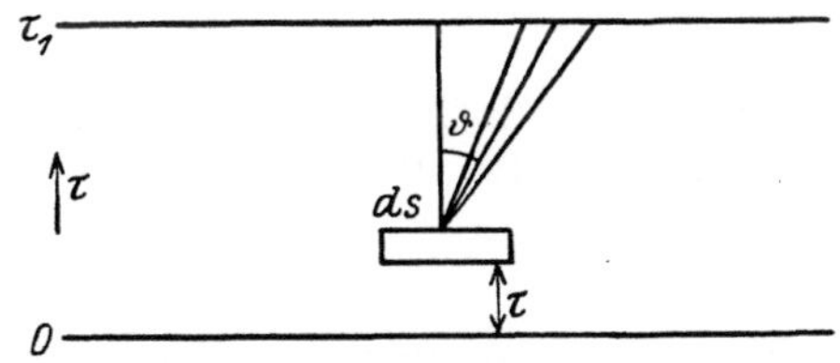

Fig. 9. Parallel-sided slab, of finite thickness and infinite area.

Then of the radiation leaving in direction ψ, φ, the fraction $e^{-\tau\sec\psi}$ escapes through the surface $\tau = 0$. It follows that the total radiation escaping per unit area from both faces of the slab is

$$B_\nu \iint e^{-(\tau_1-\tau)\sec\theta} d\omega \, d\tau + B_\nu \iint e^{-\tau\sec\psi} d\omega \, d\tau$$

taken over two hemispheres and from $\tau = 0$ to $\tau = \tau_1$. This comes to

$$\left.\begin{aligned} &2\pi B_\nu \int_0^{\frac{1}{2}\pi} \sin\theta \, d\theta \int_0^{\tau_1} e^{-(\tau_1-\tau)\sec\theta} d\tau + 2\pi B_\nu \int_0^{\frac{1}{2}\pi} \sin\psi \, d\psi \int_0^{\tau_1} e^{-\tau\sec\psi} d\tau \\ &= 2\pi B_\nu \int_0^{\frac{1}{2}\pi} (1 - e^{-\tau_1\sec\theta}) \cos\theta \sin\theta \, d\theta + 2\pi B_\nu \int_0^{\frac{1}{2}\pi} (1 - e^{-\tau_1\sec\psi}) \cos\psi \sin\psi \, d\psi \\ &= 4\pi B_\nu \int_1^\infty \frac{1 - e^{-\tau_1\mu}}{\mu^3} d\mu \end{aligned}\right\} \tag{35}$$

on putting $\sec\theta = \mu$, $\sec\psi = \mu$ in the two integrals.

We shall require to make frequent use of the functions $Ei(x)$, $Ei_n(x)$, defined by

$$Ei(x) = \int_1^\infty \frac{e^{-x\mu}}{\mu} d\mu = \int_x^\infty \frac{e^{-\mu}}{\mu} d\mu \tag{36}$$

$$Ei_n(x) = \int_1^\infty \frac{e^{-x\mu}}{\mu^n} d\mu. \tag{37}$$

We note that $Ei(x) = Ei_1(x)$. The function $Ei_n(x)$ may be reduced to an expression involving only $Ei(x)$ by a series of integrations by parts.

We now see that the total radiation escaping is

$$4\pi B_\nu [\tfrac{1}{2} - Ei_3(\tau_1)], \tag{38}$$

that is

$$2\pi B_\nu [1 - e^{-\tau_1}(1 - \tau_1) - \tau_1^2 Ei(\tau_1)]. \tag{39}$$

The total amount of heat emitted is per unit area

$$\left(4\pi B_\nu \int_0^{x_1} k_\nu \varrho \, d x\right) = 4\pi \tau_1 B_\nu .$$

The difference is absorbed internally.

As $\tau_1 \to \infty$, $E i_3(\tau_1) \to 0$, and the escaping radiation $\to 2\pi B_\nu$, i. e. the flux per unit area is πB_ν for each surface. This agrees with our previous work: the emergent intensity is then B_ν, independent of direction, and the flux is

$$\int B_\nu \cos\theta \, d\omega = \pi B_\nu .$$

For τ_1 small, since for x small, $Ei(x) \backsim \log x$, we see that the total escaping radiation per unit area is approximately

$$4\pi \tau_1 B_\nu ,$$

which is the total amount emitted. Thus when τ_1 is small, the amount absorbed internally may be neglected.

24. A layer of optical thickness τ_1 has radiation of intensity $I(\theta)$ incident on one face. We propose to determine the amount absorbed.

By subtracting the emergent flux from the incident flux, the amount absorbed per unit area is seen to be

$$2\pi \int_0^{\tau_1} I(\theta)\,(1 - e^{-\tau_1 \sec\theta}) \cos\theta \sin\theta \, d\theta . \tag{40}$$

This may be simplified to

$$2\pi \int_1^{\infty} I(\mu) \frac{1 - e^{-\tau_1 \mu}}{\mu^3} \, d\mu . \tag{41}$$

When the incident intensity is the same in all incident directions, $I(\mu)$ is independent of μ, and the amount absorbed per unit area is

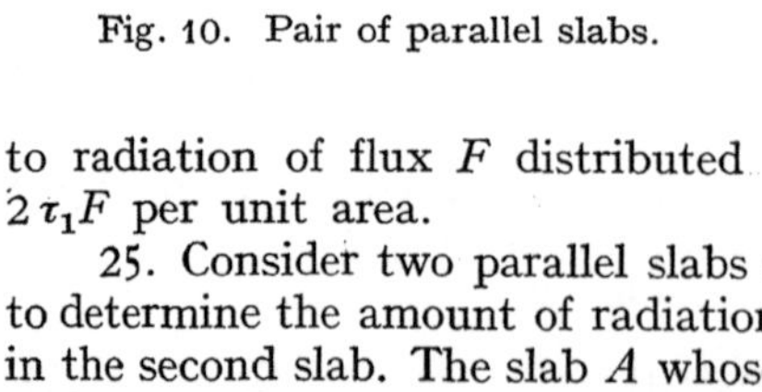

Fig. 10. Pair of parallel slabs.

$$2\pi I \int_1^{\infty} \frac{1 - e^{-\tau_1 \mu}}{\mu^3} \, d\mu$$

$$= 2\pi I\left[\tfrac{1}{2} - E i_3(\tau_1)\right] \tag{42}$$

$$= \pi I\left[1 - e^{-\tau_1}(1 - \tau_1) - \tau_1^2 E i(\tau_1)\right] . \tag{43}$$

For τ_1 small, this is approximately

$$2\pi I \tau_1 . \tag{44}$$

Now the incident flux is $F = \pi I$. Thus a thin layer of optical thickness τ_1 exposed to radiation of flux F distributed uniformly in direction absorbs an amount $2\tau_1 F$ per unit area.

25. Consider two parallel slabs of material A and B (Fig. 10). We propose to determine the amount of radiation emitted by the first slab which is absorbed in the second slab. The slab A whose emission is being considered is assumed to be at a uniform temperature T and to be in local thermodynamic equilibrium. Let a, b be the optical thicknesses. Consider an element $dS\,d\tau$ of A, which emits

inside $d\omega$ per second in the direction θ, φ, the amount of radiation $B_\nu\, dS\, d\tau\, d\omega$. At incidence on the surface, this amount is reduced to

$$B_\nu\, dS\, d\tau\, d\omega\, e^{-(a-\tau)\sec\theta}.$$

In the free space between the two slabs the radiation intensity is unaltered. On emergence at the far face of B, the amount of radiation is reduced to

$$B_\nu\, dS\, d\tau\, d\omega\, e^{-(a+b-\tau)\sec\theta}.$$

The difference must have been absorbed in the second medium. Hence the amount absorbed per unit area of the second medium is

$$2\pi B_\nu \int_0^a d\tau \int_0^{\pi/2} (e^{-(a-\tau)\sec\theta} - e^{-(a+b-\tau)\sec\theta}) \sin\theta\, d\theta.$$

On putting $\sec\theta = \mu$, this becomes

$$2\pi B_\nu \int_1^\infty \frac{d\mu}{\mu^2} \int_0^a [e^{-\mu(a-\tau)} - e^{-(a+b-\tau)\mu}]\, d\tau$$

$$= 2\pi B_\nu \int_1^\infty \frac{(1-e^{-\mu a})(1-e^{-\mu b})}{\mu^3}\, d\mu. \qquad (45)$$

It is instructive to check this by calculating the absorption in B, element by element. We shall denote the last expression by E.

The symmetry of the formula (45) should be noted. The result shows that A absorbs of what B emits the same amount as B absorbs of what A emits. If $a > b$, the greater emission from A, absorbed in the thinner layer B, makes up for the reduced emission from B, absorbed in the thicker layer A. When $a \to \infty$ and $b \to \infty$,

$$E \to 2\pi B_\nu \int_1^\infty \frac{d\mu}{\mu^3} = \pi B_\nu \qquad (46)$$

as it should. For the semi-infinite mass A now emits intensity B_ν from its surface, giving a flux πB_ν, and this is wholly absorbed in B.

When $b \to \infty$, i. e. the absorbing layer becomes infinitely thick,

$$E \to 2\pi B_\nu \int_1^\infty \frac{1-e^{-a\mu}}{\mu^3}\, d\mu, \qquad (47)$$

which we have previously seen (§ 23) to be the total emission of a slab of optical thickness a on one side. Thus all the emission is absorbed, as it should be.

We next want to consider the case of a small, b small, or both a and b small. To do this we need to discuss more closely the value of E. We see that

$$E = 2\pi B_\nu [\tfrac{1}{2} - Ei_3(a) - Ei_3(b) + Ei_3(a+b)]. \qquad (48)$$

We want an expression for $Ei(x)$ for x small. Using the result that EULER'S constant γ is given by

$$\gamma = \int_0^1 \frac{1-e^{-\mu}}{\mu}\, d\mu - \int_1^\infty \frac{e^{-\mu}}{\mu}\, d\mu \qquad (49)$$

we see that

$$\left.\begin{aligned} Ei(x) &= \int_x^\infty \frac{e^{-\mu}}{\mu}\,d\mu = \int_x^1 \frac{e^{-\mu}-1}{\mu}\,d\mu + \int_x^1 \frac{d\mu}{\mu} + \int_1^\infty \frac{e^{-\mu}}{\mu}\,d\mu \\ &= \int_0^1 \frac{e^{-\mu}-1}{\mu}\,d\mu - \int_0^x \frac{e^{-\mu}-1}{\mu}\,d\mu - \log x + \int_1^\infty \frac{e^{-\mu}}{\mu}\,d\mu \\ &= -\log x - \gamma + \int_0^x \left(1 - \frac{\mu}{2!} + \frac{\mu^2}{3!}\cdots\right)d\mu \\ &= -\log x - \gamma + x - \frac{x^2}{2\cdot 2!} + \frac{x^3}{3\cdot 3!} - \cdots. \end{aligned}\right\} \tag{50}$$

Moreover

$$Ei_3(x) = \tfrac{1}{2}[e^{-x}(1-x) + x^2 Ei(x)] \tag{51}$$

so that for x small

$$Ei_3(x) = \tfrac{1}{2} - x + O(x^2 \log x) \tag{52}$$

whilst

$$Ei_3'(x) = -Ei_2(x)\,, \tag{53}$$

the prime (′) denoting a differential coefficient. Hence for b small

$$Ei_3(a+b) = Ei_3(a) - b\,Ei_2(a) + O(b^2)\,. \tag{54}$$

Accordingly, for b small

$$E = 2\pi B_\nu b[1 - Ei_2(a)] + O(b^2 \log b)\,. \tag{55}$$

We see that for b small, the absorption is proportional to b. Reciprocally, for a small it is proportional to a.

But it is not true that if both slabs are thin (a and b both small) then the absorption in B of radiation from A is proportional to ab, contrary to what might perhaps have been anticipated. For the absorption is given by

$$\left.\begin{aligned} E = \pi B_\nu[1 - e^{-a}(1-a) - e^{-b}(1-b) + e^{-(a+b)}(1-a-b) \\ -a^2 Ei(a) - b^2 Ei(b) + (a+b)^2 Ei(a+b)] \end{aligned}\right\} \tag{56}$$

which for a and b both small is approximately

$$E = \pi B_\nu[ab(3-2\gamma) + a^2\log a + b^2 \log b - (a+b)^2 \log(a+b)]. \tag{57}$$

If a and b are both $O(\varepsilon)$, (57) is $O(\varepsilon^2 \log\varepsilon)$ and not $O(\varepsilon^2)$. In particular, if $b = a$ the absorption is approximately

$$\pi B_\nu a^2[3 - 2\gamma - 4\log 2 - 2\log a]\,.$$

This result arises from the circumstance that the pencils emitted near $\theta = \frac{1}{2}\pi$ are almost entirely absorbed however thin the absorbing stratum.

A corollary is that if we have two adjacent thin slabs, of equal small thickness δ and coefficient of absorption k, then the absorption in the second will not vary as k^2 as k is varied, but more slowly, namely as $(k\delta)^2 \log k\delta$. It is obvious that the tendency to vary more slowly than k^2, existing even in very thin slabs, becomes more pronounced for thick slabs, until, as we have seen, the absorption becomes constant and independent of the thickness.

The excess of emission per unit area from the one slab (A) over its absorption of radiation from the other (B) is easily found to be

$$2\pi B_\nu \int_1^\infty \frac{(1-e^{-a\mu})(1+e^{-b\mu})}{\mu^3}\,d\mu \tag{58}$$

which is essentially positive. It is clear in fact that the system is steadily cooling by radiation to an outside space.

It has been thought worth while to show how problems of this kind may be handled from first principles. The general theory of the transmission of radiation will occupy us later.

7. The Pressure of Radiation. 26. The existence of light-pressure follows from the electromagnetic theory of light, which provides an exact expression for its value. But the existence follows also from thermodynamics. If radiation exerted no pressure, radiant energy enclosed in a cylinder provided with a reflecting piston could be transferred to a body in contact with the fixed end of the cylinder without the performance of work. It is easy to show that in this way inequalities of temperature could be generated without any compensating change in the external world, in violation of the second law of thermodynamics.

We assume that radiant energy E flowing with the velocity of light c in any direction possesses momentum E/c. It follows that the pressure of isotropic radiation is $\frac{1}{3}$ of the energy-density, whatever its composition as regards frequencies. For the total normal component of momentum incident on an area $d\sigma$, composed of totally reflecting walls, in time dt, is

$$d\sigma\, dt \int \frac{(I\cos\theta)}{c} \cos\theta\, d\omega\,.$$

The tangential component $(I\sin\theta)/c$ occurs in the reflected radiation, unaltered, but the normal component is reversed. Consequently the total change of momentum in time dt is

$$\frac{2\,dt\,d\sigma\,I}{c}\int_0^{2\pi} d\varphi \int_0^{\frac{1}{2}\pi} \cos^2\theta \sin\theta\, d\theta = \frac{4\pi}{3}\,\frac{I}{c}\,dt\,d\sigma\,.$$

Hence the rate of change of momentum per unit area is

$$\frac{4\pi}{3}\,\frac{I}{c}\,. \tag{59}$$

But u, the energy-density, is $4\pi I/c$. Hence the pressure is given by

$$p = \tfrac{1}{3} u\,. \tag{60}$$

In general the pressure of radiation on any body is equal to the rate at which momentum is abstracted from the radiation. Thus on a completely transparent body the pressure is zero. On a black surface, the pressure due to incident isotropic radiation is half that found, since there is no reflected pencil. It should be noted, however, that if we have for example a cylinder closed by an impermeable piston, the surface of which is covered by black material, the pressure is the same as on a reflecting piston. For the black material re-emits the radiation it absorbs, and this exerts a back pressure arising from the recoil, which acts in the same direction as the incident radiation and contributes an equal amount of momentum.

27. Medium of Refractive Index μ. To find the pressure of radiation in a medium of refractive index μ, we proceed as follows. Consider an enclosure divided into two parts by a plane surface separating a medium of refractive index μ from a vacuum. If I is the intensity of the (isotropic) radiation in the vacuum, I' in the medium, then $I = I'/\mu^2$. Now the momenta incident on the two sides of the boundary surface must be equal, otherwise momentum would be being steadily transferred from one compartment to the other. The pressure on the side of the vacuum is as we have seen $(4\pi/3)I/c$. Hence on the other side it is $(4\pi/3)I'/\mu^2 c$. But u', the energy-density on the other side, is given by

$$u' = \frac{4\pi\mu I'}{c}\,. \tag{61}$$

Hence

$$p = \frac{1}{3}\frac{u'}{\mu^3}. \tag{62}$$

It follows that in a medium of refractive index μ, radiant energy E (propagated with velocity c/μ), possesses momentum $E/c\mu^2$. Since $p = \frac{1}{3}u'/\mu^3$, the thermodynamic result that u/μ^3 must be constant everywhere is simply the dynamic result that the pressure must be constant everywhere.

8. The Laws of STEFAN, WIEN and PLANCK. 28. STEFAN'S Law. We have seen that there is a unique function $B_\nu(T)$ of two variables ν and T which gives the intensity of black radiation of frequency ν at temperature T. The intensity of black radiation of all frequencies we write $B(T)$ defined by

$$B(T) = \int_0^\infty B_\nu(T)\,d\nu. \tag{63}$$

It is proved in treatises on the thermodynamics of radiation, by using the fact of the existence of the pressure of radiation, that $B(T)$ is proportional to T^4. We shall write it

$$B(T) = bT^4. \tag{64}$$

The flux per unit area from a black surface is in consequence

$$\begin{aligned} F &= \int_0^{2\pi} d\varphi \int_0^{2\pi} B(T)\cos\theta\sin\theta\,d\theta \\ &= \pi b T^4 \\ &= \sigma T^4, \qquad \text{say,} \end{aligned} \tag{65}$$

where

$$\sigma = \pi b. \tag{66}$$

The constant σ is known as STEFAN'S constant. Its value is $5{,}70 \cdot 10^{-5}$ ergs cm² sec² deg^{-4}.

29. The energy-density of black radiation is given by

$$u = \frac{4\pi}{c}B(T) = \frac{4\pi b}{c}T^4 = \frac{4\sigma}{c}T^4. \tag{67}$$

We shall write this as aT^4. We have the relations

$$a = \frac{4\sigma}{c}, \qquad b = \frac{\sigma}{\pi}. \tag{68}$$

30. Grey Material. When a body is emitting black radiation, a determination of the intensity of the total emitted radiation combined with STEFAN'S law yields the temperature of the body, supposed uniform. Consider now KIRCHHOFF'S equation

$$j_\nu = k_\nu B_\nu(T).$$

Integrating for all frequencies we have for the total coefficient of emission

$$j = \int_0^\infty j_\nu\,d\nu = \int_0^\infty k_\nu B_\nu(T)\,d\nu. \tag{69}$$

In general, then, to determine the total emission we require a knowlegde of k_ν and B_ν as functions of ν. Suppose now k_ν is independent of ν. We can then put $k_\nu = k$, and we have

$$j = k\int_0^\infty B_\nu(T)\,d\nu = kB(T) = kbT^4. \tag{70}$$

Thus in local thermodynamic equilibrium, if the absorption coefficient is independent of frequency the total emission is a known function of the temperature only. Given the temperature-distribution, the emission at all points is known. The absorption also is known, and hence the net gain of energy is known, provided the external radiation is given. Hence the rate of change of the temperature distribution is known. Conversely, if under the same conditions the external radiation is given, and we are given the rate of change of the temperature distribution, we can determine the initial temperature distribution. The important case is when the rate of change of temperature at each point is zero, i. e. the case of a steady state.

The great simplification which is effected by taking k_ν to be independent of ν is of importance because we are then in a position to discuss temperature distributions by considering the integrated radiation only without it being necessary to consider its distribution in frequency. It is useful to have a term to describe a body for which the absorption coefficient k_ν is independent of ν. We shall describe such a body as "grey". It is convenient in many stellar problems to carry the process of idealisation, already begun when we make the assumption of local thermodynamic equilibrium, a stage further by supposing the stellar material to be grey. We can then afterwards discuss the effect of departure from greyness.

31. WIEN'S Law. The determination of the function $B_\nu(T)$ as an explicit function of ν and T is the cardinal problem of the theory of radiation. It cannot be determined by purely thermodynamic reasoning, but a step in the required direction is given by WIEN'S Law. This states that $B_\nu(T)$ is necessarily of the form

$$B_\nu(T) = \nu^3 f(\nu/T)\,. \tag{71}$$

The problem is thus reduced to the determination of a function of one variable only. The proof of WIEN'S Law is long. It is given in all standard text-books on the thermodynamics of radiation, so it will not be reproduced here. It may be of interest, however, to dwell on a point not usually treated of in text-books, namely, the point as to why it is that thermodynamics is unable completely to solve the problem.

32. Limitations of Pure Thermodynamics. It is first necessary to consider the question of the entropy of radiation. Consider a chamber with reflecting walls, filled with black radiation at temperature T. Let s be the entropy per unit volume, u the energy per unit volume, of the radiation. Let the temperature of the radiation be increased by an amount dT by the reversible communication of heat, the volume remaining unchanged. Then the increase of energy per unit volume is du, and consequently the loss of entropy of the outside world is du/T. This must equal the increase of entropy of the radiation. Hence

$$\frac{ds}{du} = \frac{1}{T}\,. \tag{72}$$

Now suppose that the enclosure is provided with a cylinder and piston, by means of which the volume can be reversibly and isothermally altered. A body at temperature T, in contact with the chamber, must be provided to absorb the heat necessary for the process to proceed isothermally. If the volume decreases by unity, an amount of radiant energy u disappears, and in addition external work is done. This is equal to the pressure $\frac{1}{3}u$ times the decrease in volume, which is unity. The amount of work is thus $\frac{1}{3}u$, and the total amount of energy given up to the source at T is accordingly $\frac{4}{3}u$. The source therefore acquires entropy $\frac{4}{3} u/T$. But the radiation has lost entropy s. The process being reversible, there must be no net increase of entropy, and so

$$s = \tfrac{4}{3} u/T.$$

Hence combining the two equations

$$\frac{du}{T} = \frac{4}{3}\left(\frac{du}{T} - u\frac{dT}{T^2}\right)$$

which gives

$$\frac{du}{u} = \frac{4\,dT}{T}$$

or

$$u = aT^4.$$

We have in fact a demonstration of STEFAN's Law.

Now let us attempt a similar set of processes for approximately monochromatic radiation. Consider a chamber (Fig. 11) containing radiation of frequencies ν to $\nu + d\nu$ together with radiation of frequencies ν' to $\nu' + d\nu'$. Let the chamber be in the form of two equal sliding tubes fitting telescopically, as in the diagram, where AB denotes one tube, CD the other. The tubes are shown slightly open. Suppose that face C selectively reflects radiation of frequencies $(\nu', \nu' + d\nu')$, and that face D selectively reflects radiation of frequencies $(\nu, \nu + d\nu)$. The walls AB and CD are supposed perfectly reflecting. Initially let the tubes be pushed home so that A coincides with C and B with D, and let them then be pulled slowly apart. After an interval we shall have pure $(\nu, \nu + d\nu)$ radiation in AC, pure $(\nu', \nu' + d\nu')$ radiation in BD. If we imagine AB held fast, and CD to move, clearly the DOPPLER effect of reflections from C and D does not affect $(\nu, \nu + d\nu)$ radiation. But by the principle of relativity it is immaterial which we consider at rest, and therefore the DOPPLER effects do not affect the frequency in BD: it is clear in effect, that any element is as often reflected from D as from C, so that the lengthening of frequency at reflection from D during the process is compensated by the shortening at reflection from C.

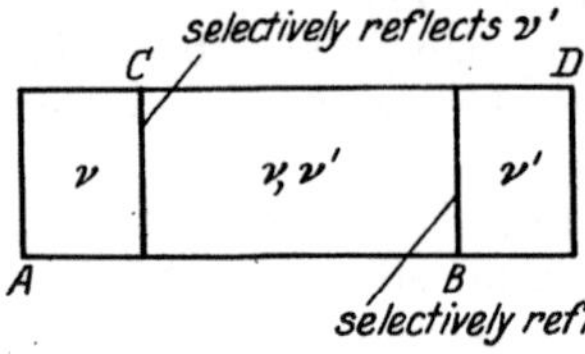

Fig. 11. Separation of monochromatic radiations.

But no work has been done in the process, and the process is clearly reversible. This proves that we can consider the entropies of the ν and ν' radiations separately. Their entropy when they are mixed is simply the sum of their entropies separately.

Now consider a cylinder divided into two parts by a screen transparent only to $(\nu, \nu + d\nu)$ radiation, capable of being covered by a totally reflecting shutter (Fig. 12). Let the shutter be first closed, and let one half be filled with $(\nu, \nu + d\nu)$ radiation of arbitrary energy-density. Let the other half be in communication with black material capable of being raised to any desired temperature.

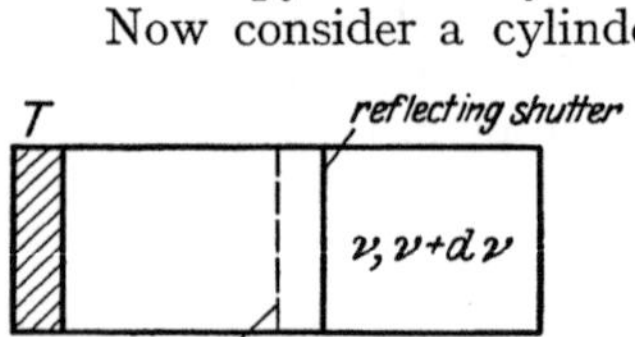

Fig. 12. Calculation of entropy of radiation.

The state of the $(\nu, \nu + d\nu)$ radiation can depend on only one parameter, namely its energy-density. Let this be $u\,d\nu$. Then the entropy can only depend on u when the range $(\nu, \nu + d\nu)$ is given. Let then the entropy-density be $s(\nu, u)\,d\nu$. Now increase or decrease the temperature in the other compartment until the energy-density of $(\nu, \nu + d\nu)$ radiation on both sides of the shutter is the same. Call this value of the temperature T. The shutter may now be removed without any change cocurring, for only $(\nu, \nu + d\nu)$ radiation can pass and this is in equilibrium on the two sides.

The temperature T is clearly a function of ν and u. If $U(\nu, T)$ is the energy-density of black ν-radiation for temperature T, we have clearly

$$u = U(\nu, T)$$

and by solving this we obtain the required value T as a function of ν and u. Call it $T(\nu, u)$. T may be said to be the "temperature" of the particular specimen of $(\nu, \nu + d\nu)$ radiation.

Now let the temperature be slightly increased. Energy in the form of $(\nu, \nu + d\nu)$ radiation will pass through the screen, and the entropy-density and energy-density of the $(\nu, \nu + d\nu)$ radiation will be changed. Let the changes be ds and du. We have then

$$ds = \frac{du}{T}$$

or[1], remembering s is a function of ν and u

$$\frac{ds}{du} = \frac{1}{T(\nu, u)}. \tag{73}$$

Were s known as a function of ν and u, this equation could be solved to give u as a function of ν and T, and the resulting function would by the above be precisely $U(\nu, T)$, the energy of black radiation.

Before examining the possibility of devising an ideal experiment for the determination of s, we will make an application of the result just obtained. (The analysis is due to PLANCK.) Take an enclosure containing any radiation whatever. If it is not black, introduce a small black particle. Irreversible transformation will go on until the radiation becomes black, and the entropy will increase until it reaches a maximum. Meanwhile the energy remains constant. The final state therefrom satisfies the condition that the total entropy S is a maximum for given total energy U. In the symbolism of the calculus of variations, this means that

$$\delta \int s(\nu, u)\, d\nu = 0$$

subject to

$$\delta \int u\, d\nu = 0.$$

Hence

$$\int \delta u \frac{\partial s(\nu, u)}{\partial u}\, d\nu = 0$$

subject to

$$\int \delta u\, d\nu = 0,$$

whatever function δu is of ν. This requires

$$\frac{\partial s(\nu, u)}{\partial u} = \text{const.} \tag{74}$$

in the final state, i. e.

$$T(\nu, u) = \text{const.} \tag{75}$$

The temperature of all the different constituents must be equal. The constant value of $T(\nu, u)$ is of course the temperature of the black radiation in the final state.

[1] PLANCK, Wärmestrahlung (Dritte Auflage, 1919) p. 89.

We now return to the problem of determining $s(\nu, u)$. Suppose we have a chamber containing $(\nu, \nu + d\nu)$ radiation, separated from an empty chamber containing no radiation. Let a shutter be opened between the two. There will then be an irreversible expansion of the $(\nu, \nu + d\nu)$ radiation. No work is done, so that if V, V' are the initial and final volumes, the energy-densities are given by

$$Vu = V'u'.$$

The frequency is unaltered. The entropy is changed from $Vs(\nu, u)\,d\nu$ to $V's(\nu, (V/V')u)\,d\nu$. If now we could find a mechanical process capable of compressing the radiation back to its previous density without change of frequency reversibly, we should be able to compute the heat changes at each step, and so determine the difference

$$s(\nu, (V/V')u) - s(\nu, u)\,.$$

We could hence determine the function $s(\nu, u)$ and so determine $U(\nu, T)$. No one has yet suggested a way of doing this. Adiabatic compression, which first suggests itself, alters the frequency: it leads, in fact, merely to WIEN's law.

A more direct method would appear to be a procedure analogous to that by which we found the entropy of black radiation. Take an enclosure $A'B'$ of black radiation at temperature T provided with a source of heat (Fig. 13). Let the walls be provided with a cylinder $C'D'$ fitting telescopically, as in the diagram. Let the wall A' be transparent only to $(\nu, \nu + d\nu)$ radiation, and let the wall D' be transparent to all radiation except $(\nu, \nu + d\nu)$ radiation, which it is to reflect selectively. Now let $C'D'$ be pulled out slowly. Radiation will thus be drawn off in the space $C'A'$. If it were the case that this radiation were monochromatic $(\nu, \nu + d\nu)$ radiation as might at first sight be supposed, the calculation would be completed as follows. The energy-density in $A'B'$ being $U(\nu, T)\,d\nu$, the energy drawn off is $U(\nu, T)\,d\nu$ per unit volume. In addition work $\frac{1}{3}U(\nu, T)\,d\nu$ per unit volume is gained, necessarily at the expense of the source of heat. The source therefore loses entropy $\frac{4}{3}U(\nu, T)/T$, per unit volume drawn off. Hence

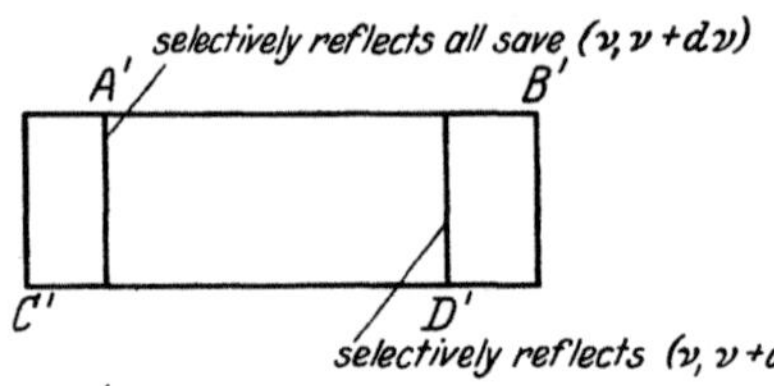

Fig. 13. Attempt to separate monochromatic radiation from black radiation.

$$s(\nu, U(\nu, T)) = \frac{4}{3}\frac{U(\nu, T)}{T}$$

whence

$$\frac{4}{3}\,d\left(\frac{U(\nu, T)}{T}\right) = ds(\nu, U(\nu, T)) = \frac{\partial s}{\partial u}\,\partial\,\frac{(U(\nu, T))}{\partial T}\,dT$$

and combining this with

$$\frac{\partial s(\nu, u)}{\partial u} = \frac{1}{T(\nu, u)}$$

we have

$$\frac{4}{3}\left(\frac{dU}{T} - \frac{U\,dT}{T^2}\right) = \frac{1}{T}\,dU$$

giving

$$U(\nu, T) = C_\nu T^4$$

where C_ν is a function of ν only. By WIEN's Law we should have then

$$U(\nu, T) = \alpha\,\nu^3\left(\frac{T}{\nu}\right)^4 = \frac{\alpha\,T^4}{\nu}\,.$$

This is erroneous. It remains to find the fallacy. We have seen that for the integrated radiation

$$\frac{ds}{du} = \frac{1}{T} \quad \text{and} \quad s = \frac{4}{3}\frac{u}{T}.$$

For the monochromatic radiation we had rigorously

$$\frac{\partial s(\nu, u)}{\partial u} = \frac{1}{T(\nu, u)}.$$

But the relation

$$s(\nu, U(\nu, T)) = \frac{4}{3}\frac{U(\nu, T)}{T}$$

is wrong, although obtained by a method analogous to that for black radiation.

The reason is that the cylinder $C'A'$ does not draw off monochromatic $(\nu, \nu + d\nu)$ radiation. ν-radiation passing through A' has its frequency altered by the DOPPLER effect at C', and then some of it is unable to return through A' to have this DOPPLER effect neutralised by a further reflection at the moving D'. The difference between this case and the previous case where we successfully drew off a specimen of $(\nu, \nu + d\nu)$ radiation from a mixture of this and $(\nu', \nu' + d\nu')$ radiation may be analysed as follows. In the latter case we may take $d\nu$ and $d\nu'$ small compared with the difference $|\nu - \nu'|$. Hence for sufficiently small velocity of drawing-out of the cylinder the one frequency is never altered by so much that it is interfered with by the other selectively reflecting screen. But when we are trying to draw off $(\nu, \nu + d\nu)$ radiation from black radiation, the interval $(\nu, \nu + d\nu)$ is bordered, however small is $d\nu$, by adjacent frequencies of non-zero intensity. The DOPPLER effect transforms some of the $(\nu, \nu + d\nu)$ radiation into frequencies we are trying to exclude. In the case of two monochromatic radiations mixed, we had two selectively reflecting screens each selectively reflecting in a narrow range. In the case where we wish to draw off monochromatic radiation from black radiation, one of the screens (A') must be selectively reflecting for all frequencies save a narrow range. Since the spectrum of black radiation is continuous, it is thus impossible to devise a method of drawing off a sample of monochromatic radiation.

The fact still remains that the problem of determining $B_\nu(T)$ is equivalent to the problem of determining the entropy of approximately monochromatic radiation. Thermodynamics shows us the path, but physics does not provide us with the shoes to tread it. It is clear that an idealised apparatus really capable of determining theoretically the entropy of approximately monochromatic radiation would involve in a complicated way the properties of the matter of which it was made (i. e. more intricate systems than selectively reflecting screens would be required) and we are thus back in the original position, that thermodynamics alone will not determine the structure of black radiation.

33. PLANCK'S Formula. It is convenient at this point to state PLANCK'S formula for the intensity of black ν-radiation at temperature T. This is

$$B_\nu(T) = \frac{2h\nu^3/c^2}{e^{h\nu/kT} - 1} \tag{76}$$

where k is BOLTZMANN'S constant $1{,}37 \cdot 10^{-16}$ erg deg^{-1}, and h is PLANCK'S constant $6{,}55 \cdot 10^{-24}$ erg sec.

By integration with respect to ν, we find

$$\frac{\sigma}{\pi} T^4 = B(T) = \int_0^\infty \frac{(2h\nu^3/c^2)\,d\nu}{e^{h\nu/kT} - 1} = \frac{2\pi^4}{15}\frac{h}{c^2}\left(\frac{kT}{h}\right)^4 \tag{77}$$

so that

$$\sigma = \frac{2\pi^5}{15}\frac{k^4}{c^2 h^3}. \tag{78}$$

With the above values and $C = 3{,}00 \cdot 10^{10}$ cm sec^{-1} we have $\sigma = 5{,}40 \cdot 10^{-5}$.

Expressed in terms of wave-lengths $\lambda (= c/\nu)$ instead frequency ν, we have

$$B_\lambda |d\lambda| = B_\nu \, d\nu$$

where

$$|d\lambda| = \frac{c\,d\nu}{\nu^2}.$$

Hence

$$B_\lambda = \frac{2\,h c^2/\lambda^5}{e^{hc/\lambda k T} - 1}. \tag{79}$$

From the above values, we have

$$hc/k = 1{,}432.$$

34. Maximum Intensity. The maximum intensity when λ is taken as abscissa is the root of the equation

$$x/5 = 1 - e^{-x} \tag{80}$$

where

$$x = \frac{hc}{\lambda_{\max} kT}. \tag{81}$$

The root of this is

$$x = 4{,}965$$

whence

$$\lambda_{\max} T = 0{,}2885. \tag{82}$$

This relationship is known as WIEN's displacement law. The existence of a relation between $\lambda_{\max}$ and T of this character may be inferred from WIEN's law as to the form of the function $B_\lambda(T)$.

The magnitude of the maximum ordinate, i. e. the intensity at $\lambda_{\max}$, is easily found to be given by

$$B_{\lambda\max}(T) = 2\,hc^2\left(\frac{kT}{hc}\right)^5 x^4\,(5 - x) \tag{83}$$

where x is as above. We find

$$x^4\,(5 - x) = 21{,}21$$

and

$$2\,hc^2\left(\frac{k}{hc}\right)^5 = 1{,}952 \cdot 10^{-6}.$$

c) The Transmission of Radiation and the Theory of Radiative Equilibrium.

9. Integrated Radiation. 1. Scope of the Section. The scope of the present section is the discussion of thermally steady states which are not in thermodynamic equilibrium and in which the systems concerned exchange energy chiefly by radiation.

2. Definitions and Restrictions. By a thermally steady state is meant one in which the temperature at each point remains constant in time. If the temperature is also constant from point to point and the system is enclosed, the state is one of thermodynamic equilibrium. We propose, however, to discuss states in which the temperature varies from point to point in space though constant in time.

This definition pre-supposes the existence of a definite temperature at each point. There are difficulties about such an assumption. Strictly speaking, temperature can only be defined uniquely for a system in thermodynamic equilibrium, as mentioned in Section a). We therefore assume the material to be in local thermodynamic equilibrium at each point.

A body which is emitting more energy than it absorbs does not necessarily fall in temperature: for example, a particle of radioactive material. In the present chapter we wish to discuss the emission and absorption of those radiations which influence the temperature. This radiation we call for brevity heat radiation. If the heat radiation absorbed by an element of material does not equal the heat radiation emitted, and the state remains thermally steady, a (positive or negative) quantity of heat must be being acquired in some other way. For example the element may be losing or gaining heat by conduction or convection. Again, a process of shrinkage under gravity may be going on, so slowly that the state is secularly steady: in that event the gravitational energy lost in the contraction will generate heat which will take the form of the increased violence of the atomic encounters. Again, radioactive emissions, α-particles, β-particles and γ-rays, may be transformed into heat energy. Lastly energy may be being liberated (at high temperatures) from other sub-atomic sources, as is almost certainly happening in the interiors of the stars.

Consider an element of volume. This will contain in general radiant energy, molecular energy, atomic and sub-atomic energy and potential energy (e. g. gravitational energy)[1]. The first two of these, radiant energy and molecular energy, we may group together as "heat energy". Heat energy may be being supplied to the element internally, by the conversion into heat energy of atomic, sub-atomic or gravitational energy. It may also be being imported from outside or exported to the outside. We have in fact the equalities

export of heat energy = radiant energy emitted + energy lost by convection and conduction,

import of heat energy = radiant energy absorbed + energy gained by convection and conduction.

The condition for a thermally steady state is

export of heat = import of heat + internal energy converted into heat.

Hence in a thermally steady state we have

radiant energy emitted = radiant energy absorbed + net gain by convection and conduction + internal energy converted into heat.

The last two terms on the right-hand side may be grouped together as heat liberated. We have then as the condition for a thermally steady state

radiation emitted − radiation absorbed = heat liberated.

We see that a thermally steady state is compatible with a steady loss of energy. This is in fact precisely equal to the heat liberated. Totalled over a whole star, the net gain by convection and conduction will of course be zero. Hence the net loss of energy by a star in a thermally steady state is equal to the internal energy converted into heat.

We have preferred the term "heat liberated" as in the case of sub-atomic energy the energy must be supposed to be present in a latent form.

The heat radiation emitted, assuming local thermodynamic equilibrium, is given when the temperature T and the absorption coefficient k_λ for all λ are known. The heat radiation absorbed is given when the absorption coefficient and the intensity of radiation are known. The intensity of radiation is found by summing over all the pencils emitted by every element in the system, as weakened by absorption and scattering. The heat liberated depends on a more intimate knowledge of the whole system.

[1] We might also enumerate electric and magnetic energy, but the introduction would serve no immediate purpose.

As a particular case, the heat liberated may be zero. In that case no heat is interchanged except by heat radiation, and we have

heat radiation emitted = heat radiation absorbed.

Such a state will be spoken of as one of "strict radiative equilibrium". In the outer parts of a star, it is probable that the heat interchanged by convection and conduction is negligible compared with that interchanged by radiation: moreover no sub-atomic energy is being liberated. To the extent that these conditions are satisfied, the outer parts of a star are in strict radiative equilibrium, by which we mean that the "heat liberated" is negligible.

In the interior of a star the heat liberated though small compared with that interchanged in the form of heat radiation, is not negligible. Radiation is still however the principle agent of transfer of energy. It has become customary to describe such a system as in "radiative equilibrium". The usage of this term cannot be defended on strictly logical grounds, but it is convenient, and we shall adopt it. Its chief merit is that it draws attention to the contrast with that other state which is known as convective equilibrium, which will be treated later.

We shall now give the mathematical analysis both of strict radiative equilibrium and of radiative equilibrium in the looser sense. Before embarking on this, it may be well to mention that the writer does not claim that the foregoing distinctions, such use of the term "heat", have been stated in an abstractly logical form. The analysis which follows is perfectly definite as pure mathematics, but it is not easy to put into general phraseology the exact physical circumstances to which it corresponds. Nor does it seem worth while to do so. It is easy to state the circumstances more carefully in any particular case. It is a good plan to have in mind some particular case, and the case of radioactive material in "radiative equilibrium" serves this purpose. "Temperature" and "heat" translated into atomic theory have reference to the mass motion of atoms and the dispositions in orbits of their "outer" or more loosely bound electrons. These latter give rise to "heat" radiation, and are the mechanism by which it is absorbed. "Heat liberated" as the energy of α-particles becomes actually converted into atomic and electronic motions by the encounters of the α-particles with other atoms and with electrons. "Heat liberated" as the energy of γ-radiation results in the "conversion" of γ-rays in the "inner" electronic level of the atoms. The fast electrons ejected lose their kinetic energy to other electrons and to atoms by collisions, and the X-rays generated by the falling in of "outer" electrons to take their place play a similar role to the original γ-rays, until the whole energy becomes converted into "heat". The contribution to the heat liberated is not the radioactive emission in the element itself, but rather the conversion, in the element, of the radioactive emissions from neighbouring elements. Whilst the energy remains in the form of high-speed particles moving much faster than the average speed of thermal agitation, or in the form of radiation much harder than the average of ordinary "temperature" radiation, the theory of radiative equilibrium takes no account of it save as the difference between "heat radiation emitted" and "heat radiation absorbed". When this energy is degraded, it is automatically counted in under the two latter terms.

10. The Fundamental Equations. 3. The Equation of Transfer. Consider a small cylinder of material, of cross section dS and of length ds, with its axis in a specified direction which we will call the s-direction (Fig. 14). Let I_ν be the intensity of ν-radiation in the s-direction incident on one face of the cylinder. Let the intensity emergent through the second face in the same direction be $I_\nu + dI_\nu$. The energy incident through dS during dt in directions confined within an elementary cone $d\omega$ surrounding the s-direction is $I_\nu\, d\omega\, dS\, dt$. The loss of energy from this pencil due to absorption in the cylinder is $k_\nu\, \varrho\, ds\, I_\nu\, d\omega\, dS$, where ϱ is the density. We suppose scattering to be negligible. The material inside the cylinder, of mass $\varrho\, ds\, dS$, emits in directions confined within $d\omega$ the energy $\varrho\, dS\, ds\, j_\nu\, d\omega\, dt$. In local thermodynamic equilibrium we have $j_\nu = k_\nu B_\nu(T)$. For brevity we write B_ν instead of $B_\nu(T)$. Counting up the gains and losses of the pencil during its transit through the cylinder we have

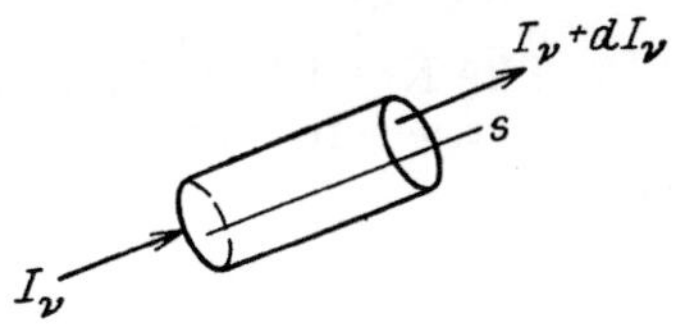

Fig. 14. Transfer of radiation.

$$(I_\nu + dI_\nu)\, d\omega\, dS\, dt = -k_\nu\, \varrho\, ds\, I_\nu\, d\omega\, dS\, dt + k_\nu\, B_\nu\, \varrho\, dS\, ds\, d\omega\, dt + J_\nu\, d\omega\, dS\, dt$$

whence

$$\frac{dI_\nu}{ds} = -\varrho\, k_\nu (I_\nu - B_\nu)\,. \tag{1}$$

4. Grey Material. When $k_\nu = k$, we have on integrating through the spectrum

$$\frac{dI}{ds} = -\varrho\, k (I - B) \tag{2}$$

where B is written for the function $B(T) = (\sigma/\pi)\, T^4$. For the present we shall continue to assume the material grey.

Equation (2) can be solved for I in the form of an integral involving B, given the boundary conditions. It will be remembered that I is a function of position and of direction. When it is necessary to refer to this explicitly we shall write $I = I(x, y, z;\, l, m, n)$, meaning thereby the intensity of radiation at the point (x, y, z) in the direction (l, m, n).

Equation (2) is usually called the equation of transfer. In Cartesian co-ordinates it becomes

$$\left(l \frac{\partial}{\partial x} + m \frac{\partial}{\partial y} + n \frac{\partial}{\partial z}\right) I(x, y, z;\, l, m, n) = -k\, \varrho (I - B)\,. \tag{2'}$$

5. The Energy-Density. We have the usual formula for u, the energy-density

$$u = \frac{1}{c} \int I\, d\omega \tag{3}$$

taken over the complete solid angle.

6. The Equation of Radiative Equilibrium. The total emission per unit mass at a given point is

$$4\pi j$$

which is equal to

$$4\pi k B\,.$$

The total absorption per unit mass is

$$k \int I\, d\omega\,.$$

Hence the excess of emission over absorption, since B is independent of direction, is

$$k \int (B - I)\, d\omega\,.$$

Let $4\pi\varepsilon$ be the rate of liberation of heat per unit mass. Then the condition for the temperature to remain constant is

$$k \int (B - I)\, d\omega = 4\pi\varepsilon\,. \tag{4}$$

This relation is usually called the equation of radiative equilibrium. It may also be written

$$\frac{\varepsilon}{k} = B - \frac{cu}{4\pi}. \tag{4'}$$

7. The Net Flux. From Section b), equation (7) the net flux of radiation F per unit area across an element of surface in the direction l', m', n' at (x, y, z) is given by

$$F = \int I \cos\psi \, d\omega$$

where

$$\cos\psi = ll' + mm' + nn'$$

and I stands for $I\,(x, y, z;\, l, m, n)$, F for $F\,(x, y, z;\, l', m', n')$. We see that

$$F = l'F_x + m'F_y + n'F_z$$

where F_x, F_y, F_z are the fluxes in the directions of the co-ordinate axes, i. e.

$$F_x = \int l\,I\,d\omega \tag{5}$$

etc. The net flux in any direction is thus the component in that direction of the vector whose x, y, z components are F_x, F_y, F_z.

Multiply the equation of transfer (2′) by $d\omega$ and integrate over the complete solid angle. We find on using (4)

$$\frac{\partial}{\partial x} F_x + \frac{\partial}{\partial y} F_y + \frac{\partial}{\partial z} F_z = 4\pi\varepsilon\varrho.$$

The physical meaning of this equation is seen by integrating over any finite volume bounded by a surface S and applying GREEN's Theorem. We find

$$\int (l F_x + m F_y + n F_z)\, dS = \int 4\pi j \varrho \, dv.$$

This simply states that the net outward flux integrated over the surface must be equal to the energy liberated.

11. The Pressure of Radiation. 8. The Pressure of Radiation on the Material which it is traversing. To determine the mechanical force exerted by the radiation in any direction, consider a thin slab of material in the form of a cylinder of cross-section dS and length ds, the axis being in the direction l', m', n'. The amount of energy incident on dS in directions contained within a cone $d\omega$ about a direction l, m, n, during dt, is

$$I\,dS \cos\psi \, d\omega \, dt.$$

The amount of this absorbed is obtained by multiplying by $k\varrho \sec\psi \, ds$. The momentum thus communicated, in the direction l, m, n, is obtained by dividing the radiation absorbed by c, and the component of this momentum normal to the slab is obtained by multiplying by $\cos\psi$. Thus the contribution to the momentum-component perpendicular to the slab is

$$I\,dS \cos\psi \, d\omega \, dt \, \frac{k\varrho \sec\psi \, ds}{c} \cos\psi$$

$$= \frac{\varrho k I \cos\psi \, d\omega \, dS \, ds \, dt}{c}.$$

To find the normal force per unit area on the slab, we divide by the area dS and the time dt. Integrating over all directions we find that the force per unit area on a slab of thickness ds is

$$\frac{k\varrho \, ds}{c} \int I \cos\psi \, d\omega$$

or

$$\frac{k\varrho F\,ds}{c}. \tag{6}$$

The relation

$$\text{(normal force per unit area on slab of thickness } ds) = \frac{k\varrho\, ds}{c} \times \text{(flux normal to slab)}$$

is an important one. It is perfectly general, true whatever function I is of direction. In particular, the normal forces on slabs parallel to the co-ordinate planes are

$$\frac{k\varrho F_x\,dx}{c}, \qquad \frac{k\varrho F_y\,dy}{c}, \qquad \frac{k\varrho F_z\,dz}{c}. \tag{7}$$

9. General Treatment of Radiation Pressure. A more general way of calculating the pressure of radiation is as follows. Consider an element of surface normal to the axis of x. The component of x-momentum transferred per unit area per second from the negative side of the element to the positive side by means of radiation contained within a pencil $d\omega$ in direction l, m, n, is

$$\frac{I\,l\,d\omega}{c}\,l.$$

Hence the total rate of transfer of x-momentum across the element per unit area per second is

$$\frac{1}{c}\int I\,l^2\,d\omega.$$

This is simply the x-component of the pressure exerted across the element. We write it p_{xx}. The y-component of pressure across the same element is

$$\frac{1}{c}\int I\,lm\,d\omega.$$

We write this as p_{xy}. By considering the stresses exerted across three perpendicular planes, each stress having three components, we build up a stress tensor p whose components

$$\begin{matrix} p_{xx}, & p_{xy}, & p_{xz}, \\ p_{yx}, & p_{yy}, & p_{yz}, \\ p_{zx}, & p_{zy}, & p_{zz}, \end{matrix}$$

are given by

$$\left.\begin{aligned} p_{xx} &= \frac{1}{c}\int I\,l^2 d\omega, & p_{xy} &= \frac{1}{c}\int I\,lm\,d\omega, & p_{xz} &= \frac{1}{c}\int I\,ln\,d\omega, \\ p_{yx} &= \frac{1}{c}\int I\,ml\,d\omega, & p_{yy} &= \frac{1}{c}\int I\,m^2 d\omega, & p_{yz} &= \frac{1}{c}\int I\,mn\,d\omega, \\ p_{zx} &= \frac{1}{c}\int I\,nl\,d\omega, & p_{zy} &= \frac{1}{c}\int I\,nm\,d\omega, & p_{zz} &= \frac{1}{c}\int I\,n^2\,d\omega. \end{aligned}\right\} \tag{8}$$

We observe that

$$p_{xy} = p_{yx}, \qquad p_{xy} = p_{zx}, \qquad p_{yz} = p_{zy}.$$

This tensor is completely analogous to the stress-tensors occurring in the theory of elasticity, and the theory of viscous motion. (We have however reversed the usual sign-convention). The "mean pressure" p is given by

$$p = \frac{1}{3}(p_{xx} + p_{yy} + p_{zz}) = \frac{1}{3c}\int I\,d\omega = \frac{1}{3}u. \tag{9}$$

When the radiation is isotropic, $p_{xx} = p_{yy} = p_{zz}$, $p_{xy} = p_{yz} = p_{zx} = 0$ and we have the familiar theorem that the system of stresses reduces to a hydrostatic pressure equal to $\frac{1}{3}$ of the energy per unit volume.

The system of stresses reduces to a simple hydrostatic pressure in one other important case. This is when I is of the form

$$I = I_0 + I_1 \cos\theta$$

where I_0 and I_1 are functions of position only and θ is the inclination of the direction of I to some fixed direction. We then have, choosing the axis of x along this direction,

$$p_{xx} = \frac{1}{c}\iint (I_0 + I_1 \cos\theta)\cos^2\theta \sin\theta \, d\theta \, d\varphi = \frac{4\pi I_0}{3c},$$

$$p_{zz} = p_{yy} = \frac{1}{c}\iint (I_0 + I_1 \cos\theta)\sin^2\theta \cos^2\varphi \sin\theta \, d\theta \, d\varphi = \frac{4\pi I_0}{3c}$$

and so $p_{xx} = p_{yy} = p_{zz}$. Further $p_{xy} = p_{yz} = p_{zx} = 0$. We shall have many applications of this.

Returning now to the general case, by the usual argument the x-component of force on an element of volume $dx\,dy\,dz$ is

$$-\left(\frac{\partial p_{xx}}{\partial x} + \frac{\partial p_{yx}}{\partial y} + \frac{\partial p_{zx}}{\partial z}\right) dx\,dy\,dz$$

with similar expressions for the y and z components.

To relate this method for radiation pressure with the previous method, (§ 8) multiply the equation of transfer (2′) by $l\,d\omega$ and integrate over the complete solid angle. We find

$$\left.\begin{aligned} -\left(\frac{\partial p_{xx}}{\partial x} + \frac{\partial p_{yx}}{\partial y} + \frac{\partial p_{zx}}{\partial z}\right) &= \frac{k\varrho}{c} F_x \\ \text{and similarly}\qquad -\left(\frac{\partial p_{xy}}{\partial x} + \frac{\partial p_{yy}}{\partial y} + \frac{\partial p_{zy}}{\partial z}\right) &= \frac{k\varrho}{c} F_y \\ -\left(\frac{\partial p_{xz}}{\partial x} + \frac{\partial p_{yz}}{\partial y} + \frac{\partial p_{zz}}{\partial z}\right) &= \frac{k\varrho}{c} F_z. \end{aligned}\right\} \tag{10}$$

Either side of one of these equations represents the corresponding component of force per unit volume exerted on the medium. When the stress-tensor reduces to a simple hydrostatic pressure p, we have

$$-\frac{\partial p}{\partial x} = \frac{k\varrho}{c} F_x, \qquad -\frac{\partial p}{\partial y} = \frac{k\varrho}{c} F_y, \qquad -\frac{\partial p}{\partial z} = \frac{k\varrho}{c} F_z.$$

12. Solutions of the Equation of Transfer. 10. Solution of the Equation of Transfer for Material stratified in Parallel Planes. Near the outside of a star, curvature may be neglected. The variables k, ϱ and T are functions of the depth only. This case is much easier to treat than the general case, and is of importance in itself, and we shall therefore deal with it first.

We take an axis of x normal to the planes of stratification. We suppose then that k, ϱ and T are functions of x only. The intensity I is then axially symmetrical about the direction of x. We write as $I(x, \theta)$ the intensity at x in a direction making θ with the positive direction of x: for brevity we shall often denote this by I. The equation of transfer becomes

$$\cos\theta \frac{dI}{dx} = -k\varrho(I - B). \tag{11}$$

Put

$$\int_0^x k\varrho \, dx = \tau \tag{12}$$

where τ is the optical thickness measured from a suitable reference point. We may now use τ as a current variable instead of x, and regard I as a function $I(\tau, \theta)$ of τ and θ, and B as a function $B(\tau)$ of τ. We have always of course $B(\tau) = (\sigma/\pi) T^4$ where T is the temperature at τ. Then (11) becomes

$$\cos\theta \frac{dI}{d\tau} = B - I. \tag{11'}$$

The net flux in the x direction, F_x, which we write as F for brevity, is given by

$$F = \int I(\tau, \theta) \cos\theta \, d\omega = 2\pi \int I(\tau, \theta) \cos\theta \sin\theta \, d\theta.$$

Multiplying (11) by $d\omega$ and integrating over the solid angle, we find, on using (4)

$$\frac{dF}{d\tau} = \frac{4\pi\varepsilon}{k} \tag{12'}$$

or

$$\frac{dF}{dx} = 4\pi\varrho\varepsilon.$$

The physical meaning of this is obvious: the flux increases by the amount of energy liberated. When $\varepsilon = 0$, we have

$$F = \text{const.}$$

Multiplying (11') by $\cos\theta \, d\omega$ and integrating, we find

$$c \frac{d}{d\tau} p_{xx} = -F_x, \tag{12''}$$

a particular case of the general formulae (10), since we shall see in a moment that p_{xy} and p_{xz} are zero.

We now proceed to solve (11'). Keeping θ constant we may regard it as a linear differential equation for I as a function of τ, the solution of which is

$$I(\tau, \theta) = e^{-\tau \sec\theta} \int_C^\tau B(t) \, e^{t \sec\theta} \sec\theta \, dt \tag{13}$$

where C is an arbitrary constant. Given the temperature distribution, i. e. given B as a function of function of τ, this determines the intensity $I(\tau, \theta)$. This solution holds quite independently of whether or no the state is steady, i. e. independent of equation (4), provided that if the state is not steady the change in the state in a time comparable with the time of transit of the radiation is negligible. The constant C depends on the boundary conditions. By our assumptions, the material is either a slab bounded by two parallel planes, or else it is bounded by one plane parallel to the planes of stratification and stretches to infinity in one direction or else it stretches to infinity in both directions. Solution (13) becomes definite for each value of θ if we are given the intensity incident on the boundary in the direction of θ.

If as we trace the ray back we encounter the boundary at $\tau = \tau_1$, and the incident radiation there is $I(\tau_1, \theta)$, the solution is

$$I(\tau, \theta) = e^{-\tau \sec\theta} \int_{\tau_1}^\tau B(t) \, e^{t \sec\theta} \sec\theta \, dt + I(\tau_1, \theta) \, e^{-(\tau - \tau_1) \sec\theta}. \tag{14}$$

It is otherwise obvious that this is the solution, for it might have been written down directly by the methods of Section b).

At great distances from any boundary, the second term may be neglected. We then have

$$I(\tau, \theta) = e^{-\tau \sec\theta} \int_{-\infty}^{\tau} B(t)\, e^{t \sec\theta} \sec\theta\, dt. \tag{15}$$

Such regions we shall describe as being in the "far interior".

11. Expansions in Infinite Series for the Far Interior, for Material stratified in Parallel Planes. By a change of variable, (15) may be written

$$I(\tau, \theta) = \int_{0}^{\infty} B(\tau - t\cos\theta)\, e^{-t}\, dt.$$

Assuming the possibility of expanding the integrand by TAYLOR's series and integrating term by term, we find

$$I(\tau, \theta) = B(\tau) - \cos\theta\, B'(\tau) + \cos^2\theta\, B''(\tau) + \cdots + (-1)^n \cos^n\theta\, B^{(n)}(\tau) + \cdots \tag{16}$$

Introducing in (3), (4), (5) and (8) we find

$$u = \frac{4\pi}{c}\left[B(\tau) + \frac{B''(\tau)}{3} + \frac{B^{(4)}(\tau)}{5} + \cdots + \frac{B^{(2n)}(\tau)}{2n+1} + \cdots\right], \tag{17}$$

$$\frac{\varepsilon}{k} = -\left[\frac{B''(\tau)}{3} + \frac{B^{(4)}(\tau)}{5} + \cdots + \frac{B^{(2n)}(\tau)}{2n+1} + \cdots\right], \tag{18}$$

$$F_x = -4\pi\left[\frac{B'(\tau)}{3} + \frac{B'''(\tau)}{5} + \cdots + \frac{B^{(2n+1)}}{2n+3} + \cdots\right], \tag{19}$$

$$F_y = F_z = 0, \tag{20}$$

$$p_{xx} = \frac{4\pi}{c}\left[\frac{B(\tau)}{3} + \frac{B''(\tau)}{5} + \cdots + \frac{B^{(2n)}(\tau)}{2n+3} + \cdots\right], \tag{21}$$

$$p_{yy} = p_{zz} = \frac{4\pi}{c}\left[\frac{B(\tau)}{1\cdot 3} + \frac{B''(\tau)}{3\cdot 5} + \cdots + \frac{B^{(n)}(\tau)}{(2n+1)(2n+3)} + \cdots\right], \tag{22}$$

$$p_{xy} = p_{yz} = p_{zx} = 0. \tag{23}$$

It may be verified that (9) is satisfied by these.

When $\varepsilon = 0$ (strict radiative equilibrium) a solution of (18) is $B''(\tau) = 0$. It will be shown later by a different method that when $\varepsilon = 0$, $B''(\tau) = 0$ is in fact the only solution of (18).

More generally, the expansions we have obtained will reduce approximately to their first terms provided $B''(\tau)/B(\tau)$ is negligible. By (18), this requires that $\varepsilon/kB(\tau)$ shall be negligible compared with unity. This ratio may be written in the form

$$\frac{4\pi\varepsilon}{k\, 4\sigma T^4}.$$

In the interior of a star, and indeed comparatively close up to the boundary, this fraction is extremely small. EDDINGTON's theory of the internal equilibrium of the stars shows that k is of the order of magnitude of 100. For giant stars, $4\pi\varepsilon$, the rate of liberation of energy per gram is of the order of 100 erg gram^{-1}, averaged through a star: for a dwarf star it is of the order 1 erg gram^{-1}. Thus at a temperature equal to 10^6 degrees, the above test fraction is at most of the order of

$$\frac{10^2}{10^2 \times 4 \times 5{,}4 \times 10^{-5} \times 10^{24}} = \frac{1}{2} \times 10^{-20}.$$

Even at 10^4 degrees, the value is of the order of 10^{-12}. We see then that to an order of accuracy far beyond our needs, each of the expansions above given reduces under stellar conditions, to its first term. This conclusion was first arrived at by EDDINGTON, though we have put the argument for it in a slightly different form.

We have therefore under stellar conditions

$$I(\tau, \theta) = B(\tau) - B'(\tau)\cos\theta \tag{24}$$

$$u = \frac{4\pi}{c} B(\tau) \tag{25}$$

$$F_x = -\frac{4\pi}{3} B'(\tau) \tag{26}$$

$$p_{xx} = p_{yy} = p_{zz} = \frac{1}{3}\frac{4\pi}{c} B(\tau) = \frac{1}{3} u. \tag{27}$$

The stress system thus reduces to a hydrostatic pressure p, given by

$$p = \frac{1}{3} u = \frac{1}{3} a T^4 \tag{28}$$

and the net flux F (omitting the suffix) is given by

$$\frac{dp}{d\tau} = -\frac{F}{c} \tag{29}$$

which we derived otherwise in equation (12''). The intensity may be put in the form

$$I(\tau, \theta) = B(\tau) + \frac{3}{4\pi} F\cos\theta.$$

It has not so far been found necessary in practical stellar applications to make use of the complete expansions. The first terms always suffice.

When $\varepsilon \neq 0$, the physical problem of interest is the determination of T (i. e. of B), given ε as a function of τ. JEANS has pointed out[1] that this is solved in principle by inverting the series on the left hand side of (18). We find

$$B''(\tau) = -\frac{3\varepsilon}{k} + \frac{9}{5}\frac{d^2}{d\tau^2}\left(\frac{\varepsilon}{k}\right) + \frac{36}{175}\frac{d^4}{d\tau^4}\left(\frac{\varepsilon}{k}\right) + \cdots \tag{30}$$

which gives $B(\tau)$ after two integrations. Combining this with (12') and integrating we find

$$F_x = \frac{4\pi}{3}\left[B'(\tau) + \frac{9}{5}\frac{d}{d\tau}\left(\frac{\varepsilon}{k}\right) + \frac{36}{175}\frac{d^3}{d\tau^3}\left(\frac{\varepsilon}{k}\right) + \cdots\right] \tag{31}$$

and similarly by means of (12'')

$$p_{xx} = \frac{4\pi}{3c}\left[B(\tau) - \frac{9}{5}\frac{\varepsilon}{k} - \frac{36}{175}\frac{d^2}{d\tau^2}\left(\frac{\varepsilon}{k}\right) + \cdots\right]. \tag{32}$$

Again, we find

$$p_{yy} = p_{zz} = \frac{4\pi}{3c}\left[B(\tau) - \frac{3}{5}\frac{\varepsilon}{k} + \frac{18}{145}\frac{d^2}{d\tau^2}\left(\frac{\varepsilon}{k}\right) + \cdots\right]. \tag{33}$$

For u of course we have the exact relation

$$u = \frac{4\pi}{c}\left[B(\tau) - \frac{\varepsilon}{k}\right].$$

12. Solution of the Equation of Transfer in General for the Far Interior. We consider now the same problem in general Cartesian co-ordinates. In the equation of transfer (1) put

$$\tau = \int_0^{x,y,z} k\varrho\, ds,$$

[1] MN 86, p. 574 (1926).

the integral being taken along the line from a fixed point (x_0, y_0, z_0) in the direction l, m, n. Then solving (1) as before we have

$$I(x_0, y_0, z_0;\ l, m, n) = \int_{-\infty}^{0} B(\tau)\, e^{\tau}\, d\tau = \int_{0}^{\infty} B(-\tau)\, e^{-\tau}\, d\tau \tag{34}$$

where the boundary is assumed to be so distant that radiation incident on it may be neglected: the integration is taken along the path along which τ is defined.

To obtain an expression for I as an infinite series, we now expand $B(-\tau)$ as a TAYLOR's series and integrate term by term. The result is

$$I(x_0, y_0, z_0;\ l, m, n) = B_0 - B_0' + B_0'' - \cdots \tag{35}$$

where

$$B_0' = \left(\frac{l}{k\varrho}\cdot\frac{\partial}{\partial x} + \frac{m}{k\varrho}\cdot\frac{\partial}{\partial y} + \frac{n}{k\varrho}\cdot\frac{\partial}{\partial z}\right)_0 B,$$

$$B_0^{(n)} = \left(\frac{l}{k\varrho}\cdot\frac{\partial}{\partial x} + \frac{m}{k\varrho}\cdot\frac{\partial}{\partial y} + \frac{n}{k\varrho}\cdot\frac{\partial}{\partial z}\right)_0^n B.$$

We may now without inconvenience omit the suffix $_0$.

For brevity introduce the operators

$$D_x = \frac{1}{k\varrho}\cdot\frac{\partial}{\partial x}, \qquad D_y = \frac{1}{k\varrho}\cdot\frac{\partial}{\partial y}, \qquad D_z = \frac{1}{k\varrho}\cdot\frac{\partial}{\partial z}. \tag{36}$$

These do not satisfy the commutative law: $D_x D_y \neq D_y D_x$. For example, in the formal expansion of $(D_x + D_y + D_z)^2$ we must remember to interpret the term $2 D_x D_y$ as meaning $D_x D_y + D_y D_x$, and similarly in all other formal expansions.

We find then

$$u = \frac{1}{c}\int \Sigma(-1)^r (l D_x + m D_y + n D_z)^r\, d\omega.$$

The terms for r odd vanish identically. To evaluate in symbolic form the terms for r even, we make use of the algebraic identity

$$\int (la + mb + nc)^{2r}\, d\omega = \frac{4\pi (a^2 + b^2 + c^2)^r}{2r+1}.$$

We find then, putting $D_x^2 + D_y^2 + D_z^2 \equiv \Sigma D_x^2$,

$$u = \frac{4\pi}{c}\left[B + \frac{1}{3}(\Sigma D_x^2) B + \frac{1}{5}(\Sigma D_x^2)^2 B + \cdots + \frac{1}{2r+1}(\Sigma D_x^2)^r B + \cdots\right] \tag{37}$$

$$\frac{\varepsilon}{k} = -\left[\frac{1}{3}(\Sigma D_x^2) B + \frac{1}{5}(\Sigma D_x^2)^2 B + \cdots + \frac{1}{2r+1}(\Sigma D_x^2)^r B + \cdots\right]. \tag{38}$$

The x-flux is given by

$$F_x = \int (-1)^r (l D_x + m D_y + n D_z)^r B\, l\, d\omega.$$

The terms for r even vanish identically. Using the identity

$$\int (la + mb + nc)^{2r+1}\, l\, d\omega = \frac{4\pi\, a (a^2 + b^2 + c^2)^r}{2r+3}$$

we see that

$$F_x = -4\pi\left[\frac{1}{3} D_x B + \frac{1}{5} D_x(\Sigma D_x^2) B + \cdots + \frac{1}{2r+3} D_x(\Sigma D_x^2) B + \cdots\right] \tag{39}$$

with similar expansions for F_y and F_z.

For the stress-tensor, we make use of the identities

$$\int (la + mb + nc)^{2r}\, l^2\, d\omega = \frac{4\pi\,(a^2+b^2+c^2)^{r-1}}{2r+3}\left[a^2 + \frac{b^2+c^2}{2r+1}\right],$$

$$\int (la + mb + nc)^{2r}\, mn\, d\omega = \frac{4\pi}{2r+3}\cdot\frac{2r}{2r+1}\, bc\,(a^2+b^2+c^2)^{r-1}.$$

We find then

$$\left.\begin{aligned} p_{xx} &= \frac{1}{c}\int \Sigma(-1)^r (lD_x + mD_y + nD_z)^r B\, l^2\, d\omega \\ &= \frac{4\pi}{c}\left[\frac{1}{3}B + \frac{1}{5}\left(D_x^2 + \frac{D_y^2+D_z^2}{3}\right)B + \cdots \right. \\ &\quad \left. + \frac{1}{2r+3}(\Sigma D_x^2)^{r-1}\left(D_x^2 + \frac{D_y^2+D_z^2}{2r+1}\right)B + \cdots\right] \end{aligned}\right\} \tag{40}$$

$$\left.\begin{aligned} p_{yz} &= \frac{1}{c}\int \Sigma(-1)^r (lD_x + mD_y + nD_z)^r B\, mn\, d\omega \\ &= \frac{4\pi}{c}\left[\frac{1}{5}\cdot\frac{2}{3}\cdot D_y D_z B + \frac{1}{7}\cdot\frac{4}{5}\cdot D_y D_z(\Sigma D_x^2)B \right. \\ &\quad \left. + \cdots + \frac{1}{2r+3}\,\frac{2r}{2r+1}\,D_y D_z(\Sigma D_x^2)^{r-1}B + \cdots\right]. \end{aligned}\right\} \tag{41}$$

In such expressions it must be remembered for example that $3\, D_x D_y^2$ stands for

$$(D_x D_y D_y + D_y D_x D_y + D_y D_y D_x)$$

and that $12\, D_y D_x D_z^2$ stands similarly for a sum of 12 operations.

These expansions satisfy the relations

$$D_x F_x + D_y F_y + D_z F_z = 4\pi j/k$$

$$p_{xx} + p_{yy} + p_{zz} = u$$

$$D_x\, p_{xx} + D_y\, p_{yx} + D_z\, p_{zx} = -F_x/c$$

as may be verified.

By the same reasoning as was used in § 12, under stellar conditions each expansion reduces to its first term, to a high degree of approximation, and we find

$$I = B - \left(\frac{l}{k\varrho}\frac{\partial B}{\partial x} + \frac{m}{k\varrho}\frac{\partial B}{\partial y} + \frac{n}{k\varrho}\frac{\partial B}{\partial z}\right) \tag{42}$$

$$u = \frac{4\pi}{c}B \tag{43}$$

$$-3\varepsilon\varrho = \frac{\partial}{\partial x}\left(\frac{1}{k\varrho}\frac{\partial B}{\partial x}\right) + \frac{\partial}{\partial y}\left(\frac{1}{k\varrho}\frac{\partial B}{\partial y}\right) + \frac{\partial}{\partial z}\left(\frac{1}{k\varrho}\frac{\partial B}{\partial z}\right) \tag{44}$$

$$F_x = -\frac{4\pi}{3k\varrho}\frac{\partial B}{\partial x}, \qquad F_y = -\frac{4\pi}{3k\varrho}\frac{\partial B}{\partial y}, \qquad F_z = -\frac{4\pi}{3k\varrho}\frac{\partial B}{\partial z} \tag{45}$$

$$p_{xx} = p_{yy} = p_{zz} = p = \frac{4\pi}{3c}B, \qquad p_{xy} = p_{yz} = p_{zx} = 0. \tag{46}$$

The system of stresses reduces to a simple hydrostatic pressure. It may be recalled that B stands for $(\sigma/\pi)\,T^4$, where σ is STEFAN's constant. These equations are one of the principal results of the investigation.

An important special case of these equations occurs when B (or the temperature) is a function of the radius vector r only, in polar co-ordinates. The material then has spherical symmetry about a point and we have

$$-3\varepsilon\varrho = \frac{1}{r^2}\frac{\partial}{\partial r}\left(\frac{r^2}{k\varrho}\frac{\partial B}{\partial r}\right) \tag{47}$$

$$F_r = -\frac{4\pi}{3k\varrho}\frac{\partial B}{\partial r}, \qquad F_\theta = 0, \quad F_\varphi = 0, \tag{48}$$

$$p_{rr} = p_{\theta\theta} = p_{\varphi\varphi} = p = \frac{4\pi}{3c}B, \tag{49}$$

$$p_{r\theta} = p_{\theta\varphi} = p_{\varphi r} = 0. \tag{49'}$$

Again when B is a function of the polar co-ordinates r, θ only, as occurs in the discussion of a rotating star, we have on putting $\cos\theta = \mu$

$$-3\varepsilon\varrho = \frac{1}{r^2}\frac{\partial}{\partial r}\left(\frac{r^2}{k\varrho}\frac{\partial B}{\partial r}\right) + \frac{1}{r^2}\frac{\partial}{\partial\mu}\left(\frac{(1-\mu^2)}{k\varrho}\frac{\partial B}{\partial\mu}\right). \tag{50}$$

It should be noticed that in the case of spherical symmetry, the stress components $p_{r\theta}$, $p_{r\varphi}$, $p_{\theta\varphi}$ are strictly zero, and $p_{\theta\theta} = p_{\varphi\varphi}$ are functions of r only. Thus although the pressure system is not strictly a hydrostatic one, the only component of force on a small element is the radial one, and we have rigorously

$$\frac{k\varrho}{c}F_r = -\frac{\partial p_{rr}}{\partial r}. \tag{51}$$

13. Solution in LEGENDRE Functions. The first person to derive the equation

$$F_r = -\frac{4\pi}{3k\varrho}\frac{\partial B}{\partial r} = -\frac{c}{3k\varrho}\frac{d}{dr}(aT^4)$$

was EDDINGTON[1]. The method he adopted differed from that just exposed in that he formed an expansion for I in LEGENDRE functions of $\cos\theta$. In spherical polar co-ordinates with spherical symmetry about a point, the equation of transfer becomes

$$\cos\theta\frac{\partial I}{\partial r} - \frac{\sin\theta}{r}\frac{\partial I}{\partial\theta} = -k\varrho(I - B), \tag{52}$$

where θ is the angle between the direction of I and the radius vector. EDDINGTON assumed for I an expansion of the type

$$I = A_0 + A_1 P_1(\cos\theta) + A_2 P_2(\cos\theta) \tag{53}$$

where the A's are functions of r only. By a known property of LEGENDRE functions we have from (53)

$$F_r = \int I\cos\theta\, d\omega = A_1\int\cos^2\theta\, d\omega = \frac{4\pi A_1}{3} \tag{53'}$$

$$\frac{\varepsilon}{k} = \frac{1}{4\pi}\int(B - I)\,d\omega = B - A_0. \tag{53''}$$

Inserting this in (52), making use of the recurrence relations

$$\sin^2\theta\, P_n'(\cos\theta) = \frac{n(n+1)}{2n+1}[P_{n-1}(\cos\theta) - P_{n+1}(\cos\theta)]$$

$$(n+1)P_{n+1}(\cos\theta) + nP_{n-1}(\cos\theta) = (2_{n+1})\cos\theta\, P_n(\cos\theta)$$

and equating coefficients of $P_n(\cos\theta)$ to zero we find the recurrence relations

$$\frac{1}{3}\frac{dA_1}{dr} + \frac{2}{3}\frac{A_1}{r} = -k\varrho(A_0 - B) \tag{54}$$

$$\frac{dA_0}{dr} + \frac{2}{5}\left(\frac{dA_2}{dr} + 3\frac{A_2}{r}\right) = -k\varrho A_1 \tag{55}$$

$$\frac{2}{3}\left(\frac{dA_1}{dr} - \frac{A_1}{r}\right) + \frac{3}{7}\left(\frac{dA_3}{dr} + \frac{A_3}{r}\right) = -k\varrho A_2 \tag{56}$$

$$\frac{n}{2n+1}\left(\frac{dA_{n-1}}{dr} - n\frac{A_{n-1}}{r}\right) + \frac{n+1}{2n+3}\left(\frac{dA_{n+1}}{dr} + (n+2)\frac{A_{n+1}}{r}\right) = -k\varrho A_n. \tag{57}$$

[1] MN 77, p. 16 (1916).

By an argument from the numerical orders of magnitude already given in principle, EDDINGTON showed that in the interior of a star, (save perhaps near the centre $r = 0$, which requires special examination) each member of the sequence $A_0, A_1, A_2 \ldots$ is very small compared with its predecessor.

Hence (54) and (55) reduce approximately to

$$\frac{1}{3}\frac{dA_1}{dr} + \frac{2}{3}\frac{A_1}{r} = -k\varrho(A_0 - B) = \varrho\varepsilon$$

$$\frac{1}{k\varrho}\frac{dA_0}{dr} = -A_1 = \frac{3}{4\pi}F_r$$

on using (53′) and (53″). The first shows that $A_0 - B = \varepsilon/k$ is of the order of the term in A_2. Neglecting A_2 compared with A_1, we have hence $A_0 = B$, whence

$$F_r = -\frac{4\pi}{3k\varrho}\frac{\partial B}{\partial r}$$

as above.

This method of proceeding seems to have no advantages over that we adopted earlier, which involved expanding I as a multiple power series in the direction cosines l, m, n. It has the disadvantages that it necessitates a separate investigation near the centre of the star (near $r = 0$): that it does not determine the successive coefficients explicitly: and that a fresh investigation is in any case required if the material is not stratified in concentric spheres. The method of Cartesian co-ordinates leads to a precise determination of all coefficients, and obtains results capable of being immediately expressed in any other system of co-ordinates.

13. Problems of Radiative Equilibrium and their Solution. 14. The Problem of Radiative Equilibrium for Material stratified in Parallel Planes. So far we have chiefly been concerned with the determination of the radiation field given the temperature distribution, the material being grey. We now consider methods of determining the temperature distribution given the rate of liberation of energy, $4\pi\varepsilon$ per unit mass, as a function of position. As a particular case, when $\varepsilon = 0$ we have strict radiative equilibrium. We have already obtained a solution in the form of an infinite series for the far interior for material stratified in parallel planes. We shall now show how the problem may be reduced to the solution of an integral equation.

The problems that arise divide themselves into two classes, the solution for the far interior and the solution for the region near the boundary. Near the boundary of a star, $\varepsilon = 0$, hence when the boundary is taken into account the problem of interest is that of strict radiative equilibrium. In this problem it is sufficient to confine attention to material stratified in parallel planes. For simplicity, and to make the investigations run parallel, we shall in the problem of the far interior also confine attention to material stratified in parallel planes. We begin with the case of material having a single plane boundary, stretching to infinity on one side of this boundary.

15. Reduction to Integral Equations. The equation of transfer is as usual

$$\cos\theta\frac{dI}{d\tau} = B - I,$$

τ being defined by (58)

$$\tau = \int_0^x k\varrho\, dx$$

and x being measured inwards from the boundary. It is convenient however to measure θ from the direction of the outward direction of the axis of x, whilst continuing to measure x and τ inwards. The equation of transfer then is

$$\cos\theta \frac{dI}{d\tau} = I - B$$

where I stands for $I(\tau, \theta)$. When $\frac{1}{2}\pi < \theta \leqq \pi$, write $\pi - \theta = \psi$, and write $I'(\tau, \psi)$ for $I(\tau, \theta)$, retaining the symbol $I(\tau, \theta)$ for the range $0 \leqq \theta < \frac{1}{2}\pi$. Then I or $I(\tau, \theta)$ always denotes the intensity of an outwardly directed pencil, I' or $I'(\tau, \psi)$ that of an inwardly directed pencil (Fig. 15).

We assume there is no radiation incident on the boundary. This is the case of a single star. For close binaries, such as eclipsing binaries, this condition is not satisfied, and we shall consider later the effect of incident radiation.

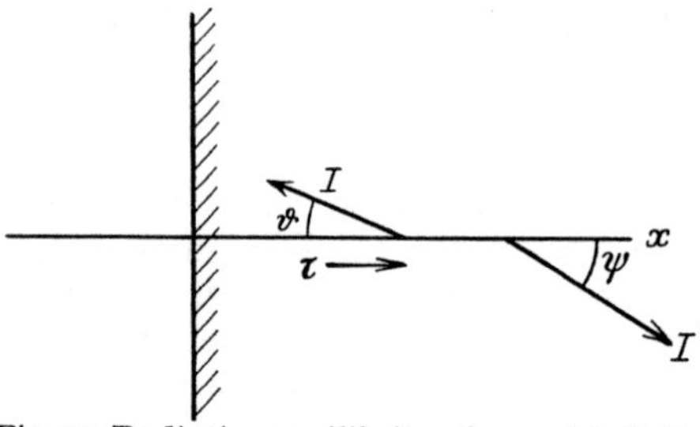

Fig. 15. Radiative equilibrium in semi-infinite stratified mass.

The solutions of (54) for outward and inward pencils are easily found to be

$$I(\tau,\theta) = e^{\tau\sec\theta}\int_{\tau}^{\infty} B(t)\, e^{-t\sec\theta}\sec\theta\, dt, \tag{59}$$

$$I'(\tau,\psi) = e^{-\tau\sec\psi}\int_{0}^{\tau} B(t)\, e^{t\sec\psi}\sec\psi\, dt. \tag{60}$$

The equation of radiative equilibrium is

$$\frac{\varepsilon}{k} = \frac{1}{4\pi}\int (B - I)\, d\omega = B(\tau) - \frac{1}{2}\left[\int_0^{\frac{1}{2}\pi} I(\tau,\theta)\sin\theta\, d\theta + \int_0^{\frac{1}{2}\pi} I'(\tau,\psi)\sin\psi\, d\psi\right]. \tag{61}$$

Introducing the expressions for I and I' we have

$$\left.\begin{aligned} B(\tau) - \frac{\varepsilon}{k} = {} & \frac{1}{2}\int_0^{\frac{1}{2}\pi} e^{-\tau\sec\theta}\sec\theta\sin\theta\, d\theta \int_{\tau}^{\infty} B(t)\, e^{-t\sec\theta}\, dt \\ & + \frac{1}{2}\int_0^{\frac{1}{2}\pi} e^{-\tau\sec\psi}\sec\psi\sin\psi\, d\psi \int_0^{\tau} B(t)\, e^{t\sec\psi}\, dt. \end{aligned}\right\} \tag{62}$$

There are two ways of transforming this relation.

a. First Method of Transformation. Inverting the orders of integration, we have

$$B(\tau) - \frac{\varepsilon}{k} = \frac{1}{2}\int_{\tau}^{\infty} B(t)\, dt \int_0^{\frac{1}{2}\pi} e^{-(t-\tau)\sec\theta}\sec\theta\sin\theta\, d\theta$$

$$+ \frac{1}{2}\int_0^{\tau} B(t)\, dt \int_0^{\frac{1}{2}\pi} e^{-(\tau-t)\sec\psi}\sec\psi\sin\psi\, d\psi.$$

In the first integral, change the variable from θ to y, given by

$$(t - \tau)\sec\theta = y, \qquad \tan\theta\, d\theta = dy/y;$$

in the second integral, change the variable from ψ to y, given by

$$(\tau - t)\sec\psi = y, \qquad \tan\psi\, d\psi = dy/y.$$

We find

$$B(\tau) - \frac{\varepsilon}{k} = \frac{1}{2}\int_{\tau}^{\infty} B(t)\, dt \int_{t-\tau}^{\infty} \frac{e^{-y}}{y}\, dy + \frac{1}{2}\int_0^{\tau} B(t)\, dt \int_{\tau-t}^{\infty} \frac{e^{-y}}{y}\, dy.$$

Using

$$\int_x^\infty \frac{e^{-y}}{y}\,dy = Ei(x),$$

we have

$$\left.\begin{aligned} B(\tau) - \frac{\varepsilon}{k} &= \frac{1}{2}\int_\tau^\infty B(t)\,Ei(t-\tau)\,dt + \frac{1}{2}\int_0^\tau B(t)\,Ei(\tau - t)\,dt \\ &= \frac{1}{2}\int_0^\infty B(t)\,Ei(|t-\tau|)\,dt. \end{aligned}\right\} \quad (63)$$

In the far interior, the appropriate form of I' is obtained by replacing the lower limit of integration in (60) by $-\infty$, τ being now measured not from the boundary but from some convenient reference point in the far interior. The series of transformations by which (63) was obtained then leads to

$$B(\tau) - \frac{\varepsilon}{k} = \frac{1}{2}\int_{-\infty}^\infty B(t)\,Ei(|t-\tau|)\,dt. \quad (64)$$

Putting $\varepsilon = 0$ in (63), we obtain an integral equation for $B(\tau)$ or $(\sigma/\pi)\,T^4$ in the outer regions of a star, namely

$$B(\tau) = \tfrac{1}{2}\int_0^\infty B(t)\,Ei(|t-\tau|)\,dt \quad (65)$$

and an integral equation for radiative equilibrium in the far interior, namely

$$B(\tau) = \tfrac{1}{2}\int_{-\infty}^\infty B(t)\,Ei(|t-\tau|)\,dt. \quad (65')$$

We shall give later an account of SCHWARZSCHILD's solution of an equation of which (65) is a limiting form.

b. Second Method of Transformation. In (62), make the substitution

$$t = \tau + y\cos\theta, \qquad dt = dy\cos\theta$$

in the first integral, and the substitution

$$t = \tau - y\cos\psi, \qquad dt = -dy\cos\psi$$

in the second. Then write $\cos\theta = \mu$, $\cos\psi = \mu$ in the two integrals. We find

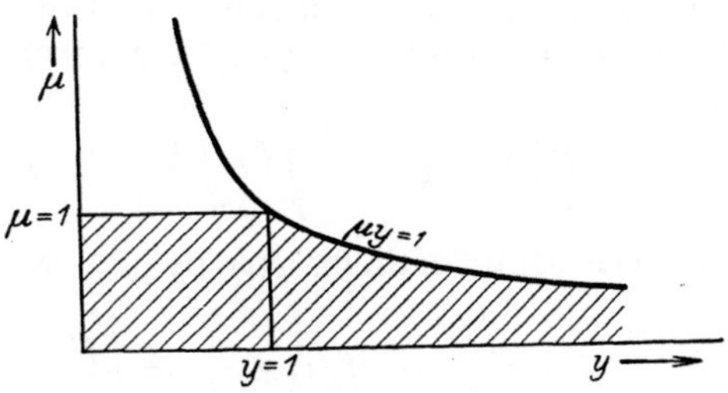

Fig. 16. Transformation of double integral.

$$B(\tau) - \varepsilon/k = \tfrac{1}{2}\int_0^1 d\mu \int_0^\infty B(\tau + y\mu)\,e^{-y}\,dy + \tfrac{1}{2}\int_0^1 d\mu \int_0^{\tau/\mu} B(\tau - y\mu)\,e^{-y}\,dy. \quad (66)$$

We now invert the orders of integration. There is no difficulty about this in the first integral. The second is the double integral of $B(\tau - y\mu)e^{-y}$ over the shaded area in the figure, taken by horizontal strips (Fig. 16). On inverting it, we must break up into the integral over a rectangle together with the integral over a curvilinear area, taken by vertical strips. We find altogether

$$B(\tau) - \varepsilon/k = \tfrac{1}{2}\int_0^\infty e^{-y}\,dy\int_0^1 B(\tau + y\mu)\,d\mu + \tfrac{1}{2}\int_0^\tau e^{-y}\,dy\int_0^1 B(\tau - y\mu)\,d\mu$$
$$+\int_\tau^\infty e^{-y}\,dy\int_0^{\tau/y} B(\tau - y\mu)\,d\mu\,.$$

Now put

$$\int_0^\tau B(t)\,dt = f(\tau), \qquad B(\tau) = f'(\tau) \tag{67}$$

so that

$$\int_0^1 B(\tau + y\mu)\,d\mu = \frac{1}{y}\int_\tau^{\tau+y} f'(t)\,dt = \frac{f(\tau+y) - f(\tau)}{y},$$

$$\int_0^1 B(\tau - y\mu)\,d\mu = \frac{1}{y}\int_{\tau-y}^{\tau} f'(t)\,dt = \frac{f(\tau) - f(\tau-y)}{y},$$

and

$$\int_0^{\tau/y} B(\tau - y\mu)\,d\mu = \frac{1}{y}\int_0^{\tau} f'(t)\,dt = \frac{f(\tau)}{y}.$$

Hence

$$f'(\tau) - \frac{\varepsilon}{k} = \int_0^\infty \frac{f(\tau+y) - f(\tau)}{2y}\,e^{-y}\,dy + \int_0^\tau \frac{f(\tau) - f(\tau-y)}{2y}\,e^{-y}\,dy + f(\tau)\int_\tau^\infty \frac{e^{-y}}{2y}\,dy$$

or

$$f'(\tau) - \frac{\varepsilon}{k} = \int_0^\tau \frac{f(\tau+y) - f(\tau-y)}{2y}\,e^{-y}\,dy + \int_\tau^\infty \frac{f(\tau+y)}{2y}\,e^{-y}\,dy. \tag{68}$$

15a. Form Appropriate to the Far Interior. For the far interior we measure τ not from the boundary but from some convenient reference point in the far interior. The lower limit of integration in (60) must be changed from 0 to $-\infty$. Equation (61) then becomes

$$B(\tau) - \frac{\varepsilon}{k} = \frac{1}{2}\int_0^1 d\mu\int_0^\infty B(\tau + y\mu)\,e^{-y}\,dy + \frac{1}{2}\int_0^1 d\mu\int_0^\infty B(\tau - y\mu)\,dy$$

whence again defining $f(\tau)$ by (67) we find

$$f'(\tau) - \frac{\varepsilon}{k} = \int_0^\infty \frac{f(\tau+y) - f(\tau-y)}{2y}\,e^{-y}\,dy\,. \tag{69}$$

It is not difficult to show that (69) is the limiting form assumed by (68) when we replace τ by $\tau + \tau_1$, and let $\tau_1 \to \infty$. The limit-function

$$\lim_{\tau_1 \to \infty} f(\tau + \tau_1) - f(\tau_1) - \tau f'(\tau_1)$$

is then found to satisfy (69). Its differential coefficient, namely the limit-function,

$$\lim_{\tau_1 \to \infty} f(\tau + \tau_1) - f'(\tau_1)$$

then gives $(\sigma/\pi)\,T^4$.

16. **Solution for the Far Interior when $\varepsilon = 0$.** When $\varepsilon = 0$ (strict radiative equilibrium) (69) takes the form

$$f'(\tau) = \int_0^\infty \frac{f(\tau + y) - f(\tau - y)}{2y} e^{-y} \, dy \,. \tag{70}$$

If we expand $f(\tau + y)$ and $f(\tau - y)$ by TAYLOR's theorem and integrate term by term, assuming the legitimacy of these processes, we find

$$0 = \tfrac{1}{3} f^{(3)}(\tau) + \tfrac{1}{5} f^{(5)}(\tau) + \cdots \tag{71}$$

Recalling that $B(\tau) = f'(\tau)$, we recover equation (18).

It is clear that

$$f(\tau) = a_0 + a_1 \tau + \tfrac{1}{2} a_2 \tau^2 \tag{72}$$

$$B(\tau) = a_1 + a_2 \tau \tag{73}$$

is a solution of (71), and it is immediately verified that it is an exact solution of (70).

It has been shown that under fairly general conditions this is in fact the only solution. LITTLEWOOD[1] has shown that if $f(x)$ is a solution of (70) for which $f''(x)$ is continuous and bounded, then $f(x)$ is a quadratic function of x. More generally it has been shown by HARDY and TITCHMARSH[2] (1) that there are no solutions of (70), of integrable square, other than $f(x) = 0$; (2) that if x is real and $f(x) = O(e^{A(x)})$ where $A < 1$, for real values of x, then any solution $f(x)$ of (70) is a quadratic in x; (3) that if $f(x)$ is a solution of (70) of the form

$$f(x) = \sum a_n \frac{x^n}{n!}$$

and if $\sum_{r=0}^{\infty} a_{2r}$, $\sum_{r=0}^{\infty} a_{2r+1}$ are convergent, then $f(x)$ reduces to a quadratic.

Results concerning the uniqueness of the quadratic solution of (71) can be obtained by methods due to SCHÜRER[3].

In any physical problem the necessary conditions may be assumed to be satisfied. We therefore have the result that the exact solution of the problem of radiative equilibrium for the far interior for material stratified in parallel planes is of the form (73).

The value of the constant a_1 is easily determined. For the intensity I is easily found to be from (69) and (60)

$$I(\tau, \theta) = a_0 + a_1(\tau + \cos\theta) \qquad (0 \leqq \theta < \tfrac{1}{2}\pi) \tag{74}$$

$$I'(\tau, \psi) = a_0 + a_1(\tau - \cos\psi) \qquad (\tfrac{1}{2}\pi < \theta \leqq \pi) \,. \tag{75}$$

Equation (75) now shows that (74) is valid in the extended range $\frac{1}{2}\pi < \theta \leqq \pi$. Hence

$$F = 2\pi \int_0^\pi I(\tau, \theta) \cos\theta \sin\theta \, d\theta = \tfrac{4}{3}\pi a_1 \,.$$

Thus $a_1 = 3F/4\pi$. It is convenient here to introduce the equivalent mean intensity $\mathfrak{F}$, defined by

$$\pi \mathfrak{F} = F. \tag{76}$$

---

[1] Proc Camb Phil Soc 21, p. 205 (1922).

[2] Proc Lond Math Soc 23 (ser 2) p. 1 (1924—1925).

[3] Leipziger Sitzber 70, p. 185 (1918).

We have then, writing B_0 instead of a_0,

$$B(\tau) = B_0 + \tfrac{3}{4}\mathfrak{F}\tau \tag{77}$$

$$I(\tau, \theta) = B_0 + \tfrac{3}{4}\mathfrak{F}(\tau + \cos\theta) \qquad (0 \leqq \theta \leqq \pi). \tag{78}$$

The value of B_0 depends simply on the origin of τ. We observe from (78) that the stress-system reduces exactly to a simple hydrostatic pressure.

17. Solution for the Far Interior when $\varepsilon \neq 0$. When ε/k is any arbitrary function of τ, no solution has yet been given of (69). It is a matter of mathematical interest however to note that when ε/k is a polynomial in τ of degree n, equation (69) can be satisfied by taking for $f'(\tau) = B(\tau)$ a polynomial in τ of degree $n+2$. This solution is probably unique. For example if ε/k is constant, a solution is

$$\left.\begin{aligned} B &= B_0 + B_1\tau - \left(\frac{3}{2}\frac{\varepsilon}{k}\right)\tau^2, \\ F &= 4\pi\left[\frac{1}{3}B_1 - \left(\frac{\varepsilon}{k}\right)\tau\right]. \end{aligned}\right\} \tag{79}$$

18. Strict Radiative Equilibrium. Approximate Solutions for the Neighbourhood of the Boundary. The value of our exact solution for the far interior lies in the fact that it tells us the asymptotic form of $B(\tau)$ for τ large when the proximity of the boundary is taken into account. Remembering that in (74) the origin of τ is arbitrary, we can choose it to be such that $\tau = 0$ is the boundary. We then see that for τ large we must have

$$B(\tau) = \text{const} + \tfrac{3}{4}\mathfrak{F}\tau + \eta$$

where $\eta \to 0$ as $\tau \to \infty$.

Before attempting to obtain solutions by means of the integral equations, we shall consider various ways of deriving solutions which are of historical interest, and which are often useful in other problems. It is convenient to recapitulate the notation for the benefit of readers beginning at this point. The quantity τ is the optical thickness measured inwards from the boundary along the axis of x. $I(\tau, \theta)$ is the intensity of radiation at the point τ in a direction making an angle θ with the outward direction of the axis of x. The equation of transfer is

$$\cos\theta\,\frac{dI(\tau,\theta)}{d\tau} = I(\tau, \theta) - B \tag{80}$$

and the equation of radiative equilibrium is

$$\int (B - I)\,d\omega = 0, \tag{81}$$

which reduces to

$$2B(\tau) = \int_0^\pi I(\tau, \theta)\sin\theta\,d\theta. \tag{82}$$

Multiplying (80) by $\sin\theta\,d\theta$ and integrating from 0 to π, we find on using (82)

$$\frac{d}{d\tau}\int_0^\pi I(\tau, \theta)\cos\theta\sin\theta\,d\theta = 0.$$

Defining the net flux F or $\pi\mathfrak{F}$ by the equation

$$F = \pi\mathfrak{F} = \int I\cos\theta\,d\omega = 2\pi\int_0^\pi I(\tau, \theta)\cos\theta\sin\theta\,d\theta \tag{83}$$

we see that $\mathfrak{F}$ is constant.

Thus a state of strict radiative equilibrium, when the material is stratified in parallel planes, is characterised by a certain net outward flux. The application of the analysis to the outer parts of a star arises from this circumstance, since all the energy may be assumed to be liberated in the far interior, and to be merely transmitted without augmentation through the outer layers. If T_1 is the effective temperature of the boundary surface, we have by definition

$$F = \sigma T_1^4$$

or

$$\mathfrak{F} = \left(\frac{\sigma}{\pi}\right) T_1^4 .$$

Thus for a star the quantity F or $\mathfrak{F}$ is known by observation of the effective temperature. Again, multiplying (80) by $\cos\theta \sin\theta \, d\theta$ and integrating, we have

$$\frac{d}{d\tau}\int_0^\pi I(\tau, \theta) \cos^2\theta \sin\theta \, d\theta = \int_0^\pi I(\tau, \theta) \cos\theta \sin\theta \, d\theta$$

or

$$\frac{d}{d\tau} p_{xx} = \frac{\pi \mathfrak{F}}{c} .$$

This equation is exact. Since $\mathfrak{F}$ = constant, we have

$$p_{xx} = \frac{\pi \mathfrak{F}}{c} \tau + \text{const.}$$

We shall find this useful.

One general method of finding an approximate solution is to make some assumption concerning the variation of $I(\tau, \theta)$ with θ: this leads to an approximate determination of the temperature distribution $B(\tau)$ which may be introduced into (80) so as to obtain a second approximation to I. This may then be used to lead to a fresh approximation for $B(\tau)$ and so on. Another method is to begin with an assumed form for $B(\tau)$ as a function of τ, determine I, re-determine $B(\tau)$ and so on.

19. SCHWARZSCHILD'S Approximation. Write $\pi - \theta = \psi$ when $\frac{1}{2}\pi < \theta \leqq \pi$, and put $I(\tau, \theta) = I'(\tau, \psi)$.
Then

$$\cos\theta \frac{d}{d\tau} I(\tau, \theta) = I(\tau, \theta) - B(\tau) \qquad 0 \leqq \theta < \frac{1}{2}\pi, \tag{84}$$

$$\cos\psi \frac{d}{d\tau} I'(\tau, \psi) = B(\tau) - I'(\tau, \psi) \qquad 0 \leqq \psi < \frac{1}{2}\pi. \tag{85}$$

Now define quantities I, I' by

$$\int_0^{\frac{1}{2}\pi} I(\tau, \theta) \sin\theta \, d\theta = I, \qquad \int_0^{\frac{1}{2}\pi} I'(\tau, \psi) \sin\psi \, d\psi = I' \tag{86}$$

and assume as an approximation that

$$\int_0^{\frac{1}{2}\pi} I(\tau, \theta) \cos\theta \sin\theta \, d\theta = \tfrac{1}{2} I, \qquad \int_0^{\frac{1}{2}\pi} I'(\tau, \psi) \cos\psi \sin\psi \, d\psi = \tfrac{1}{2} I'. \tag{87}$$

It will be seen that I and I' are the mean outward and inward intensities, and the assumption amounts to replacing the intensity by these mean values in the integrals occurring in (84).

Now multiply (84) by $\sin\theta\, d\theta$ and integrate from $\theta = 0$ to $\theta = \frac{1}{2}\pi$. We find

$$\frac{1}{2}\frac{dI}{d\tau} = I - B \tag{88}$$

and similarly

$$\frac{1}{2}\frac{dI'}{d\tau} = B - I'. \tag{89}$$

These equations may be described as the equations of "linear" or "tubular" flow of radiation. They may be derived from first principles by dividing the radiation into an outward and an inward beam, and assuming a coefficient of absorption $2k$ to allow for the mean obliquity of the rays to the direction of the axis. They have proved exceedingly useful in many approximate investigations.

The equation of radiative equilibrium (82) becomes

$$2B = I + I'. \tag{90}$$

The mean flux, from (83) is given by

$$\mathfrak{F} = I - I'. \tag{91}$$

Equation (91) is easily seen to be an integral of equations (88) and (89), when regard is paid to (90): we have simply to subtract (88) and (89).

The problem is to solve (88), (89) and (90) for I, I' and B as functions of τ. Clearly

$$I = B + \tfrac{1}{2}\mathfrak{F}, \quad I' = B - \tfrac{1}{2}\mathfrak{F}.$$

Adding (88) and (89) and using (90) we have

$$\frac{dB}{d\tau} = \mathfrak{F},$$

the solution of which is

$$B = \mathfrak{F}\tau + B_0$$

where B_0 is a constant, whence

$$I = \mathfrak{F}(\tfrac{1}{2} + \tau) + B_0$$

$$I' = \mathfrak{F}(-\tfrac{1}{2} + \tau) + B_0.$$

There is no radiation incident on the boundary. Hence $I'(0) = 0$. Hence

$$B_0 = \tfrac{1}{2}\mathfrak{F} \tag{92}$$

whence

$$B = \mathfrak{F}(\tfrac{1}{2} + \tau) \tag{93}$$

$$I = \mathfrak{F}(1 + \tau) \tag{94}$$

$$I' = \mathfrak{F}\tau. \tag{95}$$

We notice that $I(0) = \mathfrak{F}$, as it ought.

20. Boundary Temperature. We have always $B = (\sigma/\pi)\,T^4$. The temperature T_0 at the boundary is therefore given by

$$B_0 = (\sigma/\pi)\,T_0^4.$$

Since $B_0 = \frac{1}{2}\mathfrak{F}$ and $\mathfrak{F} = (\sigma/\pi)\,T_1^4$, we have immediately

$$T_0^4 = \tfrac{1}{2}T_1^4 \tag{96}$$

$$T_0 = T_1/\sqrt[4]{2} = 0{,}840\,T_1.$$

The complete temperature distribution, from (92), is then given by

$$T^4 = \tfrac{1}{2}T_1^4(1 + 2\tau). \tag{96'}$$

This determination $T_0 = T_1/\sqrt[4]{2}$ is known as the SCHWARZSCHILD boundary temperature. It is only an approximation—how close an approximation we shall see later. It should be observed that it can be derived without solving the differential equations. For from (90) and (91) putting $\tau = 0$ for the boundary we have

$$2B_0 = I_0$$

$$\mathfrak{F} = I_0$$

whence

$$B_0 = \tfrac{1}{2}\mathfrak{F}.$$

20a. HUMPHREYS' Derivation. SCHWARZSCHILD'S formula $T_0^4 = \frac{1}{2} T_1^4$ was obtained independently by HUMPHREYS[1] in connection with the radiative equilibrium of the earth's upper atmosphere. HUMPHREYS' method was to consider a thin slab of material exposed on one side to radiation of effective temperature T_1. Let it take up temperature T_0. We saw in Section b, § 6, that the emission from such a slab per unit area is

$$4\pi\tau B_0$$

where τ is its optical thickness, and similarly that the absorption, if the incident radiation is isotropic, is

$$2\pi\tau B_1$$

where $B_0 = (\sigma/\pi) T_0^4$, $B_1 = (\sigma/\pi) T_1^4$. Equating the two we have $B_0 = \frac{1}{2} B_1$, or $T_0^4 = \frac{1}{2} T_1^4$.

In the radiative equilibrium of an extended mass, the layer of material at the boundary is itself exposed to the emergent radiation. The latter, as we shall see in a moment, is not uniformly distributed in direction, but HUMPHREYS' method can still be applied. We shall have applications of this.

21. The Emergent Radiation (SCHWARZSCHILD'S Approximation). We now insert the value of B from (92) in (83) or (84) and solve by means of formulae (59) and (60). The result is

$$I(\tau, \theta) = \mathfrak{F}(\tfrac{1}{2} + \tau + \cos\theta) \tag{97}$$

$$I'(\tau, \psi) = \mathfrak{F}[(\tfrac{1}{2} + \tau - \cos\psi) + e^{-\tau \sec\psi}(\cos\psi - \tfrac{1}{2})]. \tag{98}$$

We observe that $I'(0, \psi) = 0$ for all ψ, and $I(\tau, \frac{1}{2}\pi) = I'(\tau, \frac{1}{2}\pi)$ save when $\tau = 0$. Thus save when $\tau = 0$, this solution gives the intensity as a continuous function of direction.

Interest attaches principally to the emergent radiation. Putting $\tau = 0$ we have

$$I(0, \theta) = \mathfrak{F}(\tfrac{1}{2} + \cos\theta). \tag{99}$$

The emergent intensity is thus a linear function of $\cos\theta$. The intensity along the normal is

$$I(0, 0) = \tfrac{3}{2}\mathfrak{F}$$

whence

$$\frac{I(0, \theta)}{I(0, 0)} = \frac{1}{3} + \frac{2}{3}\cos\theta. \tag{100}$$

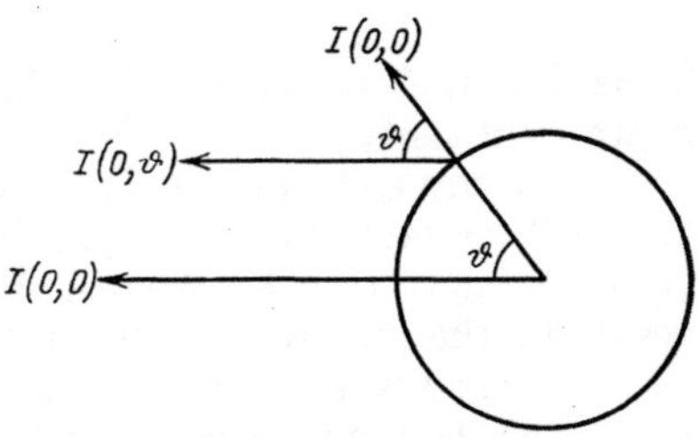

Fig. 17. Law of darkening of stellar disc.

22. The Law of Darkening. A formula giving the value of the ratio $I(0, \theta)/I(0, 0)$ for a bright surface is said to be "the law of darkening" for the surface.

In the case of a sphere viewed from a distant point the same law gives the law of distribution of intensity over the apparent disc, as will be seen from the diagram (Fig. 17). The observed intensity at the centre of the disc is $I(0, 0)$,

[1] Ap J 29, p. 26 (1909).

that at the edge or "limb" is $I(0, \frac{1}{2}\pi)$. The relative decrease in brightness between centre and limb, namely

$$\frac{I(0,0) - I(0, \frac{1}{2}\pi)}{I(0,0)}$$

is said to be "the darkening at the limb", and the ratio $I(0, \frac{1}{2}\pi)/I(0,0)$ is called the "limb-centre" ratio.

When the law of darkening is a linear function of $\cos\theta$ of the form

$$\frac{I(0,\theta)}{I(0,0)} = 1 - u + u\cos\theta \tag{101}$$

the coefficient u is called "the coefficient of darkening". The limb-centre ratio is $1 - u$.

The mean intensity over the disc as observed by a distant observer is clearly

$$\frac{2\pi\int\limits_0^{\frac{1}{2}\pi} I(0,\theta)\cos\theta\sin\theta\, d\theta}{2\pi\int\limits_0^{\frac{1}{2}\pi}\cos\theta\sin\theta\, d\theta} \tag{102}$$

which by (83) is equal to $\mathfrak{F}$. This gives us a second physical meaning for $\mathfrak{F}$ — it is the mean apparent intensity over the disc.

When there is a coefficient of darkening u, we have

$$\frac{\mathfrak{F}}{I(0,0)} = 2\int\limits_0^{\frac{1}{2}\pi}(1 - u + u\cos\theta)\cos\theta\sin\theta\, d\theta = 1 - \frac{1}{3}u. \tag{103}$$

When the law of darkening is not a linear function of $\cos\theta$ we define the mean coefficient of darkening $\bar{u}$ by the formula

$$I(0,0)\int\limits_0^{\frac{1}{2}\pi}(1 - \bar{u} + \bar{u}\cos\theta)\cos\theta\sin\theta\, d\theta = \int\limits_0^{\frac{1}{2}\pi} I(0,\theta)\cos\theta\sin\theta\, d\theta$$

or

$$1 - \frac{1}{3}\bar{u} = \frac{\mathfrak{F}}{I(0,0)}.$$

Thus $\bar{u}$ is the coefficient of darkening which gives the same net flux for given central intensity.

23. SCHWARZSCHILD's Law of Darkening. Equation (100) now shows that on SCHWARZSCHILD's approximation the coefficient of darkening for radiative equilibrium is $u = \frac{3}{5}$. The limb-centre ratio is $\frac{2}{5}$. The application of this result to the sun will be considered later.

24. Errors of the SCHWARZSCHILD Approximation. We have seen that for τ large the temperature distribution must be of the form $B(\tau) = \text{const} + \frac{3}{4}\mathfrak{F}\tau$. SCHWARZSCHILD's approximation gives $B(\tau) = \text{const} + \mathfrak{F}\tau$. This leads to an incorrect flux in the far interior. It is readily verified that for τ large, formulae (97) and (98) give a net flux $\frac{4}{3}\pi\mathfrak{F}$ instead of $\pi\mathfrak{F}$. Again, equation (99) gives for the net flux at the boundary

$$2\pi\mathfrak{F}\int\limits_0^{\frac{1}{2}\pi}(\tfrac{1}{2} + \cos\theta)\cos\theta\sin\theta\, d\theta = \tfrac{7}{6}\pi\mathfrak{F}$$

instead of $\pi\mathfrak{F}$. On the other hand, the condition of radiative equilibrium is accurately satisfied at the boundary: for the total emission per unit optical mass

($k\,dm = 1$ or $d\tau = 1$) was $4\pi B_0 = 2\pi\mathfrak{F}$, and the total absorption is

$$2\pi\mathfrak{F}\int_0^{\frac{1}{2}\pi}(\tfrac{1}{2} + \cos\theta)\sin\theta\,d\theta = 2\pi\mathfrak{F}.$$

A HUMPHREYS' layer exposed to radiation having a coefficient of darkening $\frac{2}{3}$ thus accurately takes up the temperature T_0 given by $T_0^4 = \frac{1}{2}T_1^4$.

25. Approximations giving Correct Net Flux[1]. It is a serious objection to the SCHWARZSCHILD approximation that it gives different net fluxes at the boundary and in the far interior: since with $B(\tau) = \mathfrak{F}(\frac{1}{2} + \tau)$, we have $F_\infty = \frac{4}{3}\pi\mathfrak{F}$, $F_0 = \frac{7}{6}\pi\mathfrak{F}$, it is clear that more radiation is entering the outer layers from below than is being emitted to space, so that the outer layers are being warmed up by radiation.

To avoid this difficulty, let us attempt to find a solution by assuming for B an expression of the form

$$B = B_0 + \tfrac{3}{4}\mathfrak{F}\tau \tag{104}$$

where B_0 is a constant. This has the correct asymptotic form as $\tau \to \infty$. Introducing in the equation of transfer and solving we find

$$I(\tau,\theta) = B_0 + \tfrac{3}{4}\mathfrak{F}(\tau + \cos\theta) \qquad (0 \leqq \theta < \tfrac{1}{2}\pi) \tag{105}$$

$$I(\tau,\psi) = B_0 + \tfrac{3}{4}\mathfrak{F}(\tau - \cos\psi) + e^{-\tau\sec\psi}(\tfrac{3}{4}\mathfrak{F}\cos\psi - B_0), \ (0 \leqq \psi < \tfrac{1}{2}\pi). \tag{106}$$

These give the net flux $\pi\mathfrak{F}$ for τ large.

At $\tau = 0$, the net flux is

$$2\pi\int I(0,\theta)\cos\theta\sin\theta\,d\theta = \pi[B_0 + \tfrac{1}{2}\mathfrak{F}]. \tag{107}$$

We have not yet fixed the constant B_0. Let us choose it so that the solution gives the correct net flux at the boundary: this requires from (107)

$$B_0 + \tfrac{1}{2}\mathfrak{F} = \mathfrak{F}$$

or

$$B_0 = \tfrac{1}{2}\mathfrak{F}. \tag{108}$$

We have then

$$B = \tfrac{1}{2}\mathfrak{F}(1 + \tfrac{3}{2}\tau) \tag{109}$$

$$I(0,\theta) = \tfrac{1}{2}\mathfrak{F}(1 + \tfrac{3}{2}\cos\theta) \tag{110}$$

$$\frac{I(0,\theta)}{I(0,0)} = \frac{2}{5} + \frac{3}{5}\cos\theta. \tag{111}$$

Thus the coefficient of darkening on this approximation is

$$u = \tfrac{3}{5},$$

rather less darkening than on the SCHWARZSCHILD approximation. The limb-centre ratio is $\frac{2}{5}$. The boundary temperature is the same as before, namely,

$$T_0^4 = \tfrac{1}{2}T_1^4 \tag{112}$$

and the temperature distribution from (109) is

$$T^4 = \tfrac{1}{2}T_1^4(1 + \tfrac{3}{2}\tau). \tag{113}$$

26. JEANS' Approximation[2]. An alternative determination of B_0 was given by JEANS, as follows. He chose B_0 so that the condition of radiative equilibrium was satisfied at the boundary,

$$2B_0 = \int I(0,\theta)\sin\theta\,d\theta,$$

---

[1] M N 81, p. 361 (1921). [2] M N 78, p. 28 (1917).

which gives

$$2B_0 = B_0 + \tfrac{3}{8}\mathfrak{F}$$

or

$$B_0 = \tfrac{3}{8}\mathfrak{F},$$

$$T_0^4 = \tfrac{3}{8}T_1^4. \tag{112'}$$

We have then

$$B(\tau) = \mathfrak{F}(\tfrac{3}{8} + \tfrac{3}{4}\tau) \tag{109'}$$

and

$$T^4 = T_1^4(\tfrac{3}{8} + \tfrac{3}{4}\tau). \tag{113'}$$

We then find

$$I(0,\theta) = \tfrac{3}{8}\mathfrak{F}(1 + 2\cos\theta), \tag{110'}$$

$$\frac{I(0,\theta)}{I(0,0)} = \frac{1}{3} + \frac{2}{3}\cos\theta. \tag{111'}$$

The coefficient of darkening has its SCHWARZSCHILD value $\tfrac{2}{3}$, but the boundary temperature is different. JEANS' approximation gives however a net flux at the boundary of $\tfrac{7}{8}\pi\mathfrak{F}$ instead of $\pi\mathfrak{F}$. It therefore corresponds to an accumulation of energy in the outer layers. Solution (109), which gives the same net flux in the far interior and at the boundary, may be expected to give a better approximation to the general trend of the temperature distribution, and therefore to give a good approximation to the law of darkening, since the emergent radiation depends on the complete temperature distribution. We shall see later that this is the case.

27. Boundary Temperature in Terms of the Coefficient of Darkening. Given the coefficient of darkening [i. e. assuming a cosine law for $I(0,\theta)$], we can always determine the boundary temperature in terms of the effective temperature. For we have from the condition of radiative equilibrium

$$4\pi B_0 = 2\pi I(0,0)\int(1 - u + u\cos\theta)\sin\theta\,d\theta = 2\pi I(0,0)(1 - \tfrac{1}{2}u) \tag{114}$$

and from the flux condition

$$\pi\mathfrak{F} = 2\pi I(0,0)\int(1 - u + u\cos\theta)\cos\theta\sin\theta\,d\theta = \pi I(0,0)(1 - \tfrac{1}{3}u) \tag{114'}$$

whence

$$\frac{2B_0}{\mathfrak{F}} = \frac{1 - \tfrac{1}{2}u}{1 - \tfrac{1}{3}u} \tag{115}$$

or

$$T_0^4 = \frac{1}{2}T_1^4\frac{1 - \tfrac{1}{2}u}{1 - \tfrac{1}{3}u}. \tag{116}$$

With $u = \tfrac{3}{5}$, this gives

$$B_0 = \tfrac{7}{16}\mathfrak{F} \tag{116'}$$

$$T_0^4 = \tfrac{7}{16}T_1^4, \quad T_0 = 0{,}813\,T_1. \tag{116''}$$

This gives a somewhat lower boundary temperature than formula (109). It corresponds to a second approximation. We have in fact used the intensity derived from (109) to obtain a second approximation to B_0.

Formula (116) allows us to determine T_0 in terms of T_1, given the coefficient of darkening from observation.

28. EDDINGTON'S Approximation. In his recent book, "The Internal Constitution of the Stars", EDDINGTON has given a new method which to a first approximation gives the distribution (113), with consequently a boundary temperature $T_0^4 = \tfrac{1}{2}T_1^4$, and a coefficient of darkening $u = \tfrac{3}{5}$. Taking the equation of transfer

$$\cos\theta\frac{dI}{d\tau} = I - B$$

we multiply it in turn by $d\omega$ and by $\cos\theta\, d\omega$ and integrate over the complete solid angle. We find

$$\frac{d}{d\tau}\int I\cos\theta\frac{d\omega}{4\pi}=\int I\frac{d\omega}{4\pi}-B \tag{117}$$

$$\frac{d}{d\tau}\int I\cos^2\theta\frac{d\omega}{4\pi}=\int I\cos\theta\frac{d\omega}{4\pi}. \tag{118}$$

As before, we write

$$\pi\mathfrak{F}=\int I\cos\theta\, d\omega$$

or say

$$\frac{1}{4}\mathfrak{F}=\int I\cos\theta\frac{d\omega}{4\pi}=\frac{1}{2}\int\limits_0^{\pi} I\cos\theta\sin\theta\, d\omega \tag{119}$$

and further we put

$$J=\int I\frac{d\omega}{4\pi}=\frac{1}{2}\int\limits_0^{\pi} I\sin\theta\, d\theta \tag{120}$$

$$K=\int I\cos^2\theta\frac{d\omega}{4\pi}=\frac{1}{2}\int\limits_0^{\pi} I\cos^2\theta\sin\theta\, d\theta\,. \tag{121}$$

Then (117) and (118) become

$$\frac{1}{4}\frac{d\mathfrak{F}}{d\tau}=J-B \tag{122}$$

$$\frac{dK}{d\tau}=\frac{1}{4}\mathfrak{F} \tag{123}$$

whence

$$\frac{d^2K}{d\tau^2}=J-B\,. \tag{124}$$

The condition of radiative equilibrium reduces precisely to

$$J-B=0\,.$$

The physical meaning of K is that K/c is simply p_{xx}, the xx-component of the stress tensor. From (124), K is a linear function of τ, and using (123) we find

$$K=K_0+\tfrac{1}{4}\mathfrak{F}\tau\,. \tag{125}$$

So far our results are exact.

If I were independent of θ, we should have from (120) and (121)

$$K=\tfrac{1}{3}J\,. \tag{126}$$

This is also true if I is a linear function of $\cos\theta$, or indeed if the expansion of I in powers of $\cos\theta$ contains only odd powers. Let us adopt this as an approximation to determine J. We have then from (125)

$$B=J=3K_0+\tfrac{3}{4}\mathfrak{F}\tau\,.$$

The constant $3K_0$ can now be determined as above, by finding $I(0,\theta)$ and imposing the condition of net flux $=\pi\mathfrak{F}$ at the boundary. The result is $3K_0=\frac{1}{2}\mathfrak{F}$, and we recover (109). EDDINGTON's method for determining K_0 is to observe that at the boundary

$$\mathfrak{F}=2\int\limits_0^{\frac{1}{2}\pi} I(0,\theta)\cos\theta\sin\theta\, d\theta\,,$$

$$B_0=\tfrac{1}{2}\int\limits_0^{\frac{1}{2}\pi} I(0,\theta)\sin\theta\, d\theta$$

so that as an approximation we have $B_0 = \frac{1}{2}\mathfrak{F}$. The former method seems preferable.

29. **Summary of Results of First Approximation.** A first approximation, giving the correct net flux $\pi\mathfrak{F}$ both at the boundary and in the far interior is

$$B = \tfrac{1}{2}\mathfrak{F}(1 + \tfrac{3}{2}\tau), \qquad T_0^4 = \tfrac{1}{2}T_1^4 \tag{127}$$

where $\mathfrak{F} = (\sigma/\pi)\,T_1^4$. This corresponds to an emergent radiation

$$I(0, \theta) = \tfrac{1}{2}\mathfrak{F}(1 + \tfrac{3}{2}\cos\theta) \tag{128}$$

and a coefficient of darkening of $\frac{3}{5}$. Exposed to this radiation, the boundary layer will actually take up a temperature given by

$$T_0^4 = \tfrac{7}{16}T_1^4 \tag{129}$$

which may be regarded as a second approximation to the boundary temperature.

30. **Higher Approximations.** a. **EDDINGTON's Method.** EDDINGTON's method for a second approximation is to use the temperature distribution already found to determine $I(\tau, \theta)$, and then use this to get a further approximation to the ratio K/J, previously taken as $\frac{1}{3}$.

The values of $I(\tau, \theta)$ and $I'(\tau, \psi)$ have been given in (105) and (106) above, with $B_0 = \frac{1}{2}\mathfrak{F}$. We use J_1 and J_2 to denote the contributions to J from the ranges $0 \leqq \theta < \frac{1}{2}\pi$, $0 \leqq \psi < \frac{1}{2}\pi$, and similarly we divide K into two parts K_1 and K_2. We find

$$J_1 = \tfrac{1}{2}\int_0^{\frac{1}{2}\pi} I(\tau, \theta)\sin\theta)\,d\theta = \tfrac{1}{4}\mathfrak{F}\int_0^1 [1 + \tfrac{3}{2}(\tau + \mu)]\,d\mu$$

on putting $\cos\theta = \mu$, and similarly

$$J_2 = \tfrac{1}{4}\mathfrak{F}\int_0^1 [1 + \tfrac{3}{2}(\tau - \mu)]\,d\mu + \tfrac{1}{4}\mathfrak{F}\int_0^1 (\tfrac{3}{2}\mu - 1)\,e^{-\tau/\mu}\,d\mu,$$

whence

$$J = J_1 + J_2 = \tfrac{1}{2}\mathfrak{F}\int_0^1 (1 + \tfrac{3}{2}\tau)\,d\mu + \tfrac{1}{4}\mathfrak{F}\int_0^1 (\tfrac{3}{2}\mu - 1)\,e^{-\tau/\mu}\,d\mu.$$

Similarly

$$K_1 = \tfrac{1}{4}\mathfrak{F}\int_0^1 [1 + \tfrac{3}{2}(\tau + \mu)]\,\mu^2\,d\mu$$

$$K_2 = \tfrac{1}{4}\mathfrak{F}\int_0^1 [1 + \tfrac{3}{2}(\tau - \mu)]\,\mu^2\,d\mu + \tfrac{1}{4}\mathfrak{F}\int_0^1 (\tfrac{3}{2}\mu - 1)\,e^{-\tau/\mu}\,\mu^2\,d\mu$$

or

$$K = K_1 + K_2 = \tfrac{1}{2}\mathfrak{F}\int_0^1 (1 + \tfrac{3}{2}\tau)\,\mu^2\,d\mu + \tfrac{1}{4}\mathfrak{F}\int_0^1 (\tfrac{3}{2}\mu - 1)\,e^{-\tau/\mu}\,\mu^2\,d\mu,$$

whence

$$\frac{K}{J} = \frac{\tfrac{1}{3}(1 + \tfrac{3}{2}\tau) + \tfrac{1}{2}\int_0^1 (\tfrac{3}{2}\mu - 1)\,e^{-\tau/\mu}\,\mu^2\,d\mu}{1 + \tfrac{3}{2}\tau + \tfrac{1}{2}\int_0^1 (\tfrac{3}{2}\mu - 1)\,e^{-\tau/\mu}\,d\mu} = \frac{1}{3}\,\Phi(\tau) \tag{130}$$

say. The new approximation is then, by (125)

$$B = J = \frac{3K_0 + \frac{3}{4}\mathfrak{F}\tau}{\Phi(\tau)}. \tag{131}$$

It is easily verified that as $\tau \to \infty$, $\Phi(\tau) \to 1$: and $\Phi(0) = 17/14$. We ought strictly to determine the net flux corresponding to $\tau = 0$ and equate this to $\pi\mathfrak{F}$. This would involve a quadrature. Instead, for the determination of K_0, we may use our second approximation to B_0, namely,

$$B_0 = \tfrac{7}{16} J,$$

whence

$$B(\tau) = \frac{\frac{1}{2}\mathfrak{F}(\frac{17}{16} + \frac{3}{2}\tau)}{\Phi(\tau)}. \tag{132}$$

(This of course will not give the correct net flux at the boundary.) In terms of Ei functions,

$$\Phi(\tau) = \frac{1 + \frac{3}{2}\tau + \frac{3}{2}\left[\frac{3}{2}Ei_5(\tau) - Ei_4(\tau)\right]}{1 + \frac{3}{2}\tau + \frac{1}{2}\left[\frac{3}{2}Ei_3(\tau) - Ei_2(\tau)\right]}$$

$$= \frac{1 + \frac{3}{2}\tau + \frac{1}{32}e^{-\tau}(2 + 2\tau - 5\tau^2 - 3\tau^3) + \frac{\tau^3}{32}(3\tau + 8)\,Ei(\tau)}{1 + \frac{3}{2}\tau - \frac{1}{8}e^{-\tau}(1 + 3\tau) + \frac{\tau}{8}(3\tau + 4)\,Ei(\tau)}. \tag{133}$$

The values of

$$\frac{T^4}{T_1^4} = \frac{B(\tau)}{\mathfrak{F}} = \frac{(\frac{17}{32} + \frac{3}{4}\tau)}{\Phi(\tau)}$$

for different values of τ are tabulated in Table I below (§ 31), col. (δ).

31. Higher Approximations. b. From the Integral Equation for $f(\tau) = \int_0^\tau B(\tau)\,d\tau$. We first observe that $B(\tau)$ has a singularity at $\tau = 0$. From the integral equation

$$f'(\tau) = \int_0^\tau \frac{f(\tau + y) - f(\tau - y)}{2y} e^{-y}\,dy + \int_\tau^\infty \frac{f(\tau + y)}{2y} e^{-y}\,dy \tag{134}$$

we have

$$f'(0) = B(0) = \int_0^\infty \frac{f(y)}{2y} e^{-y}\,dy \tag{135}$$

which shows that $B(0)$ is a finite non-zero number, since $f(y)$ is $O(y)$ for y small. But differentiating we find

$$f''(\tau) = B'(\tau) = \int_0^\tau \frac{f'(\tau + y) - f'(\tau - y)}{2y} e^{-y}\,dy + \int_\tau^\infty \frac{f'(\tau + y)}{2y} e^{-y}\,dy \tag{136}$$

which shows that for τ small

$$B'(\tau) = -\tfrac{1}{2}B(0)\log\tau. \tag{137}$$

The derivate of B thus becomes logarithmically infinite at $\tau = 0$, and the expansion of $B(\tau)$ contains a term in $-\tau\log\tau$. Physically this means that there is a sudden fall in the temperature close to the surface, the temperature gradient becoming theoretically infinite at the surface.

For this reason no linear function of τ is a good approximation to $B(\tau)$ for τ small. To obtain approximations which put this singularity in evidence, we may take the linear approximation

$$B(\tau) = a + \tfrac{3}{4}\mathfrak{F}\tau, \qquad j(\tau) = a\tau + \tfrac{3}{8}\mathfrak{F}\tau^2, \tag{138}$$

introduce it into the right-hand side of (134), and integrate again to get a new determination of $B(\tau)$. We find from (134)

$$B(\tau) = a + \tfrac{3}{4}\mathfrak{F}\tau + \tfrac{1}{2}e^{-\tau}[\tfrac{3}{8}\mathfrak{F} - a - \tfrac{3}{8}\mathfrak{F}\tau] + \tfrac{1}{2}(a\tau + \tfrac{3}{8}\mathfrak{F}\tau^2)\,Ei(\tau). \tag{139}$$

We still have the constant a at our disposal. We can choose it so as to give the net flux at the boundary equal to $\pi\mathfrak{F}$. In the usual process of determining a second approximation in a mathematical problem, we make use of the first approximation. In the present case, however, we prefer not to take our first approximation $a = \frac{1}{2}\mathfrak{F}$, but rather to keep a at our disposal, and then determine it so as always to have a solution giving the required net flux at the boundary.

To find the emergent radiation, we have

$$I(0,\theta) = \int_0^x B(t)\,e^{-t\sec\theta}\sec\theta\,dt = \int_0^\infty B(x\cos\theta)\,e^{-x}\,dx.$$

In this we insert $B(x\cos\theta)$ from (139), and effect the integration. We find

$$I(0,\theta) = \tfrac{1}{2}a + \tfrac{3}{16}\mathfrak{F}(1 + 2\cos\theta) + \tfrac{1}{2}\cos\theta(a + \tfrac{3}{4}\mathfrak{F}\cos\theta)\log(1+\sec\theta). \tag{140}$$

We then select a so that

$$\pi\mathfrak{F} = 2\pi\int_0^{\frac{1}{2}\pi} I(0,\theta)\cos\theta\sin\theta\,d\theta = \pi[a(\tfrac{1}{3} + \tfrac{2}{3}\log 2) + \tfrac{13}{32}\mathfrak{F}] \tag{141}$$

or

$$\frac{a}{\mathfrak{F}} = \frac{\frac{19}{32}}{\frac{1}{3} + \frac{2}{3}\log 2} = 0{,}5107. \tag{141'}$$

The boundary temperature is then given by (139), namely

$$B_0 = \tfrac{1}{2}a + \tfrac{3}{16}\mathfrak{F} = \mathfrak{F}[\tfrac{3}{16} + 0{,}2553] = 0{,}4428\,\mathfrak{F} \tag{142}$$

$$T_0 = 0{,}816\,T_1.$$

This is very close to the earlier second approximation, § 27, equation (116') $B_0 = \frac{7}{16}\mathfrak{F} = 0{,}4375\,\mathfrak{F}$, $T_0 = 0{,}813\,T_1$. A still higher approximation to the boundary temperature may be obtained by finding the temperature taken up, in radiative equilibrium, by a thin layer exposed to the radiation given by (140). We find

$$B_0 = \tfrac{1}{2}\int_0^{\frac{1}{2}\pi} I(0,\theta)\sin\theta\,d\theta = \tfrac{3}{8}a + \tfrac{3}{8}\mathfrak{F}(\tfrac{1}{3}\log 2 + \tfrac{5}{12}) = 0{,}4344\,\mathfrak{F} \tag{143}$$

$$T_0 = 0{,}812\,T_1.$$

The value of B_0 is 1,9% lower, corresponding to 0,5% lower temperature. It is clear that 1,9% is the amount by which, on the temperature distribution (139), the emission at the boundary exceeds the absorption. This furnishes us with some idea as to the accuracy of the approximation. The simple approximation $B(\tau) = \frac{1}{2}\mathfrak{F}(1 + \frac{3}{2}\tau)$ gave $B_0 = \frac{1}{2}\mathfrak{F}$, and the corresponding absorption $\frac{7}{16}\mathfrak{F}$, an error of $12^1/_2$%.

Equation (140) now gives us a new law of darkening in the form

$$\frac{I(0,\theta)}{I(0,0)} = \frac{\frac{1}{2}\left(\frac{a}{\mathfrak{F}}\right) + \frac{3}{16}(1 + 2\cos\theta + \frac{1}{2}\cos\theta\left[\left(\frac{a}{\mathfrak{F}}\right) + \frac{3}{4}\cos\theta\right]\log(1+\sec\theta)}{\frac{1}{2}(1+\log 2)\left(\frac{a}{\mathfrak{F}}\right) + \frac{3}{8}\left(\frac{3}{2} + \log 2\right)}. \tag{144}$$

The corresponding mean coefficient of darkening is given by

$$1-\frac{1}{3}\bar{u}=\frac{F}{I(0,0)}=\frac{1}{\frac{1}{2}(1+\log 2)\left(\frac{a}{\mathfrak{F}}\right)+\frac{3}{8}\left(\frac{3}{2}+\log 2\right)} \qquad (144'$$

giving

$$\bar{u}=0{,}6092.$$

This is very close to the value $u=\frac{3}{5}$ given by our first approximation.

The "limb-centre" ratio is given by

$$\frac{I\left(0,\frac{1}{2}\pi\right)}{I(0,0)}=\frac{\frac{1}{2}\left(\frac{a}{\mathfrak{F}}\right)+\frac{3}{16}}{\frac{1}{2}(1+\log 2)\left(\frac{a}{\mathfrak{F}}\right)+\frac{3}{8}\left(\frac{3}{2}+\log 2\right)}=0{,}3530.$$

This is slightly less than the value 0,4 which would correspond to a true coefficient of darkening $u=0{,}609$, namely 0,391. This arises from the slightly enhanced rate of decrease of $B(\tau)$ near the boundary.

To sum up:—Solution (139) has the correct asymptotic form for τ large, and the correct behaviour at $\tau=0$, and yields a boundary emission only 2% different from the boundary absorption. The resulting emergent radiation (140) corresponds to a mean coefficient of darkening $\bar{u}=0{,}609$.

The various approximations to the temperature distribution in radiative equilibrium, and the corresponding laws of darkening, we tabulated in Tables I and II. These also contain approximations due to SCHWARZSCHILD and LINDBLAD which are described in § 35a below.

A survey of these tables shows that for general purposes the formulae $B(\tau)/\mathfrak{F}=T^4/T_1^4=\frac{1}{2}(1+\frac{3}{2}\tau)$, $u=\frac{3}{5}$ are sufficiently accurate. If the boundary temperature alone is required, the value $T_0^4/T_1^4=\frac{7}{16}$ is a simple and accurate approximation; as before explained, this value of T_0 is the one actually assumed by the boundary layer when the radiation emergent from it corresponds to $u=\frac{3}{5}$.

Table I. Values of $B(\tau)/\mathfrak{F}=T^4/T_1^4$ for Radiative Equilibrium.

τ	(α)	(β)	(γ)	(δ)	(ε)	(η)	(ζ)
0,0	0,500	0,500	0,375	0,4375	0,443	0,421	0,43
0,02	0,520	0,515	0,390		0,473		
0,05	0,550	0,5375	0,4125	0,500	0,507		
0,1	0,610	0,575	0,450	0,550	0,557	0,530	0,55
0,2	0,700	0,650	0,525	0,640	0,638	0,620	0,64
0,3	0,800	0,725	0,600				0,725
0,4	0,900	0,800	0,675	0,804	0,808	0,783	0,80
0,5	1,000	0,875	0,750	0,884		0,862	0,885
0,6	1,100	0,950	0,825	0,963	0,962		
0,8	1,300	1,100	0,975	1,118	1,113	1,12	
1,0	1,500	1,250	1,125	1,270	1,264	1,28	1,27
1,2	1,700	1,400	1,275	1,413	1,414	1,44	
1,4	1,900	1,550	1,425	1,571	1,563	1,59	
1,5	2,000	1,625	1,500				1,65
1,6	2,100	1,700	1,575	1,729	1,713	1,79	
1,8	2,300	1,850	1,725				
2,0	2,500	2,000	1,875	2,03	2,012	2,05	2,03
3,0	3,500	2,750	2,625	2,78	2,76	2,82	
4,0	4,500	3,500	3,375	3,53	3,51	3,60	

Explanation of Table I.

Col. (α) (SCHWARZSCHILD's first approximation). $B(\tau)/\mathfrak{F} = \frac{1}{2} + \tau$. [Formula (93)].
Col. (β) (MILNE's first approximation). $B(\tau)/\mathfrak{F} = \frac{1}{2}(1 + \frac{3}{2}\tau)$. [Formula (109)].
Col. (γ) (JEANS' approximation). $B(\tau)/\mathfrak{F} = \frac{3}{8} + \frac{3}{4}\tau$. [Formula (109')].
Col. (δ) (EDDINGTON's approximation). $B(\tau)/\mathfrak{F} = (\frac{17}{32} + \frac{3}{4}\tau)/\Phi(\tau)$. [Formula (133)]. Here $\Phi(0) = \frac{17}{14}$ and $\Phi(\tau) \sim 1$ for τ large.
Col. (ε) (MILNE's second approximation). [Formulae (139) and (141')]. $B(0)/\mathfrak{F} = 0{,}443$, $B(\tau)/\mathfrak{F} \sim 0{,}511 + \frac{3}{4}\tau$ for τ large.
Col. (η) (SCHWARZSCHILD's second approximation by solution of an integral equation.) (§ 35a).
Col. (ζ) (LINDBLAD's revision of SCHWARZSCHILD's second approximation). (§ 35a).

Table II. Values of $I(0,\theta)/I(0,0)$ for Radiative Equilibrium.

$\cos\theta$	$\sin\theta$	(α)	(β)	(γ)	(ε)	(η)
1,0	0	1,000	1,000	1,000	1,000	1,000
0,9	0,436	1,933	1,940	1,933	1,940	
0,8	0,600	1,867	1,880	1,867	1,879	1,875
0,6	0,800	1,733	1,760	1,733	1,758	1,755
0,4	0,915	1,600	1,640	1,600	1,645	1,625
0,2	0,978	1,467	1,520	1,467	1,507	1,495
0,1	0,995	1,400	1,460	1,400	1,439	
0,0	1,000	1,333	1,400	1,333	1,353	1,34
	$\bar{u} =$	0,667	0,600	0,667	0,609	0,627

Explanation of Table II. (The columns correspond to Table I).

Col. (α) $I(0,\theta)/I(0,0) = \frac{1}{3}(1 + 2\cos\theta)$, $(u = \frac{2}{3})$.
Col. (β) $I(0,\theta)/I(0,0) = \frac{1}{5}(2 + 3\cos\theta)$, $(u = \frac{3}{5})$.
Col. (γ) $I(0,\theta)/I(0,0) = \frac{1}{3}(1 + 2\cos\theta)$, $(u = \frac{2}{3})$.
Col. (ε) $I(0,\theta)/I(0,0)$ given by formulae (144) and (141').
Col. (η) See § 35a.

14. Scattering. 32. SCHUSTER's Problem. Before considering SCHWARZSCHILD's and LINDBLAD's higher approximations to the problem of radiative equilibrium we shall consider the closely analogous problem of pure scattering. It was indeed the scattering problem which was actually considered by SCHWARZSCHILD, following SCHUSTER.

SCHUSTER considered the important idealised problem of pure scattering without absorption. Consider an infinite plane slab with parallel boundaries, of finite thickness, exposed on one side to radiation of given incident distribution. Let the slab be composed of purely scattering material. The problem is, what is the intensity and distribution in direction of the emergent radiation?

The exact solution depends on the law by which the scattered radiation is re-distributed in direction. For example, gaseous scattering according to RAYLEIGH's theory is according to the law $1 + \cos^2\theta'$, where θ' is the angle between the incident ray and the scattered ray. Now when the incident radiation is isotropic, whatever the law of scattering, as much radiation will be scattered in any one direction as in any other. This will be very nearly the case in the far interior of a scattering mass. The exact equations for any given law of scattering are easy to formulate but difficult to solve, and most writers have made the assumption that to a first approximation the radiation is scattered equally in all directions. We adopt this assumption.

The amount scattered within any given solid angle $d\omega$ is then

$$\sigma \frac{d\omega}{4\pi} \int I\, d\omega$$

per unit mass where σ is the scattering coefficient. Forming the equation of transfer in the usual way we find for an element of path ds

$$\frac{dI}{ds} = -\sigma\varrho\left[I - \frac{1}{4\pi}\int I\,d\omega\right].$$

When this is compared with the equation of transfer for radiative equilibrium, it is seen to be identical. Physically, of course, it must be. In radiative equilibrium the whole of the radiation absorbed is returned to the radiation field, distributed uniformly in direction. In scattering, the whole of the radiation scattered is also returned, equally distributed, on our assumption. Formally, then, any problem of scattering is identical as regards its mathematical solution with a corresponding problem in radiative equilibrium. It is simply a matter of convenience sometimes to use the nomenclature of the one and sometimes of the other.

We now return to our scattering problem of the slab of finite thickness, with radiation incident on one face. To emphasize the formal identity with radiative equilibrium it is convenient to write the equation of transfer in the form

$$\cos\theta\frac{dI}{d\tau} = I - J, \tag{145}$$

where

$$d\tau = \sigma\varrho\,dx$$

and

$$J = \frac{1}{4\pi}\int I\,d\omega. \tag{146}$$

The quantity J corresponds to the quantity B in radiative equilibrium, but it has now no relation with temperature. In a problem of pure scattering the radiation passes through the material without influencing its temperature, and the temperature radiation of the material is taken to be zero ($k = 0$).

Let the slab be of optical thickness τ_1 (measured with reference to the coefficient of scattering) and let the radiation incident on the face $\tau = \tau_1$ be $I(\tau_1, \theta)$, a given function of θ.

The state of affairs is characterised by a constant net flux of radiation, constant from place to place in the slab. This is equal to the radiation emergent at the face $\tau = 0$. The problem is to determine the net flux F or $\pi\mathfrak{F}$ and its distribution in direction in terms of $I(\tau_1, \theta)$.

Before forming a general integral equation for the function J, we shall consider separately the case of a thick slab (τ_1 large) and a thin slab (τ_1 small).

33. **Thick Slab.** By analogy with the corresponding problem in radiative equilibrium we assume as an approximate solution

$$J = J_0 + \tfrac{3}{4}\mathfrak{F}\tau. \tag{147}$$

The coefficient $\frac{3}{4}\mathfrak{F}$ is chosen to give the net flux $\pi\mathfrak{F}$ in the middle of the slab. Solving (145) with the appropriate boundary conditions, in the usual notation, we find

$$\left.\begin{aligned} I(\tau,\theta) &= I(\tau_1,\theta)\,e^{-(\tau_1-\tau)\sec\theta} + e^{\tau\sec\theta}\int_\tau^{\tau_1}(J_0 + \tfrac{3}{4}\mathfrak{F}t)\,e^{-t\sec\theta}\sec\theta\,dt \\ &= I(\tau_1,\theta)\,e^{-(\tau_1-\tau)\sec\theta} + (J_0 + \tfrac{3}{4}\mathfrak{F}\tau + \tfrac{3}{4}\mathfrak{F}\cos\theta) \\ &\quad - e^{-(\tau_1-\tau)\sec\theta}[J_0 + \tfrac{3}{4}\mathfrak{F}\tau_1 + \tfrac{3}{4}\mathfrak{F}\cos\theta] \end{aligned}\right\} \tag{148}$$

and similarly, for the inward intensity at any point,

$$I'(\tau,\psi) = J_0 + \tfrac{3}{4}\mathfrak{F}(\tau - \cos\psi) + e^{-\tau\sec\psi}(\tfrac{3}{4}\mathfrak{F}\cos\psi - J_0). \tag{149}$$

Equating the net flux at the boundary $\tau = 0$ to $\pi\mathfrak{F}$ we have

$$\left.\begin{aligned}\pi\mathfrak{F} &= 2\pi\int_0^{\frac{1}{2}\pi} I(0,\theta)\cos\theta\sin\theta\,d\theta\\ &= 2\pi\Bigg[\int_0^{\frac{1}{2}\pi} I(\tau_1,\theta)\,e^{-\tau_1\sec\theta}\cos\theta\sin\theta\,d\theta + \tfrac{1}{2}J_0 + \tfrac{1}{4}\mathfrak{F}\\ &\quad -\int_0^{\frac{1}{2}\pi}(J_0 + \tfrac{3}{4}\mathfrak{F}\tau_1 + \tfrac{3}{4}\mathfrak{F}\cos\theta)\,e^{-\tau_1\sec\theta}\sin\theta\cos\theta\,d\theta\Bigg]\end{aligned}\right\} \tag{150}$$

and similarly, calculating the net flux at the boundary $\tau = \tau_1$, we have

$$\left.\begin{aligned}\pi\mathfrak{F} &= 2\pi\int_0^{\frac{1}{2}\pi} I(\tau_1,\theta)\cos\theta\sin\theta\,d\theta\\ &\quad - 2\pi\Bigg[\tfrac{1}{2}(J_0 + \tfrac{3}{4}\mathfrak{F}\tau_1) - \tfrac{1}{4}\mathfrak{F} + \int_0^{\frac{1}{2}\pi}(\tfrac{3}{4}\mathfrak{F}\cos\psi - J_0)e^{-\tau_1\sec\psi}\cos\psi\sin\psi\,d\psi\Bigg].\end{aligned}\right\} \tag{151}$$

Now assume τ_1 is so large that the terms with exponential factors may be neglected. We then find from (150)

$$J_0 = \tfrac{1}{2}\mathfrak{F}$$

and writing this in (151), we find

$$\pi\mathfrak{F} = \frac{2\pi\int_0^{\frac{1}{2}\pi} I(\tau_1,\theta)\cos\theta\,\sin\theta\,d\theta}{1 + \frac{3}{4}\tau_1}. \tag{152}$$

The numerator is the incident flux. We thus see that for a thick slab the emergent flux is equal to the incident flux divided by $(1 + \frac{3}{4}\tau_1)$, a result due in principle to SCHUSTER. If the incident radiation is uniformly distributed, say

$$I(\tau_1,\theta) = I_1$$

then

$$\mathfrak{F} = \frac{I_1}{(1 + \frac{3}{4}\tau_1)}. \tag{153}$$

This result can be derived more simply from the theory of radiative equilibrium. In radiative equilibrium we know that in the far interior, we have on a first approximation

$$I(\tau,\theta) = \tfrac{1}{2}\mathfrak{F}(1 + \tfrac{3}{2}\tau) + \tfrac{3}{4}\mathfrak{F}\cos\theta$$

and consequently at τ the outward flux (not the net flux, which is the outward flux less the inward flux) is

$$2\pi\int_0^{\frac{1}{2}\pi} I(\tau,\theta)\cos\theta\sin\theta\,d\theta = \pi\mathfrak{F}\,[1 + \tfrac{3}{4}\tau]. \tag{154}$$

Now in the case of the slab, the radiation $I(\tau_1, \theta)$ is differently distributed, but it must give the same outward flux, since the net flux is the same and the inward flux, being derived only from the slab itself, must also be the same. Hence (154) must give a flux equal to the outward (incident) flux, in agreement with (152).

Schuster himself obtained an approximation by using the equations of linear flow. We have as usual

$$\frac{1}{2}\frac{dI}{d\tau} = I - J, \qquad \frac{1}{2}\frac{dI'}{d\tau} = J - I',$$

and the solution

$$I = \mathfrak{F}(1 + \tau),$$
$$J = \mathfrak{F}(\tfrac{1}{2} + \tau),$$
$$I' = \mathfrak{F}\tau.$$

Hence

$$\mathfrak{F} = \frac{I_1}{1 + \tau_1}$$

which is Schuster's form after making a correction. On this approximation the coefficient of darkening comes out as $\frac{2}{3}$.

It should be particularly noticed that the incident flux is not cut down exponentially. It is cut down merely by a factor linear in τ_1. A great deal of radiation scattered in the first instance is returned to the outward beam. Of course all the incident radiation not emergent at $\tau = 0$ emerges behind at $\tau = \tau_1$.

The law of darkening of the radiation emergent at $\tau = 0$ is, for a thick slab,

$$I(\tau, \theta) = \tfrac{1}{2}\mathfrak{F}(1 + \tfrac{3}{2}\cos\theta) \tag{154'}$$

corresponding to a coefficient of darkening $u = \frac{3}{5}$, exactly as in radiative equilibrium. Thus after passing through a thick slab, the radiation loses all trace of its origin as regards its distribution in direction. The result $u = \frac{3}{5}$ is independent of the law of darkening of the incident radiation, i. e. independent of the variation of $I(\tau_1, \theta)$ with θ, provided τ_1 is large enough. Likewise, the result $u = \frac{3}{5}$ is independent of the coefficient of scattering, provided this is large enough.

34. Thin Slab. Suppose we have a thin slab of optical thickness τ_1. The emergent flux is equal to the incident flux, less that removed by scattering. Of the amount scattered in the first instance, one half will be scattered backwards, and one half scattered forwards. We have therefore

$$\pi\mathfrak{F} = 2\pi\int_0^{\frac{1}{2}\pi} I(\tau_1, \theta)\cos\theta\sin\theta\, d\theta - \tfrac{1}{2}\tau_1 2\pi\int_0^{\frac{1}{2}\pi} I(\tau_1, \theta)\sec\theta\cos\theta\sin\theta\, d\theta$$

the factor $\sec\theta$ occurring for the obliquity of the path through the thin slab. If

$$I(\tau_1, \theta) = I_1(1 - u + u\cos\theta) \tag{155}$$

we find

$$\frac{\pi\mathfrak{F}}{2\pi\int I_1\cos\theta\sin\theta\, d\theta} = 1 - \tau_1\frac{1 - \frac{1}{2}u}{1 - \frac{1}{3}u}. \tag{156}$$

This is valid only for τ_1 small. It can be shown that the law of darkening is slightly altered from the law (155) in the direction approaching $u = \frac{3}{5}$.

35. The Integral Equation for Scattering. On introducing the general expressions

$$I(\tau, \theta) = I(\tau_1, \theta)\, e^{-(\tau - \tau_1)\sec\theta} + e^{\tau\sec\theta}\int_\tau^{\tau_1} J(t)\, e^{-t\sec\theta}\sec\theta\, dt \tag{157}$$

$$I'(\tau, \psi) = e^{-\tau\sec\psi}\int_0^\tau J(t)\, e^{t\sec\psi}\sec\psi\, dt \tag{158}$$

in the defining equation for J (146), and reducing as in § 15 (a) we find

$$J(\tau) = \tfrac{1}{2}\int_0^{\frac{1}{2}\pi} I(\tau_1, \theta)\, e^{-(\tau_1-\tau)\sec\theta} \sin\theta\, d\theta + \tfrac{1}{2}\int_0^{\tau_1} J(t)\, Ei(|\tau - t|)\, dt. \qquad (159)$$

Consider the particular case in which $I(\tau_1, \theta) = I_1$, independent of direction. Then

$$J(\tau) = \tfrac{1}{2} I_1 Ei_2(\tau_1 - \tau) + \tfrac{1}{2}\int_0^{\tau_1} J(t)\, Ei(|\tau - t|)\, dt. \qquad (160)$$

If we let $\tau_1 \to \infty$ in this, the first term on the right hand side vanishes, and we recover the integral equation for radiative equilibrium (65), in a semi-infinite mass possessing a single plane boundary at $\tau = 0$.

Another integral equation[1] can be obtained by substituting the expressions for $I(\tau, \theta)$ and $I'(\tau, \psi)$ in the equation expressing the constancy of net flux. We find

$$\left.\begin{aligned} \mathfrak{F} = {} & 2\int_0^{\frac{1}{2}\pi} I(\tau_1, \theta)\, e^{-(\tau_1-\tau)\sec\theta} \cos\theta \sin\theta\, d\theta + 2\int_\tau^{\tau_1} J(t)\, Ei_2(t - \tau)\, dt \\ & - 2\int_0^{\tau} J(t)\, Ei_2(\tau - t)\, dt. \end{aligned}\right\} \qquad (161)$$

If we let $\tau_1 \to \infty$ in this, we find

$$\mathfrak{F} = 2\int_\tau^{\infty} J(t)\, Ei_2(\tau - t)\, dt - 2\int_0^{\tau} J(t)\, Ei_2(\tau - t)\, dt \qquad (162)$$

which is an alternative form of the equation of radiative equilibrium (63). For the far interior, the corresponding form is

$$\mathfrak{F} = 2\int_\tau^{\infty} J(t)\, Ei_2(t - \tau)\, dt - 2\int_{-\infty}^{\tau} J(t) Ei_2(\tau - t)\, dt. \qquad (163)$$

This has the exact solution $J = \text{const} + \tfrac{3}{4}\mathfrak{F}\tau$. Equation (163) is perhaps the most significant form of the integral equation for radiative equilibrium, as it puts in evidence the net flux.

35a. SCHWARZSCHILD's Solution of the Integral Equation for Scattering. Equation (160) has been discussed by SCHWARZSCHILD in an important memoir[2]. His method is as follows. From the SCHUSTER-SCHWARZSCHILD approximate solution for radiative equilibrium (§ 20), we see that an approximate solution for the scattering problem would be

$$J = \mathfrak{F}(\tfrac{1}{2} + \tau)$$
$$I = \mathfrak{F}(1 + \tau),$$

whence the incident radiation I_1 is given by

$$I_1 = \mathfrak{F}(1 + \tau_1).$$

Hence

$$J = \frac{I_1(\tfrac{1}{2} + \tau)}{1 + \tau_1}.$$

---

[1] Equations (161), (162), (163) were not given by SCHWARZSCHILD.
[2] Berlin Sitzber 1914, p. 1183.

This SCHWARZSCHILD calls the SCHUSTER approximation. (It can be easily derived directly by the equations of "linear flow"). SCHWARZSCHILD investigated the error of this approximation. Writing $J(\tau)$ in the form

$$J(\tau) = I_1 \frac{\frac{1}{2} + \tau + L(\tau)}{1 + \tau_1}$$

he found the integral equation satisfied by $L(\tau)$ and demonstrated by some elegant analysis (1) that $L(\tau) + L(\tau_1 - \tau) = 0$, (2) that $|L(\tau)| < \frac{1}{2}$ for $0 < \tau < \tau_1$, (3) that as $\tau_1 \to \infty$, $L(\tau)$ tends to a definite limit function $L_0(\tau)$. It follows that the solution of the integral equation (65) is of the form

$$B(\tau) = \text{const} \times (\tfrac{1}{2} + \tau + L_0(\tau))$$

where $|L_0(\tau)| < \frac{1}{2}$. This result is in one sense more precise than our previous result $B(\tau) \backsim \text{const} + \frac{3}{4}\mathfrak{F}\tau$, since it asserts something about the size of the constant: but it is less precise in that it does not evaluate the constant multiplying factor.

SCHWARZSCHILD'S analysis ought at the present time to be repeated, starting with the form

$$J(\tau) = \frac{I_1(\frac{1}{2} + \frac{3}{4}\tau + L(\tau))}{1 + \frac{3}{4}\tau_1}.$$

We can make a deduction from this. It is not difficult to show, following SCHWARZSCHILD'S methods, that as before

$$L(\tau) + L(\tau_1 - \tau) = 0$$

so that

$$L(\tfrac{1}{2}\tau_1) = 0.$$

Hence putting $\tau = \frac{1}{2}\tau_1$

$$J(\tfrac{1}{2}\tau_1) = \frac{I_1(\frac{1}{2} + \frac{3}{8}\tau_1)}{1 + \frac{3}{4}\tau_1} = \tfrac{1}{2} I_1.$$

When τ_1 is large, the point $\tau = \tau_1$ is in the far interior of the slab. Here we know from our previous work that

$$J(\tau) \backsim \mathfrak{F}(a + \tfrac{3}{4}\tau),$$

where a is a constant in the neighbourhood of 0,511. Hence

$$\mathfrak{F} = \frac{\frac{1}{2} I_1}{a + \frac{3}{8}\tau_1} = \frac{I_1}{2a + \frac{3}{4}\tau_1}$$

when τ_1 is large. This is the correct form of which (153) above is an approximation.

SCHWARZSCHILD[1] and LINDBLAD[2] have evaluated the function $L(\tau)$ numerically. They approximated to the integral equation (160) by replacing it by a number of simultaneous differential equations. SCHWARZSCHILD took $\tau_1 = 8$, and used 20 simultaneous equations. LINDBLAD introduced simplifications into the method, and took account of the condition of constancy of net flux. Some of the results of SCHWARZSCHILD and LINDBLAD are given in Table I above, cols. (η) and (ζ) reduced to the case of $\mathfrak{F} = 1$.

The law of darkening corresponding to SCHWARZSCHILD'S solution was also found by SCHWARZSCHILD. It is tabulated in Table II, col (η).

15. The Relation between the Law of Darkening and the Temperature Distribution[3]. 36. The Problem. We have seen that if $B(\tau) = (\sigma/\pi)\, T^4$ is the temperature distribution, given as a function of the optical depth τ, then the emergent

[1] Berlin Sitzber 1914, p. 1183.
[2] Nova Acta R. Soc. Upsal. Series 4, vol. 6, Nr 1 (1923).
[3] MILNE, Phil Trans Roy Soc 223 A, p. 214 (1922); LUNDBLAD, Ap J 58, p. 113 (1923).

radiation $I(0, \theta)$ is given by

$$I(0, \theta) = \int_0^\infty B(\tau)\, e^{-\tau \sec\theta} \sec\theta\, d\tau. \tag{164}$$

If $B(\tau) = \text{const}$, $I(0, \theta)$ is independent of θ. When $B(\tau)$ is not constant, the steeper the temperature gradient the greater the value of $I(0, 0)$ as compared with $I(0, \frac{1}{2}\pi)$, and the more rapid the darkening towards the limb. The question arises, can we deduce anything about the temperature distribution if the law of darkening is given?

37. Solution. Formally we can solve this problem as follows. Put $\cos\theta = \mu$, and write

$$I(0,\theta) = \psi(\mu).$$

Then (164) becomes

$$\psi(\mu) = \int_0^\infty B(\mu\tau)\, e^{-\tau}\, d\tau = \int_0^\infty B(\tau)\, e^{-\tau/\mu} (1/\mu)\, d\tau. \tag{164'}$$

Clearly $\psi(0) = B(0)$. Differentiating with regard to μ and putting $\mu = 0$ and repeating the process, we find successively

$$\psi'(\mu) = \int_0^\infty B'(\mu\tau)\, \tau\, e^{-\tau}\, d\tau, \qquad \psi'(0) = B(0),$$

$$\psi''(\mu) = \int_0^\infty B''(\mu\tau)\, \tau^2 e^{-\tau}\, d\tau, \qquad \psi''(0) = 2!\, B''(0)$$

$$\psi^{(n)}(\mu) = \int_0^\infty B^{(n)}(\mu\tau)\, \tau^n e^{-\tau}\, d\tau, \qquad \psi^{(n)}(0) = n!\, B^{(n)}(0).$$

Assuming now the possibility of expanding $B(\tau)$ as a TAYLOR series in powers of τ we have

$$\left.\begin{aligned} B(\tau) &= B(0) + \frac{\tau}{1!} B'(0) + \cdots + \frac{\tau^n}{n!} B^n(0) + \cdots \\ &= \psi(0) + \tau \frac{\psi'(0)}{(1!)^2} + \cdots + \frac{\tau^n \psi^{(n)}(0)}{(n!)^2} + \cdots \end{aligned}\right\} \tag{165}$$

This procedure has been criticised by FAXÉN[1] on grounds of want of rigour. We know that in strict radiative equilibrium, for example, $B'(\tau)$ is logarithmically infinite at $\tau = 0$, so the method there breaks down. Nevertheless it is plausible on physical grounds that there is only one temperature distribution compatible with a given law of darkening. And clearly (165) is the TAYLOR expansion of the temperature distribution if it exists.

The uniqueness of $B(\tau)$ given $I(0, \theta)$ (from (164)) under fairly general conditions, can be inferred from MELLIN'S "Inversion Formula". This states that under certain conditions of convergence and continuity which will be satisfied in any physical problem, the relation

$$f(s) = \int_0^\infty F(y)\, e^{-sy}\, dy \tag{166}$$

implies

$$F(x) = \frac{1}{2\pi i} \int_{a-i\infty}^{a+i\infty} f(s)\, e^{sx}\, ds \tag{167}$$

[1] A N 224, p. 241 (1925).

where $a > 0$. In (166) write $F(y) = B(y)$, $s = 1/\mu$, $f(s) = \mu\psi(\mu)$: it becomes (164′) whence by (167)

$$B(x) = \frac{1}{2\pi i}\int\limits_{1/\mu=a-i\infty}^{1/\mu=a+i\infty} \mu\,\psi(\mu)\,e^{x/\mu}\,d\left(\frac{1}{\mu}\right) = \frac{1}{2\pi i}\int\limits_{C}\frac{\psi(\mu)\,e^{x/\mu}\,d\mu}{\mu} \tag{168}$$

C being a circle with the points $z = 0$, $z = 1/a$ as diameter, and the principal value of the integral being taken. Formula (165) is formally equivalent to (168).

38. Application to the Temperature Distribution in the Superficial Layers of a Star. The most interesting application of (165) is to the case where the observed law of darkening is a cosine law with a coefficient of darkening u. We have then

$$I(0,\theta) = I(0,0)\,(1 - u + u\cos\theta),$$

whence by (165)

$$B(\tau) = I(0,0)\,(1 - u + u\tau)$$

or since $\mathfrak{F}_0 = I(0,0)\,(1 - \frac{1}{3}u)$,

$$B(\tau) = \mathfrak{F}_0\,\frac{1 - u + u\tau}{1 - \frac{1}{3}u}, \tag{169}$$

where $\pi\mathfrak{F}_0$ is the net flux at the boundary. Formula (169) gives the temperature distribution implied by an observed coefficient of darkening u and observed flux $\pi\mathfrak{F}_0$.

The fact that an observed law of darkening implies a definite temperature distribution has an important application to the sun, to which we shall return later. We are enabled to deduce the temperature distribution in the interior as a function of τ. The question then arises as to the extent to which the state so found is one of radiative equilibrium. If it is not one of strict radiative equilibrium, and the state is steady, energy must be being transported by other means than radiation, namely convection and conduction.

Corresponding to the distribution (169) we have from the usual formulae

$$I(\tau,\theta) = \frac{\mathfrak{F}_0}{1 - \frac{1}{3}u}\,[1 - u + u\tau + u\cos\theta],$$

$$I'(\tau,\psi) = \frac{\mathfrak{F}_0}{1 - \frac{1}{3}u}\,[1 - u + u\tau - u\cos\psi + e^{-\tau\sec\psi}\,(u\cos\psi - 1 + u)].$$

The radiative net flux at any point $F = \pi\mathfrak{F}$ and the liberation of energy $4\pi\varepsilon$ are found to be given by

$$\mathfrak{F} = \mathfrak{F}_0 - \frac{2\mathfrak{F}_0}{1 - \frac{1}{3}u}\int\limits_1^\infty \frac{(1-u)\,\mu - u}{\mu^4}\,(1 - e^{-\tau\mu})\,d\mu, \tag{170}$$

$$\frac{\varepsilon}{k} = \frac{\frac{1}{2}\mathfrak{F}_0}{1 - \frac{1}{3}u}\int\limits_1^\infty \frac{(1-u)\,\mu - u}{\mu^3}\,e^{-\tau\mu}\,d\mu. \tag{171}$$

Now the total net flux of energy of all kinds, say F, must be constant in the steady state. It is made up of the radiation flux F and the convective and conductive fluxes, forming together say F'. Thus

$$\mathsf{F} = \text{constant} = F + F'.$$

We use the suffix ∞ to denote a layer just so deep that $e^{-\tau}$ is negligible. This is the furthest depth to which we can see into a star. Hence

$$F_0 + F_0' = F_\infty + F_\infty'.$$

Now $F'_0 = 0$. For there can be no positive convection or conduction flux out to space; there can be no downward conductive flux, and it is physically absurd to suppose that there is a real downward convective flux, since this would mean that the surface layers were warming up faster by absorption than they could radiate to space. Hence

$$F_0 = F_\infty + F'_\infty.$$

If at great depth there is no appreciable conductive or convective flux, we shall have also $F'_\infty = 0$, whence $F_0 = F_\infty$. This requires $\mathfrak{F}_0 = \mathfrak{F}_\infty$, or, letting $\tau \to \infty$ in (170)

$$\int_1^\infty \frac{(1-u)\,\mu - u}{\mu^4}\, d\mu = 0$$

which gives $u = \frac{3}{5}$. If however the net conductive plus convective flux is not zero at great depths, we should expect it to be upwards, which would require $F'_\infty \geqq 0$, or $F_0 \geqq F_\infty$. This requires from (170)

$$\int_1^\infty \frac{(1-u)\,\mu - u}{\mu^4}\, d\mu > 0$$

or

$$u \leqq \tfrac{3}{5}. \tag{172}$$

The surface layers must then be receiving heat by conduction and convection, i. e. they are converting heat received in this fashion into radiation, so that $\varepsilon > 0$ for τ small. For $\tau = 0$, this requires

$$\int_1^\infty \frac{(1-u)\,\mu - u}{\mu^3}\, du > 0$$

or

$$u < \tfrac{2}{3}$$

which is already satisfied.

If $\mathfrak{F}'_0 > 0$, convection is already transporting heat from below the deepest layer to which we can see. There will be a certain depth at which, as we descend, ε changes sign from a positive value to a negative one. Heat will be being convected from below this level to above it. Now for τ large, we have from (171)

$$\frac{\varepsilon}{k} = \frac{\frac{1}{2}\mathfrak{F}_0}{1 - \frac{1}{3}u}\left[\frac{(1-2u)\,e^{-\tau}}{\tau} + \cdots\right]$$

so that convection is or is not being actually originated within the depth to which we can see according as $u > \frac{1}{2}$ or $u < \frac{1}{2}$. When $u > \frac{1}{2}$, there is an excess of absorption over emission at the base of the layer in question, and this changes to an excess of emission over absorption higher up (provided $u < \frac{2}{3}$): convection is thus being originated within the layer. When $u < \frac{1}{2}$, heat transported from great depths by convection is being converted into radiation throughout the whole of the layer, since $\varepsilon > 0$. We should expect proximity to the boundary to be a cause of convection, and thus it is probable that $u \geqq \frac{1}{2}$.

This latter inequality is much less certain than the inequality $u < \frac{3}{5}$, but assuming its physical basis to be correct we have altogether $\frac{1}{2} < u \leqq \frac{3}{5}$ as the range for the coefficient of darkening.

16. The Reflection Effect in Eclipsing Binaries[1]. 39. Star Subject to External Radiation. Hitherto we have taken the incident radiation at the boundary to be zero. In the case of close binaries the radiation from the one star

[1] M N 87, p. 43 (1926).

at the surface of the other star is appreciable and it becomes important to discuss the radiative equilibrium of the outer layers of a star subject to external radiation.

We first notice[1] that a star necessarily re-emits all the radiation falling on it. In other words, the heat albedo is unity. This is so because the heat emitted by the star in the absence of incident radiation is generated in the far interior. The outer layers merely adjust themselves so as to let this heat flow through them. This flow of heat will remain unaffected by any radiation incident from outside—the small radiation pressure on the surface will have a completely negligible effect in influencing conditions in the far interior. The effect of the external radiation is to maintain the outer layers at a higher temperature than they would otherwise possess. In the steady state this temperature is just sufficient to space an amount of energy equal to that incident on them. If this were not so, i. e. if the heat albedo were less than unity, the outer layers would be transmitting the missing heat to the far interior, and thus the net flow from the far interior would be reduced, contrary to what has been said above.

The incident radiation is absorbed in the outer layers, and re-emitted. It is convenient to speak of this as "reflected" radiation, but it must not be confused with true reflection.

The principal problems are the determination of the increased surface temperature due to the presence of the other star, and the determination of the law of distribution of the reflected radiation in direction—the law of darkening for the reflected light.

40. Idealised Problem. Superposition of Solutions. We discuss in the first instance an idealised problem. Consider a semi-infinite mass of material with a plane boundary, stratified in parallel planes, and exposed to incident radiation on the boundary. We suppose the state to be a steady one, in strict radiative equilibrium. Let F be the net flux, being the radiation generated in the far interior.

We now note that without loss of generality we can take $F = 0$. For solutions can be superposed. Suppose $(\sigma/\pi)\, T^4 = B_1(\tau)$ is a temperature distribution which gives a net flux F with the condition of zero incident radiation, and suppose $(\sigma/\pi)\, T^4 = B_2(\tau)$ is a second temperature distribution which gives zero net flux with the incident radiation equal to its given value. Then all the equations are linear, and accordingly the temperature distribution

$$(\sigma/\pi)\, T^4 = B_1(\tau) + B_2(\tau)$$

will give a net flux F with the incident radiation equal to its given value. Further the intensity of radiation I at any point may be written $I_1 + I_2$, where I_1 is derived from B_1 and I_2 from B_2 in the usual way. The part I_1 will correspond to a net flux F, and in fact be identical with the solution we have discussed earlier. It remains to determine B_2 and I_2.

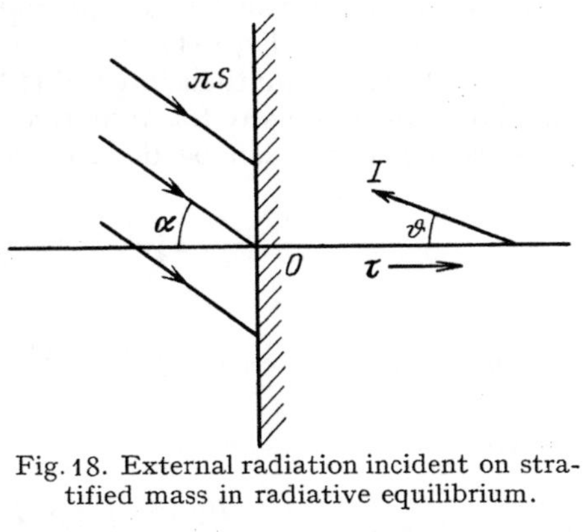

Fig. 18. External radiation incident on stratified mass in radiative equilibrium.

We now omit the suffixes, and determine a temperature distribution $B(\tau)$ corresponding to zero net flux with a given incident radiation. Let the incident radiation consist of a parallel beam of flux πS per unit area normal to itself, incident at an angle α with the normal to the boundary (Fig. 18). Then the flux

[1] Eddington, M N 86, p. 320 (1926).

incident on the boundary per unit area of the boundary is $\pi S \cos\alpha$. This beam will be absorbed exponentially as it penetrates the material, and at a depth τ the flux contained in the parallel beam, per unit area perpendicular to Ox, is

$$\pi S e^{-\tau \sec\alpha} \cos\alpha .$$

Let $I(\tau, \theta)$ be the intensity of radiation at the point τ in the direction θ, as derived from the material. It will be observed that we distinguish between the beam $\pi S e^{-\tau \sec\alpha} \cos\alpha$, which though attenuated maintains its individuality at all depths, and the intensity $I(\tau, \theta)$, (a continuous function of θ) of the radiation other than that contained in the beam.

The equation of transfer is as usual

$$\cos\theta \frac{dI(\tau,\theta)}{d\tau} = I(\tau,\theta) - B . \tag{173}$$

The absorption of the incident beam in $d\tau$ at a depth τ is

$$\pi S e^{-\tau \sec\alpha} \cos\alpha \sec\alpha \, d\tau = \pi S e^{-\tau \sec\alpha} d\tau .$$

Hence the equation of radiative equilibrium is

$$\int I d\omega + \pi S e^{-\tau \sec\alpha} = 4\pi B . \tag{174}$$

Multiplying (173) by $d\omega$, integrating and using (174) we have

$$\frac{d}{d\tau} \int I \cos\theta \, d\omega = -\pi S e^{-\tau \sec\alpha} ,$$

which integrates with respect to τ in the form

$$\int I \cos\theta \, d\omega = \pi S \cos\alpha \, e^{-\tau \sec\alpha} . \tag{175}$$

This is the equation expressing that the net flux is zero. For the left-hand side represents the outward flux, the right-hand side the inward flux.

41. Integral Equation for the Temperature Distribution. Equations (173), (174) and their integral (175) can be discussed by means of the various methods already used for radiative equilibrium. In particular, the following integral equations can be deduced for $B(\tau)$:

$$B(\tau) = \tfrac{1}{4} S e^{-\tau \sec\alpha} + \tfrac{1}{2} \int_0^\infty B(t) \, Ei(|t-\tau|) \, dt \tag{176}$$

$$\Phi'(\tau) = \frac{1}{4} S e^{-\tau \sec\alpha} + \int_0^\tau \frac{\Phi(\tau+y) - \Phi(\tau-y)}{2y} e^{-y} dy + \int_\tau^\infty \frac{\Phi(\tau+y)}{2y} e^{-y} dy , \tag{177}$$

where

$$\Phi(\tau) = \int_0^\tau B(\tau) d\tau , \qquad \Phi'(\tau) = B(\tau) .$$

From the latter it can be seen that $B'(\tau)$ has a singularity at the origin, behaving like $\log \tau$.

42. Approximate Solution. To obtain approximate solutions it is better to use the equations of linear flow. Using I and I' now to denote the mean out-

ward and inward intensities, equation (173) splits up in the usual way into the two equations

$$\frac{1}{2}\frac{dI}{d\tau} = I - B\,, \qquad \frac{1}{2}\frac{dI'}{d\tau} = B - I'\,, \tag{178, 179}$$

whilst (174) and (175) reduce to

$$I + I' + \tfrac{1}{2} S e^{-\tau \sec\alpha} = 2B\,, \tag{180}$$

$$I - I' = S \cos\alpha\, e^{-\tau\sec\alpha}\,. \tag{181}$$

It should be noted that (181) is merely an integral of (178) and (179) when condition (180) is taken into account. We have from (180) and (181)

$$I = B + \tfrac{1}{2} S e^{-\tau\sec\alpha}(\cos\alpha - \tfrac{1}{2})\,, \tag{182}$$

$$I' = B - \tfrac{1}{2} S e^{-\tau\sec\alpha}(\cos\alpha + \tfrac{1}{2})\,, \tag{183}$$

and inserting this in (178) and integrating, we find

$$B(\tau) = a - S(\cos^2\alpha - \tfrac{1}{4}) e^{-\tau\sec\alpha}\,. \tag{184}$$

The boundary condition is $I'(0) = 0$. This determines a, and we have as our approximation to B

$$B(\tau) = S(\cos\alpha + \tfrac{1}{2})\,[\cos\alpha - (\cos\alpha - \tfrac{1}{2}) e^{-\tau\sec\alpha}]\,. \tag{185}$$

This, it must be remembered, must be superposed on the ordinary temperature distribution. Considered by itself, it gives a temperature distribution with a definite boundary temperature and a definite limiting temperature in the far interior. If the emergent flux πS corresponds to an effective temperature T_1', we have $\pi S = \sigma T_1'^4$, and then writing $B_0 = (\sigma/\pi)\, T_0'^4$, $B_\infty = (\sigma/\pi)\, T_\infty'^4$, we find

$$T_0'^4 = \tfrac{1}{2} T_1'^4 (\tfrac{1}{2} + \cos\alpha)\,,$$

$$T_\infty'^4 = T_1'^4 \cos\alpha\,(\tfrac{1}{2} + \cos\alpha)\,.$$

The true boundary temperature T_0 is given by

$$T_0^4 = \tfrac{7}{16} T_1^4 + \tfrac{1}{2} T_1'^4 (\tfrac{1}{2} + \cos\alpha)\,,$$

T_1 being the effective temperature of the star alone.

We can now use (185) to determine the emergent radiation $I(0,\theta)$ as a function of θ by introducing it in the equation of transfer and solving in the usual manner. We find

$$\left.\begin{aligned} I(0,\theta) &= \int_0^\infty B(\tau) e^{-\tau\sec\theta} \sec\theta\, d\tau \\ &= S\,\frac{\cos\alpha\,(\cos\alpha + \frac{1}{2})(\cos\theta + \frac{1}{2})}{\cos\theta + \cos\alpha}\,. \end{aligned}\right\} \tag{186}$$

This gives the law of darkening of the reflected radiation. It is quite different from the law of darkening of the ordinary radiation.

We will now examine the errors of this approximation. The outward flux given by (186) is

$$2\pi \int_0^{\frac{1}{2}\pi} I(0,\theta) \cos\theta \sin\theta\, d\theta =$$

$$\pi S \cos\alpha\,[1 + \cos\alpha\,(2\cos\alpha - 1)\{(\cos\alpha + \tfrac{1}{2}) \log(1 + \sec\alpha) - 1\}]\,,$$

whilst the inward flux is $\pi S \cos\alpha$. The two should be equal. The following table shows the values of the proportional error, namely,

$$\cos\alpha\,(2\cos\alpha - 1)\left[(\cos\alpha + \tfrac{1}{2})\log(1 + \sec\alpha) - 1\right]$$

for different values of α:

$\cos\alpha$	Proportional error in flux	$\cos\alpha$	Proportional error in flux
1	+0,039	0,2	−0,031
0,8	+0,026	0,1	−0,035
0,5	0,000	0,0	0,000
0,3	−0,021		

It will be seen that the error is always less than 4 per cent.

Another test is to work out the extent to which the condition of radiative equilibrium is satisfied at the boundary. Per unit optical mass, the emission is $4\pi B(0)$ or

$$2\pi S(\cos\alpha + \tfrac{1}{2})$$

whilst the absorption is

$$2\pi \int_0^{\frac{1}{2}\pi} I(0,\theta)\sin\theta\,d\theta + \pi S =$$

$$2\pi S\left[(\cos\alpha + \tfrac{1}{2}) + \cos\alpha(\cos\alpha - \tfrac{1}{2})\left\{1 - (\cos\alpha + \tfrac{1}{2})\log(1 + \sec\alpha)\right\}\right].$$

We see that the error vanishes for $\cos\alpha = 0$ and $\cos\alpha = \frac{1}{2}$. For $\cos\alpha = 1$, the emission is $3\pi S$, the absorption is $2{,}961\,\pi S$, an error of 1,3 per cent.

We proceed to consider a second approximation. We see that according to (185), $B(\tau)$ is of the form

$$B(\tau) = a - b\,e^{-\tau\sec\alpha} \tag{187}$$

and it is clear that one way of obtaining a higher approximation is to assume this form for $B(\tau)$ and then determine a and b so that the flux condition and radiative equilibrium condition are exactly satisfied at the boundary. (We choose the boundary, here, and do not bother about the far interior. In the far interior the flux tends to zero naturally, since for τ large the distribution is isothermal. Reflection, i. e. absorption and re-emission, occurs chiefly in the superficial layers, so that it is natural to choose our constants so as to get the best fit at the boundary.) The emergent radiation corresponding to (187) is

$$I(0,\theta) = a - b\frac{\cos\alpha}{\cos\alpha + \cos\theta}. \tag{188}$$

Inserting this in the flux equation (175) and the condition of radiative equilibrium (174) with $\tau = 0$ we find respectively

$$a - 2b\cos\alpha\left[1 - \cos\alpha\log(1 + \sec\alpha)\right] = S\cos\alpha$$

$$a - b\left[2 - \cos\alpha\log(1 + \sec\alpha)\right] = \tfrac{1}{2}S,$$

whence

$$\frac{a}{\cos\alpha} = \frac{b}{\cos\alpha - \frac{1}{2}} = \frac{\frac{1}{2}S}{1 - \cos\alpha + \cos\alpha(\cos\alpha - \frac{1}{2})\log(1 + \sec\alpha)}.$$

For $\cos\alpha = \frac{1}{2}$ and $\cos\alpha = 0$, the values of a and b are the same as on the first approximation (185). For $\cos\alpha = 1$, we find $a - S/\log 2 = 1{,}443\,S$ instead of $a = 1{,}5\,S$, and $b = S/2\log 2 = 0{,}721\,S$ instead of $b = 0{,}75\,S$. The changes are trifling. The emergent radiation is now from (178)

$$I(0,\theta) = a\frac{\cos\theta + \frac{1}{2}}{\cos\theta + \cos\alpha} \tag{189}$$

and so the law of darkening is unaltered (cf. equation (186)).

The general conclusion is that the temperature distribution (185) and the law of darkening (186) are good approximations, sufficiently accurate for practical purposes.

43. Application to Binary Stars. We now apply to a close binary. Consider first the reflection of light at full phase, when as seen from the earth the centre S_2 of the secondary is behind the centre S_1 of the primary (Fig. 19). As a first approximation, the solid angle subtended by the primary at a point P of the secondary may be taken as 0. The angle of incidence α at any point P of the secondary is then approximately equal to the angle of emergence θ of

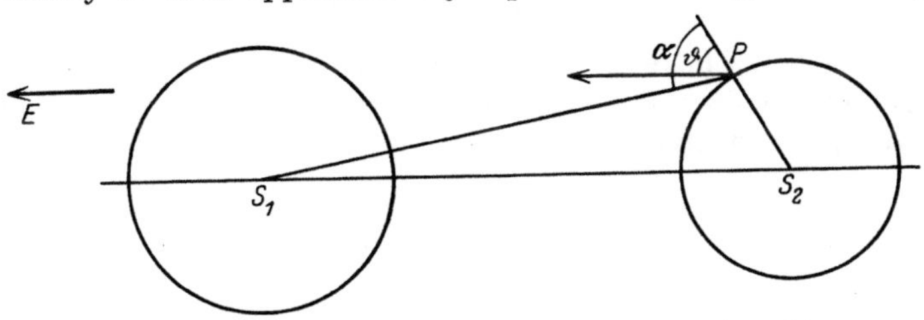

Fig. 19. Reflection of light by components of close binary.

the light radiated to the earth from P. If L_1 is the luminosity of the primary, a the distance between the centres, the flux πS at P is approximately $L_1/4\,\pi a^2$, and the intensity of light reflected towards the earth is

$$I(0,\theta) = \frac{L_1}{4\pi a^2}\,\frac{1}{\pi}\left[\frac{\cos\alpha(\cos\alpha+\frac{1}{2})(\cos\theta+\frac{1}{2})}{(\cos\alpha+\cos\theta)}\right]_{\alpha=\theta} = \frac{L_1}{4\pi a^2}\,\frac{(\cos\theta+\frac{1}{2})^2}{2\pi}. \tag{190}$$

The law of darkening of the disc for reflected light, at full phase, is accordingly

$$\frac{I(0,\theta)}{I(0,0)} = \left(\frac{1+2\cos\theta}{3}\right)^2. \tag{191}$$

For example at the limb the ratio is $\frac{1}{9}$. The reflected light thus shows enormous darkening at the limb compared with the ordinary light.

To find the ratio of reflected light to ordinary light at full phase, we proceed as follows. The total light reflected to the earth inside a small solid angle $d\Omega$ from an element of area $d\sigma_2$ of the secondary is

$$\frac{L_1}{4\pi a^2}\,\frac{1}{2\pi}(\cos\theta+\tfrac{1}{2})^2\cos\theta\,d\Omega\,d\sigma_2,$$

where

$$d\sigma_2 = r_2^2\sin\theta\,d\theta\,d\Phi$$

r_2 being the radius of the secondary. The ordinary radiation from the secondary is $L_2 d\Omega/4\,\pi$. Hence the ratio is approximately

$$\left.\begin{aligned} s &= \frac{\text{reflected light}}{\text{ordinary light}}\\ &= \frac{L_1}{L_2}\,\frac{r_2^2}{a^2}\int_0^{\frac{1}{2}\pi}(\cos\theta+\tfrac{1}{2})^2\cos\theta\sin\theta\,d\theta\\ &= \frac{17}{24}\cdot\frac{L_1}{L_2}\,\frac{r_2^2}{a^2}. \end{aligned}\right\} \tag{192}$$

The increase in T_0^4 at P due to the reflected radiation, which we have called $T_0'^4$, is given by

$$\left.\begin{aligned} \sigma T_0'^4 &= \tfrac{1}{2}\pi S(\cos\alpha+\tfrac{1}{2})_{\alpha=\theta}\\ &= \tfrac{1}{2}(\cos\theta+\tfrac{1}{2})\frac{L_1}{4\pi a^2}. \end{aligned}\right\} \tag{193}$$

The surface temperature of the secondary in the absence of reflection is T_0, given by

$$\sigma T_0^4 = \frac{7}{16} \frac{L_2}{4\pi r_2^2}.$$

Hence

$$\frac{T_0'^4}{T_0^4} = \frac{8}{7} \frac{L_1}{L_2} \frac{r_2^2}{a_2} \left(\cos\theta + \frac{1}{2}\right)$$

or

$$\frac{T_0'^4}{T_0^4} = \frac{8}{7} \frac{24}{17} \left(\cos\theta + \frac{1}{2}\right) s. \tag{194}$$

For discussing the change in spectral type due to reflection we require the mean value of $T_0'^4$ obtained by taking in (194) the average value of $\cos\theta$ averaged with a weighting factor given by the law of darkening for the reflected radiation. We have

$$\overline{\cos\theta} = \frac{17}{24}\left[1 + \frac{\frac{8}{15}\left(\frac{24}{17}\right)^2}{1+s}\right] = \frac{17}{24} \cdot \frac{1 + 1{,}06\, s}{1+s},$$

whence

$$\frac{\overline{T_0'^4}}{T_0^4} = 1{,}95\, s. \tag{195}$$

When the phase is not full the algebra is more complicated, because only a portion of the hemisphere of S_2 illuminated by S_1 is visible from the earth E. Let the phase be an angle ε from full. The second diagram (Fig. 20) shows the projections of the various directions on the surface of S_2.

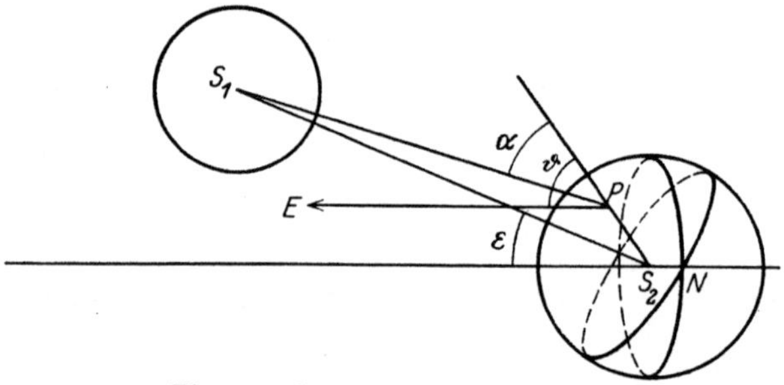

Fig. 20. Close binary at phase ε.

If Φ denotes the azimuth of a point P, measured from the plane ES_2S_1, the angle α is given by

$$\cos\alpha = \cos\theta\cos\varepsilon + \sin\theta\sin\varepsilon\cos\Phi.$$

For example, along the azimuth $\Phi = 0$, where $\alpha = \theta - \varepsilon$, the emergent intensity is now

$$I(0,\theta) = \frac{L_1}{4\pi a^2} \cdot \frac{1}{\pi} \cdot \frac{\cos(\theta-\varepsilon)\{\cos(\theta-\varepsilon)+\frac{1}{2}\}(\cos\theta+\frac{1}{2})}{\cos(\theta-\varepsilon)+\cos\theta}, \tag{196}$$

$$-(\tfrac{1}{2}\pi - \varepsilon) < \theta < \tfrac{1}{2}\pi.$$

Along this azimuth

$$I(0, \tfrac{1}{2}\pi) : I(0,\varepsilon) : I(0,\theta) : I(0, -(\tfrac{1}{2}\pi - \varepsilon))$$

$$= \frac{1}{2}\left(\sin\varepsilon + \frac{1}{2}\right) : \frac{\frac{3}{2}(\cos\varepsilon + \frac{1}{2})}{\cos\varepsilon + 1} : \frac{\frac{3}{2}\cos\varepsilon(\cos\varepsilon+\frac{1}{2})}{\cos\varepsilon+1} : 0,$$

The total light reflected inside a small solid angle $d\Omega$ is now

$$d\Omega \frac{L_1}{4\pi a^2} \cdot \frac{1}{\pi} \int \frac{\cos\alpha\,(\cos\alpha+\frac{1}{2})(\cos\theta+\frac{1}{2})}{\cos\alpha+\cos\theta}\, d\omega$$

the integral being extended to the lune enclosed between the two great circles with centres S_1 and E (Fig. 21). To evaluate this integral, we take N, a point of intersection of the two circles, and express the position of P by polar coordinates $\eta = NP$ and $\Phi' = P\hat{N}R$, R being the bisector of S_1E. We have then

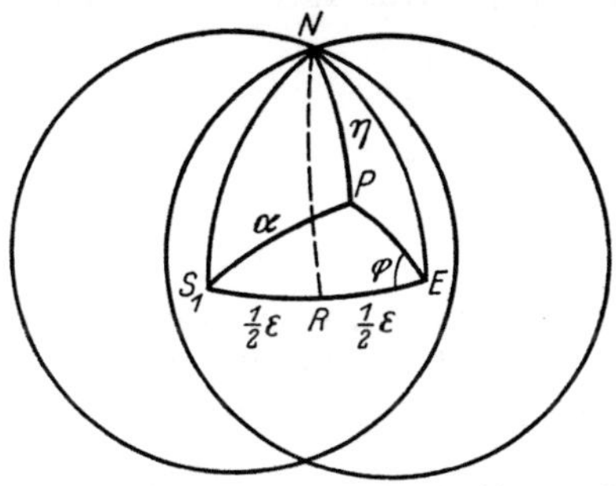

Fig. 21. Evaluation of spherical integral.

$$d\omega = \sin\eta \, d\eta \, d\Phi',$$

$$\cos\alpha = \sin\eta \cos(\tfrac{1}{2}\varepsilon + \Phi'),$$

$$\cos\theta = \sin\eta \cos(\tfrac{1}{2}\varepsilon - \Phi').$$

The limits for η are 0 and π, for Φ' are $-(\frac{1}{2}\pi - \frac{1}{2}\varepsilon)$ and $\frac{1}{2}\pi - \frac{1}{2}\varepsilon$. After some troublesome algebra we find the ratio $s(\varepsilon)$ is given by

$$s(\varepsilon) = \frac{L_1}{L_2}\frac{r^2}{a^2} f(\varepsilon) \tag{197}$$

where

$$f(\varepsilon) = \frac{(1+\cos\varepsilon)(1-3\cos\varepsilon)}{32\cos\frac{1}{2}\varepsilon}\log\frac{1+\cos\frac{1}{2}\varepsilon}{\sin\frac{1}{2}\varepsilon} + \frac{1+5\cos\varepsilon}{16} + \frac{\sin\varepsilon + (\pi + (\pi-\varepsilon)\cos\varepsilon}{3\pi}. \tag{198}$$

Particular values are

$$f(0) = \tfrac{17}{24} = 0{,}408, \qquad f(\tfrac{1}{2}\pi) = 0{,}2075, \qquad f(\pi) = 0.$$

EDDINGTON found[1] that if the darkening law for the reflected radiation is neglected, so that the reflected radiation is supposed distributed uniformly in direction, then

$$f(\varepsilon) \propto \frac{\sin\varepsilon + (\pi - \varepsilon)\cos\varepsilon)\cos\varepsilon}{\pi}.$$

It will be found that the correct function (198) is closely the same as

$$f(\varepsilon) = \frac{17}{24}\frac{\sin\varepsilon + (\pi - \varepsilon)}{\pi}.$$

For example the latter agrees at $\varepsilon = 0$ and $\varepsilon = \pi$, and at $\varepsilon = \frac{1}{2}\pi$ gives $f(\frac{1}{2}\pi) = 0{,}226$ instead of 0,2075.

The albedo and law of darkening could be worked out taking into account the finite size of the primary, but the results are complicated.

17. Darkening of the Solar Disc towards the Limb. 44. It is of interest at this stage to compare the distribution of light over the sun's disc with that computed on the theory of radiative equilibrium. A comparison of this kind was first given by SCHWARZSCHILD. SCHWARZSCHILD showed that the darkening of the disc towards the limb was far more in agreement with the theory of radiative equilibrium than with the theory of adiabatic equilibrium. It will make the results more instructive if we preface this comparison with a brief deduction of the law of darkening on the hypothesis of convective equilibrium.

45. Law of Darkening for Convective Equilibrium. As an approximation sufficient for the problem in hand, we shall assume that the effect of radiation pressure is to reduce the acceleration due to gravity by a constant fraction. Let then g be the effective gravity. The equation of hydrostatic equilibrium is then (measuring the depth x inwards)

$$\frac{dp}{dx} = g\varrho$$

[1] M N 86, p. 322 (1926).

and we have also the condition of convective equilibrium

$$p \propto \varrho^{\gamma},$$

where γ is the ratio of the specific heats. Using the gas law

$$\frac{p}{\varrho} = \frac{k}{m} T,$$

we find

$$\frac{dT}{dx} = \frac{\gamma - 1}{\gamma} \frac{m g}{k},$$

the well-known result that on convective equilibrium the temperature gradient is constant. The atmosphere has a definite boundary, say at $x = 0$. Measuring the optical depth τ from this level, we have

$$d\tau = k\varrho\, dx, \qquad dp = g\varrho\, dx,$$

whence

$$\tau = \int \frac{k}{g}\, dp.$$

Taking as an approximation k = constant we have

$$\tau = \frac{k}{g} p,$$

whence

$$\tau \propto T^{\gamma/(\gamma-1)},$$

or

$$B(\tau) = (\sigma/\pi)\, T^4 \propto \tau^{4(\gamma-1)/\gamma}.$$

Hence the emergent intensity is given by

$$I(0,\theta) = \int_0^{\infty} B(\tau)\, e^{-\tau \sec\theta} \sec\theta\, d\tau$$

$$= \int_0^{\infty} B(\tau\cos\theta)\, e^{-\tau}\, d\tau$$

$$\propto \int_0^{\infty} (\tau\cos\theta)^{4(\gamma-1)/\gamma}\, d\tau$$

$$\propto (\cos\theta)^{4(\gamma-1)/\gamma}.$$

Whence

$$\frac{I(0,\theta)}{I(0,0)} = (\cos\theta)^{4(\gamma-1)/\gamma}.$$

In particular $I(0, \frac{1}{2}\pi) = 0$, and there is complete darkening at the limb.

46. Comparison with Observation. The following table (Table III) contains the figures adduced by SCHWARZSCHILD. The last column contains the mean darkening of the solar disc as derived from the observations of VOGEL, LANGLEY, FROST and SECCHI (Observations anterior to 1906). SCHWARZSCHILD'S radiative law of darkening was $u = \frac{2}{3}$. We have added a column for $u = \frac{3}{5}$. In the sun's photosphere, the gas must be practically monatomic, owing to dissociation, and the adiabatic darkening is therefore calculated for $\gamma = \frac{5}{3}$; but the results for $\gamma = \frac{4}{3}$, for which $I(0,\theta)/I(0,0) = \cos\theta$, are added as well.

Table III.

Values of $I(0, \theta)/I(0, 0)$ for the Sun. Calculated and Observed.

$\sin\theta$	Adiabatic		Radiative		Mean Observed
	$\gamma = \frac{5}{3}$	$\gamma = \frac{4}{3}$	$u = \frac{2}{3}$	$u = \frac{3}{5}$	
0,0	1,000	1,000	1,000	1,000	1,00
0,2	0,968	0,980	0,987	0,988	0,99
0,4	,870	,9165	,947	,950	,97
0,6	,700	,800	,867	,880	,92
0,7	,583	,714	,809	,828	,87
0,8	,443	,600	,733	,760	,81
0,9	,265	,436	,624	,662	,70
0,96	,130	,280	,520	,568	,59
0,98	,076	,199	,466	,519	,49
1,00	,0	,0	,333	,400	,40

A further comparison using the more recent observations of ABBOT, FOWLE and ALDRICH[1] has been given by MILNE[2], as follows.

Table IV.

$\sin\theta$	$\cos\theta$	$u = \frac{3}{5}$	$u = 0{,}56$	$u = 0{,}54$	Observed
0,00	1,000	1,000	1,000	1,000	1,000
,40	0,9165	0,950	0,953	0,955	0,955
,55	,8352	,901	,908	,911	,912
,65	,7599	,856	,865	,870	,871
,75	,6614	,797	,810	,817	,822
,825	,5651	,739	,756	,765	,769
,875	,4841	,690	,711	,721	,722
,92	,3919	,635	,660	,672	,665
,95	,3122	,587	,615	,629	,612

It is at once apparent that there is no agreement with the adiabatic law. The observed darkening does not tend to completeness at the limb. There cannot therefore be an adiabatic distribution of temperature. Put in other words, there must be a non-zero boundary temperature. The first table has shown a run of the values in general agreement with SCHWARZSCHILD'S law $u = \frac{2}{3}$, but a better agreement with the theoretically more correct value $u = \frac{3}{5}$. The second table shows that the observed darkening is less even than this. It corresponds to about $u = 0{,}55$, with a somewhat accelerated rate of darkening close to the limb. The latter is in agreement with the second approximation found in § 31.

The theoretical formula for the emergent radiation in radiative equilibrium is, as we have seen

$$I(0, \theta) = \tfrac{1}{2}\mathfrak{F}(1 + \tfrac{3}{2}\cos\theta)\,.$$

We known that $\mathfrak{F}$ is also the mean value of $I(0, \theta)$ averaged over the disc. The value $I(0, \theta) = \mathfrak{F}$ occurs where $\cos\theta = \frac{2}{3}$, or $\sin\theta = 0{,}745$. It is worthy of note that[3] MINNAERT has found that for all wave-lengths the mean intensity over the disc is equal to that at the point $\sin\theta = 0{,}752$. This is further confirmation of the law $u = \frac{3}{5}$.

47. Temperature Distribution from observed Darkening. It has been shown (§§ 36, 37, 38) that from the observed distribution of intensity

[1] Annals Astrophys Obs Smithson Inst, vol 3 (1923).

[2] Phil Trans Roy Soc A 223, p. 213 (1922).

[3] B A N 2, p. 78 (1924). See also LINDBLAD, Uppsala Univ. Årsskrift (1920), 1, p. 50, who found $\sin\theta = 0{,}74$ as the representative point.

over the disc, the temperature gradient may be deduced. For the sun, with $u = 0{,}55$, we infer from (169)

$$B(\tau) = \frac{\mathfrak{F}_0(0{,}45 + 0{,}55\tau)}{0{,}82} = 0{,}55\,\mathfrak{F}_0(1 + 1{,}22\tau)$$

as against the radiative equilibrium distribution

$$B(\tau) = \tfrac{1}{2}\mathfrak{F}_0(1 + \tfrac{3}{2}\tau)\,.$$

We have seen that any convection implies $u \leqq \frac{3}{5}$ and that if convection is being originated within the depth to which we can see, then $u > \frac{1}{2}$. It is to be noted that the observed value $u = 0{,}55$ lies between these limits. Taken at its face value, this would imply a certain small amount of convection in the outer layers of the sun.

48. Spectral Considerations. Other considerations are however necessary. The sun's spectrum is not fully continuous—it is crossed by the FRAUNHOFER absorption lines. We shall see later that the darkening is different for each different wave-length: the contrast is greater the smaller the wave-length. The theoretical value $u = \frac{3}{5}$ is the mean (taken in a certain way) of all the different wave-lengths. Now the FRAUNHOFER lines are more numerous towards the violet, i. e. the sun's mean energy curve is depleted in the region of greatest contrast. The violet portions of the spectrum thus fail to contribute their proper share to the total intensity-fall from the centre outwards, with the result that the integrated intensity-fall will have less than its theoretical value. This explanation was first given by LINDBLAD.

49. Blanketing Effect of Reversing Layer. A further consideration is that the energy dammed back in the FRAUNHOFER lines is necessarily returned to the sun's photosphere. As a working model, we may consider the layers giving rise to the absorption lines (reversing layer) to be relatively transparent to the radiation emerging in the intervening wave-lengths. They act however as a blanket, keeping the photosphere warmer than it would be if the photosphere were the actual boundary. The boundary condition "incident radiation = zero" is not in fact fulfilled for the photosphere. It is worth while examining the effect of this.

Suppose the reversing layer returns to the photosphere a fraction η of the radiation incident on it from the photosphere. The distribution of temperature in the photosphere will then be approximately the same as that in the case of no reversing layer, provided we suppose it to terminate at some place $\tau = \tau_0$ instead of at $\tau = 0$. The intensity of radiation crossing the level $\tau = \tau_0$ in an outward direction is then, with $B(\tau) = \frac{1}{2}\mathfrak{F}(1 + \frac{3}{2}\tau)$,

$$\begin{aligned} I(\tau_0, \theta) &= \int\limits_{\tau=\tau_0}^{\infty} B(\tau)\, e^{-(\tau-\tau_0)\sec\theta} \sec\theta\, d\tau \\ &= \int\limits_0^{\infty} B(\tau_0 + \tau\cos\theta)\, e^{-\tau}\, d\tau \\ &= \tfrac{1}{2}\mathfrak{F}\int\limits_0^{\infty} (1 + \tfrac{3}{2}\tau_0 + \tfrac{3}{2}\tau\cos\theta)\, e^{-\tau}\, d\tau \\ &= \tfrac{1}{2}\mathfrak{F}\,[1 + \tfrac{3}{2}\tau_0 + \tfrac{3}{2}\cos\theta] \end{aligned}$$

and the outward flux here is

$$2\pi\int I(\tau_0, \theta)\cos\theta\sin\theta\, d\theta = \pi\mathfrak{F}[\tfrac{1}{2}(1 + \tfrac{3}{2}\tau_0) + \tfrac{1}{2}] = \pi\mathfrak{F}[1 + \tfrac{3}{4}\tau_0]\,.$$

The net flux is of course $\pi \mathfrak{F}$. Hence the amount $\pi \mathfrak{F} \frac{3}{4} \tau_0$ is returned by the reversing layer, whence

$$\eta = \frac{\pi \mathfrak{F} \frac{3}{4} \tau_0}{\pi \mathfrak{F}(1 + \frac{3}{4} \tau_0)} = \frac{\frac{3}{4} \tau_0}{1 + \frac{3}{4} \tau_0}.$$

This gives

$$\tau_0 = \frac{4}{3} \frac{\eta}{1 - \eta}$$

and then

$$I(\tau_0, \theta) = \tfrac{1}{2} \mathfrak{F} \left[\frac{1 + \eta}{1 - \eta} + \frac{3}{2} \cos \theta\right].$$

The law of darkening is now

$$\frac{I(\tau_0, \theta)}{I(\tau_0, 0)} = \frac{2(1 + \eta) + 3(1 - \eta) \cos\theta}{5 - \eta}.$$

and the coefficient of darkening is

$$u = \frac{3(1 - \eta)}{5 - \eta}.$$

Since $\eta > 0$, we have $u < \frac{3}{5}$. As would be expected, the effect of the reversing layer is to cause the emergent radiation to be more nearly uniformly distributed in direction.

For the sun, putting $u = 0{,}55$, we find

$$\eta = 0{,}102.$$

Thus if the reversing layer returns to the photosphere 10,2 per cent of the radiation incident on it, the sun's intensity over the disc will agree with the theory of radiative equilibrium. Calculations of this character have been given by MILNE and LINDBLAD.

The boundary temperature T_0' of the photosphere is now given by

$$\left(\frac{\sigma}{\pi}\right) T_0'^4 = \frac{1}{2} \mathfrak{F}\left(1 + \frac{3}{2} \tau_0\right) = \frac{1}{2} \mathfrak{F} \frac{1 + \eta}{1 - \eta}$$

or

$$T_0'^4 = \frac{1}{2} T_1^4 \frac{1 + \eta}{1 - \eta}.$$

The boundary is therefore warmer in the ratio $(1 + \eta)^{\frac{1}{4}}/(1 - \eta)^{\frac{1}{4}}$, which with $\eta = 0{,}102$ is 1,055.

It is certain that an effect of this kind must exist, but it is probably smaller than that calculated, for the reasons mentioned, namely, that the difference between $u = 0{,}6$ and $u = 0{,}55$ may partly arise from the extra crowding of absorption lines in the violet, with consequent depression of the mean energy curve in the violet: and may partly arise from a smaller temperature gradient than that required by radiative equilibrium.

50. Historical Note on the Darkening of the Sun's Disc towards the Limb. It is important to draw attention to the simplicity of the theory of the darkening of the sun's disc towards the limb. It is a consequence simply and solely of the temperature gradient in the outer layers. An isothermal sun would show no darkening at the limb. But if a temperature gradient of any kind exists, the sun's centre must necessarily be brighter than the limb. It is simply that the radiation leaving the sun originates at the same average depth, reckoned along the line of sight. This average depth is given by the equation

$$B(\bar{t}) = \int B(t)\, e^{-t} dt,$$

where t is the optical depth measured along the line of sight. The solution of this is approximately $\bar{t}=1$. We may illustrate the result graphically as follows (Fig. 22). Let ACB represent a diametral section of the sun by a plane passing through the earth. For typical points $P_1, P_2 \ldots$ measure the distances $P_1 P_1', P_2 P_2' \ldots$ corresponding to the same optical depth $\bar{t}=1$. The result is a curve $A\,C' P_1' P_2' \cdots B$, and owing to the curvature of the sun, this necessarily intersects in succession all the isothermal surfaces lying between the spheres of radii OC' and OC. The points $C_1', P_1', P_2' \ldots$ thus correspond to successively decreasing temperatures. Radiation emerging along $P_1' P_1$ originates at the mean depth P_1', and is thus approximately black radiation corresponding to the temperature at P_1'. Since $T(P_1') > T(P_2')$, it follows that $I(P_1) > I(P_2)$, and so on. As we have seen in § 47, observations of disc-darkening lead immediately to a determination of the photospheric temperature distribution expressed as a function of optical depth, and the diagram shows at once how this comes about.

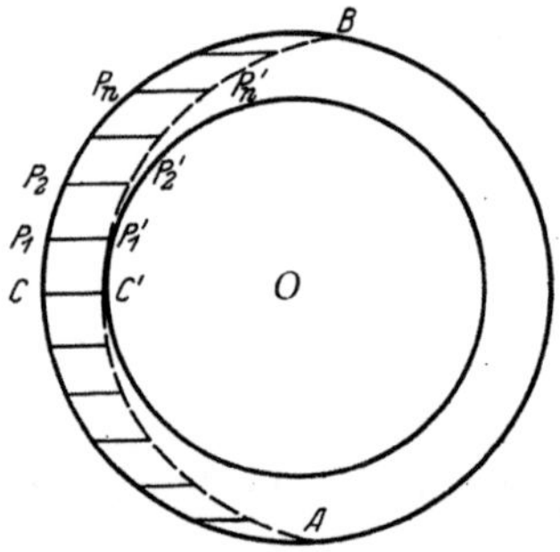

Fig. 22. Explanation of darkening of a stellar disc towards the limb.

We shall see later that the same simple theory accounts also for the darkening in the separate wave-lengths.

The reason why an incandescent object in a laboratory seems equally bright all over is simply that the temperature gradient per unit optical thickness is practically zero.

The darkening of the sun's disc to the limb has sometimes been called the "veiling" of the disc, and formerly many writers attributed the phenomenon to the existence of an outer absorbing or scattering atmosphere. The earlier of such theories took account of absorption only, and paid no regard to the subsequent fate of the radiation lost.

VERY[1] assumed a non-radiating absorbing layer in front of a radiating photosphere, and deduced "transmission coefficients" for this layer, from consideration of its greater effective thickness near the limb, by the usual BOUGUER-LAMBERT secant formula. SCHUSTER accounted for the observed intensity distribution by taking into account the effect of the radiation emitted by the absorbing layer, assuming this to be at a constant temperature: but he had to use the observed intensity at three places on the disc to determine the three unknowns —the intensity of the photospheric radiation and the temperature and optical thickness of the absorbing layer: his formula was thus in reality an interpolation formula. SCHWARZSCHILD in effect removed the empiricism from SCHUSTER'S formula by balancing the radiation from the layer against the loss of photospheric radiation. But in this treatment the distinction between photosphere and absorbing layer disappears: each shades continuously into the other: the absorption coefficient of the material no longer appears explicitly, and the law of darkening of the integrated radiation is free from all arbitrary constants whatever.

In the writer's opinion, it is unscientific at our present stage of knowledge to make the hypothesis of a scattering or absorbing atmosphere to account for disc-darkening. The case is briefly this. A temperature gradient necessarily implies disc-darkening. The radiative equilibrium theory of SCHWARZSCHILD implies a temperature gradient which gives the darkening observed, both in integrated

[1] Ap J 16, p 73 (1902).

light and (as we shall see later) in the separate wave-lengths. Since there must be a temperature gradient in the sun, we have at once a qualitative and quantitative explanation of disc-darkening without need of further hypothesis. As a by-product of the investigation we infer that the gradient in the sun's photosphere is very closely the radiative one. From the distribution of colour we shall infer later that the photospheric layers behave as a grey body.

18. The Transmission of Radiation (Spectral Distribution). 51. General Formula. On the assumption of local thermodynamic equilibrium it is possible to calculate the spectral distribution of the light emerging from the surface of a mass of material whose temperature distribution is given.

The required formula is simply deduced from equation (1), § 3. If T is given along a straight line in a determinate direction, the function B_ν is known for points along this line, and the emergent radiation is given by

$$I_\nu(0) = \int_0^\infty B_\nu(\tau_\nu)\, e^{-\tau_\nu}\, d\tau_\nu \tag{199}$$

where

$$\tau_\nu = \int_0^s \varrho k_\nu\, ds$$

and this integral is taken back along the path of the ray. For simplicity the upper limit of integration has been taken to be ∞: this assumes the material is sufficiently thick.

We shall apply (199) to determine the darkening of a stellar disc in different frequencies, the spectral composition of the light leaving material in radiative equilibrium, and the formation of absorption lines.

52. Darkening of the Disc of a Star towards the Limb in Different Frequencies. Assuming grey material in radiative equilibrium, we have

$$T^4 = T_0^4(1 + \tfrac{3}{2}\tau)\,, \qquad (T_0^4 = \tfrac{1}{2} T_1^4)$$

$$I_\nu(0, \theta) = \int_0^\infty B_\nu(\tau)\, e^{-\tau \sec\theta} \sec\theta\, d\tau$$

$$= \int_0^\infty B_\nu(\tau \cos\theta)\, e^{-\tau}\, d\tau\,.$$

Inserting the formula for B_ν we have

$$I_\nu(0, \theta) = \frac{2h\nu^3}{c^2} \int_0^\infty \frac{e^{-\tau}\, d\tau}{e^{\frac{h\nu}{k T_0}\left(1 + \frac{3}{2}\tau\cos\theta\right)^{-\frac{1}{4}}} - 1}\,. \tag{200}$$

In terms of wave-length, instead of frequency, we have

$$I_\lambda(0, \theta) = 2hc^2\lambda^{-5} \int_0^\infty \frac{e^{-\tau}\, d\tau}{e^{\frac{hc}{\lambda k T_0}\left(1 + \frac{3}{2}\tau\cos\theta\right)^{-\frac{1}{4}}} - 1}\,. \tag{201}$$

Put

$$\alpha = \frac{hc}{\lambda k T_0}.$$

Then

$$I_\lambda(0, \theta) = K T_0^5 f(\alpha, p)$$

where

$$p = \tfrac{3}{2}\cos\theta$$

and

$$f(\alpha, p) = \alpha^5 \int_0^\infty \frac{e^{-\tau}\, d\tau}{e^{\alpha(1+p\tau)^{-\frac{1}{4}}} - 1}. \tag{202}$$

The law of darkening of the disc in λ is then

$$\frac{I_\lambda(0, \theta)}{I_\lambda(0, 0)} = \frac{f(\alpha, \frac{3}{2}\cos\theta)}{f(\alpha, \frac{3}{2})} \qquad \left(\alpha = \frac{hc}{\lambda k T_0}\right). \tag{203}$$

The law of darkening is not a simple cosine law, consequently there is no coefficient of darkening. We observe that the law of darkening for λ depends only on the product[1] λT_0 and not on λ and T_0 separately. Thus if we increase the temperature say n times, the darkening is the same as it was previously in λ/n. It is not hard to show that $f(\alpha, \frac{3}{2}\cos\theta)/f(\alpha, \frac{3}{2})$ decreases as α increases, i. e. as λ decreases. The darkening is thus more pronounced for given T_0, the shorter the wave-length: or again, for given λ, it is more pronounced the lower the temperature.

It is important to emphasize that whilst the darkening in each separate wave-length depends on the temperature, the darkening in the integrated radiation is independent of temperature. Occasionally this may appear paradoxical. Thus consider a star passing through an ascending series of temperature. In each separate λ, the darkening will decrease as T_0 increases, yet the darkening for the integrated light remains constant. This arises because the relative amounts of radiation alter in the separate wave-lengths as the temperature rises, more energy passing into the shorter wave-lengths, i. e. the wave-lengths showing greater contrast. The altered "weighting" preserves the integrated darkening unaltered.

As $\alpha \to \infty$, i. e. as $\lambda \to 0$, $f(\alpha, \frac{3}{2}\cos\theta)/f(\alpha, \frac{3}{2}) \to 0$. Then for very short wave-lengths, for any given T, the darkening at the limb becomes complete. For $\alpha \to 0$, the darkening law has the limiting form

$$\lim_{\alpha\to 0} \frac{I_\lambda(0, \theta)}{I_\lambda(0, 0)} = \frac{\int_0^\infty (1 + \frac{3}{2}\tau\cos\theta)^{\frac{1}{4}} e^{-\tau}\, d\tau}{\int_0^\infty (1 + \frac{3}{2}\tau)^{\frac{1}{4}} e^{-\tau} d\tau}. \tag{204}$$

This is the law of darkening for very long wave-lengths, for given T, or for all λ for very high T.

The limiting value of the limb-centre ratio, for large λ, is given by

$$\lim_{\alpha\to 0} \frac{I_\lambda(0, \frac{1}{2}\pi)}{I_\lambda(0, 0)} = \frac{1}{\int_0^\infty (1 + \frac{3}{2}\tau)^{\frac{1}{4}} e^{-\tau}\, d\tau} = 0{,}817. \tag{205}$$

Thus for strict radiative equilibrium, the limb-centre ratio increases from 0 to 0,817 as λ increases from 0 to ∞.

Values of $f(\alpha, p)$ have been computed and tabulated by LINDBLAD[2] and by MILNE[3]. LINDBLAD computed a function $k(\theta, \varepsilon)$ whose value is always in the neighbourhood of unity and is connected with that of $f(\alpha, p)$ by the relation

$$k(\theta, \varepsilon) = \alpha^{-5} f(\alpha, p)\left[e^{\alpha(1+p)^{-\frac{1}{4}}} - 1\right]$$

where

$$\varepsilon = p, \qquad \theta = \alpha(1 + p)^{-\frac{1}{4}}.$$

[1] Or, what is the same thing, λT_1.
[2] Uppsala Univ Årsskrift 1, p. 33 (1920).
[3] Phil Trans Roy Soc 223 A, p. 247 (1922).

MILNE computed further values, partly by a power series, partly by an asymptotic formula valid for large α. Tabulated values are given in Phil Trans Roy Soc 223 A, p. 247 (1922). It may perhaps be mentioned here that for α small $f(\alpha, p)$ is expansible in a power series in α involving BERNOULLI's numbers: for α large, it is expansible in an asymptotic series whose dominant term is given by

$$f(\alpha, p) \sim \alpha^5 \left(\frac{8\pi}{5p}\right)^{\frac{1}{2}} \left(\frac{\alpha p}{4}\right)^{\frac{2}{5}} e^{p^{-1} - 5p^{-1}\left(\frac{1}{4}\alpha p\right)^{\frac{4}{5}}}. \tag{206}$$

53. **Application to the Sun.** From these calculations LINDBLAD[1] and MILNE[2] have made detailed application to the sun. Observed values of $I_\lambda(0, \theta)/I_\lambda(0, 0)$ have been given by ABBOT, FOWLE and ALDRICH[3]. The most recent calculations are those of LINDBLAD[4], who re-calculated MILNE's results and compared them with the most recent of the SMITHSONIAN published observations[5]. The following is a copy of part of LINDBLAD's table.

In this table, row (1) gives the observed intensity-ratios. Row (2) gives the calculated values of the ratios obtained from formula (203), with

$$T_1 = 5740°, \qquad T_0 = 2^{-\frac{1}{4}} T_1 = 4830°.$$

This is the value corresponding to the solar constant 1,932 gcal min^{-1} cm^{-2}.

Row (3) is calculated for the case in which 9,7% of the radiation is returned by the reversing layer to the photosphere. We have already seen (§ 49) that the observed coefficient of darkening in the integrated radiation corresponds to the return of[6] 10,2%. The blanketing effect of the reversing layer has two conse-

The Darkening of the Solar Disc towards the Limb.

λ	$\sin\theta$	0,0	0,2	0,4	0,55	0,65	0,75	0,825	0,875	0,92	0,95
0,3737	(1) Observed	1,0000	0,9841	0,9344	0,8708	0,8113	0,7305	0,6518	0,5796	0,4992	0,4319
	(2) Computed	1,000	0,981	0,921	0,845	0,774	0,684	0,599	0,530	0,456	0,394
	(3) Computed	1,000	0,982	0,929	0,859	0,795	0,711	0,632	0,570	0,499	0,441
0,4265	(1) Observed	1,0000	0,9848	0,9368	0,8719	0,8120	0,7336	0,6548	0,5874	0,5111	0,4450
	(2) Computed	1,000	0,983	0,934	0,867	0,806	0,727	0,649	0,584	0,511	0,450
	(3) Computed	1,000	0,985	0,939	0,880	0,825	0,751	0,680	0,621	0,556	0,499
0,5062	(1) Observed	1,0000	0,9891	0,9510	0,8998	0,8516	0,7871	0,7196	0,6605	0,5909	0,5289
	(2) Computed	1,000	0,986	0,944	0,888	0,836	0,768	0,702	0,647	0,584	0,527
	(3) Computed	1,000	0,988	0,949	0,900	0,854	0,794	0,734	0,684	0,626	0,574
0,5955	(1) Observed	1,0000	0,9902	0,9589	0,9165	0,8757	0,8206	0,7642	0,7129	0,6514	0,5946
	(2) Computed	1,000	0,989	0,952	0,904	0,860	0,802	0,743	0,693	0,636	0,585
	(3) Computed	1,000	0,990	0,957	0,914	0,874	0,821	0,770	0,724	0,672	0,625
0,6702	(1) Observed	1,0000	0,9927	0,9666	0,9289	0,8930	0,8442	0,7945	0,7479	0,6922	0,6400
	(2) Computed	1,000	0,990	0,958	0,916	0,876	0,824	0,770	0,724	0,669	0,618
	(3) Computed	1,000	0,991	0,961	0,923	0,887	0,838	0,790	0,747	0,699	0,655
0,8580	(1) Observed	1,0000	0,9935	0,9719	0,9438	0,9161	0,8767	0,8356	0,7989	0,7530	0,7102
	(2) Computed	1,000	0,992	0,967	0,935	0,902	0,859	0,812	0,774	0,726	0,683
	(3) Computed	1,000	0,993	0,970	0,939	0,910	0,871	0,832	0,797	0,755	0,717
1,0080	(1) Observed	1,0000	0,9939	0,9748	0,9488	0,9227	0,8880	0,8507	0,8164	0,7730	0,7331
	(2) Computed	1,000	0,993	0,970	0,944	0,915	0,873	0,834	0,796	0,753	0,713
	(3) Computed	1,000	0,994	0,974	0,974	0,922	0,887	0,852	0,821	0,784	0,750

[1] Uppsala Univ Årsskrift 1, p. 37 (1920).
[2] Phil Trans Roy Soc 223 A, p. 209 (1922).
[3] Annals Astrophys Obs Smithson Inst 3, p. 157 (1913).
[4] Nova Acta Reg Soc Sc Upsal. 6, no. 1, p. 17 (1923).
[5] Annals Astrophys Obs Smithson Inst 4, p. 221 (1922).
[6] The value $\eta = 0{,}097$ was originally chosen as corresponding to $T_0'/T_0 = 1{,}05$. The calculations are laborious, and there seems no point in recalculating for $\eta = 0{,}102$.

quences: (a) it maintains the photosphere warmer than it otherwise would be, with consequent diminution in the darkening for any given λ: (b) it distributes the emergent radiation more uniformly in direction. Both tendencies are in the same direction, namely, reduced darkening. It is easy to calculate the effect. We have the emergent radiation given by

$$I_\lambda(\tau_0, \theta) = \int_0^\infty B_\lambda(\tau_0 + \tau\cos\theta)\, e^{-\tau}\, d\tau$$

with (see § 49)

$$\tau_0 = \frac{4}{3}\,\frac{\eta}{1-\eta}.$$

This leads to

$$I_\lambda(\tau_0, \theta) = K T_0'^5 \alpha'^5 \int_0^\infty \frac{e^{-\tau}\, d\tau}{e^{\alpha'(1+p'\cos\theta/\tau)^{-\frac{1}{4}}} - 1}$$

$$= K T_0'^5 f(\alpha', p'\cos\theta)\,, \tag{207}$$

where

$$T_0'^4 = T_0^4 \frac{1+\eta}{1-\eta}, \qquad \alpha' = \frac{hc}{\lambda k T_0'} \tag{208}$$

$$p' = \frac{3}{2}\,\frac{1-\eta}{1+\eta}. \tag{209}$$

Tendency (a) above appears as decreased α, tendency (b) as a decrease in the coefficient of $\cos\theta$. As mentioned, row (3) gives the intensity ratios for $\eta = 0{,}097$, $T_0' = 5070°$.

It will be seen that for most entries the agreement of row (3) with the observed row (1) is good. The general run of the darkening of the solar disc in the separate wave-lengths is predicted fairly well by the theory of radiative equilibrium, assuming grey material. This is of considerable theoretical importance, as it implies that the solar photospheric layers have an absorption coefficient which varies comparatively little with λ.

54. Distribution of Energy in Continuous Spectrum. Thus far we have considered each wave-length separately. We now consider the theoretical energy curve for any given portion of a stellar disc.

The radiation emerging at any particular region on the disc will have an apparent effective temperature as judged by its amount. The question is, if T_θ is the effective temperature at any given point of the disc, does the radiation leaving there have a spectral distribution corresponding to black-body radiation for the temperature T_θ?

From previous work, we know that in simple radiative equilibrium the integrated radiation $I(0, \theta)$ leaving at θ is given by

$$I(0, \theta) = \tfrac{1}{2}\mathfrak{F}(1 + \tfrac{3}{2}\cos\theta)$$

where

$$\pi\mathfrak{F} = \sigma T_1^4.$$

Now the effective temperature T_θ of the radiation emerging at θ is given by

$$(\sigma/\pi)\, T_\theta^4 = I(0, \theta).$$

Thus

$$T_\theta^4 = \tfrac{1}{2} T_1^4 (1 + \tfrac{3}{2}\cos\theta)\,. \tag{210}$$

The value $T_\theta = T_1$ occurs for $\theta = \cos^{-1}\frac{2}{3}$. The mean fourth power $\overline{T_\theta^4}$ is given by

$$\overline{T_\theta^4} = \frac{\int T_\theta^4 \cos\theta \sin\theta \, d\theta}{\int \cos\theta \sin\theta \, d\theta} = T_1^4 .$$

The intensity of radiation in wave-length λ emerging at θ is

$$I_\lambda(0, \theta) = \frac{2hc^2}{\lambda^5} \int_0^\infty \frac{e^{-\tau \sec\theta} \sec\theta \, d\tau}{e^{hc/\lambda k T} - 1}$$

where

$$T^4 = \tfrac{1}{2} T_1^4 (1 + \tfrac{3}{2}\tau) .$$

Hence

$$I_\lambda(0, \theta) = \frac{2hc^2}{\lambda^5} \int_0^\infty \frac{e^{-\tau} d\tau}{e^{\alpha_\theta \left(\frac{1 + \frac{3}{2}\tau\cos\theta}{1 + \frac{3}{2}\cos\theta}\right)^{-\frac{1}{4}}} - 1} \tag{211}$$

where

$$\alpha_\theta = \alpha(\theta, \lambda) = \frac{hc}{\lambda k T_\theta} .$$

To simplify this it is convenient to use the following theorem. Consider any expression of the type

$$\int_0^\infty f(x)\, e^{-x}\, dx . \tag{212}$$

Since $\int_0^\infty e^{-x} dx = 1$, we may regard (212) as the exponentially weighted mean value of $f(x)$. Put then

$$\int_0^\infty f(x)\, e^{-x}\, dx = f(\overline{x}) . \tag{213}$$

Then by an application of TAYLOR's theorem, it is readily found that approximately

$$\overline{x} = 1 + \frac{1}{2} \frac{f''(1)}{f'(1)} , \tag{214}$$

provided $f''(1)/f'(1)$ is not too large.

Apply this to (211). Let us suppose that the intensity of λ-radiation emerging at θ is equal to that in black body radiation at a temperature $T_\theta(\lambda)$. This is not to be confused with T_θ, which is the effective temperature of the integrated radiation. We put then

$$I_\lambda(0, \theta) = \frac{2hc^2}{\lambda^5} \frac{1}{e^{hc/\lambda k T_\theta(\lambda)} - 1} .$$

It follows, on applying (213) that

$$\frac{1}{T_\theta(\lambda)} = \frac{1}{T_\theta} \left(\frac{1 + \frac{3}{2}\overline{\tau}\cos\theta}{1 + \frac{3}{2}\cos\theta}\right)^{-\frac{1}{4}} \tag{215}$$

where

$$\overline{\tau} = 1 + \frac{1}{2} \frac{\varphi''(1)}{\varphi'(1)} \tag{216}$$

and

$$\varphi(x) = \frac{1}{e^{\alpha_\theta \left(\frac{1 + \frac{3}{2}x\cos\theta}{1 + \frac{3}{2}\cos\theta}\right)^{-\frac{1}{4}}} - 1} . \tag{217}$$

Writing for brevity $\bar{\tau} = 1 + \bar{y}$, and assuming $\bar{y}$ small, (215) becomes approximately

$$T_\theta(\lambda) = T_\theta\left[1 + \frac{3}{8}\,\frac{\cos\theta}{1+\frac{3}{2}\cos\theta}\,\bar{y}\right]. \tag{218}$$

From (217) we find by direct differentiation

$$\bar{y} = \frac{1}{2}\,\frac{\varphi''(1)}{\varphi'(1)} = \frac{3}{16}\,\frac{\cos\theta}{(1+\frac{3}{2}\cos\theta)}\left[\alpha_\theta\,\frac{1+e^{-\alpha_\theta}}{1-e^{-\alpha_\theta}} - 5\right].$$

Thus

$$T_\theta(\lambda) = T_\theta\left[1 + \frac{9}{128}\,\frac{\cos^2\theta}{(1+\frac{3}{2}\cos\theta)^2}\left\{\alpha_\theta\,\frac{1+e^{-\alpha_\theta}}{1-e^{-\alpha_\theta}} - 5\right\}\right]. \tag{219}$$

In the small term in $\{\}$, we can replace T_θ by T_1. Now the maximum ordinate, by a well-known result, occurs near $\alpha_\theta = 5$. We see then that roughly speaking

$$T_\theta(\lambda) \gtrless T_\theta,$$

according as

$$\alpha_\theta \gtrless \alpha_{\max},$$

i. e., according as

$$\lambda \lesseqgtr \lambda_{\max}.$$

Thus judged by its colour, the effective temperature of the radiation is higher than T_θ on the blue side of the maximum, less than T_θ on the red side.

It has been shown by MILNE[1] by somewhat laborious calculations based on the function $f(\alpha, p)$ that roughly speaking the energy curve of the radiation escaping at θ is a copy of that for $T = T_\theta$ displaced to the blue. We can use our analysis to determine the displacement of the curve by calculating the displacement of $\lambda_{\max}$. It is sufficient for this to use the WIEN approximation to $I_\lambda(0, \theta)$ with our value of $T_\theta(\lambda)$, namely

$$I_\lambda(0,\theta) = \frac{2hc^2}{\lambda^5}\,e^{-\alpha_\theta\left\{1 - \frac{9}{128}\frac{\cos^2\theta}{(1+\frac{3}{2}\cos\theta)^2}(\alpha_\theta - 5)\right\}}$$

$$\propto \alpha_\theta^5\, e^{-\alpha_\theta\left\{1 - \frac{9}{128}\frac{\cos^2\theta}{(1+\frac{3}{2}\cos\theta)^2}(\alpha_\theta - 5)\right\}}, \tag{220}$$

where we have neglected $e^{-\alpha_\theta}$ in comparison with unity, since α_θ is near 5. The maximum occurs where $dI_\lambda/d\lambda = 0$, i. e. where $dI_\lambda/d\alpha_\theta = 0$. This gives $(\alpha_\theta)_{\max}$ as the root of the equation

$$\frac{5}{\alpha_\theta} - 1 + \frac{9}{128}\,\frac{\cos^2\theta}{(1+\frac{3}{2}\cos\theta)}(2\alpha_\theta - 5) = 0.$$

We can put $\alpha_\theta = 5$ in the small term. We then have

$$(\alpha_\theta)_{\max} = \frac{hc}{\lambda_{\max} T_\theta} = \frac{5}{1 - \frac{45}{128}\left(\frac{\cos\theta}{1+\frac{3}{2}\cos\theta}\right)^2}. \tag{221}$$

If the radiation were black radiation of temperature T_θ, the maximum would occur for $\alpha_\theta = 5$, on this approximation. It follows that $\lambda_{\max}$ is less than would be calculated by WIEN's displacement law by the factor

$$1 - \frac{45}{128}\left(\frac{\cos\theta}{1+\frac{3}{2}\cos\theta}\right)^2.$$

[1] M N 81, p. 381 (1921).

In other words, if we employ WIEN'S displacement law $\lambda_{\max} T = \text{const.}$, to deduce the value of $\lambda_{\max}$ at θ from T_θ, the constant must be taken smaller than its standard value in the above ratio.

The following short table gives the percentage reduction of $\lambda_{\max}$ for different values of $\cos\theta$.

$\cos\theta$	Percentage
1	5,6
0,8	4,7
0,6	3,5
0,4	2,2
0,2	0,8
0,0	0,0

The average percentage[1] reduction over the disc, weighted according to intensities, is found to be 4%.

MILNE'S method by the asymptotic formula gave 4,3% for $\cos\theta = 1$, and 3,1% for the average over the disc.

It is worth while summarising this and the preceding investigation in general terms. As we pass from the centre of the disc to the limb, the integrated intensity, for grey material in radiative equilibrium, decreases according to a cosine law with coefficient of darkening equal to $\frac{3}{5}$, independent of temperature. Accordingly the effective temperature judged from integrated intensity T_θ, decreases similarly: it is equal to the effective temperature T_1 of the star at $\theta = \cos^{-1}\frac{2}{3}$. In any given wave-length, the intensity likewise decreases from centre to limb, but more rapidly the shorter the wave-length: the law of darkening depends on the product λT_1, the darkening being more pronounced the smaller is λT_1. Due however to the superposition of pencils from the layers at different temperatures, i. e. due to the temperature gradient, the spectral composition of the radiation emerging at θ is not that characteristic of T_θ, but is slightly bluer. Similarly for the whole disc, the spectral distribution is somewhat bluer than the black body radiation for the effective temperature T_1. (It corresponds to a temperature about 4% higher. The percentage for the centre of the disc[2] is about 5,6%.)

Thus as we pass from the centre of the disc to the limb, the radiation becomes steadily redder, but save at the limb itself the radiation at any point is always bluer than that calculated by PLANCK'S law from the effective temperature of the integrated radiation at that point.

The above assumes grey material in local thermodynamic equilibrium. We shall see later that the effect of departure from thermodynamic equilibrium is to make the radiation bluer still. Departure from thermodynamic equilibrium prevents the high-temperature radiation from the deeper layers from being properly degraded in wave-length as it is handed on from layer to cooler layer, and the emergent radiation is now characteristic of the hotter layer in the interior. It is therefore still bluer than would be inferred from the net flux.

55. Non-grey Material. Suppose the material has a coefficient of absorption k_λ which is not the same for all λ. We assume the ratio $k_\lambda/\bar{k}$ which we shall call n_λ to be a constant independent of depth, where $\bar{k}$ is a suitable mean value of k_λ. We define τ in the usual way in terms of $\bar{k}$. We find then

$$I_\lambda(0,\theta) = \int_0^\infty B_\lambda(\tau)\, e^{-n_\lambda \tau \sec\theta}\, n_\lambda \sec\theta\, d\tau = \int_0^\infty B_\lambda\left(\frac{\tau\cos\theta}{n_\lambda}\right) e^{-\tau}\, d\tau\,. \tag{222}$$

[1] This corresponds very closely to $\cos\theta = \frac{2}{3}$.

[2] It is worth recording that the sun's spectral curve indicates a temperature of 6000° or higher (for the whole disc) whilst the solar constant gives $T_1 = 5740°$. The difference is very closely 4 per cent, as predicted.

The effect of n_λ is now clear. A value $n_\lambda > 1$ means that the values of B_λ corresponding to the more superficial regions have extra weight, and thus since B_λ is an increasing function of τ, I_λ is reduced. This is obvious physically—the greater is n_λ, the less we can see into the deeper regions, and the less the mean depth from which the radiation emerges, i. e. the lower the temperature from which, on the average, it originates. If we call the case $n_\lambda = 1$ the standard spectrum, we see that where $n_\lambda > 1$, the energy curve is depressed below the standard intensity, where $n_\lambda < 1$ it is raised above.

The above can also be written

$$I_\lambda(0, \theta) = K T_0^5 f(\alpha, \tfrac{3}{2}\cos\theta/n_\lambda) \qquad \left(\alpha = \frac{hc}{\lambda k T}\right). \tag{223}$$

As regards variation with θ, we see that if $n_\lambda > 1$, $I_\lambda(0, \theta)$ decreases less rapidly as θ varies from 0 to $\frac{1}{2}\pi$ than when $n_\lambda = 1$. In fact, when n_λ is very large, we have approximately

$$I_\lambda(0, \theta) \doteqdot B_\lambda(0)$$

for all θ. In this case the absorption is said to be saturated—the absorption is so large that the emergent radiation is black body radiation corresponding to the temperature of the boundary.

56. **Application to the Sun's Continuous Spectrum.** We have seen that if $n_\lambda = 1$ the sun's continuous spectrum at any point of the disc is practically that of black body radiation for a temperature equal to the apparent effective temperature T_θ at that point, increased by a small percentage which varies from 5 per cent at the centre, $\theta = 0$, to zero at the limb, $\theta = \frac{1}{2}\pi$. If n_λ is not constant, the spectral energy curve will lie sometimes above the standard curve ($n_\lambda < 1$), sometimes below ($n_\lambda > 1$). We will now call the darkening given by

$$\frac{I_\lambda(0, \theta)}{I_\lambda(0, 0)} = \frac{f(\alpha, \frac{3}{2}\cos\theta)}{f(\alpha, \frac{3}{2})}$$

the standard darkening. Then when $n_\lambda < 1$, the darkening is more rapid than the standard darkening, when $n_\lambda > 1$, the darkening is less rapid. There should thus be a definite correlation between n_λ and the darkening.

Now the energy curve of the sun's continuous spectrum as found by ABBOT, FOWLE and ALDRICH[1] and by WILSING[2] shows notable departures from a black body curve, i. e. from the standard curve. This is shown in the diagram (Fig. 23). If their curves are reliable, we should have more than the standard darkening from say λ 4000 to λ 4500, less than the standard darkening outside this range. Attempts have been made by MILNE and by LINDBLAD to trace an effect of this kind in the observed darkening. On the whole such attempts have not been successful.

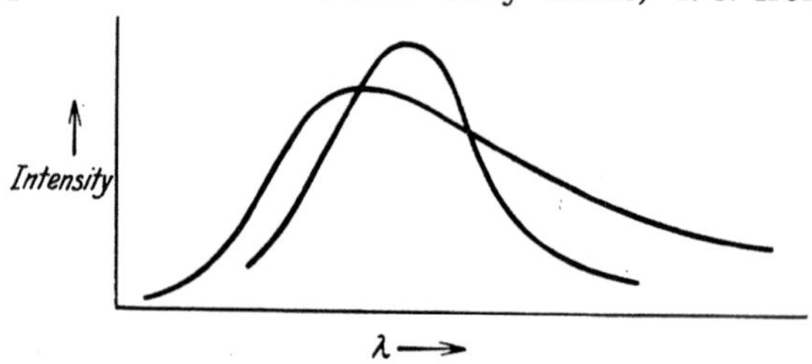

Fig. 23. The sun's continuous spectrum, as observed by certain observers and comparison with black-body curve. (Diagrammatic only.)

The sun's darkening is very close to the standard darkening, as we have seen, when an adjustment has been made for the blanketing effect of the reversing layer. The simple assumption of grey body absorption seems to fit the observations fairly well, without any adjustment for λ. We need only one parameter

[1] Annals Astrophys Obs Smithson Inst 3, p. 197 (1913).
[2] Publ. Astrophys Obs Potsdam 23, no. 72 (1917).

to describe the darkening, namely the boundary temperature of the photosphere. There is thus an apparent contradiction between the energy curve found by ABBOT, and the darkening in the corresponding wave-length.

A satisfactory explanation of this has been given by LINDBLAD[1]. ABBOT'S curve is not the true energy curve of the sun's continuous spectrum. Owing to his use of a broad slit, his observations take account of the FRAUNHOFER lines. His intensity at any λ is not the precise continuous spectrum intensity at λ, but the average intensity in the neighbourhood of that λ when the FRAUNHOFER lines are taken into account. The close crowding of lines in the violet accounts for the depression of ABBOT'S curve in this region. On the other hand, in spite of the wide slit, ABBOT'S intensity ratios at different points of the sun's disc are unimpaired.

This can be seen as follows (Fig. 24). We consider first the case of an absorption line in which the residual intensity is zero. Suppose an absorption line occurs in the stretch RS of λ and that the integrated intensity from M to N is being measured, for two different points θ and θ' on the disc. The true intensity ratio is

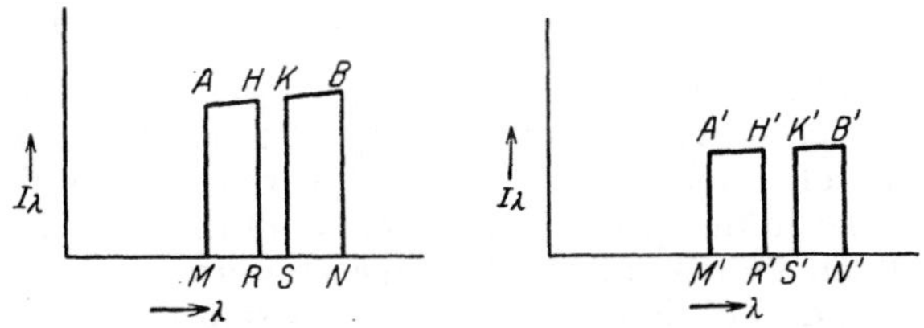

Fig. 24. Effect of absorption lines on observed disc-darkening, in separate wave-lengths.

$$\frac{\text{area trapezium } AN}{\text{area trapezium } A'N'}.$$

The observed ratio is

$$\frac{\text{area } AR + \text{area } KN}{\text{area } A'R' + \text{area } K'N'} = \frac{\text{area } AN - \text{area } HS}{\text{area } A'N' - \text{area } H'S'}.$$

But approximately

$$\frac{\text{area } HS}{\text{area } H'S'} = \frac{\text{area } AN}{\text{area } A'N'},$$

so the presence of the absorption line has no effect. Incomplete darkening in the absorption line will modify the conclusion but slightly. We see that the intensity ratio given by a wide slit is the true intensity ratio for the continuous spectrum, independent of the presence of absorption lines.

The observations of H. H. PLASKETT[2] and of FABRY and BUISSON[3] have shown that the sun's energy curve is far more closely a black body curve than is shown by those of ABBOT and of WILSING, when care is taken to measure the intensities in between the absorption lines. The good agreement of calculated and observed values for the darkening in the separate wave-lengths is thus no longer mysterious.

It follows that the coefficient of general absorption in the sun's photospheric layers is approximately independent of wave-length. The sun behaves in fact as a grey body. Were it not so, the energy curve would be distorted, and the calculated and observed darkening on the simple theory would not agree.

19. Formation of Absorption Lines. 57. Intensity of an Absorption Line. The spectra of the sun and of the vast majority of stars are crossed with absorption lines. What absorption lines show in any particular spectrum depends on what elements are present, and the degree of ionisation and excitation of the

[1] Acta Reg Soc Upsal 6, p. 21 (1923).
[2] Publ Domin Astrophys Obs Victoria 2, p. 242 (1922).
[3] C R 175, p. 156 (1922).

atoms, and hence on the temperature and pressure—more precisely, on the distribution of temperature and pressure through the outer part of the star. The dependence of spectra on ionisation and excitation is dealt with elsewhere. Here we are concerned with the calculation of the intensity of the absorption lines, given sufficient physical data to calculate the absorption coefficient at each level in the star.

The term "intensity" of an absorption line is used loosely to describe (1) the intensity ratio in the centre of the line defined by the fraction

$$\frac{\text{central residual intensity}}{\text{intensity of adjacent continuous spectrum}},$$

(2) the average breadth of the line, (3) some ill-defined mixture of the two measures. It is clear that a proper theory of absorption lines would yield the precise contour of the absorption line, that is, the shape of the depression which its presence causes in the spectral energy-curve of the star. It is hardly necessary to mention, of course, that although a line may appear black in a (positive) spectrogram, a good deal of light is transmitted within the spectral region occupied by the line. Such light is in fact employed when spectroheliograms of the sun are obtained. Comparatively little is known, in a quantitative fashion, of the contours and central intensity ratios of absorption lines, though the matter is under investigation at various observatories. But it is believed that the central intensity ratio is of the order $\frac{1}{2}$ to $\frac{1}{10}$ for fairly strong lines.

It is a matter of some importance to make clear the mechanism of formation of a so-called absorption line. For definiteness we shall assume the existence of a thermally steady state: non-steady states such as may arise in pulsating stars can be discussed when the foundations of a steady state theory have been properly laid.

We have two cases to consider.

a) Material in local thermodynamic equilibrium,

b) Material not in local thermodynamic equilibrium.

58. Material in Local Thermodynamic Equilibrium. The absorption in a range $\nu \pm \frac{1}{2} d\nu$, per unit mass, is

$$d\nu \int k_\nu I_\nu \, d\omega$$

and the emission $d\nu\, k_\nu B_\nu(T)$.

If there is an absorption line at ν, k_ν takes an exceptionally large value at ν. But if k_ν is large, the emission is large also. How comes it then that an absorption line is formed at all?

The answer is that an absorption line is only formed in the presence of a difference of temperature, either a temperature gradient or an actual discontinuity. The two cases are essentially the same.

$$\underset{T_0}{P\,\square} \leftarrow B_\nu(T_1)\,.$$

Consider an element of material at P, at temperature T_0. The radiation incident on it is characteristic of some temperature T_1*. The element at T_0 absorbs some of this radiation, of amount proportional to $k_\nu B_\nu(T_1)$, and emits an amount proportional to $k_\nu B_\nu(T_0)$. The net reduction in intensity of ν-radiation is proportional to

$$k_\nu [B_\nu(T_1) - B_\nu(T_0)]\,.$$

* T_1 is not necessarily the same for all ν.

When $T_0 = T_1$, this is zero, and no absorption line is formed. When $T_1 > T_0$, the amount is positive, and it is larger, the larger is k_ν.

A more exact calculation leads immediately to the formula

$$I_\nu(\theta, 0) = \int_0^\infty B_\nu(T)\, e^{-\int_0^\infty k_\nu \varrho\, ds} k_\nu \varrho\, ds \tag{224}$$

for the radiation emerging from an infinite slab, s being measured backwards along the pencil. When T is constant, the term $B_\nu(T)$ may be taken outside the sign of integration, and we find

$$I_\nu(\theta, 0) = B_\nu(T)\,.$$

As we have seen before, the intensity emergent from an isothermal mass is simply the black-body intensity for the temperature T, independent of k_ν. When however T is an increasing function of s, writing

$$\int_0^s k_\nu \varrho\, ds = \tau_\nu\,,$$

we have

$$I_\nu(0) = \int_0^\infty B_\nu(T)\, e^{-\tau_\nu}\, d\tau_\nu \tag{225}$$

where T is the temperature at τ_ν. $I_\nu(0)$ is thus an exponentially weighted mean amongst the values of $B_\nu(T)$. The larger is τ_ν, measured up to a given point, the smaller is the weighting of T for that point: the values of T closer to the boundary are thus the more weighted the larger is k_ν. As $k_\nu \to \infty$,

$$I_\nu(0) \to B_\nu(T_0)$$

where T_0 is the boundary temperature.

The effect of a large value for k_ν in a particular range $\nu \pm \frac{1}{2}\, d\nu$ is thus to dam back the energy which would otherwise have flowed through in this range. An "absorption" line is formed because of the greater obstruction offered to the flow of radiation in $\nu \pm \frac{1}{2}\, d\nu$. It is not necessarily the case that the energy is completely withdrawn by absorption. It need only be that the excessive value of k_ν in $\nu \pm \frac{1}{2}\, d\nu$ deflects backwards a greater share of the radiation than it would otherwise do, *in relation to what it emits*. The word "absorption" line is in this sense a misnomer. Of course conceivably radiant energy absorbed may be converted into molecular energy and convected away, in which case there is true absorption: but this is not essential.

59. **Average Depth at which an Absorption Line is formed when the Material is in Local Thermodynamic Equilibrium.** From equation (225), by the theorem of (213), we have approximately

$$I_\nu(0) = B_\nu(\overline{T})$$

where $\overline{T}$ is the temperature of the level at which

$$\overline{\tau_\nu} = \int_0^{\overline{s}} k_\nu \varrho\, ds = 1\,.$$

The larger is k_ν, the smaller is the value of $\overline{s}$, i.e. the nearer the surface are the layers contributing the radiation.

It should be noticed that if (as we may assume) the temperature increases inwards, then

$$I_\nu(0) = \int_0^\infty B_\nu(T) e^{-\tau_\nu} d\tau_\nu > B_\nu(T_0) .$$

The residual intensity can thus never be less than the intensity of black body radiation corresponding to the surface temperature.

A further point is that a large value of k_ν necessarily leads to an absorption line, not an emission line, on the simple thermodynamic theory. If k is the coefficient of absorption for the neighbouring continuous spectrum, then the photospheric intensity is $i_\nu(0)$ given by

$$i_\nu(0) = \int_0^\infty B_\nu(T_\tau) e^{-\tau} d\tau$$

whilst in the line

$$I_\nu(0) = \int_0^\infty B_\nu\left(T_{\tau_\nu}\right) e^{-\tau_\nu} d\tau_\nu .$$

But since $k_\nu > k$, therefore for given $\tau = \tau_\nu$,

$$x(\tau) > x(\tau_\nu)$$

and hence

$$T(\tau) > T(\tau_\nu) .$$

Hence

$$i_\nu(0) > I_\nu(0) .$$

We shall examine later attempts that have been made to modify the theory so as to permit of emission lines.

60. Material not in Local Thermodynamic Equilibrium. Consider for the moment grey material which is in local thermodynamic equilibrium. The total absorption in an element dv is $k\varrho\, dx \int d\nu \int I_\nu d\omega$: the emission is $k\varrho\, dx\, B$. In radiative equilibrium the two are equal. But the radiations absorbed and emitted inside a small frequency interval $(\nu, \nu + d\nu)$ are in general unequal, thus

$$\int I_\nu d\omega \neq B_\nu$$

It follows that there must be present in the material some atomic mechanism for redistributing the energy absorbed, in frequency, before it is re-emitted. The radiation emitted must have a colour depending solely on the temperature T at the point considered: it must bear no trace of its origin, its colour must contain no reference to its past history.

Now it may occur that circumstances do not permit this process to go on completely. Some of the radiation may be re-emitted in the frequency in which it was absorbed. This occurs, for example, when there is scattering. Scattering is formally equivalent to strict radiative equilibrium, apart from change of colour: the radiation scattered may be considered as radiation absorbed and then immediately emitted without change of wave-length. The same thing occurs also in the case of the absorption of a quantum by an atom and the subsequent emission of an equal quantum by the same atom on the reverse transition between the two stationary states concerned.

Scattering, and atomic absorption and re-emission, may thus be described as "monochromatic radiative equilibrium".

61. General Case. We are now going to show that an absorption line is formed, in general, under circumstances which are intermediate between local thermodynamic equilibrium and monochromatic radiative equilibrium. The importance of the result lies in the circumstance that whilst both states can be treated separately, it is difficult to treat of both together. By discussing both, we can however obtain limits between which the true state of affairs must lie. We shall show that as the density tends to zero, i. e. towards the outside of a star, absorption and emission correspond to monochromatic radiative equilibrium: whilst as the density tends to infinity, i. e. towards the interior of a star, absorption and emission correspond to local thermodynamic equilibrium.

We consider the case of an assembly containing atoms of a given species supposed capable of two and only two stationary states. The assembly may contain any number of atoms of other species, also any number of ions and electrons. We refer to the state of lower energy as the normal state (state 1), that of higher energy as the excited state (state 2). Let n_1 be the number of atoms per cm³ in the normal state, n_2 the number per cm³ in the excited state. Let B_{12} be the EINSTEIN coefficient for transitions of the type $1 \rightarrow 2$, A_{21} that for transitions of the type $2 \rightarrow 1$. This means that the probability that during an interval dt an excited atom emits a quantum of energy $h\nu$ of frequency ν is $A_{21}\,dt$: and that the probability that an atom in the normal state, exposed to isotropic radiation of intensity I_ν, absorbs a quantum $h\nu$ is $B_{12} I_\nu dt$. We need the further EINSTEIN coefficient B_{21}, which is such that the probability that an excited atom is stimulated by external isotropic radiation to emit $h\nu$, during dt, is $B_{21} I_\nu dt$. If q_1, q_2 are the "statistical weights" of the states 1 and 2, we have the relations

$$\frac{A_{21}}{B_{12}} = \frac{2h\nu^3}{c^2}\,\frac{q_1}{q_2} \tag{226}$$

$$\frac{B_{21}}{B_{12}} = \frac{q_1}{q_2}. \tag{226'}$$

It is convenient to abbreviate by writing[1]

$$\frac{2h\nu^3}{c^2} = \sigma.$$

It is necessary to connect the coefficient B_{12} with the atomic absorption coefficient. From a variety of causes, a spectral line is not infinitely narrow—there will be a dispersion of the atomic absorbers round the central frequency ν_0, say. Let us suppose that of the n_1 atoms in the state 1 capable of absorbing a frequency in the neighbourhood of ν_0, the number $n_1(\nu)\,d\nu$ will actually absorb radiation of frequency between ν and $\nu + d\nu$. Then the number of absorptions of this radiation, per unit volume per second, is

$$n_1(\nu)\,d\nu\,B_{12}\,I_\nu\,,$$

and the amount of radiation absorbed in this multiplied by $h\nu$. The amount of radiation incident on unit volume per second, when the radiation is isotropic, is

$$4\pi I_\nu\,d\nu\,.$$

Hence the absorption coefficient per atom, $\alpha(\nu)$, for $(\nu, \nu + d\nu)$ radiation is

$$\alpha(\nu) = \frac{n_1(\nu)\,d\nu\,B_{12}\,I_\nu}{4\pi I_\nu\,d\nu}\cdot\frac{h\nu}{n_1} = \frac{B_{12}\,h\nu\,n_1(\nu)}{4\pi n_1}\,.$$

[1] This use of σ should not be confused with the use of σ to denote STEFAN's constant.

Now B_{12} is approximately the same for all atoms in the state 1. Remembering that

$$\int_0^\infty n_1(\nu)\, d\nu = n_1,$$

and assuming that $n_1(\nu)$ is very small save for values of ν in the neighbourhood of $\nu = \nu_0$, we have

$$\int_0^\infty \alpha(\nu)\, d\nu = \frac{B_{12} h \nu_0}{4\pi}.$$

We can now omit the suffix $_0$. It is convenient to write the integral on the left as $\alpha_\nu \Delta\nu$, where $\Delta\nu$ is the "breadth" of the line, defined in some manner. The quantity α_ν is then the mean value of the atomic absorption coefficient through the line, for atoms in the state 1. Then

$$\alpha_\nu \Delta\nu = \frac{B_{12} h\nu}{4\pi}. \tag{226''}$$

We introduce further probability coefficients b_{12}, a_{21} to take account of the effect of collisions in exciting and de-exciting atoms in states 1 and 2 respectively. Let $b_{12}dt$ be the probability that an atom of the kind in question, in state 1, is excited to state 2 by a collision with any atom, ion or electron present in the assembly, during dt. Also let $a_{21}dt$ be the probability that an atom of the kind in question is de-excited by a collision, during dt. In the first type of collision, known as "collision of the first kind" or inelastic collision, the energy of excitation $h\nu$ is derived from the kinetic energy of the colliding particles[1]. In the second type of collision, known as "collisions of the second kind" or superelastic collisions, the colliding particles rebound with additional kinetic energy $h\nu$.

The coefficients A_{21}, B_{12}, B_{21} are atomic constants independent of the temperature. The coefficients a_{21}, b_{12} are on the contrary functions of the temperature. Further they depend on the total number of particles present. Roughly speaking, we may say they are proportional to the total density. As regards dependence on temperature, since we are considering a state of the most general kind, exposed to any kind of external radiation, there is, of course no such thing as the temperature. There will however in the steady state be a definite distribution of velocity amongst all the particles present, and we shall not go far wrong in assuming that there is roughly a MAXWELLian distribution corresponding to some temperature T. This T is merely a parameter, intended to characterise the velocity-distribution of the heat motions of the individual particles. It is the temperature which would be measured, for example, by a mercury thermometer whose bulb was enclosed by a perfectly conducting (and therefore perfectly reflecting) sheath; for such a sheath, though impermeable to radiation, would take up a temperature depending on the molecular bombardments to which it was subjected.

We now make an application of the principle of detailed balancing. Were the assembly in thermodynamic equilibrium, we should have the super-elastic collisions exactly compensated by the reverse process, namely the inelastic collisions. The condition for this is

$$n_1 b_{12} = n_2 a_{21}.$$

But in thermodynamic equilibrium at temperature T we have by BOLTZMANN's equation

$$\frac{n_2}{n_1} = \frac{q_2}{q_1} e^{-h\nu/kT}. \tag{227}$$

[1] KLEIN and ROSSELAND, Z f Phys 4, p. 46 (1921).

Hence in thermodynamic equilibrium at T we have

$$\frac{b_{12}}{a_{21}} = \frac{q_2}{q_1} e^{-h\nu/kT} \tag{228}$$

This equation must however subsist simply in virtue of the velocity-distribution of the particles present. It is a relation between the probability coefficients a_{21}, b_{12}. It therefore holds in general, whenever the distribution may be characterised by a parameter-temperature T. The ratio b_{12}/a_{21} is of course independent of the density[1].

We therefore take the relation (228) as holding in general.

As regards dependence of a_{21}, b_{12} separately on T, it is clear on general grounds[2] that b_{12} will largely depend on the number of particles endowed with a kinetic energy exceeding $h\nu$. Thus b_{12} will be expected to depend on the temperature principally through a factor $e^{-h\nu/kT}$. We shall make use of this later.

Now consider the transfer of radiant energy in the assembly. Take a thin slab of the gas, of area dS and thickness ds, bounded by parallel planes. The number of quanta of ν-radiation entering the slab in directions confined within a solid angle $d\omega$ normal to the slab is

$$\frac{I_\nu \Delta\nu \, d\omega \, dS}{h\nu}$$

and the number leaving in the same direction is

$$\frac{(I_\nu + dI_\nu) \Delta\nu \, d\omega \, dS}{h\nu}.$$

The excess of the latter number over the former must be equal to the excess of emission of ν-quanta in directions included in $d\omega$, inside the slab, over the number of similar absorptions. The number of such emissions is

$$n_2 \, ds \, dS (A_{21} + I_\nu B_{21}) \frac{d\omega}{4\pi},$$

and the number of such absorptions is

$$n_1 \, ds \, dS \, B_{12} I_\nu \frac{d\omega}{4\pi}.$$

Hence

$$\frac{dI_\nu \Delta\nu}{h\nu \, ds} = \frac{1}{4\pi} [n_2 (A_{21} + I_\nu B_{21}) - n_1 B_{12} I_\nu].$$

Using (226), (226') and (226'') this becomes

$$\frac{dI_\nu}{\alpha_\nu \, ds} = -n_1 I_\nu + \frac{q_1}{q_2} n_2 (\sigma + I_\nu). \tag{229}$$

This is the equation of transfer of radiation.

Writing it in the form

$$\frac{dI_\nu}{\alpha_\nu \, ds} = -\left(n_1 - \frac{q_1}{q_2} n_2\right) I_\nu + \frac{q_1}{q_2} n_2 \sigma, \tag{230}$$

we may compare it with the equation of transfer for local thermodynamic equilibrium, namely, that derived on the simple KIRCHHOFF theory, which is

$$\frac{dI_\nu}{ds} = -k_\nu I_\nu + k_\nu B_\nu. \tag{231}$$

---

[1] Actually, each coefficient b_{12}, a_{21} is the sum of a number of terms $\beta_{12} \ldots$, $\alpha_{21} \ldots$ referring to the different possible types of collisions, such as collisions with atoms of different species, in varying states of excitation and ionisation, and collisions with electrons. A similar relation will hold between the members of each corresponding pair. Such refinements however are not here necessary.

[2] This has in fact been shown by R. H. FOWLER, Phil Mag 47, p. 257 (1924).

The two will be identical if and only if

$$k_\nu = \alpha_\nu \left(n_1 - n_2 \frac{q_1}{q_2}\right) \tag{232}$$

$$B_\nu = \frac{\frac{q_1}{q_2} n_2}{n_1 - \frac{q_1}{q_2} n_2} \sigma . \tag{233}$$

Now in thermodynamic equilibrium we have equation (227) holding, whence (233) reduces to

$$B_\nu = \frac{\sigma}{e^{h\nu/kT} - 1},$$

the usual PLANCK formula, as it should.

If we know n_1 and n_2 at each point in the material, then (230) allows us immediately to deduce I_ν. For writing

$$\alpha_\nu \left(n_1 - \frac{q_1}{q_2} n_2\right) ds = d\tau$$

the integration of (230) gives in the usual way

$$I_\nu(\tau_0) = \int_{\tau_0}^{\infty} \frac{\sigma n_2 \frac{q_1}{q_2}}{n_1 - n_2 \frac{q_1}{q_2}} e^{-(\tau - \tau_0)} d\tau \tag{234}$$

assuming the boundary is infinitely distant.

This result throws a flood of light on the mechanism of the transfer of radiation. We see that the KIRCHHOFF law $j_\nu = k_\nu B_\nu$ is only a special case. What we really need to know are the numbers n_1 and n_2, not the function B_ν. Given these, we are in a position always to calculate the radiation intensity. Formula (234), based on EINSTEIN'S theory, includes the thermodynamic (KIRCHHOFF) formula

$$I_\nu(\tau_0) = \int_{\tau_0}^{\infty} B_\nu(\tau) e^{-(\tau - \tau_0)} d\tau$$

as a special case: it reduces to this on putting

$$\frac{n_2}{n_1} = \left(\frac{q_2}{q_1}\right) e^{-h\nu/kT}.$$

The EINSTEIN theory is much more powerful than the KIRCHHOFF theory. The EINSTEIN analysis simply picks out those stationary states which are relevant to the absorption and emission of ν-radiation. These atoms are perpetually emitting and absorbing. When their states correspond to thermodynamic equilibrium, the totality of emissions and absorptions produces what is usually called "temperature radiation". When there is local thermodynamic equilibrium at every point, the intensity of radiation depends on the distribution of temperature; when there is no longer local thermodynamic equilibrium, the intensity of radiation depends on the distribution of n_1 and n_2.

We now go on to consider the equation expressing the existence of a steady state, which corresponds to what we have hitherto called the equation of radiative equilibrium. We simply write down the conditions[1] that the number of transitions

[1] By so doing we exclude the possibility of cyclical sets of transitions. See next footnote.

from state 1 to state 2, per second per cm³, is equal to the number of transitions from state 2 to state 1. We find

$$n_1\left[B_{12}\int I_\nu \frac{d\omega}{4\pi} + b_{12}\right] = n_2\left[A_{21} + B_{21}\int I_\nu \frac{d\omega}{4\pi} + a_{21}\right].$$

By means of the EINSTEIN relations together with relation (228) we reduce this to the form

$$\left(n_1 - n_2\frac{q_1}{q_2}\right)\int I_\nu \frac{d\omega}{4\pi} - n_2\frac{q_1}{q_2}\sigma + \varepsilon\left[n_1 - n_2\frac{q_1}{q_2}e^{h\nu/kT}\right] = 0, \tag{235}$$

where we have put

$$\varepsilon = \frac{b_{12}}{B_{12}}. \tag{236}$$

Here T denotes the temperature judged from the (assumed MAXWELLian) distribution of molecular velocities. The coefficient ε is proportional to the total density, and depends moreover on the temperature, principally by a factor $e^{-h\nu/kT}$.

We now write

$$n = n_1 - n_2\frac{q_1}{q_2}, \qquad d\tau_\nu = n\,\alpha_\nu\,ds,$$

so that (230) and (235) become

$$\frac{dI_\nu}{d\tau_\nu} = -I_\nu + \frac{n_2}{n}\frac{q_1}{q_2}\sigma, \tag{237}$$

$$\int I_\nu \frac{d\omega}{4\pi} - \frac{n_2}{n}\frac{q_1}{q_2}\sigma + \varepsilon\left[1 - \frac{n_2}{n}\frac{q_1}{q_2}\left(e^{h\nu/kT} - 1\right)\right] = 0. \tag{238}$$

Solving (238) for n_2/n we find

$$\frac{n_2}{n} = \frac{q_2}{q_1}\,\frac{\int I_\nu \frac{d\omega}{4\pi} + \varepsilon}{\sigma + \varepsilon\left(e^{h\nu/kT} - 1\right)}. \tag{238'}$$

Substituting in (237) we have

$$\frac{dI_\nu}{d\tau_\nu} = -I_\nu + \frac{\int I_\nu \frac{d\omega}{4\pi} + \varepsilon}{1 + \varepsilon\left(e^{h\nu/kT} - 1\right)/\sigma}. \tag{239}$$

Now write

$$\varepsilon = \eta\,\frac{\sigma}{e^{h\nu/kT} - 1} = \eta\,B_\nu(T).$$

Since ε depends on T principally through a factor $e^{-h\nu/kT}$, we see that save for very high temperatures η will be roughly independent of T. (This statement at any rate contains the gist of the matter.) Further η is proportional to the total density ϱ, and $\to\infty$ as $\varrho\to\infty$. We have then finally

$$\frac{dI_\nu}{d\tau_\nu} = -I_\nu + \frac{\int I_\nu \frac{d\omega}{4\pi} + \eta\,B_\nu(T)}{1 + \eta}. \tag{240}$$

This equation though derived from the consideration of atoms possessing only two stationary states, now contains no explicit reference to these states, save through η. It may be taken as representing in a general way the transfer of radiation, in the steady state, in any state of non-thermodynamic equilibrium. As such it has considerable importance[1].

[1] It can be seen that (240) holds in all cases provided the atoms are not passing through cycles of the form $1\to 2\to 3\to 1$.

We consider first two special cases.

(1) Let $\eta \to \infty$. This corresponds to high densities, i. e. densities at which collision transitions are very frequent as compared with radiative transitions. The limiting form of (240) is then

$$\frac{dI_\nu}{d\tau_\nu} = -I_\nu + B_\nu(T). \tag{241}$$

This is precisely the form of the equation of transfer for local thermodynamic equilibrium. We see that whatever the temperature distribution, i. e. however the state departs from an isothermal one, the more the atoms are battered about by collisions, the more closely will the emission approximate to the KIRCHHOFF emission.

(2) Let $\eta \to 0$. This corresponds to very low densities, i. e. densities at which radiative transitions are very frequent as compared with collision transitions. The limiting form of (240) is then

$$\frac{dI_\nu}{d\tau_\nu} = -I_\nu + \int I_\nu \frac{d\omega}{4\pi}. \tag{242}$$

This is precisely the form of the equation of transfer for monochromatic radiative equilibrium in ν-radiation. For the term $\int I_\nu \frac{d\omega}{4\pi}$ is simply an emission of ν-radiation precisely equal to the amount absorbed. Formally (242) is identical with the integral equation for radiative equilibrium which has been treated in detail in Section c. Or again, it is formally identical with the equation for pure scattering (Section c, ciph. 14, § 32, p. 127).

We thus see that any state of non-thermodynamic equilibrium is intermediate between local thermodynamic equilibrium and monochromatic radiative equilibrium. In the former, the emission is characteristic solely of the temperature T, and is independent of the original form of the energy, namely the radiation absorbed. In the latter, the emission is simply and solely the energy absorbed. In the former, the energy absorbed is redistributed amongst the different frequencies in emission; in the latter it is handed on without change of frequency.

As η or $\varepsilon \to \infty$, we find from (238′) that $n_2/n_1 \to (q_2/q_1)\, e^{-h\nu/kT}$, independent of the external radiation.

62. The Macroscopic Theory of the Role of Scattering in the Formation of Absorption Lines. SCHUSTER'S Theory. We will now trace a connection between the theory of non-thermodynamic equilibrium just discussed, and the theory first introduced by SCHUSTER in a famous paper[1] in 1905.

Consider material which is emitting and absorbing in local thermodynamic equilibrium and which also scatters. Let k_ν, s_ν be the absorption and scattering coefficients in the frequency ν in which an absorption line is being formed. The equation of transfer is readily found to be

$$\frac{dI_\nu}{\varrho\, dx} = -(k_\nu + s_\nu)\, I_\nu + k_\nu B_\nu + s_\nu \int I_\nu \frac{d\omega}{4\pi}. \tag{243}$$

We see that this is formally identical with (240) provided we write

$$(k_\nu + s_\nu)\, \varrho\, dx = d\tau_\nu = n\, \alpha_\nu\, dx$$

$$\eta_\nu = \frac{k_\nu}{s_\nu}.$$

[1] Ap J 21, p. 1 (1905).

SCHUSTER solved (243) on the assumption that k_ν/s_ν was a constant independent of x. Actually, as we have seen, the coefficient η increases indefinitely, beginning from 0, as we penetrate the star and pass from lower to higher densities. Nevertheless it is highly instructive to follow SCHUSTER in solving equation (243), treating k_ν/s_ν as constant. The following is substantially equivalent to SCHUSTER'S analysis[1], although, as will be seen, the final conclusions are different from SCHUSTER'S.

In order to deal simultaneously with the residual intensity in the line and the intensity in the adjacent continuous spectrum, it is convenient to introduce mean coefficients of k_ν and s_ν, which we denote by $\bar{k}$ and $\bar{s}$, averaged through the spectrum. We assume in fact that as a function of ν, the absorption coefficient is constant and equal to $\bar{k}$ in between the lines, and that in the line of the particular frequency to be considered it is equal to k_ν. Similarly for $\bar{s}$ and s_ν.

For a stratified medium (243) becomes in the usual way

$$\cos\theta \frac{d I_\nu}{\varrho\, d x} = -(k_\nu + s_\nu) I_\nu + k_\nu B_\nu + s_\nu \int I_\nu \frac{d\omega}{4\pi}. \tag{244}$$

Writing I_ν and I'_ν for the mean outward and inward intensities, and measuring now x inwards, (244) reduces to the two equations of linear flow,

$$\frac{1}{2} \frac{d I_\nu}{\varrho\, d x} = (k_\nu + s_\nu) I_\nu - k_\nu B_\nu - \tfrac{1}{2} s_\nu (I_\nu + I'_\nu), \tag{245}$$

$$\frac{1}{2} \frac{d I'_\nu}{\varrho\, d x} = -(k_\nu + s_\nu) I'_\nu + k_\nu B_\nu + \tfrac{1}{2} s_\nu (I_\nu + I'_\nu). \tag{246}$$

Now write

$$2(\bar{k} + \bar{s})\, \varrho\, d x = d\tau. \tag{247}$$

Adding and subtracting (245) and (246) we find

$$\frac{d}{d\tau}(I_\nu + I'_\nu) = \frac{k_\nu + s_\nu}{\bar{k} + \bar{s}} (I_\nu - I'_\nu), \tag{248}$$

$$\frac{d}{d\tau}(I_\nu - I'_\nu) = \frac{k_\nu}{\bar{k} + \bar{s}} (I_\nu + I'_\nu - 2B_\nu). \tag{249}$$

Again, write

$$\frac{k_\nu + s_\nu}{\bar{k} + \bar{s}} = n_\nu,$$

$$\frac{k_\nu}{k_\nu + s_\nu} = \xi_\nu^2.$$

Then (248) and (249) become

$$\frac{d}{d\tau}(I_\nu + I'_\nu) = n_\nu (I_\nu - I'_\nu) \tag{250}$$

$$\frac{d}{d\tau}(I_\nu - I'_\nu) = \xi_\nu^2 n_\nu (I_\nu + I'_\nu - 2B_\nu). \tag{251}$$

Now treat n_ν and ξ_ν as constants. Eliminating $I_\nu - I'_\nu$ from (250) and (251) we have

$$\frac{d^2}{d\tau^2}(I_\nu + I'_\nu) = \xi_\nu^2 n_\nu^2 (I_\nu + I'_\nu - 2B_\nu). \tag{252}$$

[1] SCHUSTER considered a layer of finite thickness in front of a background radiating with given intensity. It introduces simplifications in the analysis to let the background recede to infinity and this moreover corresponds more truly to the actual circumstances in a star.

This is a linear second order equation for $(I_\nu + I'_\nu)$ with constant coefficients, and can be solved in the usual way. The complementary functions are $e^{\xi_\nu n_\nu \tau}$ and $e^{-\xi_\nu n_\nu \tau}$. Working out the particular integrals in detail, we find

$$(I_\nu + I'_\nu) = P_\nu e^{-n_\nu \xi_\nu \tau} + Q_\nu e^{n_\nu \xi_\nu \tau}$$
$$+ n_\nu \xi_\nu \left[e^{n_\nu \xi_\nu \tau} \int_\tau^\infty B_\nu e^{-n_\nu \xi_\nu \tau} d\tau + e^{-n_\nu \xi_\nu \tau} \int_0^\tau B_\nu e^{-n_\nu \xi_\nu \tau} d\tau \right]$$

and hence from (250).

$$I_\nu - I'_\nu = \xi_\nu [-P_\nu e^{-n_\nu \xi_\nu \tau} + Q_\nu e^{n_\nu \xi_\nu \tau}]$$
$$+ n_\nu \xi_\nu^2 \left[e^{n_\nu \xi_\nu \tau} \int_\tau^\infty B_\nu e^{-n_\nu \xi_\nu \tau} d\tau - e^{-n_\nu \xi_\nu \tau} \int_0^\tau B_\nu e^{n_\nu \xi_\nu \tau} d\tau \right].$$

In these, P_ν and Q_ν are arbitrary constants, functions of ν.

But I_ν and I'_ν are at most of the order of magnitude B_ν as $\tau \to \infty$. Hence $Q_\nu = 0$. To find P_ν, we note that the intensity incident on the boundary is zero, i. e. $I'_\nu = 0$ for $\tau = 0$. We find then

$$P_\nu = -\frac{n_\nu \xi_\nu (1 - \xi_\nu)}{1 + \xi_\nu} \int_0^\infty B_\nu e^{-n_\nu \xi_\nu \tau} d\tau.$$

Hence the mean emergent intensity is found to be

$$I_\nu(0) = \frac{2 n_\nu \xi_\nu^2}{1 + \xi_\nu} \int_0^\infty B_\nu e^{-n_\nu \xi_\nu \tau} d\tau = \frac{2 \xi_\nu}{1 + \xi_\nu} \int_0^\infty B_\nu(\tau) e^{-n_\nu \xi_\nu \tau} n_\nu \xi_\nu d\tau. \qquad (253)$$

Equation (253) contains the whole substance of the theory of residual intensities in absorption lines, on the assumption of constant values of n_ν and ξ_ν.

When there is no scattering, $\xi_\nu = 1$ and we have

$$I_\nu(0) = \int_0^\infty B_\nu(\tau) e^{-n_\nu \tau} n_\nu d\tau,$$

the usual form. This gives a dark line for a particular value of ν if $n_\nu > 1$ for that value.

Result (253) applies equally to the continuous spectrum and to an absorption line. An absorption (or emission) line will be occasioned by a sudden discontinuity, for a particular value of ν, in either k_ν or s_ν. We want to consider the effects of such discontinuities.

The older view was that s_ν is continuous and k_ν discontinuous. On this view, the scattering coefficient s_ν would be taken to correspond to molecular or RAYLEIGH scattering, varying as the fourth power of the frequency, i. e. continuously in ν: whilst an absorption line was supposed to be caused by a large value of k_ν for a particular ν. This was the standpoint of SCHUSTER, and we shall trace its consequences in a moment. The modern view is that k_ν is fairly continuous whilst s_ν is discontinuous. We now suppose discontinuities to be associated with transitions between given stationary states of an atom, which leads to absorption followed by re-emission in the same frequency. This is formally equivalent to scattering, as far as energy exchange is concerned. On the older view, then, k_ν/s_ν becomes large at a line frequency, owing to increase in the numerator: on the newer view k_ν/s_ν becomes small at a line frequency owing to increase in the denominator. For all frequencies η must change from 0 at low densities towards $+\infty$ at high densities. But it must be expected to be exceptionally small at a line frequency. If the continuous absorption is to be attributed chiefly to photoelectric action, as is assumed in the theory of the general absorption coefficient, it will be substantially unaltered at a line frequency: moreover it is proportional to ϱ, the density. Our formula k_ν/s_ν or $\eta = b_{12}/B_{12}B_\nu$ refers only to a line-frequency. But the general behaviour of η (namely, $\eta \propto \varrho$) is seen to hold for all frequencies.

We now trace out the consequences of various assumptions as to the order of magnitude of n_ν and ξ_ν in (252).

Let us suppose that the distribution of temperature can be approximately represented by taking $B_\nu(\tau)$ to be a linear function of τ, namely:

$$B_\nu(\tau) = a_\nu + b_\nu \tau \tag{254}$$

where $a_\nu = B_\nu(0)$, $b_\nu = (dB_\nu(\tau)/d\tau)_0$.

For the integrated radiation, with $n_\nu = 1$ and $\xi_\nu = \text{const.}$, the solution of (250) and (251) is readily found to be[1]

$$B(\tau) = \tfrac{1}{2}\mathfrak{F}(1 + \tau) \tag{255}$$

where $\pi\mathfrak{F}$ is as usual the net flux in integrated radiation, and so the complete expression for $B_\nu(\tau)$ is

$$B_\nu(\tau) = \frac{2h\nu^3/c^2}{e^{h\nu/kT} - 1} \tag{256}$$

where

$$T^4 = \tfrac{1}{2}T_1^4(1 + \tau) = T_0^4(1 + \tau).$$

In (254) we are replacing the inconvenient (256) by the first two terms of its TAYLOR expansion in powers of τ. Qualitatively we shall get results of the right order. From the TAYLOR expansion of (256) it is readily verified that

$$\frac{b_\nu}{a_\nu} = \frac{1}{4}\frac{h\nu}{kT_0} \cdot \frac{1}{1 - e^{-h\nu/kT_0}}.$$

Thus b_ν/a_ν increases with ν.

Relation (253) now gives

$$I_\nu(0) = \frac{2\xi_\nu}{1+\xi_\nu}\left(a_\nu + \frac{b_\nu}{n_\nu\xi_\nu}\right) = 2\left(a_\nu\frac{\xi_\nu}{1+\xi_\nu} + \frac{b_\nu}{n_\nu(1+\xi_\nu)}\right).$$

In the adjacent continuous spectrum, we have $k_\nu + s_\nu = \bar{k} + \bar{s}$, i. e. $n_\nu = 1$, and further we write

$$\xi^2 = \frac{\bar{k}}{\bar{k} + \bar{s}}.$$

Thus the emergent intensity in the adjacent continuous spectrum is $i_\nu(0)$ given by

$$i_\nu(0) = \frac{2\xi}{1+\xi}\left(a_\nu + \frac{b_\nu}{\xi}\right) = 2\left(a_\nu\frac{\xi}{1+\xi} + \frac{b_\nu}{1+\xi}\right).$$

---

[1] This differs from the usual approximation

$$B(\tau) = \tfrac{1}{2}\mathfrak{F}(1 + \tfrac{3}{2}\tau)$$

for two reasons. (1) We are using a definition of τ, namely (247) giving a value twice the usual one. (2) We are using the less exact equations of linear flow. When we use the standard definition of τ as $\int k\varrho\,dx$, (255) becomes the SCHWARZSCHILD approximation [equation (93)]

$$B(\tau) = \tfrac{1}{2}\mathfrak{F}(1 + 2\tau).$$

There will thus be a dark line or a bright line according as

$$I_\nu(0) \lesseqgtr i_\nu(0)$$

i. e., according as

$$a_\nu \frac{\xi_\nu}{1+\xi_\nu} + \frac{b_\nu}{n_\nu(1+\xi_\nu)} \lesseqgtr a_\nu \frac{\xi}{1+\xi} + \frac{b_\nu}{1+\xi}. \tag{257}$$

63. SCHUSTER'S Assumptions. On SCHUSTER'S assumptions, it is supposed that s_ν in the line has the same value as in the adjacent continuous spectrum, whilst $k_\nu \gg \bar{k}$. Thus

$$\xi_\nu^2 = \frac{k_\nu}{k_\nu + \bar{s}}, \qquad \xi^2 = \frac{\bar{k}}{\bar{k} + \bar{s}}, \tag{258}$$

whence

$$n_\nu = \frac{k_\nu + \bar{s}}{\bar{k} + \bar{s}} = \frac{1-\xi^2}{1-\xi_\nu^2}. \tag{259}$$

Since $k_\nu > k$, we have $\xi < \xi_\nu < 1$, $n_\nu < 1$. Hence

$$\frac{\xi_\nu}{1+\xi_\nu} > \frac{\xi}{1+\xi}, \tag{260}$$

whilst

$$\frac{1}{n_\nu(1+\xi_\nu)} < \frac{1}{1+\xi}. \tag{261}$$

Considering (257) we see that if a_ν/b_ν is large, the first term on each side is dominant, and by (260) a bright line is formed. Whereas if b_ν/a_ν is large, the second term on each side of (257) is dominant, and by (261) a dark line is formed. Inserting from (259) we find the line is dark or bright according as

$$a_\nu \frac{\xi}{1+\xi_\nu} + b_\nu \frac{1-\xi_\nu}{1-\xi^2} \lesseqgtr a_\nu \frac{\xi}{1+\xi} + \frac{b_\nu}{1+\xi},$$

i. e.

$$(\xi_\nu - \xi)\left[\frac{a_\nu}{(1+\xi)(1+\xi_\nu)} - \frac{b_\nu}{1-\xi^2}\right] \lesseqgtr 0,$$

i. e., since $\xi_\nu > \xi$, according as

$$\frac{b_\nu}{a_\nu} \gtreqless \frac{1-\xi}{1+\xi_\nu}. \tag{262}$$

Since b_ν/a_ν increases with ν, lines of high frequency are more likely to be dark than lines of low frequency. This is one of the interesting results of SCHUSTER'S theory, and if the theory is correct it would explain why, in stellar spectra showing bright hydrogen lines, it often occurs that the earlier members of the BALMER series are bright whilst the later ones are dark[1].

Two essential conditions must be satisfied if bright lines are to be formed. In the first place we must have $\bar{s} \neq 0$: for otherwise $\xi = 1$. In the second place b_ν/a_ν must not be too large. Thus both general scattering coefficient and gradient play an essential part in SCHUSTER'S theory. In the absence of scattering, a temperature gradient necessarily gives rise to a dark line. The introduction of scattering has the effect of dimming the background radiation, returning more of it to the interior. But if there is strong selective absorption for a particular ν (large k_ν) the intense surface emission in the frequency, comparatively undimmed by scattering, may give rise to an emergent intensity exceeding that of the background. The effect can however always be neutralised by taking a big enough temperature gradient.

[1] See, e. g., DAVIDOVICH, Harv Bull 846, p. 5 (1927).

The energy radiated in ν in the bright line is presumably gained at the expense of radiation in the other frequencies. For the assumption is that the temperature remains steady, so that the extra cooling due to emission in ν must be made up by extra absorption in other frequencies. This is the weak point of the theory. The temperature of the surface layers is assumed to remain steady, but this could only be done by heat being provided from some other source. It should be noted that (253) is consistent with radiative equilibrium in the absence of selective absorption. For if $\xi_\nu = \text{const.} = \xi$ throughout the continuous spectrum, and $n_\nu = 1$, then we find

$$I(0) = \int_0^\infty I_\nu d_\nu = \frac{2\xi}{1+\xi}\int_0^\infty B(\tau)\, e^{-\xi\tau}\,\xi\, d\tau$$

and inserting the value $B(\tau) = \frac{1}{2}\mathfrak{F}(1+\tau)$ we find

$$I(0) = \frac{2\xi}{1+\xi}\,\frac{1}{2}\,\mathfrak{F}\int_0^\infty (1+\tau)\, e^{-\xi\tau}\,\xi\, d\tau = \mathfrak{F},$$

as it should. But the SCHUSTER theory supposes the temperature distribution is maintained the same when selective absorption is present. There is of course nothing physically contradictory in SCHUSTER's theory. A mass of gas maintained at a given temperature, endowed with a scattering coefficient large enough to dim the light incident on it from behind, would certainly give bright lines. But in this case the energy radiated would have to be supplied artificially from without.

It is quite possible that SCHUSTER's explanation of bright lines may be in principle the correct one when the state is not steady. Surface heating may occur by convection or in pulsating stars (such as long-period variables) and thus maintain the required temperature. But it can scarcely be the normal explanation, for the reason of energy-balance already mentioned. Another reason is connected with the order of magnitude of the quantities involved. The presence of a bright line requires $b_\nu/a_\nu < \frac{1}{2}$, approximately, since we may assume ξ_ν to be in the neighbourhood of unity. This again requires

$$\frac{h\nu}{kT_0} < 2,$$

which is not satisfied for the visual regions for the red stars and scarcely even for the hot B stars. Further there is no evidence that the general coefficient of scattering is large enough. Estimates of $\bar{s}/\bar{k}$ show it to be too small[1].

64. **Modern Procedure.** On the quantum theory it is more natural to make the supposition that s_ν is large in the line compared with the value in the adjacent continuous spectrum, whilst $k_\nu = \bar{k}$. Thus

$$\xi_\nu^2 = \frac{\bar{k}}{\bar{k}+s_\nu}, \qquad \xi^2 = \frac{\bar{k}}{\bar{k}+\bar{s}} \qquad (\xi_\nu \ll \xi) \tag{263}$$

and

$$n_\nu = \frac{\bar{k}+s_\nu}{\bar{k}+\bar{s}} = \frac{\xi^2}{\xi_\nu^2}. \tag{264}$$

Hence

$$I_\nu(0) = \frac{2}{1+\xi_\nu}\left(a_\nu\xi_\nu + b_\nu\frac{\xi_\nu^2}{\xi^2}\right), \qquad i_\nu(0) = \frac{2}{1+\xi}(a_\nu\xi + b_\nu). \tag{265}$$

[1] LINDBLAD, Uppsala Univ Årsskrift 1, p. 21 (1920).

We have now that the line is dark or bright according as

$$a_\nu\left(\frac{\xi_\nu}{1+\xi_\nu}-\frac{2}{1+\xi}\right)+b_\nu\left(\frac{\xi_\nu^2}{\xi^2}\,\frac{1}{1+\xi_\nu}-\frac{1}{1+\xi}\right)\lessgtr 0,$$

i. e. as

$$(\xi_\nu-\xi)\left[\frac{a_\nu}{(1+\xi_\nu)(1+\xi)}+b_\nu\,\frac{\xi_\nu+\xi+\xi\xi_\nu}{\xi^2(1+\xi_\nu)(1+\xi)}\right]\lessgtr 0. \qquad (265')$$

Since $\xi_\nu < \xi$, this expression is always essentially negative, and the line is always dark.

Bright lines as a normal occurence in a photosphere in a steady state are thus unexplained. That they cannot be explained by any steady state theory which has regard to what is known about atoms is the general conclusion of recent writers on the subject[1]. To account for them we are driven either to suppose the existence of an extended chromosphere, or to suppose a non-steady state as in long-period variables. The suggestion that a star with a large chromosphere would show a bright line spectrum was made by HUGGINS[2]. Owing to the distance, the bright-line spectrum of the tenuous atmosphere seen outside the star's disc would be projected on to the dark-line spectrum of the disc. But Miss PAYNE has pointed out[3] that the light in the bright lines of the chromosphere is derived from the radial beam from the star, and so the resultant spectrum should show simply dark lines as on the usual theory. The chromosphere explanation would therefore seem to break down.

65. Intensity Ratio. The intensity ratio in the line is now found to be

$$\frac{I_\nu(0)}{i_\nu(0)}=\frac{1+\xi}{1+\xi_\nu}\cdot\frac{a_\nu\xi_\nu+b_\nu\xi_\nu^2}{a_\nu\xi+b_\nu}. \qquad (266)$$

Without appreciable error we may take $\xi = 1$. For a line with an intensity ratio of $\frac{1}{10}$, it is clear that ξ_ν/ξ must be of the order of $\frac{1}{10}$, and hence we can neglect the term in ξ_ν^2. Thus to the first order in ξ_ν,

$$\frac{I_\nu(0)}{i_\nu(0)}=\xi_\nu\,\frac{2a_\nu}{a_\nu+b_\nu}. \qquad (266')$$

Now for $h\nu_0/kT_0 = 4$ (which for the sun gives $\lambda = 6000$ A, for Sirius $\lambda = 4000$ A), $a_\nu = b_\nu$ and thus $I_\nu(0)/i_\nu(0) = \xi_\nu$. Hence for an intensity-ratio of $\frac{1}{10}$ we require

$$\frac{\bar{k}}{\bar{k}+s_\nu}=\frac{1}{100}$$

or approximately

$$\eta=\bar{k}/s_\nu=1/100.$$

(For an intensity-ratio of $\frac{1}{2}$ we find $\eta = \frac{1}{3}$.) It must be remembered that we have solved the equations on the assumption $\eta =$ constant, whilst actually η varies from 0 upwards. The result must therefore be taken to be a mean value of η through the layers contributing the radiation.

We see that the monochromatic absorption coefficient must be large compared with the general coefficient of absorption. As EDDINGTON says, we can suppose that the particular constituent is present to the extent of at most 1%, so that the absorption coefficient s_ν for the pure element must be of the order of $10^4\,\bar{k}$.

---

[1] ROSSELAND, Ap J 63, p. 218 (1926); EDDINGTON, The Internal Constitution of the Stars, p. 343 (1926).

[2] See DESLANDRES, Histoire des Idées et des Recherches sur le Soleil, Annuaire du Bureau des Longitudes, p. 79 (1906).

[3] Privately.

If, as we shall see, $\bar{k}$ is of the order 10^2 or 10^3 this suggests monochromatic absorption coefficients of the order of 10^6 to 10^7.

The important result is (266′). This shows that the intensity-ratio is proportional for strong lines to ξ_ν, i. e. to the square root of the ratio of the general coefficient to the selective coefficient.

66. General Remarks on Absorption Lines. In the foregoing discussion of idealised cases it has been supposed that the material giving the special absorption and the material giving the general absorption are mixed together, so that at all levels there is some special absorption and some general absorption. This will not always be a good representation of the actual state of affairs. Atoms giving rise to selective absorption are thereby exposed to selective radiation pressure. If this is sufficiently strong, the atoms in question may be expelled from the general atmosphere of the star so as to form an external shell supported by radiation pressure. This shell will have such a thickness as will just reduce the emergent intensity in the line to a value compatible with equilibrium under the combined influence of gravity and radiation pressure. Such a state of equilibrium is called chromospheric equilibrium and is dealt with separately. There is reason to expect that this kind of equilibrium will subsist for all lines derived from the normal state of atoms which are not too heavy for the radiation pressure to support. The residual intensity, as we shall see, then depends on the value of g, the mass of the atom, etc., and the preceding theory is not applicable[1].

67. Change of Residual Intensity in a Line from Centre of Disc to Limb. Applied to a stratified medium in the usual way, (240) becomes

$$\cos\theta\frac{d\,I_\nu(\theta)}{d\,\tau} = \frac{k_\nu}{k}\left[-\,I_\nu(\theta) + \frac{\int I_\nu\frac{d\,\omega}{d\,\tau_1} + \eta\,B_\nu}{1+\eta}\right]$$

where τ is the optical thickness referred to the general coefficient of absorption. Near the extreme outside of the star, we have seen that η is small. Further in, η becomes larger. The two extreme cases correspond to monochromatic radiative equilibrium and local thermodynamic equilibrium. The law of variation of residual intensity over the disc will therefore be intermediate between the laws for these two cases.

Now when $\eta = 0$, we know the solution to be approximately

$$I_\nu(0,\theta) = \tfrac{1}{2}\mathfrak{F}_\nu(1 + \tfrac{3}{2}\cos\theta)\,.$$

On the other hand, when $\eta \to \infty$ and $k_\nu/k = 1$, we have the law of darkening for the continuous spectrum as given by (203). Strong lines, originating at high levels in regions of low density, are to be expected to follow the former law: faint lines, originating at great depths, will differ only little from the latter.

There are no measures yet available for the law of darkening in the residual intensity in a line except the measures of SCHWARZSCHILD[2] for the H and K lines on the sun. These give a limb-intensity about a magnitude weaker than the central intensity, i. e. a limb-centre ratio of about 1/2,5 or 0,4, in agreement with a coefficient of darkening of $\frac{3}{5}$. This is in accordance with the theory, H and K being strong (chromospheric) lines.

---

[1] It still holds, of course, for the residual intensity produced by the layers underneath the chromosphere. This residual intensity is then reduced further by the chromosphere. See MILNE, M N 87, p. 708 (1927).

[2] Berlin Sitzber 1914, p. 1183.

20. Short Bibliography.

The idea of radiative equilibrium occurs first in:

R. SAMPSON, Mem R A S 51, p. 123 (1894).

For the theory of radiative equilibrium, the fundamental paper is K. SCHWARZSCHILD, Göttinger Nachrichten, p. 41 (1906).

The theory is further developed in the following papers:

K. SCHWARZSCHILD, Berlin Sitzber, p. 1183 (1914).
A. S. EDDINGTON, M N 77, p. 16 (1916); Z f Phys 7, p. 351 (1921).
J. H. JEANS, M N 78, p. 28 (1917); 86, p. 574 (1926).
E. A. MILNE, M N 81, p. 361 (1921); 81, p. 375 (1921); 81, p. 510 (1921); Proc Camb Phil Soc 21, p. 701 (1923); Phil Mag 44, p. 872 (1922).
R. EMDEN, München Sitzber, p. 55 (1913); Z f Phys 23, p. 176 (1924).
B. LINDBLAD, Acta Reg Soc Upsal 6, p. 1 (1923).

Applications to the earth's atmosphere are:

E. GOLD, London R S Proc 82 A, p. 43 (1909).
W. T. HUMPHREYS, Ap J 29, p. 26 (1909).

The distribution of intensity over the disc of the sun is discussed in:

A. SCHUSTER, Ap J 16, p. 320 (1902); 21, p. 258 (1905).
F. W. VERY, Ap J 19, p. 139 (1904).
W. H. JULIUS, Ap J 23, p. 312 (1906); 37, p. 225 (1913); 38, p. 138 (1913).
F. BISCOE, Ap J 43, p. 197 (1916). See also C. G. ABBOT and F. E. FOWLE, ibid. 44, p. 39 (1916) and reply, ibid. 46, p. 355 (1917).
G. A. SHOOK, Ap J 39, p. 277 (1914).
B. LINDBLAD, Uppsala Univ. Årsskrift 1 (1920), and loc. cit. supra.
SEELIGER, München Sitzber 21, p. 264.
S. HIRAYAMA, Proc. Tokyo Math.-Phys Soc 9, p. 236 (1919).
D. DIETZIUS, Wien Sitzber, p. 131, H. 2 (1922).
E. A. MILNE, Phil Trans Roy Soc London, 223 A, p. 201 (1922).
R. LUNDBLAD, Ap J 58, p. 113 (1923).

A review of the classical theory of radiation with a short bibliography is given by:

W. T. HUMPHREYS, Ap J 31, p. 281 (1910).

Important applications of the theory of radiative equilibrium are to be found in

A. FABRY, Ap J 45, p. 269 (1917).
J. POYNTING, Phil Trans Roy Soc 202 A, p. 525 (1903).

The pioneer paper on the transfer of radiation by scattering is:

A. SCHUSTER, Ap J 21, p. 1 (1905).

The origin of bright lines in stellar spectra is discussed by

S. ROSSELAND, Ap J 63, p. 218 (1926).

Scattering is also discussed by SCHWARZSCHILD, LINDBLAD, MILNE and others in papers cited above.

The general theory of the transfer of radiation in non-steady states is treated in:

S. ROSSELAND, Ap J 63, p. 342 (1926).

Original investigations are contained in the following treatises:

G. MÜLLER, Photometrie der Gestirne (1897).
A. S. EDDINGTON, The Internal Constitution of the Stars (1926).

Since the above short bibliography was compiled, far-reaching investigations of the fundamental integral equation of radiative equilibrium from the point of view of the existence of solutions have been published by E. HOPF and U. WEGNER. It would be difficult to summarise these, and we simply give the references:

E. HOPF, (I) Z f Phys 46, p. 374 (1928); (II) 49, p. 155 (1928).
U. WEGNER, Z f Phys 45, p. 808, 829 (1927); 48, p. 748 (1928).

The physical consequences are stated in:
E. FREUNDLICH, E. HOPF and U. WEGNER, M N 88, p. 139 (1927)[1].

d) Chromospheric Equilibrium.

21. General. Formation of a Chromosphere. The theory of radiative equilibrium has two main applications, (a) to integrated radiation, (b) to monochromatic radiation. It is proposed in this chapter to consider an example of (b), namely the form of equilibrium which has come to be known as "chromospheric", after the sun's chromosphere.

Consider a particular species of atom in a stellar atmosphere, and a particular frequency ν which it is capable of absorbing and emitting. The spectrum of the star will in general show an absorption line of frequency ν and the reversing layer by itself will give rise to a certain residual intensity, say $\mathfrak{F}_\nu$, in this line. The atom will be exposed to gravity, g, downwards, and a force upwards due to radiation pressure, proportional to $\mathfrak{F}_\nu$. If the latter force is less than the former, the balance will be made up by the gas-pressure gradient, positive inwards. A negative pressure gradient in the steady state is however impossible. Consequently if the force due to radiation pressure exceeds that due to gravity, the atom will be expelled. Its expulsion will be followed by that of other atoms. These will partly screen the first atom from the full intensity $\mathfrak{F}_\nu$. The process of expulsion will presumably go on until a steady state is arrived at in which atoms at great heights are just supported in equilibrium by radiation pressure against gravity, the density being so low that collisions and so the gas-pressure gradient are negligible. There is good reason to suppose that the high-lying gases whose spectra are observed in the flash spectrum at times of total eclipse of the sun are in equilibrium after this manner, and we hence use the word "chromosphere" to describe an atmosphere in which the atoms are completely, or almost completely, supported by radiation pressure.

In the steady state, such an atmosphere will be in radiative equilibrium. The radiation is however confined to the line spectra of the constituent gases, and we are therefore led to consider the ideal case of a gas radiating and absorbing a single frequency. The radiative equilibrium is then monochromatic, and the standard theory applies to the intensity in the frequency ν. The gas is traversed by a net flux of radiation of frequency ν. It might be thought at first sight that the radiation pressure would be the same at all heights, but this is not so. For the effective absorption coefficient decreases as we descend. This is because the radiation-density is larger at greater depths, consequently there are more excited atoms at any given instant, and so a smaller number of normal atoms, which alone are capable of absorbing. Radiation pressure accordingly decreases slightly as we descend, and the balance is taken up by a gas-pressure gradient. This proves however to be very small.

The theory of the equilibrium of such a chromosphere is fairly simple, and it affords a good example of the theory of radiative equilibrium. It derives great interest from its application to the H and K lines of Ca^+ on the sun. These arise from transitions between the 1^2S state and the 1^2P states of the Ca^+ atom. The latter states are of neighbouring energy values, and it is possible to simplify the theory by regarding them as a single state. The theory then establishes a

[1] It has been shown by M. BRONSTEIN (Z f Phys 59, 144 (1929) and by E. HOPF (M N 80, Jan. 1930) the boundary temperature in radiative equilibrium is accurately given by $T_1^4 = (4/\sqrt{3})\, T_0^4$.

simple relation between the residual intensity $\mathfrak{F}_\nu$ in the line and the mean life τ in the excited or 1^2P state. Observations of $\mathfrak{F}_\nu$ yield an astrophysical determination of the atomic constant τ.

Since a single frequency is alone involved, all the atoms are in one or other of two stationary states. The normal state we denote by the suffix 1, the excited state by the suffix 2.

22. Boundary Conditions. The atoms at any given level will be exposed to the stream of radiation from beneath and also to the back radiation from the atoms above them. As we go higher and higher, the back radiation, coming from a smaller and smaller number of atoms, will become less and less. We are therefore led to consider the limiting case of the atoms at very great heights which are subject to no appreciable radiation from above Later we will consider atoms at all depths.

Consider a single atom in the state 1. It absorbs a quantum of radiation $h\nu$, and thereby acquires momentum of amount $h\nu/c$. It will remain in state 2 for a certain time which on the average will be equal to τ, the mean life in the excited state. After this time it will emit a quantum $h\nu$ in some direction, and acquire recoil momentum $h\nu/c$. It is now in the normal state. After some interval, which is on the average equal say to τ', it will absorb again, and the cycle will be repeated. During this cycle it is freely falling towards the parent star — freely falling, because collisions are negligible. Hence the downward momentum acquired is $mg(\tau+\tau')$, m being the mass of the atom. The condition of mechanical equilibrium is that this momentum shall be equal and opposite to the resultant momentum acquired from the emission and absorption of quanta.

Let $I_\nu(\theta)$ be the intensity of radiation from below, in direction θ with the vertical. For an absorption in direction θ, the forward component of momentum acquired in one absorption is

$$\frac{h\nu}{c}\cos\theta.$$

The probability of an absorption of this kind in dt is

$$B_{12}I_\nu(\theta)\frac{d\omega}{4\pi}dt$$

where B_{12} is the EINSTEIN coefficient. Hence the average forward component of momentum is

$$\frac{h\nu}{c}\frac{\int I_\nu(\theta)\cos\theta\frac{d\omega}{4\pi}}{\int I_\nu(\theta)\frac{d\omega}{4\pi}}.$$

The recoil momentum arising from the emissions is on the average zero since the emissions are random in direction. The total momentum acquired must be equal to $mg(\tau+\tau')$, hence

$$\frac{h\nu}{c}\int I_\nu(\theta)\cos\theta\frac{d\omega}{4\pi} = mg(\tau+\tau')\int I_\nu(\theta)\frac{d\omega}{4\pi}. \tag{1}$$

Now the average life τ in the excited state, is equal to the reciprocal of the EINSTEIN emission coefficient A_{21}. To see this we observe that out of N atoms in the excited state at time 0, there remain $Ne^{-A_{21}t}dt$ at time t, of which the number $Ne^{-A_{21}t}A_{21}dt$ terminate their excited life during the succeeding dt. Thus

$$\tau = \frac{1}{N}\int_0^\infty Ne^{-A_{21}t}A_{21}t\,dt = \frac{1}{A_{21}}.$$

Similarly
$$\tau' = \frac{1}{\int B_{21} I_\nu \frac{d\omega}{4\pi}}.$$

Using the EINSTEIN relation
$$\frac{A_{21}}{B_{21}} = \frac{2h\nu^3}{c^2}\frac{q_1}{q_2}.$$

where q_1, q_2 are the weights of the two states, we have
$$\frac{\tau}{\tau'} = \frac{c^2}{2h\nu^3}\frac{q_2}{q_1}\int I_\nu \frac{d\omega}{4\pi}. \tag{2}$$

Physically, this merely represents the fact that in any given time the atom executes as many transitions in one direction as in the other.

Equations (1) and (2) form a pair simultaneous equations for the unknowns τ and τ', and can be solved. It is simpler however to note that in (1) we can neglect τ compared with τ'. We shall see later in fact that τ/τ' is about $0{,}4 \cdot 10^{-4}$. Replacing $\tau' + \tau$ by τ' in (1) and then eliminating τ', we have
$$\int I_\nu(\theta)\cos\theta \frac{d\omega}{4\pi} = m g \tau \frac{2h\nu^3}{c^2}\frac{c}{h\nu}\frac{q_1}{q_2}.$$

But the net flux $\pi\mathfrak{F}_\nu$ is given by
$$\pi\mathfrak{F}_\nu = \int I_\nu(\theta)\cos\theta\, d\omega.$$

Hence
$$\mathfrak{F}_\nu = \frac{8\nu^2 \tau m g}{c}\frac{q_1}{q_2}. \tag{3}$$

Since $\pi\mathfrak{F}_\nu$ is the net flux in ν, $\mathfrak{F}_\nu$ is the mean emergent intensity in ν, averaged over the disc (§ 22, Section c). If T_1, is the effective temperature of the star as deduced from the net flux, and r is the intensity ratio in the line averaged over the disc, then
$$\mathfrak{F}_\nu = \frac{2h\nu^3}{c^2}\frac{r}{e^{h\nu/kT_1} - 1} \tag{3'}$$

and so
$$\tau = \frac{q_2}{q_1}\frac{h\nu}{4 m g c}\frac{r}{e^{h\nu/kT_1} - 1} \tag{4}$$

which affords an estimate of τ when r and T_1 are known from astrophysical observations. For the Ca^+ atoms on the sun, the data[1]
$$r = 0{,}11, \qquad T_1 = 6000^\circ, \qquad q_2/q_1 = 3,$$
$$m = 40 \cdot 1{,}65 \cdot 10^{-24}, \qquad g = 2{,}43 \cdot 10^4, \qquad \lambda = 3950$$

give
$$\tau = 1{,}8 \cdot 10^{-8}\,\text{sec}.$$

This is of the order of magnitude observed in the laboratory for those atoms for which τ has been measured.

If n_1, n_2 are the numbers of atoms per unit volume in the states 1 and 2 respectively, then clearly in the steady state
$$\frac{n_2}{n_1} = \frac{\tau}{\tau'}$$
$$= \frac{7}{16}\frac{q_2}{q_1}\frac{r}{e^{h\nu/kT_1} - 1}$$

from (2) and (3′), on assuming a coefficient of darkening $\frac{3}{5}$, since $I_\nu = \frac{1}{2}\mathfrak{F}_\nu/(1 + \frac{3}{2}\cos\theta)$. For the Ca^+ atom on the sun, we find $n_2/n_1 = 0{,}4 \cdot 10^{-4}$.

[1] The value $r = 0{,}11$ is derived from SCHWARZSCHILD's observations, Berlin Sitzber 1914, p. 1198.

23. Effect of Stimulated Emissions. In the above we have tacitly neglected the "stimulated" emissions. These prove to make little difference to the numerical result, but it is of interest to take account of them. Equating the momentum acquired from absorptions in dt by the n_1 atoms in state 1, together with the recoil momentum acquired in the same time from stimulated emissions by the n_2 atoms in state 2, to the downward momentum acquired under gravity, we find

$$\frac{h\nu}{c}\left[n_1 B_{12}\int I_\nu(\theta)\cos\theta\,\frac{d\omega}{4\pi} - n_2 B_{21}\int I_\nu(\theta)\cos\theta\,\frac{d\omega}{4\pi}\right] = mg(n_1+n_2)\,. \tag{5}$$

Equating the number of absorptions to the number of emissions, we have

$$n_1 B_{12}\int I_\nu(\theta)\,\frac{d\omega}{4\pi} = n_2\left[B_{21}\int I_\nu(\theta)\,\frac{d\omega}{4\pi} + A_{21}\right]. \tag{6}$$

Here B_{21} is the second EINSTEIN coefficient, related to B_{12} by

$$\frac{B_{21}}{B_{12}} = \frac{q_1}{q_2}\,.$$

The actual time in the excited state is now

$$\left[A_{21} + B_{21}\int I_\nu\,\frac{d\omega}{4\pi}\right]^{-1},$$

but it is convenient to retain the meaning of τ as $1/A_{21}$. Solving (6) for n_2/n_1 and inserting in (5) we find

$$\int I_\nu(\theta)\cos\theta\,\frac{d\omega}{4\pi} = \frac{mg\tau c}{h\nu}\,\sigma\,\frac{q_1}{q_2}\left[1 + \left(1+\frac{q_2}{q_1}\right)\frac{1}{\sigma}\int I_\nu(\theta)\,\frac{d\omega}{4\pi}\right] \tag{7}$$

where

$$\sigma = 2h\nu^3/c^2\,.$$

If we now write

$$s = \frac{h\nu}{4mg\tau c}$$

(7) may be written in the form

$$\mathfrak{F}_\nu = \frac{\sigma(q_1/q_2)}{s - \left(1+\dfrac{q_1}{q_2}\right)\displaystyle\int\frac{I_\nu(\theta)}{\mathfrak{F}_\nu}\,\frac{d\omega}{4\pi}} \tag{8}$$

where in the denominator only the law of darkening is involved (the law of darkening in the residual intensity in the absorption line). If α_ν is the coefficient of darkening

$$\frac{1}{\mathfrak{F}_\nu}\int I_\nu(\theta)\,\frac{d\omega}{4\pi} = \frac{\dfrac{1}{4}\displaystyle\int_0^{\pi/2}(1-\alpha_\nu+\alpha_\nu\cos\theta)\sin\theta\,d\theta}{\displaystyle\int_0^{\pi/2}(1-\alpha_\nu+\alpha_\nu\cos\theta)\cos\theta\sin\theta\,d\theta} = \frac{\left(1-\dfrac{1}{2}\alpha_\nu\right)}{2\left(1-\dfrac{1}{3}\alpha_\nu\right)}\,.$$

Since the state of affairs is one of monochromatic radiative equilibrium, we know from the general theory that $\alpha_\nu = \frac{3}{5}$. Hence $(1-\frac{1}{2}\alpha_\nu)/2(1-\frac{1}{3}\alpha_\nu) = \frac{7}{16}$. Hence

$$\mathfrak{F}_\nu = \frac{\sigma\left(\dfrac{q_1}{q_2}\right)}{s - \dfrac{7}{16}\left(1+\dfrac{q_1}{q_2}\right)}\,. \tag{9}$$

The term $\frac{7}{16}(1+q_1/q_2)$ is however negligible compared with s, which is about $1{,}28\cdot 10^3$ for the Ca^+ atom. Thus (9) reduces to (3).

24. Equilibrium of the Chromosphere. We proceed to work out the nature of the equilibrium at all heights. Let p be the pressure at height x above some convenient reference point. We now have to write a term $-dp/dx$ on the left-hand side of (5), to give the equation of mechanical equilibrium. We get

$$+\frac{dp}{dx} = -(n_1+n_2)\,mg + \frac{h\nu}{c}\left(n_1 - n_2\frac{q_1}{q_2}\right)B_{12}\int I_\nu(x,\theta)\cos\theta\,\frac{d\omega}{4\pi} \tag{10}$$

where $I_\nu(x,\theta)$ is the intensity in direction θ at height x. Equation (6) remains valid on writing $I_\nu(x,\theta)$ for $I_\nu(\theta)$. Using EINSTEIN'S relations it simplifies to

$$\left(n_1 - n_2\frac{q_1}{q_2}\right)\int I_\nu(x,\theta)\,\sin\theta\,d\theta = 2\sigma n_2\frac{q_1}{q_2}. \tag{11}$$

This is the equation of radiative equilibrium. The equation of transfer has been deduced in equation (229), Section c). We re-write it for convenience

$$\frac{1}{\alpha_\nu}\,\frac{dI_\nu(x,\theta)}{dx} = -\left(n_1 - n_2\frac{q_1}{q_2}\right) + \frac{q_1}{q_2}\,n_2\,\sigma, \tag{12}$$

α_ν being the atomic absorption coefficient.

Write

$$n = n_1 - n_2\frac{q_1}{q_2}, \tag{13}$$

$$dt = -n\,\alpha_\nu\,dx, \qquad t = \int_0^\infty n\,\alpha_\nu\,dx. \tag{14}$$

Then equations (11) and (12) are in the form of the standard equations for radiative equilibrium, with t as optical thickness and the function

$$\frac{n_2}{n}\,\frac{q_1}{q_2}\,\sigma$$

replacing $B_\nu(t)$. The solution, by the general theory, may be written approximately

$$\frac{n_2}{n}\,\frac{q_1}{q_2}\,\sigma = \frac{1}{2}\,\mathfrak{F}_\nu\left(1+\frac{3}{2}\,t\right). \tag{15}$$

Writing

$$\begin{aligned} n_1+n_2 &= n_1 - n_2\left(\frac{q_1}{q_2}\right) + n_2\left[1+\left(\frac{q_1}{q_2}\right)\right] \\ &= n\left[1+\frac{1}{2}\,\frac{\mathfrak{F}_\nu}{\sigma}\left(1+\frac{3}{2}\,t\right)\left(1+\frac{q_2}{q_1}\right)\right] \end{aligned} \tag{16}$$

(10) becomes

$$\begin{aligned} \frac{dp}{dx} &= -n\,mg\left[1+\frac{1}{2}\,\frac{\mathfrak{F}_\nu}{\sigma}\left(1+\frac{3}{2}\,t\right)\left(1+\frac{q_2}{q_1}\right) - \frac{1}{4}\,\frac{\mathfrak{F}_\nu}{\sigma}\,\frac{h\nu}{c}\,\frac{1}{mg\tau}\,\frac{q_2}{q_1}\right] \\ &= -n\,mg\left[1+\frac{1}{2}\,\frac{\mathfrak{F}_\nu}{\sigma}\left(1+\frac{3}{2}\,t\right)\left(1+\frac{q_2}{q_1}\right) - s\,\frac{\mathfrak{F}_\nu}{\sigma}\,\frac{q_2}{q_1}\right]. \end{aligned} \tag{17}$$

At great heights i.e., as $t \to 0$, the atoms are completely supported by radiation pressure; hence the coefficient of $n\,mg$ must tend to zero. Hence

$$1+\frac{1}{2}\,\frac{\mathfrak{F}_\nu}{\sigma}\left(1+\frac{q_2}{q_1}\right) = s\,\frac{\mathfrak{F}_\nu}{\sigma}\,\frac{q_2}{q_1}$$

or

$$\mathfrak{F}_\nu = \frac{\sigma\left(\frac{q_1}{q_2}\right)}{s-\frac{1}{2}\left(1+\frac{q_1}{q_2}\right)}. \tag{18}$$

This differs from (9) in that the coefficient $\frac{1}{2}$ replaces $\frac{7}{16}$ in the denominator. This is an imperfection due to the approximate nature of our solution (15) for radiative equilibrium, but for consistency in the subsequent work we must use (18).

25. Pressure.. Equation (17) now becomes

$$\frac{dp}{dx} = -nmg\frac{3}{4}\frac{\mathfrak{F}_\nu}{\sigma}\left(1+\frac{q_2}{q_1}\right)t$$

or

$$\frac{dp}{dt} = \frac{mg}{\alpha_\nu}\frac{3}{4}\frac{\mathfrak{F}_\nu}{\sigma}\left(1+\frac{q_2}{q_1}\right)t.$$

The integral is

$$p = \frac{mg}{\alpha_\nu}\frac{3}{8}\frac{\mathfrak{F}_\nu}{\sigma}\left(1+\frac{q_2}{q_1}\right)t^2. \tag{19}$$

The pressure is thus proportional to the square of the optical depth. This property markedly differentiates chromospheric equilibrium from equilibrium under an appreciable pressure gradient.

26. Total Mass. For the total number of atoms per unit area down to any depth, we have by (16)

$$\int_x^\infty (n_1+n_2)\,dx = \int_x^\infty \left[1+\frac{1}{2}\frac{\mathfrak{F}_\nu}{\sigma}\left(1+\frac{3}{2}t\right)\left(1+\frac{q_2}{q_1}\right)\right]n\,dx$$

$$= \frac{1}{\alpha_\nu}\left[t+\frac{1}{2}\frac{\mathfrak{F}_\nu}{\sigma}\left(1+\frac{q_2}{q_1}\right)\left(t+\frac{3}{4}t^2\right)\right]. \tag{20}$$

The term in t^2 represents the mass supported by gas-pressure, the term in t the mass supported by radiation-pressure. The former is very small compared with the latter, throughout the chromosphere.

27. Density. To determine the density we must for the first time make some assumption about the temperature. Calling it T_0 and taking account of the complete ionisation which occurs in the case of calcium, we have

$$p = 2(n_1+n_2)kT_0.$$

Then

$$\frac{\varrho}{m} = n_1+n_2 = \frac{mg}{2kT_0\alpha_\nu}\frac{3}{8}\frac{\mathfrak{F}_\nu}{\sigma}\left(1+\frac{q_2}{q_1}\right)t^2. \tag{21}$$

28. Density-distribution. We now connect t with x. We have dx/dt as a function of t, on inserting for n in (14) by means of (16) and (21). We find after making use of (18) and integrating,

$$\frac{mg}{4kT_0}(x+x_0) = -\log t + \frac{4}{3}\frac{s}{1+\frac{q_1}{q_2}}\frac{1}{t} \tag{22}$$

where x_0 is a constant of integration.

We have seen that s is large compared with unity. Also in the chromosphere t, as we shall see, does not take large values. Hence in (22) the logarithmic term is negligible compared with the term in t^{-1}. Hence (22) may be written approximately

$$\frac{mg}{4kT_0}(x+x_0) = \frac{4}{3}\frac{s}{1+\frac{q_1}{q_2}}\frac{1}{t}. \tag{23}$$

Eliminating t between (21) and (23) and using $\mathfrak{F}_\nu = (\sigma/s)(q_1/q_2)$ we have an approximate expression for the density as a function of height in the form

$$\frac{\varrho}{m} = n_1 + n_2 = \frac{4k\,T_0}{\alpha_\nu\, m g}\cdot\frac{4}{3}\cdot\frac{s}{1+\dfrac{q_1}{q_2}}\cdot\frac{1}{(x+x_0)^2}. \tag{24}$$

This can be simplified by using relation (226'') Section c, namely

$$\alpha_\nu\,\Delta\nu = \frac{B_{12}\,h_\nu}{4\pi} = \frac{h\nu}{4\pi\,\tau\sigma}\,\frac{q_2}{q_1}, \tag{25}$$

which may be written in the form

$$\frac{s}{\alpha_\nu} = \frac{\pi\sigma\,\Delta\nu}{c\,m g}\,\frac{q_1}{q_2}. \tag{26}$$

This may now be substituted in (24). It is clear on general grounds that ϱ must be proportional to $\Delta\nu$, the width of the line.

Relation (24) shows that the density is inversely proportional to the square of the height above the level $x = -x_0$. This law of density is essentially different from the exponential density-laws met with in ordinary gravitational equilibrium. It gives a much slower rate of decrease of density with height. Exponential density-laws, for example, owing to the high value of g on the sun, forbid the existence of gas at such elevations as are observed[1]. The fact that a chromosphere exists on the sun is a clear indication of the importance of radiation pressure.

29. Determination of the Constant x_0. We shall now assume x to be measured from the level corresponding to the apparent limb of the sun.

As we go inwards, the outward flux of ν-radiation increases. At a sufficient depth, it will be equal to the photospheric flux in the adjacent wave-lengths. It is clear that at this depth, which corresponds to $x = 0$, a chromosphere could be fitted on to the photosphere, provided the pressures were adjusted to be equal. It may be considered doubtful whether chromospheric equilibrium subsists at this level. The reversing layer may, and probably will, introduce serious complications in the distribution of density. Nevertheless, in the absence of detailed mathematical investigation of the fit of the chromosphere on the reversing layer, and the fit of the reversing layer on the photosphere—if we may speak thus of definite layers—it seems plausible to combine chromosphere and reversing layer into one, for the purposes of determination of the constant x_0. We assume then, that at $x = 0$ the outward flux of radiation is equal to the photospheric flux.

The outward flux in the chromosphere at depth t is

$$2\pi\int_0^{\pi/2} I(t,\theta)\cos\theta\sin\theta\,d\theta = 2\pi\int_0^{\pi/2} \tfrac{1}{2}\mathfrak{F}_\nu\left(1+\tfrac{3}{2}t+\tfrac{3}{2}\cos\theta\right)\cos\theta\sin\theta\,d\theta$$

$$= \pi\mathfrak{F}_\nu\left(1+\tfrac{3}{4}t\right).$$

At $x = 0$, the outward flux must equal the photospheric flux $\pi\mathfrak{F}_\nu^{(\mathrm{phot})}$. Hence if t_0 is the optical depth at $x = 0$, we have

$$\pi\left(1+\tfrac{3}{4}t_0\right)\mathfrak{F}_\nu = \pi\mathfrak{F}_\nu^{(\mathrm{phot})}. \tag{27}$$

But $r = \mathfrak{F}_\nu/\mathfrak{F}_\nu^{(\mathrm{phot})}$. Hence

$$t_0 = \tfrac{4}{3}\left(r^{-1}-1\right). \tag{27'}$$

[1] E. g. SCHWARZSCHILD, Göttinger Nach 1906, p 41.

Putting $x = 0$, $t = t_0$ in (23) we have now on inserting for t_0 from (27′)

$$x_0 = \frac{4kT_0}{mg} \cdot \frac{\frac{4}{3}s}{1 + \frac{q_1}{q_2}} \cdot \frac{\frac{3}{4}}{r^{-1} - 1}. \tag{28}$$

With the values already given, and $T_0 = 5000°$, this gives

$$x_0 = 1800\,\text{km}, \qquad t = 10{,}7.$$

According to this the density would be reduced to $\frac{1}{87}$ of its value in ascending from $x = 0$ to $x = 15\,000$ km for Ca^+ atoms on the sun. In the absence of radiation pressure, the factor would be e^{-1910}.

If at $x = 0$ the outward flux has increased not to the photospheric value but to some fraction r' of the photospheric value, the only difference is that in (28), r^{-1} is replaced by r'/r, where $r' < 1$, and x_0 is increased. This makes the rate of decrease of density smaller still.

30. Chromosphere "Partially supported". In the foregoing the radiation pressure exactly balances gravity at great heights, leaving nothing for the pressure gradient. We shall now work out the case where the fraction μ of the weight is supported by the pressure gradient at great heights.

We now have

$$\frac{dp}{dx} \sim -(n_1 + n_2)\,\mu m g \tag{29}$$

at great heights. Equation (15) holds as before. Inserting (29) in the equation of mechanical equilibrium (10), we find

$$mg(1-\mu) = \frac{h\nu}{4c\tau}\,\frac{q_2}{q_1}\,\frac{\mathfrak{F}_\nu}{\sigma}\lim\frac{n}{n_1+n_2} = \frac{h\nu}{4c\tau}\,\frac{q_2}{q_1}\,\frac{\mathfrak{F}_\nu}{\sigma}\,\frac{1}{1+\frac{1}{2}\left(\frac{\mathfrak{F}_\nu}{\sigma}\right)\left(1+\frac{q_2}{q_1}\right)}$$

or, on reduction

$$\frac{\mathfrak{F}_\nu}{\sigma} = \frac{\frac{q_1}{q_2}}{s' - \frac{1}{2}\left(1 + \frac{q_1}{q_2}\right)} \tag{18′}$$

where

$$s' = \frac{s}{1-\mu} = \frac{h\nu}{4\tau c m g(1-\mu)}.$$

The solution can be completed as before. The results are

$$p = \frac{mg}{\alpha_\nu}\left[\mu\left\{1 + \frac{1}{2}\,\frac{\mathfrak{F}_\nu}{\sigma}\left(1+\frac{q_2}{q_1}\right)\right\}t + \frac{3}{8}\,\frac{\mathfrak{F}_\nu}{\sigma}\left(1+\frac{q_2}{q_1}\right)t^2\right], \tag{19′}$$

$$\int_x^\infty (n_1+n_2)\,dx = \frac{1}{\alpha_\nu}\left[t + \frac{1}{2}\,\frac{\mathfrak{F}_\nu}{\sigma}\left(1+\frac{q_2}{q_1}\right)\left(t + \frac{3}{4}t^2\right)\right] \tag{20′}$$

$$\frac{\varrho}{m} = n_1 + n_2 = \frac{mg}{2\alpha_\nu k T_0}\left[\mu\left\{1 + \frac{1}{2}\,\frac{\mathfrak{F}_\nu}{\sigma}\left(1+\frac{q_2}{q_1}\right)\right\}t + \frac{3}{8}\,\frac{\mathfrak{F}_\nu}{\sigma}\left(1+\frac{q_2}{q_1}\right)t^2\right], \tag{21′}$$

$$\frac{mg(x+x_0)}{4kT_0} = \frac{1-2\mu}{2\mu}\log\left(t + \frac{\frac{8}{3}s'\mu}{1+\frac{q_1}{q_2}}\right) - \frac{1}{2\mu}\log t. \tag{22′}$$

Unless μ is extremely small, $s'\mu$ is large compared with t for the range of values of t occurring in the chromosphere. Hence approximately (22′) may be written

$$\log t = -\frac{\mu m g x}{2kT_0} + \text{const.} \tag{23′}$$

But except for extremely small values of μ the first term on the right-hand side of (21′) is large compared with the second. Thus ϱ is approximately proportional to t, and we have from (23′)

$$\varrho = \mathrm{const} \times e^{-\frac{\mu m g x}{2 k T_0}}. \tag{24'}$$

It appears that unless μ is extremely small, the density-law is of the ordinary exponential type with gravity reduced to μ times its value. The two types of equilibrium, chromospheric and gravitational, merge into one another when μs becomes comparable with unity.

31. Discussion of the Density-Distribution. The density-law is thus highly sensitive to the value of μ. A small increase in μ, say from zero to 0,01, reduces the density at great heights enormously. For $\mu = 0$, it falls in 15 000 km to about $\frac{1}{90}$ of its value at $x = 0$; for $\mu = 0{,}01$ it falls to $e^{-20} = 10^{-9}$ of its value in the same distance. When $\mu \neq 0$ the mass is concentrated in a relatively thin layer, low down. When $\mu = 0$ it is spread out in an extended column.

The fact that a high-level chromosphere exists for the H and K lines of Ca^+ shows that μ is very small for these atoms. An actual estimate of μ for Ca^+ has recently been made by P. A. Taylor[1], using eclipse observations. If at a time of total eclipse, the slit of a spectroscope is set tangent to the moon's limb, the lines of the resulting spectrum will fade away from their centres in each direction. This distribution of light-intensity in the flash spectrum was used by Taylor to deduce the density distribution of the emitting atoms. In the analysis it is necessary to take account of curvature, and accordingly Taylor first generalised the foregoing analysis both for fully-supported and partially supported atmospheres so as to take account of the inverse square effects. The net flux, for example, now decreases as the inverse square of the distance from the sun's centre, and the chromosphere is stratified in concentric spheres. The analysis is rather complicated, and will not be reproduced here. His conclusion is that $\mu = 10^{-4}$ gives a fair representation of the Ca^+ chromosphere.

32. The Determination of μ. The question now arises, what physical circumstance relating to the star decides the value of μ? Apparently a chromosphere can be built up with any value of μ. The only difference is that the bigger is μ, the bigger is the pressure at the base of the chromosphere, the place where it fits on to the rest of the star. If we imagine the chromosphere suddenly removed, the star would begin to grow a fresh one by expulsion of atoms. Expulsion will go on in the first instance until the atoms at the base are just in equilibrium under the forward radiation pressure from the star and the back radiation pressure from the chromosphere, together with the small residual pressure gradient. We then have a fully supported chromosphere provided we make the pressure p_0 at its base continuous with the pressure at the same point as calculated from the underlying layers. This pressure seems at first sight arbitrary. If we increase it, more atoms are driven up into the chromosphere, and it becomes of the partially supported type. The high-level chromosphere then collapses, and we get the exponential concentration of density in the lower layers.

The difficulty is removed when we recognise that we have tacitly made some physical distinction between the chromosphere and the underlying layers: for without one nothing prevents us continuing the chromospheric type of equilibrium below the level p_0. Actually we must seek for the physical difference between chromosphere and underlying layers which terminates the type of equilibrium we have called chromospheric.

---

[1] M N 87, p. 605, 616 (1927).

This physical difference must be the setting-in of local thermodynamic equilibrium. In the chromosphere we have monochromatic radiative equilibrium. But we saw from equation (240), Section c, that monochromatic radiative equilibrium at low densities must pass gradually into local thermodynamic equilibrium at higher densities. Hence chromospheric equilibrium cannot be continued downwards beyond a certain density. This sets a limit to the value of μ. The equations fixing μ and t_0 are

$$(1 + \tfrac{3}{4}t_0)\,\mathfrak{F}_\nu = B(T_1) \tag{30}$$

$$\mathfrak{F}_\nu = \frac{8\nu^2\,\tau\, m g}{c}\,\frac{q_1}{q_2}\,(1-\mu) \tag{31}$$

$$p_0 = \frac{mg}{\alpha_\nu}\left[\mu\left\{1 + \frac{1}{2}\frac{\mathfrak{F}_\nu}{\sigma}\left(1+\frac{q_2}{q_1}\right)\right\}t_0 + \frac{3}{8}\frac{\mathfrak{F}_\nu}{\sigma}\left(1+\frac{q_2}{q_1}\right)t_0^2\right] \tag{32}$$

from which by elimination of $\mathfrak{F}_\nu$ and t_0 we have a single equation for μ involving only the effective temperature T_1 of the star, atomic constants, and p_0. The pressure p_0 is now the partial pressure of the atoms in question at which monochromatic radiative equilibrium gives way to local thermodynamic equilibrium: it must be supposed known from considerations of pure physics. (It will of course depend on the total pressure of all the atoms present, since the constant η of (240), Section c, depends on all the collisions that occur.) Save when μ is very small, we have approximately $p_0 = mg\,\mu t_0/\alpha_\nu$, and the equation for μ runs

$$\left(1 + \frac{3}{4}\,\frac{p_0\,\alpha_\nu}{mg}\,\frac{1}{\mu}\right)(1-\mu) = \frac{c}{8\nu^2\,\tau\, m g}\cdot\frac{q_2}{q_1}\,B_\nu(T_1)\,. \tag{33}$$

This has a single real positive root (< 1) whatever the constants involved. When $B_\nu(T_1) < (8\nu^2\tau\, mg/c)\,(q_1/q_2)$ the root cannot be small compared with unity, and thus a fully-supported or almost fully-supported atmosphere is impossible. No high-level chromosphere then exists. When $B_\nu(T_1) > (8\,\nu^2\tau\, mg/c)\,(q_1/q_2)$ the value of μ will depend on the value of p_0 in the sense that very small values of μ will only be possible if p_0 is very small. The precise determination of μ involves not only the difficult question of p_0, but also a determination of α_ν, or, what comes to the same thing, of $\Delta\nu$. Until μ is ascertained, the residual flux F_ν is not fixed.

In continuing down the chromosphere to a depth at which the outward flux is $\pi B(T_1)$, we are fitting it on too deep. A more appropriate condition would be to fit on the chromospheric region ($\eta = 0$) to an underlying region for which say $\eta = 1$, using the formula for the residual intensity, (265) Section c, instead of the value $\pi\mathfrak{F}_\nu^{(\text{phot})} = \pi B_\nu(T_1)$ in (27).

33. Connection with Solar Prominences. Apart from these questions of the detailed fitting-on of the chromosphere to the rest of the star, it can be seen generally that a fully-supported chromosphere has a density-distribution very sensitive to the conditions at its base. If a few more atoms are extruded from below, they reduce the supply of radiation to the high-level atoms, which forthwith collapse on to the layer beneath. We should expect therefore that a chromosphere may from time to time collapse and then reconstruct itself. If it does this in patches, we get a phenomenon which strikingly suggests solar prominences. Again, over sun-spots, radiation pressure is reduced and we should expect a downward flow into the spot from the surrounding high-level chromosphere, as suggested by PIKE. For a treatment of these and other questions connected with the same subject, the papers of MILNE, SUR, PIKE, and TAYLOR should be consulted.

34. Bibliography.

E. A. MILNE, An Astrophysical Determination of the Average Life of an excited Atom of Calcium. M N 84, p. 354 (1924); The Equilibrium of the Calcium Chromosphere. M N 85, p. 111 (1924); M N 86, p. 8 (1925); M N 86, p. 578 (1926). On the Possibility of the Emission of High-Speed Atoms from the Sun and Stars. M N 86, p. 459 (1926).

R. K. SUR, On Selective Radiation Pressure and the accelerated Motion of Ca^+ Vapor in Eruptive Prominences. Ap J 63, p. 111 (1926).

S. R. PIKE, On the Chromospheric Currents above a Sunspot. M N 87, p. 56 (1926).

P. A. TAYLOR, The Equilibrium of the Calcium Chromosphere. M N 87, p. 605 (1927). The Light-Intensity of the Calcium Chromosphere. M N 87, p. 616 (1927).

e) Polytropic Gas-Spheres.

35. Introduction. EMDEN'S "Gaskugeln", published in 1907, contains his researches on the subject of the equilibrium of spheres of gas held together by their own gravitation. It is the most complete account of this subject available, and it has proved of inestimable value in the more recent developments of the theory of the constitution of a star. EMDEN'S own applications of his theory have to some extent been superseded by the later writings of others (and of himself), but the study of the solutions of certain differential equations which it contains are of permanent value. It contains the theory of simple gas-spheres, gas-spheres surrounded by rigid envelopes and gas-spheres with a rigid core, the theory of clouds of small particles, of the refraction of light in gas-spheres and part of the theory of pulsating stars. Here we are mostly concerned with EMDEN'S theory of spheres built up on what he calls the "polytropic" model. We proceed to explain this term.

36. Thermodynamics of a Perfect Gas. Let p, v, T be the pressure, volume and temperature of a given mass of fluid. The fluid is said to be a perfect gas if (1)

$$p v = f(T),$$

and (2) its energy E is a function of its temperature only. In that case all the work done in compressing it at constant temperature is converted into internal energy[1].

If when its volume alters by dv and its temperature by dT, its energy alters by dE, the quantity of heat communicated dQ is defined by the relation

$$dQ = dE + p\,dv.$$

By hypothesis, since E is a function of T only, we have

$$dE = \frac{dE}{dT} dT = c_v\, dT$$

say, where c_v is defined to be the specific heat at constant volume. By condition (2) it is a function of T only. The increase of entropy dS is accordingly

$$dS = \frac{dQ}{T} = \frac{c_v}{T} dT + \frac{p}{T} dv. \qquad (1)$$

Hence

$$\frac{\partial}{\partial v}\left(\frac{c_v}{T}\right) = \frac{\partial}{\partial T}\left(\frac{p}{T}\right)$$

whence

$$\frac{\partial}{\partial T}\left(\frac{p}{T}\right) = 0.$$

[1] See for example G. H. BRYAN, Thermodynamics (1907).

Hence p/T is constant at constant temperature, so we can write

$$\frac{p}{T} = \Phi(v) .$$

But

$$p v = f(T) .$$

Hence

$$\frac{f(T)}{T} = v\,\Phi(v) = \text{constant} .$$

We put this constant as equal to R/μ, when the quantity of material is one gram. Hence μ denotes the molecular weight in terms of the atom of hydrogen as unity. The fact that R as thus defined is a universal constant does not follow from pure thermodynamics only, but we shall assume this. We have then per unit mass

$$p v = \left(\frac{R}{\mu}\right) T . \tag{2}$$

Changing to the variables T and p, by means of (2) we find

$$d Q = \left(c_v + \frac{R}{\mu}\right) d T - v\,d p . \tag{3}$$

The specific heat c_p at constant pressure is then given by

$$c_p = \left(\frac{d Q}{d T}\right)_{d p = 0} = c_v + \frac{R}{\mu} . \tag{4}$$

We now express dQ in terms of the differentials dp and dv. We find

$$d Q = \frac{\mu}{R}\,(c_p\, p\, d v + c_v\, v\, d p) . \tag{5}$$

An adiabatic transformation, defined by the condition $dQ = 0$, has accordingly for its differential equation

$$\frac{d p}{p} = -\frac{c_p}{c_v}\frac{d v}{v} . \tag{6}$$

If the ratio c_p/c_v is constant, (which from (4) implies that c_p and c_v are separately constant) this integrates in the form

$$p v^{\gamma} = \text{const} \tag{7}$$

where

$$\gamma = \frac{c_p}{c_v} .$$

Equation (7) is the general equation of adiabatics.

Suppose now that instead of $d Q = 0$ we impose the condition

$$\frac{d Q}{d T} = \text{const.} = c .$$

Then

$$c\,d T = c_v\,d T + p\,d v .$$

In terms of dv and dp this reduces to

$$(c_p - c)\,p\,d v + (c_v - c)\,v\,d p = 0 . \tag{8}$$

Put

$$\gamma' = \frac{c_p - c}{c_v - c} .$$

Then (8) integrates in the form

$$p v^{\gamma'} = \text{const.} \tag{9}$$

Any sequence of changes of a perfect gas may be described by a curve in the (p, v)-plane. EMDEN defines as a "Polytrop" a path of constant heat capacity dQ/dT. It follows that (9) is the general equation of polytropes. A polytrope is an adiabatic in the particular case $dQ/dT = c = 0$.

37. The Equilibrium of a Sphere of Gas. Consider a sphere of gas, in equilibrium under its own gravitation. At a point distant r from the centre let p be the pressure, g the acceleration due to gravity, ϱ the density. The equation of hydrostatic equilibrium is, ignoring radiation pressure,

$$\frac{dp}{dr} = -g\varrho . \tag{10}$$

If $M(r)$ is the mass inside the sphere of radius r, V the gravitational potential and G is the constant of gravitation, then

$$g = -\frac{dV}{dr} = \frac{GM(r)}{r^2} \tag{11}$$

and

$$M(r) = \int_0^r 4\pi\varrho r^2\, dr . \tag{12}$$

The integration of (10) can be effected only when the relation between p and ϱ is known. Any arbitrary relation $p = f(\varrho)$ implies a gas-sphere built on a certain model.

For definiteness, following EMDEN, we now consider gas-spheres for which a relation of type (9) holds everywhere throughout their mass. Such masses of gas will be said to be polytropic.

We write the relation in the form

$$p = C\varrho^k .$$

We have then

$$\frac{1}{\varrho}\frac{dp}{dr} = kC\varrho^{k-2}\frac{d\varrho}{dr} = \frac{k}{k-1}C\frac{d\varrho^{k-1}}{dr} . \tag{13}$$

Equation (10) then becomes on differentiating

$$\frac{k}{k-1}C\frac{d}{dr}\left(r^2\frac{d\varrho^{k-1}}{dr}\right) = -4\pi G\varrho r^2 . \tag{14}$$

The form of this equation suggests taking ϱ^{k-1} as dependent variable. The quantity ϱ^{k-1} has two interesting physical meanings. In the first place we have from (10), (11) and (13)

$$\frac{k}{k-1}C\frac{d\varrho^{k-1}}{dr} = \frac{dV}{dr}$$

whence integrating

$$\frac{k}{k-1}C\varrho^{k-1} = V - V_0$$

where V_0 is the value of V where $\varrho = 0$, i. e. at the boundary of the star[1]. This may also be written

$$\frac{k}{k-1}p = \varrho(V - V_0) . \tag{15}$$

In the second place if the material is a perfect gas, we have in addition the equation of state

$$\frac{p}{\varrho} = \frac{R}{\mu}T$$

[1] We shall frequently use "star" for "gas-sphere".

whence

$$C\varrho^{k-1} = \frac{R}{\mu} T.$$

Thus we have altogether

$$\frac{p}{\varrho} = C\varrho^{k-1} = \frac{R}{\mu} T = \frac{k-1}{k}(V - V_0). \tag{15'}$$

We consider now solutions of (14) in which the variables p, ϱ and T have finite values at the centre $r = 0$. Let T_c be the value of T at $r = 0$. Put

$$T = T_c u \tag{16}$$

and change the dependent variable in (14) from ϱ^{k-1} to u. On putting

$$\frac{1}{k-1} = n,$$

we find

$$\frac{1}{r^2}\frac{d}{dr}\left(r^2 \frac{du}{dr}\right) + \alpha^2 u^n = 0 \tag{17}$$

where

$$\alpha^2 = \frac{4\pi G}{(n+1)C^n}\left(\frac{R T_c}{\mu}\right)^{n-1}. \tag{18}$$

Now put

$$\alpha r = \xi. \tag{19}$$

Then (17) becomes

$$\frac{1}{\xi^2}\frac{d}{d\xi}\left(\xi^2 \frac{du}{d\xi}\right) + u^n = 0. \tag{20}$$

All the particular constants have now disappeared. This may be called EMDEN'S differential equation.

38. Solution of EMDEN's Differential Equation. The solution we require is that for which

$$u = 1, \quad \frac{du}{d\xi} = 0, \qquad \text{at } \xi = 0.$$

Equation (20) can be solved in finite form in the cases $n = 0$, $n = 1$, $n = 5$, the particular solutions required being

$$n = 0, \qquad u = 1 - \frac{\xi^2}{6},$$

$$n = 1, \qquad u = \frac{\sin\xi}{\xi},$$

$$n = 5, \qquad u = \left(1 + \frac{1}{3}\xi^2\right)^{-\frac{1}{2}}.$$

In all other cases resort must be had to quadratures[1].

The solution for u, $u = u(\xi)$ when found may or may not possess a zero for a finite value of ξ. If it does, the star has a finite radius: for here the pressure and density vanish. It has been shown by EMDEN that for $n < 5$, the gas-sphere has a finite boundary and a finite mass: for $n = 5$ the sphere extends to infinity but the mass is finite: for $n > 5$ the sphere extends to infinity and the mass is infinite.

EMDEN has tabulated solutions of (20), for various values of n, obtained by the method of quadratures. Near $\xi = 0$ a solution can be found as a power series in ξ, and with this as a start the solution for larger values of ξ can be obtained numerically by the method of "small arcs". The following tables are extracted from EMDEN'S book "Gaskugeln".

[1] For the case $n = 5$, $k = 1^1/_5$, the law was found by SCHUSTER, Brit Ass Report 1893, p. 428.

EMDEN's Table 1. $n = 0$, $k = \infty$.

$\xi\,[\propto r]$	$u\,[\propto T]$	$-\frac{du}{d\xi}\,[\propto g]$	$u^n\,[\propto \varrho]$	$u^{n+1}\,[\propto p]$	$-\xi^2\frac{du}{d\xi}\,[\propto M(r)]$	$-\frac{1}{3}\xi\Big/\frac{du}{d\xi}\left[=\frac{\varrho_c}{\bar\varrho(r)}\right]$
0	1	0	1	1	0	1
0,25	0,98958	0,08333	1	0,98958	0,00521	1
0,50	0,95834	0,16666	1	0,95834	0,04167	1
0,75	0,90625	0,25000	1	0,90625	0,14062	1
1,00	0,83333	0,33333	1	0,83333	0,33333	1
1,25	0,73958	0,41667	1	0,73958	0,65104	1
1,50	0,62500	0,50000	1	0,62500	1,1250	1
2,00	0,33333	0,66667	1	0,33333	2,6668	1
2,4494	0	0,81647	1	0	4,8988	1

EMDEN's Table 3. $n = 1$, $k = 2$.

$\xi\,[\propto r]$	$u\,[\propto T]$	$-\frac{du}{d\xi}\,[\propto g]$	$u^n\,[\propto \varrho]$	$u^{n+1}\,[\propto p]$	$-\xi^2\frac{du}{d\xi}\,[\propto M(r)]$	$-\frac{1}{3}\xi\Big/\frac{du}{d\xi}\left[=\frac{\varrho_c}{\bar\varrho(r)}\right]$
0	1	0	1	1	0	1
0,25	0,98960	0,08280	0,98960	0,97930	0,00519	1,0040
0,50	0,95882	0,16250	0,95882	0,91935	0,04062	1,0256
0,75	0,90886	0,23623	0,90886	0,82604	0,13289	1,0583
1,00	0,84148	0,30117	0,84148	0,70808	0,30117	1,1068
1,25	0,75918	0,35511	0,75918	0,57637	0,55486	1,1734
1,50	0,66500	0,39622	0,66500	0,44222	0,89149	1,2619
2,00	0,45464	0,43541	0,45464	0,20670	1,74356	1,5311
2,50	0,23938	0,41621	0,23938	0,05734	2,60136	2,0022
3,00	0,04703	0,34569	0,04703	0,00202	3,11109	2,8927
3,14159	0	0,31831	0	0	3,14159	3,2899

EMDEN's Table 5. $n = 2$, $k = 1{,}5$.

$\xi\,[\propto r]$	$u\,[\propto T]$	$-\frac{du}{d\xi}\,[\propto g]$	$u^n\,[\propto \varrho]$	$u^{n+1}\,[\propto p]$	$-\xi^2\frac{du}{d\xi}\,[\propto M(r)]$	$-\frac{1}{3}\xi\Big/\frac{du}{d\xi}\left[=\frac{\varrho_c}{\bar\varrho(r)}\right]$
0	1	0	1	1	0	1
0,25	0,98969	0,08247	0,97950	0,96940	0,00515	1,0105
0,50	0,95937	0,15865	0,92040	0,88302	0,03876	1,0750
0,75	0,91128	0,22386	0,83042	0,75675	0,12591	1,1168
1,00	0,84864	0,27453	0,72018	0,61117	0,27453	1,2142
1,25	0,77533	0,30937	0,60114	0,46609	0,48339	1,3468
1,50	0,69531	0,32825	0,48346	0,33615	0,73857	1,5232
1,75	0,61238	0,33307	0,37501	0,22965	1,0200	1,7514
2,00	0,52974	0,32640	0,28062	0,14866	1,3056	2,0425
2,50	0,37463	0,29023	0,14035	0,05258	1,8140	2,8713
2,5375	0,36388	0,28681	0,13241	0,04818	1,8467	2,9492
3,00	0,24166	0,24067	0,05840	0,01411	2,1660	4,1550
3,50	0,13379	0,19169	0,01790	0,002395	2,3482	6,0863
4,00	0,04866	0,15040	0,002368	0,0001152	2,4064	8,8653
4,25	0,01326	0,13346	0,0001758	$0{,}2331\cdot 10^{-5}$	2,4106	10,615
4,3518	0	0,12729	0	0	2,4107	11,396

EMDEN's Table 6. $n = 2{,}5$, $k = 1{,}4 = \frac{7}{5}$.

$\xi\,[\propto r]$	$u\,[\propto T]$	$-\frac{du}{d\xi}\,[\propto g]$	$u^n\,[\propto \varrho]$	$u^{n+1}\,[\propto p]$	$-\xi^2\frac{du}{d\xi}\,[\propto M(r)]$	$-\frac{1}{3}\xi\Big/\frac{du}{d\xi}\left[=\frac{\varrho_c}{\bar\varrho(r)}\right]$
0	1	0	1	1	0	1
0,25	0,98971	0,08226	0,97450	0,96447	0,00513	1,0130
0,50	0,95961	0,15676	0,90202	0,88560	0,03919	1,0632
0,75	0,91242	0,21798	0,79520	0,72555	0,12261	1,1469
1,00	0,85196	0,26282	0,66997	0,57079	0,26282	1,2683
1,25	0,78246	0,29036	0,54156	0,42375	0,45369	1,4350
1,50	0,70809	0,30213	0,42192	0,29876	0,67978	1,6549
1,75	0,63246	0,29532	0,31811	0,20119	0,90442	1,9753

Continuation of Table 6.

$\xi\,[\propto r]$	$u\,[\propto T]$	$-\frac{du}{d\xi}\,[\propto g]$	$u^n\,[\propto \varrho]$	$u^{n+1}\,[\propto p]$	$-\xi^2\frac{du}{d\xi}\,[\propto M(r)]$	$-\frac{1}{3}\xi\Big/\frac{du}{d\xi}\left[=\frac{\varrho_c}{\bar\varrho(r)}\right]$
2,00	0,55961	0,28614	0,23428	0,13111	1,1446	2,3298
2,3498	0,46331	0,26290	0,14611	0,06769	1,4516	2,9793
2,50	0,42473	0,25080	0,11756	0,04993	1,5675	3,3227
3,00	0,31000	0,20793	0,05351	0,01659	1,8714	4,8093
3,50	0,21752	0,16783	0,02207	0,004800	2,0560	6,9517
4,00	0,14300	0,13445	0,007733	0,001106	2,1512	9,9170
4,50	0,08263	0,10813	0,001963	0,0001622	2,1896	10,539
5,00	0,03384	0,08796	0,0002107	$0{,}7295\cdot 10^{-7}$	2,1990	18,948
5,40	0,00128	0,07545	$5{,}862\cdot 10^{-8}$	$7{,}503\cdot 10^{-11}$	2,2001	23,857
5,4172	0	0,07500	0	0	2,2010	24,076

EMDEN's Table 7. $n = 3,\quad k = \frac{4}{3}$.

$\xi\,[\propto r]$	$u\,[\propto T]$	$-\frac{du}{d\xi}\,[\propto g]$	$u^n\,[\propto \varrho]$	$u^{n+1}\,[\propto p]$	$-\xi^2\frac{du}{d\xi}\,[\propto M(r)]$	$-\frac{1}{3}\xi\Big/\frac{du}{d\xi}\left[=\frac{\varrho_c}{\bar\varrho(r)}\right]$
0	1	0	1	1	0	1
0,25	0,98975	0,08204	0,96960	0,95966	0,00513	1,0158
0,50	0,95987	0,15495	0,88436	0,84886	0,03874	1,0756
0,75	0,91355	0,21270	0,76242	0,69650	0,11964	1,1754
1,00	0,85505	0,25219	0,62513	0,53451	0,25219	1,3218
1,25	0,78897	0,27370	0,49111	0,38747	0,42765	1,5224
1,50	0,71948	0,27993	0,37244	0,26797	0,62984	1,7862
1,75	0,64996	0,27460	0,27458	0,17847	0,84097	2,1243
2,00	0,52282	0,26149	0,19796	0,11538	1,0450	2,5495
2,1620	0,54133	0,25052	0,15863	0,08587	1,1710	2,8768
2,50	0,46109	0,22396	0,09803	0,04520	1,3994	3,7210
3,00	0,35921	0,18393	0,04635	0,01665	1,6553	5,4370
3,50	0,27629	0,14859	0,02109	0,005828	1,8203	7,8697
4,00	0,20942	0,11998	0,009185	0,001923	1,9197	11,113
4,50	0,15529	0,09748	0,003746	0,0005817	1,9740	15,387
5,00	0,11110	0,08003	0,001371	0,0001523	2,0007	20,826
6,00	0,04411	0,05599	$8{,}583\cdot 10^{-5}$	$3{,}786\cdot 10^{-5}$	2,0156	35,720
6,80	0,00471	0,04360	$1{,}045\cdot 10^{-6}$	$4{,}921\cdot 10^{-10}$	2,0161	51,987
6,9011	0	0,04231	0	0	2,0150 *	54,350

* As given by EMDEN. There is clearly an error here, since $-\xi^2\,du/d\xi$, being proportional to the mass, must steadily increase up to the boundary.

EMDEN's Table 8. $n = 4,\quad k = \frac{5}{4}$.

$\xi\,[\propto r]$	$u\,[\propto T]$	$-\frac{du}{d\xi}\,[\propto g]$	$u^n\,[\propto \varrho]$	$u^{n+1}\,[\propto p]$	$-\xi^2\frac{du}{d\xi}\,[\propto M(r)]$	$-\frac{1}{3}\xi\Big/\frac{du}{d\xi}\left[=\frac{\varrho_c}{\bar\varrho(r)}\right]$
0	1	0	1	1	0	1
0,25	0,98980	0,08166	0,95984	0,95006	0,00510	1,0205
0,50	0,96035	0,15139	0,85138	0,81762	0,03785	1,1009
0,75	0,91557	0,20353	0,70275	0,64343	0,11448	1,2283
1,00	0,86054	0,23349	0,54838	0,47190	0,23349	1,0943
1,50	0,73895	0,24267	0,29818	0,22035	0,54601	2,0604
1,9184	0,64099	0,22275	0,16881	0,10820	0,81978	2,8708
2,00	0,62306	0,21743	0,15070	0,09390	0,86972	3,0661
3,00	0,44018	0,14856	0,03754	0,01653	1,3370	6,7313
4,00	0,31838	0,09872	0,01028	0,003271	1,5795	13,506
5,00	0,23637	0,06781	0,003122	0,0007379	1,6952	24,579
6,00	0,17889	0,04862	0,001024	0,0001832	1,7503	41,137
8,00	0,10515	0,02807	0,0001222	$1{,}2850\cdot 10^{-5}$	1,7965	95,003
10,00	0,06016	0,01804	$1{,}310\cdot 10^{-5}$	$7{,}880\cdot 10^{-7}$	1,8040	184,78
12,00	0,03009	0,01254	$8{,}200\cdot 10^{-8}$	$2{,}466\cdot 10^{-8}$	1,8058	318,98
14,50	0,00859	0,00921	$5{,}444\cdot 10^{-10}$	$4{,}677\cdot 10^{-11}$	1,8059	506,70
14,50	0,00414	0,00859	$2{,}938\cdot 10^{-11}$	$1{,}216\cdot 10^{-12}$	1,8060	562,67
14,999	0	0,00803	0	0	1,8064	623,40

EMDEN's Table 11. $n = 5$, $k = \frac{6}{5}$.

$\xi\,[\propto r]$	$u\,[\propto T]$	$-\frac{du}{d\xi}\,[\propto g]$	$u^n\,[\propto \varrho]$	$u^{n+1}\,[\propto p]$	$-\xi^2 \frac{du}{d\xi}\,[\propto M(r)]$	$-\frac{1}{3}\xi \Big/ \frac{du}{d\xi}\left[= \frac{\varrho_c}{\bar{\varrho}(r)}\right]$
0	1	0	1	1	0	1
0,25	0,98974	0,08079	0,94972	0,93998	0,00505	1,0314
0,50	0,96078	0,14781	0,81866	0,78654	0,03695	1,1276
0,75	0,91768	0,19320	0,65080	0,59722	0,10867	1,2940
1,00	0,86602	0,21650	0,48713	0,42187	0,21651	1,5396
1,50	0,75593	0,21598	0,24683	0,18659	0,48594	2,3150
2,00	0,65465	0,18704	0,12021	0,07872	0,74817	3,5643
2,50	0,56950	0,15392	0,05923	0,03411	0,96198	5,4171
3,00	0,50000	0,12500	0,03125	0,01563	1,1250	8,0000
3,50	0,44353	0,10180	0,01716	0,007508	1,2384	11,541
4,00	0,39736	0,08365	0,009906	0,003936	1,3384	15,939
5,00	0,32733	0,05845	0,003758	0,001230	1,4601	28,514
6,00	0,27735	0,04267	0,001641	0,0004552	1,5361	46,872
7,00	0,24020	0,03233	0,0007995	0,0001920	1,5843	72,163
8,00	0,21160	0,02527	0,0004243	$8{,}977 \cdot 10^{-5}$	1,6170	105,55
10,00	0,17066	0,01657	0,0001448	$2{,}471 \cdot 10^{-5}$	1,6569	201,18
12,00	0,14286	0,01166	$5{,}950 \cdot 10^{-5}$	$8{,}500 \cdot 10^{-6}$	1,6793	343,01
16,00	0,10763	0,00665	$1{,}444 \cdot 10^{-5}$	$1{,}554 \cdot 10^{-6}$	1,7020	802,18
20,00	0,08628	0,00428	$4{,}781 \cdot 10^{-6}$	$4{,}125 \cdot 10^{-7}$	1,7127	1557,0
30,00	0,05764	0,00192	$6{,}362 \cdot 10^{-7}$	$3{,}667 \cdot 10^{-8}$	1,7234	5222,0
50,00	0,03461	0,00069	$4{,}9734 \cdot 10^{-8}$	$1{,}7218 \cdot 10^{-9}$	1,7289	24099
100	0,01732	0,000173	$1{,}5588 \cdot 10^{-9}$	$2{,}6975 \cdot 10^{-11}$	1,73127	$1{,}9254 \cdot 10^5$
1000	0,001732	0,00000173	$1{,}5589 \cdot 10^{-14}$	$2{,}6975 \cdot 10^{-17}$	1,73200	$1{,}9245 \cdot 10^8$
∞	0	0	0	0	1,73205	∞

EMDEN's Table 7a. $n = 3$, $k = \frac{4}{3}$.

ξ	u	$-\frac{du}{d\xi}$	ξ	u	$-\frac{du}{d\xi}$
0	1	0	$2^1/_2$	0,4611186	0,2239753
$^1/_8$	0,9974060	0,0415043	$2^3/_4$	0,4076634.	0,2036960
$^1/_4$	0,9896853	0,0818053	3	0,3592158	0,1840525
$^3/_8$	0,9770536	0,1198609	$3^1/_4$	0,3155310	0,1656674
$^1/_2$	0,9598483	0,1548256	$3^1/_2$	0,2762494	0,1488576
$^5/_8$	0,9385086	0,1859127	$3^3/_4$	0,2409646	0,1336985
$^3/_4$	0,9135523	0,2126304	4	0,2092632	0,1201780
$^7/_8$	0,8855441	0,2347185	$4^1/_4$	0,1807469	0,1081979
1	0,8550676	0,2521339	$4^1/_2$	0,1550468	0,0976258
$1^1/_8$	0,8226994	0,2560220	$4^3/_4$	0,1318287	0,0883182
$1^1/_4$	0,7889887	0,2736733	5	0,1107944	0,0801311
$1^3/_8$	0,7544411	0,2784856	$5^1/_2$	0,0742588	0,0665862
$1^1/_2$	0,7195077	0,2799193	6	0,0437090	0,0560474
$1^5/_8$	0,6845812	0,2784638	$6^1/_2$	0,0178358	0,0477714
$1^3/_4$	0,6499918	0,2746054	7	−0,0043439	0,0411912
$1^7/_8$	0,6160106	0,2688079	6,8	0,0041366	0,0436498
2	0,5828530	0,2614974	6,895	0,0000467	0,0424553
$2^1/_4$	0,5196225	0,2438063	6,899921	0,0000000	0,0423947

39. Structure of the Gas-Sphere. Given the class n of the polytrope, the whole structure becomes determinate when α and T_c are known. The former determines the scale on which ξ represents the radius to any point, the latter the scale on which u represents the temperature at any point. On other scales u^n represents the density ϱ, u^{n+1} the pressure p; $-\frac{du}{d\xi}$ the value of gravity g; $-\xi^2 \frac{du}{d\xi}$ the mass $M(r)$ enclosed within the sphere of radius r; and $-\frac{3}{\xi}\frac{du}{d\xi}$ the ratio $\bar{\varrho}(r)/\varrho_c$

of the mean density of the matter inside r to the central density. The actual formulae, which are easily derived, are summarised below.

$$\alpha^2 = \frac{4\pi G}{(n+1)\,C^n}\left(\frac{R\,T_c}{\mu}\right)^{n-1} \tag{21}$$

$$r = \frac{\xi}{\alpha} \tag{22}$$

$$T = T_c u \tag{23}$$

$$V - V_0 = (n+1)\,\frac{R\,T_c}{\mu}\,u \tag{24}$$

$$\varrho = \frac{(n+1)\,\alpha^2}{4\pi G}\,\frac{R\,T_c}{\mu}\,u^n \tag{25}$$

$$p = \frac{(n+1)\,\alpha^2}{4\pi G_1}\left(\frac{R\,T_c}{\mu}\right)^2 u^{n+1} \tag{26}$$

$$g = -(n+1)\,\frac{R\,T_c}{\mu}\,\alpha\,\frac{du}{d\xi} \tag{27}$$

$$M(r) = -\frac{(n+1)}{G\alpha}\,\frac{R\,T_c}{\mu}\,\xi^2\,\frac{du}{d\xi} \tag{28}$$

$$\frac{\bar{\varrho}(r)}{\varrho_c} = -\frac{3}{\xi}\,\frac{du}{d\xi}. \tag{29}$$

These formulae apply at any point. In particular they apply at the boundary. We shall denote boundary values by the suffix 0. Thus (28) determines the whole mass of the star, (29) the mean density.

If in (28) we replace ξ/α by r, we have the useful formula

$$T_c = -\frac{\dfrac{G\,M(r)}{r}\,\dfrac{\mu}{R}}{(n+1)\,\xi\,\dfrac{du}{d\xi}}. \tag{28a}$$

Putting $r = r_0$, $M(r_0) = M$, we have an expression for the central temperature in terms of the mass and radius.

Formula (29) asserts that the central density is a constant multiple of the mean density—the constant multiple being independent of mass, central temperature, etc., and depending only on the polytropic index n. E. g. for $n = 3$, from Table 7 we have always

$$\varrho_c = 54{,}35\,\bar{\varrho}.$$

The successive columns in the tables will be seen to be proportional to (1) the radius, (2) the temperature or difference of gravitational potential, (3) the acceleration due to gravity, (4) the density, (5) the pressure, (6) the total mass enclosed, (7) the inverse of the ratio of density to central density.

40. Treatment avoiding Introduction of T and μ. The foregoing treatment seems the most natural as it gives a physical meaning to the variable u. It is sometimes useful, however, as in treating a star of variable molecular weight, to avoid an explicit mention of μ: further when radiation pressure is taken into account, the total pressure P plays the part of p in the foregoing, but is not related to T by an equation of the form (2). We can reduce EMDEN's analysis to a form capable of more general application as follows. We now use P to denote the total pressure.

The essential equations are

$$P = C\varrho^k,$$

$$\frac{dP}{dr} = -\frac{GM(r)}{r^2}\varrho,$$

$$M(r) = \int_0^r \varrho 4\pi r^2 dr.$$

Eliminate P and $M(r)$ from these equations, and introduce a variable u defined by

$$\varrho^{k-1} = \varrho_c^{k-1} u.$$

We then find

$$\frac{1}{r^2}\frac{d}{dr}\left(r^2\frac{du}{dr}\right) = -\frac{4\pi G}{(n+1)C}\varrho_c^{1-1/n} u^n \tag{14'}$$

with as before

$$k = 1 + \frac{1}{n}.$$

Put

$$\alpha^2 = \frac{4\pi G}{(n+1)C}\varrho_c^{1-\frac{1}{n}} \tag{18'}$$

and

$$\alpha r = \xi. \tag{19'}$$

We then obtain EMDEN'S differential equation as before. The initial conditions are as before $u = 1$, $\frac{du}{d\xi} = 0$ for $\xi = 0$, and the solutions given in the tables apply. Formulae (28), (27) and (24) are replaced by

$$M(r) = -\frac{C(n+1)}{\alpha G}\varrho_c^{\frac{1}{n}}\xi^2\frac{du}{d\xi} = -\frac{C^{\frac{3}{2}}(n+1)^{\frac{3}{2}}}{(4\pi)^{\frac{1}{2}}G^{\frac{3}{2}}}\varrho_c^{\frac{3-u}{2u}}\xi^2\frac{du}{d\xi} \tag{28'}$$

$$g = -\alpha C(n+1)\varrho_c^{\frac{1}{n}}\frac{du}{d\xi} = -\sqrt{4\pi CG(n+1)}\,\varrho_c^{\frac{1}{2}\left(1+\frac{1}{n}\right)}\frac{du}{d\xi} \tag{27'}$$

$$V - V_0 = C(n+1)\varrho_c^{\frac{1}{n}} u. \tag{24'}$$

If we now suppose the gas-pressure p is a fraction β of the total pressure P, we have

$$\beta P = \left(\frac{R}{\mu}\right)\varrho T$$

and so all the previous formulae of ciph 39 involving μ hold if we now replace μ by $\beta\mu$.

In some application it must be borne in mind that T is not proportional necessarily to u. See Section g, §§ 13, 14.

41. Special Case, $n=3$. It turns out subsequently that the stars are probably constructed on the model of the polytrope $n = 3$. It is important at this stage to point out an important property peculiar to the case $n = 3$.

In the following we shall assume that the molecular weight μ is fixed and known.

We have seen that in general the star is fixed when α and T_c are fixed. Since $\alpha^2 \propto T_c^{n-1}C^{-n}$ and $r_0 \propto \alpha^{-1}$, i. e. $C^n \propto T_c^{n-1} r_0^2$ this is equivalent to saying that the star is fixed when any two out of the three quantities C, T_c, r_0 are fixed. Further since $M \propto T_c r_0$, it is also equivalent to saying that the star is fixed when any two out of the four quantities C, T_c, r_0 and M are fixed. For example, in general a star of given mass M and given C has a unique T_c and r_0. But an exception occurs for $n = 3$. Since $M \propto T_c r_0$ and $C^n \propto T_c^{n-1} r_0^2$, we have $M \propto c^{n/2} T_c^{(3-n)/2}$. Hence when $n = 3$, the mass of the star is fixed when C is given. Any values of T_c and r_0 are possible subject to $r_0 T_c \propto M$. Thus when $n = 3$, a star of given mass can have a whole series of radii and corresponding central temperatures for the same value of C.

When we take account of radiation pressure, it will appear that the constant C can be expressed in terms of the molecular weight and the ratio of radiation pressure to gas-pressure, and that $n = 3$. It is a consequence of $n = 3$ that C, and hence the ratio of radiation pressure to gas-pressure depends only on the mass, and hence that the ratio of radiation pressure to gas-pressure is independent of the state of diffusion of the star. Were n not equal to 3, the ratio would depend on T_c (or on r_0) according to the proportionalities

$$M \propto C^{n/2}\, T_c^{(3-n)/2} \propto T_c r_0 .$$

42. Star of given Mass and Radius. If we wish to apply the formulae to determine the structure of a star of given polytropic index n and of given mass M and radius r_0, we proceed as follows. Equations (22) and (28) give

$$r_0 = \xi_0/\alpha \tag{30}$$

$$M = -\frac{(n+1)}{G\alpha}\,\frac{R T_c}{\mu}\,\xi_0^2\left(\frac{du}{d\xi}\right)_0 . \tag{31}$$

From these we may determine α and T_c, whence $\varrho, T, p, g, \ldots$ become determinate. Eliminating α we find

$$M = -\frac{(n+1)}{G}\,\frac{R T_c r_0}{\mu}\,\xi_0\left(\frac{du}{d\xi}\right)_0 . \tag{32}$$

Thus for stars of the same mass, with the same polytropic index, the central temperature T_c is inversely as the radius r_0. This is a particular case of LANE's Law.

43. Uniform Contraction. Consider two stars of the same mass with given polytropic index n. If primes denote the second star, we have

$$r_0\,\alpha = r_0'\,\alpha' = \xi_0$$

and since the masses are equal

$$T_c/\alpha = T_c'/\alpha' .$$

Hence for all values of ξ

$$\frac{r}{r'} = \frac{\alpha'}{\alpha} = \frac{r_0}{r_0'}\,\frac{T_c'}{T_c} \tag{33}$$

and further

$$M(r) = M(r') . \tag{34}$$

It follows that the second star may be derived from the first by decreasing the distance of each particle from the centre in the ratio r_0'/r_0. For (33) shows that the second star is a scale model of the first and (34) shows that corresponding places in the two stars are occupied by identical particles. Thus if a star in polytropic equilibrium undergoes uniform contraction, it remains a polytrope of the same type.

We find further, at corresponding points,

$$\frac{\varrho}{\varrho'} = \frac{r_0'^3}{r_0^3} \tag{35}$$

$$\frac{p}{p'} = \frac{r_0'^4}{r_0^4} \tag{36}$$

$$\frac{g}{g'} = \frac{r_0'^2}{r_0^2} . \tag{37}$$

44. LANE's Law. We have seen that if a sphere of gas in equilibrium undergoes a uniform contraction, the temperature at any point increases inversely as the radius. This result was first given by J. HOMER LANE[1], who considered the case of convective equilibrium. Since a cooling star may be expected to contract, we have the paradoxical result that as a star cools it gets warmer. This merely means that to maintain itself in equilibrium, the energy available must be shared between the star itself and outer space. This result has had great influence on the theory of stellar evolution. In the form $T \propto r^{-1}$ it applies only to stars composed of perfect gas. It is of interest to see what can be inferred about stars composed of other material.

We have always the equation of hydrostatic equilibrium

$$\frac{dp}{dr} = -g\varrho, \qquad g = \frac{GM(r)}{r^2}. \tag{38), (39}$$

Suppose now the star undergoes a uniform contraction. If it is to remain in equilibrium, we must have

$$\frac{dp'}{dr'} = -g'\varrho', \qquad g' = \frac{GM(r')}{r'^2} \tag{38'), (39'}$$

where

$$M(r) = M(r')$$

and

$$\frac{r'}{r} = \text{const.} = \theta\,, \text{ say}.$$

Since

$$\frac{\varrho'}{\varrho} = \frac{1}{\theta^3}, \qquad \frac{g'}{g} = \frac{1}{\theta^2},$$

(38') becomes

$$\frac{dp'}{\theta\, dr} = -\frac{g\varrho}{\theta^5}.$$

Comparing with (38) we have

$$dp' = \frac{dp}{\theta^4},$$

or, integrating

$$\frac{p'}{p} = \frac{1}{\theta^4} = \frac{r^4}{r'^4}. \tag{40}$$

This holds in general[2]. If the material is a perfect gas, $p'/p = \varrho' T'/(\varrho T)$, and we have $T'/T = 1/\theta$ as before.

45. Potential Energy. The well-known expression for the potential energy of a given mass in a given field is

$$\Omega = \tfrac{1}{2}\int V\varrho\, dv. \tag{41}$$

In the case of a gravitational field of force, in which V is defined by

$$V = +\int \varrho \frac{dv}{r},$$

$-\Omega$ is actually the potential energy of the system. Ω represents the exhaustion of potential energy as compared with diffusion of all the masses present to infinity.

Applied to a mass having spherical symmetry (41) becomes

$$\Omega = \tfrac{1}{2}\int_0^{r_0} 4\pi\varrho V r^2\, dr. \tag{42}$$

[1] Amer J Sci 53, p. 57 (1870). "On the Theoretical Temperature of the Sun."

[2] JEANS, "Problems of Cosmogony and Stellar Dynamics", p. 192 (1919).

But in this case, by considering the mass to be brought up from infinity as a series of spherical shells, we see that an alternative expression is

$$\Omega = \int_0^{r_0} \frac{G M(r)\, dM(r)}{r}, \tag{43}$$

for $GM(r)/r$ is the potential to which the elementary shell of mass $dM(r)$ is brought up. Formulae (41) and (43) are in fact readily shown to be equivalent.

For a polytropic gas-sphere, by (24) and (25) we have

$$\varrho = \eta (V - V_0)^n$$

where η is a constant. Introducing this in (42), and putting $V = (V - V_0) + V_0$, we have

$$\Omega = \tfrac{1}{2}\eta \int_0^{r_0} 4\pi (V - V_0)^{n+1} r^2\, dr + \tfrac{1}{2}\eta V_0 \int_0^{r_0} 4\pi (V - V_0)^n r^2\, dr .$$

The second integral is simply

$$\tfrac{1}{2} V_0 \int \varrho\, 4\pi r^2\, dr = \tfrac{1}{2} M V_0 .$$

To evaluate the first, integrate the factor r^2 by parts and then use

$$\frac{dV}{dr} = -\frac{GM(r)}{r^2} .$$

We find

$$\Omega = \frac{1}{2}\eta (n + 1) \int_0^{r_0} \frac{4\pi r^3}{3} (V - V_0)^n \frac{GM(r)}{r^2}\, dr + \frac{1}{2} M V_0$$

$$= \frac{n+1}{6} \int_0^{r_0} \frac{GM(r)\, dM(r)}{r} + \frac{1}{2} M V_0 , \tag{44}$$

since

$$dM(r) = 4\pi \varrho r^2\, dr = 4\pi \eta (V - V_0)^n r^2\, dr .$$

Comparing (43) and (44) we have

$$\Omega = \frac{n+1}{6}\Omega + \frac{1}{2} M V_0$$

giving

$$\Omega = \frac{3}{5 - n} M V_0 = \frac{3}{5 - n} \frac{GM^2}{r_0} . \tag{45}$$

This result is due to Emden[1]. Putting $n = 0$ we have the usual expression $\frac{3}{5} GM^2/r_0$ for the potential energy of a sphere of uniform density.

46. Mean Temperature. From (15) the mean temperature $\overline{T}$ is given by

$$\frac{R\overline{T}}{\mu} = \frac{1}{M}\int \frac{RT}{\mu} \varrho\, dv = \frac{1}{(n+1) M} \int (V - V_0)\, \varrho\, dv$$

$$= \frac{1}{(n+1) M} [2\Omega - M V_0] = \frac{1}{n+1} \left[\frac{6}{5-n} - 1\right] V_0$$

$$= \frac{1}{5-n} \frac{GM}{r_0} . \tag{46}$$

[1] The result depends on the theorem of analysis that if u is a solution of EMDEN's differential equation, then, as may be verified by direct differentiation

$$\int_{\xi_1}^{\xi_2} u^{n+1} \xi^2\, d\xi = \frac{n+1}{5-n} \left[\xi^2 u \frac{du}{d\xi} + \xi^3 \left(\frac{du}{d\xi}\right)^2 + \frac{2\xi^3}{n+1} u^{n+1} \right]_{\xi_1}^{\xi_2} .$$

But from (28)

$$\frac{GM}{r_0} = -(n+1)\frac{RT_c}{\mu}\xi_0\left(\frac{du}{d\xi}\right)_0$$

whence

$$\frac{\overline{T}}{T_c} = -\frac{n+1}{5-n}\xi_0\left(\frac{du}{d\xi}\right)_0. \tag{46'}$$

The following table gives the values of $\overline{T}/T_c$ for different polytropes. The values of $\varrho_c/\overline{\varrho}$ from the last entry in the last column of each table (p. 187—188) are added for completeness.

n	$\overline{T}/T_c$	$\varrho_c/\overline{\varrho}$
0	0,400	1
1	0,500	3,290
2	0,554	11,396
2,5	0,569	24,076
3	0,584	54,360
4	0,602	623,40

47. Heat Energy of a Star. The heat energy is $c_v T$ per unit mass. Consequently the total heat energy is H, given by

$$H = c_v\int T\varrho\, dv$$
$$= c_v M\overline{T}.$$

But from (4) we have

$$c_p - c_v = \frac{R}{\mu}, \qquad \frac{c_p}{c_v} = \gamma,$$

$$c_v = \frac{R}{\mu(\gamma-1)}$$

whence

$$H = \frac{1}{\gamma-1}\frac{R\overline{T}}{\mu}M$$

$$= \frac{1}{(\gamma-1)(5-n)}\frac{GM^2}{r_0}. \tag{47}$$

Thus

$$H = \frac{\Omega}{3(\gamma-1)}. \tag{48}$$

The total energy, heat energy + gravitational energy, is E, given by

$$E = -\Omega + H = -\Omega\frac{\gamma-\frac{4}{3}}{\gamma-1}. \tag{49}$$

Later we shall take account of the energy of the imprisoned radiation.

48. The Isothermal Gas-Sphere[1]. The polytrope $k=\infty$, $n=0$ is a sphere of uniform density. The polytrope $k=1$, $n=\infty$, corresponding to the law $p = C\varrho$ is easily seen, by comparison of the equation of state $p=\varrho(R/\mu)T$, to be the sphere of uniform temperature. As it has been of considerable historical interest, we consider this case separately.

We have as usual the hydrostatic equations

$$\frac{dp}{dr} = -g\varrho, \qquad g = \frac{GM(r)}{r^2}, \qquad M(r) = \int_0^r 4\pi\varrho r^2\, dr$$

with

$$\frac{p}{\varrho} = \left(\frac{R}{\mu}\right)T.$$

[1] The isothermal gas-sphere has been considered by KELVIN, Phil Mag 5, p. 23 and 287 (1887), G. H. DARWIN, Phil Trans 180, p. 1 (1890) or Coll Works 4, p. 362, G. W. HILL, Ann of Mathematics 4, p. 19 (1888), Ritter, Wied Ann 16, p. 166 (1882), EMDEN, Gaskugeln, Kap. 9, MILNE, Camb Phil Trans 22, p. 483 (1923).

Since T is constant, we have

$$\frac{1}{\varrho}\frac{d\varrho}{dr} = \frac{1}{p}\frac{dp}{dr} = -g\frac{\mu}{RT}$$

whence

$$\frac{1}{r^2}\frac{d}{dr}\left(r^2\frac{d(\log\varrho)}{dr}\right) = -\frac{4\pi G\mu}{RT}\varrho\,. \tag{50}$$

In this put

$$\varrho = \varrho_c e^{-v}\,.$$

Then

$$\frac{1}{r^2}\frac{d}{dr}\left(r^2\frac{dv}{dr}\right) = \frac{4\pi G\mu\varrho_c}{RT}e^{-v}\,. \tag{50'}$$

Again, writing

$$\alpha^2 = \frac{4\pi G\mu\varrho_c}{RT}\,,\qquad \alpha r = \xi\,, \tag{51}$$

this becomes

$$\frac{1}{\xi^2}\frac{d}{d\xi}\left(\xi^2\frac{dv}{d\xi}\right) = e^{-v}\,. \tag{52}$$

The solution we require is that for which

$$v = 0\,,\qquad \frac{dv}{d\xi} = 0\,,\qquad \text{at } \xi = 0\,. \tag{52'}$$

The following numerical solution has been determined by EMDEN.

ξ	v	e^{-v}	$\frac{dv}{d\xi}$	$\xi^2\frac{dv}{d\xi}$	$\frac{3}{\xi}\frac{dv}{d\xi}$
0,00	0,00000	1,00000	0,00000	0,0000	1,000
0,25	,01037	,98969	,08290	,0052	1,005
0,50	,04113	,95971	,16225	,0406	1,027
0,75	,09113	,91290	,23819	,1340	1,050
1,00	,15903	,85296	,30370	,3037	1,097
1,25	,24225	,78486	,36045	,5632	1,156
1,50	,33847	,71285	,40432	,9097	1,237
1,75	,44488	,64090	,44390	1,3595	1,314
2,00	,55967	,57140	,47286	1,8914	1,410
2,5	,80584	,44671	,50694	3,1684	1,644
3	1,06226	,34537	,51625	4,6462	1,937
3,5	1,31937	,26730	,51006	6,2483	2,287
4	1,57071	,20790	,49403	7,9045	2,699
4,5	1,81246	,16325	,47234	9,5650	3,176
5	2,04264	,12968	,44813	11,203	3,719
6	2,46598	,08493	,39879	14,353	5,015
7	2,84160	,05833	,35334	17,214	6,604
8	3,17489	,04180	,31372	20,078	8,500
9	3,47128	,03108	,27989	22,670	10,718
10	3,73646	,02384	,25121	25,121	13,269
100	8,59506	,000175	,01843	184,3	1808,6
1000	13,09847	,000002	0,002045	2045,1	163000

The values of the variables at any point can be derived from the following formulae

$$r = \frac{\xi}{\alpha} \tag{53}$$

$$\varrho = \varrho_c e^{-v} \tag{54}$$

$$p = \frac{RT}{\mu}\varrho_c e^{-v} \tag{55}$$

$$g = \alpha\frac{RT}{\mu}\frac{dv}{d\xi} \tag{56}$$

$$M(r) = \frac{RT}{\mu\alpha G}\xi^2\frac{dv}{d\xi} \tag{57}$$

$$\frac{\bar{\varrho}}{\varrho_c} = \frac{3}{\xi}\frac{dv}{d\xi}\,. \tag{58}$$

It will be observed from the numerical values not only that the isothermal gas-sphere extends to infinity but that its mass is infinite. This is in accordance with what was said earlier about polytropes for $n > 5$. It is of some interest, following EMDEN, to establish this theoretically.

In (52) perform the substitutions

$$\xi = e^{\theta}\,,\qquad v = z + 2\theta \tag{59}$$

so that

$$e^{-z} = \xi^2 e^{-v} = \frac{\varrho}{\varrho_c}\xi^2\,. \tag{60}$$

We find

$$\frac{d^2z}{d\theta^2} + \frac{dz}{d\theta} = e^{-z} - 2\,. \tag{61}$$

Now put
$$\frac{dz}{d\theta} = y, \qquad \frac{d^2 z}{d\theta^2} = y\frac{dy}{dz}. \tag{62}$$
Then
$$y\left(\frac{dy}{dz} + 1\right) = e^{-z} - 2. \tag{63}$$
The solution corresponding to conditions (52′) is that for which
$$y \to -2 \qquad \text{as} \qquad z \to +\infty.$$

Integrals of (63) may be obtained graphically, as shown by EMDEN, by writing (63) in the form
$$y = \frac{e^{-z} - 2}{\frac{dy}{dz} + 1} \tag{64}$$
and by constructing the curves of constant dz/dy. If each curve is marked with a series of short transversals drawn in the direction dz/dy for that curve, the integrals may rapidly be sketched in by joining up the transversals.

It appears that the integrals are spiral curves whose convolutions converge on the winding point
$$e^{-z} = 2 \qquad \text{or} \qquad z = -\log 2, \qquad y = 0$$
in a clockwise direction. In general each integral extends to infinity in the direction given by
$$\frac{dz}{dy} = -1, \qquad y \sim -z.$$
These integrals correspond to gas-spheres with a massive point nucleus (of positive or zero mass). One particular integral, however, tends to infinity along the line $y = -2$: this is the integral corresponding to the complete isothermal gas-sphere. The parts of the integrals distant from the origin correspond to the interiors of the spheres, whilst the convolutions correspond to the outer atmospheres. Thus in general the convolutions correspond to isothermal atmospheres around a massive core.

Since along each curve $e^{-z} \to 2$, it follows from (60) that
$$\frac{\varrho}{\varrho_c}\xi^2 \to 2$$
and thus for large radial distances
$$\varrho \sim \frac{\text{const.}}{r^2}. \tag{65}$$
This is true for any isothermal atmosphere.

Equation (64) admits of the solution
$$y = \frac{dz}{d\theta} = 0, \qquad e^{-z} = 2$$
i.e.
$$\frac{\varrho}{\varrho_c} = \frac{2}{\xi^2}. \tag{66}$$
This will be found to satisfy (50′), and constitutes in fact a singular solution of (50). Thus asymptotically every solution approaches the singular solution.

Moreover it is easily seen that each solution cuts the line $z = -\log 2$ an infinite number of times. Thus there are an infinite number of places where the actual solution is equal to the singular solution, i.e. where ϱ is exactly given by (66). It must be remembered that save for one special integral, the constant ϱ_c does not represent the central density.

Since for ξ large, we have the solution

$$e^{-v} = \frac{2}{\xi^2},$$

it follows that for ξ large

$$M(r) = \frac{RT}{\mu\alpha G}\xi^2 \frac{dv}{d\xi} \sim \frac{2RT}{\mu\alpha G}\xi \to \infty,$$

on the other hand $g \to 0$.

It may be noticed that

$$\xi \frac{dv}{d\xi} = y + 2 \to 2.$$

Further investigation shows that for large ξ, ϱ is of the form

$$\frac{\varrho}{\varrho_c} = \frac{2}{\xi^2}\left[1 + \frac{c}{\sqrt{\xi}}\cos\left(\tfrac{1}{2}\sqrt{7}\log(\xi+\varepsilon)\right)\right]$$

where c and ε are constants.

f) The Total Energy of a Star and the Gravitational Theory of Stellar Evolution.

49. Preliminary Lemma. In ciph. 45, Section e, we have calculated the total energy of a polytropic gas-sphere, leaving out radiation pressure. The calculations of the present paragraph may be derived by modification of the results just mentioned, but it is convenient to throw them into a more general form. Incidentally we shall give an alternative derivation of EMDEN's formula for the gravitational energy of a polytropic gas-sphere.

Consider any star in equilibrium, polytropic or not, perfect gas or not. By bringing up successive shells of matter from infinity, we see that the negative gravitational energy Ω may be expressed in the form

$$\Omega = \int_0^{r_0} \frac{GM(r)}{r}\, dM(r). \tag{1}$$

Since the star is in equilibrium, we have

$$\frac{dP}{dr} = -g\varrho = -\frac{GM(r)}{r^2}\varrho. \tag{2}$$

Hence

$$\Omega = -\int_0^{r_0} \frac{r}{\varrho}\frac{dP}{dr}\varrho\, 4\pi r^2\, dr$$

$$= -\int_0^{r_0} \frac{dP}{dr} 4\pi r^3\, dr. \tag{3}$$

Integrate by parts. The integrated term vanishes at both limits and we have

$$\Omega = +3\int P 4\pi r^2\, dr = 3\int P\, dv \tag{4}$$

where dv is an element of volume.

50. Calculation of the Total Energy of a Star. Suppose the radiation pressure p' is $(1-\beta)$ of the total pressure P. Then the radiant energy is at the rate of $3p' = 3(1-\beta)P$ per unit volume. Hence the total radiant energy K imprisoned

in the star is given by
$$K = 3\int (1-\beta)\, P\, dv. \tag{5}$$

The heat energy is $c_v T$ per unit mass. Hence the total heat energy H is given by
$$H = \int c_v T \varrho\, dv. \tag{6}$$

But $(R/\mu)\, \varrho T = \beta P$, assuming perfect gas conditions. Hence
$$H = \int c_v \frac{\beta\mu}{R} P\, dv. \tag{7}$$

But $R/\mu = c_p - c_v$, and $c_p/c_v = \gamma$, the ratio of the specific heats. Hence
$$H = \int \frac{\beta}{\gamma - 1} P\, dv. \tag{8}$$

Hence the total energy E is given by
$$\begin{aligned} E &= -\Omega + H + K \\ &= \int \left[-3 + 3(1-\beta) + \frac{\beta}{\gamma-1}\right] P\, dv \\ &= -\int \beta \frac{3\gamma - 4}{\gamma - 1} P\, dv. \end{aligned} \tag{9}$$

If now β and γ are constant throughout the star, we have by (4)
$$E = -\beta \frac{\gamma - \frac{4}{3}}{\gamma - 1} \Omega. \tag{10}$$

A star contains energy $H + K$ and has lost gravitational energy Ω as compared with infinite diffusion at infinity. The total loss of energy as compared with infinite diffusion at infinity at zero temperature is $\Omega - (H + K) = -E$. The numerical value of E thus denotes the total amount of energy radiated by the star assuming all its energy to have come from gravitation.

Comparing with equation (49), Section e, we see that the effect of taking account of the radiant energy imprisoned as well as of taking account of the effect of radiation pressure on the equilibrium, is to multiply the total energy by the fraction β. Since E is negative, the actual energy is greater.

As regards the composition of H, it includes in the first place the kinetic energy of translation of the atoms and electrons, H_1, which amounts to $\frac{3}{2} p$ per unit volume or for the whole star to $\frac{1}{2} \beta \Omega$. The difference $H - H_1 = [(\frac{5}{3} - \gamma)/(\gamma - 1)] H_1$ represents the energy of ionisation and excitation.

51. Alternative Deduction of EMDEN's Formula for Ω for a Polytrope. Since $g = -dV/dr$, where V is the gravitational potential, the equation of equilibrium may be written
$$\frac{1}{\varrho}\frac{dP}{dr} = \frac{dV}{dr}. \tag{11}$$

If the star is a polytrope of order n, we have $P = C\varrho^{1+1/n}$ whence
$$\frac{dP}{\varrho} = (n+1)\, d\left(\frac{P}{\varrho}\right).$$

Hence integrating (11) we have
$$\frac{P}{\varrho} = \frac{V - V_0}{n+1} \tag{12}$$

where V_0, the gravitational potential at the boundary, is given by
$$V_0 = \frac{GM}{r_0}. \tag{13}$$

Hence introducing (12) in (4) we have

$$\Omega = \frac{3}{n+1}\int (V - V_0)\, dM(r)\,. \tag{14}$$

But from general potential theory[1]

$$\Omega = \tfrac{1}{2}\int V\, dM(r)\,. \tag{15}$$

Hence (14) becomes

$$\Omega = \frac{3}{n+1}\left[2\,\Omega - \frac{GM^2}{r_0}\right]$$

giving

$$\Omega = \frac{3}{5-n}\,\frac{GM^2}{r_0}\,. \tag{16}$$

This agrees with equation (45), Section e.

Accordingly, for the total energy of the polytrope of order $n = 3$ we have

$$E_{n=3} = -\,\beta\,\frac{\gamma - \frac{4}{3}}{\gamma - 1}\,\frac{3}{2}\,\frac{GM^2}{r_0}\,. \tag{17}$$

52. Energy evolved in Homologous Contraction under Gravitation only. We digress at this point to give what amounts to an independent proof of formula (9) by calculating the energy given up when a star contracts homologously and there is no source of energy save gravitation.

We are going to prove that $4\pi\varepsilon$, the energy liberated per unit mass, at any point, is in that case proportional to the temperature T.

Consider the shell bounded by the spheres r, $r + dr$. The mass is $dM(r)$. Let the contraction be such that throughout the star

$$\frac{\delta r}{r} = \text{constant} = \lambda\,. \tag{18}$$

(We take $\delta r > 0$ to be the decrease in r). The gravitational work gained is that due to a mass $dM(r)$ falling through δr under the influence of the attracting mass inside r (the mass outside exerting no force). This work appears first as kinetic energy and is then transformed into heat. The amount is

$$dM(r)\, g\, \delta r$$

or

$$\frac{\delta r}{r}\,\frac{GM(r)}{r}\, dM(r)\,. \tag{19}$$

This is the gravitational energy liberated in the first instance. If we call it $4\pi\varepsilon'$ per unit mass, then

$$4\pi\varepsilon' = \lambda\,\frac{GM(r)}{r}\,.$$

This however is not the amount set free for internal radiation. Part of it is required to give the change in radiant energy and heat energy for the new equilibrium state of the star. Further the contraction of the star, by compressing the different elements differently, itself occasions a redistribution of energy throughout the star, so that some parts give up energy on this account, others receive energy.

The shell $4\pi r^2 dr$ is acted on by a gas-pressure $p = \beta P$ and radiation pressure $p' = (1-\beta)P$ on its face r, and pressures in the opposite directions of amounts $p + dp$ and $p' + dp'$ at the face $r + dr$. In changing the position of the shell from $(r, r + dr)$ to $[(1-\lambda)r,\ (1-\lambda)(r + dr)]$ the work done by the gas pressure on the gas is

$$(p + dp)\, 4\pi (r + dr)^2\, \delta(r + dr) - p\, 4\pi r^2\, \delta r = \lambda\, d(p\, 4\pi r^3)\,. \tag{20}$$

[1] The equivalence of (15) and (1) is readily shown analytically.

Similarly for the work done by the radiation pressure on the gas, we have

$$\lambda\, d(p' 4\pi r^3)\,. \tag{21}$$

Adding we get

$$\lambda\, d(P\, 4\pi r^3)\,. \tag{22}$$

This amount appears inside the element $dM(r)$. Its integral through the star is of course zero — it gives merely a re-distribution of energy caused during the process of compression.

We have altogether for the energy produced in $dM(r)$ by addition of (19) and (22) the amount

$$\lambda\left[dM(r)\frac{GM(r)}{r} + d(P 4\pi r^3)\right] = \lambda\, dM(r)\left[\frac{GM(r)}{r} + \frac{r}{\varrho}\frac{dP}{dr} + 3\frac{P}{\varrho}\right]. \tag{23}$$

But by the equation of equilibrium

$$\frac{dP}{dr} = -\frac{\varrho G M(r)}{r^2}\,.$$

Hence the energy produced is

$$\lambda\frac{3P}{\varrho}\, dM(r)\,. \tag{24}$$

We have now to calculate the amount of energy required to establish the new equilibrium state. In any state, the heat energy + radiant energy in $dM(r)$ is

$$c_v T\, dM(r) + a T^4 dv = dM(r)\left[c_v T + 3(1-\beta)\frac{P}{\varrho}\right] \tag{25}$$

since $\frac{1}{3} a T^4 = (1-\beta)P$. But $c_v T = c_v(\beta P/\varrho)/(R/\mu) = \beta(P/\varrho)/(\gamma-1)$. Hence the heat and radiant energy located in $dM(r)$ is

$$\frac{P}{\varrho}\left[\frac{\beta}{\gamma-1} + 3(1-\beta)\right] dM(r)\,. \tag{26}$$

In a homologous contraction, P/ϱ increases by a fraction $\delta r/r$. Hence the increase of heat and radiant energy required to be furnished to $dM(r)$ to establish the new equilibrium state is

$$\lambda\frac{P}{\varrho}\left[\frac{\beta}{\gamma-1} + 3(1-\beta)\right] dM(r)\,. \tag{27}$$

Subtracting (27) from (24), the total energy "liberated" in $dM(r)$ is

$$\lambda\beta\frac{P}{\varrho}\,\frac{3\gamma-4}{\gamma-1}\, dM(r) \tag{28}$$

and consequently

$$4\pi\varepsilon = \lambda\beta\frac{P}{\varrho}\,\frac{3\gamma-4}{\gamma-1} = \lambda\frac{RT}{\mu}\,\frac{3\gamma-4}{\gamma-1}\,. \tag{29}$$

This is the result stated, namely $\varepsilon \propto T$. This amount $4\pi\varepsilon$ per unit mass is on the gravitational theory of stellar evolution the amount available for external radiation.

Integrated over the whole of the star, (28) must yield δE, the decrease in total energy. Since $E \propto r_0^{-1}$, we have for homologous contraction $\delta E = -\lambda E$, whence from (28)

$$E = -\int \beta\,\frac{3\gamma-4}{\gamma-1}\,\frac{P}{\varrho}\, dM(r)$$

$$= -\int \beta\,\frac{3\gamma-4}{\gamma-1}\, P\, dv$$

in agreement with (9).

It is sometimes argued that the law $\varepsilon \propto T$ for gravitational contraction can be inferred immediately from a supposed result that the energy per unit mass at any point is proportional to T. For then the change in this would be also proportional to T. The "energy", however, includes the gravitational energy and it is a matter of convention what is the gravitational energy associated with a given element of mass in a complete distribution. With $dM(r)$, for example, we can associate either $\frac{1}{2} V dM(r)$ or $M(r) dM(r)/r$ or $3\, P/\varrho\, dM(r)$, each of these integrating to give the whole gravitational energy. Now neither $\frac{1}{2} V$ nor $M(r)/r$ is proportional to T. On the other hand the amount of gravitational energy converted into heat in a given element of volume in a given contraction is perfectly definite. The derivation given above seems to be free from any criticism of the above kind.

53. Consequences of the Expression for the Total Energy. The ratio of specific heats γ is given by

$$\gamma = \frac{c_p}{c_v} = \frac{R/\mu + c_v}{c_v} = 1 + \frac{R/\mu}{c_v}.$$

When all the energy is energy of translation $c_v = \frac{3}{2} R/\mu$ and $\gamma = \frac{5}{3}$. Otherwise $c_v > \frac{3}{2} R/\mu$ and $\gamma < \frac{5}{3}$. Thus

$$\frac{\gamma - \frac{4}{3}}{\gamma - 1} = 1 - \frac{\frac{1}{3}}{\gamma - 1} < \frac{1}{2}.$$

If $\gamma < \frac{4}{3}$, $E > 0$, and the whole energy is greater than if all the mass was dispersed at infinity at zero temperature. Energy must therefore have been supplied by the star both to account for its past losses of energy by radiation and to give it its present store of energy. It is generally agreed that the star must be provided with some source of energy other than gravitational—probably sub-atomic—to account for its radiation. Nevertheless it can be shown that if $\gamma < \frac{4}{3}$ the star will be unstable.

For suppose that $\gamma < \frac{4}{3}$, and that the star undergoes a homologous contraction $\delta r = \lambda r$. Then by formula (29), energy $3\lambda (RT/\mu)(\frac{4}{3} - \gamma)/(\gamma - 1)$ per unit mass must be supplied at each point to produce the new state of equilibrium. This is enormously large compared with any possible increase in the rate of liberation of energy from subatomic sources. For the above expression is comparable with λ times the store of heat energy per unit mass, and for the sun, for example[1], the rate of liberation of sub-atomic energy (external radiation) is at the rate of the total store of heat energy in 40 million years. Thus if the contraction λ stimulated the source of subatomic energy to the extent of doubling it, the rate of increase of heat content would be only 1 part in 40 million in one year. If then a contraction $\lambda = {}^1/_{1000}$ doubled the rate of liberation of energy, the supply would be 40000 times too small even if the contraction took a year. Actually we have to consider the possibility of rapid contraction, if we want to ensure stability, say contractions occurring in a few days or hours. It follows that if $\gamma < \frac{4}{3}$, the energy would not be forthcoming, the temperature would be less than necessary for equilibrium, the star would begin to collapse, a sudden contraction would be followed by a further contraction and the star would be unstable. Conversely, if $\gamma > \frac{4}{3}$, expression (29) is positive, and a contraction causes a liberation of heat which leads to expansion and so restores equilibrium. The equilibrium is then stable.

The above argument does not depend on any assumption of polytropic equilibrium, since expression (29) was derived independently of any such assumption.

---

[1] The illustration is EDDINGTON'S.

It can be shown that in radiative equilibrium, a value of $\gamma < \frac{4}{3}$ would lead to instability apart from homologous contraction. Suppose two equal masses dM, dM' at pressures p and p', and densities ϱ and ϱ' ($p < p'$, $\varrho < \varrho'$) interchange places adiabatically. Let the mass dM', when reduced to pressure p, take a density ϱ''. Then for the adiabatic change

$$\frac{p}{\varrho''^{\gamma}} = \frac{p'}{\varrho'^{\gamma}} \tag{30}$$

whilst in radiative equilibrium

$$\frac{p}{\varrho^{\frac{4}{3}}} = \frac{p'}{\varrho'^{\frac{4}{3}}}. \tag{31}$$

Hence, eliminating ϱ',

$$\left(\frac{\varrho''}{\varrho}\right)^{\frac{3}{4}\gamma} = \left(\frac{p}{p'}\right)^{\frac{4}{3}-\gamma}.$$

If $\gamma < \frac{4}{3}$, ϱ'' will be less than ϱ, and accordingly will ascend further. Whilst if $\gamma > \frac{4}{3}$, $\varrho'' > \varrho$, and the displaced mass will sink and tend to regain its former position. Thus we require $\gamma > \frac{4}{3}$ for convectional stability.

An exact calculation of γ requires a calculation of changes of ionisation with change of temperature. Presumably if in any region of the star γ falls below $\frac{4}{3}$, convection currents will be set up immediately. The state will then be restored to one in which $\gamma > \frac{4}{3}$ probably before the contractional instability sets in.

54. Numerical Applications. The Stellar Time-scale on the Gravitational Theory of Evolution. For the sun, we have $M = 1{,}985 \cdot 10^{33}$ grams, $r_0 = 6{,}95 \cdot 10^{10}$ cms. Hence $\Omega = \frac{3}{2} GM^2/r_0 = 5{,}65 \cdot 10^{48}$ ergs. The value of β is about 0,95. Taking $\gamma = 1{,}55$, we have $-E = 2{,}15 \cdot 10^{48}$ ergs. The sun's radiation is at the rate of $3{,}480 \cdot 10^{33}$ ergs/sec^{-1}. Since there are $3{,}156 \cdot 10^7$ seconds in a sidereal year, the number of years the sun could have existed, radiating at its present rate, on the gravitational theory is

$$\frac{2{,}15 \cdot 10^{48}}{3{,}780 \cdot 10^{33} \cdot 3{,}156 \cdot 10^{7}} = 18000000 \text{ years.}$$

This is HELMHOLTZ' and Lord KELVIN's estimate of the age of the solar system — an upper limit on the gravitational theory, assuming the sun's rate of radiation has never fallen below its present value. We deduce also that the energy radiated by the sun could be contributed by gravitation if the sun's radius decreased by 1 part in 18000000 annually.

The store of radiant energy + heat energy in the sun, $K + H$, is given by

$$\left[(1-\beta) + \frac{\frac{1}{3}\beta}{\gamma - 1}\right] \Omega = 0{,}63\, \Omega.$$

This is equal to 30 million years' supply at the present rate of radiation.

For Capella, we have $M = 4{,}18\, \odot$. From the absolute magnitude and effective temperature, the radius comes out at $r_0 = 9{,}55 \cdot 10^{11}$ cms $= 13{,}45$ solar radii. The negative energy is therefore increased in the ratio $(4{,}18)^2/(13{,}45) = 3{,}05$. It radiates 126 times faster than the sun. Hence the upper limit to its past life on the gravitational theory is

$$18 \cdot 10^{6} \cdot \frac{3{,}05}{126} = 435000 \text{ years}$$

and its store of radiant energy + heat energy is equivalent to about 725000 years' supply.

It is impossible to accept a figure so small as 435000 years for the age of Capella, and with it for the age of the majority of the giant stars. For the most distant globular clusters are more distant than 435000 light years, yet they contain giant stars of the same kind as are found elsewhere in the heavens. Hence giant stars would have to be continually being born if the present form of the stellar universe is substantially stationary, and there is no evidence of this.

An age of 18000000 years for the sun, and hence a still smaller age for the earth, is negatived by the age of the terrestrial rocks derived from the uranium-lead and helium-lead ratios in radioactive minerals. This is not the place to go into this evidence. Here we are simply content to indicate the order of magnitude of the stellar time-scale on the gravitational theory of evolution, and to point its inadequacy.

g) The Internal Equilibrium of a Star.

55. The Fundamental Equations. 1. Historical Note. Though the idea of radiative equilibrium in the interior of a star is due to SAMPSON[1] (1894), and though in 1906 SCHWARZSCHILD used the idea to work out the equilibrium of the outer layers of a star, it was not[2] till 1916 that it was applied by EDDINGTON, in the first of a series of papers which have become classical, to the internal equilibrium of a star in a form capable of direct comparison with observation. The novelty of EDDINGTON's treatment was the introduction of the pressure of radiation in the equation of mechanical equilibrium. He showed that the coefficient of absorption implied by the observed luminosities and masses of the stars necessarily led to a value of the pressure of radiation comparable with the gas-pressure, and therefore having an appreciable effect on the equilibrium. The theory he developed led to the important result that the ratio of the pressure of radiation to the gas-pressure depended only on the mass of the star and on the molecular weight of the material of which the star was composed, assuming perfect gas conditions. The uncertainty as to what molecular weight should be taken was removed by JEANS, who showed that the strong ionisation of the atoms implied an average molecular weight not far removed from 2, free electrons having to be counted as well as atoms in contributing to the gas-pressure. EDDINGTON then showed that it was precisely in the range of stellar masses that radiation pressure became of the same order of magnitude as gas-pressure: for masses much smaller than stellar masses, radiation pressure was negligible, for masses much larger than stellar masses, gas-pressure was negligible. He drew the deduction that stellar masses have their observed order of magnitude on this very account—that layer accretions of matter would in some manner be unstable in consequence of the predominant size of radiation pressure. EDDINGTON'S formulae led to a determination of the coefficient of opacity in stars, and assuming this to be the same for all stars, to a universal relation connecting luminosity and mass.

EDDINGTON next turned to pure physics and investigated the theoretical value of the opacity of gaseous material at a high temperature. The law of variation of opacity with the temperature and density thus found led to a revision of the luminosity formula. An examination of all the stars whose mass and luminosity were fairly well known then led to the remarkable result that the revised luminosity formula fitted them all, and so implied that (with the possible exception of "white dwarfs") all stars behave as if composed of perfect gas. Prior to this, on the simple theory of constant opacity, EDDINGTON had worked out a modification of the theory for imperfect gases which appeared to fit the facts exhibited by the HERTZSPRUNG-RUSSELL theory of giant and dwarf stars — it indicated that a gaseous star as it contracted would reach a maximum surface temperature as the departure from perfect-gas laws set in, and the decrease in

[1] Mem R A S 51, p. 123 (1894). [2] See bibliography at end of section.

surface temperature with increasing contraction. The success of the revised luminosity formula showed that the imperfect-gas theory had to be abandoned, and with it the simple explanation of the existence of the giant and dwarf branches. The resulting difficulties in the theory of stellar evolution have led to many researches, but no theory can be said to be fully accepted.

The following sections contain an account of some investigations sketched above.

2. The Flux-Temperature Equation. For convenience we re-define a number of symbols already employed. Let p be the gas-pressure, ϱ the density, T the temperature, k the coefficient of absorption at a point distant r from the centre of a mass possessing spherical symmetry. Let $B = (\sigma/\pi)\, T^4$, where σ is STEFAN'S constant, and let $a = (4\pi/c)\,(\sigma/\pi) = 4\,\sigma/c$. Let F_r be the net flux of energy per unit area in a radial direction at distance r. Let $4\,\pi\,\varepsilon$ be the liberation of energy per unit mass at any point. Then provided ε/k is small compared with B, we have derived in Section c, p. 107—108, equations (47) to (49), the results

$$-3\,\varepsilon\,\varrho = \frac{1}{r^2}\frac{d}{dr}\left(\frac{r^2}{k\,\varrho}\cdot\frac{dB}{dr}\right) \tag{1}$$

$$F_r = -\frac{4\pi}{3\,k\,\varrho}\frac{dB}{dr} \tag{2}$$

whilst the radiation stress-tensor $p_{rr}\ldots$ is given by

$$\left.\begin{aligned} p_{rr} = p_{\theta\theta} = p_{\varphi\varphi} &= \frac{4\pi}{3c}B = \frac{1}{3}a\,T^4\\ p_{r\theta} = p_{\theta\varphi} = p_{\varphi r} &= 0\,. \end{aligned}\right\} \tag{3}$$

It is important at this stage to mention that whilst it is of interest to recall this set of equations, actually the only one required in the subsequent work is (2), which expresses the flux in terms of the temperature gradient. We re-write it for convenience in the form

$$F_r = -\frac{c}{k\,\varrho}\frac{d}{dr}\left(\frac{1}{3}a\,T^4\right). \tag{4}$$

3. The Equation of Mechanical Equilibrium. On an element of unit area and thickness dr, the force due to radiation pressure is, by Section c, p. 101 equation (6)

$$\frac{k\,\varrho\,F_r\,dr}{c}\,.$$

Hence the equation of mechanical equilibrium is

$$-g\,\varrho = \frac{dp}{dr} + \frac{k\,\varrho\,F_r}{c}, \tag{5}$$

where g is the acceleration due to gravity. This equation is exact. It is entirely independent of the distribution of the intensity of radiation in direction.

We now define a quantity p' by the relation

$$p' = \frac{1}{3}a\,T^4, \tag{6}$$

then (4) may be written

$$\frac{dp'}{dr} = -\frac{k\,\varrho\,F_r}{c} \tag{7}$$

and introducing this in (5), it becomes

$$\frac{d(p+p')}{dr} = -g\,\varrho\,. \tag{8}$$

Equations (7) and (8) are the fundamental equations defining the radiative and mechanical equilibrium of the star.

It will be seen that the quantity p' is equal by (3) to p_{rr}, $p_{\theta\theta}$, $p_{\varphi\varphi}$, the principal components of the radiation stress-tensor, which reduces in this case by the second half of (4) to a simple hydrostatic pressure. Hence we speak of p' for brevity as the radiation pressure, though the equalities (3) are only approximate — depending as they do on the smallness of ε/kB.

It should be observed that equations (7) and (8) hold right through the star, from the centre to the boundary. Equation (2) or (7), as quoted from Section c, holds only in the first instance for the far interior, i. e. at sufficiently great distances from the boundary. But the special investigations of Section c, §§ 18—31, show that approximately near the boundary, we have

$$B = \tfrac{1}{2}\mathfrak{F}(1 + \tfrac{3}{2}\tau)$$

or

$$\frac{4\pi}{3}\frac{dB}{d\tau} = \pi\,\mathfrak{F} = F,$$

which is identical with (2) since here $d\tau = -k\varrho\,dr$. Equation (8), depending on the exact equation (5) together with (7), holds therefore also near the boundary. Equations (7) and (8) thus apply both in the far interior and near the boundary.

56. EDDINGTON's Solution. 4. The Assumption $k\eta = \text{const.}$ Constancy of Ratio of Radiation-Pressure to Gas-Pressure. Let $M(r)$ be the mass of the portion of the star enclosed within radius r and let $L(r)$ be the net flux of radiation crossing the sphere of radius r in an outward direction. The state being steady, $L(r)$ must be equal to the total liberation of energy inside the sphere of radius r. Let r_0 denote the radius of the star. Then $L(r_0)$ is the total luminosity of the star, measured in heat units. We shall denote this by L. Similarly we denote by M the total mass of the star, namely $M(r_0)$. We have the relations

$$M(r) = \int_0^r \varrho\, 4\pi r^2\, dr \tag{9}$$

$$g = \frac{G M(r)}{r^2} \tag{10}$$

$$F_r = \frac{L(r)}{4\pi r^2}, \tag{11}$$

G being the constant of gravitation. Dividing (7) by (8) we have

$$\frac{dp'}{d(p+p')} = \frac{k F_r}{c g} = \frac{k}{4\pi c G}\,\frac{L(r)}{M(r)}. \tag{12}$$

The quantity $L(r)/M(r)$ is the average rate of liberation of energy per unit mass inside the sphere of radius r. Let us write

$$\frac{L(r)}{M(r)} = \eta\,\frac{L}{M} \tag{13}$$

Then (12) becomes

$$\frac{dp'}{d(p+p')} = \frac{k\eta}{4\pi c G}\,\frac{L}{M}. \tag{14}$$

The pure number η is equal to unity at the boundary of the star. If the liberation of energy per unit mass is the same at all points in the star, then $L(r)/M(r) = 4\pi\varepsilon$ is constant, and η is equal to unity everywhere. If however liberation of energy occurs mostly in the hotter central regions of the star, then η will steadily increase towards the centre. But it will be unlikely ever to exceed a small multiple of unity since it represents an average. For example[1], on the gravitational theory of the source of stellar energy, $\varepsilon \propto T$ and η, which is proportional to the mean value of the temperature inside the sphere of radius r, increases from 1 at the boundary to $T_c/\overline{T} = {}^1/_{0,584} = 1{,}7$ at the centre, (See Section e, ciph. 46), for the polytrope $n = 3$. On the other hand, the physical theory of the absorption coefficient k shows that it may be expected to decrease towards the centre. As a reasonable first approximation which has the merit of leading to easily soluble equations, we follow EDDINGTON, and assume $k\eta$ = constant = k_0. We shall discuss later the accuracy of the approximation.

Equation (14) then integrates in the form

$$p' = \frac{k_0}{4\pi c G} \frac{L}{M} (p + p'). \tag{15}$$

Strictly speaking, there is a small constant of integration since $p' = \frac{1}{3} - T_0^4$ whilst $p_0 = 0$. This constant must be taken into account in the similar investigation which deals with the equilibrium of the boundary layers, but for calculating the internal equilibrium of the star, it is negligible.

Now define quantities β and P by the relations

$$p = \beta P \tag{16}$$

$$p' = (1 - \beta) P \tag{17}$$

so that

$$p + p' = P. \tag{18}$$

Clearly P is the total pressure, whilst $(1 - \beta)/\beta$ is the ratio of the radiation pressure to the gas-pressure. By (15) we have

$$(1 - \beta) = \frac{k_0}{4\pi c G} \frac{L}{M}. \tag{19}$$

Thus on our assumption $k\eta$ = constant, $(1 - \beta)$ is constant throughout the star.

5. Reduction to a Polytrope of Order $n = 3$. We now assume the material is a perfect gas, and introduce the gas-equation. We have then

$$p = \beta P = \left(\frac{R}{\mu}\right) \varrho T \tag{20}$$

whilst

$$p' = (1 - \beta) P = \tfrac{1}{3} a T^4. \tag{21}$$

Eliminating T we obtain

$$P = C \varrho^{\frac{4}{3}} \tag{22}$$

where

$$C^3 = \frac{(R/\mu^4)}{\frac{1}{3} a} \frac{1 - \beta}{\beta^4} \tag{23}$$

The equation of mechanical equilibrium is

$$\frac{dP}{dr} = -g \varrho. \tag{24}$$

The star is thus a polytrope of class $n = 3$, and we can use EMDEN's solution. We have $\varrho \propto u^3$, $P \propto u^4$. From (20) and (21), we notice that

$$\frac{T^3}{\varrho} = \frac{(R/\mu)}{\frac{1}{3} a} \frac{1 - \beta}{\beta} \tag{25}$$

and so is constant. Hence $T \propto u$.

[1] This was proved in ciph. 52 above.

6. The Quartic Equation for β. From equation (28′), Section e, we have on putting $n = 3$, and substituting boundary values

$$M^2 = \frac{4^3 C^3}{4\pi G^3} \xi_0^4 \left(\frac{du}{d\xi}\right)_0^2$$

or using (23)

$$M^2 = \frac{1-\beta}{\beta^4} \frac{(R/\mu)^4}{\frac{1}{3}a} \frac{4^3}{4\pi G^3} \xi_0^4 \left(\frac{du}{d\xi}\right)_0^2. \tag{26}$$

We see that owing to the peculiar property of the case $n = 3$, given β, the mass is independent of the central density. Conversely, given M, the fraction β is to be the root of a quartic equation. Thus β depends only on the mass of the star and the molecular weight: it is independent of the radius.

With the mass M expressed in terms of the sun's mass, $\odot = 1{,}985 \cdot 10^{33}$ grams, and with the values

$$G = 6{,}66 \cdot 10^{-8}, \qquad a = 7{,}64 \cdot 10^{-15}, \qquad R = 8{,}26 \cdot 10^7$$

and EMDEN's value for $\xi_0^4 (du/d\xi)$, (25) takes the form

$$1 - \beta = 0{,}00309 (M/\odot)^2 \mu^4 \beta^4. \tag{27}$$

The general behaviour of $(1 - \beta)$ for different values of μ and M is seen from the following short table, given by EDDINGTON.

Values of $1 - \beta$.

Mass (Sun = 1)	$\mu = 2{,}2$	$\mu = 3{,}5$	$\mu = 30$
0,25	0,004	0,026	0,738
0,5	0,017	0,082	0,810
1	0,057	0,195	0,864
2	0,151	0,344	0,903
4	0,292	0,492	0,931
8	0,444	0,620	0,951
50	0,747	0,836	0,980

For masses small compared with the sun's mass, $1 - \beta$ is practically zero: radiation pressure is negligible compared with gas-pressure. For masses large compared with the sun's mass, $1 - \beta$ is practically unity: gas-pressure is negligible compared with radiation pressure. We see that it is precisely in the range of masses of the stellar order of magnitude that $1 - \beta$ changes from being practically zero to practically unity.

EDDINGTON has urged this as the reason why the stellar range of mass has its observed value. He has surmised that larger masses would be in some way unstable—that in some way a large ratio of radiation pressure to gas-pressure in the interior is incompatible with stable equilibrium. The star would be likely, so to speak, to explode under the influence of the internal pressure of its own radiation. This has not yet been either proved or disproved mathematically, but it remains as one suggestion for the observed mass of those aggregations which we call stars[1].

7. The Value of μ. The question of the appropriate value of μ to take in the interior of a star requires a discussion of the ionisation. We have to take of course the mean value of μ for all the particles present, that is to say, the total mass of the particles divided by the total number. Suppose an atom of atomic number Z and actual atomic weight m is broken up by ionisation into an ionised portion, of charge $Z - r$, and r electrons. Then the average molecular weight is

$$\frac{m}{r+1}.$$

If ionisation is complete, r is equal to Z. Actually in the interior of a star it is found that for a representative heavy atom such as Fe, r is about $(Z - 2)$, 2 electrons remain attached to the nucleus. Now for all atoms except hydrogen,

[1] An entirely different explanation has been given by JEANS, who finds that condensations of the stellar order will be formed in the jets of matter flung off by a rotating mass.

m is of the order of magnitude of $2Z$, and thus the average molecular weight is of the order of 2. The following table shows the ratio m/Z for a few atoms.

Atom	m	Z	m/Z
He	4	2	2,0
C	12	6	2,0
O	16	8	2,0
Na	23	11	2,09
Si	28	14	2,0
S	32	16	2,0
Ca	40	20	2,0
Fe	56	26	2,15
Rb	85	37	2,30
Ag	108	47	2,30
Ba	137	56	2,45
Pt	195	78	2,50

The values in the last column would be the proper value of μ in each case for complete ionisation. It is clear that provided the ionisation is fairly complete, very little uncertainty arises as to the value of μ. From calculations of the ionisation of particular atoms at stellar temperatures and pressures, EDDINGTON has adopted the value $\mu = 2{,}11$, for determining values of $1-\beta$ from the quartic equation.

In § 14 we consider the effect of a molecular weight μ varying continuously through the star.

8. **Central Density, Temperature and Pressure.** Given the mass of the star, we have seen that $1-\beta$, the ratio of radiation pressure to total pressure is determinate, independent of the radius. If in addition we know the absolute luminosity of a star and its effective temperature, then its radius is known. The general problem then is to determine the internal constitution of a star, given its mass and radius. We proceed then to determine the central density, temperature and pressure in terms of the mass and radius.

When the mass and radius are known, the mean density $\bar{\varrho}$ is known. Now we have seen that it is a general property of polytropes that the central density is a constant multiple of the mean density. We repeat here for convenience equation (29), Section e,

$$\frac{\bar{\varrho}}{\varrho_c} = -\left(\frac{3}{\xi}\frac{du}{d\xi}\right). \tag{28}$$

For $n = 3$, we have always

$$\varrho_c = 54{,}36\,\bar{\varrho} = 54{,}36\,\frac{M}{\frac{4}{3}\pi r_0^3} = 12{,}98\,\frac{M}{r_0^3}. \tag{29}$$

The central temperature may readily be deduced from equation (29a), Section e, by replacing μ by $\beta\mu$, and putting $n = 3$. It is of interest however to give a simple derivation *de novo*. In the equation of mechanical equilibrium

$$\frac{d\varrho}{dr} = -\frac{GM(r)}{r^2}P$$

substitute $P = P_c u^4$, $\varrho = \varrho_c u^3$. Then

$$\frac{GM(r)}{r} = -\frac{r}{\varrho}\frac{d\varrho}{dr} = -\frac{\xi}{\varrho_c\,\mu^3}\frac{d}{d\xi}(P_c u^4)$$

$$= -4\frac{P_c}{\varrho_c}\xi\frac{du}{d\xi}. \tag{30}$$

But

$$\beta P_c = \left(\frac{R}{\mu}\right)\varrho_c T_c. \tag{31}$$

Hence

$$\frac{GM(r)}{r} = -4\frac{RT_c}{\mu\beta}\xi\frac{du}{d\xi}. \tag{32}$$

Introducing the boundary values $r = r_0$, $M(r_0) = M$ we have

$$T_c = -\frac{\dfrac{GM}{r_0}\dfrac{\beta\mu}{R}}{4\,\xi_0\left(\dfrac{du}{d\xi}\right)_0}. \tag{33}$$

From EMDEN's tables for $n = 3$ we find that

$$\left[4\xi_0\left(\frac{du}{d\xi}\right)_0\right]^{-1} = 0{,}856\,.$$

Thus

$$T_c = 0{,}856\,\frac{GM}{r_0}\,\frac{\beta\mu}{R}\,. \tag{34}$$

Again, from (30) and (28), we have

$$P_c = \frac{\dfrac{GM}{\frac{4}{3}\pi r_0^4}}{12\left(\dfrac{du}{d\xi}\right)^2} \tag{35}$$

$$= 11{,}11\,\frac{GM}{r_0^4}\,. \tag{36}$$

Formulae (29), (34) and (36) determine ϱ_c, T_c and P_c in terms of M and r_0.

9. Mean Temperature of the Star. From Section e, ciph. 46, we have that for $n = 3$, the ratio of mean temperature to central temperature is given by

$$\frac{\overline{T}}{T_c} = -2\xi_0\left(\frac{du}{d\xi}\right)_0 = 0{,}584\,. \tag{37}$$

We see also from (33) that

$$\overline{T} = \frac{1}{2}\,\frac{\beta\mu}{R}\,\frac{GM}{r_0}\,. \tag{37'}$$

10. Luminosity. From formula (19) we have

$$L = \frac{4\pi cGM(1-\beta)}{k_0} \tag{38}$$

where k_0 is the assumed constant value of $k\eta$. We must now investigate how this formula can be used to determine the luminosity of a star for given mass and effective temperature.

If $k\eta$ were accurately constant throughout the star, (38) could be applied immediately to a star of known mass and luminosity to determine k_0. For example[1], for Capella, brighter component, taking $M = 4{,}18\,\odot$, we find for $\mu = 2{,}11$ from the quartic equation (27) that $1-\beta = 0{,}283$. The quantity L in (38) is the total heat radiation of the star. This must be inferred from the total light emitted. The latter may be calculated from the bolometric magnitude of the star given the sun's bolometric magnitude and the sun's total radiation in energy units. The method of deducing bolometric magnitudes from absolute magnitudes is described below (§ 18), following EDDINGTON. In the meantime we assume the results. The absolute magnitude of Capella is $-0^{m}{,}26$, that of the sun is $4^{m}{,}9$. Corrections $-0^{m}{,}14$ and $-0^{m}{,}05$ must be applied respectively to the correct and bolometric magnitudes. The difference in bolometric magnitude between the sun and CAPELLA is then $(-0{,}26-0{,}14)-(4{,}9-0{,}05) = -5^{m}{,}25$. This corresponds to a heat ratio $10^{(0{,}4)\cdot(5{,}25)} = 126$. From the solar constant, the total radiation from the sun is found to be $3{,}78\cdot 10^{33}$ erg/sec^{-1}. The total radiation L from Capella is then $4{,}8\cdot 10^{35}$ erg/sec^{-1}. From (38) we find that $k_0 = 123$.

If $k\eta$ is not accurately constant, $1-\beta$ is not accurately constant. The value $1-\beta$ given by the quartic equation must then be considered a mean value through the star. The deduced value of k_0 must then also be considered a mean value. If we knew the mean value of η through the star, we could divide $\overline{\varkappa\eta}$ by $\overline{\eta}$, and the result might be regarded as the mean value of k through the star.

[1] We follow EDDINGTON's calculations.

For example, if $\varepsilon \propto T$, η varies as we have seen from 1 at the boundary to $\frac{1}{0,584} = 1{,}41$ at the centre. Taking $\bar{\eta} = 1{,}35$, we should have $\bar{k} = \frac{123}{1{,}35} = 91$. If the energy-liberation is more strongly concentrated to the centre than $\varepsilon \propto T$, then $\bar{\eta}$ will be larger and $\bar{k}$ smaller. It is clear, however, that $\bar{k} = 100$ gives the order of magnitude of the mean value of k through the star Capella.

If we confine attention to the giant series of stars, the luminosity is approximately constant along the spectral series from M to A. The masses too are of the same order of magnitude. Hence $\bar{k}$ is approximately constant. The central temperature varies however considerably in this series of stars. For constant mass we have from (34) $T_c \propto 1/r_0$. But if T_e is the effective temperature, $L = 4\pi r_0^2 \sigma T_e^4$, and thus $r_0 \propto 1/T_e^2$ for constant luminosity. Hence $T_c \propto T_e^2$. Since the effective temperature ranges from 3000° to 10000° in this series of stars, T_e^2 or T_c alters in the ratio $(10/3)^2 = 11$. Thus an 11-fold alteration of central temperature is accompanied with no systematic change in $\bar{k}$, along the series of giants from M to A, for fixed mass. In the same series, on the same assumptions, since $\bar{\varrho} \propto r_0^{-3} \propto T_c^6$, the density has changed in the ratio 1000. We infer either that $\bar{k}$ is independent of temperature and density, or else it varies with temperature and density in such a way that its changes are compensated by the changes in $\bar{T}$ and $\bar{\varrho}$ for this sequence of stars.

This was one of EDDINGTON's earliest results. That $\bar{k}$ is roughly constant from star to star is an observational fact that must be distinguished from the assumed constancy of $k\eta$ inside each individual star. Actually it may be seen to be largely independent of this assumption. We can prove[1] that for homologous stars, the luminosity is inversely proportional to $\bar{k}$, independent of the behaviour of $k\eta$.

For suppose we have two stars built on the same model, the linear dimensions of the second (which we denote by the suffix 1) being equal to those in the first reduced in the ratio $\theta : 1$. The equations of equilibrium are

$$\frac{dP}{dr} = -\frac{GM(r)}{r^2}\varrho, \qquad \frac{dP_1}{dr_1} = -\frac{GM(r_1)}{r_1^2}\varrho_1$$

$$\frac{dp'}{dr} = -\frac{k\varrho}{c}\frac{L(r)}{4\pi r^2}, \qquad \frac{dp'_1}{dr_1} = -\frac{k_1\varrho_1}{c}\frac{L(r_1)}{4\pi r_1^2}.$$

Now $r_1 = \theta r$, $\varrho_1 = \theta^{-3}\varrho$, $M(r_1) = M(r)$. Accordingly from the first pair of equations $P_1 = \theta^{-4}P$. To preserve homology we must have $p'_1 = \theta^{-4}p'$. Hence from the second pair of equations we must have $kL(r) = k_1 L(r_1)$, or the total energy crossing any sphere is inversely proportional to the coefficient of absorption at that point. If the relative distribution of energy production is the same for the two stars, $L(r)/L = L(r_1)/L_1$, or $kL = k_1 L_1$ and so $\bar{k}L = \bar{k}_1 L_1$. This is the result stated. Temperatures at homologous points are meanwhile increased in the ratio $T_1/T = \theta^{-1}$.

The observed approximate constancy of luminosity amongst giants, assuming constant mass, therefore implies an approximate constancy of $\bar{k}$.

From (25) we have seen that if $k\eta$ is constant, ϱ/T^3 is constant inside the star. But without assuming $k\eta$ constant, we have seen that for homologous stars $\varrho_1/\varrho = \theta^{-3}$, $T_1/T = \theta^{-1}$. Thus $\varrho_1/T_1^3 = \varrho/T^3$, or ϱ/T^3 is the same at corresponding points. Hence $\bar{\varrho}/T^3$ is constant from star to star. The approximate constancy of $\bar{k}$ from star to star would be explained if k obeyed a law of the form $k \propto \varrho/T^3$.

[1] The result is due to EDDINGTON.

The comparison with observation which we have just considered is only rough.

11. Revision of the Luminosity Formula to take account of Variation of k. The physical theory of the absorption coefficient shows that on very general grounds k should obey a law of the form $k \propto \varrho/T^3$. To be quite general, we now investigate the form of the luminosity relation when $k \propto \varrho/T^{3+\nu}$, on the assumption that the structure of the star is given sufficiently accurately by the hypothesis $k\eta =$ constant. Since $\varrho \propto T^3$, the structure will only represent the facts if $\eta \propto T^\nu$; this gives a slow steady increase of η towards the centre, and so is physically of the right tendency.

Let us put

$$k = \frac{k_1}{\mu} \frac{\varrho}{T^{3+\nu}} \tag{39}$$

(The occurrence of μ in the denominator is given by the physical theory of the absorption coefficient.)

Then using (25)

$$\frac{k}{k_c} = \left(\frac{T_c}{T}\right)^\nu$$

and

$$\begin{aligned} k_0 &= \overline{k\eta} \\ &= k_c \overline{\eta \left(\frac{T_c}{T}\right)^\nu} \\ &= \alpha\, k_c \end{aligned} \tag{40}$$

say, where

$$\alpha = \overline{\eta \left(\frac{T_c}{T}\right)^\nu}. \tag{40'}$$

Inserting this in (38) we have

$$L = \frac{4\pi c G M (1-\beta)}{\alpha\, k_c}. \tag{41}$$

Formula (41) determines the value of the absorption coefficient at the centre of a star in terms of L and M.

Again, from (39) and (25) we have

$$k_c = k_1 \frac{\frac{1}{3}a}{R} \frac{\beta}{1-\beta} T_c^{-\nu}.$$

Inserting this in (41) we find

$$L = \frac{4\pi c G M}{\alpha k_1} \frac{R}{\frac{1}{3}a} \frac{(1-\beta)^2}{\beta} \cdot T_c^\nu. \tag{42}$$

The central temperature T_c is determined in terms of r_0 by (34), which we repeat here for convenience

$$T_c = 0{,}856 \frac{GM}{r_0} \frac{\mu\beta}{R}. \tag{43}$$

To find r_0, we equate the total luminosity L to the product of the area $4\pi r_0^2$ and the radiation per unit area σT_e^4, T_e being the effective temperature. Thus

$$L = 4\pi r_0^2 \sigma T_e^4. \tag{44}$$

Eliminating r_0 and T_e between (42), (43) and (44) we have a relation giving L in terms of k_1, M and T_e; β is of course known in terms of M from the quartic equation. Conversely, for a star of known mass and luminosity, (42) determines k_1, once T_c has been determined from (43) and (44).

It is of interest to exhibit the dependence of L on M and μ for the case $\nu = \frac{1}{2}$. Disregarding constant multipliers, we find from (42), (43) and (44) the proportionality

$$L^{\frac{5}{4}} \propto \frac{M^{\frac{3}{2}} \mu^{\frac{1}{2}}}{k_1} \frac{(1-\beta)^2}{\beta^{\frac{1}{2}}} T_e .$$

Eliminating β by means of the proportionality

$$1 - \beta \propto M^2 \mu^4 \beta^4 \tag{45}$$

we have

$$L \propto k_1^{-\frac{4}{5}} \mu^{\frac{4}{5}} M^{\frac{7}{5}} (1-\beta)^{\frac{3}{2}} T_e^{\frac{4}{5}} \tag{46}$$

This does not show explicitly the complete dependence on μ, since $(1-\beta)$ depends on μ as well as on M. From (44) the relation $r_0 \propto L^{\frac{1}{2}} T_e^{-2}$ gives now

$$r_0 \propto k_1^{-\frac{2}{5}} \mu^{\frac{2}{5}} M^{\frac{7}{10}} (1-\beta)^{\frac{3}{4}} T_e^{-\frac{8}{5}} . \tag{47}$$

Hence from $\varrho_c \propto \bar{\varrho} \propto M/r_0^3$ we have

$$\bar{\varrho} \propto \varrho_e \propto k_1^{\frac{6}{5}} \mu^{-\frac{6}{5}} M^{-\frac{11}{10}} (1-\beta)^{-\frac{9}{4}} T_e^{\frac{24}{5}} . \tag{48}$$

Inserting for r_0 in (43) and using (45) we find

$$T_c \propto k_1^{\frac{2}{5}} \mu^{-\frac{2}{5}} M^{-\frac{1}{5}} (1-\beta)^{-\frac{1}{2}} T_e^{\frac{8}{5}} . \tag{49}$$

Lastly from $(1-\beta) P_c \propto T_e^4$ we have

$$P_c \propto k_1^{\frac{8}{5}} \mu^{-\frac{8}{5}} M^{-\frac{4}{5}} (1-\beta)^{-3} T_e^{\frac{32}{5}} . \tag{50}$$

In these it must be remembered that for constant μ, $(1-\beta)$ is an increasing function of M. The quantity k_1 is of course a constant; it is retained to show the effect of uncertainty in this constant on the calculated variables.

Some interesting results follow from these formulae. In the first place we notice from (48) and (49) that ϱ_c and T_c decrease with increasing mass for given T_e, i. e. approximately for given spectral type. Thus we have EDDINGTON's result: type for type, the more massive stars are the cooler and the more rarified.

Again, we see from (46) that for given mass, the luminosity increases as the $\frac{4}{5}$ power of the effective temperature. The theory of constant k led to an independence of luminosity on temperature. Further we see that for given T_e, $L \propto M^{\frac{7}{5}} (1-\beta)^{\frac{3}{2}}$. For constant k, on the other hand, we have $L \propto M(1-\beta)$, and for $k \propto \varrho/T^3$ i. e. $\nu = 0$ we have $L \propto M(1-\beta)^2/\beta \propto M^{\frac{3}{2}} (1-\beta)^{\frac{1}{8}}$. The dependence of k on density and temperature makes L a more rapidly increasing function of the mass than when k is constant.

For very small masses, β is nearly unity and $(1-\beta) \propto M^2$ approximately. Thus for small masses $L \propto M^{\frac{22}{5}}$ approximately, whilst for large masses $L \propto M^{\frac{7}{5}}$ approximately. The increase of luminosity with mass is thus at a more rapid rate for small masses than for large masses.

12. Discussion of the Approximation $k\eta = \text{constant}$. The comparison of these formulae with observation does not require a knowledge of the constant k_1, or of the mean value of $\eta\,(T_c/T)_\nu$ which we have called α. The latter is only wanted when we wish to determine from observation the absolute value of k_1. Nevertheless it is convenient at this stage to postpone comparison with observation and consider the theoretical value to be ascribed to α.

We must first remove a possible misconception. In connection with the formula

$$L = \frac{4\pi c G M (1-\beta)}{k\eta}$$

it may be asked: Since we know η is equal to 1 at the boundary, why do we not apply it at the boundary, thus getting the boundary value of k? The answer is that we do not know the value of $(1-\beta)$ at the boundary. The value of $(1-\beta)$ given by the quartic equation depends on the structure of the whole star, and may be expected to be a mean value if $(1-\beta)$ is not in fact constant.

EDDINGTON has pointed out that we do not much care what happens at the boundary of the star—our equations and assumptions may be far out there without their application being thereby rendered erroneous in other parts of the star. EMDEN'S solutions make $T=0$ at the boundary, which with the law $k \propto \varrho/T^{\frac{7}{2}} \propto T^{-\frac{1}{2}}$ makes k infinite at the boundary. Actually T tends to a non-zero value at the boundary—we have exhaustively discussed the value of T_0 in Section c. But we do not reject EMDEN'S solutions on that account. From the Table for $n=3$, we see that at $\xi = 5{,}00$, $\frac{M(r)}{M} = \frac{2{,}0007}{2{,}0150}$; the boundary of the star occurs at $\xi = 6{,}9011$. Thus 0,724 of the radius contains all but 0,71 per cent of the mass. We can if we like accept the polytropic solution up to $\xi = 5{,}00$, and then fit on some other solution outside this, making the pressure and temperature continuous at the interface. The external radius may change considerably, but the added mass is necessarily very small. Now the formula for $(1-\beta)$ does not depend on the radius, and consequently may be expected to be correct even if the outer parts of the real star do not conform to the model. We can therefore safely apply (38) in the inner 99,3 per cent of the mass. Writing (38) in the form

$$L(r) = \frac{4\pi c G M(r)(1-\beta)}{k_0}, \tag{51}$$

then $L(r)$ at $\xi = 5{,}00$ will practically be equal to L, $M(r)$ is practically M, and k will be given correctly if $(1-\beta)$ is actually constant, if the temperature and pressure at $\xi = 5{,}00$ are correct. Since this is well inside the star from the point of view of linear dimensions, we may assume T and ϱ to be correctly given. Thus (38) may be applied at a depth sufficiently great to allow for changing conditions in the outer parts of the star[1].

It is better however to refer k to the centre, and to use (40), namely

$$\overline{k\eta} = \alpha k_c$$

where

$$\alpha = \eta \left(\frac{T_c}{T}\right)^{\nu}.$$

In this averaging process we must be careful to exclude the outer regions of the star. It will be sufficient, following EDDINGTON, if we average through the innermost $\frac{9}{10}$ of the mass.

EDDINGTON has calculated the values of $\eta (T_c/T)^{\frac{1}{2}}$ and of the mean value of α for $\nu = \frac{1}{2}$ for various assumed laws of liberation of energy, of the form $\Sigma \alpha T^{\omega}$, taking the polytrope $n=3$ as giving the temperatures. We have

$$\eta = \frac{\frac{L(r)}{M(r)}}{\frac{L}{M}} = \frac{M}{M(r)} \frac{\int_0^r \varepsilon \varrho r^2\,dr}{\int_0^{r_0} \varepsilon \varrho r^2\,dr} = \frac{M}{M(r)} \frac{\int_0^{\xi} T^{\omega+3} \xi^2\,d\xi}{\int_0^{\xi_0} T^{\omega+3} \xi^2\,d\xi}. \tag{52}$$

---

[1] A more exhaustive discussion with upper limits for the added mass and estimates of the change in radius, is given by EDDINGTON, The Internal Constitution of the Stars p. 94 (1926).

Some of his results are shown in the following table.

		ε = const.		$\varepsilon \propto T$		$\varepsilon \propto T^2$		$\varepsilon \propto T^4$	
$M(r)/M$	T/T_c	η	$\eta(T_c/T)^{\frac{1}{2}}$	η	$\eta(T_c/T)^{\frac{1}{2}}$	η	$\eta(T_c/T)^{\frac{1}{2}}$	η	$\eta(T_c/T)^{\frac{1}{2}}$
0,0	1,00	1,00	1,00	1,70	1,70	2,57	2,57	4,71	4,71
0,2	0,80	1,00	1,12	1,49	1,67	1,97	2,20	2,81	3,14
0,4	0,66	1,00	1,23	1,36	1,67	1,67	2,06	2,07	2,55
0,6	0,53	1,00	1,37	1,25	1,72	1,41	1,94	1,58	2,17
0,8	0,38	1,00	1,62	1,13	1,84	1,20	1,95	1,24	2,02
0,9	0,28	1,00	1,80	1,07	2,02	1,10	2,08	1,11	2,10
Mean (α)			1,32		1,74		2,12		2,75

The fact that $\eta(T_c/T)^{\frac{1}{2}}$ is not accurately constant for any one of these columns shows that none of the stars $\varepsilon = T^{\omega}$ for $\omega = 0, 1, 2, 4$ are accurately represented by the polytrope $n = 3$, for which $\eta(T_c/T)^{\frac{1}{2}}$ is accurately constant. (In the above table the values of T_c/T are taken for the polytrope $n = 3$ as a first approximation.) Nevertheless the departure from constancy is not large. The change in η is largely compensated in each column by the inverse variation in $(T_c/T)^{\frac{1}{2}}$. As representing a "fairly strong" concentration of energy production to the centre, EDDINGTON has adopted

$$\alpha = 2{,}5\,. \tag{53}$$

13. A Polytropic Model for Variable $k\eta$. The foregoing treatment is of the nature of a first approximation; we begin by assuming $k\eta$ constant, and use the deduced values of T to calculate the variation in $k\eta$; we then mean up the resulting values of $k\eta$. It is desirable to have if possible some method of treating the case of a variable $k\eta$, or, what comes to the same thing, a variable $1-\beta$. The following treatment leads, for a particular type of variation of $1-\beta$, to a class of solutions which are polytropes.

Consider the equations

$$(1-\beta)\,P = \tfrac{1}{3} a\, T^4 \tag{54}$$

$$\beta P = \left(\frac{R}{\mu}\right) \varrho T\,. \tag{55}$$

Raise the second to the $(4-s)$th. power and divide by the first. We find

$$\frac{\beta^{4-s}}{1-\beta} P^{3-s} = \frac{\left(\frac{R}{\mu}\right)^{4-s}}{\frac{1}{3} a} \varrho^{4-s} T^{-s}\,. \tag{56}$$

The quantity β is no longer supposed to be constant. Let us suppose as an empirical assumption whose consequences we will investigate, that β varies with temperature through the star according to the law

$$\frac{1-\beta}{\beta^{4-s}} = \frac{1-\beta_c}{\beta_c^{4-s}} \left(\frac{T}{T_c}\right)^s \tag{57}$$

where β_c denotes the value of β at the centre. Then (56) becomes

$$P = C \varrho^{\frac{4-s}{3-s}} \tag{58}$$

where

$$C^{3-s} = \frac{\left(\frac{R}{\mu}\right)^{4-s}}{\frac{1}{3} a} \frac{1-\beta_c}{\beta_c^{4-s}} \frac{1}{T_c^s}\,. \tag{59}$$

Relation (58) shows that the star is a polytrope whose index n is given by

$$n = \frac{1}{\left\{\frac{4-s}{3-s} - 1\right\}} = 3 - s. \tag{60}$$

EMDEN'S tables and formulae are therefore applicable.

We shall see later that increasing values of s correspond to increasing concentrations of energy-liberation towards the centre.

We have

$$\varrho = \varrho_c u^{3-s}, \qquad P = P_c u^{4-s}.$$

Hence from (55)

$$\frac{T}{T_c} = u \frac{\beta}{\beta_c}. \tag{61}$$

This gives the temperature, in terms of T_c. We see that now that β is variable T is no longer simply proportional to EMDEN'S variable u. To connect β with u, insert from (61) in (54), when we obtain

$$\frac{1-\beta}{\beta^4} = \frac{1-\beta_c}{\beta_c^4} u^s. \tag{62}$$

To find the central temperature, we have from the equation of mechanical equilibrium

$$\frac{G M(r)}{r} = -\frac{r}{\varrho}\frac{dp}{dr} = -\frac{\xi}{\varrho_c \mu^{3-s}} \frac{d}{d\xi}(P_c u^{4-s})$$

$$= \frac{P_c}{\varrho_c}(4-s)\,\xi \frac{du}{d\xi}.$$

Putting $P_c/\varrho_c = (R/\mu\beta_c)\,T_c$ and substituting boundary values we find

$$T_c = -\frac{\frac{\mu\beta_c}{R}\frac{GM}{r_0}}{(4-s)\,\xi_0\left(\frac{du}{d\xi}\right)_0}. \tag{63}$$

Some values of $-1/[(4-s)\,\xi_0(du/d\xi)_0]$ are

$s = 0$	$s = \frac{1}{2}$	$s = 1$	
0,856	0,703	0,601	(64)

Formula (63), with the numerical values (64) should be compared with formula (34). We shall see in a moment that $\beta_c < \bar{\beta}$, where $\bar{\beta}$ denotes the constant value of β for the same mass when $s = 0$. Since the numerical coefficients (64) decrease with increasing s, we see that T_c decreases with increasing s, i. e. with increasing concentration of energy-liberation towards the centre.

The central density also decreases with increasing s, i. e. the star becomes more nearly homogeneous. EMDEN'S formula

$$\frac{\bar{\varrho}}{\varrho_c} = -\frac{3}{\xi_0}\left(\frac{du}{d\xi}\right)_0$$

gives the following ratios $\varrho_c/\bar{\varrho}$:

$s = 0$	$s = \frac{1}{2}$	$s = 1$	
54,36	24,076	11,396.	(65)

To determine the mass, we use formula (28′), Section e. Inserting the values of C and n we find

$$M^2 = \frac{(4-s)^3}{4\pi G^3}\left[\frac{\left(\frac{R}{\mu}\right)^{3(4-s)}}{\left(\frac{1}{3}a\right)^3}\cdot\frac{(1-\beta_c)^3}{\beta_c^{3(4-s)}}\cdot\left(\frac{\varrho_c}{T_c^3}\right)^s\right]^{\frac{1}{(3-s)}} \xi_0^4 \left(\frac{du}{d\xi}\right)_0^2.$$

But from (54) and (55)

$$\frac{\varrho_c}{T_c^3} = \frac{\frac{1}{3}a}{\frac{R}{\mu}} \cdot \frac{\beta_c}{1-\beta_c}. \tag{66}$$

Hence

$$M^2 = \frac{(4-s)^3}{4\pi G^3} \cdot \frac{\left(\frac{R}{\mu}\right)^4}{\frac{1}{3}a} \cdot \frac{1-\beta_c}{\beta_c^4} \xi_0^4 \left(\frac{du}{d\xi}\right)_0^2. \tag{67}$$

We see that given the mass β_c is the root of a quartic equation of the same type as before for β when β was constant through the star; the value of $\xi_0^4 (du/d\xi)_0^2$ is now however to be taken from the polytrope $n = 3 - s$. Some values of

$$(4-s)^3 \left[\xi_0^4 \left(\frac{du}{d\xi_0}\right)^2\right]_{r=3-s}$$

are given below:

$$s = 0 \qquad s = \tfrac{1}{2} \qquad s = 1$$

$$260 \qquad 207 \qquad 157. \tag{68}$$

It follows from these values that when $s > 0$, for given M and μ,

$$\frac{1-\beta_c}{\beta_c^4} > \frac{1-\bar{\beta}}{\bar{\beta}^4}$$

where $\bar{\beta}$ denotes the constant value of β for $s = 0$. Hence

$$1 - \beta_c > 1 - \bar{\beta}.$$

From (57) we see that $1 - \beta$ decreases from $1 - \beta_c$ at the centre to 0 at the boundary, for $s > 0$. Thus EDDINGTON's $1 - \bar{\beta}$ is a mean amongst the range of values taken by $1 - \beta$ in the models under consideration for $s > 0$.

We must now connect β with $k\eta$ and determine the luminosity. From equation (14) we have

$$\frac{d}{dP}[(1-\beta)\varrho] = \frac{k\eta}{4\pi c G}\frac{L}{M}$$

or

$$(1-\beta) - P\frac{d\beta}{d\varrho} = \frac{k\eta}{4\pi c G}\frac{L}{M}. \tag{69}$$

Now

$$P \propto u^{4-s} \propto \left(\frac{1-\beta}{\beta^4}\right)^{\frac{(4-s)}{s}}$$

whence

$$\frac{1}{P}\frac{dP}{d\beta} = -\frac{4-s}{s}\frac{4-3\beta}{\beta(1-\beta)}.$$

Inserting in (69)

$$L = \frac{4\pi c G M(1-\beta)}{k\eta}\Phi(\beta) \tag{70}$$

where

$$\Phi(\beta) = 1 + \frac{s}{4-s}\frac{\beta}{4-3\beta}. \tag{71}$$

Hence

$$\frac{k\eta}{k_c\eta_c} = \frac{(1-\beta)\Phi(\beta)}{(1-\beta_c)\Phi(\beta_c)}. \tag{72}$$

It is easily verified that for $s>0$, $(1-\beta)\Phi(\beta)$ steadily decreases from the centre to the boundary. Hence $k\eta$ steadily decreases. But if $k \propto \varrho/T^{3+N} \propto u^{-N}\beta^{1-N}/(1-\beta)$, it is found that

$$\frac{1}{k}\frac{dk}{du} = -\frac{1}{u}\left[r + s\frac{(1-N)+N\beta}{4-3\beta}\right]$$

so that k steadily increases from the centre to the boundary, if $s > 0$ and $N < 1$. Hence if $s > 0$, η steadily decreases from the centre to the boundary. Thus the models for $s > 0$ correspond to a concentration of energy-liberation towards the centre, and so are in this respect physically acceptable.

When we attempt to apply (70) to determine the luminosity, we meet at first sight with a difficulty. Substituting $\eta = [L(r)/M(r)]/[L/M]$ we have

$$L(r) = \frac{4\pi c G M(r)}{k}(1-\beta)\,\Phi(\beta)\,. \tag{73}$$

This formula appears to make $L(r) \to 0$ as the boundary of the star is approached, since $(1-\beta) \to 0$. Even if $1-\beta =$ constant $(s = 0)$ we meet with the same difficulty, since $k \to \infty$ at the boundary.

Since formula (72) holds at each point in the model, it follows that $L(r)$, which is zero at $r = 0$ and at $r = r_0$, must have a maximum in between. Suppose this occurs at $r = r'$. Then $4\pi\varepsilon$, the rate of liberation of energy per unit mass, must have a zero at $r = r'$. Inside $r = r'$, $\varepsilon > 0$ and we have sources of energy; outside $r = r'$, $\varepsilon < 0$, and we have sinks of energy.

Now we cannot suppose sinks to occur in an actual star. Therefore, if we want to retain the model up to $r = r'$, we must replace it outside $r = r'$ by some other structure with continuous temperature and pressure. We can equate $L(r')$ to L, the actual luminosity, if we suppose ε to be zero outside $r = r'$. We now make the assumption that the complete model gives sufficiently accurate values of the temperature and density at $r = r'$ for us to be able to calculate k there. Formula (72) then gives

$$L = \frac{4\pi c G M(r')}{k'}(1-\beta')\,\Phi(\beta') \tag{74}$$

where primes (′) denote values at $r = r'$. Formula (73) can now be thrown into forms comparable with EDDINGTON's luminosity formulae. Putting $k = k_1\varrho/\mu T^{3+N}$, with

$$\frac{\varrho}{T^3} = \frac{\frac{1}{3}a}{R/u}\frac{\beta}{1-\beta}$$

(73) becomes

$$L = \frac{4\pi c G M}{k_1}\frac{R}{\frac{1}{3}a}\frac{M(r')}{M}\left(\frac{T'}{T_c}\right)^N\frac{(1-\beta')^2}{\beta'}\,\Phi(\beta')\,T_c^N\,. \tag{75}$$

This may be compared with (42). We see that the two agree provided we adopt for α the value

$$\frac{1}{\alpha} = \frac{M(r')}{M}\left(\frac{T'}{T_c}\right)^N\frac{(1-\beta')^2}{\beta'}\frac{\bar\beta}{(1-\bar\beta)^2}\Phi(\beta')\,. \tag{76}$$

To see the degree of energy-concentration to which this corresponds, we want the value of η_c. We have

$$\frac{\eta'}{\eta_c} = \frac{(1-\beta')\,\Phi(\beta')}{(1-\beta_c)\,\Phi(\beta_c)}\frac{k_c}{k'}$$

where

$$\frac{k'}{k_c} = \frac{\varrho'}{T'^{3+N}}\frac{T_c^{3+N}}{\varrho_c} = \frac{\beta'}{1-\beta'}\frac{1-\beta_c}{\beta_c}\left(\frac{T_c}{T'}\right)^N\,.$$

Now

$$\eta' = \frac{\left\{\frac{L(r')}{M(r')}\right\}}{\left\{\frac{L}{M}\right\}} = \frac{M}{M(r')} \qquad \text{since} \qquad L(r') = L\,.$$

Hence

$$\eta_c = \frac{M}{M(r')}\left(\frac{T_c}{T'}\right)^N \frac{\beta'}{(1-\beta')^2}\,\frac{(1-\beta_c)^2}{\beta_c}\,\frac{\Phi(\beta_c)}{\Phi(\beta')}\,. \tag{77}$$

To apply these formulae it is necessary first to determine r', i. e. to determine the position of the zero of ε. Formula (1), which we need for the first time, gives with $\varrho \propto u^{3-s}$, $k \propto \varrho/T^{3+N}$, $T \propto u\beta$,

$$\varepsilon \propto -\frac{1}{\xi}\frac{d}{d\xi}\left[\xi^2 \beta^{4+N} u^{N+2s}\frac{du}{d\xi}\left(1+\frac{u}{\beta}\frac{d\beta}{du}\right)\right]. \tag{78}$$

From (62) we find

$$1+\frac{u}{\beta}\frac{d\beta}{du} = 1 - \frac{s(1-\beta)}{4-3\beta}\,.$$

This factor varies only slowly from centre to boundary and we neglect it in differentiating (78), replacing it by unity. Differentiating out (78) and using EMDEN'S equation in the form

$$\frac{1}{\xi^2}\frac{d}{d\xi}\left(\xi^2\frac{du}{d\xi}\right) = -u^{3-s}$$

we find after reduction

$$\varepsilon \propto u^{r+2s}\beta^{4+N}\left[1-\frac{1}{u^{4-s}}\left(\frac{du}{d\xi}\right)^2\left\{N+s\,\frac{(1-N)+\beta(1+N)}{4-3\beta}\right\}\right],$$

or, using $(1-\beta)\propto \beta^4 u$, $T\propto u\beta$,

$$\varepsilon \propto T^N\frac{(1-\beta)^2}{\beta}\left[1-\frac{1}{u^{4-s}}\left(\frac{du}{d\xi}\right)^2\left\{N+s\,\frac{(1-N)+\beta(1+N)}{4-3\beta}\right\}\right]. \tag{79}$$

This shows that the zero of ε occurs where

$$u^{4-s} = \left(\frac{du}{d\xi}\right)^2\left\{N+s\,\frac{(1-N)+\beta(1+N)}{4-3\beta}\right\} \tag{80}$$

where it must be remembered that β is a function of u.

Numerical solutions of this equation have been given by MILNE for certain values of N and s, for a star of the mass of Capella. For $N=\frac{1}{2}$, $s=\frac{1}{2}$, the zero was found to occur at $\xi'=2{,}423$, at which point $M(r')/M = 0{,}682$ and $T'/T_c = 0{,}474$. For $1-\bar\beta = 0{,}283$, it was found that $1-\beta_c = 0{,}308$, $1-\beta' = 0{,}263$. The value of η_c was 3,1. The value of α came out to be 2,5/1,04, showing that $s=\frac{1}{2}$ corresponds fairly closely to the degree of concentration of energy-production adopted by EDDINGTON. The value 3,1 of η_e, is lower than EDDINGTON'S 3,9, but in the present case the energy-liberation is concentrated in the innermost 0,68 of the mass, as against EDDINGTON'S 0,9. (See § 12, table.) The luminosity for given mass and k_1 was found to be reduced, as compared with EDDINGTON'S formula, in the ratio 0,93. For $s=1$, it was found that $\eta_c = 4{,}2$, $M(r')/M = 0{,}54$, and that the luminosity was reduced in the ratio 0,83.

In connection with his researches on the luminosity formula, EDDINGTON has worked out numerically the case of a star with a point source of energy at the centre[1]. This should give the greatest possible diminution of luminosity due to concentration of energy-liberation to the centre. He found that for a star of mass

[1] M N 85, p. 408 (1925). No analytical solution for the central point source has yet been given.

$5\odot$, of radius $11{,}35 \cdot 10^{11}$ cm, the luminosity is reduced by 0,97 magnitude as compared with the law $\varepsilon \propto T$. Assuming the actual law of distribution of ε to be between the point-source case and the case $\varepsilon \propto T$, he showed that the maximum uncertainty in luminosity, at least for a star of this mass, is $\pm 0{,}5$ magnitude.

14. A Polytropic Model for Variable Molecular Weight μ. We must expect ionisation to increase towards the centre of the star, and so the mean molecular weight must be expected to diminish. EDDINGTON has shown[1] that we may construct a polytropic model for variable molecular weight by assuming a law of the form

$$\mu = \mu_c \left(\frac{T}{T_c}\right)^{-s}. \tag{81}$$

For this investigation we assume $k\eta =$ constant, so that β is constant.

From the equations

$$(1-\beta)\,P = \tfrac{1}{3} a\,T^4 \tag{82}$$

$$\beta P = \left(\frac{R}{\mu}\right)\varrho\,T = \left(\frac{R}{\mu_c}\right)\varrho\,T\left(\frac{T}{T_c}\right)^s, \tag{83}$$

we have by elimination of T

$$P = C\,\varrho^{4/(3-s)},$$

where

$$C^{3-s} = \frac{(1-\beta)^{s+1}}{\beta^4}\,\frac{\left(\dfrac{R}{\mu_c}\right)^4}{\left(\dfrac{1}{3}a\right)^{s+1}}\,\frac{1}{T_c^{4s}}.$$

The star is thus a polytrope of indices n and k where

$$n = \frac{1}{k-1} = \frac{1}{\left\{\dfrac{4}{(3-s)}\right\}-1} = \frac{3-s}{1+s} \tag{84}$$

and we have $\varrho = \varrho_c\,u^{(3-s)/(1+s)}$, $P = P_c\,u^{4(1+s)}$, where u is EMDEN's variable. From equation (28′), Section e, we have on substituting for n

$$M^2 = \left(\frac{4}{1+s}\right)^3 \frac{1}{4\pi G^3}\,P_c^{4s/(3-s)}\left[\frac{(1-\beta)^{s+1}}{\beta^4}\,\frac{\left(\dfrac{R}{\mu_c}\right)^4}{\left(\dfrac{1}{3}a\right)^{s+1}}\,\frac{1}{T_c^{4s}}\right]^{3/(3-s)} \xi_0^4\left(\frac{du}{d\xi}\right)^2. \tag{85}$$

But from (82) and (83), we have

$$\frac{\varrho_c}{T_c^3} = \frac{\dfrac{1}{3}a}{\dfrac{R}{\mu_c}}\,\frac{\beta}{1-\beta}. \tag{86}$$

Hence, inserting in (85), we find on reduction

$$M^2 = \frac{4^3}{(1+s)^3\,4\pi G^3}\,\frac{\left(\dfrac{R}{\mu_c}\right)^4}{\dfrac{1}{3}a}\,\frac{1-\beta}{\beta^4}\,\xi_0^4\left(\frac{du}{d\xi}\right)^2. \tag{87}$$

This reduces to (26) when $s = 0$. We see that β is the root of a quartic equation, but that the coefficient is different. The simplest method of comparison is to determine that constant value of μ, say $\mu = \bar{\mu}$, which leads to the same value of β for given M. We find

$$\frac{1}{(1+s)^{\frac{3}{2}}\,\mu_c^2}\left[\xi_0^2\left(\frac{du}{d\xi}\right)_0\right]_{n=\frac{(3-s)}{(1+s)}} = \frac{1}{\bar{\mu}^2}\left[\xi_0^2\,\frac{du}{d\xi}\right]_{n=3}. \tag{88}$$

---

[1] Internal Constitution of the Stars p. 128 (1926).

Suppose in the model under discussion, $\mu = \overline{\mu}$ occurs where $T = T_\mu$. Then we have

$$\left(\frac{T_\mu}{T_c}\right)^{2s} = \frac{\left[\xi_0^2\left(\frac{du}{d\xi}\right)_0\right]_{n=\frac{(3-s)}{(1+s)}}}{(1+s)^{\frac{3}{2}}\left[\xi_0^2\frac{du}{d\xi}\right]_{n=3}}. \tag{89}$$

The following table shows a few values of T_μ/T_c obtained from EMDEN's tables.

$n = 1$	2	2,5	3	4
$s = 1$	$\frac{1}{3}$	$\frac{1}{7}$	0	$-\frac{1}{5}$
$T_\mu/T_c = 0{,}742$	0,685	0,675	—	0,570

It will be seen that for any law between $s = 0$ and $s = \frac{1}{3}$, it will be approximately correct to evaluate μ at the place in the star where $T/T_c = \frac{2}{3}$. In many of his calculations EDDINGTON has adopted $s = \frac{1}{7}$. He remarks the value $s = \frac{1}{5}$ would give a reasonable representation of the expected effect. With this law, a molecular weight 2,1 (Fe retaining 1 or 2 electrons) at 10000000° would become 3,3 (Fe with K and L rings complete) at 1000000°, and 8,3 (Fe with 6 electrons missing) at 10000°.

We note from EMDEN's tables that for increasing s, the value of the central density decreases for given mean density. Thus the star becomes more homogeneous with more rapidly varying molecular weight.

The central temperature is obtained thus: from the equation of equilibrium we have

$$\frac{GM(r)}{r} = -\frac{r}{\varrho}\frac{d\varrho}{dr} = -\frac{\xi}{\varrho_c u^{\frac{(3-s)}{(1+s)}}}\frac{d}{d\xi}\left[P_c u^{\frac{4}{(1+s)}}\right]$$

$$= -\frac{4}{1+s}\frac{P_c}{\varrho_c}\xi\frac{du}{d\xi}.$$

Putting $P_c/\varrho_c = (R/\mu_c)\,T_c$ and using boundary values we have

$$T_c = -\frac{\frac{GM}{r_0}\frac{\beta\mu_c}{R}}{\left(\frac{4}{1+s}\right)\xi_0\left(\frac{du}{d\xi}\right)_0}. \tag{90}$$

Some values of $-\frac{1}{4}(1+s)\,\xi_0^{-1}(d\xi/du)_0$ together with values of $\varrho_c/\overline{\varrho}$ are given in the following:

$r = 1$	2	2,5	3	4
$s = 1$	$\frac{1}{3}$	$\frac{1}{7}$	0	$-\frac{1}{5}$
$T_c/\mu_c \propto 0{,}500$	0,601	0,703	0,856	1,660
$\varrho_c/\overline{\varrho} = 3{,}29$	11,40	24,08	54,36	623,4

Since $\mu_c < \overline{\mu}$ for $s > 0$, the values of T_c will be still further reduced proportionally to $s = 0$, than is shown by the row T_c/μ_c. Thus the star becomes cooler with more rapid decrease of molecular weight towards the centre.

15. Polytropic Model for β and η both Variable. If μ varies according to the law (81), and the same time β varies according to the law

$$\frac{1-\beta}{\beta^{\frac{4-\sigma}{1+s}}} = \frac{1-\beta_c}{\beta_c^{\frac{4-\sigma}{1+s}}}\left(\frac{T}{T_c}\right)^\sigma \tag{91}$$

then it will be found that the star is a polytrope of order n given by

$$n = \frac{3 - \sigma - s}{1 + s}. \tag{92}$$

We have

$$\varrho = \varrho_c u^n, \qquad P = P_c u^{n+1}, \qquad \mu\left(\frac{\beta}{\beta_c}\right) = \left(\frac{T}{T_c}\right)^{1+s},$$

$$\frac{1-\beta}{\beta^{\frac{4}{(1+s)}}} = \frac{1-\beta_c}{\beta_c^{\frac{4}{(1+s)}}} u^{\frac{\sigma}{(1+s)}}.$$

The mass is given by

$$M^2 = \left(\frac{4-\sigma}{1+s}\right)^3 \frac{1}{4\pi G^3} \frac{1-\beta_c}{\beta_c^4} \frac{\left(\frac{R}{\mu_c}\right)^4}{\frac{1}{3} a} \xi_0^4 \left(\frac{du}{d\xi}\right)_0^2 \tag{93}$$

and the central temperature by

$$T_c = -\frac{\frac{GM}{r_0} \frac{p_c \mu_e}{R}}{\left(\frac{4-\sigma}{1+s}\right) \xi_0 \left(\frac{du}{d\xi}\right)_0}. \tag{94}$$

We see that decrease of molecular weight towards the centre and concentration of energy-liberation to the centre combine to lower the polytropic index, lower the central density and lower the central temperature.

16. Summary of Main Results. The last two paragraphs have indicated how departures from the simple theory of constant β and constant μ may be expected to modify the general theory in details. We now survey the main results of the whole theory thus developed.

Suppose that the molecular weight μ is constant, and also that k, the coefficient of absorption, and η, the ratio of $L(r)/M(r)$ to L/M, vary through the star in such a way that $k\eta$ is constant. Then radiation pressure bears a constant ratio $(1-\beta)/\beta$ to gas pressure, and ϱ/T^3 is constant throughout the star. The value of β depends solely on the mass and molecular weight. The central density is a constant multiple of the mean density. For given mass and molecular weight, the central temperature is inversely proportional to the radius, and the central pressure is inversely proportional to the fourth power of the radius.

The luminosity of the star increases with the mass and is inversely proportional to the opacity. If the coefficient of absorption is independent of density and temperature, or if it varies as ϱ/T^3, the luminosity is independent of the central temperature; in that case the luminosity depends on the mass alone, the radius is inversely proportional and the central temperature directly proportional to the square of the effective temperature; thus the luminosity is independent of effective temperature, i. e. of spectral type. If, however, as indicated by physical theory, the absorption coefficient is proportional to $\varrho/T^{\frac{7}{2}}$ the luminosity for given mass is proportional to the $\frac{4}{5}$-power of the effective temperature, the central temperature is directly proportional and the radius inversely proportional to the $\frac{8}{5}$-power of the effective temperature.

If, as is probable in actual stars, $k\eta$ decreases from the centre outwards and μ increases, the star becomes more nearly homogeneous and cooler; ϱ varies moreover more slowly than T^3. The other results are substantially unaltered.

57. Applications of the Theory. 17. Numerical Calculations. The following table of densities and temperatures in a typical giant star has been given by EDDINGTON [Z f Phys 7, p. 375 (1921)]. The data are $M = 1{,}5\,\odot$,

$\bar{\varrho} = 0{,}002$ gram/cm^{-3}. For $\mu = 2{,}8$ (now considered rather a high value) $1 - \beta$ has the value 0,174. From M and $\bar{\varrho}$ we find $r_0 = 7{,}09 \cdot 10^6$ km, ϱ_c is 54,36 times $\bar{\varrho}_1$ and T_c is given by (34). The other radii, densities and temperatures are proportional to EMDEN's variables ξ, u^3, u. We have added a column of gas-pressure p, taking 10^6 dynes = 1 atmos. The mean temperature is of course $0{,}584\ T_c = 3850000°$.

r (kms)	ϱ (gram/cm^{-1})	T (°)	p (atmos.)	$M(r)/M$
0	0,1085	$6{,}59 \cdot 10^6$	21 000 000	0
$1{,}03 \cdot 10^6$	0,0678	5,64	11 300 000	0,125
2,06	0,0215	3,84	2 440 000	0,518
3,09	0,0050	2,37	352 000	0,821
4,12	0,0010	1,38	40 600	0,952
5,14	0,00015	0,73	3210	0,992
6,17	0,0000093	0,29	85	1,000
7,09	0,000	—	0	1,000

The following table for a variety of masses has also been given by EDDINGTON (Internal Constitution of the Stars, p. 136). The values of $\bar{\varrho}$ for given T_e and M (for $\mu = 2{,}11$) were calculated from (48), the constant being chosen to fit Capella ($M = 4{,}18\,\odot$, $T_e = 5200°$). The calculation of T_c from $\bar{\varrho}$ follows immediately from (34), since r_0 is known from M and $\bar{\varrho}$.

Effective Temperature T_e°	Spectral Type	Mass = 3 · ⊙		Mass = 10 · ⊙		Mass = 40 · ⊙	
		$\bar{\varrho}$ (gram/cm^{-3})	T_c	$\bar{\varrho}$	T_c	$\bar{\varrho}$	T_c
3000	M	0,000446	$4{,}65 \cdot 10^6$	0,000020	$2{,}45 \cdot 10^6$	0,000002	$1{,}52 \cdot 10^6$
4000	K	0,00177	7,36	0,000078	3,88	0,000007	2,40
5500	G	0,0082	12,3	0,000360	6,48	0,000032	4,01
7500	F	0,0363	20,1	0,00159	10,6	0,000140	6,67
10500	A	0,182	34,5	0,00800	18,2	0,00070	11,3
18000	B	(2,42)	(81,7)	0,106	43,0	0,0093	26,6
27000	O	(17,4)	(156)	(0,763)	(82,1)	0,067	50,8

EDDINGTON remarks that actual stars (other than "white dwarfs") do not have temperatures above 40 million degrees, so that the entries in brackets are probably ficticious. Why stars of certain masses fail to reach certain central temperatures is somewhat mysterious.

18. Calculation of Absolute Bolometric Magnitude. We have seen, equation (46), that apart from universal constants and a constant which should also be a universal constant giving the opacity, the luminosity L is given by the proportionality

$$L \propto \mu^{\frac{4}{5}} M^{\frac{4}{5}} (1-\beta)^{\frac{3}{2}} T_e^{\frac{4}{5}}. \tag{95}$$

To facilitate computations from this formula, EDDINGTON has given a table of absolute bolometric magnitudes for given mass, for one particular effective temperature, using the data for Capella to determine the constant in the proportionality. He adopted $\mu = 2{,}11$. Taking for Capella $M = 4{,}18\,\odot$, $(1 - \beta) = 0{,}283$, $T_e = 5200$, (95) becomes

$$\frac{L}{L_{\text{Capella}}} = \left(\frac{M}{4{,}18}\right)^{\frac{7}{5}} \left(\frac{1-\beta}{0{,}283}\right)^{\frac{3}{2}} \left(\frac{T_e}{5200}\right)^{\frac{4}{5}}. \tag{96}$$

Now if we express the difference in luminosities in stellar magnitudes, we have if $m_{\text{Capella}} = -0{,}40$,

$$m + 0{,}40 = -2{,}5 \log_{10} \frac{L}{L_{\text{Capella}}}$$

$$= -\frac{7}{2}\log_{10} M - \frac{15}{4}\log_{10}(1-\beta) - 2\log_{10}\left(\frac{T_e}{5200}\right) + 0{,}118$$

or

$$m = -\frac{7}{2}\log_{10} M - \frac{15}{4}\log_{10}(1-\beta) - 2\log_{10}\left(\frac{T_e}{5200}\right) - 0{,}282. \tag{97}$$

The following table (EDDINGTON) gives the values of m for various M, for $T_e = 5200^0$. (The table appears in fact to be calculated with the numerical constant $-$ 0,228, or say $m_{\text{Capella}} = 0{,}346$.)

Values of Mass (M) and Absolute Bolometric Magnitude m.

$1-\beta$	M	m	$1-\beta$	M	m	$1-\beta$	M	m
0,001	0,1284	14,143	0,04	0,879	5,211	0,22	3,124	0,507
,002	,1820	12,484	,05	1,004	4,645	,24	3,437	0,220
,003	,2233	11,513	,06	1,123	4,178	,26	3,774	− 0,052
,004	,2583	10,823	,07	1,240	3,777	,28	4,137	− 0,312
,005	,2895	10,286	,08	1,354	3,426	,30	4,529	− 0,562
,006	,3176	9,848	,09	1,468	3,111	,35	5,675	− 1,156
,008	,3683	9,154	,10	1,582	2,825	,40	7,117	− 1,718
,010	,4135	8,615	,12	1,812	2,322	,45	8,984	− 2,264
,015	,5117	7,632	,14	2,050	1,884	,50	11,46	− 2,805
,020	,5968	6,929	,16	2,297	1,494	,60	19,62	− 3,919
,025	,6739	6,381	,18	2,557	1,138	,70	37,67	− 5,162
,030	,746	5,929	,20	2,831	0,812	,80	90,63	− 6,714

19. Reducing Bolometric Magnitude to Visual Magnitude. From NUTTING's[1] measures of the visual intensity of energy of different wave-lengths, EDDINGTON[2] has computed the following corrections to be applied to bolometric magnitude to give visual magnitudes. The difference arises from the fact that the eye has its own sensitivity curve for the radiations from a black body, and this sensitivity curve differs from the PLANCK curve. The corrections only apply to black body radiators; in applying them to the stars we therefore tacitly assume the stars' energy curve is a black body curve. In this connection it may be recalled (Section c, § 54) that the star's effective temperature as judged from its colour should theoretically be some 4 per cent higher than that judged from the total radiation. The T_e recurring in the luminosity formula is of course that judged from the total radiation.

Effective Temperature degrees	Ratio of Luminosity to Total Radiation	Visual — Bolometric Magnitude
2540	0,092	+ 2,59
3000	0,206	+ 1,71
3600	0,417	+ 0,95
4500	0,723	+ 0,35
6000	1,000	0,00
7500	0,985	+ 0,02
9000	0,893	+ 0,12
10500	0,749	+ 0,31
12000	0,616	+ 0,53

The visual and bolometric scales are adjusted to agree at $T_e = 6000°$.

Further details, and a comparison with a formula of HERTZSPRUNG, will be found in "The Internal Constitution of the Stars", p. 139.

20. Comparison with observed Luminosities. EDDINGTON takes the constant multiplying factor in the mass-luminosity formula (95) to be determined by the mass and luminosity of CAPELLA (brighter component). The luminosities of other stars then become calculable given the mass and effective temperature. The following are extracted from EDDINGTON's tables. ("Internal Constitution of the Stars", p. 154.)

[1] Phil Mag 29 p. 304 (1915). [2] M N 77, p. 605 (1917).

Ordinary Binary Stars. — First Class Determinations of Parallax.

Star	Type	T_e degrees	Parallax seconds	M	m (vis.)	m (bol.) obs.	m (bol.) calc.
Capella b	G 0	5200	0,063	4,18	— 0,26	— 0,36	—0,34
,, f	F 0	7400	—	3,32	+ 0,24	+ 0,22	+0,02
Sirius b	A 0	10500	0,373	2,45	1,28	0,97	0,67
α Centauri b	G 5	5000	0,748	1,14	4,70	4,53	4,16
,, f	K 5	3700	—	0,97	6,07	5,24	5,09
Sun	G 0	5740	....	1,00	4,9	4,85	4,56
Krüger 60 b	Ma	3100	0,260	0,27	11,35	9,82	11,07
,, f	Ma	3100	—	0,16	13,85	12,32	13,55

Ordinary Binary Stars. — Second Class Determinations of Parallax.

Star	Type	T_e degrees	Parallax seconds	M	m (vis.)	m (bol.) obs.	m (bol.) calc.
ε Hydrae b	F 9	5500	0,0206	3,64	0,27	0,22	0,00
,, f	....	5500	—	2,29	1,77	1,72	1,46
β Aurigae b	Aop	10500	0,025	2,39	— 0,19	— 0,50	0,77
,, f	Aop	10500	—	2,34	— 0,19	— 0,50	0,82
Procyon b	F 5	6800	0,308	1,13	2,92	2,92	3,92
η Cassiop. b	F 8	6200	0,184	0,72	4,99	4,99	5,93
,, f	K 5	3800	—	0,41	8,73	7,99	8,93
70 Ophiuchi b	K 0	4400	0,189	1,05	5,66	5,27	4,61
,, f	K 4	3900	—	0,77	7,36	6,71	6,04
85 Pegasi b	G 0	5800	0,095	0,62	5,75	5,73	6,66
,, f	....	3200	—	0,31	10,95	9,52	10,38
o_2 Eridani b	B 9	11000	0,702	0,21	11,27	10,88	11,15
,, f	Md	2900		0,20	12,67	10,81	12,53

Eclipsing Variables.

Star	Type	T_e degrees	M	m (bol.) obs.	m (bol.) calc.
V Puppis	B 1	19000	19,2	— 4,61	— 5,00
β Lyrae	B 8	12500	13,9	— 3,80	— 3,98
Z Vulpec.	B 3	17000	5,24	— 2,70	— 1,98
U Coronae	B 3	17000	4,27	— 2,04	— 1,43
TX Herculis	A 2	9800	2,04	2,04	1,35
Z Herculis	F 2	7600	1,56	2,53	2,55

Cepheid Variables.

Star	Type	T_e degrees	M	m (bol). obs.	m (bol.) calc.
η Aquilae	G 0	5100	13,9	— 2,76	— 3,19
δ Cephei	F 9	5200	11,3	— 2,30	— 2,77
RR Lyrae	A 9	7300	4,14	— 0,36	— 0,61

21. **Inferences from the observed Masses and Luminosities.** The inference to be made from the comparison of the values of m (bol.) obs. and m (bol.) calc. is that the theoretical mass-luminosity law (95) represents the observed luminosities of the stars fairly accurately from about one-fifth the mass of the Sun to about 20 times the mass of the Sun—the observed range of masses. The formula contains only two adjustable constants, the constant derived from the observed luminosity of CAPELLA b and the value of the molecular weight μ; and it assumes the material of a star obeys the laws of the perfect gas.

When EDDINGTON first put forward his theory of the internal constitution of the stars he added a treatment suitable for imperfect gases which appeared to give a satisfactory explanation of the observed division of stars (esp. cooler stars) into giants and dwarfs. It was assumed that the change of luminosity with increasing density occurred when the density reached such a value that the laws of a perfect gas ceased to apply. Decreasing compressibility thereafter caused decreasing luminosity, the dwarf star behaving like a cooling mass of ordinary material. It was expected that for dwarf stars the main factor controlling the luminosity would be not the mass but the density, and the luminosities of the dwarf stars should be well below those calculated from the perfect gas hypothesis.

Instead, the results of the foregoing tables disclose the fact that the perfect-gas assumption correctly predicts the luminosities of the dwarfs. Indeed, for stars of quite low mass the luminosity is even a little greater than given by the perfect-gas assumption. There is no failure of the perfect-gas laws in the expected direction.

On his discovery of the success of the perfect-gas mass-luminosity law EDDINGTON was able immediately to point out the reason. The star Krüger 60 has at an average point, according to EDDINGTON, a temperature of $2{,}5 \cdot 10^7$ degrees and a density of 360 grams/cm^{-3}. (This density is not a consequence of the theory; it is a matter of observation. We have in fact $\varrho \propto M/r_0^3$, $L \propto T_e^4 r_0^2$, whence eliminating r_0, $\varrho \propto M\,T^6/L^{\frac{3}{2}}$, the constant being obtained by comparison with the Sun. We find in this way for the mean density a value $\varrho_m = 286$.) No terrestrial matter is known of such a density, but then no terrestrial matter is known of a temperature of 25 million degrees. The two things explain one another. The actual volume occupied by the nuclei and electrons of a piece of terrestrial matter does not amount to at most a fraction 10^{-10} of the apparent volume of the matter. But the volume of each atomic system is roughly that corresponding to the orbits of the electrons, and the atoms are not allowed to interpenetrate. If the atoms could be broken up into their constituents, the compressibility could be increased almost indefinitely. But this is precisely what happens at stellar temperatures. The atoms are almost completely ionized into nuclei (with on the average at most a couple of K electrons attached to them) and free electrons, which can interpenetrate. Electrostatic forces do not prevent this interpenetration, for the mixture is electrically neutral on the whole; the atmosphere of non-free electrons round each nucleus prevent the nuclei from appreciably repelling one another. There is, indeed a calculable effect of these electrostatic effects, but it is small compared with the VAN DER WAALS effect of the finite size of the molecules in ordinary gas-theory. Thus even at these high densities the gas remains practically "perfect", and the ordinary laws should apply. If the mass-luminosity law holds for stars of low density it should also hold for stars of high density, at least up to a certain point. The long range of densities through which the mass-luminosity law is obeyed is thus satisfactorily accounted for.

22. White Dwarfs. There will still be a maximum density beyond which the gas-laws will not be reached. Such a density appears to be reached by the class of stars known as "white dwarfs" which fall outside the foregoing theory. The companion of Sirius has an observed mass of about 0,85 ☉, an observed absolute magnitude of $11^m{,}3$ $\left(\text{corresponding to a luminosty } \frac{1}{360} \odot\right)$ and a spectral type F 0. This means that its surface temperature must be about 8000°. From the formula $\varrho_m \propto M\,T^6/L^{\frac{3}{2}}$ its mean density comes out about 67000 grams/cm^{-3}. This high density has been amply confirmed by W. S. ADAMS' observation of the EINSTEIN effect in the displacement to the red of the lines of this star. The EINSTEIN displacement is proportional to the gravitational potential at the surface,

M/r_0, which according to EDDINGTON is 31 times as large for Sirius comes as for the Sun. A displacement to the red of the order of 20 kms/sec^{-1} is therefore to be expected, and this can easily be separated from DOPPLER effects proper, since these are known from the radial velocity of Sirius and the orbital motion of the companion. For $H\beta$ the observed displacement was found to be about 26 kms/sec^{-1}, of which about 4 kms/sec^{-1} has to be attributed to radial motion. Thus the large surface gravitational potential is confirmed, and this in turn means small radius and large density.

The companion of Sirius falls well below the mass-luminosity curve. Accordingly at a density of 67000 we have at last reached the density at which the perfect-gas laws cease to hold.

58. Evolution. 23. The Radiation of Mass and the Evolutionary Time-Scale. The foregoing theory of the internal constitution of a star, together with the data of the observed masses and luminosities of the stars, shows that apart from white dwarfs the luminosity of a star depends principally on its mass. This makes the observed division into giants and dwarfs very difficult of explanation. We can no longer believe that this is an effect of evolutionary change of density combined with departure from perfect-gas laws. We have two alternatives before us. Either the mass of each star remains approximately constant during its evolution, and it evolves rapidly across some path in the RUSSELL luminosity-spectrum diagram until it finds a stable position of quasi-equilibrium on the "main sequence". Or else it evolves through the giant branch and then down the dwarf branch steadily decreasing in mass. The former alternative would mean that the observed masses and luminosities of the stars offer no guide to the evolutionary path of any one star, and we should at present have to give up hope of reading the past history of the stellar universe (as regards its luminosity-evolution) from the present distribution of luminosities, and the giant-and-dwarf-theory of evolution disappears. The latter alternative would mean that we have no guide as to why the effective temperatures change in the way they are observed to do along what is now an evolutionary sequence.

Scientifically however the second hypothesis is the more attractive, and it leads to a perfectly definite time-scale which as far as it can be checked is in general accord with what is known from other lines of evidence. We therefore pursue its consequences.

Light and radiant energy in general possess mass. Consequently a star which is radiating energy is also radiating mass, and therefore the mass of each star is steadily decreasing. The equation governing them is simply

$$\frac{dM}{dt} = -\frac{L}{c^2}. \tag{98}$$

L is given by the mass-luminosity law. Apart from the dependence on effective temperature we have therefore

$$\frac{dM}{dt} = -\frac{L(M)}{c^2} \tag{99}$$

and if each particular star follows the sequence of luminosities and masses given by the mass-luminosity law, this differential equation determines the time-scale.

It was observed by RUSSELL that the central temperatures along the dwarf branch are approximately constant. Assuming this as a fact of observation, we have from (42)

$$L \propto \frac{M(1-\beta)^2}{\beta}.$$

Hence

$$\frac{dM}{dt} = -\frac{L_\odot}{c^2}\frac{M}{M_\odot}\left(\frac{1-\beta}{1-\beta_\odot}\right)^2\frac{\beta_\odot}{\beta}. \tag{100}$$

Taking the quartic equation for the mass in the form

$$\frac{1-\beta}{1-\beta_\odot} = \left(\frac{\beta}{\beta_\odot}\right)^4\left(\frac{M}{M_\odot}\right)^2$$

and introducing into (100) for the mass we have

$$\frac{\beta_\odot^2}{(1-\beta_\odot)^{\frac{1}{2}}}\frac{d}{dt}\left[\frac{(1-\beta)^{\frac{1}{2}}}{\beta^2}\right] = -\frac{L_\odot}{M_\odot c^2}\frac{(1-\beta)^{\frac{5}{2}}}{(1-\beta_\odot)^{\frac{5}{2}}}\frac{\beta_\odot^3}{\beta^3}$$

or

$$\frac{\frac{1}{2}(4-3\beta)}{(1-\beta)^3}\frac{d\beta}{dt} = +\frac{L_\odot}{c^2 M_\odot}\frac{\beta_\odot}{(1-\beta_\odot)^2}.$$

Integrating between any limits we get

$$\frac{1}{4}\Delta\left[\frac{6}{1-\beta}+\frac{1}{(1-\beta)^2}\right] = \frac{L_\odot}{c^2 M_\odot}\frac{\beta_\odot}{(1-\beta_\odot)^2}\Delta t \tag{101}$$

or, if Δt is expressed in years, taking $L_\odot = 3{,}78\cdot 10^{33}$, $M_\odot = 1{,}985\cdot 10^{33}$, $1-\beta_0 = 0{,}0499$ we have

$$\Delta t(\text{years}) = 0{,}985\cdot 10^{10}\,\Delta\left[\frac{6}{1-\beta}+\frac{1}{(1-\beta)^2}\right]. \tag{102}$$

From this formula EDDINGTON has calculated[1] the following table:

Duration of Stages of Evolution

Abs. Bol. Mag.	Mass	Duration
< − 5,0	∞ to 35	3,8 · 10^{10} years
− 5,0 to − 2,5	35 to 10	6,5 ,,
− 2,5 to 0,0	10 to 3,7	21,4 ,,
0,0 to 2,5	3,7 to 1,73	93 ,,
2,5 to 5,0	1,73 to 0,92	521 ,,
5,0 to 7,5	0,92 to 0,53	3630 ,,
7,5 to 10,0	0,53 to 0,31	28100 ,,
10,0 to 12,5	0,31 to 0,18	219000 ,,

For example the Sun must have taken about $6\cdot 10^{12}$ years to evolve from a mass of about 3,8☉ (near that of Capella) to its present mass. EDDINGTON further points out that if each star runs through the whole range of luminosities and if the stellar system consists of a mixture of stars born at a steady rate, then the numbers in the last column represent the luminosity function, that is, the number of stars within given absolute magnitude limits. This is at least qualitatively in accord with observation.

24. **Binary Stars.** Evidence as to the radiation of mass has been found by JEANS and SMART from consideration of the effect on the orbits of binaries. It has also been shown by JEANS and by VOGT that the mass-ratio in double stars tends to equality with increasing age of the system. JEANS finds that an A or B type binary of mass-ratio 0,7 with $M=5\odot$ for the less massive component will evolve to an F or G type binary with mass ratio 0,90 in $5\cdot 10^{12}$ years. This gives an independent estimate of the interval from A, B to F, G in agreement with that shown by the luminosity time-scale.

JEANS has calculated independently the order of magnitude of the time-scale from (a) the time for the periods and eccentricities of binary systems to be changed

[1] Internal Constitution of the Stars, p. 309.

in the required direction by the required amount by the agency of chance encounters, (b) the time necessary to break up and scatter moving star-clusters; and he finds thereby confirmation of the hypothesis of radiation of mass.

The general inference is that stars do change their mass in the course of their evolution, and that, by whatever mechanism, the energy emitted by the stars comes from the annihilation of mass.

25. Enormous difficulties are encountered if one attempts to frame a hypothesis as to the exact dependence of this radiation of mass at any point locally in the star as a function of density and temperature. These difficulties are bound up with the vexed question of the stability of the stars, which is outside the scope of the present chapter.

59. Homologous Stars in Radiative Equilibrium. 26. Other Models. Investigations of the theoretical mass-luminosity relation for stars in general, under less specialised assumptions than those corresponding to EDDINGTON'S model, have been given by JEANS[1], RUSSELL[2] and VOGT[3], and a mode of deduction depending on the properties of homologous stars has been given by RUSSELL, DUGAN and STEWART[4]. It is by no means obvious without proof that homologous gaseous stars in radiative equilibrium can exist. In fact VOGT has pointed out that if the rate of generation of energy is a determinate function of density and temperature, the equation of equilibrium in general determines a unique radius, luminosity and mean-density for a star of given mass, so that homologous pairs of stars of the same mass do not exist under these conditions.

The following investigation, which largely follows that of VOGT, determines the laws which the energy-distributions in two stars must obey in order that the stars may be homologous. If this condition is satisfied—it is unlikely to be satisfied in nature — the ratio of their luminosities is obtained.

27. Conditions for Homology. Consider two stars of different masses and radii. Let $M'(r')$, $M(r)$ be the masses inside radii r', r respectively, in the two stars, and let the condition of homology be defined by the relations

$$r' = \theta r$$

$$M'(r') = \varphi M(r)$$

where θ and φ are constants; r' and r are said the homologous points when $r'/r = \theta$. From the relation

$$\int_0^{r'} 4\pi r'^2 \varrho' \, dr' = \varphi \int_0^{r} 4\pi r^2 \varrho \, dr$$

we find

$$\frac{\varrho'}{\varrho} = \frac{\varphi}{\theta^3},$$

ϱ' and ϱ being the densities at homologous points.

From the equations of mechanical equilibrium

$$\frac{dP}{dr} = -\frac{GM(r)}{r^2}\varrho \tag{103}$$

$$\frac{dP'}{dr'} = -\frac{GM'(r')\varrho'}{r'^2} \tag{103'}$$

[1] M N 85, p. 196 (1925) and other papers. See also Jeans' "Astronomy and Cosmogony".

[2] M N 85, p. 935 (1925).

[3] A N 226, p. 301 (1926). 230, p. 241 (1927).

[4] "Astronomy", Vol. 2, Chap. 25.

we have

$$\frac{dP'}{dP} = \frac{\varphi^2}{\theta^4}, \tag{104}$$

whence

$$\frac{P'}{P} = \frac{\varphi^2}{\theta^4}. \tag{105}$$

Now introduce a parameter β defined by

$$(1-\beta)P = \tfrac{1}{3}a\,T^4$$

$$\beta P = \left(\frac{R}{\mu}\right)\varrho T$$

with similar equations involving β' for the homologous star. Here β and β' are not necessarily constant. We find then

$$\frac{1-\beta'}{1-\beta} = \frac{\theta^4}{\varphi^2}\frac{T'^4}{T^4}, \tag{106}$$

$$\frac{\beta'}{\beta} = \frac{\theta}{\varphi\psi}\frac{T'}{T} \tag{107}$$

where we have put

$$\psi = \left(\frac{\mu'}{\mu}\right). \tag{108}$$

Eliminating T'/T we have

$$\frac{1-\beta'}{\beta'^4} = \frac{1-\beta}{\beta^4}\varphi^2\psi^4. \tag{109}$$

The equation of radiative equilibrium is

$$\frac{d[(1-\beta)P]}{dr} = \frac{k\varrho}{c}\frac{L(r)}{4\pi r^2}. \tag{110}$$

We write

$$\frac{L(r)}{M(r)} = \eta\frac{L}{M} \tag{111}$$

whence

$$\frac{d[(1-\beta)P]}{dr} = \frac{k\eta}{4\pi c}\frac{L}{M}\frac{M(r)}{r^2}\varrho. \tag{112}$$

Combining with the equation of mechanical equilibrium we have

$$\frac{d[(1-\beta)P]}{dP} = \frac{k\eta}{4\pi cG}\frac{L}{M}. \tag{113}$$

Now assume

$$k = \frac{\alpha\varrho}{\mu T^{3+n}} = \frac{\alpha\varrho}{\mu}\left[\frac{(1-\beta)P}{\frac{1}{3}a}\right]^{-\frac{3+n}{4}}. \tag{114}$$

Then

$$[(1-\beta)P]^{\frac{3+n}{4}}\frac{d[(1-\beta)P]}{dP} = \frac{\alpha}{4\pi cG\mu}\frac{L}{M}\left(\frac{1}{3}a\right)^{\frac{3+n}{4}}\eta\varrho,$$

integrating in the form

$$[(1-\beta)P]^{\frac{7+n}{4}} = \frac{7+n}{4}\frac{\alpha\left(\frac{1}{3}a\right)^{\frac{3+n}{4}}}{4\pi cG\mu}\frac{L}{M}\int_0^P \eta\varrho\,dP. \tag{115}$$

Put

$$C = \left[\frac{7+n}{4}\frac{\alpha\left(\frac{1}{3}a\right)^{\frac{3+n}{4}}}{4\pi cG}\right]^{\frac{4}{7+n}} \tag{116}$$

$$F(P) = \frac{1}{P}\left[\int_0^P \eta\varrho\,dP\right]^{\frac{4}{7+n}}, \qquad F'(P') = \frac{1}{P'}\left[\int_0^{P'} \eta'\varrho'\,dP'\right]^{\frac{4}{7+n}}. \qquad (117), (117')$$

Then

$$(1-\beta) = \left[\frac{L}{\mu M}\right]^{\frac{4}{7+n}} C F(P)\,. \tag{118}$$

Inserting for β and β' in condition (109) we have

$$\left[\frac{L'}{L}\,\frac{\mu M}{\mu' M'}\right]^{\frac{4}{7+n}} \frac{F'(P')}{F(P)} = \varphi^2\,\psi^4 \left[\frac{1-\left(\frac{L'}{\mu' M'}\right)^{\frac{4}{7+n}} C F'(P')}{1-\left(\frac{L}{\mu M}\right)^{\frac{4}{7+n}} C F(P)}\right]^4$$

or

$$\left[\frac{L'}{L}\cdot\frac{1}{\varphi\psi}\right]^{\frac{4}{7+n}} \frac{F'(P')}{F(P)}\,\varphi^2\,\psi^4 \left[\frac{1-\left\{\left(\frac{L'}{L}\right)\frac{L}{\mu M}\cdot\frac{1}{\varphi\psi}\right\}^{\frac{4}{7+n}} C F'(P')}{1-\left(\frac{L}{\mu M}\right)^{\frac{4}{7+n}} C F(P)}\right]^4. \tag{119}$$

We notice that

$$F'(P') = \frac{\theta^4}{\varphi^2}\left(\frac{\varphi^3}{\theta^7}\right)^{\frac{4}{7+n}} \frac{1}{P}\left[\int_0^P \chi\,\eta\,\varrho\,dP\right]^{\frac{4}{7+n}} \tag{120}$$

where

$$\chi = \frac{\eta'}{\eta}\,. \tag{121}$$

Given that the first star is in equilibrium, equation (119) is the condition that must be satisfied by $\chi=\eta'/\eta$ in order that the second star may be in equilibrium. It is the condition for the two stars to be homologous.

28. Solutions of the Condition for Homology. We first investigate whether a solution χ = constant is a possible solution. Since $\eta = 1$ and $\eta' = 1$ at the boundaries of the respective stars by definition, the only permissible value of the constant is unity. In that case

$$F'(P') = \frac{\theta^4}{\varphi^2}\left(\frac{\varphi^3}{\theta^7}\right)^{\frac{4}{7+n}} F(P)\,. \tag{122}$$

Then either condition (119) is an equation for $F(P)$ with a solution

$$F(P) = \text{constant}\,,$$

or condition (119) reduces to an identity.

In the former case we have from (117)

$$\int_0^P \eta\,\varrho\,dP \propto P^{\frac{7+n}{4}}$$

giving

$$\eta \propto \frac{P^{\frac{3+n}{4}}}{\varrho}\,. \tag{123}$$

Inserting in (118) we obtain

$$1-\beta = \text{constant} \tag{124}$$

whence

$$\frac{T^3}{\varrho} = \text{constant}\,. \tag{125}$$

Hence

$$\eta \propto \frac{(T^4)^{\frac{3+n}{4}}}{T^3} \propto T^n. \tag{126}$$

But $\eta \to 1$ as $T \to 0$. Hence this is only a possible solution if $n = 0$, and then $\eta =$ constant. We are then reduced to EDDINGTON'S model, for which the luminosity law is

$$L \propto M(1 - \beta).$$

In the latter case we find, if (119) is to reduce to an identity, that the following relations must be satisfied simultaneously,

$$\left(\frac{L'}{L}\frac{1}{\varphi\psi}\right)^{\frac{4}{7+n}}\frac{\theta^4}{\varphi^2}\left(\frac{\varphi^3}{\theta^7}\right)^{\frac{4}{7+n}} = 1 \tag{127}$$

$$\left(\frac{L'}{L}\frac{1}{\varphi\psi}\right)^{\frac{4}{7+n}}\frac{\theta^4}{\varphi^2}\left(\frac{\varphi^3}{\theta^7}\right)^{\frac{4}{7+n}} = \varphi^2\psi^4. \tag{128}$$

These require

$$\varphi^2\psi^4 = 1. \tag{129}$$

This is an exceedingly special model in which the molecular weight alters inversely as the square root of the mass. In this model $\beta = \beta'$. Only in this special case (apart from $n = 0$) are homologous stars possible with an arbitrary distribution of energy-generation. The energy-generation is similar in the two stars in the sense $\eta'/\eta = 1$. It then follows immediately from (127) and (128) that

$$\frac{L'}{L} = \frac{\varphi^{\frac{2+n}{2}}}{\theta^n}. \tag{130}$$

From the relations

$$L \propto r_0^2 T_e^4$$

$$L' \propto r_0'^2 T_e'^4$$

we have

$$\frac{L'}{L} = \theta^2\left(\frac{T_e'}{T_e}\right)^4 \tag{131}$$

whence eliminating θ between (130) and (131)

$$\frac{L'}{L} = M\left(\frac{T_e'}{T_e}\right)^{\frac{4n}{2+n}}. \tag{132}$$

The luminosity relation is then

$$L \propto M\, T_e^{\frac{4n}{2+n}}. \tag{133}$$

Since it is shown by observation that the relation $L \propto M$ for stars of given effective temperature is not satisfied, we conclude that stars do not obey the law $\mu \propto M^{-\frac{1}{2}}$, that β is not constant from star to star, and finally that homology of the type $\eta'/\eta =$ constant does not occur in nature unless $n = 0$. In the latter case $\eta = 1$ throughout the star, and homologous stars are possible. This exhausts the possibilities when $\eta'/\eta =$ constant.

29. Other Solutions. We inquire now whether other solutions than $\eta'/\eta = 1$ are possible. Condition (119) can in principle be solved, giving $F'(P')$ as a function of $F(P)$, which reduces again to

$$\int_0^P \chi\eta\varrho\, dP = f(P). \tag{134}$$

This defines χ as a function of P. A physical law of the type $\varepsilon \propto T^t\varrho^s$ will however give rise to relations $\eta = f_1(P)$, $\eta' = f_1'(P')$ for the two stars, and these will not in general define a function $\chi = \eta'/\eta$ identical with that given by (134). We conclude that homologous stars will not occur in nature.

We may however assume tentatively that departures from homology are slight, and investigate the resulting luminosity relation. Let us therefore assume that (134) is satisfied exactly. Then from (119) we have

$$\left[\frac{1-\beta'}{1-\beta}\right]^{\frac{n+7}{4}} \left(\frac{\varphi^2}{\theta^4}\right)^{\frac{7+n}{4}} = \frac{L'}{L}\,\frac{1}{\varphi\psi}\,\frac{\varphi^3}{\theta^7}\,\frac{\int\limits_0^P \chi\eta\varrho\,dP}{\int\limits_0^P \eta\varrho\,dP}. \tag{135}$$

This equation applies at any point of the star. Though our assumptions may not correspond to reality at the boundary, there is no reason why we should not solve the definite mathematical problem which arises when the assumptions are deemed to hold up to the boundary. At the boundary $\chi = 1$, and hence the last factor on the right-hand side of the above equation approaches unity as $P \to 0$. Using β_0 and β'_0 to denote boundary values we then have

$$\frac{L'}{L} = \left(\frac{1-\beta'_0}{1-\beta_0}\right)^{\frac{7+n}{4}} \varphi^{\frac{3+n}{2}}\,\psi\,\theta^{-n} \tag{136}$$

or, using (131) and eliminating θ

$$\frac{L'}{L} = \left(\frac{1-\beta'_0}{1-\beta_0}\right)^{\frac{7+n}{4+2n}} \varphi^{\frac{3+n}{2+n}}\,\psi^{\frac{2}{2+n}} \left(\frac{T'_e}{T_e}\right)^{\frac{4n}{2+n}}. \tag{137}$$

This gives rise (when $n = \frac{1}{2}$) to the mass-luminosity relation

$$L \propto (1-\beta_0)^{\frac{3}{2}} M^{\frac{7}{5}} \mu^{\frac{4}{5}} T_e^{\frac{4}{5}} \tag{138}$$

as deduced by Russell, Dugan and Stewart. It is identical in form with Eddington's, save that here β_0 refers to the boundary value of the variable β.

Eddington determines the mean value of β through the star by means of his quartic equation, and uses this in the mass-luminosity relation. We have no equation for β_0. But by comparing two known stars, assumed homologous, we can determine the boundary value of β as follows. Since the boundaries of the two stars correspond to homologous points, we have

$$\frac{1-\beta'_0}{\beta_0'^4} = \frac{1-\beta_0}{\beta_0^4}\,\varphi^2\,\psi^4 \tag{139}$$

and further

$$\frac{L'}{L} = \left(\frac{1-\beta'_0}{1-\beta_0}\right)^{\frac{3}{2}} \varphi^{\frac{7}{5}}\,\psi^{\frac{4}{5}} \left(\frac{T'_e}{T_e}\right)^{\frac{4}{5}}. \tag{140}$$

Given L'/L, $\Phi = M'/M$ and T'_e/T_e and taking $\psi = 1$, we have two equations for β'_0 and β_0.

30. Numerical Example. Let us illustrate by the Sun and Capella (brighter component). From the data used by Eddington we have $\varphi = M'/\odot = 4{,}18$, $L'/L = 126$, $T' = 52000°$, $T_e = 5740°$. Hence we find

$$\frac{1-\beta'_0}{1-\beta_0} = 6{,}972$$

whence

$$\frac{\beta'}{\beta_0} = 0{,}795$$

whence $1-\beta_0 = 0{,}035$, $1-\beta'_0 = 0{,}232$.

Hence

$$\frac{1-\beta'_0}{\beta_0'^4} = \frac{1-\beta_0}{\beta_0^4}\left(\frac{M'}{\odot}\right)^2 \left(\frac{\mu'}{\mu}\right)^4$$

or, putting $\mu = 2{,}11$ (EDDINGTON'S value)

$$\frac{1-\beta_0'}{\beta_0'^4} = 0{,}00204\left(\frac{M'}{\odot}\right)^2 \mu'^4.$$

Assuming EDDINGTON'S quartic equation gives the mean value for the interior we have

$$\left(\frac{1-\beta'}{\beta'^4}\right)_{\text{mean}} = 0{,}00309\left(\frac{M'}{\odot}\right)^2 \mu'^4.$$

Comparison of the last two equations gives an idea of the increase of $1-\beta$ towards the centre. The last equation gives in fact $1-\beta_m' = 0{,}283$ whence

$$\frac{1-\beta'_m}{1-\beta_0'} = \frac{0{,}283}{0{,}232} = 1{,}22.$$

In determining the stellar absorption coefficient we have always

$$\frac{k\eta}{4\pi c G}\frac{L}{M} = (1-\beta)\left[1 - \frac{P}{1-\beta}\frac{d\beta}{dP}\right]. \tag{141}$$

Assuming that $1-\beta$ increases slowly with P according to a relation of the type

$$(1-\beta) = (1-\beta_0)\, f(P) \tag{142}$$

we see that, since $P = 0$ at the boundary for the model we are considering, we must have

$$\left[\frac{P}{1-\beta}\frac{d\beta}{dP}\right]_0 = 0. \tag{143}$$

But $\eta_0 = 1$. Hence

$$k_0 = \frac{4\pi c G M}{L}(1-\beta_0) \tag{144}$$

where the value to insert for $(1-\beta_0)$ has been already found. It would appear from this analysis that the luminosity of the star fixes not the mean value of k through the interior but the limit to which k approaches as we approach the boundary from the interior.

In the whole of the above discussion we are seeking solutions in which the generation of energy ε is a function of the physical conditions at the point. The discussion would take a different form if we assumed ε to be independent of physical conditions and sought simply the distribution of the energy-sources ε through the star, i. e. sought ε as a function of position.

60. Bibliography.

J. HOMER LANE, "On the Theoretical Temperature of the Sun." Amer J Sci Ser. 2, vol. 4, p. 57 (1870).

R., A. SAMPSON, "On the Rotation and Mechanical State of the Sun." Mem R A S 51, p. 123 (1894).

I. BIALOBJESKY, "Sur l'équilibre thermodynamique d'une sphère gazeuse libre." Bull Acad Sci Cracovie 1913.

A. S. EDDINGTON, "On the Radiative Equilibrium of the Stars." M N 77, p. 16 (1916); 77, p. 596 (1917).

— "On the Condition in the Interior of a Star." Ap J 48, p. 305 (1918).

— "Das Strahlungsgleichgewicht der Sterne." Z f Phys 7, p. 351 (1921).

— "On the Absorption of Radiation inside a Star." M N 83, p. 32 (1922).

— "Application of the Theory of the Stellar Absorption Coefficient." M N 83, p. 98 (1922).

— "The Problem of Electron Capture in the Stars." M N 83, p. 431 (1923).

— "On the Relation between the Masses and Luminosities of the Stars." M N 84, p. 308 (1924).

— "A limiting Case in the Theory of Radiative Equilibrium." M N 85, p. 408 (1925).

R. H. FOWLER and E. A. GUGGENHEIM, "Applications of Statistical Mechanics to determine the Properties of Matter in Stellar Interiors." MN 85, p. 939 (1925).
H. N. RUSSELL, MN 85, p. 935 (1925).
E. A. MILNE, MN 87, p. 708 (1927).
A. S. EDDINGTON's researches are fully summarised in his book "The Internal Constitution of the Stars", 1926.
An early calculation of radiation pressure is
J. H. JEANS, Bakerian Lecture, Phil Trans 218 A, p. 209 (1917).
J. H. JEANS' researches on stellar interiors occur in a series of papers in the MN which are fully discussed in his book "Astronomy and Cosmogony", (1928).
Details not given in the book just mentioned are found in
J. H. JEANS, MN 85, p. 701 (1925); 85, p. 394 (1925); 86, p. 561 (1926); 85, p. 917 (1925).
In connection with the latter papers should be mentioned
H. VOGT, AN 232, p. 1 (1928).
An elementary account of the internal constitution of the Stars is given by RUSSELL, DUGAN and STEWART, "Astronomy," vol. 2, (1928).
A discussion of homology is given by
H. VOGT, AN 226, p. 301 (1926); 230, p. 241 (1927).

J. H. JEANS has concluded from investigations of stability, that stars must be liquids, not gases, or rather that the laws obeyed in the interior must depart from gas-laws in the sense in which liquids depart from them. These investigations are outside the scope of the present chapter. JEANS has in this way accounted for giants, dwarfs (main sequence stars) and white dwarfs as arising from the successive splitting off by ionization of N, L, K electrons respectively.

h) The Radiative Equilibrium of a Rotating Star.

61. General Effects of Rotation. 1. Historical. The question of the forms of equilibrium and of the stability of rotating masses of matter has attracted the attention of a line of distinguished investigators, amongst whom may be mentioned MACLAURIN, JACOBI, ROCHE, POINCARÉ, G. H. DARWIN, SCHWARZSCHILD, LIAPOUNOFF and JEANS. Accounts of these investigations, and their bearing on the fundamental problems of cosmogony, are contained in POINCARÉ's "Leçons sur les Hypothèses Cosmogoniques" (Paris, Second Edition, 1913), and more particularly in JEANS' "Problems of Cosmogony and Stellar Dynamics" (Cambridge, 1919). Here however it is not our purpose to enter into these problems. The purpose of the present section is to give an account of the modifications of the theory of the internal equilibrium of a star introduced by rotation. The question was first discussed by MILNE[1] in 1923, who worked out the case of a slowly rotating star in which $4\pi\varepsilon$, the rate of evolution of energy per unit mass, and k, the coefficient of absorption, are constant throughout the mass. A more profound investigation of the question by VON ZEIPEL[2] appeared in 1924. VON ZEIPEL showed that the rotation, as a rigid body, of a star in radiative equilibrium, was only physically possible if $4\pi\varepsilon$ was a certain special function of the density. VON ZEIPEL's theorem is exceedingly general. The proof, though criticised by JEANS[3], has been generally accepted, and we reproduce it below. VOGT[4] and EDDINGTON[5]

[1] MN 83, p. 118 (1923).
[2] Festschrift für H. v. SEELIGER, p. 144 (1924); MN 84, p. 665, 684 and 702 (1924).
[3] MN 85, p. 526 and 933 (1925). Also VON ZEIPEL's reply, MN 85, p. 678 (1925).
[4] AN 223, p. 229 (1925). [5] Obs 48, p. 73 (1924).

pointed out that VON ZEIPEL'S conditions could not be expected to be satisfied in actual stars, and thus that VON ZEIPEL'S result shows that an actual star cannot rotate like a rigid body. They suggested that convection currents would arise in consequence of the non-obedience of the star to VON ZEIPEL'S condition.

We first consider what qualitative results will be likely to follow a rotation and then prove and examine VON ZEIPEL'S theorem in detail.

2. General Effect of Rotation. The general effect of rotation on the relative equilibrium of a star can be seen without analysis. If a star is imagined to begin spinning, the equatorial regions will lift slightly under the influence of centrifugal force. Centrifugal force thus takes over from radiation pressure part of the burden of supporting the equatorial regions against gravity, and hence if the rate of evolution of heat is unaltered a greater total mass can be supported. Thus for given rate of evolution of heat per unit mass the total mass is larger, or conversely for given mass the luminosity is smaller. The star becomes spheroidal. Since at the equatorial regions part of the mass is supported by centrifugal force whilst this is not so at the polar regions, therefore the force due to radiation pressure, and consequently the net outward flow of energy, must be greater at the poles than at the equator. Hence the polar regions will appear hotter (have a greater effective temperature) than the equatorial regions. Owing to compressibility the reduction in pressure in the equatorial regions causes a general reduction of pressure throughout the star, with the result that the star suffers an expansion which is superposed on the ellipticity. The resulting increase in area, together with the smaller evolution of energy per unit mass (for given total mass) causes a reduced effective temperature averaged over the surface. As compared with a rotating liquid, the ellipticity introduced by a given rotation should be in general smaller, since the central condensation of the compressible mass results in a smaller proportion of the mass being situated in a region of large centrifugal force.

3. VON ZEIPEL'S Theorem. Consider a mass of material (not necessarily composed of perfect gas) in radiative equilibrium, rotating as a rigid body with angular velocity ω. The theorem in question states that provided $4\pi\varepsilon$, the rate of liberation of energy per unit mass, k the absorption coefficient and p the gas pressure are functions of the density ϱ and temperature T only, then ε is given by

$$\varepsilon = \text{const.} \cdot \left(1 - \frac{\omega^2}{2\pi G \varrho}\right)$$

where G is the constant of gravitation.

The proof is simple. The equations of relative mechanical equilibrium take the form

$$-\frac{\partial P}{\partial x} + \varrho \frac{\partial V}{\partial x} + \varrho \omega^2 x = 0, \tag{1}$$

$$-\frac{\partial P}{\partial y} + \varrho \frac{\partial V}{\partial y} + \varrho \omega^2 y = 0, \tag{2}$$

$$-\frac{\partial P}{\partial z} + \varrho \frac{\partial V}{d z} = 0, \tag{3}$$

where P is the total pressure, V is the gravitational potential and the axis of z is taken as the axis of rotation. The potential V is not necessarily derived only from the mass under consideration: it may also be derived from the presence of other masses.

The equations of relative equilibrium are the same as if the mass were at rest under the influence of a potential W defined by

$$W = V + \tfrac{1}{2}\omega^2(x^2 + y^2) \tag{4}$$

and they then reduce to
$$dP = \varrho\, dW. \tag{5}$$
Hence $dW = 0$ implies $dP = 0$, so that the surfaces of constant W are also surfaces of constant P. We call these surfaces "level surfaces". Since
$$\varrho = \frac{dP}{dW}$$
therefore the level surfaces are also surfaces of constant ϱ. Since $P = p + p'$, where p is a function of ϱ and T only and p' is a function of T only, it follows that the level surfaces are also surfaces of constant T.

By equation (44), Section c, p. 107, the equation of radiative equilibrium is
$$\frac{\partial}{\partial x}\left(\frac{1}{k\varrho}\frac{\partial B}{\partial x}\right) + \frac{\partial}{\partial y}\left(\frac{1}{k\varrho}\frac{\partial B}{\partial y}\right) + \frac{\partial}{\partial z}\left(\frac{1}{k\varrho}\frac{\partial B}{\partial z}\right) = -3\,\varepsilon\varrho. \tag{6}$$
Since $3\,p' = 4\,\pi B/c$, where p' is the pressure of radiation, we may write this
$$\frac{\partial}{\partial x}\left(\frac{1}{k\varrho}\frac{\partial p'}{\partial x}\right) + \frac{\partial}{\partial y}\left(\frac{1}{k\varrho}\frac{\partial p'}{\partial y}\right) + \frac{\partial}{\partial z}\left(\frac{1}{k\varrho}\frac{\partial p'}{\partial z}\right) = -\frac{4\pi\varepsilon\varrho}{c}. \tag{6a}$$
The gravitational potential V satisfies the equation
$$\frac{\partial^2 V}{\partial x^2} + \frac{\partial^2 V}{\partial y^2} + \frac{\partial^2 V}{\partial z^2} = -4\pi G\varrho. \tag{7}$$
On substituting for $\partial V/\partial x$, etc., from the equations of mechanical equilibrium (1), (2), and (3), (7) becomes
$$\frac{\partial}{\partial x}\left(\frac{1}{\varrho}\frac{\partial P}{\partial x}\right) + \frac{\partial}{\partial y}\left(\frac{1}{\varrho}\frac{\partial P}{\partial y}\right) + \frac{\partial}{\partial z}\left(\frac{1}{\varrho}\frac{\partial P}{\partial z}\right) = -4\pi G\varrho + 2\omega^2. \tag{8}$$

von Zeipel's theorem arises from the formal similarity of the left-hand sides of (6a) and (8). Since P and p' are constant over a level surface, we may consider p' as a function of P inside the star and write (6a) in the form
$$\sum_{xyz}\frac{\partial}{\partial x}\left(\frac{1}{k}\frac{dp'}{dP}\frac{1}{\varrho}\frac{\partial P}{\partial x}\right) = -\frac{4\pi\varepsilon\varrho}{c}$$
which gives on differentiating out
$$\frac{d}{dP}\left(\frac{1}{k}\frac{dp'}{dP}\right)\frac{1}{\varrho}\left(\frac{dP}{dn}\right)^2 + \frac{1}{k}\frac{dp'}{dP}\sum_{xyz}\frac{\partial}{\partial x}\left(\frac{1}{\varrho}\frac{\partial P}{\partial x}\right) = -\frac{4\pi\varepsilon\varrho}{c}. \tag{9}$$
Here we have written
$$\left(\frac{dP}{dn}\right)^2 = \left(\frac{\partial P}{\partial x}\right)^2 + \left(\frac{\partial P}{\partial y}\right)^2 + \left(\frac{\partial P}{\partial z}\right)^2.$$
The differential dn is the elementary normal distance between two neighbouring level surfaces, at any point.

On using (8), (9) becomes
$$\frac{d}{dP}\left(\frac{1}{k}\frac{dp'}{dP}\right)\frac{1}{\varrho}\left(\frac{dP}{dn}\right)^2 = -\frac{4\pi\varepsilon\varrho}{c} + \frac{1}{k}\frac{dp'}{dP}(4\pi G\varrho - 2\omega^2). \tag{10}$$
The right-hand side of (10) is constant over a level surface. Hence the left-hand side is constant over a level surface. Hence either dn is constant over a level surface, or else the coefficient of $(dP/dn)^2$ must be zero. Now if dn were constant over a level surface, neighbouring level surfaces would be parallel. This is impossible for a rotating star[1]. Hence the coefficient of $(dP/dn)^2$ must be zero, i. e.
$$\frac{d}{dP}\left(\frac{1}{k}\frac{dp'}{dP}\right) = 0. \tag{11}$$

---

[1] This is intuitively obvious, but von Zeipel has given a rigorous proof. The whole set of level surfaces could only be parallel if all the surfaces were concentric spheres, if we assume the centre of the star is a limiting point-surface of the system. The star would be then non-rotating.

This integrates in the form

$$\frac{1}{k}\frac{dp'}{dP} = \lambda. \tag{12}$$

The right-hand side of (10) is now also zero, and introducing it becomes

$$\frac{4\pi\varepsilon\varrho}{c} = \lambda\,(4\pi G\varrho - 2\omega^2),$$

or

$$\varepsilon = cG\lambda\left(1 - \frac{\omega^2}{2\pi G\varrho}\right) \tag{13}$$

which is VON ZEIPEL'S result. The result is independent of the presence of other masses in the gravitational field. The proof breaks down when $\omega = 0$, since then dn is constant over a level surface, and the existence of equation (10) then imposes no restriction on ω.

The particular form (13) takes for large masses, when k is constant throughout the material, had been previously given by MILNE. For large masses, gas-pressure is negligible compared with radiation-pressure, and we have $p' = P$ approximately. Hence if k is constant, direct comparison of (6a) and (8) gives

$$\varepsilon = \frac{cG}{k}\left(1 - \frac{\omega^2}{2\pi G\varrho}\right) \tag{14}$$

for large masses.

4. Mathematical Consequences for a Star obeying VON ZEIPEL'S Theorem. Before discussing the physical consequences of VON ZEIPEL'S theorem, we will examine the general behaviour of the rotating star, assuming ε obeys the law (13). This affords an interesting verification in a particular case of the qualitative results of § 2.

The luminosity L_ω is given by

$$\begin{aligned} L_\omega &= \iiint 4\pi\,\varepsilon\varrho\,dx\,dy\,dz \\ &= 4\pi cG\lambda M\left(1 - \frac{\omega^2}{2\pi G\bar{\varrho}}\right) \end{aligned} \tag{15}$$

on substituting from (13). To find λ, we have to make in the first instance some physical assumption about k. As a particular case, following VON ZEIPEL, let us assume $k \propto \varrho/T^3 \propto p/p'$, say $k = k_1 p/p'$. Then (12) becomes

$$\frac{1}{k_1}\frac{p'}{p} = \lambda\left(1 + \frac{dp}{dp'}\right). \tag{16}$$

This possesses a particular solution of the form

$$\frac{p}{p'} = \text{constant},$$

and it can be shown that any other solution rapidly passes into this particular solution as we penetrate the star inwards from the boundary[1].

Putting

$$\frac{p}{p'} = \frac{\beta_\omega}{(1-\beta_\omega)} \tag{17}$$

(16) requires that the constant β_ω shall have the value which is the root of the equation

$$\lambda = \frac{1}{k}\frac{(1-\beta)^2}{\beta}. \tag{18}$$

Thus

$$L_\omega = \frac{4\pi c\,GM\,(1-\beta_\omega)^2}{k\,\beta_\omega}\left(1 - \frac{\omega^2}{2\pi G\bar{\varrho}}\right). \tag{19}$$

[1] Cf. MILNE, M N 85, p. 784 (1925). The same method can be adopted for solving (16).

This is the generalisation of equation (42), Section f, when $\nu = 0$. VON ZEIPEL has shown that β_ω is connected with the mass M and molecular weight μ by the relation

$$\xi_0^4 \left(\frac{du}{d\xi}\right)_0^2 \frac{1-\beta_\omega}{\beta_\omega^4} = \frac{\frac{1}{3}a}{4^3} \frac{4\pi G^3 M^2}{\left(\frac{R}{\mu}\right)^4} \left(1 - \frac{\omega^2 b}{2\pi G \bar{\varrho}}\right) \tag{20}$$

where b is a numerical constant obtained by integration, equal to 0,22607 (ξ and μ are EMDEN'S variables for the polytrope $n = 3$). We see that for given M and μ, $1 - \beta_\omega$ is less than $1 - \beta_0$, i. e. rotation reduces radiation pressure relatively to gas-pressure. We then see from (19) that $L_\omega < L$, i. e. rotation reduces the luminosity, in accordance with the general reasoning of § 2.

Again, the net flux of energy F_n across a level surface at any point, per unit area, is given by

$$F_n = -\frac{c}{k\varrho} \frac{dp'}{dn} \tag{21}$$

or, using (12),

$$F_n = -\frac{c\lambda}{\varrho} \frac{dP}{dn} \tag{22}$$

or again, on using (5),

$$F_n = -c\lambda \frac{dW}{dn}. \tag{23}$$

Thus the net flux at any point is proportional to the value of apparent gravity dW/dn at that point. The same result for bodies of very great mass, for which we may take $p' = P$, on the assumption k = constant, was first given by JEANS[1]. Since apparent gravity is strongest at the poles and least at the equator, we have on applying (23) to the surface of the star that the effective temperature is greatest at the poles and least at the equator. This also is in accordance with the general arguments of § 2.

5. Discussion of VON ZEIPEL'S Theorem. For the sun, with a rotation period $25^1/_2$ days, EDDINGTON has pointed out that (13) becomes

$$\varepsilon = cG\lambda \left(1 - \frac{0{,}0000195}{\varrho}\right), \tag{24}$$

so that ε is constant to about 10% in all parts where the density exceeds 0,0002. Since $\varrho \to 0$ at the surface, the theorem requires that ε shall ultimately become negative and indeed negatively infinite, $\varepsilon\varrho$ tending to the value $-\omega^2 c\lambda/2\pi$. VON ZEIPEL inferred from this that there are actual sinks of energy in the outer parts of a star, i. e. that energy is there absorbed and withdrawn from the field of radiation. This is physically inadmissible, and we follow EDDINGTON in inferring rather that the star's outer parts cannot rotate like a rigid body. Unless ε is nearly constant through the rest of the mass, neither can the rest of the mass rotate as a rigid body.

The rate of liberation of energy $4\pi\varepsilon$ must be supposed to be fixed by the temperature and density—the actual physical conditions at the point. There will most probably exist a relation of the form $\varepsilon = \varepsilon(\varrho, T)$, and it is most improbable that this physical condition will coincide with the dynamical condition (13). Relation (13) would in fact, as we have seen, make ε constant through a wide range of conditions of temperature and density. Moreover ε differs considerably for stars of different mass of the same density, whilst (13) would make it the same at places of equal density, for given ω, whilst different for different ω.

[1] M N 79, p. 329 (1919).

Save for the influence of viscosity in tending to reduce relative motion to zero, we have no reason to expect that a star would rotate as a rigid body. We are hence compelled to infer that failure to observe (13) will result in a motion different from rigid-body rotation.

One way of escape is to suppose that the motion is non-uniform rotation, i. e. motion in planes perpendicular to the axis, with different angular velocities in different parts of the star. POINCARÉ[1] has shown that provided dp/ϱ is an exact differential in the star, i. e. provided p is a function of ϱ inside the star, the ω must be a function of $x^2 + y^2$. Whether or no the level surfaces of P and ϱ coincide in general is of course a point which demands proof, and our former proof breaks down when ω is not constant. We can, however, reverse POINCARÉ's argument and show that identical level surfaces for P and ϱ will only exist if ω is a function of $x^2 + y^2$. For the condition for this is that a modified potential function W must exist, i. e. that a function $F(x, y, z)$ exists such that

$$\omega^2 x = \frac{\partial F}{\partial x}, \qquad \omega^2 y = \frac{\partial F}{\partial y}, \qquad 0 = \frac{\partial F}{\partial z}.$$

The conditions

$$\frac{\partial^2 F}{\partial x\,\partial y} = \frac{\partial^2 F}{\partial y\,\partial x}$$

etc. demand that

$$x\frac{\partial \omega^2}{\partial y} = y\frac{\partial \omega^2}{\partial x}, \qquad \frac{\partial \omega^2}{\partial z} = 0,$$

the general integral of which is

$$\omega^2 = f(x^2 + y^2).$$

If we put $\omega^2 = \Phi'(x^2 + y^2)$, then $F = \frac{1}{2}\Phi(x^2 + y^2)$, and $W = V + \frac{1}{2}\Phi(x^2 + y^2)$. The argument as to the existence of level surfaces then proceeds as before, but equation (10) takes the form

$$\frac{d}{dP}\left(\frac{1}{k}\frac{dp'}{dP}\right)\frac{1}{\varrho}\left(\frac{dP}{dn}\right)^2 = -\frac{4\pi\varepsilon\varrho}{c} + \frac{1}{k}\frac{dp'}{dP}\left[4\pi G\varrho - 2\omega^2 - x\frac{\partial\omega^2}{\partial x} - y\frac{\partial\omega^2}{\partial y}\right]. \qquad (25)$$

The quantity

$$2\omega^2 + x\frac{\partial\omega^2}{\partial x} + y\frac{\partial\omega^2}{\partial y}$$

is equal to

$$2\Phi' + 2(x^2 + y^2)\Phi''$$

which is in general[2] no longer constant over a level surface. Instead it is constant over cylinders concentric with the axis of rotation. VON ZEIPEL's theorem thus no longer follows. It should be noted that the result $\omega^2 = f(x^2 + y^2)$ depends on the neglect of viscosity, since we use the equations of relative equilibrium in the form (1), (2) and (3).

From these considerations it was suggested by MILNE[3] that the star escapes VON ZEIPEL's condition by having a non-constant ω^2 of the form $f(x^2 + y^2)$. The sun, the one star the rotation of whose external layers we can observe, has an ω which is a function of latitude: this would be consistent with its internal motion satisfying the condition $\omega^2 = f(x^2 + y^2)$. GERASIMOVIČ[4] pointed out that ω must have secular stability during the evolution of the star, and found that ω must be of the form

$$\omega = c_1 + \frac{c^2}{x^2 + y^2}; \qquad (26)$$

[1] Leçons sur les Hypothèses Cosmogoniques, p. 32.

[2] In the special case in which $\omega^2 = b_1 + b_2/(x^2 + y^2)$, $2\omega^2 + x\,\partial\omega^2/\partial x + y\,\partial\omega^2/\partial y = 2b_1 =$ constant, and we are again led to VON ZEIPEL's theorem.

[3] See EDDINGTON, Obs 48, p. 75 (1925).

[4] A N 217, p. 409 (1922); Obs 48, p. 148 (1925).

ω should therefore tend to assume this form during the evolution of the star, under the influence of viscosity, provided the latter is powerful enough. Such a circulation would avoid VON ZEIPEL'S condition. Of course (26) makes ω infinite at the axis of rotation, so we should have to assume a central column obeying a different law, (26) holding outside this. To agree with the sun, c_2 would have to be negative.

EDDINGTON has criticised GERASIMOVIČ's suggestion on the ground that to an ω of the form $\omega^2 = f(x^2 + y^2)$ there must correspond some generalised form[1] of VON ZEIPEL'S condition, and it is unlikely that this coincides with the condition of secular stability under viscosity. He has suggested as an alternative that the departure from rigid-body rotation arises through currents circulating in meridian planes. To use EDDINGTON'S words "The star can adjust itself in accordance with the . . . ordinary conditions of radiative equilibrium so that the average temperature over a level surface is maintained constant. VON ZEIPEL'S formula then expresses the condition that not only the average but the local temperature is maintained constant: if it is violated, the temperature on a level surface begins to rise at the equator and to fall at the poles (or vice versa). This will upset the constancy of the pressure over the level surface: there will be a pressure gradient from the equator to the poles, or vice versa, tending to make the matter flow." "The transfer of energy does not bring about static equilibrium (because no static equilibrium is possible with VON ZEIPEL'S condition unsatisfied): hence the flow must continue and take the form of a permanent circulation. The coefficient of viscosity in a star is rather high, and it seems likely that when the currents attain a moderate speed a steady state will result: of course the fundamental equations of equilibrium are then modified by the addition of viscous stresses to the pressure-system, and the star is relieved from VON ZEIPEL'S condition.

EDDINGTON pointed out further that though the primary tendency will be to flow in meridian planes, the currents will be deflected east or west by the star's rotation, just as similar currents in our own atmosphere are deflected by the earth's rotation. Thus as a secondary consequence the periods of rotation will be different in different latitudes, as in the sun, and at different depths. It is not clear however how this would give rise to the observed solar rotation. In this connection the work of V. BJERKNES[2] on solar hydrodynamics should be referred to.

6. **Modification of VON ZEIPEL'S Analysis to allow for Convection Currents.** It is interesting to inquire how far we can go with VON ZEIPEL'S type of argument when convection currents are present. It will be remembered from our discussion of radiative equilibrium that the quantity $4\pi\varepsilon$ is simply the excess of the amount of radiant energy emitted per unit mass at any point over that absorbed. In the steady state, when the temperature remains unaltered, it is necessarily equal to the amount of subatomic, gravitational or other energy generated, together with the amount of heat transported to the point by convection. Denote by $4\pi\varepsilon'$ the quantity of energy actually generated at any point per unit mass, $4\pi\varepsilon''$ the (positive or negative) amount arriving by convection. Then we have

$$\sum \frac{\partial}{\partial x}\left(\frac{1}{\varrho k}\frac{\partial p'}{\partial x}\right) = -\frac{4\pi\varrho}{c}(\varepsilon' + \varepsilon'') \tag{27}$$

and as before the mechanical equation

$$\sum \frac{\partial}{\partial x}\left(\frac{1}{\varrho}\frac{\partial P}{\partial x}\right) = -4\pi G\varrho + 2\omega^2 . \tag{28}$$

[1] No such generalisation has yet been formulated, and owing to the peculiar nature of VON ZEIPEL's line of argument it is doubtful whether one exists.

[2] Ap J 64, p. 93 (1926).

We require that these shall be self-consistent. Obviously a particular set of con ditions making these consistent is got by putting

$$\frac{1}{k}\frac{dp'}{dP} = \lambda \tag{29}$$

where λ is a constant, together with

$$\frac{4\pi\varrho}{c}(\varepsilon' + \varepsilon'') = \lambda\,[4\pi G\varrho - 2\omega^2]$$

or

$$\varepsilon'' = \lambda c G\left[1 - \frac{\omega^2}{4\pi G\varrho}\right] - \varepsilon' . \tag{30}$$

If we imagine a system of convection currents altering the distribution of energy available for radiation in such a way as to transport the quantity ε'' given by (30) to each point, then (27) and (28) would be consistent, and the star could rotate as a rigid body. In that case, since necessarily

$$\iiint 4\pi\,\varepsilon''\,\varrho\,dx\,dy\,dz = 0 \tag{31}$$

(since convection merely re-arranges the energy supply without adding to it) we get on integrating (30)

$$L = \lambda c G\left(1 - \frac{\omega^2}{2\pi\bar{\varrho}}\right) \tag{32}$$

as in VON ZEIPEL'S analysis. This system of convection currents simply converts the star into one built on VON ZEIPEL'S model. The question is, have we any reason to suppose that the system of convection currents defined by (30) will be in fact generated?

The answer must be in the negative in general. In the absence of rotation, a star can exist with any ε without convection currents: (30) would mean that even the smallest amount of rotation would set up a system of convection currents which would completely alter the distribution of ε. The excess of energy radiated over energy absorbed would now be altered from $4\pi\varepsilon'$ at any point to $4\pi(\varepsilon'+\varepsilon'') = 4\pi\lambda c G[1 - \omega^2/2\pi G\varrho]$. This is physically unacceptable. The quantity ε'', the amount convected, must increase with ω^2, and vanish with ω^2. Solution (30) is by no means the only solution of the problem, and we reject it because it prevents the solution for a rotating star from passing continuously into that for a non-rotating star.

If we compare (27) and (28) by VON ZEIPEL'S method, we are led again to equation (10) which we now write in the form

$$\frac{4\pi\varepsilon''\varrho}{c} = \frac{1}{k}\frac{dp'}{dP}(4\pi G\varrho - 2\omega^2) - \frac{d}{dP}\left(\frac{1}{k}\frac{dp'}{dP}\right)\frac{1}{\varrho}\left(\frac{dP}{dn}\right)^2 - \frac{4\pi\varepsilon'\varrho}{c} \tag{33}$$

Since ε'' is now not necessarily constant over a level surface (indeed convection will probably take place o v e r the level surface), the variation of dn along a level surface involves no contradiction; the first and third terms of the right hand side of (33) are constant over the level surface. Hence $4\pi\varepsilon''\varrho/c$ must be equal to the variable part of

$$-\frac{d}{dP}\left(\frac{1}{k}\frac{dp'}{dP}\right)\frac{1}{\varrho}\left(\frac{dP}{dn}\right)^2 . \tag{34}$$

It is a matter of definition what exactly we mean by the "variable part" of a given function. We know however that equation (31) must be satisfied. Hence writing

$$-\frac{d}{dP}\left(\frac{1}{k}\frac{dp'}{d\varrho}\right)\frac{1}{\varrho}\left(\frac{dP}{dn}\right)^2 = D + E \tag{35}$$

where D is constant over a level surface and E is variable, we shall get a result consistent with (31) if we define D so that the integral of E, taken over the space between two neighbouring level surfaces, is zero. In that case we have

$$\frac{4\pi\varrho\varepsilon''}{c} = E. \tag{36}$$

The arbitrary assumption we have introduced is equivalent to the assumption that there is no convection of heat *on the whole* from the interior of one level surface to the next: the convection is assumed merely to redistribute the liberated energy over the shell between any two neighbouring level surfaces.

Since dP/dn is not known until the level surfaces are found, this line of thought does not produce a method of solving the equations. We can see however the general lines on which the convection proceeds. It is clear that dn is greatest at the equator and least at the poles, since as compared with spheres the level surfaces bulge outwards at the equator and inwards at the poles. Hence $-(dP/dn)^2$ is algebraically greatest at the equator and least at the poles. Hence by (33), ε'' is greatest at the equator and least at the poles if

$$\frac{d}{dP}\left(\frac{1}{k}\frac{dp'}{dP}\right)$$

is positive, and conversely if the last-mentioned expression is negative. But ε'' is zero on the average, on our assumption, in the spaces between two level surfaces. Hence if

$$\frac{d}{dP}\left(\frac{1}{k}\frac{dp'}{dP}\right) > 0,$$

ε'' is greater than 0 at the equator and less than 0 at the poles, and thus heat is convected from the poles to the equator; the converse result holds if

$$\frac{d}{dP}\left(\frac{1}{k}\frac{dp'}{dP}\right) < 0.$$

7. *Application to Slow Rotation.* When ω^2 is small, the variable part of $(dP/dn)^2$ will be proportional to ω^2 approximately. Hence ε'' will be proportional to ω^2 *in general*. Hence as far as a solution correct to the first order in ω^2 is concerned, we may use for $\frac{d}{dP}\left(\frac{1}{k}\frac{dp'}{dP}\right)$ in (33) its value for the non-rotating star.

For EDDINGTON's model in which $k\eta$ is constant, p' is a constant multiple of P, and dp'/dP is constant. If $k \propto \varrho/T^{\frac{7}{2}}$, inside the non-rotating star we have $1/k \propto T^{\frac{1}{2}}$, and so here $\frac{1}{k}\frac{dp'}{dP}$ increases with P. The convection currents therefore result in the conveyance of heat from the poles to the equator, of amount proportional to ω^2. For the more general model considered in Section f, § 13 (a polytrope of order $3 - s$, in which there is concentration of energy-production towards the centre for $s > 0$) it is easily found that both $1/k$ and dp'/dP increase towards the centre, i. e. with increasing P, and so $\frac{d}{dP}\left(\frac{1}{k}\frac{dp'}{dP}\right) > 0$. Hence in this model also the convection currents result in the conveyance of heat from the poles to the equator.

An interesting exception occurs when $\frac{d}{dP}\left(\frac{1}{k}\frac{dp'}{dP}\right)$ is zero for the non-rotating star. It will then be of the order ω^2 for the rotating star, and so from (33) we deduce that ε'' is of the order ω^4. Hence as far as a solution correct to the first order in ω^2 is concerned, we may neglect ε''. Now if $\frac{d}{dP}\left(\frac{1}{k}\frac{dp'}{dP}\right) = 0$, for the non-rotating star we have on integration

$$\frac{1}{k}\frac{dp'}{dP} = \lambda, \tag{37}$$

where λ is a constant. Hence

$$-\frac{4\pi\varepsilon\varrho}{c} = \sum \frac{\partial}{\partial x}\left(\frac{1}{k\varrho}\frac{\partial p'}{\partial x}\right)$$
$$= \lambda \sum \frac{\partial}{\partial x}\left(\frac{1}{\varrho}\frac{\partial P}{\partial x}\right)$$
$$= -\lambda 4\pi G\varrho$$

or

$$\varepsilon = \lambda c G \tag{38}$$

and so ε is constant. Conversely, for a non-rotating star in which ε is constant, we deduce from the equations of equilibrium

$$\frac{dP}{dr} = -\frac{GM(r)}{r^2}\varrho$$

$$\frac{dp'}{dr} = -\frac{k\varrho}{c}\frac{L(r)}{4\pi r^2} = -\frac{k\varrho}{c}\frac{M(r)\varepsilon}{r^2}$$

the relation

$$\frac{1}{k}\frac{dp'}{dP} = \frac{\varepsilon}{cG}$$

and thus $\frac{1}{k}\frac{dp'}{dP} = \text{constant}$, or $\frac{d}{dP}\left(\frac{1}{k}\frac{dp'}{dP}\right) = 0$.

We summarise these results as follows. For a slowly rotating star the convection currents cause a gain or loss of heat at each point proportional to ω^2. But in the particular case in which ε is constant, the convection currents cause a gain or loss of heat at each point proportional to ω^4. In that case they may be neglected in calculating a solution correct to the first order in ω^2. We see also that it is only when ε is constant that the convection currents are proportional to ω^4.

8. The Special Case of the slowly rotating Star for which ε = constant. Since this is the only case in which the convection currents can be neglected, it is worth examining some of the details of the solution. Since $\frac{d}{dP}\left(\frac{1}{k}\frac{dp'}{dP}\right)$ is now zero for the non-rotating star, for rotating stars we may write

$$\frac{d}{dP}\left(\frac{1}{k}\frac{dp'}{dP}\right) = \omega^2 \psi'(P). \tag{39}$$

Integrating we have

$$\frac{1}{k}\frac{dp'}{dP} = \lambda + \omega^2 \psi(P). \tag{40}$$

The left-hand side of (33) is now of the order ω^4. Consequently the right-hand side of (33) must vanish as far as the first order in ω^2. Inserting (40) we find that the following equation must be satisfied as far as the first order in ω^2:

$$(\lambda + \omega^2\psi)(4\pi G\varrho - 2\omega^2) - \psi'\frac{1}{\varrho}\sum\left(\frac{\partial P}{\partial x}\right)^2 - \frac{4\pi\varepsilon\varrho}{c} = 0. \tag{41}$$

The term independent of ω^2 vanishes in virtue of (38), which determines λ. The term in ω^2 gives

$$4\pi G\varrho\psi - 2\lambda - \psi'\frac{1}{\varrho}\sum\left(\frac{\partial P}{\partial x}\right)^2 = 0. \tag{42}$$

In this second equation we may use values for the non-rotating star. Inserting for $4\pi G\varrho$ from (28) and now legitimately neglecting ω^2 in this, we have

$$\psi\sum\frac{\partial}{\partial x}\left(\frac{1}{\varrho}\frac{\partial P}{\partial x}\right) - \sum\frac{\partial\psi}{\partial x}\frac{1}{\varrho}\frac{\partial P}{\partial x} = -2\lambda$$

or

$$\sum\frac{\partial}{\partial x}\left(\frac{\psi}{\varrho}\frac{\partial P}{\partial x}\right) = -2\lambda. \tag{43}$$

Now put

$$\psi = \lambda \frac{dU}{dP}. \tag{44}$$

We get

$$\sum \frac{\partial}{\partial x}\left(\frac{1}{\varrho}\frac{\partial U}{\partial x}\right) = -2. \tag{45}$$

In solving (45) we can insert the value of ϱ for the non-rotating star. Further, since U is undetermined by (44) as to an arbitrary additive constant, we can choose U to be zero over the boundary of the non-rotating star.

Equation (45) now takes the form

$$\frac{1}{r^2}\frac{d}{dr}\left(\frac{r^2}{\varrho}\frac{dU}{dr}\right) = -2 \tag{46}$$

which fixes U as a function of position in the star. Equation (46) is readily integrated. We have first

$$\frac{r^2}{\varrho}\frac{dU}{dr} = -\frac{2r^3}{3} + \text{constant}. \tag{47}$$

It is clear that $dU/dr = 0$ at the centre, so the constant must be zero. Integrating again we have

$$U = -\tfrac{2}{3}\int^{r} r\,\varrho\,dr + \text{constant}$$

or, since $U = 0$ at the boundary, i. e. at $r = r_0$, we have

$$U = \tfrac{2}{3}\int_{r}^{r_0} r\varrho\,dr. \tag{48}$$

Now

$$\frac{1}{r^2}\frac{d}{dr}\left(\frac{r^2}{\varrho}\frac{dP}{dr}\right) = -4\pi G\varrho.$$

Hence

$$U = -\frac{1}{6\pi G}\int_{r}^{r_0}\frac{1}{r}\frac{d}{dr}\left(\frac{r^2}{\varrho}\frac{dP}{dr}\right)dr.$$

We now integrate by parts, obtaining

$$U = \frac{1}{6\pi G}\left[\left(\frac{r}{\varrho}\frac{d\varrho}{dr}\right)\right]_r^{r_0} + \int_{r}^{r_0}\frac{dP}{\varrho}. \tag{49}$$

9. Details of the Solution for $\varepsilon = $ constant when $k = $ constant also. The solution can only be carried further when the structure of the non-rotating star is known. This depends on the form assumed for k. If we take the simple case when $k = $ constant in the star (this does not mean that k is independent of ϱ and T) the relation (37) shows that p' is a constant multiple of P, and the star is a polytrope of order 3. We have in fact a particular case of EDDINGTON's solution.

We have now

$$\frac{p'}{P} = \lambda k = \frac{k\varepsilon}{cG} = 1 - \beta. \tag{50}$$

Inserting in (49) the relations $P = P_c u^4$, $\varrho = \varrho_c u^3$, where u is EMDEN's variable we find

$$U = \frac{2}{3\pi G}\frac{P_c}{\varrho_c}\left[u + \xi\frac{du}{d\xi} - \xi_0\left(\frac{du}{d\xi}\right)_0\right]. \tag{51}$$

Thus U is completely known. We write it

$$U = \frac{2}{3\pi G}\frac{P_c}{\varrho_c}\Phi(\xi). \tag{52}$$

In the rotating star, p' is connected with P by (40), which using (44) may be written

$$\frac{dp'}{dP} = \frac{k\varepsilon}{cG}\left(1 + \omega^2 \frac{dU}{dP}\right)$$

or, on integration

$$p' = (1-\beta)(P + \omega^2 U) \tag{53}$$

since p', P and U vanish at the boundary. Writing $P = p + p'$, (53) becomes

$$\frac{p}{p'} = \frac{\beta}{1-\beta} - \omega^2 \frac{U}{p'}. \tag{54}$$

In the second term on the right-hand side we may substitute the value of p' for the non-rotating star, namely $p' = (1-\beta)P = (1-\beta)P_c u^4$. Then (54) becomes

$$\frac{\left(\frac{R}{\mu}\right)}{\frac{1}{3}a}\frac{\varrho}{T^3} = \frac{p}{p'} = \frac{\beta}{1-\beta}\left[1 - \omega^2 \frac{2}{3\pi G}\frac{1}{\beta\varrho_c}\frac{\Phi(\xi)}{u^4}\right] \tag{55}$$

$$= \frac{\beta}{1-\beta}\left[1 - v\frac{\Phi}{u^4}\right] \tag{55a}$$

say. The solution now proceeds by inserting for $\frac{1}{3}aT^3/\varrho$ and ϱ in the fundamental equation (6a). It becomes

$$\frac{1-\beta}{\beta}4\left(\frac{R}{\mu}\right)\sum\frac{\partial}{\partial x}\left[\left(1 + v\frac{\Phi}{u^4}\right)\frac{\partial T}{\partial x}\right] = -\frac{4\pi\varepsilon}{c}\frac{\beta}{1-\beta}\frac{\frac{1}{3}aT^3}{\frac{R}{\mu}}\left(1 - v\frac{\Phi}{u^4}\right). \tag{56}$$

This equation must now be transformed to spherical polar co-ordinates which we choose to be Emden's variables ξ and $\mu(=\cos\theta)$. We then write

$$T = T_c(u + vf), \tag{57}$$

where f is a function of ξ and μ to be determined. We find

$$\left.\begin{aligned}\frac{1}{\xi^2}\frac{\partial}{\partial\xi}\left[\xi^2\left(1 + v\frac{\Phi}{u^4}\right)\left(\frac{du}{d\xi} + v\frac{\partial f}{\partial\xi}\right)\right] + \frac{1}{\xi^2}\frac{\partial}{\partial\mu}\left[(1-\mu^2)v\frac{\partial f}{\partial\mu}\right]\\ = -(u^3 + 3vu^2 f)\left(1 - \frac{v\Phi}{u^4}\right).\end{aligned}\right\} \tag{58}$$

The term independent of v in this vanishes identically, since u satisfies Emden's differential equation

$$\frac{1}{\xi^2}\frac{d}{d\xi}\left[\xi^2\frac{du}{d\xi}\right] = -u^3.$$

The term in v gives

$$\frac{1}{\xi^2}\frac{\partial}{\partial\xi}\left[\frac{\Phi}{u^4}\frac{du}{d\xi} + \frac{\partial f}{\partial\xi}\right] + \frac{1}{\xi^2}\frac{\partial}{\partial\mu}\left[(1-\mu^2)\frac{\partial f}{\partial\mu}\right] = -3u^2 f + \frac{\Phi}{u}. \tag{59}$$

The solution of this in spherical harmonics has been investigated by Milne[1]. The details are too long to be given here, but it appears that the solution is of the form

$$f = f_0(\xi) + A_2 f_2(\xi) P_2(\mu), \tag{60}$$

where f_0 and f_2 satisfy

$$\frac{1}{\xi^2}\frac{d}{d\xi}\left[\xi^2\left(\frac{\Phi}{u^4}\frac{du}{d\xi} + \frac{df_0}{d\xi}\right)\right] = -3u^2 f_0 + \frac{\Phi}{u} \tag{61}$$

$$\frac{1}{\xi^2}\frac{d}{d\xi}\left[\xi^2\frac{df_2}{d\xi}\right] = f_2\left(\frac{6}{\xi^2} - 3u^2\right). \tag{62}$$

[1] M N 83, p. 131 (1923).

The constant A_2 has to be found by calculating the potential of the distribution ϱ given by (55) with T given by (57), and choosing A_2 so that the original equations of equilibrium, (1), (2) and (3), when expressed in spherical polars, are satisfied. It is found that

$$A_2 = -\frac{5}{8}\beta \frac{\xi_0^2}{3 f_2(\xi_0) + \xi_0 f_2'(\xi_0)}. \tag{63}$$

Equations (61) and (62) have to be solved numerically.

The mass equation is found to be

$$M^2 = \frac{4^3}{4\pi G} \frac{\left(\frac{R}{\mu}\right)^4}{\frac{1}{3}a} \cdot \frac{1-\beta}{\beta^4} \xi_0^4 u_0'^2 \left[1 + 2v \frac{\frac{1}{4}\xi_0 - f_0'(\xi_0)}{|u_0'|}\right]. \tag{64}$$

In accordance with the general theory of § 2, we see that the mass is increased by rotation, for given $1-\beta$, i. e. for given ε. Conversely for given M, the value of $1-\beta$ is decreased, i. e. the luminosity is decreased. The luminosity, since ε is constant, is given by EDDINGTON's formula,

$$L = 4\pi\varepsilon M \tag{65}$$

$$= \frac{4\pi c G M(1-\beta)}{k}. \tag{66}$$

The variation of effective temperature over the surface is found very readily as in § 4. For the flux F_n we have

$$F_n = -\frac{c}{k\varrho}\frac{dp'}{dn}$$

$$= -\frac{c}{\varrho}[\lambda + \omega^2 \psi(P)]\frac{dP}{dn}$$

$$= -\frac{c\lambda}{\varrho}\left[\frac{dP}{dn} + \omega^2 \frac{dU}{dn}\right]$$

by (40) and (44). We may replace dU/dn by dU/dr. The boundary value of $\varrho^{-1} dU/dr$, by (47), is $-\frac{2}{3}r_0$. Using (5) we find then for the net flux per unit area at the boundary

$$F_n = -\frac{\varepsilon}{G}\left[\left(\frac{dW}{dn}\right)_0 - \frac{2}{3}\omega^2 r_0\right]. \tag{67}$$

[It is readily verified by putting $W = V + \frac{1}{2}\omega^2 r^2 \sin^2\theta$ and using GAUSS' theorem that $\iint F_n\, dS = 4\pi\varepsilon M$, as it must.] Equation (67) shows that the variable part of the flux is proportional to the variable part of apparent gravity though it differs slightly from JEANS' result by the term $\frac{2}{3}\varepsilon/(G\omega^2 r_0)$. We see as before that the star's effective temperature is greater at the poles than at the equator.

From the numerical values, MILNE showed that for a star for which $\bar{\varrho} = 0{,}002$, $1-\beta = 0{,}174$, with a rotation period of 7 days, the luminosity is reduced by 2,5 per cent as compared with the same star at rest. There is an expansion of the boundary as a whole of an amount equal to 6,1 per cent of the radius, and superimposed on this a contraction of the polar diameter of 6,6 per cent and an expansion of the equatorial diameter of 3,3 per cent. There is a reduction in surface temperature, averaged over the whole surface, of 3,7 per cent, and superimposed on this an increase of temperature at the poles of 6,4 per cent and a decrease of temperature at the equator of 3,2 per cent.

10. Effect of Mass. One curious result of the investigation remains to be mentioned. The small quantity v, defined by (55) and (55a), has the value

$$v = \frac{2}{3\pi G}\frac{\omega^2}{\beta \varrho_c}. \tag{68}$$

It thus increases as β decreases, i. e. as the mass increases and for a given ω will ultimately be too large for the approximations to remains valid. The quantity v occurs multiplied by β in the coefficient of $f_2(\xi)\,P_2(\mu)$, but occurs by itself as the coefficient of $f_0(\xi)$. Thus the expansion increases as compared with the elliptic deformation, when the mass increases. We have here a definite effect of mass, and the result suggests immediately EDDINGTON'S conjecture that large masses are not found in nature because radiation pressure is too large, i. e. because β is too small. We now see that even a small amount of rotation has a large effect in expanding the star when β is small. This effect distinguishes the dynamics of rotating compressible masses from that of rotating incompressible masses, since for the latter there is no effect depending on total mass. The parameter is simply $\omega^2/\bar{\varrho}$ whilst our parameter for compressible masses is proportional to $\omega^2/\beta\bar{\varrho}$. Whether the result here found for the particular model ε = constant, k = constant is or is not of wider application remains for future research. It may be mentioned that there is no effect of mass of this kind in rotating stars built on VON ZEIPEL'S model.

62. Radiative Viscosity. 11. Radiative Viscosity. In the foregoing investigations we have ignored certain factors to which attention was first directed by JEANS[1] in two important papers. In these JEANS pointed out that the flow of radiation through the star, carrying with it momentum, has two important consequences. In the first place it has an effect analogous to gaseous viscosity, in communicating momentum from any moving layer to an adjacent moving layer: this by itself tends to smooth out inequalities in velocity. In the second place, for a star in rotation, the radiation carries with it the angular momentum corresponding to the point where it is generated: it therefore tends to set up inequalities in angular velocity, of such a nature that the steady state would tend to be one of rotation with uniform angular momentum as from point to point, i. e. one in which $\varpi^2\omega$ = constant, where ϖ is the distance from the axis. This effect is in turn complicated by the fact that the star has not cylindrical symmetry, but possesses a measure of symmetry about a point, namely its centre.

JEANS first showed the viscosity effect by a crude calculation based on analogy with the dynamical theory of gases. In a gas in which all the molecules have the same velocity C, and the same free path l, the coefficient of gaseous viscosity is given by the equation

$$\mu = \tfrac{1}{3}\varrho C l \tag{69}$$

and the coefficient of conduction is equal to

$$\mu c_v$$

where c_v is the specific heat. Hence corresponding to a temperature-gradient dT/dx the flux of heat, per square cm, is

$$\frac{1}{3}\varrho C l c_v \frac{dT}{dx}. \tag{70}$$

JEANS showed that by analogy with this case we can deduce the formula for the flux of radiation. For when the carriers are quanta of light, the specific heat per unit volume is $d(aT^4)/dT$, which replaces ϱc_v. The velocity is c, the velocity

[1] M N 86, p. 328 (1926); 86, p. 444 (1926).

of light, which replaces C. To find the equivalent of l, the mean free path, we note that a stream of material particles is reduced in strength by a factor $e^{-x/l}$ after traversing a length x whilst a beam of radiation is reduced by a factor $e^{-k\varrho x}$. Thus the mean free path of the quanta must be taken to be $1/k\varrho$. Making these substitutions in (40) we find for the flux of radiation

$$\frac{1}{3}\frac{d(aT^4)}{dT}\frac{c}{k\varrho}$$
$$= \frac{c}{k\varrho}\frac{dp}{dx}$$

in agreement with the standard formula we have deduced by other methods. We therefore have confidence that the coefficient of radiative viscosity can be calculated by analogy in the same way. For ϱ, the mass per unit volume, we write aT^4/c^2, for C we write c, and for l, $1/k\varrho$. Then inserting these in (69), we should expect the coefficient of radiative viscosity μ' to be given by

$$\mu' = \frac{1}{3}\frac{aT^4}{c^2}\frac{c}{k\varrho} = \frac{1}{3}\frac{aT^4}{ck\varrho}. \tag{71}$$

A more exact calculation given later by JEANS shows that the numerical coefficient requires modification, but (71) is sufficient to determine orders of magnitude.

The ratio μ'/μ can be put in the form

$$\frac{\mu'}{\mu} = \left(\frac{aT^4}{\varrho C^2}\right)\left(\frac{C}{c}\right)\left(\frac{1}{k\varrho l}\right)$$

and JEANS observes that the largeness of the last factor makes μ'/μ large for all ordinary stars. For example, for the centre of the sun, $T = 3{,}3 \cdot 10^7$, $\varrho = 36$, $k = 180$. This gives μ' about 16, from (71). The coefficient of gaseous viscosity is about 10^{-4} at ordinary temperatures, and about unity at stellar temperatures. PERSICO[1] has computed the value 4,2 for the viscosity arising from the motion of free electrons. In a star, built on EDDINGTON'S model, with $k \propto \varrho/T^{\frac{7}{2}}$, we have $\mu' \propto T^{\frac{15}{2}}/\varrho^2 \propto T^{\frac{3}{2}}(1-\beta)^2/\beta^2$, so that μ' increases towards the centre. For the centre of Capella, JEANS finds $\mu' = 125$. Clearly the value of μ' increases with the mass of the star.

The question now arises as to how powerful this viscosity is in smoothing down inequalities in velocity in stars. By calculations which will not be reproduced here, JEANS[2] has shown that inequalities at a radial distance $\tilde{\omega}$ apart will be reduced to half value in a time of the order of

$$\frac{\varrho\tilde{\omega}^2}{\mu'}. \tag{72}$$

The radius of Capella being about $8 \cdot 10^{11}$ cm, $\varrho_c = \frac{1}{7}$ and $\mu' = 125$ gives a time $4{,}6 \cdot 10^{19}$ seconds or $1{,}5 \cdot 10^{12}$ years, for inequalities to reduce to half over a distance equal to $\frac{1}{4}$ of the radius of the star. For the sun, of radius $7 \cdot 10^{10}$ cm, with $\varrho_c = 36$, $\mu' = 16$, the time is $7 \cdot 10^{20}$ seconds, or $2{,}2 \cdot 10^{13}$ years. JEANS concludes that there can have been but little equalisation of ω for the sun during its life, and a very imperfect equalisation of ω for giant stars. The process of equalisation will be somewhat more rapid in the outer layers of a star, since $\varrho/\mu' \propto \varrho^{\frac{1}{3}}\{\beta/(1-\beta)\}^{\frac{5}{3}}$ and so decreases with ϱ.

12. **The Flow of Energy and Transfer of Momentum in a Moving Medium.** The following is a simplification of JEANS' analysis. The result agrees with that of JEANS as regards the coefficient of radiative viscosity, but we shall

[1] M N 86, p. 93 (1926). [2] M N 77, p. 201 (1917).

adopt a definition of temperature slightly different from that of JEANS, for the moving medium. The method we use is a natural extension of that used in Section c, ciph. 12 p. 105 for a medium at rest.

Let $\boldsymbol{v}$ be the velocity of the medium at a point P, of coordinates x, y, z. Let us temporarily take a set of axes at P moving with velocity $\boldsymbol{v}$. In this moving frame of reference let the intensity of radiation be I in the direction of the unit vector $\boldsymbol{i}$. At the point $P' = P + \delta P$ let the velocity be $\boldsymbol{v} + \delta\boldsymbol{v}$, and in a frame of reference moving with velocity $\boldsymbol{v} + \delta\boldsymbol{v}$ at P' let the direction of the ray be $\boldsymbol{i}' = \boldsymbol{i} + \delta\boldsymbol{i}$. Then according to the law of aberration we have, to the first order in v/c,

$$c\boldsymbol{i}' = c\boldsymbol{i} - [\delta\boldsymbol{v} - (\delta\boldsymbol{v}\boldsymbol{i})\boldsymbol{i}] \tag{73}$$

or say

$$\delta\boldsymbol{i} = -\frac{\delta\boldsymbol{v} - (\delta\boldsymbol{v}\boldsymbol{i})\boldsymbol{i}}{c}. \tag{74}$$

Suppose the pencil at P is contained within an element of solid angle $\Delta\omega$ round $\boldsymbol{i}$: at P' let it be contained within an element of solid angle $\Delta\omega'$ round $\boldsymbol{i}'$. We require to evaluate $\Delta\omega'$ in terms of $\Delta\omega$.

It is convenient to do this by vector analysis. We use the symbol $\boldsymbol{A}\wedge\boldsymbol{B}$ to denote the vector product of two vectors $\boldsymbol{A}$ and $\boldsymbol{B}$. Now the area of any plane closed curve is easily seen to be equal to

$$\left|\tfrac{1}{2}\int \boldsymbol{r}\wedge d\boldsymbol{r}\right|$$

taken round the contour of the area, $\boldsymbol{r}$ being the vector distance of a point of the contour from any fixed origin in the plane of the curve. By adding a constant vector to $\boldsymbol{r}$ and noting that $\int d\boldsymbol{r} = 0$ we see that this also represents the area if the origin is not in the plane of the curve. If now $\Delta\omega$ is an element of solid angle surrounding a unit vector $\boldsymbol{i}$, we see by considering the small approximately plane area defined by the intersection intercepted by the cone $\Delta\omega$ on the unit sphere that

$$\Delta\omega = \left|\tfrac{1}{2}\int \boldsymbol{i}\wedge d\boldsymbol{i}\right| \tag{75}$$

taken round the contour of the small area. Similarly

$$\Delta\omega' = \left|\tfrac{1}{2}\int \boldsymbol{i}'\wedge d\boldsymbol{i}'\right|. \tag{76}$$

Using (73), and noting that $\delta\boldsymbol{v}$ is constant round the contour, we have

$$\Delta\omega' = \frac{1}{2}\left|\int\left\{\boldsymbol{i} - \frac{\delta\boldsymbol{v} - (\delta\boldsymbol{v}\cdot\boldsymbol{i})\boldsymbol{i}}{c}\right\}\wedge\left\{d\boldsymbol{i} + \frac{(d\boldsymbol{i}\cdot\delta\boldsymbol{v})\boldsymbol{i} + (\boldsymbol{i}\cdot\delta\boldsymbol{v})\,d\boldsymbol{i}}{c}\right\}\right|.$$

Noting that $\boldsymbol{i}\wedge\boldsymbol{i} = 0$, this becomes

$$\Delta\omega' = \frac{1}{2}\left|\int \boldsymbol{i}\wedge d\boldsymbol{i} - \frac{1}{c}\int \delta\boldsymbol{v}\wedge d\boldsymbol{i} + \frac{2}{c}\int (\boldsymbol{i}\delta\boldsymbol{v})\,\boldsymbol{i}\wedge d\boldsymbol{i}\right|.$$

But $\int d\boldsymbol{i} = 0$, and hence $\int \delta\boldsymbol{v}\wedge d\boldsymbol{i} = 0$. Hence

$$\Delta\omega' = \Delta\omega\left[1 + 2\frac{\boldsymbol{i}\cdot\delta\boldsymbol{v}}{c}\right]. \tag{77}$$

Now let B be the intensity of black radiation, in a frame at rest relative to the medium at P corresponding to the temperature of the matter at P. This means that if k is the absorption coefficient at P measured in the same frame, then $k\varrho B\,d\boldsymbol{v}$ is the emission of radiation per unit solid angle per second, in the same frame. By the usual argument the equation of transfer is accordingly

$$(I' + \delta I')\,\Delta\omega' - I\,\Delta\omega = -k\varrho(I - B)\,\delta s\,\Delta\omega \tag{78}$$

where δs is the element of arc, measured along the path of the ray, in the frame in which the medium at P is at rest and $I' + \delta I'$ is the intensity at $P' = \delta P_1$ measured in the frame in which P' is at rest.

Since an intensity of ν-radiation, I_ν, transforms like ν^3, we have

$$\frac{I'_{\nu'}}{I_\nu} = 1 - 3\,\frac{\boldsymbol{i}\cdot\delta\boldsymbol{v}}{c}$$

and so

$$\frac{I'}{I} = \frac{\int I'_{\nu'}\,d\nu'}{\int I_\nu\,d\nu} = 1 - 4\,\frac{\boldsymbol{i}\cdot\delta\boldsymbol{v}}{c}. \tag{79}$$

Using (79) and (77) in (78) we have

$$(I + \delta I)\left(1 - 2\,\frac{\boldsymbol{i}\cdot\delta\boldsymbol{v}}{c}\right) - I = -k\varrho(I + B)\,\delta s \tag{80}$$

where $I + \delta I$ is the intensity at $P + \delta P$ measured in the frame in which P is at rest.

We now transform to a frame at rest in which the medium at P is moving with velocity $\boldsymbol{v}$. Let the suffix 0 denote quantities measured in this frame. By the same arguments as lead to (79) we have

$$\frac{I}{I_0} = 1 - 4\,\frac{\boldsymbol{i}\cdot\boldsymbol{v}}{c}. \tag{81}$$

Further, by the aberration law

$$\boldsymbol{i} = \boldsymbol{i}_0 - \frac{\boldsymbol{v} - (\boldsymbol{v}\cdot\boldsymbol{i}_0)\,\boldsymbol{i}_0}{c} \tag{82}$$

and also

$$\boldsymbol{i}_0\,\delta s_0 = \boldsymbol{i}\,\delta s + \frac{\delta s}{c}\,\boldsymbol{v}. \tag{83}$$

From (82) $\boldsymbol{i}\cdot\boldsymbol{i}_0 = 1$ to the first order in $|\boldsymbol{v}|/c$, and so from (83)

$$\delta s_0 = \delta s\left(1 + \frac{\boldsymbol{v}\cdot\boldsymbol{i}}{c}\right). \tag{84}$$

Inserting from (81) and (84) in (80) we get

$$\delta I_0 - 2 I_0\,\frac{\boldsymbol{i}_0\cdot\delta\boldsymbol{v}}{c} + k\varrho\,I_0\left(1 - \frac{\boldsymbol{v}\cdot\boldsymbol{i}_0}{c}\right) = k\varrho\,B\,\delta s_0\left(1 + 3\,\frac{\boldsymbol{v}\cdot\boldsymbol{i}_0}{s}\right)$$

or

$$\frac{dI_0}{k\varrho\,ds_0} + I_0\left[1 - \frac{\boldsymbol{v}\cdot\boldsymbol{i}_0}{c} - \frac{2}{ck\varrho}\left(\boldsymbol{i}_0\cdot\frac{d\boldsymbol{v}}{ds}\right)\right] = B\left(1 + 3\,\frac{\boldsymbol{v}\cdot\boldsymbol{i}_0}{c}\right) \tag{85}$$

We may now omit the suffix 0 without loss of clarity; I, ds, $\boldsymbol{i}$ henceforth denote quantities measured in the frame at rest. Now put

$$d\tau = k\varrho\,ds\left[1 - \frac{\boldsymbol{v}\cdot\boldsymbol{i}}{c} - \frac{2}{ck\varrho}\left(\boldsymbol{i}\cdot\frac{d\boldsymbol{v}}{ds}\right)\right] \tag{86}$$

$$b = \frac{B\left(1 + 3\,\dfrac{\boldsymbol{v}\cdot\boldsymbol{i}}{c}\right)}{1 - \dfrac{\boldsymbol{v}\cdot\boldsymbol{i}}{c} - \dfrac{2}{ck\varrho}\left(\boldsymbol{i}\cdot\dfrac{d\boldsymbol{v}}{ds}\right)} = B\left[1 + 4\,\frac{\boldsymbol{v}\cdot\boldsymbol{i}}{c} + \frac{2}{ck\varrho}\left(\boldsymbol{i}\cdot\frac{d\boldsymbol{v}}{ds}\right)\right] \tag{87}$$

τ and b being functions of position along the ray-path. Then (85) becomes

$$\frac{dI}{d\tau} + I = b. \tag{88}$$

The solution of (88) is

$$I(\boldsymbol{i}, P) = \int_{-\infty}^{P} b(\tau)\, e^{\tau}\, d\tau \tag{89}$$

where τ is measured from P.

To a sufficient approximation $b(\tau)$ may be expanded in powers of τ to two terms and integrated. The result is

$$I(i, P) = b_P - \left(\frac{db}{d\tau}\right)_P. \tag{90}$$

Now to a sufficient order of accuracy

$$db = dB\left[1 + 4\frac{\boldsymbol{v}\cdot\boldsymbol{i}}{c}\right] + 4B\left(\frac{\boldsymbol{i}\cdot d\boldsymbol{v}}{c}\right) \tag{91}$$

whence

$$\frac{db}{d\tau} = \frac{dB}{k\varrho\, ds}\left[1 + 5\frac{\boldsymbol{v}\cdot\boldsymbol{i}}{c}\right] + \frac{4B}{ck\varrho}\left(\boldsymbol{i}\cdot\frac{d\boldsymbol{v}}{ds}\right). \tag{92}$$

Inserting in (90) we have

$$I(i, P) = B\left[1 + 4\frac{\boldsymbol{v}\cdot\boldsymbol{i}}{c} - \frac{2B}{ck\varrho}\left(\boldsymbol{i}\cdot\frac{d\boldsymbol{v}}{ds}\right)\right] - \frac{dB}{k\varrho\, ds}\left(1 + 5\frac{\boldsymbol{v}\cdot\boldsymbol{i}}{c}\right). \tag{93}$$

To obtain the flow of energy and the stress it is convenient now so use CARTESIAN co-ordinates. Let l, m, n be the direction cosines of the unit vector $\boldsymbol{i}$, and let u, v, ω denote the components of $\boldsymbol{v}$. Written out in detail, (93) becomes

$$\begin{aligned} I(l, m, n; x, y, z) = {} & B(x, y, z) - \frac{1}{k\varrho}\left(l\frac{\partial B}{\partial x} + m\frac{\partial B}{\partial y} + n\frac{\partial B}{\partial z}\right) \\ & + 4\frac{B}{c}(lu + mv + nu) \\ & - \frac{2B}{ck\varrho}\left[l^2\frac{\partial u}{\partial x} + m^2\frac{\partial v}{\partial y} + n^2\frac{\partial w}{\partial z} + mn\left(\frac{\partial v}{\partial z} + \frac{\partial w}{\partial y}\right) + nl\left(\frac{\partial w}{\partial x} + \frac{\partial u}{\partial z}\right)\right. \\ & \left. + lm\left(\frac{\partial u}{\partial y} + \frac{\partial v}{\partial x}\right)\right] \\ & - \frac{5}{ck\varrho}\left[l^2 u\frac{\partial B}{\partial x} + m^2 v\frac{\partial B}{\partial y} + n^2 w\frac{\partial B}{\partial z} + mn\left(v\frac{\partial B}{\partial z} + w\frac{\partial B}{\partial y}\right)\right. \\ & \left. + nl\left(w\frac{\partial B}{\partial x} + u\frac{\partial B}{\partial z}\right) + lm\left(u\frac{\partial B}{\partial y} + v\frac{\partial B}{\partial x}\right)\right]. \end{aligned} \tag{94}$$

We shall need the integrals

$$\int l^2\, d\omega = \frac{4\pi}{3}, \qquad \int l^4\, d\omega = \frac{4\pi}{5}, \qquad \int l^2 m^2\, d\omega = \frac{4\pi}{15}.$$

We have then for the flux of energy F_x,

$$F_x = \int lI\, d\omega = \frac{4\pi}{3}\left[-\frac{1}{k\varrho}\frac{\partial B}{\partial x} + 4B\frac{u}{c}\right]; \tag{95}$$

for the energy per unit volume u' [we use the prime (′) to avoid confusion with the velocity component u]

$$u' = \frac{1}{c}\int I\, d\omega = \frac{4\pi}{c}\left[B - \frac{2B}{ck\varrho}\frac{1}{3}\left(\frac{\partial u}{\partial x} + \frac{\partial v}{\partial y} + \frac{\partial w}{\partial z}\right) - \frac{5}{3}\left(u\frac{\partial B}{\partial x} + v\frac{\partial B}{\partial y} + w\frac{\partial B}{\partial z}\right)\right] \tag{96}$$

and for the stresses

$$\left.\begin{aligned} p_{xx} &= \frac{1}{c}\int l^2 I\,d\omega = \frac{4\pi}{c}\left[\frac{B}{3} - \frac{2B}{ck\varrho}\left(\frac{1}{5}\frac{\partial u}{\partial x} + \frac{1}{15}\frac{\partial v}{\partial y} + \frac{1}{15}\frac{\partial w}{\partial z}\right)\right. \\ &\quad \left. - \frac{1}{ck\varrho}\left(u\frac{\partial B}{\partial x} + \frac{1}{3}v\frac{\partial B}{\partial y} + \frac{1}{3}w\frac{\partial B}{\partial z}\right)\right] \end{aligned}\right\} \tag{97}$$

$$p_{yz} = \frac{1}{c}\int mnI\,d\omega = \frac{4\pi}{c}\left[-\frac{2}{ck\varrho}\frac{1}{15}\left(\frac{\partial v}{\partial z} + \frac{\partial w}{\partial y}\right) - \frac{1}{3ck\varrho}\left(v\frac{\partial B}{\partial z} + w\frac{\partial B}{\partial y}\right)\right]. \tag{98}$$

The mean pressure is

$$\tfrac{1}{3}(p_{xx} + p_{yy} + p_{zz}) = \tfrac{1}{3}u'.$$

Calling this p', we have on putting

$$\frac{4\pi B}{C} = aT^4$$

$$p' = \frac{1}{3}aT^4 - \frac{2}{9ck\varrho}\left(\frac{\partial u}{\partial x} + \frac{\partial v}{\partial y} + \frac{\partial w}{\partial z}\right)aT^4 - \frac{5}{9}\left(u\frac{\partial}{\partial x} + v\frac{\partial}{\partial y} + w\frac{\partial}{\partial z}\right)aT^4, \tag{99}$$

$$\left.\begin{aligned} p_{xx} - p' &= \frac{2}{15ck\varrho}aT^4\left[-2\frac{\partial u}{\partial x} + \frac{2}{3}\left(\frac{\partial u}{\partial x} + \frac{\partial v}{\partial y} + \frac{\partial w}{\partial z}\right)\right] \\ &\quad + \frac{1}{3ck\varrho}\left[-2u\frac{\partial}{\partial x} + \frac{2}{3}\left(u\frac{\partial}{\partial x} + v\frac{\partial}{\partial y} + w\frac{\partial}{\partial z}\right)\right]aT^4, \end{aligned}\right\} \tag{100}$$

$$p_{yz} = -\frac{2}{15ck\varrho}aT^4\left(\frac{\partial v}{\partial z} + \frac{\partial w}{\partial y}\right) - \frac{1}{3ck\varrho}\left(v\frac{\partial}{\partial z} + w\frac{\partial}{\partial y}\right)aT^4. \tag{101}$$

Comparing these with the standard equations for the stresses in a viscous fluid (see e. g. LAMB, Hydrodynamics, 4th Edition, p. 570) and remembering that our p_{xx}, etc., are the negatives of the stresses as ordinarily defined, we see that the coefficient of radiative viscosity is

$$\frac{2}{15ck\varrho}aT^4. \tag{102}$$

This is JEANS' result.

In addition we see, first, that the mean pressure contains a term proportional to the rate of expansion of the medium at the point in question. (See LAMB, loc. cit., p. 636.) There is thus a second coefficient of viscosity, of value

$$\frac{2}{15ck\varrho}aT^4. \tag{103}$$

We may express this otherwise by saying, in the language of the theory of elasticity, that the elastic constants λ and μ have the values (102) and (103) and that the analogue of the bulk modulus has the value

$$\lambda + \frac{2}{3}\mu = \frac{2}{9ck\varrho}aT^4.$$

We see, secondly, that the expressions for the stresses and mean pressure contain terms which involve the products of velocities and temperature gradients or, what is the same thing, products of velocities and net fluxes. These terms correspond to the fact that the radiation generated at any point carries with it, into its surroundings, the momentum of the point where it took rise.

The significance of the equations we have derived is perhaps best seen by writing down the form they assume when the motion is one of shear perpendicular to the temperature gradient. In this particular case,

$$B = B(x), \qquad u = 0, \qquad v = v(x), \qquad w = 0.$$

We find then

$$F_x = -\frac{c}{k\varrho}\frac{d}{dx}\left(\frac{1}{3}aT^4\right), \qquad F_y = \frac{4}{3}aT^4v, \qquad F_z = 0.$$

$$p_{xx} = p_{yy} = p_{zz} = p' = \frac{1}{3}aT^4, \qquad p_{yz} = p_{zx} = 0,$$

$$p_{xy} = -\frac{2}{15ck\varrho}aT^4\frac{dv}{dx} - \frac{1}{3ck\varrho}v\frac{d}{dx}(aT^4).$$

The last relation may be re-written in the form

$$p_{xy} = -\frac{2}{15c\varkappa\varrho}aT^4\frac{dv}{dx} + v\frac{F_x}{c^2}.$$

The stress over the plane x = constant in the y direction thus corresponds to a viscous drag of amount $\mu dv/dx$, together with a communication of momentum at the rate vF_x/c^2. The physical meaning of the last term is easily seen: the net flux being F_x, the net mass crossing per second is F_x/c^2, and the momentum this transfers per second is vF_x/c^2.

It should be mentioned that the results here given for the terms involving the products of u, v, w with $\partial B/\partial x$, $\partial B/\partial y$, $\partial B/\partial z$ differ from those given by JEANS.

13. **The Effect of Radiative Viscosity and Radiative Momentum on the Form of a Rotating Star.** The full equations of motion of stellar material in terms of the stresses just obtained have been written down by JEANS and solved for the case of a star with an axis of symmetry. We shall not reproduce the analysis, which is very complicated, but simply state the results.

The radiation emitted from the central region of the star acts on the outer portions much as bullets shot from a gun mounted on a fly-wheel. If the star is initially rotating like a rigid body, the radiation will tend to slow down the outer portions, until a condition is arrived at in which the angular momentum of each element just corresponds to that of the radiation. To a first approximation this will give $\tilde{\omega}^2\omega$ = constant, but spherical symmetry has the effect, according to JEANS, of changing this to $r^2\omega$ = constant. In that case the outer layers, which on account of their low density exercise very little fly-wheel action, merely transmit onwards the momentum they receive. Each ring of matter hands on the momentum it receives from behind. The constancy of $r^2\omega$ is however again modified in the outer layer by radiative viscosity, which acts in the direction of tending to restore rigid-body motion. JEANS finds that $r^2\omega$ in fact falls off.

In JEANS' words "The simple law $\omega \propto 1/r^2$ gives the arrangement of angular velocity known as convective, in which matter conveyed by a radial convection current reaches any distance from the centre with the angular velocity automatically adjusted, by the principle of the conservation of angular momentum, to the value appropriate to that distance from the centre. We can interpret it also as being the arrangement such that radiation can traverse the star without any interchange of momentum occurring on balance between it and the matter of the star."

"Viscosity tends to disturb the $1/r^2$ arrangement, trying always to equalise the angular velocity throughout the star." "In the dense central regions of the star the rotation-law fails entirely: the rotation here depends on the past history of the star." "In general the outer layers of stars are mere veils concealing the more energetic motions within. The slowness of their rotation combined with the high central condensation of the star must result in nearly all stellar surfaces being approximately spherical."

"The stream of rotation which leaves a star not only carries off angular momentum with it, but generally lessens the angular momentum per unit mass of the star. Arguments which assume constancy of angular momentum, such as the famous argument of BABINET on the origin of the solar system, can no longer claim any validity."

JEANS shows finally that the law $\omega = f(r)$ is only a first approximation. To a second approximation, ω for any given r is of the form $A + B P_2(\cos\theta)$, which in terms of the latitude λ becomes $\omega = a + b\sin^2\lambda$, which is the observed law of rotation for the solar surface. "The physical interpretation of this law which is involved in our theory is that the more rapidly rotating inner layers are of spheroidal shape: these come nearest to the star's surface at its equator, and their drag results in the observed equatorial acceleration."

63. Bibliography.

E. A. MILNE, M N 83, p. 118 (1923). "The Equilibrium of a Rotating Star."

H. VON ZEIPEL, Festschrift für H. VON SEELIGER, 1924, p. 144. "Zum Strahlungsgleichgewicht der Sterne." M N 84, p. 665 (1924). 'The Radiative Equilibrium of a rotating System of Gaseous Masses." M N 84, 684 (1924). "The Radiative Equilibrium of a slightly Oblate rotating Star." M N 84, p. 702 (1924). "The Radiative Equilibrium of a Double-Star System with nearly Spherical Components."

J. H. JEANS, M N 85, p. 526 and 933 (1925). "On a Theorem of VON ZEIPEL on Radiative Equilibrium."

H. VON ZEIPEL, M N 85, p .678 (1925), "Reply to Dr. JEANS' Criticism."

H. VOGT, A N 223, p. 229 (1924). "Zum Strahlungsgleichgewicht der Sterne."

A. S. EDDINGTON, Obs 48, p. 73 (1924). "Circulating Currents in rotating Stars."

B. GERASIMOVIČ, Obs 48, p. 148 (1925). "On the Radiative Equilibrium of a rotating Star."

J. H. JEANS, M N 86, p. 328 (1926) and 86, p. 444 (1926). "On Radiative Viscosity and the Rotation of Astronomical Masses."

Kapitel 3.

Die Ionisation in den Atmosphären der Himmelskörper.

Von

A. PANNEKOEK-Amsterdam.

Mit 3 Abbildungen.

a) Einleitung.

1. Funken- und Bogenlinien in den Spektren der Himmelskörper. Der englische Astrophysiker J. NORMAN LOCKYER hat zuerst erkannt, daß die Spektrallinien eines Elements in zwei Gruppen zerfallen. Weil die der einen Art bei dem Übergang vom Bogenspektrum zum Funkenspektrum bedeutend an Intensität zunehmen, nannte er sie „enhanced lines" (verstärkte Linien); in der deutschen Literatur werden sie als „Funkenlinien" bezeichnet, während die dabei abnehmenden Linien den Namen „Bogenlinien" (arc lines) tragen. In der Chromosphäre traten die Funkenlinien bestimmter Elemente in größerer Intensität auf als in dem FRAUNHOFER-Spektrum. In dem Spektrum der Sonnenflecke fand LOCKYER bisweilen, daß die Funkenlinien eines Elements andere Unregelmäßigkeiten der Gestalt aufwiesen als die Bogenlinien desselben Elements, also nach dem DOPPLER-Prinzip andere Bewegungen anzeigten; dies wies darauf hin, daß beide Linienarten nicht von den nämlichen Atomen stammten. Die Spektren der Sterne wurden von ihm, nach der relativen Intensität der Bogen- und Funkenlinien, in zehn Temperaturstufen geordnet; die Sterne mit schwacher ultravioletter Strahlung wurden dabei als Ast steigender Temperatur von denen mit großer Intensität des Violett als Ast sinkender Temperatur getrennt. Betrachtet man den Intensitätsverlauf im kontinuierlichen Spektrum als Maß der Temperatur, so bedeutet dies, daß in dem aufsteigenden Aste die Funkenlinien relativ zu den Bogenlinien stärker, in dem absteigenden Ast schwächer sind[1].

LOCKYER stellte zur Erklärung dieser Tatsachen die Theorie auf, daß durch eine hohe Temperatur die Atome der uns bekannten Elemente in einfachere Bestandteile zerlegt werden, welche die Funkenlinien erzeugen. Er nahm an, daß diese Bestandteile primitivere Elemente darstellen, aus denen sich durch eine Evolution anorganischer Materie unsere Elemente gebildet haben. Er nannte sie „Protoelemente", und er bezeichnete in seinen Publikationen die Funkenlinien als Linien des Protokalziums (pCa), Protoeisens (pFe) usw. Die Astronomen verhielten sich durchweg ablehnend gegen diese Theorie, vor allem

---

[1] Die große Anzahl Abhandlungen LOCKYERS, meist in den „Proceedings of the Royal Society" erschienen, sind hier nicht einzeln angeführt. Vgl. auch „The Chemistry of the Sun" (1887).

auch wegen ihrer Verquickung mit der Meteorhypothese, der Theorie der Entstehung der Sterne und ihrer Entwicklung aus dem Zusammenprall und der Kondensation von Meteorschwärmen.

Die Beobachtungstatsachen jedoch, von denen LOCKYER ausging, wurden von anderen Beobachtern bestätigt. VOGEL und SCHEINER fanden bei ihren Untersuchungen über die photographischen Spektren von 51 Sternen[1], daß α und γ Cygni, α Persei und α Ursae minoris abweichende Linienintensitäten zeigten gegen die übrigen Sterne des gleichen Typus; diese Sterne sind es gerade, die LOCKYER auf den steigenden Ast der Entwicklung gestellt hatte. In der 1897 erschienenen Untersuchung von Miss A. C. MAURY über die Spektren von 681 helleren Sternen[2] wurden in jeder Spektralklasse die Spektren mit *a*, *b*, *c* bezeichnet, je nachdem die Linien normal, sehr breit oder sehr schmal waren. Die letzteren zeigten abweichende relative Intensitäten, die in einer speziellen Tabelle zusammengestellt wurden; sie traten von Klasse V bis XIII (d. h. B8 bis F8) auf und bildeten offenbar eine wenig zahlreiche Nebenserie, die der Hauptreihe parallel läuft. Da unter diesen 35 Sternen als die hellsten wieder α und γ Cygni, α Persei und α Ursae minoris vorkommen, sind Miss MAURYS *c*-Sterne mit ihren starken Funkenlinien mit LOCKYERS aufsteigendem Ast identisch.

E. HERTZSPRUNG[3] bemerkte 1907, daß die *c*-Sterne eine bedeutend kleinere Eigenbewegung haben als die *a*- und *b*-Sterne gleicher Spektralklasse (im Mittel 0″,009); er schloß, daß sie weit entfernt sind und ihre absolute Helligkeit also außerordentlich groß ist. Auch bei den weiteren Klassen G, K, M, wo die *c*-Sterne fehlen, ist in dem Spektrum ein Anzeichen der absoluten Helligkeit zu finden; die Sterne mit kleinster Eigenbewegung zeigen hier die Sr-Linie λ 4078 auffallend stark.

1914 fanden W. S. ADAMS und A. KOHLSCHÜTTER auf der Mount Wilson-Sternwarte[4], daß Sterne großer und kleiner Eigenbewegung (also absolut schwache und absolut helle), die derselben Spektralklasse angehören, folgende Verschiedenheiten in ihren Spektren aufweisen: bei den absolut hellen Sternen ist das kontinuierliche Spektrum schwächer im Violett, ihre Wasserstofflinien sind abnorm kräftig, und ebenso sind die Linien λ 4216 von Sr, λ 4395 von Ti, λ 4408 von Fe und V stärker, während λ 4325 von Sc, λ 4435 und 4456 von Ca, λ 4535 von Ti schwächer sind. Damit war die Möglichkeit gegeben, aus den relativen Linienintensitäten die absolute Helligkeit und, in Verbindung mit der scheinbaren Helligkeit, die Distanz und die Parallaxe zu finden. Diese Methode der Bestimmung von „spektroskopischen Parallaxen“ wurde dann auf dem Mount Wilson Observatory weiter ausgebaut; 1917 erschien ein Katalog mit absoluten Größen und spektroskopischen Parallaxen von 500 Sternen[5], 1921 ein zweiter mit 1646 Sternen[6]. In der Diskussion im ersten Katalog wurde darauf hingewiesen, daß die dabei verwendeten Linien, die mit der absoluten Helligkeit zunehmen, bekannte Funkenlinien sind: λ 4078 und 4215 des Sr, λ 4290 des Ti, während die mit der Helligkeit abnehmenden Linien λ 4607 und 4455 Bogenlinien des Sr und des Ca sind. Ebenso ist die Bogenlinie λ 4227 des Ca in den M-Riesensternen schwach, in den M-Zwergen stark. Neben den in solcher Weise unterschiedenen Riesen- und Zwergsternen treten die *c*-Sterne, bei denen die Stärke der Funkenlinien noch größer ist, als Supergiganten auf.

Die spektroskopische Methode zur Bestimmung der absoluten Helligkeit und der Parallaxe bei A-Sternen[7] und B-Sternen[8] beruht auf einem ganz anderen

---

[1] Publ Astroph Obs Potsdam Bd 7, 2. Teil (1895). [2] Harv Ann 28, Part 1 (1897).
[3] A N 179, S. 373 (1909). [4] Ap J 40, S. 385 (1914). [5] Ap J 46, S. 313 (1917).
[6] Ap J 53, S. 13 (1921). [7] W. S. ADAMS u. A. H. JOY, Ap J 56, S. 242 (1922).
[8] W. S. ADAMS u. A. H. JOY, Ap J 57, S. 294 (1923); D. L. EDWARDS, M N 83, S. 47 (1922); 84, S. 366 (1924).

Prinzip, nämlich der engen Korrelation, die hier zwischen absoluter Helligkeit und Spektralklasse besteht; sie beruht also auf einer genauen Bestimmung der Spektralklasse. Dagegen bildet die von B. LINDBLAD[1] bei Spektren mit schwacher Dispersion benutzte Intensität der Absorptionsbande von Zyan λ 3883 wieder ein Merkmal der absoluten Helligkeit selbst. Das gleiche gilt von den Beobachtungen von A. VIBERT DOUGLAS von relativen Intensitäten der Bogen- und Funkenlinien in den A-Sternen[2].

2. Physikalische Grundlagen. Der Weg zur Erklärung dieser Erscheinungen an Sternspektren wurde eröffnet durch die BOHRsche Atomtheorie (1913). Jedes Atom besteht aus einem Kern mit positiver Ladung $Z \cdot e$, umgeben von Z Elektronen, deren jedes eine negative Ladung e besitzt, wobei Z die Ordnungszahl des betreffenden Elements ist. Die Elektronen befinden sich in „stationären" Bahnen konstanter Energie; wenn das Atom aus der darauffallenden Strahlung Energie absorbiert, geht ein Elektron von einer Bahn niedriger Energie in eine Bahn höherer Energie über. Indem es von der höheren Bahn in die tiefere zurückfällt, verliert das Atom diese Energie wieder in der Form einer monochromatischen Strahlungsemission. Die Wellenlänge dieser Emission wird bestimmt durch die Bedingung, daß die während einer Vibrationszeit emittierte Energiemenge gleich dem PLANCKschen Wirkungsquantum sein muß, also $E_2 - E_1 = h\nu$, wenn ν die Frequenz der Strahlung, h das Wirkungsquantum bezeichnet. Dieselbe Relation gilt auch für die Absorption. Setzt man darin $E_\infty - E_1 = h\nu_1$, $E_\infty - E_2 = h\nu_2$, wo E_∞ die Grenze ist, der die Energie der höheren Bahnen sich asymptotisch nähert, so wird die Frequenz des absorbierten oder emittierten Lichtes $\nu = \nu_1 - \nu_2$ als die Differenz zweier Terme gegeben; zu jeder Bahn gehört ein Term. Die Terme unterscheiden sich durch ihre verschiedenen Quantenzahlen, die in der Bezeichnung der Terme zum Ausdruck kommen. Die um die Einheit zunehmenden Azimutalquantenzahlen werden durch die Bezeichnung $S\,P\,D\,F\,G\,H \ldots$ unterschieden; die Hauptquantenzahlen durch vorgesetzte Ziffern 1, 2, 3 ...; die inneren Quantenzahlen, die die Multiplizität bestimmen (einfache, doppelte, dreifache ... Terme werden Singlette, Dublette, Triplette, Quadruplette ... genannt, was durch eine Zahl links oben neben dem Buchstaben ausgedrückt wird), werden durch eine als Index angehängte Ziffer bezeichnet. Aufbau und Charakter der Spektren werden bestimmt durch die Konfiguration der äußeren Elektronen, die sich mit der Ordnungszahl periodisch ändert. Die vertikalen Gruppen des periodischen Systems der Elemente zeigen abwechselnd ungerade und gerade Multiplizität der Terme; die Alkalimetalle mit einem äußeren Elektron zeigen einfach gebaute regelmäßige Reihen von Dubletten; die alkalischen Erden mit zwei Elektronen der äußeren Schale zeigen Einfachterme und Triplette; in den weiteren Gruppen treten daneben stets höhere Multiplette auf[3].

Nimmt ein Atom einen größeren Betrag an Energie auf als die asymptotische Grenze E_∞ der höheren Bahnen, so wird das Elektron in eine unendliche Bahn geworfen, d. h. praktisch aus der Anziehung des Kernes geschleudert, und geht als freier Körper seinen eigenen Weg. Das dieses Elektrons beraubte Atom hat nun eine positive Ladung e; man nennt es ein Ion und der Vorgang wird Ionisierung genannt. Das ionisierte Atom ist wieder imstande, Energie aufzunehmen und abzugeben durch den Übergang seiner äußeren Elektronen zwischen verschiedenen stationären Bahnen; sie absorbieren und emittieren dabei monochromatische Strahlungen bestimmter Wellenlängen. Die „enhanced lines", die Funkenlinien, bilden das Spektrum der ionisierten Atome, wobei das aktive

---

[1] Ap J 55, S. 85 (1922).
[2] Ap J 64, S. 262 (1926); J Can R A S 20, S. 265 (1926).
[3] Vgl. F. HUND, Linienspektren und periodisches System der Elemente (1927).

Elektron einem Rumpf mit der Ladung $2e$ gegenübersteht. Die Elektronenkonfiguration eines ionisierten Atoms muß derjenigen eines normalen Atoms mit um eine Einheit niedrigerer Ordnungszahl ähnlich sein, denn beide haben die gleiche Elektronenzahl, nur die Kernladung ist um e verschieden. Deshalb weist das Funkenspektrum eines Elements eine große Ähnlichkeit mit dem Bogenspektrum des vorangehenden Elements auf (Verschiebungssatz von KOSSEL und SOMMERFELD); namentlich hat es dieselbe Multiplizität. Der komplizierte Aufbau der Spektren der ionisierten Alkalien ist dem der Edelgase ähnlich; die Spektren der ionisierten Elemente Mg, Ca, Sr, Ba zeigen Dublette, nur mit viel größerer Trennung als die normalen Alkalienspektren.

Von einem ionisierten Atom kann durch Aufnahme weiterer Energiemengen ein zweites Elektron abgespalten werden, und nachher noch ein drittes usw.; so entstehen die höheren Funkenspektren. Dafür gilt der nämliche Verschiebungssatz; da die Elektronenzahl jedesmal um eins abnimmt, werden diese höheren Spektren abwechselnd Liniengruppen gerader und ungerader Multiplizität aufweisen. Ionisierte Atome werden durch ihr chemisches Symbol mit so vielen + bezeichnet, als sie positive Ladungen aufweisen (also Ca^+ für einfach, Ca^{++} für doppelt ionisiertes Kalzium). Auch werden die Spektren eines Elements, anfangend mit dem Bogenspektrum und zu stets höheren Funkenspektren fortschreitend, als erstes, zweites, drittes ... Spektrum dieses Elements bezeichnet (Ca I, Ca II von einfach ionisiertem, Ca III von doppelt ionisiertem Kalzium usw.).

b) Theorie des Ionisationsgleichgewichts.

b_1) Thermodynamische Ableitung der Gleichgewichtsformel.

3. Bildung eines Gleichgewichts. In einer Sternatmosphäre befinden sich die Gase in einem Zustande hoher Temperatur und niedrigen Druckes. Fortwährend spalten sich neutrale Atome infolge der hohen Temperatur in Ionen und Elektronen; aber zugleich vereinigen sich positiv geladene Ionen und negativ geladene Elektronen, die sich begegnen, wieder zu neutralen Atomen. Es stellt sich ein Zustand des Gleichgewichts ein, wobei beide Prozesse gleich oft stattfinden.

1920 veröffentlichte der bengalische Physiker MEGH NAD SAHA seine erste Ableitung einer Formel für das Ionisationsgleichgewicht in der Sonnenatmosphäre, und er ließ bald darauf die Anwendung auf die Sternatmosphären und die Erklärung der Spektralklassen folgen[1]. Die Ableitung bestand in der Anwendung der gewöhnlichen Formeln des chemischen Gleichgewichts auf diesen besonderen Fall. Er folgte dabei dem Beispiel von J. EGGERT, der zuvor diese Formeln auf den Zustand im Inneren eines Sterns angewandt hatte[2]. Wir geben hier die Ableitung dieser Formeln aus den beiden Hauptsätzen der Thermodynamik.

4. Die VAN T'HOFFsche Formel für das chemische Gleichgewicht. Wir betrachten den Vorgang, bei dem ein Stoff AB sich in die Bestandteile A und B spaltet, während zugleich der umgekehrte Vorgang stattfindet, die Vereinigung von $A + B$ zu AB. Die Teilchen AB mögen Molekel heißen, die Teilchen A und B Atome, obgleich dieselben Betrachtungen gelten, wenn AB ein Atom, A und B ein Ion und ein Elektron bedeuten. Es stellt sich ein Gleichgewichtszustand

[1] Ionisation in the Solar Chromosphere, Phil Mag 40, S. 472 (1920); On a Physical Theory of Stellar Spectra, London R S Proc A 99, S. 135 (1921); Problems of Temperature Radiation of Gases, Phil Mag 41, S. 267 (1921). Zusammengefaßt in: Versuch einer Theorie der physikalischen Erscheinungen bei hohen Temperaturen mit Anwendungen auf die Astrophysik, Z f Phys 6, S. 40 (1921).

[2] Phys Z 20, S. 570 (1919).

ein. Dieser Zustand hängt zusammen mit der maximalen Arbeit, die aus der Umsetzung $A + B \rightarrow AB$ gewonnen werden kann. Diese Arbeit hängt mit der Energie, die bei dieser Umsetzung frei wird, in ähnlicher Weise zusammen, wie die Arbeit einer Dampfmaschine mit der Verdampfungswärme des Wassers zusammenhängt.

In dem aus AB, A und B bestehenden Gemisch sei die Konzentration, d. h. die Anzahl Grammoleküle oder Mole pro Volumeinheit, der drei Stoffe c_1, c_2 und c_3. Nach dem Gesetz der Massenwirkung ist die Anzahl der Umsetzungen $AB \rightarrow A + B$ der Anzahl Moleküle AB proportional, also $= kc_1$; die Anzahl der Umsetzungen $A + B \rightarrow AB$ wird sowohl der Konzentration der A wie der B proportional sein, also $= k'c_2c_3$. Wenn sie sich die Wage halten, wird $kc_1 = k'c_2c_3$ sein, also wird das Verhältnis

$$\frac{c_2 c_3}{c_1} = \frac{k}{k'} = K$$

sein. Dieses K ist die Gleichgewichtskonstante. In dem allgemeinen Fall, wo mehrere Stoffe A (Konzentrationen $a_1 a_2 \ldots$) sich umsetzen zu einer Anzahl Stoffe B (Konzentrationen $b_1 b_2 \ldots$) nach der Formel

$$p_1 A_1 + p_2 A_2 + \cdots = q_1 B_1 + q_2 B_2 + \cdots,$$

findet man in ähnlicher Weise für die Gleichgewichtskonstante

$$K = (b_1^{q_1} b_2^{q_2} \ldots) / (a_1^{p_1} a_2^{p_2} \ldots).$$

In dem Gleichgewichtszustand sind die Umsetzungen umkehrbar, d. h. nach Belieben in einer oder der anderen Richtung möglich. Mit Hilfe dieses Gemisches läßt sich die Arbeit berechnen, die aus der Umsetzung eines Mols AB in A und B (von gegebener Konzentration c_0) in Maximo zu gewinnen ist; denn dies ist die Arbeit, die bei einem umkehrbaren Vorgang gewonnen wird. Dazu wird das Mol AB von c_0 auf c_1 zusammengedrückt, in das Gemisch gebracht, dort in A und B übergeführt, herausgenommen und von den Konzentrationen c_2 und c_3 auf c_0 gebracht. Die verrichtete oder gewonnene Arbeit läßt sich in folgender Weise berechnen: Wird ein Mol Gas (Volumen V, Druck p, Temperatur T) von c_0 auf c_1 zusammengepreßt, so ist die verrichtete Arbeit

$$W = -\int p\,dV,$$

oder, wegen $cV = 1$ und $pV = RT$,

$$W = \int RT\frac{dc}{c} = RT(\ln c_1 - \ln c_0).$$

Ebenso ist die aus den beiden letzten Manipulationen gewonnene Arbeit

$$RT(\ln c_2 - \ln c_0) \qquad \text{und} \qquad RT(\ln c_3 - \ln c_0),$$

also wird die ganze gewonnene Arbeit

$$W = RT(\ln c_2 + \ln c_3 - \ln c_1) - RT\ln c_0 = RT\ln K - RT\ln c_0. \tag{1}$$

Das letzte Glied, das die willkürlich zu wählenden Ausgangsbedingungen enthält, verschwindet aus den Formeln, sobald man einen geschlossenen umkehrbaren Kreisprozeß betrachtet.

Nach dem zweiten Hauptsatz der Thermodynamik wird durch Überführung einer Wärmemenge Q von einer höheren zu einer tieferen Temperatur durch einen umkehrbaren Kreisprozeß ein Betrag

$$W_2 - W_1 = \frac{T_2 - T_1}{T_2} Q$$

an Arbeit gewonnen. Wir betrachten einen Kreisprozeß, in welchem bei $T + dT$ die Umsetzung $AB \rightarrow A + B$ und bei T die entgegengesetzte Umsetzung stattfindet. Bei der ersten Umsetzung wird eine Energiemenge U absorbiert, die bei der Vereinigung $A + B \rightarrow AB$ wieder frei wird. Die bei der höheren Temperatur zugeführte Wärme dient für diese Umwandlungsenergie und für die aus dem Vorgang gewonnene Arbeit, also $Q = U + W$. Wir haben daher

$$dW = \frac{dT}{T}(U + W). \tag{2}$$

Wäre $U = 0$, fände also die Umsetzung ohne Wärmeproduktion oder Absorption statt, so wäre W einfach der Temperatur proportional, also nach Formel (1) wäre K konstant, unabhängig von der Temperatur. Bei positivem U (die Verbindung liefert Energie) ändert sich W rascher als die Temperatur, K und $c_2 c_3/c_1$ wachsen mit der Temperatur, und das Gleichgewicht verschiebt sich bei steigender Temperatur im Sinne einer stärkeren Zersetzung. Umgekehrt wird bei negativem U (die Zersetzung liefert Energie) die Verbindung bei steigender Temperatur stabiler. Führt man den Wert von W aus (1) in Formel (2) ein, so wird

$$\frac{dW}{dT} = \frac{W}{T} + RT\frac{d}{dT}\ln K = \frac{W}{T} + \frac{U}{T},$$

also

$$\frac{d}{dT}\ln K = \frac{U}{RT^2}.$$

Diese Formel für die Abhängigkeit des chemischen Gleichgewichts von der Temperatur ist von VAN T'HOFF aufgestellt worden.

5. Anwendung auf ein Gasgemisch. Die Gleichgewichtskonstante selbst wird nun gegeben durch das Integral

$$\ln K = \int \frac{U}{RT^2}\,dT. \tag{3}$$

Um sie berechnen zu können, muß man die Temperaturabhängigkeit von U kennen, sowie den Wert von U für eine bestimmte Temperatur.

Für Gase hoher Temperatur, um die es sich hier handelt, ist die Abhängigkeit der Umwandlungsenergie U von der Temperatur leicht zu finden. Man vergleicht den Vorgang $AB \rightarrow A + B$ bei niedriger Temperatur und bei nachheriger Erwärmung der Bestandteile A und B um dT (Wärmekapazitäten C_2 und C_3) mit dem Fall der Erwärmung des AB vorher (Wärmekapazität C_1) und Umsetzung bei der höheren Temperatur. Das Resultat ist identisch, also

$$U + (C_2 + C_3)\,dT = U + dU + C_1\,dT$$

oder

$$\frac{dU}{dT} = C_2 + C_3 - C_1 = \sum C.$$

Der Temperaturkoeffizient der zur Umwandlung nötigen Energie ist gleich der Summe der Wärmekapazitäten, wobei die entstehenden Stoffe positiv, die verschwindenden negativ gerechnet werden. Bei einatomigen Gasen ist bekanntlich $C = \frac{3}{2}R$; für den Fall, daß alle drei Stoffe als einatomige Gase zu betrachten sind, wird $\Sigma C = \frac{3}{2}R$.

Bei Gasen wird zumeist die Gleichgewichtskonstante nicht in Konzentrationen, sondern in Partialdrucken ausgedrückt, die wir, mit entsprechender Wahl der Gaskonstante R, in absoluten Maßeinheiten ausgedrückt annehmen. Dann ist

$$p = RTc, \qquad \ln\frac{c_2 c_3}{c_1} = \ln\frac{p_2 p_3}{p_1} - \ln RT.$$

(Im allgemeinen Fall, mit anderen Faktorenzahlen c und p in Zähler und Nenner, steht vor $\ln RT$ als Koeffizient ΣN, die Anzahl der Faktoren, positiv für den Zähler, negativ für den Nenner gerechnet.)

Durch Ausführung der Integration findet man

$$\ln\frac{p_2 p_3}{p_1} = \int \frac{1}{RT^2}\left(U_0 + \frac{3}{2}RT\right)dT + \ln RT$$

$$= -\frac{U_0}{RT} + 2{,}5\ln T + J, \tag{4}$$

wo U_0 die auf $T = 0$ extrapolierte Umwandlungsenergie und J eine noch unbekannte Integrationskonstante bedeutet. Der Ausdruck $p_2 p_3/p_1$ wird weiterhin auch mit K bezeichnet werden.

6. Einführung der chemischen Konstanten. Die Integrationskonstante ist nicht für jede chemische Umwandlung eine neue unabhängige Größe. Man kann nachweisen, daß sie aus Beiträgen aller mitwirkenden Stoffe additiv zusammengesetzt ist. Dazu wird zuerst die Verdampfung eines Stoffes bei niedriger Temperatur (Umwandlung aus dem festen in den gasförmigen Zustand) in ähnlicher Weise behandelt. Die Umwandlungsenergie ist hier die Verdampfungswärme λ; bei der Umwandlung eines Mols kommt für die Berechnung der Arbeit nur die Konzentration des Gases in Betracht, da das Volumen des festen Körpers unverändert bleibt, also $W = RT\ln c_1$. Aus einem Kreisprozeß zwischen T und $T + dT$ findet man dann

$$\frac{d}{dT}\ln c = \frac{\lambda}{RT^2}, \qquad \ln p = \int \frac{\lambda}{RT^2}dT + \ln RT.$$

Da der Temperaturkoeffizient von λ, durch eine ähnliche Beweisführung wie in der vorigen Ziffer, gleich der Wärmekapazität des Gases gefunden wird, hat man

$$\lambda = \lambda_0 + \tfrac{3}{2}RT$$

und

$$\ln p = -\frac{\lambda_0}{RT} + 2{,}5\ln T + i, \tag{5}$$

wo eine Integrationskonstante auftritt, die „chemische Konstante“, die für jeden Stoff charakteristisch ist.

Um die Integrationskonstante J mit diesen i in Beziehung zu setzen, betrachten wir eine bestimmte chemische Umsetzung, einmal in dem gasförmigen (K), ein anderes Mal in dem festen Zustande (K') vor sich gehend, alles bei gleicher Temperatur, und verbinden sie durch Verdampfungsvorgänge. Ausgehend von dem festen AB läßt man nacheinander Verdampfung von AB, Umwandlung $AB \to A + B$ in Gasform, Kondensation von A und B eintreten, wobei dasselbe Resultat herauskommt wie bei der Umwandlung $AB \to A + B$ der festen Stoffe, weil sie zusammen einen umkehrbaren Prozeß bilden. Also

$$W = RT\ln p_1 + RT\ln K - RT(\ln p_2 + \ln p_3) = RT\ln K'.$$

Für $T = 0$ muß nach dem NERNSTschen Wärmesatz $dW/dT = 0$ sein; also kann in dem Ausdruck von W als Funktion von T für die festen Zustände, die kontinuierlich an den Zustand für $T = 0$ anzuschließen sind, kein Glied mit T in der ersten Potenz vorkommen. Dann muß auch die Summe aller T in der ersten Potenz enthaltenden Glieder in dem ersten Ausdruck für W verschwinden:

$$RTi_1 + RTJ - RT(i_2 + i_3) = 0.$$

Also ist

$$J = i_2 + i_3 - i_1 = \sum i.$$

Die Integrationskonstante J bei einer Umwandlung ist gleich der Summe der chemischen Konstanten, positiv für die entstehenden, negativ für die verschwindenden Stoffe genommen. Die Gleichgewichtsformel wird nun

$$\ln\frac{p_2 p_3}{p_1} = -\frac{U_0}{RT} + 2{,}5\ln T + \sum i\,. \qquad (6)$$

7. Berechnung der chemischen Konstanten. Die Thermodynamik gestattet, für die Abhängigkeit des Gleichgewichts von der Temperatur die Form der Funktion abzuleiten. Die darin auftretenden Konstanten und Koeffizienten sind jedoch auf diesem Wege nicht zu finden. Dazu ist ein Eingehen auf den Mechanismus der Erscheinungen mittels kinetischer Theorien der Materie nötig. So wurde schon der Wert der Wärmekapazitäten C aus der kinetischen Gastheorie eingeführt. Dasselbe gilt für die chemischen Konstanten. Seit 1912 haben verschiedene Physiker[1] theoretische Berechnungen für i gegeben, von mehr oder weniger willkürlichen, oft erkünstelt vereinfachten Annahmen über die Struktur der Materie ausgehend. Die Gleichartigkeit ihrer Ergebnisse wies darauf hin, daß nicht die speziellen Mechanismen, sondern nur ganz allgemeine Sätze, die Korpuskulartheorie der Materie betreffend, das Resultat bestimmten. Indem die Grundlagen der statistisch-mechanischen Methode, die dabei zur Anwendung kommt, im nächsten Abschnitt behandelt werden, sollen hier diese Sätze als gegeben betrachtet werden.

Es sind n_0 Teilchen vorhanden, n in Gasform, $n' = n_0 - n$ in fester Form. Diejenige Verteilung der Teilchen, die die größte Wahrscheinlichkeit besitzt, wird als der wirkliche Zustand betrachtet. Die Wahrscheinlichkeit, daß von n_0 Teilchen eine Anzahl n in einem bestimmten Gebiet liegen (dem Gasraum), während die übrigen n' jedes für sich einen festen Platz einnehmen (die nicht vertauschbaren Stellen im festen Körper), wäre ohne weitere Unterschiede dem Fakultätenquotienten $n_0!/n!$ gleich. Nun aber ändert sich die Wahrscheinlichkeit, daß ein Teilchen eine bestimmte Energie besitzt, mit der Energie wie $e^{-E/kT}$. Die Wahrscheinlichkeit, daß die Koordinaten eines bestimmten Teilchens zwischen q_1 und $q_1 + dq_1$, q_2 und $q_2 + dq_2$, q_3 und $q_3 + dq_3$ liegen und seine Impulskomponenten zwischen p_1 und $p_1 + dp_1$, p_2 und $p_2 + dp_2$, p_3 und $p_3 + dp_3$, wird dann gegeben durch

$$e^{-E/kT}\,dq_1\,dq_2\,dq_3\,dp_1\,dp_2\,dp_3\,.$$

Das Produkt solcher Ausdrücke für alle Teilchen gibt die Wahrscheinlichkeit, daß gerade diese spezielle Verteilung der Teilchen vorhanden ist. Dies ist aber nur ein Spezialfall der wirklichen Verteilung; jedes Gasteilchen kann alle Werte p zwischen $\pm\infty$ und alle Werte q innerhalb des gegebenen Gasraumes einnehmen, und ebenso können auch die festen Teilchen eine Anzahl verschiedener Werte dieser Größen aufweisen. Man muß daher für jedes Teilchen über alle Werte von p und q innerhalb dieser Gebiete integrieren; die Totalwahrscheinlichkeit aller dieser Zustände, die zu der Teilung von n_0 in n und n' gehören, wird

$$w = \frac{n_0!}{n!}\prod\int e^{-E/kT}\,dq_1\,dq_2\,dq_3\,dp_1\,dp_2\,dp_3 \cdot \prod\int e^{-E'/kT}\,dq_1'\,dq_2'\,dq_3'\,dp_1'\,dp_2'\,dp_3'\,,$$

wo das erste Produkt sich auf die Gasteilchen, das zweite sich auf den festen Körper bezieht. Jedes E ist zusammengesetzt aus einem kinetischen und einem potentiellen Teil; ist ε die Arbeit, die nötig ist, um ein Teilchen aus dem festen Körper in den Gasraum zu bringen, so ist die potentielle Energie der Gasteilchen $= \varepsilon$, die der festen Teilchen $= 0$ zu setzen. Die kinetische Energie eines Gasteilchens

[1] Sackur, Ann d Phys 40, S. 47 (1913); Tetrode, ebenda 38, S. 434 (1912); Stern, Phys Z 14, S. 629 (1913).

ist $(p_1^2 + p_2^2 + p_3^2)/2\,m$, wenn m seine Masse ist. Für das Gas läßt sich nun jedes Integral in folgender Weise spalten und entwickeln

$$\iiint\limits_{-\infty}^{+\infty} e^{-(p_1^2+p_2^2+p_3^2)/2mkT}\, dp_1\, dp_2\, dp_3 \cdot \iiint\limits_{V} e^{-\varepsilon/kT}\, dq_1\, dq_2\, dq_3 = \sqrt{(2\pi mkT)^3}\, V e^{-\varepsilon/kT}.$$

Da dieser Ausdruck der nämliche ist für jedes Gasteilchen, wird das Produkt gleich der $n$ten Potenz dieses Wertes.

Der zweite Teil, das Produkt der Integrale für die festen Teilchen, bietet viel größere Schwierigkeiten, und hier haben die verschiedenen Autoren mit verschiedenen Voraussetzungen gearbeitet. Sie kommen schließlich darauf hinaus, daß bei der Spaltung des Integrals in

$$\iint e^{-E_x'/kT}\, dp_1'\, dq_1' \cdot \iint e^{-E_y'/kT}\, dp_2'\, dq_2' \cdot \iint e^{-E_z'/kT}\, dp_3'\, dq_3'$$

jedem dieser Teilintegrale, die sich so weit erstrecken wie die Beweglichkeit des festen Teilchens geht, der Wert des PLANCKschen Wirkungsquantums zuerteilt wird. Damit wird das Produkt über den ganzen festen Körper $h^{3n'}$.

Die Wahrscheinlichkeit dieses ganzen Zustandes wird somit

$$w = \frac{n_0!}{n!}(2\pi mkT)^{3n/2}\, h^{3n'}\, V^n e^{-n\varepsilon/kT}.$$

Die Verteilung der n_0 Teilchen soll derart sein, d. h. n hat denjenigen Betrag, daß dadurch dieser Ausdruck der Wahrscheinlichkeit zu einem Maximum gemacht wird. Dann darf die Änderung von n zu $n - 1$, also von n' zu $n' + 1$ seinen Wert nicht ändern. Dabei verschwindet im Nenner ein Faktor n; von allen Größen, die n im Exponenten haben, verschwindet eine Potenz, bei solchen, die n' im Exponenten haben, kommt eine hinzu. Also wird

$$(2\pi mkT)^{\frac{3}{2}}\, h^{-3}\, \frac{V}{n}\, e^{-\varepsilon/kT} = 1.$$

Diese Formel bestimmt n; sie läßt sich auch leicht durch logarithmische Differentiation von w in bezug auf n erhalten. Führt man nun ein:

$$n = pV/kT, \qquad \varepsilon/k = \lambda/R,$$

wobei die Größen pro Teilchen durch Größen pro Mol ersetzt werden, so wird

$$p = (2\pi m)^{\frac{3}{2}}(kT)^{\frac{5}{2}}\, h^{-3} e^{-\lambda/RT}.$$

Vergleicht man diesen Ausdruck mit der oben für den Dampfdruck gefundenen Formel

$$p = e^{-\lambda_0/RT}\, T^{\frac{5}{2}}\, e^i,$$

so ergibt sich eine völlige Identität, wenn man setzt

$$i = \ln \frac{(2\pi m)^{\frac{3}{2}} k^{\frac{5}{2}}}{h^3}. \tag{7}$$

Damit ist die chemische Konstante auf bekannte physikalische Größen zurückgeführt. Führt man die AVOGADROsche Zahl N und das Molekulargewicht μ ein, so kann man, da $Nm = \mu$ und $Nk = R$ ist, dafür auch schreiben

$$i = \ln \frac{(2\pi)^{\frac{3}{2}} R^{\frac{5}{2}}}{N^4 h^3} + \frac{3}{2} \ln \mu.$$

Die Formel für das Gleichgewicht wird also

$$\ln K = \ln \frac{p_2 p_3}{p_1} = -\frac{U_0}{RT} + 2{,}5 \ln T + \ln \frac{(2\pi m)^{\frac{3}{2}} k^{\frac{5}{2}}}{h^3}. \tag{8}$$

Der in dieser Formel in der chemischen Konstante auftretende Faktor h^{-3} ist aus den Eigenschaften der festen Körper hineingekommen; da es sich hier um eine Gleichung des Gaszustandes handelt, ist es schwer einzusehen, wie der feste Zustand darauf Einfluß haben kann. Der Streit darüber, ob das h auf den festen Zustand oder auf den Gaszustand Bezug hat, wird durch die statistisch-mechanische Ableitung der Formel entschieden (vgl. Ziff. 18).

8. Die SAHAsche Ionisationsformel. SAHA wendet diese Formel auf das Gleichgewicht von neutralen Atomen, Ionen und Elektronen an. Er setzt ein einfaches Gas voraus; p_2 und p_3, die Partialdrucke von Ionen und Elektronen, sind dann einander gleich. Ist p_0 der Druck des Gases vor der Ionisation und ist die Fraktion x der Atome ionisiert, so wird $p_2 = p_3 = x p_0$ und der Partialdruck der neutralen Atome $p_1 = (1 - x)\, p_0$; der Totaldruck p ist nun $p_1 + p_2 + p_3 = p_0(1 + x)$. Die Ionisationsenergie pro Mol sei U Kalorien. Die chemischen Konstanten für Atome und Ionen werden gleich angenommen, weil sie dasselbe μ haben; für die Elektronen wird die chemische Konstante mittels eines Molekulargewichts $\mu = 1/1847$ berechnet. Es wird also angenommen, daß Ionen und Elektronen als Atome eines einatomigen Gases zu betrachten sind. Führt man in die Gleichgewichtsformel dezimale statt der natürlichen Logarithmen ein, so bekommt man

$$\log \frac{x^2}{1 - x} \frac{p}{1 + x} = -\frac{U}{2{,}303\, R T} + 2{,}5 \log T + \log \frac{(2\pi)^{\frac{3}{2}} R^{\frac{5}{2}}}{N^4 h^3} + \frac{3}{2} \log \frac{1}{1847}.$$

Mit den numerischen Werten $\log R = 7{,}920$, $\log N = 23{,}783$, $\log h = -26{,}184$ findet sich für den dritten Term des zweiten Gliedes 4,42. Wird der Druck statt in absoluten Einheiten in Atmosphären gemessen, so ist dieser Term um 6,02 zu verringern, wird also $-1{,}60$; mit $\frac{3}{2} \log \frac{1}{1847} = -4{,}90$ wird der konstante Teil $-6{,}50$. Setzt man für den in Kalorien ausgedrückten Wert von R in dem ersten Term 1,985, so wird

$$\log \frac{x^2}{1 - x^2}\, p = -\frac{U}{4{,}571\, T} + 2{,}5 \log T - 6{,}50\,. \tag{9}$$

Dies ist die von SAHA gegebene Formel.

Die Ionisierungsenergie U läßt sich aus zwei verschiedenen experimentellen Größen ermitteln. Die Arbeit, die nötig ist, um in einem Atom das Elektron von seiner normalen Bahn kleinster Energie in die verschiedenen höheren Bahnen emporzuheben, hängt mit der Wellenlänge der dabei absorbierten Linien, die zusammen eine Serie bilden, durch die Relation

$$E_1 - E_2 = h\nu = hc/\lambda$$

zusammen (c ist die Lichtgeschwindigkeit). Die Grenze der Serie, worin die höchsten Terme zusammenfließen, stimmt dann mit der Emporhebung des Elektrons ins Unendliche, also mit der Ionisation überein. Sind ν_0 und λ_0 Frequenz und Wellenlänge der Seriengrenze, so ist die Ionisierungsarbeit pro Atom

$$\chi = h\nu_0 = hc/\lambda_0\,. \tag{10}$$

Durch Multiplikation mit der Zahl N der Atome pro Mol bekommt man die Arbeit pro Mol. Zur Umwandlung in Kalorien ist mit dem mechanischen Wärmeäquivalent A (1 Kalorie $= 4{,}19 \cdot 10^7$ Erg) zu dividieren; also wird

$$U = hcN/A\lambda_0\,.$$

Setzt man die numerischen Werte $\log h = -26{,}184$, $\log c = 10{,}477$, $\log N = 23{,}783$, $\log A = 7{,}622$ ein, so findet man $U = 2{,}84/\lambda_0$, wenn λ_0 in Zentimetern ausgedrückt wird; also $U/4{,}571 = 0{,}622/\lambda_0$.

Die zweite Methode beruht auf der Bestimmung des Ionisationspotentials. Elektronen, die ein elektrisches Feld mit Potentialfall V Volt durchlaufen, bekommen dabei eine kinetische Energie, die der verlorenen potentiellen Energie, also dem Potentialgefälle multipliziert mit der Ladung, gleich ist; in absoluten Einheiten ist diese Energie $eV/300$. Prallt das Elektron nun mit einem Atom zusammen, so kann es, wenn seine Energie ausreicht, in dem Atom ein Elektron zur nächst höheren Bahn emporzuheben, seine Energie dazu abgeben, statt elastisch zurückgeworfen zu werden. Der dazu nötige Potentialfall ist die Resonanzspannung. Steigt das Potential und damit die kinetische Energie noch höher, so genügt diese schließlich, um das Elektron völlig aus dem Atom hinauszuwerfen; dieses Potential heißt die Ionisationsspannung oder das Ionisationspotential (I.P.). Die sich daraus ergebende Relation

$$\chi = h\nu_0 = eV/300 \tag{11}$$

ist durch zahlreiche Versuche über unelastische Zusammenstöße, zuerst von FRANCK und HERTZ, bestätigt worden. Aus dem beobachteten I.P. kann man also auch U finden

$$U = eNV/300A\,.$$

Setzt man $e = 4{,}77 \cdot 10^{-10}$ und die anderen Konstanten ein, so findet sich für die in der Gleichgewichtsformel auftretende Größe

$$U/4{,}571 = 5039\,V\,. \tag{12}$$

Bei den zahlreichen Versuchen über Elektronenstöße ist es üblich geworden, die für das Emporheben eines Elektrons in eine höhere Bahn oder bis ins Unendliche nötige Energie durch den Wert der damit korrespondierenden Spannung, also im letzteren Fall durch das I.P. anzugeben, auch wenn sie aus anderen Daten, z. B. aus Seriengrenzen, abgeleitet worden ist. Die in solcher Weise abgeleiteten Werte sind in Ziff. 20 zusammengestellt.

9. Mehrfache Ionisation. Ein ionisiertes Atom kann noch ein zweites Elektron verlieren. Die dazu nötige Ionisierungsarbeit sei U'. Der Prozentsatz der einfach und der doppelt ionisierten Atome sei x und y; dann ist der Partialdruck dieser Atome xp_0 und yp_0, der der Elektronen $(x + 2y)\,p_0$, der der neutralen Atome $(1 - x - y)\,p_0$, und der Totaldruck wird $p = (1 + x + 2y)\,p_0$. Dann werden die Gleichgewichtsgleichungen

$$\log \frac{x(x+2y)}{1-x-y}\,\frac{p}{1+x+2y} = -\frac{U}{4{,}571\,T} + 2{,}5 \log T - 6{,}50\,,$$

$$\log \frac{y(x+2y)}{x}\,\frac{p}{1+x+2y} = -\frac{U'}{4{,}571\,T} + 2{,}5 \log T - 6{,}50\,.$$

Subtrahiert man diese Gleichungen, so findet man

$$\log \frac{x^2}{y(1-x-y)} = \frac{U'-U}{4{,}571\,T}\,.$$

Da das zweite Ionisationspotential bei den Elementen, für die beide bekannt sind, erheblich (um mehr als 5) größer ist als das erste, wird das zweite Glied der Gleichung für die bekannten Oberflächentemperaturen sehr groß ($> 25\,000/T$); also muß entweder y oder $1 - x - y$ sehr klein sein. Das heißt, daß die drei Stufen des Atoms nicht gleichzeitig nebeneinander in erheblicher Menge vorkommen können; die zweite Ionisation wird erst bedeutend, wenn die neutralen Atome so gut wie verschwunden sind. Damit werden die Gleichungen für die einander folgenden Ionisierungen unabhängig und vereinfachen sich zu

$$\log \frac{x^2}{(1-x)(1+x)} p = -\frac{U}{4{,}571\,T} + 2{,}5 \log T - 6{,}50\,,$$

$$\log \frac{y(1+y)}{(1-y)(2+y)} p = -\frac{U'}{4{,}571\,T} + 2{,}5 \log T - 6{,}50\,.$$

SAHA gibt eine etwas abweichende Formel[1], weil er den zweiten Prozeß als völlig unabhängig betrachtet, wobei die Elektronen des ersten Prozesses nicht mitwirken.

10. Ionisation in einer zusammengesetzten Atmosphäre. In einer Sternatmosphäre kommen mehrere Elemente vor, deren Atome in verschiedenem Maße ionisiert sind. Die aus diesen Atomen frei werdenden Elektronen sind identisch und wirken auf alle Ionen als eine einzige Elektronenatmosphäre. Die Änderungen, die die SAHAsche Formel dadurch erfahren muß, sind zuerst von E. A. MILNE[2] und H. N. RUSSELL[3] angegeben worden. In diesem Fall ist der Elektronendruck (hier mit P bezeichnet) nicht mehr dem Ionendruck p_2 eines bestimmten Elementes gleich. Man kann ihn einfach, wie MILNE es macht, in den Formeln stehen lassen und schreiben:

$$\log \frac{x}{1-x} P = -\frac{U}{4{,}571\,T} + 2{,}5 \log T - 6{,}50\,. \tag{13}$$

Der Elektronendruck kann aber auch, wie RUSSELL es macht, durch den Totaldruck ausgedrückt werden. Geben die Größen $x_1, x_2, x_3, \ldots$ an, welche Fraktionen der verschiedenen Elemente ionisiert sind, und $a_1, a_2, a_3, \ldots$ die Anzahl der Atome, so wird

$$P = \frac{\Sigma a x}{\Sigma a + \Sigma a x} p = \frac{x_0}{1 + x_0} p\,,$$

wenn $x_0 = \sum a x / \sum a$ den mittleren Ionisationsgrad der Mischung bezeichnet. Dann wird die Formel

$$\log \frac{x}{1-x} \frac{x_0}{1+x_0} p = -\frac{U}{4{,}571\,T} + 2{,}5 \log T - 6{,}50\,. \tag{14}$$

Vergleicht man diese Formel mit der SAHAschen, so zeigt sich, daß für $x < x_0$ das Ionisationsverhältnis $x/(1-x)$ kleiner, für $x > x_0$ größer ist, als wenn bei gleichem Totaldruck das betreffende Element für sich allein vorhanden wäre. Das zuerst und am leichtesten ionisierte Element wird stärker ionisiert, weil seine Elektronen teilweise von den Ionen der schwer ionisierbaren Atome absorbiert werden; letztere umgekehrt werden in ihrer Ionisation gehemmt, weil sie von einer fremden Elektronenatmosphäre umgeben sind. Die Mischung der Elemente wirkt, als ob die Ionisationsspannungen noch mehr verschieden wären, als sie es sind. Der Bereich in Temperatur und Druck, über den der Verlauf der Ionisierung sich erstreckt, wird für die leicht ionisierbaren Elemente erweitert, für die schwer zu ionisierenden verengert.

A. S. KING hat diese theoretische Schlußfolgerung durch Versuche mit seinem elektrischen Ofen bestätigt[4]. Bei 1800° waren die Linien von Ca und Ca^+ deutlich sichtbar; wurde K zu dem Ca gemischt, so wurden die Linien des Ca^+ stark geschwächt, während die Ca-Linien ihre Intensität beibehielten. Mit Sr und Ba wurde, etwas schwächer, der gleiche Effekt beobachtet; bei einer Mischung des Ba mit Na dagegen, das das gleiche I.P besitzt, war keine Änderung bemerkbar.

[1] Phil Mag 40, S. 478 (1920).
[2] Obs 44, S. 261 (1921).
[3] Ap J 55, S. 119 (1922).
[4] Ap J 55, S. 330 (1922).

Dividiert man die RUSSELLschen Formeln für zwei Elemente, so wird der Elektronendruck eliminiert, und man erhält

$$\log\left(\frac{x_1}{1-x_1}:\frac{x_2}{1-x_2}\right)=\frac{U_2-U_1}{4{,}571\,T}.$$

Diese Formel besagt, daß das Verhältnis der Ionisationszustände zweier Elemente in einer Atmosphäre unabhängig von der relativen Menge und von der Anwesenheit anderer Elemente ist und nur durch die Temperatur und die Ionisationspotentiale bestimmt wird.

11. Das Auftreten höherer Serien. SAHA wies in seinen Aufsätzen darauf hin, daß der Übergang von dem neutralen zu dem ionisierten Zustand nicht schroff vor sich geht; das Elektron kann zuvor durch Aufnahme von Energie in höhere Quantenbahnen als die Normallage gehoben werden. Bei tiefer Temperatur absorbieren die Atome, da das Elektron sich in der niedrigsten Quantenbahn geringster Energie befindet, nur die Hauptserie des Spektrums. Bei steigender Temperatur geht in einem Teil der Atome das Elektron auf höhere Quantenbahnen über und werden die Nebenserien absorbiert. SAHA beschränkt sich auf diesen qualitativen Hinweis. Quantitative Ausdrücke lassen sich ableiten, wenn man die Formeln des chemischen Gleichgewichts auf die verschiedenen Quantenzustände eines Atoms anwendet. Der Fall ist der nämliche wie bei ihrer Anwendung auf die allotrope Umwandlung eines Stoffes; da die Anzahl der Teilchen und ihr Molekulargewicht sich nicht ändern, verschwinden die beiden letzten Glieder, und die Formel wird einfach

$$\log p_1/p_0 = -\,U_1/4{,}571\,T\,,$$

wo U_1 die Umwandlungsenergie pro Mol ist und p_0 und p_1 die Partialdrucke beider Formen bedeuten. Dies gilt für alle höheren Niveaus; nennt man ihre Energiedifferenz gegen die Grundbahn U_1, U_2, U_3, ..., so hat man

$$p_0:p_1:p_2:p_3\cdots = 1 : e^{-U_1/RT} : e^{-U_2/RT} : e^{-U_3/RT}\ldots. \tag{15}$$

Also, um so höher die Temperatur steigt, in um so größerer Zahl verteilen sich die Elektronen in dem Normalzustand des Atoms auf die höheren Bahnen, ohne jedoch je die Anzahl der Grundbahn zu erreichen; erst bei $T=\infty$ werden die Anzahlen einander gleich. Bei steigender Temperatur werden daher allmählich die höheren Serien auftreten, die von Bahnen höherer Energie ausgehen. Durch Beobachtung der Spektren in einem elektrischen Ofen bei verschiedenen Temperaturen von 1600° bis 2700° hat A. S. KING[1] die Linien in Temperaturklassen I bis V eingeteilt; die Funkenlinien reihen sich dabei zumeist in die Klasse V ein. Diese Einteilung kann als eine rohe Einteilung nach Energieniveaus dienen.

Die Energiedifferenzen U_1, U_2, ... hängen durch die Relationen $U_1 = h\nu_1$, $U_2 = h\nu_2$ ... mit der Frequenz der Linien zusammen, die bei dem Übergang zwischen den betreffenden Niveaus entstehen. Die mit ihnen durch die Relation $U_1 = eNV_1/300\,A$ zusammenhängenden Spannungen treten als „Anregungspotentiale" dieser Linien in den Versuchen mit Elektronenstößen auf.

12. Einfluß der höheren Serien auf die Ionisation. Durch das Vorhandensein von Atomen in diesem angeregten Zustand als Normalzustand wird auch die Ionisation beeinflußt. Nehmen wir zwei Zustände des Atoms an mit Partialdrucken p_1 und p_2, während diese für die Ionen und Elektronen p_i und p_e sind,

[1] Ap J 37, S. 239 (1913); 39, S. 139 (1914); 41, S. 86 (1915); 42, S. 344 (1915); 48, S. 13 (1918); 51, S. 179 (1920); 53, S. 133 (1921); 54, S. 28 (1921); 56, S. 318 (1922); 59, S. 155 (1924); 60, S. 282 (1924).

so sind drei Umwandlungen möglich, für die die Gleichungen gelten

$$\log K_1 = \log \frac{p_i p_e}{p_1} = -\frac{U}{4{,}571\,T} + 2{,}5 \log T - 6{,}50\,,$$

$$\log K_2 = \log \frac{p_i p_e}{p_2} = -\frac{U - U_1}{4{,}571\,T} + 2{,}5 \log T - 6{,}50\,,$$

$$\log K_{12} = \log \frac{p_2}{p_1} = -\frac{U_1}{4{,}571\,T}.$$

Wenn x den Prozentsatz der ionisierten, $1 - x$ den der neutralen Atome bedeutet, unter denen sich die Fraktion y in der niedrigsten, $1 - y$ in der höheren Quantenstufe befindet, so ist

$$\frac{p_1}{p_2} = \frac{y}{1-y}\,, \qquad \frac{p_i p_e}{p_1} = \frac{x}{y(1-x)} \frac{x_0}{1+x_0} p\,, \qquad \frac{p_i p_e}{p_2} = \frac{x}{(1-y)(1-x)} \frac{x_0}{1+x_0} p\,.$$

Bezeichnet man mit K den Ausdruck

$$\frac{x}{1-x} \frac{x_0}{1+x_0} p\,,$$

so wird

$$\frac{1}{K} = \frac{1}{K_1} + \frac{1}{K_2}\,.$$

Sind eine große Anzahl Quantenzustände vorhanden, so ergibt sich in derselben Weise für die scheinbare Gleichgewichtskonstante, die die Ionisation bestimmt,

$$\frac{1}{K} = \sum \frac{1}{K_n}\,.$$

Setzt man die Werte für K_1, K_2, ... ein, so wird

$$\frac{x}{1-x} \frac{x_0}{1+x_0} p = T^{2,5}\, 10^{-6,50} \frac{e^{-U/RT}}{1 + e^{-U_1/RT} + e^{-U_2/RT} + \cdots}\,. \tag{16}$$

Es stellt sich also heraus, daß der Ionisationsgrad durch das Vorhandensein der anderen Quantenzustände verringert wird, wie auch schon von MILNE angegeben wurde[1]. Man kann das Ergebnis in der Weise ausdrücken, daß das Vorhandensein von Atomen, die einen Teil der vorhandenen Energie verschlucken, einen geringeren Teil für die Ionisation übrig läßt. Es muß aber hinzugefügt werden, daß bei mäßigen Temperaturen, wenn nicht die U_1 äußerst gering sind, die hinzukommenden Glieder praktisch nur eine geringe Bedeutung haben. Da auch im ionisierten Atom die Elektronen in höhere Quantenbahnen übergehen können, ergibt sich, daß dafür im Zähler der Formel eine ähnliche Reihe hinzukommt, wie hier im Nenner geschrieben wurde; diese wird aber erst bei noch viel höheren Temperaturen merklich.

13. Die Konvergenz der Quantenzustände. Wenn man eine Verteilung der Atome über verschiedene Quantenzustände einführt, stößt man auf eine Schwierigkeit. Der Totaldruck ist die Summe der Partialdrucke der verschiedenen Zustände; aber diese Reihe ist nicht konvergent. Die Werte U_n nähern sich für die höheren Glieder immer mehr U; das Verhältnis zweier einander folgender Glieder nähert sich der Einheit, also wird die Summe unendlich, wenn nicht jedes Glied für sich Null ist. Bei Wasserstoff z. B., wo die Energie der verschiedenen Bahnen durch die Reihe der einfachen Werte

$$-\chi\,, \qquad -\tfrac{1}{4}\chi\,, \qquad -\tfrac{1}{9}\chi\,, \qquad -\tfrac{1}{16}\chi \cdots$$

ausgedrückt wird, nimmt die Reihe der Partialdrucke die Gestalt an:

$$p_0 + p_1 + p_2 + p_3 + \cdots = 1 + e^{-\frac{3}{4}U/RT} + e^{-\frac{8}{9}U/RT} + e^{-\frac{15}{16}U/RT} + \cdots.$$

[1] Obs 44, S. 269 (1921).

Diese Terme sind für die praktisch in Frage kommenden Temperaturen sehr klein; für Wasserstoff bei 10000° wird die Reihe

$$1 + 10^{-5,10} + 10^{-6,04} + 10^{-6,38} + \dots$$

Aber trotzdem bleibt theoretisch die Schwierigkeit bestehen, daß die Energie sich über unendlich viele Niveaus verteilen muß, deren jedes, abgesehen von dem niedrigsten, nahezu gleich viel erhält. Wie die Erfahrung an den Spektren zeigt, kann dies nicht der Realität entsprechen. Es ist auch klar, daß die Zahl der wirklich vorkommenden Bahnen beschränkt ist, weil der für jedes Atom verfügbare Raum keine größeren Bahnen zuläßt. Die Reihe wird nun nicht an irgendeiner Stelle plötzlich abbrechen, sondern die Bahnen werden schwieriger und seltener vorkommen, je größer sie sind. Die Glieder der Reihe, die diesen Bahnen entsprechen, werden mit Koeffizienten multipliziert werden müssen, die sich für die höheren Glieder der Null nähern. Formeln dafür sind zuerst von H. C. UREY[1] und E. FERMI[2] gegeben worden. Man kann sie, anschließend an unsere bisherigen Entwicklungen, in folgender Weise ableiten.

Die Anzahl der Atome mit Energie χ_r sei n_r, ihr Volumen V_r, die Totalzahl n, der ganze Raum V. Für jede Art von Atomen ist der gleiche Bewegungsraum vorhanden, der übrig bleibt, wenn man vom Gesamtraum das Volumen aller Atome abzieht, also $V' = V - \sum V_r n_r$. Die Wahrscheinlichkeit dieses Zustandes wird dann, ähnlich wie in Ziff. 7, gegeben durch

$$w = \frac{n!}{n_1!\, n_2! \cdots n_r! \cdots} \prod \int\limits_{\infty} e^{-E_k/RT}\, dq_1\, dq_2\, dq_3 \int\limits_{V'} e^{-\chi_r/kT}\, dp_1\, dp_2\, dp_3$$

$$= \frac{n!}{n_1!\, n_2! \cdots n_r! \cdots} (2\pi m k T)^{\frac{3}{2} n} \left(V - \sum V_r n_r\right)^n e^{-\sum \chi_r n_r/kT}.$$

Dieser Ausdruck soll ein Maximum sein, also sich nicht ändern, wenn die Art r um eins verringert, die Art s um eins vermehrt wird. Dann ändert sich $\sum V_r n_r$ um $-V_r + V_s$, also ist die Änderung des ganzen Ausdrucks

$$\frac{n_r}{n_s} \left(\frac{V - \sum V_r n_r + V_r - V_s}{V - \sum V_r n_r} \right)^n e^{-(\chi_s - \chi_r)/kT} = 1.$$

Schreibt man für $V' = V - \sum V_r n_r = V_0 n$, wo also V_0 der durchschnittliche freie Raum pro Atom ist, so wird (n ist eine ungeheuer große Zahl)

$$\frac{n_s}{n_r} = \left(1 - \frac{V_s - V_r}{n V_0}\right)^n e^{-(\chi_s - \chi_r)/kT}$$

$$= e^{-\frac{V_s - V_r}{V_0}}\, e^{-(\chi_s - \chi_r)/kT}$$

oder auch

$$n_r = C\, e^{-\chi_r/kT}\, e^{-V_r/V_0}. \tag{17}$$

Zu dem Ausdruck, der ohne diese Volumbetrachtung gefunden wurde, kommt also noch wegen des beschränkten Raumes ein exponentieller Volumfaktor hinzu, der die Reihe der Partialdrucke für die höheren Glieder konvergent macht. Mit diesem Ergebnis stimmt die Tatsache überein, daß in den Spektren der Himmelskörper immer nur eine beschränkte Anzahl der BALMER-Linien sichtbar ist, und zwar um so mehr, je geringer der Druck ist.

b_2) Statistisch-mechanische Ableitung der Gleichgewichtsformel.

14. Einleitendes. Durch die Untersuchungen von L. BOLTZMANN und J. W. GIBBS sind die Sätze der Thermodynamik auf Verteilungsgesetze innerhalb einer ungeheuer großen Anzahl gleichartiger mechanischer Systeme zurückgeführt

[1] Ap J 59, S. 1 (1924). [2] Z f Phys 26, S. 54 (1924).

worden. Die beobachtbaren physikalischen Größen sind die Parameter, die in diesen Verteilungsgesetzen auftreten; der jeweilig beobachtete Zustand entspricht der Verteilung, die die erdrückend größte Wahrscheinlichkeit hat, und der zugleich die mittlere Verteilung darstellt. Beides muß durch die Methoden der abzählenden Statistik ermittelt werden. Der große Vorzug der Thermodynamik, daß sie nur mit beobachtbaren physikalischen Größen operiert, ohne auf den Mikromechanismus der Erscheinungen Bezug zu nehmen — was ihre Ergebnisse unabhängig von Hypothesen über diesen Mechanismus macht und ihnen eine zweifellose Gewißheit gibt —, scheint dabei verlorenzugehen, aber nur scheinbar oder in unbedeutendem Maße. Was über den Mechanismus der Einzelsysteme vorauszusetzen ist, beschränkt sich auf so ganz allgemeine Sätze, daß darin kaum etwas Hypothetisches in diesem Sinne enthalten ist. Umgekehrt liegt der Vorzug der statistisch-mechanischen Methode darin, daß ein gewisser Spielraum in den Annahmen über Klasse und Charakter der Systeme vorhanden ist, der verschiedenen Anschluß an die Empirie und damit Entscheidungen über den allgemeinen Charakter der Systeme zuläßt. Das klassische Beispiel dafür bietet PLANCKS Ableitung der Strahlungsformel.

Die statistisch-mechanische Methode ist neuerdings durch die Zusammenarbeit dreier englischer Gelehrten, C. G. DARWIN, R. H. FOWLER und E. A. MILNE, auf die Ableitung des Ionisationsgleichgewichts angewandt worden. Zuerst haben DARWIN und FOWLER[1] durch das mathematische Hilfsmittel der „Verteilungsfunktion" eine machtvolle Methode zur Behandlung thermodynamischer Gleichgewichte geschaffen. Während sonst bei solchen Untersuchungen immer die wahrscheinlichste Verteilung bestimmt wurde, haben sie mit der mittleren Verteilung, dem Durchschnitt aller möglichen Zustände, gearbeitet. FOWLER hat diese Methode zur Ableitung von Formeln für das Dissoziationsgleichgewicht verwendet[2], und mit MILNE zusammen hat er sie auf die Sternatmosphären angewandt. Zweifellos verdient diese Ableitung der Ionisationsformel den Vorzug vor der rein thermodynamischen, da sie einen tieferen Einblick in die Voraussetzungen gestattet und Korrektionen für besondere Annahmen ermöglicht. Wir werden in unserer Übersicht dieser Ableitung alle nicht für unseren Zweck notwendigen, an sich interessanten Deduktionen fortlassen.

15. Verteilungsfunktion und Mittelwert. Wir denken uns eine große Anzahl (M) Systeme einer Art; die vorhandene Energie E kann sich in verschiedener Weise über diese Systeme verteilen. In einem dieser Zustände hat man a_1 Systeme, die die Energie ε_1 besitzen, a_2 Systeme mit ε_2 usw.; die Mengen $\varepsilon_1, \varepsilon_2, \ldots$ denken wir uns vorläufig als ganze Multipla einer kleinsten Einheit der Energie. Das zu lösende Problem ist, zu finden, wie oft jeder dieser Zustände vorkommt, um daraus den Durchschnittswert jeder in Frage kommenden Größe abzuleiten. Um es lösen zu können, ist eine Voraussetzung nötig: jeder unterscheidbare Zustand kommt gleich oft vor, hat dieselbe Wahrscheinlichkeit, oder auch, hat dasselbe Gewicht. Oder im allgemeineren Fall: wenn man dazu Ursache hat, gibt man jedem unterscheidbaren Zustande ein durch apriorische Erwägungen bestimmtes Gewicht. Unterscheidbare Zustände hat man, wenn ein System, das das erste Mal die Energie ε_1 besitzt, das zweite Mal ε_2 hat, während zugleich ein zweites System, das zuerst ε_2 hatte, jetzt ε_1 bekommt. Denn die Systeme sind zu unterscheiden; sie sind gleichsam numeriert, während die Energieeinheiten nicht zu unterscheiden sind.

Die Frage, wie groß die Anzahl Zustände ist, die durch obige Feststellung bestimmt sind, wird beantwortet durch die Zahl der Möglichkeiten, daß M Ele-

[1] On the Partition of Energy, Phil Mag 44, S. 450 (1922).

[2] Dissociation Equilibria by the Method of Partitions, Phil Mag 45, S. 1 (1923). Vgl. auch R. H. FOWLER, Statistical Mechanics (1929).

mente derart in Gruppen verteilt werden, daß die erste Gruppe a_1 Elemente, die zweite a_2 Elemente enthält usw. Die M Elemente können auf $M!$ verschiedene Weisen geordnet werden; die $a_1!$ verschiedenen Weisen, in der a_1 bestimmte Elemente innerhalb der ersten Gruppe verschieden geordnet sind, lassen sich jedoch nicht unterscheiden, also ist die Anzahl deswegen mit $a_1!$ zu dividieren. Ähnliches gilt für die a_2 Elemente der zweiten Gruppe usw. Also findet man für die gesuchte Anzahl

$$A = \frac{M!}{a_1!\,a_2!\,a_3!\ldots}.$$

Hat man in dem allgemeinen Fall einen Grund, dem Zustand, bei dem ein Element die Energie ε_1 besitzt, das Gewicht g_1 zu erteilen usw., so wird

$$A = \frac{M!}{a_1!\,a_2!\,a_3!\ldots}\, g_1^{a_1} g_2^{a_2} g_3^{a_3} \ldots. \tag{18}$$

Eine ähnliche Formel für die Anzahl gilt für jede andere Verteilung der vorhandenen Energie über die Systeme, wobei natürlich immer den Bedingungen

$$a_1 + a_2 + a_3 + \cdots = M; \qquad a_1\varepsilon_1 + a_2\varepsilon_2 + a_3\varepsilon_3 + \cdots = E \tag{19}$$

genügt werden muß. Um den mittleren Wert irgendeiner Größe zu finden, wird ihr Betrag in jedem der Zustände mit der Anzahl der Zustände multipliziert, die Totalsumme berechnet und durch die Totalzahl dividiert. Es gilt daher zuerst diese Totalzahl zu finden, also die Summe der Ausdrücke (18) unter der Bedingung (19). Dazu bildet man die Verteilungsfunktion, zunächst mit unbestimmt gelassenem Argument

$$f(z) = g_1 z^{\varepsilon_1} + g_2 z^{\varepsilon_2} + g_3 z^{\varepsilon_3} + \ldots. \tag{20}$$

Wenn man die Mte Potenz einer Summe $(a + b + c + \ldots)$ entwickelt, haben die Terme die Form

$$\frac{M!}{k!\,l!\,m!\ldots}\, a^k b^l c^m \ldots.$$

Erhebt man also $f(z)$ in die Mte Potenz, so wird einer der Terme sein

$$\frac{M!}{a_1!\,a_2!\,a_3!\ldots}\, g_1^{a_1} g_2^{a_2} g_3^{a_3} \ldots\, z^{a_1\varepsilon_1 + a_2\varepsilon_2 + a_3\varepsilon_3 + \ldots},$$

wobei immer $\sum a = M$ ist. Der Koeffizient ist gerade der Ausdruck für die Anzahl A, den wir brauchen, wobei dann der Exponent $a_1\varepsilon_1 + a_2\varepsilon_2 + \ldots = E$ die Totalenergie ist. Es gibt noch eine ganze Anzahl Terme mit anderen $a_1, a_2, \ldots$, welche jedoch den Bedingungen (19) genügen, wo also der Exponent von z auch $= E$ ist. Diese alle stellen mögliche Zustände vor; alle Terme mit anderen Exponenten von z stellen keine möglichen Zustände vor. Sucht man also alle diese Terme zusammen, die z^E enthalten, so ist der Gesamtkoeffizient

$$\Sigma A = \Sigma \frac{M!}{a_1!\,a_2!\,a_3!\ldots}\, g_1^{a_1} g_2^{a_2} g_3^{a_3} \ldots$$

genau die Totalzahl von Zuständen, die wir suchen. Denkt man sich nun die Funktion $\{f(z)\}^M$ in eine Potenzreihe nach z entwickelt, so wird darunter ein Term vorkommen, der z^E enthält.

$$\{f(z)\}^M = \cdots C_{-1} z^{E-1} + C z^E + C_{+1} z^{E+1} \ldots.$$

Dieser Term $C z^E$ muß identisch sein mit der obigen Summe aller Glieder, die den Betrag $\sum a\varepsilon = E$ als Exponenten enthalten. Also ist

$$C = \Sigma A = \Sigma \frac{M!}{a_1!\,a_2!\,a_3!\ldots}\, g_1^{a_1} g_2^{a_2} g_3^{a_3} \ldots. \tag{21}$$

Um diesen Koeffizienten C zu finden, wird ein Satz aus der Theorie der komplexen Veränderlichen benutzt. Das Kurvenintegral von $z^n dz$ über eine geschlossene Kurve um den Koordinatenursprung beträgt $2\pi i$ für $n = -1$, während es für jede andere Potenz von z verschwindet. Also ist

$$\int\limits_K \frac{\{f(z)\}^M}{z^E} \frac{dz}{z} = 2\pi i C. \tag{22}$$

Es gilt nun, dieses Kurvenintegral zu berechnen. Die Funktion f^M nimmt zu, wenn man z auf der positiven reellen Achse von 0 an nach ∞ zunehmen läßt; z^{-E} nimmt zur gleichen Zeit regelmäßig ab; es ist leicht einzusehen, daß auf dieser Achse ein Wert von z vorhanden sein muß, für den $\{f(z)\}^M z^{-E}$ ein Minimum wird. Durch diesen Wert $z = \vartheta$, der um so näher an Null liegt, je kleiner E in bezug auf M ist, wird ein Kreis um den Koordinatenursprung gelegt, der als Integrationskurve dient. Die Beziehung zwischen E/M und ϑ findet sich durch logarithmische Differentiation

$$-\frac{E}{z} + M\frac{d}{dz} \ln f(z) = 0 \qquad \text{für } z = \vartheta,$$

also

$$E/M = \vartheta \frac{d}{d\vartheta} \ln f(\vartheta). \tag{23}$$

Wenn man ϑ als Parameter nimmt, der den Zustand bestimmt, gibt diese Formel die Abhängigkeit der Energie pro System von diesem Parameter.

Es läßt sich nun zeigen, daß nur die Teile des Kreises in der unmittelbaren Nähe von ϑ einen merklichen Beitrag zu dem Integral liefern. Bezeichnet man der Kürze wegen $\{f(z)\}^M z^{-E}$ mit $\varphi(z)$ und entwickelt man dieses φ für $z = \vartheta e^{i\alpha}$ nach Potenzen von α

$$\varphi(z) = \varphi(\vartheta) + i\vartheta\alpha\varphi'(\vartheta) + \tfrac{1}{2}(i\vartheta\alpha)^2\varphi''(\vartheta) + \cdots,$$

so ist dafür wegen $\varphi'(\vartheta) = 0$ zu schreiben

$$\varphi(z) = \varphi(\vartheta)\{1 - \tfrac{1}{2}\vartheta^2\alpha^2\varphi''/\varphi\} = \varphi(\vartheta)\, e^{-\frac{1}{2}\vartheta^2\alpha^2\varphi''/\varphi}.$$

Da φ''/φ den Exponenten M oder E, eine ungeheuer große Zahl, als Faktor enthält, wird dieser Ausdruck für $\varphi(z)$ nur für äußerst kleine α einen endlichen Wert haben. Er fällt nach beiden Seiten schon für sehr kleine α schroff ab, ähnlich wie eine Fehlerkurve. Das Kurvenintegral über den Konturkreis reduziert sich also auf das Integral über eine Wahrscheinlichkeitsfunktion, wobei als Grenzen auch $\pm\infty$ zu nehmen ist. Also

$$C = \frac{1}{2\pi i}\int \frac{dz}{z}\varphi(z) = \frac{\varphi(\vartheta)}{2\pi}\int e^{-\frac{1}{2}\vartheta^2\alpha^2\varphi''/\varphi}\, d\alpha = \sqrt{\frac{1}{2\pi\vartheta^2\varphi''/\varphi}}\,\varphi(\vartheta).$$

Setzt man für φ seinen Wert ein und berechnet aus der Definition von ϑ

$$\frac{dE}{d\vartheta} = \vartheta\frac{\varphi''}{\varphi},$$

so findet sich schließlich

$$C = \sqrt{\frac{1}{2\pi\vartheta\, dE/d\vartheta}}\{f(\vartheta)\}^M \vartheta^{-E}. \tag{24}$$

Man ist nun imstande, Mittelwerte zu berechnen, z. B. die Frage zu beantworten, wie viele unter den M Systemen, im Durchschnitt, ε_r Energieeinheiten besitzen. Man sucht dazu den Durchschnittswert von a_r nach der Formel

$$\overline{a_r}\,\Sigma A = \Sigma A\, a_r$$

oder

$$C\overline{a_r} = \sum a_r \frac{M!}{a_1!\, a_2! \cdots a_r! \cdots} g_1^{a_1} g_2^{a_2} \cdots g_r^{a_r} \cdots$$
$$= M g_r \sum \frac{(M-1)!}{a_1!\, a_2! \cdots (a_r-1) \cdots} g_1^{a_1} g_2^{a_2} \cdots g_r^{a_r-1} \cdots .$$

Die Größe hinter dem $\sum$-Zeichen stellt das C vor für den Fall, daß $M-1$ Systeme in Gruppen verteilt werden, deren Anzahl $a_1, a_2, \ldots (a_r - 1) \ldots$ ist, wobei also die Energie $E - \varepsilon_r$ ist. Setzt man dafür den Wert aus (24), entsprechend abgeändert, ein, so wird

$$C\overline{a_r} = \sqrt{\frac{1}{2\pi\vartheta\, dE/d\vartheta}}\, M g_r \{f(\vartheta)\}^{M-1} \vartheta^{E-\varepsilon_r}.$$

Dividiert man diesen Ausdruck durch C, so erhält man

$$\bar{a}_r = M g_r \frac{\vartheta^{\varepsilon_r}}{f(\vartheta)}. \tag{25}$$

Hier zeigt sich die Bedeutung des Ausdrucks „Verteilungsfunktion". Schreibt man sie

$$f(\vartheta) = g_1 \vartheta^{\varepsilon_1} + g_2 \vartheta^{\varepsilon_2} + \cdots g_r \vartheta^{\varepsilon_r} + \cdots, \tag{26}$$

so zeigt sich, daß jeder Term dem Wert $f(\vartheta)\bar{a}/M$ gleich ist, also die mittlere Häufigkeit des entsprechenden Energiebetrages darstellt.

16. Zwei Arten von Systemen. Wir betrachten jetzt den Fall, daß zwei Arten von Systemen zusammen vorkommen. Ihre Anzahl sei M und N, die Energiemengen seien $\varepsilon_1, \varepsilon_2, \ldots, \eta_1, \eta_2, \ldots$, die Anzahl der Systeme, die diese Mengen besitzen, $a_1, a_2, \ldots, b_1, b_2, \ldots$, die Gewichte $g_1, g_2, \ldots, h_1, h_2, \ldots$. Die Bedingungen, denen sie genügen, sind

$$M = \Sigma a, \qquad N = \Sigma b, \qquad E = \Sigma a\varepsilon + \Sigma b\eta. \tag{27}$$

Durch die gleiche Beweisführung, wie in der vorigen Ziffer, findet man für die Anzahl der zu unterscheidenden Zustände, die durch diese Zahlen charakterisiert sind

$$A = \frac{M!}{a_1!\, a_2! \cdots} g_1^{a_1} g_2^{a_2} \cdots \frac{N!}{b_1!\, b_2! \cdots} h_1^{b_1} h_2^{b_2} \cdots .$$

Für die Berechnung von $\sum A$ stellt man wieder die beiden Verteilungsfunktionen auf

$$f_1(z) = g_1 z^{\varepsilon_1} + g_2 z^{\varepsilon_2} + \cdots, \qquad f_2(z) = h_1 z^{\eta_1} + h_2 z^{\eta_2} + \cdots .$$

In der Entwicklung von $f_1^M f_2^N$ tritt A als Koeffizient in dem Glied auf, das $z^{a_1\varepsilon_1 + a_2\varepsilon_2 + \cdots} \cdot z^{b_1\eta_1 + b_2\eta_2 + \cdots}$ enthält; also wird $\sum A$ der Koeffizient von z^E sein, und man findet ihn durch

$$C = \sum A = \frac{1}{2\pi i} \int_{\varkappa} \{f_1(z)\}^M \{f_2(z)\}^N z^{-E} \frac{dz}{z}.$$

Wird der Parameter ϑ wieder durch die Minimumbedingung bestimmt, so ergibt sich

$$E = M\vartheta \frac{d}{d\vartheta} \ln f_1(\vartheta) + N\vartheta \frac{d}{d\vartheta} \ln f_2(\vartheta), \tag{28}$$

$$C = \sqrt{\frac{1}{2\pi\vartheta\, dE/d\vartheta}}\, \vartheta^{-E} \{f_1(\vartheta)\}^M \{f_2(\vartheta)\}^N. \tag{29}$$

Für den Durchschnittswert von a_r findet man denselben Betrag wie in der vorigen Ziffer. Hier tritt eine neue Frage auf, nämlich nach der mittleren Verteilung der Gesamtenergie über die beiden Arten von Systemen. Auf die Systeme der ersten

Art entfällt $a_1\varepsilon_1 + a_2\varepsilon_2 + \ldots$. Dies ist gerade der Exponent in der Entwicklung des Polynoms $\{f(z)\}^M$, also ist

$$\{f_2(z)\}^N z \frac{d}{dz}\{f_1(z)\}^M = \cdots A(a_1\varepsilon_1 + a_2\varepsilon_2 + \cdots)\, z^{a_1\varepsilon_1 + a_2\varepsilon_2 + \cdots + b_1\eta_1 + b_2\eta_2 + \cdots}.$$

Daher kann man schreiben

$$C\overline{E}_1 = \sum (a_1\varepsilon_1 + a_2\varepsilon_2 + \cdots) A = \frac{1}{2\pi i}\int\limits_{\varkappa} \frac{dz}{z} z^{-E}\{f_2(z)\}^N z \frac{d}{dz}\{f_1(z)\}^M,$$

$$= \frac{1}{2\pi i}\int\limits_{\varkappa} \frac{dz}{z} z^{-E}\{f_1(z)\}^M\{f_2(z)\}^N M z \frac{d}{dz}\ln f_1(z).$$

Der letzte Teil des Integranden bleibt über das Integrationsgebiet nahezu konstant, kann also durch $M\vartheta \frac{d}{d\vartheta}\ln f_1(\vartheta)$ ersetzt und vor das Integralzeichen gebracht werden. Dann findet man

$$\overline{E}_1 = M\vartheta \frac{d}{d\vartheta}\ln f_1(\vartheta). \tag{30}$$

Das ist gerade das erste Glied in der Formel (28) für die Gesamtenergie.

17. Energieverteilung bei einem Gase. Eine besondere Behandlung erfordert der Fall, daß die zweite Art von Systemen aus Gasmolekeln besteht, die nur ihre Translationsenergie besitzen. Dabei wird diese Energie nicht in konkret verschiedenen Mengen $\eta_1, \eta_2, \ldots$ über die Systeme verteilt, sondern in kontinuierlich veränderlichen Beträgen. Der Zustand jedes Systems ist durch Ort und Geschwindigkeit bestimmt, also durch sechs allgemeine Koordinaten (drei Koordinaten q_1, q_2, q_3 und drei Impulskomponenten p_1, p_2, p_3). In dem sechsdimensionalen „Phasenraum" sind die Punkte, die die Zustände vorstellen, kontinuierlich verteilt. Wir teilen diesen Raum in kleine Elemente $ds = dp_1\, dp_2\, dp_3\, dq_1\, dq_2\, dq_3$; innerhalb jedes Elements werden die Zustände als völlig identisch angenommen; nachher gehen wir dann zum Grenzfall $ds \to 0$ über.

Welche Gewichte muß man nun diesen Zuständen zuerkennen? Die Anzahl der Zustandspunkte innerhalb eines Volumelements ist dem Inhalt dieses Elements proportional. Daher muß das Gewicht eines Elements diesem Inhalt ds proportional genommen werden. Die Systeme der ersten Art, die an der Verteilung der Energie teilnehmen, sollen Systeme sein, die die Energie in diskreten Mengen aufnehmen; es mögen z. B. dieselben Atome oder Moleküle sein, die dadurch in verschiedene Quantenzustände übergehen. Diese Zustände unterscheiden sich durch verschiedene Werte ihrer Impulsmomente, welche um Vielfache des Wirkungsquantums h verschieden sind. Jedes Atom wird durch drei Quantenzahlen charakterisiert, deren jede die Dimension $dp\,dq$ hat; jeder konkrete Zustand ist von den nächsten anderen um h entfernt, und sechsdimensionale Volumelemente von der Größe $ds = h^3$ würden je einen dieser Zustände enthalten. Wenn wir also jedem dieser konkreten Quantenzustände des Atoms und Moleküls das Gewicht 1 zuerkennen (oder gegebenenfalls andere kleine Ganzzahlen), dann muß der Gesamtheit der kontinuierlichen Zustände des zweiten Systems der Translationen, die in dem Raum $dp_1\, dp_2\, dp_3\, dq_1\, dq_2\, dq_3$ enthalten ist, das Gewicht $dp_1\, dp_2\, dp_3\, dq_1\, dq_2\, dq_3/h^3$ gegeben werden.

Die Formeln der vorigen Ziffer gelten nun für diesen Fall mit der Spezialisierung, daß $(p_1^2 + p_2^2 + p_3^2)/2m$ (wo m die Masse eines Teilchens ist) für η_r und $dp_1 \ldots dq_3/h^3$ für das Gewicht h in die Formel für die Verteilungsfunktion einzusetzen ist. Geht man dann zum Grenzfall über, wo die Raumelemente unendlich klein werden, so wird die Summe zum Integral:

$$f_2(\vartheta) = \int \frac{dp_1\, dp_2\, dp_3\, dq_1\, dq_2\, dq_3}{h^3}\, \vartheta^{(p_1^2 + p_2^2 + p_3^2)/2m},$$

ausgedehnt über die Impulsbereiche zwischen $\pm\infty$ und über Koordinatenbereiche, die dem Volumen des Gases entsprechen. Also

$$f_2(\vartheta) = \int\limits_V \frac{dq_1\,dq_2\,dq_3}{h^3} \int\limits_\infty e^{-[(p_1^2+p_2^2+p_3^2)\ln 1/\vartheta]/2m}\,dp_1\,dp_2\,dp_3\,.$$

Die Integration nach q liefert das Volumen; die Integration nach p entspricht dem Wahrscheinlichkeitsintegral, also

$$f_2(\vartheta) = \frac{V}{h^3}\left(\frac{2\pi m}{\ln 1/\vartheta}\right)^{\frac{3}{2}}. \tag{31}$$

Führt man diesen Wert in die Formeln (30) und (25) ein, so wird

$$\overline{E_2} = N\vartheta\frac{d}{d\vartheta}\left(-\frac{3}{2}\ln\ln\frac{1}{\vartheta}\right) = \frac{3}{2}N\vartheta\frac{1/\vartheta}{\ln 1/\vartheta} = \frac{3}{2}\frac{N}{\ln 1/\vartheta}, \tag{32}$$

$$\overline{b_r} = N\frac{dp_1\cdots dq_3}{V(2\pi m)^{\frac{3}{2}}}\left(\ln\frac{1}{\vartheta}\right)^{\frac{3}{2}}\vartheta^{(p_1^2+p_2^2+p_3^2)/2m} \tag{33}$$

Die kinetische Energie eines Gases ist nach den üblichen Formeln $\frac{3}{2}kNT$. Daraus ergibt sich, daß $\ln 1/\vartheta = 1/kT$ sein muß, also

$$\vartheta = e^{-1/kT}. \tag{34}$$

Damit ist der oben eingeführte Parameter ϑ auf den üblichen Parameter, die Temperatur, zurückgeführt. Dasselbe Ergebnis hätte man erhalten können durch Einführung eines einfachen Oszillators und Anwendung des Satzes, daß auf jeden Freiheitsgrad im Durchschnitt die Energie kT kommt. Führt man in die letzte Formel noch statt der Impulskomponenten p die Geschwindigkeitskomponenten u, v, w ein, so wird

$$\overline{b_r} = \frac{N}{V}\left(\frac{m}{2\pi kT}\right)^{\frac{3}{2}} e^{-(u^2+v^2+w^2)m/2kT}\,dx\,dy\,dz\,du\,dv\,dw\,,$$

übereinstimmend mit der MAXWELLschen Formel für die Geschwindigkeitsverteilung in einem Gase.

18. Ableitung des Ionisationsgleichgewichts. Wir betrachten jetzt ein Gas, dessen Teilchen AB sich in Bestandteile A und B spalten können, welche in gleicher Anzahl vorhanden sind. Alle diese Partikel AB, A, B haben Translationsenergie, während die AB noch dazu innere Energie besitzen, die sie in Quanten aufnehmen. Die Anzahl der Teilchen A und B sei M, die Anzahl der Teilchen AB sei N. Die Verteilungsfunktion der Translationsenergie für die Teilchen A, B, AB ist $f_1(z)$, $f_2(z)$, $f_3(z)$, die Verteilungsfunktion für die innere Energie der AB ist $B(z)$. Die Anzahl der möglichen Zustände bei gegebenem M und N wird dann sein:

$$C = \frac{1}{2\pi i}\int\limits_k z^{-F}\{f_1(z)\,f_2(z)\}^M\{f_3(z)\,B(z)\}^N\frac{dz}{z},$$

wo F die zur Verfügung stehende Energie ist.

Nun sind M und N veränderlich in der Weise, daß $M + N = X$, die Totalzahl der vorhandenen Atome sowohl von A wie von B, konstant ist. Zugleich ändert sich dabei die zur Verfügung stehende Energie; wenn χ die Energie ist, die bei der Vereinigung $A + B \to AB$ frei wird, so wird $F = E + N\chi$, wobei E die Energie bedeutet, wenn alle Moleküle gespalten sind. Die innere Energie der AB in dem niedrigsten Quantenzustand wird gleich 0 genommen, da diese nicht übertragbar ist. Wie groß ist nun die Zahl der Möglichkeiten, in der X Teilchen A und X Teilchen B zu M Partikeln A, M Partikeln B und N Partikeln AB kombiniert werden? Wenn alle X Teilchen A vertauscht werden, hat man $X!$ Fälle;

mit der Vertauschung der X Teilchen B werden es $(X!)^2$ Fälle. Dabei sind mit Unrecht als verschieden eingerechnet die $N!$ Fälle, wo ganze Partikel AB vertauscht sind, ebenso die $M!$ Fälle der Vertauschung der freien A unter sich, und ebenso für B. Die ganze Anzahl der verschiedenen Fälle wird also

$$\frac{(X!)^2}{(M!)^2 N!}$$

Ehrenfest und Trkal haben bei der Behandlung dieses Problems in seiner allgemeinsten Form[1] darauf hingewiesen, daß bei Molekülen, die mehrere gleiche Atome enthalten, Fälle als verschieden gezählt werden, die nur verschiedene Drehorientationen desselben Moleküls sind. In einem solchen Fall muß im Nenner noch ein Faktor σ^N hinzukommen, wenn σ die „Symmetriezahl" des Moleküls ist. Wir werden dieses σ auch in den Formeln beibehalten.

Diese jetzt gefundene Zahl der Kombinationen muß mit dem obigen Wert von C multipliziert werden, um die richtige Anzahl zu erhalten:

$$C = \frac{1}{2\pi i}\int\limits_K z^{-(E+N\chi)}\{f_1(z)\,f_2(z)\}^M\,\{f_3(z)\,B(z)\}^N\,\frac{(X!)^2}{(M!)^2\,N!\,\sigma^N}\,\frac{dz}{z}\,.$$

Ersetzt man hier M durch $X - N$ und schreibt man

$$\frac{f_3(z)\,B(z)}{f_1(z)\,f_2(z)\,\sigma}\,z^{-\chi} = \beta\,,$$

so wird der Ausdruck

$$C = \frac{1}{2\pi i}\int\limits_K z^{-E}\{f_1(z)\,f_2(z)\}^X (X!)^2\,\frac{dz}{z}\left[\frac{\beta^N}{(M!)^2\,N!}\right], \tag{35}$$

wo nur der letzte Teil zwischen den eckigen Klammern sich mit N ändert.

Der durchschnittliche Wert von N bestimmt den Gleichgewichtszustand, muß also berechnet werden. Dazu sucht man zuerst den Wert N_0, für den C, also der Ausdruck in eckigen Klammern, ein Maximum wird. Nimmt N eine Reihe von Werten von einander folgenden ganzen Zahlen an, so gewinnt im Nenner $N!$ jedesmal einen Faktor N, während jedes der $M!$ einen Faktor M verliert; das Verhältnis zweier einander folgender Werte des Ausdrucks ist $\beta M^2/N$. Das Maximum findet statt, wenn dieses Verhältnis $= 1$ ist, also $\beta = N_0/M_0^2$. Nimmt man N um den Betrag n verschieden von N_0, so wird

$$\frac{\beta^N}{(M!)^2\,N!} : \frac{\beta^{N_0}}{(M_0!)^2\,N_0!} = \frac{\beta^n (M_0 - 1)^2 (M_0 - 2)^2 \cdots (M_0 - n)^2}{(N_0 + 1)\,(N_0 + 2)\cdots(N_0 + n)}$$

$$= \left\{\left(1 - \frac{1}{M_0}\right)\left(1 - \frac{2}{M_0}\right)\cdots\left(1 - \frac{n}{M_0}\right)\right\}^2 \left\{\left(1 + \frac{1}{N_0}\right)\left(1 + \frac{2}{N_0}\right)\cdots\left(1 + \frac{n}{N_0}\right)\right\}^{-1}$$

$$= \left(1 - \frac{1}{M_0}\right)^{2(1+2+\cdots n)} \left(1 + \frac{1}{N_0}\right)^{-(1+2+\cdots n)} = \left(1 - \frac{1}{M_0}\right)^{n^2} \left(1 + \frac{1}{N_0}\right)^{-\frac{1}{2}n^2},$$

wofür, da M und N ungeheuer große Zahlen sind, auch

$$e^{-n^2\left(\frac{1}{M_0} + \frac{1}{2N_0}\right)}$$

geschrieben werden kann. Der Ausdruck, also auch der Wert von C, nimmt zu beiden Seiten des Maximums wie die Funktion e^{-hx^2} ab; der Bereich in n, innerhalb dessen der Wert bis zur Unmerklichkeit abnimmt, ist von der Größenordnung $\sqrt{N}$, also selbst ungeheuer groß, aber ungeheuer klein im Vergleich zu N. Da diese

[1] Ann d Phys 65, S. 609 (1921).

Funktion symmetrisch in bezug auf $N - N_0$ ist, so ist der Maximalwert zugleich der Mittelwert. Dies wird von FOWLER durch Summierung aller C und Anwendung der STIRLINGschen Formel noch strenger nachgewiesen. Wir haben also für den Gleichgewichtszustand

$$\frac{M_0^2}{N_0} = \frac{1}{\beta} = \vartheta^{\chi} \frac{f_1(\vartheta) f_2(\vartheta) \sigma}{f_3(\vartheta) B(\vartheta)}. \tag{36}$$

Für f_1, f_2 und f_3 hat man den für Partikel mit Translationsenergie gefundenen Wert nach Formel (31) einzusetzen, der für die drei Funktionen nur durch m verschieden ist. Die Anzahl N_0 hängt mit dem Partialdruck p durch

$$pV = NkT$$

zusammen, desgleichen M_0. Für ϑ setzen wir $e^{-1/kT}$ ein. Dann wird aus (36)

$$\frac{p_2 p_3}{p_1} \frac{V}{kT} = e^{-\chi/kT} \frac{V}{h^3} (2\pi kT)^{\frac{3}{2}} \left(\frac{m_2 m_3}{m_1}\right)^{\frac{3}{2}} \frac{\sigma}{B(T)}$$

oder, wenn man für den Fall der Ionisation $m_2 = m_1$ und für m_3 die Masse m des Elektrons setzt:

$$\ln \frac{p_2 p_3}{p_1} = -\frac{\chi}{kT} + 2{,}5 \ln T + \ln \frac{(2\pi m)^{\frac{3}{2}} k^{\frac{5}{2}}}{h^3} + \ln \frac{\sigma}{B(T)}. \tag{37}$$

Diese Formel bestimmt die Ionisation.

Durch diese Ableitung wird klar, daß das h hineingekommen ist als Gewichtsmaß der inneren Zustände der Atome, mit dem die Translationsenergie, die in den Faktoren mkT enthalten ist, verglichen wird. Daher mußte in der thermodynamischen Ableitung das h aus der Betrachtung des festen Zustandes, wo die Translationsenergie fehlte, hervorgehen.

19. Abweichungen gegen die SAHAsche Formel. Schreibt man in Formel (37) die Ionisierungsenergie pro Mol statt pro Atom $U/R = \chi/k$, und drückt man die Partialdrucke durch den Ionisationsgrad x und den Totaldruck p aus, so wird sie

$$\log \frac{x^2}{1 - x^2} p = -\frac{U}{2{,}30\,RT} + 2{,}5 \log T + \log \frac{(2\pi m)^{\frac{3}{2}} k^{\frac{5}{2}}}{h^3} + \log \frac{\sigma}{B(T)}.$$

Diese Formel unterscheidet sich von der SAHAschen durch das letzte Glied $\sigma/B(T)$ Der Ausdruck $B(T)$ ist hineingekommen durch die Verteilungsfunktion der inneren Quantenzustände; bezeichnet man die Energie der höheren Quantenzustände, von dem niedrigsten Zustand als Nullzustand aus gerechnet, mit ε_1, ε_2, ..., so wird

$$B(T) = g_0 + g_1 e^{-\varepsilon_1/kT} + g_2 e^{-\varepsilon_2/kT} + \cdots.$$

Bezeichnet man mit χ, χ_1, χ_2 die Energiedifferenzen der Quantenbahnen gegen unendlich, so wird $\varepsilon_1 = \chi - \chi_1$, $\varepsilon_2 = \chi - \chi_2$ usw. Dieser Ausdruck für $B(T)$ ist identisch mit der in Ziff. 12 eingeführten Nennerform, abgesehen von den Gewichten. Als Gewicht wurde $g_0 = 1$, $g_1 \ldots = 1$ für einwertige, $g_1 \ldots = 2$ für zweiwertige Atome genommen[1], während für H und He nach BOHR $g_0 = 2$, $g_1 = 2 \cdot 3$, $g_2 = 3 \cdot 4$ usw. ist[2]. Für die anderen Atome ergibt sich das Gewicht jedes Quantenzustandes aus dem von W. PAULI 1925 aufgestellten Prinzip, daß jede Kombination von 4 Quantenzahlen nur von einem Elektron besetzt sein kann; daraus ergibt sich für jeden durch 3 Quantenzahlen bestimmten Term als Gewicht die Anzahl der Aufspaltungsterme im Magnetfeld, also zweimal die innere Quantenzahl. Dabei werden die Symmetriezahlen σ überflüssig.

In Ziff. 12 wurde schon bemerkt, daß eine ähnliche Funktion B im Zähler auftreten muß. Sie hätte schon von Anfang an durch die Erwägung eingeführt

[1] M N 83, S. 408 (1923).

[2] Über die Quantentheorie der Linienspektren, S. 107 (1923).

werden können, daß in unserem Fall die Partikel A ionisierte Atome sind, die auch innere Energie quantenmäßig aufnehmen können; daher hätte dann die Verteilungsfunktion $f_1(\vartheta)$ mit einer ähnlichen Funktion $B'(\vartheta)$ multipliziert werden müssen. Bei nicht zu hohen Temperaturen beschränken sich B und B' praktisch auf den ersten Term.

20. Numerische Daten. Eine Zusammenstellung von Werten des Ionisierungspotentials für die verschiedenen Elemente ist von Miss C. H. PAYNE in ihrem zusammenfassenden Werk „Stellar Atmospheres“[1] S. 15 bis 17 gegeben. Die genauesten Werte sind aus Seriengrenzen gefunden; die Angaben, die nur auf physikalischen Messungen über Elektronenstöße beruhen, sind ihrer Natur

Tafel der Ionisierungspotentiale.

Nr.	Element	Ion.Pot.	Autor	Nr.	Element	Ion.Pot.	Autor
1	H	13,54	1	22	Ti	6,80	9
2	He	24,48	1		Ti^{+}	13,60	9
	He^{+}	54,2	1		Ti^{++}	27,6	10
3	Li	5,37	1		Ti^{+++}	43,06	10
6	C	11,2	3	23	V	6,76	9
	C^{+}	24,29	2	24	Cr	6,74	9
	C^{++}	45,5	2	25	Mn	7,40	9
	C^{+++}	64,23	2		Mn^{+}	15,70	9
7	N	14,49	2	26	Fe	7,83	9
	N^{+}	29,56	2		Fe^{+}	16,5	9
	N^{++}	47,2	2	27	Co	7,81	9
8	O	13,56	1	28	Ni	7,64	9
	O^{+}	35,00	2	29	Cu	7,69	9
	O^{++}	54,8	2		Cu^{+}	20,34	9
	O^{+++}	77,0	2	30	Zn	9,36	9
11	Na	5,12	1		Zn^{+}	17,89	9
	Na^{+}	47,0	4	31	Ga	5,97	1
12	Mg	7,61	1	33	As	11,5	15
	Mg^{+}	14,97	1	37	Rb	4,16	1
13	Al	5,97	1	38	Sr	5,67	1
	Al^{+}	18,17	12		Sr^{+}	10,98	1
	Al^{++}	28,32	1	39	Y	6,5	11
14	Si	8,12	5		Y^{+}	12,3	11
	Si^{+}	16,26	13		Y^{++}	20,41	11
	Si^{++}	33,35	14	42	Mo	7,35	1
	Si^{+++}	44,93	13	47	Ag	7,54	1
15	P	10,3	6	48	Cd	8,95	1
16	S	10,31	1		Cd^{+}	17,31	1
	S^{+}	23,3	7	49	In	5,76	1
19	K	4,32	1	55	Cs	3,88	1
	K^{+}	31,7	8	56	Ba	5,19	1
20	Ca	6,09	1		Ba^{+}	9,96	1
	Ca^{+}	11,82	1	79	Au	9,20	1
	Ca^{++}	51,0	8	80	Hg	10,39	1
21	Sc	6,57	9	81	Tl	6,08	1
	Sc^{+}	12,80	9	82	Pb	7,39	1

1. COMPTON und MOHLER, Bull Nat Res Coucil 48 (1914). — 2. MILLIKAN und BOWEN, Phil Mag 4, S. 561 (1927). — 3. FOWLER und SELWYN, London R S Proc 118, S. 51 (1928). — 4. BOWEN, Phys Rev 31, S. 967 (1928). — 5. FOWLER, London R S Proc 123, S. 439 (1929). — 6. DUFFENDACK, Phys Rev 25, S. 501 (1924). — 7. INGRAM, Phys Rev 32, S. 172 (1928). — 8. BOWEN, Phys Rev 31, S. 502 (1928). — 9. RUSSELL, Ap J 66, S. 250 (1927). — 10. RUSSELL, Ap J, 66, S. 13 (1927) — 11. MEGGERS und RUSSELL, Scient Papers Bur of Standards (1929). 55. — 12. RUSSELL, Nature 113, S. 163 (1924). — 13. FOWLER, Nature 113, S. 802 (1924). — 14. SAWYER und PASCHEN, Ann d Phys 84, S. 9 (1927). — 15. RUARK, MOHLER u. A., Sci Pap Bur Stand 19, S. 465 (1924).

[1] Harv Monogr Nr. 1 (1925).

nach weniger genau. Eine Vergleichung der aus beiden Methoden gefundenen Werte findet sich in J. FRANCK und P. JORDAN „Anregung von Quantensprüngen durch Stöße"[1]; dort wird auch die Anregungsspannung bestimmter Linien gegeben, die mit der Energiedifferenz gegen das tiefste Niveau (U_1, U_2, ... in Ziff. 11) korrespondiert. Diese Niveaudifferenzen in Volt sind auch angegeben in H. N. RUSSELL: „List of Ultimate and Penultimate Lines of Astrophysical Interest"[2]; da sie außerdem in einem Anhang der neuen revidierten Ausgabe von ROWLANDs Wellenlängen des Sonnenspektrums[3] aufgenommen sind, war es nicht nötig, sie hier aufzunehmen. Die auf der vorigen Seite gegebene Tabelle enthält daher nur die Ionisationsspannungen nach verschiedenen, am Schlusse angegebenenen Quellen. Nach der Atomnummer und dem Symbol des Elements folgt die Ionisierungsspannung, zweistellig, wenn sie aus genauen Werten der Terme, einstellig, wenn sie aus unsicheren Termwerten abgeleitet wurde.

b$_3$) Der Mechanismus des Ionisierungsprozesses.

21. Die Mechanismen des Energieaustausches. Die thermodynamische und die statistisch-mechanische Ableitung des Ionisationsgleichgewichts ergeben Resultate in der Gestalt von Beziehungen zwischen meßbaren Größen, ohne daß eine nähere Kenntnis des Mechanismus der stattfindenden Prozesse nötig ist. Diese Resultate gelten nur, solange die Voraussetzungen dieser Ableitungen erfüllt sind, also nur für thermodynamisches Gleichgewicht. Sobald diese nicht erfüllt sind, ist ein Einblick in den Charakter dieser Prozesse nötig, um zu wissen, in welcher Weise die abgeleiteten Formeln abgeändert werden müssen. Außerdem ist das Ziel der wissenschaftlichen Forschung mit einer formellen Darstellung der Beobachtungsergebnisse nicht erreicht, sondern umfaßt gerade auch die Erkenntnis der Einzelheiten in den stattfindenden Vorgängen.

Die Energie, die in einem Atomgemisch hoher Temperatur vorhanden ist, setzt sich aus folgenden Formen zusammen: 1. Translationsenergie der Atome und Ionen. 2. Translationsenergie der freien Elektronen. 3. Innere Energie der Atome, wobei die nicht auswechselbare Energie des niedrigsten Quantenzustandes als Nullpunkt zu nehmen ist. 4. Potentielle Energie der voneinander getrennten Ionen und Elektronen. 5. Energie des Strahlungsfeldes. Zwischen diesen Formen findet eine stetige Auswechslung statt. Diejenige zwischen 1 und 2 bewirkt die Äquipartition der Translationsenergie zwischen Atomen und Elektronen. Der Energiewechsel zwischen 2 und 3 bezieht sich auf die Anregung von Atomen durch Elektronenstöße und auf den umgekehrten Prozeß, wobei ein angeregtes Atom durch strahlungslose Abgabe seiner Energie einem zusammenstoßenden Elektron eine größere Geschwindigkeit gibt. Eine Auswechslung von 1 und 3 findet statt in dem Temperaturleuchten der Flammen, wo die am raschesten bewegten Atome bei Kollisionen andere Atome anregen. In stark ionisierten Gasen spielen die Atomstöße neben den Elektronenstößen eine unbedeutende Rolle, da durch die geringe Geschwindigkeit der Atome diese Kollisionen viel seltener sind. Der Energieaustausch zwischen den Formen 3 und 5 bedingt die monochromatische Absorption und Emission der Atome. Ein Austausch zwischen 2 und 5 findet statt, wenn ein Elektron während eines Zusammenstoßes Energie aus der Strahlung aufnimmt oder als Strahlung verliert und dabei seine Geschwindigkeit ändert.

---

[1] Handbuch der Physik XXIII (1926); Struktur der Materie III (1926).
[2] Ap J 61, S. 223 (1925).
[3] C. E. ST. JOHN a. o. Revision of ROWLANDs Preliminary Table of Solar Spectrum Wave Lengths. Washington (1928).

Der Energieaustausch von 4, um den es sich hier hauptsächlich handelt, findet, ähnlich wie bei 3, mit 5 oder mit 2 statt; entweder findet Ionisation statt durch Aufnahme von Strahlungsenergie oder infolge von Elektronenstößen. In dem ersten Falle wird aus der einfallenden Strahlung ein Energiebetrag $h\nu$ absorbiert, der zur Loslösung des Elektrons aus dem Atomverband dient (Ionisierungsenergie χ) oder darüber hinaus in Translationsenergie des freiwerdenden Elektrons umgesetzt wird. Da $\chi = h\nu_0$ ist, wenn ν_0 die Frequenz der Seriengrenze bedeutet, so wird

$$h\nu = \chi + \tfrac{1}{2}mv^2; \qquad \tfrac{1}{2}mv^2 = h(\nu - \nu_0), \tag{38}$$

wo v die Geschwindigkeit des Elektrons bezeichnet. Da $\nu > \nu_0$ ist, bewirkt dieser Vorgang eine kontinuierliche Absorption, die sich von der Seriengrenze nach der Seite der kurzen Wellenlängen erstreckt. In dem zweiten Falle bewirkt der „unelastische Stoß“ eines mit großer Geschwindigkeit heranfliegenden Elektrons die Loslösung eines anderen Elektrons; die dazu nötige Geschwindigkeit wird bestimmt durch $\frac{1}{2}mv^2 \geqq h\nu_0$.

Im Fall des Ionisationsgleichgewichts müssen die Prozesse der Abspaltung von Elektronen kompensiert werden durch entgegengesetzte Prozesse der Wiedervereinigung von Ionen und Elektronen. Diese Kompensation gilt nicht bloß für die Gesamtheit der Prozesse, sondern auch für die Einzelprozesse selbst; zu jedem Prozeß der Abspaltung gehört ein Prozeß der Vereinigung, der ihm die Wage hält. Das ergibt sich schon daraus, daß die verschiedenen Ionisierungsvorgänge in verschiedener Weise von den äußeren, willkürlich zu ändernden physikalischen Daten Druck und Temperatur abhängen. Wäre da nicht jeder Einzelprozeß für sich kompensiert, so könnte die Totalkompensation unmöglich für alle Temperaturen und Drucke eintreten. Dieser Nachweis schließt ein, daß nur solche Prozesse als wirklich verschiedene „Einheitsmechanismen“ gelten können, die in verschiedener Weise von Druck und Temperatur abhängig sind; solche, bei denen diese Abhängigkeit die gleiche ist, sind nicht zu trennen und gehören in einen Einheitsmechanismus zusammen. Wären die Einheitsmechanismen nicht jeder für sich kompensiert, so müßte eine Energieform sich unausgesetzt in eine andere (z. B. Strahlungsenergie in Translationsenergie) umsetzen.

Zu der Ionisierung durch Strahlung gehört als entgegengesetzter Mechanismus das Zusammentreffen von einem Elektron mit einem ionisierten Atom und ihre Vereinigung unter Emission von Strahlungsenergie in der Gestalt eines kontinuierlichen, von der Seriengrenze nach der Seite der kurzen Wellenlängen sich erstreckenden Spektralbandes. Da dieser Prozeß sich mit dem Druck ändert, der erstere aber nicht, so findet sich der Druck als Faktor in der Formel des Ionisationsgleichgewichts. Die Ionisierung durch Elektronenstoß ist dem Elektronendruck proportional; soll also der Druck als Faktor in der Ionisationsformel auftreten, so muß der kompensierende Prozeß den Faktor p^2 enthalten. Dieser Prozeß muß also bestehen in dem gleichzeitigen Zusammentreffen zweier Elektronen mit einem Ion (s. g. Stöße zweiter Art); ein Elektron wird eingefangen und die freiwerdende Energie wird von dem anderen Elektron absorbiert, indem es mit größerer Geschwindigkeit, als es zuvor besaß, zurückgeschleudert wird (hyperelastischer Stoß).

22. Wahrscheinlichkeitsbetrachtungen bei der Ionisation durch Strahlung. Was wir hier Kenntnis des Mechanismus nennen, geht nicht weiter als bis zur Kenntnis der Energieformen, die ineinander übergehen. Der wirkliche Mechanismus der Energieübertragung bei der Ionisation ist ebenso unbekannt, wie die Art und Weise, in der ein Atom bei Änderung seines Quantenzustandes Energie aus dem Strahlungsfelde saugt oder durch Übertragung seiner inneren Energie ein

Elektron mit vermehrter Geschwindigkeit fortschnellt. An die Stelle des Mechanismus der Einzelvorgänge führt man die statistische „Wahrscheinlichkeit" eines solchen Vorganges ein, die Anzahl von Fällen, in denen er bei gegebenen Bedingungen in der Zeiteinheit stattfindet.

A. EINSTEIN hat zuerst in einer klassischen Abhandlung diese Behandlungsweise für die Emission und die Absorption durchgeführt[1]. Er nimmt eine Wahrscheinlichkeit A_{21} für den spontanen Übergang von dem Quantenzustande 2 nach dem Zustande 1 an und daneben die Wahrscheinlichkeitskoeffizienten B_{12} und B_{21} für die Übergänge $1 \to 2$ und $2 \to 1$ unter der Einwirkung eines Strahlungsfeldes $J(\nu)$, so daß diese Wahrscheinlichkeiten selbst $B_{12}J$ und $B_{21}J$ werden. Die Differenz der Energieniveaus bezeichnen wir in Übereinstimmung mit den vorigen Ausführungen mit ε, das Gewicht a priori der beiden Zustände mit g_1 und g_2. Dann wird Gleichgewicht eintreten für

$$g_1 B_{12} J = g_2 e^{-\varepsilon/kT}\{A_{21} + B_{21} J\};$$

also ist

$$J = \frac{g_2 A_{21}}{g_1 B_{12} e^{\varepsilon/kT} - g_2 B_{21}}.$$

Die Erwägung, daß für $T = \infty$ auch $J = \infty$ sein muß, bedingt

$$g_1 B_{12} = g_2 B_{21}. \tag{39}$$

Wendet man dann das WIENsche Gesetz an,

$$J(\nu) = \nu^3 f(\nu/T),$$

so ergibt sich, daß ε den Faktor ν enthalten muß und $g_2 A_{21}/g_1 B_{12}$ den Faktor ν^3. So erhält man bei gehöriger Festsetzung der Konstanten die PLANCKsche Formel und die Beziehung zwischen den Wahrscheinlichkeitskoeffizienten

$$J(\nu)\,d\nu = \frac{2h\nu^3}{c^2}\,\frac{d\nu}{e^{h\nu/kT} - 1},$$

$$g_2 A_{21} = g_1 B_{12} \frac{2h\nu^3\,d\nu}{c^2}. \tag{40}$$

Eine ähnliche Betrachtung ist zuerst von R. BECKER[2] und dann von E. A. MILNE[3] auf die Ionisation durch Strahlung angewandt worden. Wir werden hier die Bezeichnungen von MILNE benutzen. Die Anzahl der neutralen und der ionisierten Atome sei x_1 und x_2, die der Elektronen y; der Wahrscheinlichkeitskoeffizient für eine Ionisation durch Aufnahme eines Energiequantums $h\nu$ in einem isotropen Strahlungsfeld, dessen Intensität zwischen ν und $\nu + d\nu$ gleich $J(\nu)\,d\nu$ ist, sei $\psi(\nu)$. Dann ist die Anzahl der Ionisierungen pro Zeiteinheit

$$x_1 \psi(\nu) J(\nu)\,d\nu.$$

Diese Vorgänge werden kompensiert durch Vereinigungen bei Zusammenstößen mit Elektronen von der Geschwindigkeit v bis $v + dv$, wobei nach (38)

$$h\nu = \chi + \tfrac{1}{2}mv^2 = h\nu_0 + \tfrac{1}{2}mv^2.$$

Die Zahl der Vereinigungen ist erstens der Zahl der Ionen und der Elektronen, also dem Produkt $x_2 y$ proportional, zweitens der Fraktion der Elektronen, die Geschwindigkeiten zwischen v und $v + dv$ besitzen, also nach der MAXWELLschen Verteilung

$$4\pi\left(\frac{m}{2\pi kT}\right)^{\frac{3}{2}} e^{-mv^2/2kT}\, v^2\,dv,$$

---

[1] Phys Z 18, S. 121 (1917). [2] Z f Phys 18, S. 325 (1923).

[3] Statistical Equilibrium in Relation to the Photoelectric Effect, Phil Mag 47, S. 209 (1924).

drittens dem Volumen der zylindrischen Räume, in denen ein Elektron enthalten sein muß, um in der Zeiteinheit mit dem wegen seiner großen Masse ruhend gedachten Ion zusammenzutreffen (welches Volumen die Geschwindigkeit und den Atomquerschnitt als Faktoren enthält); und viertens einer Zahl, die angibt, welche Fraktion der Zusammenstöße erfolgreich ist, so daß sie zur Vereinigung führen. Bezeichnen wir das Produkt dieser letztgenannten Faktoren mit $v \cdot 2\pi F(v)$ ($F =$ effektiver Querschnitt), so wird die Zahl der Vereinigungen

$$8\pi^2 x_2 y \left(\frac{m}{2\pi k T}\right)^{\frac{3}{2}} e^{-mv^2/2kT} F(v)\, v^3 dv\,.$$

Diese Zahl muß der Zahl der Spaltungen gleich sein. Es stellt sich heraus, daß die Gleichsetzung beider Formen sich nicht mit der PLANCKschen Strahlungsformel vereinigen läßt; ähnlich wie bei den Entwicklungen EINSTEINS ist es hier notwendig, neben der spontanen eine durch Strahlung stimulierte Einfangung von Elektronen anzunehmen, die der Strahlungsintensität proportional ist. Statt der Wahrscheinlichkeitsgröße $F(v)$ muß man also $F(v) + G(v)\, J(\nu)$ einführen. Dann wird

$$x_1 \psi(\nu) J d\nu = 8\pi^2 x_2 y \left(\frac{m}{2\pi k T}\right)^{\frac{3}{2}} e^{-mv^2/2kT} \{F(v) + J G(v)\} v^3 dv\,. \tag{41}$$

Mit Rücksicht auf $\frac{1}{2} mv^2 = h(\nu - \nu_0)$ und $mv\, dv = h\, d\nu$ ist dafür zu schreiben:

$$J e^{h\nu/kT} = 8\pi^2 h \frac{x_2 y}{x_1} m^{\frac{1}{2}} (2\pi k T)^{-\frac{3}{2}} e^{h\nu_0/kT} v^2 \frac{F(v) + J G(v)}{\psi(\nu)}\,.$$

Diese Gleichung wird mit der PLANCKschen Strahlungsformel verglichen. Da hier ein isotropes Strahlungsfeld besteht, das in allen Richtungen von Strahlen durchsetzt wird, muß die übliche Formel für J mit 4π multipliziert werden. Schreibt man sie in der Form

$$J e^{h\nu/kT} = \frac{8\pi h \nu^3}{c^2} + J\,,$$

so ergeben sich sofort die Beziehungen:

$$\frac{F(v)}{G(v)} = \frac{8\pi h \nu^3}{c^2} \qquad \text{und} \qquad \frac{x_2 y}{x_1} = e^{-h\nu_0/kT} (k T)^{\frac{3}{2}} \frac{\nu^3}{c^2} \left(\frac{8\pi}{m}\right)^{\frac{1}{2}} \frac{\psi(\nu)}{v^2 F(v)} \tag{42}$$

Die erste Beziehung liefert das Verhältnis der induzierten zu den spontanen Vereinigungen; bringt man sie auf die Form:

$$\frac{F(v)}{J G(v)} = e^{h\nu/kT} - 1\,,$$

so zeigt sich, daß nur für Wellenlängen, die viele Male größer als das Strahlungsmaximum sind, also für praktisch vorkommende ν-Werte nur bei äußerst hohen Temperaturen, die induzierten Prozesse praktisch einige Bedeutung haben. Der zweite Ausdruck gibt uns eine Formel für das Ionisationsgleichgewicht, ausgedrückt durch die Wahrscheinlichkeitskoeffizienten. Wir vergleichen sie mit dem Ergebnis in Ziff. 7 und 18, unter Berücksichtigung von Ziff. 19:

$$\frac{x_2 y}{x_1} = e^{-\chi/kT} (k T)^{\frac{3}{2}} \frac{(2\pi m)^{\frac{3}{2}}}{h^3} \frac{B'}{B}\,,$$

wo für B und B' die ersten Terme, die konstanten Gewichtszahlen, angenommen werden. Es zeigt sich, daß die Faktoren, die die Temperaturabhängigkeit zum Ausdruck bringen, genau übereinstimmen. Zwischen den Wahrscheinlichkeitskoeffizienten und den üblichen Atomgrößen findet sich die Relation

$$\frac{\psi(\nu)}{v^2 F(v)} = \frac{\pi m^2 c^2}{(h\nu)^3} \frac{B'}{B}\,. \tag{43}$$

MILNE zeigt, daß diese Relationen auch für die höheren Ionisationen ihre Gültigkeit beibehalten.

23. Der Absorptionskoeffizient. Der Koeffizient ψ, der die Wahrscheinlichkeit der Ionisierung durch Strahlung ausdrückt, hängt aufs engste mit dem Absorptionskoeffizienten zusammen. Bei jeder Ionisierung wird ein Energiebetrag $h\nu$ aus der einfallenden Strahlung genommen. Pro Zeiteinheit und pro Atom mit Masse m wird der Betrag $\psi(\nu) J(\nu) h\nu d\nu$ absorbiert; also ist der Absorptionskoeffizient

$$k = \frac{\psi(\nu)\, h\,\nu}{m}. \tag{44}$$

Aus der Tatsache, daß k an der Seriengrenze einen endlichen Wert hat, ergibt sich, daß dort, wo $v = 0$ wird, $F(v) \sim 1/v^2$ sein muß. EDDINGTON fand bei seinen Rechnungen über den Absorptionskoeffizienten im Innern eines Sterns[1], daß $F(v)$ dem Ausdruck $1/v^2$ genau proportional sein muß, wenn das Einfangen eines Elektrons durch das Auftreffen auf einen kugelförmigen, anziehenden Kern bedingt wird. In diesem Fall, daß $v^2 F(v) = \text{const.}$ ist, wird nach (43) $\psi \sim \nu^{-3}$ und demnach $k \sim \nu^{-2}$.

Ein genauerer Ausdruck für den Absorptionskoeffizienten ergibt sich aus den theoretischen Untersuchungen von H. A. KRAMERS[2] über die Absorption von X-Strahlen, die von EDDINGTON[3] und MILNE[4] auf die visuellen Niveaus der Gase im Innern und in der Atmosphäre eines Sterns angewandt wurden. Dabei kommen zwei Arten von Energieübertragung in Betracht, die beide eine kontinuierliche Emission (oder Absorption) bewirken: 1. Kollisionen von Elektronen mit Atomen, wobei die Änderung der Translationsenergie als Strahlung emittiert (oder absorbiert) wird (2—5 in Ziffer 21):

$$\tfrac{1}{2} m v_1^2 - \tfrac{1}{2} m v_2^2 = h\nu;$$

2. Kollisionen von Elektronen mit Ionen, wobei das Elektron eingefangen und die totale freiwerdende Translations- und Ionisationsenergie ausgestrahlt wird (und der umgekehrte Prozeß von Ionisation durch Stoß), also:

$$\tfrac{1}{2} m v_1^2 + \chi = h\nu.$$

Um den Absorptionskoeffizienten zu bestimmen, werden die damit Gleichgewicht haltenden Vorgänge dieser Art betrachtet, die eine Emission bewirken. Dazu wird ein Elektron nach der klassischen Theorie behandelt; was in der quantenmäßigen Behandlung eine Kollision heißt, ist hier eine Annäherung, wobei das Elektron eine Hyperbel um das Ion beschreibt, und dabei an das Medium Energie abgibt, die nach der klassischen Theorie aus der jeweiligen Beschleunigung zu berechnen ist. Die Verteilung dieser Energie über die verschiedenen ν (von $h\nu = \frac{1}{2} m v_1^2$ abwärts) wird von KRAMERS unter vereinfachenden Voraussetzungen (die ausgestrahlte Energie ist klein, verglichen mit der totalen Energie, so daß die Hyperbel selbst nicht gestört wird) berechnet. Nach dem Korrespondenzprinzip wird dann angenommen, daß diese Energie identisch ist mit der Energie, die nach der neuen Theorie in der Gestalt von Quanten $h\nu$ bei der Kollision frei wird. Dann wird über alle möglichen Lagen und Geschwindigkeiten des Elektrons integriert. Nennt man $\alpha_1(\nu) J(\nu)$ die Absorption pro Atom aus diesen Kollisionsprozessen, so wird das Ergebnis

$$\alpha(\nu) E(\nu) = \frac{32\pi^2}{3\sqrt{3}} \frac{Z^2 e^6}{c^3 (2\pi m)^{\frac{3}{2}}} \frac{e^{-h\nu/kT}}{(kT)^{\frac{1}{2}}} N_e,$$

[1] M N 83, S. 32 (1922).
[2] Phil Mag 46, S. 836 (1923).
[3] M N 84, S. 104 (1924).
[4] M N 85, S. 750 (1925).

wo $E(\nu)$ die PLANCKsche Funktion, Z die Atomnummer, e und m Ladung und Masse des Elektrons, N_e die Anzahl der Elektronen ($N_e k T = P_e$ der Elektronendruck) bezeichnen. Durch Integration über alle Frequenzen erhält man für $\alpha_1 = \int \alpha(\nu) E(\nu)\, d\nu / \int E(\nu)\, d\nu$, den mittleren Absorptionskoeffizienten,

$$\alpha_1 = \frac{80}{\pi^2 \sqrt{3}} \frac{Z^2 e^6 h^2}{c(2\pi m)^{\frac{3}{2}}} P_e (kT)^{-\frac{9}{2}}. \tag{45}$$

Dies ist die Emission und die Absorption aus den Kollisionen, bei denen das Elektron nicht eingefangen wird, den sog. hyperbolisch-hyperbolischen Übergängen (free-free transitions). Hier kommt nun der Beitrag aus den Kollisionen hinzu, bei denen das Elektron eingefangen wird und eine der verschiedenen Bahnen, mit bestimmtem Energieniveau, einnimmt (hyperbolisch-elliptische Übergänge). Zu jeder dieser Bahnen gehört ein Emissionsband, das sich von der Kante ν_s ($h\nu_s = \chi_s$, die Ionisationsenergie dieses Niveaus) nach $\nu = \infty$ erstreckt. Die Integration über die nach der klassischen Theorie berechneten $\alpha_0(\nu)$ darf also nicht von $\nu = 0$ ausgehen. In Übereinstimmung mit KRAMERS' Verteilung der kontinuierlichen Energie über die konkreten Niveaus der X-Strahlung nehmen EDDINGTON und MILNE an, daß die untere Grenze auf ein Niveau, welches eine halbe Quanteneinheit unterhalb des niedrigsten Bahnniveaus liegt, festgesetzt werden muß. Dann findet MILNE, durch Berücksichtigung aller verschiedenen Ionisationsstufen:

$$\alpha_0 = \frac{80}{\pi^2 \sqrt{3}} \frac{Z^2 e^6 h^2}{c(2\pi m)^{\frac{3}{2}}} P_e (kT)^{-\frac{9}{2}} \sum x_{r+1} \left(1 + \frac{\chi_r}{kT} \frac{(n_r - Q_r)^2}{(n_r - \frac{1}{2} - Q_r)^2}\right), \tag{46}$$

wo χ_r das r-te Ionisationspotential ist, x_{r+1} die Fraktion der Atome in der dadurch bewirkten nächsten Ionisationsstufe, n_r die Quantenzahl der niedrigsten Bahn und Q_r den Quantendefekt in der RYDBERGschen Formel darstellt. Wenn zu diesem α_0 der Wert α_1 hinzugefügt wird, wodurch zu dem Σ-Ausdruck noch 1 addiert wird, hat man die totale Absorption pro Atom. Um den Massenabsorptionskoeffizienten zu finden, muß noch durch die Masse des Atoms dividiert werden.

Setzt man die Werte für die physikalischen Konstanten ein ($\log e = 0{,}679 - 10$, $\log h = 0{,}816 - 27$, $\log c = 0{,}477 + 10$, $\log m = 0{,}954 - 28$, $\log k = 0{,}137 - 16$), nimmt $Z = 1$ und dividiert durch die Masse des Wasserstoffatoms ($\log m_{\mathrm{H}} = 0{,}221 - 24$), so erhält man

$$k = 2{,}71 \cdot 10^{16} \frac{Z^2}{\mu} P_e T^{-\frac{9}{2}} f, \tag{47}$$

wo für andere Elemente die Atomnummer Z und das Atomgewicht μ einzusetzen sind und f den Totalfaktor $1 + \sum$ bezeichnen soll. Dieser Faktor ist immer eine mäßig große Zahl, da bei jeder Temperatur gerade diejenige Ionisationsstufe in einem merklichen Betrage x vorhanden ist, für die χ_r und kT von derselben Größenordnung sind. Da jedoch die χ_r diskret verschiedene Werte oder Wertgruppen bilden, fluktuiert er mit der Temperatur auf und ab, verschieden für verschiedene Elemente. Die Formel zeigt, daß der Absorptionskoeffizient der Sterngase dem Elektronendruck proportional und der $4^1/_2$ten Potenz der Temperatur umgekehrt proportional ist, oder auch der Elektronendichte proportional und der $3^1/_2$ten Potenz der Temperatur umgekehrt proportional.

24. Wahrscheinlichkeitsbetrachtungen bei der Ionisation durch Elektronenstöße. Dieser Mechanismus der Ionisierung ist auch von R. BECKER in dem schon erwähnten Artikel und dann ausführlicher von R. H. FOWLER behandelt worden[1]. Dabei wird von der Grundannahme ausgegangen, daß jeder Einheitsmechanismus, aus zwei entgegengesetzten Prozessen bestehend, imstande sein muß, die Verteilungsgesetze aufrechtzuerhalten ohne Hilfe hinzukommender korrigierender Vorgänge. In diesem Falle bedeutet das, daß die MAXWELLsche Geschwindigkeitsverteilung der Elektronen durch die unelastischen oder hyperelastischen, mit Freiwerden oder Einfangen von Elektronen verknüpften Kollisionen nicht geändert wird. Die Wahrscheinlichkeiten dieser Prozesse sind der Anzahl der vorhandenen Teilchen, der Fraktion dieser Teilchen, welche nach der MAXWELLschen Formel die bestimmte Geschwindigkeit besitzt, und dieser Geschwindigkeit selbst proportional. Diese MAXWELLsche Fraktion, mit der Geschwindigkeit multipliziert, läßt sich als Funktion der Energie ε schreiben

$$4(2\pi m)^{-\frac{1}{2}}(kT)^{-\frac{3}{2}}e^{-\varepsilon/kT}\varepsilon\,d\varepsilon\,.$$

Die Wahrscheinlichkeitskoeffizienten werden in der folgenden Weise bezeichnet: $S_{12}(\eta,\varepsilon)$ ist die Wahrscheinlichkeit, daß bei dem Zusammentreffen eines Elektrons der Energie ε mit einem Atom ein zweites freies Elektron mit Energie η entsteht, wobei die Energie des ersten Elektrons auf $\varepsilon-\chi-\eta$ herabgesetzt wird. $S_{21}(\eta,\alpha)$ ist im entgegengesetzten Vorgang die Wahrscheinlichkeit, daß bei dem gleichzeitigen Zusammentreffen zweier Elektronen der Energie η und α mit einem Ion das erste eingefangen wird und das zweite mit einer Energie $\alpha+\eta+\chi$ davonfliegt. Die Anzahl der Atome, Ionen und Elektronen sei wieder x_1, x_2, y.

Betrachten wir zuerst Gewinn und Verlust für Elektronen der Energie η, wenn $\eta<\chi$ ist. Ein Gewinn an η Elektronen aus dem ersten Prozeß ist möglich, wenn ein $(\eta+\chi+\alpha)$-Elektron auf das Atom stößt und seine Geschwindigkeit entweder auf η oder auf α herabgesetzt wird, wobei in dem letzten Fall das freiwerdende Elektron die Energie η hat. Ein Gewinn aus dem zweiten Prozeß, wobei aus einem α-Elektron und einem $(\eta-\alpha-\chi)$-Elektron ein η-Elektron entstehen müßte, ist hier unmöglich, weil $\eta<\chi$ ist. Ein Verlust aus dem ersten Prozeß, bei dem ein η-Elektron bei dem Stoß ein α-Elektron und ein $(\eta-\chi-\alpha)$-Elektron entstehen läßt, ist aus demselben Grunde unmöglich. Ein Verlust aus dem zweiten Prozeß ist möglich, wenn ein α-Elektron und ein η-Elektron zusammen ein $(\alpha+\eta+\chi)$-Elektron entstehen lassen. Die Energie α kann immer die Werte von 0 bis ∞ annehmen. Die Bedingung, daß Gewinn und Verlust einander gleich sein müssen, läßt sich als die Gleichheit zweier Integrale nach α ausdrücken. Nun enthält der Ausdruck für den Gewinnvorgang den Faktor $e^{-(\chi+\alpha+\eta)/kT}$ und der Ausdruck für den Verlustvorgang den Faktor $e^{-(\alpha+\eta)/kT}$. Diese Exponentialgrößen bewirken für jede Temperatur eine andere Verteilung der Integranden über das ganze Integral. Da die Wahrscheinlichkeitskoeffizienten S nur Atomeigenschaften enthalten und von dem äußeren Verteilungsparameter T unabhängig sind, kann das Gleichgewicht nur in der Weise für alle Temperaturen vorhanden sein, daß die Gleichheit für jeden Integranden für sich besteht. Dann wird

$$x_1 y\{4(2\pi m)^{-\frac{1}{2}}(kT)^{-\frac{3}{2}}\}(\chi+\eta+\alpha)e^{-\chi/kT}e^{-(\alpha+\eta)/kT}\{S_{12}(\eta,\chi+\eta+\alpha)+S_{12}(\alpha,\chi+\eta+\alpha)\}$$
$$=x_2 y^2\{4(2\pi m)^{-\frac{1}{2}}(kT)^{-\frac{3}{2}}\}^2\alpha\,\eta\,e^{-(\alpha+\eta)/kT}\{S_{21}(\eta,\alpha)+S_{21}(\alpha,\eta)\}\,.$$

Diese Gleichung ist in der Form

$$\frac{x_2 y}{x_1}=e^{-\chi/kT}(kT)^{\frac{3}{2}}\frac{(2\pi m)^{\frac{1}{2}}(\chi+\eta+\alpha)\{S_{12}(\eta,\chi+\eta+\alpha)+S_{12}(\alpha,\chi+\eta+\alpha)\}}{4\alpha\eta\{S_{21}(\eta,\alpha)+S_{21}(\alpha,\eta)\}} \tag{48}$$

zu schreiben. Dabei ergibt sich wieder die früher gefundene Formel des Ionisationsgleichgewichts als Konsequenz eines bestimmten Umwandlungsmechanismus.

[1] Statistical Equilibrium with Special Reference to the Mechanism of Ionization by Electronic Impacts, Phil Mag 47, S. 257 (1924).

Während nichts vorausgesetzt wurde als eine solche Form der einander kompensierenden Vorgänge, daß der bekannten Druckabhängigkeit genügt wird, findet sich eine Temperaturabhängigkeit, die mit der thermodynamisch abgeleiteten identisch ist. Durch Gleichsetzung (ähnlich wie in der vorigen Ziffer) des letzten von der Temperatur unabhängigen Faktors mit der Konstanten der Ionisationsformel bekommt man eine Beziehung zwischen den Umwandlungswahrscheinlichkeiten. FOWLER erachtet es für wahrscheinlich (durch die Erwägung, daß ein ähnlicher Vorgang mit einem fremden Atom als stoßendem Körper betrachtet werden kann), daß die Beziehung in Wirklichkeit noch einfacher ist, indem in jedem Gliede die beiden Formen zu trennen sind:

$$(\chi + \eta + \alpha)\, S_{12}(\eta, \chi + \eta + \alpha) = \frac{8\pi m}{h^3} \frac{B'}{B} \eta\, \alpha\, S_{21}(\eta, \alpha)\,, \tag{49}$$

so daß eine Beziehung besteht zwischen der Ionisation durch Anprall, wobei das hinausgeworfene Elektron die Energie η bekommt, und dem dreifachen Zusammenstoß, wobei das η-Elektron eingefangen wird. FOWLER hat in ähnlicher Weise Gewinn und Verlust aufgestellt für Elektronen mit $\varepsilon > \chi$, und gleichfalls für die Ionen, wobei er auf dieselben Beziehungen geführt wird.

FOWLER macht, ausgehend von denselben effektiven Dimensionen, welche MILNE für die Absorptionsberechnung benutzte, numerische Schätzungen über die Anzahl von Ionisationen aus dieser Ursache. Er findet für bestimmte Verhältnisse in einer Sternatmosphäre (Wasserstoff im zweiquantigen Zustande, Temperatur 10000°, Elektronendruck 10^{-4} Atmosphären), daß das Verhältnis der Ionisierungen durch Kollision zu denen durch Strahlung $5 \cdot 10^{-3}$ ist; die erste Ursache ist also unbedeutend gegen die zweite. Für einen größeren Druck bei gleicher Temperatur wird der Anteil der Kollisionen größer relativ zu der Strahlung; im Sterninnern mögen sie sich ungefähr die Wage halten.

B. P. GERASIMOVIČ hat später die Berechnung wiederholt[1] mit den effektiven Dimensionen, die von KRAMERS bei der Behandlung des Absorptionskoeffizienten abgeleitet waren. Er findet für Wasserstoff im zweiten Quantenzustande das Verhältnis der Stoßionisierungen zu den Strahlungsionisierungen bedeutend größer: 0,30 bei 10000°, 0,75 bei 5000°. Durch die geringe Fraktion der Wasserstoffatome in diesem Zustande (während im 1. Quantenzustande das Verhältnis nur 0,002 bzw. 0,005 ist) mag der Einfluß auf die gesamte Ionisation nicht merklich sein; aber es zeigt sich doch, daß die Stöße bei der Bildung der BALMER-Linien eine Rolle spielen können.

25. Ionisation in einer nicht isothermen Atmosphäre. Die Ableitung der Ionisationsformel mittels thermodynamischer oder statistisch-mechanischer Betrachtungen gilt nur für ein Gas, dessen Temperatur überall dieselbe ist. In einer Sternatmosphäre ist jedoch die Temperatur nicht konstant, sondern nimmt unter der Wirkung der von innen nach außen fließenden Strahlung nach außen ab. Obgleich jede Schicht eine bestimmte Temperatur annimmt (für die äußersten Schichten ist nach der SCHWARZSCHILDschen Formel T angenähert $= T_1 \sqrt[4]{0,5}$, wo T_1 die effektive Temperatur der Strahlung ist, vgl. Ziffer 26), ist der hindurchgehende Energiestrom doch der wichtigste Ionisierungsfaktor.

Die Ionisation unter dem Einfluß einer Strahlung ohne thermodynamisches Gleichgewicht ist von MEGH NAD SAHA und RAMANI KANTA SUR berechnet worden mittels einer Betrachtung des Gleichgewichts von Atomen, Ionen, Elektronen und Lichtquanten bestimmter Frequenz[2]. Dann hat J. WOLTJER[2] diese Frage behandelt[3] im Anschluß an MILNES Formeln für die photoelektrische Ioni-

[1] Harv Bull 857 (1928). [2] Nature, March 14 (1925).
[3] Nature, April 11 (1925); Physica 5, S. 406.

sation. Die Übergangswahrscheinlichkeiten, die aus der Betrachtung des isothermen Gleichgewichts gewonnen wurden, hängen nur von Atomeigenschaften ab und müssen daher auch in anderen Fällen, wo Strahlung auf ein Atom fällt, ihren Wert behalten. Aus ihnen läßt sich dann die Ionisation in solchen Fällen berechnen.

Befinden sich die Atome in einem Strahlungsfeld, in dem die Strahlungsintensität von der Richtung abhängt, so wirkt auf sie die Totalstrahlung, die von allen Seiten auf sie fällt

$$J(\nu) = \int J(\nu, \vartheta, \varphi)\, d\omega .$$

Dann wird auch hier die Zahl der Spaltungen durch Licht der Frequenz ν gleich $x_1 \psi(\nu) J(\nu) d\nu$ sein, ähnlich wie in Ziffer 22. Die Zahl der Vereinigungen bei einer Geschwindigkeit v und einer damit korrespondierenden Frequenz ν ist wieder

$$8\pi^2 x_2 y \left(\frac{m}{2\pi k T}\right)^{\frac{3}{2}} e^{-h(\nu-\nu_0)/kT} \{F(v) + J(\nu) G(v)\} \frac{v^2 h}{m} d\nu ,$$

wo T die durch die Translationsenergie der Elektronen bestimmte Temperatur des Gases ist. Gleichgewicht ist vorhanden, wenn die Zahl der Spaltungen und die der Vereinigungen durch das gesamte Licht aller Frequenzen einander gleich sind, also

$$x_1 \int \psi(\nu) J(\nu) d\nu = x_2 y \int 8\pi^2 \left(\frac{m}{2\pi k T}\right)^{\frac{3}{2}} e^{-h(\nu-\nu_0)/kT} \{F(v) + J(\nu) G(v)\} \frac{v^2 h}{m} d\nu$$

ist. Setzt man hier die Werte von Formel (42) ein, die man dazu in die Form

$$F(v) = \frac{8\pi h \nu^3}{c^2} G(v) , \qquad 8\pi^2 \left(\frac{m}{2\pi k T}\right)^{\frac{3}{2}} e^{h\nu_0/kT} F(v) \frac{v^2 h}{m} = \frac{8\pi h \nu^3}{c^2} \left(\frac{x_2 y}{x_1}\right)_0 \psi(\nu)$$

bringt, wobei $\left(\frac{x_2 y}{x_1}\right)_0$ den Wert dieses Ausdrucks im Fall des isothermischen Gleichgewichts bedeutet, so findet man

$$x_1 \int \psi(\nu) J(\nu) d\nu = x_2 y \int e^{-h\nu/kT} \left(\frac{8\pi h \nu^3}{c^2} + J(\nu)\right) \psi(\nu) \left(\frac{x_2 y}{x_1}\right)_0 d\nu$$

oder

$$\frac{x_2 y}{x_1} = \left(\frac{x_2 y}{x_1}\right)_0 \frac{\int \psi(\nu) J(\nu) d\nu}{\int \psi(\nu) e^{-h\nu/kT} \left(\frac{8\pi h \nu^3}{c^2} + J(\nu)\right) d\nu} . \tag{50}$$

Die Integration erstreckt sich über alle Frequenzen größer als die der Seriengrenze, die gerade zur Ionisation ausreicht, also von ν_0 bis ∞.

Die Abweichung gegen den Fall des isothermen Zustandes wird also durch den Quotienten der beiden Integrale gegeben. Man überzeugt sich leicht durch Einsetzung der PLANCKschen Formel für J, daß im Falle dieses Gleichgewichts der Quotient = 1 wird. Übrigens ist noch zu bedenken, daß diese Formel nur die Ionisation durch Strahlung berücksichtigt. Wo aber, wie in Sternatmosphären, die Ionisation durch Stöße gegen die durch Strahlung unbedeutend ist, ergibt sich dadurch praktisch kein Fehler.

Zur Berechnung der Abweichung gegen den isothermen Fall ist die Kenntnis der Funktion $\psi(\nu)$ nötig. PANNEKOEK hat die Rechnung für eine Sternatmosphäre, in der von unten nach oben die photosphärische Strahlung hindurchgeht, durchgeführt[1] unter der Voraussetzung, daß in der Nähe der Seriengrenze $\psi \sim \nu^{-3}$ genommen werden darf; da die praktisch in Betracht kommenden Absorptions-

[1] B A N 3, S. 207 (1926).

kanten weit im Ultraviolett liegen, wo J mit steigender Frequenz rasch abnimmt, werden Fehler dieser Annahme einen geringen Einfluß haben. Auf die Atome fällt also von unten eine Strahlung der effektiven Temperatur T_1, von oben eine Strahlung 0, also im ganzen die halbe Intensität einer isotropen Strahlung der Temperatur T_1, während die umgebende Translationstemperatur T ist. Das zweite Glied im Nennerintegral der WOLTJERschen Formel ist zu vernachlässigen, in derselben Weise wie das zweite Glied im PLANCKschen Nenner, da sie nur für sehr kleine ν Bedeutung haben. Dann werden die Integrale des Zählers und des Nenners:

$$\int_{\nu_0}^{\infty} C\nu^{-3}\frac{4\pi h\nu^3}{c^2}e^{-h\nu/kT_1}\,d\nu = C\,\frac{4\pi k T_1}{c^2}e^{-h\nu_0/kT_1},$$

$$\int_{0}^{\infty} C\nu^{-3}\frac{8\pi h\nu^3}{c^2}e^{-h\nu/kT}\,d\nu = C\,\frac{8\pi k T}{c^2}e^{-h\nu_0/kT}.$$

Das zweite Glied der SAHAschen Formel ist also zu multiplizieren mit

$$\frac{1}{2}\frac{T_1}{T}e^{-h\nu_0(1/kT_1-1/kT)}, \tag{51}$$

und die Formel für das Ionisationsgleichgewicht einer Sternatmosphäre wird

$$\frac{x}{1-x}P = \frac{1}{2}e^{-\chi/kT_1}\,T_1 T^{\frac{3}{2}}\frac{(2\pi m)^{\frac{3}{2}}k^{\frac{5}{2}}}{h^3}. \tag{52}$$

Eine ähnliche Formel gilt auch für die Ionisation einer weit von einem Stern entfernten Gasmasse. Nimmt, von dort aus gesehen, der Stern den Bruchteil β der Himmelsoberfläche ein, und ist T_1 die effektive Temperatur des Sterns, T die Temperatur des Gases, so wird

$$\frac{x}{1-x}P = \beta\,e^{-\chi/kT_1}\,T_1 T^{\frac{3}{2}}\frac{(2\pi m)^{\frac{3}{2}}k^{\frac{5}{2}}}{h^3}. \tag{53}$$

Der Faktor β ist auch von EDDINGTON in seiner Betrachtung des Zustandes der interstellaren Gase[1] als „Verdünnung" der Sternstrahlung eingeführt worden.

Gegen diese Berechnung hat GERASIMOVIČ den Einwand erhoben[2], daß nach der theoretischen Ableitung des Absorptionskoeffizienten durch KRAMERS die Funktion $\psi \sim \nu^{-4}$ genommen werden muß. PANNEKOEK hat dann die Rechnung mit $\psi \sim \nu^{-4}$ wiederholt[3]. Die Integrale des Zählers und des Nenners werden damit

$$\int_{\nu}^{\infty} C\nu^{-4}\frac{4\pi h\nu^3}{c^2}e^{-h\nu/kT_1}\,d\nu = C\,\frac{4\pi h}{c^2}Ei\left(-\frac{h\nu_0}{kT_1}\right),$$

$$\int_{\nu}^{\infty} C\nu^{-4}\frac{8\pi h\nu^3}{c^2}e^{-h\nu/kT}\,d\nu = C\,\frac{8\pi h}{c^2}Ei\left(-\frac{h\nu_0}{kT}\right).$$

Die hier auftretenden Integrallogarithmen sind durch semikonvergente Reihen darzustellen, die namentlich für großes Argument brauchbar sind:

$$Ei(-x) = e^{-x}\left(-\frac{1}{x}+\frac{1}{x^2}-\frac{2!}{x^3}-\frac{3!}{x^4}\cdots\right)+R_n, \qquad R_n < \frac{n!}{x^{n+1}}.$$

Die SAHAsche Formel ist daher zu multiplizieren mit

$$\frac{1}{2}\frac{T_1}{T}e^{-h\nu_0(1/kT_1-1/kT)}\frac{1-1/x_1+2!/x_1^2-\cdots}{1-1/x+2!/x^2-}, \quad \text{wo} \quad x=\frac{h\nu_0}{kT}, \quad x_1=\frac{h\nu_0}{kT_1} \text{ ist,} \tag{54}$$

[1] Bakerian Lecture (1926); London R S Proc A 111, S. 424 (1926).
[2] Harv Bull 841 (1926). [3] B A N 4, S. 7 (1927).

und die Formeln (51), (52), (53) sind noch mit dem Quotienten zweier Reihen zu multiplizieren, die für $x = 2, 5, 10, 100$ die Beträge 0,72, 0,85, 0,92, 0,99 erreichen, also bei praktischen Fragen der Sternatmosphären kaum je in Betracht kommen.

GERASIMOVIČ hat dann 1927 die Frage behandelt[1], welche Korrektion an die Ionisationsformel im Falle geringer Abweichung vom thermodynamischen Gleichgewicht anzubringen sei. Er benutzt dabei die Formeln eines zuvor behandelten viel allgemeineren Falles, des Ionisierungsgleichgewichts eines lumineszierenden Atomsystems, mit Atomen in vielen Quantenzuständen[2]. Er geht davon aus, daß die Temperatur der untersuchten Gasschicht, weil diese kein schwarzer Strahler ist, nicht nach der SCHWARZSCHILDschen Formel angenommen werden darf, sondern selbst aus den Bedingungen des Problems abzuleiten ist. Er betrachtet dabei nur die Ionisierungs- und Wiedervereinigungsprozesse im Falle eines einzigen Gases mit einem einzigen Quantenzustand; dann wird im Falle des Gleichgewichts, d. h. eines stationären Zustandes, die Anzahl der beiden entgegengesetzten Prozesse gleich sein (statistisches Gleichgewicht) und zugleich die bei den beiden Arten von Prozessen gewonnene und verlorene Energie zusammen Null sein müssen (Strahlungsgleichgewicht). Das liefert zwei Gleichungen für die Bestimmung von Ionisation und Temperatur, die im Falle des thermodynamischen Gleichgewichts beide identisch werden mit der SAHAschen Formel. Zu der Gleichung des statistischen Gleichgewichts

$$x_0 \int_{\nu_0}^{\infty} \psi(\nu) J(\nu)\, d\nu = 8\pi^2 x_1 y \left(\frac{m}{2\pi k T}\right)^{\frac{3}{2}} \int_{\nu_0}^{\infty} e^{-(h\nu - h\nu_0)/kT} v^2 \{F(v) + G(v) J(\nu)\} \frac{h}{m}\, d\nu \quad (55)$$

kommt die Gleichung der Energie

$$x_0 \int_{\nu_0}^{\infty} \nu \psi(\nu) J(\nu)\, d\nu = 8\pi^2 x_1 y \left(\frac{m}{2\pi k T}\right)^{\frac{3}{2}} \int_{\nu_0}^{\infty} \nu e^{-(h\nu - h\nu_0)/kT} v^2 \{F(v) + G(v) J(\nu)\} \frac{h}{m}\, d\nu, \quad (56)$$

wo für ψ der Ausdruck in $F(v)$ eingesetzt und $v^2 F(v) = C/\nu$ genommen wird. Es wird nun angenommen, daß die wirksame Strahlung aus zwei Teilen besteht: schwarze Strahlung von unten, von effektiver Temperatur T_1, aber verdünnt im Verhältnis A (identisch mit β oben), und isotrope Strahlung von der eigenen Temperatur T_0 des Gases, aber nur von oben wirkend. Also wird (die Buchstaben sind in Übereinstimmung mit den vorigen Ziffern und daher von denen der Originalabhandlung abweichend):

$$J(\nu) = A \frac{2h\nu^3}{c^2} (e^{h\nu/kT_1} - 1)^{-1} + \frac{h\nu^3}{c^2} (e^{h\nu/kT_0} - 1)^{-1}.$$

Setzt man diesen Wert ein und entwickelt die Nennerformen in eine Reihe, so führt die Integration der Gleichung (55) auf eine Reihe von Integrallogarithmen, die der Gleichung (56) auf eine Reihe von Exponentialformen, die jeweils mit den ersten Termen in jedem Integrallogarithmus identisch sind. Schreiben wir zur Abkürzung $h\nu_0/kT_1 = x_1$, $h\nu_0/kT_0 = x_0$, so wird

$$\begin{aligned} A T_1 e^{-x_1}\left(1 - \frac{1}{x_1}\cdots\right) + \tfrac{1}{2} A T_1 e^{-2x_1}\left(1 - \frac{1}{2x_1}\cdots\right) + \cdots + \tfrac{1}{2} T_0 e^{-x_0}\left(1 - \frac{1}{x_0}\cdots\right) \\ + \tfrac{1}{4} T_0 e^{-2x_0}\left(1 - \frac{1}{2x_0}\cdots\right) + \cdots = \left(\frac{x_1 y}{x_0}\right) \frac{h^3}{(2\pi m k T)^{\frac{3}{2}}} \Big\{ T_0\left(1 - \frac{1}{x_0}\cdots\right) \\ + A \frac{T_0 T_1}{T_0 + T_1} e^{-x_1}\left(1 - \frac{1}{x_0 + x_1}\cdots\right) + \cdots + \tfrac{1}{2} T_0 e^{-x_0}\left(1 - \frac{1}{2x_0}\cdots\right) + \cdots \Big\}, \end{aligned}$$

[1] Wash Nat Ac Proc 13, S. 180 (1927).

[2] Z f Phys 39, S. 361 (1926).

$$A T_1 e^{-x_1} + \frac{1}{2} A T_1 e^{-2x_1} + \cdots + \frac{1}{2} T_0 e^{-x_0} + \frac{1}{4} T_0 e^{-2x_0} + \cdots$$
$$= \left(\frac{x_1 y}{x_0}\right) \frac{h^3}{(2\pi m k T)^{\frac{3}{2}}} \left\{T_0 + A \frac{T_0 T_1}{T_0 + T_1} e^{-x_1} + \cdots + \frac{1}{2} T_0 e^{-x_0} + \cdots\right\}.$$

Durch Elimination des Ionisationskoeffizienten aus diesen beiden Gleichungen wird eine Beziehung zwischen A und T_0 gefunden; weil für die mit den in Frage kommenden Ionisierungspotentialen korrespondierenden ν_0 die Werte $h\nu_0/kT$ große Zahlen sind (für $\chi = 6$, $\lambda_0 = 2060$ Å, $T = 6000°$, $h\nu_0/kT = 11{,}6$), so ist e^{-x} als eine kleine Größe erster Ordnung zu betrachten. So wird für diese Beziehung

$$A = \frac{T_0^3}{16(T_1 - T_0)} e^{h\nu_0(1/kT_1 - 2/kT_0)} \tag{57}$$

abgeleitet, und für die Korrektion der SAHAschen Formel wird der Faktor

$$A \frac{T_1}{T_0} e^{-h\nu_0(1/kT_1 - 1/kT_0)} \left(1 - \frac{k(T_1 - T_0)}{h\nu_0}\right) + \frac{1}{2} \tag{58}$$

gefunden. Für die Sonne ($A = \frac{1}{2}$) findet man mittels dieser Formeln, daß T_0, die Temperatur der Atmosphäre, nur unbedeutend von T_1, der effektiven Temperatur, abweichen kann. Dies gilt für die Schichten, die unmittelbar oberhalb der Photosphäre liegen, während das Gas nur sehr kurze Wellenlängen absorbiert. GERASIMOVIČ benutzt diese Formel auch, um die Temperatur und die Ionisation eines von einem entfernten Stern bestrahlten Nebels abzuleiten.

c) Der Aufbau der Sternatmosphären.

26. Die Atmosphäre im Strahlungsgleichgewicht. Erste Näherung. Seit den Anfängen der astrophysikalischen Beobachtung unterscheidet man bei der Sonne zwischen der Photosphäre, die die von uns beobachtete Sonnenstrahlung mit kontinuierlichem Spektrum aussendet, und der darüberliegenden Atmosphäre, die durch ihre Absorption die FRAUNHOFER-Linien erzeugt. Nach den Beobachtungen bei totalen Sonnenfinsternissen unterscheidet man in letzterer die mehrere 1000 km hohe Chromosphäre, durch ihre Emissionslinien erkennbar, von der darunterliegenden „umkehrenden Schicht“, die für die Bildung der FRAUNHOFER-Linien verantwortlich ist. Eine präzise Trennung zwischen letzterer und den tiefern Schichten der Chromosphäre läßt sich nicht machen. Überhaupt ziehen diese Namen, die durch die Praxis der Beobachtungsmethoden gegeben sind, künstliche Trennungslinien in einer Region allmählicher Übergänge, von dem unsichtbaren Innern der Sonne unter gleichmäßiger Abnahme von Dichte, Druck und Temperatur bis in die dünnsten äußeren Schichten, die sich im Weltraum verlieren. Außerhalb dieser Schichten finden wir dann noch das Phänomen der Sonnenkorona, die wohl kaum noch den Charakter einer Atmosphäre besitzt.

Das Gleichgewicht der Außenschichten der Sonne oder eines Sterns wird, wie bei jeder Atmosphäre, zuerst durch die mechanische Gleichgewichtsbedingung bestimmt, wonach das Gewicht der oberhalb einer Fläche liegenden Gasmasse durch die Spannung des Gases in dieser Fläche getragen wird. Für eine dünne Gasschicht wird also

$$dp = -g\varrho\, dh.$$

Zwischen Dichte und Druck besteht die BOYLE-GAY-LUSSACsche Relation

$$p = \frac{R}{\mu} \varrho T,$$

wo R die allgemeine Gaskonstante $8{,}32 \cdot 10^7$ erg/1° und μ das Molekulargewicht bedeuten. Zur Bestimmung der drei physikalischen Größen p, ϱ, T als Funktion der Höhe ist also noch eine Relation nötig, die durch die Bedingung des thermischen Gleichgewichts gegeben wird. Ist die Wärmezufuhr von außen zu vernachlässigen, so herrscht isothermes Gleichgewicht $T = C$; die Integration der obigen Gleichungen führt dann zu einer exponentiellen Abnahme der Dichte mit der Höhe. In den unteren Schichten der Erdatmosphäre findet der Wärmeaustausch durch Konvektionsströme statt, wobei adiabatisches Gleichgewicht auftritt; dann wird $p/p_0 = (\varrho/\varrho_0)^\gamma$, wobei γ das Verhältnis der Wärmekapazitäten c_p/c_v bedeutet. Früher wurde angenommen, daß der Transport von Wärme aus dem Innern der Sonne nach außen auch durch Konvektionsströme stattfinde.

SCHWARZSCHILD hat zuerst hervorgehoben, daß in der Sonne und den Sternen die Strahlung ein viel mächtigerer Träger des Wärmetransports ist, und er hat die Formeln für diesen Zustand des Strahlungsgleichgewichts entwickelt[1]. Alle Materie sendet, infolge ihrer hohen Temperatur, Strahlung nach allen Seiten aus, absorbiert einen Teil der auf sie fallenden Strahlung und nimmt eine solche Temperatur an, daß Gleichgewicht besteht. Der Raum ist durchquert durch Strahlung in allen Richtungen, aber die aus der Tiefe kommenden, nach außen gehenden Strahlen haben eine größere Intensität als die nach innen gehenden Strahlen, wodurch eine Nettoströmung von Energie nach außen resultiert. Zur Vereinfachung der Rechnung in erster Näherung ersetzt SCHWARZSCHILD diesen Vorgang durch zwei radial gerichtete, nach oben und nach unten gehende Energieströme. Dabei muß dann gleichfalls die totale Emission jedes Partikels als zur Hälfte nach oben, zur Hälfte nach unten gehend angenommen werden.

Es sei die Intensität dieser Ströme I und I', die Dichte ϱ, der Absorptionskoeffizient der Materie pro Masseneinheit k, die nach oben gerichtete vertikale Koordinate z und die schwarze Strahlung in jeder der Richtungen $E(T)$, so werden Gewinn und Verlust der beiden Energieströme innerhalb einer Schicht dz gegeben durch

$$\frac{dI}{dz} = -k\varrho I + k\varrho E, \qquad \frac{dI'}{dz} = +k\varrho I' - k\varrho E \tag{59}$$

oder

$$\frac{d}{dz}(I + I') = -k\varrho(I - I'), \qquad \frac{d}{dz}(I - I') = -k\varrho(I + I' - 2E).$$

Strahlungsgleichgewicht bedeutet, daß jedes Massenelement seine Temperatur infolge der von ihm absorbierten und emittierten Energie nicht ändert, also

$$k\varrho(I + I') = 2k\varrho E.$$

Führt man die „optische Tiefe“ t ein, bestimmt durch

$$dt = -k\varrho dz,$$

so werden die Gleichungen

$$\frac{d}{dt}(I + I') = I - I', \qquad \frac{d}{dt}(I - I') = 0$$

oder

$$I - I' = \text{konst.} = F, \qquad I + I' = Ft + \text{konst.}$$

An der Grenze der Atmosphäre, für $t = 0$, muß $I' = 0$ sein, während $I = F$ dort $= \sigma T_1$ ist, wenn T_1 die effektive Temperatur bedeutet. Also wird die Konstante $= F$, und die Energieströme werden

$$I = (1 + \tfrac{1}{2}t)F, \qquad I' = \tfrac{1}{2}tF.$$

[1] Gött Nachr 1906, S. 41.

Die Temperatur in jedem Niveau wird gegeben durch

$$\sigma T^4 = E = \tfrac{1}{2}(I + I') = \tfrac{1}{2}(1 + t) F = \tfrac{1}{2}(1 + t)\sigma T_1^4. \tag{60}$$

Für $t = 0$, an der Grenze der Atmosphäre, wird $\sigma T_0^4 = \frac{1}{2}\sigma T_1^4$, also ist die Temperatur der äußeren Schichten $T_0 = T_1 \sqrt[4]{\frac{1}{2}}$.

Eine Absorptionslinie entsteht in diesem Falle, wenn für eine bestimmte Wellenlänge der Absorptions- und Emissionskoeffizient k' größer ist als für die anderen Wellenlängen, die den Hintergrund des Spektrums bilden. Setzt man wieder $k\varrho\, dz = -dt$, so wird für Licht dieser Wellenlänge

$$dI = -I k' \varrho\, dz = (k'/k) I\, dt.$$

Das Licht, das, von einem Element in der optischen Tiefe t emittiert, an der Oberfläche austritt, hat dort eine Intensität

$$I = I_0 e^{-(k'/k)t},$$

wo die Emission des Elements $I_0 = k' E(\lambda, T)\varrho\, dz$ ist. Die totale Intensität des austretenden Lichtes wird also

$$I(\lambda) = \int_0^\infty k' E(\lambda, T)\, e^{-(k'/k)t} \varrho\, dz = (k'/k) \int_0^\infty E(\lambda, t)\, e^{-(k'/k)t}\, dt. \tag{61}$$

Für den Fall, daß $k'/k = 1$ ist, ist die Verteilung des austretenden Lichtes über die verschiedenen Wellenlängen von B. LINDBLAD[1] und von E. A. MILNE[2] untersucht worden; sie stimmt nahezu, aber nicht völlig, mit der Verteilung der zu der effektiven Temperatur gehörenden schwarzen Strahlung überein. Die Emission E nimmt für zunehmende optische Tiefe und Temperatur zu; durch den exponentiellen Schwächungsfaktor nimmt der Beitrag zu dem austretenden Licht mit der Tiefe zuerst zu und dann ab. Für kleine Werte von k'/k tragen tiefe Schichten hoher Temperatur am meisten bei; für große Werte von k'/k wird alles Licht der tieferen Schichten ausgelöscht und nur die Grenzschichten mit $T_0 = T_1/\sqrt[4]{2}$ tragen zu dem austretenden Licht bei. Durch mechanische Integration kann die austretende Intensität $I(\lambda)$ für verschiedene Werte von k'/k berechnet werden; es zeigt sich dabei, daß die Ergebnisse sich nahezu durch eine empirische Formel $1 + c(k/k')$ darstellen lassen. Ist eine große Anzahl von Absorptionslinien vorhanden, so wird das mittlere k, das die Temperaturzunahme in dem Innern bestimmt, bedeutend größer als der Absorptionskoeffizient für die linienfreien Wellenlängen, d. h. mit anderen Worten, daß für den linienfreien Hintergrund des Spektrums das Verhältnis $k'/k < 1$ wird. Die relative Dunkelheit der Absorptionslinien wird dann erheblich größer als in dem Fall, daß für den Hintergrund $k'/k = 1$ wird. Für seltene Atome oder für Wellenlängen, die mit geringen Übergangswahrscheinlichkeiten korrespondieren, ist k' auch gering, stammt das Licht aus großer Tiefe und bildet schwache Absorptionslinien.

In dieser Betrachtung verschwindet der Gegensatz zwischen der Photosphäre als emittierender Schicht und der darüberliegenden absorbierenden Atmosphäre; Emission und Absorption finden in denselben Schichten statt. Die Photosphäre ist kein physischer, sondern ein mathematischer Begriff; sie sondert sich nicht durch besondere Eigenschaften von höheren und tieferen Schichten ab, und nur die Rechnung kann die Schicht aufzeigen, die am meisten zu dem austretenden Lichte beiträgt.

---

[1] Uppsala Universitets Årsskrift (1920).
[2] M N 81, S. 375 (1921).

27. Strahlungsgleichgewicht. Weitere Näherungen. Durch jeden Punkt im Inneren der Atmosphäre gehen Strahlen in allen Richtungen, deren Intensität eine Funktion des Winkels ϑ mit der nach außen gehenden Normale ist. In einer Schicht der Dicke dz, der ein Weg des Strahls $dz\sec\vartheta$ entspricht, wird dann für den Energiestrom $I\,d\omega$ die Gleichung für den Absorptionsverlust und für den Gewinn aus der Totalemission $4\pi k\varrho E$:

$$\cos\vartheta\frac{dI}{dz} = -k\varrho I + k\varrho E\,. \tag{62}$$

Durch Einführung der optischen Tiefe $t = -\int k\varrho\,dz$ wird diese Formel

$$\cos\vartheta\frac{dI}{dt} = -I + E\,. \tag{63}$$

Die Bedingung des Strahlungsgleichgewichts, daß für jedes Element die totale Absorption aus den durchgehenden Strahlen der totalen Emission gleich ist, wird dabei ausgedrückt durch die Gleichung

$$4\pi E = 2\pi\int\limits_0^\pi I\sin\vartheta\,d\vartheta\,. \tag{64}$$

Man kann nun einen Durchschnitt aller nach innen gehenden sowie aller nach außen gehenden Strahlen betrachten, indem man in der Formel (62) den durchschnittlichen Wert von $\cos\vartheta$, $\frac{1}{2}$ für die nach außen, $-\frac{1}{2}$ für die nach innen gehenden Strahlen, einführt, also setzt

$$\frac{1}{2}\frac{dI}{dz} = -k\varrho I + k\varrho E\,, \qquad \frac{1}{2}\frac{dI'}{dz} = +k\varrho I' - k\varrho E\,. \tag{65}$$

Diese Form, die von MILNE verschiedentlich benutzt wurde, unterscheidet sich durch den Faktor $\frac{1}{2}$ von der SCHWARZSCHILDschen Näherung. Die Änderung kommt darauf hinaus, daß durch den im Durchschnitt schiefen Durchgang die Absorption jeder Schicht gleichsam verdoppelt wird und die wirksame, durch $\int 2k\varrho\,dz = -t$ bestimmte optische Tiefe jetzt zweimal größer ist als eine solche, die durch vertikale Strahlen allein bestimmt wird.

EDDINGTON[1] behandelt die Formel in etwas verschiedener Weise, indem er die Mittelwerte des cos erst in die Ausdrücke für die Summe und die Differenz einführt. Nimmt man also an, daß alle I und alle I' konstant sind, so ergibt die einfache Integration von (62) über alle ϑ:

$$\overline{\cos\vartheta}\frac{d}{k\varrho\,dz}(I - I') = -(I + I') + 2E\,,$$

$$\overline{\cos^2\vartheta}\frac{d}{k\varrho\,dz}(I + I') = -\overline{\cos\vartheta}(I - I')\,,$$

wo die Mittelwerte über die Halbkugel $\overline{\cos\vartheta} = \frac{1}{2}$ und $\overline{\cos^2\vartheta} = \frac{1}{3}$ einzuführen sind. Mit $k\varrho\,dz = -\,dt$ erhält man dann, wenn $I - I' = F$ gesetzt wird,

$$I + I' = F(1 + \tfrac{3}{2}t)\,. \tag{66}$$

(EDDINGTONS Bezeichnungen $I = \frac{1}{4\pi}\int I(\vartheta)\,d\omega$ und $H = \frac{1}{4\pi}\int I(\vartheta)\cos\vartheta\,d\omega$ stimmen mit unseren Ausdrücken $\frac{1}{2}(I + I')$ und $\frac{1}{4}(I - I') = \frac{1}{4}F$ überein.)

Eine zweite Näherung wird durch die Annahme gegeben, daß

$$I(\vartheta) = A + B\cos\vartheta \tag{67}$$

geschrieben werden kann; sie ist von J. H. JEANS in Anschluß an die Verhältnisse

[1] The Internal Constitution of the Stars, Chap. XII (1926).

im Innern eines Sterns behandelt worden[1]. Durch Substitution in die obige Gleichung (63) findet man

$$\cos\vartheta \frac{dA}{dt} + \cos^2\vartheta \frac{dB}{dt} = A + B\cos\vartheta - E.$$

Gleichsetzung der Terme mit $\cos\vartheta$ ergibt $dA/dt = B$, also die Formel

$$I(\vartheta, t) = A + Bt + B\cos\vartheta. \tag{68}$$

Der Koeffizient B kann durch den totalen, nach außen gehenden Wärmestrom ausgedrückt werden, den wir $= \pi F$ setzen. Dieser Strom ist

$$\int I(\vartheta, 0)\cos\vartheta\, d\omega = 2\pi \int_0^{\pi} (A + B\cos\vartheta)\cos\vartheta \sin\vartheta\, d\vartheta = \tfrac{4}{3}\pi B,$$

so daß $B = \frac{3}{4}F$. Der Koeffizient A ist nicht eindeutig bestimmt; da an der Grenze der Atmosphäre die einfache Formel $A + B\cos\vartheta$ nicht die wirkliche Verteilung nach ϑ wiedergeben kann, so kann man in verschiedener Weise eine Annäherung gewinnen. Setzt man voraus, daß der vertikal nach innen gehende Strahl eine Intensität 0 haben muß, so wird $A = B$. JEANS nimmt $A = \frac{1}{2}B$ an und gibt die Formel

$$I(\vartheta, t) = \tfrac{3}{8}F(1 + 2t + 2\cos\vartheta). \tag{69}$$

Stellt man die Bedingung, daß alle nach innen gehenden Strahlen (mit ϑ zwischen $\frac{1}{2}\pi$ und π) zusammen an der Grenze die Intensität 0, also alle nach außen gehenden Strahlen (ϑ zwischen 0 und $\frac{1}{2}\pi$) zusammen die Intensität πF haben sollen, so findet man, da

$$2\pi \int_0^{\frac{1}{2}\pi} (A + B\cos\vartheta)\cos\vartheta \sin\vartheta\, d\vartheta = 2\pi(\tfrac{1}{2}A + \tfrac{1}{3}B) = \tfrac{4}{3}\pi B$$

sein soll, den Wert $A = \frac{2}{3}B$, also

$$I(\vartheta, t) = \tfrac{1}{2}F(1 + \tfrac{3}{2}t + \tfrac{3}{2}\cos\vartheta). \tag{70}$$

Die Temperatur in einer Schicht wird bestimmt durch die durchschnittliche Intensität der nach allen Richtungen gehenden Energieströme (die die räumliche Energiedichte bestimmt), also

$$4\sigma T^4 = 4\pi E = \int I\, d\omega = 2\pi \int (A + Bt + B\cos\vartheta)\sin\vartheta\, d\vartheta = 4\pi(A + Bt).$$

Weil die effektive Temperatur durch $\sigma T_1^4 = \pi F$ gegeben wird, ergibt sich für die JEANSsche Formel

$$T^4 = \tfrac{3}{8}(1 + 2t)\, T_1^4,$$

also für die Grenztemperatur $T_0 = T_1 \sqrt[4]{3/8} = T_1/1{,}278$. Für die Formel (70), welche den richtigen Wert für den auswärts fließenden Energiestrom gibt, wird $T^4 = \frac{1}{2}(1 + \frac{3}{2}t)\, T_1^4$, also $T_0 = T_1 \sqrt[4]{0{,}5}$, wie bei SCHWARZSCHILD.

Eine strenge Lösung der Gleichungen für das Strahlungsgleichgewicht in der Atmosphäre eines Sterns wurde zuerst von E. A. MILNE gegeben[2]. Für die Gleichung (63)

$$\frac{dI}{dt} - I\sec\vartheta + E\sec\vartheta = 0$$

läßt sich unmittelbar die Lösung in der Form des Integrals

$$I = -e^{t\sec\vartheta} \int E \sec\vartheta\, e^{-t\sec\vartheta}\, dt$$

---

[1] M N 78, S. 28 (1917).

[2] M N 81, S 361 (1921).

niederschreiben. Damit die arbiträren Konstanten verschwinden, müssen die Grenzen des Integrals für die nach außen und die nach innen gehenden Strahlen besonders und verschieden gewählt werden, und zwar

$$\left.\begin{aligned} I &= e^{t\sec\vartheta}\int_t^\infty E(x)\sec\vartheta\, e^{-x\sec\vartheta}\,dx \quad \text{(nach außen)},\\ I' &= e^{-t\sec\psi}\int_0^t E(x)\sec\psi\, e^{+x\sec\psi}\,dx \quad \text{(nach innen)}, \end{aligned}\right\} \tag{71}$$

wo $\psi = \pi - \vartheta$ den Winkel eines nach innen gehenden Strahls mit der nach innen gerichteten Normalen bezeichnet. Die Gleichung, die das Strahlungsgleichgewicht ausdrückt, wird nun

$$\left.\begin{aligned} 2E &= \int_0^{\frac{1}{2}\pi} e^{t\sec\vartheta}\sin\vartheta\, d\vartheta \int_t^\infty E(x)\sec\vartheta\, e^{-x\sec\vartheta}\,dx\\ &+ \int_0^{\frac{1}{2}\pi} e^{-t\sec\psi}\sin\psi\, d\psi \int_0^t E(x)\sec\psi\, e^{+x\sec\psi}\,dx\,. \end{aligned}\right\} \tag{72}$$

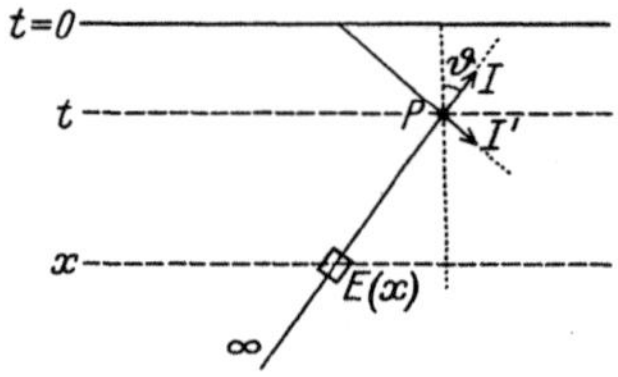

Abb. 1. Lichtstrahlen in einer Gasschicht.

Die Bedeutung dieser Formeln ergibt sich sofort aus Abb. 1. Zu dem Lichtstrahl I durch P steuert die Emission jedes Volumelements $E(x)$ in der Tiefe x (∞ bis t), durch Absorption im Verhältnis $e^{-(x-t)\sec\vartheta} = e^{-y}$ geschwächt, bei; für einen nach innen gehenden Lichtstrahl I' liegt x zwischen 0 und t. Durch die Substitution $y = \pm(x-t)\sec\vartheta$ und Umkehrung der Reihenfolge der Integrationen läßt der Ausdruck sich umändern in

$$2E(t) = \int_t^\infty E(x)\,dx \int_{x-t}^\infty \frac{e^{-y}}{y}\,dy + \int_0^t E(x)\,dx \int_{t-x}^\infty \frac{e^{-y}}{y}\,dy$$

oder

$$2E(t) = \int_0^\infty E(x)\,Ei\,|t-x|\,dt\,, \tag{73}$$

wo $Ei(z)$ den Integrallogarithmus bezeichnet. So wird zur Bestimmung der Temperatur eine Integralgleichung gefunden, deren Kern ein Integrallogarithmus ist. Diese Art von Integralgleichungen ist zuerst von SCHWARZSCHILD für den Aufbau der Sonnenatmosphäre abgeleitet worden. (Vgl. unten S. 300.) MILNE hat ihr noch eine andere Form gegeben und hat sie eingehend behandelt. Er findet, daß sie für den Grenzfall großer Tiefe eine Lösung $E(t) = a + 2\,bt$ hat, wo a und b Konstanten sind, und er vermutet, daß diese Form die allgemeine Lösung darstellt. Durch einige Näherungen findet er $a/b = 1{,}182$ und $T_0/T_1 = 1/1{,}232$; nach der allgemeinen Formel werden Werte für $E(t)$ von $t = 0$ bis $t = 4{,}0$ berechnet (Tabelle l. c. S. 371), die nur an der äußersten Grenze einigermaßen von der linearen Formel abweichen. Die Lösung der MILNEschen Integralgleichung bildet den Gegenstand eingehender mathematischer Diskussionen von P. PARCHOMENKO[1], N. A. KOSIREV und V. A. AMBARZUMIAN[2], sowie E. FREUNDLICH, E. HOPF

[1] A N 227, S. 305 (1926).

[2] A N 229, S. 85 (1926); M N 87, S. 209 (1927); A N 232, S. 321 (1928); Z f Phys 52, S. 263 (1928).

und U. WEGNER[1], für welche auf die Originalarbeiten verwiesen wird. Die Behandlung der Strahlung als Funktion von $\cos\vartheta$ findet eine direkte Anwendung auf die Frage der Randverdunkelung bei der Sonnenscheibe, auf die hier nicht eingegangen werden kann.

Eine bedeutsame Schlußfolgerung aus diesen Formeln muß jedoch erwähnt werden, die sich auf den Fall einer speziellen Wellenlänge bezieht mit einem Absorptionskoeffizienten k', der bedeutend größer ist als der mittlere Koeffizient k. Ein an der Oberfläche in der Richtung ϑ austretender Lichtstrahl hat dann die Intensität

$$I = \int_0^\infty \frac{k'}{k} E(x) \sec\vartheta \, e^{-(k'/k) x \sec\vartheta} dx,$$

oder, wenn man den Weg $x \sec\vartheta = y$ setzt,

$$I = \int_0^\infty \frac{k'}{k} E(y \cos\vartheta) \, e^{-(k'/k) y} dy.$$

Für kleine ϑ wird I bedeutend kleiner als die Intensität des Hintergrundes $k' = k$; diese Wellenlänge zeigt eine Absorptionslinie. Für $\vartheta = 90°$ jedoch, also für einen horizontal austretenden Lichtstrahl, wird

$$I = \int_0^\infty \frac{k'}{k} E(0) \, e^{-(k'/k) y} dy = E_0 \int_0^\infty \frac{k'}{k} e^{-(k'/k) y} dy = E_0,$$

also unabhängig von k'/k. Der horizontal austretende Lichtstrahl stammt aus einer unendlich dicken Schicht konstanter Oberflächentemperatur, hat also für jedes k' die gleiche Intensität E_0. Das bedeutet, daß eine FRAUNHOFER-Linie am Rande der Sonne, wo der Austrittswinkel 90° ist, verschwinden muß. Die Beobachtungstatsache, daß die FRAUNHOFER-Linien bis an den Rand sichtbar bleiben, zeigt, daß diese Theorie des Strahlungsgleichgewichts der Sternatmosphären noch einer Ergänzung bedarf.

28. Diffusion des Lichtes in der Sonnenatmosphäre. Hauptsächlich zur Erklärung des Auftretens von Emissionslinien hat A. SCHUSTER 1905 die Wirkung einer „trüben" Atmosphäre untersucht, deren Teilchen das durchgehende Licht diffus zerstreuen[2]. In der theoretischen Behandlung nimmt er eine Gasschicht an, die das Licht absorbiert (Koeffizient k) und zerstreut (Koeffizient s). Der Einfachheit halber werden zwei Lichtbündel, in entgegengesetzter Richtung senkrecht durchgehend, angenommen, also dasselbe, was nachher SCHWARZSCHILD auf den Fall des Strahlungsgleichgewichts anwandte. Es muß dann angenommen werden, daß das zerstreut reflektierte Licht sich (gleichmäßig) auf nur diese beiden Richtungen verteilt. Die Intensität des an der Oberfläche austretenden Lichtes wird erstens unter der Voraussetzung konstanter Temperatur (also konstanter Emission E des Gases), zweitens unter der Voraussetzung einer mit der Tiefe zunehmenden Temperatur (E linear veränderlich $= f - uz$) berechnet. Bezeichnet man die beiden Lichtströme wieder mit I und I', so sind die Differentialgleichungen des Problems

$$\left.\begin{aligned} \frac{dI}{dz} &= -(k+s)I + kE + \frac{1}{2}s(I+I'), \\ \frac{dI'}{dz} &= +(k+s)I' - kE - \frac{1}{2}s(I+I') \end{aligned}\right\} \tag{74}$$

[1] Z f Phys 46, S. 374 (1928); 49, S. 155 (1928); M N 88, S. 139 (1927).
[2] Radiation through a Foggy Atmosphere, Ap J 21, S. 1 (1905).

oder auch

$$\frac{d(I+I')}{dz} = (k+s)(I'-I), \qquad \frac{d(I'-I)}{dz} = k(I+I'-2E).$$

Die erste Formel zeigt, daß der Zusammenhang zwischen Nettostrom $I - I'$ und Änderung der Strahlungsdichte durch den totalen Widerstand der Materie, Absorption + Diffusion, bestimmt wird. Die zweite zeigt, daß der Zusammenhang zwischen Änderung des Totalstroms und Überschuß von Emission über Absorption durch das hier als Emissionskoeffizient auftretende k allein bestimmt wird. Als Lösung dieser Gleichungen findet man:

$$I + I' = 2(f - uz) + Ke^{\beta z} + K'e^{-\beta z},$$

$$I - I' = 2\frac{u}{k+s} - \alpha K e^{\beta z} + \alpha K' e^{-\beta z},$$

wo $\alpha = \sqrt{k/(k+s)}$, und $\beta = \alpha(k+s) = \sqrt{k(k+s)}$ ist, und K und K' zwei Integrationskonstanten bedeuten. Bestimmt man sie durch die Bedingungen, daß $I' = 0$ an der Oberfläche $(x = 0)$ ist und daß in einer großen Tiefe $z = -H$ die einfallende Strahlung I schwarze Strahlung der dort herrschenden Temperatur ist, so findet man die an der Oberfläche $x = 0$ austretende Strahlung $I = I_0$ durch Elimination der Konstanten K und K' aus den drei Gleichungen

$$0 = 2f - \frac{2u}{k+s} + (1+\alpha)K + (1-\alpha)K',$$

$$0 = \frac{2u}{k+s} + (1-\alpha)Ke^{-\beta H} + (1+\alpha)K'e^{\beta H},$$

$$2I_0 = 2f + \frac{2u}{k+s} + (1-\alpha)K + (1+\alpha)K'.$$

Die Elimination liefert

$$I_0 = \frac{2\left(f\alpha + \frac{u}{k+s}\right)\left\{(1-\alpha)e^{-\beta H} + (1+\alpha)e^{+\beta H}\right\} - \frac{4u}{k+s}\left\{\alpha + (1-\alpha)e^{-\beta H}\right\}}{(1+\alpha)^2 e^{+\beta H} - (1-\alpha)^2 e^{-\beta H}}. \tag{75}$$

Wenn die Dicke der atmosphärischen Schicht so groß ist, daß die Exponentialform $e^{-\beta H}$ gegen die Einheit vernachlässigt werden kann, so reduziert sich das Resultat auf

$$I_0 = \frac{2}{1+\alpha}\left(\alpha f + \frac{u}{k+s}\right). \tag{76}$$

Eine besondere Bedeutung hat der Fall, daß die Atmosphäre nicht absorbiert, sondern bloß zerstreut. In diesem Fall, also für $k = 0$, ist es am einfachsten, die Gleichungen neu aufzustellen:

$$\frac{d(I+I')}{dz} = s(I'-I), \qquad \frac{d(I-I')}{dz} = 0,$$

also $I - I' = \text{konst.} = I_0$, $I + I' = C - sI_0 z$, was mit Hilfe der Oberflächenbedingung $I = I_0(1 - \frac{1}{2}sz)$ ergibt. Befindet sich die zerstreuende Atmosphäre vor einer Fläche $z = -H$, die eine Strahlung E aussendet, so wird $E = I_0(1 + \frac{1}{2}sH)$, also

$$I_0 = \frac{2E}{2+sH}. \tag{77}$$

Diese Gleichung zeigt, daß die austretende Strahlung mit der Dicke der Atmosphäre abnimmt, aber nicht in der raschen, exponentiellen Weise einer absorbierenden Atmosphäre.

K. SCHWARZSCHILD hat dann die Strahlung durch eine diffus zerstreuende Atmosphäre weiter verfolgt[1], indem er Lichtstrahlen in allen Richtungen einführt. Er nimmt an, daß jedes Volumelement dabei die zurückgehaltene Energie nach allen Seiten gleichmäßig zerstreut. Bezeichnet man die homogene Tiefe mit x (also $dx = -\varrho dz$), so wird die Gleichung eines Lichtstrahls, der den Winkel ϑ mit der nach außen gezogenen Normalen macht und einen Raumwinkel $d\omega$ ausfüllt,

$$\cos\vartheta \frac{dI(\vartheta)}{dx} d\omega = +sI(\vartheta)\,d\omega - \frac{s\,d\omega}{4\pi}\int I(\vartheta)\,d\omega. \tag{78}$$

Unterscheidet man die Lichtstrahlen I für $\vartheta < \pi/2$ und I' für $\vartheta > \pi/2$, und schreibt man für die nach allen Seiten zerstreute Energie

$$2\pi\int_0^{\frac{1}{2}\pi} I\sin\vartheta\,d\vartheta + 2\pi\int_{\frac{1}{2}\pi}^{\pi} I'\sin\vartheta\,d\vartheta = 4\pi J \tag{79}$$

(SCHWARZSCHILD nennt J die „Ergibigkeit" des Volumelements), so werden, in der „optischen Tiefe" t ($t = sx$) ausgedrückt, die Gleichungen

$$\cos\vartheta\frac{dI}{dt} = +I - J, \qquad \cos\vartheta\frac{dI'}{dt} = -I' + J.$$

Werden nun in erster Näherung I und I' unabhängig von ϑ angenommen, so unterscheidet sich diese Näherung von den SCHUSTERschen Formeln nur dadurch, daß im Durchschnitt für alle Richtungen das erste Glied $\cos\vartheta = \frac{1}{2}$ als Koeffizienten enthält. Das Resultat der Integration mit denselben Grenzbedingungen wie oben ($H' = sH$ ist die optische Tiefe der inneren Grenze, $E(H)$ die Strahlung dieser Grenzfläche) ist dann

$$I = E(H)\frac{1+t}{1+H'}, \qquad I' = E(H)\frac{t}{1+H'}, \qquad J = E(H)\frac{0{,}5+t}{1+H'}. \tag{80}$$

Führt man nun diesen Wert für J in die Differentialgleichung für I

$$\frac{dI}{dt} + I\sec\vartheta = J\sec\vartheta$$

ein, so wird das Integral

$$I = E(H)\,e^{-(H'-t)\sec\vartheta} + \int_t^{H'} J(x)\,e^{-(x-t)\sec\vartheta}\sec\vartheta\,dx,$$

$$I(0) = E(H)\,e^{-H'\sec\vartheta} + \int_0^{H'} J(x)\,e^{-x\sec\vartheta}\sec\vartheta\,dx$$

$$= E(H)\left\{\frac{0{,}5+\cos\vartheta}{1+H'} + e^{-H'\sec\vartheta}\frac{0{,}5-\cos\vartheta}{1+H'}\right\}. \tag{81}$$

Damit ist in erster Näherung (die „SCHUSTERsche Näherung") die Abhängigkeit der austretenden Intensität von der Richtung des austretenden Lichtes gegeben.

SCHWARZSCHILD hat in derselben Abhandlung das Problem einer zugleich absorbierenden und zerstreuenden Atmosphäre ganz allgemein behandelt. Die Gleichungen sind:

$$\cos\vartheta\frac{dI}{dx} = (k+s)\,I - J, \qquad \cos\vartheta\frac{dI'}{dx} = -(k+s)\,I' + J,$$

$$J = \frac{s}{4\pi}\left\{\int I\,d\omega + \int I'\,d\omega\right\} + kE,$$

[1] Sitzungsber Berlin 1914, S. 1183.

wo jede der Integrationen sich über eine Halbkugel erstreckt. Die Integration ergibt

$$I = E(H)\, e^{-(k+s)(H-x)\sec\vartheta} + \int_x^H J(\xi)\sec\vartheta\, e^{-(k+s)(\xi-x)\sec\vartheta}\, d\xi,$$

$$I' = \int_0^x J(\xi)\sec\vartheta\, e^{(k+s)(\xi-x)\sec\vartheta}\, d\xi,$$

und die Substitution dieser Werte in die Formel für J ergibt die Integralgleichung für J:

$$J = \tfrac{1}{2}s\int_0^{\frac{1}{2}\pi}\sin\vartheta\, d\vartheta\left\{E(H)\, e^{-(k+s)(H-x)\sec\vartheta} + \int_x^H J(\xi)\sec\vartheta\, e^{-(k+s)(\xi-x)\sec\vartheta}\, d\xi\right\}$$

$$+ \tfrac{1}{2}s\int_0^{\frac{1}{2}\pi}\sin\vartheta\, d\vartheta\int_0^x J(\xi)\sec\vartheta\, e^{(k+s)(\xi-x)\sec\vartheta}\, d\xi + kE.$$

Durch Vertauschung der Integrationsordnung und Einführung von $\sec\vartheta = \eta$ als neue Veränderliche wird diese Formel zu

$$\left.\begin{aligned} J = \frac{1}{2}s\,E(H)\int_1^\infty \frac{d\eta}{\eta^2}\, e^{-(k+s)(H-x)\eta} + \frac{1}{2}s\int_x^H J(\xi)\, d\xi\int_1^\infty \frac{d\eta}{\eta}\, e^{-(k+s)(\xi-x)\eta} \\ + \frac{1}{2}s\int_0^x J(\xi)\, d\xi\int_1^\infty \frac{d\eta}{\eta}\, e^{-(k+s)(x-\xi)\eta} + kE, \end{aligned}\right\} \tag{82}$$

wo die Integrale nach η durch den Integrallogarithmus auszudrücken sind.

Für den Fall der reinen Diffusion hat SCHWARZSCHILD mittels dieser Formeln die Korrektion der SCHUSTERschen Näherung numerisch berechnet, und er findet, daß diese Korrektion nur einige Prozente betragen kann, daß also die SCHUSTERsche Annäherung eine sehr gute ist. Für Schichtdicken $H' > 2$ gibt Formel (81) ohne das zweite Glied, also

$$I(0) = E(H)\,\frac{0{,}5 + \cos\vartheta}{1 + sH}$$

auch schon eine genügende Annäherung.

Wendet man diese Formel auf eine FRAUNHOFERsche Linie an, wobei die allgemeine Diffusion s_0 für den Hintergrund gering, die spezielle Diffusion s_1 für die Mitte der Linie groß ist, so sind in der Mitte der Sonne ($\cos\vartheta = 1$) und am Sonnenrande ($\cos\vartheta = 0$) die Intensitäten

des Hintergrundes $\dfrac{1{,}5}{1 + s_0 H}$ und $\dfrac{0{,}5}{1 + s_0 H}$,

der Mitte der Linie $\dfrac{1{,}5}{1 + s_1 H}$ und $\dfrac{0{,}5}{1 + s_1 H}$.

Der Kontrast der FRAUNHOFER-Linie gegen das kontinuierliche Spektrum ist also am Rande derselbe wie in der Mitte. Im Fall der reinen Absorption müßte die Linie verschwinden (S. 297). Da der Kontrast in Wirklichkeit nur wenig geringer ist als in der Mitte, schließt SCHWARZSCHILD, daß die Streuung des Lichtes eine wesentliche Rolle in den Erscheinungen der Sonnenatmosphäre spielt.

29. Monochromatisches und thermodynamisches Strahlungsgleichgewicht. In der bisherigen Behandlung des Strahlungsgleichgewichts wurde angenommen, daß ein Volumelement der Atmosphäre wie ein schwarzer Körper, oder jedenfalls als „graue Materie" Licht aller Wellenlängen absorbiert und emittiert. In einem Gas geringer Dichte findet jedoch die Aufnahme und Verausgabung der Energie nur in bestimmten Quanten, also monochromatisch, statt. Während die Materie für andere Wellenlängen vollkommen durchsichtig ist, wird nur Licht bestimmter Wellenlängen unter Anregung der Atome absorbiert und wieder ausgestrahlt. Was also ein Volumelement an Energie einer bestimmten Wellenlänge abgibt, ist einfach die Summe aller Energie dieser Wellenlänge, die es aus der hindurchgehenden Strahlung aufgenommen hat. Dieser Zustand kann nicht durch eine Gleichung

$$\frac{d I(\nu)}{d t} = -I(\nu) + E(\nu),$$

ausgedrückt werden, wobei eine unabhängige schwarze Strahlung hinzugefügt wird, sondern er muß durch eine Gleichung

$$\frac{d I(\nu)}{d t} = -I(\nu) + \frac{1}{4\pi}\int I(\nu)\, d\omega$$

beschrieben werden, nach der genau die totale absorbierte ν-Strahlung allseitig abgegeben wird. Dies ist gerade die Gleichung der Diffusion des Lichtes, die hier anwendbar ist anstatt der Gleichung des thermodynamischen Strahlungsgleichgewichts. A. Unsöld[1] spricht in diesem Falle auch, entgegen der üblichen Bezeichnung, von Streuung des Lichtes, obgleich es von den Atomen quantenmäßig absorbiert und nachher wieder emittiert wird. Es ist wohl richtiger, hier mit Milne von „monochromatischem Strahlungsgleichgewicht" zu reden, in dem jede Wellenlänge, unabhängig von allen anderen, ihre eigene Intensitätsverteilung ausbildet.

Anders wird es in den tieferen Schichten, wo infolge der zunehmenden Dichte die Zusammenstöße häufiger werden. Durch Zusammenstöße mit Elektronen können Quantensprünge im Atom ausgelöst werden, wobei die aufgenommene oder freiwerdende Quantenenergie die Translationsenergie verringert oder vergrößert. Der Einfluß dieser Kollisionen, deren Häufigkeit für jedes Atom mit der Dichte ϱ zunimmt, ist von Milne untersucht worden[2]. Er setzt zwei Energiezustände der Atome voraus, deren Anzahl pro Volumelement n_1 und n_2 ist. Die Übergänge, soweit sie mit der Strahlung zusammenhängen, werden durch die Übergangswahrscheinlichkeiten A_{21}, B_{12} und B_{21} bestimmt, die den bekannten Bedingungen

$$\frac{A_{21}}{B_{12}} = \frac{2 h \nu^3}{c^2} = \sigma, \qquad \frac{B_{21}}{B_{12}} = 1$$

genügen (der Einfachheit halber setzen wir gleiches statistisches Gewicht beider Zustände voraus). Weiter sollen b_{12} und a_{21} die Wahrscheinlichkeiten bezeichnen, daß ein Atom durch eine Kollision von 1 bis 2 angeregt wird, oder von 2 bis 1 zurückkehrt. Um ihr Verhältnis zu bestimmen, nehmen wir eine Sammlung von Atomen in thermodynamischem Gleichgewicht. Nach dem Prinzip, daß jeder Übergangsprozeß mit dem entgegengesetzten Prozeß in Gleichgewicht stehen soll, muß dann $n_1 b_{12} = n_2 a_{21}$ sein. Da in diesem Fall $n_2/n_1 = e^{-h\nu/kT}$ ist, ergibt sich

$$\frac{b_{12}}{a_{21}} = e^{-h\nu/kT}. \tag{83}$$

Die Größen b und a hängen nur von der Verteilung der Geschwindigkeiten und der Häufigkeit der Stöße ab, nicht aber von der Verteilung der Atome über verschiedene Quantenzustände. Diese Gleichung muß also auch in anderen Fällen gültig bleiben, wenn nur die Verteilung der Geschwindigkeiten der Elektronen eine

[1] Z f Phys 44, S. 794 (1927). [2] M N 88, S. 493 (1928).

MAXWELLsche ist, durch den Parameter T bestimmt. Es ist übrigens leicht einzusehen, daß b einen Faktor von der Größenordnung $e^{-h\nu/kT}$ enthalten muß, da nur die Elektronen mit einer Energie größer als $h\nu$ das Atom anregen können.

Die Gleichung für die Strahlung der Frequenz ν, die bei dem Übergang der Zustände absorbiert oder emittiert wird, läßt sich nun durch Betrachtung ihrer Zunahme durch emittierte Quanten und ihrer Abnahme durch absorbierte Quanten in der Schicht dz aufstellen:

$$\frac{dI}{dz} = h\nu\{n_2(A_{21} + B_{21}I) - n_1 B_{12} I\}. \tag{84}$$

Die Bedingung für den stationären Zustand erfordert, daß die Anzahl der Übergänge $1 \to 2$ und $2 \to 1$ gleich groß ist; diese Übergänge sind 1. die spontanen, 2. die durch die I aller Richtungen induzierten, 3. die durch Kollisionen bewirkten. Also ist

$$n_2\left(A_{21} + B_{21}\int I\frac{d\omega}{4\pi} + a_{21}\right) = n_1\left(B_{12}\int I\frac{d\omega}{4\pi} + b_{12}\right). \tag{85}$$

Setzen wir hier die Relationen zwischen den B und A ein, weiter die Relation zwischen b und a, und setzen $b_{12}/B_{12} = \varepsilon$ und $B_{12}h\nu = \alpha$, dem atomaren Absorptionskoeffizienten, so werden die Gleichungen

$$\frac{dI}{\alpha\,dz} = -(n_1 - n_2)I + n_2\sigma,$$

$$\frac{n_2}{n_1} = \frac{\left(\int I\frac{d\omega}{4\pi} + \varepsilon\right)}{\left(\sigma + \int I\frac{d\omega}{4\pi} + \varepsilon\,e^{h\nu/kT}\right)}$$

oder

$$\frac{n_2}{n_1 - n_2} = \frac{\int I\frac{d\omega}{4\pi} + \varepsilon}{\sigma + \varepsilon(e^{h\nu/kT} - 1)}.$$

Setzt man den letzten Wert in die erste Gleichung ein, beachtet man dabei, daß $(e^{h\nu/kT} - 1)/\sigma$ gerade das umgekehrte der PLANCKschen Funktion $E(\nu)$ ist, und setzt man $\varepsilon = \eta E(\nu)$, so wird die Formel

$$\frac{dI}{\alpha\,dz} = -(n_1 - n_2)I + (n_1 - n_2)\frac{\int I\frac{d\omega}{4\pi} + \eta E(\nu)}{1 + \eta}. \tag{86}$$

In dieser Differentialgleichung des Lichtstrahls bezeichnet $\eta = E(\nu)\,b_{12}/B_{12}$ die relative Bedeutung der Übergänge durch Kollisionen und durch Strahlung. In den extremen Grenzfällen $\eta = \infty$ (Kollisionen weitaus überwiegend) und $\eta = 0$ (Kollisionen unbedeutend) bekommt die Gleichung die Formen:

$$\frac{dI}{(n_1 - n_2)\,\alpha\,dz} = -I + E(\nu),$$

$$\frac{dI}{(n_1 - n_2)\,\alpha\,dz} = -I + \int I\frac{d\omega}{4\pi}.$$

Die erste Form ist identisch mit der Gleichung des thermodynamischen Strahlungsgleichgewichts nach SCHWARZSCHILD. Der unaufhörliche Anprall der Elektronen, deren Geschwindigkeit der Temperatur T entspricht, treibt einen so großen Prozentsatz der Atome in den zweiten angeregten Zustand, daß die Intensität der von ihnen emittierten Strahlung gleichfalls dieser Temperatur entspricht. Die zweite Form entspricht der Gleichung der Diffusion des Lichtes, wobei die Intensität der anregenden und der emittierten ν-Strahlung und die Fraktion der Atome im angeregten Zustande mit der Dicke der Schicht ständig abnehmen.

Setzt man nun

$$(n_1 - n_2)\,\alpha\,dz = (k + s)\,\varrho\,dz\,, \qquad \eta = k/s\,,$$

so wird die Gleichung

$$\frac{dI}{\varrho\,dz} = -(k + s)\,I + k E(\nu) + s\int I\,\frac{d\omega}{4\pi}$$

identisch mit der Gleichung für eine sowohl absorbierende wie zerstreuende Atmosphäre. Wird darin $\int I\,\frac{d\omega}{4\pi} = \frac{1}{2}\,(I + I')$ genommen, so hat man die SCHUSTERschen Gleichungen mit unwesentlichen formalen Unterschieden.

Es stellt sich demnach heraus, daß die Diffusion in der Sonnenatmosphäre, die SCHWARZSCHILD aus der Sichtbarkeit der FRAUNHOFER-Linien bis zum Rande der Sonne ableitete, als eine Wirkung des monochromatischen Gleichgewichts aufzufassen ist. Die Bildung dieser Linien findet also hauptsächlich statt in denjenigen Schichten, in denen durch die geringe Dichte die Kollisionen keinen erheblichen Einfluß haben.

30. Die Absorptionslinien. Die Bildung der dunklen Absorptionslinien in dem Sonnenspektrum und den Sternspektren läßt sich nun auf Grund dieser Anschauungen über die Vorgänge in der Sonnenatmosphäre verstehen. In den tieferen Schichten spielen infolge der größeren Dichte die Zusammenstöße von Elektronen mit Atomen (oder Ionen) eine bedeutende Rolle. Ändert sich bei diesen Zusammenstößen die Geschwindigkeit unter Abgabe (oder Aufnahme) von Strahlung, ohne gleichzeitige Änderung des Erregungszustandes des Atoms, so findet eine Transformation nichtquantisierter Translationsenergie in Strahlung statt, also kontinuierliche Strahlungsemission (oder Absorption). Die Geschwindigkeitsänderungen der stoßenden Elektronen, die ohne Strahlung vor sich gehen, also bei gleichzeitiger Änderung des Erregungszustandes des Atoms, ändern die Intensität der monochromatischen Strahlung des Atoms in der Richtung einer Temperaturstrahlung. Das erste tritt hervor als eine allgemeine Absorption k, die sich über alle λ erstreckt und sich langsam mit λ ändert. Das zweite tritt in den Formeln auf als ein spezieller Absorptionskoeffizient $k(\nu)$ der monochromatischen Atomstrahlung. Der übrige Teil dieser Strahlung: $(n_1 - n_2)\,\alpha/(1 + \eta)$ tritt in den Formeln als ein Diffusionskoeffizient auf; eine wirkliche allgemeine Diffusion aller Wellenlängen daneben anzunehmen, ist nicht mehr nötig. Die Absorptionskoeffizienten k sind der Dichte ϱ proportional und nehmen nach außen rasch ab; in den äußeren Schichten wirkt nur noch die scheinbare Diffusion s. Das Gebiet der merklichen k ist die Photosphäre; hier wird das kontinuierliche Sonnenspektrum ausgesandt und bilden sich schon die FRAUNHOFER-Linien aus; in den darüberliegenden Schichten wird die Absorption in diesen Linien vertieft.

Die optische Tiefe, die die Temperatur bestimmt, hängt von dem über das ganze Spektrum genommenen Mittelwert von k und s ab, den wir durch $\bar{k} + \bar{s}$ bezeichnen; wegen des schiefen Durchgangs der Strahlen durch die Atmosphäre setzen wir wieder den Faktor $\frac{1}{2}$ vor dJ/dz, und setzen also

$$2(\bar{k} + \bar{s})\,\varrho\,dz = dt\,.$$

Führt man noch ein

$$\frac{k}{k + s} = \xi^2\,, \qquad \frac{k + s}{\bar{k} + \bar{s}} = n\,, \qquad \frac{\sqrt{k(k + s)}}{\bar{k} + \bar{s}} = \xi n = m\,, \tag{87}$$

so werden die Gleichungen

$$\left.\begin{aligned} \frac{dI}{dt} &= n(I - E) - \frac{1}{2}(1 - \xi^2)\,n(I + I' - 2E)\,,\\ \frac{dI'}{dt} &= -n(I' - E) + \frac{1}{2}(1 - \xi^2)\,n(I + I' - 2E)\,, \end{aligned}\right\} \tag{88}$$

$$\left.\begin{aligned}\frac{d(I+I')}{dt} &= n(I-I'),\\ \frac{d(I+I')}{dt} &= \xi^2 n(I+I'-2E).\end{aligned}\right\} \tag{89}$$

Es muß hier bemerkt werden, daß der Koeffizient k mit η, also mit ϱ wächst; die Behandlung eines mit der Tiefe zunehmenden η bietet aber mathematische Schwierigkeiten, so daß zunächst eine Lösung der obigen Gleichungen mit einem konstanten mittleren k vorgenommen wurde. Für die durch Elimination von $I - I'$ entstehende Gleichung

$$\frac{d^2(I+I')}{dt^2} = \xi^2 n^2 (I + I' - 2E) = m^2 (I + I' - 2E)$$

kann eine allgemeine Lösung hingeschrieben werden:

$$I + I' = A_1 e^{mt} + A_2 e^{-mt} + m e^{-mt}\int_0^t E(x)\, e^{mx}\, dx + m e^{mt}\int_t^\infty E(x)\, e^{-mx}\, dx,$$

$$I - I' = \xi(A_1 e^{mt} - A_2 e^{-mt}) - \xi m e^{-mt}\int_0^t E(x)\, e^{mx}\, dx + \xi m\, e^{mt}\int_t^\infty E(x)\, e^{-mx}\, dx.$$

Durch die Bedingungen, daß I und I' für $t = \infty$ von der Größenordnung von E sein müssen, und daß $I' = 0$ für $t = 0$ ist, werden die Konstanten zu $A_1 = 0$, $A_2 = -\frac{1-\xi}{1+\xi}\int_0^\infty E(x)\, e^{-mx}\, m\, dx$ bestimmt; somit wird die austretende Intensität

$$I(0) = \frac{2\xi}{1+\xi}\int_0^\infty E(t)\, e^{-mt}\, m\, dt, \tag{90}$$

wo wieder t für die optische Tiefe geschrieben ist.

Die Funktion $E(x)$ hängt von der Zunahme der Temperatur mit der optischen Tiefe ab. Für die Gesamtstrahlung wird $E(t) = \frac{1}{2} F(1 + t)$; für eine bestimmte Wellenlänge kann man $E(t)$ durch eine Potenzreihe nach t darstellen, deren höhere Glieder fortzulassen sind, da für größere Tiefen, wo sie merklich werden, die Strahlung im Verhältnis e^{-mt} geschwächt wird. MILNE setzt daher[1] $E(t) = a + bt$, wo a und b Funktionen der Wellenlänge sind, deren Verhältnis für nicht zu extreme Sterntemperaturen und Wellenlängen von der Größenordnung 1 ist. (Nach der PLANCKschen Formel wird $b/a = \frac{1}{4} h\nu/kT$, also [für die Sonne] $\gtrless 1$ für Wellenlängen $\lessgtr 6600\,A$). Dann wird, nach Ausführung der Integration,

$$I(0) = \frac{2\xi}{1+\xi}\int_0^\infty (a + bt)\, e^{-mt}\, m\, dt = \frac{2\xi}{1+\xi}(a + b/m). \tag{91}$$

Außerhalb der Absorptionslinien verschwindet s, wenn man annimmt, daß keine wirkliche allgemeine Diffusion vorhanden ist; hier herrscht nur die allgemeine Absorption $\bar{k}$, so daß hier $\xi = 1$, $n = 1$ und $m = 1$ ist. MILNE nimmt an, daß innerhalb einer Absorptionslinie außer einem bedeutenden s nur die allgemeine Absorption $\bar{k}$ vorhanden ist; dann wird $n = (\bar{k} + s)/\bar{k}$ und $\xi^2 = \bar{k}/(\bar{k} + s)$, also $\xi^2 n = 1$ und $m = 1/\xi$. Dann wird

$$i(0) = a + b \text{ für den Hintergrund,}$$

$$I(0) = \frac{2\xi}{1+\xi}(a + b\xi) \text{ innerhalb der Absorptionslinie.}$$

[1] M N 89, S. 7 (1928).

Das Verhältnis dieser Ausdrücke gibt die relative Dunkelheit in der Linie

$$r = \frac{I(0)}{i(0)} = \frac{2\xi}{1+\xi}\,\frac{a+b\xi}{a+b}\,. \tag{92}$$

Hier nimmt $\xi = \sqrt{\bar{k}/(s+\bar{k})}$ vom Rande der Linie bis zu ihrer Mitte von 1 bis zu einem kleinen Wert ab; der Verlauf von s mit der Wellenlänge bestimmt das Profil der Absorptionslinie. In der Mitte der Linie, wo s groß ist gegen $\bar{k}$, wächst die Schwächung $1/r$ des Lichtes nahezu proportional mit $\sqrt{s}$.

Ist durch Beobachtung an einer Stelle in der Absorptionslinie die Intensität r relativ zum Hintergrund bestimmt, so läßt sich daraus ξ berechnen. Entwickelt man bis zur ersten Potenz der kleinen Größe $(a-b)/(a+b)$, so findet man

$$\xi = r\left(1 - \frac{a-b}{a+b}\,\frac{1-r}{1+r}\right). \tag{93}$$

Für einen gleichen Wert von ξ wird die Dunkelheit $(1-r)$ der Linie größer für $b > a$, also ist die Linie für kleine Wellenlängen dunkler als für große[1]. Man kann hier eine „optische Tiefe" der absorbierenden Gasschicht einführen (gemessen mit dem allgemeinen Absorptionskoeffizienten $\bar{k}$), die Dicke einer rein zerstreuenden Atmosphäre, welche das Licht einer dahinterstehenden strahlenden Fläche auf dieselbe Fraktion r schwächen würde. Nach der SCHUSTERschen Formel (77) (in welcher, wegen des Faktors $\frac{1}{2}$ vor dI/dx, die Zahlen 2 durch 1 ersetzt sind)

$$r = \frac{1}{1 + \int s\varrho\,dx}$$

wird die so definierte optische Tiefe

$$\tau = \int \bar{k}\varrho\,dx = \frac{\xi^2}{1-\xi^2}\int s\varrho\,dx = \frac{\xi^2}{1-\xi^2}\left(\frac{1}{r} - 1\right),$$

was mit Rücksicht auf den oben für ξ gefundenen Wert zu

$$\tau = \frac{r}{1+r}\left(1 - 2\,\frac{a-b}{a+b}\,\frac{1}{(1+r)^2}\right) \tag{94}$$

wird. An dem Rande einer Linie, wo r nahezu $= 1$ ist, wird in erster Näherung $\tau = \frac{1}{2}$; wo die Intensität $= \frac{1}{2}$ ist, wird $\tau = \frac{1}{3}$; ist in der Mitte der Linie etwa $r = \frac{1}{10}$, so ist $\tau = \frac{1}{11}$. Je dunkler die Linie, um so mehr liegt ihr Ursprung in den äußersten Schichten der Atmosphäre.

Man wird sich dem wirklichen Verhalten in einer Sternatmosphäre mehr nähern, wenn man zwei Schichten übereinander annimmt, wobei in der unteren Schicht, infolge der größeren mittleren Dichte, k', ξ' und m' größer sind als k, ξ, m in der oberen Schicht. Die Rechnung wird hier komplizierter, da für jede der beiden Schichten Formeln für I und I' aufzustellen, also 4 Konstanten, A_1, A_2 für die obere, A_1', A_2' für die untere, zu bestimmen sind (aus einer Tiefen-, einer Oberflächen- und zwei Grenzschichtbedingungen). Nimmt man zur Vereinfachung $E =$ konst., so ergibt sich für die austretende Intensität (t_0 gilt für die Grenzschicht):

$$I_0 = \frac{2E\xi}{1 + \xi - \frac{\xi' - \xi}{\xi' + \xi}(1-\xi)\,e^{-2mt_0}} \tag{95}$$

Der dritte Term im Nenner gibt die Korrektion, die an dem Resultat für eine homogene Atmosphäre anzubringen ist. Dieser Fall ist von A. UNSÖLD in seinen Untersuchungen über die FRAUNHOFER-Linien[2] behandelt worden.

[1] EDDINGTON M N 89, S. 623 (1929).
[2] Sommerfeld-Festschrift, S. 97 (1928)

d) Ionisation auf der Sonne.

31. Das FRAUNHOFER-Spektrum. Die Absorptionslinien im Spektrum der Sonnenoberfläche, dem sog. FRAUNHOFER-Spektrum, gehören nach ROWLAND etwa 36 Elementen an (wenn man die zweifelhaften nicht mitzählt). Dabei fehlen die Elemente mit sehr hohem Atomgewicht, sowie die auf der Erde äußerst seltenen Elemente, weiter die elektronegativen Elemente der F-, der O- und der N-Reihe, sowie die Edelgase, und ebenso die Alkalimetalle Li, Rb und Cs. In der von ST. JOHN vor kurzem herausgegebenen Revision von ROWLANDS Katalog werden 53 Elemente mit Linien im FRAUNHOFER-Spektrum aufgezählt, und 35 noch nicht identifizierte; es wird die Vermutung ausgesprochen, daß darunter die Halogene, die Phosphorgruppe, die Edelgase und die radioaktiven Elemente auch nicht auffindbar seien.

SAHA hat, als erstes Resultat der Ionisationstheorie, das Fehlen der Alkalimetalle aus ihrer niedrigen Ionisationsenergie erklärt[1]. Er nimmt eine Temperatur von 7000° und einen Druck von 1 bis 0,1 Atm. an und berechnet, daß dabei Rb und Cs vollständig ionisiert sind. Allerdings müßten dann die Linien der ionisierten Atome Rb^+ und Cs^+ vorhanden sein; aber erstens liegen diese zumeist fern im Ultraviolett, entziehen sich also der Beobachtung, und zweitens haben diese ionisierten Alkaliatome, die eine ähnliche Struktur wie die Edelgasatome aufweisen, eine hohe Anregungsspannung. SAUNDERS hat nachher einige Rb^+-Linien im Sonnenspektrum aufgefunden[2]. In der ROWLAND-Revision werden sechs schwache Linien von Cs^+ als im Sonnenspektrum vorhanden angegeben[3]. Kalium ist unter den gleichen Bedingungen zu 80% ionisiert; die Linien des K sind schwach im Sonnenspektrum vorhanden, und einige K^+-Linien scheinen im violetten und ultravioletten Teile des Sonnenspektrums vorzukommen[4]. Natrium ist noch weniger ionisiert; die Grundlinien D_1, D_2 gehören zu den kräftigsten Linien des Sonnenspektrums.

In den Sonnenflecken ist die Temperatur niedriger als in der umgebenden Photosphäre; hier muß also die Ionisation geringer sein. Im Sonnenfleckenspektrum sind in der Tat die D-Linien des Na etwa dreifach verstärkt. SAHA spricht die Erwartung aus, daß im Sonnenfleckenspektrum die Linien des K gleichfalls erheblich verstärkt und die Rb-Linien schwach sichtbar werden müssen.

Das Fehlen von Helium im FRAUNHOFER-Spektrum wird von ihm in derselben Weise erklärt wie das Fehlen der Nebenserien im Absorptionsspektrum der Elemente bei ungenügender Temperatur; alle Atome befinden sich noch im ersten Quantenzustand, und deshalb wird nur die Hauptserie $1\,S - mP$ absorbiert. Diese Hauptserie liegt bei He weit im Ultraviolett ($1\,{}^1S_1 - 2\,{}^1P$ $\lambda\,569$); die im sichtbaren Spektrum liegenden Heliumlinien ($2\,{}^2S - m\,{}^2P$ $\lambda\,3888\ldots$, $2\,{}^1S - m\,{}^1P$ $\lambda\,5015\ldots$, $2\,{}^1P - 3\,{}^1D$ $\lambda\,5876\ldots$) entstehen alle infolge von Absorption durch Atome in höheren Quantenzuständen und können daher nur bei viel höherer Temperatur auftreten.

32. Die Untersuchungen RUSSELL's über das Sonnen- und das Fleckenspektrum. Die Schlußfolgerungen SAHAS sind von H. N. RUSSELL näher geprüft worden[5] mittels der ausführlichen auf dem Mount Wilson angefertigten Karten des Sonnenfleckenspektrums. Von der von ihm berechneten Tafel[6] der Ionisationsprozente für verschiedene Werte des Druckes und für Temperaturen von 6000°

---

[1] Phil Mag 42, S. 812 (1921); Z f Phys 6, S. 49 (1921). [2] Ap J 55, S. 359 (1922).
[3] Revision Rowland S. XV. [4] B A N 1, Note S. 112 (1922).
[5] The Theory of Ionization and the Sunspot Spectrum, Ap J 55, S. 119 (1922).
[6] Ap J 55, S. 356 (1922).

und 4000° (die der Temperatur der Photosphäre und der Flecke entsprechen mögen) findet sich ein Auszug in der folgenden Tabelle, die zugleich Daten über die Intensität der Hauptlinien enthält.

Die Ionisation der Alkaliatome in der Sonne und in den Flecken.

Element	Ion.Pot.	Prozentsatz neutr. $P=10^{-2}$		Prozentsatz neutr. $P=10^{-3}$		λ	Intensität	
		4000°	6000°	4000°	6000°		Sonne	Flecke
Li	5,37	90,3	15,0	66,9	1,9	6708	fehlt	5
Na	5,11	81,5	9,6	48,9	1,1	5896 5890	20 30	60 90
K	4,32	30,9	2,2	8,8	0,19	7699 7665	5 6	13 15
Rb	4,16	21,9	1,7	5,7	0,18	7948 7800	fehlt fehlt	0 1
Cs	3,81	9,3	0,9	2,2	0,09	8943 8521	fehlt fehlt	unbek. unbek.

Die Hauptlinien des Na und K sind also im Fleckenspektrum bedeutend verstärkt; bei Li und Rb werden sie nur im Fleckenspektrum sichtbar, und für Cs liegen sie außerhalb des untersuchten Wellenlängenbereichs. Eine Anzahl Linien der Nebenserien $2P - nD$ und $2P - nS$ zeigen sich bei Na gleichfalls verstärkt. Für Nebenserien nimmt, bei steigender Temperatur, wegen der zunehmenden Häufigkeit der höheren Quantenbahnen die Intensität zu, wegen der abnehmenden Konzentration der neutralen Atome dagegen ab; bei schwacher Ionisation überwiegt der erste, bei starker Ionisation der zweite Einfluß. Bei Nebenserien ionisierter Atome wirken beide Einflüsse bei steigender Temperatur in der gleichen Richtung, solange nicht die doppelte Ionisation auftritt bei Temperaturen, die für dieses Atom hoch sind. RUSSELL bemerkt dabei, daß jedes Element seine eigene Temperaturskale von hoch und niedrig hat, parallel mit seinem Ionisationspotential, welche die Erscheinungen bestimmt.

Für die alkalischen Erden sind die Daten, wegen der großen Anzahl von Linien im sichtbaren Spektrum, viel ausgiebiger; außerdem sind die einmal ionisierten Atome leicht anzuregen. Man findet da: bei Mg (Prozente der neutralen Atome bei 6000° und 4000°: 93 und 99,97) sind die Nebenserien unverändert; bei Ca (Prozente 41 und 98,7) sind alle Linien im Fleckenspektrum verstärkt, die von $1\,^1S$ ausgehenden Serien am meisten, die von $2\,^1P$ oder $2\,^3P$ weniger, von $3\,^1D$ oder $3\,^3D$ kaum; bei Sr (Prozente 24 und 96) ist nur die Grundlinie sichtbar und wird in den Flecken verstärkt; bei Ba (Prozente 10 und 82) sind nur einige Linien äußerst schwach oder zweifelhaft im Sonnenspektrum vorhanden, und über ihr Verhalten in den Flecken fehlt eine Angabe. Was die Funkenlinien anbetrifft, so ist die Sachlage folgende: Von Mg^+ liegt nur die Linie $3\,^2D - 4\,^2F$, $\lambda\,4481$ im sichtbaren Spektrum, und diese fehlt wahrscheinlich im Sonnenspektrum. Bei Ca^+ bildet das Grunddublett (die H- und K-Linien) die stärksten Linien des Sonnenspektrums, deren Sättigung so vollständig ist, daß eine Änderung der Konzentration keinen Einfluß hat; das Fleckenspektrum zeigt deshalb keine Änderung. Bei Sr^+ ist das Grunddublett (4078, 4215) kräftig und zeigt in den Flecken keine Änderung; eine schwache Linie $2\,P - 2\,S$ wird stark geschwächt. Bei Ba^+ ist das Grunddublett (4554, 4934) auch kräftig, und es ist im Fleckenspektrum unverändert; auch die Nebenserie wird nicht geschwächt, wahrscheinlich weil bei 6000° schon doppelte Ionisation aufgetreten war. Für Zn, mit einem bedeutend höheren Ionisationspotential, sind nur Ergebnisse über Nebenserien vorhanden, die im Sonnenspektrum schwach und in den Flecken erheblich geschwächt sind. Für die Elemente mit damals unbekanntem I.P. (Sc, Ti, V, Fe, Mn, Cr, Co, Ni, Cu) ergab sich als allgemeine Regel, daß die Linien der niedrigsten Temperaturklasse (KINGS Klasse I) im Fleckenspektrum bedeutend verstärkt werden, die höheren Klassen (II—IV) in dieser Reihenfolge der Elemente erheblich bis unmerklich verstärkt werden und die Funkenlinien kaum bis erheblich geschwächt werden. RUSSELL schloß, daß in dieser Reihenfolge die Ionisationspotentiale zunehmen müssen, eingeschlossen zwischen 6 und 9 (Ca und Zn). Die Bogenlinien des Si sind im Fleckenspektrum stark geschwächt, die des O unsichtbar.

Zusammenfassend ergibt sich, daß die Änderungen, die das Sonnenspektrum in den Flecken erfährt, durch die Ionisationstheorie als einfacher Temperatureffekt zu erklären sind.

33. Widersprüche zwischen Theorie und Erfahrung. Während im allgemeinen die beobachteten Erscheinungen in Übereinstimmung mit der Ionisationstheorie sind, treten bei genauerer Betrachtung Widersprüche auf. Lithium hat ein höheres I.P. als Natrium, tritt aber trotzdem nicht im Sonnenspektrum und nur im Fleckenspektrum auf. Dies könnte der äußerst geringen Menge des Elements zugeschrieben werden; aber dabei bleibt doch das gleichartige Benehmen von Li und Rb rätselhaft.

Ein anderer Widerspruch liegt in dem Verhalten von Ba und Na; trotzdem sie nahezu dasselbe I.P. haben, ist Ba auf der Sonne so gut wie vollständig ionisiert, während neutrales Na sich durch ein starkes Dublett (D_1, D_2) bemerkbar macht. RUSSELL sucht[1] die Erklärung darin, daß zwei ionisierende Kräfte in der Sonnenatmosphäre tätig sind, die Temperatur des Mediums und die Strahlung, die von unten, von der heißeren Photosphäre, kommt, von denen nur die erste in der Ionisationsgleichung berücksichtigt wird. Ein ionisiertes Ba-Atom wird aus letzterer Strahlung die Wellenlängen 4934 und 4554 absorbieren und in die $2P$-Bahnen gehoben werden, und wird sich dann weniger rasch wieder mit einem Elektron vereinigen. In ähnlicher Weise wird auch Absorption von Strahlung durch die neutralen Atome die Ionisation fördern. Für Na gilt die erste Wirkung nicht, da Na^+ nur schwache Linien im äußersten Ultraviolett hat, und die zweite nicht, weil die neutralen Na-Atome in der Sonnenatmosphäre, wie sich aus den starken D-Linien ergibt, nur wenig Sonnenlicht dieser Wellenlänge erhalten, das sie ionisieren könnte. M. C. JOHNSON hat in einer Diskussion dieser Frage[2] darauf hingewiesen, daß das letzte Argument unverständlich ist, da analog mit den Ba^+-Linien die Stärke der D-Linien gerade ein Beweis für die starke Absorption des Sonnenlichts durch die Na-Atome bildet.

RUSSELL stützt sich bei dieser Erklärung auf COMPTONS Theorie der „stufenweisen Ionisation“ (cumulative ionization) durch Elektronenstöße, deren Energie einzeln nicht zur Ionisation ausreicht, sondern nur zur Hebung des Elektrons in höhere Bahnen; ein zweiter Stoß kann dann das angeregte Atom ionisieren. Eine Sternatmosphäre ist jedoch nicht einem physikalischen Experiment mit einem Strom gleichgerichteter Elektronen vergleichbar[3]; in einer durchstrahlten Sternatmosphäre stellt sich ein Gleichgewichtszustand ein. Für den Fall einer isotropen Strahlung haben wir gefunden (vgl. Ziff. 12), daß das Vorhandensein von höheren Quantenzuständen nicht als eine Stufe zur Förderung der Ionisation, wie in jenen Experimenten, wirkt, sondern die Ionisation verringert, infolge des Faktors $B(T)$ im Nenner. Die von RUSSELL angegebene Anregung der ionisierten Ba-Atome läuft gleichfalls in einen Gleichgewichtszustand aus,

---

[1] Ap J 55, S. 356 (1922).

[2] Cumulative Ionization in Stellar Atmospheres, M N 84, S. 516 (1924).

[3] Vgl. auch K. T. COMPTON, Note on Cumulative Ionization in Stellar Atmospheres, M N 85, S. 547 (1925).

wobei ein bestimmter Prozentsatz sich dauernd in dem angeregten Zustand befindet. Die Wirkung auf die Ionisation wird hier durch den Faktor

$$B'(T) = g_0' + g_1' e^{-(\chi' - \chi_1')/kT} + g_2' e^{-(\chi' - \chi_2')/kT} + \dots$$

im Zähler der Ionisationsformel gegeben. Falls nun $\chi' - \chi_1'$, die Anregungsenergie für die zweite Stufe des ionisierten Atoms, für Ba^+ gering, für Na^+ groß ist, muß eine Differenz in dem von RUSSELL angedeuteten Sinn entstehen; aber der Betrag wird kaum merkbar sein, da für Ba^+ das Anregungspotential 2,7 Volt, also $e^{-U_1'/RT}$ nur $^1/_{200}$ für 6000° beträgt. Nun gilt diese Berechnung für einen isothermen Zustand, und RUSSELL gründet seine Erklärung auf die von unten kommende Photosphärenstrahlung, die eine Anisotropie des Strahlungsfeldes bewirkt. Ihr Einfluß auf die Verteilung der Atome über die verschiedenen Quantenzustände ist von PANNEKOEK berechnet worden[1] mittels der von EINSTEIN angegebenen Wahrscheinlichkeitskoeffizienten (vgl. Ziff. 22); er findet für die relative Anzahl zweier Quantenstufen n_2/n_1 statt des isothermen Wertes $e^{-h\nu/kT}$ den Ausdruck $\frac{1}{2} e^{-h\nu/kT_1}$, wo T_1 wieder die effektive Temperatur der Strahlung bedeutet. Für die Ba^+-Atome ändert sich dabei das Verhältnis (für 6000° und λ 4554) von $10^{-2,697}$ in $10^{-2,569}$; also findet in der Tat eine Vermehrung des $2P$-Zustandes statt, aber praktisch bleibt er noch immer unbedeutend.

SAHA hat eine Erklärung versucht[2] mittels eines „sterischen Faktors", der die Anzahl der gleichwertigen Elektronen der äußeren Schale angibt, und um den die Wahrscheinlichkeit des Hinausschleuderns eines Elektrons vergrößert wird. Dieser Faktor stimmt in Charakter mit dem EHRENFESTschen Symmetriefaktor σ überein, der von MILNE in die Formeln eingesetzt worden ist. Da er 2 für Ba und 1 für Na ist, wird der Wert $x/(1-x)$ für Ba verdoppelt. Diese Änderung, die für 6000° und $P = 10^{-2}$ 5,1% statt 9,7% neutrales Barium gibt, ist nicht groß genug, um das fast völlige Fehlen der Ba-Linien zu erklären.

H. H. PLASKETT gibt in seinem Werk über die O-Sterne[3] als Ursache die relative Seltenheit des Ba verglichen mit Na an, die für die Sonne nach Analogie der relativen Menge dieser Elemente auf der Erde angenommen werden darf. Diese Erklärung hat eine große Wahrscheinlichkeit für sich; obgleich die Ba^+-Linien im Sonnenspektrum ziemlich stark sind, gehört zweifellos Barium zu den selteneren Elementen der Sonne. Die leichte Anregbarkeit der Resonanzdublette, zusammen mit dem großen Überfluß des Na und dem geringen Vorkommen des Ba, bewirken dann, daß die gleiche sehr starke Ionisation beider Elemente ein sehr starkes neutrales Na-Dublett und ein ziemlich starkes Ba^+-Dublett ergeben.

34. Bestimmung der Atomzahl aus der Intensitätskurve der FRAUNHOFER-linien. Daß die Intensität einer FRAUNHOFER-Linie mit der Anzahl der sie erzeugenden absorbierenden Atome in der Sonnenatmosphäre zusammenhängt, war die Voraussetzung aller Schlußfolgerungen über die Häufigkeit bestimmter Atome aus den Spektren. Eine wirkliche Ableitung der Atomzahl aus der Intensitätskurve einiger FRAUNHOFER-Linien wurde zuerst von A. UNSÖLD gegeben[4]. Er benutzte dabei eine Formel für den Verlauf des Absorptionskoeffizienten mit der Wellenlänge, die von W. VOIGT abgeleitet[5] und von R. MINKOWSKI auf seine Versuche über die Absorption des Natriumdampfes angewandt wurde[6]. Für

[1] B A N 3, S. 208 (1926).
[2] Phil Mag 44, S. 1130 (1922); M N 85, S. 977 (1925).
[3] Publ Dominion Astroph Obs Victoria 1, S. 376 (1922).
[4] Z f Phys 44, S. 793 (1927); 46, S. 765 (1927).
[5] München Sitzber 1912, S. 603. [6] Z f Phys 36, S. 839 (1926).

die Wellenlängen, die dem Zentrum der Linie nicht zu nahe sind, sind sowohl die natürliche Breite (als Folge des Abklingens) als die DOPPLER-Verbreiterung unmerklich, es wirkt nur die Resonanz. Eine Druckverbreiterung der Linien ist erst für Drucke oberhalb von 10^{-5} Atm. merklich; in den in Betracht kommenden Schichten der Sonnenatmosphäre tritt letztere daher als störender Faktor nur bei den Wasserstoff- und Heliumlinien auf, sonst wohl kaum. Dann kann der lineare Absorptionskoeffizient mittels der Formel

$$\sigma = s\varrho = \frac{2\pi e^4 \lambda_0^2 N f}{3 m^2 c^4 (\lambda - \lambda_0)^2} \tag{96}$$

(e und m Ladung und Masse des Elektrons, c Lichtgeschwindigkeit, N Anzahl der Atome, f Gewichtsfaktor) berechnet werden. Diese Formel wird auf die SCHWARZSCHILDschen Messungen der Ca^+-Linien H und K angewandt, für welche $f = \frac{1}{3}$ und $\frac{2}{3}$ ist; es wird also angenommen, daß die große Breite dieser Absorptionslinien in der Sonne mittels der nach obiger Formel berechneten, mit $(\lambda - \lambda_0)^{-2}$ abnehmenden Absorptionskoeffizienten dargestellt werden kann. Für die Berechnung der austretenden Intensität wird die SCHWARZSCHILD-SCHUSTERsche Formel [(81) vgl. S. 299], für den Austrittswinkel 0° (Sonnenmitte) $\cos\vartheta = 1$, angewandt:

$$I(0) = \frac{1{,}5\,E(H)}{1 + sH} = \frac{1{,}5\,E(H)}{\left(1 + \int s\varrho\, dx\right)},$$

also wird nur Diffusion, d. h. monochromatisches Gleichgewicht für das Ca^+-Gas angenommen.

Für die H- und K-Linien ergibt die Formel $\log\sigma = 0{,}41 - 18 + \log\frac{fN}{\Delta\lambda^2}$; aus den Messungen SCHWARZSCHILDS ergibt sich als halbe Breite $\Delta\lambda$ der Linie, wo die Intensität gleich der Hälfte des Hintergrundes, also $\int\sigma dx = 2$ ist, 6,5 A für K, 4,5 A für H. Diese Halbwertsbreiten sind, wie es nach der Formel sein soll, den $\sqrt{f}$ proportional; sie ergeben für $\int N dx$, die Gesamtzahl der über 1 qcm lagernden Ca^+-Atome, den Wert $4{,}5 \cdot 10^{19}$. Eine Vergleichung der in solcher Weise theoretisch berechneten Intensitätskurve der Linien mit den Messungen zeigt eine gute Übereinstimmung im Verlauf; natürlich weichen sie in der Mitte der Linie voneinander ab, wo die Formel, infolge der gebrauchten Annäherung, eine Intensität 0 ergeben muß ($\sigma = \infty$), während die Messungen eine Restintensität $^1/_{11}$ zeigen. UNSÖLD identifizierte die so gefundene Zahl der Ca^+-Atome mit der Chromosphäre. MILNE wies jedoch nach[1], daß diese ganze Masse eine nur etwa 100 km dicke Schicht unterhalb der Chromosphäre bildet, die also mit der „umkehrenden Schicht" zu identifizieren ist.

UNSÖLD hat die gleiche Methode auch auf andere Linien, nach Messungen auf dem Einsteinturm des Astrophysikalischen Observatoriums in Potsdam, angewandt und die Anzahl der absorbierenden Atome (Einheit 10^{18}) auch für sie abgeleitet. Dabei wurde mittels der nach der SAHAschen Formel berechneten Fraktion des Elementes, die sich in dem betreffenden Ionisationszustand befindet, auf die totale Häufigkeit des Elements (auch Einheit 10^{18}) in der Sonnenatmosphäre geschlossen.

	Na	Al	Ca^+	Sr^+	Ba^+	Ca	Sr
beobachtet .	0,026	0,070	23,3	0,021	0,004	0,034	0,00011
Fraktion . .	$1:2{,}46\cdot 10^3$	$1:3{,}09\cdot 10^2$	1	1	1	$1:2{,}35\cdot 10^2$	$1:6{,}31\cdot 10^2$
Totalzahl .	64	22	23	0,02	0,004	8	0,07

[1] M N 88, S. 188 (1928); Z f Phys 47, S. 745 (1928).

Diese Zahlen stimmen, der Größenordnung nach, gut mit den früher von Miss C. H. PAYNE gefundenen Häufigkeitszahlen überein (vgl. S. 339, Ziff. 49).

Bei Wasserstoff zeigt das Profil von $H\alpha$ eine gute Übereinstimmung mit der Theorie, während $H\beta$, $H\gamma$ und $H\delta$ zu breite Flügel aufweisen. Berechnet man mittels der theoretischen, von SUGIURA gefundenen f-Werte aus jeder dieser Linien die Anzahl der H-Atome in dem Grundzustande der BALMER-Serie, so findet man mit der Ordnungszahl der Linien stark zunehmende Werte. Man hat es hier mit Druckeffekten zu tun, die auf Änderung des Spektrums infolge der durch die benachbarten Ionen und Elektronen bewirkten elektrischen Felder hinauskommen, also auf einen STARK-Effekt, bei dem die Linienaufspaltungen infolge der Veränderlichkeit der elektrischen Ionenfelder zu einer diffusen Verbreiterung werden. Diese Verbreiterung infolge eines diffusen STARK-Effekts ist am stärksten bei H und He und nimmt mit der Ordnungszahl der Linien rasch zu. In den Sternspektren hat O. STRUVE die große Breite der Wasserstofflinien in den B-, A- und F-Sternen in derselben Weise erklärt[1].

35. Das Spektrum der Chromosphäre. Einer einfachen Anwendung des KIRCHHOFFschen Gesetzes entsprechend wäre zu erwarten, daß das Emissionsspektrum der Schichten oberhalb der Sonnenoberfläche eine genaue Umkehrung des FRAUNHOFER-Spektrums zeigen wird. Die ersten Beobachtungen bei Sonnenfinsternissen zeigten, im Gegensatz dazu, die Wasserstoff- und die Heliumlinien als die hellsten Chromosphärenlinien. Nachher ergaben die in stets größerer Zahl beobachteten Linien, die mit den stärksten FRAUNHOFER-Linien korrespondierten, eine weitgehende Übereinstimmung der beiden Spektren in ihren übrigen Zügen. Die vollständigsten Arbeiten über das Chromosphärenspektrum rühren her von F. W. DYSON, auf Grund der mit einigen Spaltspektrographen bei den Finsternissen von 1898, 1900, 1901 und 1905 gemachten Aufnahmen[2] und von S. A. MITCHELL, auf Grund eines 1905 mit einem parabolischen Konkavgitter aufgenommenen Spektrums[3].

MITCHELLS Katalog von Chromosphärenlinien enthält 2841 Linien, unter denen bloß 126 nicht mit ROWLANDschen Sonnenlinien identifiziert werden konnten. ,,Das Flashspektrum ist eine Umkehrung des FRAUNHOFER-Spektrums mit identischen Wellenlängen, aber mit erheblich verschiedenen Intensitäten"[4]. Diese Unterschiede betreffen namentlich die Funkenlinien; diese sind in dem Chromosphärenspektrum erheblich stärker als die Bogenlinien und erstrecken sich auch in größere Höhen als jene. MITCHELL weist darauf hin, daß nicht nur die Temperatur, sondern auch der Druck einen großen Einfluß auf das Hervortreten der Funkenlinien haben muß[5].

SAHA hebt auch die höheren Niveaus der Funkenlinien hervor und illustriert durch ein Diagramm folgende Werte für die Höhe der Linien nach MITCHELL (bei Helium sind die Verhältnisse gerade umgekehrt).

Ca (4227)	5000 km	Ba (5534)	400 km	Ti (versch.)	400-700 km,
Ca+ (3933)	14000 km	Ba+ (4554)	1200 km	Ti+ (3685)	6000 km.
Sr (4607)	350 km	He	7500 km		
Sr+ (4215)	6000 km	He+	2000 km		

Zu dem Wert für Ti ist zu bemerken, daß die sichtbare Höhe auch von der Intensität selbst abhängt; die Ti^+-Linien der gleichen Intensität wie die benutzten Ti-Linien geben eine Höhe von 1200 bis 1500 km. SAHA erklärt nun die zunehmende Ionisation in den höheren Schichten der Sonnenatmosphäre und das Verschwinden der neutralen Linien aus der geringen Konzentration

[1] Ap J 69, S. 173 (1929).
[2] Phil Trans A 206, S. 403 (1906).
[3] Ap J 38, S. 407 (1913).
[4] l. c. S. 494.
[5] l. c. S. 489.

der Atome, also dem geringen Druck. Er berechnet z. B. nach seiner Formel die Ionisation von Ca bei 5000° für Drucke von

	10	1	10^{-1}	10^{-2}	10^{-3}	10^{-4}	Atmosphären
zu	0	2	6	20	55	90	Prozent.

Der Unterschied in den Linienintensitäten zwischen Sonnen- und Chromosphärenspektrum läßt sich aus der folgenden Zusammenstellung ersehen, wo für die alkalischen Erden die Intensitäten direkt der MITCHELLschen Arbeit entnommen (für die Sonne nach ROWLAND), für einige andere Elemente Durchschnittswerte einer Anzahl Linien gegeben sind[1].

Linienintensitäten im Sonnen- und im Chromosphärenspektrum.

Neutrale Atome						Ionisierte Atome					
	Linie	Intensität		Intensität			Linie	Intensität		Intensität	
		Bogen	Funken	Sonne	Chromosphäre			Bogen	Funken	Sonne	Chromosphäre
Ca	4226	1000	100	20	25	Ca+	3933	500	1000	1000	100
							3968	300	500	700	80
Sr	4607	1000	50	1	2	Sr+	4078	1000	1000	8	40
							4216	500	500	5	40
Ba	5534	100	30	(2)	(1)	Ba+	4554	1000	1000	8	20
							4934	100	300	7	12
Fe	(22 Lin.)	20	7	9,2	6,1	Fe+	(8 Lin.)	1	2	3,3	10,6
Ti	(18 Lin.)	12	4	2,6	2,4	Ti+	(16 Lin.)	3	12	3,8	14,0
Sc	(14 Lin.)	12	3	0,9	1,0	Sc+	(14 Lin.)	14	17	2,4	8,0

Die extremen Werte für Ca sind nicht vergleichbar; die Funkenlinien sind hier auch schon im FRAUNHOFER-Spektrum sehr kräftig. Bei den anderen Elementen tritt die Zunahme der Intensität der Funkenlinien in der Chromosphäre deutlich hervor. Zu einer weitergehenden Prüfung der Anwendung der Theorie wären genauere Intensitätsmessungen nötig.

Die Erklärung dieses Unterschiedes zwischen Chromosphären- und FRAUNHOFERspektrum durch eine Verschiedenheit des Druckes reicht nicht aus für das Auftreten der Heliumlinien. Einem Hinweis SAHAs folgend kann man annehmen, daß die Temperatur der Sonne nicht hoch genug ist, um die höheren Serien des He als Absorptionslinien auftreten zu lassen. Bei niedriger Temperatur, wenn die $2S$- oder $2P$-Bahnen nicht in merklichem Betrage vorkommen, ist alle Absorption mit Übergängen von dem tiefsten Niveau $1S$ nach $2P$, $3P$, $4P$ ... verknüpft; dann folgen die spontanen Übergänge auch stufenweise, von $3P$, $4P$ nach $2S$ oder $2D$ zurückfallend, und es treten sichtbare Emissionslinien auf. Dabei ist jedoch zu beachten, daß im thermodynamischen Gleichgewicht ebensooft wie der Übergang $1S - 3P - 2S$ der umgekehrte Vorgang $2S - 3P - 1S$ stattfinden wird; diese Erklärung ist also an die Abweichung des Zustandes vom thermodynamischen Gleichgewicht gebunden.

36. Das Gleichgewicht der Chromosphäre. Nach einer einfachen Theorie erklärt sich der geringe Druck, der die Ursache der größeren Intensität der Funkenlinien in der Chromosphäre ist, sofort aus der größeren Höhe der Gase, die dieses Spektrum aussenden. Berechnet man jedoch diesen Druck nach der Gleichgewichtsformel einer Atmosphäre, so findet man für eine Höhe von 5000 km Werte von der Ordnung 10^{-25}. Da in der Chromosphäre einzelne Elemente (Ca^+, H, He) in noch größerer Höhe vorkommen, kann sie nicht als eine Atmosphäre im gewöhnlichen Sinne aufgefaßt werden. SAHA[2] und GROOT[3] haben

[1] B A N 1, S. 110 (1922). [2] Journ Dept of Science, Calcutta, Febr. 1920.
[3] Dissertation 1920; Physica 1, S. 7, 49 (1921).

schon darauf hingewiesen, daß die Ursache der bedeutenden Höhe dieser Gase in dem Strahlungsdruck zu finden sei. Eine Theorie für die Wirkung des Strahlungsdruckes auf solche Atome ist dann von MILNE in einer Reihe von Aufsätzen[1] gegeben worden.

Wenn ein Ca^+-Atom in dem $1S$-Zustande durch die von unten kommende Sonnenstrahlung in einen der beiden $2P$-Zustände gehoben wird, absorbiert es die Wellenlänge 3933 (K-Linie); dabei erhält es einen in der Richtung der Strahlung nach oben gerichteten Impuls $h\nu/c$. Dies wiederholt sich, so oft dasselbe Atom wieder denselben Vorgang durchmacht; da die Strahlen aus allen Richtungen der unteren Hemisphäre kommen, ist der durchschnittliche vertikale Impuls $\frac{1}{2}h\nu/c$. Jedesmal, wenn das Elektron darauf in die $1S$-Bahn zurückfällt, wird Licht der gleichen Wellenlänge emittiert; weil diese Emissionen nach allen Seiten stattfinden, entsteht daraus kein Impuls. Nur für die stimulierten Emissionen (vgl. Ziff. 22) wäre ein Impuls in einer der stimulierenden Strahlung entgegengesetzten Richtung anzunehmen; aber ihre Anzahl ist praktisch zu vernachlässigen. Ist n_1 und n_2 die Anzahl Atome pro Volumeinheit in dem ersten und dem zweiten Zustand, und ist $B_{12}J(\nu)$ die Wahrscheinlichkeit eines Überganges $1 \to 2$ bei der Strahlung $J(\nu)$, so ist der aufwärts gerichtete Gesamtimpuls dieser Atome pro Sekunde:

$$\tfrac{1}{2}n_1 B_{12} J(\nu)\, h\nu/c\,.$$

Die Gravitation gibt ihnen pro Sekunde einen Impuls nach unten $mg(n_1 + n_2)$. Halten sich diese die Wage, so werden die Atome durchschnittlich durch die Impulse der absorbierten Quanten gerade so viel emporgehoben, als sie durch ihre Schwere sinken; sie bleiben schwebend infolge des Strahlungsdruckes. Die Bedingung dafür ist:

$$\tfrac{1}{2}n_1 B_{12} J(\nu)\, h\nu/c = mg(n_1 + n_2)\,. \tag{97}$$

Der Koeffizient B_{12} hängt durch die EINSTEINsche Relation $A_{21} = (8\pi h\nu^3/c^2)B_{12}$ zusammen mit der Übergangswahrscheinlichkeit A_{21}, die gleich $1/\tau$ ist, wenn τ die mittlere Zeit des Beharrens im angeregten Zustande bedeutet. Die aus der unteren Halbkugel auffallende Strahlung $J(\nu)$ ist schon durch Absorption geschwächte Sonnenstrahlung; bezeichnet man mit r die Intensität innerhalb der Absorptionslinie, verglichen mit der ungeschwächten Strahlung, so wird

$$B_{12}J(\nu) = \frac{c^2}{8\pi h\nu^3} A_{21}\, r\, \frac{4\pi h\nu^3}{c^2} \frac{1}{e^{h\nu/kT} - 1} = \frac{1}{2\tau} \frac{r}{e^{h\nu/kT} - 1}\,,$$

also

$$mg\frac{n_1 + n_2}{n_1}\tau = \frac{1}{4}\frac{h\nu}{c}\frac{r}{e^{h\nu/kT} - 1}\,.$$

Bei dieser Berechnung ist die stimulierte Übergangswahrscheinlichkeit, die den Nenner n_1 zu $n_1 - n_2$ machen würde, vernachlässigt; mit derselben Annäherung darf man die 1 im Nenner der PLANCKschen Formel und n_2 gegen n_1 vernachlässigen, weil überall die vernachlässigten Glieder von der Ordnung $e^{-h\nu/kT}$ gegen die mitgenommenen sind. Dann wird

$$mg\tau = \frac{1}{4}\frac{h\nu}{c} r e^{-h\nu/kT}\,. \tag{98}$$

Mit den numerischen Werten $h\nu/kT = 6{,}05$ (für $T = 6000°$, $\lambda = 3950$), $\log g = 4{,}44$, $\log m = -23{,}78 + \log 40$, $\log h\nu/c = -21{,}78$ findet man

[1] An Astrophysical Determination of the Average Life of an excited Calcium Atom, M N 84, S. 354 (1924); The Equilibrium of the Calcium Chromosphere, M N 85, S. 111 (1924); 86, S. 8 (1925); 86, S. 578 (1926); On the Possibility of the Emission of High Speed Atoms from the Sun and the Stars, M N 86, S. 459 (1926).

$\log \tau/r = 0{,}729 - 8$. Nimmt man für die Intensität innerhalb der K-Linie 0,11 an, so wird $\tau = 0{,}6 \cdot 10^{-8}$ sec. Da die Experimente zur Bestimmung der Verweilzeit eines Atoms im angeregten Zustande Werte von derselben Größenordnung 10^{-8} sec ergeben, schließt MILNE, daß der Strahlungsdruck des schon durch Absorption geschwächten H- und K-Lichtes der Sonne genau ausreicht, die Ca^+-Atome schwebend zu erhalten.

Die Gleichgewichtsbedingungen in einer solchen vom Strahlungsdruck getragenen Atmosphäre werden nun von MILNE näher untersucht. Es werden also Atome angenommen, die durch den Übergang zwischen zwei Zuständen (Anzahl n_1 und n_2) die Frequenz ν absorbieren [Wahrscheinlichkeit $B_{12} J(\nu)$] oder ausstrahlen (Wahrscheinlichkeit A_{21}). Der atomare Absorptionskoeffizient ist dann $\alpha = h\nu B_{12}$ (bei endlicher Breite der Absorptionslinie ist $\int \alpha \, d\nu$ oder $\alpha \Delta \nu$ für α zu setzen). Durch die Rückstrahlung der höchsten Schichten nach unten muß ein Temperaturgradient entstehen; in der SCHWARZSCHILDschen Annäherung hat man dann eine nach oben und eine nach unten gerichtete Strahlung I und I'. Wir setzen nach den EINSTEINschen Formeln in Ziff. 22, bei Vernachlässigung der Gewichte, die spontane Emission $A_{21} h\nu = B_{12} h\nu \sigma = \alpha \sigma$ (wenn $2h\nu^3/c^2 = \sigma$); diese wird in gleichen Hälften zu I und I' hinzugefügt. Wir nehmen an, daß die stimulierte Emission $B_{21} h\nu I(\nu) = B_{12} h\nu I(\nu) = \alpha I(\nu)$ sich zu der stimulierenden Strahlung hinzufügt. Dann gelten für die Strahlungen die Gleichungen:

$$\frac{dI}{dz} = -n_1 \alpha I + n_2 \alpha I + \frac{1}{2} n_2 \alpha \sigma ,$$

$$\frac{dI'}{dz} = + n_1 \alpha I' - n_2 \alpha I' - \frac{1}{2} n_2 \alpha \sigma ,$$

oder durch Addition und Subtraktion ($I - I' = F$):

$$\frac{d(I + I')}{dz} = -(n_1 - n_2) \alpha F ; \qquad \frac{dF}{dz} = -(n_1 - n_2) \alpha (I + I') + n_2 \alpha \sigma .$$

Da die Anzahl Übergänge $1 \to 2$ gleich der Anzahl $2 \to 1$ ist, so ist

$$(n_1 - n_2)(I + I') B_{12} = n_2 A_{21}$$

oder

$$(n_1 - n_2)(I + I') \alpha \quad = n_2 \alpha \sigma ,$$

also wird $dF/dz = 0$ und $F =$ konst. Führt man

$$-(n_1 - n_2) \alpha \, dz = dy$$

ein, so findet man mit Rücksicht auf die Grenzbedingung $I' = 0$ für $y = 0$

$$I + I' = \frac{n_2}{n_1 - n_2} \sigma = F(1 + y) , \qquad I = F(1 + \tfrac{1}{2} y) . \tag{99}$$

Diese Formeln sind den SCHWARZSCHILDschen des gewöhnlichen Strahlungsgleichgewichts in einer Atmosphäre völlig analog. Nur daß hier nur eine Frequenz ν vorkommt, die von nur einer bestimmten Atomart aufgenommen und abgegeben wird. Als Temperatur tritt hier das Verhältnis n_2/n_1 auf, das nach unten zunimmt. Bei sehr geringer Dichte der Chromosphäre kann jede Atomsorte ihre eigene individuelle Temperatur haben; bei größerer Dichte bewirken die Zusammenstöße, mittels der Übertragung von Quantenenergie auf die Translation und umgekehrt, einen Ausgleich zu einer allgemeinen Temperatur.

Wenn in den höchsten Schichten der Strahlungsdruck die Atome genau trägt, ist das in den tieferen Schichten nicht mehr der Fall. Denn infolge des mit der Tiefe zunehmenden Wertes von n_2/n_1 nimmt die mittlere Verweilzeit im Zustande 1 um einen geringen Betrag ab, also wird, wegen der Konstanz von F, auch der Strahlungsimpuls geringer. Daher muß ein schwacher, von oben nach unten regelmäßig zunehmender Gradient des Gasdruckes und der Dichte diesen Fehlbetrag ergänzen. Trägt der Strahlungsdruck auch an der Grenze nur einen Teil des Gewichts, so muß ein größerer, der Dichte selbst proportionaler Druckgradient auftreten. In Gasdruck und Gewicht tritt die Summe $n_1 + n_2$ auf, sowie in Strahlung und optischer Tiefe die Differenz $n_1 - n_2$. Bezeichnen wir mit μ den Bruchteil des Gewichtes, der an der Grenze der Atmosphäre durch den Strahlungsdruck aufgehoben wird, mit s das Verhältnis n_1/n_2 an dieser Grenze (von der Ordnung 10^3), und schreiben wir für den Druck $kT(n_1 + n_2)$, so wird die Gleichung für das mechanische Gleichgewicht:

$$kT \frac{d}{dz}(n_1 + n_2) = -mg(n_1 + n_2) + \frac{F\alpha}{c}(n_1 - n_2).$$

Durch die Grenzbedingung wird

$$\frac{F\alpha}{c} = mg(1 - \mu)\frac{s+1}{s-1}.$$

Statt dz wird wieder die optische Tiefe $dy = -\alpha(n_1 - n_2)\,dz$ eingeführt. Die Größe $n_2/(n_1 - n_2)$ ist an der Grenze $1/(s-1)$, also in einer anderen Tiefe $= (1+y)/(s-1)$. Vernachlässigt man Größen der Ordnung $1/s$ gegen 1, so wird die Gleichgewichtsformel

$$\alpha kT \frac{d}{dy}(n_1 + n_2) = mg\left(\frac{2y}{s} + \mu\right).$$

Durch Integration erhält man dann

$$(n_1 + n_2) = \frac{mg}{\alpha kT}\left(\frac{y^2}{s} + \mu y\right). \tag{100}$$

Die Beziehung zwischen Dichte und Höhe in der Atmosphäre findet man durch Substitution dieses Ausdruckes in die Formel für dy. Da $(n_1 + n_2)/(n_1 - n_2) = 1 + 2y/s$ zu schreiben ist, wird für den Fall $\mu = 0$

$$dz = -\frac{kT}{mg}\left(1 + \frac{2y}{s}\right)\frac{s}{y^2}\,dy$$

oder

$$z - z_0 = \frac{kT}{mg}\left(\frac{s}{y} - \ln y\right). \tag{101}$$

Weil das zweite Glied bedeutend kleiner ist als das erste, ergibt sich aus (101) und (100) zusammen:

$$n_1 + n_2 = \frac{mg}{\alpha kT}\,s\left(\frac{mg}{kT}(z - z_0)\right)^{-2}. \tag{102}$$

Hier nimmt die Dichte nur langsam mit der Höhe ab; mit dem von MILNE gefundenen Wert $z_0 = 3600$ km findet diese Abnahme von 3600 bis 14000 km nur im Verhältnis 23:1 statt.

Ist dagegen μ bedeutend, so daß y/s gegen μ zu vernachlässigen ist, so wird

$$dz = -\frac{kT}{mg}\left(1 + \frac{2y}{s}\right)\frac{dy}{\mu y},$$

$$z - z_0 = -\frac{kT}{mg}\left(\frac{1}{\mu}\ln y + \frac{2y}{s\mu}\right)$$

oder, durch Fortlassung des zweiten Termes,

$$n_1 + n_2 = \frac{\mu mg}{\alpha kT}\,e^{-\frac{mg}{kT}\mu(z - z_0)}. \tag{103}$$

In diesem Fall, wenn die Änderung der individuellen Temperatur gegen die Wirkung der Schwerkraft zu vernachlässigen ist, herrscht in der Atmosphäre das exponentielle Gesetz der Dichte, nur mit einer im Verhältnis μ verringerten Gravitation.

P. A. TAYLOR hat diese Theorie MILNES erweitert für den Fall kugelförmiger Begrenzung, um die berechnete Totalintensität mit dem aus Finsternisaufnahmen gefundenen Intensitätsabfall mit der Höhe vergleichen zu können; er fand, trotzdem die Aufnahme durch ein Protuberanzspektrum gestört war, eine gute Übereinstimmung[1].

MILNE nimmt an, daß die Ca^+-Atome an der Grenze der Chromosphäre vollständig durch den Strahlungsdruck getragen werden. Wäre der Strahlungsdruck größer als die Gravitation, so würden Atome aus den tieferen Schichten emporgetrieben werden, solange bis ihre größere Zahl die Sonnenstrahlung bis zu dem Grade absorbiert — oder anders ausgedrückt, durch ihre Rückstrahlung den Druck von unten verringert —, daß an der oberen Grenze Gleichgewicht entsteht. Es werden aber Atome dann und wann erhebliche Geschwindigkeiten nach oben besitzen; diese absorbieren dabei kürzere Wellenlängen aus dem Sonnenlicht, welche eine etwas größere Intensität besitzen als die Mitte der Abso ptionslinie des Ca^+. Sie empfangen daher einen größeren Strahlungsdruck von unten, haben also eine resultierende Beschleunigung nach oben, die ihre Geschwindigkeit noch mehr vergrößert, die Intensität des absorbierten Lichtes noch mehr steigert, bis das Atom gleichsam aus dem Flügel der Absorptionslinie emporklettert und schließlich dem ungeschwächten Sonnenlicht ausgesetzt ist. MILNE berechnet, daß ein Ca^+-Atom in dieser Weise mit einer Geschwindigkeit, die den Grenzwert 1700 km/sec erreicht, von der Sonne emporgetrieben werden kann[2]. Ströme positiv geladener Ca-Ionen werden in solcher Weise von der Sonne in den Raum fortgetrieben (begleitet vielleicht von einem Elektronenstrom, den sie nach sich ziehen); wenn sie in die Atmosphären der Planeten, z. B. der Erde, eindringen, können sie die Gase in den höchsten Schichten ionisieren und vielleicht als Ursache der Nordlichter und der HEAVISIDEschicht auftreten. RAHMANI KANTA SUR[3] und S. R. PIKE[4] haben darauf hingewiesen, daß oberhalb der Fackeln, als Regionen höherer Temperatur (7500°), und oberhalb der Sonnenflecken, als Regionen niederer Temperatur (4500°), das Gleichgewicht gestört ist. In dem ersten Fall bewirkt der erhöhte Strahlungsdruck, daß die Gase als eruptive Protuberanzen emporgetrieben werden; im zweiten Fall fallen die Gase herunter und werden vom Flecke aufgesogen; auch die auftretenden horizontalen Stromgeschwindigkeiten werden von PIKE in dieser Weise erklärt.

Für einen Stern mit geringerer Gravitation oder höherer Temperatur wird der Strahlungsdruck im Verhältnis zur Gravitation größer sein. Hier müssen entweder Ca^+-Atome so lange emporgetrieben werden, bis sich eine viel dickere chromosphärische Schicht gebildet hat, die die Intensität in der Absorptionslinie bis zu einem geringen Bruchteil herunterdrückt (Capella 0,01, Sirius 0,0043)[5], oder es tritt kein Gleichgewicht ein und ein regelmäßiger Strom solcher emporgetriebener Atome geht von dem Stern in den Weltenraum hinaus.

Die Atome anderer Elemente, die nicht so hoch in der Chromosphäre emporsteigen, werden nur teilweise durch den Strahlungsdruck getragen; hier entsteht ein exponentieller Druckgradient. Für Wasserstoff wird m in Formel (98) 40 mal geringer als für Ca; es befindet sich aber nur ein sehr geringer Bruchteil der H-Atome in dem Zustande, in dem sie BALMERlinien absorbieren. Die erdrückende

[1] M N 87, S. 605, 616 (1927).
[2] M N 86, S. 465 (1926).
[3] Ap J 63, S. 111 (1926).
[4] M N 87, S. 56; 88, S. 3 (1927).
[5] M N 84, S. 360 (1924).

Mehrzahl befindet sich in dem Grundzustande, wo sie Strahlung von λ 1216 bis 910 A absorbieren, für welche der Faktor $e^{-h\nu/kT}$ 10^6 bis 10^8 mal geringer ist; also wird für alle Wasserstoffatome zusammen nur ein sehr geringer Teil durch den Strahlungsdruck getragen. Nach GURNEY[1] ist die Anzahl der wirksamen Quanten im Sonnenlicht, verglichen mit denen für Ca^+, für H (λ 1216) 10^{-5}, für He (λ 584) 10^{-13}, für Ca^{++} ($\lambda < 600$) $2 \cdot 10^{-13}$, für Na^+ ($\lambda < 400$) $3 \cdot 10^{-21}$; also empfinden alle die volle Wucht der Gravitation. Praktisch fand MINNAERT aus der Diskussion der Flashaufnahmen der Sonnenfinsternis 1927, daß für Wasserstoff der Faktor $\mu = {}^1/_4$ war[2]. In einer Diskussion der Wasserstoffchromosphäre leitet W. H. MCCREA ab, daß dieses Resultat mit einem Gleichgewichtszustand unter der Wirkung von Gravitation und Strahlungsdruck allein nicht zu vereinigen ist[3]. M. C. JOHNSON weist in einer Diskussion des Strahlungsdruckes[4] darauf hin, daß die Elektronen in der Chromosphäre eine große Geschwindigkeit bekommen und durch ihre Wiedervereinigung mit den ionisierten Atomen Anlaß zur kontinuierlichen Emission jenseits der Seriengrenze geben. Er findet, daß bei einer höheren Temperatur, also bei den heißesten Sternen, He^+, C^{++}, Si^{+++}, O^{++} und N^{++} wahrscheinlich durch den Strahlungsdruck emporgetrieben werden.

Aus einer theoretischen Berechnung der Verweilzeit eines Ca^+-Atoms in dem angeregten Zustand durch A. ZWAAN berechnet J. WOLTJER[5], daß der Auftrieb durch den Strahlungsdruck größer ist als die Gravitation g und also eine unkompensierte Beschleunigung nach oben zu $0{,}38\,g$ übrigbleibt, eine Zahl, die übrigens durch unsichere Daten sehr ungenau sein kann. Durch den Widerstand der anderen Gase wird jedoch die Verteilung der Dichte, die unten exponentiell ist, in den höheren Schichten mit der Quadratwurzel der Höhe abnehmen. Die obere Grenze der Ca^+-Chromosphäre schreibt WOLTJER der weiteren Ionisierung der Ca^+-Atome durch die Sonnenstrahlung zu[6].

Die Theorie, daß die Ca^+-Atome in der Chromosphäre ganz durch den Strahlungsdruck getragen werden, besagt nichts über die Anzahl der Atome, die in solcher Weise schwebend erhalten werden. Diese wird bestimmt durch den Wellenlängenbereich $\Delta\lambda$, der von den Ca^+-Atomen absorbiert werden kann. Setzt man mit MILNE diese Breite = 1 A, so ergibt sich[7] ein Druck an der Basis der Chromosphäre $5 \cdot 10^{-13}$ Atm., eine Dichte von $3 \cdot 10^{-17}$ g cm^{-3} (also $4 \cdot 10^6$ Atome pro ccm) und die Totalzahl der Atome oberhalb 1 qcm $1{,}5 \cdot 10^{14}$. A. UNSÖLD hat diese Werte nachher bestimmt durch eine photometrische Vermessung der Gestalt der Emissionskurve der H- und K-Linien, sowie auch der K_3-Linie, des schmalen zentralen dunkelsten Kernes der K-Linie im Sonnenspektrum, den er der Absorption durch die Chromosphäre zuschreibt[8]. Er findet die Totalzahl der Atome oberhalb 1 qcm $8 \cdot 10^{12}$; setzt man in MILNES Gleichgewichtsbedingung eine Äquivalentbreite 0,03 A ein, weil die K_3-Linie 0,3 A breit ist und Licht in der Mitte der K-Linie absorbiert, wo die Intensität 0,1 ist, so findet man $7 \cdot 10^{12}$ Atome, also praktisch den gleichen Betrag. Der mittlere Druck ist dann $4 \cdot 10^{-15}$ Atm., von $2 \cdot 10^{-14}$ in der unteren Schicht (unterhalb 2500 km) bis $3 \cdot 10^{-16}$ in den höheren Schichten (oberhalb von 5600 km) abnehmend.

---

[1] M N 88, S. 377 (1928).
[2] Results of Observations of the Total Solar Eclipse of June 29, 1927, I; Verh Ac Amsterdam XIII, 5, S. 104 (1928).
[3] M N 89, S. 483 (1929).
[4] M N 85, S. 813 (1925); 86, S. 300 (1926).
[5] B A N 5, S. 43 (1929).
[6] B A N 4, S. 260 (1928).
[7] M N 85, S. 141 (1924).
[8] Ap J 69, S. 209 (1929).

37. Die Ionisation in der Chromosphäre. Dichte und Druck des ionisierten Kalziums in der Chromosphäre sind so gering, daß bei einer Berechnung der Ionisationsverhältnisse nach der SAHAschen Gleichgewichtsformel ein Wert $p(Ca^{++})/p(Ca^{+}) = 700$ (für $T = 4800°$) herauskommt. Die Ca^{+}-Atome werden durch die Strahlung von $\lambda < 1040$ A zu Ca^{++} ionisiert, während die Zahl der Wiedervereinigungsprozesse verschwindend gering ist. Die doppelt ionisierten Kalziumatome werden jedoch nicht vom Strahlungsdruck getragen, da ihre Resonanzlinien im Gebiet der sehr kleinen Wellenlängen liegen; sie müssen also durch ihre Schwere in die tieferen Schichten heruntersinken. Zur Erhaltung des Gleichgewichts werden zur gleichen Zeit neue Ca^{+}-Atome aus diesen Schichten durch den Strahlungsdruck emporgetrieben werden. Die Chromosphäre befindet sich also nicht im statischen, sondern im dynamischen Gleichgewicht und kann nur mit der darunterliegenden umkehrenden Schicht zusammen betrachtet werden. Der Druck in dieser Schicht nimmt von dem niedrigen chromosphärischen Wert an der oberen Grenze regelmäßig nach unten zu. Nach der SAHAschen Formel erreicht das Ca^{+} ein Maximum von 100% in einem Niveau mit einem Druck von $2 \cdot 10^{-7}$ Atm. In den höheren Schichten (bis zu 90 km höher) ist eine Mischung von Ca^{+} und Ca^{++} vorhanden, wobei die doppelt ionisierten Atome in dem oberen Teil vorherrschen; in den tieferen Schichten besteht das Gas aus neutralen und einmal ionisierten Kalziumatomen. Die neutralen Atome werden auch teilweise von dem Strahlungsdruck emporgetrieben (infolge der starken Resonanzlinie λ 4227) und erscheinen daher im Chromosphärenspektrum bis zu einer Höhe von 2500 bis 5000 km. Durch die Absorption von Sonnenstrahlung mit $\lambda < 2030$ A werden sie zu Ca^{+}-Atomen ionisiert.

R. W. GURNEY weist darauf hin[1], daß die Ca^{++}-Ionen, sobald sie in großer Höhe entstehen und herunterfallen, eine große Geschwindigkeit erhalten müssen, weil bei einer Dichte von $3 \cdot 10^{-17}$ g cm^{-3} die freie Weglänge mehr als 50000 km beträgt, also Kollisionen, wobei ein Teil der gewonnenen Fallenergie abgegeben wird, praktisch nicht in Betracht kommen. Während des Fallens von 9000 bis 3000 km Höhe erhalten sie dann eine Geschwindigkeit von 60 km pro Sekunde, übereinstimmend mit der Energie eines Elektrons, das ein Potentialgefälle von 640 Volt durchlaufen hat. Kommt das Ion dann in die niedrigeren Schichten, so wird es dort imstande sein, durch die Wucht seines Stoßes andere Atome zu ionisieren. Durch diese Ursache werden in der Chromosphäre Elemente ionisiert vorkommen können, deren Ionisierung durch Strahlung nicht möglich ist. Das ist u. a. der Fall mit Helium. Das Auftreten der He^{+}-Linie λ 4686, die in Flashspektren bis zu 2500 km Höhe sichtbar ist, ist nach der Gleichgewichtstheorie nicht zu erklären; hier gibt der unelastische Stoß der fallenden Ca^{++}-Atome eine gute Erklärung. Durch ähnliche Stöße, allmählich etwas zerstreut und geschwächt, können H-Atome in größerer Anzahl in den zweiten Quantenzustand gebracht werden, wo sie die BALMERlinien absorbieren. W. ANDERSON bestätigt diese Ergebnisse[2] und erklärt die viel größere Höhe, in der die Emissionslinien des neutralen Heliums auftreten (bis 7500 km) dadurch, daß hier die Ca^{++}-Atome schon die geringere Fallgeschwindigkeit erreichen, bei der eine Kollision zur Anregung der Linie λ 5876 ausreicht.

Eine abweichende Auffassung leitet McCREA aus der beobachteten Intensität der BALMERlinien ab[3]. Indem er daraus die Dichte des Wasserstoffs im zweiten Quantenzustande und damit die des Wasserstoffes überhaupt berechnet, findet er, daß Wasserstoff in viel größerer Menge als Ca^{+} in der Chromosphäre vorhanden ist, 10^{12} Atome pro Kubikzentimeter gegen 10^{6} Ca^{+}-Atome. Darunter

[1] M N 88, S. 377 (1928).
[2] Z f Phys 49, S. 749 (1928).
[3] M N 89, S. 488 (1929).

werden 10^{10} Atome ionisiert sein, also wird auch eine Elektronendichte von 10^{10} per Kubikzentimeter vorhanden sein. Diese große Elektronendichte verhindert eine massenhafte zweite Ionisierung der Ca^+-Atome und bewirkt in der Chromosphäre eine Art Gleichgewicht von einfach und doppelt ionisierten Kalziumatomen.

38. Der elektrische Zustand der Sonnenatmosphäre. Infolge der Ionisation befindet sich in der Sonnenatmosphäre eine große Anzahl freier Elektronen, die sich als Atome eines Gases mit Atomgewicht 1/1847 benehmen. Ihre Geschwindigkeit ist dabei so groß, daß sie aus der Atmosphäre entweichen würden, wenn nicht dadurch eine positive Ladung der Sonne entstände, deren elektrische Anziehung sich zu der Gravitation hinzufügt. MILNE hat die Bedingungen dieses Vorganges ausführlich untersucht[1] und gefunden, daß das Entweichen von Elektronen erst aufhört, wenn die Sonne eine Ladung von $7 \cdot 10^9$ elektrostatischen Einheiten und ein Potential von 30 Volt erhalten hat.

In einer Atmosphäre, auf die die Gravitation wirkt, schichtet sich jeder Bestandteil unabhängig von den anderen, indem die Dichte mit der Höhe um so rascher abnimmt, je schwerer die Atome sind. Danach müssen die Elektronen eine viel langsamere Abnahme der Dichte mit der Höhe zeigen als die Atome und die Ionen, also bei zunehmender Höhe stark an relativer Häufigkeit zunehmen. Diese Trennung wird dann aber gehemmt durch die dabei entstehende positive Ladung in den unteren, negative Ladung in den oberen Schichten, wodurch die Wirkung der Gravitation auf die Elektronen verstärkt, die auf die Ionen geschwächt wird. Infolgedessen geht die Trennung der Ionen und freien Elektronen und die Bildung dieser Ladungen nicht weiter, als bis ein Gleichgewicht zwischen Gravitation und elektrischen Kräften eingetreten ist. PANNEKOEK hat dafür zuerst Formeln entwickelt[2]; nachher hat S. ROSSELAND in einer Untersuchung des elektrischen Zustandes im Innern eines Sternes[3] ähnliche Resultate gegeben, während MILNE diese Fragen noch gründlicher und allgemeiner behandelt hat[4].

Bezeichnet man mit p und p' den Druck, mit n und n' die Anzahl pro Volumelement, mit m und m' die Masse von Ionen und Elektronen, mit g die Beschleunigung und mit f die Konstante der Gravitation, weiter mit F die elektrische Kraft in einem Punkte der Atmosphäre, dessen Höhe z ist, so wird

$$\frac{dp}{dz} = -\frac{p}{kT}(gm - Fe), \qquad \frac{dp'}{dz} = -\frac{p'}{kT}(gm' + Fe). \tag{104}$$

Die Gravitation und die elektrische Kraft sind die Ableitungen des Gravitationspotentials U und des elektrischen Potentials V. Die Änderungen dieser Potentiale werden, nach der POISSONschen Gleichung, die sich hier wegen der Kugelsymmetrie auf einen Term beschränkt, bestimmt durch die Massendichte einerseits, die elektrische Ladungsdichte anderseits:

$$\frac{dg}{dz} = \frac{d^2 U}{dz^2} = 4\pi f(nm + n'm'),$$

$$\frac{dF}{dz} = \frac{d^2 V}{dz^2} = -4\pi e(n - n').$$

Also ist

$$\frac{d(Fe)}{d(gm)} = \frac{n - n'}{nm + n'm'} \frac{e^2}{mf}.$$

Das erste Glied dieser Gleichung ist von mäßiger Größe; da $e^2/m^2 f$ eine ungeheuer große Zahl ist, von der Ordnung 10^{36}, muß $n - n'$ völlig verschwinden gegen

[1] The Escape of Molecules from an Atmosphere, Transact. Cambridge Ph. S. 22, S. 483 (1923).

[2] B A N 1, S. 110 (1922).

[3] M N 84, S. 720 (1924).

[4] Dissociative Equilibrium in an External Field of Force, Proc Cambridge Ph. S. 22, S. 493 (1924).

$n + n'$; also ist $p - p' = 0$ zu setzen. Die aus einer geringen Schichtungsverschiedenheit der Ionen und Elektronen entstehenden elektrischen Kräfte sind so groß, verglichen mit den Gravitationskräften, daß die Trennung der Ionen und Elektronen schon gehemmt wird, sobald sie einen praktisch unmerklichen Betrag erreicht hat. Dann wird

$$g m - F e = g m' + F e = \tfrac{1}{2} g (m + m') = \tfrac{1}{2} g m ,$$

da praktisch m' gegen m zu vernachlässigen ist. Also ist

$$p = p' = p_0 \, e^{-\frac{1}{2} g m z / k T} . \tag{105}$$

Die Elektronen und die Ionen halten, durch ihre gegenseitige Anziehung, einander fest in einer identischen Schichtung nach der Höhe, die für beide dieselbe ist wie für ein Gas mit halbem Atomgewicht. In ähnlicher Weise werden in einem Gemisch von vielen Arten von Ionen und Elektronen die $n$fach ionisierten Atome sich verteilen wie ein Gas mit $(n + 1)$mal geringerem Atomgewicht. MILNE hat gezeigt, daß nur an der Grenze der Atmosphäre, für Drucke unterhalb 10^{-24}, eine Entmischung stattfindet und sowohl Elektronen wie Ionen ihre eigene Verteilung bekommen.

e) Ionisationserscheinungen in den Sternspektren.

e_1) Die Spektralklassen.

39. SAHAS Erklärung der Spektralklassifikation. In seiner 1921 erschienenen Abhandlung „On a Physical Theory of Stellar Spectra“ hat SAHA zuerst die Ionisationstheorie zur Erklärung der kontinuierlichen Reihe der Sternspektren angewandt. Die Spektralklassen, die durch die Buchstaben O — B — A — F — G — K — M angedeutet werden, sind in der Harvardklassifikation durch die Intensität bestimmter Linien gekennzeichnet. Für die Ca-Linien z. B. findet man, daß die Hauptlinie λ 4227 in den M-Sternen ihre größte Stärke hat, während das Ca^+-Dublett H und K bei Mc schwach erscheint und dann zunimmt; in den G-Sternen erreichen H und K ihre größte Intensität, während λ 4227 schwächer wird; bei Klasse B8 verschwindet λ 4227, ist also Ca völlig ionisiert, und bei den Oc-Sternen verschwinden auch H und K und ist Ca völlig doppelt ionisiert. Aus seiner Formel findet SAHA die Prozentsätze für einen Druck von 1 Atm.:

für	3000°	4000°	5000°	6000°	7000°	8000°	10000°	12000°	15000°	20000°
Ca	100	99,5	98	92	77	54	15	4	1	0
Ca^+		0,5	2	8	23	45	78	65	23	1
Ca^{++}						1	7	31	76	99

Er schließt daraus auf Temperaturen von 3000° und 7000° für das Maximum, von 13000° und 20000° für das Verschwinden von Ca und Ca^+. Die Übereinstimmung dieser Zahlen mit den aus Strahlungsmessungen und spektralphotometrisch abgeleiteten Werten für die Temperatur zeigt, daß die Änderungen, die die Linien des Kalziums durch die Reihe der Sternspektren aufweisen, ganz durch die Änderung der Temperatur erklärt werden können. Für Wasserstoff und Helium kommen in den Sternspektren keine Hauptserien, sondern nur Nebenserien vor; daher treten die BALMER-Linien des Wasserstoffs erst in Klasse Mb (4500°), die Heliumlinien, entsprechend der höheren Anregungsspannung, erst bei A0 (12000°) auf. SAHA faßt seine Diskussion der verschiedenen Linien in der folgenden Tabelle zusammen:

Linie K 3933 erscheint	Mc	Ionisation Ca fängt an	4000°
Linie 4227 verschwindet	B8	Ca vollständig ionisiert	13000
Mg^+ 4481 tritt auf	G0	Mg ein wenig ionisiert	7000
Linie K 3933 verschwindet	Oc	Ca^+ vollständig ionisiert	20000
Mg^+ 4481 verschwindet	Oa	Mg^+ „ „	23000
Sr^+ 4215 verschwindet	B8	Sr^+ „ „	14000
He^+ 4686 erscheint	B2	He beträchtlich ionisiert	17000
He 4471 erscheint	A0	He $2P$-Bahnen treten auf	12000
He 4471 verschwindet	Oa	He vollständig ionisiert	24000 ($p=10^{-1}$)
He^+ 4686 verschwindet	Pe	He^+ vollständig ionisiert	30000 ($p=10^{-5}$)
Balmer-Serie erscheint	Mb	H $2P$-Bahnen treten auf	4500
Balmer-Serie verschwindet	Ob	H vollständig ionisiert	22000

Auf Grund dieser Daten stellt Saha eine Temperaturskala der Spektralklassen auf, die für Oa 23000°, B0 18000°, A0 12000°, F0 9000°, G0 7000°, Ma 5000°, Mc 4000° ergibt, also nahe mit der Skala von Wilsing und Scheiner übereinstimmt. Selbstverständlich ist unter diesen Zahlenwerten wie unter der zahlenmäßigen Grundlage manches unsicher; sie bilden eben einen ersten Versuch. Doch genügen sie für die folgenden Schlußfolgerungen: Die typischen Sternspektren von M bis O illustrieren lückenlos die physikalischen Erscheinungen, die aufeinanderfolgen, wenn man die Temperatur allmählich von 4000° bis auf 30000° abs. steigert. Man darf aus dem Fehlen der Linien eines Elements nicht auf das Fehlen dieses Elements schließen; entweder kann es schon vollständig ionisiert sein (wie Cs auf der Sonne), oder durch die große Anregungsspannung erscheint es erst in den heißesten Sternen (die permanenten Gase He, H, N, O). Da unsere Atmosphäre die Beobachtung von Wellenlängen unterhalb von λ 3000 ausschließt, werden überdies Elemente, deren Resonanzlinien unterhalb dieser Grenze liegen, schwierig zu beobachten sein. Nach diesen Ergebnissen darf man nicht mehr von Heliumsternen, Wasserstoffsternen, Metallsternen reden, als hätten diese Klassen wirklich eine verschiedene stoffliche Zusammensetzung.

40. Das Maximum der Absorptionslinien. Sahas erster Versuch, die Temperaturskale der Spektralklassen aus den Absorptionslinien abzuleiten, litt an dem Mangel, daß er sich fast immer auf das Erscheinen oder Verschwinden einer Linie stützen mußte. Erstens weiß man nun nicht, welche Minimalkonzentration von Atomen nötig ist, um die von diesen Atomen ausgesandten Linien sichtbar zu machen, und zweitens spielt dabei die absolute Menge, die Konzentration des betreffenden Elements in dem Gasgemisch der Sternatmosphäre, eine Rolle.

An Stelle der Schwellenerscheinung benutzen daher Fowler und Milne in ihren Untersuchungen[1] das maximale Auftreten der Linien. Es wird dabei angenommen, daß eine Linie in solchen Sternen die größte Intensität erreicht, in denen die Konzentration der betreffenden Atome am größten ist. Man ist dabei unabhängig von der absoluten Konzentration eines Elements in den Sternen; nur ist selbstverständlich vorausgesetzt, daß diese sich nicht in der Reihe der Sternklassen ändert, wenigstens nicht in der Nähe des Maximums.

Die spezielle Atomkonzentration (d. h. die Konzentration der Atome in einem bestimmten Ionisations- und Anregungszustand) besitzt für die neutralen Atome in dem normalen Zustande, bei dem sie die Grundserie (meistens die Hauptserie $1S-2P$) absorbieren, kein Maximum; denn sie ist 1 für die niedrigste Temperatur und nimmt bei höheren Temperaturen, wenn die anderen Zustände auftreten, allmählich ab. Bei steigender Temperatur nimmt die Konzentration der höheren Quantenzustände, aus denen die Nebenserien entstehen, stetig zu, obgleich prozentuell immer gering bleibend, im Verhältnis $e^{-(\chi_1-\chi_2)/kT}$. Aber dann fängt die Zahl der neutralen Atome an, sich zu verringern infolge der zu-

[1] The Intensities of Absorption Lines in Stellar Spectra, M N 83, S. 403 (1923); The Maxima of Absorption Lines in Stellar Spectra, 2nd Paper, M N 84, S. 499 (1924).

nehmenden Ionisation; durch beide Einflüsse zusammen werden daher die Nebenserien ein Maximum erreichen und wieder abnehmen. Bei steigender Temperatur nimmt die Konzentration der ionisierten Atome zu, die sich zum übergroßen Teil in dem niedrigsten Quantenzustand befinden, wobei die Grundserie des Funkenspektrums absorbiert wird. Die Verringerung durch Übergang in höhere Bahnen kommt kaum in Betracht; setzt aber bei noch höherer Temperatur die zweite Ionisation ein, so nimmt die Anzahl der einmal ionisierten Atome und die Intensität der Funkenlinien wieder ab. Greifen die Übergangsgebiete der beiden Ionisationen nicht übereinander, so bleibt ein breites Gebiet, wo die Konzentration der ionisierten Atome nahezu $= 1$ ist; das Maximum wird also ein sehr flaches sein.

Um den Verlauf dieser Erscheinungen zu überblicken, sind in der Abb. 2 für ein bestimmtes Beispiel (Mg) die Kurven gezeichnet, die die Änderung der Konzentrationen mit der Temperatur geben: für die neutralen Atome $(1 - x)$ durch punktierte Kurven, für die ionisierten Atome (x) durch dünn gezogene Kurven, für die neutralen Atome im $2P$-Niveau, wo die Linien λ 5711, 4703, 4352 absorbiert werden $[y(1-x)]$, und für die ionisierten Atome im $3^2\,D$-Niveau, wo die Linie λ 4481 absorbiert wird $(y'x)$ durch stärkere Kurven. Wegen der Abhängigkeit von dem unbekannten Elektronendruck sind sie für drei Werte dieses Druckes, 10^{-5}, 10^{-3} und 10^{-1} Atm. (I, II, III) gegeben; die relativen Konzentrationen y und y' sind unabhängig von dem Druck und durch eine einzige gestrichelte Kurve dargestellt. (Der obere Zweig einer der punktierten Linien gibt den Verlauf für den Fall, daß die zweite Ionisation nicht vorhanden ist; vgl. Ziff. 37.) Es zeigt sich hier sofort, daß bei einem Maximum der Nebenserien der Aufstieg durch y, der Abstieg durch die folgende Ionisation bedingt wird. Der Abstieg ist oft langsamer als der Aufstieg; wenn man, wie FOWLER und MILNE in ihrer Zeichnung, T selbst statt $\log T$ als Abszisse benutzt, wird die Asymmetrie noch viel größer. Je geringer der Druck, bei um so niedrigerer Temperatur liegen die Maxima, und um so geringer ist die Konzentration des angeregten Zustandes. Daraus läßt sich schließen, daß in Riesensternen die Temperatur eines Maximums niedriger liegt und daß die Nebenserien relativ zu den Grundserien mehr zurücktreten müssen als in den Zwergsternen.

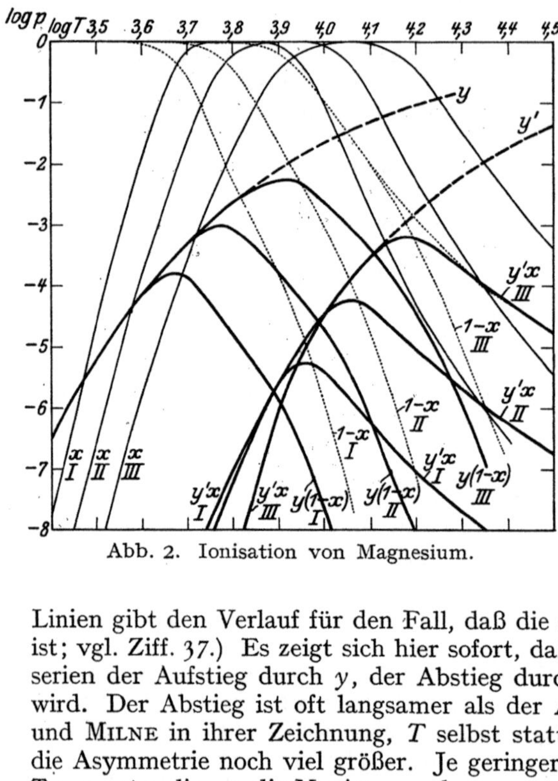

Abb. 2. Ionisation von Magnesium.

41. Berechnung der Intensitätsmaxima der Linien. Wir gehen aus von der Formel

$$\frac{x}{1-x}P = e^{-\chi/kT}\,T^{\frac{5}{2}}\,\frac{(2\pi m)^{\frac{3}{2}}}{h^3}\,\frac{b'\sigma}{b\sigma'}, \qquad b = \sum g_r\, e^{-(\chi-\chi_r)/kT},$$

wo P den Elektronendruck bezeichnet. Praktisch kommt die Reihe b fast immer auf das erste Glied g_0 hinaus, und dasselbe gilt für die ähnliche Reihe für das ionisierte Atom. Setzt man

$$\frac{(2\pi m)^{\frac{3}{2}}}{h^3} \frac{b'\sigma}{\sigma'} \frac{1}{P} = a\,, \qquad \text{also} \qquad \log P = -6{,}50 + \log \frac{\sigma b'}{\sigma' a}\,,$$

so wird die relative Konzentration der neutralen Atome

$$1 - x = \frac{b\, e^{\chi/kT}}{b\, e^{\chi/kT} + a\, T^{\frac{5}{2}}}\,.$$

Von diesen Atomen befindet sich die Fraktion $y_1, y_2, \ldots, y_r$ in den höheren Quantenzuständen, wobei

$$\frac{y_r}{b} = g_r\, e^{-(\chi - \chi_r)/kT}\,,$$

also wird die relative Konzentration der neutralen Atome im $(r + 1)$ten Quantenzustande:

$$y_r(1 - x) = \frac{g_r e^{\chi_r/kT}}{b\, e^{\chi/kT} + a\, T^{\frac{5}{2}}}\,. \tag{106}$$

Durch Differentiation nach T erhält man als Bedingung des Maximums, nach Einsetzung des Wertes von a:

$$P = \frac{\chi_r + \frac{5}{2} k T}{\chi - \chi_r} e^{-\chi/kT}\, T^{\frac{5}{2}} [-6{,}50] \frac{\sigma b'}{\sigma' b}\,. \tag{107}$$

Durch Vergleichung mit der ersten Formel findet sich für den Ionisationsgrad in diesem Maximumzustande

$$\frac{x}{1 - x} = \frac{\chi_r - \frac{5}{2} k T}{\chi - \chi_r} = \frac{V_r + 2{,}15 \cdot 10^{-4} T}{V - V_r}\,, \tag{108}$$

wo für die zweite Form statt der χ die Ionisations- und Anregungspotentiale V und V_r eingesetzt sind; dabei ist $\chi_r = e V_r/300$ A, und $\frac{5}{2} k \cdot 300\,\mathrm{A}/e = 2{,}15 \cdot 10^{-4}$. Berechnet man diese Größe $x/(1 - x)$ für einige Fälle, so findet man z. B. für die Triplettserie 2^3P von Mg bei 6000° (mittels $V = 7{,}61$, $V_r = 4{,}92$ und $2{,}15 \cdot 10^{-4}\, T = 1{,}29$) für $x/(1 - x)$ 6,21/2,69; für die Balmer-Serie des Wasserstoffs bei 10000° $(3{,}38 + 2{,}15)/(13{,}54 - 3{,}38) = 5{,}53/10{,}16$; für den extremen Fall der Pickering-Serie des ionisierten Heliums bei 20000°: $(3{,}4 + 4{,}3)/(54{,}2 - 3{,}4) = 7{,}7/50{,}8$, also immer eine mäßige Zahl der nullten Ordnung. Dann läßt sich die Formel für den Elektronendruck P in der Weise ausdrücken, daß das Maximum der Intensität bei der Temperatur T für einen solchen Elektronendruck stattfindet, bei dem nach der üblichen Formel das Ionisationsverhältnis $x/(1 - x)$ eine mäßige Zahl der nullten Ordnung ist, oder auch in der Weise, daß die Maxima der Linien durch dieselbe Formel von Temperatur und Druck abhängen wie eine mäßige (durch die Potentiale bestimmte) Ionisation selbst. Darf man den Druck in den verschiedenen Sternatmosphären als von derselben Größenordnung annehmen, dann nimmt die Temperatur, bei der eine Nebenserie ihr Maximum erreicht, regelmäßig mit dem folgenden Ionisationspotential zu.

Für die Nebenserien eines Funkenspektrums gilt, mit entsprechend geänderter Bedeutung der Konstanten, dieselbe Formel. Für die Berechnung des Maximums der Hauptserie eines Funkenspektrums bezeichnen wir mit x die Fraktion der einmal, mit x' die der doppelt ionisierten, also mit $1 - x - x'$ die der neutralen Atome. Dann ist

$$\frac{x}{1 - x - x'} = e^{-\chi/kT}\, T^{\frac{5}{2}} \frac{a}{b}\,,$$

$$\frac{x'}{x} = e^{-\chi'/kT}\, T^{\frac{5}{2}} \frac{a'}{b'}\,.$$

Aus der ersten Formel ergibt sich $(1 - x')/x$, und mit der zweiten zusammen liefert dies x:

$$\frac{1-x'}{x} = 1 + e^{\chi/kT}\, T^{-\frac{5}{2}}\, \frac{b}{a},$$

$$\frac{1}{x} = 1 + e^{\chi/kT}\, T^{-\frac{5}{2}}\, \frac{b}{a} + e^{-\chi'/kT}\, T^{\frac{5}{2}}\, \frac{a'}{b'}.$$

Durch Differentiation nach T ergibt sich als Bedingung des Maximums:

$$P = \sqrt{\frac{2{,}5\,kT + \chi}{2{,}5\,kT + \chi'}}\, e^{-\frac{1}{2}(\chi+\chi')/kT}\, T^{\frac{5}{2}}\, [-6{,}50] \sqrt{\frac{b''\sigma}{b\,\sigma''}}\,. \qquad (109)$$

Beachtet man hier wieder, daß der erste Faktor eine mäßige Zahl kleiner als 1 ist, so tritt das Maximum auf für die gleichen Werte von Temperatur und Druck, bei denen die Ionisation einen mäßigen Wert hat für den Fall eines Ionisationspotentials, das gleich dem Mittelwert der beiden betreffenden Ionisationspotentiale ist.

Für den Fall, daß zwei Ionisationspotentiale so dicht nebeneinander liegen, daß ihre Einflüsse sich miteinander vermischen, werden die Formeln etwas verwickelter; in den erwähnten Aufsätzen sind sie auch für diesen Fall abgeleitet[1].

42. Anwendung der Intensitätsmaxima auf die Spektralklassifikation. Mittels dieser Formeln haben FOWLER und MILNE die Beziehung zwischen Temperatur und Elektronendruck im Intensitätsmaximum berechnet für solche Spektrallinien, für die Ionisations- und Anregungspotential bekannt waren. Beide Unbekannte können nicht aus einem Datum abgeleitet werden; deshalb wurde bei jeder Linie für verschiedene Temperaturen der zugehörige Elektronendruck berechnet. Dann wurde für das Maximum der BALMER-Serie, das auf

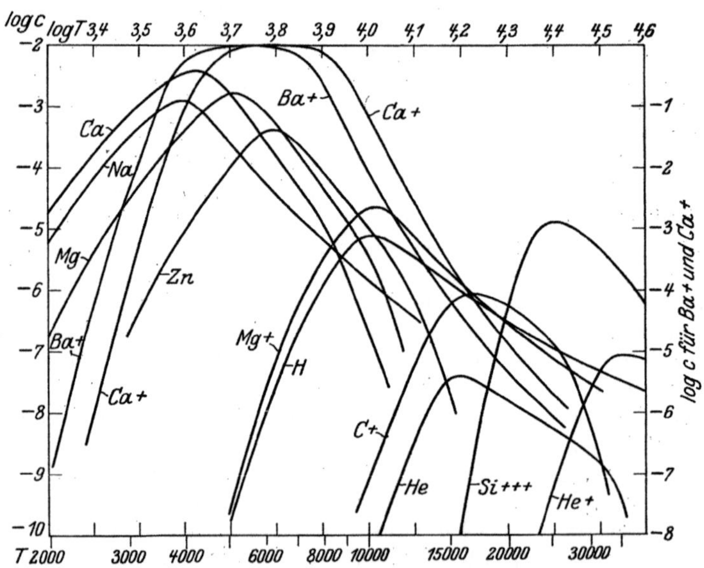

Abb. 3. Intensitätsmaxima verschiedener Elemente.

Klasse A0 fällt, eine Temperatur von 10000° angenommen; daraus ergibt sich $P = 1{,}31 \cdot 10^{-4}$ Atm. Unter der Voraussetzung, daß dieser Druck auch für die anderen Fälle gilt, konnten dafür die Temperaturen berechnet werden. In der Abb. 3 ist für verschiedene Elemente die Kurve für $\log n$, die spezielle

[1] M N 84, S. 512 (1924).

Konzentration, als Funktion der Temperatur bei diesem Elektronendruck gegeben. Für Ca^+ und Ba^+ (die Sr^+-Kurve liegt zwischen ihnen) beziehen sie sich auf die Grundbahn (Hauptserie); die anderen Kurven gelten für Nebenserien.

Die Resultate lassen sich in der folgenden Tafel zusammenfassen. Daselbst ist für jede Linie oder Serie das Ausgangsniveau angegeben, dann folgen die beiden in Betracht kommenden Potentiale $V - V_r$ und V (bei den Hauptserien der ionisierten Atome V und V') und die Zahlen b (d. h. g_0) und σ (damals waren b' und σ' noch nicht in die Formeln aufgenommen). Neben den berechneten T ist unter ΔT die Änderung von T bei einer Änderung des Druckes P von 10^{-4} zu 10^{-3} Atm. angegeben. Die Beobachtungsdaten über die Spektralklasse des Maximums sind zumeist den Harvardangaben entnommen, bisweilen auch den Angaben anderer Beobachter oder dem Verhalten der Linien in der Sonne und in den Sonnenflecken. In der letzten Spalte findet sich die berechnete Konzentration der Atome.

Maxima von Linienintensitäten in Sternspektren.

Element	Linien und Niveaus	$V - V_r$ oder V	V oder V'	σ	b	T	ΔT	Spektralklasse des Maximums	Konzentration
H	BALMER-Serie	3,38	13,54	1	2	10000	1400	A0	$7{,}7 \cdot 10^{-6}$
Mg	2^1P(5711, 5528, ...)	3,28	7,61	2	1	5440	700	G0? Sonne, Flecke	$4{,}9 \cdot 10^{-5}$
,,	2^3P (5184, ...)	4,92	7,61	2	1	5250	700	K0? Sonne, Flecke	$1{,}8 \cdot 10^{-3}$
Na	$2\ P$ (4984, ...)	3,03	5,12	1	1	3900	600	K—M	$1{,}3 \cdot 10^{-3}$
Ca	2^1P (5513, ...)	3,16	6,08	2	1	4420	600	Flecke > Sonne	$2{,}7 \cdot 10^{-4}$
,,	2^3P (4455, ...)	4,20	6,08	2	1	4270	600	idem.; M	$4{,}4 \cdot 10^{-3}$
Zn	2^3P (4810, ...)	5,35	9,35	2	1	6300	800	A—F	
He	2^2P (5876, ...)	3,61	24,5	2	1	16100	1700	B2	$6{,}4 \cdot 10^{-8}$
Mg^+	$3\ D$ (4481)	6,15	15,00	1	1	10220	1400	A0	$2{,}1 \cdot 10^{-5}$
He^+	PICKERING-Serie	3,39	54,2	1	2	35200	1700	O5	$9{,}1 \cdot 10^{-8}$
C^+	3^2D (4267)	6,31	24,28	1	2	16560	1900	B2	$5{,}9 \cdot 10^{-7}$
Si^{+++}	2^2S (4088, 4116)	20,98	44,94	1	1	26600	1500	B0—O9	$1{,}5 \cdot 10^{-5}$
Ba^+	1^2S (4934, 4554)	5,18	9,95	1	1	5450	700	Flecke, K	1
Sr^+	1^2S (4216, 4078)	5,66	10,97	1	1	5970	800	G—K	1
Ca^+	1^2S (H, K)	6,08	11,82	1	1	6290	900	K0	1

Für die Spektralklassen von A0 abwärts stimmt die sich hier ergebende Temperaturskale mit der üblichen überein: Ma 3000°, K0 4500°, G0 6000°, F0 7500°. Wo Abweichungen vorhanden sind, kann man den Grund in der Unrichtigkeit der Annahme gleichen Elektronendrucks finden. Die Hauptserien von Ca^+, Sr^+, Ba^+ geben hier eine zu hohe Temperatur; berechnet man umgekehrt den Elektronendruck für die Temperatur 4500° (K0), so findet man für Ca^+ $8 \cdot 10^{-8}$. Da die relative Konzentration hier 1 ist, also 10^3 bis 10^5mal größer als bei den Nebenserien, ist es völlig verständlich, daß diese Grundlinien von Ca^+ in einem viel höheren Niveau entstehen, wo der Druck in demselben Verhältnis geringer ist. Wenn man voraussetzen darf, daß die wirksame Dichte für alle Stoffe die gleiche ist, so könnte man in ähnlicher Weise aus der geringen berechneten Konzentration von He und He^+ schließen, daß diese Linien in einem Niveau höheren Druckes entstehen, wobei dann eine etwas höhere Temperatur herauskäme.

Für die Spektralklassen von A0 aufwärts liefert diese Rechnung Temperaturen, die erheblich größer sind, als zumeist angenommen wurde, sogar höher als die von ROSENBERG auf spektralphotometrischem Wege gefundenen Werte. Den Angaben PLASKETTS und BAXANDALLS konnte die Spektralklasse für das Maximum für die verschiedenen Ionisationsstufen der Elemente He, C, N, O, Si, S entnommen werden, wie die folgende Tabelle zeigt.

B8	B2	B1	B0–O9	O9	O7	O5	über O5
Si II S II	He I (24,5) C II (24,3) N II	Si III O II S III	C III Si IV (44,9)	O III	N III	He II (54,2)	C IV (64)

Aus den beigeschriebenen Ionisationspotentialen, soweit sie bekannt sind, sieht man die S. 323 abgeleitete Regel bestätigt, daß die Temperatur des Intensitätsmaximums stetig mit dem Ionisationspotential zunimmt. Ohne Temperaturen zu berechnen, ließen sich damit die übrigen damals unbekannten Ionisationspotentiale abschätzen: 18 bis 19 für Si^+ und S^+, 24 für N^+, 31 oder 32 für Si^{++}, S^{++} und O^{++}, 45 für C^{++}, 48 bis 52 für O^{++} und N^{++}.

43. Der Druck in den Sternatmosphären. Das Ergebnis dieser Untersuchung für den Druck, der in denjenigen Schichten der Sternatmosphären herrscht, wo die Absorption stattfindet, war zunächst überraschend, da zuvor immer viel größere Drucke, von der Ordnung einer Atmosphäre, angenommen wurden. Wenn der Absorptionsprozeß in so hohen dünnen Schichten der Atmosphäre stattfindet, so ist das nur möglich, wenn die betreffenden Gase außerordentlich undurchsichtig sind, d. h. eine viel stärkere Absorption ausüben, als bisher vermutet wurde. Aber gerade zur gleichen Zeit fanden verschiedene Untersuchungen statt, die zu einem unerwartet hohen Absorptionskoeffizienten der Sterngase führten. EDDINGTON fand aus seiner Theorie des Strahlungsgleichgewichts der Sterne[1], daß der Absorptionskoeffizient der Sternmaterie zwischen 10 und 10^2 liegen muß. Aus Berechnungen mittels der KRAMERSschen Formel (Ziff. 23) fand MILNE[2] für die Schichten an der Oberfläche eines Sternes einen noch größeren Wert, von der Ordnung 10^3. Dann kann Licht nach außen nur gelangen, wenn es eine geringe Masse durchlaufen hat; also ist damit nur ein niedriger Druck in der umkehrenden Schicht, wo die Absorptionslinien entstehen, vereinbar.

Die Frage des Druckes in der Sonnenatmosphäre wurde zur gleichen Zeit von H. N. RUSSELL und J. Q. STEWART behandelt[3]. Aus dem Fehlen von Druckverschiebungen läßt sich nur ableiten, daß dieser Druck weit unterhalb einer Atmosphäre liegt. Die Schärfe vieler Linien, die in Laboratoriumsversuchen immer sehr diffus sind, zeigt, daß der Druck dem in einem irdischen Vakuum ähneln muß. Eine Schätzung aus der Dicke der durch die Lichtstrahlen durchlaufenen Gasmassen führt auf die Größenordnung 10^{-4} Atm. Ähnlich ergibt das Fehlen von diffus zerstreutem Sonnenlicht in der Höhe des „Flash" (300 km) einen oberen Wert $2 \cdot 10^{-5}$. Aus Messungen der Breite der FRAUNHOFER-Linien kommt man, mittels immerhin unsicherer Schlußfolgerungen, auch auf Beträge der Ordnung 10^{-4} oder 10^{-5}.

44. Die Titanoxydbanden in den M-Sternen. Ein niedriger Wert für den Druck war schon früher von R. D'E. ATKINSON abgeleitet worden aus der Sichtbarkeit der Titanoxydbanden in den Spektren der Sterne des 3. Typus[4]. Er stellte dazu die Formel für das Dissoziationsgleichgewicht $Ti + O_2 = TiO_2$ auf, ausgehend von derselben VAN'T HOFFschen Gleichgewichtsformel aus Ziff. 4, aus der dort das Ionisationsgleichgewicht berechnet wurde. Die Reaktionswärme, 215600 Cal bei Zimmertemperatur, wird 214600 Cal für 3000°; die Wärmekapazitäten werden für Ti zu 5,0, für O_2 zu $6{,}6 + 0{,}00063\ T$, für TiO_2

[1] M N 77, S. 34 (1916). [2] M N 85, S. 768 (1925).
[3] Pressures at the Sun's Surface, Ap J 59, S. 197 (1924).
[4] Note on the Pressure in the Reversing Layer in Stars, M. N 82, S. 396, 494 (1922).

zu $7{,}5 + 0{,}0025\,T$ angenommen, und die chemischen Konstanten für Ti zu 0,92, für O_2 zu 2,8, für TiO_2 zu 3,3. So findet er eine Formel, die in unsere Bezeichnungen umgeschrieben

$$\log \frac{p(Ti)\,p(O_2)}{p(TiO_2)} = -\frac{214600}{4{,}57\,T} + 2{,}07 \log T - 0{,}00021\,T + 0{,}42 \qquad (110)$$

lautet. Aus den Werten dieses Ausdrucks $-8{,}7$, $-6{,}4$, $-4{,}7$ für 3000°, 3500°, 4000° lassen sich die Kurven berechnen, die $1 - x$, den Prozentsatz des Gemisches an TiO_2, als Funktion von p, dem Gesamtdruck dieser drei Stoffe in den Atmosphären, bestimmen. Nimmt man an, daß für 4000°, die Oberflächentemperatur der K0-Sterne, wo die Banden verschwunden sind, $1 - x$ nur 1% beträgt, so wird $p = 10^{-6}$, und für 3500° und 3000° wird $1 - x$ dann 30% und 92%. Der Totaldruck der ganzen Atmosphäre würde sich dann auf höchstens 10^{-3} stellen. RUSSELL hat nachher darauf hingewiesen[1], daß Sauerstoff nicht als O_2, sondern in Form von Atomen vorhanden sein wird. Dann wird U zu 285000; nimmt man die chemische Konstante für O gleich 0,2 und für alle drei Bestandteile die Wärmekapazität, wie sie aus den Formeln für Gase folgt (2,5 R für Ti und O, und 4 R für TiO_2), so wird die Formel

$$\log \frac{p(Ti)\,p^2(O)}{p(TiO_2)} = \log \frac{x^3 p^2}{(1-x)(1+2x)^2} = -\frac{285000}{4{,}57\,T} + 3{,}50 \log T - 2{,}0\,. \qquad (111)$$

Die Werte dieses Ausdrucks für die obigen drei Temperaturen werden jetzt $-10{,}9$, $-7{,}7$, $-5{,}3$, also noch geringer als oben. Da bei dem Verschwinden der Banden x nahezu $= 1$ gesetzt werden darf, reduziert sich der Ausdruck (111) auf $\log \frac{p^2}{9(1-x)}$, also wird $p = 10^{-3{,}1}$ für 4000° als Grenze und $1 - x = 0{,}01$. RUSSELL setzt das Verschwinden auf 3600° und leitet $p = 10^{-5}$ bis 10^{-6} ab, was bei der Annahme, daß $Ti + O_2$ 1% der Atmosphäre bildet, auf einen Totaldruck von 10^{-3} bis 10^{-4} führt. Aus diesen Rechnungen, die zu jener Zeit in Widerspruch zu den geltenden Anschauungen standen, ergibt sich, daß auch das Auftreten der Titanoxydbanden in den M-Sternen durch ähnliche Gleichgewichtsformeln wie die Ionisation in den heißeren Sternen und durch übereinstimmende Werte von Druck und Temperatur in den Sternatmosphären zu erklären ist.

45. Der Abfall der Linienintensität in den heißesten Sternen. In ihrer ersten Abhandlung wiesen FOWLER und MILNE[2] noch auf einen Widerspruch zwischen Beobachtung und Rechnung hin. Die Heliumlinien erscheinen bei steigender Temperatur bei A0, also bei 10000°, und verschwinden bei O5, Temperatur 35000° (in B9 und O7 sind sie schon kräftig sichtbar); die relativen Konzentrationen sind da von der Ordnung 10^{-10} und 10^{-8}, also verschieden. Der absteigende Ast ist nach der Theorie viel weniger steil als der aufsteigende, während die Beobachtung eine mehr symmetrische Kurve erheischen würde. Es muß dabei bemerkt werden, daß bei anderen Elementen die Übereinstimmung besser ist; so verschwindet die Mg^+-Linie λ 4481 bei G0 und bei B7; bei den entsprechenden Temperaturen 6000° und 30000° ist die gleiche Konzentration 10^{-8} vorhanden.

FOWLER hat in einem späteren Artikel[3] auf eine Vernachlässigung in den Rechnungen als eine Ursache des Widerspruches hingewiesen. Wenn nach der Ionisation, die den Abfall der Konzentration der neutralen Atome in höheren Quantenbahnen verursacht, noch eine zweite und eine dritte Ionisation hinzukommen, die die Anzahl der einmal ionisierten Atome stark herabsetzen, muß dadurch auch die Anzahl der neutralen Atome verringert werden. Denn die Formel für $x/(1-x)$ bestimmt die Anzahl der neutralen relativ zu den einmal

[1] Ap J 59, S. 207 (1924). [2] M N 83, S. 423 (1923). [3] M N 85, S. 970 (1925).

ionisierten Atomen; berechnet man sie unter der Annahme, daß ihre Summe 1 ist, wie in der Nähe des Maximums, so macht man einen Fehler, sobald die Häufigkeit der zweimal ionisierten Atome bedeutend wird. In unserem Diagramm (S. 322) der Mg-Kurven ist dieser Einfluß zu sehen in der Gestalt der $(1 - x)$- und der $y(1 - x)$-Kurven, die einen stärkeren Abfall zeigen an der Stelle, wo die x-Kurven nach dem Maximum wieder absteigen; an eine der punktierten Linien ist auch der Verlauf bei Vernachlässigung dieser Wirkung gezeichnet.

Wir setzen die Formeln aus Ziff. 41 wieder hin (x_0 für die neutrale Anzahl schreibend):

$$\frac{x}{x_0} = e^{-\chi/kT} T^{\frac{5}{2}} \frac{a}{b}, \qquad \frac{x'}{x} = e^{-\chi'/kT} T^{\frac{5}{2}} \frac{a'}{b'}, \qquad \frac{y_r}{b} = g_r e^{-(\chi-\chi_r)/kT}.$$

Wir setzen danach noch eine dritte und vierte Ionisation voraus, bestimmt durch

$$\frac{x''}{x'} = e^{-\chi''/kT} T^{\frac{5}{2}} \frac{a''}{b''}, \qquad \frac{x'''}{x''} = e^{-\chi'''/kT} T^{\frac{5}{2}} \frac{a'''}{b'''},$$

und wir nehmen an, daß die dreifach und vierfach ionisierten Atome die erdrückende Mehrheit bilden, also $x'' + x''' = 1$, während die vorigen Zustände x', x und x_0 dagegen verschwindende Anzahlen aufweisen (von 10^{-2} abwärts). Dann wird

$$x''' = \frac{a''' e^{-\chi'''/kT} T^{\frac{5}{2}}}{b''' + a''' e^{-\chi'''/kT} T^{\frac{5}{2}}},$$

$$y_r x_0 = y_r x''' \cdot \frac{x_0}{x'} \frac{x'}{x''} \frac{x''}{x'''} = \frac{g_r e^{-(\chi-\chi_r)/kT} \cdot e^{(\chi+\chi'+\chi'')/kT} (T^{-\frac{5}{2}})^3}{b''' + a''' e^{-\chi'''/kT} T^{\frac{5}{2}}} \frac{b' b'' b'''}{a a' a''}, \tag{112}$$

wo der Ausdruck $\frac{b'b''b'''}{a a' a''}$ durch $\frac{\sigma'''}{\sigma} P^3 [6{,}50]^3$ zu ersetzen ist. FOWLER weist darauf hin, daß in dieser Weise in dem Abfall nach dem Maximum ein bedeutender Unterschied auftritt zwischen Elementen, die weitere einanderfolgende Ionisationspotentiale haben, und Elementen, die solche nicht oder erst in großer Distanz haben. Zu den letzteren gehört Wasserstoff; dadurch erklärt sich die andauernde Sichtbarkeit der BALMER-Linien durch alle heißeren Spektralklassen hindurch, während die Linien von Si, S, O, N, Mg viel rascher verschwinden. Nach dieser Regel müssen die Linien der meisten Metalle auch relativ rasch verschwinden, während dagegen die des Mg^+, Ca^+ und O, weil das folgende Ionisationspotential sicher sehr weit entfernt ist, den Charakter andauernder Linien zeigen müssen.

Es muß hierzu noch bemerkt werden, daß dieselbe Ursache auch auf den aufsteigenden Ast in der Kurve für die Konzentration mehrfach ionisie ter Atome wirkt. Besser als nach ziemlich verwickelten Formeln lassen sich die richtigen Werte durch ein einfaches Rechnungsverfahren ermitteln; man berechnet zuerst jedes Paar von Zuständen nach der ihr Verhalten bestimmenden Formel, als ob sie zusammen die Konzentration 1 besäßen, und verbessert nachher diese Werte. In dem folgenden Rechnungsbeispiel, wo die Ionisationspotentiale des Si genommen sind (zum Teil ältere Werte 10,6, 16,3, 31,7, 45,0), $P = 10^{-4}$ gesetzt ist und alle Koeffizienten b und σ vernachlässigt sind, enthalten die 8 Spalten zur linken Seite die relativen Werte zweier einanderfolgenden Konzentrationen (Summe = 1), in der Form der um 10 erhöhten Logarithmen. Die Zahlen x_0 der 1. Spalte, von 7,78 an, gelten relativ zu dem Werte 0,00 für x; da $\log x$, nach der 3. Spalte, in Wirklichkeit 9,92 . . . ist, so ist der wirkliche Wert von $\log x_0 = 7{,}78 + 9{,}92 = 7{,}70$. Ähnliches gilt für die ersten Werte von $\log x' = 4{,}00$, 6,93, die wegen des x in der 2. Spalte auf 2,53 und 6,82 ve ringert werden müssen. Die fünf Spalten des rechten Teiles der Tafel enthalten die wirklichen Werte für die fünf Stufen.

Gegenseitige Beeinflussung der Ionisationsstufen des Si.

$\log T$	$\log x_0$	$\log x$	$\log x$	$\log x'$	$\log x'$	$\log x''$	$\log x''$	$\log x'''$	$\log x_0$	$\log x$	$\log x'$	$\log x''$	$\log x'''$
3,6	10,00	3,10							10,00	3,10			
3,7	10,00	6,11							10,00	6,11			
3,8	9,98	8,53	10,00	4,00					9,98	8,53	2,53		
3,9	9,35	9,89	10,00	6,93					9,35	9,89	6,82		
4,0	7,78	10,00	9,92	9,22	10,00	1,54			7,70	9,92	9,22	0,76	
4,1	6,44	10,00	8,74	9,98	10,00	5,08			5,18	8,74	9,98	5,06	
4,2	5,33	10,00	7,17	10,00	10,00	7,93	10,00	3,70	2,50	7,17	10,00	7,93	1,63
4,3	4,42	10,00	5,85	10,00	9,55	9,81	10,00	6,90		5,40	9,55	9,81	6,71
4,4			4,76	10,00	7,85	10,00	9,88	9,37		2,49	7,73	9,88	9,37
4,5			3,84	10,00	6,29	10,00	8,40	9,99			4,69	8,40	9,99
4,6							6,68	10,00				6,68	10,00

In der Zeichnung S. 322 ist diese gegenseitige Beeinflussung in den Kurven schon berücksichtigt.

46. Intensitätsbestimmungen an den Harvardspektrogrammen. Die Ionisationstheorie hat zum ersten Male die Intensität der Spektrallinien zu einem Objekt wissenschaftlicher Theorie gemacht. Die meisten Intensitätsangaben aus früherer Zeit sind mehr oder weniger roh, da sie keinen weiteren Zwecken als einer richtigen Identifizierung zu dienen hatten; außerdem konnten sie nur in einer subjektiven Skala ausgedrückt werden, deren objektive Bedeutung nicht feststand. Durch die Ionisationstheorie entsteht ein Interesse an möglichst genauen Intensitätszahlen für die Linien in den Sternspektren, damit eine Prüfung der Theorie und eine Bestimmung der Konstanten möglich wird.

Auf der Harvardsternwarte hat in diesem Sinne eine Neuuntersuchung einer großen Anzahl aus dem dort vorhandenen Vorrat an Negativen von Sternspektren stattgefunden. Zuerst hat Cecilia H. Payne in den Spektren der heißesten Sternklassen, die mittels eines Objektivprismas in Arequipa zumeist von südlichen Sternen aufgenommen waren, sorgfältige Schätzungen der Linienintensitäten gemacht[1]. Die Spek ralklassen des Maximums der Intensität wurden daraus abgeleitet, wie in der folgenden Tabelle angegeben. Mittels der Ionisations- und Anregungspotentiale, soweit sie bekannt waren, wurde nach der Fowler-Milneschen Formel und mit $p_e = 1{,}31 \cdot 10^{-4}$ die Temperatur dieser Maxima berechnet:

Intensitätsmaxima in den heißesten Sternen.

Element	Linien	I. P.	A. P.	Maximum	Temperatur
Si	3905	10,6	3,2	G0	6700°
Si+	4128	16,3	8,1	A0	10500
Si++	4552, 4568, 4574	31,7	4,8	B1—2	17500
Si+++	4089, 4096, 4116	44,9	24,0	Oe—Oe5	25000
He	4471	24,5	19,7	B2—3	16500
He+	4200	54,2	50,8	>Od	35000
C+	4267	24,3	18,2	B3	14500

Die sich hier ergebende Temperaturskala ist: A0 11000°, B5 15000°, B0 20000°, Oe5 23000°, Oe 26000°. Bei den O-Sternen wäre wohl noch eine größere Präzision erreicht, wenn statt der Harvardklassen Oe und Oe5, die mehrere Stufen umfassen, die von H. H. Plaskett vorgeschlagene Einteilung O9, O8, O7, O6, O5 benutzt worden wäre.

Ein Studium der Spektralklassen A bis M wurde von D. H. Menzel mittels des Harvardmaterials ausgeführt[2]. Für zwanzig als die besten ausgesuchten

[1] Harv Circ 252 und 256 (1924). [2] Harv Circ 258 (1924).

Spektren, meist von Riesensternen, wurden die Intensitäten der Linien einer künstlichen Skala angeschlossen. Da die Spektren mit nur 1 oder 2 Objektivprismen aufgenommen sind, ist die Dispersion gering und sind viele Linien durch Zusammenfallen mit benachbarten unbrauchbar. Diesem Umstande ist es zum Teil zuzuschreiben, daß sich in dem Verlauf der Intensitäten bedeutende Unregelmäßigkeiten und demnach große Unsicherheiten in der Lage der Maxima ergeben; hinzu kommt der Einfluß der absoluten Größe auf die Spektren. Für Wasserstoff findet MENZEL das Maximum bei A5, für Mg^+ bei A2; hier wirkt mit, daß die Sterne β Leonis (A2), α Ophiuchi (A5) und γ Boolis (A7) breite verwaschene Linien zeigen. Nachher hat Miss C. H. PAYNE an einer größeren Anzahl von Spektren neue Intensitätsbestimmungen ausgeführt[1]. Auch hier tritt dieselbe Schwierigkeit in der Bestimmung der Maxima auf; weit vom Maximum können einzelne Sterne auf einmal eine große Intensität zeigen; bei Wasserstoff ist infolge der verschiedenen Breite der Linien ein Maximum oft gar nicht zu finden, und nur bei sehr kleiner Dispersion tritt das Maximum bei A0 hervor. Der Betrag der hieraus fließenden Unsicherheit erhellt am besten durch Vergleichung der Resultate dieser beiden Beobachter in der folgenden Tabelle.

Intensitätsmaxima und Konzentrationen.

Element	Niveau	I.P.	A.P.	Maximum MENZEL	Maximum PAYNE	Temp.	$\log P$	$\log y(1-x)$	log Produkt
H	$2P$	13,5	10,1	A5	A0?	8500°	− 5,0	−6,1	−11,1
Mg^+	$3D$	15,0	8,8	A2	A2	9000	− 5,0	−5,1	−10,1
Zn	$2P$	9,3	4,0	G0	G0	6000	− 4,6	−3,8	− 8,4
Fe	^3F	8,1	1,6	K5	K2	4000	− 7,0	−2,7	− 9,7
	^7D	8,1	2,5	K5	K2	4000	− 7,3	−3,8	−11,1
Fe^+			2,7	A7	F5				
Mg	2^1P	7,6	4,3	K2	?	4300	− 6,3	−5,4	−11,7
	2^3P	7,6	2,7	K5	K2?	4000	− 6,7	−4,0	−10,7
Mn	^6D	7,4	2,2	K5		3800	− 6,9	−3,4	−10,3
Cr	1^5S	6,7	0,9	M1	K5	3000	− 8,2	−2,5	−10,7
Ti	^5F	6,5	0,8		K2—M3				
Ti^+			1,1—1,6	F0	F5—G0				
Ca	3^3D	6,1	2,5		M0	3000?	− 7,8	−4,6	−12,4
	2^3P	6,1	1,9		M0	3000?	− 7,6	−3,6	−11,2
Sc^+				F0	F5				
Y^+				G0	F5—G0				
Ca^+	$1S$	11,8	6,1	K0	?	4500	− 7,5	0,0	− 7,5
Sr^+	$1S$	11,0	5,7	M0	K2—M0	3000	−11,9	0,0	−11,9

MENZEL setzt die Temperaturskala als bekannt voraus (A0 = 10000°, F0 = 7500°, G0 = 6000°, K0 = 4500°, K5 = 3900°, M0 = 3000°) und berechnet mittels der FOWLER-MILNEschen Formeln in etwas globaler Weise P, den Elektronendruck. Er findet diesen Druck sehr verschieden, von Klasse A bis M abnehmend von 10^{-4} bis 10^{-9}, für die Hauptserien von Ca^+, Sr^+, Ba^+ von 10^{-7} bis 10^{-11}. Miss PAYNE bemerkt dazu, daß die Erklärung, die FOWLER und MILNE für den geringeren Elektronendruck in diesem letzteren Falle gaben, der Unterschied in der relativen Konzentration, hier allgemein anwendbar ist. In der Tat zeigt eine Vergleichung der $\log y(1-x)$, der Konzentration, in Table XX bei Miss PAYNE[2] und in der obigen Tabelle, daß das Produkt $y(1-x)P$ viel geringere Schwankungen aufweist und keinen bestimmten Verlauf mehr zeigt. Die große Abweichung für Ca^+ liegt wohl daran, daß die Temperatur hier zu hoch angesetzt ist.

[1] C. H. PAYNE, Stellar Atmospheres (Harv. Obs. Monographs. 1) Chap. VIII. (1925).
[2] L. c. S. 137.

Falls man annehmen darf, daß der Totaldruck mit dem Elektronendruck parallel läuft und daß Verschiedenheiten in der absoluten Menge bei diesen Elementen keine Rolle spielen, so bedeutet dies, daß die Konzentration der wirksamen Atome in den Schichten, wo die Absorptionslinie entsteht, stets die gleiche ist. Bei einer strengeren Behandlung müßte auch die absolute Konzentration, die Menge jedes Elements, in Betracht gezogen werden, die vor allem bei sehr seltenen Elementen eine Rolle spielen wird.

Damit wird eine neue Regel für die Ableitung der Temperaturskala aufgestellt: nicht einen gleichen Elektronendruck für alle Elemente anzunehmen, sondern einen solchen Elektronendruck, daß bei der dazu gefundenen Temperatur des Maximums sein Produkt mit der relativen Konzentration einen konstanten Wert hat. Da Miss PAYNE in der Aufstellung ihrer Table XX zum Teil tiefere Temperaturen verwendet hat als üblich (in dem Bestreben, Oberflächentemperaturen statt effektiver Temperaturen zu benutzen), findet sie diese in ihrer definitiven Temperaturskala[1] wieder. Diese lautet: B0 20000°, B5 15000°, A0 10000°, A5 8400°, F0 7500°, G0 5600°, K0 4000°, K5 3000°, Ma 3000°. Da die Maxima hier nicht so sicher sind, daß sie gegen das Zeugnis der Titanoxydbanden eine Gleichheit der Temperatur für K0 und Ma feststellen könnten, müssen die beiden letzten Werte etwas auseinander gerückt werden.

In einer späteren Untersuchung leitet Miss PAYNE aus der Ionisationsformel Kurven ab, die die Beziehung zwischen Ionisationsgrad (x in den Formeln), Temperatur und Elektronendruck in verschiedener Weise zum Ausdruck bringen[2]. Diese können für die Ableitung des Druckes aus den Linienintensitäten in verschiedenen Sternen benutzt werden. Auf der Harvardsternwarte wurde in den letzten Jahren, namentlich durch die Arbeiten von Miss C. H. PAYNE, TH. DUNHAM und F. S. HOGG[3], die Bestimmung der Linienintensitäten durch Anwendung von photometrischen Methoden verbessert und verfeinert; dabei wurde auch die Intensitätsverteilung innerhalb der breiteren Linien gemessen. Die dabei hervortretenden Erscheinungen haben noch nicht alle eine ausreichende theoretische Erklärung gefunden. Die Intensität der Linien nimmt im allgemeinen zu von Klasse F bis Klasse M, und in diesen Klassen auch von den Zwergen zu den Riesen; an der roten Seite des Spektrums ist sie geringer als an der violetten Seite. Es scheint, als ob die Absorption bei einer geringeren Strahlungszufuhr zunimmt[4]. Für einige c-Sterne (Übergiganten) wird die Breite der Ca^+-Linien H und K größer gefunden als für andere Sterne. Die Anzahl der Ca^+-Atome oberhalb der Photosphäre, die durch Anwendung der UNSÖLDschen Formel gefunden wurde, nimmt von A bis G oder K stark zu; ein Maximum, wenigstens für die Riesensterne, scheint bei K5 aufzutreten, während die M-Sterne eine Abnahme zeigen. Der Elektronendruck, aus dem Verhältnis der Ca^+- zu den Ca-Linien abgeleitet, nimmt von G nach M von 10^{-5} auf 10^{-9} Atm. ab[5].

47. Direkte Bestimmung der Menge der wirksamen Atome in den Sternspektren. Vor den Untersuchungen UNSÖLDS mußte angenommen werden, daß die Intensität einer Absorptionslinie in verwickelter Weise von Atomzahl, Anregungszustand und Übergangswahrscheinlichkeit abhängt, während die subjektive Skale, in der die Intensitätsangaben ausgedrückt wurden, sich noch mit der Wellenlänge ändern kann. Ein Mittel, diese Schwierigkeiten zu umgehen, bieten die Linienmultiplette. Für die Linien eines Multipletts, für die Atomzahl

[1] L. c. S. 139. [2] Wash Nat Ac Proc 12, S. 717 (1926).

[3] Harv Bull 858 und 859 (1928); Proc Am Ac A Sc 61, S. 459 (1926); Wash Nat Ac Proc 14, S. 88, 399 (1928).

[4] Harv Circ 307 (1927).

[5] Wash Nat Ac Proc 14, S. 405 (1928); Harv Circ 334 (1928).

und Anregungszustand dieselben sind, gilt, daß die Übergangswahrscheinlichkeiten in einfacher Weise nur von den Quantenzahlen abhängen und von den Parametern, die den physischen Zustand bestimmen, unabhängig sind. Wenn man weiß, daß für die drei Linien λ 4590, 4564, 4534 des $P-D$-Dubletts von Ti^+ diese Werte 1:5:9 sind, so sind diese Linien durch Anzahlen von Atomen produziert worden, die auch in dem Verhältnis 1:5:9 stehen; die von ROWLAND geschätzten Intensitäten (in diesem Falle 3, 4, 6) können dann als Funktion von Atomzahl und Wellenlänge kalibriert werden.

Diese Methode ist zuerst von ADAMS und RUSSELL auf die von ROWLAND benutzte Skala von Intensitäten der FRAUNHOFERlinien angewandt worden[1]. Sie konnten im ganzen 228 Multipletts mit 1288 Linien verwenden, zu denen Fe, Ti, Cr, Ti^+, Ni, V, Mn den Hauptbeitrag lieferten. Das Material war durch eine Formel $\log N = B(\lambda) \log A(R)$ darzustellen, wo $\log A$ als Funktion der ROWLANDintensität R von 4,17 für $R = 40$, 3,21 für $R = 10$, 0,52 für $R = 1$ zu $-1{,}80$ für $R = 0000$ übergeht, und der Korrektionsfaktor $B = 1{,}41$ für λ 3000, 1,15 für λ 4000, 1,00 für λ 5000, 0,89 für λ 6000 ist. Es ist dabei zu beachten, daß jedes Multiplett sich nur über einen kleinen Bereich in λ erstreckt, also die relative Atomzahl für in λ stark verschiedene Linien nicht bestimmt werden kann; es soll also in der Formel für $\log N$ noch eine unbekannte additive Funktion $F(\lambda)$ hinzugedacht werden.

Durch eine Vergleichung von Aufnahmen von Sternspektren, die mit dem 100 inch-Teleskop der Mt. Wilson-Sternwarte hergestellt waren, mit dem Sonnenspektrum wurde die ROWLANDsche Skala mit ihrer Kalibrierung auf die Sternspektren übertragen. So konnte für jede Linie die Anzahl der im Sternspektrum wirksamen Atome im Verhältnis zu der entsprechenden Anzahl für die Sonne abgeleitet werden.

Die Anzahl Atome in dem Ionisationsgrad r und dem Anregungszustand s in einer atmosphärischen Schicht wird bestimmt durch die Gleichungen

$$\log \frac{M_{r+1}}{M_r} = -\frac{5040\, I_r}{T} + \log \frac{T^{\frac{5}{2}}}{P} + \log \frac{u_{r+1}}{u_r} - 6{,}49\,,$$

$$\log \frac{M_{rs}}{M_r} = -\frac{5040\, E_{rs}}{T} + \log \frac{u_{rs}}{u_r}\,,$$

wo die u Gewichtszahlen, I_r und E_{rs} das Ionisationspotential und das Anregungspotential bedeuten. Multipliziert man eine Anzahl dieser Gleichungen, und setzt man

$$I_0 + I_1 + \cdots I_{r-1} + E_{rs} = F_{rs}\,,$$

$$\log \frac{T^{\frac{5}{2}}}{P} - 6{,}49 = \log d\,,$$

so wird

$$\log \frac{M_{rs}}{M_0} = \log \frac{u_{rs}}{u_0} - \frac{5040}{T} F_{rs} + r \log d\,.$$

Ist von den Atomen in diesem Zustande eine Fraktion x wirksam in der Produktion einer bestimmten Linie, so wird, wenn man das Gewicht, in dem Grundzustand als Einheit ausgedrückt, mit W bezeichnet:

$$\log n_x = \log x n_0 W_{rs} - \frac{5040}{T} F_{rs} + r \log d\,.$$

Integriert man vertikal über alle Schichten, so ist T konstant zu nehmen, d aber veränderlich, und in dem Resultat wirkt ein Mittelwert D, zu dem ein mittlerer Elektronendruck P_e gehört:

$$\log D + \log P_e = \tfrac{5}{2} \log T - 6{,}49\,, \tag{113}$$

$$\log N_x = \log N_0 + \log x W_{rs} - \frac{5040}{T} F_{rs} + r \log D\,. \tag{114}$$

[1] Ap J 68, S. 9 (1928).

Wenn man nun zwei Sterne vergleicht, so wird, weil die Größen x und W nur von den Quantenzuständen abhängen:

$$\log\frac{N'_x}{N_x} = \log\frac{N'_0}{N_0} + 5040 F_{rs}\left(\frac{1}{T} - \frac{1}{T'}\right) + r\log\frac{D'}{D}\,. \tag{115}$$

Für die Bogenlinien verschwindet der letzte Term ($r = 0$). Zeichnet man die aus der Beobachtung gewonnenen Werte $\log N'_x/N_x$ gegen die Anregungspotentiale F (für Bogenlinien E_{0s}) als Abszissen, so sollten die Punkte auf einer Geraden liegen, deren Neigung die Differenz der reziproken Temperaturen angibt. Aus der Sonnentemperatur T wird also die Sterntemperatur T' gefunden. Der Schnittpunkt mit $F = 0$ gibt das Mengenverhältnis im Grundzustand $\log N'_0/N_0$. Für die Funkenlinien findet man eine ähnliche Gerade, aber gegen die vorige um den Betrag $\log D'/D$ vertikal verschoben. Ihre Vergleichung gibt also das Verhältnis des effektiven Elektronendruckes in beiden Atmosphären. Der Schnittpunkt dieser Linie mit F_{r0} gibt die relative Anzahl der $r$fach ionisierten Atome im Grundzustand $\log N'_r/N_r$ in beiden Sternen.

Die beobachteten Werte von $y = \log N'_x/N_x$ zeigen nicht den erwarteten linearen Verlauf mit E_s. Vergleicht man das reichste Material, das der Fe-Linien, für α Orionis und α Scorpii, so wird für steigendes E_s das negative $\Delta y/\Delta E$ allmählich geringer; es sind in jenen roten Riesensternen zu viel Atome in den höchsten Anregungszuständen, wenn die Temperatur durch die niederen E bestimmt wird.

B. Gerasimovič findet[1], daß die Anomalie besonders von dem 6. Zustande (Anregungspotential 4,94) an sprungweise auftritt, und sucht eine Erklärung dafür in einer Abweichung vom thermodynamischen Gleichgewicht, die durch starke Absorptionen im Ultraviolett bewirkt wird.

Die Sterne, die in Temperatur weniger von der Sonne abweichen, widersprechen dem Bestehen eines ähnlichen Effekts im schwächeren Grade nicht. Deshalb wird $X = 1{,}05\,E - 0{,}087\,E^2$ als neues Argument eingeführt, und aus der Neigung S in $y = y_0 + SX$ die Temperatur bestimmt. Die gefundenen Temperaturen (hauptsächlich durch Fe und Ti bestimmt) sind für

α Ori	α Sco	α Boo	γ Cyg	Sonne	α Per	α CMi	α CMa
2520°	2620°	3380°	4950°	(5300°)	5940°	6900°	8700°.

Dies sind atmosphärische Temperaturen, für die 0,88 mal die effektive Temperatur angenommen werden darf; die Übereinstimmung mit anderweitigen Daten ist völlig zufriedenstellend.

Vergleicht man nun die relativen Mengen für die neutralen und die ionisierten Atome desselben Elements, so findet man $\log N'_0/N_0$, und damit den relativen Elektronendruck für

	Fe	Fe$^+$	Ti	Ti$^+$	Sc	Sc$^+$	$\log\frac{P'_e}{P_e}$ (Fe)	(Ti)	(Sc)
α Orionis . .	2,10	1,42	2,96	1,36	2,96	1,58	−8,34	−6,64	−6,32
γ Cygni . .	0,27	2,24	0,03	1,91		1,98	−2,60	−2,45	
Sirius . . .	−2,74	−0,78	−2,06	−1,31		−1,45	+1,50	+2,11	

Wollte man die relative Menge von Fe und Fe$^+$ bei gleichem Elektronendruck nach der Formel berechnen, so würde man bei α Orionis 10^8 mal weniger, bei Sirius 10^2 mal mehr ionisierte Atome finden, als tatsächlich der Fall ist. Die relative Menge ionisierter und neutraler Atome ändert sich mit der Temperatur viel weniger rasch als nach der Formel zu erwarten wäre. Die Erklärung wird wahrscheinlich darin gesucht werden müssen, daß bei diesen Riesensternen mit ihrer geringen Gravitation durch den Strahlungsdruck ausgedehnte Chromo-

[1] M N 89, S. 89, S. 272 (1929).

sphären entstehen, in denen sehr große absorbierende Massen hauptsächlich ionisierter Atome unter äußerst geringem Druck vorhanden sind.

48. Verbesserte Ionisationsformeln für Sternatmosphären. In den bisherigen theoretischen Untersuchungen wurde die Ionisationsformel auf eine Gasmasse bestimmten Druckes und bestimmter Temperatur angewandt. Es wurde dabei angenommen, daß diese Größen mittlere Werte für die in Betracht kommenden atmosphärischen Schichten darstellten und daß ihre Variation innerhalb dieser Schichten vernachlässigt werden konnte. MILNE hat diese Unbestimmtheit aufzuheben versucht, indem er die Anzahl der bis zu einer bestimmten optischen Tiefe vorhandenen Atome verschiedenen Ionisations- und Anregungszustandes berechnet[1]. Weil sowohl der Ionisationszustand als der Absorptionskoeffizient von dem Elektronendruck abhängen, wird dieser als unabhängige Veränderliche eingeführt. Weiter konnte für diese Schichten die Temperatur praktisch als konstant angenommen werden, da alle bisherigen Resultate eine starke Absorption der Sonnengase zeigen, so daß wir nur bis zu einer geringen Tiefe in die Atmosphäre hineinsehen. Wir setzen den Totaldruck $= p$, den Elektronendruck $= P$, die Fraktionen, die nicht, einmal, zweimal ... ionisiert sind, $= x_0, x_1, x_2, \ldots$, ihre wirkliche Anzahl pro Quadratzentimeter bis zu der Tiefe, die wir in Betracht ziehen, $= N_0, N_1, N_2, \ldots$, total N, die Anzahl Atome eines Elements pro Volumeinheit $= n$, ihre Masse $= m$, ihre Menge als Fraktion der ganzen Atmosphäre $= \varepsilon$. Dann ergibt die Ionisationsformel (unter Vernachlässigung der Faktoren $1 + \sum q_n x_n$) für die erste Stufe:

$$\frac{x_1}{x_0} P = K(T), \qquad K = \frac{q_1}{q_0} \frac{(2\pi m)^{\frac{3}{2}}}{h^3} (kT)^{\frac{5}{2}} e^{-\chi/kT}. \tag{116}$$

Weiter haben wir

$$\left.\begin{aligned} N &= \int n\,dh = \frac{\varepsilon}{mg}\int dp, \qquad N_0 = \int x_0 n\,dh = \frac{\varepsilon}{mg}\int x_0\,dp,\\ N_1 &= \int x_1 n\,dh = \frac{\varepsilon}{mg}\int x_1\,dp. \end{aligned}\right\} \tag{117}$$

Die Beziehung zwischen optischer Tiefe und Elektronendruck wird gegeben durch

$$\tau = \int \varkappa \varrho\,dh = \int \frac{\varkappa}{g}\,dp, \tag{118}$$

wo $\varkappa$ den Massenabsorptionskoeffizienten darstellt. Wäre $\varkappa$ konstant zu nehmen, so hätte man einfach $\tau = \frac{\varkappa}{g} p$. Nach der KRAMERSschen Formel ist jedoch diese Absorption eine Funktion von Druck und Temperatur:

$$\varkappa = \alpha P (kT)^{\frac{9}{2}} = \alpha' P, \tag{119}$$

wo α' innerhalb der in Betracht kommenden Schichten konstant zu nehmen ist. Dann wird

$$\tau = \frac{\alpha'}{g}\int P\,dp.$$

Die Beziehung zwischen dem Gesamtdruck p und dem Elektronendruck P hängt von dem Ionisationszustande des Gases oder der Atmosphäre im ganzen ab und ist von Fall zu Fall verschieden. Während in jeder Sternatmosphäre, als Mischung vieler Elemente, die Verhältnisse sehr verwickelt sind, werden einige vereinfachte Fälle durchgerechnet, die in verschiedener Weise eine Annäherung an die wirklichen Verhältnisse darstellen.

---

[1] M N 89, S. 17 (1928).

Der einfachste Fall ist der eines einfachen Gases, das teilweise (zu dem Betrag x) ionisiert ist. Dann ist

$$\frac{x}{1-x} = \frac{K}{P}, \qquad \frac{x}{1+x} = \frac{P}{p},$$

also

$$x_1 = \frac{K}{P+K}, \qquad x_0 = \frac{P}{P+K}, \qquad p = P\frac{P+2K}{K}.$$

Mit diesen Werten, substituiert in die obigen Formeln, findet sich

$$\left.\begin{aligned} N &= \frac{\varepsilon}{mg}\frac{P(P+2K)}{K}, \qquad N_0 = \frac{\varepsilon}{mg}\frac{P^2}{K}, \qquad N_1 = \frac{\varepsilon}{mg}2P, \\ \tau &= \frac{\alpha'}{g}P^2\left(1+\frac{2}{3}\frac{P}{K}\right). \end{aligned}\right\} \tag{120}$$

Nach der alten, für eine einzige Schicht geltenden Formel war $n_1/n_0 = K/P$; hier wird $N_1/N_0 = 2K/P$ gefunden; also war der damals gefundene mittlere Elektronendruck gleich der Hälfte des nun gefundenen Elektronendruckes der unteren Grenzschicht.

Für den Fall, daß nur einmal und doppelt ionisierte Atome vorhanden sind, werden die Formeln viel verwickelter, wie das übrigens bei allen weiteren Fällen zutrifft. Setzt man die Ionisierungsfraktion gleich y, also $x_2 = y$, $x_1 = 1-y$, $x_0 = 0$, so wird

$$y = \frac{K}{P+K}; \qquad p = P\frac{2P+3K}{P+2K},$$

(K bedeutet hier K_2, die mit dem zweiten Ionisierungspotential χ_2 berechnete Ionisierungsfunktion). Damit findet sich

$$\left.\begin{aligned} N &= \frac{\varepsilon}{mg}P\frac{2P+3K}{P+2K}, \\ N_1 &= \frac{\varepsilon}{mg}\int\frac{P}{P+K}\,d\left(\frac{2P^2+3PK}{P+2K}\right) = \frac{\varepsilon}{mg}\left\{\frac{2P(P+K)}{P+2K} - K\ln\left(1+\frac{P}{2K}\right)\right\}, \\ N_2 &= \frac{\varepsilon}{mg}\int\frac{K}{P+K}\,d\left(\frac{2P^2+3PK}{P+2K}\right) = \frac{\varepsilon}{mg}\left\{\frac{PK}{P+2K} + K\ln\left(1+\frac{P}{2K}\right)\right\}, \\ \tau &= \frac{\alpha'}{g}\left\{P^2 - 2K^2\ln\left(1+\frac{P}{2K}\right) + \frac{2PK^2}{P+2K}\right\}. \end{aligned}\right\} \tag{121}$$

Wenn die Atome eines Elements ionisiert zu werden anfangen, während die meisten Atome anderer Elemente schon vollständig ionisiert sind, wird der Elektronendruck durch letztere bestimmt und ist gleich der Hälfte des Totaldruckes anzusetzen. Dann ist also $p = 2P$; mit $x_0 = P/(P+K)$ und $x_1 = K/(P+K)$ wird

$$\left.\begin{aligned} N &= \frac{\varepsilon}{mg}2P, \\ N_0 &= \frac{2\varepsilon}{mg}\left[P - K\ln\left(1+\frac{P}{K}\right)\right], \\ N_1 &= \frac{2\varepsilon}{mg}K\ln\left(1+\frac{P}{K}\right), \\ \tau &= \frac{\alpha'}{g}P^2. \end{aligned}\right\} \tag{122}$$

Diese Formeln könnten z. B. gelten für den Fall des Wasserstoffs bei nicht hoher Temperatur, weil sein Ionisationspotential ziemlich hoch liegt. Noch richtiger wäre es, obgleich dann die Formeln verwickelter werden, die Ionisierung der anderen Elemente und daher den Elektronendruck veränderlich anzunehmen, abhängig von einem durchschnittlich niedrigen Ionisierungspotential χ_0. In diesem Falle wird für den Durchschnitt dieser Elemente

$$\frac{x}{1-x} = \frac{K_0}{P}, \qquad \text{also} \qquad p = P\frac{P + 2K_0}{K_0}.$$

Weiter ist für das betreffende Element

$$x_0 = \frac{P}{P+K}, \qquad x_1 = \frac{K}{P+K},$$

also

$$\left.\begin{aligned} N &= \frac{\varepsilon}{m g}\frac{P(P+2K_0)}{K_0}, \\ N_0 &= \frac{\varepsilon}{m g}\int \frac{P}{P+K}\, d\frac{P^2 + 2K_0 P}{K_0} \\ &= \frac{\varepsilon}{m g}\frac{1}{K_0}\left\{P^2 + 2P(K_0 - K) - 2K(K_0 - K)\ln\left(1 + \frac{P}{K}\right)\right\}, \\ N_1 &= \frac{\varepsilon}{m g}\int \frac{K}{P+K}\, d\frac{P^2 + 2K_0 P}{K_0} \\ &= \frac{\varepsilon}{m g}\frac{1}{K_0}\left\{2PK + 2K(K_0 - K)\ln\left(1 + \frac{P}{K}\right)\right\}, \\ \tau &= \frac{\alpha'}{g}P^2\left(1 + \frac{2}{3}\frac{P}{K_0}\right). \end{aligned}\right\} \tag{123}$$

Durch die Formeln solcher Gestalt wird die Anzahl der absorbierenden Atome gegeben, die bis zu einer bestimmten optischen Tiefe mit einem bestimmten Elektronendruck vorhanden sind. Die verschiedenen Teile einer Absorptionslinie werden durch Schichten bis zu verschiedener optischer Tiefe erzeugt; das dunkle Zentrum durch die oberflächlichen, die Randpartien durch die bis zu größerer Tiefe reichenden Schichten. Vergleichbare Resultate über verschiedene Linien wird man daher am einfachsten erhalten, wenn man in jeder Linie eine Stelle betrachtet, die zu der gleichen optischen Tiefe gehört, also die gleiche Schwächung relativ zum kontinuierlichen Hintergrund zeigt. Nimmt man die Stelle, wo die Intensität $\frac{1}{2}$ ist (Halbwertsbreite), so wird $\tau = \frac{1}{3}$ (vgl. S. 305); für diese Stelle ist $\int s\varrho\, dx = 1$, also $\int n\alpha\, dx = N\alpha = 1$ zu setzen. Führt man hier α als Funktion der Wellenlängendifferenz gegen die Mitte der Linie ein, so findet man N; je größer die Halbwertsbreite der Linie, um so kleiner ist α, um so größer wird N, die Anzahl der wirksamen Atome, gefunden.

Auf dieser neuen Grundlage hat nun MILNE seine früheren Untersuchungen über die Maxima der Absorptionslinien wiederholt. Ist ein neutrales Atom angeregt zu einem Zustande mit Anregungspotential χ_1^s (Gewicht q_0^s), so wird der Bruchteil der Atome in diesem Zustande gegeben durch:

$$\frac{N_0^s}{N_0} = \frac{q_0^s}{q_0} e^{-(\chi_1 - \chi_1^s)/kT} = A_0^s. \tag{124}$$

Das Maximum einer von diesem Zustande absorbierten Linie wird bestimmt durch das Maximum der Atomzahl $A_0^s N_0$. MILNE hat diese Rechnungen durchgeführt sowohl unter der Annahme eines konstanten Absorptionskoeffizienten $\varkappa$, wobei $\tau = p\varkappa/g$ wird, als für den Fall der KRAMERSschen Formel. Für die erste Annahme wird in dem Fall der einfachen Ionisation eines Elements:

$$\tau = \frac{\varkappa}{g} P\left(2 + \frac{P}{K}\right), \qquad N_0^s = \frac{\varepsilon}{m g}\frac{P^2}{K} A_0^s.$$

Für das Maximum ergibt die Differenzierung nach T

$$\frac{dN_0^s}{N_0^s} = 0 = \frac{2dP}{P} - \frac{dK}{K} + \frac{dA_0^s}{A_0^s}, \qquad 0 = dP\left(2 + \frac{2P}{K}\right) - \frac{P^2}{K^2}dK,$$

wo durch Elimination von dP und Einführung von

$$\frac{dK}{K} = \frac{\chi_1 + 2{,}5kT}{kT^2}dT, \qquad \frac{dA_0^s}{A_0^s} = \frac{\chi_1 - \chi_1^s}{kT^2}dT$$

als Bedingung für das Maximum der Linie gefunden wird:

$$\frac{P}{K} = \frac{\chi_1^s + 2{,}5kT}{\chi_1 - \chi_1^s}. \tag{125}$$

Es ergibt sich hier, zufällig, genau die gleiche Formel, die in der früheren Berechnung [Formel (55), Ziff. 41] die gegenseitige Abhängigkeit von P und T bedingte. Auch $\varkappa$ ist hierin auszudrücken, so daß bei einer genauen Kenntnis der physischen Größe $\varkappa$ Temperatur und Grenzelektronendruck für das Maximum einer Absorptionslinie theoretisch zu berechnen wären. Es ergibt sich aus dieser Formel, daß die Maximaltemperatur noch durch die Wahl von r bestimmt wird; für die Mitte einer Absorptionslinie, für die nur die höchsten Schichten mit geringem P mitwirken, muß sich eine tiefere Temperatur T der maximalen Intensität ergeben, als für die äußeren Flügel der Linie, die in größerer Tiefe mit höherem P entstehen.

Führt man nun eine numerische Berechnung des Absorptionskoeffizienten für die Sonne ($g = 2{,}7 \cdot 10^4$, $T = 5740°$) und Capella ($g = 6{,}1 \cdot 10^2$, $T = 5200°$) durch, wobei für beide der gleiche Ionisationszustand angenommen wird (Maximum für eine Linie mit $\chi_1^s = 3{,}0\,V$ bei $\chi_1 = 7{,}5\,V$), so findet sich $\log K = +2{,}33$ und $+1{,}54$, also um einen Faktor 7 verschieden. Das Verhältnis P/K wird 1,91 und 1,87, also nahezu gleich, wie auch der Ionisationsgrad $x = K/(P+K)$ nahezu gleich gefunden wird: 1/2,91 und 1/2,87; der Elektronendruck in der Grenztiefe ist in der Sonne daher auch 7mal größer. Mittels der Beziehungen $\tau = \int \varkappa\,\varrho\,dh = \frac{1}{3}$ und $p = g\int \varrho\,dh = \frac{1+x}{x}P = 3{,}91\,P$ und $3{,}87\,P$ findet sich $p = 1550$ (Sonne) und 230 (Capella), und $\varkappa = \frac{1}{3}g/p$ wird zu 6 für die Sonne, zu 0,9 für Capella. In Capella ist die Absorption also 7mal geringer als in der Sonne in der Grenztiefe, wo der Druck auch 7mal geringer ist. Wenn der Massenabsorptionskoeffizient unabhängig von dem Drucke wäre, müßte man in den Riesenstern, mit 45mal geringerer Schwerkraft als die der Sonne, bis zu einer Tiefe mit 45mal geringerem Druck hineinsehen, um die gleiche Masse zu durchqueren. Durch die größere Transparenz des dünnen Riesensterngases sieht man jedoch siebenfach tiefer, bis zu einem 7mal geringerem Druck, hinein.

Diese Zahlenergebnisse zeigen, daß ein veränderlicher Absorptionskoeffizient nach der Kramersschen Formel vorzuziehen ist. Für die Konstante dieser Formel findet sich dann $\log\alpha = 0{,}6$ und $0{,}4 - 57$ nach der Formel $\alpha = \varkappa P^{-1}(kT)^{\frac{9}{2}}$. Der nach der Kramersschen Formel berechnete Ausdruck

$$\alpha = \frac{Z^2}{m}\,\frac{80}{\pi^2\sqrt{3}}\,\frac{e^6 h^2}{c(2\pi m_e)^{\frac{3}{2}}}\,f \tag{126}$$

liefert (Z und m für Ca eingesetzt) $2{,}83 f \cdot 10^{-57}$; f ist der Korrektionsfaktor, der die elliptisch-hyperbolischen Übergänge (Ionisationen und Wiedervereinigungen durch Stoß) mit in den für hyperbolische Übergänge berechneten Ausdruck hineinbezieht. Die Übereinstimmung ist in jeder Hinsicht gut, und sie zeigt, daß f keine sehr große Zahl sein kann.

Die Durchführung der Berechnung der Intensitätsmaxima mit dieser Formel findet in derselben Weise wie oben statt; nur kommt in dem Ausdruck für $d\tau$

ein Term $\frac{d\varkappa}{\varkappa} = -\frac{9}{2}\frac{dT}{T}$ hinzu. Für den einfachen Fall eines einzigen Elements ergibt sich, daß ein Maximum für eine Nebenserie nicht auftreten kann, wenn das Anregungspotential kleiner ist als ein Drittel des Ionisationspotentials: $\chi_1 - \chi_1^s < \frac{1}{3}\chi_1$; dann findet stets eine Abnahme mit steigender Temperatur statt. In den anderen Fällen treten nun aber Unstimmigkeiten auf, indem die Änderung der wirksamen Atomzahl mit der Temperatur nicht eine einfache Zunahme zu einem Maximum und dann wieder ein Minimum zeigt. Wendet man z. B. die Formeln (122) S. 335 auf Wasserstoff an, so findet sich die Anzahl der nichtionisierten Atome und die Anzahl in dem 2. Quantenzustand, bei dem sie die BALMER-Serie absorbieren (für $\log g = 4{,}02$ des Sirius):

$\log T =$	3,6	3,8	4,0	4,2	4,4	4,6	4,8	5,0	5,2
$\log N_0 =$	+2,4	+2,9	+3,1	+1,6	+0,4	−0,2	−0,4	−0,4	−0,3
$\log N_0^s =$	−10,3	−5,2	−1,9	−1,6	−1,6	−1,5	−1,2	−0,9	−0,6

Die Anzahl der nichtionisierten Atome, statt von einem Höchstwert regelmäßig abzunehmen, zeigt bei 8000° ein Maximum, und nachher ein sehr flaches Minimum; die Anzahl der Atome in dem Grundzustande der BALMER-Serie wird bei 20000° constant, als ob sie einen Höchstwert erreicht, nimmt aber dann nachher langsam weiter zu. Der Grund liegt darin, daß nach der KRAMERSschen Formel mit steigender Temperatur die Transparenz der Atmosphäre immer größer wird und die größere Tiefe, in die man deshalb hineinsieht, die Abnahme der Häufigkeit der wirksamen Atome mehr als kompensiert. Dieselbe Unstimmigkeit findet MILNE bei den Ca^+-Linien; mit konstantem $\varkappa$ muß, um einen gleichen Wert wie bei der Sonne und bei Sirius zu erhalten, das Maximum bei einer Temperatur von 5000° angenommen werden; mit der KRAMERSschen Formel verschwindet das Maximum überhaupt.

Eine Vergleichung der theoretischen Rechnungen MILNEs mit den Resultaten der Harvardspektrogramme wurde zuerst von Miss C. H. PAYNE und Miss E. T. R. WILLIAMS angestellt[1], namentlich in bezug auf die Voraussage, daß für die Flügel einer Absorptionslinie das Maximum bei einer höheren Temperatur auftreten muß als für das Zentrum. Ihre Messungen an den Wasserstofflinien in den A-Sternen zeigen jedoch gerade das entgegengesetzte Verhalten: für die zentralen Teile ($r = 0{,}48$) liegt das Maximum zwischen A0 und A2, nahe bei A0, für die Flügel ($r = 0{,}96$) zwischen A3 und A5. Dies gibt in exakt-numerischer Form die bekannte Tatsache wieder, daß die meisten Sterne der Klassen A2 bis A5 sehr breite verwaschene Wasserstofflinien haben. Da die Wasserstofflinien vielen anderen Einflüssen unterworfen sind und ihre große Breite zweifellos ein Druckeffekt durch elektrische Nahewirkungen ist, bedeutet dies keinen wirklichen Widerspruch zwischen Theorie und Praxis.

Später hat Miss PAYNE eine allgemeinere Diskussion durchgeführt[2]. Zuerst wurde auf Grund der vielen photometrischen Messungen von Linienkonturen der stärksten Linien (für $r = 0{,}83$) und damit geeichten Intensitäten anderer Linien das Maximum für verschiedene Elemente genauer bestimmt und gefunden:

H	A0	Ca^+	K2
He	B1½	Ti^+	F5
O^+	B3	Fe^+	F5
Mg^+	A3	Sr^+	K2
Si	G5	Ba^+	M?

Dagegen zeigten Ca (λ 4435) und Fe kein Maximum für Linien mit geringem Anregungspotential, in Übereinstimmung mit MILNEs Schlußfolgerung. Indem

[1] M N 89, S. 526 (1929).
[2] Harv Bull 867 (1929).

die Temperaturen dieser Klassen als bekannt angenommen wurden, konnten aus dem Maximum der Elektronendruck und der Totaldruck in der Grenzschicht der bekannten, zu r gehörenden optischen Tiefe abgeleitet werden; die Formeln für τ ergeben dann α'/g (oder $\varkappa/g$), also bei bekanntem g einen Wert für α' und für den konstanten Koeffizienten α der KRAMERSschen Formel. Die Ergebnisse zeigen sehr große Differenzen, die sogar den Faktor 10^{10} erreichen und also völlig außerhalb der Möglichkeit der Erklärung mittels des Faktors f (Formel 126) liegen. Miss PAYNE schließt, daß diese beobachteten Maxima mittels der MILNEschen Theorie Absorptionskoeffizienten liefern, die erheblich größer sind als die theoretisch berechneten und für verschiedene Substanzen verschieden zu sein scheinen.

49. Die relative Menge der Elemente. Der Einfluß der relativen Menge der verschiedenen Elemente in einer Sternatmosphäre auf die Sichtbarkeit der Linien wurde zuerst von H. H. PLASKETT in seiner Abhandlung „The Spectra of three O Type Stars"[1] hervorgehoben. Er nimmt an, daß es für die Schwellenerscheinung einer Linie nötig ist, daß die Atome einen bestimmten Prozentsatz des Lichtes fortnehmen. Jedes Atom nimmt $h\nu$ aus der durch die PLANCKsche Formel gegebenen Strahlung $J(\nu)d\nu$; die Anzahl dieser Atome (für neutrale Linien) ist dem Produkt $a(1-x)$ proportional, wo a die Häufigkeit der Atome dieses Elements bedeutet. Dann wird $a(1-x)h\nu = \text{Konst.} \cdot J(\nu)d\nu$ sein müssen, wo die Konstante für verschiedene Elemente gleich zu nehmen ist. Nach einer von MILNE angegebenen Korrektion[2] muß anstatt $J(\nu)d\nu$ der reziproke Wahrscheinlichkeitskoeffizient $1/B_{12}$ gesetzt werden. Für das a wird versuchsweise angenommen, daß die relative Menge der Elemente in der Sonnenatmosphäre und in den Sternatmosphären dieselbe ist wie in der Erdkruste. Dafür werden die Werte von CLARKE und WASHINGTON umgerechnet auf Atomanzahl; für einige der wichtigsten Elemente findet man so: O 54,94; Si 16,23; H 15,46; Al 4,95; Na 2,03; Ca 1,50; Fe 1,48; Mg 1,43; K 1,09; Ti 0,24; C 0,21; N 0,038; Mn 0,035; Cr 0,021; V 0,013; Li 0,013; Ba 0,0098; Zr 0,0095; Ni 0,0091; Sr 0,0065. PLASKETT weist darauf hin, daß in dieser Weise der auffallende Unterschied in dem Verhalten von Ba und Na erklärt werden kann; bei einem Wert $1-x = 0{,}02$ würde die Anzahl der Na-Atome noch zur Erzeugung kräftiger Linien ausreichen, während die Ba-Linien unsichtbar werden.

Miss PAYNE hat in ihrer schon angeführten Monographie[3] diese Frage von der anderen Seite angefaßt. Aus Beobachtungen über die Schwellenerscheinung bestimmter Linien (d. h. über die Spektralklassen, wo sie erscheinen und verschwinden) wird mittels der Ionisationsformel und $P_e = 1{,}34 \cdot 10^{-4}$ die relative Konzentration der betreffenden Atome berechnet. Man darf annehmen, daß bei kaum sichtbaren Linien die ganze über der Photosphäre liegende Masse von Atomen an der Bildung der Linie mitwirkt, während bei „gesättigten" Linien die ganze Absorption in einer relativ dünnen Schicht stattfindet. Unter der Voraussetzung, daß die Atome aller Elemente den gleichen atomaren Absorptionskoeffizienten besitzen, muß die wirksame Anzahl bei allen die gleiche sein, also die Menge des betreffenden Elements der berechneten relativen Konzentration umgekehrt proportional sein. Miss PAYNE findet in dieser Weise für $\log a$ (Tab. XXVIII): H 11, He 8,3 und 12 (aus He^+); Mg 5,6 und 5,5 (aus Mg^+); Si 4,8, 4,9 (aus Si^{++}) und 6,0 (aus Si^{+++}); Na 5,2; Al 5,0; Ca 4,8 und 5,0 (aus Ca^+); Fe 4,8, Mn 4,6; C 4,5 (aus C^+), Zn 4,2; Ti 4,1; Cr 3,9; K 3,5; V 3,0; Sr 1,8 und 1,5 (aus Sr^+); Ba 1,1 (aus Ba^+); Li 0,0. Die Reihenfolge dieser Zahlen stimmt, wenn man von H und He absieht, im allgemeinen mit der Reihenfolge der irdischen Häufig-

[1] Publ Dom Astroph Obs Victoria 1, S. 372 (1923).
[2] Obs 46, S. 119 (1923).
[3] Stellar Atmospheres S. 177—189 (1925).

keit überein. Das Fehlen von Elementen, die auf der Erde relativ häufig sind (O, Cl, P), ist meist dem Fehlen geeigneter Linien in den der Untersuchung am besten zugänglichen Wellenlängen zuzuschreiben. Man darf also annehmen, daß die prozentuelle Zusammensetzung der Erde und der Sterne im allgemeinen die gleiche ist. Die auftretenden Abweichungen für H und He sind vielleicht nicht einmal reell, sondern dem besonderen Verhalten der Linien dieser Elemente zuzuschreiben.

Die Verschiedenheit der Sternspektren erweist sich also als eine reine Temperaturwirkung, wobei als Grundprinzip angenommen werden kann, daß alle Sterne die gleiche materielle Zusammensetzung haben, und zwar dieselbe wie die Erde.

Trotzdem bleiben noch einige Erscheinungen übrig, die in diese Erklärung nicht hineinpassen. LOCKYER und BAXANDALL haben die Aufmerksamkeit auf den A-Stern α Andromedae gelenkt[1], der sich von den anderen Sternen dieser Klasse durch starke Linien des Mangans unterscheidet. Ob hier eine wirkliche Abweichung in der materiellen Zusammensetzung eine Rolle spielt, steht noch dahin. KIESS hat in dem Spektrum von 12 Canum venaticorum eine große Anzahl Linien von Europium und Terbium aufgefunden[2]. Miss PAYNE weist auf zwei abnorme Gruppen von A-Sternen hin[3], die sich durch ungewöhnlich hohe Intensitäten der Si^+-Linien bzw. der Sr^+-Linien auszeichnen. GERASIMOVIČ und STRASHNY äußern die Ansicht[4], daß die Stärke dieser Linien nicht den Sternatmosphären selbst, sondern absorbierenden Gaswolken zugeschrieben werden muß.

Gegen die Erklärung aller Verschiedenheiten der Spektralklassen durch Temperatur spricht auch die Spaltung der Spektralserie am unteren Ende in den M-, den N- und den S-Ast; daß in diesen Ästen Titanoxyd, Kohlenstoff und Zirkon die Molekularbanden erzeugen, weist auf eine reelle materielle Verschiedenheit hin.

e_2) Die absolute Helligkeit der Sterne.

50. Der Einfluß der Gravitation. In seinen ersten Abhandlungen hat SAHA sofort darauf hingewiesen, daß die Verstärkung der Funkenlinien in den Spektren der Riesensterne nach der Ionisationsformel als eine Wirkung des geringen Druckes zu erklären ist. Die Beziehung zwischen Ionisation und absoluter Helligkeit ist dann von PANNEKOEK näher untersucht worden[5].

Nach der aus der einfachen SCHWARZSCHILDschen Theorie einer Atmosphäre im thermodynamischen Gleichgewicht abgeleiteten Formel (61) (S. 293) stammt das austretende Licht hauptsächlich aus einer um so größeren optischen Tiefe, je kleiner der Absorptionskoeffizient k und je größer die Intensität ist. Die optische Tiefe t hängt dabei mit der linearen Höhe z durch die Beziehung $dt = -k\varrho dz$ zusammen. Mit dieser optischen Tiefe steht der Druck in einfachem Zusammenhang, da $dp = -g\varrho dz$ ist. Daraus ergibt sich $dp = (g/k)dt$. Falls der mittlere Absorptionskoeffizient als konstant zu betrachten ist, ist dafür $p = (g/k)t$ zu schreiben. Die Werte des Druckes bilden also eine Skala, die der optischen Tiefe proportional ist; in beiden ist die Dichte ϱ in derselben Weise eliminiert, aber statt des Absorptionskoeffizienten tritt hier die Gravitationsbeschleunigung auf.

Vergleichen wir nun zwei Sterne, einen Riesenstern, an dessen Oberfläche g klein ist, und einen Zwergstern mit großem g. Bei kleinerem g gehört zu jedem

[1] London R S Proc 77 A, S. 550 (1906).
[2] Publ Obs Michigan 3, S. 106 (1923).
[3] Stellar Atmospheres S. 169 (1925).
[4] A N 228, S. 427 (1926).
[5] B A N 1, S. 115 (1922).

bestimmten t ein kleineres p; in den korrespondierenden Schichten gleicher optischer Tiefe, in die man hineinsieht und aus denen bestimmte Anteile des austretenden Lichtes stammen, ist in den Riesensternen der Druck p im Verhältnis der Gravitation geringer als in den Zwergsternen. Daher werden erstens die Absorptionslinien in den Riesen schärfer sein; so erklärt es sich, wie die Schärfe der Linien zuerst zur Absonderung der Gruppe der c-Sterne führte, die sich nachher als Supergiganten erwiesen. Und zweitens werden die Linien in den Riesensternen einen höheren Ionisationsgrad aufweisen als in Zwergsternen gleicher Temperatur.

Obgleich die größere Intensität der Funkenlinien in den Riesensternen eine Wirkung des Druckes ist, kann man nicht von einem bestimmten niedrigeren Druck in diesen Sternen reden. Daß der durchschnittliche Druck oder der Druck in homolog liegenden Punkten geringer ist, ist nicht maßgebend. Von oben nach unten findet man in jedem Stern die gleiche Reihenfolge zunehmender Drucke; aber in einem Riesenstern gehört zu jeder gleichen Druckzunahme eine längere Strecke, d. h. eine größere Menge Materie, also ist schon bei einem geringeren Druck die Quantität der Materie erreicht, die zur Absorption des tiefer entstehenden Lichtes ausreicht.

In obiger Ableitung war k als eine Konstante angenommen; nach der KRAMERSschen Formel ist k jedoch eine Funktion der Temperatur und der Dichte. In diesem Falle gilt also die einfache Proportionalität zwischen p und t nicht mehr. Aber noch immer werden bei zwei Atmosphären gleicher materieller Zusammensetzung, im Falle der Gleichheit der Temperatur T und der Gravitation g, die atmosphärischen Schichten identische Dichten und Temperaturen besitzen (weil alle Beziehungen zwischen diesen Größen identisch sind), also auch identische Spektren zeigen. Und in einem Stern mit kleinerem g werden die Schichten, die in gleicher Weise zu der austretenden Strahlung beitragen, alle einen geringeren Druck aufweisen, also stärker ionisiert sein, als in einem Stern mit größerem g.

51. Die beiden Parameter der Sternspektren. Bei einer Sternatmosphäre kann man nicht, wie bei einem isothermen Gase in Gleichgewicht, von Druck und Temperatur als den beiden die Ionisation und daher die Absorptionslinien bestimmenden Größen reden, oder nur in dem verschwommenen Sinn von durchschnittlichem Druck und durchschnittlicher Temperatur aller Schichten, die an der Bildung des Spektrums mitwirken. Aus der vorigen Ziffer geht hervor, daß die beiden Parameter, die das Sternspektrum bestimmen, die effektive Temperatur und die Gravitationsbeschleunigung sind, die für jeden Stern einen bestimmten Wert haben. Die Sternspektren bilden eine zweidimensionale Gesamtheit, für die diese beiden Größen als Koordinaten auftreten.

Praktisch werden auch die Sternspektren zweidimensional geordnet nach Spektralklassen und nach absoluter Helligkeit. Diese Anordnung fällt ungefähr, aber nicht genau, mit jener zusammen. Die Reihenfolge der Spektralklassen ist, wie sich im vorigen Kapitel ergab, eine Anordnung nach effektiver Temperatur, die aus den Linienintensitäten geschlossen wird. Da aber die Ionisation, die diese Intensitäten bedingt, nicht nur durch höhere Temperatur, sondern auch durch eine geringere Schwerkraft gesteigert wird, werden Riesensterne in eine weißere, sog. frühere Spektralklasse eingereiht werden als Zwergsterne der gleichen effektiven Temperatur. Daß Riesensterne eine niedrigere Temperatur haben als Zwergsterne derselben Spektralklasse ist längst bekannt und von mehreren Forschern zahlenmäßig festgestellt worden, z. B. von HERTZSPRUNG[1], LINDBLAD[2], BALANOWSKY[3]. Es wäre in mancher Hinsicht zweckmäßiger, wenn

[1] Mean Colour Equivalents. Annalen Leiden XIV, 1. Stuk (1922).

[2] Ap J 49, S. 299 (1919). [3] A N 226, S. 394 (1926).

die Begriffe der Spektralklasse und der effektiven Temperatur sich deckten. Eine reine Temperaturklassifikation wäre aus Linienintensitäten aufzustellen, wenn die Intensität einer höheren Serie mit der der Hauptserie bei demselben neutralen oder ionisierten Atom verglichen würde; einen ersten Schritt auf diesem Wege bilden die von ADAMS und RUSSELL abgeleiteten Temperaturen (Ziff. 47). In den Merkmalen der Harvardklassifikation kommt die relative Intensität der BALMER-Linien (die sich empirisch wie Funkenlinien verhalten, d. h. mit abnehmender Gravitation zunehmen, aber Hochtemperaturlinien sind) und der Ca^+-Linien H und K (die dem tiefsten Niveau dieser Atome entsprechen) dieser Bedingung ziemlich nahe. Im allgemeinen sind die Merkmale der Spektralklassifikation nach praktischen Rücksichten aufgestellt worden, in der Weise, daß sie bei sehr geringer Dispersion für schwache Sterne am unzweideutigsten erkennbar sein sollen; dabei treten Ionisationseffekte und Temperatureffekte miteinander gemischt auf.

Als zweite Koordinate wird praktisch immer die absolute Leuchtkraft L benutzt. Zwischen den Linienintensitäten und den daraus abgeleiteten absoluten Helligkeiten besteht allerdings kein wirklicher physischer Zusammenhang. Da aber bei den Sternen die Verschiedenheiten der Gravitation $g = G\mu/R^2$ (μ = Masse, R = Radius), bei der relativ geringen Verschiedenheit in Masse, hauptsächlich durch den Faktor R^2 bestimmt werden, der auch als Faktor in der absoluten Helligkeit $L = 4\pi\sigma R^2$ (σ = Oberflächenhelligkeit) auftritt, konnte praktisch eine Beziehung zwischen Linienintensitäten und absoluter Helligkeit gefunden werden. Dabei wird, statt der L, direkt eine Größe $1/g$ bestimmt, die dem Ausdruck $L/\sigma\mu$ proportional ist, also, wenn σ innerhalb jeder Spektralklasse konstant genommen werden darf, die Masse μ enthält. Daher werden auch die aus diesen absoluten Größen abgeleiteten spektroskopischen Parallaxen mit einem Massenfaktor $\sqrt{\mu}$ behaftet sein, ähnlich wie die dynamischen Parallaxen einen Massenfaktor $\sqrt[3]{\mu}$ enthalten. Nun ist die Skala der L empirisch geeicht worden; falls der Anschluß an verschiedenen Punkten der Kurve richtig ist und die EDDINGTONsche Beziehung zwischen Masse und absolute Leuchtkraft genau gilt, müßte diese Abhängigkeit von μ verschwinden. Eine Vergleichung der dynamischen und spektroskopischen Parallaxen der Doppelsterne[1] zeigt jedoch, daß dies nicht der Fall ist und letztere ungefähr den $\sqrt{\mu}$ proportional verlaufen. Die zuweilen angewandte Methode, mittels der spektroskopischen Parallaxe aus einer Doppelsternbahn die Masse abzuleiten, muß daher zu unrichtigen Ergebnissen führen.

52. Bestimmung der Masse aus Linienintensitäten. Die Intensität der Absorptionslinien gestattet die Gravitation $g = G\mu/R^2$ zu bestimmen. Messungen von Parallaxen, zusammen mit Daten über scheinbare Größe oder Helligkeit $m = -2{,}5\log h$ und Oberflächenhelligkeit σ bestimmen die Oberfläche des Sternes

$$\log R^2 = 0{,}4(M_0 - m) - 2\log\pi - \log\sigma,$$

wo M_0 die absolute Größe der Sonne ist. Aus beiden zusammen ergibt sich die Masse μ. Also läßt sich für Einzelsterne die Masse aus dem Spektrum finden, sobald die wirkliche Parallaxe π durch trigonometrische Messungen oder auf andere Weise bestimmt ist.

In anderer Weise wird dieses Verfahren angewandt durch die Berechnung der Masse aus der trigonometrischen und der spektroskopischen Parallaxe π_s. Nimmt man an, daß die Eichung sich auf die mittlere Masse $\bar{\mu}$ jeder Spektralgruppe

---

[1] B A N 1, S. 116 (1922).

bezieht, so ergibt sich zwischen den beiden Parallaxen die Beziehung:

$$\frac{\mu}{\bar{\mu}} = \left(\frac{\pi_s}{\pi}\right)^2. \tag{127}$$

Diese Beziehung ist von PANNEKOEK nur in der Form angewandt, daß für diejenigen Doppelsterne, für die alle drei Parallaxen bekannt sind, die aus π und π_s berechneten Massen mit den aus den trigonometrischen und den dynamischen Parallaxen π und π_d berechneten Massen verglichen wurden[1]; im allgemeinen wurde Übereinstimmung gefunden. Auch wurde sie angewandt auf Doppelsterne, um das Massenverhältnis der beiden Komponenten abzuleiten; dieses ist unabhängig von der Parallaxe und daher aus den spektroskopischen Parallaxen allein zu finden. Das unerwartete Resultat, daß bei den gelben Riesen mit weißem Begleiter der schwächere Begleiter die größere Masse aufweist, hat noch keine anderweitige Bestätigung gefunden, obgleich es von dem Ergebnis J. H. OORTS gestützt wird, daß die Bewegung jener Sterne mehr derjenigen der weißen als der der gelben Sterne ähnelt[2].

Eine Untersuchung der Massen der F-, G- und K-Sterne aus spektroskopischen Parallaxen ist von B. P. GERASIMOVIČ ausgeführt worden[3]. Er führt die Abhängigkeit des Absorptionskoeffizienten von Temperatur und Elektronendichte ϱ ein:

$$k \backsim T^{-3,5}\,\varrho \backsim P\,T^{-4,5},$$

worin, unter Fortlassung des Faktors $\bar{x}/(1+\bar{x})$, auch der Totaldruck eingeführt werden kann:

$$k \backsim p\,T^{-4,5}.$$

Verbindet man diese Formel mit der Gleichung $p = (g/k)\,y$, so ergibt sich

$$p \backsim g^{\frac{1}{2}}\,T^{\frac{9}{4}}. \tag{128}$$

Da die Ionisation $x = F(T, p)$ gesetzt werden kann und $T^4 = \frac{1}{2}T_1^4(1 + t)$ ist, wird für jedes t und auch für die Gesamtstrahlung der Ionisationsgrad x eine Funktion von T_1 und g. Damit ist auch für diesen Fall der Veränderlichkeit von k nachgewiesen, daß das Spektrum durch effektive Temperatur und Gravitation bestimmt wird. Aus den Linienintensitäten ist von den Beobachtern eine spektroskopische absolute Größe M_s abgeleitet worden; sie läuft parallel mit $M + 2,5\log\sigma\mu$ (wenn M die wirkliche absolute Größe ist). Setzt man diesen Ausdruck gleich $\varphi(M_s, T_1)$ oder auch $= M_s + f(M_s, T_1)$, so muß, da im Durchschnitt $\overline{M_s} = \overline{M}$ ist, auch $\overline{f} = 2,5\,\overline{\log\sigma\mu}$ sein. In erster Annäherung wurde nun f konstant genommen, also $\log\mu = 0,4(M_s - M) - \log\sigma + C$ gesetzt. Eine Vergleichung dieses Systems von Massen mit gut bestimmten Doppelsternmassen zeigte, daß C in der Tat konstant $= +0,099$ genommen werden konnte. Damit wurden für 327 Sterne spektroskopische Massen abgeleitet.

GERASIMOVIČ betrachtet in einer späteren Untersuchung[4] die Abhängigkeit der Linienintensitäten von der absoluten Helligkeit als nicht einfach nur durch die Gravitation bestimmt; durch Anwendung von MILNES Ergebnissen über die Absorption in den photosphärischen Schichten und EDDINGTONS Kurve für Masse und Leuchtkraft leitet er eine Formel für das Temperaturmaximum als Funktion der absoluten Helligkeit ab, in der noch eine unbekannte Funktion der optischen Tiefe auftritt. Aus genauen Intensitätsschätzungen von Fe- und Sr^+-Linien in einer großen Anzahl von Harvardspektren findet er, daß das Maximum der Sr^+-Linien für die hellsten Riesen (absolute Größe $-3,0$ bis $-1,0$)

[1] B A N 1, S. 116 (1922).
[2] A J 35, S. 143 (1923).
[3] A N 227, S. 145 (1926).
[4] Harv Circ 311 (1927).

bei G0, für die mittleren Sterne (0,0 bis +3,9) und für die Zwerge (+4,0 bis +6,0) bei K0 liegt, eine Verschiebung in entgegengesetzter Richtung, als zu erwarten wäre. Die Fe-Linien haben in den Zwergen (+3) ein Maximum für K0, während dieses in den Riesen (−0,5) weiter nach M hin liegt, aber nicht sicher zu bestimmen ist. Für den anomalen Effekt des Sr^+, der auf einen höheren Elektronendruck in den Riesen als in den Zwergen hinauskommt, wird die Erklärung gegeben, daß in den Riesen die Sr^+-Atome durch Strahlungsdruck hinausgetrieben werden, während sie in den Zwergen eine Chromosphäre bilden und an der Bildung der Absorptionslinien mitwirken.

53. Die Wasserstofflinien in den Riesensternen. Das erste auffallende Merkmal der roten Riesensterne, das sie von den Zwergen unterscheidet, ist die große Intensität der Wasserstofflinien. Darauf haben A. KOHLSCHÜTTER und ADAMS anfangs als auf eins der wichtigsten Unterscheidungsmerkmale der absoluten Helligkeit der roten Sterne die Aufmerksamkeit gerichtet[1], neben der relativen Intensität der Funkenlinien zu den Bogenlinien. Die Erscheinung ist bisweilen in dem Sinne beschrieben worden, daß die BALMER-Linien des Wasserstoffs sich verhalten, als wären sie Funkenlinien.

Eine Erklärung wurde zuerst von MILNE gegeben, in Anschluß an seine Rechnungen über die mit der optischen Tiefe veränderliche Ionisation[2]. In den Formeln für N_0 und N_1 (Ziff. 48) tritt die Gravitationsbeschleunigung g auf; der Einfluß der absoluten Helligkeit muß hervortreten, wenn man bei gleichbleibender Temperatur dieses g veränderlich nimmt. Für den Fall einfacher Ionisation eines Elements haben wir die Formeln (120) (S. 335):

$$N_0 = \frac{\varepsilon}{mg}\frac{P^2}{K}, \qquad N_1 = \frac{\varepsilon}{mg}2P, \qquad \tau = \frac{\alpha'}{g}P^2\left(1+\frac{2}{3}\frac{P}{K}\right).$$

Für konstantes T und K ergeben sie

$$\frac{d\tau}{\tau} = 0 = -\frac{dg}{g} + \frac{dP}{P}\frac{2(P+K)}{K+\frac{2}{3}P}, \qquad \frac{dN_0}{N_0} = -\frac{dg}{g} + \frac{2dP}{P}, \qquad \frac{dN_1}{N_1} = -\frac{dg}{g} + \frac{dP}{P}$$

und durch Elimination von dP:

$$\frac{dN_0}{N_0} = -\frac{dg}{g}\frac{\frac{1}{3}P}{P+K}, \qquad \frac{dN_1}{N_1} = -\frac{dg}{g}\frac{\frac{4}{3}P+K}{2(P+K)}.$$

Bei abnehmender Gravitation g, von Zwergstern zu Riesenstern, nimmt also nicht nur die Zahl der ionisierten, sondern auch die Zahl der neutralen Atome zu, letztere natürlich in geringerem Maße als erstere.

Für Wasserstoff in Gegenwart von leichter zu ionisierenden Atomen, die den Elektronendruck bestimmen, haben wir die Formeln (123):

$$N_0 = \frac{\varepsilon}{mg}\frac{1}{K_0}\left\{P^2 + 2(K_0-K)P - 2K(K_0-K)\ln\left(1+\frac{P}{K}\right)\right\}, \quad \tau = \frac{\alpha'}{g}P^2\left(1+\frac{2}{3}\frac{P}{K_0}\right).$$

Indem $d\tau = 0$ gesetzt wird, erhält man nach einigen Umformungen

$$\frac{dN_0}{N_0} = -\frac{dg}{g}\left\{\frac{\frac{1}{6}\frac{P^3}{P+K} + (K_0-K)\left\{P - \frac{1}{2}\frac{P^2}{P+K} - K\ln\left(1+\frac{P}{K}\right)\right\}}{\frac{1}{2}P^2 + (K_0-K)P - K(K_0-K)\ln\left(1+\frac{P}{K}\right)}\right\}. \tag{129}$$

Es läßt sich zeigen, daß der Zähler immer positiv ist, also nimmt N_0 immer zu, wenn g abnimmt. Nimmt man z. B. als mittleren Zustand den Fall, daß $P = K_0$ ist, während K gegen K_0 zu vernachlässigen ist, so findet man $dN_0/N_0 = -\frac{4}{9}dg/g$, also $N_0 \sim g^{-\frac{4}{9}}$. Berechnet man den numerischen Wert von

[1] Ap J 40, S. 385 (1914). [2] M N 89, S. 157 (1928).

N_0 für verschiedene Werte von g, so ergibt sich, daß dies einen Übergang bildet zwischen Proportionalität mit $g^{-\frac{1}{3}}$ für großes g und mit $g^{-\frac{1}{2}}$ für kleines g; klein und groß sind hier relativ zu einer Norm, die bei niedriger Temperatur klein, bei hoher Temperatur groß ist gegen die bei den Sternen vorkommenden Werte von g. Wird die Temperatur sehr hoch, so ändert sich N_0 nicht mehr mit g.

Damit ist das Verhalten der BALMER-Linien des Wasserstoffs erklärt. Bei tiefen Temperaturen sind die Wasserstoffatome noch nicht in bemerkbarer Menge ionisiert; in den Riesensternen ist infolge der geringeren Dichte die Durchsichtigkeit der Atmosphäre größer, man sieht tiefer hinein, und eine größere Anzahl Atome wirkt an der Bildung der Absorptionslinien mit. Ist dagegen die Temperatur so hoch, daß die Mehrzahl der Atome ionisiert ist, so ist die Anzahl der neutralen Atome dem Druck proportional, und der Einfluß der größeren Durchsichtigkeit wird gerade aufgehoben. Wenn in einem solchen Fall eine zweite Ionisation der ersten rasch folgt, so wird dadurch die Zahl der neutralen Atome so rasch heruntergedrückt, daß die Anzahl der wirksamen Atome, also die Intensität der Linie, in den Riesensternen abnimmt. Bei Wasserstoff, wo keine zweite Ionisierung möglich ist, kann dieser letzte Fall nicht auftreten; daß bei den cA-Sternen (wie α Cygni) die Wasserstofflinien viel schmaler sind als in den anderen A-Sternen, muß dem Fehlen der bei großer Dichte auftretenden Druckeffekte zugeschrieben werden.

Nach den alten Formeln wird die Anzahl ionisierter Atome zu beiden Seiten ihres Temperaturmaximums sich bei dem Übergang von Zwergen zu Riesen (also Zunahme der Ionisation) in verschiedener Richtung ändern; sie wird für höhere Temperatur durch die Zunahme der zweiten Ionisation abnehmen, für tiefere Temperatur zunehmen. Miss C. H. PAYNE fand jedoch aus dem Studium der Harvardspektren, daß die Sr^+-Linien in Riesensternen immer bedeutend stärker sind als in Zwergsternen, zu beiden Seiten der Temperatur des Maximums. MILNE fand, bei der Durchrechnung dieses Falles, daß die Anzahl der ionisierten Atome mit abnehmendem g immer zunimmt; die Veränderlichkeit des Absorptionskoeffizienten mit dem Druck gibt also auch hier eine vollständige theoretische Erklärung.

Die von MILNE entwickelten Formeln führen zu einer schärferen Methode zur Bestimmung der Gravitationsbeschleunigung (also bei Kenntnis der Parallaxe zur Bestimmung der Masse). Mittels des bekannten Wertes von α kann der Wert von P und daher der von N_0 durch Beobachtung eines Sternes mit bekanntem g gefunden werden (für einen bestimmten Betrag r der Absorption, also auch der optischen Tiefe τ). Findet man in dem Linienprofil eines zweiten Sterns dasselbe r in einer anderen Entfernung von der Linienmitte [ist also die Halbwertsbreite der Linie um den Betrag $2\Delta(\lambda - \lambda_0)$ verschieden], so wird, da $N_0 \sim (\lambda - \lambda_0)^2$ bei gleichem s_λ ist, $\Delta(\log N_0) = \frac{2\Delta(\lambda - \lambda_0)}{\lambda - \lambda_0}$ sein; mit dem gefundenen N_0 des zweiten Sternes läßt sich nun, rückwärts rechnend, das g für ihn berechnen. Noch andere Methoden zur Bestimmung der Gravitation mit Hilfe eines angenommenen Wertes für ε, die relative Konzentration, und eines aus N_1/N_0 abgeleiteten Wertes von P werden von MILNE angegeben.

e₃) Die Emissionslinien.

54. Das Vorkommen von Emissionslinien. In der Reihe der Spektralklassen finden wir helle Emissionslinien nur an den beiden entgegengesetzten Enden der Spektralreihe vor. Unter den O-Sternen zeigen viele, zumeist die frühesten Unterklassen, die WOLF-RAYET-Sterne, statt Absorptionslinien breite bandförmige Emissionslinien. Die hellsten unter diesen Linien sind λ 4686 von He^+ $(3D - 4F)$

und λ 4650 von C^{++}, deren relative Intensität in verschiedenen Sternen verschieden ist; daneben kommen viele andere Linien von H, He^+, O^+, O^{++}, N^+, Si^{+++} vor, also gerade die Linien, die zu den höchsten Temperaturen gehören[1]. Auch in der nächstfolgenden Temperaturklasse, unter den B-Sternen, kommen solche vor, die die BALMER-Serie des Wasserstoffs als Emissionslinien zeigen[2]. Dabei ist immer $H\alpha$ die hellste; die Intensität nimmt nach den Linien mit kürzeren Wellenlängen regelmäßig ab, bis sie für die höheren Glieder der Serie in Absorptionslinien umschlagen. Daneben treten schwächere Linien von Fe^+ (darunter in einigen Sternen wie η Carinae verbotene Linien) und in einigen Sternen Linien von He, Si, Si^+, Si^{++}, Al^{++} auf[3]. In einigen Sternen zeigen sie fortschreitende oder periodische Änderungen der Helligkeit. Oft stimmt die Intensitätsverteilung im kontinuierlichen Spektrum mit einer niedrigeren Temperatur überein, als zu dem Linienspektrum gehört.

An der anderen Seite der Spektralreihe treten helle Linien in den roten veränderlichen Sternen der Klassen M, N, S auf. In erster Linie sind es wieder die Wasserstofflinien, die in Emission auftreten. Dabei ist als Regel $H\delta$ die hellste und nimmt die Intensität nach beiden Seiten ab; nach MERRILL ist jedoch in den S-Sternen $H\beta$ heller als $H\gamma$ und $H\delta$[4]. JOY fand in dem Spektrum von Mira Ceti[5] noch eine Anzahl anderer heller Linien, von Fe, Si, Mg (λ 4571) und einige von Fe^+; sie treten auch auf bei veränderlichen Sternen, deren Spektrum als G und K klassifiziert wird. Wegen der niedrigen Temperatur sind es nur die zu den tiefsten Atomniveaus gehörenden Linien, die erscheinen; das Vorkommen der ionisierten Atome muß dann der außerordentlich geringen Dichte (also der großen absoluten Helligkeit) zugeschrieben werden. Die Helligkeit der Emissionslinien wechselt in verschiedener Weise mit der Phase des Lichtwechsels.

55. Diffusion des Lichtes in einer Sternatmosphäre. Zur Erklärung des Auftretens von Emissionslinien in Sternspektren hat A. SCHUSTER 1905 die Formeln für die Wirkung einer trüben Atmosphäre entwickelt, die in Ziff. 28, S. 298, wiedergegeben sind. Das Resultat für die Intensität des austretenden Lichtes war [Formel (76)]:

$$I_0 = \frac{2}{1+\alpha}\left(\alpha f + \frac{u}{K+s}\right).$$

Ist $u = 0$, herrscht also eine konstante Temperatur in der Gasschicht, so nimmt I_0 mit α, also mit dem Absorptionskoeffizienten k zu. Die speziellen Wellenlängen mit großem k werden also als helle Linien gegen den Hintergrund der benachbarten Wellenlängen mit kleinem k hervortreten. Nimmt die Temperatur mit der Tiefe zu, so hängen die Erscheinungen von dem Verhältnis des Strahlungsgradienten zum Zerstreuungskoeffizienten ab. Setzt man $(u/f):s = m$, so wird

$$I_0 = 2f\left(\frac{\alpha}{1+\alpha} + m(1-\alpha)\right).$$

Aus der Diskussion dieser Gleichung ergibt sich, daß I_0 für $m < \frac{1}{4}$ mit α zunimmt, also alle Linien hell sind; für $m > 1$ nimmt I_0 mit α ab, also zeigen sich die speziellen Wellenlängen mit großem k als dunkle Linien. Für m zwischen $\frac{1}{4}$ und $\frac{1}{2}$ erreicht I_0 für ein bestimmes k ein Maximum, aber immer noch sind die Linien hell; für m zwischen $\frac{1}{2}$ und 1 erreichen sie ein Maximum als helle Linien und werden für große Werte von α dunkel. Da bei einem bestimmten

[1] Publ Dom Astroph Obs Victoria 2, S. 348 (1924).
[2] Ap J 61, S. 389 (1925).
[3] Ap J 67, S. 391, 405 (1928); 69, S. 330 (1929).
[4] Ap J 56, S. 471 (1922).
[5] Ap J 63, S. 313 (1926).

Temperaturgradienten der Strahlungsgradient zunimmt für kürzere Wellenlängen, werden helle Linien im Rot und dunkle Linien im Violett nebeneinander vorkommen können.

In den Rechnungen SCHUSTERs werden Temperaturgradienten angenommen, die nicht selbst durch die Strahlung bestimmt sind. Die späteren Untersuchungen haben jedoch gezeigt, daß die anzunehmenden Temperaturverhältnisse aufs engste mit dem Strahlungsgleichgewicht verknüpft sind.

MARTIN C. JOHNSON hat untersucht, ob nach den neueren Ergebnissen über den Aufbau der Sternatmosphären doch nicht die Vorbedingungen zu einer Entstehung heller Linien in der von SCHUSTER angegebenen Weise in bestimmten Sternen vorhanden sein können[1]. Aus Theorie und Experiment lassen sich die numerischen Werte der Koeffizienten pro Masseneinheit abschätzen: für die Zerstreuung durch freie Elektronen $s_1 = 1{,}4 \cdot 10^{-2} N/N_0$ (wo N/N_0 das Verhältnis der Anzahl freier Elektronen zu der Anzahl von Molekülen ist); für die Zerstreuung durch gebundene Elektronen $s_2 = 0{,}6 \cdot 10^{-4}$; für die durchschnittliche Absorption der Atome durch Quantensprünge $k = 5$, während die selektive Absorption einen Koeffizienten von der Ordnung 10^9 hat. Also ist die Zerstreuung verglichen mit der Absorption unbedeutend. Die besonderen Verhältnisse in diesen Sternen, eine sehr geringe Gravitation, noch stark geschwächt durch den Strahlungsdruck, und daneben bei einem Teil dieser Sterne (O und B) eine hohe Temperatur, bewirken, daß die chromosphärischen Schichten sehr langsam in die photosphärischen Schichten übergehen. JOHNSON nimmt an, daß eine Übergangsschicht großer Dicke vorhanden ist, wo die Kollisionen, wegen der geringen Dichte, zu selten sind, um die Energie eines hohen Ionisationsgrades in translatorische Energie hoher Temperatur überzuführen. In dieser Schicht könnten am ehesten die von SCHUSTER vorausgesetzten Bedingungen vorhanden sein.

In Anschluß an seine Untersuchungen über monochromatisches Gleichgewicht hat dann MILNE untersucht, was bei den von ihm entwickelten Formeln an den SCHUSTERschen Schlußfolgerungen zu ändern wäre[2]. In Ziff. 30 S. 304 wurde gefunden [Formel (91)]

$$I_0 = \frac{2\xi}{1+\xi}\left(a + \frac{b}{\xi n}\right),$$

wo $\xi^2 = \dfrac{k}{k+s}$, $n = \dfrac{k+s}{\bar{k}+s}$ bedeutet. Nimmt man an, daß eine allgemeine Diffusion s vorhanden ist und daneben eine geringe Absorption $\bar{k}$ im Hintergrunde, eine starke Absorption k in der speziellen Wellenlänge, so wird, da $n = (1 - \bar{\xi}^2)/(1 - \xi^2)$ ist, die Bedingung für eine helle Linie:

$$\frac{\xi}{1+\xi} + \frac{b}{a}\,\frac{1-\xi}{1-\bar{\xi}^2} > \frac{\bar{\xi}}{1+\bar{\xi}} + \frac{b}{a}\,\frac{1}{1+\bar{\xi}}.$$

Setzt man für b/a den Wert nach der PLANCKschen Formel $\frac{1}{4} h\nu/kT$, so findet sich schließlich als die Bedingung, daß eine Linie hell erscheint:

$$\frac{h\nu}{kT} < 2\,^* \qquad \text{und} \qquad \frac{s}{\bar{k}} > (1 - \tfrac{1}{2} h\nu/kT)^{-2} - 1\,.$$

[1] M N 85, S. 56 (1924). [2] M N 89, S. 15 (1928).

* Daß hier derselbe Buchstabe k für die BOLTZMANNsche Konstante benutzt wird, der sonst in diesen Formeln den Absorptionskoeffizienten bezeichnet, wird wohl keine Verwirrung verursachen.

Also können nur Linien großer Wellenlänge hell erscheinen, und nur wenn der Diffusionskoeffizient sehr groß ist, verglichen mit dem Absorptionskoeffizienten. Die Ergebnisse stimmen mit denjenigen SCHUSTERS überein, wie nach der Gleichartigkeit der Voraussetzungen über die Rolle von Diffusion und Absorption zu erwarten war.

Nimmt man demgegenüber an, daß keine merkliche allgemeine Diffusion in der Atmosphäre vorhanden ist und in der speziellen Wellenlänge ein großer Diffusionskoeffizient wirkt, so gilt Formel (92), S. 305,

$$r = \frac{2\xi}{1+\xi}\,\frac{a+b\xi}{a+b}.$$

Da ξ immer <1 ist, um so kleiner, je größer die monochromatische Absorption ist, so ist dieser Ausdruck immer <1, also wird die Linie immer dunkel, als Absorptionslinie, erscheinen. Nach diesen neueren Auffassungen kann also eine Erklärung der Emissionslinien in der SCHUSTERschen Weise nicht gegeben werden.

56. Fluoreszenz in Sternatmosphären. Eine Untersuchung von S. ROSSELAND[1] beschäftigt sich mit der Frage, inwieweit das Auftreten von Emissionslinien die Wirkung von Prozessen in den Sternatmosphären sein kann, die der physikalischen Erscheinung der Fluoreszenz zu vergleichen sind. Von Fluoreszenz spricht man, wenn ein Stoff, mit kurzwelligem Licht bestrahlt, Licht größerer Wellenlänge ausstrahlt. Werden Atome mit monochromatischem Licht aus ihrer Grundserie (z. B. $1S - 3P$, $1S - 4P$ ...) bestrahlt, so werden die Elektronen in eine höhere Bahn gehoben; fallen sie dann stufenweise wieder herunter, so werden sie Licht geringerer Frequenzen als das einfallende Licht ausstrahlen. Bei großer Dichte, wenn die mittlere Zeit zwischen zwei Zusammenstößen kleiner ist als die mittlere Verweilzeit in dem Zustande höherer Energie, wird es dazu nicht kommen, weil der Austausch der Quantenenergie mit der Translationsenergie die Verteilung beherrscht. Bei sehr geringer Dichte jedoch können sich die Fluoreszenzerscheinungen ungestört entwickeln; daher sind sie nur in den höchsten, dünnsten Schichten der Sternatmosphären und in den Sternen mit ausgedehnten, sehr dünnen Atmosphären zu erwarten.

Wir setzen drei Quantenzustände voraus, mit Anzahlen n_1, n_2, n_3; die totale einfallende Strahlung sei I. Die Zahl der Übergänge wird, mit den schon früher (Ziff. 22) benutzten Bezeichnungen, $n_2(A_{21} + B_{21} I_{12})$; $n_1 B_{12} I_{12}$; $n_3(A_{32} + B_{32} I_{23})$; $n_2 B_{23} I_{23}$; $n_3(A_{31} + B_{31} I_{31})$; $n_1 B_{13} I_{13}$. Zwischen den Übergangswahrscheinlichkeiten bestehen die Relationen (die hier vernachlässigten Gewichte könnten leicht in die Formeln eingefügt werden)

$$B_{21} = B_{12}, \qquad A_{21} = B_{12}\,\frac{8\pi h \nu_{12}^3}{c^2}$$

und ähnliche für die anderen A und B. Beziehungen zwischen zu verschiedenen Zuständepaaren gehörigen Koeffizienten können aus dem Fall des thermodynamischen Gleichgewichts nicht abgeleitet werden, da dabei jedes Paar entgegengesetzter Übergänge sich die Wage hält. Deshalb kann man in dieser Weise die Anzahl der wirklich stattfindenden Übergänge für ein gegebenes I nicht berechnen. (Das wird erst möglich sein mittels der Formeln der neuen Quanten- und Wellenmechanik.) ROSSELAND hat jedoch eine Beziehung abgeleitet, bei der diese unbekannten Relationen eliminiert werden. Vergleicht

[1] On the Origin of Bright Lines in Stellar Spectra, Ap J 63, S. 218 (1926).

man den Zyklus von Übergängen $1 \to 2 \to 3 \to 1$ (Anzahl N_{23}) mit dem Zyklus $1 \to 3 \to 2 \to 1$ (Anzahl N_{32}), so wird

$$\frac{N_{23}}{N_{32}} = \frac{B_{12} I_{12} \cdot B_{23} I_{23} (A_{31} + B_{31} I_{13})}{(A_{21} + B_{21} I_{12})(A_{32} + B_{32} I_{23}) \cdot B_{13} I_{13}} = \frac{I_{12} \cdot I_{23}\left(\frac{8\pi h \nu_{13}^3}{c^2} + I_3\right)}{\left(\frac{8\pi h \nu_{12}^3}{c^2} + I_{12}\right)\left(\frac{8\pi h \nu_{23}^3}{c^2} + I_{23}\right) I_{13}}.$$

Setzt man hier für I die Werte der PLANCKschen Formel ein, so wird der Ausdruck $= 1$; im thermodynamischen Gleichgewicht sind die beiden entgegengesetzten Zyklen gleich häufig. In einer Sternatmosphäre ist I die von einer Seite einfallende Photosphärenstrahlung der effektiven Temperatur T_1, aber mit einem Faktor multipliziert, der unmittelbar an der Oberfläche $\frac{1}{2}$, in größerer Entfernung β, die „Verdünnung" der Strahlung, ist. Also ist einzusetzen:

$$I = \beta \frac{8\pi h \nu^3}{c^2} (e^{h\nu/kT} - 1)^{-1}.$$

Setzt man darin

$$\frac{8\pi h \nu^3}{c^2} \frac{1}{I} + 1 = \frac{e^{h\nu/kT}}{\beta} F,$$

also

$$F = 1 - (1 - \beta)\, e^{-h\nu/kT},$$

wobei F sehr wenig von 1 verschieden ist, so wird, wegen $\nu_{12} + \nu_{23} = \nu_{13}$,

$$\frac{N_{23}}{N_{32}} = \beta \frac{F_{13}}{F_{12} F_{23}}.$$

In einer solchen Atmosphäre werden daher, wegen des Faktors β, die Emissionen $3 \to 2$ und $2 \to 1$ häufiger stattfinden als die korrespondierenden Absorptionen $2 \to 3$ und $1 \to 2$, dagegen die Emissionen $3 \to 1$ seltener. Also werden die kurzwelligen Linien stärker in Absorption, die langwelligen stärker in Emission erscheinen, ähnlich wie es bei den B-Sternen mit hellen Wasserstofflinien beobachtet wird. Wenn Atmosphären äußerst verdünnter Gase den Stern bis zu so großer Entfernung umgeben, daß die Winkelöffnung, in der von ihnen aus die Photosphäre erscheint, also auch β, klein wird, so kann diese Fluoreszenz als wichtige Ursache für das Vorhandensein langwelliger heller Linien auftreten. Für die Erscheinungen bei den M-Sternen, wo $H\alpha$ und $H\beta$ eine schwächere Emission geben als $H\delta$, kann diese Erklärung nicht zutreffen.

57. Der Einfluß der Ionisation. Die Chromosphäre der Sonne sendet ein Spektrum von Emissionslinien aus, das wegen der geringen Ausdehnung der Chromosphäre im Gesamtspektrum der Sonne nicht sichtbar ist. Die ausgedehnten Atmosphären der Sterne mit Emissionslinien könnten als eine Art von Chromosphären betrachtet werden, die viel ausgedehnter sind als bei der Sonne, hauptsächlich weil durch die niedrige Gravitation, unterstützt durch eine hohe Temperatur, der Strahlungsdruck eine viel größere Rolle spielt. Die gleichen Ursachen, die in der Sonnenchromosphäre für die Anregung und die Ionisation in Betracht kommen, die Stöße von Atomen hoher Geschwindigkeit, können in solchen Sternatmosphären auch auftreten und Emissionslinien hervorrufen durch den gleichen Prozeß, der in Ziff. 37 betrachtet wurde.

Zur Erklärung des Emissionsspektrums der planetarischen Nebel hat H. ZANSTRA[1] eine Theorie entwickelt, nach welcher die von dem Zentralstern ausgehende Strahlung die Gase des Nebels ionisiert. Da der Nebel hier die Rolle einer außerordentlich dünnen und ausgedehnten Atmosphäre des Sternes spielt, gilt die

[1] Ap J 65, S. 50 (1927).

gleiche Erklärung auch für solche weniger ausgedehnte Atmosphären, die wir nicht als Scheiben merklicher Ausdehnung beobachten. Der Unterschied besteht darin, daß infolge anderer Dimension und Dichte verbotene Linien nicht auftreten; Sterne wie η Carinae bilden dann einen Übergang. Zur Ionisierung des Wasserstoffs dient, nach dieser Erklärung, der Teil des kontinuierlichen Spektrums der jenseits der tiefsten Seriengrenze, derjenigen der LYMAN-Serie bei λ 911 A liegt. Bei der Wiedervereinigung gehen die Elektronen zum Teil kaskadenweise durch die höheren Bahnen hindurch zur tiefsten Bahn; bei dem Übergang $3 \rightarrow 2$ tritt $H\alpha$, bei $4 \rightarrow 2$ $H\beta$ als Emissionslinie auf. Je höher die Temperatur des Zentralsternes, um so größer ist die wirksame Energie jenseits der Seriengrenze, die in den Emissionslinien wiedererscheint, im Verhältnis zum sichtbaren oder photographisch wirksamen Sternenlicht. Daher sind sichtbare planetarische Nebel immer verbunden mit Sternen der höchsten Temperaturklasse, des O-Typus, mit Temperaturen von 30000° aufwärts. Atmosphären, die nicht die kolossale Dimension von Nebelflecken besitzen, brauchen zur Ionisation der darin enthaltenen Atome nicht so hohe Temperaturen; daher können Emissionslinien in den Sternspektren schon bei den B-Sternen auftreten.

Chapter 4.

The Principles of Quantum Theory.

By

S. ROSSELAND-Oslo.

With 1 illustration.

a) Introduction.

1. Introductory Remarks. The idea that matter as we observe it in bulk is fine-grained in structure was familiar to natural philosophers several thousand years ago, and although it was condemned by the Aristotelian philosophy it returned again and again during the progressive development of physical science up to modern times.

The study of the growth and development of the atomic hypothesis is particularly interesting because it throws light on certain traits of the scientifically inclined mind: the search for "first principles", the tendency to resolve macroscopic into microscopic phenomena, and the almost universal expectancy that the material world ultimately is similar in nature to a mechanical system which at any instant may be completely described by kinematical and dynamical laws. This is true for the case of the early Greek philosophers, who first introduced the idea of atoms as primary units from which matter is being built, as well as for scientists like CLAUSIUS, MAXWELL, BOLTZMANN and GIBBS who during the latter half of the nineteenth century, showed how the current physical facts could be rationally interpreted on the basis of the atomic hypothesis. During the last thirty years, however, it has been possible to devise physical experiments of so delicate a nature that the atomic hypothesis could be put to a far more rigorous test than its originators ever could have imagined. From the fact that the hypothesis, without exceptions, has met these tests successfully the conviction has become universal that we are here concerned with a conception which truly corresponds to a fundamental fact concerning the constitution of matter.

The fundamental facts of chemistry which at once lead to the consideration of material atoms, are the following: the whole variety of substances accessible to terrestrial observations may be formed by chemical combinations of a limited number of substances known as elements. In any chemical combination each element enters in multiple proportions. These facts are simply interpreted by assuming that each element consists of atoms which are chemically identical; that in any chemical combination of different elements the individual atoms combine into complex systems, so-called molecules, which again are mutually identical so far as chemical properties go, and are characteristic of the substance in question.

From chemical analysis of the earth's crust and its atmosphere it has been found that the total number of elements is limited to about ninety. So far as meteors have been subjected to analysis they have proved to consist of ordinary terrestrial elements. Similarly, the analysis of astrophysical data leads to the conclusion that the stellar atmospheres do not contain unknown elements to any detectable degree. How far the interior of the earth or the stars may consist of unknown elements remains undecided.

From chemical analysis it is possible to derive the relative weights of all atoms, and these weights are collected in Table I. The number affixed before the name of the elements in this table is called the atomic number. These numbers,

Table I. Relative Atomic Weights of chemically Pure Elements.

1. Hydrogen, H	1,008	33. Arsenic, As	74,96	64. Gadolinium, Gd	157,3
2. Helium, He	4,00	34. Selenium, Se	79,2	65. Terbium, Tb	159,2
3. Lithium, Li	6,94	35. Bromine, Br	79,92	66. Dysprosium, Dy	162,5
4. Beryllium, Be	9,01	36. Krypton, Kr	82,9	67. Holmium, Ho	163,5
5. Boron, B	10,82	37. Rubidium, Rb	85,45	68. Erbium, Er	167,7
6. Carbon, C	12,00	38. Strontium, Sr	87,63	69. Thulium, Tu	169,4
7. Nitrogen, N	14,008	39. Yttrium, Y	88,7	70. Ytterbium, Yb	173,5
8. Oxygen, O	16,00	40. Zirconium, Zr	90,6	71. Cassiopeium, Cp	175,0
9. Fluorine, F	19,00	41. Niobium, Nb	93,5	72. Hafnium, Hf	179,0
10. Neon, Ne	20,2	42. Molybdenum, Mo	96,0	73. Tantalum, Ta	181,5
11. Sodium, Na	23,00	43. Masurium, Ma		74. Tungsten, W	184,0
12. Magnesium, Mg	24,32	44. Ruthenium, Ru	101,7	75. Rhenium, Re	
13. Aluminium, Al	27,1	45. Rhodium, Rh	102,9	76. Osmium, Os	190,9
14. Silicon, Si	28,06	46. Palladium, Pd	106,7	77. Iridium, Ir	193,1
15. Phosphorus, P	31,04	47. Silver, Ag	107,88	78. Platinum, Pt	195,2
16. Sulphur, S	32,07	48. Cadmium, Cd	112,4	79. Gold, Au	197,2
17. Chlorine, Cl	35,46	49. Indium, In	114,8	80. Mercury, Hg	200,6
18. Argon, Ar	39,88	50. Tin, Sn	118,7	81. Thallium, Tl	204,4
19. Potassium, K	39,10	51. Antimony, Sb	121,8	82. Lead, Pb	207,2
20. Calcium, Ca	40,07	52. Tellurium, Te	127,5	83. Bismuth, Bi	209,0
21. Scandium, Sc	45,1	53. Iodine, I	126,92	84. Polonium, Po	210,0
22. Titanium, Ti	48,1	54. Xenon, Xe	130,2	85.	
23. Vanadium, V	51,0	55. Caesium, Cs	132,8	86. Niton, Nt	222,0
24. Chromium, Cr	52,0	56. Barium, Ba	137,4	87.	
25. Manganese, Mn	54,93	57. Lanthanum, La	138,9	88. Radium, Ra	226,0
26. Iron, Fe	55,84	58. Cerium, Ce	140,2	89. Actinium, Ac	226,0
27. Cobalt, Co	58,97	59. Praeseodymium Pr	140,9	90. Thorium, Th	232,1
28. Nickel, Ni	58,68	60. Neodymium, Nd	144,3	91. Uranium X_2, UX_2	230,0
29. Copper, Cu	63,57	61. Illinium, Il		92. Uranium, U	238,2
30. Zinc, Zn	65,37	62. Samarium, Sa	150,4		
31. Gallium, Ga	69,72	63. Europium, Eu	152,0		
32. Germanium, Ge	72,5				

which play a fundamental role in atomic theory, cannot be accurately determined from chemical data only, although they will be approximately given as the ordinal numbers of the elements when arranged according to increasing atomic weights. After the names of the elements the abbreviations used in chemistry are given.

It will be noticed that the weights, as a rule, cluster around whole numbers. This tendency is indicative of a general law, as it has turned out that in discrepant cases the elements in question are mixtures of atoms which have different atomic weights, in spite of the fact that they are chemically identical to an exceedingly high degree. Such elements are called isotopes. In Table II the elements are enumerated for which isotopes have been found, with the exclusion of isotopes found among radioactive elements. The weights of the different isotopes are arranged according to relative abundance, and doubtful cases are enclosed in brackets.

Table II. Isotopes of the Elements.

Li	7	6		Ca	40	44					
B	11	10		Ni	58	60					
Ne	20	22		Zn	64	66	68	70			
Mg	24	25	26	Br	79	81					
Si	28	29	30	Kr	84	86	82	83	80	78	
Cl	35	37	39	Rb	85	87					
Ar	40	36		Xe	129	132	131	134	136	128	130
K	39	41		Hg		(197—200)		202	204		

2. Thermodynamics as Atomic Statistics. From the point of view of atomic theory it is necessary to assume that the simple macroscopic phenomena considered in thermodynamics are ultimately produced by the interplay of microscopic phenomena which are concerned with the behaviour of the individual atoms. These microscopic phenomena must necessarily be very complex in nature, and the fact that the observed phenomena turn out to be so simple, must be due to the fact that the observations are concerned only with average results, the averages referring to time as well as to space. It is possible in this way to give suggestive interpretations of all the principal laws of thermodynamics, and even to predict under what circumstances the laws must break down. In fact, the microscopic state of matter is not wholly shielded from observations; in certain cases fluctuations round the mean values can be observed, which, accordingly, give direct support to the reality of atomic theory.

The principal facts of thermodynamics may be summarised in two fundamental laws, which we shall consider in turn, as well as their kinetic interpretation.

First law: The total energy of any closed material system in thermodynamic equilibrium consists of four parts: — 1. Kinetic energy of (macroscopic) motion. 2. Potential energy in an external field of force. 3. Thermal energy associated with the temperature of the system. 4. Internal latent heat, which is not directly connected with the temperature of the system, but which comes abruptly into appearance at particular values of temperature, pressure, or density. All these different forms of energy can be transformed into each other, and their sum remains constant for a closed system.

In atomic theory this law is interpreted as follows: no particular kind of thermal energy or latent heat energy exists. The thermal energy is identical with the mechanical energy which is associated with the invisible motion of the atoms of the substance, the same is the case for the latent heat energy, which is primarily associated with the mechanical molecular energy associated with chemical interaction. The conservation of energy postulated in the first law thus becomes identical with the ordinary law of conservation of energy in a conservative dynamical system.

As regards the second law neither its formulation nor its kinetic interpretation is so simple or so obvious as in the case of the first law. While the first law is only concerned with a classification of the different forms of energy in a system, the second law is concerned with the nature of the processes by which energy of one form is changed into energy of another form. The fact is, that, although the different forms of energy mentioned above are quantitatively equivalent, there is a marked difference in the ease with which one form may be changed into another, or vice versa. It proves to be always possible to change a given amount of kinetic energy into thermal energy, but the reverse may or may not be possible, according to circumstances.

A classical example is to consider two bodies in contact, the two bodies being initially at different temperatures, and all closed in by an enclosure which is impermeable to heat. One process which will start spontaneously is then that heat will flow from the hotter to the colder body, until both bodies are at equal temperatures. The converse process, i. e. the transfer of heat from the colder to the warmer body will not take place spontaneously in a closed system, and otherwise only provided a certain amount of mechanical work is changed into an equivalent amount of heat in the process. Other processes of the same nature which play a very important part in most natural phenomena are the generation of heat by friction, and chemical reactions of all sorts, the conditions being exactly analogous to the case of temperature conduction.

Processes like temperature conduction, generation of heat by friction, chemical reactions, diffusion, etc. are grouped together and called irreversible processes. The degree of irreversibility of a process may, however, differ according to circumstances. In fact, in the ideal case when the system is infinitely close to an equilibrium state, and all changes in the system proceed at an infinitely slow rate, all processes become practically reversible, in so far as the amount of mechanical work which is degraded into heat in the given process may be reduced below any limit, however small.

The irreversibility of a certain process is naturally measured by the amount of mechanical work which is changed into heat during the process. The rational way of formulating the conditions mathematically has proved to be by introducing a quantity S which is defined such that the increase δS of S for any infinitely small mass element of the system during any given reversible process is

$$\delta S = \frac{\delta Q}{T}, \tag{1}$$

where δQ is the total amount of heat energy received by this mass element in the process, and where T is the absolute temperature. The second law of thermodynamics is now given by the requirement that in any natural process the total value of S of all systems involved shall increase, or, in the limit, remain constant, but never decrease. The quantity S is called the entropy.

In order to arrive at a kinetic interpretation of entropy and the second law of thermodynamics in general, we shall consider the following simple example. Consider a system consisting of a very large number of black and white balls of equal size and weight, the white ones being piled on top of the black ones in a basket. This system we may compare to a body placed in a temperature bath, and the irregular action of the atoms of the bath on the atoms of the body we may imitate by shuffling the basket. In this way the balls will, according to every day experience, tend to become intermixed, and finally the black and white balls will be practically evenly mixed.

Presume that we, knowing nothing of the initial arrangement of the balls, asked the question: what arrangement of the balls in the basket is a priori most probable? Just how the term "probability" is to be defined in this connection may be subject to some controversy. A natural way of approaching the problem, in fact, the only rational one, is to measure the probability of a particular state by the number of independent ways in which it may be realized. The result of such a counting is, for the case of the balls in the basket, that an even intermixture of black and white possesses by far the largest probability, while the smallest probability belongs to the state when the black and white balls are completely separated. The effect of shuffling the basket (i. e. the placing of the body in the temperature bath) has thus been to make the system pass from a less probable to a more probable state.

It will be realized that this result does not imply that the motion of the system of balls, the basket, and the shuffler, necessarily does not follow the laws of ordinary dynamics, in which all motions of a closed system are inherently reversible. It only means that out of all possible motions of the system that motion will have the greatest chance to occur which takes the system from a less to a more probable state. Sometimes the reverse motion must also occur. This is particularly the case when the system is in a state of maximum probability, because then any possible changes remove the system from the ideal equilibrium state.

Considering the material bodies to consist of innumerable atoms there is thus a direct parallelism between the two statements that "by natural processes the total entropy of a closed system will increase or remain constant", and that "the motion of the ultimate units of the closed system will be such as to make the total probability of the system increase, or in the limit, to remain constant". These parallel statements suggest a functional relation between entropy and probability. In order to derive this relation we consider a system consisting of two independent sub-systems. Let the entropy values and the partial probabilities of the sub-systems be S_1, S_2 and W_1, W_2 respectively. The total entropy of the combined system is then

$$S = S_1 + S_2$$

whereas the total probability is, by a fundamental theorem in the theory of probability

$$W = W_1 \cdot W_2 .$$

If S is a function of W only we have thus immediately the functional equation

$$S(W) = S(W_1) + S(W_2), \qquad W = W_1 \cdot W_2 .$$

Differentiating this equation with respect to W_1 and W_2 we find

$$\frac{\partial S(W)}{\partial W} W_2 = \frac{\partial S(W_1)}{\partial W_1},$$

$$\frac{\partial S(W)}{\partial W} W_1 = \frac{\partial S(W_2)}{\partial W_2}.$$

Hence

$$W_1 \frac{\partial S(W_1)}{\partial W_1} = W_2 \frac{\partial S(W_2)}{\partial W_2}.$$

Since each side of this equation depends upon a single variable it must be equal to a constant, which we denote by k, and which is called BOLTZMANN's constant. Thus

$$\frac{\partial S}{\partial W} = \frac{k}{W}$$

and the solution of this equation is

$$S = k \log W + S_0 \tag{2}$$

where S_0 is a constant which depends upon the properties of the systems involved. The above relation between entropy and probability may be said to constitute the kinetic interpretation of the second law of thermodynamics.

3. Principle of Detailed Balancing. From the point of view of kinetic theory it is thus necessary to assume that in any system in thermodynamic equilibrium physical processes are going on as usual, the only difference from non-equilibrium states being that the processes will be going both ways with equal intensity, so that the net effect is zero in the mean. If we know exactly the particulars which determine a certain process as well as its converse, we find the conditions for thermodynamic equilibrium by writing down the conditions that the net effect of both processes shall vanish. Conversely, taking the existence of thermodynamic equilibrium for granted, a relation between the characteristics of the two processes follows.

To fix the ideas we may consider the diffusion of atoms in an ideal gas in thermodynamic equilibrium under the action of gravity. The equation of hydrostatic equilibrium is then

$$\frac{kT}{m}\frac{\partial \varrho}{\partial z} - \varrho g = 0$$

where ϱ is the density, m the mass of an atom, g the gravitational acceleration, z the height above a given level, while k and T are BOLTZMANN's constant and absolute temperature. Since the density decreases upwards in the gas, spontaneous diffusion will take place, the velocity of which is $V_d = -\frac{D}{\varrho}\frac{\partial \varrho}{\partial z}$, where D is the coefficient of diffusion. Under the action of gravity an atom will, on the other hand, perform a forced diffusion downwards, with a steady velocity $V_g = \varkappa mg$, $\varkappa$ being the mobility of the atom, defined as usual. In the equilibrium state the atom can have no systematic velocity, and hence

$$V_d + V_g = -\frac{D}{\varrho}\frac{\partial \varrho}{\partial z} + \varkappa mg = 0 .$$

This equation must give the same result as the ordinary equation of hydrostatic equilibrium, and this will only be the case provided the coefficient of diffusion D is equal to the mobility $\varkappa$, multiplied by kT:

$$D = kT\varkappa . \tag{3}$$

This result is valid to the same extent as the temperature T can be unambiguously defined, and is therefore largely independent of the existence of thermal equilibrium.

The spontaneous diffusion of atoms may be termed the "direct" process, and the forced diffusion under the action of gravity the "converse" process. Suppose it to be always possible to correlate direct and converse processes in pairs of opposite nature. The statement that these two processes will go on with equal intensities in a state of thermodynamic equilibrium is sometimes called the principle of detailed balancing. Without a definite formulation of the micromechanical laws which govern atomic processes it is not possible to give an exact definition of direct and converse processes, and the exact scope of the principle remains therefore rather vague, provisionally. In the sequel we shall, however, meet with numerous cases which may be taken as illustrations of this principle.

4. Gas Theory. As an introduction to the statistical methods of the kinetic theory of matter we shall here consider the case of an ideal gas consisting of similar atomic systems (molecules) in a state of thermodynamic equilibrium. As a criterion of an ideal gas we use the requirement that the average potential energy of an atomic system in the field of force of all other systems of the assembly shall be negligibly small as compared to the average kinetic energy of translational motion of the system in question. For such an assembly we shall derive the kinetic theory expressions for the hydrodynamic equations of motion, which will give the kinetic interpretation of gas pressure. We shall further derive BOLTZMANN's principle for the distribution of internal and translational energy between the systems and their constituents, and finally the kinetic equivalents of entropy and absolute temperature.

Consider thus an assembly of similar, and practically independent atomic systems moving under the influence of some external field of force. Let u, v, w

denote the rectangular components of the velocity of the centre of gravity of a particular system, and fix the attention on the systems which in the elementary time interval dt enter or leave the volume element $dx\,dy\,dz$. Each atom which enters or leaves the element in question will increase or decrease the momentum in the element by the amounts mu, mv, mw for each rectangular component respectively. To fix the ideas consider the change in x-momentum only. Let $f(u)\,du$ denote the number of systems per unit volume for which the x-component of velocity is confined to the interval u to $u + du$. The number of such systems which in the time dt stream through the area $dy\,dz$ is then $f(u)\,du\,dy\,dz\,u\,dt$. As each system carries the x-momentum mu through the area $dy\,dz$, the net amount of x-momentum transferred through this area in the time dt by the motion of the systems is

$$dy\,dz\,dt\,m\int_{-\infty}^{\infty} u^2 f(u)\,du = \nu m\,\overline{u^2}\,dy\,dz\,dt$$

where ν denotes the total number of systems per unit volume, while the bar denotes an average value taken over atoms at the same place but with different velocities. The amount of x-momentum which is transferred from the volume element in question by systems leaving or entering through the opposite face $dy\,dz$ is, by TAYLOR's theorem

$$\left\{\nu m\,\overline{u^2} + dx\frac{\partial}{\partial x}(\nu m\,\overline{u^2})\right\} dy\,dz\,dt\,.$$

Hence the net gain to the volume element is

$$-\frac{\partial}{\partial x}(\nu m\,\overline{u^2})\,dx\,dy\,dz\,dt\,.$$

The net increase in x-momentum due to stream motion parallel to the y- and z-axes is obtained in an entirely analogous manner, the total increase for all axes being

$$-\left\{\frac{\partial}{\partial x}(\nu m\,\overline{u^2}) + \frac{\partial}{\partial y}(\nu m\,\overline{uv}) + \frac{\partial}{\partial z}(\nu m\,\overline{uw})\right\} dx\,dy\,dz\,dt\,.$$

In the same time interval the x-momentum of the systems within the given volume element will have suffered an additional increase

$$\nu m\,X\,dx\,dy\,dz\,dt\,,$$

due to the action of the external field of force, X being the x-component per unit mass of the external force at the point x, y, z. The net gain in x-momentum to the volume element being evidently

$$\frac{\partial}{\partial t}(\nu\,m\bar{u})\,dx\,dy\,dz\,dt$$

we obtain the equation

$$\frac{\partial}{\partial t}(\nu m\bar{u}) = \nu m X - \frac{\partial}{\partial x}(\nu m\overline{u^2}) - \frac{\partial}{\partial y}(\nu m\overline{uv}) - \frac{\partial}{\partial z}(\nu m\overline{uv})\,. \tag{4}$$

This equation, together with two similar equations relative to the y- and z-axes, and the equation of continuity, constitute the hydrodynamical equations of motion of the gas. Consider now the case of hydrostatic equilibrium. The left hand term in (4) is then zero. Since the gas has no mean motion positive and negative values of the velocity components must be equally probable; hence the two last terms at the right hand side of (4) will vanish, as a consequence of which

$$\overline{u^2} = \overline{v^2} = \overline{w^2} = \tfrac{1}{3}\overline{c^2}\,,$$

c denoting the total velocity of the atom. Comparing (4) with the ordinary equations of hydrostatic equilibrium

$$0 = \nu m X - \frac{\partial p}{\partial x}, \text{ etc.}$$

it follows that the isotropic equilibrium pressure is given by

$$p = \tfrac{1}{3} \nu m \overline{c^2} \tag{5}$$

that is: p is equal to $\frac{2}{3}$ times the total translational kinetic energy of the atomic systems per unit volume.

Partition of Energy. Consider as before an assembly of practically independent, similar systems in thermal equilibrium. The assembly may be restricted to remain within an enclosure of volume V, and subjected to the influence of an external, conservative field of force. Let r be the number of degrees of freedom of a system. The instantaneous state of a system is then given by the instantaneous values of its r coordinates and r velocity components, and may thus be represented by a point in a $2r$-dimensional space, the phase space, in which $2r$ functions of the $2r$ coordinates and velocities of the system are used as rectangular coordinates. Suppose the phase space to be cut up into small $2r$-dimensional cells of volumes $\sigma_1, \sigma_2, \ldots$ The shape of a cell is arbitrary. For the applications in view it is essential, however, that the volume of each cell is so small that the states of all systems the representative points of which fall within a particular cell, may be considered as identical, and, in particular, to possess the same energy. The state of the assembly in a given moment is given by a particular set of values of the numbers $n_1, n_2, \ldots$ of systems the representative points of which fall in the cells $\sigma_1, \sigma_2, \ldots$ The number of ways in which a given set of values $n_1, n_2, \ldots$ can be realized we define as the probability of the given complexion, the total probability of the assembly being the sum of the probabilities of all possible complexions.

Assume for a moment that nothing is known which may particularize the state of a system. It is then natural to have the phase space constructed in such a way that the chance of finding the representative point of this system is the same for all parts of phase space, that is: the a priori probability of finding the point within a volume σ is proportional to σ and independent of the coordinates which determine its position in phase space. It being admitted that the phase space in question conforms to this requirement, it is easy to prove that the probability of a given complexion is, apart from an arbitrary constant,

$$W_{n_1, n_2, \ldots} = \frac{N!\, \sigma_1^{n_1} \sigma_2^{n_2} \ldots}{n_1!\, n_2! \ldots}. \tag{6}$$

This formula follows directly from the fact that the probability of the coincidence of two independent events is equal to the product of the probabilities of the separate occurrence of the events. Since we have admitted that the probability of a system point being found within the ith cell is proportional to σ_i, it follows that the probability that $n_1, n_2, \ldots$ system points shall be found simultaneously in the cells $\sigma_1, \sigma_2, \ldots$ respectively is proportional to $\sigma_1^{n_1} \sigma_2^{n_2} \ldots$ The introduction of the factorial terms in (6) comes in this way: In the expression $\sigma_1^{n_1} \sigma_2^{n_2} \ldots$ for the probability the systems have been regarded as individually distinct. Since we assume that the systems are identical in nature we shall evidently obtain new and equivalent complexions by permuting the systems without changing the n's. There are $N!$ possible permutations of this type, and this accounts for the presence of $N!$ in (6). In this permutation process we have, however, included permutations of systems within each individual cell. But we have assumed from the outset that the exact place of a system point within the cell is irrelevant, and hence we must divide away the surplus number of permutations performed within the cells. There are $n_i!$ such permutations for each cell, the total number of surplus permutations being $n_1! n_2! \ldots$ Hence come the factorial divisors in (6).

The average value of any quantity U depending upon the special character of the complexions is given by

$$\overline{U} = \frac{1}{W} \sum_{n_1, n_2, \ldots} U(n_1, n_2, \ldots) W_{n_1, n_2, \ldots} \tag{7}$$

where

$$W = \sum_{n_1, n_2, \ldots} W_{n_1, n_2, \ldots} \tag{8}$$

In considering a closed system the summations occurring in these expressions are subject to the restrictions that the sum of all n's must be equal to the number of systems N:

$$\sum_i n_i = N = \text{const.} \tag{9}$$

and that the total energy E must be constant,

$$\sum_i n_i \varepsilon_i = E = \text{const.} \tag{10}$$

ε_i being the energy of a system in the ith cell. An exact way of handling expressions such as (7), (8) has been developed by DARWIN and FOWLER on the basis of CAUCHY's theorem in the theory of analytic functions of a complex variable. The desired results may, however, be obtained by the following simple considerations: If all n's are very large, $W_{n_1, n_2}, \ldots$ will show an extremely strong maximum value for particular values of the n's. Hence the mean values of the n's, as calculated by the formula (7), must coincide closely with those values which make $W_{n_1, n_2}, \ldots$ a maximum. As soon as the mean values of the n's are known, any other mean value in the assembly can be calculated directly from the formula

$$\bar{x} = \frac{1}{N} \sum_i x_i \overline{n_i}. \tag{11}$$

The calculation of the maximum value of $W_{n_1, n_2}, \ldots$ is much simplified by observing that if n is very big, we may put

$$\log n! = n \log n$$

approximately. With this approximation follows

$$\log W_{n_1, n_2, \ldots} = N \log N + \sum_i n_i \log \frac{\sigma_i}{n_i} \tag{12}$$

and by variation of the numbers n,

$$\delta (\log W_{n_1, n_2, \ldots}) = \sum_i \delta n_i \left(\log \frac{\sigma_i}{n_i} - 1 \right), \tag{13}$$

the quantities δn_i being subject to the two equations of condition

$$\sum_i \delta n_i = 0, \qquad \sum_i \varepsilon_i \delta n_i = 0,$$

which follow from (9) and (10). Multiplying these latter relations by two arbitrary constants λ_1, λ_2 and adding to (13) we find

$$\delta (\log W_{n_1, n_2, \ldots}) = \sum_i \delta n_i \left(\log \frac{\sigma_i}{n_i} + \lambda_1 + \lambda_2 \varepsilon_i \right)$$

where the variations δn_i may now be regarded as independent. For $\delta(\log W_{n_1, n_2}, \ldots)$ to vanish for arbitrary small variations of the numbers n_i the coefficient of each δn_i must vanish, that is:

$$\log \frac{\sigma_i}{n_i} + \lambda_1 + \lambda_2 \varepsilon_i = 0,$$

or changing the constants into new constants Ψ and Θ:

$$n_i = N e^{\frac{\Psi - \varepsilon_i}{\Theta}} \sigma_i. \tag{14}$$

In order to find the thermodynamic interpretation of the constants Ψ and Θ we shall compare the statistical expressions of energy and entropy with the thermodynamic equivalents. The mean energy of a system is, by (14),

$$\bar{\varepsilon} = e^{\frac{\Psi}{\Theta}} \sum_i \sigma_i \varepsilon_i e^{-\frac{\varepsilon_i}{\Theta}} = e^{\frac{\Psi}{\Theta}} \Theta^2 \frac{\partial}{\partial \Theta} \sum_i \sigma_i e^{-\frac{\varepsilon_i}{\Theta}}$$

or

$$\bar{\varepsilon} = -\Theta^2 \frac{\partial}{\partial \Theta} \left(\frac{\Psi}{\Theta}\right). \tag{15}$$

Similarly for each independent term ε^k in the energy of a system:

$$\overline{\varepsilon^k} = -\Theta^2 \frac{\partial}{\partial \Theta} \left(\frac{\Psi_k}{\Theta}\right) \tag{15 a}$$

where

$$e^{-\frac{\Psi_k}{\Theta}} = \sum e^{-\frac{\varepsilon_i^k}{\Theta}} \sigma_i. \tag{16}$$

As an expression of the entropy we may use $k \log W$, where W is defined by (8), but due to the extremely sharp maximum of $W_{n_1, n_2}, \ldots$ we may to a first approximation take

$$W = \max(W_{n_1, n_2, \ldots}). \tag{17}$$

Using expressions (12) and (14) we find

$$\begin{aligned} k \log W &= kN \log N + kN \sum_i \sigma_i e^{\frac{\Psi - \varepsilon_i}{\Theta}} \left(\frac{\varepsilon_i - \Psi}{\Theta} - \log N\right) \\ &= kN \frac{\bar{\varepsilon} - \Psi}{\Theta} \end{aligned}$$

or by (15)

$$k \log W = -kN \frac{\partial \Psi}{\partial \Theta}. \tag{18}$$

The formulae (15) and (17) are completely analogous to the thermodynamic expressions of energy and entropy in terms of the free energy provided Θ/k is identified with absolute temperature and $N\Psi$ with free energy.

BOLTZMANN's Principle and MAXWELL's Velocity Distribution Law. Replacing Θ by kT we obtain from (14)

$$\frac{n_i}{n_k} = \frac{\sigma_i}{\sigma_k} e^{\frac{\varepsilon_k - \varepsilon_i}{kT}}. \tag{19}$$

This formula is universally referred to as BOLTZMANN's principle. It includes as a special case the distribution law of velocities, which was first given by MAXWELL. In order to derive MAXWELL's law from (19) it is necessary to define the a priori probabilities in terms of the coordinates and velocities of the systems. Consider for this purpose an arbitrary volume σ_{t_0} of phase space at the time t_0, filled with a continuum of system points. At a later time t the systems which initially were inside σ_{t_0} will have moved such as now to be within another volume σ_t. Since all the systems initially within σ_{t_0} are contained within σ_t the a priori probability of finding a system within σ_t must be equal to the a priori probability of finding the same system within σ_{t_0}, that is

$$\sigma_{t_0} = \sigma_t .$$

Let $q_1, q_2, \ldots q_s, p_1, p_2, \ldots p_s$ be the $2s$ functions of the coordinates and velocities of the systems which are chosen as rectangular coordinates of a point in phase space. The above relation is then equivalent to the requirement that

$$\sigma = \int \ldots \int d q_1 \ldots d p_s \tag{20}$$

shall be constant in time if the limits of the integrals are moving with the systems. The motion of the system points is thus similar to the motion of an incompressible fluid in $2s$ dimensions. In 3-dimensional space the criterion of incompressibility is that the rectangular velocity components u, v, w shall fullfill the relation

$$\frac{\partial u}{\partial x} + \frac{\partial v}{\partial y} + \frac{\partial w}{\partial z} = 0 . \tag{21}$$

By exactly the same considerations as are used in proving (21) it follows that the constancy of σ requires that the "velocities" $\dot{q}_1 \ldots \dot{p}_s$ shall fullfill the relation

$$\sum_{i=1}^{s} \left\{ \frac{\partial \dot{q}_i}{\partial q_i} + \frac{\partial \dot{p}_i}{\partial p_i} \right\} = 0 \tag{22}$$

a dot denoting differentiation with respect to time. Assuming that the motion of a system conforms to the laws of ordinary dynamics this relation is satisfied by taking as functions q_k and p_k the generalized coordinates and momenta which enter the HAMILTONian equations of motion[1]

$$\dot{p}_k = -\frac{\partial H}{\partial q_k}, \qquad \dot{q}_k = \frac{\partial H}{\partial p_k} . \tag{23}$$

This statement is known as LIOUVILLE's theorem. When a system consists of r mass points moving under the influence of conservative forces, the ordinary Cartesian coordinates and momenta will also be HAMILTONian coordinates and momenta, and the function H will signify the total energy:

$$H = V + \sum_{i=1}^{r} \frac{m_i}{2} (u_i^2 + v_i^2 + w_i^2)$$

where V is the total potential energy of the system, and m_i, u_i, v_i, w_i are the mass and rectangular components of the velocity of the ith point belonging to the system. The elementary volume element of phase space for an assembly of N such system becomes

$$d\sigma = \prod_{i=1}^{r} \{d x_i \, d y_i \, d z_i \, m_i \, d u_i \, m_i \, d v_i \, m_i \, d w_i\}^{N_i}$$

so that the free energy Ψ is determined by the formula

$$e^{-\frac{\Psi}{kT}} = \int \ldots \int e^{-\frac{1}{kT}\left\{V + \sum_{i=1}^{Nr} \frac{m_i}{2}(u_i^2 + v_i^2 + w_i^2)\right\}} \prod_{i=1}^{r} \{m_i^3 \, d x_i \, d y_i \, d z_i \, d u_i \, d v_i \, d w_i\}^{N_i},$$

[1] Cf. ciph. 10.

the integration being extended to all positive and negative values of the velocity components, and to all values of the coordinates. The above integral splits up into a number of independent factors. For each degree of freedom there is an integral of the form

$$I_i = m_i \int_{-\infty}^{\infty} e^{-\frac{m_i}{2kT} u_i^2} du_i = \sqrt{2\pi m_i k T}, \tag{24}$$

which is the same for the v_i and w_i components of the velocity. We have proved earlier that the average value of each independent term ε^k in the energy of a system is given by

$$\overline{\varepsilon^k} = -T^2 \frac{\partial}{\partial T}\left(\frac{\Psi_k}{T}\right),$$

where Ψ_k is the contribution to the free energy of the term in question. This formula can therefore be used to calculate the average kinetic energy per degree of freedom of a system. We have by (24)

$$\frac{\Psi_k}{T} = -\frac{1}{2} k \log(2\pi m_i k T)$$

and hence follows

$$\overline{\varepsilon^k} = \frac{1}{2} \overline{m_i u_i^2} = -T^2 \frac{\partial}{\partial T}\left(\frac{\Psi_k}{T}\right) = \frac{1}{2} kT. \tag{25}$$

The average kinetic energy for each degree of freedom is thus $\frac{1}{2}kT$, and independent of the nature of the system. This result is called the theorem of equipartition of kinetic energy. For the case that the motion of the points of a system is subjected to constraints, it is necessary to transform the kinetic energy to a form containing only the squares of the velocity components. This can always be done, and from thence the proof proceeds just as above, the result being the same.

By exactly the same considerations as above it follows that the probability distribution of the velocity components of a single particle of an assembly is

$$dw = \left(\frac{m}{2\pi k T}\right)^{\frac{3}{2}} e^{-\frac{m_i}{2kT}(u^2+v^2+w^2)} du\, dv\, dw, \tag{26}$$

which is MAXWELL's probability distribution law.

It follows further that the mean kinetic energy of translation of any free particle is $\frac{3}{2}kT$, and hence by (5) that the pressure in a gas consisting of practically free systems is

$$p = \frac{N}{V} kT. \tag{27}$$

This expression is identical with the ordinary expression of the pressure in ideal gases, obtained by experiments, provided k is identified with the universal gas constant per atom. The determination of this latter number is a fundamental task in atomic physics which we shall consider in some detail later on.

Formula (5) for the pressure provides the starting point for an exact calculation of the mean velocity of an atom. Since the mean square velocity, by (5) and (27) is simply

$$\overline{c^2} = \frac{3p}{\varrho} = \frac{3kT}{m},$$

all that is necessary for the calculation of the mean velocity $\bar{c}$ itself in terms of observable quantities is a relation between $\bar{c}$ and $\overline{c^2}$. Using the MAXWELLian distribution law (25) it is easily found that

$$\bar{c} = \left(\frac{8}{\pi}\,\frac{1}{3}\,\overline{c^2}\right)^{\frac{1}{2}}$$

and hence

$$\bar{c} = \left(\frac{8}{\pi}\,\frac{p}{\varrho}\right)^{\frac{1}{2}} = \left(\frac{8}{\pi}\,\frac{kT}{m}\right)^{\frac{1}{2}}. \tag{28}$$

For monatomic gases the molecular velocities are thus only slightly larger than the velocity of sound, which is

$$c_s = \left(\frac{5}{3}\,\frac{p}{\varrho}\right)^{\frac{1}{2}}.$$

At normal temperatures and pressures the velocities of the molecules of hydrogen are of the order of one kilometer per second. For other gases the velocities will be in the inverse ratio of the square roots of the molecular weights.

Before leaving this subject it may be well to remark that all results will be unaltered provided we consider a mixture of gases, and it is even possible to determine the degree of dissociation in a gaseous system where chemical reactions occur.

Size and Mass of an Atom. The foregoing discussion has been based on the assumption that a body of observable dimensions will contain a vast number of atoms. The actual dimensions of these atoms have, however, been of no concern. Taking the validity of the kinetic theory for granted it is possible also to estimate the dimensions and individual weights of the atoms. As the latter quantities are most directly given by observation, we shall consider them first. All that is necessary in order to determine the weight of an atom is to determine the number of atoms per unit volume of the pure substance. When this number is known, the atomic mass is obtained by dividing the density of the substance by this number.

BROWNian Motion. The most convenient method of determining the number of atoms in unit volume is afforded by the study of the motion of small particles suspended in a liquid, the existence of which was established for the first time by an English botanist BROWN. Any kind of particles will show the motion, provided they are sufficiently small. The motion is to be regarded as a kind of reflection of the irregular motion of the individual atoms of the liquid, and constitutes therefore a direct and instructive confirmation of the truth of the kinetic theory conceptions. The theory of BROWNian motion was developed by EINSTEIN and M. v. SMOLUCHOWSKI, and runs as follows: From the fundamental equation of diffusion

$$\frac{\partial n}{\partial t} = D\left(\frac{\partial^2 n}{\partial x^2} + \frac{\partial^2 n}{\partial y^2} + \frac{\partial^2 n}{\partial z^2}\right),$$

it is possible to show that the mean time τ taken by an atom to diffuse from a point A to a point B is related to the diffusion coefficient D and the mean square of the distance $AB = \xi$ by the formula

$$\overline{\xi^2} = 2D\tau. \tag{29}$$

The diffusion coefficient D may, on the other hand, be expressed as a function of the mobility $\varkappa$ by equation (3). Considering the particles performing diffusive motion to be spherical, it is possible to use STOKES' formula

$$\varkappa = (6\pi a \eta)^{-1}$$

for the mobility, a being the radius of the particle and η the coefficient of viscosity of the liquid. Formula (29) thus becomes

$$\overline{\xi^2} = \frac{kT}{3\pi a \eta}\,\tau. \tag{30}$$

In this formula all quantities are observable except BOLTZMANN's constant k, which, accordingly, can be determined. The number N_0 of atoms in one gram of hydrogen follows then by dividing the ordinary gas constant by k. The BROWNian motion of rotation of the particles, as well as the distribution of particles with height, can be used for the same purpose. The best value of N_0 thus obtained is $N_0 = 6 \cdot 10^{23}$ which corresponds to a mass $m_H = 1{,}66 \cdot 10^{-24}$ g of an individual hydrogen atom. The density of hydrogen at standard temperature and pressure being $4{,}43 \cdot 10^{-5}\,\mathrm{g \cdot cm^{-3}}$, it follows that the number of molecules in unit volume of an ideal gas at standard temperature and pressure is $N_1 = 2{,}67 \cdot 10^{19}$, and this number is the same for all gases obeying the ideal gas laws.

Mean Free Path Phenomena. In an ordinary gas which deviates little from the ideal state, the motion of an individual atom is not interfered with except at close collisions with other atoms. The field of force which surrounds an atom seems to decrease very rapidly with increasing distance, so that most phenomena occurring in a gas which is not electrically excited, can be satisfactorily represented by assuming the atoms to behave like elastic spheres. The diameter of the equivalent elastic sphere is, by definition, what we shall understand by the diameter of the atom.

Consider the process of interdiffusion of two gases which initially are separated from each other by an impermeable membrane. If the atoms did not interfere at all with each others' motion, the two gases would become intermixed practically instantaneously, since we have found that the velocities of the atoms are very large at ordinary temperature, being of the order of one kilometer per second. The experimental fact that interdiffusion may require considerable time, is then unambiguous evidence that the motion of an atom is strongly interfered with by the other atoms. The distance which an atom may move unhampered, is called the free path, and it is evident that processes like diffusion, temperature conduction, or viscosity will depend essentially upon the length of the free paths of the atoms concerned in the process. A definition of the term "free path" which has the advantage of being independent of special assumptions concerning the field of force round an atom is the following: The free path of a given atom moving initially in a given direction is the projection on this direction of the distance travelled by the atom from the initial moment until it moves perpendicularly to its initial direction of motion. With this definition the first order expressions of the coefficients of viscosity $\varkappa$, temperature conduction ϑ, and self-diffusion D are

$$\varkappa = \varrho \bar{\lambda} \bar{c}\,, \qquad \vartheta = \varkappa C_v\,, \qquad D = \tfrac{1}{3} \bar{\lambda} \bar{c}\,, \tag{31}$$

C_v being the specific heat of the gas at constant volume. It will be noticed that they all depend upon the product of the mean atomic velocity and the mean free path (the average being taken over atoms with different velocities). Since the mean velocity can be calculated to a high degree of accuracy from the equation of state, it is possible to calculate the values of the mean free path from observations of the coefficients $\varkappa$, ϑ, and D. The mean free path will, on the other hand, depend very intimately on the dimensions of the atoms. Consider thus the atoms to be similar elastic spheres of diameter σ. A collision between two atoms is said to take place as soon as their representative spheres intersect. If one of the atoms is immobile, it can be simply shown that the probability that the colliding atom shall rebound within a given elementary solid angle is independent of the direction of motion of the incident atom. The mean free path of a few very light atoms diffusing through an assembly of very heavy atoms is thus exactly equal to the distance moved between two collisions. Let S be the distance between the centres of two atoms at grazing incidence. The number of collisions suffered by an atom on moving a distance λ, is equal to the number of atoms the centres of which are situated within the volume $\pi S^2 \lambda$. If ν is the number of atoms per unit volume, the number of collisions in question is $\nu \pi S^2 \lambda$. If this number is unity, λ will just be equal to the mean free path of the atom:

$$\lambda = \frac{1}{\nu \pi S^2} . \tag{32}$$

If we no longer consider collisions between light and heavy atoms, but collisions between similar atoms, the above expression will no longer hold, inasmuch as the free path may include several collisions. It will, moreover, depend upon the velocity of the atom. If this is small, it will very soon be knocked down by rapidly moving atoms, and conversely, if it is large, the atom may suffer a large number of collisions before it is deviated completely out of its course. These two effects thus go in opposite directions, and it happens, as might have been expected, that they cancel out almost exactly in the mean, so that the mean free path described between two collisions comes out to be independent of the velocity of the atoms and to be of the same order as (32). Thus MAXWELL's expression for the mean free path between two collisions of an atom moving in a mixture of gases is

$$\lambda_1 = \frac{1}{\sum_i \pi \nu_i S_{1i}^2 \sqrt{\frac{m_1}{m_i} + 1}} . \tag{33}$$

Here the index i refers to a particular gas with atomic mass m_i, and atomic diameter such that S_{1i} is the distance from the centre of the i-atom to the centre of the given atom when they are in collision. Further ν_i is the number of i-atoms per unit volume, and the summation is to be extended to all atomic species in the gas. MAXWELL's free path for a uniform gas is seen to be smaller than expression (32) by a factor $\frac{1}{2}\sqrt{2}$. This difference is not all real, since MAXWELL's expression will need a correction due to the fact that a mean free path as defined above will include more than one collision. This correction seems to bring the true value very close to the value (32).

Having determined the mean free path in a gas from experiments on viscosity, conduction, or diffusion it is now possible, by means of formula (32), to estimate the atomic radii. Considering monatomic gases only, there does not seem to be much difference between the values thus obtained. They all cluster very closely around the value 10^{-8} cm, limiting values being about $0{,}8 \cdot 10^{-8}$ and $3 \cdot 10^{-8}$. The order of magnitude of these values is confirmed in several independent ways, and may safely be assumed to give a trustworthy picture of the atomic dimensions.

5. On the Internal Structure of the Atoms. The atomistic constitution of matter being admitted, it follows necessarily from FARADAY's law in electrolysis that electricity must be atomistically constructed too. Moreover: each atom of matter in the electrolytic solution carries integral multiples of a fundamental unit of electricity, which may be positive or negative. Since one gram-molecule of a monovalent element in an electrolyte is known to carry $E = 9600$ electrostatic units of electricity, the elementary electric charge is obtained by dividing E by the number of atoms per gram, which is obtained from experiments on BROWNian motion. Precision measurements of the elementary electric charge have been carried out especially by MILLIKAN by observing the motion of electrically charged particles of submicroscopic dimensions in an electric field. The final value given by MILLIKAN is $\varepsilon = 4{,}774 \cdot 10^{-10}$ E. S. U.

In the phenomena associated with the passage of electric currents through rarefied gases it is possible to study the behaviour of electrically charged particles of atomic dimensions in great detail. It has thus turned out that the particles carrying positive electricity are ordinary atoms, in so far as their atomic weights are concerned. The mass of the particles which preferentially carry negative electricity is, on the other hand, about 1800 times smaller than the mass of a hydrogen atom. These particles are therefore radically different from ordinary atoms, and they are called electrons.

The phenomena of electrolysis, as well as the phenomena associated with the passage of electricity through gases, strongly suggest that the atoms of matter are themselves constructed out of positive and negative electric entities. That the electron constitutes the negative entity is immediately clear; but the nature of the positive entity is less obvious. Valuable contributions to the clearing up of this question were given by LENARD. The final solution of the problem is due to RUTHERFORD who showed how the experiments of GEIGER and MARSDEN on the scattering of α-particles by thin metallic foils unambiguously pointed to the conclusion that the positive electricity in an atom is concentrated practically at points, the nuclei. That each atom should contain but one nucleus could not be definitely concluded from the experiments in question, but is an outcome of the later development of atomic theory. By studying the cases when the inverse square law for the repulsive force between an α-particle and a nucleus breaks down the dimensions of the latter have been found to be of the order of 10^{-12} cm or less, being thus a hundred thousand times smaller than the atoms themselves. By scattering experiments the total number of unit positive charges on a nucleus has been found to be equal to the atomic number of the element in question. For the atom to be electrically neutral it is then necessary that the number of electrons which surround the nucleus and form the outer part of the atom is also equal to the atomic number. This conclusion has been confirmed in a large number of independent ways. The first indication that the number of electrons in an atom must be relatively small, at least in the case of light elements, was obtained by J. J. THOMSON before RUTHERFORD's work, and by the following considerations. Consider the case of scattering of X-rays by matter. As scattering units the electrons will primarily come into consideration due to their small mass. When the frequency of the incident radiation is large as compared to the frequency of vibration of the electrons (estimated, for instance, from the characteristic dispersion frequencies of the substance), it is easy on the basis of ordinary electromagnetic theory, to calculate the fractional amount of radiation scattered per atom. Using the experiments of BARKLA on the scattering of X-rays in light substances THOMSON concluded that each hydrogen atom should contain about one electron, while the number of electrons in each atom of other substances could not differ much from half the atomic weight, which again is about equal to the atomic number.

It would thus seem to be clearly indicated by experiments that the atoms of matter are constructed in the following way. A central system of very small dimensions, the radius being of the order 10^{-12} cm, carries practically the total mass of the atom, as well as the total amount of positive electricity, say N unit positive charges. This system is surrounded by N electrons, distributed somehow in the neighbourhood of the nucleus, inside a volume equal to that derived from the kinetic gas theory, the number of electrons being equal to N, in order that the atom may be electrically neutral as a whole.

It will easily be realized, however, that this picture of the atoms needs fundamental adjustments before being suited to represent all requirements of experimental physics. In fact, without introducing other forces than COULOMB's inverse square force, an atom of the kind considered above cannot possibly retain its individual existence unaltered for any appreciable length of time. An electrostatic configuration of the electrons is known to be unstable, and would therefore not survive a single collision with other atoms, whereas we know from gas theory that an atom may retain its characteristic properties intact after having suffered billions of violent collisions. A state in which the electrons move, on the other hand, is violently unstable, because the electrons would radiate energy at an accelerated rate, and in a very short time coalesce with the nucleus. Thirdly, we know that the radiation emitted from an element in a gaseous state consists mainly of discrete lines, the number of which is sometimes very large. The arrangement of the spectral lines is characteristic of the element in question, and consequently of the atoms. On the basis of ordinary electromagnetic theory radiation in sharp lines can only be emitted from electric systems which perform periodic or multiply periodic oscillations. The number of fundamental lines in the spectrum, not counting harmonics, is equal to or less than the number of degrees of freedom of the system, that is: three times the number of electrons in the atom, provided an electron can be considered as a point charge. From the fact that molecular hydrogen shows a spectrum containing thousands of fundamental lines it would, for instance, be necessary to conclude that the hydrogen molecule contains several thousand electrons, a result which is in direct contradiction to the conclusion drawn by J. J. THOMSON from BARKLA's experiments. This result shows that the contradiction in question cannot possibly be removed by the introduction of additional fields of force between the electrons and the nucleus.

The laws governing the internal state of the atoms must thus undoubtedly differ from the laws of ordinary electromagnetic theory in many and fundamental respects, at the same time as they have certain characteristics in common. The recognition of this fact is not at all of recent date, as it was known already during the latter half of the last century, long before the electric constitution of matter was accepted as a fact, that the description of atomic processes by ordinary mechanical laws leads, sometimes, to results which are in direct contradiction to experiments. The difficulties were first clearly recognized in the theory of specific heat, but it seems that the attention of the physicists was first seriously attracted to this question by the appearance of PLANCK's work on the theory of temperature radiation[1] (1900). Whereas we should naturally expect an atomic system of any kind to be able to absorb or emit energy of any amount, PLANCK arrived at the startling conclusion that electrons performing harmonic vibrations around a position of equilibrium can only absorb or emit radiation in definite quanta of magnitude

$$E = h\nu .$$

Here ν is the proper frequency of the oscillator, and h a universal constant, which is called PLANCK's constant, the numerical value of which is

$$h = 6{,}55 \cdot 10^{-27}\,\mathrm{g} \cdot \mathrm{cm}^2 \cdot \mathrm{sec}^{-1}.$$

The physical utility of PLANCK's "quantum" conceptions was brought out clearly by EINSTEIN who showed how the difficulties encountered in the theory of specific heats could be cleared away by using the new conceptions. EINSTEIN,

[1] M. PLANCK, Verhandlungen d. Deutsch. Phys. Gesellschaft Bd. 2, p. 237 (1900).

moreover, first recognized that the photoelectric effect is a typical quantum phenomenon. This effect seems specially suited to bring vividly to the mind how entirely inadequate ordinary electrodynamics is as a means of describing elementary atomic processes. It was noticed first by LENARD that the velocity of photoelectrically expelled electrons does not depend upon the intensity of the incident light, but only upon the frequency. Later it has been shown by a large number of experiments that there is a one — one correspondence between the energy E of an expelled photo-electron, and the frequency of the incident radiation, given by EINSTEIN's equation

$$h\nu = E + E_0$$

where h is PLANCK's constant, and E_0 another constant which depends upon the particular atom in question. Moreover, the photoelectric emission starts instantaneously as soon as the radiation falls on the matter in question. These results seem to stand in direct contrast to the principles of electromagnetic theory, according to which the energy emitted from a source, such as an assembly of atoms, is continuously distributed in space, the energy density of radiation diminishing proportionally to the square of the distance from the source. It is, in fact, possible to obtain photo-electric emission with a source of radiation so faint that classical theory would not predict the emission to take place before hours after the opening of the shutter. The photo-electric phenomena seem, therefore, to indicate that the energy of radiation is, so to speak, tied up in indivisible bundles like bullets, which can only be absorbed as a whole. This conclusion must, however, be contrasted with the undoubted wave properties of light, as they are convincingly demonstrated by interference phenomena. This contrast indicates a dualism in the properties of radiation and matter, the adequate description and interpretation of which forms an essential part of the theoretical physics of today.

The laws of spectroscopy, finally, bear unanimous testimony against the principles of ordinary electromagnetic theory. We have already emphasized that a strict interpretation of the line spectra of the elements on the basis of this theory would require an atom to contain an impossibly large number of electrons. Further, the practically complete absence of additive relations between the frequencies of the spectral lines is suspicious, since such relations would be expected as soon as the motion of the electrons possesses periodicity properties which are more general than those of purely harmonic motion. In place of sum-rules the observed frequencies conform to an extremely general difference-rule, the so called combination principle, established by RITZ. That is: the difference between the frequencies of two spectral lines may appear as the frequency of another line in the spectrum. This fact leads to the suggestion that in the true atomic electrodynamics the difference between two frequencies plays a similar part as the sum does in ordinary macroscopic electrodynamics.

6. BOHR's Quantum Postulates. Although ordinary electrodynamics is clearly inadequate as a foundation of atomic physics, it is nevertheless inevitable that any attempt of constructing a true atomic theory must use the classical conceptions to a wide extent. In a number of cases it must even give the same results as the classical theory, as is particularly true in the limit of ordinary electrotechnical problems, such that the true atomic theory must, somehow or other, have the form of a generalization of classical electromagnetic theory. In such a generalization it is inevitable that terms which originally had a strict mechanically defined significance become more or less ambiguous, and to the same extent as the classical theory, in which the terms were adequate, loses its validity. It is thus customary to speak freely of the momentum, angular momentum, energy etc. of the electrons in an atom, although these terms only have a definite meaning in classical theory. This procedure does not lead to the confusion which might be anticipated provided one carefully remembers the symbolical meaning of the terms in use. At the present state of science the use of mechanical models cannot be dispensed with in atomic theory; it is therefore essential to remember that only a few properties of the model may correspond to observable properties of an atom.

The first successful attempt to generalize classical electrodynamics in the above sense was made by BOHR (1913), and later work has proceeded essentially as a further development of the program which was clearly indicated already in the earliest phases of BOHR's work. In BOHR's theory the results of the ordinary electromagnetic theory are used only in so far as they conform to the following postulates:

First Postulate: Any closed atomic system can, and can only, exist in a series of discrete states, the so called quantum states, in each of which the atom may reside a certain time interval without emission of energy. In particular: each system possesses a normal state into which it will finally settle down, when external influences cease to disturb it.

The requirements of this postulate are, of course, entirely incompatible with ordinary electromagnetic theory. This latter can therefore be used in connection with the postulate only in so far as the emission of energy from the system may be neglected. It therefore becomes necessary to introduce other postulates or rules which put radiation phenomena in their proper place. This function is partly taken over by BOHR's Second Postulate.

Second Postulate: If the transition of an atomic system from a state (i) to a state (k) is accompanied by emission or absorption of radiation the frequency of this radiation is determined by the relation

$$h\nu_{ik} = |E_i - E_k|, \tag{34}$$

E_i, E_k being the energy of the atom in the i- and k-states respectively while h is PLANCK's constant as before.

No causal laws governing the transition processes are postulated, and to cover observational facts it is sufficient to assume the transitions to take place according to laws of probability. This is expressed by saying that an atom in an i-state possesses a probability $a_{ik}dt$ for passing over in the k-state in the time interval dt. The coefficients a_{ik} will depend upon the internal properties of the atom in the two states in question, as well as upon the existing external conditions.

It will be noticed that we have spoken of the time interval in which the atoms reside in the stationary state, while the time taken in transitions between such states has been tacitly ignored. In fact, it seems as if time intervals of the latter kind find no natural place in the theory, and they are explicitly ignored in all applications, that is: the transitions are assumed to take place instantaneously.

The second postulate stands in direct parallelism to certain extremely general laws of experimental physics. Thus EINSTEIN's photo-electric energy relation enters as a special case in (34) and the most general law of spectroscopy, RITZ' combination principle, is identical with (34), provided the energy values E_i, E_k are taken equal to the corresponding spectral terms, multiplied by PLANCK's constant, and with the negative sign. The experimental confirmation of this energetic interpretation of the spectral terms was essentially given by FRANCK and his collaborators, and it constitutes one of the most striking confirmations obtained by the theory from subsequent experimental work.

When the possible stationary states of an atom of a particular element are known, i. e., all spectral terms, it is possible by using the frequency relation (34) to predict what spectral lines can possibly be emitted when an assembly of atoms, having been brought to excited states, return to their normal state. This phase of the theory seems to explain satisfactorily the fluorescence rule of STOKES, as well as the detailed experiments on fluorescent radiation made by STRUTT, WOOD, and FÜCHTBAUER. It may be mentioned in particular that the transitions starting from the normal state of the atoms may be found by observing the absorption spectrum of the elements in a gaseous state at moderate temperatures. In this case practically all atoms will be in the normal state, and the element will only absorb those spectral lines, the frequencies of which correspond to transitions from the normal state to some higher state.

7. Vector Notation. Before proceeding to the detailed consideration of modern atomic theory, as it has developed on the basis of BOHR's postulates, we shall, for the sake of reference, consider briefly the main features of classical electromagnetic theory and mechanics. In this connection the use of vector symbols is convenient. Vectors will mostly be denoted by heavy type, and the following symbolism will be used: Let $\boldsymbol{a}$ and $\boldsymbol{b}$ denote any two vectors with rectangular components $a_x, a_y, a_z, b_x, b_y, b_z$, while φ is an invariant. We then write

1. Inner product of $\boldsymbol{a}$ and $\boldsymbol{b} = (\boldsymbol{a}\boldsymbol{b}) = a_x b_x + a_y b_y + a_z b_z =$ invariant,
2. Vector product of $\boldsymbol{a}$ and $\boldsymbol{b} = [\boldsymbol{a}\boldsymbol{b}] = -[\boldsymbol{b}\boldsymbol{a}] =$ vector with components

$$a_y b_z - a_z b_y, \qquad a_z b_x - a_x b_z, \qquad a_x b_y - a_y b_x.$$

3. A vector of unit length pointing in the same direction as the vector $\boldsymbol{a}$ is denoted by $\bar{\boldsymbol{a}}$.

4. Differential vector operator ∇. Components $\frac{\partial}{\partial x}, \frac{\partial}{\partial y}, \frac{\partial}{\partial z}$. Hence

$$\nabla\varphi = \text{vector with components } \frac{\partial\varphi}{\partial x}, \frac{\partial\varphi}{\partial y}, \frac{\partial\varphi}{\partial z},$$

$$(\nabla\boldsymbol{a}) = \operatorname{div}\boldsymbol{a} = \frac{\partial a_x}{\partial x} + \frac{\partial a_y}{\partial y} + \frac{\partial a_z}{\partial z} = \text{invariant},$$

$$\nabla^2\varphi = \frac{\partial^2\varphi}{\partial x^2} + \frac{\partial^2\varphi}{\partial y^2} + \frac{\partial^2\varphi}{\partial z^2} = \text{invariant etc.}$$

5. Invariant vector operator. $(\boldsymbol{a}\nabla) = a_x\frac{\partial}{\partial x} + a_y\frac{\partial}{\partial y} + a_z\frac{\partial}{\partial z}$.

6. Curl operator $[\nabla]$. $[\nabla\boldsymbol{a}] = \operatorname{curl}\boldsymbol{a} =$ vector with components $\frac{\partial a_z}{\partial y} - \frac{\partial a_y}{\partial z}$, $\frac{\partial a_x}{\partial z} - \frac{\partial a_z}{\partial x}$, $\frac{\partial a_y}{\partial x} - \frac{\partial a_x}{\partial y}$. Hence divcurl $\boldsymbol{a} = 0$ identically.

Two integral relations are of principal importance:

7. STOKES' Theorem.

$$\int(\boldsymbol{a}\,d\boldsymbol{s}) = \iint(\operatorname{curl}\boldsymbol{a}\,d\boldsymbol{c})$$

the integral to the left being taken round a closed curve, and the integral to the right over any surface having the given curve for a boundary, $d\boldsymbol{c}$ being an elementary vector whose absolute value gives the surface element in question, and whose direction is along the outer normal to the surface at the given point.

8. GAUSS' theorem.

$$\iiint\limits_V \operatorname{div}\boldsymbol{a}\,d\tau = \iint\limits_S(\boldsymbol{a}\,d\boldsymbol{c})$$

the integral to the left being taken over a volume V, and the integral to the right over the boundary surfaces to this volume.

8. Electrical Theory. Consider a system of electric currents which are stationary in time. The currents will produce a magnetic field, the intensity $\boldsymbol{H}$ of which will be connected with the electric current density $\boldsymbol{J}$ by the vector equation

$$\operatorname{curl}\boldsymbol{H} = \frac{4\pi}{c}\boldsymbol{J} \tag{35}$$

where c is a constant. This equation can be very simply verified by experiments on the magnetic field of long solenoids. It entails as an immediate consequence

$$\operatorname{div}\boldsymbol{J} = 0 \tag{36}$$

which signifies that the electric substance carried by the current is conserved. If $\boldsymbol{E}$ is the electric field intensity and ϱ the electric density the fact that the force between two electric point charges follows COULOMB's law may be written in the form

$$\operatorname{div}\boldsymbol{E} = 4\pi\varrho\,. \tag{37}$$

The corresponding equation for $\boldsymbol{H}$ is

$$\operatorname{div}\boldsymbol{H} = 0 \tag{38}$$

which expresses the experimental fact that no magnetic substance exsists analogous to electricity.

If the state of the electromagnetic system is variable in time, FARADAY's induction law

$$\operatorname{curl}\boldsymbol{E} = -\frac{1}{c}\frac{\partial\boldsymbol{H}}{\partial t} \tag{39}$$

is experimentally verified. The question to be decided, however, is how equations (35), (36) and (39) are to be generalized to the new case. If electricity is conserved under all conditions (36) must be replaced by

$$\frac{\partial\varrho}{\partial t} + \operatorname{div}\boldsymbol{J} = 0\,. \tag{40}$$

If, further, (37) is taken over unaltered the form

$$\operatorname{curl}\boldsymbol{H} = \frac{1}{c}\frac{\partial\boldsymbol{E}}{\partial t} + \frac{4\pi}{c}\boldsymbol{J} \tag{41}$$

suggests itself as the simplest generalization of (35), since (41) combined with (37) gives (40) identically. The system of equations (37), (38), (39) and (41) are the fundamental equations of LORENTZ' electron theory. They become identical with the equations of MAXWELL and HERTZ when the dielectric constant and the magnetic permeability are put equal to unity. This is permissible in a microscopic theory dealing with individual electrons, since the quantities in question appear in their proper place by averaging the field quantities over volume elements containing a large number of electrons (positive or negative).

It is further necessary to have an expression for the force on a moving charge. In LORENTZ' theory the force density is given by the expression

$$\boldsymbol{f} = \varrho\boldsymbol{E} + \frac{1}{c}[\boldsymbol{J}\boldsymbol{H}]\,. \tag{42}$$

The first term to the right hand side of (42) is merely the net electric force on the electricity in unit volume, while the second term is equivalent to BIOT-SAVART's law for the force on a current element in a magnetic field.

The term $\frac{1}{c}\frac{\partial \boldsymbol{E}}{\partial t}$ which we added to (35) in order to obtain (41) is the origin of MAXWELL's electromagnetic theory of light. In fact, considering the case of an electromagnetic field in free space ($J = 0$) we find, by combining (41) with (39)

$$\operatorname{curl}\operatorname{curl}\boldsymbol{E} = -\frac{1}{c^2}\frac{\partial^2 \boldsymbol{E}}{\partial t^2}.$$

We have further, since $\operatorname{div}\boldsymbol{E} = 0$

$$\operatorname{curl}\operatorname{curl}\boldsymbol{E} = \nabla(\operatorname{div}\boldsymbol{E}) - \nabla^2\boldsymbol{E} = -\nabla^2\boldsymbol{E}$$

and hence

$$\nabla^2\boldsymbol{E} = \frac{1}{c^2}\frac{\partial^2 \boldsymbol{E}}{\partial t^2}. \tag{43}$$

Similarly

$$\nabla^2\boldsymbol{H} = \frac{1}{c^2}\frac{\partial^2 \boldsymbol{H}}{\partial t^2}.$$

Equations of the form (43) are encountered in all problems concerned with the propagation of undamped waves in homogeneous media, c being the velocity of propagation. The experimental fact that c is numerically equal to the velocity of light suggests therefore immediately that light is electromagnetic in nature. The fact that

$$\operatorname{div}\boldsymbol{E} = \operatorname{div}\boldsymbol{H} = 0$$

for free space insures, moreover, that the amplitudes of plane light waves will be transverse to the direction of propagation as demanded by the experiments on polarized radiation.

Multiply (39) by $-\boldsymbol{H}$ and (41) by $\boldsymbol{E}$ (inner products) and add. The resulting equation may be brought into the form

$$\operatorname{div}\frac{c}{4\pi}[\boldsymbol{E}\boldsymbol{H}] + \frac{\partial}{\partial t}\left(\frac{\boldsymbol{E}^2 + \boldsymbol{H}^2}{8\pi}\right) + (\boldsymbol{f}\boldsymbol{J}) = 0. \tag{44}$$

This is the equation of continuity for electromagnetic energy. The vector

$$\boldsymbol{S} = \frac{c}{4\pi}[\boldsymbol{E}\boldsymbol{H}] \tag{45}$$

which is called POYNTING's vector, gives the flux of radiant energy through unit area, placed perpendicularly to its direction, while

$$\frac{1}{8\pi}\{\boldsymbol{E}^2 + \boldsymbol{H}^2\} \tag{46}$$

is the energy density of radiation. The energy is thus continuously distributed in space provided the electric and magnetic vectors are continuously distributed. With this interpretation equation (44) states that electromagnetic energy can never be lost or created except by electromagnetic forces doing work on matter, this work being positive or negative.

9. Radiation of Energy from Moving Electrons. Consider next the case when the electric charge and current densities do not vanish. The fundamental equations satisfied by the field quantities can then be brought into the form of wave equations in the following manner: Introduce instead of $\boldsymbol{E}$ and $\boldsymbol{H}$ a vector $\boldsymbol{A}$, the magnetic vector potential, and a scalar quantity φ, the electric potential, defined by the following equations:

$$\boldsymbol{H} = \operatorname{curl}\boldsymbol{A}, \qquad \boldsymbol{E} = -\nabla\varphi + \frac{1}{c}\frac{\partial \boldsymbol{A}}{\partial t}, \qquad \operatorname{div}\boldsymbol{A} + \frac{1}{c}\frac{\partial \varphi}{\partial t} = 0. \tag{47}$$

Introducing these expressions of $\boldsymbol{E}$ and $\boldsymbol{H}$ in (39) and (41) we find after some reductions:

$$\nabla^2 \boldsymbol{A} = \frac{1}{c^2}\frac{\partial^2 \boldsymbol{A}}{\partial t^2} + \frac{4\pi \boldsymbol{J}}{c}, \tag{48}$$

$$\nabla^2 \varphi = \frac{1}{c^2}\frac{\partial^2 \varphi}{\partial t^2} + 4\pi\varrho. \tag{49}$$

Solutions of these equations are the retarded potentials

$$\boldsymbol{A} = \int \left\{\frac{\boldsymbol{J}}{r}\right\}_{t-r/c} d\xi\, d\eta\, d\zeta, \qquad \varphi = \int \left\{\frac{\varrho}{r}\right\}_{t-r/c} d\xi\, d\eta\, d\zeta. \tag{50}$$

Here r is the distance from the point x, y, z, at which the potentials are to be calculated, to the variable point of integration ξ, η, ζ. The integration is to be extended to infinite space, and the index $t - r/c$ means that the value of the integrand must be taken at a time which is $t - r/c$ anterior to the time t for which the potentials are evaluated. This means simply that electromagnetic disturbances are propagated with the velocity c, which accordingly must be identical with the velocity of light in free space, if light is electromagnetic in nature. In the electrostatic case $\boldsymbol{A}$ is zero (no magnetism), while φ reduces to the ordinary electrostatic potential. If electricity is in steady motion, the significance of φ is unaltered while $\boldsymbol{A}$ will determine a steady magnetic field. If, finally, the motion of electricity is not steady, electromagnetic waves will, in general, spread out from the system and give rise to loss of energy by radiation.

Consider the case of an isolated electron of total charge e, moving in any manner with a translational velocity $\boldsymbol{V}$, rotational motion being excluded. The electron will be assumed to fill out a small volume which we split up into elementary parallelopipedons δ with axes in the direction of the radius vector r to the point $P(x, y, z)$ at which the values of the potentials will be calculated. Let Δt be the time taken by light to move along a given δ. The actual length of this particular δ is then $l = (c - V_r)\Delta t$, V_r being the component of $\boldsymbol{V}$ in the direction of r. The integration in (50) relative to this δ will cover a time interval Δt, during which δ will move a distance $V_r \Delta t$ in a radial direction. In the integration process each δ must therefore be allowed an effective length

$$l' = l + V_r \Delta t = c\Delta t,$$

such that the integration will extend over a volume δ' which is greater than δ by a factor $(1 - V_r/c)^{-1}$. This holds for all elementary parallelopipedons, and hence for the whole electron, provided it is sufficiently small. The integrated form of the electromagnetic potentials due to an electron can therefore be written down at once as

$$\varphi = \{e/r(1 - V_r/c)\}_{t-r/c}, \qquad \boldsymbol{A} = \{e\boldsymbol{V}/r(1 - V_r/c)\}_{t-r/c}. \tag{51}$$

These expressions were for the first time derived by LIÉNARD and WIECHERT, and they are therefore called the LIÉNARD-WIECHERT point potentials. By substituting expressions (51) in the corresponding wave equations it may be verified that the solutions are exact, and correspond to a moving point charge.

In order to calculate the emission of radiation from a system of electric charges in motion, we must add up the contributions from the individual electrons as given by (51), and calculate the expressions of $\boldsymbol{E}$ and $\boldsymbol{H}$ from (47). We then find directly the expression for POYNTING's vector which gives the flux of radiation. In order to obtain the total loss of radiation from the system of charges all that is necessary is to enclose the system by a closed surface, and integrate the normal component of $\boldsymbol{S}$ in an outward direction over this surface.

The first order expressions of $\boldsymbol{E}$, $\boldsymbol{H}$, and $\boldsymbol{S}$ arrived at when the distance r to the centre of the electric system is large compared to the dimensions of the system itself, and the velocities of the electrons are small compared to the velocity of light are

$$\left.\begin{aligned} \boldsymbol{E} &= \frac{1}{c^2 r}(\ddot{\boldsymbol{P}} - (\bar{\boldsymbol{r}}\ddot{\boldsymbol{P}})\bar{\boldsymbol{r}}), && \text{(a)} \\ \boldsymbol{H} &= \frac{1}{c^2 r}[\bar{\boldsymbol{r}}\ddot{\boldsymbol{P}}], && \text{(b)} \\ \boldsymbol{S} &= \frac{1}{4\pi c^3 r^2}\{\ddot{\boldsymbol{P}}^2 - (\bar{\boldsymbol{r}}\ddot{\boldsymbol{P}})^2\}\bar{\boldsymbol{r}}, && \text{(c)} \end{aligned}\right\} \tag{52}$$

where

$$\boldsymbol{P} = \int \varrho \boldsymbol{r}\, d\tau \qquad \text{(d)}$$

is called the electrical moment of the electric system, or the polarization vector. It follows directly from (52c) that oscillations in the electrical moment of the system are always connected with loss of energy by radiation. The loss of energy per unit time can be read out of (52c) practically without calculations. Since $\boldsymbol{S}$ is parallel to r it is convenient to enclose the system by a sphere of radius r. The average value of $(\bar{\boldsymbol{r}}\ddot{\boldsymbol{P}})^2$ over this sphere is simply $\ddot{\boldsymbol{P}}^2/3$, since the average value of the square of a direction cosine over the unit sphere is $1/3$. It follows that the loss of energy per unit time is

$$\frac{dE}{dt} = -\frac{2}{3c^3}\ddot{\boldsymbol{P}}^2. \tag{53}$$

The general character of the distribution of energy in the spectrum of the radiation emitted from the system may also be inferred from the above formulae. Thus if the electrical moment can be expanded in a multiple FOURIER series containing a number of different fundamental frequencies, say $w_1, w_2, \ldots$, the POYNTING vector can also be expanded in a multiple FOURIER series containing the same frequencies, and the radiation emitted will therefore also be concentrated in these frequencies.

10. Analytical Dynamics. Assuming now that the electromagnetic potentials are given as functions of the coordinates and the times, the motion of any system of electric charges in the field may be found. Neglecting the emission or absorption of radiation the electric charges will move according to the laws of ordinary conservative dynamical systems. Approximate assumptions of this kind have played an important role in the development of atomic theory, and a short review of the theory of conservative dynamical systems is therefore of interest in this connection, the more so, as it really forms the basis on which atomic theory in its present form is constructed.

Consider any dynamical system consisting of r mass points. Let the mass and rectangular coordinates of the ith point be m_i and x_i, y_i, z_i, and let X_i, Y_i, Z_i be the rectangular components of the force which acts on this point. The motion of this system is then given by $3r$ equations of the form

$$m_i\ddot{x}_i = X_i, \qquad m_i\ddot{y}_i = Y_i, \qquad m_i\ddot{z}_i = Z_z, \qquad i = 1, 2, \ldots r \tag{54}$$

where a dot denotes differentiation with respect to time. Instead of rectangular coordinates we now introduce generalized coordinates $q_1, q_2, \ldots q_s$, where s is equal to $3r$, if the mass points are free to move in space, while s may be smaller than $3r$ if the degree of freedom of the system is reduced by the presence of constraints. From equations (54) we obtain s equations of the form

$$\sum_{i=1}^{r} m_i \frac{\partial x_i}{\partial q_k}\ddot{x}_i = \sum_{i=1}^{r} X_i \frac{\partial x_i}{\partial q_k}, \qquad k = 1, 2, \ldots s. \tag{55}$$

Introducing the kinetic energy T of the system by the formula

$$T = \sum_{i=1}^{r} \frac{m_i}{2} (\dot{x}_i^2 + \dot{y}_i^2 + \dot{z}_i^2),$$

using the identities

$$\frac{\partial x_i}{\partial q_k} = \frac{\partial \dot{x}_i}{\partial \dot{q}_k}, \qquad \frac{\partial \dot{x}_i}{\partial q_k} = \frac{d}{dt}\left(\frac{\partial \dot{x}_i}{\partial \dot{q}_k}\right) = \frac{d}{dt}\left(\frac{\partial x_i}{\partial q_k}\right)$$

and putting

$$Q_k = \sum_{i=1}^{r} \left\{X_i \frac{\partial x_i}{\partial q_k} + Y_i \frac{\partial y_i}{\partial q_k} + Z_i \frac{\partial z_i}{\partial q_k}\right\},$$

equations (55) transform into the following system

$$\frac{d}{dt}\left(\frac{\partial T}{\partial \dot{q}_k}\right) - \frac{\partial T}{\partial q_k} = Q_k, \qquad k = 1, 2, \ldots s, \tag{56}$$

which is LAGRANGE's form of the equations of motion. The principal advantages of LAGRANGE's form over the NEWTONian form is that the number r of material particles in the system has been eliminated, and the more fundamental quantity s, which gives the number of degrees of freedom, has appeared in its place. In the case that a force function V exists, it is natural to express (56) in terms of a function L, the kinetic potential, by the equations

$$Q_k = -\frac{\partial V}{\partial q_k}, \qquad L = T - V. \tag{57}$$

The sign of V has been so determined that V is just the potential energy of the system. Equations (56) now become

$$\frac{d}{dt}\left(\frac{\partial L}{\partial \dot{q}_k}\right) - \frac{\partial L}{\partial q_k} = 0, \qquad k = 1, 2, \ldots, s. \tag{58}$$

According to the calculus of variations equations of the type (58) are necessary conditions in order that the first variation of the integral

$$I = \int_A^B L(q_1, \ldots, q_s, \dot{q}_1, \ldots, \dot{q}_s, t)\, dt \tag{59}$$

shall vanish, it being assumed that the variations δq_k, $\delta \dot{q}_k$ vanish at the limits of integration. The equations of motion of electrons in a magnetic field, and the equations of relativity mechanics, may also be brought into the form (58), but this time the kinetic potential does not have the significance given to it by (57). We give the results without proof:

In the case of relativistic mechanics

$$L = \sum_k m_k^0 c^2 \sqrt{1 - V_k^2/c^2} - V, \tag{60}$$

where m_k^0 is the mass of the k-th particle when it has zero velocity, $\boldsymbol{V}_k$ is the velocity of this particle, while c is the velocity of light.

In the case of a steady magnetic field

$$L = T - V - \frac{1}{c} \sum_k e_k (\boldsymbol{A}_k \boldsymbol{V}_k), \tag{61}$$

e_k being the charge of the k-th particle, while $\boldsymbol{A}_k$ is the magnetic vector potential at the place of the k-th particle.

From (58) it is easy to pass over to HAMILTON's form of the equations of motion. For this purpose it is sufficient to introduce a new series of variables, the momenta p_k, defined by the equations

$$p_k = \frac{\partial T}{\partial \dot{q}_k}. \tag{62}$$

Thus by (58) and (62)

$$\delta L = \dot{p}_k \delta q_k + p_k \delta \dot{q}_k. \tag{63}$$

Introducing a new function H by

$$H = \sum_k p_k \dot{q}_k - L \tag{64}$$

we find

$$\delta H = \sum_k \{\dot{q}_k \delta p_k - \dot{p}_k \delta q_k\}.$$

Considering H as a function of the p's and the q's we have finally

$$\dot{q}_k = \frac{\partial H}{\partial p_k}, \qquad \dot{p}_k = -\frac{\partial H}{\partial q_k}, \qquad k = 1, \ldots, s. \tag{65}$$

11. HAMILTON-JACOBI Integration Theory. Consider a change of variables in the HAMILTONian equations of motion from p_k, q_k, to P_k, Q_k $(k = 1, 2, \ldots s)$, the change being such that the transformed equations preserve the HAMILTONian form:

$$\dot{P}_k = -\frac{\partial \overline{H}}{\partial Q_k}, \qquad \dot{Q}_k = \frac{\partial \overline{H}}{\partial P_k}, \qquad k = 1, 2, \ldots s, \tag{66}$$

$\overline{H}$ being some function of P_k, Q_k, and the time t. This will evidently be the case if the kinetic potential L which enters the variation principle (59), expressed in terms of P_k, Q_k, is equal to the corresponding L expressed in terms of p_k, q_k, save for the possible addition of a term which is the total derivative with respect to time of a certain function. Any term of this latter kind may be added to the kinetic potential in the variation principle (59) because the time integral of such a term depends only upon the initial and final coordinates, and the variations are assumed to vanish at both limits of integration. If therefore the new variables P_k, Q_k are such that

$$\sum_k (p_k\, dq_k - H\, dt) - \sum_k (P_k\, dQ_k - \overline{H}\, dt) = \frac{dS}{dt} dt, \tag{67}$$

where dS/dt is the total derivative of S with respect to the time, we are certain that the time variations of P_k, Q_k, will be given by HAMILTONian equations, $\overline{H}$ being the new HAMILTONian function. The function S which enters (67) may have four different forms. It may either depend upon q_k, Q_k only, but not upon p_k and P_k, or it may depend upon p_k, Q_k only, or on p_k and P_k, or on q_k, P_k. The dependence of S upon the time, on the other hand, is by (67) always such that

$$\overline{H} = H + \frac{\partial S}{\partial t}.$$

As equation (67) stands, S is evidently a function of q_k and Q_k, and we have

$$p_k = \frac{\partial S}{\partial q_k}, \qquad P_k = -\frac{\partial S}{\partial Q_k}, \qquad k = 1, 2, \ldots s. \tag{68}$$

Writing $p_k\, dq_k = d(p_k q_k) - q_k\, dp_k$ etc. it follows directly that the remaining three combinations are characterized by

$$\left.\begin{aligned} q_k &= -\frac{\partial S}{\partial p_k}, & P_k &= -\frac{\partial S}{\partial Q_k}, & &\text{(b)}\\ q_k &= -\frac{\partial S}{\partial p_k}, & Q_k &= \frac{\partial S}{\partial P_k}, & &\text{(c)}\\ p_k &= \frac{\partial S}{\partial q_k}, & Q_k &= \frac{\partial S}{\partial P_k}, & &\text{(d)} \end{aligned}\right\} \tag{69}$$

S being a function of p_k, Q_k, p_k, P_k, and q_k, P_k respectively for the cases (b), (c) and (d).

From (66) it appears that the new variables will remain constant in time if the transformation is such that the new HAMILTONian function is zero. This will be the case if the function S is a solution of the partial differential equation which results when we introduce either $p_k = \frac{\partial S_k}{\partial q_k}$ or $q_k = -\frac{\partial S}{\partial p_k}$ in the equation

$$\overline{H} = H + \frac{\partial S}{\partial t} = 0. \tag{70}$$

The form of the solution is arbitrary provided it only contains s independent constants of integration, which represent either P_k, or Q_k ($k = 1, 2, \ldots s$). Having found such a solution, $\alpha_1 \ldots \alpha_s$ being the arbitrary constants involved, the solution of the dynamical problem is given by

$$p_k = \frac{\partial S}{\partial q_k}, \qquad \beta_k = \frac{\partial S}{\partial \alpha_k},$$

or

$$q_k = -\frac{\partial S}{\partial p_k}, \quad \beta_k = \frac{\partial S}{\partial \alpha_k}, \qquad k = 1, 2, \ldots s \tag{71}$$

according to the choice of independent variables in (70), $\beta_1 \ldots \beta_s$ being a new set of arbitrary constants.

If H does not contain the time explicitly we may write

$$\frac{\partial S}{\partial t} = -E = \text{const.} \tag{72}$$

In case the HAMILTONian function signifies the total energy, the constant E is evidently the energy constant of the system.

Miscellaneous Examples. 1. When the HAMILTONian function does not contain the time explicitly it follows from (65) that H remains constant during the motion of the system, since

$$\frac{dH}{dt} = \sum_{k=1}^{s} \left(\frac{\partial H}{\partial p_k} \dot{p}_k + \frac{\partial H}{\partial q_k} \dot{q}_k\right) = 0.$$

If H does not depend upon a particular q_k, the corresponding p_k is constant. Hence follows that:

2. If the HAMILTONian function is unaltered by a translation of the system in a particular direction the component of the total rectangular momentum of the system in that direction remains constant in time. The velocity of the centre of gravity of a closed system free to move in space is therefore a constant.

3. By considerations of the same kind it follows that if H is invariant for a rotation of the system round a given axis, the total angular momentum of the system round this axis remains constant in time.

The above results will be true, in particular, for any system consisting of mass points acting on each other by central forces of attraction or repulsion, which do not depend explicitly upon the time. Hence, largely, the importance of the quantities: total energy, total momentum, and total angular momentum for atomic theory.

12. Relativistic Mechanics. The LAGRANGEan function of the problem is then

$$L = -\sum_{k=1}^{s} m_k^0 \sqrt{1 - \frac{V_k^2}{c^2}} - V - \sum_k \frac{e_k}{c} (\boldsymbol{V}_k \boldsymbol{A}_k), \tag{73}$$

it being assumed, for generality, that the motion takes place in a steady magnetic field, the vector potential of which is $\boldsymbol{A}$ [cf. equations (60) and (61)]. The momenta are

$$p_{kx} = \frac{\partial L}{\partial V_{kx}} = \frac{m_k^0 V_{kx}}{\sqrt{1 - V_k^2/c^2}} - \frac{e_k}{c} A_{kx}, \tag{74}$$

etc. and the HAMILTONian function becomes

$$H = \sum_{k=1}^{r} (p_{kx} V_{kx} + p_{ky} V_{ky} + p_{kz} V_{kz}) - L = \sum_k m_k^0 c^2 \left\{\frac{1}{\sqrt{1 - \frac{V_k^2}{c^2}}} - 1\right\} + V.$$

Since

$$m_k^0 c^2 \left(\frac{1}{\sqrt{1 - \frac{V_k^2}{c^2}}} - 1\right) \tag{75}$$

is the relativistic expression of the kinetic energy of a particle, H signifies the total energy of the system. By (72) we have further

$$c\left\{\left(p_{kx} + \frac{e_k}{c} A_{kx}\right)^2 + \left(p_{ky} + \frac{e_k}{c} A_{ky}\right)^2 + \left(p_{kz} + \frac{e_k}{c} A_{kz}\right)^2 + m_k^{0\,2} c^2\right\}^{\frac{1}{2}} = \frac{m_k^0 c^2}{\sqrt{1 - \frac{V_k^2}{c^2}}}.$$

Expressed in terms of momenta instead of velocities the HAMILTONian function is therefore

$$\left.\begin{aligned} H = c \sum_{k=1}^{r} \left\{\left(p_{kx} + \frac{e_k}{c} A_{kx}\right)^2 + \left(p_{ky} + \frac{e_k}{c} A_{ky}\right)^2 + \left(p_{kz} + \frac{e_k}{c} A_{kz}\right)^2 + m_k^{0\,2} c^2\right\}^{\frac{1}{2}} \\ + V - \sum_{k=1}^{r} m_k^0 c^2 . \end{aligned}\right\} \tag{76}$$

Consider now the case of a single electron. Removing the square root in expression (74) we find

$$\left.\begin{aligned} \frac{1}{2m_0}\left\{\left(p_x + \frac{e}{c} A_x\right)^2 + \left(p_y + \frac{e}{c} A_y\right)^2 + \left(p_z + \frac{e}{c} A_z\right)^2 - \left(\frac{1}{c} H - \frac{1}{c} V + m_0 c\right)^2\right\} \\ + \tfrac{1}{2} m_0 c^2 = 0 . \end{aligned}\right\} \tag{77}$$

The associated HAMILTON-JACOBI equation for x, y, z, t as independent variables is obtained by putting

$$p_x = \frac{\partial S}{\partial x}, \qquad p_y = \frac{\partial S}{\partial y}, \qquad p_z = \frac{\partial S}{\partial z}, \qquad H + m_0 c^2 = -\frac{\partial S}{\partial t}$$

in (75), which gives

$$\left.\begin{aligned} \frac{1}{2m_0}\left\{\left(\frac{\partial S}{\partial x} + \frac{e}{c} A_x\right)^2 + \left(\frac{\partial S}{\partial y} + \frac{e}{c} A_y\right)^2 + \left(\frac{\partial S}{\partial z} + \frac{e}{c} A_z\right)^2 - \frac{1}{c^2}\left(\frac{\partial S}{\partial t} + V\right)^2\right\} \\ + \tfrac{1}{2} m_0 c^2 = 0 . \end{aligned}\right\} \tag{78}$$

This equation displays the four-dimensional symmetry between time and space which is so characteristic of relativity theory, the quantities $\frac{\partial S}{\partial x}, \frac{\partial S}{\partial y}, \frac{\partial S}{\partial z}, \frac{1}{ic}\frac{\partial S}{\partial t}$ playing the part of rectangular components of the four-dimensional momentum vector, while $A_x, A_y, A_z, \frac{1}{ic} V$ are the components of the four-dimensional vector potential, i being the imaginary unit, $i = \sqrt{-1}$.

b) Quantum Theory.

13. The Quantum Conditions. The principles of the quantum theory have developed gradually during the sixteen years elapsed since the publication of BOHR's first memoirs on this subject[1]. Assuming tentatively the applicability of classical mechanics to the motion of an atom in a stationary state the question arose as to the correct way of fixing these states. PLANCK's result indicated that the energy of a linear harmonic vibrator is quantized according to the formula

$$E_n = nh\nu, \qquad n = 0, 1, 2, \ldots \tag{79}$$

BOHR was able to find a rational generalization of this result to simply periodic systems of any number of degrees of freedom, and this proved sufficient in order to arrive at a quantitative theory of the BALMER formula of the hydrogen spectrum, and the qualitative interpretation of numerous details concerning line spectra.

The next decided advance was attained by SOMMERFELD[2], WILSON[3], SCHWARZSCHILD[4] and EPSTEIN[5], who proposed a generalization of the quantum conditions to multiply periodic systems of any number of degrees of freedom. With reference to the theory of canonical variables these conditions may be outlined as follows. Consider a mechanical system of s degrees of freedom. Assume that for this system canonical variables may be found of such a kind that each momentum variable p_k is a function of the corresponding coordinate q_k only, which, moreover, varies periodically with the time. The quantum conditions for such systems are, according to SOMMERFELD and WILSON,

$$I_k = \int p_k \, d q_k = n_k h, \quad n_k = 0, 1, 2 \ldots, \qquad k = 1, 2, \ldots s,$$

the integral being taken over a complete period of variation of the coordinate q_k. SCHWARZSCHILD and EPSTEIN gave these conditions in a different form. Adopting the above expressions I_k as canonical momenta, the corresponding canonically conjugate coordinates w_k will vary linearly with the time, since the I_k are constants. Such variables are called angle variables, and are frequently used in theoretical astronomy. SCHWARZSCHILD and EPSTEIN claimed that whenever a system of angle variables is found, and the system is multiply periodic, the canonical momenta I_k shall be integral multiples of PLANCK's constant, regardless whether they are expressible as integrals $\int p_k \, d q_k$ or not[6]. For all cases in which each p_k is a function of q_k only, the SCHWARZSCHILD-EPSTEIN conditions will essentially coincide with the SOMMERFELD-WILSON conditions, and other cases have not proved to be of importance. EPSTEIN and SCHWARZSCHILD were able in this way to explain the effect of a homogeneous electric field on the hydrogen lines which was studied experimentally by STARK. SOMMERFELD applied the theory to the natural fine structure of hydrogen lines, and showed how this structure could be explained as due to the variation of electronic mass with velocity. This theory of SOMMERFELD must, however, in light of later develop-

[1] Phil Mag 26, p. 1, 476, 857 (1913).
[2] Sitzber München (1915), p. 425, 459; and (1916), p. 131; (1917), p. 83; Ann d Phys 51, p. 1 (1916).
[3] Phil Mag 29, p. 795 (1915); 31, p. 156 (1916).
[4] Sitzber Berlin (1916), p. 548.
[5] Phys Z 17, p. 148 (1916); Ann d Phys 50, p. 489 (1916).
[6] In addition the I_k might contain arbitrary additive constants whose rational determination was partly left undecided by these authors. The correct methods of determining, these constants was first given by BURGERS on the basis of the adiabatic principle of EHRENFEST [cf. Versl Akad Amsterdam 25, p. 1055 (1917)].

ments, be revised on essential points, as will be shown in the sequel. It was further shown by DEBYE[1] and SOMMERFELD[2] that the normal ZEEMAN effect could be explained on the same basis.

This phase of the theory was rounded off by the establishment of the adiabatic principle by EHRENFEST[3]. Up to this time the search for proper quantum conditions for fixation of stationary states had been largely a matter of guess work. In order to reduce the arbitrary element in this work as far as possible EHRENFEST attempted to find some general principle to which any quantum condition would have to comply. Such a principle EHRENFEST found in a general requirement that a quantized quantity shall remain invariant during an infinitely slow mechanical transformation of the system, and this requirement was called the adiabatic principle. By this principle the quantum conditions already given were brought into a definite form, and certain differences existing between the two standard forms were decided in favour of SCHWARZSCHILD's and EPSTEIN's formulation.

Thus far the progress in quantum theory was mainly concerned with the fixation of stationary states, while the problems connected with transitions between such states were largely neglected. This part of the quantum theory received a marked impetus from a paper by EINSTEIN[4] on the theory of temperature radiation. In this paper EINSTEIN showed how PLANCK's radiation law can be obtained in an exceedingly simple manner by making certain assumptions concerning the absorption and emission processes suffered by quantized atoms situated in a field of radiation. EINSTEIN refrained from establishing causal laws for individual atomic transition processes, and resorted to probability considerations, being guided in this work by analogies with radioactive processes and with classical electromagnetic theory. The fundamental assumption of EINSTEIN concerning the transition processes is directly taken over from the theory of radioactivity, inasmuch as he assumed the fractional number of atoms in a state n which, in the time element dt, leave this state, is proportional to dt, and the factor of proportionality is assumed to be independent of the time in which the atom had resided in the n-state. This law is identical with the law of radioactive transformations, and may be written in the form

$$\frac{dN_n}{dt} = -\lambda_n N_n, \tag{80}$$

where λ_n is the transformation constant which is associated with the n-state. The next step is to make assumptions concerning the form of λ_n for the case of atoms suffering electronic transitions. Each λ_n may evidently be written as a sum

$$\lambda_n = \sum_m \lambda_{nm}, \tag{81}$$

over all quantum states of the atom, such that λ_{nm} is the probability of a particular transition $n \to m$. EINSTEIN made the simple assumption that in the case of transitions to states of lower energy (emission processes) λ_{nm} is of the form

$$\lambda_{nm} = A_{nm} + B_{nm}\varrho(\nu), \tag{82}$$

where A_{nm} and B_{nm} are coefficients depending upon the two states n and m only, while $\varrho(\nu)$ is the monochromatic energy density of the external radiation field,

[1] Phys Z 17, p. 507 (1916). [2] Phys Z 17, p. 491 (1916).

[3] Proc Acad Amsterdam 16, p. 591 (1914); Phys Z 15, p. 657 (1914); Ann d Phys 51, p. 327 (1916); Phil Mag 33, p. 500 (1917); cf. also S. M. BURGERS, Versl Akad Amsterdam 25, p. 849, 918, 1055 (1917); Ann d Phys 52, p. 195 (1917); Phil Mag 33, p. 514 (1917); and N. BOHR, D. Kgl. Danske Vid. Selsk. Skrifter, Nat Math Afd, Raekke IV, 1 (1918).

[4] Phys Z 18, p. 121 (1917).

calculated for the frequency ν which by BOHR's frequency relation is associated with the two states

$$h\nu = E_n - E_m,$$

E_n, E_m being the energy values of the atom in the two states. The coefficient A_{nm} is called the probability of spontaneous transitions $n \to m$, as it is active even if the external radiation field is absent. The coefficient B_{nm} is called the coefficient of forced transitions $n \to m$, since it measures the efficiency with which the radiation field enforces this particular transition. For the converse process EINSTEIN assumes

$$\lambda_{mn} = B_{mn}\,\varrho(\nu), \tag{83}$$

where B_{mn} stands in a close relation to the ordinary monochromatic absorption coefficient. By the principle of detailed balance we have, in a state of thermodynamic equilibrium

$$N_n(A_{nm} + B_{nm}\,\varrho(\nu)) = N_m B_{mn}\,\varrho(\nu), \tag{84}$$

where N_n and N_m are the number of atoms in the states n and m respectively. In order to have PLANCK's law for $\varrho(\nu)$

$$\varrho(\nu) = \frac{8\pi h\nu^3}{c^3}\,\frac{1}{e^{\frac{h\nu}{kT}} - 1} \tag{85}$$

we must therefore have

$$A_{nm} = B_{nm}\frac{8\pi h\nu^3}{c^3} \tag{86}$$

and

$$\frac{N_m B_{mn}}{N_n B_{nm}} = e^{\frac{h\nu}{kT}} \qquad \text{or} \qquad \frac{N_m}{N_n} = \frac{B_{nm}}{B_{mn}}\,e^{-\frac{(E_m - E_n)}{kT}}. \tag{87}$$

This latter relation shows merely that the atoms are distributed over the quantum state according to BOLTZMANN's principle, and that the ratio σ_n/σ_m of the a priori probabilities σ_n and σ_m of the two states is equal to $\frac{B_{mn}}{B_{nm}}$. The first relation shows, on the other hand, that it is permissible to regard a spontaneous transition as a forced transition which corresponds to the fictitious energy density of radiation $8\pi h\nu^3/c^3$. This conception is found to be helpful on certain occasions. The analogy between these assumptions and classical electrodynamics will be understood better when we have considered the present state of quantum theory.

It is immediately clear that if general rules could be found for the calculation of EINSTEIN's A's and B's the problem of quantum dynamics would largely have been solved. EINSTEIN did not, however, give any such rules, and the problem was for the first time seriously considered by BOHR[1] in a memoir published in 1918, dealing in great detail with quantum theory problems. In this memoir BOHR proposed an asymptotic method for calculating transition probabilities which is the direct precursor of present day quantum mechanics. The starting point of BOHR's work was the natural assumption that in the limit where the quantum states lie infinitely close together classical theory must give correct results ("correspondence principle"). In this way it proved possible to obtain an understanding of the combination rules for the spectral s, p, d, terms etc., the absence of the surplus ZEEMAN components predicted by the theory of SOMMERFELD and DEBYE, as well as the qualitative and quantitative features of numerous other phenomena.

[1] On the Quantum Theory of Line Spectra; D. Kgl. Danske Vid. Selsk. Skrifter, Nat. Math. Afd., Raekke IV, 1 (1918); German translation by P. HERTZ, Über die Quantentheorie der Linienspektren. Braunschweig: Vieweg 1923.

The first few years after the establishment of the correspondence principle most advances in the quantum theory were attained in mathematical discussions of special quantum problems, and in semi-empirical interpretations of spectroscopic and chemical facts. It emerged pretty soon, however, that the theory was insufficient to account for observational facts in several outstanding cases. First of all it was clear that the anomalous ZEEMAN effect could not be explained on the basis of the theory. Later development has shown, however, that the special difficulties experienced with regard to the anomalous Zeeman effect do not so much concern the fundamental principles of quantum theory, as they concern the particular atomic model in use. Essential parts of these difficulties were removed by the idea of electronic spin, as was shown by UHLENBECK and GOUDSMIT[1], and as will be shown in the sequel. Next VAN VLECK[2] and KRAMERS[3] showed that the theory could not explain the observed value of the ionization potential of helium, and BORN and HEISENBERG[4] showed how the finer details in the helium spectrum remained unaccounted for by theory. It seemed, on the whole, as if the theory provided an insufficient basis for the discussion of the constitution of atoms containing several electrons, and there was a growing conviction that a thorough revision of the theory was necessary in order to meet observational requirements.

The revision in question, as far as it has proceeded as yet, was brought about in the following way. In 1924 KRAMERS[5] developed the dispersion theory of multiply periodic atoms. In order to obtain a formula which could be quantitatively correct for all frequencies of the incident radiation KRAMERS made some assumptions which surpassed the boundaries of the correspondence principle in its accepted form, but which were strongly suggested by the special problem in hand. Analogous assumptions were used by PAULI[6] in a paper on the theory of the STARK effect. Shortly afterwards BORN[7] showed how KRAMERS' assumptions could be used in a more general way in the theory. In this connection must also be remembered some papers by KUHN[8] and THOMAS[9] on the theory of dispersion, and in which assumptions were considered which surpassed the correspondence principle in its original form. Shortly afterwards HEISENBERG[10], as an extension of the work of KRAMERS, BORN, KUHN and THOMAS, proposed a modified form of quantum theory, in which the quantization rules for the fixation of stationary states, and BOHR's correspondence method for calculating transition probabilities were generalized and united into a harmonious whole. HEISENBERG's ideas were further developed into a consistent theory by BORN and JORDAN[11] on one hand, and DIRAC[12] on the other. This theory we shall call "Matrix Mechanics".

At about the same time SCHRÖDINGER[13] attacked the problem from a different angle. SCHRÖDINGER's starting point was the idea of de BROGLIE[14] that the motion of an electron, in an atom or otherwise, is associated in some way with a wave

[1] Naturwiss 13, p. 953 (1925); Nature 1926, p. 264 (February 20.).

[2] Phil Mag 44, p. 842 (1922). [3] Z f Phys 13, p. 312 (1923).

[4] Z f Phys 16, p. 229 (1923).

[5] Nature 43, p. 673 (1924); p. 310 (1924); cf. further P. EPSTEIN, Z f Phys 9, p. 92 (1922); H. A. KRAMERS and W. HEISENBERG, ibid. 31, p. 681 (1925).

[6] Math Phys Communications of the Danish Acad. Sc. 7, No. 3 (1925).

[7] Z f Phys 26, p. 379 (1924). [8] Z f Phys 33, p. 408 (1925).

[9] Naturwiss 13, p. 627 (1925); F. REICHE and W. THOMAS, Z f Phys 34, p. 510 (1925).

[10] Z f Phys 33, p. 879 (1925).

[11] Z f Phys 34, p. 858 (1925); M. BORN, P. JORDAN, W. HEISENBERG, ibid. 35, p. 557 (1926).

[12] London R S Proc A 109, p. 642 (1925); 112, p. 661 (1926); 113, p. 621 (1927); 114, p. 243, 710 (1927).

[13] Ann d Phys 79, p. 361, 489, 734 (1925). [14] Ann d phys 3, p. 22 (1925).

motion, for which the conditions of interference leading to standing waves give the quantum conditions. SCHRÖDINGER succeeded in giving DE BROGLIE's ideas a much more tangible form by adopting the following point of view: It has long been known, and it was shown most generally by HAMILTON, that the equations of ordinary mechanics for a system of s degrees of freedom are identical in form with the equations of geometrical optics generalized for a space of s dimensions, in which the refractive index depends upon the coordinates and the direction in a given manner. Since geometrical optics is but an approximate expression of the wave theory of light, there is no exact correspondence between mechanics and the wave theory of optics. One may now attempt to generalize dynamics in such a way that the analogy with wave theory becomes complete. Almost any wave theory will have as its mathematical expression a partial differential equation which is linear, and mostly of the second order. The fundamental problem of "wave mechanics" consists therefore in finding a true wave equation which shall replace the HAMILTON-JACOBI equation of ordinary mechanics. SCHRÖDINGER was able to find such a wave equation and was able to formulate in a general way the limitations to which the solutions of this equation must conform in order to be permissible solutions of a quantum problem.

It seemed for some time as if matrix mechanics and wave mechanics were two entirely different theories with but little in common. Pretty soon it emerged, however, that these theories are essentially identical, inasmuch as they always give the same system of energy levels, and *may* give the same system of transition probabilities. All the same, each theory seems to have its own peculiar advantages, and when in the sequel we shall adopt the wave theory point of view only, it is essentially because the mathematical formalism of this theory is more in line with the formalism of classical physics than the formalism of matrix theory.

14. Wave Mechanics. A principal feature of any form of quantum mechanics will always be the rules for calculating energy levels and transition probabilities for a given system, and we shall, provisionally, consider wave mechanics from this more practical and narrow point of view.

In order to see the intimate relation existing between SCHRÖDINGER's wave mechanics and the previous form of the quantum theory it is well to recall EINSTEIN's form of the quantum conditions[1]. The SOMMERFELD-EPSTEIN form of the quantum conditions requires the use of special coordinate systems. EINSTEIN observed that this inconvenience could be removed by writing the conditions on the invariant form

$$C = \sum_{k=1}^{s} \int p_k \, d q_k = n h, \qquad \pm n = 0, 1, 2, \ldots \tag{88}$$

where the integral is to be taken over any closed curve in coordinate space. That the sum $\sum_k p_k \, d q_k$ is an invariant while each individual $p_k \, d q_k$ is not, follows from the general theory of tensors (cf. ciph. 16 of this chapter). In the present case it is realized very simply because p_k is a gradient vector $p_k = \frac{\partial S}{\partial q_k}$, such that the sum $\sum_k p_k \, d q_k$ represents the change of the function S by an infinitesimal displacement in coordinate space. In the case of a multiply periodic system of s degrees of freedom there will, at most, be s different closed curves which cannot be brought into superposition by continuous deformations, so that the single equation (88) corresponds to s different quantum conditions as it should. We may elucidate conditions by considering S as the cyclic magnetic potential of S

[1] Verh d D Phys Ges 1917, p. 82.

stationary, linear and closed currents. If the electric current in the pth circuit is I_p, the line integral C of the magnetic intensity (p_k) along a curve which encircles this circuit only once is $\pm 4\pi I_p$. For an arbitrary closed curve C will consequently have the value

$$C = 4\pi \sum_{p=1}^{s}{}' n_p I_p, \qquad \pm n_p = 0, 1, 2, 3, \ldots \tag{89}$$

If C is to be an integral multiple of PLANCK's constant for any closed path of integration, it follows that each $4\pi I_p$ must have the form

$$4\pi I_p = m_p h, \qquad \pm m_p = 0, 1, 2, 3, \ldots$$

The quantities $4\pi I_p$ are evidently moduli of periodicity of the magnetic potential. This fact suggests still another form of the quantum conditions. If we, namely, introduce a new function $\psi = e^{\frac{2\pi i}{h} S}$, $(i = \sqrt{-1})$, we understand that the quantum conditions make ψ a uniform function in coordinate space. This property of ψ makes it a natural starting point for a generalization of mechanics on the lines of wave theory. In fact, for a conservative system of total energy E, S will have the form $S(q_k) - Et$, such that ψ represents a wave function which is harmonic in the time variable; the possible frequencies of this wave are given by the possible values of E/h, and are thus equal to the spectral terms of the system. If we, however, require S to be a solution of a HAMILTON-JACOBI equation, we encounter the difficulty that the equation for ψ will be neither linear nor of the second order, and thus not of the standard form encountered in most wave problems. The way out of this dilemma is obviously to modify the equation for ψ so as to make it a true wave equation.

We shall now consider how this modification is performed in case of a system consisting of a single electron of mass μ and charge e moving in an electromagnetic field of force of scalar potential φ and vector potential $\boldsymbol{A}$. The HAMILTON-JACOBI partial differential equation of the problem is, neglecting relativity:

$$\frac{1}{2\mu}\left(\nabla S + \frac{e}{c}\boldsymbol{A}\right)^2 + e\varphi + \frac{\partial s}{\partial t} = 0. \tag{90}$$

Adding a term $\frac{h}{4\pi i \mu}\nabla^2 S$ to the left hand side of this equation, putting $\psi = e^{\frac{2\pi i S}{h}}$ and expanding the terms in brackets we find

$$-\frac{h^2}{8\pi^2\mu}\nabla^2\psi + \left(e\varphi + \frac{e^2}{2\mu c^2}\boldsymbol{A}^2\right)\psi + \frac{h}{2\pi i}\left(\frac{e}{\mu c}\boldsymbol{A}\nabla\psi + \frac{\partial\psi}{\partial t}\right) = 0. \tag{91}$$

Permissible solutions of this equation are all single-valued functions which do not become infinite for any values of the coordinates. This latter requirement surpasses the previous quantum conditions, but it is necessary in order to obtain agreement with experiment. These solutions will differ from the solutions of the corresponding HAMILTON-JACOBI equation, although both solutions will obviously merge into one another in the limit where the quantum states lie infinitely close thogether, so that h can be regarded as an infinitesimal quantity. In all cases discussed thus far these differences have been in favour of the wave form of the HAMILTON-JACOBI equation, which has strengthened the belief that this generalization of dynamics has been performed in the right direction.

For systems consisting of r particles, the wave equation is obtained by replacing the operators $\frac{1}{\mu}\nabla^2$ and $\frac{1}{\mu}\nabla$ in (91) by the sums $\sum_1^r \frac{1}{\mu_k}\nabla_k^2$ and $\sum_1^r \frac{1}{\mu_k}\nabla_k$, where each vector symbol ∇_k refers to the coordinates of the kth particle only. With this generalization the wave equation of a system containing r particles becomes

$$\sum_{k=1}^{r}\left\{-\frac{h^2}{8\pi^2\mu_k}\nabla_k^2\psi + \left(\frac{e_k^2}{2c^2\mu_k}\boldsymbol{A}_k^2 + e_k\varphi_k\right)\psi + \frac{h}{2\pi i c}\frac{e_k}{\mu_k}(\boldsymbol{A}_k\nabla_k\psi)\right\} + \frac{h}{2\pi i}\frac{\partial\psi}{\partial t} = 0. \quad (92)$$

It has not been possible to find the corresponding wave theory form of relativity dynamics except in the case of a single electron. For this case the wave equation is

$$\left.\begin{aligned} &-\frac{h^2}{8\pi^2\mu}\left(\nabla^2\psi - \frac{1}{c^2}\frac{\partial^2\psi}{\partial t^2}\right) + \frac{h}{2\pi i}\frac{e}{c}\left(\boldsymbol{A}\nabla\psi + \frac{\varphi}{e}\frac{\partial\psi}{\partial t}\right)\\ &+\frac{1}{2}\left\{\mu^2c^2 + \frac{e^2}{c^2}(\boldsymbol{A}^2 - \varphi^2)\right\}\psi = 0. \end{aligned}\right\} \quad (93)$$

Writing $\psi = e^{\frac{2\pi i S}{h}}$ in this equation, and putting $h = 0$ in the result, the relativistic HAMILTON-JACOBI equation is reproduced, as it should be.

All above results may be obtained by observing that if H is the HAMILTONian function of a system, expressed as a function of generalized coordinates and momenta, then the associated wave equation is found by replacing each p_k by the differential operator $\frac{h}{2\pi i}\frac{\partial}{\partial q_k}$ in H and putting

$$\left\{H\left(q_k\frac{h}{2\pi i}\frac{\partial}{\partial q_k}\right) + \frac{h}{2\pi i}\frac{\partial}{\partial t}\right\}\psi = 0. \quad (94)$$

15. Reduction of the Wave Equation to Invariant Form. By the last formulation the wave equation is brought into invariant form, inasmuch as it is written in general coordinates q_k. Because of the importance of this question we shall discuss it in more detail. For this purpose certain formulae and conceptions referring to the RIEMANN geometry of a space of any number of dimensions are indispensable. These conceptions will be recalled briefly, and the formulae written down without proof.

Let $q^1, \ldots, q^s$ be the coordinates which specify a point in an s-dimensional space. The distance ds between two adjacent points whose coordinates differ by infinitesimal quantities $dq^1 \ldots dq^s$ is given by

$$ds = \sqrt{\sum_{\mu\nu=1}^{s} a_{\mu\nu}\,dq^\mu\,dq^\nu}. \quad (95)$$

The coefficients $a_{\mu\nu}$ are said to be the covariant components of the metric tensor of the given space. The quantities $dq^1 \ldots dq^s$ constitute a contravariant tensor of the first rank (a vector). Co- and contravariant characters are distinguished by lower and upper indices respectively. The rank of any tensorial expression is equal to the number of unsummed indices in the expression, and any summation must involve an equal number of high and low indices. From the quantities $a_{\mu\nu}$ it is possible to form a contravariant tensor, also of the second rank, which we shall denote by $a^{\mu\nu}$. Each $a^{\mu\nu}$ is defined as the cofactor of $a_{\mu\nu}$ in the determinant $a = |a_{\mu\nu}|$ divided by a. Transfer of indices can now be defined by the equations

$$A^{\cdots\,\cdots}_{\cdots r \cdots} = \sum_s a_{rs}A^{\cdots s \cdots}_{\cdots\,\cdots}, \qquad \text{or} \qquad A^{\cdots r \cdots}_{\cdots\,\cdots} = \sum_s a^{rs}A^{\cdots\,\cdots}_{\cdots s \cdots}. \quad (96)$$

The principal use of this principle is that it facilitates the formation of invariants, which is the purpose we have in view. Thus the square of the length A of a covariant vector A_μ is found by forming the associated contravariant vector A^μ and taking the sum

$$A^2 = \sum_\mu A_\mu A^\mu = \sum_{\mu\nu} a_{\mu\nu} A^\mu A^\nu = \sum_{\mu\nu} a^{\mu\nu} A_\mu A_\nu .$$

By this definition the square of the length of a vector is invariant for all transformations of coordinates, and not merely invariant for translations and rotations of the axes, as is the case if we define the square of a vector A_x, A_y, A_z as $A_x^2 + A_y^2 + A_z^2$. The invariant form of the LAPLACEan operator is

$$\nabla^2 = \frac{1}{\sqrt{a}} \sum_{\mu\nu} \frac{\partial}{\partial q^\mu}\left(\sqrt{a}\, a^{\mu\nu} \frac{\partial}{\partial q^\nu}\right) \tag{97}$$

and the volume integral has the form

$$V = \int \sqrt{a}\, dq^1 \ldots dq^s . \tag{98}$$

It must further be recalled that the gradient of a scalar quantity φ is a covariant vector with components $\frac{\partial \varphi}{\partial q^\nu}$, just as in the elementary theory. This is all that is required for the present purpose.

Referring to equation (92) we see that the terms involving vector operations are LAPLACEan operators, gradient vectors, and products of two vectors only. The trouble about these symbols is that they refer to the coordinates of each electron, and are affected by the individual masses μ_k and charges e_k. The charge constants are easily disposed of by assuming each e_k/c to be absorbed in the corresponding vector potential A_k. The mass constants may be disposed of by introducing a special metric in configuration space. This is done very simply by assuming the metric tensor of this space to be determined by writing the kinetic energy T in the form

$$T = \sum_{\mu\nu} a_{\mu\nu} \dot{q}^\mu \dot{q}^\nu, \tag{99}$$

and adopting the $a_{\mu\nu}$ as metric tensor of coordinate space. In rectangular coordinates the $a_{\mu\nu}$ then represent the masses, and the $a^{\mu\nu}$ the inverse mass values, such that in this metric ∇^2, according to (97), reduces to the sum $\sum_\mu \frac{1}{\mu_k} \nabla_k^2$ that occurs in the wave equation. The other invariants in the wave equation are then bound to come out right too. Let further k_μ be an s-dimensional vector, which in ordinary rectangular coordinates reduces to $k_\mu = \frac{e_\mu}{c} A_\mu$, ... etc., and let k^μ be the corresponding contravariant vector. We can now write down directly the invariant form of the wave equation

$$\sum_{\mu\nu}\left\{-\frac{h^2}{4\pi^2}\frac{1}{\sqrt{a}}\frac{\partial}{\partial q^\mu}\left(\sqrt{a}\, a^{\mu\nu}\frac{\partial}{\partial q^\nu}\right) + \frac{1}{2} k_\mu k^\mu + \frac{h}{2\pi i}\left(k^\mu \frac{\partial}{\partial q^\mu}\right)\right\}\psi + V\psi + \frac{h}{2\pi i}\frac{\partial \psi}{\partial t} = 0, \tag{100}$$

where V is the total potential energy of the system. A great advantage of this form is that it holds even if the system involves constraints, so that s is less than $3r$.

16. Stationary States. Consider the case when the potentials do not depend explicitly upon the time. A particular solution of the wave equation of the form

$$\psi_k = u_k(q)\, e^{-\frac{2\pi i E_k t}{h}} \tag{101}$$

is then possible, E_k being a constant, and u_k a function of the coordinates only. If ψ_k is to satisfy the quantum conditions, viz: ψ_k = uniform and finite function of the coordinates, non-zero solutions u_k will, in general, only exist for a discrete series of values of the constants E_k. Only in the limiting case when the constituent particles of a system may separate infinitely far from each other, will ψ_k differ from zero for a continuous range of E-values. Considering the limiting case of classical mechanics ($h \to 0$) it is natural to identify the constant E_k with the energy of the system in the kth quantum state. This follows from the fact that the energy is defined by $E = -\frac{\partial S}{\partial t}$, which with $S = \frac{h}{2\pi i} \log \psi_k$ gives $E = E_k$. By the same procedure we define as momenta of the system in the stationary states

$$p_l = \frac{e}{c} A_l + \text{real part of } \frac{h}{2\pi i} \frac{\partial}{\partial q^l} \log \psi_k = \frac{h}{4\pi i} \left\{ \frac{1}{\psi_k} \frac{\partial \psi_k}{\partial q^l} - \frac{1}{\psi_k^*} \frac{\partial \psi_k^*}{\partial q^l} \right\} + \frac{e}{c} A_l, \quad (102)$$

because this gives a direct transition to the mechanical momenta when $h \to 0$. In the above equation a star denotes a transition to the complex conjugate quantity, and this convention will be retained in the sequel. (ψ_k^* is obtained from ψ_k by changing i into $-i$).

17. Transitions between Stationary States. The probabilities of transition are also derived from the functions ψ_k. The way this works out is intimately connected with some fundamental properties of these functions, as well as the general solutions of the wave equation when the potentials depend explicitly upon the time.

1. Orthogonality. The functions ψ_k form an orthogonal sequence, that is:

$$\int \psi_k \psi_l^* \, d\tau = 0, \qquad E_k \neq E_l, \quad (103)$$

the integral being extended to all configuration space, a convention which will be adopted in the following unless the contrary is expressly stated. To prove the above relation multiply the wave equation (92) for ψ_k by ψ_l^*, and conversely, the equation for ψ_l^* (i being changed into $-i$ in the equation) by ψ_k, and subtract the resulting equations. This gives

$$(E_k - E_l) \int \psi_k^* \psi_l \, d\tau = \sum_r \int \text{div}_r \left\{ \frac{h^2}{8\pi^2 \mu_r} (\psi_k \nabla_r \psi_l^* - \psi_l^* \nabla_r \psi_k) + \frac{h e_r}{2\pi i c \mu_r} \psi_k \psi_l^* \mathbf{A}_r \right\} d\tau. \quad (104)$$

In the calculations leading to the above result it is essential to use the electrodynamic relation : $\text{div}_r A_r = 0$ for stationary conditions. By GAUSS' theorem the integral over the right hand side of (104) can be transformed into an integral of the normal component of the s-dimensional vector

$$\sum_r \left\{ \frac{h^2}{8\pi^2 \mu_r} (\psi_k \nabla_r \psi_e^* - \psi_e^* \nabla_r \psi_k) + \frac{h}{2\pi i c} \frac{e_r}{\mu_r} \psi_k \psi_e^* \mathbf{A}_r \right\}$$

over a closed surface which lies completely at infinity. This surface integral will be zero provided the functions ψ converge sufficiently rapidly to zero on approaching infinity. This will be the case as long as we consider closed systems only, so that equation (104) becomes identical with (103). In the case of systems in which the particles may part infinitely far from each other, the conditions of orthogonality are essentially modified[1].

2. Integral Invariance. Consider any solution ψ^* of the wave equation. We propose to prove that

$$W = \int \psi \psi^* \, d\tau \quad (105)$$

[1] Cf. ciph. 48.

is an integral invariant for arbitrary limits of integration, provided these limits move with suitable velocities. To prove this proposition multiply the wave equation for ψ by ψ^* and the equation for ψ^* by ψ, and add the two equations. The result is

$$\frac{\partial}{\partial t}(\psi\psi^*) + \sum \operatorname{div}_r \psi\psi^* \left\{\frac{h}{4\pi i \mu_r}\left(\frac{1}{\psi} \nabla_r \psi - \frac{1}{\psi^*} \nabla_r \psi^*\right) + \frac{e_r}{\mu_r c} \boldsymbol{A}_r\right\} = 0. \quad (106)$$

This equation contains the desired result. In order to facilitate its interpretation consider the case of a compressible fluid of density ϱ. The mass of the fluid inside any closed surface S will remain constant in time provided S moves with the fluid. Hence

$$M = \int_S \varrho\, dx\, dy\, dz$$

is an integral invariant of the hydrodynamical equations, provided the limits of integration move with the fluid. The fact that M is constant in time is also expressed by the equation of continuity

$$\frac{\partial \varrho}{\partial t} + \operatorname{div} \varrho \boldsymbol{V} = 0,$$

where $\boldsymbol{V}$ is the vectorial velocity of the fluid. In the case of three dimensions ($r = 1$ only), equation (106) is identical in form with the above equation of continuity provided

$$\varrho = \psi\psi^*$$

and

$$V_{rx} = \frac{h}{4\pi i \mu_r}\left(\frac{1}{\psi}\frac{\partial \psi}{\partial x_r} - \frac{1}{\psi^*}\frac{\partial \psi^*}{\partial x_r}\right) + \frac{e_r}{c\mu_r} A_{rx}, \text{ etc.} \quad (107)$$

If we extend the definition of momenta given by (102) to any function ψ we have

$$p_{rx} = \frac{h}{4\pi i}\left\{\frac{1}{\psi}\frac{\partial \psi}{\partial x_r} - \frac{1}{\psi^*}\frac{\partial \psi^*}{\partial x_r}\right\} + \frac{e_r}{c} A_{rx}, \text{ etc.} \quad (108)$$

Since momentum is mass times velocity, it is immediately clear that the corresponding velocities are given by (107). As regards the question of integral invariance the number of dimensions is entirely irrelevant, such that the existence of equation (106) implies the existence of the integral invariant (105), the limits of integration being assumed to move with velocities given by (107). The invariant form of equation (106) may also be given here. It is

$$\frac{\partial}{\partial t}(\psi\psi^*) + \frac{1}{\sqrt{a}} \sum_{\mu\nu} \frac{\partial}{\partial q^\mu}\left\{\psi\psi^* \sqrt{a}\, a^{\mu\nu}\left[k_\nu + \frac{h}{4\pi i}\left(\frac{1}{\psi}\frac{\partial \psi}{\partial q^\nu} - \frac{1}{\psi^*}\frac{\partial \psi^*}{\partial q^\nu}\right)\right]\right\} = 0. \quad (109)$$

The existing attempts to develop a theory of transitions between stationary states all agree in adopting the integral invariant property of $\psi\psi^*$ as a basis, while they differ in the way this quantity is interpreted. In the original theory of SCHRÖDINGER[1], electricity is given a continuous distribution in the atoms, and $\psi\psi^*$ is assumed to determine the electric density, while $\psi\psi^* V_r$ determines the electric current density. In the case of three dimensions only there is direct proportionality between these quantities, and equation (106) becomes identical with the equation for conservation of electricity. In the case of more general systems $\psi\psi^*$ gives the probability of a certain distribution of the particles. The electric density is obtained by keeping one particle, the kth say, fixed in the volume element $dx_k dy_k dz_k$ while integrating over all possible configurations of

[1] Cf. also O. KLEIN, Z f Phys 41, p. 407 (1927).

the other particles. Multiplying the result by the charge e_k of the kth particle and taking the sum over all particles the total electric density becomes

$$\varrho(x,y,z) = \sum_k e_k \int_k \psi\psi^* d\tau,$$

where the index k appended to the integral sign signifies that x_k, y_k, z_k are to be replaced by x, y, z, and not to share in the integration process. We have further assumed tacitly that $\psi\psi^*$ is normalized with respect to unity

$$\int \psi\psi^* d\tau = 1. \tag{110}$$

That such a normalization is always possible follows from the equation of continuity of $\psi\psi^*$, which gives

$$\frac{\partial}{\partial t}\int \psi\psi^* d\tau = 0. \tag{111}$$

The electric current density is obtained from the velocities of the individual electrons by the same integration process as leads to the above expression for the electric density. Let Γ denote the integral operator

$$\Gamma = \sum_k e_k \int_k d\tau. \tag{112}$$

The equation of continuity of electricity is then obtained from (106) by application of the Γ-operator. Having defined electric density and electric current, it is possible to form the electrical polarization vector

$$P_x = \int \varrho\, x\, dx\, dy\, dz = \sum_k e_k \int \psi\psi^* x_k\, d\tau, \text{ etc.} \tag{113}$$

which determines the rate of absorption and emission of the system, as regards first order terms. If the electromagnetic potentials are independent of the time, ψ may be any sum of characteristic functions ψ_k of the form (101), such that the electric polarization reduces to a trigonometric series, the characteristic frequencies of which are identical with the transition frequencies of the system. This shows that the theory is in conformity to BOHR's second postulate. To a particular transition $n \to m$ we thus correlate an electric polarization vector

$$(P_x)_{nm} = \sum_k e_k \int \psi_n \psi_m^* x_k\, d\tau, \text{ etc.} \tag{114}$$

which is simply harmonic with the frequency $\nu_{nm} = h^{-1}(E_n - E_m)$. By (53) the rate of spontaneous emission of energy of frequency ν_{nm} becomes

$$\left(\frac{dE}{dt}\right)_{nm} = \frac{2}{3c^3}\left(\frac{d^2P}{dt^2}\right)^2_{nm} = \frac{32}{3}\frac{\pi^4\nu^4_{nm}}{c^3}(P_x^2 + P_y^2 + P_z^2)_{nm}. \tag{115}$$

This rate is, on the other hand, also given by $A_{nm} h\nu_{nm}$, where A_{nm} is the probability of spontaneous transitions $n \to m$. Taking the time average, and putting

$$(Q_x)_{nm} = \sum_k e_k \int u_n u_m x_k\, d\tau, \text{ etc.} \tag{116}$$

we find

$$A_{nm} = \frac{16}{3}\frac{\pi^4\nu^3_{nm}}{hc^3}\{Q_x^2 + Q_y^2 + Q_z^2\}_{nm}. \tag{117}$$

This is the quantum theory form of the EINSTEIN A-coefficients. The B-coefficients can be calculated in an analogous manner, and the relation $A_{nm} = B_{nm}\frac{8\pi h\nu^3_{nm}}{c^3}$

is then found to be true. In the SCHRÖDINGER theory the property of $\psi\psi^*$ as a general distribution function is limited in several ways, such as to permit the use of the MAXWELLian equations in the calculation of the emission and absorption of radiation. In the theories of BORN[1] and DIRAC[2] the direct use of these equations is avoided, and $\psi\,\psi^*$ plays the part of a general distribution function.

Consider the case when the potentials are independent of the time so that particular solutions $\psi_k = u_k(q)\,e^{-\frac{2\pi i E_k t}{h}}$ are possible. We assume the energy constants to be all different from each other, and the sequence of functions ψ_k to be orthogonal and normalized with respect to unity. The most general solution of the wave equation is then

$$\psi = \sum_k a_k \psi_k, \tag{118}$$

where the a_k are arbitrary complex constants. Hence follows

$$N = \int \psi\psi^*\,d\tau = \sum_k a_k a_k^* = \text{const.} \tag{119}$$

If the potentials do depend upon the time explicitly, a general solution of the form (118) is still possible provided the a_k are made to depend upon the time in a given manner (for proof cf. ciph. 48). The constancy of N is not affected by this circumstance, since it is assured by the mere existence of equation (106), as pointed out above. Imagine an assembly of non-interacting systems, which are identical in nature, but different with regard to the actual positions of the constituent particles, as well as to the value of the energy. It is evidently possible to interpret $a_k a_k^*$ as the number of such atoms in the kth state, while N becomes the total number of atoms in the assembly. By this identification $\frac{1}{N}\,\psi\psi^*\,d\tau$ will signify the probability of finding the coordinates of an individual system, selected at random from the assembly, within the volume $d\tau$ of coordinate space. Moreover, equation (106) becomes the direct analogue to GIBBS' equation for the conservation of probability in phase, provided GIBBS' equation is integrated over all values of the momenta. From this point of view the momenta given by (108) are average values.

The calculation of transition probabilities on the basis of this theory is now uniquely determined. By definition we have that the probabilities of transitions λ_{mn} fullfil the equations

$$\frac{dN_n}{dt} + N_n \sum_m \lambda_{nm} = \sum_k \lambda_{kn} N_k, \tag{120}$$

where N_k is the number of atoms in the kth quantum state. But we have already identified N_k with $a_k a_k^*$, so that the whole problem is solved as soon as we are able to write down the equations for the time derivatives of the a_k. This problem will be considered on a later occasion, and it will be shown how this procedure leads to the same results as the SCHRÖDINGER theory, at least as regards the first order expressions of the transition probabilities.

18. Various Quantization Problems. In this section we shall give, as an illustration, the quantization theory of several simple systems, and the integration of the wave equation in successive approximations.

1. Harmonic Vibrator of One Degree of Freedom[3]. Let ν be the frequency of the vibrator and μ its mass. The potential energy of the vibrator

[1] Z f Phys 38, p. 803 (1926).
[2] London RS Proc A 112, p. 661 (1926); cf. also W. PAULI, Z f Phys 43, p. 601 (1927).
[3] Cf. E. SCHRÖDINGER, Ann d Phys 79, p. 489 (1926).

is then $V = \frac{1}{2}\mu(2\pi\nu)^2 x^2$, x being the distance from the oscillating electron to the point of equilibrium. The wave equation of the problem becomes

$$-\frac{h^2}{8\pi^2\mu}\frac{d^2\psi}{dx^2} + \frac{1}{2}\mu(2\pi\nu)^2 x^2\psi + \frac{h}{2\pi i}\frac{\partial\psi}{\partial t} = 0. \tag{121}$$

Writing the wave function ψ in the form $\psi = u(x)e^{-\frac{2\pi i}{h}Et}$, the equation for u becomes

$$+\frac{h^2}{8\pi^2\mu}\frac{d^2u}{dx^2} + \left(E - \frac{1}{2}\mu(2\pi\nu)^2 x^2\right)u = 0. \tag{122}$$

Transform to new variables y and w by the equations

$$y = kx, \qquad u = e^{-y^2/2}w(y), \qquad k^2 = \frac{4\pi^2\mu\nu}{h}. \tag{123}$$

We then find immediately

$$\frac{d^2w}{dy^2} - 2y\frac{dw}{dy} + (\lambda - 1)w = 0, \qquad \lambda = \frac{8\pi^2\mu E}{h^2k^2} = \frac{2E}{h\nu}. \tag{124}$$

Assuming an expansion of the form $w = \sum_{n=0}^{\infty} a_n y^n$, we find the relation

$$a_{n+2} = a_n\frac{2n+1-\lambda}{(n+1)(n+2)} \tag{125}$$

between the coefficients of the expansion. The quantum conditions to be imposed upon the function u are that u shall be a uniform function of x, which is finite for all values of x. Using the above series expansion for w, it will be realized that u will diverge when x approaches infinity, unless the expansion breaks off after a finite number of steps, and this can only take place provided λ is of the form

$$\lambda = 2s + 1, \qquad s = 0, 1, 2, \ldots \text{ ad inf.}$$

Introducing the value for λ from (124) we find

$$E = (s + \tfrac{1}{2})h\nu, \qquad s = 0, 1, 2, \ldots \tag{126}$$

The series $w(y)$ is a HERMITE polynomial, the standard form of which is

$$H_s = (-1)^s e^{-y^2/2}\frac{d^s}{dy^s}(e^{-y^2}). \tag{127}$$

If we normalize the functions u_s according to the formula

$$\int_{r=-\infty}^{+\infty} u_s^2\,dx = 1$$

we find

$$u_s(y) = \frac{H_s(y)e^{-y^2/2}}{\sqrt{2^s s!\sqrt{\pi}}}. \tag{128}$$

Selection Principle for s. The harmonic amplitude, which, according to formula (117) determines the probability of a transition $s \to s'$, is now of the form

$$Q_{ss'} = \text{const.}\int_{-\infty}^{\infty} H_s H_{s'} e^{-y^2} y\,dy.$$

Since the HERMITE polynomials satisfy the recurrence formula[1]

$$yH_s = \tfrac{1}{2}H_{s+1} + sH_{s-1}, \tag{129}$$

[1] Cf. COURANT-HILBERT, Methoden der mathematischen Physik I, Berlin 1924, S. 76.

the expression of $Q_{ss'}$, may be written in the form

$$Q_{ss'} = \text{const.} \left\{ \tfrac{1}{2} \int_{-\infty}^{\infty} H_{s'} H_{s+1} e^{-y^2} dy + s \int_{-\infty}^{\infty} H_{s'} H_{s-1} e^{-y^2} dy . \right\}$$

Due to the fact that the functions u form an orthogonal system, $Q_{ss'}$ will only differ from zero provided

$$s = s' \pm 1 .$$

The vibrator will therefore suffer transitions to adjacent states only, and the frequency of the radiation emitted or absorbed in such transitions will be given by

$$\nu' = \frac{1}{h}(E_s - E_{s'}) = \nu\left(s + \frac{1}{2}\right) - \nu\left(s + \frac{1}{2} \pm 1\right) = \pm \nu .$$

The frequencies of the radiation emitted or absorbed will thus all be equal to the frequency of undamped vibrations of the vibrator.

2. Solid Body rotating round a Fixed Axis. Let A be the moment of inertia of the body with respect to the axis of rotation, and let φ be the angle between a plane fixed in space and a plane fixed in the body, both planes containing the axis of rotation. The motion of the body may be symbolized by the motion of a point in the body whose distance d from the axis of rotation is such that $A = \mu d^2$, μ being the mass of the body. For this point the LAPLACEan operator reduces to $\frac{1}{d^2} \frac{\partial^2}{\partial \varphi^2}$ and the wave equation for u to

$$\frac{d^2 u}{d\varphi^2} + \frac{8\pi^2 A}{h^2} E u = 0 .$$

The solution of this equation is

$$u = \text{const} \cdot e^{\pm i \sqrt{\frac{8\pi^2 A E}{h^2}} \cdot \varphi} .$$

If the system possesses no symmetry properties we must have

$$\pm \sqrt{\frac{8\pi^2 A E}{h^2}} = n, \qquad n = 0, 1, 2, \ldots \text{ad. inf.},$$

in order that u shall be a single-valued function of position. This corresponds to the quantized energy values

$$E_n = \frac{h^2 n^2}{8\pi^2 A} . \tag{130}$$

If the body is symmetrical in such a way that it resumes an identical position after a pth fraction of a full rotation, it is permissible for n to assume all values of the form k/p, k and p being integers.

Assume that an electron is fixed in the rotating body at a finite distance from the axis of rotation. The system will then possess a variable electric polarization, such that the harmonic amplitude, which determines the transition $n \to n'$ is given by

$$(Q_x)_{nn'} = (Q_y)_{nn'} = \text{const} \cdot \int_0^{2\pi} e^{i(n-n')\varphi} \cos\varphi \, d\varphi = \delta_{n, n' \pm 1} ; \qquad \delta_{pq} = \begin{cases} 1, p = q \\ 0, p \neq q \end{cases} .$$

The rotator will thus suffer transitions to adjacent states only, just as was the case for the harmonic vibrator.

3. Symmetrical Top[1]. In EULERian angles θ, φ, Φ the kinetic energy of the top is, according to ordinary mechanics,

$$T = \tfrac{1}{2} A \dot{\theta}^2 + \tfrac{1}{2}(A \sin^2\theta + C \cos^2\theta) \dot{\varphi}^2 + \tfrac{1}{2} C \dot{\Phi}^2 + C \dot{\varphi} \dot{\Phi} \cos\theta , \tag{131}$$

[1] Cf. Especially: F. REICHE, Z f Phys 39, p. 444 (1926); R. DE L. KRONIG and I. I. RABI, Phys Rev 29, p. 262 (1927). The energy formula (142) was for the first time given by D. M. DENNISON, ibid. 28, p. 318 (1928).

where A and C are the principal moments of inertia of the top. In establishing the wave equation for general dynamical systems we were forced to introduce the requirement that the metric of configuration space is determined by the kinetic energy formula of the system according to the equation

$$ds^2 = \sum_{\mu\nu} a^{\mu\nu} dx^\mu dx^\nu = 2T dt^2, \tag{132}$$

where ds is a line element of configuration space. Comparing (132) with (131) we find the following expressions for the covariant components of the metric tensor

$$a_{\theta\theta} = A, \quad a_{\varphi\varphi} = A\sin^2\theta + C\cos^2\theta, \quad a_{\phi\phi} = C, \quad a_{\varphi\phi} = C\cos\theta, \tag{133}$$

other components being zero. This gives for the determinant a of all $a_{\mu\nu}$:

$$a = a_{\theta\theta}(a_{\varphi\varphi}a_{\phi\phi} - a_{\varphi\phi}^2) = CA^2\sin^2\theta. \tag{134}$$

The contravariant components $a^{\mu\nu}$ of the metric tensor are defined as the cofactors of the corresponding covariant components in a, divided by a. Hence follows directly from the above expressions:

$$\left.\begin{aligned} a^{\theta\theta} &= A^{-1}, \quad a^{\varphi\varphi} = A^{-1}\sin^{-2}\theta, \quad a^{\phi\phi} = C^{-1} + A^{-1}\operatorname{cotg}^2\theta, \\ a^{\varphi\phi} &= A^{-1}\cos\theta\sin^{-2}\theta. \end{aligned}\right\} \tag{135}$$

In an arbitrary coordinate system x^ν, for which the metric tensor is $a^{\mu\nu}$, the LAPLACEan operator has the form

$$\nabla^2 = \frac{1}{\sqrt{a}} \sum_{\mu\nu} \frac{\partial}{\partial x^\mu}\left(\sqrt{a}\, a^{\mu\nu} \frac{\partial}{\partial x^\nu}\right).$$

Using the coordinates θ, φ, ϕ, and the above values of the $a^{\mu\nu}$ we find

$$\left.\begin{aligned} \nabla^2 = {} & \frac{1}{\sin\theta}\frac{\partial}{\partial\theta}\left(\frac{\sin\theta}{A}\frac{\partial}{\partial\theta}\right) + \frac{1}{A\sin^2\theta}\frac{\partial^2}{\partial\varphi^2} + (C^{-1} + A^{-1}\operatorname{cotg}^2\theta)\frac{\partial^2}{\partial\phi^2} \\ & + \frac{2\cos\theta}{A\sin^2\theta}\frac{\partial^2}{\partial\varphi\,\partial\phi}. \end{aligned}\right\} \tag{136}$$

The wave equation for the motion of the top is consequently:

$$\left.\begin{aligned} & \frac{1}{\sin\theta}\frac{\partial}{\partial\theta}\left(\frac{\sin\theta}{A}\frac{\partial\psi}{\partial\theta}\right) + \frac{1}{A\sin^2\theta}\frac{\partial^2\psi}{\partial\varphi^2} + (C^{-1} + A^{-1}\operatorname{cotg}^2\theta)\frac{\partial^2\psi}{\partial\phi^2} \\ & \qquad + \frac{2\cos\theta}{A\sin^2\theta}\frac{\partial^2\psi}{\partial\varphi\,\partial\phi} - \frac{8\pi^2}{h^2}\left(V + \frac{h}{2\pi i}\frac{\partial}{\partial t}\right)\psi = 0. \end{aligned}\right\} \tag{137}$$

We now assume the top to rotate freely, such that the potential energy function V may be reduced to zero. We further use $x = \cos\theta$ as a variable instead of θ. It is then possible to assume the wave function to have the form

$$\psi = u(x)\, e^{i\left(-\frac{2\pi E t}{h} + n_1\varphi + n_2\phi\right)},$$

where n_1 and n_2 are positive integers. Introducing this expression in (137) we find that u must satisfy the equation

$$u^{-1}\frac{d}{dx}\left((1 - x^2)\frac{du}{dx}\right) - \frac{n_1^2 + n_2^2 + 2n_1 n_2 x}{1 - x^2} + (1 - AC^{-1})\, n_2^2 + \frac{8\pi^2}{h^2}AE = 0. \tag{138}$$

By the further substitution $x = 1 - 2z$, $u = w(z)\cdot z^{p/2}(1 - z)^{q/2}$, this equation is transformed into the GAUSSian equation for the hypergeometric function

$$z(1 - z)\frac{d^2w}{dz^2} + [\gamma - (1 + \alpha + \beta)z]\frac{dw}{dz} - \alpha\beta w = 0, \tag{139}$$

where

$$\left.\begin{aligned} &\gamma = 1 + p, \qquad \alpha + \beta = 1 + p + q, \qquad \alpha\beta = -\lambda + \frac{p+q}{2}\left(1 + \frac{p+q}{2}\right), \\ &p = |n_1 - n_2|, \qquad q = |n_1 + n_2|, \qquad \lambda = \frac{8\pi^2 AE}{h^2} + n_1^2 - \frac{A}{C} n_2^2. \end{aligned}\right\} \tag{140}$$

The only solutions of this equation which remain finite and single valued in the entire interval $0 \leqq z \leqq 1$ are the JACOBIan polynomials

$$J(p, q, r, z) = \sum_{i=0}^{r} (-1)^i \binom{r}{i} \frac{(p+q+r+i)!}{(p+q+r)!\,(p+i)!} z^i. \tag{141}$$

Here r is a positive integer, which stands for $-\alpha$ in equation (139). Since α was not restricted in this way from the start, the condition

$$-\alpha = 0, 1, 2, 3, \ldots$$

constitutes an additional quantum condition. This gives

$$\beta = 1 + p + q + r$$

and

$$\lambda = \left(\frac{p+q}{2} + r\right)\left(\frac{p+q}{2} + r + 1\right).$$

From the definition of the numbers p and q it follows that $\frac{1}{2}(p+q)$ is equal to the largest of the two numbers $|n|$ and $|m|$. Denoting this number by n^*, putting $n^* + r = j$, and introducing the original expression of λ, we find the following expression of the energy of the top in its quantized states:

$$E_{jn_2} = \frac{h^2}{8\pi^2 A}\left\{j(j+1) - \left(1 - \frac{A}{C}\right) n_2^2\right\}. \tag{142}$$

Assembling the different factors, the wave functions of the problem obtain the form

$$\psi = z^{\frac{1}{2}p}(1-z)^{\frac{1}{2}q} J(p, q, r, z)\, e^{i\left(-\frac{2\pi}{h} E_{jn_2} t + n_1\varphi + n_2\phi\right)}. \tag{143}$$

4. Normal Zeeman Effect. Consider the case of a single electron moving in an axially symmetrical field of force, on which is superposed a magnetic field parallel to the axis of symmetry, and of constant strength $\boldsymbol{H}$. Introduce cylindrical coordinates z, r, φ, where z is directed parallel to the axis of symmetry and r perpendicular to this axis. The vector potential $\boldsymbol{A}$ reduces to a single component $\frac{1}{2} Hr$ in the direction of φ (i. e. perpendicularly to z and r), so that the operator $\boldsymbol{A}\nabla$ reduces to $\frac{1}{2} H \frac{\partial}{\partial\varphi}$. The wave equation becomes, consequently,

$$\frac{h^2}{8\pi^2\mu}\nabla^2\psi + \left(\frac{e^2}{4\mu^2 c^2} H^2 r^2 - V\right)\psi + \frac{h}{2\pi i}\left(\frac{e}{2\mu c} H \frac{\partial\psi}{\partial\varphi} - \frac{\partial\psi}{\partial t}\right) = 0. \tag{144}$$

Neglecting the square of H in this equation we shall prove that the problem with magnetic field is reduced to the corresponding problem without a field by the transformation of coordinates[1]

$$\varphi' = \varphi + \frac{eH}{2\mu c} t, \qquad t' = t, \qquad r' = r, \qquad z' = z. \tag{145}$$

In fact, since the field of force is axially symmetrical, the function V is independent of φ. Inasmuch as the LAPLACEan operator in cylindrical coordinates is

[1] Cf. O. KLEIN, Z f Phys 41, 407 (1927).

given by

$$\nabla^2 = \frac{\partial^2}{\partial z^2} + \frac{1}{r}\frac{\partial}{\partial r}\left(r\frac{\partial}{\partial r}\right) + \frac{\partial^2}{r^2 \partial \varphi^2},$$

we see immediately that the wave function without a field will have the form

$$\psi_0 = u(r, z)\, e^{-\frac{2\pi i}{h} E_0 t + i m \varphi} \tag{146}$$

where m is a constant, which, by virtue of the quantum conditions, can only assume integer values. Transforming the wave equation (144) to variables φ', t', x', z' by (145) and neglecting H^2, it reduces to the equation of the problem without a field. Transforming (146) in the same manner, we find the solution with the field to be

$$\psi = u(r', z')\, e^{-\frac{2\pi i}{h}\left(E_0 + \frac{m e H}{4\pi\mu c}\right) t' + i m \varphi'} \tag{146a}$$

The energy E of the system is thus given by

$$E = E_0 + \frac{m e H}{4\pi\mu c}, \qquad \pm m = 0, 1, 2, \ldots \tag{147}$$

The effect of the magnetic field is thus to split the energy value E_0 into a number of equidistant components, symmetrically spaced with respect to E_0, the separation between adjacent energy values being $heH/4\pi\mu c$.

Using rectangular coordinates $x = r\cos\varphi$, $y = r\sin\varphi$ in the $r\varphi$-plane, the rectangular components of the harmonic amplitudes which determine the probability of a transition $m \to m'$ have the form

$$Q_x = Q_y = \text{const} \cdot \int_0^{2\pi} e^{i(m-m')\varphi} \cos\varphi\, d\varphi = \text{const} \cdot \delta_{m, m\pm 1}$$

$$Q_z = \text{const} \cdot \int_0^{2\pi} e^{i(m-m')\varphi}\, d\varphi = \text{const} \cdot \delta_{m, m'}. \qquad \delta_{pq} = \begin{cases} 0, & p \neq q, \\ 1, & p = q. \end{cases}$$

Possible transitions are thus limited by the selection principle

$$m - m' = 0, \pm 1. \tag{148}$$

This will have the effect that each spectral line will be split up into three components only, one in the position of the undisturbed line, and the other two at a distance $\Delta\nu = \pm \frac{He}{4\pi\mu c}$ from this line. Moreover, assuming the polarization of the emitted radiation to be determined by the amplitude Q in the same manner as is the case in classical theory, we understand that the undisturbed line will be polarized parallel to the field, and the satellites will be polarized perpendicularly to the field. This inference is in accordance with experiments for the cases in which the applicability of the above simple theory of the ZEEMAN effect is justifiable.

19. Integration of the Wave Equation in Successive Approximations[1]. In this section we shall develop a systematic theory of integration of the wave equation in successive approximations. The method which we are going to use, is analogous to the methods of NEWCOMB and LINDSTEDT for the solution of the equations of dynamics in trigonometric series, which are used in celestial mechanics. The wave theory of dynamics is of such recent origin, however,

[1] Cf. E. SCHRÖDINGER, Ann d Phys 80, p. 437 (1926); O. KLEIN, Z f Phys 41, p. 407 (1927).

that its mathematical details have not as yet been subjected to such rigorous discussions, as have purely dynamical problems. Provisionally we must rest content with the fact that it is possible to develop a formal integration theory, which in all probability is satisfactory in the case of solutions which are adjacent to solutions which are found by rigorous methods, and in the following we shall only consider cases of this nature.

The reader will probably have noticed that in all quantization problems considered thus far there appears one quantum condition and one quantum number for each degree of freedom of the system. It will further have been noticed that these quantum numbers do not always enter the expression of the energy of the system in the various stationary states. Such systems are said to be degenerate. For the technique of calculating the wave functions in successive approximations degeneracy causes some trouble, which has its root in the fact that for a degenerate system it is possible to find different complete sets of wave functions which correspond to the same energy value, while only one set will do if degeneracy is removed by the application of an infinitely weak perturbing field. Thus the selection of the proper set of wave functions for degenerate systems becomes an important part of the integration theory.

Of special importance is the case when the initially degenerate system consists of two or more independent systems which are identical in nature. The effect of an interaction between such systems becomes abnormally large, because they have the same system of energy levels, so that the radiation emitted by one system may be absorbed by the other, and vice versa. This is a special quantum theory form of resonance phenomena, and it plays an important part in spectral theory[1].

20. Perturbations of the First Order. Let ψ_k be the wave function of a particular conservative system which we assume to be non-degenerate and to contain a single electron only[2]. Assume for simplicity that the vector potential is zero, and denote the potential energy function by V. Let this system be perturbed by being placed in a magnetic field of vector potential λA, at the same time as it is perturbed by the addition of λV to the potential energy, λ being a constant parameter of the first order, while A and V may be of the same order as V_0. Let $\psi_k + \lambda \Phi_k$ be the first order approximation to the characteristic functions of the perturbed system. Neglecting terms proportional to λ^2 and higher powers of λ, the wave equation of the perturbed system becomes

$$\frac{h^2}{8\pi^2} \nabla^2 \Phi_k - V \Phi_k - \frac{h}{2\pi i} \frac{\partial \Phi_k}{\partial t} = V \psi_k + \frac{h e}{2\pi i c} (\boldsymbol{A} \nabla \psi_k) . \tag{149}$$

We now express Φ_k, as well as the terms at the right hand side of the above equation, as functions of the unperturbed characteristic functions ψ_k. The assumption of the possibility of such expansions lies at the root of the whole perturbation theory, and will here be taken for granted. We thus substitute

$$\Phi_k = \sum_s \Phi_{ks} \psi_s , \qquad V \psi_k = \sum_s V_{ks} \psi_s , \qquad \frac{h e}{2\pi i c} (\boldsymbol{A} \nabla \psi_k) = \sum_s A_{ks} \psi_s \tag{150}$$

in equation (149). Due to the orthogonal properties of the characteristic functions we find

$$\Phi_{ks} = \int \Phi_k \psi_s^* d\tau , \qquad V_{ks} = \int V \psi_k \psi_s^* d\tau , \qquad A_{ks} = \frac{h e}{2\pi i c} \int (\boldsymbol{A} \nabla \psi_k) \psi_s^* d\tau . \tag{151}$$

[1] Cf. W. HEISENBERG, Z f Phys 38, p. 411 (1926).

[2] This latter assumption is only made in order to avoid writing down a large number of sums. The method is exactly the same for systems containing any number of electrons.

The coefficients Φ_{ks} etc. may therefore be functions of the time, but not of the coordinates, and they will satisfy the condition of symmetry $\Phi_{ks} = \Phi^*_{sk}$ etc. since the ψ_k-functions satisfy this condition. Introducing the above expressions in equation (149), and remembering that ψ_k is a solution of the wave equation for $\lambda = 0$, we find

$$\sum \psi_s \left(\frac{h}{2\pi i}\frac{d\Phi_{ks}}{dt} + V_{ks} + A_{ks}\right) = 0 .$$

Reducing the coefficient of each characteristic function to zero this gives a series of equations

$$\frac{h}{2\pi i}\dot{\Phi}_{ks} = -V_{ks} - A_{ks}. \tag{152}$$

From the mode of their formation the coefficients V_{ks} and A_{ks} will contain a common time factor $e^{-\frac{2\pi i}{h}(E_k - E_s)t}$. Integrating (152) we see that that Φ_{ks} is a sum of two terms, each of which is proportional to the harmonic FOURIER component of the corresponding perturbing potential, calculated for the time interval t, and for a frequency which corresponds to the transition $k \to s$ by the frequency relation. If V and $\boldsymbol{A}$ are independent of the time, (152) may be integrated directly, giving

$$\Phi_{ks} = \frac{V_{ks} + A_{ks}}{E_k - E_s}, \quad k \neq s, \quad \text{and} \quad \Phi_{kk} = -\frac{2\pi i}{h}(A_{kk} + V_{kk})t, \tag{153}$$

unimportant additional constants being neglected. The complete wave function is therefore

$$\psi_k + \lambda\Phi_k = \left\{1 - \lambda\frac{2\pi i}{h}(V_{kk} + A_{kk})t\right\}\psi_k + \lambda\sum_{(s\neq k)}\frac{V_{ks} + A_{ks}}{E_k - E_s}\psi_s,$$

or

$$\psi_k + \lambda\Phi_k = e^{-\frac{2\pi i}{h}\lambda(V_{kk} + A_{kk})t}\left\{\psi_k + \lambda\sum_{(s\neq k)}\frac{V_{ks} + A_{ks}}{E_k - E_s}\psi_s\right\}, \tag{154}$$

since we neglect terms of the second and higher orders in λ. The bracketed term in this expression depends upon t through the common factor $e^{-\frac{2\pi i}{h}E_k t}$, such that $\psi_k + \lambda\Phi_k$ has the form $u_k e^{-\frac{2\pi i}{k}E'_k t}$ where u_k is independent of the time, and where the energy constant E'_k is given by

$$E'_k = E_k + \lambda V_{kk} + \lambda A_{kk}. \tag{155}$$

Considering the expression of V_{kk} given by (151) we see that V_{kk} is equal to the average increase in potential energy of the system, which is due to the perturbations. Similarly it may be verified that λA_{kk} is equal to the average increase in magnetic energy of the system, which is due to the superposed magnetic field. The perturbing field will therefore not affect the kinetic energy of the system by any secular term proportional to λ.

Consider next the case when the unperturbed system is degenerate to the pth degree. Let ψ_{ki}, $i = 1, 2, \ldots p$, be a possible set of linearly independent solutions, corresponding to the same energy value E_k. From these solutions we can form solutions as linear aggregates of the given ψ_{ki}'s with constant coefficients, and this fact forms the starting point for the theory. We may, namely, write the perturbed functions in the form

$$\psi'_{kl} = \sum_{i=1}^{p}\varkappa_{li}\psi_{ki} + \lambda\Phi_l, \qquad l = 1, 2\ldots p, \tag{156}$$

where $\varkappa_{li}$ are undetermined constants, which we determine by the condition that $\sum_{i=1}^{p} \varkappa_{li} \psi_{ki}$ shall be a possible solution of the perturbed system for infinitely small values of λ. Quite independent of this requirement we may assume the ψ_{ki}, as a matter of convenience, to be orthogonal and normalized with respect to unity.

It is this time convenient to separate off the time factor from the characteristic functions, and write $E_l = E_k + \lambda \varepsilon_l$ for the energy of the system in the state l which is obtained from the state k by the application of the perturbing field. Neglecting as before terms of the order λ^2 etc. we find the following equation for Φ_e

$$\frac{h^2}{8\pi^2\mu} \nabla^2 \Phi_l + (E_k - V)\Phi_l = -(\varepsilon_l - V) \sum_{i=1}^{p} \varkappa_{li} u_{ki} + \frac{he}{2\pi i c} \sum_{i=1}^{p} \varkappa_{li} (\boldsymbol{A} \nabla u_{ki}). \quad (157)$$

Writing $\Phi_l = \sum_s \Phi_{ls} u_s$ the left hand side of this equation assumes the form

$$\sum_s \Phi_{ls} (E_s - E_k)\, u_s .$$

Due to the orthogonality of all u_s-functions it follows that the right hand side of equation (157) will be orthogonal to all functions u_{ki} which correspond to the energy value E_k, that is

$$\int (\varepsilon_l - V) \sum_{i=1}^{p} \varkappa_{li} u_{ki} u_{kj}^* \, d\tau = + \frac{h}{2\pi i} \frac{e}{c} \sum_{i=1}^{p} \varkappa_{li} \int (\boldsymbol{A} \nabla u_{ki}) u_{kj}^* \, d\tau \quad (158)$$

or, again due to the orthogonality of the u_s-functions:

$$\left.\begin{aligned} \varepsilon_l \varkappa_{lm} &= \sum_{i=1}^{p} \varkappa_{li} \int V u_{ki} u_{km}^* \, d\tau + \frac{he}{2\pi i c} \sum_{i=1}^{p} \varkappa_{li} \int (\boldsymbol{A} \nabla u_{ki}) u_{km}^* \, d\tau, \\ m &= 1, 2 \ldots, p. \end{aligned}\right\} \quad (159)$$

Introducing the abbreviation

$$\varepsilon_{im} = \int V u_{ki} u_{km}^* \, d\tau + \frac{he}{2\pi i c} \int (\boldsymbol{A} \nabla u_{ki}) u_{km}^* \, d\tau, \qquad m = 1, 2 \ldots p, \quad (160)$$

the quantities $\varkappa_{ki}$ are solutions of the linear and homogeneous equations

$$\varepsilon_l \varkappa_{lm} = \sum_{i=1}^{p} \varkappa_{li} \varepsilon_{im}, \qquad m = 1, 2 \ldots p. \quad (161)$$

For these equations to have a solution the determinant of all coefficients of the $\varkappa$'s must be zero, that is

$$\begin{vmatrix} \varepsilon_{11} - \varepsilon_l, & \varepsilon_{12} & \cdot & \cdot & \cdot & \cdot \\ \varepsilon_{21}, & \varepsilon_{22} - \varepsilon_l, & \cdot & \cdot & \cdot \\ \cdot & \cdot & \cdot & \cdot & \cdot & \cdot \\ \cdot & \cdot & \cdot & \cdot & \cdot & \cdot \\ \cdot & \cdot & \cdot & \cdot & \cdot & \cdot \\ \varepsilon_{pl} & \cdot & \cdot & \cdot & \cdot & \varepsilon_{pp} - \varepsilon_l \end{vmatrix} = 0 \quad (162)$$

which is an algebraic equation of the pth degree for the determination of the energy values ε_l. Due to the symmetry conditions $\varepsilon_{pq} = \varepsilon_{qp}^*$, all roots of equation

(162) will be real. We can therefore now assume all energy values ε_l as well as the transformation coefficients $\varkappa_{lm}$ to be known. The arbitrary constant factor in the latter quantities is determined by the conditions of normalization. As regards the rest of the problem, the calculation of the perturbed characteristic functions, the same procedure may be adopted as in case of a non-degenerate system. Introducing the expansions

$$\Phi_l = \sum_s \Phi_{ls} u_s, \qquad V u_{ki} - \frac{he}{2\pi i c}(\boldsymbol{A}\nabla u_{ki}) = \sum_s \varepsilon_{is} u_s \tag{163}$$

in (157), and reducing the coefficient of each u_s to zero, we find

$$\Phi_{ls} = \frac{\sum_{i=1}^{p} \varepsilon_{is}}{E_k - E_s}, \tag{164}$$

with the condition, however, that the index s must be different from all indices k' for which $E_{k'} = E_k$. In case s does coincide with an index k' for which $E_{k'} = E_k$ the corresponding $\Phi_{lk'}$ is thus far undetermined. Writing down the conditions that the functions $\sum_{m=1}^{p} \varkappa_{lm} u_m + \lambda \Phi_l$ shall be orthogonal and normalized with respect to unity, it follows that all coefficients Φ_{ls} of the type in question must be zero. The complete expression of the perturbed characteristic functions becomes

$$\psi_l = \sum_{m=1}^{p} \varkappa_{lm} \left\{ u_{km} + \sum_s \frac{\varepsilon_{ms} u_s}{E_k - E_s} \right\} e^{-\frac{2\pi i}{h}(E_k + \lambda \varepsilon_l) t}, \tag{165}$$

with the convention that all terms for which $E_k - E_s = 0$ are to be omitted.

For the sake of simplicity we have only retained terms of the first order in λ. In order to solve the wave equation to any desired degree of accuracy one has to expand the perturbing function as well as the solution itself as infinite power series in λ. Introducing these series in the equation of motion and equating coefficients of the same power of λ to zero, one obtains a sequence of equations which can be solved in successive steps, — the terms of the order p or less, providing material for the calculation of the terms for order $p + 1$, and so forth. It will be realized how closely this procedure is analogous to the methods of Newcomb and Lindstedt for the solution of the equations of dynamics in terms of trigonometric series as represented by Poincaré in his "Méthodes Nouvelles de la Mécanique Céleste".

21. On the Theory of Series Spectra. We shall now discuss a series of problems in atomic physics, and show how the theory will account for observational results, qualitatively and quantitatively. It is then natural to begin with the series spectra, since essential characteristics of quantum phenomena, as well as of the properties of the particular atomic model we are going to adopt, are clearly illustrated by the structure of spectra.

The simplest series spectrum known is undoubtedly the spectrum of hydrogen. The hydrogen atom contains but one electron which moves in the undisturbed field of force of the nucleus, and this fact leads us to conclude that the Balmer formula

$$T_n = R/n^2, \qquad n = 1, 2, 3, \ldots$$

for the terms in the hydrogen spectrum is a direct reflex of the motion of a single electron in an undisturbed Coulomb field of force. From the fact that many series spectra of other elements show great similarity to the hydrogen spectrum, we are led to the further conclusion that the emission or absorption of these spectra are also primarily connected with the motion of a single electron in a field of force which differs but little from a pure COULOMB field. Since all atoms other than the hydrogen atom must possess more than one electron, we must assume that in case of series spectra in general a single electron is moving at large distances from the other electrons, which form a central system round the nucleus which we shall henceforth refer to as the core. The principal force on the electron will then evidently be given by the COULOMB attraction of the residual charge of the core, and in this way the similarity between the series spectra of different elements is to be interpreted. If the electrons in the core are not arranged in an entirely symmetrical manner there will appear residual forces due to a dipole moment, a quadripole moment etc. of the electricity in the core, and the presence of these additional fields will account for the presence of the correcting terms $\delta_1(k)$ and $\delta_2(k)/n^2$ in the RYDBERG-RITZ formula

$$T_{nk} = R/[n + \delta_1(k) + \delta_2(k)/n^2]^2 \tag{166}$$

for the terms of ordinary series spectra. A dipole moment (doublet) is always likely to exist, since it must be induced in the core by the moving electron itself, even if the core contains no electric doublet when the outer electron is absent.

Consider thus the motion of a single electron in a central field of force, according to wave mechanics. Let r be the distance from the electron to the centre of force, which will be chosen as origin of a rectangular coordinate system x, y, z. Let θ be the angle between r and the z-axis of this system, and φ the angle between the rz-and the zx-planes. The LAPLACEan operator ∇^2 is, in polar coordinates,

$$\nabla^2 = \frac{1}{r^2}\frac{\partial}{\partial r}\left(r^2\frac{\partial}{\partial r}\right) + \frac{1}{r^2\sin\theta}\frac{\partial}{\partial\theta}\left(\sin\theta\frac{\partial}{\partial\theta}\right) + \frac{1}{r^2\sin^2\theta}\frac{\partial^2}{\partial\varphi^2}.$$

This formula is verified quite simply by observing that the square of the line element in such coordinates is $ds^2 = dr^2 + r^2 d\theta^2 + r^2\sin^2\theta\, d\varphi^2$, so that the co- and contravariant components of the metric tensor are given by $a_{rr} = 1$, $a_{\theta\theta} = r^2$, $a_{\varphi\varphi} = r^2\sin^2\theta$; $a^{rr} = 1$, $a^{\theta\theta} = r^{-2}$, $a^{\varphi\varphi} = r^{-2}\sin^{-2}\theta$. Other components are zero, so that $a = r^4\sin^2\theta$. Introducing these values of the components in formula (97), the above formula for ∇^2 is found directly.

Let $V(r)$ be the potential energy of the system, normalized so as to be zero at an infinite distance from the origin. Writing the solution of equation (91) on the form $\psi = u(r, \theta, \varphi)e^{-\frac{2\pi i}{h}Et}$, we find the following equation for u:

$$\left.\begin{aligned} &\left\{\frac{1}{r^2}\frac{\partial}{\partial r}r^2\frac{\partial}{\partial r} + \frac{1}{r^2\sin\theta}\frac{\partial}{\partial\theta}\sin\theta\frac{\partial}{\partial\theta} + \frac{1}{r^2\sin^2\theta}\frac{\partial^2}{\partial\varphi^2} + \frac{1}{\lambda}(E - V)\right\}u = 0,\\ &\lambda = \frac{h^2}{8\pi^2\mu}.\end{aligned}\right\} \tag{167}$$

Since the potential energy depends upon r only, it is possible to write u as a product of three functions, each depending upon a single variable:

$$u = \xi(r)\eta(\theta)\zeta(\varphi), \tag{168}$$

which, when introduced in (167) gives

$$\frac{1}{\xi}\frac{\partial}{\partial r}\left(r^2\frac{\partial\xi}{\partial r}\right) + \frac{1}{\eta\sin\theta}\frac{\partial}{\partial\theta}\left(\sin\theta\frac{\partial\eta}{\partial\theta}\right) + \frac{1}{\zeta\sin^2\theta}\frac{\partial^2\zeta}{\partial\varphi^2} + \frac{r^2}{\lambda}(E - V) = 0. \tag{169}$$

In this equation the variables may be separated by putting

$$\frac{\partial^2\zeta}{\partial\varphi^2} + m^2\zeta = 0, \qquad \eta^{-1}\sin^{-1}\theta\frac{\partial}{\partial\theta}\left(\sin\theta\frac{\partial\eta}{\partial\theta}\right) - \frac{m^2}{\sin^2\theta} + k(k+1) = 0, \tag{170}$$

and

$$\xi^{-1}\frac{\partial}{\partial r}\left(r^2\frac{\partial \xi}{\partial r}\right) - k(k+1) + \lambda^{-1} r^2 (E-V) = 0, \tag{171}$$

where m and k are constants. The equation for ζ may be solved directly, giving

$$\zeta = \text{const} \cdot e^{\pm i m \varphi}. \tag{172}$$

In order that ζ shall be a uniform function of position, as required by the quantum conditions, it is necessary that the constant m is an integer

$$\pm m = 0, 1, 2, 3, \ldots$$

Consider next equation (170) for η. It is convenient to use $x = \cos\theta$ as a new variable in this equation, such that

$$(1-x^2)\frac{d^2\eta}{dx^2} - 2x\frac{d\eta}{dx} - \left\{\frac{m^2}{(1-x^2)} - k(k+1)\right\}\eta = 0. \tag{173}$$

The solution of (173), for the case when m differs from zero, follows from the solutions of the reduced equation

$$(1-x^2)\frac{d^2 y}{dx^2} - 2x\frac{dy}{dx} + k(k+1)\,y = 0. \tag{174}$$

In fact, differentiating (174) m times, and putting $\eta = (1-x^2)^{m/2}\frac{d^m y}{dx^m}$ we find that η satisfies equation (173). Assume an expansion of y in power series of x

$$y = \sum_{n=0}^{\infty} a_n x^n,$$

negative powers of x being excluded, since the solution must be finite at $x = 0$. Introducing this expansion in equation (174), it follows that the coefficients a_n must satisfy the relation

$$a_{n+2} = \frac{(n-k)(n+k+1)}{(n+1)(n+2)}\,a_n. \tag{175}$$

The series for y has therefore the form $y = a_0 p(x) + a_1 q(x)$, where

$$p(x) = 1 - k(k+1)\,x^2/2! + (k-2)\,k(k+1)(k+3)\,x^4/4! + \cdots$$

and

$$q(x) = x - (k-1)(k+2)\,x^3/3! + (k-3)(k-1)(k+2)(k+4)\,x^5/5! + \cdots \tag{176}$$

a_0 and a_1 being arbitrary constants. If k is not a positive integer, both series $p(x)$ and $q(x)$ will diverge for $x = \pm 1$, since the a-coefficients become asymptotically equal for sufficiently high powers of x. Hence k must be a positive integer. If k is even, p will break off after a finite number of steps, while q will not. Hence a_1 must be zero in this case. If k is odd the conditions are reversed. In both cases the polynomial which remains finite can be brought into the form

$$P_k = \frac{\text{const}}{2^k k!}\frac{d^k}{dx^k}(1-x^2)^k. \tag{177}$$

Hence the solution of equation (173) which remains finite in the whole interval $x = \pm 1$ is given by

$$P_k^m = \frac{\text{const}}{2^k k!}(1-x^2)^{m/2}\frac{d^{m+k}}{dx^{m+k}}(1-x^2)^k, \qquad k = 0, 1, 2, \ldots \tag{178}$$

The function P_k is a LEGENDRE polynomial of order k, and P_k^m is called FERRERS' associated LEGENDRE function of degree k and order m.

Selection Principles for m and k. We have thus far proved that the function $u(\varphi, x, r)$ appropriate for a single electron moving in a central force field, has the form

$$u = e^{m i \varphi} P_k^m(x)\,\xi(r) \tag{179}$$

where m and k are positive integers, and ξ a function of r only, which is characteristic for the special central system in question. The rectangular components of the harmonic amplitude which determines the transition probabilities will therefore, apart from a common constant factor, have the form

$$Q_x = \int\limits_{\varphi=0}^{2\pi} d\varphi \int\limits_{x=-1}^{+1} e^{(m'-m'')i\varphi} P_{k'}^{m'} P_{k''}^{m''} \sqrt{1-x^2}\cos\varphi\, dx,$$

$$Q_y = \int\limits_{\varphi=0}^{2\pi} d\varphi \int\limits_{x=-1}^{+1} e^{(m'-m'')i\varphi} P_{k'}^{m'} P_{k''}^{m''} \sqrt{1-x^2}\sin\varphi\, dx$$

and

$$Q_z = \int\limits_{\varphi=0}^{2\pi} d\varphi \int\limits_{x=-1}^{+1} e^{(m'-m'')i\varphi} P_{k'}^{m'} P_{k''}^{m''}\, x\, dx.$$

It follows at once that Q_x and Q_y will be zero except when $m' - m'' = \pm 1$, while Q_z will differ from zero only in the case of $m' - m'' = 0$. Hence the possible transitions are restricted by the selection principle

$$m' - m'' = 0, \text{ or } \pm 1. \tag{180}$$

For the functions P_k^m we have the recurrence formula

$$(2k+1)\,x P_k^m = (k+1-m)\,P_{k+1}^m + (k+m)\,P_{k-1}^m, \tag{181}$$

and the conditions of orthogonality

$$\int\limits_{-1}^{+1} P_k^m P_l^m\, dx = \begin{cases} \dfrac{2}{2k+1}\,\dfrac{(k+m)!}{(k-m)!}, & k = l \\ 0, & k \neq l \end{cases} \tag{182}$$

By these formulae it follows immediately that the z-component of the electric polarization will vanish for all transitions, except those for which $k' - k'' = \pm 1$. Since the direction of the z-axis is arbitrary it follows that this result will hold also for the x- and y-axes. It should further be observed that we have always $m \leqq k$, since otherwise P_k^m will vanish.

The number k thus obeys the same selection principle as the subsidiary quantum number of series spectra. This agreement is not sufficient for an identification of k with the subsidiary quantum number, as it is necessary to prove that k also enters the RYDBERG-RITZ formula in the correct manner. This proof will be given in the sequel. The number m, on the other hand, is identical with the magnetic quantum number which, in case of a complete PASCHEN-BACK effect, determines the position of the ZEEMAN components of the magnetic resolution of a spectral line (cf. ciph. 18_4).

22. The BALMER Formula. Consider now the problem of an electron moving in the undisturbed field of a fixed nucleus which carries N elementary positive charges. The expression of the potential function V is then

$$V = -Ne^2/r,$$

so that equation (171) for ξ becomes

$$\frac{d^2\xi}{dr^2} + \frac{2}{r}\frac{d\xi}{dr} - \xi\left\{\frac{k(k+1)}{r^2} - \frac{\lambda^{-1}Ne^2}{r} - \lambda^{-1}E\right\} = 0. \tag{183}$$

When r approaches infinity this equation reduces asymptotically to

$$\frac{d^2}{dr^2}(r\xi) + \lambda^{-1}E(r\xi) = 0. \tag{184}$$

If E is positive, equation (184) defines $r\xi$ as a trigonometric function, which is finite for all values of the argument, as a consequence of which ξ will go towards zero when r increases towards infinity. For small values of r the functional form of ξ will depend essentially upon the term $k(k+1)/r^2$, so that the question whether ξ is a finite and uniform function or not is independent of the value of E. This means that all positive values of the energy E are admissible. A positive value of E means mechanically that the electron is moving in a hyperbolic orbit, and we have the result that free electrons may take on a continuous range of energy values.

Consider next the case when E is negative. Conditions are then different, since ξ will approach towards an exponential function

$$\xi = Ae^{-t} + Be^{t}, \qquad t = \varkappa r, \qquad \varkappa^2 = -E\lambda^{-1}, \tag{185}$$

when r approaches infinity, A and B being constants. Since ξ must remain finite for all values of r, the constant B must be zero. We are thus led to put $\xi = ye^{-t}$ in equation (183), which gives the following equation for y

$$\frac{d^2y}{dt^2} + 2(t^{-1} - 1)\frac{dy}{dt} - y\left\{k(k+1)t^{-2} + t^{-1}\left(2 - \frac{Ne^2}{\lambda\varkappa}\right)\right\} = 0. \tag{186}$$

Assuming the expansion $y = \sum_{p=0}^{\infty} a_p t^p$, it follows in the usual way that the coefficients a_p must fulfill the relation

$$a_p(p-k)(p+k+1) = a_{p-1}\left(2(p+1) - \frac{Ne^2}{\lambda\varkappa}\right). \tag{187}$$

For sufficiently large values of p this relation approaches

$$a_p = \frac{2}{p}a_{p-1},$$

such that y is given asymptotically by $y = a_0e^{2t}$. But ξ diverges for $r \to \infty$ with this value of y. Hence the series expansion in question is inadmissible unless it breaks off after a finite number of steps. The expansion will break off only if

$$\frac{Ne^2}{\lambda\varkappa} = 2n, \qquad n = 1, 2, \ldots \text{ad. inf.} \tag{187a}$$

Solving for the energy E we find

$$E = -\frac{2\pi^2N^2e^4\mu}{h^2n^2}, \qquad n = 1, 2, 3, \ldots \tag{188}$$

where the values of λ and $\varkappa$ have been introduced from (167) and (185). This gives the BALMER formula for the terms in the hydrogen spectrum ($N = 1$), provided the RYDBERG constant R is given in frequency units by

$$R = \frac{2\pi^2e^4\mu}{h^3}. \tag{189}$$

This relation, which is found to be in satisfactory agreement with observation, was discovered by BOHR in his first attempt to develop the quantum theory of line spectra.

23. Motion of the Nucleus. In the above calculation we have tacitly assumed the nucleus to be at rest. This assumption can only give a first approximation to the truth, since the mass of the nucleus is not infinitely large as compared to the mass of the electron; the motion of the electron will therefore necessarily make the nucleus perform small oscillations, which will modify the results. The modification in question is easy to find, and proves to give the explanation of the difference between the value of the RYDBERG constant for hydrogen, and the value which is appropriate for other elements.

The complete wave equation for the motion of an electron with mass μ and a nucleus with mass M is

$$\frac{1}{2\mu}\left(\frac{\partial^2 u}{\partial x_1^2}+\frac{\partial^2 u}{\partial y_1^2}+\frac{\partial^2 u}{\partial z_1^2}\right)+\frac{1}{2M}\left(\frac{\partial^2 u}{\partial x_2^2}+\frac{\partial^2 u}{\partial y_2^2}+\frac{\partial^2 u}{\partial z_2^2}\right)+\lambda^{-1}\left(E+\frac{Ne^2}{r}\right)u=0, \quad (190)$$

where $x_1, y_1, z_1, x_2, y_2, z_2$ are the rectangular coordinates of the electron and the nucleus respectively, and

$$r^2=(x_1-x_2)^2+(y_1-y_2)^2+(z_1-z_2)^2.$$

Let X, Y, Z be the coordinates of the centre of mass of the system, and x, y, z the coordinates of the electron relative to the nucleus, that is:

$$\left.\begin{aligned} X&=\frac{\mu x_1+Mx_2}{\mu+M}, & Y&=\frac{\mu y_1+My_2}{\mu+M}, & Z&=\frac{\mu z_1+Mz_2}{\mu+M},\\ x&=x_1-x_2, & y&=y_1-y_2, & z&=z_1-z_2. \end{aligned}\right\} \quad (191)$$

In the new coordinates the wave equation has the form

$$\left.\begin{aligned} \frac{1+\mu/M}{2\mu}\left\{\frac{\partial^2 u}{\partial x^2}+\frac{\partial^2 u}{\partial y^2}+\frac{\partial^2 u}{\partial z^2}\right\}+\frac{1}{2(\mu+M)}\left\{\frac{\partial^2 u}{\partial X^2}+\frac{\partial^2 u}{\partial Y^2}+\frac{\partial^2 u}{\partial Z^2}\right\}\\ +\lambda^{-1}\left(E+\frac{Ne^2}{r}\right)u=0. \end{aligned}\right\} \quad (192)$$

This equation shows that u may be written as a product of two factors. The first factor is determined by the equation

$$\frac{1}{2(\mu+M)}\left(\frac{\partial^2 u_1}{\partial X^2}+\frac{\partial^2 u_1}{\partial Y^2}+\frac{\partial^2 u_1}{\partial Z^2}\right)+\lambda^{-1}E_t u_1=0 \quad (193)$$

and concerns the translational motion of the whole atom in space. This factor is thus unimportant for questions regarding the internal state of the atom. The next factor is determined by the equation

$$\frac{1+\mu/M}{2\mu}\left(\frac{\partial^2 u_2}{\partial x^2}+\frac{\partial^2 u_2}{\partial y^2}+\frac{\partial^2 u_2}{\partial z_2}\right)+\lambda^{-1}\left(E_i+\frac{Ne^2}{r}\right)u_2=0, \qquad E_i+E_t=E, \quad (194)$$

which is identical with the wave equation for an electron in the field of a fixed nucleus, with the one difference that the electronic mass is affected by the factor $(1+\mu/M)^{-1}$. The true RYDBERG constant for hydrogen, or more generally, for an atom consisting of a single electron and a nucleus with mass M, and N elementary positive charges is thus

$$R=\frac{M}{M+\mu}\,\frac{2\pi^2N^2e^4\mu}{h^3}. \quad (195)$$

The ratio μ/M is always small compared to unity, but the precision of spectroscopic measurements is so great that there is no serious difficulty involved in measuring quantities of this order. Since the hydrogen atom has the smallest mass of all atoms, the effect will be greatest for hydrogen, and experiments on the spark spectrum of helium have shown that an effect of the predicted kind exists and is accounted for quantitatively by formula (195) when using the established values for the ratio of the mass of a hydrogen atom to that of a helium atom.

24. Spark Spectra. The presence of the factor N^2 in formula (188) contains the quantum theory explanation of spark spectra. Such spectra are defined by the fact that the universal RYDBERG constant is found to be multiplied by the square of an integral number, which gives the order of the spectrum. According to the above analysis a spectrum of the Nth order is emitted or absorbed by atoms having lost $N-1$ of their constituent electrons. In particular, if an atom can be stripped of all constituent electrons except one, the terms in the spectrum of the radiation emitted or absorbed by this atom will be given by formula (188), N being the atomic number. Such spectra are called hydrogenic. Thus far hydrogenic spectra have only been found in case of helium. The PICKERING series, which is found in O and B type spectra, is a hydrogenic helium series, and the BALMER lines which are also present in these spectra are partly hydrogenic helium lines too.

25. Atomic Dimensions. We shall now consider how the dimensions of the atoms enter the present theory. Since the theory is statistical in nature, it can only have something to say about the average position of the electrons, as emphasized on an earlier occasion, and the electric density becomes a continuous function of the coordinates. It was found that the electric density is proportional to the square of the characteristic solution of the wave equation, so that in case of hydrogen we have

$$\text{electric density} = \varrho = X(\theta, \varphi)\, \xi^2, \tag{196}$$

where X is a function of the angles θ and φ. The variation of the electric density along any given radius vector with fixed direction is thus proportional to ξ^2. Using the formulae (185), (187) and (187a) we find

$$\xi(x) = \text{const} \cdot e^{-x/2} \cdot x^k \sum_{s=0}^{n-k-1} \frac{(-x)^s}{(s!)^2 (2k+1+s)!}, \qquad x = 2\varkappa r. \tag{197}$$

According to various possible values of n and k, the electric density will have several maxima and minima along any given radius vector. But due to the factor $e^{-x/2}$ in ξ, the electric density will ultimately decrease exponentially towards zero when r tends towards infinity. To a first approximation we may reduce ξ to the term which involves x in the highest power in the polynomial, as this will presumably give a correct idea of the position of the ultimate maximum of the electric density. This gives

$$\xi \backsim x^{n-1}\, e^{-x/2}, \tag{198}$$

which makes ϱ a maximum at $\frac{1}{2}x = n - 1$, which corresponds to a value

$$R_n = \varkappa^{-1}(n-1) = \frac{h^2}{4\pi^2 e^2 \mu} \frac{n(n-1)}{N} \tag{199}$$

of the distance r from the nucleus. In the special case $k = n - 1$, ξ reduces rigorously to the form $x^{n-1} e^{-x/2}$. In the case of the normal state the maximum of ξ coincides with the nucleus, and it is meaningless to identify the position of the maximum with the atomic radius. In this case the function $X(\theta, \varphi)$ reduces to a constant, so that the electric density is the same for all directions, and decreases exponentially with increasing radius vector, irrespective of direction. It is easily found that the major part of the negative electricity in the atom will be found within a sphere of radius

$$R_1 = \frac{h^2}{4\pi^2 e^2 \mu N} = \frac{0{,}5}{N} \cdot 10^{-8}\,\text{cm} \tag{200}$$

which for $N = 1$ may be considered as the average radius of a hydrogen atom in its normal state, in so far as such a radius can be defined. This value is about one quarter of the value found for the radius of the hydrogen molecule from gas kinetic data. This result is reasonable, since the hydrogen molecule contains two atoms, and since the electric density of an atom will extend perceptibly beyond the distance R_1 from the nucleus.

The above results are capable of wide applications. They offer, for instance, a simple explanation of the fact that the terms of the spark spectra of a given element approximate the more closely to the corresponding hydrogenic terms the higher is the order of the spectrum. This is due to the fact that the terms depend upon N and n in the combination N^2/n^2 while the dimensions are proportional to n^2/N, approximately. For the same value of N/n the terms remain constant, while the radii increase proportionally to N, and thus increase with increasing order of the spectrum. The dimensions of the core, on the other hand, are likely to decrease with increasing order, since it contains fewer and fewer electrons. Hence the effect on the outer electron of stray electric forces from the core should become less and less with increasing order of the spectrum, which in turn should become more and more hydrogenic. This inference is in conformity with experimental results.

In an actual gas the state of an atom is necessarily to some extent dependent upon chance collisions with other atoms, and it is evident that this effect will be greater the bigger is the atom in question, since the number of collisions per unit time increases proportionally to the surface area of the atom. It is probable that this circumstance has something to do with the observed quenching of emission lines corresponding to transitions from quantum states with large quantum numbers, although other causes seem to be present as well.

26. The RYDBERG-RITZ Formula. We have thus far seen how the consideration of purely hydrogenic atoms provides a qualitative and quantitative understanding of several fundamental features of experimental facts concerning series spectra. In particular, this case is sufficient to show the origin of the dependence of the spectral terms upon the principal quantum number. It is not sufficient, however, to show the origin of the subsidiary quantum number, since no such quantity enters the theoretical formula for hydrogenic terms. This question will be discussed in the present section, and it will be shown how the transition from the BALMER formula to the RYDBERG-RITZ formula arises from the fact that the core of an atom containing several electrons does not influence the outer electron strictly as a point charge.

Consider thus the problem of an atom consisting of a core containing several electrons, and a single electron which mostly moves at large distances from the core. If the core is slowly brought into the field of a fixed elementary point charge of negative electricity, it will become electrically polarized, the electrons of the core being repelled and the nucleus attracted by the external charge. The effect of the external charge will consequently be to induce an electric doublet in the core, the axis of which passes through the position of the charge. Let M be the strength of this doublet and r the distance from the external charge to the centre of the atom. The induced doublet will then exert an attractive force $2\,Me/r^3$ on the charge. The doublet strength M is itself, however, essentially proportional to the force which the external charge exerts at the place of the core, that is, we may put $M = \alpha\, e/r^2$, where α is a constant. The reactive force of the induced doublet is therefore $-2\alpha\, e^2/r^5$ and derives from a potential energy function

$$V_e = \alpha\, e^2/2r^4. \tag{201}$$

If the external electron moves at large distances from the core its effect on the core cannot be much different from the effect it would have exerted if it were fixed.

We shall accordingly use the above expression of V_e for the deviation from a pure COULOMB field experienced by an electron outside an atomic core[1].

Inside the core conditions are entirely different. Here the main part of the perturbing potential must arise from the increasing strength of the inverse square field which is due to the vanishing screening effect of those electrons of the core which are at a greater distance from the nucleus than the point under consideration. Here the perturbing potential has the form

$$V_i = -Ze^2/r, \tag{202}$$

where Z is zero at the surface of the core, and equal to the total number of electrons in the core when close to the nucleus. The problem in hand is now to solve the wave equation for the case that $V_e + V_i$ is added to the ordinary COULOMB potential of the outer electron. In as much as the expressions we have given for the perturbing potentials are but rough approximations, it has no interest to know the exact solution of the problem; it is sufficient to adopt the approximate methods outlined in ciph. 21. These calculations become particularly simple in the present case since both the original and the perturbed system are central systems, such as to be characterized by the same system of quantum numbers. The first order correction to the characteristic energy values can therefore be written down directly

$$\varepsilon_{nk} = \int_0^\infty (V_e + V_i)\,\xi^2 x^2\,dx \tag{203}$$

where ξ is the part of the characteristic function of a hydrogen atom that depends upon the radius vector, and where x stands for $2\varkappa r$. As shown by WALLER[2] the calculation of the integrals involved is considerably simplified by a reference to the theory of LAGUERRE polynomials, which are defined by

$$L_n(x) = (n!)^2 \sum_{s=0}^{n} \frac{(-x)^s}{(s!)^2\,(n-s)!} = e^x \frac{d^n}{dx^n}(x^n e^{-x}). \tag{204}$$

The interest of these polynomials in the present case arises from the fact that the function ξ entering the integral (203), and which is given by (197), may be written on the form

$$\xi(x) = \text{const.}\, e^{-x/2} x^k L_{n+k}^{2k+1}(x), \qquad x = 2\varkappa r, \tag{205}$$

where, in general, L_p^r denotes the rth derivative of the pth LAGUERRE polynomial. There is a generating function $G(t) = e^{\frac{-xt}{(1-t)}}(1-t)^{-1}$ associated with these polynomials, which is such that $L_p(x)$ is the coefficient of $t^p/p!$ in the power series expansion of $G(t)$:

$$G_s(t) = \sum_{p=0}^{\infty} L_p(x) \frac{t^p}{p!} = e^{-\frac{xt}{1-t}}(1-t)^{-1}. \tag{206}$$

Differentiating this relation r times with respect to x we find

$$\sum_{p=0}^{\infty} L_p^r(x) \frac{t^p}{p!} = (-1)^r t^r e^{-\frac{xt}{1-t}}(1-t)^{-1-r}. \tag{207}$$

[1] The effect of the induced doublet on the spectral terms was first discussed by M. BORN and W. HEISENBERG, Z f Phys 23, p. 388 (1924). The problem was discussed on the basis of quantum mechanics by J. WALLER, ibid. 38, p. 635 (1926).

[2] Z f Phys 38, p. 635 (1926).

Hence

$$\left.\begin{aligned}&\sum_{p=0}^{\infty}\sum_{q=0}^{\infty}\frac{t^p u^q}{p!q!}\int x^{s+2k+2}e^{-x}L_p^r(x)L_q^r(x)\,dx\\&=\frac{(ut)^r}{\{(1-t)(1-u)\}^{r+1}}\int x^{s+2k+2}e^{-x\frac{1-ut}{(1-t)(1-u)}}\,dx,\end{aligned}\right\}\tag{208}$$

where s is a constant. Remembering that $\int_0^\infty x^n e^{-x}dx = n!$, we find

$$\int_0^\infty x^{s+2k+2}e^{-x}(L_{n+k}^{2k+1})^2 dx = \{(n+k)!\}^2(s+2k+2)!\,P_{nk}^s, \tag{209}$$

where P_{nk}^s is the coefficient of $(ut)^{n-k-1}$ in the power series expansion of $(1-t)^{s+1}(1-u)^{s+1}(1-ut)^{-s-2k-3}$. The above formula is just of the type we need, since it gives the integral over the square of a ξ-function, multiplied by an arbitrary power of the argument.

Consider first the case when ξ has its maximum values far outside the atomic core. For this case the integral over V_i in (203) may be neglected in comparison to the integral over V_e, since V_i is zero outside the core. We shall, moreover, extend the integral over V_e from $r = 0$, instead of from the surface of the atomic core. This will give approximately correct results provided k differs from zero, i. e. for the spectral terms p, d, f etc. It will not do for the sharp terms $k = 0$, since the integral over the core diverges in this case. To the constant of normalization in (205) corresponds the value $s = 0$ in formula (209), such that P_{nk}^0 becomes the coefficient of $(ut)^{n-k-1}$ in the power series expansion of $(1+ut)(1-ut)^{-2k-3}$. This gives

$$P_{nk}^0 = \frac{2n(n+k)!}{(2k+2)!\,(n-k-1)!}$$

and

$$\int_0^\infty e^{-x}(x^k L_{n+k}^{2k+1})^2 x^2\,dx = \frac{2n(n+k)!^3}{(n-k-1)!}. \tag{210}$$

We shall next require the value of the integral (209) for $s = -4$, since V_e is proportional to x^{-4}. After some calculation one finds

$$P_{nk}^{-4} = \frac{2(n+k)!}{(2k+3)!\,(n-k-1)!}\,(3n^2 - k(k+1)), \tag{211}$$

so that

$$\int_0^\infty x^{2k-2}e^{-x}(L_{n+k}^{2k+1})^2 dx = \frac{(n+k)!^3(3n^2-k(k+1))}{6(n-k-1)!\,(k-\frac{1}{2})k(k+\frac{1}{2})(k+1)(k+\frac{3}{2})}. \tag{212}$$

Collecting the necessary factors one finds therefore finally

$$\varepsilon_{nk} = \int_0^\infty V_e\,\xi^2 x^2\,dx = -\frac{3}{4}\alpha e^2 x^4 n\frac{1-k(k+1)/3n^2}{(k-\frac{1}{2})(k+\frac{1}{2})(k+1)(k+\frac{3}{2})}. \tag{213}$$

Writing the complete energy value of the stationary state in question on the form

$$\varepsilon_{nk} = -\frac{hRN^2}{(n-\delta)^2} \sim -\frac{hRN^2}{n^2} - \frac{2RhN^2d}{n^3} + \cdots,$$

comparing this expression with the above expression for ε_{nk}, and introducing the proper value of x and R from (185) and (188), one finds the RYDBERG-RITZ correction δ to be given by

$$\delta = \frac{3}{4}\frac{\alpha N^2}{a_H^3}\frac{1-k(k+1)/3n^2}{(k-\frac{1}{2})(k+\frac{1}{2})(k+1)(k+\frac{3}{2})}, \qquad a_H = \frac{h^2}{4\pi^2 e^2 \mu}. \tag{214}$$

It will be noticed that this expression has the form

$$\delta = \delta_1(k) + \delta_2(k)/n^2 \tag{215}$$

as demanded by observation. It can also be verified that the absolute value of the correction given by the above expression is in fair agreement with observations. Several outstanding discrepancies have been shown to be due to the fact that our assumption concerning the induced doublet breaks down when certain lines in the spectrum of the radiation absorbed by the core come in too close vicinity to certain lines in the spectrum of the radiation emitted or absorbed by the outer electron: that is when certain arc lines tend to coincide with certain spark lines of the same element. There is then a case of resonance interaction between the outer electron and the core, and it is to be expected that marked deviations from the results of the simple case considered above will occur[1].

Considering the case when k is zero, it is no longer immaterial what expression we use for the perturbing potential within the core. The fourth power law is, in particular, inadmissible, since it leads to an infinite value of the perturbations. If one idealizes the problem by assuming all the electrons of the core to be spread over a spherical surface, with its centre in the nucleus, and assume that n is so large that the function ξ reduces to its first power term, it is easy to show that the RYDBERG correction will still have the form (215), although the quantities $\delta_1(k)$ and $\delta_2(k)$ will no longer be given by (214).

27. The Problem of two Centra. The problems considered above are special cases of the general problem of two centra, i. e. to find the motion of an electron under the influence of central forces, emanating from two different centra. In case of hydrogenic atoms, or such atoms with a RYDBERG-RITZ correction, the two centra coincide. The next simplest case is found when one center is infinitely far from the other center and the electron, while its strength increases in such a measure as to have a finite effect on the motion of the electron. This gives, for instance, the case of a hydrogenic atom in a homogeneous electric field, which was studied experimentally by STARK, and theoretically by EPSTEIN and SCHWARZSCHILD, on the basis of the original form of the quantum theory. The problem has also been thoroughly discussed on the basis of wave mechanics by SCHRÖDINGER[2], EPSTEIN[3] and WALLER[4], who give for the energy of the atom, including second order terms in the strength F of the external electric field

$$E = E_0 + E_1 + E_2$$

where

$$E_0 = -\frac{2\pi^2 N^2 e^4 \mu}{h^2 n_0^2}, \qquad E_1 = -\frac{3h^2 F}{8\pi^2 \mu e N} n_0 (n_2 - n_1), \tag{216}$$

and

$$E_2 = -\frac{h^6 F^2}{2^{10}\pi^6 \mu^3 e^6 N^4} n_0^4 [17 n_0^2 - 3(n_2 - n_1)^2 - 9(n_0 - n_1 - n_2 - 1)^2 + 19]. \tag{217}$$

Here N is the nuclear charge of the atom, while n_0, n_1 and n_2 are three quantum numbers, satisfying the inequalities

$$n_0 \geqq 1, \qquad n_0 \geqq n_1 \geqq 0, \qquad n_0 \geqq n_2 \geqq 0.$$

[1] E. SCHRÖDINGER, Ann d Phys 77, p. 43 (1925). [2] Ann d Phys 80, p. 437 (1926).
[3] Nature 118, p. 444 (1926). [4] Z f Phys 38, p. 635 (1926).

The question of the intensities of the STARK components of hydrogenic lines was for the first time discussed by KRAMERS[1] on the basis of the correspondence principle in its original form. In the papers mentioned above this question has been discussed by SCHRÖDINGER and EPSTEIN on the basis of wave mechanics. The accordance with experiment is complete as regards the frequencies, and fairly good as regards the intensities. The theory of the STARK effect in helium is discussed by FOSTER[2] in a recent paper.

The next step in the problem of two centra is to consider the case of two centra which are fixed at a finite distance from each other. This model applies, approximately, to the ionized hydrogen molecule, whose existence was proved experimentally by J. J. THOMSON. This problem does not yield easily to analytical methods, but it is possible to reduce the equations to a form which is convenient for the application of direct numerical methods of calculation. BURRAU[3] has solved the equations for the special case of the normal state of the system, and showed that the theoretical value of the ionisation energy of the molecule comes out in close agreement with the experimental value.

28. The Spinning Electron. In the preceding sections it has been shown how a number of facts in atomic physics may be interpreted on the basis of the quantum mechanics of atoms consisting of electrified particles. There are, however, certain outstanding phenomena which cannot be explained in any simple manner on this basis. First of all there is the anomalous ZEEMAN effect. Next comes the complex structure of the individual series lines, in optical as well as in X-ray spectra. The difficulties experienced in regard to the explanation of these phenomena in terms of quantum mechanics are largely, if not wholly, removed by assuming an electron to carry angular momentum and elementary magnetism in addition to its electric charge. It is natural to characterize these additional qualities of an electron by saying that the electron is spinning[4].

In order to see how the spin will affect the different atomic problems we shall consider the simple case of hydrogenic atoms. Assuming the electron to behave like a spinning top we know already the zero order solution of the problem which corresponds to a neglection of the interaction between the spin and the nuclear electric field. To this approximation the characteristic functions will be equal to the product of the characteristic functions of an unperturbed hydrogen atom and of an unperturbed top. Consider next the coupling between the spin and the nuclear field. The spin is equivalent to a circular electric current, and will therefore give rise to a magnetic doublet field, the axis of which is parallel to the axis of spin. While the field of force surrounding the nucleus will be purely electrostatic when viewed from a coordinate system in which the nucleus is at rest, it will, in all other coordinate systems, show a magnetic field in addition to the electrostatic field. The intensity $\boldsymbol{H}$ of this field is $\frac{1}{c}[\boldsymbol{E}\boldsymbol{V}]$ where $\boldsymbol{E}$ is the electric field strength while $\boldsymbol{V}$ is the velocity of the coordinate system with

[1] Trans Danish Acad Sc Math Nat VIII. Series, 3, p. 3 (1919).

[2] London R S Proc A 117, p. 137 (1927).

[3] Proc Danish Acad Sc Math Nat Contribut VII, p. 14 (1927).

[4] This idea was for the first time applied to the problems of spectroscopy by S. GOUDSMIT and G. E. UHLENBECK, Naturwiss 13, p. 953 (1925); Nature 116, p. 264 (February 1926); cf. also F. R. BICHOVSKI and H. C. UREY, Wash Nat Acad Proc 12, p. 80 (1926). For an alternative interpretation of electronic spin cf. C. G. DARWIN, London R S Proc A 116, p. 227 (1927). The function of the electronic spin is essentially to make each energy level split up in two, and this result is obtained by DARWIN by using always two slightly different wave equations, and the two wave functions in question DARWIN considers as the components of a vector. A serious difficulty encountered by DARWIN is the fact that it does not seem easy to embody the "THOMAS precession" in his theory (cf. Addendum I, p. 451).

respect to the nucleus. This formula is found by observing that the rate of change with time of $\boldsymbol{E}$ in the coordinate system moving with the velocity $\boldsymbol{V}$ is $(\boldsymbol{V}\nabla)\,\boldsymbol{E}$. Since $\operatorname{div}\boldsymbol{E} = 0$ we have therefore

$$\frac{\partial \boldsymbol{E}}{\partial t} = (\boldsymbol{V}\nabla)\,\boldsymbol{E} = \operatorname{curl}[\boldsymbol{E}\boldsymbol{V}]. \tag{218}$$

By the electromagnetic equation

$$\operatorname{curl}\boldsymbol{H} = \frac{1}{c}\,\frac{\partial \boldsymbol{E}}{\partial t}$$

it then follows by comparison that $\boldsymbol{H} = \frac{1}{c}\,[\boldsymbol{E}\boldsymbol{V}]$, as stated above.

The force exerted by the magnetic field $\boldsymbol{H}$ on an elementary magnet the moment of which is $\boldsymbol{M}_s$ is $(\boldsymbol{M}_s\nabla)\boldsymbol{H}$. Hence the work done by the field when the elementary magnet is transferred by parallel displacement from a place where $\boldsymbol{H} = 0$ to a place where $\boldsymbol{H} = \boldsymbol{H}'$ is

$$U = \int ((\boldsymbol{M}\nabla)\,\boldsymbol{H}\,d\boldsymbol{r}) = (\boldsymbol{M}_s\,\boldsymbol{H}'). \tag{219}$$

This then is the energy of the elementary magnet due to the presence of the field. Hence the interaction energy of the electronic spin and the nuclear field is

$$U_s = \frac{1}{c}\,(\boldsymbol{M}_s\,[\boldsymbol{E}\boldsymbol{V}])\,. \tag{220}$$

In a central field $\boldsymbol{E}$ is directed parallel to the radius vector $\boldsymbol{r}$ to the centre, and $[\boldsymbol{E}\boldsymbol{V}]$ becomes therefore parallel to the orbital angular momentum $\boldsymbol{P}_r$ of the electron. For a Coulomb field we have, in particular, $\boldsymbol{E} = -\frac{Ne}{r^2}\,\bar{\boldsymbol{r}}$ and hence $[\boldsymbol{E}\boldsymbol{V}] = \frac{Ne}{\mu}\,\frac{1}{r^3}\,\boldsymbol{P}_r$. If $\boldsymbol{P}_s$ is the angular momentum of spin we have $\boldsymbol{M}_s = \lambda\boldsymbol{P}_s$, where λ is some constant, the value of which depends upon the theory one adopts for the internal structure of the electron. For a rigid spherical shell of constant electric surface density classical electromagnetic theory gives, for instance, $\lambda = e/\mu c$, and it happens that this is just the value required by observations. The order of magnitude of U_s is such that, transforming to a coordinate system in which the nucleus is at rest, it is necessary to take account of the relativity modifications of kinematics. The effect of this transformation is to introduce a factor $\frac{1}{2}$ in the above expression of U_s, such that the final formula becomes

$$U_s = \frac{Ne^2}{2c^2\mu^2}\,\frac{1}{r^3}\,(\boldsymbol{P}_s\boldsymbol{P}_r)\,. \tag{221}$$

The magnetic energy of the system in an external magnetic field $\boldsymbol{H}$ is

$$U_e = \frac{e}{\mu c}\,(\boldsymbol{P}_s\,\boldsymbol{H}) + \frac{e}{2\mu c}\,(\boldsymbol{P}_r\,\boldsymbol{H}) \tag{222}$$

such that the total magnetic energy of the system becomes

$$U_m = \frac{e}{2\mu c}\{\boldsymbol{H}\,\boldsymbol{P}_r + 2\boldsymbol{P}_s\} + \frac{Ne^2}{2\mu^2 c^2}\,\frac{1}{r^3}\,(\boldsymbol{P}_s\boldsymbol{P}_r)\,. \tag{223}$$

The Thomas Precession[1]. The relativity effect mentioned above was discovered by Thomas, and it is of fundamental importance for the theory of electronic spin. In fact, it is only the introduction of this factor $\frac{1}{2}$ that makes it possible to construct a quantitative theory both of the anomalous Zeeman effect and of multiplet structure. An elementary theory of the phenomenon may be given as follows: Let $K(x, y, z, t)$ be a coordinate system in which the

[1] Cf. L. H. Thomas, Phil Mag VII. Series, 3, p. 1 (1927).

centre of gravity of the atom is at rest, and let $K'(x', x', z', t')$ be another coordinate system with axes parallel to the axes of the first system, and moving with the speed of the electron. Assume the xy-plane to be parallel to the velocity as well as the acceleration of the electron, such that for a short time the motion along the z-axes may be left out of consideration. We assume, moreover, that the translational velocity of the centre of gravity of the electron is, for the moment under consideration, parallel to the x-axis. The coordinates x, y, t, x', y', t' are connected by the special LORENTZ transformation

$$x = \beta(x' - Vt'), \qquad y = y', \qquad t = \beta(t' - Vx'/c^2), \qquad \beta = (1 - V^2/c^2)^{-\frac{1}{2}}. \tag{224}$$

After the lapse of an infinitesimal time interval dt the electron will no longer be at rest in the coordinate system x', y', t', since its motion has been accelerated in the field of force of the nucleus. Let $d\boldsymbol{V}$ be the vectorial increase in $\boldsymbol{V}$ in the time interval dt. We can now find the coordinate system x'', y'', t'' in which the electron is at rest at the time $t + dt$ by performing an infinitesimal LORENTZ transformation from the system K'. Since $d\boldsymbol{V}$ will, in general, not be parallel to the x'-axis, we now require the transformation formulae for the general case when the velocity is unrestricted in direction. This is done by resolving the radius vector r' into two components, one parallel to the velocity $\boldsymbol{V}$, which is $(\boldsymbol{r}'\overline{\boldsymbol{V}}) \cdot \overline{\boldsymbol{V}}$, and the other perpendicular to this direction. The component parallel to the velocity suffers a LORENTZ contraction, while the other component does not, such that the general transformation formula becomes

$$\boldsymbol{r} = \boldsymbol{r}' + (\beta - 1)(\boldsymbol{r}'\overline{\boldsymbol{V}})\overline{\boldsymbol{V}} - \beta\boldsymbol{V}t'; \qquad t = \beta(t' - (\boldsymbol{V}\boldsymbol{r}')/c^2). \tag{225}$$

These formulae we now apply to the transformation from K to K'', with the velocity $\boldsymbol{V} + d\boldsymbol{V}$. Remembering that $\boldsymbol{V}$ is parallel to the x-axis, we have to a first approximation

$$\left.\begin{aligned} x'' &= \beta x + (\beta - 1)y\,d\varphi + \beta Vt, \qquad y'' = y + (\beta - 1)x\,d\varphi + \beta\,d\varphi\,Vt, \\ t'' &= \beta(t + (x + y\,d\varphi)V/c^2) \end{aligned}\right\} \tag{226}$$

where $d\varphi$ is the angle between $\boldsymbol{V} + d\boldsymbol{V}$ and the x-axis. Replacing the values of x, y, t by the corresponding values of x', y', t', we find the transformation from K' to K'' as viewed from K to be given by the formulae

$$\left.\begin{aligned} x'' &= x' + (\beta - 1)y\,d\varphi, \qquad y'' = y' - (\beta - 1)x'\,d\varphi + \beta\,d\varphi\,Vt, \\ t'' &= t' + \beta\,d\varphi\,Vy'/c^2. \end{aligned}\right\} \tag{227}$$

This transformation is seen to consist of a LORENTZ transformation in the y-direction, combined with a rotation of the axes about an angle $(\beta - 1)\ d\varphi$. Since by the definition of the vector product

$$d\varphi = |[\boldsymbol{V}d\boldsymbol{V}]|/V^2, \tag{228}$$

the angular velocity of the rotation of the coordinate axes, the THOMAS precession, is given by

$$\boldsymbol{W} = (\beta - 1)[\boldsymbol{V}\dot{\boldsymbol{V}}]/V^2 \rightarrow \frac{1}{2c^2}[\boldsymbol{V}\dot{\boldsymbol{V}}] \tag{229}$$

both in magnitude and direction.

Consider a point of mass m moving with a velocity $\boldsymbol{V}$ relative to K''. The precession of the frame K'' will give rise to a Coriolis force $2m[\boldsymbol{W}\boldsymbol{V}]$ on the particle. Neglecting ordinary centrifugal force the effect of this precession is obviously the same as if the precession were replaced by a magnetic field, the field strength $\boldsymbol{H}_s$ of which is parallel to $\boldsymbol{W}$ and given by the relation

$$2m\boldsymbol{W} = \frac{\varepsilon}{c}\boldsymbol{H}_s, \tag{230}$$

where ε is the charge of the particle. We have already assumed that, as far as the electronic spin is concerned, the ratio of charge to mass is twice the value e/μ for the whole electron. Adopting this correction, and introducing the correct value of $\boldsymbol{W}$ we find

$$\boldsymbol{H}_s = \frac{\mu}{2ec}[\boldsymbol{V}\dot{\boldsymbol{V}}]. \tag{231}$$

Remembering that, to a first approximation, $\frac{\mu}{e}\dot{\boldsymbol{V}}$ is equal to the electric intensity $\boldsymbol{E}$, and adding the field which is induced by the translational motion of the electron, the net effective magnetic field strength becomes

$$\boldsymbol{H} = \frac{1}{2c}[\boldsymbol{E}\boldsymbol{V}], \tag{232}$$

to a first approximation, which is the result stated in the text.

The next step in the problem is now the calculation of the average value of U_s and U_e, since this gives the additional energy in the stationary states of the system. Since the initial system is degenerate, there will be a number of different averages, and we have, moreover, to solve the algebraic equation for the coefficients in the linear transformation of the characteristic functions (cf. ciph. 21). This problem has been carried out by DARWIN[1] in full generality. On the other hand, HEISENBERG and JORDAN[2] have carried through the calculations on the basis of matrix mechanics. The calculations give the result that the additional energy of the atom in the stationary states due to electronic spin is

$$\overline{U}_s = E_n \frac{N^2\gamma^2}{2n} \frac{j(j+1) - k(k+1)\, s(s+1)}{k(k+\frac{1}{2})(k+1)}. \tag{233}$$

In the presence of a weak external magnetic field H, there is an additional term

$$\overline{U}_e = \frac{meH}{4\pi\mu c}\left\{1 + \frac{j(j+1) + s(s+1) - k(k+1)}{2j(j+1)}\right\}. \tag{234}$$

Here n and k are the principal and the subsidiary quantum numbers, s is the quantum number of electronic spin, j is a new quantum number which appears in consequence of the reduction of the degree of degeneracy which is due to the interaction between the spin and the nuclear field, while m corresponds to the magnetic quantum number introduced previously, the only difference being that m is now limited by the condition

$$-j \leqq m \leqq j. \tag{235}$$

The selection principle $m - m' = \pm 1, 0$ remains the same as before. Since the interaction between the spin and the nuclear field is magnetic in nature one might expect that j shall obey the same selection principle as the magnetic quantum number m, and this proves to be the case, such that for any transition $j \to j'$

$$j = j' \pm 1, 0. \tag{236}$$

As j is defined in the above formula it is always positive, and limited by the inequality

$$|k - s| \leqq j \leqq k + s. \tag{237}$$

29. Complex Structure of Hydrogenic Lines. With the aid of the results obtained in the preceding section it is now possible to explain qualitatively and quantitatively a large number of facts in atomic physics, as will be shown in the sequel. We begin with the consideration of the complex structure of hydrogenic lines, because the quantitative part of the theory is most perfect in this case.

---

[1] London R S Proc A 115, p. 1 (1927). [2] Z f Phys 37, p. 263 (1926).

It was mentioned on an earlier occasion that SOMMERFELD explained the fine structure of hydrogen lines as being due solely to the variation of the electronic mass with varying velocity of the electron. The calculations of SOMMERFELD were based upon his own formulation of the quantum conditions, and it was possible in this manner to obtain a nearly perfect agreement between theory and experiments. We shall now show that if we use the new quantum mechanics the variability of the electronic mass according to the relativity formula is no longer a sufficient cause for the fine structure of hydrogenic lines, and that agreement with experiment is obtained as soon as the elementary magnetism of the electron is taken into account.

Relativistic Motion of a Hydrogenic Atom. The relativistic wave equation for a single electron in a conservative field of force was given as [cf. ciph. 14, equation (93)]

$$\left.\begin{aligned}\frac{h^2}{8\pi^2}\left(\nabla^2\psi-\frac{1}{c^2}\frac{\partial^2\psi}{\partial t^2}\right)-\frac{h}{2\pi i}\left(\frac{e}{c}\boldsymbol{A}\nabla\psi-\frac{1}{c^2}V\frac{\partial\psi}{\partial t}\right)\\+\frac{1}{2}\left\{\mu^2c^2+\frac{e^2}{c^2}A^2-\frac{1}{c^2}V^2\right\}\psi=0.\end{aligned}\right\}\tag{238}$$

Putting $\boldsymbol{A}=0$ (no magnetic field) and introducing $\psi=\Phi(x,y,z)e^{-\frac{2\pi i}{h}\{E+\mu c^2\}t}$ in this equation we find

$$\nabla^2\Phi+\frac{4\pi^2}{h^2}\left\{2\mu E+\frac{E^2}{c^2}-\left(\mu+\frac{E}{c^2}\right)V-\frac{V^2}{c^2}\right\}\Phi=0.\tag{239}$$

We now assume the electron to move in the undisturbed field of a nucleus carrying N positive elementary charges, such that $V=-Ne^2/r$. Using the abbreviations

$$\alpha^{-1}=\frac{4\pi^2Ne^2}{h^2}\left(\mu+\frac{E}{c^2}\right),\qquad\beta=\alpha^2\frac{4\pi^2}{h^2}\left(2\mu E+\frac{E^2}{c^2}\right),\qquad\gamma=\frac{2\pi}{h}\frac{e^2}{c},\tag{240}$$

and measuring all lengths in units of α, equation (239) reduces to

$$\nabla^2\Phi+(\beta+2/r-N^2\gamma^2/r^2)\,\Phi=0.\tag{241}$$

This equation differs from the corresponding equation for un-relativistic motion by the presence of the term $-N^2\gamma^2/r^2$. In polar coordinates $\nabla^2\Phi$ will contain a term of the form const $\cdot\,\Phi/r^2$, and due to this fact it is possible to reduce the problem to the same equation as was found in the un-relativistic case, except that the constants have a different significance. Using polar coordinates r,θ,φ and putting $\Phi=\xi(r)\eta(\theta)\zeta(\varphi)$ as before, we know that (cf. ciph. 22)

$$\zeta(\varphi)=\text{const}\cdot e^{im\varphi},\qquad\pm m=0,1,2,\ldots$$

$$\eta(\theta)=\frac{\text{const}}{2^k k!}\cdot(1-x^2)^{m/2}\frac{d^{m+k}}{dx^{m+k}}(1-x^2)^k,\qquad x=\cos\theta,\qquad k=0,1,2,\ldots$$

and that

$$\frac{1}{\xi}\frac{d}{dr}(r^2\xi)-k(k+1)+N^2\gamma^2-2r+\beta r^2=0.\tag{242}$$

The latter equation is exactly of the same form as the equation encountered in case of unperturbed hydrogenic motion, except that the constant $k(k+1)$ is reduced by the amount $(N\gamma)^2$. Assume the expansion

$$\xi(r)=e^{-\sqrt{-\beta}\,r}\sum_{p=0}^{\infty}a_p\,r^{p+q}\tag{243}$$

for ξ, q being an adjustable constant. In the ordinary way we find the relation

$$a_p\{(p+q)(p+q+1)-k(k+1)+N^2\gamma^2\}=2a_{p-1}\{(p+q)\sqrt{-\beta}-1\}\tag{244}$$

between the coefficients a_p and a_{p-1}. As in case of no relativity the expansion must break off in both directions, in order to make ξ finite for all values of r. This requires that

$$\beta = -(n+q)^{-2}, \qquad n = 1, 2, \ldots \tag{245}$$

and

$$(p+q)(p+q+1) = k(k+1) - \gamma^2 N^2 \tag{246}$$

for some integer value of p. For $\gamma = 0$ it is sufficient to take $q = 0$, which makes the series break off at $p = k$. Requiring the series to break off at $p = k$ even when γ differs from zero, q is determined by the quadratic equation

$$(k+q)(k+q+1) = k(k+1) - N^2\gamma^2, \tag{247}$$

the solution of which is

$$q = -(k+\tfrac{1}{2}) + \sqrt{(k+\tfrac{1}{2})^2 - N^2\gamma^2}. \tag{248}$$

The plus sign must be adopted for the square root, otherwise r might appear in negative powers in ξ, which consequently would become infinite for $r = 0$, contrary to the requirement of the quantum conditions. Solving equation (245) for the energy we find, by using relations (240)

$$1 + \frac{E}{\mu c^2} = \left\{1 + \frac{N^2\gamma^2}{(n+q)^2}\right\}^{-\frac{1}{2}}. \tag{249}$$

Expanding this expression to the first order in c^{-2} we find

$$E = E_n + \frac{E_n N^2\gamma^2}{n^2}\left(\frac{n}{k+\frac{1}{2}} - \frac{3}{4}\right), \qquad E_n = -\frac{2\pi^2 N^2 e^4 \mu}{h^2 n^2}. \tag{250}$$

These expressions differ from those obtained by SOMMERFELD by the addition of $\frac{1}{2}$ to k, and this is sufficient to destroy the agreement between theory and experiment.

It was stated above that the positive sign was to be adopted for the square root in the expression of q, otherwise the solution would not conform to the quantum conditions in the case when $k = 0$, i. e. for the sharp terms. In this case ξ starts with r raised to the negative power $-N^2\gamma^2$ approximately. It would thus seem that the solution corresponding to $k = 0$ should be excluded. On the other hand, this destroys the agreement with observation which is obtained when the effect of the elementary magnet of the electron is included. It seems as if we here are confronted with a problem whose solution is not clear as yet[1].

Adding up the contribution to the energy of the atom from electronic spin and relativity, we find the total energy of a hydrogenic atom to be given by the expression

$$E = E_n + E_n \frac{N^2\gamma^2}{n}\left(\frac{3}{4^n} - \frac{1}{k+\frac{1}{2}} + \frac{j(j+1) - k(k+1) - s(s+1)}{2k(k+\frac{1}{2})(k+1)}\right), \tag{251}$$

as regards first order quantities, the numbers n, k, j, s having their recognized meaning. We have thus far said nothing in particular about the quantum number s for the electronic spin. A theoretical fixation of this number would require a much more intimate knowledge of the internal structure of the electron than we have at present. All which can be stated about from the quantum theory point of view is that s is probably of the form n/m, where n and m are whole numbers. The number m measures in some manner the degree of symmetry exhibited by the electron, such that $m = 1$ corresponds to no symmetry at all,

[1] Cf. Addendum I, p. 451.

$m = 2$ corresponds to symmetry about a plane etc. Even these statements do not carry full conviction, in as much as it is difficult to know how the symmetry of an electron is to be defined, and because we do not know whether an electron rotates like a rigid body. It is to be hoped that future development of atomic theory will entail greater exactitude on this point. In this situation the natural thing to do is to inquire what value of s is required by experiments. It is then found that the whole experimental material requires $s = \frac{1}{2}$, and this value will be adopted in the following. All electrons have thus the same rotational energy. The possible values of j are now $k \pm \frac{1}{2}$ if $k > 0$, and $j = \frac{1}{2}$ for $k = 0$. Introducing these values of s and j in (251), this expression reduces to

$$E = E_n + E_n \frac{N^2\gamma^2}{n}\left\{\frac{3}{4n} - \frac{1}{k+1}\right\}, \qquad k = 0, 1, 2, \ldots (n-1). \tag{252}$$

The nth level will thus split up into n component levels, the relative position of which can be calculated very simply from the above formula. It will be noted that the perturbations have removed the degeneracy of the unperturbed atom only to a very limited degree. In fact, besides the absence of the magnetic quantum number m from the above formula, the levels given by (251) will coincide in pairs, and this accounts for the absence of an ambiguous sign in (252).

30. Complex Structure of the Spectra of Alkali Metals. Consider next the case of an atom in which a single electron moves at relatively large distances from an inner core, which remains practically unaltered during the transitions of the outer electron. This model has previously been adopted as a basis for the interpretation of the arrangement of spectral terms into S, P, D series etc., the RYDBERG-RITZ formulae, and the selection principle for the subsidiary quantum number. While these characteristics apply more or less accurately to a large number of elements with rather different chemical properties (which suggests the presence of several outer electrons), we shall now show that if the electronic spin is taken into account we must limit the application of this model to atoms of alkali metals only.

In fact, it will be expected that formula (251) for the complex structure of hydrogenic lines can be taken over directly in the more general case we are now considering, provided a suitable correction is applied to account for the effect of polarization of the core by the outer electron (P, D, F terms etc.), and for the partial absence of the screening effect of the electrons in the core (S-terms). As was shown in ciph. 26 the correction in question consists essentially in replacing n by $n^* = n + \delta(k)$, where δ is a function of k only, which is small as compared with n. The effect of this amendment to formula (251) is essentially to suppress the degeneracy which consisted in the coincidence of levels in pairs. Since the separation between lines of different series corresponding to the same value of n but with different k's is, in general, much larger than the complex structure separation, it will be realized that the complex structure of each series term will now be a result of the ambiguous sign of s only. In case of S-terms the ambiguity vanishes, owing to the fact that j is not permitted to be negative. Hence the S'-terms are always singlets, and this law is known to hold rigorously for all alkali spectra. For the P, D, F terms etc. both signs of s are permissible, which means that each level will split up into a doublet. The energy difference between two such doublet levels is, by (251), given by

$$\Delta E = \frac{E_n N^2 \gamma^2}{n\left(k + \frac{1}{2}\right)(k+1)}, \tag{253}$$

and it was shown by LANDÉ[1], and by MILLIKAN and BOWEN[2], that a formula of this type will fit the observational data concerning doublet spectra with a high degree of accuracy. From the above formula the relativity term has disappeared. The alkali doublets are therefore an exclusive effect of the electronic spin. In case of elements other than alkali metals, or in case of the higher order spectra of these metals, higher multiplicities will be found, which indicate that in the theory of these spectra it will be essential to consider a more intimate interaction between several electrons than is done in the simple model of an atom as an inner inert core plus a single outer electron.

31. PAULI's Exclusion Principle. Before considering the theory of spectra of higher multiplicities, and the theory of X-ray spectra etc. it is necessary to study more in detail how the interaction between several electrons is to be treated on the basis of the present theory. One then encounters soon a difficulty consisting in the fact that a large class of solutions, which are perfectly good from the theoretical point of view, are not realized in nature. How this comes about will perhaps best be realized from the following example:

Consider a hydrogenic atom in its normal state, characterized by the values $1, 0, 0, \frac{1}{2}$ of the quadruple of numbers n, m, k, and j. Assume the nuclear charge to consist of several elementary units, and consider the process of binding an additional electron in the atom, external agencies being absent. Neglecting the interaction between the electrons, we expect the electron last bound to suffer a series of transitions, and finally also to be bound in the normal state. What difference will the interaction between the electrons make to this result? For the spectrum of the radiation emitted during the binding process the difference may be considerable. The original system happens, namely, to possess resonance degeneration, and for this exceptional case the perturbations in the energy values will be abnormally large. Otherwise the evolution of the system will proceed very much as if the interaction between the electrons were entirely absent. In particular, the final state of the system will undoubtedly be characterized by the same set of quantum numbers as a normal hydrogenic state containing two electrons. The functional dependence of the energy upon the quantum numbers may, however, be quite different from the hydrogenic case, but this is unessential to the question, the point of importance being that the two electrons must occupy equivalent states. Adding a third electron to the atom, the result would seem to be very much the same as in case of the addition of the second electron. In short: the theory would seem to predict that in the normal state of the atoms all electrons will be bound in equivalent states. This conclusion is, however, contradicted by a mass of facts in atomic physics, notably the structure of X-ray spectra and optical multiplets, as well as the pronounced periodicity in the chemical properties of the elements. It is therefore necessary to restrict the theoretically possible solutions by an empirical exclusion principle which can be formulated as follows: An atomic system will never contain equivalent electrons, that is: electrons with the same quadruple of numbers n, m, k and j. Several attempts have been made to find a quantum mechanical origin of this exclusion principle, which was first formulated by PAULI[3], but none seem to have been successful thus far. DIRAC[4] and HEISENBERG[5] have, however,

---

[1] Z f Phys 16, p. 391 (1923).

[2] Phys Rev 24, p. 209, 223 (1924). The possibility of extending the laws of X-ray doublets into the optical region was, however, first considered by L. DE BROGLIE and A. DAUVILLIER, C R 175, p. 775 (1922).

[3] Z f Phys 31, p. 765 (1925).

[4] London R S Proc A 112, p. 661 (1926).

[5] Z f Phys 38, p. 441 (1926).

succeeded in bringing PAULI's principle upon a form which is better suited for discussions on the basis of wave mechanics than PAULI's original formulation. Consider an atomic system containing r electrons, and let $\psi_1, \psi_2, \ldots \psi_n \ldots$ be the characteristic solutions of the wave equation corresponding to this atom. Due to the linearity of the wave equation the solutions in question can be divided into two series ψ_n^s and ψ_n^a, such that the functions of the first series are unaltered by interchanging the position of any pair of electrons, while the functions of the second series change the sign only by this process. That is: the functions ψ_n^s are symmetric and the functions ψ_n^a antisymmetric in the coordinates of the electrons. The possibility of this requirement being admitted, it follows that all harmonic amplitudes in the electrical momentum of the atom which involve one symmetric and one antisymmetric characteristic function are zero. The plausibility of this statement follows directly from the fact that interchanging the position of two electrons in the integral over the characteristic functions giving the amplitude in question, the integral changes its sign if it involves one symmetric and one antisymmetric function. In as much as the electrons are assumed to possess identical structures, the amplitudes in question cannot possibly alter their values by such an interchange, such that the integrals in question must be zero. The possible stationary states of an atom fall therefore in two series between which there are no transitions, and each of which constitutes an independent solution of the quantum mechanical problem. PAULI's principle is evidently in agreement with the system of antisymmetric functions, since these functions vanish as soon as two electrons are in equivalent states, while the functions of the other system don't vanish. Symmetric characteristic functions must therefore be rejected as possible solutions of atomic problems, although this rejection cannot at present be justified on the basis of quantum theory principles alone. It may be mentioned that if the state of a radiation field is also described by reference to the SCHRÖDINGER wave equation, it is no longer the antisymmetric characteristic functions which are preferred, but the symmetric ones. This fact may perhaps sometimes give a clue to the understanding of the problem in question[1].

32. The Periodic System of the Elements. In the preceding sections we have only considered such properties of the atoms as concern their ability of absorbing and emitting radiation, and we have nowhere discussed the origin of the chemical properties of the atoms. Although it must be admitted that the quantum theory of chemical valency is still practically an untilled ground, it can scarcely be doubted that the chemical properties of the atoms are typical quantum phenomena, and that the quantum theory affords a sufficient basis for the interpretation of chemical data. A direct attack on the problem seems, however, to be bound to fail in essential cases, because of mathematical difficulties. But in order to assure oneself that we are on the right track, it is not necessary to tackle the mathematical difficulties associated with the quantum theory solutions corresponding to the recombination of two atoms into a molecule. It is sufficient to show that the structure of the individual atoms, as predicted by theory, will show a parallelism to the chemical properties of the atoms, and this requirement is conformed to beyond expectation. Thus the pronounced periodicity in the chemical properties of the elements when arranged in a series according to increasing atomic weight, goes directly parallel to a periodicity in the quantum theory solutions for the atomic structure, and indicates, what might be a priori

---

[1] For discussions of allied problems cf. also E. WIGNER, Z f Phys 40, p. 492 (1926); 40, p. 883 (1927); 43, p. 624 (1927); F. HUND, ibid. 43, p. 778 (1927).

expected, that the chemical properties of an atom are principally determined by the electrons which are situated at the atomic surface.

In earlier times atomic theory was essentially based on chemical data, and chemistry was considered the most prospective source for further information concerning the internal structure of the atoms. This state of things has now changed entirely, in as much as it is recognized that the most effective means of controlling theoretical inferences regarding the internal structure of atoms is offered by spectroscopy, — optical spectroscopy for the structure of the atomic surface, and X-ray spectroscopy in case of the internal state of the atoms. In the sequel we shall first show in broad outlines how the theory requires the electrons of an atom to be separated, spatially and energetically, into groups, and how this grouping goes parallel to the known periodicity in chemical and general spectral properties. Later on we shall then give the theory of X-ray and optical spectra, in so far as they have not been considered on earlier occasions.

The periodicity in the atomic properties as a function of atomic weight has three main sources: 1. the concentration of the positive electricity of the atom in the nucleus, by which the motion of any electron in an atom will be more or less hydrogenic, in the sense that its energy depends upon the quantum numbers n and k principally, and to a smaller degree upon the other quantum numbers j and m. 2. The approximate proportionality between atomic weight and the charge of the nucleus. 3. PAULI's exclusion principle.

Consider as an illustration the imaginary case when the interaction between the electrons in an atom is neglected. In order to do away with degeneracy we may assume the atom to be situated in a weak magnetic field, as this will fix the magnetic quantum numbers m, which otherwise would remain indefinite. The state of each electron in the atom is then characterized by four hydrogenic quantum numbers, n, k, j, m. The electrons are not allowed to adopt any set of values they please for these numbers, in as much as, by PAULI's principle, no two electrons can occupy the same quantum state. Thus there can only be two electrons in the state with $n = 1$, since then $k = 0$, $j = \frac{1}{2}$ and $m = \pm\frac{1}{2}$ are the only possible values of k, j and m. For $n = 2$ there are eight permissible states, corresponding to $k = 0$, $j = \frac{1}{2}$, $m = \pm\frac{1}{2}$; $k = 1$, $j = \frac{1}{2}$, $m = \pm\frac{1}{2}$, $j = \frac{3}{2}$, $m = \pm\frac{3}{2}$ and $m = \pm\frac{1}{2}$. In general: for a given value of k there are $4k + 2$ possible states. We shall say that all electrons with the same value of k form a sub-group, and that all electrons with the same value of n form a principal group. In each sub-group there are then $4k + 2$ electrons, while a principal group contains $2n^2$ electrons, since

$$\sum_{k=0}^{n-1}(4k + 2) = 2n^2. \tag{255}$$

In spectroscopic literature a definite nomenclature has been adopted for the principal electronic groups, each group being denoted by a capital letter, starting with K and continuing upwards through the alphabet. Thus the K-group ($n = 1$) contains $2 \cdot 1^2 = 2$ electrons, the L-group ($n = 2$) contains $2 \cdot 2^2 = 8$ electrons, the M-group ($n = 3$) contains $2 \cdot 3^2 = 18$ electrons, etc. As regards the sub-groups no definite nomenclature seems to be agreed upon. We shall therefore here for the sake of uniformity designate the sub-groups by the letters s, p, d, f, etc. which are used for the corresponding levels in optical spectroscopy. Thus the groups with $k = 0, 1, 2, 3$, etc. will be called s, p, d, f groups etc. In order to indicate the principal group to which a given sub-group belongs, we put the value of n in front of the given letter, as is customary in spectroscopy. A subgroup with $k = 2$ of the M-group is thus to be denoted by $3d$.

It was shown on an earlier occasion that the larger the value of n the greater is the average distance of the electron from the nucleus. For different sub-groups within the same principal group the average distance will increase with increasing value of k. This feature plays an important part in the theory of the periodic system, as it conditions the appearance of intermediate periods and certain important irregularities in the chemical properties of the elements, as will be explained in the sequel.

We have already seen that the first two principal groups will contain 2 and 8 electrons respectively, such that these groups would be expected to be just saturated in helium ($N = 2$) and neon ($N = 10$). These elements are remarkable from the fact that they form inert gases, which do not enter into chemical combinations of any kind, and can only be made to liquefy at extremely low temperatures. This fact immediately suggests that the ability of an atom to enter into chemical combinations depends essentially upon the degree to which its outer electronic group is saturated. Further information is obtained by considering the elements which are adjacent to an inert gas in the periodic table. In fact, since an inert gas is supposed to contain a saturated electronic group, the succeeding element will presumably have an electronic configuration consisting of a saturated group of the same constitution as that of the preceding inert gas plus a single electron loosely bound in a state of larger principal quantum number than that of any other electron in the atom. This surmise is directly confirmed by the analysis of the arc spectra of alkali metals. The unit valency of the alkalis is therefore linked up with the fact that the surface group of the atom contains a single electron only. The further fact that these elements carry a positive electric charge in electrolytic solutions (i. e. are electropositive) means evidently that the additional electron really is only loosely bound, and therefore easily lost. The energetic strength of the binding is otherwise known from spectroscopic data, and proves to be abnormally low, in conformity to expectations. Conversely: the electronic configuration of the elements preceding the inert gases must have a surface group which is saturated except for the absence of a single electron. The fact that these elements are monovalent and electronegative means therefore that an unsaturated group has a strong tendency to take up an extra electron, such as to complete the electronic configuration, in spite of the fact that the atom obtains a surplus negative charge by this process. It is now easy to generalize and to ascribe the divalent and electronegative properties of the elements preceding the halogens to the fact that the electronic surface groups of these elements will be saturated by the addition of two electrons. Similarly, the fact that alkaline earths are divalent and electropositive means that the surface group contains two electrons only. The chemical affinity between electronegative and electropositive elements would seem to be connected with the electric polarity of the corresponding ions, the recombination of a positive sodium ion with a negative chlorine ion to form a neutral NaCl molecule being probably analogous to the recombination of a free electron with a free nucleus to form a hydrogenic atom. In this way we obtain a partial understanding of the mechanism of all heteropolar chemical combinations, i. e. the case when the combining entities have opposite electric polarities. The homöopolar combinations, on the other hand, do not allow of such a simple interpretation. This fact does not constitute any objection to the quantum theory of chemical combinations, since it is not difficult to imagine that the quantized state of a molecule consisting of two neutral atoms may correspond to a less value of the total energy than the state when each atom is quantized separately. However, a satisfactory discussion on the basis of the quantum theory of the conditions for the formation of homöopolar compounds does not seem to be given as yet[1].

It is now time to improve upon the simple model of an atom which was adopted as a basis of this discussion. The neglection of the interaction between the electrons in the atom served the purpose of indicating the main origin of the periodicity in the chemical properties, the parallelism between atomic structure and chemical valency, and the origin of the chemical affinity between heteropolar elements. However, this parallelism raises the pertinent question why incomplete electronic surface groups do have a tendency to complete themselves by adding or losing electrons. A rapid glance over the periodic system shows, moreover, that the chemical properties of successive elements are frequently quite different from the succession predicted by energetic considerations, when the interaction between the electrons is neglected. It happens that it is fairly simple to find a satisfactory answer to both questions. It is, for this purpose, unnecessary to enter upon complicated problems associated with the finer details of the interaction between several electrons in an atom. It is largely sufficient to deal with the problem from the approximate point of view which was used in discussing the theory of the RYDBERG-RITZ formula (cf. ciph. 27).

Assume that an atom is constructed in the following manner: Initially there is a bare nucleus with N positive charges and N free electrons; these latter are then one by one carried into the field of the nucleus, such that the atom is built up in successive steps. The first electron bound by the nucleus will, when left to itself, evidently settle down into a normal hydrogenic state. The binding of the second electron will now be complicated by the fact that the inner electron will exert a screening effect, such that at great distances from the nucleus the conditions will approximate the case of a hydrogenic atom with atomic number $N - 1$. When the second electron has settled down in its normal state, we can still assume that the field of force in which it is running is, on an average, centrally symmetrical, and practically hydrogenic, but the screening by the first electron is not likely to be unity any more, but rather some value between $^1/_2$ and $^1/_4$. Consider next the binding of the third electron, which is the first electron of the L-group. Since it runs outside the K-group most of the time, we should expect the K-electrons to exert a screening of two units in this case, such that the effective nuclear charge of the field of this electron is $N - 2$. This means, among other things, that the dimensions of the L-group will be larger than would have been the case if the K-electrons were absent. Adding more electrons to the atom the mutual screening of the electrons in the L-group must also be taken into account. It is important to realize that the mutual screening between electrons in the same group may be essentially smaller than the screening due to inner groups. The reason for this result is essentially embodied in the electrostatic theorem that a spherically symmetric distribution of electricity outside a given sphere will not give rise to an electric force inside the sphere. Considering for instance the motion of an L-electron we realize that the screening by M-electrons etc. must be very small, the screening by K-electrons practically complete, while the mutual screening by L-electrons will occupy an intermediate position. It seems that this incomplete screening between electrons in the same group, particularly when the group approaches completion, is the main cause of the pronounced electronegative properties of the halogens and allied elements. In fact, an incomplete mutual screening must, for electrons in the given group, be equivalent to a surplus positive charge

[1] A promising attempt at a quantum theory explanation of homöopolar combinations has been made by HEITLER and LONDON. Cf. Z f Phys 44, p. 455 (1927).

on the atom. It is therefore reasonable to expect that when an electronic group approaches completion, this virtual charge has become equivalent to one or more real elementary charges, such as to warrant the binding of surplus electrons in the group.

In case of M-electrons the screening effect of the K- and L-electrons amounts to nearly ten units. But in this case there may be considerable differences between electrons of different subgroups, since s-electrons will frequently penetrate even within the region of the K-electrons while the d-electrons will run in a spherical shell, practically, outside both K- and L-electrons. Considering conditions in the higher principal groups this effect will increase rapidly in importance. This difference in the screening effect for electrons in different sub-groups is the essential cause of the irregular succession in the chemical properties of heavier atoms. The rest of this section will be devoted to showing how the principal characteristics of the periodic system can be elucidated on this basis.

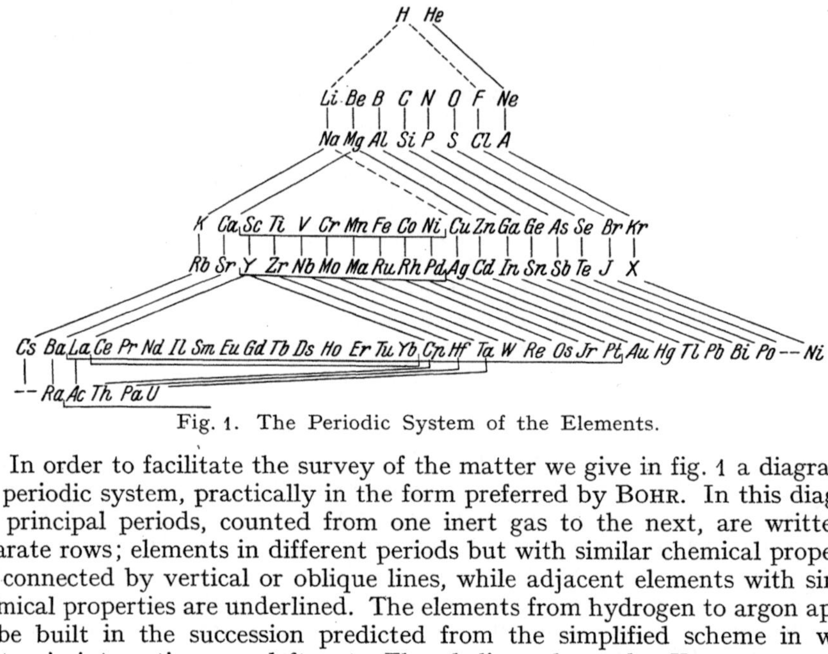

Fig. 1. The Periodic System of the Elements.

In order to facilitate the survey of the matter we give in fig. 1 a diagram of the periodic system, practically in the form preferred by BOHR. In this diagram the principal periods, counted from one inert gas to the next, are written in separate rows; elements in different periods but with similar chemical properties are connected by vertical or oblique lines, while adjacent elements with similar chemical properties are underlined. The elements from hydrogen to argon appear to be built in the succession predicted from the simplified scheme in which electronic interactions are left out. Thus helium closes the K-group, neon the L-group, while the inert gas properties of argon are due to the completion of the $3p$-group of the M-electrons. The fact that a sub-group here takes over the function played by principal groups in helium and neon is a warning of the increased importance of the difference in screening effect between different sub-groups in heavy elements, which was signalled above. We might expect potassium (19) to possess an electronic configuration of 18 electrons similar to that of the argon atom, and a single outer electron bound in a $3d$-state. This, however, is not the case. On the contrary, the additional electron is bound in a $4s$-state, which can be simply seen from the potassium arc spectrum. At this stage the internal screening for a $3d$-electron has become so much greater than the screening for a $4s$-electron as to over-compensate the difference of one unit in the principal quantum number. With increasing atomic number the value of n becomes of increasing importance, such that after a few steps we expect the outer electrons to be bound in $3d$-states. This is exactly what happens. While calcium (20) has two

4*s*-electrons, already in the case of the next element, scandium (21), the electrons appear to have settled down in 3*d*-orbits. Scandium is the first member of the iron group, and it seems that the complicated chemical and spectral properties of the elements in this group are essentially due to a rivalling contest between the *M* and *N* groups, as to which shall have the additional electrons. This view was first advanced in the above form by Bohr, but the idea that the characteristics of the iron-family are connected with the construction of an inner electronic group was first suggested by Ladenburg[1]. There can scarcely be doubt about the matter any longer, since *X*-ray observations show that 3*d*-electrons really are to be found in the elements of this group.

The element succeeding the iron family is copper (29). From its arc spectrum it follows that the neutral copper atom has a single electron running outside a closed electronic group. It is therefore natural to expect that the *M*-group is now definitely completed with its full set of 18 electrons, the outer electron being a 4*s*-electron. This view fits in with the value 29 of the atomic number since $2 + 8 + 18 + 1 = 29$. The next element, zinc (30), must then necessarily have two 4*s*-electrons. These conclusions are confirmed by the similarity between the arc spectra of Cu and Zn on one hand, and the arc spectra of alkali and alkaline earth metals on the other. The next six elements appear to behave regularly, as would be expected, such that krypton (36) possesses two complete sub-groups of *N*-electrons, in addition to the completed *K*, *L* and *M* groups. From this stage on the conditions appear to be just the same as in case of the elements succeeding argon. The valency electron in rubidium (37) is bound in a 5*s*-state, instead of a 4*p*-state. This means, in our scheme of interpretation, that now the internal screening becomes important to such a degree that a difference in one unit in *k* outweighs one unit in *n*. Strontium (38) has, similarly, 2 electrons in the 5*s*-group. In the next eight elements (yttrium-palladium) an oscillation back and forth between 4*d*-and 5*s*-states seems to play the same part as an oscillation between the 3*d*-and 4*s*-states did in case of the iron family. The uncertainty is first settled in silver (47), in which case the three first sub-groups of the *N*-group appear to be saturated with their normal number of 18 electrons.

Having thus realized how the principle of internal screening works, the interpretation of the main properties of the remaining elements of the periodic system is plain. We expect the silver atom to have a single valency electron in a 5*s*-state, the next element, cadmium (48), to have two 5*s*-electrons, and the next few elements to complete the 5*p*-states, such that the element which is eight units above palladium will have the sub-groups 5*s*, 5*p* completed, and the chemical properties of an inert gas. This is precisely the case with xenon (54). The next element is caesium with a single valency electron in a 6*s*-state and chemical properties of an alkali metal, as was to be expected. Barium (56) has two 5*s*-electrons, and falls chemically into its proper place as an alkaline earth metal. We must now remember however, that several internal electronic groups still remain unsaturated. Those groups are 4*f* in the *N*-group and 5*p*, 5*d*, 5*f*, 5*g* in the *O*-group. The saturated 4*f*-group will contain 14 electrons, and due to the small screening effect between electrons of the same group, we should expect that, once the conditions become such that additional electrons will enter this group, the process will go on until the group is filled. This is what happens with the elements after barium. Lanthanum (57) is on the verge, having probably its additional electron bound in a 5*p*-state. In the fourteen elements succeeding lanthanum, we now witness the completion of the *N*-group. These elements form the rare earth family, and have closely similar chemical properties. This latter

[1] Z f Elektrochem 26, p. 262 (1920).

circumstance is essentially due to the fact that the spatial dimensions of the N-group will be considerably smaller than the dimensions of the O-group. What happens to the N-group will therefore not affect the chemical properties of these elements since the structure of the O-group remains practically intact during the process. In the elements of the platinum family it is natural to assume the completion of the first three O sub-groups to take place. In the remaining elements the O-group probably remains unaltered, while the two first P sub-groups are completed, terminating in the inert gas niton (86).

This rapid survey of the periodic system has been intended to show how the principal features of the chemical properties of the elements can be accounted for on the basis of the quantum theory. We have mostly taken the qualitative point of view, but this does not mean that a quantitative theory should be out of reach. It seems, on the contrary, reasonable to expect that a quantitative discussion of chemical problems on the basis of the quantum theory, should be possible in many and important cases, and that future research will bring important contributions to this field.

33. X-Ray Spectra. The experimental evidence concerning the grouping of electrons inside the atoms is mainly derived from investigations of X-radiation. This radiation is emitted from any substance which is exposed to the action of very swift cathode rays, or to the radiations from radioactive substances, or to the X-radiation itself. Let us for simplicity consider the special case when cathode rays are incident upon an anticathode consisting of a chemically pure element. The X-radiation emitted from the anticathode can then be resolved into a continuous spectrum and a line spectrum. The continuous spectrum will extend from zero frequency to a maximum frequency ν_m, which is determined by the quantum requirement that $h\nu_m$ is equal to the maximum energy of a cathode ray electron. The lines of the discontinuous spectrum are forming groups. The group with the largest frequencies is called the K-spectrum, the next the L-spectrum, and so on up the alphabet.

X-radiation is nothing but ordinary electro-magnetic radiation of high frequencies, and the same is the case of the γ-rays emitted from radio-active substances. The physical difference between the origin of emission and absorption of X-rays and ordinary optical light lies in the fact that while the absorption and emission of the latter is concerned with the motion of electrons in the surface groups of the atoms, the emission or absorption of X-rays are concerned with the motion of electrons belonging to internal electronic groups, and in case of characteristic γ-rays the emission has its origin in the nucleus. If we want to disturb permanently the motion of an electron belonging to a given internal group of a complete atom initially in its normal state, it is necessary to remove the electron to the atomic surface, since the intervening groups are all saturated. From the theory of hydrogenic atoms we know that the K-electrons are strongest bound; next come the L-electrons, and so on. It is known experimentally that K-radiation is harder to excite than L-radiation, which again is harder than M-radiation, and so on. We thus understand immediately that to excite K-radiation we shall have to knock out one K-electron, in the least; to excite L-radiation it is sufficient to knock out an L-electron, and so on. More complicate cases may be met with in which two or more electrons are knocked out of the atom at the same time. Such cases are also found experimentally, giving rise to the X-ray spark spectra. But the principal and most characteristic features of X-ray spectra are connected with the absence of a single electron only from an inner electronic group.

Quantitative expressions for the X-ray spectral terms can, to a first approximation, be obtained from considerations of the same kind as were used in the theory of the RYDBERG-RITZ formula. This approximation will work best for the long wave length members of the K-spectrum of heavy elements, although the approximation will be a fairly good one also for the long wave length members of the L-spectrum of heavy elements. Consider the lines which are emitted when a missing K-electron is replaced by an L-electron. Energetically three such lines would be possible, but one is excluded because the azimuthal quantum number would not change in the jump of the electron. The energy of the atom when a K-electron is missing is equal to the sum of the energies of the one remaining K-electron, 8 L-electrons, 18 M-electrons etc. As regards the binding energy of M-electrons it does not make much difference whether a particular internal electron belongs to the K- or to the L-group, and it is therefore, to a good approximation, permissible to neglect the contribution of electrons outside the L-group to the change of energy in a transition from L to K. For L-electrons not directly taking a share in the transition, the effect will be greater, since for these an L-electron screens much less efficiently than a K-electron. The term of principal importance is, however, the one pertaining to the jumping electron itself. We understand therefore that the two lines in question will be analogous to the corresponding hydrogenic doublet discussed in ciph. 30. This doublet is called the K_α-lines. Apart from the doublet separation, the frequency of a K_α-line must increase proportionally to the second power of the atomic number. This law was found experimentally by MOSELY, and it established for the first time the fundamental significance of the atomic number in contradistinction to the atomic weight. The requirement that the doublet separation shall be approximately proportional to the fourth power of the atomic number has also been verified experimentally, and to a high degree of accuracy. The theoretical value of the factor of proportionality is found to be only approximately correct, the deviations being most easily shown by experiments on elements of large atomic numbers. This difference between theory and experiment is probably only due to the approximate assumptions made in the calculations, and it is not necessarily inherent in the theoretical principles on which atomic theory is based[1].

By introducing suitable screening constants it is possible to derive simple theoretical formulae also for K_β, K_γ, etc. as well as for L_α, L_β, etc.; but this question will not be considered here. On the other hand, we shall consider the classification of the X-ray energy levels of the different subgroups a little more closely. In the case of K_α the doublet separation resulted from the difference in energy of an electron when its elementary magnetic moment is reversed in direction, such that the origin of the K_α-doublet is purely magnetic. The energy difference between the levels of the M-group, on the other hand, is partly magnetic in the above sense, but also partly relativistic, and partly due to the difference in screening for electrons with different values of k. These various causes can be separated from each other experimentally, since a difference in screening must give a doublet separation proportional to the atomic number, while both relativistic and magnetic causes give doublet separations proportional to the fourth power of the atomic number. It needs especially to be emphasized that according to the modern view in atomic theory the doublets whose separations are proportional to the fourth power of the atomic number are frequently due both to relativistic and to magnetic conditions. In the original theory of SOMMERFELD these doublets were considered to be purely relativistic, and to show most clearly the effect of the variation of the mass of an electron with its

[1] Cf. L. PAULING, Z f Phys 40, p. 344 (1926). Note added in print: In the new form of relativistic wave mechanics of DIRAC the old SOMMERFELD formula holds for the X-ray relativity doublets, and the agreement with observation is reestablished. Cf. Addendum I, p. 451.

velocity claimed by this theory. As it is, this is still assumed to be the case, except that we must also recognize the contribution of the elementary magnetic moment of the electron to the problem.

34. Theory of Multiplets. In several sections we have considered the theory of optical spectra emitted from atoms having a single electron outside a saturated electronic group. We shall now consider the more complicated case when the atom possesses several valency electrons. The quantitative theory of multiplet structure proves to be rather complicated as far as it is developed as yet, and we shall therefore proceed in a semi-empirical way by first summarizing experimental results, and afterwards pointing out their theoretical interpretation.

The prototype of complex spectra is set by the socalled normal multiplets since these appear as a direct generalization of ordinary alkali spectra, which also are included in the group. A normal multiplet spectrum consists of several s, p, d series etc., the members of each series having a characteristic kind of multiplicity. Thus the calcium arc spectrum has one singlet term system, and one triplet system. Scandium has doublets and quartets, Titanium singlets, triplets and quintets etc. In the classification of normal multiplet terms we use four numbers n, k, j and s just as in case of alkali spectra. The properties of these numbers are nearly the same too. Thus n is the principal quantum number which fixes the position of a particular multiplet within its series, k is the subsidiary quantum number, characteristic for each series, and which obeys the selection principle $\Delta k = \pm 1$. Further is j the inner quantum number which distinguishes between the components of a particular multiplet, and obeys the selection principle $\Delta j = \pm 1; 0$. The number s bears an intimate relation to the elementary electronic magnets, and is constant within one and the same term system, starting with zero for singlet systems, and increasing by one-half for each unit increase in multiplicity. Thus singlets have $s = 0$, doublets $s = \frac{1}{2}$, triplets $s = 1$, quartets $s = \frac{3}{2}$ etc.

For given values of s and k the inner quantum number j may only assume the values

$$j = k + s, \quad k + s - 1, \ldots |k - s| + 1, \quad |k - s|.$$

Taking the sum we find the total number of possible terms in a multiplet to be $2s + 1$. Applying these different rules we find the following scheme for terms of normal multiplets:

k	j		j	
S 0	0	singlets $s = 0$	$\frac{1}{2}$	doublets $s = \frac{1}{2}$
P 1	1		$\frac{1}{2}$ $\frac{3}{2}$	
D 2	2		$\frac{3}{2}$ $\frac{5}{2}$	
F 3	3		$\frac{5}{2}$ $\frac{7}{2}$	
S 0	1	triplets $s = 1$	$\frac{3}{2}$	quartets $s = \frac{3}{2}$
P 1	0 1 2		$\frac{1}{2}$ $\frac{3}{2}$ $\frac{5}{2}$	
D 2	1 2 3		$\frac{1}{2}$ $\frac{3}{2}$ $\frac{5}{2}$ $\frac{7}{2}$	
F 3	2 3 4		$\frac{3}{2}$ $\frac{5}{2}$ $\frac{7}{2}$ $\frac{9}{2}$	
S 0	2	quintets $s = 2$	$\frac{5}{2}$	sextets $s = \frac{5}{2}$
P 1	1 2 3		$\frac{3}{2}$ $\frac{5}{2}$ $\frac{7}{2}$	
D 2	0 1 2 3 4		$\frac{1}{2}$ $\frac{3}{2}$ $\frac{5}{2}$ $\frac{7}{2}$ $\frac{9}{2}$	
F 3	1 2 3 4 5		$\frac{1}{2}$ $\frac{3}{2}$ $\frac{5}{2}$ $\frac{7}{2}$ $\frac{9}{2}$ $\frac{11}{2}$	
S 0	3	septets $s = 3$	$\frac{7}{2}$	octets $s = \frac{7}{2}$
P 1	2 3 4		$\frac{5}{2}$ $\frac{7}{2}$ $\frac{9}{2}$	
D 2	1 2 3 4 5		$\frac{3}{2}$ $\frac{5}{2}$ $\frac{7}{2}$ $\frac{9}{2}$ $\frac{11}{2}$	
F 3	0 1 2 3 4 5 6		$\frac{1}{2}$ $\frac{3}{2}$ $\frac{5}{2}$ $\frac{7}{2}$ $\frac{9}{2}$ $\frac{11}{2}$ $\frac{13}{2}$	

One will notice that the S-terms are always singlets, no matter whether they belong to a singlet system or not. Passing from S to P, D, etc. the multiplicity increases until it reaches a maximum value, and from thence it remains constant.

The relation of s to the elementary electronic magnets is, among other things, indicated by the manner in which s is limited upwards for different elements. The conditions are such that each outer electron contributes at most $^1/_2$ to the maximum value of s. When the number of outer electrons passes a certain limit it seems that the series with the largest values of s are difficult to excite. The following table giving a survey of the observed spectra of the elements from potassium to zinc will make this matter clear.

Arc Spectra.

	K	Ca	Sc	Ti	V	Cr	Mn	Fe	Co	Ni	Cu	Zn
singlets		x		x						x		x
doublets	x		x		x				x		x	
triplets		x		x		x		x		x		x
quartets			x		x		x		x		x	
quintets				x		x		x		x		
sextets					x		x		x			
septets						x		x				
octets							x					

Spark Spectra.

	Ca^+	Sc^+	Ti^+	V^+	Cr^+	Mn^+	Fe^+	Co^+	Ni^+	Cu^+	Zn^+
singlets	x										
doublets	x		x								x
triplets		x		x							
quartets			x		x						
quintets				x							
sextets					x		x				
septets						x					
octets											

It will be seen that the rule holds strictly up to eight outer electrons (Mn), which seems in this case to mark a maximum beyond which the multiplicity decreases. The rule which is seen to have no exception is, on the other hand, that an even number of outer electrons gives odd multiplicities, while an odd number of electrons gives even multiplicities (rule of alternation)[1].

In order to arrive at a theoretical interpretation of normal multiplets we start by considering the case when the interactions between the outer electrons are neglected. The energy of each electron will then remain constant, and be quantized in the manner of an alkali valency electron. In the second approximation we have to take account of the interaction between the outer electrons. The interaction energy will consist of four different terms. There is first the relative electric potential energy of the electrons; second, the magnetic interaction energy of the elementary electronic magnets; thirdly, the magnetic interaction between the electrons, due to the fact that their electric charges in motion constitute electric currents with consequent magnetic fields. Finally there is the interaction between the electronic magnets and the magnetic fields produced by the moving electrons. An exhaustive theoretical discussion of the relative importance of these different terms would seem to become rather complicate; at any rate, it has not been given in the literature. We may, however, turn the arguments

[1] He and Li^+ are exceptional, having doublets instead of triplets. This is probably due to an accidental coincidence of two triplet terms. Cf. W. HEISENBERG, Z f Phys 39, p. 499 (1926), and D. BURGER, ibid. 38, p. 437 (1926).

the other way, and, from the observed properties of multiplets draw conclusions concerning the character of the different terms of the interaction energy in question. This we are now going to do.

35. The LANDÉ Vector Diagram. Assume that j, k and s are represented as vectors in a plane. Since we have the relation $k + s \geqq j \geqq |k - s|$, it follows that j may be represented as the vector sum of k and s, provided these latter vectors are given proper directions. The possible values of j, for constant values of k and s, are then obtained by altering the angle between k and s in successive steps from zero ($j = k + s$) to 180° ($j = |k - s|$). This vector property of j is probably one of the vital points of the problem. Its significance is perhaps better visualized if we neglect the difference between the SCHRÖDINGER equation and the corresponding HAMILTON-JACOBI equation. Considering the case of a single electron it is then found that $k + 1$ is proportional to the angular momentum of the electron with respect to the nucleus, while s is proportional to the angular momentum of electronic spin. The fact that these two vectors combine into a quantized resultant may be shown to be due to the fact that the interaction energy is magnetic in nature, i. e. proportional to the cosine of the angle between the vectors. Acting upon this idea we may interprete LANDÉ's vector diagram in the following way: The vectors k and s are the quantized resultants of the vectors k_i and s_i which belong to the individual outer electrons of the atom. The interaction in question is essentially magnetic, and there is strong interaction between the k_i's and the s_i's separately, while the coupling between the resultants k and s is relatively small. It is an observational fact that a change by one unit in s is accompanied by a greater shift in energy than a corresponding change in k. This means that somehow the interaction between the elementary electronic magnets is larger than the interaction between the magnetic fields generated by the revolutionary motion of the electrons. SLATER[1] has discussed the above problem for the limiting case that the SCHRÖDINGER equation degenerates into a HAMILTON-JACOBI equation, and has in this way been able to substantiate the qualitative features of LANDÉ's vector diagram. It must be emphasized, however, that it is not possible in this manner to account for the fact that the interaction energy between the electronic magnets is larger than the interaction energy between the magnetic fields generated by the revolutionary motion of the electron. This seems to be a typical quantum effect, which is due to the peculiar circumstances attending the mutual perturbations of nearly equivalent electrons which has been mentioned on several occasions.

36. Displaced Terms. In most cases of observed multiplets all but one of the valency electrons occupy their normal positions. Theoretically any distribution of electrons over possible quantum states is permissible, but experimentally conditions are mostly such that the excitation of one electron at a time is strongly favoured as compared to the simultaneous excitation of several electrons. There are several exceptions from this rule, the most conspicuous being found among the terms of the arc spectra of alkaline earth metals. These exceptions are due to the existence of metastable states of the atom in its ionized state, or if it is the question of a spark spectrum: metastability of some state of the ionized atom of next higher order[2]. Looking over the spectral terms of singly ionized calcium

[1] Phys Rev 28, p. 291 (1926).

[2] By a metastable state we shall here understand any quantum state whose average natural life period is abnormally large in comparison to the life periods of adjacent states. Atomic theory would suggest a sub-classification of such states according to the origin of the metastability in question; but in view of the rudimentary development of the question on the experimental side, we refrain from giving such a classification in the present article.

one finds for instance that the lowest *d* term is intermediate in value between the lowest *p* and the lowest *s* term, the latter corresponding to the normal state of the atom. Due to the selection principle for *k* a spontaneous transition from a *d* to an *s* state is excluded, and once the atom has settled down into the lowest *d* state, some external influence is required in order to remove the atom to the normal, or any other state. Under conditions of sufficiently strong excitation this circumstance will favour an abnormal aggregation of singly ionized atoms in the lowest *d*-state. When such atoms recombine with free electrons, they will emit an arc spectrum. The influence of the additional electron on the *d*-electron proves sufficient to destroy the metastability of the latter state, and to induce simultaneous transitions of both valency electrons to states of lower energy. The difference between the spectrum emitted under such transitions and the ordinary arc spectrum consists essentially in a displacement of all lines towards higher frequencies, and hence the designation „displaced" terms. The energetic equivalent of this displacement is of the order of the energy difference between the lowest *d* and the lowest *s* state of the ionized atom. No exact correspondence is to be expected, because the presence of the outer electron is likely to cause considerable deformations of the motion of the inner *d* electron. This influence must decrease with increasing distance of the outer electron, and must disappear altogether when the outer electron is completely removed, i. e. at the series limit of the spectrum. This inference is in complete accordance with experiments. Displaced terms originating in a similar way are found in the spectra of N, B^{+}, C^{++}, N^{+++}, O^{++++}, Al^{+}, S^{++}, P^{+++}, S^{++++}.

37. Effect of a Magnetic Field on Multiplets. The experimental facts concerning the effect of a magnetic field on the spectral lines belonging to normal multiplets may be summarized as follows: In the presence of a weak magnetic field each level with inner quantum number j splits up into $2j+1$ equidistant levels, the additional magnetic energy being given by

$$\Delta E = \frac{g h e H m}{4\pi\mu c}, \qquad m = -j,\ -j+1,\ \ldots,\ j-1,\ j, \tag{256}$$

where H is the magnetic field strength and g a rational number given by

$$g = 1 + \frac{j(j+1) + s(s+1) - k(k+1)}{j(j+1)} \tag{257}$$

where j, k and s have their usual meaning. A magnetic field is considered as weak as long as it does not sensibly disturb the interaction between the vectors k and s, or, which is the same: as long as the magnetic resolution of a term is small compared to the distance between adjacent terms in the spectrum. With increasing magnetic field strength the magnetic components of the different lines of a multiplet merge into one another, and form, for very strong fields, a simple triplet. The central component of this triplet is polarized parallel to the field, while the two other components are circularly polarized, and perpendicularly to the field. The separation between the triplet lines is given by the above formula (256) for $g = 1$. This triplet is therefore in accordance with the theory of normal ZEEMAN effect developed in ciph. 19_4. The origin of the LANDÉ g-formula (257) is therefore to be sought elsewhere, and here the UHLENBECK-GOUDSMIT hypothesis of electronic spin proves to offer a satisfactory solution. We have already pointed out on an earlier occasion that the quantum mechanics applied to the problem of the magnetic electron leads to the correct expression for the g-formula (cf. ciph. 29).

A few words may be added with regard to the transition from weak to strong fields. The effect of a strong field will be to loosen up the coupling between the vectors k and s, which is characteristic of the normal multiplet structure. In the limit when this coupling may be neglected due to the preponderant effect of the interaction between k and s and the magnetic field, the magnetic energy of the atom will be the sum of the magnetic energies of the individual electrons. The rotational part of this energy has already been shown to give a normal ZEEMAN effect, and it is easy to show that the same will be the case with the rotational part, such that a normal ZEEMAN effect is obtained for the total multiplet.

38. Probabilities of Transitions between Multiplet Levels. Most of the work on this problem was completed before the time of the new quantum mechanics which has added precision to the methods, without leading to divergent results in this field. As emphasized above, each multiplet level of inner quantum number j is in itself multiple, and splits up into $2j+1$ component levels in a magnetic field. Before considering the total probability of transition between any two multiplet levels we shall consider the transitions between the sub-levels, which are distinguished by different values of the magnetic quantum number m. These transitions will determine the relative intensities of the ZEEMAN components of the lines, for the case of an infinitely weak external magnetic field. This question has been discussed from the wave theory point of view by DARWIN[1], and from the point of view of matrix mechanics by BORN, HEISENBERG and JORDAN[2], and HEISENBERG and JORDAN[3]. The formulae found by these authors are identical with the formula obtained by earlier authors[4], by assuming the transition probabilities to be quadratic functions of m, and assuming the total polarization and total intensity of a multiplet line to be unaltered by the application of an infinitely weak field, other circumstances remaining unaltered (principle of spectroscopic stability).

Denote the probability of a spontaneous transition from a state m, j to a state m', j' by $A^{mj}_{m'j'}$. The formulae in question may then be written down as follows:

$$\left.\begin{aligned}
&A^{m,j}_{m\pm1,j} = \frac{1}{2}A^j_j\frac{(j\mp m)(j\pm m+1)}{j(j+1)}, \quad A^{m,j}_{m,j} = A^j_j\frac{m^2}{j(j+1)}, \\
&\qquad\qquad\qquad\qquad \Delta j = 0, \qquad (\mathrm{a})\\
&A^{m,j}_{m\pm1,\,j+1} = \frac{1}{2}A^j_{j+1}\frac{(j\pm m+2)(j\pm m+1)}{(j+1)(2j+3)}, \quad A^{m,j}_{m,\,j+1} = A^j_{j+1}\frac{(j+1)^2-m^2}{(j+1)(2j+3)}, \\
&\qquad\qquad\qquad\qquad \Delta j = +1, \qquad (\mathrm{b})\\
&A^{m,j}_{m\pm1,\,j-1} = \frac{1}{2}A^j_{j-1}\frac{(j\mp m)(j\mp m-1)}{j(2j-1)}, \quad A^{m,j}_{m,\,j-1} = A^j_{j-1}\frac{j^2-m^2}{j(2j-1)}, \\
&\qquad\qquad\qquad\qquad \Delta j = -1. \qquad (\mathrm{c})
\end{aligned}\right\} \tag{258}$$

As m and j can change only by ± 1 and zero in a given transition, the above formulae exhaust the possibilities. The quantities A^j_j, A^j_{j+1}, A^j_{j-1} are independent of m and j, but may depend in any manner upon the other quantum numbers. In order to actually calculate the intensities of the ZEEMAN components of a given line in a weak field from the above expressions it is necessary to know the relative number of atoms in the gas in the different quantum states. This

[1] London R S Proc A 115, p. 1 (1927).
[2] Z f Phys 35, p. 557 (1926). [3] Z f Phys 37, p. 263 (1926).
[4] R. KRONIG, Z f Phys 31, p. 885 (1925); H. HÖNL, ibid. p. 340; R. KRONIG and S. GOUDSMIT, Naturwiss 13, p. 90 (1925).

number will depend upon special conditions of excitation; in most cases this excitation will have a rather sweeping character, as in case of electronic bombardments, such that states with the same values of n, k and j, but different values of m, will have the same probability, and the above formulae will be directly applicable to the intensity problem. Thus the empirical rules of ORNSTEIN and BURGER and LANDÉ concerning the intensities of ZEEMAN components are all contained in the above formulae.

The formulae for the probabilities of transitions between unperturbed multiplet levels are somewhat more complicate. Let P, Q, R be defined by

$$\left.\begin{aligned} &P(j) = (j+k)(j+k+1) - s(s+1), \quad Q(j) = -(j-k)(j-k+1) + s(s+1), \\ &R(j) = j(j+1) + k(k+1) - s(s+1). \end{aligned}\right\} \tag{259}$$

We have then

$$\left.\begin{aligned} &A_{j-1,k-1}^{j,k} = A\frac{P(j)\,P(j-1)}{4jk}, \qquad A_{j,k-1}^{j,k} = A\,P(j)\,Q(j)\,\frac{2j+1}{4kj(j+1)}, \\ &\qquad\qquad\qquad\qquad \Delta k = \pm 1, \qquad \text{(a)} \\ &A_{j,k}^{j,k} = AR^2(j)\frac{(2j+1)(2k+1)}{4j(j+1)k(k+1)}, \qquad A_{j-1,k}^{j,k} = A\,P(j)\,Q(j-1)\frac{2k+1}{4jk(k+1)}, \\ &\qquad\qquad\qquad\qquad \Delta k = 0. \qquad \text{(b)} \end{aligned}\right\} \tag{260}$$

These formulae were derived by KRONIG[1], SOMMERFELD and HÖNL[2] and RUSSELL[3] as suitable generalizations from classical theory. It has not been possible thus far to verify these results on the basis of the new quantum mechanics.

39. Molecular Spectra. In the preceding sections it has always been the question of the constitution of spectra emitted or absorbed by individual atoms. We shall now go a step further and consider the theory of spectra emitted or absorbed by molecular compounds.

Consider a molecule consisting of two atoms only, which may be equal or unequal. The chemical bond between the atoms will to a high degree of approximation be concerned with the motion of surface electrons only, leaving the motion of internal electrons approximately intact. That this is so is shown by X-ray experiments. When the two atoms are separated they will have six degrees of freedom of translational motion which are not subject to quantization. When the atoms form a molecule this number is reduced to three, while the remaining three degrees of freedom will be subjected to quantum restrictions. For a complex molecule containing p atoms there will, similarly, be $3(p-1)$ quantum restrictions in addition to those already imposed upon the internal motion of the individual atoms. This number $3(p-1)$ we shall call the molecular degrees of freedom.

Assume for a moment that the nuclei are rigidly connected to each other, such that the only possible molecular motion consists in a rigid rotation and a translation of the system. The quantization problem is then reduced to the problem of the spinning top, which we discussed in ciph. 19. Assuming that the molecule is electrically polarized it will, in virtue of its rotational motion, be able to absorb and emit radiation in a certain line spectrum, which is characteristic of the molecular compound in question.

Besides a rotation the molecule will, in general, also perform a vibrational motion. In case of diatomic molecules this motion will consist of linear vibrations of the atoms along their central line, around a position of equilibrium. For small

[1] Z f Phys 31, p. 885 (1925). [2] Berl Ber (1925), p. 141.
[3] Nature 115, p. 835 (1925); Wash Nat Ac Proc 11, p. 314, 322 (1925).

values of the amplitude of vibration this motion must, according to general principles of dynamics, be approximately harmonic, such that the anharmonic character of the motion will show up the more strongly the larger is the amplitude. The characteristic energy values of a harmonic vibrator are selected according to the formula (cf. ciph. 19_1)

$$E_l = h\nu_0(l + \tfrac{1}{2}), \qquad l = 0, 1, 2, \ldots \tag{261}$$

ν_0 being the characteristic frequency of the vibrator. A strictly harmonic vibrator can only jump to adjacent states, such that in any transition $l = l' \pm 1$. The effect of the anharmonic character of the molecular vibrations will be, firstly, to break through this selection principle for l, and second to alter slightly the linear relation between E and l by the addition of a small term proportional to the square of l, such that to a second approximation

$$E = \tfrac{1}{2}h\nu_0 + h\nu_0 l + Cl^2. \tag{262}$$

Considering this expression to be the first terms of a Taylor expansion of (261), on assuming ν_0 to be a slowly varying function of l, it follows that $C = h\frac{\partial \nu_0}{\partial l}$. If the molecule contains more than two atoms it may possess several systems of vibration levels, corresponding to the increased number of possible independent vibrations.

In addition to energy of rotation and vibration the molecule may, of course, also contain energy of ordinary electronic excitation.

40. Pure Rotation. In this case the molecule possesses rotational energy only, oscillatory energy and energy of electronic excitation being absent. In case of a diatomic molecule it is natural to assume the two atoms to move in a fixed plane through the centre of mass, such that a precessional motion of the molecule is absent. This circumstance is accounted for by putting $\Phi = \text{const.}$ in equation (137) for the motion of a top, such that this equation reduces to

$$\frac{1}{\sin\theta}\frac{\partial}{\partial\theta}\left(\sin\theta\frac{\partial\psi}{\partial\theta}\right) + \frac{1}{\sin^2\theta}\frac{\partial^2\psi}{\partial\varphi^2} + \frac{4\pi A}{h}i\frac{\partial\psi}{\partial t} = 0. \tag{263}$$

Assuming a solution of the form

$$\psi = u(x)\, e^{-\frac{2\pi i}{h}Et + im\varphi}, \qquad x = \cos\theta, \qquad m = 0, 1, 2, \ldots \tag{264}$$

we find

$$\frac{d}{dx}\left((1 - x^2)\frac{du}{dx}\right) - \left(\frac{m^2}{1 - x^2} - \frac{8\pi^2 AE}{h^2}\right)u = 0.$$

This is the familiar equation of an associated Legendre function encountered on an earlier occasion (cf. ciph. 21). We know therefore that the term $8\pi^2 AE/h^2$ in the above equation must have the form $j(j + 1)$, j being a positive integer. The energy of the molecule is therefore quantized according to the formula

$$E = \frac{h^2}{8\pi^2 A}j(j + 1). \tag{265}$$

Hence $u(x)$ becomes an associated Legendre function of order m and degree j:

$$u(x) = \text{const} \cdot (1 - x^2)^{m/2}\frac{d^{m+j}}{dx^{m+j}}(1 - x^2)^j.$$

The quantum number j is therefore subjected to the same selection principle as the subsidiary quantum number k:

$$j - j' = \pm 1, \tag{266}$$

while m is restricted to be equal to or less than j, if $u(x)$ shall differ from zero. Formula (265) is naturally only a special case of formula (142) for the symmetric top, corresponding to the neglect of the precessional quantum number n_2. The characteristic frequencies of the radiation emitted by the molecules under such circumstances will be given by the formula

$$\nu = \frac{h}{8\pi^2 A}\{(j+1)(j+2) - j(j+1)\} = \frac{h}{4\pi^2 A}(j+1), \qquad j = 0, 1, 2, \ldots \quad (267)$$

The spectrum will thus consist of a series of equidistant lines, the separation between adjacent lines being

$$\Delta\nu = \frac{h}{4\pi^2 A}. \quad (268)$$

By measuring this separation the moment of inertia of the molecule, A, can be found, and hence, in the case of a diatomic molecule, the distance between the nuclei of the two atoms. A spectrum of the above kind has been found by RUBENS and EVA V. BAHR in the case of water vapour, and by CZERNY[1] in case of hydrogen chloride, both bands being situated in the far infrared end of the spectrum.

41. Rotation coupled with Oscillation. The first order expression of the characteristic frequencies of the spectrum is then obtained by combining (261) and (267), giving

$$\nu = \nu_0(l - l') \pm \frac{h}{4\pi^2 A}(j+1). \quad (269)$$

It is found experimentally that the frequency ν_0 of vibration is always large as compared to the term $h/4\pi^2 A$. For this reason a spontaneous jump of a molecule must always take place from a state of higher to a state of lower oscillatory energy, while its rotational energy may either increase or decrease in the jump. Hence the double sign in expression (269). This duplicity has the effect that a spectrum of rotational-oscillatory character will consist of two wings of lines with constant frequency differences, and symmetrically situated with respect to the frequency $\nu_0(l - l')$ which represents a jump in vibratory energy only.

The lines of a vibratory rotation band are equidistant only to a very rough approximation. This means, primarily, that the moment of inertia of the molecule depends to some degree upon the state of rotation. Mostly there is observed only a single vibratory-rotation spectrum for each substance. This means partly that under ordinary conditions of excitation of such spectra the molecules are practically all found in vibratory states of low excitation, and partly that for these states the molecular vibrations are nearly harmonic, such that transitions in which $l = l' \pm 1$ enjoy the largest probability.

42. Electronic Bands. As a next step we consider the case of simultaneous jumps in rotational, vibratory and electronic excitation energy of the molecule. For this case the simple formulae used above prove to be inadequate to a marked degree. We shall therefore have to take account of the anharmonic character of the molecular vibrations, as well as the fact that the moment of inertia of the molecule and the frequencies of vibration vary systematically with the state of electronic excitation. This effect must not be confounded with the variation of A with varying state of rotation, which is characteristic for vibratory rotation spectra. While this latter effect may be present also in case the molecule contains an electron in an excited state, it is completely masked by the much greater influence of the excited electron. In fact, the conditions are such that a molecule containing an electron in an excited state has a bigger or smaller moment of inertia than the same molecule with the electron returned to the normal state

[1] Z f Phys 34, p. 227 (1925).

no matter which are the states of rotation in the two cases (similarly for the frequencies of vibration). We shall therefore distinguish between A_i, the moment of inertia of the molecule in the initial state, and A_f, the moment of inertia in the final state, these two states being assumed to correspond to different electronic excitation.

Consider now a simultaneous jump in rotational, oscillatory and electronic excitation energy of the molecule. The change in rotational energy in such a jump will be

$$\Delta E_{\text{rot.}} = \frac{h^2}{8\pi^2}\left(\frac{1}{A_i} - \frac{1}{A_f}\right)j^2 + \frac{h^2}{8\pi^2}\left(\frac{1}{A_i} - \frac{(1 \pm 2)}{A_f}\right)j + \frac{h^2}{8\pi^2}\,\frac{(1 \pm 1)}{A_f}, \tag{270}$$

it being assumed that j changes by $+1$ or -1 only in a jump. The coefficient of j^2 preserves the same sign for all lines of a band, while the coefficient of j may be either negative or positive. The difference between A_f and A_i is always small in comparison to A_i or A_f themselves, such that we may write

$$A_i^{-1} - (1 \pm 2)\,A_f^{-1} = \pm 2\,A^{-1}.$$

Writing further

$$A_i^{-1} - A_f^{-1} = \delta A^{-1},$$

where δ is a small quantity as compared to unity, the above expression of $\Delta E_{\text{rot.}}$ assumes the approximate form

$$\Delta E_{\text{rot.}} = \frac{h^2}{8\pi^2 A}\,\delta j^2 \pm \frac{h^2}{4\pi^2 A}\,j - \frac{h^2}{8\pi^2 A}\,(1 \mp 1), \tag{271}$$

where A is a constant. Due to the presence of the term proportional to j^2 in (271), the two wings of the band will no longer be symmetrical (or nearly symmetrical) with respect to a given frequency, as was the case of the infra red oscillatory rotation spectra. According as δ is positive or negative the negative or positive branch will double back upon itself, and proceed in the direction of the other branch. This gives rise to the appearance of a so-called band head, which is the most characteristic feature of visible bands. Assume for instance that δ is positive. The frequencies of the spectral lines of the negative branch will then be given by the formula

$$\nu = \nu_r + \frac{h\,\delta}{8\pi^2 A}\,j^2 - \frac{h}{4\pi^2 A}\,j, \tag{272}$$

where ν_r summarizes the terms in ν which are independent of j. The frequency difference between consecutive lines will be

$$\Delta\nu = -\frac{h}{4\pi^2 A}\left\{1 - \delta\left(j + \frac{1}{2}\right)\right\}. \tag{273}$$

It follows that the frequencies of the lines will grow smaller and smaller as j increases, but at a retarded rate, until a minimum separation is reached. This point marks the position of the band head, which in this case is a low frequency limit, beyond which the frequencies will increase at an accelerated rate. The separation between the lines of the positive branch will, on the other hand, increase at an accelerated rate from the start. If the sign of δ is reversed, the roles of the two branches are exchanged, and the band head will mark the high frequency limit of the lines. It is important to realize that the band head thus marks nothing but the place of maximum proximity of adjacent lines in the branch which doubles back upon itself, and its exact position gives no immediate clue to the internal structure of the band. For the theoretical disentangling of observed bands the important question is the determination of the frequency ν_r since this gives the zero point for the reckoning of the j-numbers, which further enables us to determine the moments of inertia of the molecule in question.

In addition to the positive and negative branches there occurs also, in the case of visible bands, a so-called zero branch. This branch corresponds to the case of no change in j during the transition, so that the change in rotational energy suffered by the molecule during the transition is solely due to the change in moment of inertia. Hence

$$\Delta E_{\text{rot.}} = \delta \frac{h^2}{8\pi^2 A} j(j+1), \tag{274}$$

for the zero branch. Zero branches might be expected also in the case of pure rotation or vibratory rotation spectra, but they seem to be absent in most cases, although methane possibly makes an exception.

It is thus shown by observation that the moment of inertia, as well as the frequencies of vibration of a molecule, may increase as well as decrease as a result of an electronic transition. A decrease in the moment of inertia means evidently a tightening up of the molecule, and an increase in the chemical bond between the atoms; this means greater stability, so that the vibrational frequencies should increase in the process. If the moment of inertia increases in the transition, the vibrational frequencies should decrease. This inference is completely confirmed by experiments by the fact that the bands within a sequence degrade in the same direction as the sequence itself.

As regards the electronic levels of the molecule it is to be expected that the characteristic features of atomic levels will be repeated, such as the clustering of levels into multiplets, and the arrangement of multiple levels according to a RYDBERG-RITZ formula. This surmise is in accordance with experiments, as multiple bands, in which the multiplicity may be traced back to multiple electronic levels, are observed in several cases. Moreover, the multiplicity seems to stand in an analogous relation to the unsaturated valencies of the molecule as the multiplicity of an atomic surface level stands to the number of electrons in the surface group. The arrangement of band systems according to a RYDBERG-RITZ formula has also been confirmed, first by FOWLER in case of helium bands, and later by other investigators in case of other compounds.

In the above discussion of the energy levels of a molecular system we have considered only the simplest aspects of the problem. Much work has been done in order to improve these results, but the progress has been hampered by many difficulties. A difficulty which returns on all occasions is the necessity of relaxing the condition of perfect rigidity of the molecule in the calculation of the rotational energy levels. As long as no rational way of doing this has been found, further refinements must necessarily be subject to very great uncertainties.

43. Intensities of Lines constituting a Band. The characteristic winged form of the bands is due to the superposed effect of two independent causes. Firstly, there is the distribution of molecules over different rotational states to take into account. In most cases this distribution will correspond to a state of temperature equilibrium, such that the number of molecules in the pth quantized state will be given by an expression of the form

$$N_p = C\sigma_p e^{-\frac{E_p}{kT}},$$

where C is a quantity which is common to all states, while σ_p and E_p are the a priori probability and energy of the state in question[1]. The a priori probability σ_p

[1] For very low temperature or high densities the MAXWELL-BOLTZMANN distribution law may have to be replaced by an expression of the form

$$N = \left(C e^{\frac{E}{kT}} + 1\right)^{-1}$$

Cf. the next ciph. on quantum statistics.

will, apart from a constant factor, be equal to the number of energetically different states in which the given state may split up by the application of an external field. In as much as the quantum number m appearing in the characteristic function of the problem (264) may assume the $2j + 1$ different values

$$m = -j, -j + 1, \ldots, +j - 1, j$$

it follows that the a priori probability of a given rotational state, characterized by a definite rotational quantum number j is $2j + 1$, apart from an unimportant factor. Introducing the proper expression of E_p we find therefore

$$N_j = C(2j + 1)e^{-\frac{h^2}{8\pi^2 A}\frac{j(j+1)}{kT}}.$$

This gives one factor in the intensity of any emission line starting from the jth state. The second factor of importance is the probability of spontaneous transition from the j-state to an adjacent state. In the simple case discussed above the calculation of this factor involves integrals over associated LEGENDRE functions only. Performing the integration one finds that the transition probability is proportional to the largest j-value of the two states involved in the transition[1]. The intensity will, moreover, be proportional to the fourth power of the frequency of the emitted radiation. In case of pure rotation bands, this gives a factor $(2j + 1)^4$, but in other cases the frequency factor is insignificant. One realizes therefore that in all cases the intensity distribution will have the approximate form

$$I_j = \text{const} \cdot j^n e^{-\frac{h^2 j^2}{8\pi^2 A k T}} \tag{275}$$

where n is a positive quantity, which is essentially larger in case of pure rotation bands than in other cases. This formula accounts at once for the observed rise in intensity to a maximal value, and the further uniform decrease with increasing j-values. It is important to note that the ultimate decrease in intensity is due to the particular form of the MAXWELL-BOLTZMANN distribution law and depends upon the temperature of the gas. It is thus possible to determine the temperature of a polyatomic gas by studying the intensity distribution of the bands of its absorption spectrum. An astrophysical application of this fact was given by BIRGE[2], who in this way was able to make an independent determination of the effective temperature of the sun.

44. Quantum Statistics. In ciph. 4 the principles of molecular statistics were outlined, but without a reference to the quantum theory point of view. We shall now complete the picture by discussing the modifications to be introduced in order to meet the requirements of quantum theory. If we neglect the restrictions implied by PAULI's principle the modifications are very small indeed, and concern only the choice of a priori probabilities for the different quantum states. The development leading up to formula (19) in the first section is thus entirely independent of special assumptions concerning the systems in question, apart from the fact that each system is assumed to possess a certain amount of energy, that the systems are independent most of the time, and that each state i of the system is granted a constant a priori probability σ_i. In the further development the σ_i's were interpreted as volumes of phase space, in which the HAMILTONian coordinates and momenta of the system are rectangular coordinates, and it was tacitly assumed that the σ could be made as small as we cared to, in accordance

[1] For refined calculations of transition probabilities between band levels cf. E. FUES, Ann d Phys 80, p. 367; 81, p. 281 (1926); R. H. FOWLER, Phil Mag 49, p. 1272 (1925); F. LONDON and H. HÖNL, Z f Phys 33, p. 803 (1925).

[2] Ap J 55, p. 273 (1922).

with the inherent continuity of classical mechanics. In quantum theory statistics this latter assumption must be discarded, as the possible states of a system are assumed to form a discrete series. Hence the a priori probabilities must also form a discrete series. The only thing we do with the quantum states in statistical theory is to count them, and hence the simplest case would be obtained by assuming the a priori probability to be the same for all physically distinct quantum states of a given system. This assumption is in fact the one which proves to be in accordance with observation. It needs a further refinement, however, since the a priori probabilities have physical dimensions of powers of PLANCK's constant, the exponent being different for different systems. This question can be cleared up by considering the asymptotic case when the quantum theory solutions degenerate into the solutions of classical mechanics. By such considerations it follows that the a priori probabilities must be taken equal to h^s, where s is the number of degrees of freedom of the system in question. The plausibility of this choice will be immediately clear by remembering the definition of a priori probability as a volume of phase space

$$\sigma = \int d q_1, d q_2, \ldots, d p_s. \tag{276}$$

In the limit of classical mechanics of multiply periodic systems the quantum conditions degenerate into the requirement that any integral over $d q_i \, d p_i$ shall be a multiplum of PLANCK's constant, such that an integral over a volume element of phase space must be an integer multiple of PLANCK's constant raised to the sth power.

In case of an accidental coincidence of the energy values of several quantum states, the a priori probability must naturally be the sum of the a priori probabilities of all individual states forming the multiple state. If the state is p-tuple the a priori probability is $p h^s$. The number p is called the weight of the state in question. If, instead of defining a state by its energy, we define it by its characteristic function, it is unnecessary to introduce the p's, since all characteristic functions are different, such that multiple states in this respect do not occur. In statistical problems it is, however, mostly the energy values which are important, and hence the energetic multiplicity of the states must be taken account of as a rule.

If we consider permanent atomic systems the factors h^s are of no consequence to the statistical results, as they all cancel out in the end. Thus the relative number of atoms in any two quantum states i and k is, in thermal equilibrium, by (19)

$$\frac{n_i}{n_k} = \frac{\sigma_i}{\sigma_k} e^{-(E_i - E_k)/kT} = \frac{p_i}{p_k} e^{-(E_i - E_k)/kT} \tag{277}$$

where p_i, p_k are the statistical weights of the states in question, and E_i, E_k the corresponding energies. As soon as we consider systems which are permitted to dissociate into free subsystems the case is different. How this works out in praxi may be shown by considering the equilibrium of a diatomic gas confined to remain within an enclosure of volume V. Let N_1, N_2 be the average number of atoms of the two kinds in the enclosure, while N is the average number of molecules. By ordinary statistical methods it is then shown that in case of thermal equilibrium[1]

$$\frac{N}{f} = \frac{N_1}{f_1} \frac{N_2}{f_2}. \tag{278}$$

[1] Cf. for inst. R. FOWLER, Phil Mag 45, p. 497 (1923) and S. ROSSELAND, Trans Acad Sc Oslo Math Nat No 1 (1925).

The functions f_1, f_2 and f are simply the sums over $\sigma_i e^{-E_i/kT}$ taken over all possible configurations and velocities, respectively quantum states, for the particular entity in question, and will here be called partition functions. The partition function of an atom of mass m, with no internal energy, and constrained to remain within the enclosure of volume V, is thus

$$f = \int \ldots \int e^{-\frac{m}{2kT}(u^2+v^2+w^2)} d(mu)\, d(mv)\, d(mw)\, dx\, dy\, dz = V(2\pi m k T)^{\frac{3}{2}}. \quad (279)$$

If the system has internal energy the proper partition function is the product of a function of the above kind and a function referring to the internal state of the system. Thus for a diatomic molecule, which has three quantized molecular degrees of freedom, the internal partition function will have the form

$$f_i = h^3 \sum_i p_i e^{-E_i/kT}. \quad (280)$$

Expression (278) of N accordingly assumes the form

$$\frac{N}{N_1 N_2} = \frac{h^3 \sum_i p_i e^{-E_i/kT}}{\left\{2\pi \frac{m_1 m_2}{m_1 + m_2} kT\right\}^{\frac{3}{2}}}. \quad (281)$$

The explicite appearance of h^3 in this formula shows how our choice of a priori probability of a quantum state affects the problem, and may be tested experimentally. It may be noted that the above formula is largely independent of the assumption that the atoms carry no internal energy, as the corresponding partition functions would appear both in numerator and denominator of (281), and cancel out completely provided the deformation of the energy levels of the atoms, due to the chemical bond, may be neglected.

45. FERMI-DIRAC Statistics. Characteristic of the above considerations is the division between internal motion of an atomic system which is quantized, and translational motion in space which is not quantized. If we, on the other hand, assume any two atoms of a gaseous assembly never to interact, and assume the enclosure to be cubic and with perfectly reflecting walls, the atoms will perform a simple multiply periodic motion, and the question arises whether such a motion should not be liable to quantization as well as the motion of the atoms in a molecule. This question is, for the sake of consistence, to be answered in the affirmative. Although a quantized assembly of this kind is undoubtedly very far from being comparable to any assembly realized in nature, it may, nevertheless, possess in pure cultivation some distinctive properties which are common to all gaseous assemblies, and which have been neglected above.

In case of atoms it was found that a large number of states of a system, which were in conformity with the ordinary quantum conditions, were nevertheless ruled out by PAULI's principle. If this principle is valid universally, and no definite arguments to the contrary have been forthcoming, it must also apply to the quantization of the gaseous assembly. If it does, the gases must, under certain conditions, behave very differently from what we ordinarily expect them to do. In particular: at the absolute zero of temperature when the assembly has settled down in its normal state, the individual atoms are still in motion, such that the assembly has a zero point energy as well as a zero point pressure. The quantum theory of ideal gases has been developed by FERMI[1] and by DIRAC[2], and we shall here reproduce some principal points of this theory. Consider a gaseous assembly consisting of similar atoms, confined within a cubical enclosure

[1] Z f Phys 36, p. 902 (1926). [2] London R S Proc A 112, p. 661 (1926).

which we assume to occupy the positive quadrant of a rectangular coordinate system, in the vicinity of the origin, extending from $x, y, z = 0$, to $x, y, z = a$. The volume of the enclosure is thus $V = a^3$. We assume the atoms to exert no ordinary forces on each other — this is the criterion of an ideal gas just as before — except that if a given atom resides in a given quantum state, then it precludes any other atom from entering this particular state. The SCHRÖDINGER equation for the assembly will then split up into a number of similar equations, one for each atom. The influence of the walls in determining the form of the wave function may be represented by a repulsive field of force, the potential energy function of which is zero inside the enclosure, and increases abruptly to an infinite value at the walls, causing the wave function to drop to zero. To meet these conditions we write the wave equation for an atom on the form

$$\nabla^2 \psi = \frac{4\pi\mu}{hi} \frac{\partial \psi}{\partial t}, \tag{282}$$

and take account of the infinite potential at the walls by adding the condition that ψ is zero for $x, y, z = 0$ and a. Under such conditions the wave functions will have the form

$$\psi = \text{const} \cdot e^{-\frac{2\pi i}{h} E t} \sin \frac{\pi k x}{a} \sin \frac{\pi l y}{a} \sin \frac{\pi m z}{a}, \qquad k, l, m = 0, 1, 2, \ldots \tag{283}$$

and the characteristic energy values will be given by

$$E = \frac{h^2}{8\mu a^2} (k^2 + l^2 + m^2). \tag{284}$$

Assume the whole system of solutions to be divided up in sets of nearly equal energy, and let A_s be the number of solutions in a particular set in which the energy of an atom varies between E_s and $E_s + dE_s$. The proper expression of this number A_s is found by observing that by (284) the number of solutions for which the energy is less than E_s is equal to the volume of the positive octant of a sphere with radius

$$\{k^2 + l^2 + m^2\}^{\frac{1}{2}} = \frac{a}{2h} \sqrt{2\mu E_s}.$$

Since this volume is

$$\frac{4\pi}{3} \frac{a^3}{h^3} (2\mu E_s)^{\frac{3}{2}}$$

it follows by differentiation that the number of solutions in the energy interval dE_s is

$$A_s = V \frac{2\pi}{h^3} (2\mu)^{\frac{3}{2}} \sqrt{E_s}\, dE_s, \tag{285}$$

since a^3 is the volume of the enclosure. With each set s there may be associated any number of atoms from zero up to A_s, but not more. Let N_s be the number of atoms which in a particular complexion are associated with the sth set. The probability of a certain distribution of the N_s is then

$$W = \prod_s \frac{A_s!}{N_s!\,(A_s - N_s)!} \tag{286}$$

giving for the entropy, by using STIRLING's formula

$$\left.\begin{aligned} S = k \log W = k \sum_s \{ & A_s(\log A_s - 1) - N_s(\log N_s - 1) \\ & - (A_s - N_s)[\log(A_s - N_s) - 1]\}. \end{aligned}\right\} \tag{287}$$

For this to be a maximum it is necessary that

$$\delta S = k \sum_s \log(A_s/N_s - 1)\,\delta N_s = 0 \tag{288}$$

for all variations δN_s that leave the total number of atoms $N = \sum_s N_s$ and the total energy $E = \sum_s N_s E_s$ unaltered. Multiplying the relations

$$\sum_s \delta N_s = 0, \qquad \sum_s E_s \delta N_s = 0 \tag{289}$$

by two constants λ and λ_1, adding to (288), and reducing the coefficient of each δN_s to zero, we find

$$\log(A_s/N_s - 1) + \lambda + \lambda_1 E_s = 0, \tag{290}$$

or

$$N_s = \frac{A_s}{e^{\lambda + \lambda_1 E_s} + 1}. \tag{291}$$

Using the thermodynamic relation $\frac{1}{T} = \frac{\partial S}{\partial E}$, where T is the absolute temperature and S the entropy, it follows that $1/\lambda_1 = kT$, such that finally

$$N_s = \frac{A_s}{e^{\lambda + \frac{E_s}{kT}} + 1}. \tag{292}$$

For large values of λ this relation degenerates into MAXWELL's law for the distribution of velocities in a gas. Introducing expression (285) for A_s in this formula, we find the following expression for the total number of atoms in the enclosure

$$N = \sum_s N_s = \frac{2\pi}{h^3} V (2\mu k T)^{\frac{3}{2}} \int_0^\infty \frac{\sqrt{x}\,dx}{e^{\lambda + x} + 1}. \tag{293}$$

Similarly for the total energy

$$E = \sum_s E_s N_s = kT \frac{2\pi}{h^3} V (2\mu k T)^{\frac{3}{2}} \int_0^\infty \frac{\sqrt{x^3}\,dx}{e^{\lambda + x} + 1}. \tag{294}$$

For large positive values of λ the integrands in these expressions may be expanded in infinite series according to ascending powers of $e^{-\lambda}$ which, integrated term by term, give

$$N = \frac{V}{h^3} (2\pi\mu k T)^{\frac{3}{2}} \sum_{n=1}^{\infty} (-1)^{n+1} e^{-n\lambda} n^{-\frac{3}{2}}, \tag{295}$$

and

$$E = \frac{V}{h^3} (2\pi\mu k T)^{\frac{3}{2}} \frac{3}{2} kT \sum_{n=1}^{\infty} (-1)^{n+1} e^{-n\lambda} n^{-\frac{5}{2}}. \tag{296}$$

Neglecting the third and higher powers of $e^{-\lambda}$ in these expressions we find

$$E = \frac{3}{2} NkT \left\{ 1 + \frac{h^3 N/V}{16 (\pi\mu k T)^{\frac{3}{2}}} + \cdots \right\} \tag{297}$$

which shows that the energy is larger than its classical value $\frac{3}{2} NkT$. Since the system has no interaction energy, the equation of state is $pV = \frac{2}{3} E$, as was shown in ciph. 4 [cf. equation (5)][1]. Hence we understand that the hydrostatic

[1] Cf. also W. PAULI, Z f Phys 41, p. 93 (1927).

pressure will, in the limiting case under consideration, be larger than its classical value to the same measure as this is the case for the energy.

For small values of λ (low temperature and large density) the corresponding expansion of E is

$$\frac{E}{V} = \frac{3}{40}\left(\frac{6}{\pi}\right)^{\frac{2}{3}} \frac{h^2}{\mu}\left(\frac{N}{V}\right)^{\frac{5}{3}} + \frac{2^{\frac{4}{3}}\pi^{\frac{8}{3}}}{3^{\frac{5}{3}}h^2}\left(\frac{N}{V}\right)^{\frac{1}{3}} \mu k^2 T^2. \tag{298}$$

The energy, and consequently also the pressure, tends thus towards a constant value when the temperature tends towards zero. It may be noted in particular that in this region the specific heat $C_V = \frac{\partial E}{\partial T}$ decreases linearly with decreasing temperature such as to vanish at the absolute zero. It follows from the above expression that in the limiting case of zero temperature the relation between pressure $p = \frac{2}{3} E/V$ and density $\varrho = \mu N/V$ is of the polytropic form $p \sim \varrho^n$, and since $n = \frac{5}{3}$ it is of the same form as in case of adiabatic changes of state of an ideal monatomic gas according to classical thermodynamics.

It may be of interest to derive the above expression of the energy of an assembly at absolute zero temperature by a direct process. Since in this case all low energy states of phase space are filled with atoms up to a certain limit, we have $N_s = A_s$ for all states below the given limit. This gives for the total number of atoms N and the total energy E of the assembly

$$N = \sum_s A_s = V 4\pi \frac{(2\mu)^{\frac{3}{2}}}{h^3} \int_0^{E_\sigma} x^{\frac{1}{2}}\, dx, \qquad E = \sum_s A_s E_s = V 4\pi \frac{(2\mu)^{\frac{3}{2}}}{h^3} \int_0^{E_\sigma} x^{\frac{3}{2}}\, dx, \tag{299}$$

where E_σ is the largest individual atomic energy to be found in the assembly. Eliminating E_σ we find

$$\frac{E}{V} = \frac{3}{40}\left(\frac{6}{\pi}\right)^{\frac{2}{3}} \frac{h^2}{\mu}\left(\frac{N}{V}\right)^{\frac{5}{3}} \tag{300}$$

in agreement with (298) for $T = 0$.

As an application of the above theory we may think of a star having settled down in its final state of zero temperature. This will be the normal state of the star, which stands in complete analogy to the normal state of an atom, and the star will no more radiate energy in its normal state than an individual atom will do. Nevertheless we believe the electrons of an atom are moving in the normal as well as in other states; the same will be the case with the free particles of the star, and formula (300) allows us to estimate the velocities of the individual particles at zero temperature. By direct observations no star is known which even approximately may be said to have attained the normal state, since the fact that all stars emit radiation is sufficient proof that the temperature is far above the absolute zero. Assuming that a star somewhat beyond the white dwarf stage will approximate towards the normal state, we may adopt a central density of say $10^5\,\mathrm{gcm}^{-3}$ as being appropriate. If the atoms of the star are completely ionized this gives approximately $N/V = 3 \cdot 10^{28}\,\mathrm{cm}^{-3}$ for the free electrons. By formula (300) one finds the average kinetic energy E/N of an electron to be about $5 \cdot 10^{-8}$ erg. Writing this energy on the form $\frac{3}{2} kT'$, T' is found to be of the order 250 million degrees K. This will give an idea of the manner in which the new gas theory is likely to influence our ideas concerning the ultimate evolution of dwarf stars[1].

The above treatment of the theory of an ideal gas depends vitally upon the simple manner in which the energy of free atoms moving in a cubical box

[1] Cf. R. H. FOWLER, M N 87, p. 114 (1926).

with perfectly reflecting walls is quantized. As soon as we consider more complex problems the question arises as to the proper determination of the numbers A_s on which this method depends. It is a well known result of ordinary wave theory that the above assumption of the cubical form of the enclosure is irrelevant to the result, but this does not help very much towards a rational formulation of the special statistical theory in question. It is the merit of PAULI[1] to have shown that the general form of quantum statistics is identical with the ordinary BOLTZMANN-GIBBS statistical mechanics provided the number of individuals in the assembly is not constant, but canonically distributed around an average value. This case was already discussed by GIBBS[2], and constitutes what he calls the theory of grand ensembles. For this reason it seems that GIBBS' theory, for the time being, constitutes the most rational form of molecular statistics. FOWLER[3], on the other hand, has shown how PAULI's principle may be embodied in the statistical technique which has been developed by FOWLER and DARWIN. The results of FOWLER and PAULI are presumably equivalent in as much as the method of FOWLER and DARWIN always gives the same results as ordinary statistics, with which it is identical in principle.

Assuming the general validity of PAULI's principle it is clearly necessary also to modify current theories of reaction velocities. Thus the result of a collision between two atoms will no longer depend upon the state of motion of the two atoms alone, but also upon the state of other atoms of the assembly to which the two atoms belong, since no atom can enter a state already occupied by another atom. The modifications to be introduced to meet these requirements are really very simple, as was shown by ORNSTEIN and KRAMERS[4]. Let N_k denote the average number of atoms of an assembly occupying a quantum state k. Assume that two atoms in states k' and l' enter into interaction such that after the process they occupy the states k'' and l''. According to ORNSTEIN and KRAMERS the probability that the process shall take place in unit time will be

$$A'_{\prime\prime} = a'_{\prime\prime} N_{k'} N_{l'} (1 - N_{k''}) (1 - N_{l''}) \,, \tag{301}$$

and for the converse process

$$A''_{\prime} = a''_{\prime} N_{k''} N_{l''} (1 - N_{k'}) (1 - N_{l'}) \,, \tag{302}$$

where $a'_{\prime\prime}$ and $a''_{\prime}$ are independent of the N's. In thermodynamic equilibrium $A'_{\prime\prime} = A''_{\prime}$. The quantitites $a'_{\prime\prime}$ and $a''_{\prime}$ remain arbitrary thus far, and in order to obtain agreement with the requirements of the new statistics it is sufficient to put $a'_{\prime\prime} = a''_{\prime}$. This gives immediately

$$\frac{N_{k'}}{1 - N_{k'}} \frac{N_{l'}}{1 - N_{l'}} = \frac{N_{k''}}{1 - N_{k''}} \frac{N_{l''}}{1 - N_{l''}} \,. \tag{303}$$

The solution of this equation, subject to the subsidiary condition of conservation of energy in the process:

$$E_{k'} + E_{l'} = E_{k''} + E_{l''}$$

is

$$\frac{N_k}{1 - N_k} = e^{-(\lambda + \lambda_1 E_k)}, \qquad \text{or} \qquad N_k = (e^{(\lambda + \lambda_1 E_k)} + 1)^{-1}, \tag{304}$$

where λ and λ_1 are two constants. These expressions are identical with the earlier results if $\lambda_1^{-1} = kT$. It may further be remarked that λkT is GIBBS' thermodynamic potential per atom of the assembly.

---

[1] Z f Phys 41, p. 81 (1927).
[2] Elementary Principles of Statistical Mechanics, p. 189.
[3] London R S Proc A 113, p. 432 (1926).
[4] Z f Phys 42, p. 481 (1927).

In case of atoms in a field of radiation conditions are different. In fact, light quanta do not conform to the requirements of the FERMI-DIRAC statistics, but to the so-called BOSE's statistics, which permits the superposition of any number of quanta in the same state [1]. It is then necessary to leave out from (301) and (302) the factors $(1 - N_{l'})$ etc. in reference to light quanta. The corrected form of EINSTEIN's equation (80) becomes

$$N_{k'}(1 - N_{k''})\{A_{k'k''} + B_{k'k''}\varrho^{(\nu)}_{k'k''}\} = N_{k''}(1 - N_{k'})B_{k''k'}\varrho^{(\nu)}_{k'k''}. \qquad (305)$$

Introducing expressions (304) for the N's in this equation, and assuming the A- and B-coefficients to be related in the manner (82), PLANCK's law for $\varrho(\nu)$ follows directly.

Although the new quantum statistics is of very recent origin it has already served to elucidate important questions as regards experimental results which were left obscure by previous forms of molecular statistics. Thus PAULI[2] pointed out that the new statistics gives the clue to the understanding of the puzzling fact that metallic paramagnetism is abnormally small, and practically independent of temperature. Considering the conducting electrons in a metal to form a quasi-gas it follows directly from the formulae developed above [cf. (298)] that due to the small mass of an electron the state of this gas will, already at normal temperatures, be such that ordinary gas laws are inapplicable. The electrons will therefore nearly all move in the lowest quantum states, such that, in a magnetic field, there will be an equal number of electronic magnets oriented parallel and antiparallel to the field. In as much as paramagnetism may be ascribed to the elementary magnetism of the conducting electrons, the small paramagnetism of metals is accounted for. SOMMERFELD[3] has extended PAULI's work to the general case of metallic conduction, and has indicated how several persistent divergences between theory and experiments may be removed by application of the new ideas.

How far the new statistics will serve to elucidate astrophysical problems to any greater extent remains undecided as yet[4].

46. Interaction between Atoms and a Field of Radiation. Thus far we have considered mainly the technique of calculating characteristic energy values, as this problem is the most important for practical spectroscopic work, from which atomic theory has drawn most of its information. There remains, however, to be discussed the more abstract problem about the constitution of a field of radiation, as well as the dynamical problem of interaction between atomic systems and radiation. In the introductory paragraph this question was only given a preliminary consideration, which we now shall amplify in several ways.

In the wave theory form of quantum mechanics as represented in the preceding sections, the concept of individual discrete particles and the concept of a continuous distribution of mass and electricity, have entered into an inseparable union, which is one of the most essential characteristics of the whole theory. These seemingly contradictory features are necessary in order to obtain an adequate description of natural phenomena, in as much as electrons on some occasions behave like genuine mass points, and on other occasions display, just as definitely, characteristic wave properties. The direct experimental evidence for the wave character of electrons is of recent origin, and is most strikingly exhibited by the selective reflection of electrons from metallic crystals[5]. In

[1] Cf. Z f Phys 26, p. 178 (1924).

[2] Z f Phys 41, p. 81 (1927). [3] Naturwissensch 15, p. 825 (1927).

[4] Cf. R. H. FOWLER, M N 87, p. 114 (1926), who gives a discussion of the problem of the ultimate fate of white dwarfs, from the point of view of FERMI statistics.

[5] C. DAVISSON and H. GERMER, Nature 1927, p. 558 (April 16); cf. also G. P THOMSON, ibid. 1927, p 802 (Dec. 9).

fact, a parallel beam of electrons incident upon a plane crystal surface is reflected in several distinct beams, just as is the case of X-ray reflections, and in close correspondence to the requirements of the wave theory.

This dual character of the properties of matter runs parallel to a corresponding duality in the properties of radiation. There is an essential difference in the historical development of the question, however, in as much as the obvious wave properties of light were recognized very early, while the individuality of light quanta only recently has been brought fully to light. The development in this field was opened up by PLANCK's result that radiation of frequency ν is emitted and absorbed by matter in energetic quanta $h\nu$. It is therefore natural to subdivide any radiation field into elementary monochromatic components, each of energy $h\nu$. If the subdivision is carried out such that each component has the character of a plane wave, it will, according to electro-magnetic theory, also carry linear momentum, and of an amount $h\nu/c$ in its direction of propagation. This point of view was for the first time advanced explicitly by EINSTEIN, who showed that a simple statistical theory of such light quanta leads to WIEN's radiation law which conforms to experiments in the short wave length region. It was previously shown by RAYLEIGH that the wave theory point of view leads to a correct expression of the radiation law in the long wave length end of the spectrum, such that the complete PLANCK formula appears as a result of the cooperation of both wave- and quantum properties of radiation. The light quantum point of view was further developed by EINSTEIN in a paper on PLANCK's radiation law considered above. EINSTEIN was here able to show that in order to maintain statistical equilibrium in an assembly of absorbing and emitting atoms in a radiation field, it is necessary to admit that an atom emitting an amount $h\nu$ of radiation suffers a recoil momentum $h\nu/c$, while the emitted radiation carries a momentum $h\nu/c$ in the opposite direction. Contrary to all results of classical electromagnetic theory the radiation emitted in an elementary process would thus have the uni-directional properties of a plane wave, or a moving mass point.

The light quantum properties of radiation have been revealed in a striking manner by recent experiments on scattering of high frequency X-radiation by atoms of low atomic weight. In fact, in such experiments the radiation field exhibits all the properties of an assembly of independent light quanta. The interaction between a light quantum and an electron takes place as if it were the question of an elastic collision between two material particles, in as much as the quantum and the electron will recoil off in new definite directions, such that the light quantum will retain its uni-directional properties after the process.

It would thus seem that a consistent representation of electrodynamics must be constructed along the same lines as the wave theory form of quantum mechanics, such as to give explicit expression to the dual character of the properties of radiation. It seems that this idea can be carried through in detail, although the question has scarcely been fully discussed as yet, and it appears probable that the complete clearing up of the problem can only be had when the new mechanics has been brought into agreement with the principle of relativity. As evidence in favour of this hope, BOSE's[1] theory of temperature radiation, and DIRAC's theory of absorption, emission and dispersion of radiation may be adduced. BOSE's theory was published before the time of quantum mechanics, but it seems that its

[1] Z f Phys 26, p 178 (1924) This theory is to be regarded as a special form of the theory of multiple quanta, developed by M. WOLFKE, Phys Z 22, p. 375 (1921), and W. BOTHE, Z f Phys 20, p. 145 (1923); 23, p. 214 (1924). The interpretation of BOSE's statistics in terms of symmetric characteristic functions is due to P. A. M. DIRAC, London R S Proc A 112, p. 671 (1926).

essential characteristics can only be fully appreciated when considered from the dual point of view. It was pointed out above how PLANCK's radiation law appears as a result of both the wave theory and the light quantum point of view. We have seen that wave mechanics gives expression to a duality of this nature, and it proves also to afford a natural basis for BOSE's statistics. To each light quantum we therefore associate a characteristic solution of the wave equation, satisfying the quantum conditions. It is necessary to use the relativistic form of the equation, because the relation between energy and momentum of a light quantum is the same as for a material particle, moving with the velocity of light according to the laws of relativity mechanics. It is further necessary to reduce the proper mass of a quantum to zero in order that the energy shall be finite. Thus far the light quanta have been considered on the same footing as material particles. The difference between these entities may be formulated as follows: An assembly of light quanta is complementary to an assembly of material particles in the sense that the former has symmetric and the latter anti-symmetric characteristic solutions. PAULI's principle is thus not valid for light quanta. The use of symmetric solutions only, leads at once to BOSE's statistics, and hence to the correct form of the radiation law.

Consider next an assembly consisting of material particles in interaction with a system of light quanta. The question then arises as to what terms must be added to the HAMILTONian function of the assembly in order to give the correct wave equation of the problem. This question has been discussed in two recent papers by DIRAC[1], who has proposed definite expressions for these terms, based on a generalization from classical theory. DIRAC has also shown how these terms, in conjunction with the proper statistical interpretation of the characteristic functions, lead to the same results as regards absorption and emission of radiation as are obtained by forming the electric current-density functions, and calculating absorption and emission on the basis of MAXWELL's equation. Due to the preliminary state of the whole question we shall here enter upon the details of DIRAC's general theory only in so far as the statistical interpretation of the characteristic function is concerned, and for this purpose we shall consider the special case of absorption of radiation from the point of view in question.

47. Absorption of Radiation[2]. Consider the case of a conservative system consisting of electrical particles, exposed to the influence of an external field of radiation. We neglect the effect of spontaneous emission processes, and consider the case of pure absorption. In the absence of the field the probability distribution of the systems over the different quantum states will then remain constant. The external field we assume to be so weak that its effect on the system can be treated as small perturbations, such that the wave equation may conveniently be solved in successive approximations. We shall throughout use expressions referring to a single electron only. The case of systems containing several (r) electrons follows then simply by extending the formulae obtained to the configuration space of $3r$ dimensions.

Let V be the intrinsic potential energy of the system, and $\boldsymbol{A}$ the vector potential of the light wave, which is incident upon the system. The scalar potential of the wave is zero, since radiation carries no electricity. The wave equation of the system is therefore the usual one

$$-\frac{h^2}{8\pi^2\mu}\nabla^2\psi + \frac{h}{2\pi i}\frac{e}{\mu c}(\boldsymbol{A}\nabla\psi) + \left(V + \frac{e^2}{2\mu c^2}\boldsymbol{A}^2\right)\psi + \frac{h}{2\pi i}\frac{\partial\psi}{\partial t} = 0.$$

[1] London R S Proc A 114, p. 243, 710 (1927).

[2] Cf. for this section P. A. M. DIRAC, London R S Proc A 112, p. 661 (1926) and M. BORN, Z f Phys 40, p. 167 (1927).

Neglecting the terms containing $\boldsymbol{A}$ the system becomes conservative, and admits a general solution of the form $\psi = \sum_n a_n \psi_n$, where the a_n are arbitrary complex constants, and the ψ_n a system of characteristic functions, which we assume to be normalized with respect to unity. This makes $a_n a_n^*$ equal to the number of atoms in the nth quantum state (cf. ciph. 17). When the vector potential differs from zero, it is possible to prove that the wave equation still admits a solution of the form $\psi = \sum_n a_n \psi_n$, but now the a_n are functions of the time. To prove this proposition we assume $(\boldsymbol{A} \nabla \psi_n)$ to be expanded in an infinite series of the form

$$\frac{e}{\mu c}(\boldsymbol{A} \nabla \psi_n) = \sum_m A_{mn} \psi_m$$

and assume the ψ_m to be characteristic solutions of the wave equation for $\boldsymbol{A} = 0$. Since the ψ_m form an orthogonal and normalized sequence, the coefficients A_{mn} are given by

$$A_{mn} = \frac{e}{\mu c}\int (\boldsymbol{A} \nabla \psi_n) \psi_m^* d\tau$$

which proves that these coefficients are functions of the time only, and not of the coordinates. Neglecting $\boldsymbol{A}^2$, and introducing the requisite expressions in the wave equation, it reduces to

$$\sum_m \psi_m \left(\frac{d a_m}{d t} + \sum_n a_n A_{mn}\right) = 0,$$

which requires that

$$\frac{d a_m}{d t} + \sum_n a_n A_{mn} = 0. \tag{306}$$

This proves the proposition.

Consider next the solution of (306) in successive approximations. The first approximation is evidently

$$a_n = a_n^0 - \sum_m a_m^0 A_{mn}^t, \tag{307}$$

where a_n^0 is a series of constants and

$$A_{mn}^t = \int_0^t A_{mn} dt. \tag{308}$$

The second approximation becomes

$$a_n = a_n^0 - \sum_m a_m^0 A_{mn}^t + \sum_{mk} a_k^0 B_{mnk}^t, \qquad B_{mnk}^t = \int A_{mk}^t A_{nm} dt. \tag{309}$$

This gives for the increase in the number of systems in state m after the lapse of a time T

$$\Delta N_n = a_n a_n^* - a_n^0 a_n^{0*} = c_n c_n'^* + c_n^* c_n' + c_n' c_n'^* + c_n c_n''^* + c_n^* c_n'', \tag{310}$$

where c_n, c_n', c_n'' stand for the zero, first and second order terms in a_n respectively, and where T is to be introduced as an upper limit in the integrals A_{mn}^t and B_{mnk}^t.

It is important to notice that the induced transitions between stationary states will, according to this formula, depend essentially upon the individual values of the constants a_n^0, and not solely upon the combinations $a_n^0 a_n^{0*}$, which give the initial number of atoms in the states. This is contrary to the original form of the quantum theory, as formulated in EINSTEIN's theory for the transitions between stationary states, where the probability of a certain transition is assumed to be strictly proportional to the number of atoms in the initial state, and otherwise to depend only upon intrinsic constants of the two states in question. For the present theory to conform to this requirement it is necessary to assume that the phase constants of the a's are distributed at random. Any term $a_n^0 a_m^{0*}$ will then be just as likely to be positive as negative, except for the case $n = m$. The only terms which do not vanish in (310) will then be given by

$$\varDelta N_n = -N_n 2R \sum_m A_{nm}^T + \sum_m N_m A_{nm}^T A_{nm}^T + N_n \sum_m 2R \int_0^T A_{nm}^T A_{mn}\, dt, \quad (311)$$

where R means "real part of". For the case in hand it can be proved that the first order term in (311) will vanish, and that

$$2R \int_0^T A_{mn}^t A_{nm}\, dt = -|A_{mn}^T|^2 = \frac{2}{3}\frac{\pi^3}{h^2} |P_{nm}|^2 \cdot \varrho_{\nu_{nm}}, \quad (312)$$

where

$$h\nu_{nm} = |E_n - E_m|,$$

while $\varrho_\nu d\nu$ is the energy density of external radiation in the frequency interval ν to $\nu + d\nu$ which in the time interval T has swept over the system. The quantities P_{nm} appearing in the above result are just the harmonic amplitudes of the electric polarization, according to the SCHRÖDINGER form of wave mechanics, and are thus given by

$$(P_x)_{nm} = e \int u_n u_m^* x\, d\tau, \text{ etc.}$$

Collecting the terms we find

$$\varDelta N_n = \sum_m (N_n - N_m) \frac{2}{3}\frac{\pi^3}{h^2} |P_{nm}|^2 \varrho_{\nu_{nm}}, \quad (313)$$

showing that in the time T there has passed a number of systems

$$N_n \frac{2}{3}\frac{\pi^3}{h^2} |P_{nm}|^2 \varrho_{\nu_{nm}}$$

from the state n to each state m, and a number $N_n \frac{2}{3}\frac{\pi^3}{h^2} |P_{nm}|^2 \varrho_{\nu nm}$ from each state m to the state n, so that the probability of an individual transition $n \to m$ or $m \to n$ per unit time becomes

$$B_{nm} \varrho_{\nu_{nm}} \qquad \text{where} \qquad B_{nm} = B_{mn} = \frac{2}{3}\frac{\pi^3}{h^2} |P_{nm}|^2. \quad (314)$$

These B-coefficients will be seen to be related to the EINSTEIN A-coefficients, as given by (117), in the manner required by EINSTEIN's theory of temperature radiation [cf. equation (82)].

The above considerations refer primarily to the case of transitions between discrete stationary states, that is for absorption in a line spectrum. For applications to the case of continuous absorption (or emission) bands, such as are met with in case of X-ray absorption experiments, and are connected with transitions between a discrete and a continuous set of energy levels, the theory needs some adjustment.

A continuous set of characteristic functions is naturally regarded as the limiting case of a discrete set. This is a purely formal requirement which can always be satisfied. The vital question is how the functions of a continuous sequence are to be defined, so as to be orthogonal to all other functions of the continuous as well as the discrete sequence. The solution of this problem was given by WEYL[1], and may be summarized as follows. Assume a function φ to be expanded as a series of characteristic functions of the form

$$\varphi = \sum_k a_k \psi_k + \int \gamma(E)\,\psi_E\,dE. \tag{315}$$

We have here assumed that the characteristic functions form a discrete sequence (ψ_k) and a continuous sequence (ψ_E), such that the summation over the continuous sequence may be written as an integral, the function $\gamma(E)$ playing the same part as the totality of coefficients a_k. The integral in the above formula may evidently be written as the limit of a sum

$$\int \gamma(E)\psi_E\,dE = \lim_{\Delta E_n = 0} \sum_n \gamma(E_n) \int\limits_{\Delta E_n} \psi_E\,dE\,.$$

The integrals

$$\Delta_n \psi = \int\limits_{\Delta E_n} \psi_E\,dE \tag{316}$$

are called characteristic differentials, and may be directly compared to the characteristic functions ψ_k. They will, in particular, be orthogonal to each other and to the ψ_k, such that the function $\gamma(E)$ is given by

$$\gamma(E) = \frac{1}{\sigma_E} \int \varphi \int\limits_{\Delta E} \psi_E^*\,dE\,d\tau\,, \tag{317}$$

where

$$\sigma_E = \int \left| \int\limits_{\Delta E} \psi_E\,dE \right|^2 d\tau\,. \tag{318}$$

In as much as $\gamma_{(E)}\sigma_E$ must be of the order $\sqrt{E}$ it is natural to normalize the characteristic differentials by putting $\sigma_E = \sqrt{E}$, or

$$\lim_{\Delta=0} \frac{1}{\Delta} \int \left| \int\limits_{E}^{E+\Delta} \psi_E\,dE \right|^2 d\tau = 1. \tag{319}$$

It is an important fact that the characteristic differentials can **not** be written on the form

$$\Delta_n \psi = \psi_E \Delta E$$

as one would be inclined to do. This expression is, in fact, not equivalent to (316), because $\Delta_n \psi$ is no uniformly continuous function of ΔE. Consider as an illustration the case of hydrogenic atoms. At large distances from the nucleus, solutions of the wave equation corresponding to positive values of the energy constant will have the asymptotical form

$$\psi_E \sim \frac{1}{r} e^{\frac{2\pi i}{h}\sqrt{2\mu E}\cdot r}.$$

Hence follows

$$\Delta\psi \sim \frac{1}{r} e^{\frac{2\pi i}{h}\sqrt{2\mu E}\cdot r} \left\{ e^{\frac{2\pi i}{h}\sqrt{\frac{\mu}{2E}}\Delta E\cdot r} - 1 \right\}.$$

It is here evidently not permissible to expand the expression in brackets in a power series, and disregard second and higher powers of ΔE, since, however small ΔE is taken, it is always possible to find a value of r which makes the

[1] Math Ann 68, p. 220 (1910); Göttinger Nachr (1910); cf. also E. FUES, Ann d Phys 81, p. 281 (1926).

exponential a finite quantity. This is a general phenomenon affecting all characteristic functions forming a continuous sequence.

48. Scattering of Radiation. We have thus far only considered the interaction of matter and radiation for the case that the radiation is confined in extremely narrow frequency intervals, the position of which coincides with the characteristic frequencies of the material system. This interaction has been shown to give rise to transition processes of the atoms. The next step is to consider the interaction between atoms and radiation with frequencies which are appreciably off from the transition frequencies of the atoms. This interaction cannot be said to give rise to ordinary transition processes, except in a somewhat wider sense than used above. The result of the processes in question is that the incident radiation is deviated off from its original direction of motion, at the same time as its frequency may be slightly altered. This change in frequency of the scattered radiation is supposed to correspond to a change of state of translational motion of the whole atom, and not to involve any permanent change of internal state of the atom. Such scattering processes come into play in case of dispersion of radiation passing through optical appliances consisting of lenses and prisms, and is markedly shown by opalescent liquids. A scattering phenomenon on a gigantic scale is exhibited by the atmosphere, which derives its blue colour essentially from a preponderant scattering of the blue end of the spectrum of solar radiation. For the development of atomic theory experiments on scattering of X-radiation by elements of low atomic weight have been of great importance. It was already mentioned on an earlier occasion that J. J. THOMSON was able, from such experiments, to make an approximate count of the number of electrons in the atoms. In the last few years experiments on the scattering of high frequency X-rays and γ-rays have facilitated the recent progress in quantum theory to a marked degree (COMPTON effect).

We shall here not enter upon the details of the general theory of scattering of radiation, and only consider the results of the calculations, as given by several authors. Consider the case of an atom at rest in interaction with an external field of monochromatic radiation of frequency ν which does not coincide with any transition frequencies ν_{nm} of the unperturbed atom. In terms of classical theory the result of the interaction is primarily to induce a variable electric polarization in the atom which gives rise to emission of radiation in phase with the incident radiation and of the same frequency. In addition there will, according to theory, also appear some scattered radiation which is not in phase with the incident radiation, whose frequencies are of the form $\nu_{nm} \pm \nu$, and which therefore involves quantum transitions of the atom. Thus far direct experimental verification of this latter prediction is lacking, but this may be due to experimental difficulties. An indirect verification is afforded by the appearance of forbidden lines in electric fields, which were studied theoretically by PAULI, in as much as these lines may be considered as non-coherent scattered radiation induced by the static electric field ($\nu = 0$)[1].

The different recognized forms of quantum theory[2] agree about the following first order formula for the induced electrical polarization of the atom in the state n:

$$\boldsymbol{P}_n = \boldsymbol{P}_{nn} + \sum_{m}^{E_m < E_n \pm h\nu} \{\boldsymbol{P}_{nm} + \boldsymbol{P}_{mn}\}, \tag{320}$$

[1] Note added in print: The existence of this non-coherent scattering was first proved experimentally by C. Y. RAMAN and K. S. KRISHNAN in 1928. Cf. Ind Journ Phys 2, March 1928, and Nature 121, p. 501; 122, p. 12 (1928).

[2] O. KLEIN, Z f Phys 41, p. 407 (1927); P. A. M. DIRAC, London R S Proc A 114, p. 710 (1927); I. WALLER, Phil Mag 4, p. 1228 (1927); cf. also Naturwissensch. (December 2, 1927).

where
$$\left.\begin{aligned} \boldsymbol{P}_{nm} = \frac{2\pi i}{hc}\sum_s\Big\{&\left[\nu_{ns}\frac{(\boldsymbol{C}\boldsymbol{D}_{ns})}{\nu_{ns}-\nu}\boldsymbol{D}_{sm} - \nu_{ms}\frac{(\boldsymbol{C}\boldsymbol{D}_{sm})}{\nu_{ms}+\nu}\boldsymbol{D}_{ns}\right]e^{-2\pi i(\nu_{nm}-\nu)t} \\ &+\left[\nu_{ns}\frac{(\boldsymbol{C}^*\boldsymbol{D}_{ns})}{\nu_{ns}+\nu}\boldsymbol{D}_{sn} - \nu_{ms}\frac{(\boldsymbol{C}^*\boldsymbol{D}_{sm})}{\nu_{ns}-\nu}\boldsymbol{D}_{ns}\right]e^{-2\pi i(\nu_{nm}+\nu)t}\Big\}. \end{aligned}\right\} \tag{321}$$

Here $\boldsymbol{C}$ is a constant complex vector which is given by the requirement that the vector potential of the light wave in the region of the atom is

$$\boldsymbol{A} = \boldsymbol{C}e^{2\pi i\nu t} + \boldsymbol{C}^* e^{-2\pi i\nu t}, \tag{322}$$

while $\boldsymbol{D}_{ns}$ represents the harmonic amplitude of the unperturbed electrical momentum of the atom, corresponding to the frequency ν_{nm}. The term $\boldsymbol{P}_{nn}$ gives rise to the coherent radiation, which is in phase with the incident wave, and has the same frequency. This term, therefore, is the one which is responsible for ordinary dispersion and scattering. The other terms give rise to non-coherent scattering as mentioned above.

49. COMPTON Effect. This effect has played a fundamental part in the recent development of quantum theory. Its explicit recognition as an experimental fact is only of recent origin. Theoretically it was implicitly contained in EINSTEIN's light quantum theory of 1917, but its direct consideration dates first from 1922 when A. H. COMPTON[1] advanced the light quantum theory of scattering by free electrons in order to explain his own experimental results concerning scattered γ-rays. As regards the change in frequency in the scattering process the theory is conveniently given in terms of classical ordinary (relativity) mechanics, as the "bullet" properties of light quanta are most clearly brought out in this way. Consider thus a light quantum of frequency ν incident upon a free electron initially at rest. Assume the quantum to be scattered at an angle θ and with a frequency ν' while the electron recoils with a velocity v which is inclined at an angle φ with the direction of the incident quantum. The equations expressing conservation of energy and momentum of the system are then

$$\mu c^2\left\{\frac{1}{\sqrt{1-v^2/c^2}} - 1\right\} + h\nu' = h\nu, \tag{323}$$

and

$$\left.\begin{aligned} \frac{h\nu'}{c}\cos\theta + \frac{\mu v\cos\varphi}{\sqrt{1-v^2/c^2}} &= \frac{h\nu}{c} \\ \frac{h\nu'}{c}\sin\theta + \frac{\mu v\sin\varphi}{\sqrt{1-v^2/c^2}} &= 0. \end{aligned}\right. \tag{324}$$

Eliminating the quantities v and φ from these equations, and introducing the wave length λ instead of the frequency ν, one finds easily

$$\lambda' = \lambda + \frac{2h}{\mu c}\sin^2\frac{\theta}{2}. \tag{325}$$

At a given angle of scattering the scattered radiation suffers a constant increase in wave length, the maximum value of which is $2h/\mu c = 4{,}4 \cdot 10^{-10}$ cm. Equation (325) is obtained in the same form also on the basis of wave mechanics[2], and has been verified experimentally. GEIGER and BOTHE[3] have, further, succeeded in proving that in a scattering process the light quantum really bounces off in the predicted direction, such that the result is not due to any kind of statistical overlapping of several processes.

---

[1] Phys Rev 21, p. 483 (1923); cf. also P. DEBYE, Phys Z 24, p. 161 (1923).

[2] P. A. M. DIRAC, Proc Cambr Phil Soc 23, p. 500 (1927); W. GORDON, Z f Phys 40, p. 117 (1926).

[3] Z f Phys 32, p. 639 (1925).

COMPTON's theory was originally developed with a view to the intensity of scattered radiation, because the observed intensity showed a strong tendency to fall short of the classical value. This effect is also borne out adequately by the wave theory.

In as much as relation (325) for the change of wave length in a scattering process is based directly upon the laws of conservation of energy and momentum, it must hold unaltered also for radiation scattered by atoms, provided the electronic mass is replaced by the mass of the atom. This substitution reduces the change in wave length several thousand times, but in spite of this reduction it is not exluded that the COMPTON effect in scattering by atoms may lead to observable effects. This is particularly to be expected under the extreme conditions of enormously long optical paths which may exist in some stellar atmospheres, and FRANCK has suggested that the observed displacement towards the red of emission lines in B-type spectra is due to this cause[1].

Addendum I. Since the above report was closed (January 1928) many and important contributions to the further development of the wave mechanical form of atomic theory have appeared in print, some of which will be rapidly summarized in this addendum.

Relativity Wave Mechanics. The form in which the relativity corrections to mechanics have been introduced in wave mechanics in this report is obviously only to be regarded as a first approximation to the full solution. An improved formulation of the problem was suggested by DIRAC[2], which was especially remarkable because it presented the relativity modifications as being inseparably connected with the electronic spin, and in a much more intimate manner than the earlier work suggested. In fact, in DIRAC's formulation the terms connected with the spin appear as a natural consequence of the relativity requirements alone.

On the basis of DIRAC's equation DARWIN[3] was able to show that the exact solution of the energy levels in a hydrogenic atom leads back to the old SOMMERFELD formula for the energy levels, as explicitly demanded by X-ray experiments. KLEIN and NISHINA[4], on the other hand, showed that the intensity of the COMPTON scattering demanded by DIRAC's wave equation is decidedly different from that of the earlier theory in the region of extremely small wave lengths. This result is of primary importance in cosmic physics, as the wave lengths of the HESS-KOLHÖRSTER penetrating radiation have thus far only been estimated from their scattering in the atmosphere. In particular, this result casts doubt upon certain conclusions which MILLIKAN[5] has drawn from the calculated wave lengths.

RAMAN-Effect. Much interest was aroused by the discovery of RAMAN and KRISHNAN[6] in spring 1928 of the non-coherent scattering of radiation, persistently called for by theory, but which up to that time had escaped observation. This new type of scattering may be considered as an optical analogue to the COMPTON effect, or as an optical analogue to collisions of the first and second kind between atoms. The discovery has already given rise to a very large experimental material, which materially has advanced the knowledge concerning molecular constitution.

---

[1] Naturwiss 15, p. 236 (1927). The subsequent work of W. ORTHMANN and PETER PRINGSHEIM, Z f Phys 53, p. 367 (1929), W. ORTHMANN, Z f Phys 54, p. 767 (1929), and W. H. MCCREA, Z f Phys 57, p. 367 (1929), seems to indicate strongly that the suggested effect does not play the expected part in astrophysical phenomena (note added in proof).

[2] London R S Proc 117, p. 610; 118, p. 351 (1928).

[3] London R S Proc 118, p. 654 (1928).

[4] Nature 122, p. 398 (1928).

[5] Wash Nat Ac Proc 14, p. 445 (1928).

[6] Indian Journ Phys 2, March 1928; Nature 121, p. 501; 122, p. 12 (1928).

Radio-activity. Although a general feeling prevailed that the radio-active phenomena should be expected to be pronounced quantum effects, a successful attack on this problem did not appear before the establishment of wave mechanics. This was partly because the earlier form of the quantum theory retained some mechanical conceptions, such as the conception of a "periodic orbit" for example, which had no natural position among the fundamental conceptions of the quantum theory. In the wave mechanical form of the theory this notion is loosened up, so to speak, leaving a particle moving with constant energy much greater freedom in its motion. Thus it is no longer possible to imagine a particle enclosed in an open bowl under the influence of gravity, to stay in indefinitely long, even if its initial kinetic energy is too small to carry it over the rim in a jump. In the wave theory there is no such thing as a definite kinetic energy, and the particle will, sooner or later, jump over the rim of the bowl. The same reasoning holds for an α-particle bound in a nucleus. Provided the energy necessary to move the particle from the internal region of attraction into the outer region of repulsion is not infinitely large, the particle will possess a finite probability of being expelled from the nucleus. A simple consideration of this nature at once leads to a natural explanation of the famous GEIGER-NUTTALL formula connecting the life period of an α-radiating radio-element with the energy of expulsion of the α-particles[1]. Considerations of similar kind lead ATKINSON and HOUTERMANS[2] to suspect that in the stellar interior a large scale building-up of heavier elements may be going on all the time, the starting point being that GAMOW's expressions suggest that the chance of light nuclei picking up stray hydrogen nuclei may, under stellar conditions, become quite perceptible.

The whole field of radio-active expulsion of particles is formally of the same nature as the experiments of MILLIKAN and EYRING[3] on the pulling out of electrons from cold metals in a vacuum by the application of very strong external electric fields, and, from a still broader point of view, there is of course no fundamental difference between the ionization of an atom by the application of a suitable radiation field, and the expulsion of an α-particle by the repulsive field of force surrounding a nucleus.

Chemistry. The work of HEITLER and LONDON[4] suggests that a satifactory explanation of homöopolar combinations can be obtained by consideration of the resonance effects which arise during the interaction between similar systems.

c) The Stellar Absorption Coefficient.

50. The Stellar Absorption Coefficient. One of the most important problems in astrophysical theory is the question of the transmission of radiation through a star. There seems to be reason to believe that in the stars transfer of energy takes place mainly by radiation, and only to a minor degree by convection and ordinary molecular conduction.

The theory of radiative equilibrium of gaseous stars was initiated by SAMPSON, and further developed by SCHWARZSCHILD, with special regard to the conditions in the solar atmosphere. The general problem of a star in radiative equilibrium throughout was first subjected to serious analysis by EDDINGTON who in this way opened up the modern theory of the internal constitution of the stars. Already in EDDINGTON's first papers it became manifestly evident

[1] Cf. G. GAMOW, Z f Phys 51, p. 204 (1928); E. CONDON and J. C. GURNEY, Nature 122, p. 439 (1928); G. GAMOW and F. G. HOUTERMANS, Z f Phys 52, p. 436 (1928); G. GAMOW, Z f Phys 52, p. 510 (1928).

[2] Z f Phys 54, p. 656 (1929).

[3] Physical Rev 27, p. 51 (1926).

[4] Z f Phys 44, p. 455 (1927); F. LONDON, Naturwiss 16, p. 58 (1928).

that the whole further development of the subject would hinge upon the theory of the opacity of the material. That this must be so is nothing peculiar to stellar theory, as we are frequently confronted by the same problem in every day life. Thus the equilibrium state of the air in a room with perfectly transparent walls, and heated by evacuated electric lamps would be determined in an essential manner by the opacity of the air in the room. In the case of the stellar problem conditions are particularly simple because the absorption coefficient is likely to be relatively large, and the space variability of temperature and density extremely slow. Due to this reason the equations for the radiative transfer of energy assume a particularly simple form which facilitates the question very much.

Neglecting all transmission of heat except by convection it is a well known result that a gravitating mass of matter will be in equilibrium with any distribution of temperature and density which possesses spherical symmetry. This arbitrariness is only partly reduced by the fact that stability considerations will eliminate distributions with an outward temperature gradient which exceeds the adiabatic value. The fixation of a definite distribution law is therefore enforced solely by exchange of energy in some form between different mass elements of the substance in question.

The transfer of energy in a continuous medium may be described by introducing a vector $\boldsymbol{F}$ which gives the flux of energy per unit time and per unit area in a given direction. If the actual content of energy in the matter is E per unit volume, the law of conservation of energy is expressed by the equation

$$\frac{\partial E}{\partial t} + \operatorname{div} \boldsymbol{F} = 0. \tag{326}$$

Let $I_\nu d\nu dw do$ denote the flux of radiation per second in the frequency interval ν to $\nu + d\nu$, within the elementary solid angle dw, and perpendicularly through the surface element do. Let α, β, γ be the cosines to the angle formed by I_ν with the x, y, and z-axes of a rectangular coordinate system. The total radiative flux of energy in the frequency interval $d\nu$ is then given by

$$\boldsymbol{F}_\nu = \int_0^{4\pi} I_\nu \bar{\boldsymbol{n}}\, dw, \tag{327}$$

where $\bar{\boldsymbol{n}}$ is a unit vector with rectangular components α, β, γ. Written out in full the rectangular components of $\boldsymbol{F}_\nu$ become:

$$F_{\nu x} = \int I_\nu \alpha\, dw, \qquad F_{\nu y} = \int I_\nu \beta\, dw, \qquad F_{\nu z} = \int I_\nu \gamma\, dw. \tag{328}$$

The quantity I_ν may be expressed in terms of the functions characterizing the substance as regards emission and absorption of radiation. Let σ_ν be the opacity coefficient of the substance for radiation in the frequency interval $d\nu$, defined in such a way that $\sigma_\nu I_\nu ds$ is the reduction of I_ν on passing a distance ds along its direction of propagation. By this definition σ_ν is not only the coefficient of true absorption processes in which the energy of radiation is transformed into heat, but includes any kind of scattering as well. Let further $E_\nu d\nu dw$ be the radiant energy emitted per unit time and volume in the frequency interval $d\nu$ and within the elementary solid angle dw. Considering the reduction and intensification of a beam of radiation on passing an element of path ds along its own direction of motion, it follows immediately that

$$\frac{dI_\nu}{ds} = E_\nu - \sigma_\nu I_\nu. \tag{329}$$

The operator d/ds denotes the space derivative relative to a coordinate system moving with the element of radiation under consideration. In the coordinate system in which matter is at rest we have then

$$\frac{d}{ds} = \frac{1}{c}\frac{\partial}{\partial t} + \frac{\partial}{\partial s}. \tag{330}$$

Under stationary conditions (I_ν independent of t) d/ds is the same as $\partial/\partial s$. Write further

$$\tau_{AB} = \int_A^B \sigma_\nu ds. \tag{331}$$

Equation (329) may now be written on the integrated form

$$I_{\nu A} = I_{\nu C}\, e^{-\tau_{AC}} + \int_A^C e^{-\tau_{AB}} (B_\nu)_B\, d\tau_{AB}, \qquad B_\nu = \frac{E_\nu}{\sigma_\nu}. \tag{332}$$

Here A, B, C indicate three points on a straight line, and the content of the equation is simply that the intensity at A in the direction CA is equal to the intensity at C reduced by the absorption factor $e^{-\tau_{AC}}$, plus the intensity of the radiation emitted in the direction of A by the substance between A and C, when properly reduced to take account of re-absorption. For the case that B_ν is independent of the coordinates, equation (332) assumes the form

$$I_{\nu A} = I_{\nu C}\, e^{-\tau_{AC}} + B_\nu(1 - e^{-\tau_{AC}}) \tag{333}$$

or for sufficiently large values of τ_{AC}:

$$I_\nu = B_\nu. \tag{334}$$

This will already give a good approximation for the conditions prevailing in the stellar interior. Considering the transfer of energy by radiation, however, the approximation is not sufficient, because the radiative transfer will just depend upon the space variations of B_ν. To a second approximation we may put

$$B_{\nu B} = B_{\nu A} + \left(\frac{\partial B_\nu}{\partial \tau_{AC}}\right)_A \tau_{AB} \tag{335}$$

which gives ($\tau_{AC} \to \infty$)

$$I_{\nu A} = B_{\nu A} + \left(\frac{\partial B_\nu}{\partial \tau_{AC}}\right)_A. \tag{336}$$

A complete TAYLOR expansion of B_ν gives

$$I_{\nu A} = \sum_{n=0}^{\infty} \left(\frac{\partial^n B_\nu}{\partial \tau_{AC}^n}\right)_A \tag{337}$$

and this is the general solution of the problem provided the infinite series involved converges, and provided the condition $\tau_{AC} = \infty$ is satisfied to a sufficiently high degree.

Consider next the form assumed by the flux of radiation when B_ν is independent of direction, and varies so slowly in space that the approximation (336) is satisfactory. We have

$$\left(\frac{\partial B_\nu}{\partial \tau_{AC}}\right)_A = -\frac{1}{\sigma_\nu}\left(\alpha\frac{\partial B_\nu}{\partial x} + \beta\frac{\partial B_\nu}{\partial y} + \gamma\frac{\partial B_\nu}{\partial z}\right), \tag{338}$$

such that

$$F_{\nu x} = -\frac{4\pi}{3\sigma_\nu}\frac{\partial B_\nu}{\partial x}, \qquad F_{\nu y} = -\frac{4\pi}{3\sigma_\nu}\frac{\partial B_\nu}{\partial y}, \qquad F_{\nu z} = -\frac{4\pi}{3\sigma_\nu}\frac{\partial B_\nu}{\partial z} \tag{339}$$

or

$$\mathbf{F}_\nu = -\frac{4\pi}{3\sigma_\nu}\nabla B_\nu \tag{340}$$

simply. This gives for the total flux of radiation

$$\boldsymbol{F} = -\frac{4\pi}{3}\int_0^\infty \nabla B_\nu \frac{d\nu}{\sigma_\nu}. \tag{341}$$

Under the extremely uniform conditions prevailing in the interior of a star, the state of matter must approach very closely towards a state of thermal equilibrium, such that by KIRCHHOFF's law $\frac{4\pi}{c} B_\nu$ is very nearly equal to the monochromatic energy density of radiation per unit frequency, as given by PLANCK's law:

$$\frac{4\pi}{c} B_\nu = \varrho(\nu) = \frac{8\pi h \nu^3}{c^3} \frac{1}{e^{\frac{h\nu}{kT}} - 1} \tag{342}$$

where T is the temperature of the substance at the point in question. It is necessary to excercise some caution in this connection, however, since the energy of the star may, for instance, be primarily released as extremely hard γ-rays, and at a rate which does not correspond to a state of temperature equilibrium. In this case it would be necessary to add the γ-ray contribution to the contribution from temperature emission. In case the stellar energy is primarily released as α- or β-rays, say, conditions would be essentially different. Assuming tentatively (342) to hold, and remembering that

$$\int_0^\infty \varrho(\nu)\, d\nu = a T^4 \tag{343}$$

where a is STEFAN's constant, equation (341) is conveniently written on the form

$$\boldsymbol{F} = -\frac{4ca}{3\sigma} T^3 \nabla T, \tag{344}$$

where

$$\sigma^{-1} = \int_0^\infty \frac{\partial\varrho(\nu)}{\partial T} \sigma_\nu^{-1} d\nu \div \int_0^\infty \frac{\partial\varrho(\nu)}{\partial T} d\nu. \tag{345}$$

The quantity σ is called the stellar absorption coefficient, or the stellar opacity simply, and measures the efficiency with which stellar substance obstructs the transfer of energy by radiation of all wave lengths[1]. Introducing the above expression of $\boldsymbol{F}$ in the equation for conservation of energy (326) we find

$$\frac{\partial E}{\partial t} - \frac{4ca}{3} \operatorname{div}\left(\frac{T^3}{\sigma} \nabla T\right) = 0. \tag{346}$$

As soon as the dependence of E and σ on the temperature and density of the substance is known, the above equation furnishes a relation between temperature and density which is sufficient to make the hydrostatic problem of the star definite. As regards E one is for the time being reduced to working out the consequences of simple assumptions. As regards σ on the other hand, physical theory should and does furnish a definite answer; but the present state of things is such that this answer cannot be brought into harmony with observational facts in all details, and in a simple and convincing manner. Anyhow, it is of importance to discuss the question of opacity to the bottom, such as to furnish a definite basis for a final solution of the stellar problem.

[1] Expression (345) for the stellar opacity coefficient was given by S. ROSSELAND, M N 84, p. 525 (1924).

An inspection of expression (345) for the stellar opacity coefficient reveals at once that absorption processes which take place more or less independently of the frequency of the radiation contribute relatively more to the general opacity than strong but narrow absorption lines. In case of a medium with no general background of continuous absorption the approximation underlying our formulae breaks down altogether. In the stellar case a sufficient amount of general absorption is always insured by the existence of a large number of free electrons, such that there is no risk in applying the approximation in question.

The preceding considerations all refer to the case of a first approximation only, and in the manner commonly given in the literature. There is one point neglected in these considerations, however, which will affect the result even in the first approximation, and which will now be considered. This point concerns the emissivity function E_ν which has been assumed to be independent of direction, such that the integrals $\int E_\nu\,\alpha\,d w$ etc. vanish, giving expression (340) for the flux of radiation. It happens, however, that the asymmetry in E_ν is of such an order of magnitude as to vitiate this result when the frequency of the radiation is small as compared to kT/h. This result is brought about by the fact that the stimulated emission processes will show exactly the same asymmetry as the field of radiation, and this fact entails the consequence that the outward flow of radiation will be re-inforced by a stimulated flow in its own direction. This effect may evidently be cancelled by a suitable reduction of the opacity of the material, and we shall now consider how this reduction is to be performed.

Consider the emission of radiation in a frequency interval ν to $\nu + d\nu$, corresponding to a transition process $i \to k$ of the atoms of the material under consideration. The emissivity corresponding to this process will be given by

$$E_\nu = \frac{1}{4\pi} N_i \left(A_{ik} + B_{ik} \frac{4\pi}{c} I_\nu\right) h\nu\,, \tag{347}$$

where N_i is the number of atoms in the ith state per unit volume, and where A_{ik} and B_{ik} are the coefficients of spontaneous and forced transitions $i \to k$. It will be noticed that this form of the emissivity is more restricted than the form (78) used by EINSTEIN in his theory of PLANCK's radiation law, since it involves the assumption that the stimulated emission takes place exactly in the direction of the stimulating radiation. As an argument for this restricted form may be adduced that it enters in an essential manner in EINSTEIN's theory of the temperature equilibrium of an assembly of absorbing and emitting atoms in a field of radiation. It is not stated explicitly in EINSTEIN's paper, however, why this is the only admissible assumption, and one might ask whether a different law, in which the stimulated emissions take place in directions making an angle with the stimulating radiation, might not work equally well. This doubt is dispersed by considering a transformation to a moving coordinate system. By the recognized laws of the DOPPLER effect it follows unambiguously that the stimulated and the stimulating radiations must be exactly parallel in order to have identical frequencies regardless of the coordinate system used for the determination of the frequencies[1]. The form (347) for the emissivity is thus substantiated.

We now write I_ν on the form

$$I_\nu = \frac{c}{4\pi} \varrho_\nu + \delta I_\nu\,, \tag{348}$$

such that δI_ν measures the asymmetry in the radiation field. The emissivity then becomes

$$E_\nu = \frac{1}{4\pi} N_i (A_{ik} + B_{ik}\,\varrho_\nu)\,h\nu + c^{-1} B_{ik}\,h\nu\,N_i\,\delta I_\nu\,. \tag{349}$$

[1] This seems to be pointed out for the first time by P. A. M. DIRAC; cf. J. WOLTJER, Versl Akad Amsterdam 35, p. 888 (1926).

Using the standard relations between the coefficients A_{ik}, B_{ik} and B_{ki} as well as PLANCK's expression for ϱ_ν and BOLTZMANN's expression for N_i/N_k, we find

$$E_\nu = N_k B_{ki} h\nu \frac{1}{4\pi} \varrho_\nu + c^{-1} N_k B_{ki} h\nu\, e^{-\frac{h\nu}{kT}} \delta I_\nu . \tag{350}$$

But $N_k B_{ki} h\nu/c$ is the absorption coefficient σ_ν of the substance, per unit volume, such that finally

$$E_\nu = \frac{c}{4\pi} \sigma_\nu \varrho_\nu + \sigma_\nu e^{-\frac{h\nu}{kT}} \delta I_\nu . \tag{351}$$

The equation (329) of radiative transfer becomes

$$\frac{\partial}{\partial s}\left(\frac{c}{4\pi}\varrho_\nu + \delta I_\nu\right) = -\sigma_\nu \left(1 - e^{-\frac{h\nu}{kT}}\right) \delta I_\nu . \tag{352}$$

Neglecting the small term $\frac{\partial}{\partial s}(\delta I_\nu)$ in this equation, and writing

$$\sigma'_\nu = \sigma_\nu \left(1 - e^{-\frac{h\nu}{kT}}\right), \tag{353}$$

we find

$$\delta I_\nu = -\frac{1}{\sigma'_\nu} \frac{c}{4\pi} \frac{\partial \varrho_\nu}{\partial s} = -\frac{c}{4\pi\sigma'_\nu}\left(\alpha \frac{\partial \varrho_\nu}{\partial x} + \beta \frac{\partial \varrho_\nu}{\partial y} + \gamma \frac{\partial \varrho_\nu}{\partial z}\right) \tag{354}$$

in agreement with (338), provided σ_ν is replaced by σ'_ν. This then is the only modification introduced by the asymmetry in the radiation field. It follows that the effect will show up numerically only in the region of the spectrum where $h\nu/kT$ is smaller than unity, such that the effect is confined to the long wave length end of the spectrum. It happens, however, that stellar matter will be extremely opaque for radiation in this region, in consequence of which the correction in question does not become of real significance to the stellar problem.

Consider a gaseous star in hydrostatic equilibrium, such that temperature T and density ϱ at any point are functions of the distance r from the centre of the star. The flux of radiation F is then directed radially outwards, such that $4\pi r^2 F$ is equal to the total amount of energy lost by matter inside the shell $r = \text{const.}$ This quantity will be denoted by Q_r. The fact that there is a net outward flux of radiation involves an outward force on the substance of the star. Referred to unit volume this force is equal to the momentum absorbed by matter per unit time and volume from the field of radiation. Taking account of the fact that the momentum carried by plane waves is c^{-1} times the energy carried by these waves, the force in question is given by

$$f_R = \frac{1}{c}\int_0^\infty \sigma_\nu F_\nu \, d\nu , \tag{355}$$

which to the degree of approximation with which equation (340) is satisfied is equal to one third of the gradient of the total energy density of radiation. The force f_R derives therefore from a potential. $p_R = \frac{1}{3} a T^4$, which is called the pressure of radiation. It must be emphasized, that this is only true to a first approximation. In the general case the force f_R can be represented as the divergence of a stress tensor. For the case under consideration f_R is related to the total flux of energy F in the following way

$$f_R = \frac{\sigma}{c} F \tag{356}$$

or

$$f_R = \frac{\sigma}{c} \frac{Q_r}{4\pi r^2} \tag{357}$$

when F is replaced by its equivalent $\frac{1}{4\pi r^2} Q_r$. The force f_G exerted by the gravitational field on matter in unit volume is equal to $-\varrho G M_r/r^2$, where G is the gravitational constant, and M_r the mass inside the shell $r = \text{const}$. We realize therefore, that if ϱM_r is proportional to σQ_r, the force of radiation will be proportional to the gravitational force throughout the star. The assumption that f_R is proportional to f_G is precisely the one which underlies EDDINGTON's theory of stellar constitution. EDDINGTON writes

$$-\frac{f_R}{f_G} = 1 - \beta = \frac{1}{4\pi c G} \frac{\sigma Q_r}{\varrho M_r} \tag{358}$$

where β is constant for an individual star, and varies from star to star according to the law

$$1 - \beta = 3{,}08 \cdot 10^{-3} \cdot M^2 A^4 \beta^4 \tag{359}$$

where M is the mass in units of the sun's mass, and A the average molecular weight of the star in question. If we consider a shell $r = \text{const.}$ which encloses all energy generating sources in the star, Q_r becomes equal to the luminosity L of the star, which hence is given by the formula

$$L = 4\pi c G (1 - \beta) \left(\frac{\varrho}{\sigma}\right) M\,. \tag{360}$$

Taken on its face value this relation claims a dependence of the luminosity upon the limiting surface value of the opacity coefficient per unit mass. This is a difficulty, because the approximations underlying our formulae for the transmission of radiation break down in the vicinity of the surface. The low density of many stars shows conclusively, however, that the energy generating sources of a star really must be seated in the far interior as implicitly assumed in (358), such that Q_r represents the full luminosity even if the shell $r = \text{const.}$ is situated in the interior of the star where the approximations in question are adequate, and where the even more restrictive approximation assumed by EDDINGTON in his theory, viz that the mean molecular weight is a constant, is also satisfied to a sufficient degree.

The equation of hydrostatic equilibrium may now be written on the form

$$\frac{dp}{dr} = f_G + f_R = -\frac{\beta}{1-\beta} f_R = +\frac{\beta}{1-\beta} \frac{dp_R}{dr}\,, \tag{361}$$

which may be integrated directly, giving

$$p = \frac{\beta}{1-\beta} p_R + \text{const.} \tag{362}$$

Neglecting the small additive constant in this relation, and replacing p by $\frac{R}{A} \varrho T$ (R = gas constant) and p_R by $\frac{1}{3} a T^4$, it follows that

$$\varrho = \frac{\beta}{1-\beta} \frac{A a}{3R} T^3\,, \tag{363}$$

which shows that any function of ϱ/T^3 as an argument will remain constant throughout the star. This is one of the vital points of the theory.

It seems now to be a well-established fact that there exists a strong correlation between the luminosity and the mass of a star, which is given by a formula such as (360) provided σ/ϱ is approximately the same for all stars. The approximation is markedly improved, however, by assuming σ/ϱ to depend upon mass and mean molecular weight of the star according to the law

$$\frac{\sigma}{\varrho} \infty \frac{\beta}{1-\beta}\,, \tag{364}$$

which by (363) means that

$$\frac{\sigma T^3}{\varrho^2} = \text{const.} \tag{365}$$

throughout a star. We shall see presently that it proves possible to understand the constancy of $\sigma T^3/\varrho^2$, but it appears to be difficult to account for the observed value of the constant in the above relation, as the theoretical values of this constant fall far short of the observed values. It does not seem easy to suggest an adequate explanation of this divergence between theory and observation. In the following we shall discuss the physical problem of absorption of radiation inside a star, and also consider various suggestions advanced from time to time concerning the origin of the discrepancy in question.

51. Various Causes of Opacity. The substance of a stellar interior may be pictured as consisting of atoms which are stripped of most of their constituent electrons. Both nuclei and outer electrons move about as free entities, so that the state of the substance approaches that of an ideal gas mixture. For giant stars of small density the state of the substance will probably approximate rather closely to ordinary ideal gas laws. For dense dwarfs, on the other hand, it may be essential to take account of ionic forces between the free particles[1], as well as of the requirements of the new quantum statistics developed by FERMI and DIRAC. The considerations given in this section will, however, rest exclusively upon the assumption that stellar substance obeys the ideal gas laws. For the question of absorption it is, moreover, important to know with fair accuracy the degree of dissociation of the atoms. Under the conditions considered by EDDINGTON in his theory of stellar constitution atoms of atomic number less than 20 will, for the most part, be stripped to the bare nucleus. Atoms with atomic numbers ranging from 20 to 30 are likely to retain both K-electrons, but no L-electrons; these latter enter in full force at about atomic number 35, while the M-electrons do not play any important part before 60. If the stars do not contain unknown elements to any preponderant degree, the radiation processes which are of importance for the question of opacity should correspond qualitatively to the absorption and emission of K-, L- and M-spectra of the elements as determined by terrestrial laboratory experiments. Of course, there will be no exact correspondence since in the stellar case the spectra will be modified to some degree by the absence of outer electrons, but the qualitative and quantitative agreement is sufficiently close to be of importance in the present connection. Besides the absorption of radiation by atoms there is the scattering and absorption by the free electrons to take into account.

52. Scattering by Free Electrons. The general case of absorption of radiation by free electrons inside a star is no simple process, since there is the effect of encounters with other electrons and with positive ions to take into account. It is a relatively simple matter, however, to consider the two limiting cases when encounters are either rare or predominant. In considering the first case it is not necessary to enter upon the intricacies connected with the COMPTON effect, since the radiation inside a star will mainly be distributed over wave lengths far above the critical value $2h/mc$ which is characteristic of this effect. Moreover, the translational motion of the electrons is irrelevant as long as the radiation, viewed from the moving electron, does not appear to have a wave length of the order, or smaller than $2h/mc$, and such cases will be extremely rare. It is therefore sufficient to consider the simple case of scattering by free electrons initially at

[1] As regards the question of the state equation of stellar material cf. S. ROSSELAND, M N 84, p. 720 (1924); Trans Norweg Acad Sc 1925, Math Nat Sect No 1; R. H. FOWLER and E. A. GUGGENHEIM, M N 85, p. 939 (1925); S. A. EDDINGTON, ibid. 86, p. 2 (1926).

rest, the change in wave length of the scattered radiation being neglected. The theory of this kind of scattering was developed for the first time by J. J. THOMSON, and this theory accounts for the facts to an extent which is sufficient for its application to the present problem. Consider a plane wave incident upon a free electron, and let the electric vector E of the wave be directed parallel to the x-axis. Neglecting emission of radiation, an electron initially at rest at the origin will perform linear vibrations in phase with the electric force with an instantaneous amplitude x satisfying the equation of motion $\mu \ddot{x} = - eE$. This gives a rate of emission of radiation $\frac{2}{3}\frac{e^2}{c^3}\ddot{x}^2 = \frac{2}{3}\frac{e^4}{\mu^2 c^3}E^2$; and since $\frac{c}{4\pi}E^2$ is the POYNTING flux of radiation, the first order expression for the scattering coefficient per electron is given by

$$s_1 = \frac{8\pi}{3}\frac{e^4}{\mu^2 c^4} \tag{366}$$

which is THOMSON's result. Exactly the same result is obtained as a first approximation by solving the corresponding wave mechanical problem and neglecting the terms in the scattering coefficient which depend upon the frequency of the incident radiation. These terms are introduced by the existence of stimulated scattering processes, which are directly analogous to the stimulated emission processes considered above. A brief account of the characteristic features of such processes will be given here. For proofs the original papers should be consulted[1]. Assume that two beams of radiation of different directions and of intensities I'_ν and I''_ν are simultaneously crossing a small volume element containing a free electron. The presence of the electron will then first entail the existence of a certain probability that a fraction of the radiation belonging to the first beam shall in unit time be deviated off from its path and into an elementary solid angle dw say. The probability of scattering will be proportional to the intensity of the incident radiation, such that the radiation scattered per unit time into the elementary solid angle dw may be written on the form

$$A I'_\nu \, dw \tag{367}$$

where A depends upon the angle between dw and I'_ν. If the direction of dw should happen to coincide exactly with the direction of I''_ν there will be an additional probability of scattering which will be proportional to I''_ν besides to I'_ν, such that the total coefficient of scattering may be written on the form

$$S = A + B(I''_\nu)_{dw} \tag{368}$$

where A and B are independent of the intensities I'_ν and I''_ν. In case that the small change of wave length in the scattering process, which is due to COMPTON effect, is taken into account, the frequency of the stimulating beam must coincide with the modified frequency, and not the frequency of the incident beam. The relation between A and B in the above relation is the familiar one: $A = B\frac{2h\nu^3}{c^2}$, such that the scattering coefficient can be written on the final form

$$S = S_0\left\{1 + \frac{c^2}{2h\nu^3}(I_\nu)_{dw}\right\}, \tag{369}$$

where S_0 is the scattering coefficient which is independent of external stimulation by radiation. In case of the stellar interior the expression in brackets will be given to a high degree of approximation by using PLANCK's formula for I_ν.

[1] W. PAULI, Z f Phys 18, p. 272 (1923); P. A. M. DIRAC, Proc Cambr Phil Soc 23, p. 500 (1927).

This gives for the total scattering coefficient

$$S = \frac{S_0}{1 - e^{-\frac{h\nu}{kT}}}.$$

The stimulated processes are thus of negligible importance as long as $h\nu/kT$ not become small compared to unity. For long w e lengths, however, the theory is inapplicable because the free motion of tl electrons is strongly inte with by collisions with other electrons and with tl positive ions of the subs In the case of the stellar interior the simple heory is therefore ade as regards scattering by free electrons. Speakin in terms of classical t the effect of collisions will be that the motion the absorbing and em electrons is no longer determined by the inciden ave only. However, limiting case when the time of vibration of the incident radiation is very as compared to the time spent by an electron on a free path, the original cond are partly restored, since the average motion of the electrons is now deter by the external electric field according to the laws of forced diffusion. be the electric current which is due to the motion of a given electron, tl the average velocity of the electron multiplied by its charge, and denote the electric conductivity of the substance, we then have $J = \sigma E$. The of the current will be to heat the material according to JOULE's law, by an a

$$\frac{1}{\sigma} J^2 = \sigma E^2 = \frac{4\pi\sigma}{c} \frac{cE^2}{4\pi}$$

per unit time and volume. The absorption coefficient of the substan electron comes therefore out as

$$S_2 = \frac{4\pi\sigma}{n_e c}$$

where n_e is the number of electrons per unit volume. The applicability formula lies, however, far outside the spectral region which is of inter stellar opacity. It may be mentioned for the sake of completeness that wh temperature varies from point to point in the substance there is an add heating, due to the so-called THOMSON effect, by an amount $-\mu(\boldsymbol{J}\nabla T)$, w is a certain quantity which is independent of J. This effect too is entirely neg for the problem in hand.

We have now considered the absorption coefficient for free electrons two ends of the spectrum, and it remains to consider the region in the r This is most conveniently done by first considering the emission of ra in collisions between electrons and ions, and hence deriving the abs coefficient by an appeal to the theory of thermodynamic equilibrium. Th of emission of radiation in collisions between electrons and neutral ato revealed by the phenomena of continuous X-radiation. As well known, w anticathode is bombarded with electrons of sufficiently large energy it a continuous spectrum of X-rays which is cut off towards high frequencies frequency ν_0, which is determined by the requirement that $h\nu_0$ is equal kinetic energy T of an electron impinging on the anticathode. This limit sponds therefore to the case that an electron with its full initial speed r its entire energy in a single collision with an atom of the anticathode. I cases, however, the electrons will give up their energy in ionization processe that they have only a reduced amount of energy free for radiation pro which, moreover, may take place in successive collisions. By such conside we understand that the continuous spectrum will extend all the way d electrons having a continuous range of velocities, it is possible to find the emission by homogeneous electronic beams. For this purpose it is sufficient to measure the intensity $I_\nu d\nu$ of the radiation in the frequency interval ν to $\nu + d\nu$ as a function of the initial velocity V of the impinging electrons. The intensity which is due to electrons in the velocity interval V to $V + dV$ is then given by

$$Q_\nu d\nu dV = I_\nu(V + dV)d\nu - I_\nu(V)d\nu = \frac{\partial I_\nu}{\partial V} dV d\nu, \qquad \nu \lesseqgtr \nu_0. \tag{373}$$

Experimental evidence shows that Q_ν is given by an expression of the form

$$Q_\nu = \frac{KN_k^2}{V} n_k n_e, \qquad \nu \leqq \nu_0 \tag{374}$$

where K is a constant, N_k the atomic number of the atoms constituting the anticathode, n_k the number of these atoms per unit volume, and n_e the number of electrons per unit volume of the impinging beam and of velocity V. In case of a MAXWELLian distribution of velocities of the electrons the total emission in the frequency interval $d\nu$ is given by multiplying the above expression of Q_ν by $4\pi\left(\frac{\mu}{2\pi kT}\right)^{\frac{3}{2}} e^{-\frac{\mu V^2}{2kT}} V^2 dV$ and integrating over the velocities from a lower limit V_0 given by the requirement $\frac{1}{2}\mu V_0^2 = h\nu$ and to infinity. This gives

$$Q_\nu = KN_k^2 n_k n_e \sqrt{\frac{2\mu}{\pi kT}} \left(1 + \frac{h\nu}{kT}\right) e^{-\frac{h\nu}{kT}} \tag{375}$$

as the emission per unit time and volume of a substance containing free electrons distributed according to MAXWELL's law. We can now pass over to the absorption coefficient by considering a state of thermodynamic equilibrium. It is then necessary to remember that the radiation field will speed up the emission by a factor

$$1 + \frac{\varrho_\nu}{\frac{8\pi h\nu^3}{c^3}} = \frac{e^{\frac{h\nu}{kT}}}{e^{\frac{h\nu}{kT}} - 1}. \tag{376}$$

This gives, by putting emission equal to absorption,

$$c\sigma_\nu \varrho_\nu = KN_k^2 n_k n_e \sqrt{\frac{2\pi}{\pi kT}} \cdot \frac{1 + \frac{h\nu}{kT}}{e^{\frac{h\nu}{kT}} - 1}$$

or

$$\sigma_\nu = n_k n_e \frac{KN_k^2 c^2}{4\pi h\nu^3} \sqrt{\frac{\mu}{2\pi kT}} \left(1 + \frac{h\nu}{kT}\right). \tag{377}$$

This formula refers strictly only to neutral atoms, since terrestrial experiments on X-ray emission have been performed with such atoms only. There is no obvious reason for expecting that the ionization can make much difference, so that the above formula should apply practically unaltered to the stellar case. It appears that the absorption by free electrons in collisions with atoms is essentially confined to the long wave length end of the spectrum, such as to decrease very rapidly to zero for high frequencies. A numerical calculation shows that for frequencies essentially larger than kT/h, it becomes insignificant in comparison to the free electron scattering when we insert values of n_k and T which correspond to the conditions claimed by EDDINGTON's theory to exist in the stellar interior. The importance of this kind of absorption lies therefore essentially in the fact that it screens effectively in the long wave length region of the spectrum; but it must be admitted that the principal part of stellar opacity is due to other causes. In the above calculations we have neglected collisions between the electrons themselves. This is permissible because two electrons in collision have practically zero electrical momentum, so that the net radiation must be abnormally low as compared to emission taking place in collisions between particles of opposite electric polarity and different mass.

53. Absorption Lines. It has already been pointed out that the absorption lines of stellar material will largely correspond to the K, L and M X-ray emission spectra of heavier elements as determined by terrestrial experiments. If the width of the lines were negligible as compared to the distance between adjacent lines, the absorption lines would necessarily give only a negligible contribution to the aggregate opacity of the material. Hence the whole importance of line absorption hinges upon the intensity distribution within the individual lines. The intrinsic width of a spectral line is assumed to be due to a lack in definition of the energy values of the stationary states. There does not seem to exist any straight forward theory of the intrinsic width as yet, although various theories have been advanced[1]. Experimental facts point to the conclusion that classical electromagnetic theory of the damped emission of radiation by a harmonic vibrator will give the correct distribution of intensity in a line, provided the damping constant is taken equal to the corresponding probability of spontaneous transitions. If ν_0 is the frequency of maximum absorption, this procedure requires the absorption coefficient within a line to be given by an expression of the form

$$\sigma_\nu = \frac{\text{const}}{A^2 + 4\pi^2(\nu - \nu_0)^2} \tag{378}$$

where A is the total probability of transitions from the initial state which corresponds to the line in question. Fortunately, the whole question concerning the intrinsic width seems to be irrelevant to the problem in hand, since actual experiments on X-ray spectra show that the intrinsic line widths, as due to spontaneous transitions, are extremely small, such that it can scarcely be possible to form extended regions of continuous absorption by superposing different line spectra. The intrinsic width of the lines will consequently be neglected in the sequel, and the same arguments suggest that dispersion is negligible.

Doppler Broadening. Consider an atom capable of absorbing radiation in the close vicinity of the frequency ν_0, when at rest. Due to Doppler effect this atom will, when in motion with velocity u in the line of sight, appear to absorb or emit radiation of frequency $\nu_0\,(1 - u/c)$. Thus even if the atoms of a gas intrinsically absorb or emit radiation in sharp lines, the gas as a whole will show spectral lines of finite width, due to the thermal motion of the atoms. Assuming the validity of Maxwell's law, the fractional number of atoms for which u is in the interval u to $u + du$ is

$$df = \left(\frac{m}{2\pi k T}\right)^{\frac{1}{2}} e^{-\frac{m u^2}{2kT}}\, du \tag{379}$$

where m is the mass of an atom. This same relation gives directly the fractional number of atoms capable of absorbing radiation of frequency $\nu = \nu_0(1 - u/c)$, so that introducing ν as an independent variable in the expression of df we find

$$\frac{df}{d\nu} = \frac{1}{\nu_0}\left(\frac{m c^2}{2\pi k T}\right)^{\frac{1}{2}} e^{-\frac{m c^2}{2kT}\left(\frac{\nu - \nu_0}{\nu_0}\right)^2} \tag{380}$$

[1] For a summary and a discussion of these theories, as well as of relevant experimental facts cf. W. Pauli, Handb d Phys 23, p. 68.

and this expression will again be proportional to the monochromatic absorption coefficient. Due to the fact that $mc^2/2kT$ will be a very large quantity, even under extreme stellar conditions, the absorption coefficient will show an extremely sharp maximum at $\nu = \nu_0$. The frequency ν_n for which the absorption coefficient has decreased to one n^{th} of its maximal value is obtained from

$$e^{-\frac{mc^2}{2kT}\left(\frac{\nu-\nu_0}{\nu_0}\right)^2} = \frac{1}{n}, \quad \text{or} \quad \frac{\nu_n - \nu_0}{\nu_0} = \sqrt{\frac{2kT\log n}{mc^2}}. \tag{381}$$

Assuming for instance $T = 10^7 K$ and $m = 10^{-22}$ g corresponding to copper atoms, we find $(\nu_n - \nu_0)/\nu_0 = 1{,}5 \cdot 10^{-4}\sqrt{\log n}$. The half-width ($n = 2$) is thus only a fraction 10^{-4} of the frequency of the line itself. This may be compared with the fact that the frequency difference between the two first lines of the K-spectrum will be about one fifth of the frequency of the first line. On the whole, it does not seem probable that the line character of the spectrum will be lost by DOPPLER broadening.

There is finally to be considered the influence on the character of the lines which is due to contiguous particles in a gas. This effect is commonly known by the name of pressure broadening because it is most markedly shown by subjecting the gas in question to high pressures. It is clearly shown by experiments, however, that individual characteristics of the atoms are of decisive importance besides pressure. This is just what is to be expected on theoretical grounds, as the influence must depend primarily upon the field of force surrounding an atom, and, for instance, be quite different for ions than for atoms which are electrically neutral. It must also be greater for perturbing systems of the same intrinsic nature as the perturbed system, than for systems of different nature, because similar systems may influence each other to an abnormal degree due to resonance.

A closer analysis of the pressure effect leads to the conclusion that it really involves a number of physical processes of rather different nature.

Collisions. It was suggested by LORENTZ, before the advent of quantum theory, that collisions between optically active atoms with other atoms will lead to line broadening by interrupting the harmonic oscillations which are responsible for the emission or absorption of the spectral lines. The effect of the collisions is thus formally the same as if the intrinsic damping constant were increased, and hence results a corresponding increase in the intrinsic width of the lines. In terms of quantum theory the explanation falls out somewhat differently because the quantum transitions are considered as unit processes which are not liable to be interrupted when once started. We have earlier assumed, however, that the intrinsic width of a line is really determined by the same formula as in classical theory, except that the probability of transition replaces the damping constant. This circumstance gives the clue to the quantum theory interpretation of LORENTZ' theory of damping by collisions. In fact, an atom excited to a certain quantum state may give off its excitation energy in a collision (of the second kind) with another atom. This implies an independent increase in the total probability of transitions, from the state in question, which again determines an increased intrinsic width of the lines starting from the given state.

It may be emphasized in passing that collisions of the second kind provide the main mechanism by which energy of excitation is converted into random translational energy of the atoms in a gas. If the density of the gas is so small that collisions of the second kind are negligible, any radiation absorbed by the atom will be re-emitted, so that the only net change in kinetic energy of the atom is that due to the recoil momentum gained or lost in the radiation processes. But this recoil energy will, for ordinary light and X-rays be extremely small as compared to the energy of the radiation itself (the average ratio of these energies is $h\nu/2mc^2$, where ν is the radiation frequency and m the atomic mass).

In order to have a collision of the second kind it seems necessary for the two atoms involved to approach quite closely to each other, and experimental evidence points to the conclusion that the effective cross-sections of the atoms for such collisions are not very different from the cross-sections of the atoms derived from gas kinetic data. A calculation based on this fact seems to exclude the possibility that the damping influence of the collisions of the second kind will introduce a broadening of the spectral lines of such a kind as to be of importance for the problem of stellar opacity.

The transitions induced by absorption and forced emission of radiation will, of course, entail a broadening of the spectral lines of the same nature as the one produced by collisions. To show that this broadening is negligible as compared to the intrinsic width due to spontaneous transitions it is sufficient to write PLANCK's law on the form obtained by EINSTEIN

$$B_{mn}\varrho(\nu) = \frac{A_{nm}}{e^{\frac{h\nu}{kT}} - 1}, \qquad h\nu = E_n - E_m, \tag{382}$$

to realize that the importance of forced transition processes is confined to the long wave length end of the spectrum only, and ceases when $h\nu$ becomes comparable to kT. On the other hand, the whole question of stellar opacity centers on the processes involving transformation of radiation in the spectral region $1 < h\nu/kT < 10$, since the weight function $\frac{\partial\varrho(\nu)}{\partial T}$ decreases very rapidly to zero outside this region[1].

Broadening by Atoms not in Collisions. Consider the case of an electron fixed at a given distance from an atom. The electric force of the electron will then necessarily produce a deformation of the energy levels of the atom, practically according to the laws of the STARK effect (exception being taken for the effect of the inhomogeneity of the field). The absorbing and emitting atoms inside a star are constantly exposed to a similar influence from the free electrons and free positive ions, and the question arises whether this internal STARK effect will exert a serious influence on the spectral lines.

Let ω be the frequency difference between the two outermost STARK effect components of a given line for unit field strength. Let n be the number of perturbing particles (electrons or nuclei) per unit volume, and E the electric charge of an individual particle. It is clear that the particles quite close to the atom in question must have a preponderant effect. The average distance of the particle which is closest to a given fixed point in the gas is $n^{-\frac{1}{3}}$, which gives an average field strength at the point of $En^{\frac{2}{3}}$, and an average width of a line emitted from an atom situated at the point in question

$$\Delta\nu = \omega E n^{\frac{2}{3}}. \tag{383}$$

[1] This would seem to be the correct answer to the question raised by J. WOLTJER, B A N 3, No 82 (1925), concerning the broadening effect of the radiation field, as far as terms involving the first power of the energy density are concerned. In view of the large value of the energy density in the case under consideration it can scarcely be excluded off hand, that higher powers of ϱ_ν may be of importance. This problem has, however, not been discussed in the literature. However, cf. A. EINSTEIN and P. EHRENFEST, Z f Phys 19, p. 301 (1923).

Actually the perturbing field strength at the place of an atom will be distributed about $En^{\frac{2}{3}}$ according to some statistical law. This question has been discussed by HOLTSMARK[1], who finds that the intensity distribution in a line will follow very nearly the same law as holds for the intrinsic width [cf. equation (378)]. The half width comes out to be given by the above formula when corrected by the introduction of a constant factor 3,25.

On applying the above results to the perturbations by atoms it is implicitly assumed that the effect is determined by the net electric charge of the atom, and is independent of its internal constitution. In case of similar atoms this approximation may become inadequate, because of resonance, and it seems that under certain conditions of terrestrial experiments with neutral atoms the resonance effect will predominate[2]. Under stellar conditions, where we may be concerned with atoms having lost 20—40 electrons, it would seem reasonable to expect that the internal STARK effect preponderates over the resonance effect. Just as in case of the broadening effects discussed above, a calculation based on EDDINGTON's theory of stellar constitution leads to the result that the internal STARK effect is not sufficiently strong to produce a broadening of the spectral lines in question which is large enough to be of importance for the general opacity in a star.

54. Continuous Absorption Bands. With increasing principal quantum number the lines of a given spectral series become more and more closely spaced, and finally they merge into a continuous absorption band at the series limit, from where the band extends indefinitely towards higher frequencies, although with rapidly diminishing intensity. Conspicuous instances of such bands are found in stellar spectra at the head of the BALMER series, as well as in X-ray absorption spectra. The latter case seems to be the one where this kind of absorption is most easily accessible to quantitative study and measurements. Moreover, due to the fact that radiation inside a star will essentially be of the nature of soft X-rays, it would seem that the results of terrestrial X-ray absorption measurements should be applicable to the stellar case with slight amendments only.

By a large number of experiments it has been shown that the X-ray absorption coefficient for frequency ν, arising from absorption of radiation in a definite energy level, and giving rise to emission of photoelectrons, is to a high degree of approximation given by an expression of the form

$$\sigma_\nu = G r \nu_r^2 \nu^{-3} \qquad (384)$$

where G is approximately constant, r is the number of electrons in the group in question, and ν_r the frequency of the absorption limit of the group, that is: $h\nu_r$ is the energy necessary to remove an electron from the given level to an infinite distance from the atom. The degree of approximation with which the above formula renders account of X-ray absorption phenomena has been extensively discussed by JAUNCEY[3], who shows that G will only change its value in the ratio 1:1,8 when the value of σ_ν changes in the ratio 1:9000. It is definitely established, however, that the formula has no exact validity, whether as regards the constancy of G or the constancy of the exponents 2 and -3 of the frequencies ν_r and ν. There is thus room for further refinements of the empirical formula, which may become of importance for investigations of atomic structure. For the theory of stellar opacity, however, little would seems to be gained by taking account of such refinements, and we shall therefore use formula (384) unaltered.

[1] Ann d Phys 58, p. 577 (1919); Phys Z 25, p. 1 (1924).
[2] Cf. LUCY MENSING, Z f Phys 34, p. 611 (1925); J. HOLTSMARK, ibid. 34, p. 722 (1925).
[3] Phil Mag 48, p. 81 (1924).

In order to estimate the importance of the different kinds of X-ray absorptions for stellar opacity it is necessary to have some knowledge of the chemical constitution and the degree of ionization of stellar material, and we shall therefore recall briefly relevant facts of dissociation theory as applied to stellar problems. Let n_p be the number per unit volume of atoms of a particular atomic number retaining p electrons. Statistical theory of thermal equilibrium gives then the formula[1]

$$n_{p+1} = \frac{n_p n_e}{(2\pi\mu k T)^{\frac{3}{2}}} \cdot \frac{f_{p+1}}{f_p} \tag{385}$$

where n_e is the number of free electrons per unit volume, while f_p is the partition function of the atom which retains p electrons, and similarly for f_{p+1}. With sufficient accuracy we have

$$\frac{f_{p+1}}{f_p} = h^3 e^{\frac{\chi}{kT}} \tag{386}$$

where χ is the energy necessary to remove the lightest bound electron from the normal state of the $(p+1)$-atom to an infinite distance. Using these formulae it is now possible to estimate the ionization energy of the atoms in the most abundant stage of ionization provided the electronic density n_e and the temperature T of the medium is known. Assuming the distribution of temperature and density to be given by EDDINGTON's theory of stellar constitution it is then found that, excepting the most dense dwarf stars, the value of χ for atoms in the most abundant stage will be essentially larger than kT. For typical giant stars, in particular, one finds that χ/kT is of the order 10 or larger for the most abundant stage, and the same result holds for massive stars of the main series. This result has important consequences for the theory of stellar opacity, since it makes the principal absorption limit of the most abundant atoms start so far to the high frequency side of maximum of the function $\frac{\partial \varrho(\nu)}{\partial T}$, with which the inverse absorption coefficient has to be weighted to give the inverse opacity coefficient, as to make the absorption process in question of no consequence for general opacity.

Turning to the atoms retaining additional electrons, the result comes out essentially different according to the nature of the atoms in the most abundant stage. In case of elements of atomic numbers ranging from 20 to 30 the atoms will for the most part have retained both K-electrons. The frequency ν_L of the L-absorption edge will be about one quarter of the frequency ν_K of the K-absorption edge, so that L-absorption sets in sufficiently far to the low frequency side of the maximum of $\frac{\partial \varrho_\nu}{\partial T}$ in order to contribute essentially to general opacity. In the case of elements ranging from 30 to 50—60 the L-stage will preponderate. Due to the increasing proximity of successive absorption edges with increasing effective quantum numbers, both M- and N-absorption will start in the frequency range which is most important for general opacity. The number of atoms in the N-stage will, however, be considerably less than the number of M-atoms, and will contribute correspondingly less to general opacity.

We may further consider how the absorption coefficient depends upon density in the different cases. For the most abundant atoms the absorption coefficient is approximately proportional to density, since the atoms in question contribute most to the density of the material. For atoms in the next most abundant

[1] Cf. PANNEKOEK's article on Ionisation in Stellar Atmospheres in this Handbuch.

stage the absorption coefficient will, by (385), be proportional to the square of the density, since the electronic density must be essentially proportional to density itself. In general: for atoms in the sth stage the absorption coefficient is proportional to density in the $(s+1)^{th}$ power. This follows simply by repeated application of the dissociation formula (385), which gives

$$n_{p+\varrho} = \frac{n_p (n_e)^{\varrho}}{(2\pi\mu k T)^{3\varrho/2}} \cdot \frac{f_{p+\varrho}}{f_p}. \tag{387}$$

These results will be somewhat altered by taking account of absorption by atoms in excited states. On the principal absorption bands of L-, M- or N-atoms etc. there will, for instance, be superposed bands due to absorption by K-atoms in excited states, and this absorption will be proportional to density, and not involve its higher powers, provided K-atoms are most abundant.

55. The Maximal Value of the Opacity Coefficient.[1] The most efficient cause of opacity, as discussed above, seems to be afforded by series limit absorption bands as we know them from X-ray experiments. The exact analytical expression of the opacity coefficient as due to such absorption processes will probably be very complicated, and for this reason it has not been given in the literature. As the situation actually is, it happens that the exact knowledge of this coefficient as it follows from the above theory is of minor importance, since a comparison with observations, as interpreted in EDDINGTON's theory of stellar constitution, shows that the theory is unable to account for more than a small part of stellar opacity. In order to show most clearly the extent of this disagreement we shall derive an upper limit to the theoretical opacity coefficient. For this purpose we shall assume the absorption discontinuities to be smoothed away so as to produce a smooth variation of σ_ν with the frequency. The easiest way to perform this process is to use the same procedure as we used in case of absorption by electrons in collision with ions, that is by first calculating the emission which corresponds to the binding of a free electron in a particular quantum state, and hence deduce the absorption coefficient by considering a state of thermodynamic equilibrium. We shall, moreover, use the same function Q_v for the emission by electrons with initial velocity V as we used in case of electrons remaining free after the collision. This assumption needs a special justification, which is obtained from a consideration of the intimate relation which must exist between the intensity of the continuous X-ray spectrum and the coefficient of absorption for X-rays. In considering collisions in which the colliding electron is bound in the atom, it is clearly no longer correct to stop the integration over the velocities of the electrons at the lower limit $V_0 = \sqrt{\frac{2h\nu}{\mu}}$, since this involves the assumption that the electrons remain free after collision. The lowest possible value of V_0 is zero, involving the assumption that an electron of zero velocity can radiate any amount of energy in a binding process. This is a gross exaggeration, since we know that such an electron can at most radiate an amount of energy corresponding to a fall to the lowest possible quantum state. By adopting $V_0 = 0$ as a lower limit of integration, we obtain a maximum value of the emission, which also involves a maximum value of the absorption. This procedure leads immediately to a value of Q_v for the integral emission by electrons of all velocities which is obtained from (375) by putting the frequency equal to zero:

$$Q_v = K N_k^2 n_k n_e \sqrt{\frac{2\mu}{\pi k T}}; \tag{388}$$

[1] A. S. EDDINGTON, M N 84, p. 104 (1924); S. ROSSELAND, Ap J 61, p. 424 (1925); E.A. MILNE, M N 85, p. 168 (1925.)

writing down the condition that the absorption is equal to the emission we have

$$c\,\sigma_\nu \varrho_\nu = Q_\nu\left(1 + \frac{c^3}{8\pi h \nu^3}\varrho_\nu\right)$$

or

$$\sigma_\nu = \frac{1}{4\pi} K N_k^2 n_k n_e \sqrt{\frac{\mu}{2\pi k T}}\,\frac{c^2}{h\nu^3}\,e^{\frac{h\nu}{kT}}. \tag{389}$$

The low frequency part of this coefficient ($h\nu < kT$) refers mainly to absorption by electrons which remain free after collision, in the manner discussed in the section on free electrons. The high frequency part represents in an integral manner the effect of series limit absorption from all quantum states of the atom. We notice that for low frequencies the proportionality to the inverse third power of the frequency is obtained, which indicates the close relation of the above levelled form of the absorption coefficient with the coefficients of absorption from definite atomic levels. The exponential increase in the absorption coefficient for large frequencies is, on the other hand, entirely fictitious, and is introduced by our simplifying assumptions concerning the integration limits for electronic velocities. We need not care about corrections for this error, since the absorption in question falls outside the frequency interval which is of primary importance for stellar opacity.

It was explained earlier that it is not the absorption coefficient itself which is to be introduced in formula (345) for the integral opacity coefficient, but the absorption coefficient multiplied by $1 - e^{-\frac{h\nu}{kT}}$. This is necessary in order to take account properly of the effect of stimulated emission processes. By (389) we have

$$\sigma'_\nu = \sigma_\nu\left(1 - e^{-\frac{h\nu}{kT}}\right) = 2K N_k^2 n_k n_e \frac{1}{c}\sqrt{\frac{\mu}{2\pi k T}}\,\frac{1}{\varrho_\nu} \tag{390}$$

where ϱ_ν is PLANCK's expression as usual. Hence follows

$$\sigma = \frac{4K}{c} N_k^2 n_k n_e \sqrt{\frac{\mu}{2\pi k T}}\,\frac{\frac{\partial}{\partial T}\int\limits_0^\infty \varrho_\nu\, d\nu}{\frac{\partial}{\partial T}\int\limits_0^\infty \varrho_\nu^2\, d\nu}. \tag{391}$$

The integrals involved are easily found. We have in fact

$$\int\limits_0^\infty \varrho_\nu\, d\nu = \frac{8\pi}{c^3}\frac{k^4}{h^3} T^4 \alpha\, 3! \qquad \int\limits_0^\infty \varrho_\nu^2\, d\nu = \left(\frac{8\pi}{c^3}\right)^2 \frac{k^7 T^7}{h^5}\beta\, 6!$$

where

$$\alpha = \sum_{n=1}^{\infty} n^{-4} = 1{,}08, \qquad \beta = \sum_{n=1}^{\infty} \frac{n}{(n+1)^7} = 2^{-7}\cdot 1{,}15$$

giving finally

$$\sigma = n_k n_e N_k^2 \frac{K c^2 h^2 \alpha}{\pi\, 420}\sqrt{\frac{\mu}{2\pi k^7 T^7}}. \tag{392}$$

We shall now express the numbers n_k and n_e in terms of the density and atomic weight of the material constituting the star. Denote by m_H the mass of a hydrogen atom, and let $A_k m_H$ be the mass of an atom of the element for which $n_k N_k^2$ has the largest value, and which we assume to predominate to such a degree that other elements may be neglected. Let there be Z free electrons per atom, such that $n_e = Z n_k$. In terms of the density ϱ of the substance we have then approximately

$$n_k n_e = \frac{Z \varrho^2}{A_k^2 m_H^2} \tag{393}$$

such that expression (392) may be written on the form

$$\frac{A_k^2 \sigma}{Z N_k^2} \frac{T^{\frac{7}{2}}}{\varrho^2} = \frac{K c^2 h^2 \alpha \sqrt{\mu}}{\pi\, 420\, \beta m_H^2 \sqrt{2\pi k}}, \tag{394}$$

where the right hand side of the equation is an absolute constant. If the stars are of uniform composition ($A_k^2/N_k^2 Z_k = \text{const.}$), this is practically the empirical formula $\sigma T^3/\varrho^2 = \text{const.}$ The additional $\frac{1}{2}$ in the exponent of T is too small to affect the relation seriously, and may, moreover, be counteracted by a corresponding change in the factor $A_k^2/N_k^2 Z_k$ due to increasing ionization with increasing temperature. Thus far there is therefore a satisfactory agreement between theory and observation.

Consider next the absolute value of the opacity coefficient. The expression at the right hand side of (394) involves the constant K, which can be obtained from X-ray experiments. KRAMERS[1] has shown that the value of this constant which is claimed by classical theory is approximately given by

$$K = \frac{32 \pi^2 e^6}{3\sqrt{3}\, \mu^2 c^3}. \tag{395}$$

It is to be expected on general grounds that the emission of radiation required by classical theory will be an upper limit to the radiation actually emitted. KRAMERS showed, however, that the above value of K is in approximate agreement with the measurement of the intensity of continuous X-rays, and that it will, by a plausible extension of the theory such as to conform to the quantum requirements, also account for the X-ray absorption phenomena in a satisfactory manner. The expected divergence is therefore not serious in the present case. We shall therefore expect the relation

$$\frac{A_k^2}{Z_k N_k^2} \frac{\sigma}{\varrho} \frac{T^{\frac{7}{2}}}{\varrho} = \frac{8\alpha}{315\beta} \sqrt{\frac{\pi}{6}} \frac{e^6 h^2}{c m_H^2 \sqrt{\mu^3 k^7}} \tag{396}$$

to give a reliable value of the upper limit to the opacity coefficient. Introducing standard values for the constants involved we find

$$\frac{A_k^2}{Z_k N_k^2} \frac{\sigma}{\varrho} \frac{T^{\frac{7}{2}}}{\varrho} = 1{,}86 \cdot 10^{25}\, cgs. \tag{397}$$

The sample star for which the astronomical elements: mass, luminosity, and density are best known is probably Capella (α Aurigae). For this star EDDINGTON's theory of stellar constitution gives the following central values of temperature and density

$$T = 7{,}2 \cdot 10^6 K, \qquad \varrho = 0{,}0547\, \text{gcm}^{-3}$$

on assuming the star to consist of iron, on an average, such that $A = 56$, $N = 26$, and $Z = 24$. Using these values the opacity coefficient per unit mass comes out as $\sigma/\varrho = 5$. From the mass-luminosity relation EDDINGTON deduces the value $\sigma/\varrho \backsim 50$, which is about ten times larger. This is the discrepancy signalled on several occasions.

A satisfactory way out of this difficulty has not been suggested as yet, although the problem has been considered by numerous authors. An obvious

[1] Phil Mag 46, p. 836 (1923).

suggestion to make is to assume the stars to be built out of atoms of very large atomic weights[1]. In as much as the opacity coefficient is, by (394), nearly proportional to the number of free electrons per atom, which will increase nearly proportionally to the atomic weight, it would seem that harmony could be restored between theory and observation by assuming the stars to consist of sufficiently heavy elements. The idea seems to be somewhat delusive, however, because the opacity coefficient as calculated from the mass-luminosity relation is also dependent upon the atomic weight, and to such a degree that the discrepancy in question remains practically intact for a wide range of elements. There are, moreover, some arguments which would seem to tell against the idea that the elements of a stellar interior should be exceedingly heavy. We have, firstly, the fact that terrestrial observations have failed to reveal elements with atomic numbers larger than 92; and the fact that the elements with atomic numbers in the range 82—92 are radio-active suggests that nuclear stability ceases at this place, so as to form an effective barrier against the formation of heavier elements. It is true that we do not know the exact origin of radio-activity, and that radio-active atoms ionized down to a certain level may be stable although the neutral atoms are not. In fact, such ideas were once advanced by the writer[2] in an attempt to explain radio-activity as being due to the perturbing effect of the outer electrons on the nuclei. But we are here in the field of sheer speculation which scarcely can offer any definite basis for theoretical deductions. There is the further problem how to understand that foreign elements can manage to keep so closely hidden in the stellar interior as to escape detection at the surface. One must realize that strongly ionized material has hydrodynamic properties which are quite different from the properties of un-ionized material, due to the increased pressure exerted by the free electrons. If atomic weight were strictly twice the atomic number, equal volumes of different elements in a state of complete ionization and at the same temperature and pressure, would have practically the same density such as to have identical hydrodynamic properties. Due to the fact that the atomic weight increases somewhat faster than twice the atomic number, and due to a residual lack in ionization, heavier elements do retain a tendency to sink, such that some separating out of heavy elements near the stellar centre by hydrodynamic motion is to be expected. Hydrogen is anomalous, having a decided tendency to float on top of other elements. This effect may be further enhanced by diffusion, although it may be doubtful whether the stars are old enough for the effect of diffusion to have become perceptible. There is also the controversial question of vertical convection currents to be considered. If such currents exist on a large scale, reaching from the centre to the surface, they may keep the material of a star in a state of even mixture, even if the speed of the currents is extremely slow. It may be more likely, however, that large scale currents of this kind will be unstable and break up into a system of stratified circulations, such that elements near the centre are never brought up to the surface, and vice versa. It is also difficult to make out the influence of the transition layer at the surface in which the mean molecular weight increases to its maximal value, since we do not know whether this layer is stable or not. All things considered it must be admitted that there is a considerable chance that heavy elements may keep hidden within a star, while it is not certain that this will afford an adequate explanation of the dilemma of the opacity coefficient.

It may be of interest to mention that the discrepancy in question can be removed by assuming stellar material to contain an abnormal admixture of

[1] J. H. Jeans, M N 86, p. 561 (1926).

[2] S. Rosseland, Nature 1923 March 17.

hydrogen. The ratio between electric charge and mass of the hydrogen nucleus is about twice as large as in case of other elements. Mixing hydrogen into the stellar material will hence tend to reduce the average molecular weight, the limiting value for a pure hydrogen star being unity. Due to the fact that the quartic equation (359) for β depends upon the mean molecular weight raised to the fourth power, a reduction of this quantity will seriously reduce the value of the opacity coefficient which is calculated from the mass-luminosity relation. The hydrogen nuclei will give no direct contribution to the theoretical absorption, but the increased number of free electrons per unit mass of the material will entail an increased absorptive and emissive activity of the elements with which hydrogen is mixed, such as in certain cases even to over-compensate the inactivity of the hydrogen nuclei. Assuming the mass of a star to consist of 20 percent hydrogen and 80 percent iron, theory and observation will show fair agreement.

How far it will be in keeping with other astronomical evidence to assume the stars to contain hydrogen in such proportions is difficult to say definitely. It seems to be an established fact that hydrogen is abnormally abundant in the atmospheres of many stars, especially late type giants; but even if this indicated an abnormal proportion throughout the stars in question, which is doubtful, it does not help for the stars in general, since we are here looking out for a cause which will work uniformly throughout the spectral sequence, otherwise the mass-luminosity relation (360) will lose its validity. This claim for uniformity may perhaps tell against the suggestion that the solution of the problem lies in assuming the stellar interiors to contain an abnormal admixture of hydrogen.

Dropping the question of atomic weights one may urge that the theory of opacity given above is too schematic, and that a refined theory may give quite different results. Thus MILNE[1] pointed out that an enhanced opacity might result by taking account of overlapping stages of ionization, and the simultaneous effect of several elements. It does not seem likely that these refinements can make much difference in the case considered by us, where we have been concerned with upper limits to the opacity.

There is another point which has been neglected in the discussion of stellar opacity, and which is worth mentioning, although it can hardly affect our main results. In the theory of THOMSON scattering we have assumed adjacent electrons to scatter independently, and added up the intensity contributions from the individual electrons. This makes the coefficient of opacity proportional to the electron density. That this procedure is incorrect in general is indicated by dispersion phenomena and by X-ray experiments ("excess scattering"). The problem in question has therefore been amply discussed before, the result being that the THOMSON formula is valid only in the limiting case when the wave length of the incident radiation is small compared to the average distance between adjacent electrons. When the wave length is large compared to this distance, the radiation scattered by adjacent electrons will be nearly in phase, such that there will appear a term in the amplitude of the scattered radiation which is proportional to the number of electrons within a certain small volume whose dimensions are comparable to the wave length of the incident radiation. Squaring the amplitude to get the intensity, we understand that a term will appear in the opacity coefficient which is proportional to the square of the density. In case of Capella the wave length λ_m of an average quantum will be about five ÅNGSTRÖM units. Using the same data as in case of the calculation of the opacity coefficient the average distance between adjacent free electrons at the stellar centre becomes

$$l = \left\{\frac{Z\varrho}{A\, m_H}\right\}^{-\frac{1}{3}} = 4\,\text{A}\,.$$

[1] M N 85, p. 750, 979 (1925).

Thus λ_m and l are about equal. The fact that we refer the calculation to the centre is irrelevant since l/λ_m is constant throughout the star due to the constancy of ϱ/T^3. This seems to imply that we cannot expect the effect in question to make much difference in case of Capella, and the situation will be the same for all stars constructed in conformity to EDDINGTON's theory.

As the matter stands for the moment it does not seem excluded that we are confronted with an absorption effect which is negligible in case of experiments conducted under terrestrial conditions, but which rises to predominance in the stellar interior[1]. Under these conditions it is lucky that PLANCK's radiation law is so firmly established, both experimentally and theoretically, that a correction to this law at stellar temperatures is hardly to be expected. On the other hand, the fact that this law requires an exceedingly rapid increase in the energy density of radiation with increasing temperature may indicate that it is worth while to consider more closely those transition processes the probabilities of which depend upon higher powers of the energy density of radiation, than the probabilities we have been considering in the preceding section. Such processes involve the simultaneous cooperation of several quanta of radiation, and apart from the simple case of stimulated emission and scattering processes considered above, the theory of such processes has not been further developed. On the other hand, one must also be on lookout for possible amendments in the theory of hydrostatic equilibrium of the stars, although it may not seem likely for the moment that the solution of the difficulty lies in this direction.

Addendum II. Since the above report was closed (January 1928) two new contributions to the problem of the stellar absorption coefficient have appeared. OPPENHEIMER[2] on one hand, has suggested that the discrepancy in question is due to the fact that we used the constants for X-ray absorption corresponding to electrically neutral atoms, and that the removal of the outer electrons does materially increase the ability of the atom to absorb radiation in the remaining electronic groups. OPPENHEIMER was able to support this suggestion by certain wave mechanical calculation, and it is possible that this is the clew to the problem.

MILNE[3], on the other hand, has pointed out a neglected point in EDDINGTON's theory of the stellar interior which, perhaps, may be of importance to the present problem. It is evident that a strict solution of the hydrostatic problem will have to carry the integration right up to the stellar photosphere, and cannot be confined to the main interior alone, provided the temperature distribution is not arbitrarily prescribed in the problem. In fact, we might change the interior temperature and density distribution of a star at will by simply coating the surface by more or less reflecting material which reflects the emergent radiation into the interior. Thus it is not permissible, as was done in the beginning of this report, to neglect the special surface conditions in determining the temperature distribution. It may therefore well happen that the surface conditions of the stars are such as to entail a modification of the temperature and density distribution in the stellar interior suitable for the removal of the existing dilemma concerning the stellar absorption coefficient.

---

[1] S. C. ROY, Z f Phys 42, p. 499 (1927), has suggested that the excess absorption is due to nuclear electrons. The inherent improbability of this assumption does not seem to be materially reduced by ROY's calculations since he is forced to assume that bare nuclei have optical properties which are entirely different from the nuclear properties of neutral atoms.

[2] Z f Phys 55, 725 (1929).

[3] M N 90, p. 17 (1929).

GPSR Compliance

The European Union's (EU) General Product Safety Regulation (GPSR) is a set of rules that requires consumer products to be safe and our obligations to ensure this.

If you have any concerns about our products, you can contact us on ProductSafety@springernature.com

In case Publisher is established outside the EU, the EU authorized representative is:

Springer Nature Customer Service Center GmbH
Europaplatz 3
69115 Heidelberg, Germany

Batch number: 10621591

Printed by Printforce, the Netherlands